U0701678

建筑施工实例应用手册

1

上海建工（集团）总公司　编

中国建筑工业出版社

（京）新登字 035 号

图书在版编目（CIP）数据

建筑施工实例应用手册　1/上海建工（集团）总公司编．-北京：中国
建筑工业出版社，1998
ISBN 7-112-03327-6

Ⅰ．建… Ⅱ．上… Ⅲ．建筑工程-工程施工-技术手册
Ⅳ.TU74-62

中国版本图书馆 CIP 数据核字（97）第 14516 号

　　本书为《建筑施工实例应用手册》第 1 分册，集中介绍上海建工（集团）总公司为主承担的重点工程和高层建筑的施工技术成就和典型经验。本手册共精选了 49 个工程，以工程为对象，重点总结工程中最具特色的工艺、技术先进的分部或分项工程技术，反映该工程设计、施工方面的特点，以及为完成其施工难点所采用的施工方案、施工技术、施工设备和材料。全书分地基处理、结构施工、安装技术、建筑材料四大篇，内容对读者具有可读性、启发性和实用性，可供广大施工技术人员参考使用。

＊　　＊　　＊

　　责任编辑　胡永旭　唐炳文
　　责任设计　黄　燕
　　责任校对　孙　梅

建 筑 施 工 实 例 应 用 手 册

1

上海建工（集团）总公司　编

＊

中国建筑工业出版社 出版、发行（北京西郊百万庄）

新 华 书 店 经 销

北京市兴顺印刷厂印刷

＊

开本：787×1092 毫米　1/16　印张：40¼ 插页：9　字数：1056 千字
1998 年 1 月第一版　　1998 年 1 月第一次印刷
印数：1—6000 册　　定价：**66.00** 元
────────────────
ISBN 7-112-03327-6
TU · 2569（8472）

版权所有　翻印必究

如有印装质量问题，可寄本社退换

（邮政编码100037）

本 册 编 委 会 成 员

主　编　叶可明

副主编　张福余　居世钰

编　委　（以下按姓氏笔划为序）

王大年　王允恭　马兴宝　叶可明　叶琏佳

江　靖　孙洪涛　何其富　吴欣之　李康俊

周之峰　陈志明　陈光远　陈韵兴　邱锡宏

张福余　居世钰　桂业琨　钱　锋　施国璋

曹鸿新　梁其家　廖琳珠

出版说明

"八五"期间，我国建设事业空前发展，各地先后兴建了一些对国计民生有重大影响的重点工程和一大批高层、超高层建筑。以工程为依托，以重大工程项目的施工难题为目标，通过科研攻关与工程实践，大大推进了我国建筑施工技术的发展。据悉，我国某些工程施工技术与施工管理水平已接近发达国家水平，其中有些技术甚至已达到或领先于国际水平。为了总结我国"八五"期间建筑工程施工中的新技术、新工艺、新材料，把各地建筑施工的好经验记载下来，并为广大施工技术人员提供一套资料丰富、详细实用的专用工具书，我们组织北京、上海、广东、安徽等省、市建筑施工的专家、工程技术人员编写出版《建筑施工实例应用手册》系列。

《建筑施工实例应用手册》分为1、2、3、4、5等分册，每一分册着重总结各省、市建工集团公司"八五"期间建筑施工中的典型工程经验。编入手册的工程都是施工技术先进、影响面大、或经上级部门鉴定、获奖的大型建筑工程。每项工程实例重点总结该工程最具特色的工艺或技术先进的分部或分项工程，反映该工程设计、施工方面的特点，以及为完成其施工难点所采用的施工方案、施工技术、施工设备和材料，内容对读者具有可读性、实用性和启发性。

本手册在组织编写和审稿过程中，得到各省、市建工集团总公司等单位的大力支持和帮助，我们表示衷心的感谢。

上海的高层建筑及其施工技术（代序）

（中国工程院院士、上海建工（集团）总公司总工程师）

1 上海高层建筑的发展状况

1.1 简要的历史回顾

上海是世界上发展高层建筑较早的地区之一。1903 年建造的汇中饭店（现和平饭店南楼），是上海第一座使用电梯的高层建筑；1916 年建造的天祥洋行大楼（现大北大楼），是上海第一座钢结构建筑。从第一次世界大战结束的 1918 年到日本侵华战争爆发的 1937 年，据统计，在上海建造的 10 层以上的高层建筑约 35 座，如：14 层的锦江饭店北楼和 11 层的和平饭店北楼（均建于 1929 年）；24 层的国际饭店（建于 1934 年）、20 层的上海大厦（建于 1934 年）、18 层的锦江饭店中楼（建于 1935 年）、15 层的衡山宾馆（建于 1936 年），这一时期的高层建筑形成了现在上海外滩与市中心的风貌（图 1）。上海在这一时期高层建筑的发展是特定历史的产物：第一是客观历史环境的需要。人口激增，房屋紧缺，地价上涨；第二是技术上的可能。当时，钢筋混凝土结构、钢结构技术已经实用化，运输与打桩等施

图 1　上海外滩建筑群

工技术已有机械可供使用。1937 年以后，上海的高层建筑建造量大大减少，建国以后，也很少建造高层建筑。改革开放以来，上海的高层建筑如雨后春笋般拔地而起。

1.2 近期的发展状况及结构特点

改革开放以来，上海高层建筑的发展速度在世界上是空前的，据统计，到 1995 年底为止已建成 1523 幢，总面积 2068 万 m^2，正在浦江两岸建造的还有一千多万 m^2，相信通过今后几年的建设，上海很可能成为世界上高层建筑最多的城市。

上海现有的高层建筑按其功能可分为三大类：

（1）高层住宅。以数量计算约占全部高层建筑总数量的三分之二，已建成使用的有 1036 幢，在今后每年要建成的一千万 m^2 住宅中，高层住宅还会更多。高层住宅在 80 年代的层数为 15～20 层，由于土地紧张，近期已增加到 25～30 层，建筑平面以点状塔楼为主，建筑结构为钢筋混凝土剪力墙体系。较有代表性的有上海徐家汇宛平公寓、杨浦区中原新村开鲁小区高层等。其中宛平公寓 2 号、3 号房为 32 层，103.10m 高。田林小区为高多层结合小区，高度 22～28 层不等，见图 2。

（2）高层商业办公楼及宾馆建筑。这类建筑约占全部高层建筑总数的 20%，但由于高度领先，又处于商业繁华地区，是高层建筑的主要群体。主要采用钢筋混凝土框架剪力墙体系或框筒体系，也有的采用钢框与钢筋混凝土筒体组合体系或全钢结构体系。比较有代表性的建筑分别例举如下：

华亭宾馆：主楼 28 层，高度为 90m，总建筑面积 102950m^2，钢筋混凝土框剪结构，1986 年建成，是上海第一幢五星级高层宾馆建筑。

图 2　上海田林小区

图 3　新锦江大酒店

图 4　国际贸易中心大厦

银河宾馆：33 层，总高度 106.50m，总建筑面积 72000m²，1991 年竣工，是钢筋混凝土内筒外框结构体系。

静安希尔顿酒店：42 层，总高度 140.92m，总建筑面积 71460m²，1988 年竣工，是钢框架与钢筋混凝土核心筒组成的混合结构体系。

新锦江大酒店：43 层，总高度 153.21m，总建筑面积 65122m²。该建筑采用全钢结构，是由钢结构抗剪内筒（剪力板与剪力撑组成）与外部钢柱组成的内筒外框结构体系，1988 年竣工，见图 3。

上海国际贸易中心大厦：37 层，总高度 138.76m，建筑面积 92800m²，全钢结构，属于密柱式筒中筒结构，见图 4。

上海商城：48 层，总高度 166.25m，总建筑面积 203642m²，是展览、商住与宾馆相结合的综合性大楼，全部采用钢筋混凝土结构，三幢塔楼采用剪力墙结构体系，1989 年建筑结构完工。

新上海国际大厦：39 层，总高度 168m，总建筑面积 8 万多 m²，是钢筋混凝上内筒外框结构，楼面采用无粘结预应力扁梁楼盖结构体系，这是上海较大的一个采用预应力技术的高层建筑，1995 年结构完工。

凯旋门大厦：31 层，总高度 104.10m，总建筑面积 50075m²，钢筋混凝土框筒结构，由两个单体向上到 26 层处逐层挑出到 28 层成天桥相连，构成"门"字形整体大厦，类似于法国拉德房斯新凯旋门大厦。

金茂大厦：88 层，总高度 420.50m，总建筑面积 29 万 m²，钢筋混凝土内筒与钢框架

图 5　华东医院东病房大楼

相结合的内筒外框混合体系，1995 年破土，现已完成结构施工。

（3）医院、学校、科研及工业大楼等其他高层建筑。这部分高层建筑在数量上约占总量的 10%，高度一般 10～20 层，多为框架或框剪结构体系，基本上都采用钢筋混凝土结构，比较有代表性的如：

华东医院东病房大楼：24 层，总高 79m，总建筑面积 25874m²，钢筋混凝土框架剪力墙结构体系，1990 年完工，见图 5。

纺织大学教学楼：18 层，高度 61m，总建筑面积 26652m²，钢筋混凝土框剪结构体系，1990 年完工。

上海市气象科研大楼：17 层，高度 56m，总建筑面积 8377m²，钢筋混凝土框剪结构体系，1985 年完工。

上海针织工业大楼，9 层，高度 42m，钢筋混凝土框架结构，1983 年完工。

以上三个方面各举了一些代表性例子，从中可以了解上海的高层建筑及其结构情况，总体上除了多个筒体组成的群筒结构体系外，国际上有的高层结构体系上海都有。

2　上海高层建筑的适用施工技术

2.1　地基与基础施工

上海地区的土质属于长江三角洲冲积层，基本上是饱和的软粘土层，部分夹砂薄层，水位在地表下 1m 以内，承载力一般约在 100kN/m² 以内，因此，天然地基不能作高层建筑基础地基。一般情况下 8 层以上都必须做人工地基。上海高层建筑基坑开挖，不能没有降水与挡土措施，所以高层建筑基础施工必须要解决好人工地基、降水、挡土三个问题，并且要关心与保护基坑周围环境安全。下面分别说明其当前的适用技术：

（1）人工地基：

上海的人工地基，基本上都是桩基，目前桩种很多，主要桩种及其适用范围如下：

a. 钢筋混凝土预制实心桩。一般为 0.4～0.5m 见方，长 20～50 余米，锤击打入，少数压入，摩擦受力，这种桩的一般承载力在 500～1500kN。这种桩挤土很大，密集桩群入土体积基地每平方米达 1m³ 以上，会引起土体大量隆起，对周围环境造成影响，所以比较适用于郊外空地施工，而且要控制速度。

　　b. 预应力钢筋混凝土管桩。圆形 $\phi400\sim550$mm 及更大，深度以 10m 一节为模数，承载力与同周长方桩相近，由于空心、开口，稍减少挤土，但基本上还是属较大挤土的桩，亦适用于郊外空地施工。

　　c. 钻打结合桩。性质与上述两种桩一样，在打桩之前先钻孔取土，钻孔直径略小于桩截面折算直径，深 5～10m。可以大大减少对表层土的挤动，这是一项减少对环境影响的打桩措施。

　　d. 钢管桩。上海超高层建筑较多采用这种桩。由于钢管开口打入，土体在钢管中上升，高达 1/2 桩长以上，大大减少挤土。$\phi609$mm×11mm、深 60m 的桩安全承载能力约 2000～2500kN。当然在打桩时，挤土与振动还是存在的，市中心打设钢管桩还是有影响环境的问题。

　　e. 钻孔灌注钢筋混凝土桩。在施工方法上有两种：一种是全套管灌注桩，一种是钻孔泥浆护壁灌注桩。前一种有过试验，还没有实用化，后者目前有 $\phi650$mm、$\phi850$mm 等直径，按钻头直径而变化，深度 30～80m，极限承载力 5000～10000kN，已在许多工程上使用，如上海文汇报大楼、海伦宾馆等。最大优点是无挤土、无振动、无噪声，适合市中心使用。缺点是质量控制手段和测试办法还不完善。

　　f. 用地下墙成槽机制作巨型桩。上海已开始以成槽机施工地下墙作为人工地基，这可以使地下连续墙与基底土、桩一起工作，并且能与上部结构共同作用。

　　g. 减少打桩对邻近建筑影响的辅助技术。除钻孔灌注桩以外，其他桩种都对土体有挤压和增加静水压力的影响，目前采用在桩群四周打塑料排水板或砂井，以加速孔隙水排放至地面。另外，在基地外侧挖防振沟，以减小振动和对四周土体挤压，若使用适当，效果尚可。

　　(2) 降水技术：

　　基坑开挖是目前上海高层建筑深基础施工的基本途径。在上海实际挖土 2m 以上，就开始采取降水措施。根据不同深度，采用相应的降水技术。

　　a. 真空泵与射流泵结合的轻型井点。一般降水深度 3～6m，加长井管，做好井点砂滤层，可以降水至 7m，如果开挖沟槽降低总管位置，挖土区再增设临时吸水井点，一级轻型井点可以降水达到 8m 深，虹桥宾馆、银河宾馆施工就用此方法。降水 6～10m 可以采用二级轻型井点，施工时要两次打井点，两次挖土，在第一次挖土后，道路需要进坑，施工比较麻烦，但设备简便，所以也是经济可行的方法。

　　b. 喷射井点。有标准型与改进型两种，降水深度分别为 18m 左右和 12m 左右。已经基本上满足了上海高层建筑深基坑开挖的需要。

　　c. 深井井点。对降水深度超过 12m 以上就可以采用深井井点，其方法是在降水基坑范围内，用水冲法或干钻法形成 $\phi600$mm 左右的孔插入井点，其构造与轻型井点相近，下部填砂，上部以粘土密封，每个井点有单独水泵，还可以加设真空，可分为普通深井井点与真空深井井点，每只井点降水面积一般控制在 200m² 左右。

　　d. 井点回灌技术。基坑降水后，会对基坑周围产生不同程度的影响，造成附近建筑物和沟管等下沉、开裂，影响半径大约为 5 倍降水深度。在市区建筑群内建设高层必须保护

相邻建筑，所以基坑内要降水，基坑外水位也要保持一定高度。近几年来，研究成功了井点回灌技术，就是利用轻型井点来灌水，用观测井来控制灌水数量，保证基坑一定距离外的地下水水位基本保持在一定高度。此法曾在友谊商店、物贸大楼等基坑开挖过程中使用，效果良好。

　　e. 隔水技术。基坑开挖与降水会影响坑外水位的急剧下降，在闹市区施工采用回灌技术比较困难，因此目前上海应用较多的是隔水技术，使基坑内外地下水不流通，具体做法是在挡土支护的外侧做隔水层，较常用的是水泥土搅拌桩、旋喷桩以及挡土桩间压力灌浆等，也有采用地下连续墙、冻土墙等隔水与挡土相结合的措施，隔水是保护环境非常重要的措施，这在上海市区施工是非常重要的。

　　(3) 挡土技术：

　　基坑开挖除了在郊外空地施工可采用有适当保护的自然放坡外，一般都需要对坑壁采取挡土措施，可按开挖深度与环境条件采取下列方法：

　　a. 悬臂板桩：深度在2～4m，对坑边土体稳定要求不太高的工程可以采用悬臂的混凝土板桩或悬臂钢板桩，但应对刚度与强度进行验算。

　　b. 自立式水泥土重力坝：采用组合的水泥土搅拌排桩作为重力坝。一般用于挖土深度7m 以内的基坑，重力坝深度为挖土深度乘2，厚度为挖土深度乘0.8～1。应作整体稳定、坝底强度、倾覆和坑内土体稳定的验算，以及环境允许变形的验算。这种方法一般用在近郊的工程，在市中心应用时需要对环境影响作论证。

　　c. 挡土板墙：多点支撑的挡土墙，一般为三种：(a) 钢板桩，这是比较传统的一种，一般采用可以啮合的拉森钢板桩，按设计要求设一道或数道支撑；(b) 钢筋混凝土就地灌注桩，80 年代后期，钢板桩供不应求，有时也感到钢板桩的刚度不够，而采用地下连续墙又太贵，于是将受垂直荷载的钢筋混凝土就地灌注桩成排组成挡土墙，混凝土墙可设多道支撑，成为很好的挡土墙，现在是上海应用最广的一种；(c) 钢筋混凝土地下连续墙，这是挡土与隔水合于一体的挡墙，有板式或"T"、"工"形断面，按刚度要求而确定，一般在挖土深度特别深时较为经济，上海已用到挖土深度30 多米。钢板桩、深层搅拌桩与内支撑配套见图6。

　　d. 板墙支撑：上海在支撑技术上有较大发展，支撑有如下几种：

　　(a) 井格式型钢支撑，有工字钢与钢管支撑，为小型工程常用形式。

　　(b) 钢筋混凝土支撑，从90 年代初在上海广播电视大厦开始使用，现在是上海应用最多的支撑，可以是井格式对撑、斜角撑与桁架式组合支撑等形式，上海金茂大厦2 万 m² 大型基坑就采用钢筋混凝土桁架式支撑，见图7。

　　(c) 拱形与环形支撑。为了挖土方便，充分运用钢筋混凝土成型方便的优点，设计成拱形或环形受力的支撑体系，最大环形直径已达 92m，不仅方便施工，而且节约投资，见图8。

　　(d) 双向复加预应力双钢管支撑。钢筋混凝土支撑的缺点是不能重复利用，钢支撑可重复使用，但刚度小，承载力低，为了克服这个缺点，研究成功了双钢管组合，安全轴力可达 5000～6000kN，而且双向重复多次施加预应力，消除钢支撑的结构变形与弹性变形，实际上就增加了支撑刚度与强度，这是一种很有发展前途的支撑体系。

　　(e) 土锚杆。支撑是设在坑内的，对施工操作多少有些影响，国外及上海以外地区采用打入坑壁外的土锚杆来拉住板墙，从理论上讲是一项很好的技术，但由于上海是软土地基，土锚杆承载力小，而且土的流变使变形逐渐增加，因此上海还处在个别工程的试验阶段，仅

图 6　钢板桩、深层搅拌桩与内支撑配套

图 7　钢筋混凝土桁架式支撑

图 8　钢筋混凝土环形支撑

在太平洋饭店、爱建公寓等少数工程中试用。

（4）环境保护技术：

上海市区深基坑施工，坑外安全支护要求已超过坑内施工安全的需要，变形控制严于强度控制的要求，对坑外环境保护已逐步成为一种专门的施工项目。

a. 信息化施工的监控技术：基坑支护方案设计时就要对基坑施工全过程进行信息化施工的规划，根据环境状况要设置坑内外水位、坑壁、坑外目标变形（沉降与位移），主要结构构件应力应变等监测点。确定量测制度及信息处理程序，施工过程中，要按信息变化来控制施工速度与安排施工措施。

b. 考虑时空效应的挖土支撑技术：由于软土层粘弹塑性的特殊性，土体变形不仅与应力有关，还与应力历史、时间等参数有关，支撑的及时性与有效性对变形的关系是极大的，所以在挖土与支撑配合上形成了盆式挖土技术、岛式挖土技术。目前按支撑最短开始受力的时间优化挖土支撑技术，正在研究发展之中。

c. 地基加固技术：为了减少坑内外变形及保护对象的变形，发展了多种地基加固技术，如各种灌浆技术、水泥土桩技术、锚杆静压桩技术以及板桩墙补漏技术等，已广泛应用于抢险及控制变形的施工。

2.2　上部结构施工

由于高层建筑主要是钢筋混凝土结构，这里主要叙述钢筋混凝土结构施工的适用技术。

（1）模板体系：

在上海，承重体系为钢筋混凝土装配式结构的高层建筑已基本不建。因此，模板是高层建筑施工的主导工序，各方面都比较重视，新的模板体系出现不少。

a. 大模板体系。适用于剪力墙体系的住宅建筑。有全大模与内浇外挂两种体系。每个开间的一个墙面为一块模板，用塔式起重机作垂直、水平运输。混凝土浇捣后，一天就拆模，两个流水段施工，大模板可以不落地，连续周转使用。外墙大模板可以粘贴有花纹的衬模，拆模后形成艺术混凝土墙面，起装饰作用。内墙面只要认真做好质量控制及拆模后的修补，可以不做内粉刷。

b. 爬模体系。将大模板与爬架分阶段临时固定在混凝土外墙体上，用手拉葫芦或千斤顶使模板沿爬升的导架逐层上提，爬模体系装拆模简单、位置正确、工效高，在许多公共高层建筑外墙上使用也很方便，上海电讯大楼、展览中心等结构外墙就用此法施工。

c. 滑模体系。滑模适用于剪力墙及筒体施工，原来的工艺是竖向结构用滑模法先施工，横向的梁板在墙体上留洞后采用降模或台模等方法施工。现在为了施工安全与方便，采用了"滑一浇一"工艺，就是在竖向结构滑升一层以后，打开滑模操作平台，进行台架式平面模板安装，绑扎梁板钢筋和浇捣混凝土，然后再进行第二层滑模。这种方法可以一星期完成一层楼板结构，上海已有大量住宅用此法施工。

d. 提模体系。运用升板法工艺，将柱墙梁模板挂在提升平台上，用安装在劲性柱或工具柱上的升板机随时可以提升或下降平台，由于升板机动力大，工作平稳，升降自如，因此模板装拆方便、质量较好。37层的沪办大楼即用此法施工，7天一层质量较好，上海金茂大厦也用此法施工。

e. 台模或飞模体系。这种工艺较适合框架结构，使梁板模板装配化，较多用在高层轻工业厂房、高层仓库和高层框架轻板住宅上。

f. 钢板模、九夹板散装散拆的平台模板体系。这是使用量最大的模板体系施工，灵活运用小钢模与大张九夹板，靠较多的人力散装散拆，任何建筑公司都有条件施工，用在复杂结构有一定优点，目前上海的高层宾馆大部分用此模板体系施工，但层数较多的工程已在完全散装散拆的基础上改进为人力可以搬运的固定坐标位置的组合式模板，以减少散装、散拆程度，提高工作效率。近年来平台模板采用的早拆模体系，可以留少数立柱快速拆除平台模板。

g. 塑料模壳。上海的高层建筑为了增加空间，楼板逐步采用双向密肋楼盖，所以塑料模壳的应用也有了发展，在支撑方式上与早拆模相结合，模壳可以周转使用。

（2）垂直运输机械：

高层建筑施工垂直运输是必要条件，这几年已逐步形成系列化的垂直运输机械。

a. 塔式起重机。由上海研制与引进的塔机已经配套，有 600kN·m 下旋式行走塔机、600kN·m 自升式塔机、800kN·m 折臂式塔机、70HC 三用塔机、88HC 三用塔机、1200kN·m 两用塔机等，这些塔机可以分别解决 12 层到 50 层各类高层建筑的施工。目前已经着手研制 1000kN·m 三用塔机，以代替进口的 70HC 和 88HC 塔机，做到成套塔机上海自行生产。塔机是高层建筑的主要运输机械，用于钢筋、模板、水电管料的垂直运输与局部水平运输，也用于混凝土布料机移动及其他作业。

b. 施工附墙电梯。这是高层建筑施工人员上下的必需机具，也可以运送小件物料。上海使用的两种是瑞典林登-阿利马克和上海宝山电梯厂所生产的人货两用电梯，高度分别可达 150m 和 100m。华东建筑机械厂、上海建工厂也正在生产可替代进口的施工电梯。

    c. 高层施工井架。这是在多层井架基础上改进加高而成，有三柱二笼、二井三笼和单井式，都系施工企业自己制造，可以运输各种材料，是装饰准备及装饰阶段的重要运输设备。虽属土设备，但解决大问题，上海几个主要高层都有使用。高层施工垂直运输机械设备，一般 $1000m^2$ 的楼面积配一机一梯一井架或一机二梯，可基本满足正常施工速度。

    （3）混凝土施工技术：

    钢筋混凝土结构的高层建筑，平均每平方米建筑面积要用混凝土 $0.5m^3$ 左右，所以混凝土的原材料选择、拌和、运输、入模、振捣是高层施工中极重要的施工技术。从上海市区改造场地小，交通困难的客观条件出发，经过多年的努力，已逐步形成了商品混凝土供应体系。为了与其配套，也开始形成商品混凝土的成套施工技术。

    a. 混凝土搅拌：上海建工集团建立的两家商品混凝土公司，年生产能力 1000 万 m^3，其他大型施工企业也建了一些搅拌站，都是机械化自动化程度较高的搅拌楼，形成混凝土的预拌工厂。上海建工集团 1995 年实际完成了 230 万 m^3。

    b. 混凝土运输：混凝土的运距平均在 15～20km，采用搅拌输送车运输，一般从出料到达工地为 0.5h 到 45min，一辆 $6m^3$ 的运输车年运送能力约 $10000m^3$。

    c. 混凝土入模：建工集团系统的商品混凝土，均用泵车泵送入模，6 层以内采用汽车泵，高层采用固定式泵车。对高层的平面布料入模采用接在泵管上的转动式布料机，可以在转动半径范围内将混凝土泵送入模。商品混凝土用泵送入模达 95％以上，泵送高度一次达到 350m。除了商品混凝土之外，现场设搅拌机，用塔吊、井架等机具作垂直运输，吊斗和小车运送入模，这种传统工艺在住宅高层建筑施工中还占重要比重，有一定的经济性与实用

图9   金茂大厦钢结构施工

图 10　金茂大厦外观（模型）

性。

　　d. 混凝土强度等级：随着高层建筑的增高，混凝土强度等级也在不断提高，因此混凝土的配比优化也有很大发展，粉煤灰与化学外加剂二掺技术在上海已广泛应用于 C60、C80 混凝土。

　　（4）预应力及钢筋连接技术：

　　a. 上海高层建筑应用预应力技术和其他省市相比是比较落后的，当广州 63 层的国贸大厦在高层现浇楼盖上采用无粘结预应力时上海的超高层楼盖还没有一例采用预应力，但近几年发展很快，许多高层建筑内筒到外柱之间的楼板很多采用了预应力，如新上海国际大厦、工商大厦等基本上都是无粘结预应力索预埋，等混凝土达到一定强度等级后张拉。而且基础工程也有采用预应力，如上海国际航运大厦的地下室楼地板，目前正在探索桩与地下墙采用预应力技术。

　　b. 上海采用较多的钢筋连接有以下几种：电渣压力焊、套筒冷轧与冷挤压接头，近期发展较多的是锥螺纹套筒接头。

（5）钢结构安装技术：

钢结构的高层建筑虽然比较少，但近几年已经有不少工程采用钢与混凝土混合结构或全钢结构。如金茂大厦是比较典型的混合体系（图9、图10），世界广场是典型的全钢结构。钢结构的安装采用附着在钢结构上的自升式塔吊，一般按塔机的起吊能力以1层或2层作为一个安装单元层，先柱后梁或组合件进行就位，连接采用安装螺栓，经校正后采用电焊固定与连接，也有的采用高强螺栓。这类钢结构建筑楼盖还是采用钢筋混凝土结构，以压型钢板代模板，上面适当配筋后浇混凝土，施工顺序上，一般在钢结构安装完毕隔3层后，混凝土楼盖跟上施工。

3 对高层建筑施工技术发展的几点看法

上海的高层建筑还会有较大的发展。由于上海城市的特殊地位，城市还会有大的发展，而上海地少人多，高层还会大幅度的发展，主要是超高层的商业办公建筑与高层住宅建筑。为更快更好建造这些建筑，施工技术必须跟着发展。从现状分析，应当从如下几方面作出努力：

3.1 研究与推广逆作法

高层建筑与开发地下空间相结合。今后的高层将有多层地下室，而用现在的明挖基坑支护体系是费钱费时的，应当深入研究并大力推广逆作法施工技术，从而可以大大降低支护费用，地上、地下同时施工。

3.2 开发巨形桩

目前上海的高层建筑，基础底板越来越厚，个别达5m厚，接近2层楼，非常不经济。应当发展巨形的一柱一桩、一墙一桩技术，进一步完善计算理论以及基础墙桩与上部结构的共同作用，大大简化基础底板的设计。

3.3 大力发展高强度混凝土与预应力技术

按我国的国情，高层建筑还是应当以钢筋混凝土为主体。由于混凝土自重较大，所以随着层高的增加，自重所占的比例就大，从而影响混凝土结构向更高层数发展。为此应当大力发展预应力技术与高强度混凝土，力求普及C80混凝土，预应力技术除楼板与梁之外还可以进一步研究发展竖向构件。

3.4 大力推广设计与施工一体化

当建筑超过一定高度以后，实际上施工方法与结构设计密切相关，在设计时就要充分考虑采取何种施工方法，在结构安排上就应选定机具及方法，这对施工高效率是最有利的，而我国的建筑设计与施工是分开的，是否可以学习国外总承包经验，初步设计以后的施工图由施工单位设计，这样，施工方法可以达到最大程度地优化。

3.5 大力研究与推广高层住宅建筑体系

高层住宅不同于商业办公大楼，一般都是一大批的，因此要搞住宅产业化，就要研究结构与施工优化体系，达到高层住宅工业化施工。

目　录

1 地 基 处 理

1.1 金茂大厦地下连续墙设计与施工

金茂大厦位于上海浦东陆家嘴繁华经济开发区,占地总面积约2.3万 m^2,地上88层,总高度为420.5m,地下3层,开挖深度为19.65m,采用地下连续墙围护,钢筋混凝土围檩和钢筋混凝土支撑支护。这座大厦的地下连续墙,即为大厦88层承重的地下室结构外墙,地下墙总长度568.4m,墙体厚1m,深36m,混凝土强度为C40,用量2万 m^3,各种钢筋用量达2700t,是目前国内特大型地下连续墙的首创。

这座大厦建成后,将成为中国乃至远东地区的"王中之王"的国际级超高层建筑大厦,如图1.1-1。

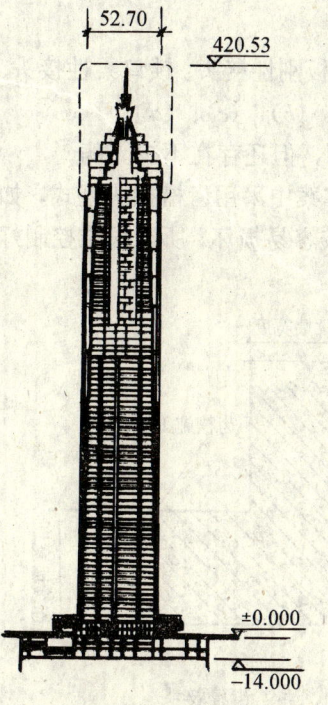

图1.1-1 上海金茂大厦立面示意

该大厦工程由美国"SOM"设计,上海建工集团总承包,地下墙围护结构由上海特种基础工程设计所设计,上海基础公司施工。

1.1.1 地下连续墙的设计

(1) 设计依据和分析

1) 地质特点:

地质条件、土层和物理指标略。

2) 金茂大厦围护工程中,美国"SOM"设计方案采用45°六道斜拉锚施工方案,如图1.1-2。如此巨大的地下连续墙在上海软土地基上进行六道斜拉锚施工尚有问题,所以,地下连续墙工程必须全部重新设计和验算。

根据地质条件和美国"SOM"原设计情况,地下墙厚度仍为1m,深度36m,采用泥浆护壁法施工技术,采用钢筋混凝土围檩和四道钢筋混凝土支撑,以此依据进行地下连续墙系统设计,如图1.1-3。

3) 地下连续墙的地面荷载为20kPa。

4) 地下连续墙作地下三层外墙本身结构,室内外各种与地下墙之间的关系依据"SOM"设计原图设计在地下墙内。

5) 地下墙与楼板、梁等连接插筋按等强度要求换算插筋用量预埋在地下各槽段内。

(2) 地下连续墙的总平面设计

1) 地下墙槽段接头型式选择

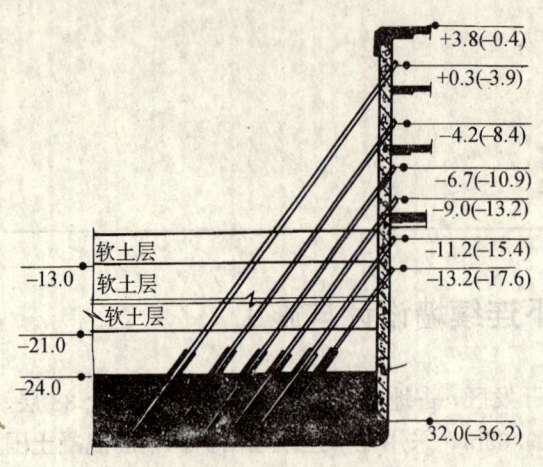

图 1.1-2　斜拉锚方案

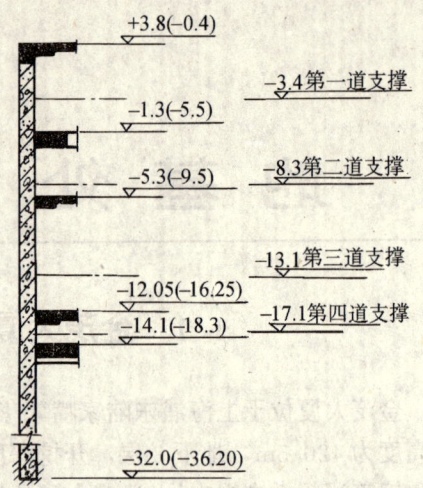

图 1.1-3　地下墙方案

金茂大厦地下连续墙为地下室外墙功能,又不搞内衬,槽段之间施工缝接头型式必须具有严密的防水功能,又要承担使用功能,这就要求设计出适合于这种条件的新式的槽段接头,由此,对目前国内传统接头进行全面分析,取其优点,克服缺点,设计出理想的接头型式。

①国内的几种接头:目前国内所采用的接头型式有十字钢板刚性接头、锁口柔性接头、伸出钢筋的刚性接头、止水措施的柔性接头,如图 1.1-4 (a)、(b)、(c)、(d)。

这些接头型式,各有优缺点,在国内工程中,都起过作用,但还存在不少弊病。

②美国"SOM"的齿槽接头型式:美国"SOM"原设计方案中采用齿槽接头型式,如图 1.1-5。该接头型式虽具有渗水流径长等优点,但施工中比较容易损坏,所以很难控制好完整的齿槽,无法确保止水效果,为此没有选用。

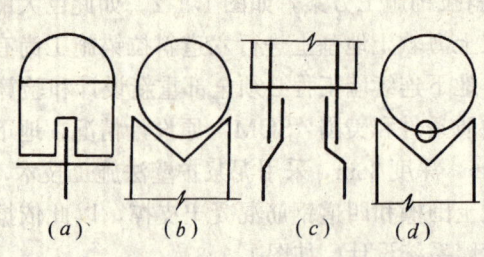

(a)　　(b)　　(c)　　(d)

图 1.1-4　接头型式

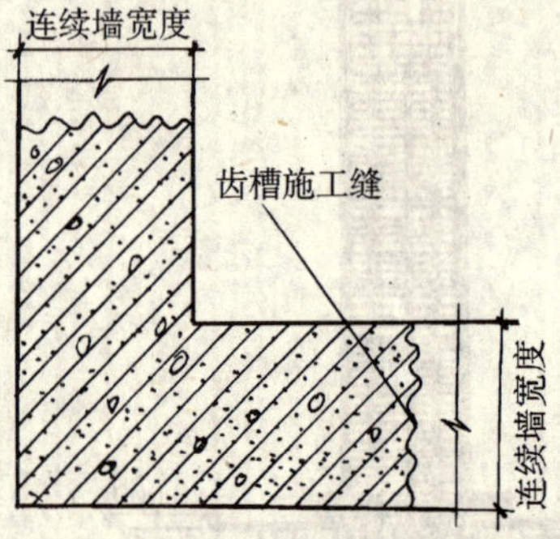

图 1.1-5　齿槽接头

③新型设计接头——凹凸楔槽刚性接头型式:综合国内外槽段接头优缺点,设计了本工程中适用的新型接头,即凹凸楔槽刚性接头,它的优点为:雌雄之间接合面大,渗水流径长,止水密封性能好,齿槽刚度大,抗剪力大,施工中齿槽不易损坏,施工易操作,质量好控制。如图 1.1-6。

2) 槽段结构类型的设计

根据地下墙总平面特点、施工机械设备条件和施工技术状况，槽段结构类型的选型为"A"、"B"、"C"、"D"槽段，分别表示双雌槽段，$L=5.4\text{m}$，双雄槽段，$L=6\text{m}$，转角槽段，一雌一雄槽段，其中"A"、"B"两槽段为标准槽段，如图 1.1-7 (a)、(b)、(c)、(d)。

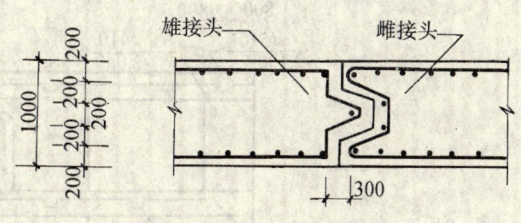

图 1.1-6　凹凸楔槽刚性接头

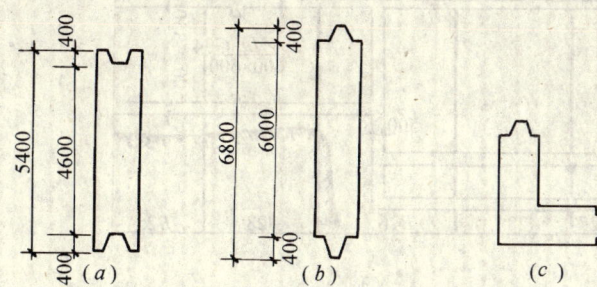

图 1.1-7　槽段结构类型

3）地下连续墙槽段平面设计

地下连续墙槽段划分设计，根据总延长米、各转角座标点为界的各边长特点、地下墙面上的各梁板及孔洞等关系详细设计，划分出地下连续墙平面图。总槽段数设计为 105 幅，其中标准槽段为 81 幅，即双雌标准槽段（$A1\sim A42$）为 42 幅，双雄标准槽段（$B1\sim B39$）为 39 幅，转角槽段为 9 幅，一雌一雄槽段（$D1\sim D4$）为 4 幅，特殊槽段为 11 幅，平面图如图 1.1-8。

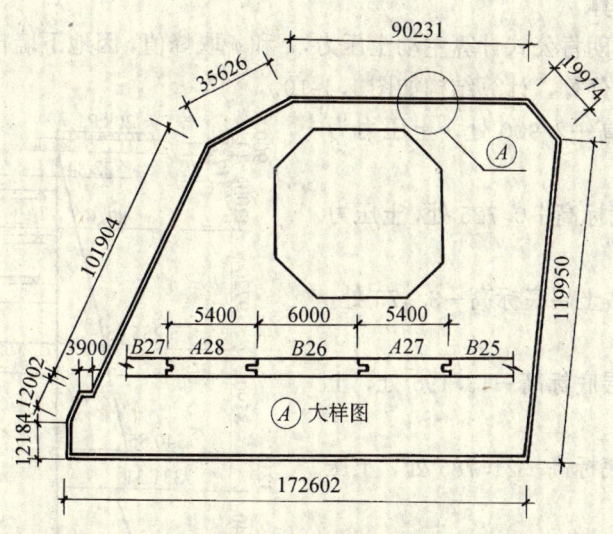

图 1.1-8　地下墙平面图

4）地下墙建筑立面图设计

地下连续墙本身为地下外墙结构，一切与此相关的结构均需设计在地下墙各槽段内。选用六幅立面图反映了全部设计内容，如图 1.1-9。

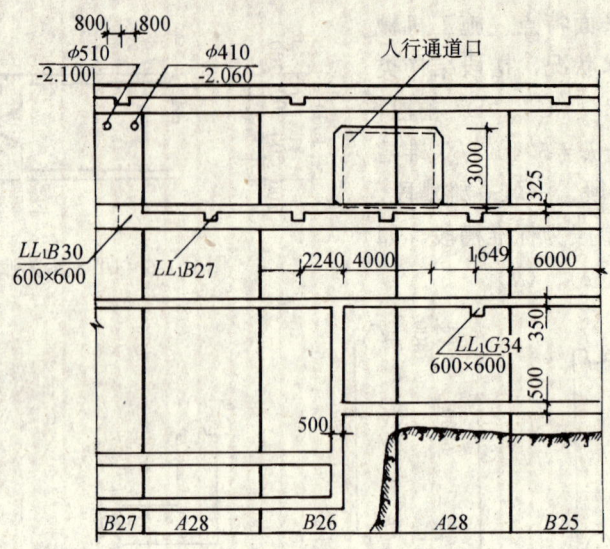

图 1.1-9 局部立面图

①地下墙各槽段与各轴线间尺寸关系；

②地下墙与各楼板、底板之间连接关系；

③地下墙与梁、坡道之间位置尺寸关系；

④水、电、暖通穿墙管及孔洞关系；

⑤地下墙与围檩支撑系统的关系。

1.1.2 地下连续墙结构设计

（1）土压力的计算

地下连续墙采用朗肯公式计算主动土压力，c 和 ϕ 取峰值，因地下墙自身就是地下室外墙结构，故采用水土分算，计算结构如图 1.1-10。

1）填土层底标高＋2.900 处，土压力为 1.41kPa；

2）粉质粘土层底标高＋0.725 处，土压力为 22.84kPa；

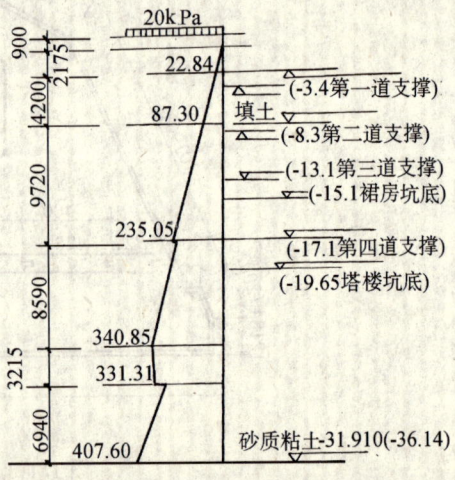

图 1.1-10 土压力图

3）淤泥质粉质粘土层底标高－3.475 处，土压力为 97.21kPa；

4）淤泥质粘土层底标高－13.195 处，土压力为 235.05kPa；

5）粉质粘土层底标高－21.785 处，土压力为 340.85kPa；

6）粉质粘土层底标高－25.00 处，土压力为 331.31kPa；

7）砂质粘土层底标高－31.94 处，土压力为 407.6kPa；

8）粉细砂层底标高－60.26 处，土压力为 766.66kPa。

（2）地下墙的弯矩包络图

根据杆系有限元法计算内力包络图，各工况下的弯矩包络图，如图1.1-11（a）、（b）。

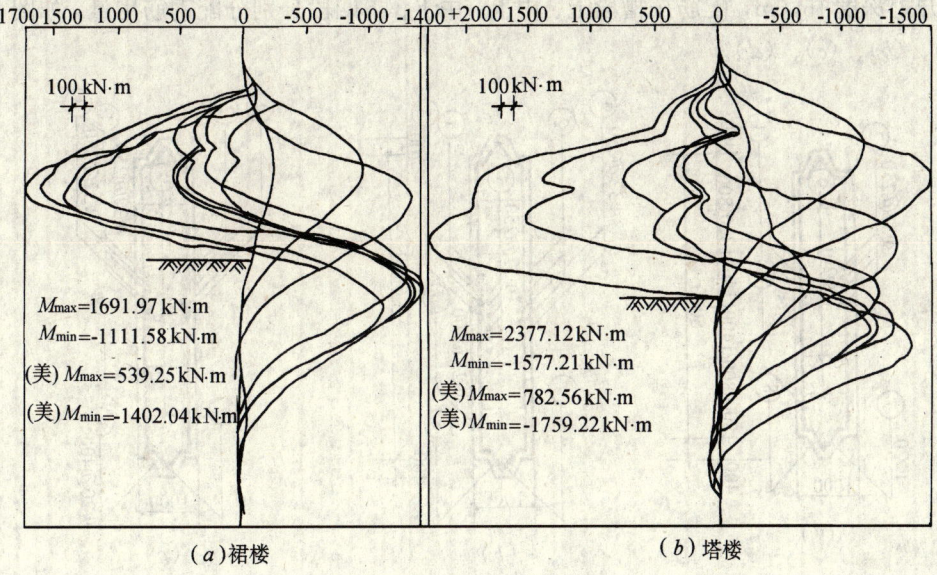

（a）裙楼　　　　　　　　　　　　（b）塔楼

图 1.1-11　弯矩包络图

塔楼的弯矩取值，根据弯矩包络图取地下墙开挖面 $M_{max}=1800$kN·m，背开挖面 $M_{max}=1500$kN·m。

裙楼的弯矩取值，根据包络图取为：开挖面的弯矩 $M_{max}=1400$kN·m，背开挖面$M_{max}=1100$kN·m。

（3）地下连续墙配筋设计

地下连续墙的钢筋材料：Φ为Ⅱ级钢，φ为Ⅰ级钢，地下墙竖向、横向及孔洞加强筋均为Ⅱ级钢。钢筋笼吊装，可一节吊装，也可分两节吊装，搭接接头位置应50%错开，混凝土强度等级为C40，抗渗强度等级为P8。

1）配筋计算

裙楼配筋计算：

挖土面：$M_{max}=1400$kN·m，$H_0=91.4$cm，C40，340MPa

$Ag=\mu bh_0=63.13$cm^2

选用8Φ32（$Ag=64.30$cm^2），即：8Φ32@125。

挖土背面：$M_{max}=1100$kN·m

$Ag=48.9$cm^2，6Φ32@250、@500

塔楼配筋计算：

挖土面：$M_{max}=1800$kN·m，$H_0=91.4$cm，C40，340MPa

$Ag=\mu bh_0=82.21$cm^2。选用8Φ32+4Φ25，@250、@500。

背土面：$M_{max}=1500$kN·m，$Ag=67.7$cm^2，选用8Φ32@1250。

2）塔楼地下墙标准槽段配筋，是依据弯矩包络图计算配筋用量，按槽段总深度36m，开挖深度19.65m，分上、中、下三段不同深度弯矩计算分配钢筋用量，如图1.1-12（a）、 (b)、(c)。

3）裙楼地下连续墙标准槽段配筋图，据上弯矩包络图计算配筋用量，按槽段总深度36m，开挖深度15.0m，配筋按槽段上、中上、中下、下四段分别分配钢筋用量，如图1.1-13（a）、（b）、（c）、（d）。

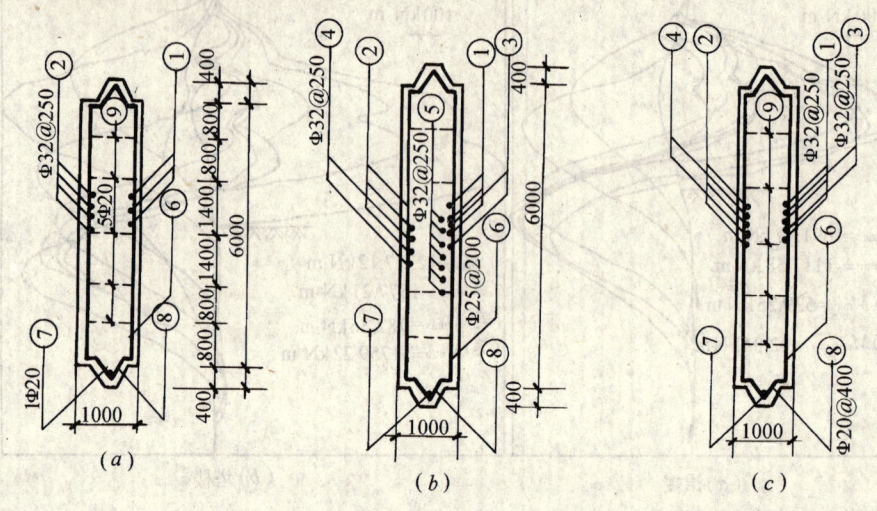

图1.1-12　塔楼标准槽段配筋图

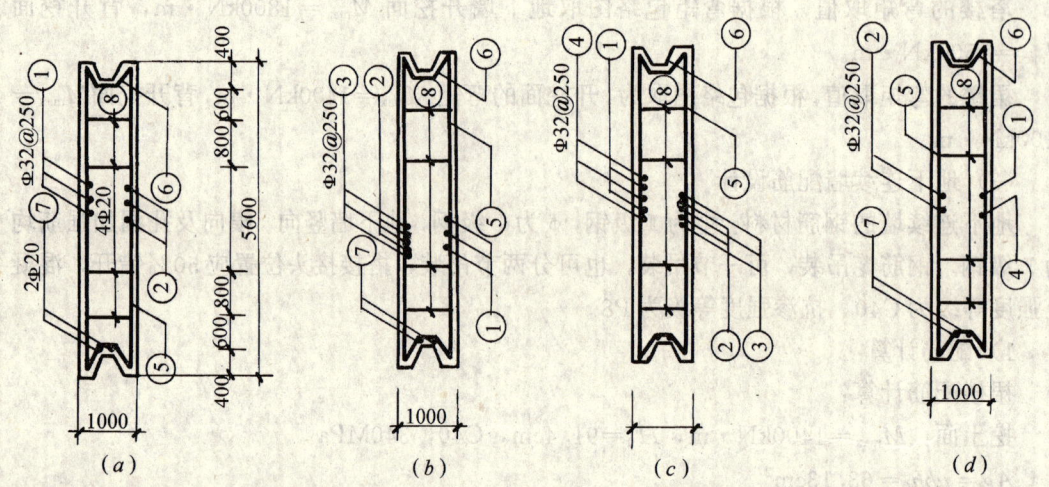

图1.1-13　裙楼标准槽段配筋图

4）转角槽段配筋，同样根据弯矩包络图配筋用量，按槽段总深度36m，开挖深度15.1m，配筋以槽段上、中上、中下、下四个段分配钢筋用量，如图1.1-14（a）、（b）、（c）、（d）。

1.1.3　地下连续墙与楼板、底板、坡度板梁连接设计

地下连续墙与梁板连接以固结接头型式结合，其插筋等与美国"SOM"设计的相应钢筋级别进行调整，按等强度调整钢筋用量。

地下连续墙自身为地下三层外墙承重结构，地下墙各槽段与地下各层板梁、坡道、穿墙管及孔洞连接形式多样，比较复杂。

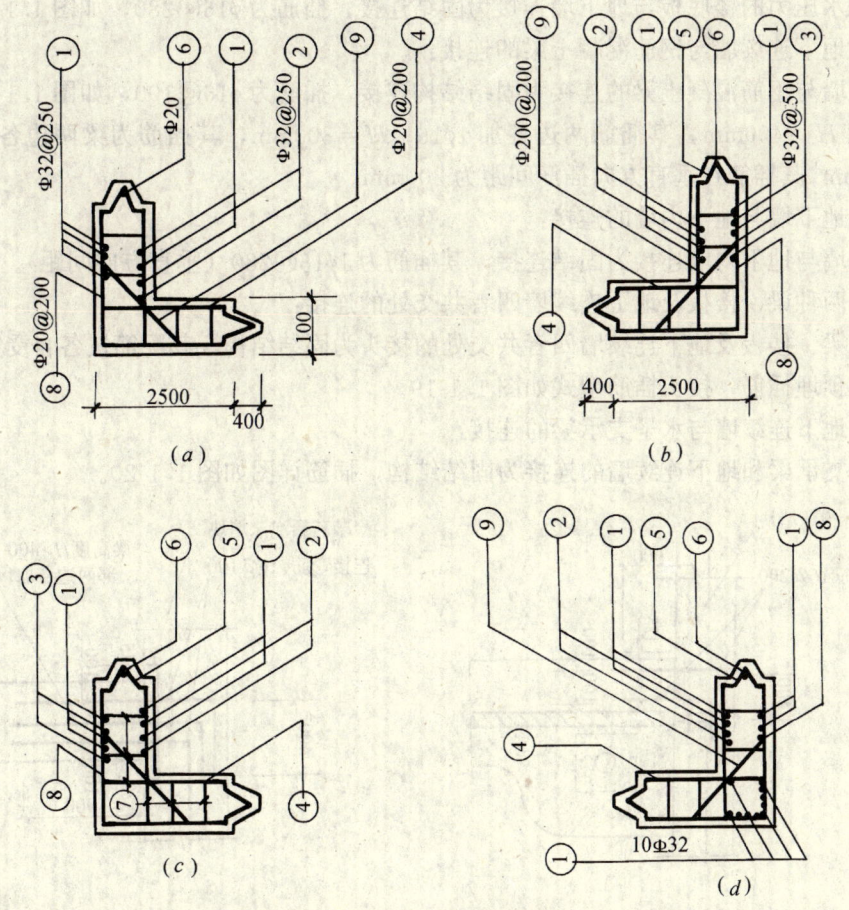

图 1.1-14　转角槽段配筋图

(1) 地下连续墙与楼板的固结连接设计：

地下墙与各楼板的连接的固结接头采用预埋插筋在地下墙，插筋为 $\phi16@280$，如图 1.1-15，图 1.1-16。

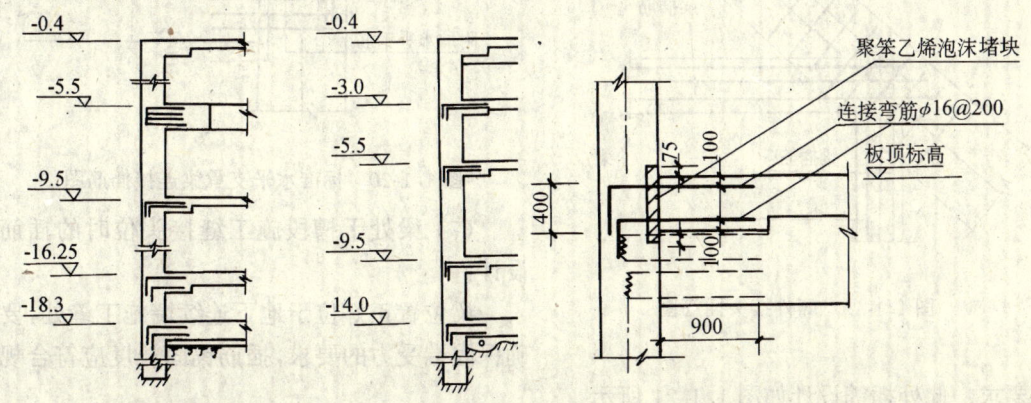

图 1.1-15　地下墙各层楼板插筋图　　　　图 1.1-16　楼板插筋图

(2) 地下墙与抗静水压力的楼底板的标准连接：

抗静水压力的楼底板与地下墙连接为固结连接，插筋为$\phi16@280$，如图1.1-17。

（3）地下连续墙与钢筋混凝土梁的连接：

地下墙与钢筋混凝土梁的连接为固结结构连接，插筋为$\phi16@100$，如图1.1-18。

梁高$H>400$mm，其插筋两边各加$1\phi16$；$H=800$mm，其插筋为梁两边各加$3\phi16$；$H\geqslant150$mm，其插筋在垂直方向插筋间距为200mm。

（4）地下墙与地下内墙的连接：

地下墙与地下内墙连接为固结连接，其插筋为$1\phi16@280$（垂直方向间距）。

（5）两种梁、楼板及地下连续墙四者共交处的连接：

两种梁、楼板及地下连续墙四者共交处的接头为固结结构，其配筋按各自受力状况的配筋进行预埋插筋，接头插筋型式如图1.1-19。

（6）地下连续墙与水平支承梁的连接：

水平支承梁和地下连续墙的连接为固结结构，插筋详图如图1.1-20。

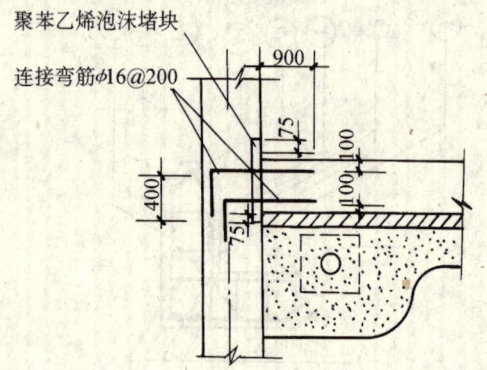

图 1.1-17   底板插筋图

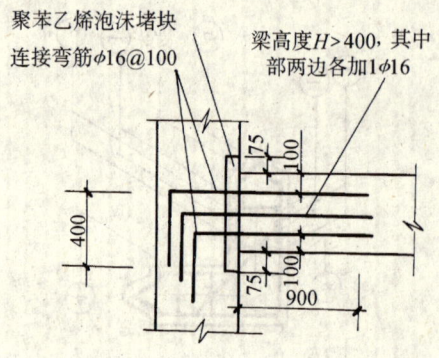

图 1.1-18   混凝土梁与连续墙连接插筋图

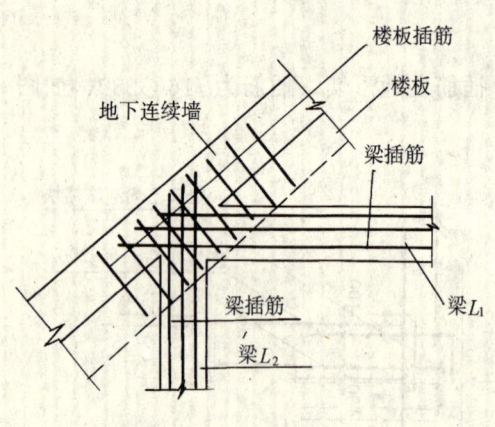

图 1.1-19   四件接头插筋图

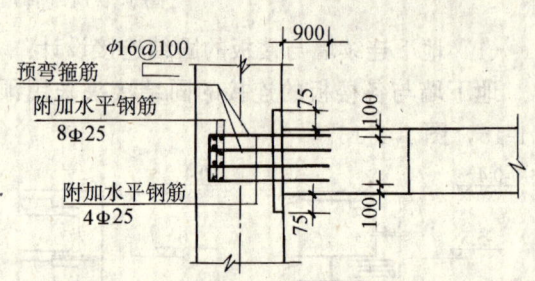

图 1.1-20   标准水平支承梁连接插筋图

（7）梁处于槽段施工缝接头位时的插筋设计：

梁位置正好位于地下连续墙施工缝处，要确保固端受力的要求，插筋锚固长度应符合规范要求。此处插筋设计如图1.1-21所示。

（8）孔洞处的地下连续墙配筋：

洞孔（$\phi300$mm以上）周围附加钢筋，设计为洞口缝边附加钢筋数量为被切断钢筋数量

的50％再加一根，中心距为75mm，附加钢筋尺寸
应与被切断钢筋相配合。

1.1.4 地下连续墙止水设计

地下连续墙即为地下室外墙，室内墙不另加
内衬，地下墙本身抗渗为$S8$，槽段接缝的结构型式
必须防水性能好，本设计将采用最新式的凹凸型
接头结构，能够做到双保险，在每个接缝处另外再
进行压密注浆。这样设计只要施工质量达到，就能
确保止水效果。金茂大厦如此深的开挖面，地下水
头压力也是相当大，工程实践效果很好，整个止水效果都比较理想。

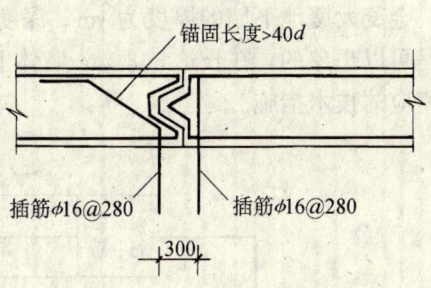

图 1.1-21 梁位于施工缝的插筋详图

整个地下墙所有孔洞均设计防水构造，长、方形开洞处置防水密封预留凹槽，各种圆
孔的套筒外另设密封防水的连续钢圆环。

1.1.5 对施工要求和质量控制

（1）成槽垂直度应不大于1/200，并应用测槽仪测其垂直精度及槽的宽度。

（2）触变泥浆应按规范要求试配，待确定其配比后，应严格按要求配制，并要检查物
理力学指标。

（3）地下连续墙施工，除特殊要求外，均应按《地基与基础工程施工验收规范》GBJ202—
83、《地基基础设计规范》DBJ08—11—89 和《混凝土结构工程施工及验收规范》GB50204—
93 执行。

（4）地下连续墙应按基础公司地下连续墙工法"GF/PJBL021 JS07—92"和基础公司地
下连续墙施工技术规程（试行）"QJ/PJBL037 JS013—93"的要求执行。

1.1.6 保证质量技术措施

（1）选定合适槽段宽度尺寸及成槽设备。

（2）确保泥浆物理力学指标符合设计要求。

（3）导墙需座落在已回填好的粘性土中，并防止漏浆。

（4）钢筋起吊需垂直，平顺放入槽段内。

（5）成槽时，采用自备测斜仪或经纬仪控制其垂直度。

（6）钢筋笼需横平、竖直，间距保护层满足规范要求。

（7）混凝土导管位置离开端部不大于 1.5m。

（8）在开挖前接头部位外侧，按设计要求进行帷幕压浆处理。

（9）锁口管拼装后，满足垂直度要求。

（10）浇筑 3.5～4h 后用顶升架启动，以后每 15～20min 启动一次至浇筑完后 3h 拔出。

1.1.7 地下连续墙施工技术

被誉为亚洲第一大楼的上海金茂大厦采用了特大型地下连续墙基础，给地下墙施工技
术增加了相当的复杂性和难度，是目前国内特大型地下连续墙的施工范例。

（1）地下墙的施工工艺

1）地下墙施工工艺见图 1.1-22。

2）单元槽段的施工方式如图 1.1-23。

（2）超深作业施工技术

金茂大厦地下墙的厚度为1m，深度为36m，又遇到铁板砂（地下29m开始），施工难度是可以想象的，在长达568.4m墙体上要成槽97幅槽段，针对超深作业这一特点，采取了相应的技术措施。

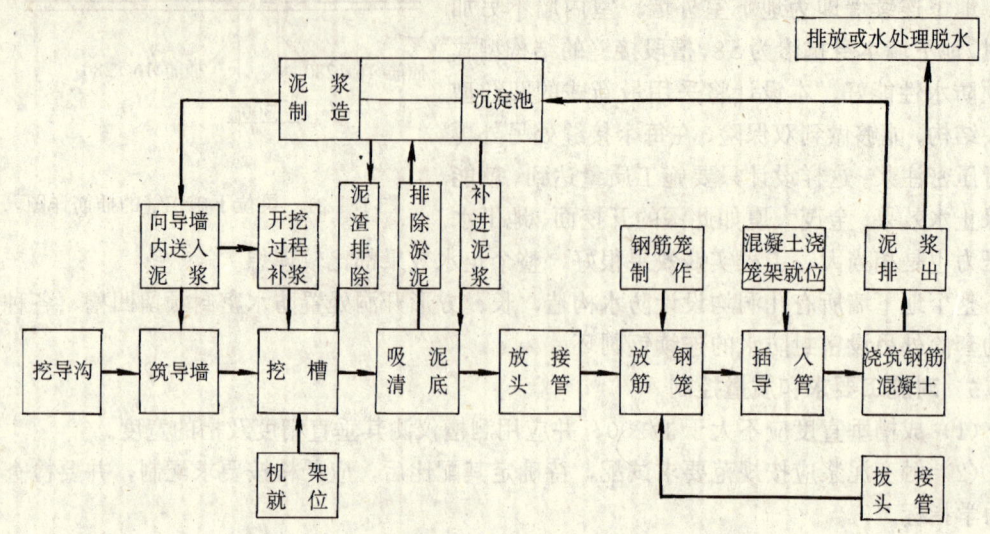

图1.1-22   地下墙施工工艺图

1）采用了相应的设备，满足成槽要求。

①采用意大利进口导杆式液压抓斗成槽，按成槽程序，利用120t合斗力挖去地面以下29m部分。

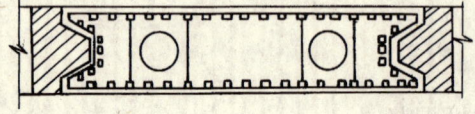

图1.1-23   单元槽段施工方式

②利用绳索式（德国来福尔或日本真砂）液压抓斗的重量，挖掘地面下29m以下的铁板砂部分。

③采取二钻一抓工艺，先钻孔取土形成导向和工作面，再用液压抓斗成槽，使成槽机齿深深切入土中。

利用多种设备将7-1层、7-2层粉砂层按设计要求挖至设计标高。

2）采取了技术措施，防止槽段坍方。

槽段坍方不只是工程费用增加，更是保证施工质量的大忌。第一是挖槽时的坍方不仅影响槽段的深度造成吊放钢筋笼困难，混凝土表面凹凸不平；第二是浇筑时坍方会产生槽段混凝土夹泥，严重的会形成泥巴混凝土。

①从控制泥浆物理力学指标来确保槽段稳定：

护壁泥浆是槽段防坍方的关键。在质量验收标准中，专有一项泥浆的配置质量、稳定性和泥浆置换内容。

应根据工程的实际土质、水质，经过试验室配制来确定泥浆配合比，对新拌的泥浆配合比和泥浆性能，规范有推荐内容及表格，就一般工程是适用的，但有些工程却不然，例如常熟路地铁车站地下墙工程，经对土质化验为钠土，水的pH值偏高，经试验室重新配制后才免去了坍方。又如虹口区国际商厦地下墙，由于是强液化砂，原配合比失效，后改用钠基膨润土10％，加重晶石210kg，CMC3kg、铁铬盐1kg、工业用淀粉0.3kg，结果泥皮薄而有韧性，失水量小了，效果很好。

对于金茂大厦地下墙，经过试用，调整采用陶土粉9％，纯碱0.5％～0.75％，CMC0.05％～0.75％。

②控制泥浆液面：

在施工过程中，严格控制泥浆液面于导墙下约30～50cm，从而保证泥浆液压和地下水压之差值，达到控制槽壁稳定目的。

③为防止暴雨对泥浆影响，要求导墙比地面高出10cm，同时敷设地面排水沟集水井。

④对每一槽段的泥浆指标，均要求对槽段底标高以上20cm处泥浆作检查，满足相对密度小于1.2的要求。

⑤控制瞬间侧压力，对重型设备的侧压力采取有效的分散措施，在地下墙施工中，重型设备成槽机、50t吊机和搅拌机等，其中以成槽机挖土结束退回时，启动对土的推力和搅拌车直泻混凝土熟料时，撑在开挖槽段边缘，由汽车和混凝土熟料重量引起的侧压力对槽壁的威胁。例如耀华地下墙施工时，曾因此而出现严重坍方，后改为活络泵车软皮管下料后，才取得成功。在国贸大厦、锦江变电站、金陵综合楼，以及金茂大厦，在导墙侧铺设分散重力的路基箱或路基钢板，以及铺设少筋混凝土道路确定重型设备停走路线，来控制瞬间侧压力取得了成效。

⑥导墙必须有一定的强度和刚度，并坐落在密实的原状土上，防止导墙地基发生坍塌或受到冲刷和产生漏浆现象而引起槽壁坍方。

3）调整吊钩位置，使钢筋笼垂直吊入槽段内。

金茂大厦超重长钢筋笼，笼长34.8～35.6m，笼宽4.8～7.2m，重量为26～35.2t，制作时必须在整平台上，作到上、下平整，纵、横向垂直，吊点位置准确，采用150t大型履带吊机双吊一次就位方案，起吊平衡稳重，按主、副钩先后顺序逐渐脱离地面成垂直状，再缓缓入槽，平顺就位，禁止强行入槽。

4）对邻近12根A 609钢管桩部位的特殊处理。

12根A 609钢管桩离地下墙仅有20cm，为防止土体扰动后在成槽时出现坍方，在14m深送桩孔内回填砂进行压密注浆处理，并将送桩孔除地下墙一侧三边4m范围内的土体也进行压密注浆处理，保证了土体稳定，成槽顺利进行。

（3）一墙两用的施工技术要求

金茂大厦地下墙既是深坑开挖时临时挡土、防渗墙，又是结构承重墙，故要求垂直度、平整度、混凝土密实性要好，接头处无渗漏水等。

1）采取确保垂直度的技术措施：

①根据金茂地质情况，采取各种侧斜仪和对泥浆扰动小的成槽设备如导杆式液压抓斗、绳索式液压斗及控制导向的二钻一抓成槽工艺。

②成槽机挖掘过程中，用经纬仪控制其导杆或绳索的垂直度，保证其挖掘垂直质量。

③用电脑控制的侧斜仪对每幅槽段的垂直度和坍孔情况进行跟踪测试，并掌握其规律。

④成槽机履带部分力争同槽段平行，使其抓斗尽量同槽段方向一致。

⑤挖掘满足受力均匀，避虚就实，保证垂直。

2）防止混凝土熟料在浇筑时绕流，确保接头箱安全拔除的措施：

①确保接头处成槽时垂直度

接头处成槽时垂直度满足要求（不大于 1/200），则接头箱摆放垂直并靠壁无空隙，防止混凝土熟料绕过去。

②接头箱摆放后，在浇混凝土过程中，严格按控制接头箱上拔时间，使其控制在100℃温度小时内就是混凝土可自立但又无强度，使接头箱一直处于动的过程中，防止成为预埋件。

具体为浇筑硅酸盐水泥混凝土 4h，开始用专用顶升架，顶启接头箱（上移微量），然后相隔15～29min 动一次（微升），一直到混凝土浇完后 6～8h 将接头箱拔出。

3）确保混凝土密实度的措施：

①适当提高混凝土强度，根据规范要求，设计强度为 C40，实际浇筑的强度为 C45。

②现场拌制混凝土施工过程中，严格控制混凝土配合比及搅拌质量，对混凝土坍落度、和易性以及水泥和原材料中的粗细骨料、掺和剂严格把关。

③水下混凝土导管位置严格按施工组织设计要求摆放，导管离开接头箱处要小于1.5m。

④导管要密封严格按水下混凝土要求浇筑，第一次初灌量要充足，以后要连续供应混凝土，导管插入混凝土中要大于2m，直至混凝土浇筑完毕。

4）确保接头处施工质量，防止渗漏水的措施：

①凹凸楔槽刚性接头型式：

单幅槽段接头不佳常是地下墙出现渗漏水的主要原因，地下墙漏水其背后砂土会流入，造成周围地基的失稳和主体结构漏水。本接头型式优点是抗渗性能好，有一定的抗剪切能力，为美国 SOM 设计单位赞同，为了保证接头施工质量，设计加工了新的接头箱以及与之相配套的顶升系统和接头刷。

已浇混凝土接头刷洗要认真，污泥要用接头刷刷洗干净，一般要刷洗 15～20min，至接头刷无泥巴为止。如图 1.1-24。

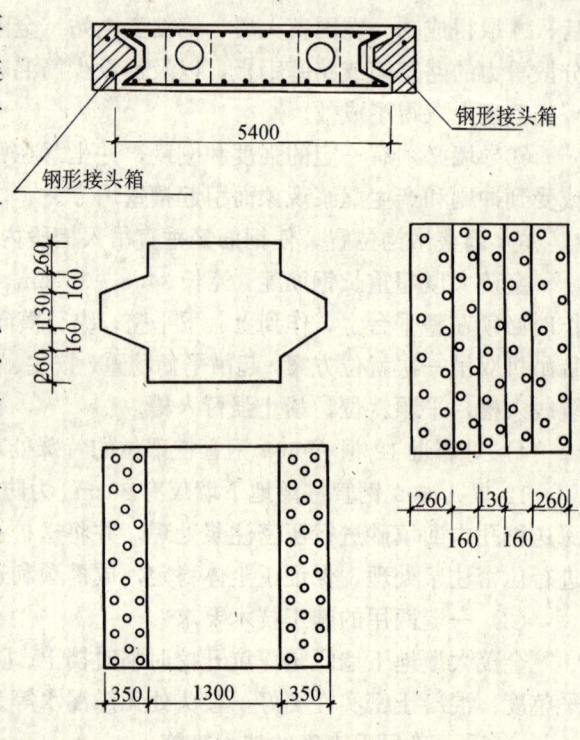

图 1.1-24 接头刷详图

②做好槽段的清基工作，尤其是接头处清基工作：

地下墙是承重墙体，清基好坏对控制地下墙沉降值事关重要，规范规定沉渣厚小于20cm，金茂大厦设计要求为 10cm，清渣方式要用空气吸泥方式和液压抓斗封闭斗清渣方式，对每幅槽段尤其是接头处清渣更要仔细，因为接头处沉渣在浇筑混凝土时，会在压力作用下，沿已浇筑混凝土壁向上挤压，逐渐成较坚硬的夹泥。

③按照水下混凝土浇筑施工要求，浇筑好水下混凝土，并保证锁口管安全无恙地拔除。

（4）工程质量严格科学管理

在地下墙施工中，工地组织了 QC 管理小组，通过 PDCA 循环，不仅使施工管理贯穿于整个施工过程之中，使操作者明了处理各种技术问题的方法，而且采用现代化统计原理来预示存在的问题，从而使施工过程中尽量避免失误，达到预想和实际趋于一致的目的。

在施工管理中，对进度采取网络进度控制，对材料采用 A、B、C 控制法，现代管理在施工现场实践，保证了工程质量，加快了工程进度，收到了较高效益。

1.1.8　结论

（1）工程实践结果表明，金茂大厦两墙合一的巨大地下连续墙工程设计和施工技术是成功的，这一先进技术是大有发展前途的。它与国内两墙分离的传统技术比较，可为国家节约大量的资金。这一成功，也将为国内同类工程的设计和施工提供实践经验和理论依据。

（2）金茂大厦地下连续墙槽段施工接头——凹凸楔槽刚性接头型式的设计和施工技术与国内传统的接头型式比较，止水密封效果明显，更具有优越性，值得进一步推广运用。

（黄正述　倪道明）

1.2　世界广场基坑开挖施工

1.2.1　工程概况

世界广场工程基坑开挖面积为 $7000m^2$。基坑围护结构是厚度为 1m、深度为 30m 的地下连续墙。支撑采用三道由 H 型钢组成的网格形支撑。整个基坑开挖深度为 16m，局部开挖最深达 18m。开挖土方量为 12 万 m^3。

1.2.2　工程施工的难点

（1）基坑开挖面积较大，且受到钢支撑材料的限制，支撑布置较密，机械设备无条件下基坑施工，面临 12 万 m^3 土和约 4000t 的钢结构铺设和拆除工作，如何使基坑开挖中不出现因机械设备不到位而形成的挖土死角是施工中需要解决的问题之一。

（2）基坑开挖深度较深，周围民房及管线离基坑较近，如何控制地下墙变形，确保周围民房及管线的安全，是基坑开挖能否顺利完成的关键问题。

1.2.3　施工方案的确立

（1）为了便于钢支撑的安装及土方开挖，确保先撑后挖的要求得到满足，解决基坑内死角的问题，决定搭设三座栈桥来确保施工顺利进行。

（2）为解决基坑开挖中可能出现的周围环境问题，决定采用基坑中间盆式开挖，基坑两边抽槽，坑内支撑随挖随撑的施工方案。

实施该方案的主要目的是为了减少地下墙的暴露时间，即在基坑中间进行同时开挖，在基坑四周留有 20m 左右的土体来平衡地下墙所受到的内外水土压力差值，在基坑中间钢支撑基本到位后，再在基坑四周抽槽挖土确保内侧土体挖去 2～3d 内完成整根支撑安装及预应力施工，来减少地下墙暴露时间，减少地下墙的变形和随之而来的周围民房及管线的沉降。

（3）基坑内支撑及垫层施工需要施工人员下基坑工作，在基坑内打设轻型井点来降低基坑内的水位，改善施工条件。

(4) 在基坑外侧打设深井,减小地下承压水的压力,防止基坑内土体隆起。

1.2.4 工程施工

施工顺序:

半环形道路形成 → 内导墙拆运
深井降水
轻型井点降水
支承桩和栈桥桩打设 → 栈桥塔设
→ 土方开挖
支撑安装
→素混凝土垫层浇筑

→栈桥拆运→外导墙拆运

(1) 道路形成

1) 施工道路是确保开挖工作顺利,不受阻碍的一个重要环节。根据现场的施工条件和实际施工所需的工作面,拟在场地的西侧设置一条宽7m 的道路,在场地北侧设置一条6～10m 宽的道路,并在乳山路上开设3 个大门面对栈桥,以乳山路作为施工机械的主要出入口。

2) 道路的施工

道路全部满堂用道渣打底约20cm 厚,上铺5cm 碎石,浇筑C20 素混凝土15cm。在道路施工时,应考虑到进出设备的自重较重且出入频繁,在道路中铺设了一些网片钢筋来改善道路的受力性能。

(2) 内导墙拆运

根据原先导墙施工时预留的接口位置和现场机械设备的能力,导墙按6～10m 分段拆除。导墙拆运要求迅速,拆下来的导墙要及时外运(因施工场地狭小,无法堆放,故为了确保工程进度,导墙拆除后一定要立刻清理外运)。外导墙作为临时挡土结构预留。

(3) 深井降水

根据施工需要,基坑局部将开挖到18m,基底承受的水压力可能会使基坑出现坑底土体隆起的现象,为解决这一问题,在基坑的四周打设八口孔径均为560mm、管径为250mm、井深48m 的深井,在基坑开挖到第三层时进行抽水,以确保基坑内侧的水压力平衡,同时为避免在施工时的盲目性,除八口深井外,还打设了六口深达39m 和二口深10m 的观测井,每天观测地下深层水和地表浅层水的水位情况,同时在基坑深井抽水的同时,加强对周围建筑物的沉降观测。此外,为确保工程安全,在有利于回灌和对周围影响较小的1 号和2 号井位置进行试抽,来验证原先上海勘测设计院提出的运用逐步减压降水,用一维固结理论估算的水位降深8m,地面沉降仅10mm 的结论,自1993 年9 月20 日至1994 年7 月27 日每天观测水位的标高,可以看到承压水位随流量的增加而不断下降,而潜水水位则基本不变。在确认深井降水对周围沉降影响的确不大的情况后,才决定按原方案施工。

(4) 轻型井点降水

在考虑深井降水的同时,为了便于施工在基坑内也考虑了降水,降水要求坑内水位下降16m。而一般的轻型井点的有效降升仅6～7m,喷射井点虽能满足要求,但成本较高。经多次商议后决定采用二级轻型井点降水。根据施工工地现场情况及施工的需要,施工方案分为二层。第一层地面为五套,降水深度为9m。每根支管间距为1.5m。为了加强降水效果,井点从地表下去1m 开始打设,施工现场四周围土层开挖1m 深沟,使整组井管下沉1m,这样亦有益于利用循环水打管。井底支管长度分9m 及6m 二种,6m 规格为总数的1/4,用途主要是加快地下水位的下降，当水位下降到 6m 深时，就封闭 6m 支管，集中抽 3/4 部分 9m 支管的降水地区，这样能充分发挥设备效能，使之土层干爽。设备采用 SR 型水喷射真空泵，连续 24h 昼夜抽水，同时开设六只观察井，密切注意水位情况。为了配合甲方的土方工程及支撑工作的顺利进行，我方尽力根据甲方的工程进度，提前做好基础工作以及第二层井点降水的施工准备。

第二层降水深度为 −17m，支管长度和设备同第一层相同，井管采用人工打下，因为中间跨度大，这样可以尽量把中间一套打深，施工后期拔井管之前，先停泵 3d，观察水位回升情况，根据实际情况决定拔管的具体时间。

（5）土方开挖

土方开挖是本工程施工中的关键工序，在第一层的开挖过程中因穿插栈桥的搭设工作，采用了栈桥位置抽槽施工，其余平铺开挖的方案。第二、三层土方的开挖则采取了中心开花，两侧预留土体抽槽施工的方案，并确保随挖随抽的工况得到满足。为确保工程施工质量，还制定了如下的保证措施：

1）由于开挖深度较深，且地下地质情况均为粘土，要防止出现"吸斗"的现象。

2）抓土要循序渐进分层进行，切忌对某一点挖得过深。

无目的的挖深具有较大的危害。一是由于深井降水是采用配合施工逐步加大抽水量的方案，如在挖土施工时对某一个点挖的过深，而该点的地下水位尚未达到原计算值的话，那么该点就是整个基坑中最容易产生隆起的位置，对基坑危害极大。二是从每个井格的抓土来说，正确的顺序应该是先四周，后中间，如背道而行，则易产生抓斗滑落，工效降低的情况。

3）中心岛形成后，当地下墙附近的土挖掉后要马上加设围檩和支撑，并施加预应力到设计要求的吨位，预应力施加时要严格按照"对称、同步"的原则进行。

采用该方案一是有利缩短地下墙的暴露时间。如按常规的施工方法，在某道支撑处，将土全部挖光，再安装钢支撑，这样整道工序持续时间较长，对地、墙及临近建筑物影响较大，而如采用中间盆式开挖后，支撑随挖随撑，先在中间形成一个体系，待地、墙附近的土一挖掉马上加设支撑，顺利的话，其地下墙的变形可控制在最小的范围内。

二是中间盆式开挖，有利于在施工中更好的满足设计对支撑施工要求和甲方对工期的要求，因基坑在中间盆式开挖后，工作面增加了，支撑安装、调直及其他工作均能全面铺开进行。

4）考虑到有人工挖土的情况，基坑人工挖土时要在下铺设竹篱笆，防止发生危险。

5）在基坑中间距 10～20m 左右用机械挖一个 1.0m 深的集水井，作为排水用。

6）在基坑挖到接近底标高时，预留 15cm 厚土由人工修平，标高要严格控制，严禁超挖后回填。

7）土方车辆和大型设备要有统一调度，防止发生混乱，出现挖土力量不均衡的现象。

（6）钢支撑的安装

1）围檩的安装：第三道支撑的围檩接头原则上断在支撑轴线处，围檩预顶处的加强板要焊接牢固，围檩安装时要尽可能与地下墙密贴，且在支撑预顶时用铁砖填实，确保每幅地下墙与围檩有两个以上的接触点。在预顶结束后，马上将围檩与地下墙之间的空隙用细石混凝土填实。

此外，考虑到 H 型钢翼板和腹板的作用，在围檩的连接中采用加强腹板的方法来抵抗因地下墙的变形可能受到的弯矩。

2）支撑的安装：由于 H 型钢立柱打设的误差，在第三道支撑施工时可能会出现支撑调直后与立柱桩之间距离较大的问题，为保证支撑体系结点处的受力情况与设计工况相吻合，拟在该部分结点处用 H 型钢段头填实。除此之外，支撑之间的焊接工作亦需完全满足设计要求。

（7）临近建筑物的安全问题

为保证周围临近建筑物的安全，对工地附近的民宅及管线进行全方位的监测。一旦发生危情，马上采取加固措施。

1.2.5　工程完成的情况

（1）基坑开挖后，周围民房没有出现危情。

（2）地下墙的变形被控制在规定的范围内。

（3）钢支撑受力情况十分良好，没有发生不良现象。

（张思群）

1.3　45cm 薄型地下墙首次应用于南川大楼地下室工程

在上海的市政基础建设中，地下连续墙已广泛地应用于建筑物的地下室、地下电站、地下铁道车站、盾构工作井、顶管工作井、市政引水或排水隧道、防渗墙等工程，地下墙的厚度也由最初的 60cm 拓展到 80cm、100cm、120cm，以适应基坑开挖的深度越来越深的要求，但对于地下一层，开挖深度为 5m 左右的基坑工程如采用 60cm 地下墙，就显得不够经济，为此上海市特种基础工程研究所自 80 年代前期就开始着手开发 45cm 薄壁地下墙的施工设备，并在工程中进行试验，直至 1993 年才在上海首次应用于南川大楼的地下室工程中。

45cm 薄壁地下墙与 60cm、80cm 地下墙在设计计算与施工工艺上有相同相似的方面。从设计上看，结构计算的方法相同，墙体的插入深度都必须满足基坑稳定性验算与抗管涌验算；从施工工艺上看，与常规的地下墙施工相同，但由于地下墙较薄，因而对钢筋笼的构造布置更为严格，对水下混凝土的品质要求更高，以此保证墙体混凝土的浇筑及质量。

南川大楼位于苏州河和四川路桥南西侧，南北长 26.8m，东西长 28.2m，占地面积约 756m²，大楼 12 层（后增至 16 层），南侧 8m 范围为 8 层（后增至 10 层），总高 47.9m，地下一层基坑深 4.8m，采用 39m 长桩基，底板厚 1.52m（包括桥塔楼），场地狭小，四周被道路和房屋包围，是本工程的特点。

1.3.1　方案评述

本工程基坑开挖深度 4.8m（实际开挖深度 5.20m），由于场地局促，又受到四周道路房屋的环境约束，并且要求有最大的地下室使用面积，本工程地下室基坑施工用 45cm 地下墙作围护，同时 45cm 地下墙又是地下室外墙。挡土挡水的主体外墙以 45cm 厚的地下墙用于 4.80m 深的基坑围护，同时将地下墙用作地下室的外墙，替代目前常用厚 60cm 墙，从经济和土地的使用上都是有利的。由于本工程的位置处于黄浦区的中心地段，四周受道路房屋的环抱。同时自身的占地面积较小（756m²），对占用施工面积较大的大开挖基坑是不可能的。如采用目前较多应用的水泥搅拌桩挡土，挡土结构自身的尺寸较大，同时还要留出地下室外墙施工的作业空间，每边约须占用4m空间，地下室的占用面积有限了。下面仅以45cm地下墙作为地下室外墙和仅用临时挡土挡水的基坑施工围护作比较：在占用边界不变的条件下，如将地下墙用作地下室外墙，仅为临时支护，地下室有效使用面积是长边和短边各扣除2倍墙厚和操作空间后的面积（墙厚和操作空间约2.50m）。如以占用面积为100%，地下墙作外墙的有效使用面积为93%，地下墙仅作施工围护的有效使用面积为63%（见图1.3-1）。

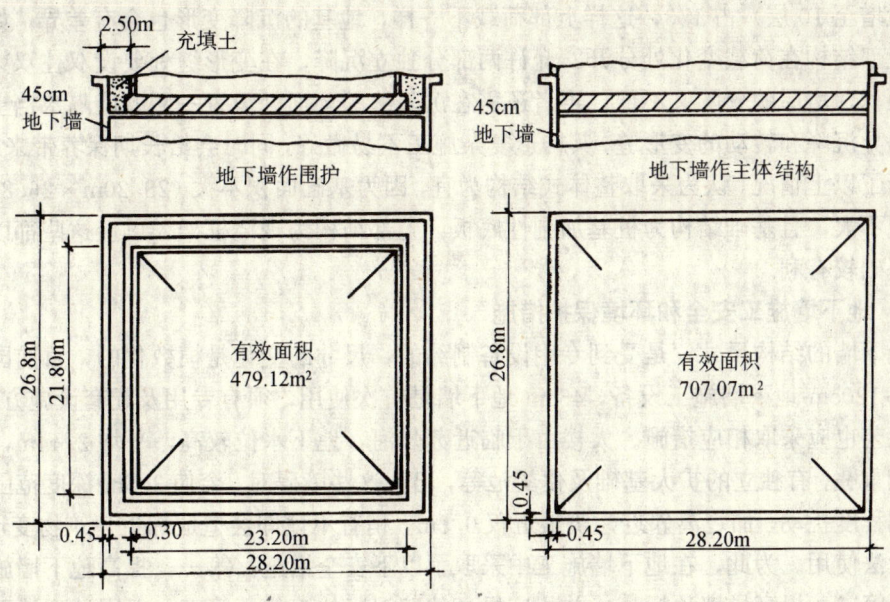

图 1.3-1　地下墙有效使用面积

1.3.2　地下墙作基坑施工围护又作地下室外墙

上海在70年代，将地下墙开发应用于工业与民用建筑基础工程和地下工程以来，在房屋建筑上一般都用作开挖基坑的施工措施。1984年上海市特种基础工程研究所大楼，试验性地采用逆作法工艺，以地下墙作地下室的外墙，挡土挡水，同时承受房屋四周边墙传下的垂直荷载。该楼高五层，地下二层，占地500余平方米，面积较小，层数少，荷载也小，成功地采用了逆作法施工并且地下墙作为建筑主体挡土挡水又受垂直荷载的结构，以后上海地区有较大量的房屋建筑，其地下室及基础施工时，采用地下墙作开挖基坑的支护，均不参与主体结构工作。原因是多方面的，主要是：1. 承受垂直荷载的基础其他部分，由于各自的工艺特征和插入深度不一，在上部荷载作用下力的分配是很难确定的；2. 地下墙施工是采用"化整为零"的分段作业法，节缝较多，在上海地区地下水位较高，这些节缝无疑是造成以后"水害"的祸根（同时由于基坑开挖过程中必然会发生位移，原闭合的节缝会张开）；3. 在泥浆中浇筑的混凝土，同常规方法浇筑的混凝土是不同的，是否能做好与内部结构的联系。由于南川大楼的特定条件，上述问题淡化了。首先是场地小，地下墙能作为主体结构，提高了土地使用效率，而边荷载仍由桩来承担；其次对节缝的渗漏（有可能），除保证地下墙施工质量外，基坑施工保证最小的墙体位移，另外地下室内做好疏水措施；第三地下墙作为地下室的受力结构有一定成功的经验。

南川大楼的地下结构的设计概念是如此的：上部结构的全部荷载通过框架柱传给底板，底板厚 1.5m，由底板散布到每根桩上，桩深 39m，桩径 ϕ0.60m，共 146 根。作为地下室外壁的地下墙是用预埋筋与地下室底板及楼板连接在一起，除自重外不直接承受垂直荷载，连接处要受部分由于基底沉降时的剪力，墙厚 45cm，深 10.85m。这一设计思想亦已在苏州新艺城地下结构基础设计中应用。

1.3.3 基础结构

南川大楼东立面采用台阶形，北端高处 12 层（后增至 16 层），约占 2/3，南端低处 8 层（后增至 10 层）占 1/3，这样上部荷载不一样，地基的沉降变形也会有差异，如基础底板和上部结构在荷载变化处分开，允许两部分独立沉降，在变形缝处要设双柱双梁，既占据了面积，房屋的分隔又不便。再者还需在沉降缝的环面处设置一圈既能隔水挡土，又能承受差异沉降和转动的变形缝，其构造复杂施工不易做好，同时会给长期保养带来麻烦。综合分析了以上情况，认为采取整体式结构为宜，因为基础面积不大（28.20m×26.80m），荷载差也不大，且基础结构为桩基加刚性底板，上部结构为现浇框架，以上这些都以采用整体式基础较有利。

1.3.4 地下墙施工安全和环境保护措施

地下墙的结构尺寸，是受到专用设备制约的，尺寸的变化是模数化的，目前国内只有 60cm～120cm 地下墙施工设备，45cm 地下墙是首次使用，须有专用及配套设施方能施工，施工工艺也应采取相应措施。大楼由于临近苏州河，地下水位较高，平均 2.44m，大楼下老基础重叠，有独立的扩大基础及化粪池等，出现这些障碍时，会使 3.5m 深度范围基土受到不同程度扰动，加之离邻近建筑最近仅 0.8m，稍有不慎即会造成邻近建筑物变形、周围管线无法使用。为此，在地下墙施工中采取了以下安全措施：第一，提高地下墙施工地坪标高；第二，提高导墙顶标高，并相应提高护壁泥浆的液位；第三，对因处理地下障碍被扰动的土体采取注浆补强方法，以保证成槽的稳定可靠；第四，在基坑开挖阶段，采用结构刚度大、变形小的现浇圈梁和钢结构角撑，坑内采用管井顶预降水，以降低土内含水量，改善坑内施工条件。

1.3.5 施工程序

大楼的基础施工程序见图 1.3-2。

以地下墙作基坑围护，当基桩采用打入桩的时候，一般先打桩后做墙，因为打桩过程中不可避免地产生挤土效应，造成地面和地下土体的水平和垂直移动。故打桩过程中要不断地修正打桩位置，以保证实际桩位满足设计要求。在间隔一定时间后，再形成墙，以保证地下墙的位置和结构本身不会受打桩挤土造成位移和结构变形等影响。打桩结束至地下墙成槽要有段间隙时间，主要是为释放打桩挤土引起的超孔隙水压，保证槽的安全可靠。反之，先成槽后成桩，将桩打在被地下墙封闭的土体内，须防止打桩造成的挤土影响不扩展到地下墙外，但往往由于地下墙的刚度一般抵挡不住打桩引起的土体推移而掌握较为困难。如果基础桩采用钻孔灌注桩（本工程就是采用了 600mm 灌注桩），一般可先做墙后做桩，这样可以利用成桩的时间，养护墙身混凝土，实现基坑早日开挖。如果工期、场地均允许，先桩后墙或桩墙并行都是可行的。

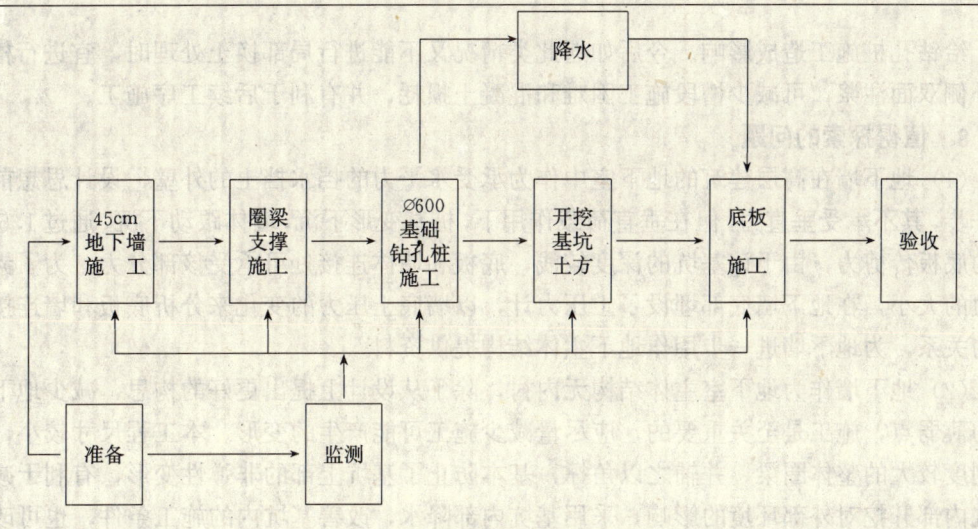

图 1.3-2   大楼基础施工程序

1.3.6   监测方案

根据南川大楼所处地点的环境,地下墙作为地下室主体结构,并采用 45cm 墙的特点,拟定的监测内容有:邻近建筑及路面沉降、地下水位观测、地下墙两测土压力量测、地下墙圈梁应力量测、地下墙水平位移观测及圈梁支撑轴力等。

1.3.7   工程施工遇到的问题及对策

根据工程现场所处的地理位置和业主提供的地质报告可知,基坑西、南二面临房,其最小距离仅 0.80m,北、东为南苏州河路和四川中路,基坑施工不能影响马路交通和地下管线的正常运行,更为要紧的是不能影响西、南二面房屋的商业、仓储、生产的正常运行,否则带来的经济和社会影响是很大的;其次,基坑所在位置离苏州河较近,仅一路之隔。苏州河河口地段的两岸是仓储装卸运输的有利地段,历史存留的建筑堆积物较多,这样成槽过程中可能遇到障碍多;第三,由于离苏州河较近,在埋深 5～9m 处有一层透水性较好的灰色砂质粉土,经观察地下水位受到潮汐影响,这样要保证地下墙槽段的稳定,必须采取相应的措施。

导墙施工是探测地表情况的最有效方法,所以要求导墙必须做到原状土面上,以避免在地下墙成槽时再遇到障碍而影响成槽施工,在导墙施工阶段遇到拆除房屋的扩大柱基和人防地下室,在清理完毕后予以加填,并注浆加固,保证成槽时槽段稳定。导墙施工阶段处理扩大柱基,影响深度近 2m,由于对邻近房的基础埋置情况及结构特点均不明,所以一方面尽量减少施工影响,同时对建筑物进行变形监测,便于施工采取相应措施。

地下墙第一个槽段选择在北面偏东的近转角处,槽段长度 4.8m,由 2 幅 2.40m 的单幅组成,成槽时间为 1993 年农历九月初一夜,根据组织设计要求,导墙顶标高为 +0.40m,泥浆液面标高可达 +0.20m,由于现场施工人员感到导墙超出场外路面高度太大,局部导墙降低了约 0.50m,采取临时筑高措施,但不能达到要求,当第二幅抓深至 8m 深时,正直涨潮(子夜 1 时),不能再继续挖深,当时将该槽段回填好,并要求成槽及浇筑墙体时避开涨潮,导墙要求整理加固达到 +0.40m,成槽位置对苏州河由远及近,可以随季节推移,减少潮头对槽段稳定的影响。

基坑所在地有 1.50m 的瓦砖回填料,无粘结,内转角处因未进行粘结注浆,有局部坍方,给钻孔桩施工造成影响。今后如遇此类情况又不能进行局部换土处理时,宜进行槽段内外侧双面注浆,可减少槽段施工困难和混凝土损耗,并有利于后续工序施工。

1.3.8 值得探索的问题

(1) 地下墙在高层建筑的地下室中作为承受水平力的挡水挡土的外壁,设计思想前进了一步,其不承受垂直力,但在垂直荷载作用下,桩基变形下沉,墙体跟动下沉,通过1.50m厚的底板传剪力,由于该基坑的深度较浅,底板和墙体连接处可承受该部分力。为了弄清该力的大小,在地下墙底部埋设了土压力计,以墙底土压力的变化来分析底板和墙连接处力的关系,为地下墙进一步用作地下主体结构提供资料。

(2) 地下墙作为地下室主体结构无内衬,除了从设计上提出更好的构思,减少地下渗漏的薄弱点,施工是至关重要的,应尽量减少施工可能产生的变形。本工程尺寸较小,采用刚度较大的整体圈梁,并辅之以角撑,基本防止了基坑上部的非弹性变形,有利于减少基坑内部开挖对外部环境的影响,采用基坑内部降水,改善基坑内的施工条件,也可改善土的力学性能,减少坑内开挖时下部的变形。对于工程规划再大一些、开挖深度再深一些的工程,支撑结构必须有相应措施,因为如墙体位移,结构缝错开造成渗漏,内部结构也会受到影响。

(3) 薄型墙的推广应用,为市政工程管网共用通渠施工带来前景。

(4) 45cm薄型墙的单位体积造价,理论上讲较之60cm的地下墙贵,但其每平方米的造价因混凝土的节约、出土和泥浆的减少,每平方米造价可较60cm墙省5%～10%,所以在必须用地下墙而45cm厚又能胜任情况下是可取的。

(黄秀兰 马建民)

1.4 SMW工法在环球世界商业大厦基坑支护中的应用

SMW工法是SoilMixing Wall的简称。SMW工法最初是日本成幸工业株式会社,在1971年开发的水泥土搅拌体作为基坑围护结构的一种施工方法。这种工法是通过特殊的多轴深层搅拌机,在施工现场按设计深度将土体切散,同时从其钻头前端将水泥浆强化剂注入土体;使之在搅拌过程中与原位地基土(Soil)反复混合搅拌(Mixing),在各施工平面之间,则采取重叠搭接,然后在水泥土混合体未硬之前插入H型钢或钢板桩,作为应力加强材,直至水泥结硬。这种利用水泥土挡墙本身具有良好的抗渗性、刚度,再与高应力材料相结合,制作出既经济又抗渗性良好,同时又能承受较大挡土压力的围护结构的壁体(Wall)。这就是众多支护方法中较有代表性的SMW工法。1993年我公司在环球世界商业大厦围护工程首次应用成功。

1.4.1 工程概况

(1) "环球世界"商业大厦,地处闹市区上海市静安寺。该工程占地面积约为3971m²,基础面积3000m²,建筑系数为0.78,主建筑地上30层,地下2层,基坑开挖达8.65m。基坑三边为密集旧建筑群,距基坑边的宽度最小在3～5m。现场平面图见图1.4-1。

(2) 工程桩基础,采用ϕ800mm、深度为45m钻孔桩,共计340根。其围护结构原先设计方案为ϕ850mm、深度18m钻孔排桩挡墙,后侧加1.3m厚的深层搅拌桩作为防渗、围

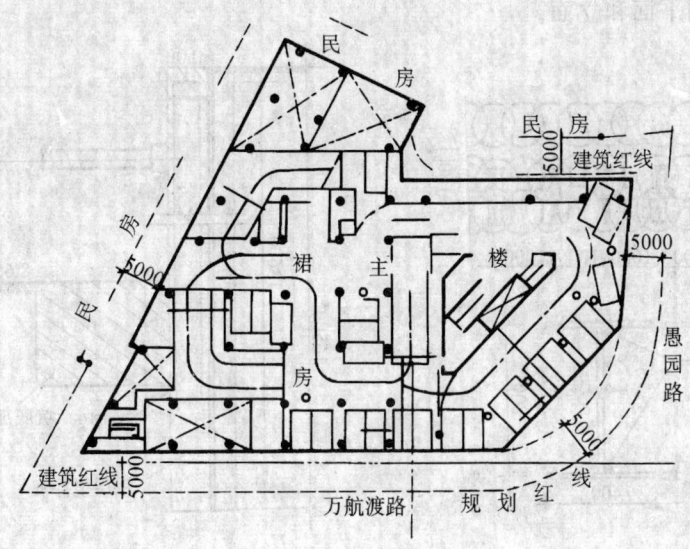

图 1.4-1 现场平面图

护周边长度为 239 延长米。

（3）工程桩和围护桩施工总工期为 120d。根据此工期要求，将投入施工设备 7 套，其中工程桩 4 套，围护 2 套和深层搅拌机 1 套。

（4）在较短的工期和较小场地内，投入众多的设备同时施工，面临着砂石材料频繁的进出和大量的泥浆处理和外运等问题，对完成工期，保证质量和施工管理上带来极大的困难。

1.4.2 SMW 工法的选择

（1）对围护结构而言，必须保证坑壁的稳定性，防渗漏，防止管涌及流砂，控制地面沉降和位移量是至关重要的，但作为具体实施，还必须考虑其施工场地具体施工空间和经济性及施工管理、施工进度诸因素。

（2）针对该工程围护，原设计柱列式挡土墙以钻孔桩排列构成，由于钻孔桩的工艺所限，不可能做到桩间密贴而引起渗漏，从而会引起地面沉降，危及周围建筑物和管线的安全。

（3）SMW 工法在日本等软土地区已得到广泛使用，它具有对周围环境影响小，止水性强，工期较短，无需泥浆处理等优点。通过对比之后，认为该工法较能满足工程施工环境条件，有利施工管理和加快进度等方面要求。

1.4.3 围护结构的设计

（1）根据上述分析，SMW 工法在许多方面有其优越性。但是在上海软土地区，SMW 工法的设计和施工还缺乏经验，其中最主要是 H 型钢的制作、插入以及 H 型钢与搅拌桩的共同受力机理和特性等问题还需进一步分析了解。

（2）我们结合上海软基的特点，参考了日本类似地层成功的经验，由同济大学侯学渊教授亲自主持设计，大胆采用一道钢筋混凝土支撑（后为保险，又预备了一道斜支撑），围护结构采用刚度和防渗性能良好的三层搅拌桩，其厚度接近 2m，并充分利用 H 型钢插入的稳定，根据每延长米的受力，H 型钢的布置采取间隔方式，从而使工程造价大大降低。图

1.4-2 为围护结构平面和立面。

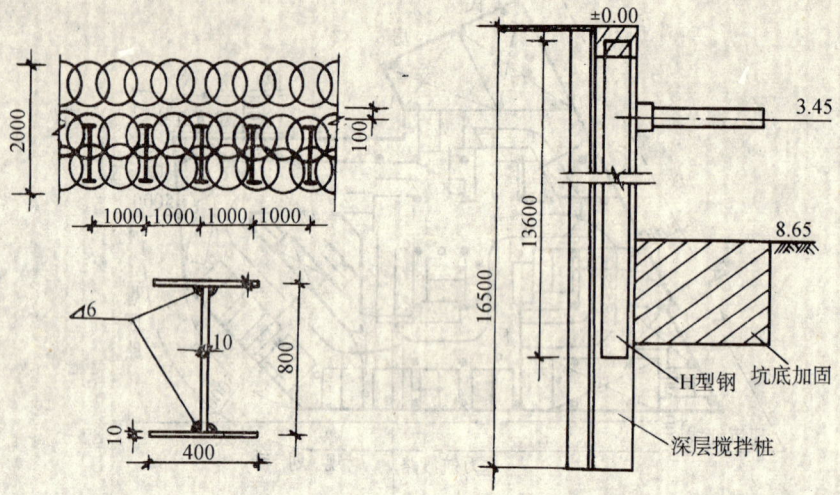

图 1.4-2　围护结构平面和立面

（3）地质条件

场地的地质及主要物理力学指标见表 1.4-1。

表 1.4-1

相对深度	序号	土　名	指　　标			
0.0	①	杂填土				
1.7	②	褐黄色粉质粘土	$r=18.5\text{kN/m}^3$	$c=21.4\text{kPa}$	$\phi=16.4°$	$f_s=90$
3.4	③	灰色淤泥质粉质粘土	$r=17.0\text{kN/m}^3$	$c=9.50\text{kPa}$	$\phi=12.9°$	$f_s=70$
8.0	④	灰色淤泥质粘土	$r=16.6\text{kN/m}^3$	$c=10.9\text{kPa}$	$\phi=8.70°$	$f_s=60$
16.5	⑤la	褐灰色粘土	$r=17.6\text{kN/m}^3$	$c=15.6\text{kPa}$	$\phi=11.8°$	$f_s=85$
23.0	⑤lb	灰色粉质粘土	$r=17.7\text{kN/m}^3$	$c=19.2\text{kPa}$	$\phi=15.5°$	$f_s=95$
30.5	⑤2a	灰色砂质粉土	$r=17.3\text{kN/m}^3$	$c=7.86\text{kPa}$	$\phi=22.7°$	$f_s=100$

（4）设计计算

计算简图如图 1.4-3。

1）入土深度确定：根据上海地区地下连续墙入土深度的经验公式计算如下：

$K=0.7\sim1.0$，故确定为：$K=0.9$，则总长 $L=16.5\text{m}$，$D=7.85\text{m}$，

$M_d=P_v h_1^2/2$，$h_1=8.85\text{m}$

$P_v=q+rh=15+17.3\times8.65=164.65\text{kPa}$，

$M_d=0.5\times164.65\times7.85^2=5072.92\text{kN}\cdot\text{m}$，

$M_r r=\pi h_1^2 C_u$　（C_u 值在围护桩内侧压密注浆可达到 40kPa），

则 $M_r r=\pi\times7.85^2\times40=7743.71\text{kN}\cdot\text{m}$

安全系数

$K=\dfrac{M_r}{M_d}=153>1.5$

2）抗隆起验算（Caguo 公式）

$$D=\frac{r_1 h+q}{r_2\ (K_\mathrm{P}\mathrm{e}\pi\mathrm{tg}\phi-1)}$$

土性指标加权平均值如下：

非开挖区　　$r_1=17.3\mathrm{kN/m^3}$

开挖区　　　$r_2=16.6\mathrm{kN/m^3}$

$c=11.6\mathrm{kPa}$　$\phi=0.9°$　$h=8.65\mathrm{m}$

$$K_\mathrm{P}=\mathrm{tg}^2\Big(45°+\frac{\phi}{2}\Big)=1.47$$

计算得　$D=5.86<7.85$　　（安全）

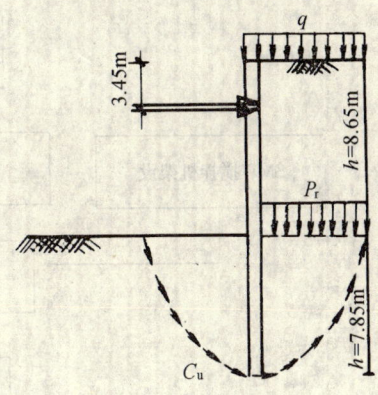

图 1.4-3　计算简图

3）内力及位移计算：根据前述假定，在 SMW 工法中，围护结构内力、弯矩仅由 H 型钢承担，搅拌桩仅作防止其翼缘和腹板失稳的填充材料，同时有效地防止了围护结构的过大变形。

根据 H 型钢的尺寸可求得 $I=0.001644\mathrm{m^4}$

根据同济大学电算桩身最大弯矩为 $M_{\max}=72\mathrm{t\cdot m}$，

根据同济大学电算桩身最大剪力 $Q_{\max}=370\mathrm{kN}$

桩身最大位移为 37mm，支撑最大轴力 $N=49\mathrm{t/m}$

$$\delta=\frac{M_{\max}}{I}=\frac{0.8}{2}=175.1\mathrm{MPa}\approx170\mathrm{MPa}$$

$$\tau=\frac{QS}{I\delta}=52.8\mathrm{MPa}<100\mathrm{MPa}$$

4）H 型钢长度确定：根据国外有关资料，为了使 SMW 工法做得经济，H 型钢可以根据具体的地层情况，插至一定深度，以下部分的搅拌桩作为防止围护结构下沉和基坑涌水的措施，所以本工程对照计算，选用 H 型钢断面为 800mm×400mm，钢板厚度为 10mm，长度为 13.6m，插入基坑开挖面下 5m。

1.4.4　SMW 工法施工工艺

（1）施工工艺流程图见图 1.4-4。

（2）SMW 工法施工顺序示意图见图 1.4-5。

1.4.5　SMW 工法施工要点和措施

基坑围护除了设计可靠之外，施工质量将直接关系到工程的成败，经过施工实践，感到施工中特别需要管理好以下几个环节：

（1）H 型钢制作，在国外是一次轧成，到工地连接，而国内需用钢板在现场或工厂制作，我们因现场场地有限在工厂制作，制作时必须平整，不能发生平面形状的弯曲变形，贴角必须满焊以保证力的传递，使 H 型钢能够顺利插入。

（2）在深层搅拌桩施工过程中，注入地层的浆液总有一部分会（冒浆）返回地面，为防止水泥浆四处溢流和妨碍下一道工序施工，沿着设备行进方向随时清理出沟槽，工地应备有 0.5～1.0m³ 的挖掘机，见图 1.4-5（a）。

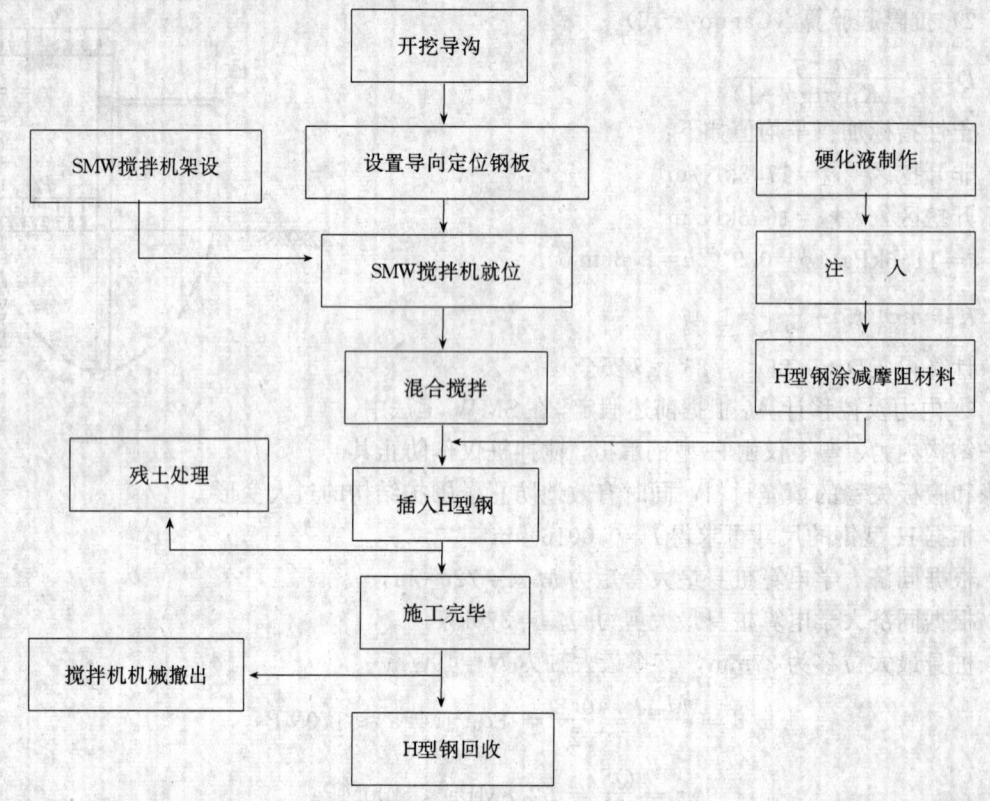

图 1.4-4　工艺流程

（3）深层搅拌桩质量必须保证，主要有两点，即保证 14％ 水泥掺量以及提升速度每分钟不能大于 50cm，并至少复拌一次以上。

（4）深层搅拌桩施工完毕后，应立即插入 H 型钢，并预先设置围檩支架，保证其位置和垂直度，见图 1.4-5（b）。

为防止 H 型钢插入时因时间过长，插不到标高，可备震动锤助沉，而在日本浆液中掺加澎润土，H 型钢插入时，为防止超过标高，而采用螺杆固定，见图 1.4-5（f）。

（5）为保证围护结构在开挖面的有效支承，在坑底四周一定范围内的土体进行预先加固，原为注浆，后改为深层搅拌桩，效果显著。

（6）搅拌桩养护时间，在 60d 后方可开挖。

（7）开挖时应及时支撑，不许超挖，并注意土体应力释放节奏。

（8）钢筋混凝土支撑由于抗弯能力较差，所以不允许在其面上堆放重物，且达到 70％ 设计强度才可挖土。

（9）应在开挖两周前，采用井点排水，增加土体稳定性。开挖至坑底，应及早封底，并加速底板的浇捣。

（10）施工中由于加强管理和严格规定了施工要求，因此除了（2）、（4）由于缺乏经验走了一段弯路之外，其余诸条都得到较好的落实，为环球世界商业大厦基坑工程的成功奠定了基础。

1.4.6　现场测试和施工实绩

（1）施工过程中对周围环境作全面的监测，其中周围环境监测共 24 点，在围护结构的

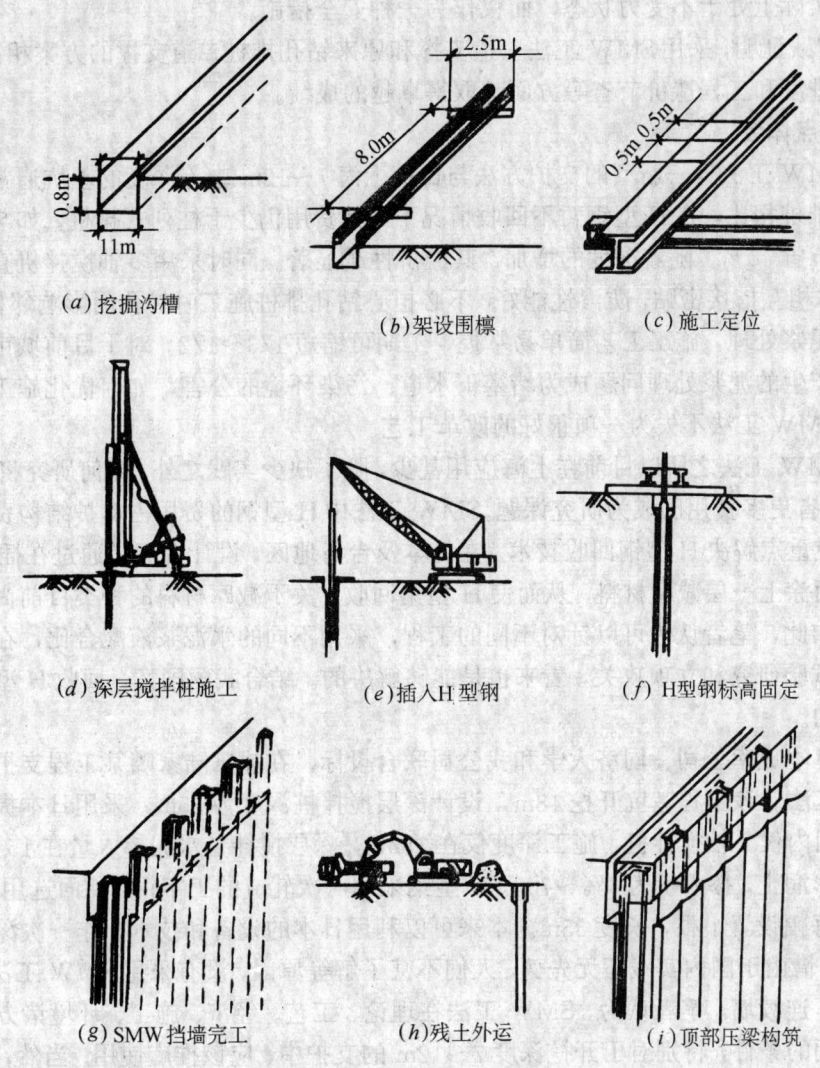

(a) 挖掘沟槽　　　　　　(b) 架设围檩　　　　　　(c) 施工定位

(d) 深层搅拌桩施工　　　(e) 插入 H 型钢　　　　(f) H 型钢标高固定

(g) SMW 挡墙完工　　　　(h) 残土外运　　　　　(i) 顶部压梁构筑

图 1.4-5　施工顺序示意图

顶部沉降和位移监测点共 20 点,另对 H 型钢在深层搅拌中桩中的应力变化进行测试,选择了 1 组共 36 点。

(2) 从实测数据看,这次 SMW 工法的实施,基本达到设计要求,即墙顶水平位移控制在 3cm 以内,绝大多数在 1～2cm,而周围的沉降,除个别由于障碍物等因素改变方案引起较大沉降外,亦基本控制在 3cm 以内。

(3) 环球世界商业大厦开挖后的基坑基本处于无水状态。

(4) 再则 H 型钢主要承受水、土压力对挡墙形成的弯矩,根据测试得到的结果,反算至弯矩值,其最大弯矩为 590kN·m,基本为设计弯矩的 80% 左右。

(5) 另外需要补充说明的是,开挖前为防止一道支撑可能发生的危险,根据有关部门的意见,作了留坡加斜撑的准备。由于留坡开挖的实际挖深已比原设计方案加深了 50cm,比原设计方案更为危险,但由于施工中加强了监测,再加上坑底四周土体加固以及降水效果,事实上,预留的土坡其高宽比仅为 0.9 左右,几乎没有什么作用,因此在第二道斜支撑上去之后，实际上处于不受力状态，而仅作为一种安全措施。

（6）实践证明，采用SMW工法一道支撑和原来钻孔排桩二道支撑的方案相比，无论在加快工程进度和工程造价节省等方面都取得卓越的成绩。

1.4.7 几点体会

（1）SMW工法这一新型的支护方法与目前上海7～12m中等深度的基坑通常采用的柱列式钻孔排桩相比，在H型钢暂不回收情况下，其费用仍少于柱列式排桩，如与地下连续墙相比可节省40%。随着深度的增加，其经济性越显著。同时采用多轴搅拌机直接与原土拌合，桩体相互搭接密贴，防渗性能好，不必担心钻孔排桩施工时扩孔而影响邻桩质量，不需要大量泥浆处理，施工工艺简单易掌握，工期可缩短1/3～1/2。对于目前城市中由于钻孔桩施工产生的泥浆处理问题成为堵塞下水道、污染环境的公害，如何优化施工手段和文明施工，SMW工法不失为一项很好的改革工艺。

（2）SMW工法之所以目前在上海应用甚少，除了缺少实践之外，如何研究将H型钢顺利拔出，节省更多费用已成为研究课题。SMW工法中H型钢的费用占支护结构费用中的一半，所以应重点解决H型钢回收技术。在日本及台湾地区，设计者们是通过在插入H型钢前，在表面涂上一层减摩材料，从而使H型钢回收。关于减摩材料的种类目前尚未公开报导，尽管如此，笔者认为可以针对不同的工程，采用不同的水泥浆液配合比，在施工前作一些抗拔试验研究和立项攻关，看来也是能够解决的。结合我国国情，回收H型钢经济上也很可贵。

（3）日本成幸公司、同济大学和我公司联合投标，在浦东陆家嘴某工程支护结构中采用SMW工法。该工程基坑开挖18m，设计深层搅拌桩深度为35m，采用日本提供的3轴搅拌机（国内仅2轴搅拌机，施工深度仅在18m），深层搅拌桩水泥掺入量在15%～17%，缓凝剂为澎润土，掺入量为6%～7%。H型钢采用一次轧成的工字钢，断面选用200mm×400mm，每幅设置1根，长度35m。本来可以利用日本的设备和技术，作一次深一步的施工实践，可惜由于国内实践还无先例，人们不甚了解等原因，没有采用SMW工法，最后还是选用地下连续墙。笔者认为，SMW工法在理论、工艺、经济、施工、环境诸方面都具备开发和应用的条件，特别对于开挖深度7～12m的支护中，应该推广使用。当然，与此同时还要逐步完善设计和施工中的不足方面。

（鲍林根）

1.5 东方明珠广播电视塔桩基施工

1.5.1 工程简况

东方明珠广播电视塔位于上海黄浦江畔陆家嘴开发区。该构筑物为一塔式构筑物，塔高465m。其桩基础采用预制钢筋混凝土方桩，共405根。混凝土方桩布置情况为中间主筒体下布置315根，三个斜撑下布置90根。混凝土方桩规格为500×500×34800～36500（单位mm），混凝土强度等级为C50。设计桩尖持力层为7-2粉细砂层。沉桩后桩顶离自然地面距离为12.5～13.8m，而且设计要求开挖后桩顶平面位移控制在120mm以内。这种送桩深度及在这种送桩深度下桩顶平面位移的要求在当时上海地区的深基坑工程中是首屈一指的，同时这种开挖深度在上海地区也是罕见的。

1.5.2　工程地质资料

根据业主提供的工程地质报告，该地区工程地质情况大致如下：

①层填土：层顶标高约＋2.9m，其上部为砖、石、煤渣等物，下部为粘性土。呈杂色。

②层粉质粘土：层顶标高约＋2.0m，为新近沉积的江滩土，夹粉砂团及少量煤碴，土质不均匀。饱和，泥塑～软塑。地基土容许承载力为 85kPa。

④层淤泥质粘土：层顶标高约－7.40m，含云母、有机质，夹薄层粉砂，饱和，流塑。

⑤-1 层粘土、⑤-2 层粉质粘土：层顶标高约－13.70m，含钙质结核，丰腐烂植物根茎及黑色有机质。饱和、软塑。

⑥层粉质粘土：层顶标高约－38.20m，硬塑～可塑，湿，含腐植物。

⑦-1 层砂质粉土夹粉砂：层顶标高约－42.70m，饱和，中密，夹粉砂团块、云母。其标贯值为 35 击。

⑦-2 层粉细砂：层顶标高约－45.60m，含云母、石英、长石等，细砂夹粉砂，局部为粉砂，饱和，中密～密实，其标贯值＞50 击。

1.5.3　施工方案的确定

（1）工程特点

根据本工程的实际情况，经认真分析、研究，认为本工程有以下几方面的施工特点：

1）桩贯入的困难性：

①桩本身贯入的困难性：桩需穿越厚约 3m 的⑦-1 亚砂土有一定的难度。该层土本身较硬，属中密，而且其下卧层亦为硬层，因此桩穿越该土层有一定的难度。桩尖需进入持力层⑦-2 粉细砂土 1.5m 以上的难度更大。该砂土的标贯值≥50 击，且又属中密～密实，因此桩贯入此层后贯入的难度是显而易见的。

②送桩引起的桩贯入困难：锤击能量的损耗将随送桩长度的增加而增加，因此对于深达 13.8m 的送桩深度而言，其上所消耗的锤击能量较大，这样就更加增加了桩贯入的困难性。

2）控制高标准平面位移的难度

①对于混凝土方桩而言，平面位移控制在 120mm 为一个较高的要求。

对于混凝土方桩而言，规范 GBJ202—83 中规定 3 根以上的群桩其中间桩的平面位移值为一个桩边长（桩径）（即 500mm），其边桩的平面位移值为二分之一桩边长（桩径）（即 250mm），因此本工程设计所要求的桩顶平面位移控制在 120mm 是一个很高的标准。

②送桩对平面位移控制的影响

规范 GBJ202—83 中所规定的平面位移值仅指标准送桩深度（2m 以内）时的位移值。众所周知，桩顶位移值将随送桩深度增加而增加，根据比例，送桩深度为 13.8m 时其平面位移值将大大增加。也就是说 13.8m 的送桩深度将大大影响桩顶平面位移。

3）由于工期要求紧迫，混凝土方桩制作、养护无充足的时间。

4）土方开挖深度为 13.8m，对围护措施方案的采取有相当大的难处。

（2）施工方案比较

根据本工程实际情况，有下述二个施工方案可供选择：

1）地面施工法：

该施工方案为常规施工方案，即桩机在地面进行施工。此方案的主要优点是方便，只需对场地略作处理即可。缺点是此方案不能彻底解决前面所分析的 4 个施工难点，将给施工产生一定的影响。

2）坑内施工法

坑内施工法是先挖一层土，然后桩机入坑在坑内进行施工。采用这种施工方法有下述几方面的优点及需解决的问题：

①送桩深度能减少，能够减少送桩器所消耗的锤击能量，使桩贯入的直接能量得以提高，从而增加沉桩能力。

②送桩深度的减少，有利于减少送桩所引起的桩的平面位移，从而更有利于保证达到设计要求，确保工程质量。

③土分二次开挖，分别实行不同的围护方案，使基坑第二次开挖深度有所降低，有利于采取简便快捷的围护方案（如采用拉森钢板桩围护），可节约围护所需的费用，加快施工进度。

④利用制桩、养护期先开挖第一次土，有利于缩短工期，加快施工进度。

⑤若采用这种施工方案，则需解决下面几个问题。

· 机械设备、混凝土方桩下坑问题；

· 基坑大开挖所需场地是否够；

· 边坡在打桩振动下的稳定问题；

· 基坑排水问题；

· 坑内场地的地耐力问题。

（3）施工方案的确定

针对工程的实际情况，我们对二种方案的优缺点反复进行比较，认为对于本工程采用坑内施工法更为适当。采用坑内施工法其优点明显，而其缺点可采取一定的措施、方法而加以解决。

1.5.4 施工准备

在施工方案确定后，首先实施的是利用制桩养护期进行施工准备。施工准备主要包括基坑开挖处理及设备选用、进场及拼装二大方面。

（1）基坑的开挖及处理：

基坑开挖及采取的安全防护措施很重要，它直接关系到坑内桩基施工的成败。基坑开挖及处理主要有以下几方面：

1）基坑开挖范围的确定

基坑开挖范围的大小直接影响工程的造价，因此在满足施工要求后要尽量缩小基坑范围，以减少土方开挖量，降低工程造价。本工程根据工程实际需要，基坑开挖范围为最外边桩朝外扩12.3m，其中沿基坑底边线7.5m为坑内施工便道，便于基坑第二次挖土及基础的施工。坑内施工便道内侧至外排桩间距4.8m为围护钢板桩及基础施工时所必需的空间，同时基坑开挖范围亦应考虑周围环境允许条件。

2）基坑开挖深度的确定

开挖深度的确定应综合考虑施工设备、桩下坑的可行性，周围环境允许基坑开挖的范围及基坑底土体物理力学性能。本工程综合考虑后确定第一次开挖深度为5m。这种开挖深度既能为周围环境所允许，放坡后也能保证设备、桩安全下坑，同时基坑底停留在粉质粘土层，该层土质较好。

3）基坑边坡的处理

考虑到打桩振动及挤土对基坑边坡稳定的影响，基坑边坡应尽量平坦，而且需要时可采取一些加固措施。本工程基坑开挖边坡按 1：1.5 放坡，同时边坡采用砂浆铅丝网护坡加固措施，以防边坡在打桩振动中塌方。

4）基坑的排水处理

为保证桩机在坑内的施工安全，要切实做好基坑的阻水、排水措施。本工程采用下述几点措施：

①沿基坑边坡顶部设置排水明沟，一方面阻断地面水流入坑内，另一方面可方便坑内水朝外排及井点降水的水排放。

②沿基坑边坡底部设置排水明沟及若干集水井，有利于坑内水汇集及朝外抽排。

③场地中央应布置盲沟，使场地中的水能流向排水明沟，以防场地内积水。

④采用二级井点来降低地下水位。地表井点降水主要作用是护坡及降低地下水位，坑内井点主要是降低场地中的地下水，防止坑内地面液化。

5）基坑地面与坡道的处理

①坑内地面处理应考虑桩机的地耐力要求。本工程坑内地面铺设 30cm 厚的石子（或道碴）来增加地耐力，以保证桩机、吊机的地耐力要求。同时施工中应注意坑内吊机应尽量减少移动次数，以最大限度保证场地的完好。

②考虑到机械设备及材料顺利下坑的需要，综合其要求及各自的性能，本基坑布置二条斜率为 1：10 的坡道。考虑该坡道的利用率及今后基坑施工的需要，该坡道的路面为混凝土路面，既考虑地耐力，又兼顾到耐久性。

本工程基坑的布置参见图 1.5-1。

（2）设备的选用

1）桩锤的选用：根据本工程地质情况及设计桩尖持力层，选用当时上海地区最大的桩锤 MH72B 桩锤，该锤冲击部分重量为 7.2t。

2）桩机的选用：根据桩锤重（MH72B 桩锤使用时重约 20t）、桩的最大分节长度（$L=12.5m$）、桩最大分节重量（约 7.8t），选用桩机型号为 IPD90 型打桩机，根据工程进度要求配置二套打桩机。

3）辅吊的选用：

①坑内辅吊的选用：考虑到施工中应尽量减少机械在坑内来回跑动的次数，保证坑内场地保持良好的状况，宜增加吊车的回转半径；同时由于送桩深度较深，桩机拔启送桩器可能有困难，需大吨位吊车加以配合，因此坑内辅吊配备一台 IPD90 型吊车（该吊车最大起重量为 50t）及一台 25t 履带吊。

②地面辅吊的选用：为保证地面桩能安全入坑，根据桩的重量、边坡的宽度（即吊车所需的回转半径）及吊车对边坡的影响，采用 IPD80 型吊车。该吊车最大起重量为 40t。本工程配置 22m 把杆，当工作半径为 10m 时，其额定荷载为 8.7t，能满足本工程桩下坑的需要。

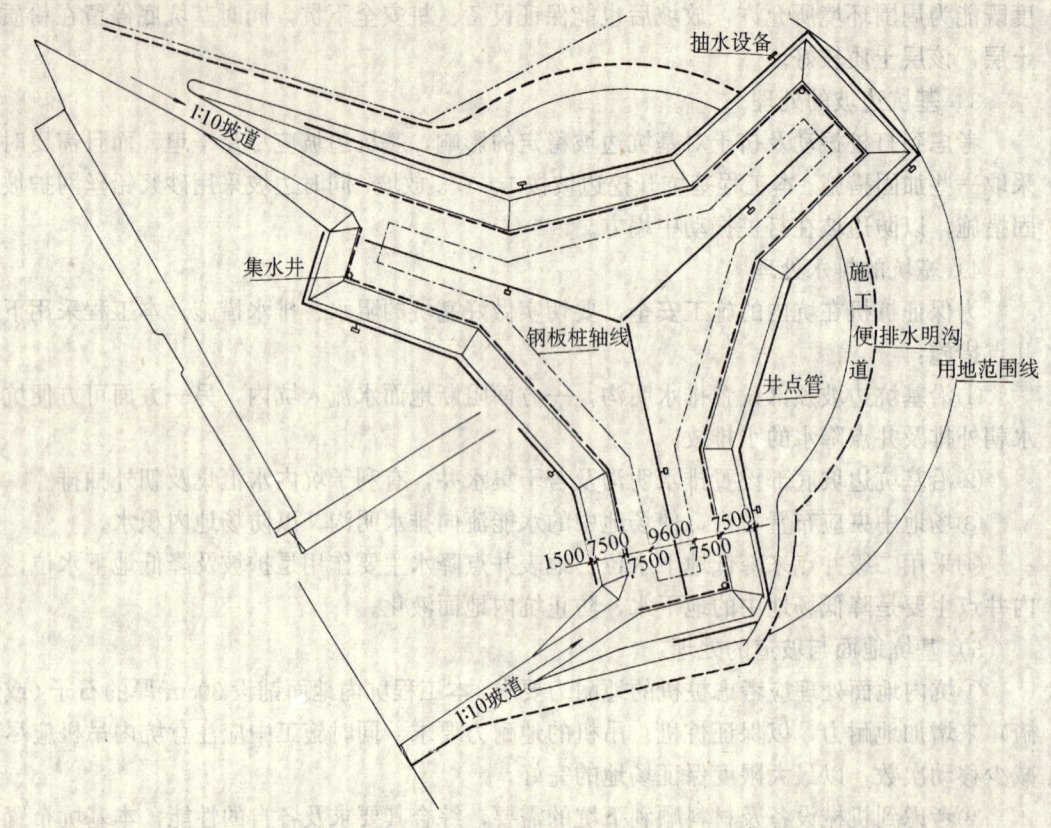

图 1.5-1　东方明珠电视塔打桩工程平面布置图

1.5.5　桩基施工

在施工准备完成后，接下来是桩基施工。桩基施工主要有下面几道工序：

（1）设备上下坑及安装

由于上下坑坡道的坡度为 1：10，为确保桩机下坑的安全，桩机应在坑内拼装。其附件可由吊车吊入坑内，而主机则必须由其自己驶入坑内。主机下坑时应注意配重位置在前倒驶入坑。辅吊可在地面进行拼装后下坑。下坑时亦应注意配重在前。在施工过程中由于需到地面打基准桩，而桩机拆装及附件驳运较麻烦，因此桩机上坑采用整体上坑。具体做法如下：

首先桩机停留在斜坡底边，朝斜坡方向放倒架子，其次在坑顶边用 40t 吊机抬起桩机导管顶端，然后二台机同时移动。待桩机上坑后再扳起架子，以便桩机安全上坑作业。桩锤由 50t 吊车翻驳至坑上。

（2）桩下坑及喂桩

由于本工程桩均采用商品混凝土方桩，其喂桩程序如下：

汽车将桩运至坑边→40t 吊车卸桩→40t 吊车将桩翻驳至坑内→坑内 50t 吊车将桩分别翻至二台桩机附近→随桩机作业的 25t 吊车喂桩。

这项工作中关键是 40t 吊车将桩翻驳至坑内时需注意吊车停放处的边坡的稳定。本工程原考虑对吊车停放处的边坡采用工字钢加固措施，后来考虑到边坡放坡已按 1：1.5，如果吊车再适当离开边坡一点距离，基本上能保证边坡的稳定。现吊车吊 8.7t 的桩时其回转半径将达到 10m，基本上满足上面的要求，故取消了边坡另行加固的措施。但在实际操作时一是在吊车下铺设钢板或路基箱，以扩大受力面积，同时要对边坡加强观测，发现有不稳定苗头应立即加以加固，以利安全施工。

（3）测量控制网络布置与测量放样

1）测量控制网络布置：由于基坑面积不大，如将控制点设置于坑内，则打桩所引起的挤土及振动肯定对其产生较大的影响，从而对工程质量产生较大的影响。因此测量控制网络应布置在坑上，而且应远离坑边坡，防止边坡塌方、移动对其产生影响。

2）测量放样：由于本工程桩的平面位移控制要求较高，为消除挤土等施工原因对样桩产生影响，本工程采用施打一根桩放设一根样桩的方法。放样采用三台坑上经纬仪后视交会法。具体做法如下：

①在图纸上建立一坐标系统，该坐标系统应与测量控制网络相一致。根据图纸所标尺寸计算每根桩的坐标。

②在坑边上设置 6～7 个控制点，并确定该控制点在上述坐标系统中的坐标，以便利用测量控制网络定期或不定期检测其位置的准确性。

③在设立零方向后，根据控制点的坐标与桩位坐标计算每一个控制点与每根桩位的夹角，并列表。

④最后在放设样桩时选择适当的三个控制点，在其上架设经纬仪，根据前面所计算的夹角及相应的后视点，采用视线交会法进行样桩的放设。

（4）打桩施工流水

本工程桩布置较规律，大部分桩集中在中间筒体，另有少量桩分布于三个斜撑脚下，且三个斜撑脚下桩离中间筒体的桩间隔较远。因此桩位较密集的中间筒体部分桩的施工流水安排如下：

首先将中间筒体圆形布置的桩沿径向分若干个小流水，每条径向施工流水施工时均由中心朝外打，使打桩挤土有意识使其朝外挤，以减少打桩挤土对已施工完毕的桩的影响。施工流水具体参见图 1.5-2。

（5）针对设计要求，开挖后桩顶平面位移控制在 120mm 内所采取的几条措施如下：

1）思想上加以重视，组织上加以落实。

针对本工程的特殊要求，我们特地成立了以分公司主任工程师为首，工地技术负责人、质量员、质监员、操作班组长共同参加的质量管理小组，同时反复教育操作工人在思想上加以重视，采取工序交接手续，切实做好自检、互检工作。

2）合理安排施工流水，使沉桩所引起的挤土对已沉完毕的桩的影响减到最小程度。

3）控制插桩质量及进行中间验收。

由于基坑边上始终有 3 台以上经纬仪，因此插桩完毕后及时采用该经纬仪复测桩的插桩位移，并规定若插桩误差大于 1.5cm，则应拔出桩重新插桩施工。同时适当控制第一节桩的施工速率，在施工第一节桩时经常用经纬仪检查其垂直度及平面位置。第一节桩施工至地面时及时复测其平面位移。当三节桩施工至地面时进行由监理、总包单位参加的中间验收工作。

4）尽量消除超深送桩对桩顶平面位移的影响。

虽然本工程采用坑内施工法，但其送桩深度仍达 8.6m，送桩器长度也长达 11m，因此

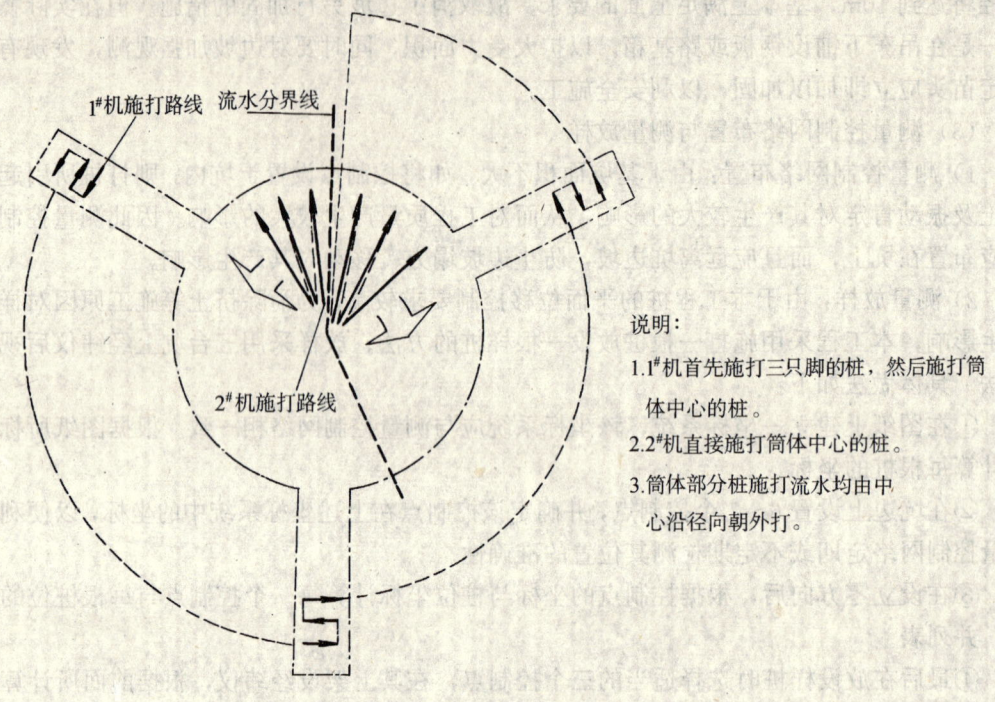

说明:

1.1#机首先施打三只脚的桩,然后施打筒
   体中心的桩。

2.2#机直接施打筒体中心的桩。

3.筒体部分桩施打流水均由中
   心沿径向朝外打。

图 1.5-2   东方明珠桩基施工流水图

若送桩器略有倾斜或桩顶略有不平,则强大的锤击应力将对桩顶产生一定的水平推力,从而使桩顶平面位移加大。要尽量消除这种影响,一是要在送桩器与桩顶接触部分加强弹性垫层,利用弹性垫层来保证送桩器传递的力均匀垂直传递给桩顶,二是套好送桩器后要用桩机正前方及侧面成正交的二台经纬仪校正其垂直度,以保证送桩器垂直。

5)超深送桩孔对插桩的影响

由于桩距较密,超深送桩孔洞形成后,邻桩插桩时土体对其产生的抗力将出现不一致的情况,插桩挤土使送桩孔洞塌坍,使所插之桩朝送桩孔洞处产生位移。送桩孔越深,这种影响就越大。为解决这个问题,本工程采用多根送桩器的方法,即插桩施工时与其相邻的送桩器不拔除,待该桩施工至地面后再拔除,并及时回填送桩孔。这样利用送桩器所产生的抗力来防止送桩孔洞塌坍而对插桩产生影响。但需注意,送桩器在送桩完毕后应立即拔松,即先拔启约1m,否则时间一长则拔除送桩器时将产生很大的困难。

(6)针对工期紧,制桩、养护跟不上所采取的措施

1)提高混凝土强度等级,使桩龄期未到,而桩身混凝土强度已能达到设计所需的C50要求。

2)缩短混凝土养护时间,并根据上、中、下节桩受力不同的情况将桩龄期控制要求确定为:下节桩的桩龄期为15d以上(含15d),中、上节桩的桩龄期为18d以上(含18d)。根据本工程实际施打来看,这种桩龄期控制没有导致混凝土方桩的损坏。

1.5.6 实施结果与体会

(1)桩顶标高

尽管采用了坑内施工减少送桩深度的方法,但由于桩尖持力层的土性变化(其 P_s 值为

18.6～29.44MPa）、持力层的起伏变化、进入持力层的深度、桩布置的密度、施工速率很快等影响，本工程仍有 189 根桩不能达到设计标高而按最后三阵贯入度 2cm/10 击控制。具体与标高差距如下：

与标高相差 4m 以上（最大相差 4.69m）有 2 根；与标高相差 3～4m 有 17 根；与标高相差 2～3m 有 37 根；与标高相差 1～2m 有 60 根；与标高相差小于 1m 有 71 根。

（2）桩顶平面位移

在施工时中间验收中有 2 根桩的平面位移超过设计的 120mm 要求，在开挖后符合设计的桩有 93％，余下的 7％略超过设计的要求，但也经设计认可。

事后经分析，认为产生部分桩平面位移超过设计要求的主要原因可能有以下两个方面：

一是由于施工速率太快（因工期要求采用二台桩机 24h 作业），而造成土体超静孔隙水压力来不及释放，虽然在施工方案上对施工流水已加以考虑，尽可能减少挤土压力的影响，但超静孔隙水压力仍产生较大的挤压力使已沉桩产生了位移。

二是由于施工速度太快及对坑内场地处理不够，在施工后阶段场地液化严重，对桩顶平面位移的增加也产生一定的影响。

（3）基坑处理方法的成与败

对于需进行坑内沉桩施工的工程而言，本工程对基坑处理的方法是基本可行的。本工程的边坡处理保证了工程施工中不塌方，特别是桩下坑吊车停放处的边坡也保持稳定状况。本工程排水处理方案亦是可行的，基本上保证基坑不积水，尤其是夏季阵雨时也能保证基坑不积水，保证机械设备的安全。

但在降低地下水方面，地表面的井点降水起到了应有的作用，而坑内井点降水由于桩机施工的需要而拆除了坑内井点降水管，虽然在桩机施工前进行了一段时间的预降水，但由于施工时期较长且施工速度较快，在后期桩基施工时地面严重液化，对工程产生了一定的影响，这方面应吸取教训在今后施工中引起足够的重视，采取相应的措施。

（4）本工程施工方案确定是正确的

通过本工程实施表明，本工程所采取的施工方案是基本正确的，基本上达到了预期的目标。尤其是在桩顶平面位移的控制方面起到了一定的作用，但由于桩锤能量问题，仍有189 根桩不能达到设计标高要求。

（5）测量放样对平面位移的控制所起的作用

在目前施工中，由于群桩因施工因素影响而造成桩平面位移增大的情况较为普遍，而本工程的这种施工方法既能避免这种不利情况的发生，同时施工也较为简单、快捷，对于工程要求较高的工程采用此法应更有利。因此本工程开挖后桩的平面位移较为理想与这种施工方法是分不开的。

（王晓峰）

1.6 永新广场深基坑围护工程设计

1.6.1 工程概况

永新广场位于繁华的南京西路和凤阳路之间，东临金门大酒店，西靠体育俱乐部，为集商业、娱乐、餐饮及办公为一体的综合办公楼。整个建筑为框筒结构，基础为箱桩结构，桩基采用钻孔灌注桩。本工程共22层98m高，二层地下室埋深为10.5m。地下室平面形状为单边梯形，占地面积2557m²。围护墙外缘距体育俱乐部五层楼仅1m，距九层楼约5m，距金门大酒店约5m（见图1.6-1）。

1.6.2　方案选择

根据永新广场的地理环境、周围建筑物、地下管线等对基坑围护工程要求，分析比较了多种围护结构的设计方案，最后选择了80cm厚22m深的地下连续墙加二道钢筋混凝土支撑，并在基坑内底板下5m、上4m进行深层搅拌桩加固的方案，以达到最大的使用空间和安全可靠目的。混凝土支撑布置形式为网格形，间距9m，立柱桩利用工程桩，立柱采用格构式钢柱插入工程桩内3m（见图1.6-2，图1.6-3）。

1.6.3　基坑围护结构内力、变形及稳定计算

（1）工程地质情况

该工程土层情况见表1.6-1。

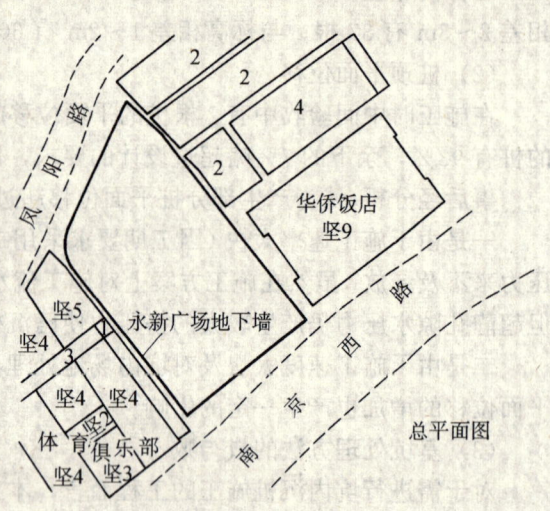

图1.6-1　总平面图

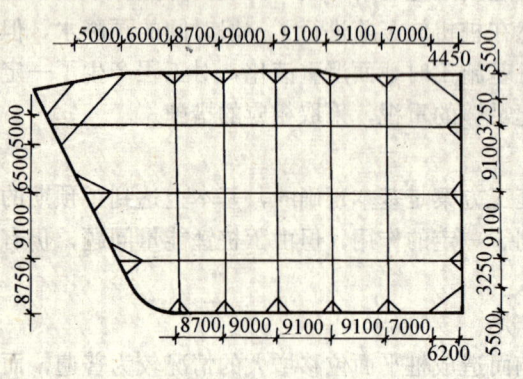

图1.6-2　围护支撑平面图

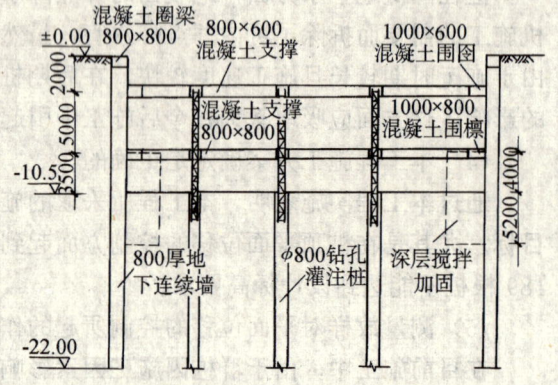

图1.6-3　围护支撑剖面图

表1.6-1

土层名称	厚度 (cm)	重度 (kN/m³)	ϕ (度)	c (kPa)	K_0	K_H	K_v
②褐黄色粉质粘土	3.2	19	18.45	11.0	0.41	2.80×10^{-7}	1.95×10^{-7}
③灰色淤泥质粉质粘土	8.25	18.1	17	7.0	0.37	2.68×10^{-7}	1.56×10^{-7}
③-1灰色砂质粉土	9.7	18.6	23.35	4.0	0.34	1.66×10^{-5}	2.50×10^{-5}
④灰色淤泥质粘土	15.96	17.1	8.0	8.0	0.49	1.60×10^{-8}	9.0×10^{-8}
⑤-1灰色粘土	17.7	18.1	16.95	9.0	0.43	9.08×10^{-8}	9.0×10^{-8}
⑤-2灰色砂质粘土	37.91	18.2	16.95	9.0	0.50	1.66×10^{-7}	1.35×10^{-7}

（2）地下连续墙入土深度

1）地下连续墙的入土深度是关系到基坑的整体稳定、抗滑移、抗倾覆、坑底隆起的重要因素，同时又直接影响到围护结构的工程造价，因此地下连续墙入土深度的确定极为重要，既要经济又要安全。通过计算结合经验及考虑支护结构周围环境影响后定为 22m 深。

2）地下连续墙入土深度校核：

①抗倾覆验算

$$\frac{E_p \cdot \mu \cdot h_1}{E_a \cdot h} > 1.3$$

②抗涌土验算

按同济经验法计算，计算图式如图 1.6-4。

$H = 10.5m$，$D = 11.5m$，$q = 60kN/m^2$

滑动力矩：$M_s = 1/2 (\gamma H + q) D^2$

抗滑力矩：$M_r = \int_0^m \tau_2' d_1 D + \int_0^{s1} \tau_2'' d_s D + \int_0^{s1} \tau_2'' d_s D + M_h$

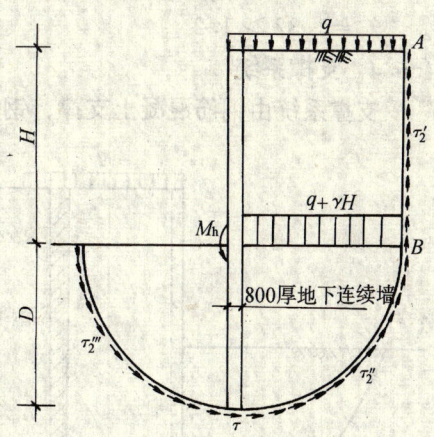

图 1.6-4 计算图式

M_h——基坑开挖到底时产生的最大弯矩；

$K_s = M_r / M_s = 1.68 > 1.2$

经上述验算选定地下连续墙深度 22m。

（3）地下连续墙的变形和内力计算

地下连续墙的变形和内力计算是确定墙体厚度及配筋，选择合理支撑形式的依据。本工程采用弹性地基有限元法进行计算。

1）计算依据：

①地下二层平面图、地下室剖面图、总平面图及地质资料。

②《地基基础设计规范》DBJ—08—11—89。

③《钢筋混凝土设计规范》TJ10—74。

2）计算参数

①地面超载：南京西路与凤阳路一侧按 20kN/m² 计算，金门大酒店与体育俱乐部一侧按 60kN/m² 计算。

②c、ϕ 取峰值 70%，对稳定计算取峰值。

③地下连续墙按 C25 设计，混凝土支撑、围檩按 C25 设计。

④水土压力计算。

⑤ 地下水位在地面下 0.5m。

⑥$K = mh$，$m = 4000kN/m^4$，最大 K 值 20000kN/m³。

3）计算工况

工况 1 基坑开挖至地面下 −2.3m 处。

工况 2 在 −2.0m 处设第一道支撑，达强度后开挖至 −7.4m。

工况 3 在 −7.0m 处设第二道支撑，达强度后开挖至 −10.5m。

工况 4 底板浇筑后拆除第二道支撑。

工况 5 地下一层楼板浇筑后拆除第一道支撑。

4）计算结果

见图 1.6-5。

最大位移：2.56cm；地面最大变形：2.2cm。

最大弯矩：734.1kN·m。

最大轴力：512kN/m。

（4）基坑稳定验算

基坑整体稳定验算

$$K = \frac{\Sigma C_i L_i + \Sigma(q_i b_i + w_i)\cos a_i \mathrm{tg}\phi_i}{\Sigma(q_i b_i + w_i)\sin a_i}$$

$$= 1.32 > 1.2$$

1.6.4 支撑系统

支撑系统由钢筋混凝土支撑、钢筋混凝土圈梁、立柱组成。

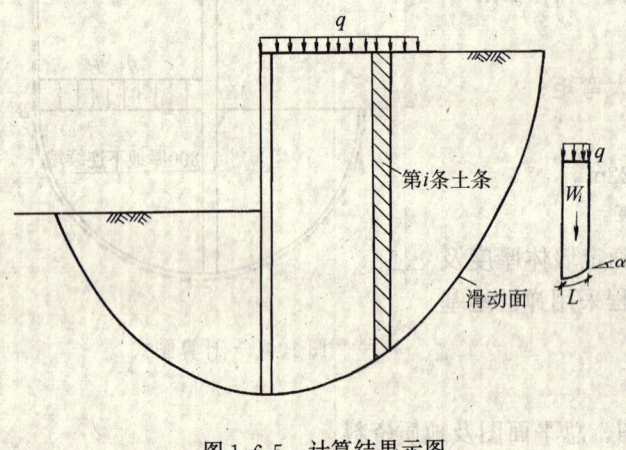

图 1.6-5 计算结果示图

（1）支撑和圈梁设计

根据计算所得的支撑和圈梁内力，按一般混凝土结构设计方法即可进行支撑和圈梁的强度计算，进行配筋和选择截面尺寸。

（2）立柱的设计

立柱是为减少支撑跨度、提高支撑承载能力而设置的。按受压构件计算，采用 450mm×450mm 格构式型钢立柱，下端插入 $\phi800$ 钻孔桩内 3m。

（3）支撑和立柱、支撑和地下连续墙的接点处理

支撑和立柱节点采用钢筋与钢立柱焊接方式连接。

支撑和地下连续墙的连接采用在地下连续墙中预埋插筋形式。

1.6.5 地基加固

为提高基坑内土体的被动土压力，改善地下连续墙位移及内力，在基坑内底板以上 4m 以下 5m 范围内采用深层搅拌桩加固，加固宽度为 4.2m。

1.6.6 几点体会

（1）永新广场设计计算时，对侧压力计算值，分别采取了水土分算（土压力按浮重度到基坑底后按直线分布）、水土合算（按 1.4 乘以地下墙深度）及按天然重度以主动土压力值计算，其值分别为 3654kN、3388kN、3049.1kN，按水土分算值偏大。根据上海土质情况（土层中有淤泥质粘性土，粉质粘土夹有薄砂或有一定程度粉质土）和围护结构工作时间较长特点，有关专家建议，按水土分算在本工程上较适宜。

（2）永新广场基坑开挖时，正值基坑工程事故频频时，业主、总包和开挖单位对开挖速度、质量颇为重视，全部按设计工况要求实施，做到先撑后挖，同时考虑"时控"效应

对变形带来的影响，钢筋混凝土支撑、素混凝土垫层分块浇好，以缩短其停歇时间（混凝土支撑提高强度减少养护时间），结果每个工况的变形同设计变形基本相符。

（3）支护型式及布置是控制变形和围护体内力的重要因素，支护系统应包括围檩、支撑和受力柱三大部分。在支护系统设计时，我们对三道 $\phi609$ 钢管钢支撑、三道钢筋混凝土支撑及二道钢筋混凝土支撑加地基加固分别进行了比较，其结果采用二道钢筋混凝土支撑加地基加固方式效果较好。

（4）永新广场采用杆系有限元法计算围护结构变形、弯矩、轴力时，其计算参数为：地面超载考虑基坑西侧有二幢五层楼、九层楼的影响，c、ϕ 值为峰值的 70%（同规范要求比较土压力偏大），水平基床系数 $K=mh$，最大值对未加固区（基坑底 4m 以上土体）取 $m=2000kN/m^4$，$K=10000kN/m^3$，对深层搅拌加固后按增加一倍考虑即 $m=4000kN/m^4$，$K=20000kN/m^3$，实践证明实测值同计算值是相吻合的。

（5）围护墙的配筋，考虑规范的一致性，相对于《地基基础设计规范》DBJ—08—11—89，对应采用《钢筋混凝土设计规范》TJ10—74。

（6）对在地下墙埋入深度的复核，按照地基基础设计规范条文说明及背景材料汇编第9.5.3 条规定，对抗倾覆、涌土、管涌、承压水作用进行了校核。

抗倾覆稳定性安全系数是指墙前开挖基坑面以下。被动土压力（取计算值 30%）对支撑点的力矩（抗倾力矩）和墙后主动土压力及水压力等对支撑点的力矩（倾覆力矩）之比。抗倾覆稳定性安全系数一般不小于 1.3。验算中的支撑点均指基坑开挖面以上最低一道支撑。

永新广场计算发现被动土压力取计算值 30% 其结果很难满足要求，要取 100% 才能满足要求。事实证明永新广场开挖 10.5m，按 1：1.09 取地下墙的入土深度是成功的。

（7）对在多支撑条件下深基坑围护工程，其整体圆弧滑动稳定是否需要验算是值得商榷的。

永新广场附近的体育俱乐部（无桩基，五层楼）离开地下墙仅 1m，两侧九层楼（仅为12m 木桩基）离开仅 6m，国际饭店（木桩基）离开地下墙 20m 左右，其超载值是较大的，按其自立式整体圆弧滑动公式计算其结果不能满足要求，我们为此进行了观测，并作了对付异常情况的相应技术措施准备，但实际结果没有任何异样，主要原因是：

1）自立式整体圆弧滑动公式对支撑的作用未能反应，支撑对滑裂面的控制有待进一步研究。

2）在开挖过程中，结构桩已完成，其密集的结构桩对滑动稳定影响是客观存在的，它绝非是安全系数仅增加 10%～15%，这对于抗滑裂公式中有关计算参数的取值影响是颇大的。

3）滑裂面常取一最不利断面，实际各断面间是相互制约的，是一个空间的计算体，再加上施工过程中相互约束，这些是以后还需探讨的。

在整个基坑开挖过程中进行严密的监测，地下墙、周围建筑物、管线的位移、沉降值严格控制在允许范围内，实测地面最大沉降 2.6cm，最大位移 3cm。

基坑围护设计应综合考虑基坑特点、土质条件、周围构筑物及工程要求等因素，选择安全、合理、经济的方案是很重要的，永新广场围护设计就是综合考虑了以上几点因素，经过分析比较选择了地下墙围护方案，取得了较好的效益。

（邱式中 李耀良 杨志红）

1.7　汤臣大厦深基坑支护施工

1.7.1　工程概况及特点

（1）工程概况

汤臣大厦位于上海浦东新区陆家嘴金融贸易区 2-2-1 地块。东邻文登路，北依张杨路，南紧贴已建裕安大厦，距建筑红线只有 5cm，西与华都大厦隔路相望。该工程地下室三层，每层面积 4533m²，基础埋置深度－13.75m。裙房五层，建筑高度 23.6m。塔楼 25 层（不包括设备技术层），高度 118m。建筑总面积达 52000m²。

该工程塔楼为框筒体系，裙房采用钢筋混凝土框架结构，桩基选用钢筋混凝土预制方桩（两节），群房桩 400mm×400mm×17500mm，254 根。塔楼桩 500mm×500mm×26000mm，281 根。送桩深度 12m。

本工程由台商汤臣集团独资建设，台北市张世豪建筑事务所方案设计，上海华东建筑设计研究院施工图设计，上海市第一建筑工程公司施工总承包。

（2）工程特点

1）基坑深。从天然地面至承台垫层底实挖土深度 12.2m，电梯井部位最大深度为 14.45m。在当时（1992 年）设计三层地下室，在上海软土地基施工中较为少见。

2）工程急。工期十分紧迫，业主要求 11 个月完成±0.000 以下地下三层土建结构工程（沉桩 535 根，挖土 60000m³，地下室 13600m²）。

3）难度大。为加快施工进度，要求沉桩工程与深基坑围护工程（地下连续墙）同步交叉进行施工，这在上海软土地基中尚未有先例。打桩产生的振动、挤土、超静孔隙水压力等因素，对地下连续墙施工产生很大的困难。

4）变位小。业主要求围护墙变形控制 3cm 以内，最大不得超过 5cm。这在当时施工条件与周围环境下要求是很高的。

5）距裕安大厦只有 5cm。南侧裕安大厦已先行施工到±0.000，地下室结构及围护墙已用足红线内场地。地下室为一层，埋置深度较浅，为－5.000m。两幢大厦红线之间只有 5cm 距离，紧贴在一起。

另外，塔楼相距华都大厦地下室（承台正在施工）外墙板只有 18m，对工程沉桩施工十分不利。

1.7.2　深基础施工基坑支护方案

该工程不仅基坑深，而且平面体型很不规则，近似一个平行四边形（塔楼部位向外凸出）。为此深度与平面布置比较复杂的基坑，采用何种支护结构是深基础施工中的主要技术难点，是涉及到施工安全、速度的关键，也是控制支护工程造价决定性因素。

根据该工程特点、现场条件及周围环境，对支护方案中的围护墙及支撑系统进行了多种方案分析比较。

（1）围护方案选择

1）钢板桩围护方案：基坑挖土深 12.2m，选用 V 型拉森钢板桩，经计算需 20m 长以上。当时市场能提供租赁的钢板桩规格、长度不能满足本工程要求。为控制变形不超过设计的规定，必须设置多道内支撑。但平面与垂直支撑间距相对较小，不仅使下道工序施工困难，而且影响施工进度。因此，不宜采用钢板桩围护方案。

2）钻孔灌注桩围护方案：在上海软土地基深基础基坑施工中，采用钻孔灌注桩围护墙止水效果较差，一般墙外需做隔水幕墙深层搅拌桩，由于场地条件限制，亦未能采用。

3）基坑两层大开挖方案：上层先大开挖5m土方，下层7.2m采用钢板桩内支撑。因南侧裕安大厦已先行施工，以及该方案工期相对较长，本方案也不能选用。

4）地下连续墙围护方案：上海地区在软土地基房屋建筑深基础施工中，基坑开挖深度超过12m，一般采用地下连续墙施工工艺。该工艺在工程中被广泛应用，有成熟的施工经验。地下墙刚度好，变形小，安全可靠。业主明确指出，围护方案一定要满足安全第一前提，再考虑工程造价。综合各方面意见，经多次研究，反复商定，认真进行了设计计算，最后决定采用地下连续墙及三道内支撑施工方案。地下墙设计厚800mm，墙深25m，混凝土强度等级为C25，抗渗等级为P6。

（2）支撑方案

1）支撑方案选择：根据基坑平面的特殊体型，支撑布置既要安全可靠，又要有利于挖土、地下室结构施工。基坑支护提出了三种内支撑方案进行比较。

①ϕ609mm钢管或H型钢内支撑方案。上中下布置三道纵横相交的十字形受力支撑。支撑立柱采用ϕ400mm钢管。钢支撑可以租赁，操作比较简便。但是支撑间距较密（H型钢需双根组合），立柱数量多。特别在三角形部位，支撑、围檩受力比较复杂，非标准杆件加工多，异型斜断面切割多，特别节点构造用钢多，最终造成一次性钢材损耗大，支护造价大大提高。

十字形布置钢支撑，挖土时必须先撑后挖土，挖土作业面受到限制，影响挖土进度。

②全钢筋混凝土内支撑方案。上中下布置三道纵横向十字形受力钢筋混凝土支撑。支撑立柱采用ϕ400mm钢管。由于混凝土承压强度高，刚度大，支撑间距比钢支撑增大许多，钢立柱可以减少，有利于提高挖土速度和方便地下室结构施工。在三角形部位，混凝土支撑可塑性大，节点构造可大大简化，工程造价并不比钢支撑系统高，很适用于平面体型复杂的基坑。但混凝土支撑施工工序多，拆除工程量较大。在平直部位，混凝土与钢支撑同口径比较，造价相对较高。

③ϕ609mm钢管与混凝土复合型支撑方案。根据本工程基坑平面体型特点，充分分析了钢管及混凝土支撑各自特性、优缺点及适用部位，经多次研讨，反复比较各种方案，并请专家论证、审定，最后选用ϕ609mm×11（或16）mm钢管与钢筋混凝土支撑相结合方案。

2）支撑系统布置：

①在基坑两个三角形部位（见图1.7-1、2）布置钢筋混凝土十字形梁式支撑和围檩。经周密设计、计算，该部分每层支撑的布置能自成系统，受力后自身平衡稳定，变位小于允许值。这样挖土可以分段进行，在混凝土支撑部位可先行施工，不需要每层支撑全部撑满后才能进行挖土，大大加快了工程进度。

采用钢筋混凝土围檩可与地下墙内设置的剪力槽、插筋连成整体，支撑产生的水平分力由围檩传递给地下墙平衡。节点处理就比钢支撑、围檩简化，施工也较方便。

②在塔楼部位矩形转角处设置钢筋混凝土直角撑，既可简化支撑布置，减少钢支撑用量，又可增大基坑开挖面空间，便于挖土，并为基坑平直部位大面积布置单向受力支撑创造了条件。

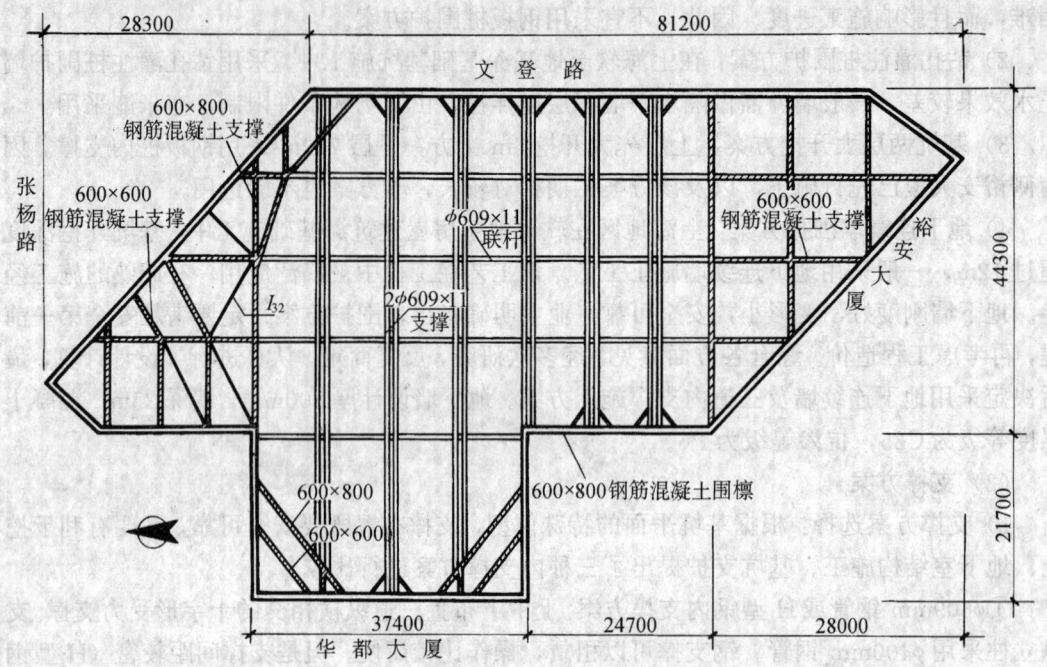

图 1.7-1 第一道支撑平面布置图

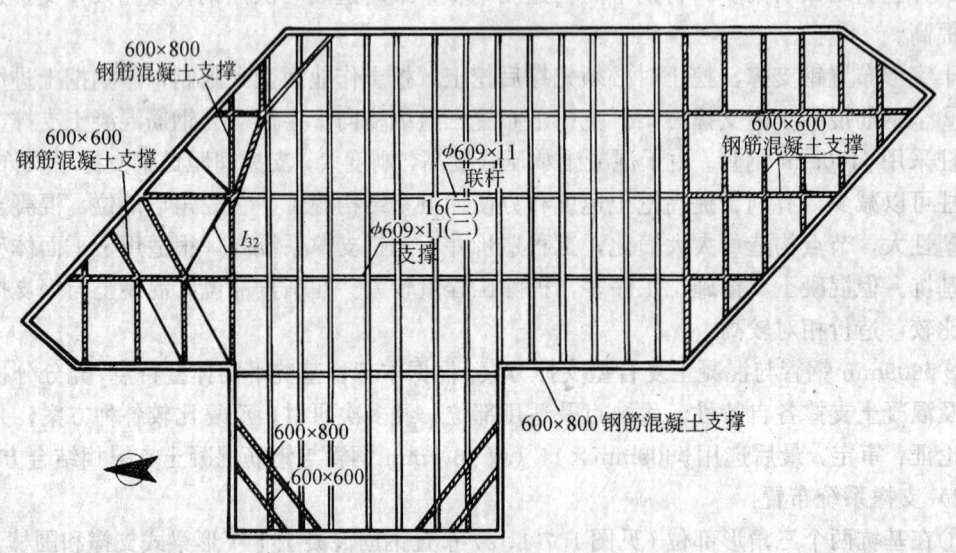

图 1.7-2 第二、三道支撑平面布置图

③基坑平直区域布置 $\phi609mm \times 11$（或 16）mm 钢管支撑与钢筋混凝土围檩。由于基坑平面面积大，经综合分析，以选择钢管支撑较为有利，可充分利用基坑两端三角形部位和塔楼矩形转角处钢筋混凝土直角撑自成体系、自身稳定的特点。支撑平面布置横向（东西）为受力支撑杆件（第一道双管组合，间距为 9m，二、三道单管为 4.5m），纵向（南北）杆件仅为约束横向支撑杆件计算长度，作联杆布置（间距 11m）。纵向联杆间距增大，可以减少立柱，也有利于挖土。横向支撑与纵向支撑区域联成片后，可以分区分段提前挖

土，比纵横向双向布置受力支撑必须全部撑满后才能进行挖土的施工速度要快得多。

④多道支撑布置平面与垂直间距除满足受力基本要求外，还需考虑挖土机械进基坑操作工况、最小空间尺寸、地下室各层结构施工及支撑拆除、置换工况等因素。

1.7.3 深基础及基坑支护施工

（1）地下连续墙与沉桩工程同步交叉施工

地下室结构工程施工工期十分紧，按常规先沉桩、后施工地下连续墙是难以如期完成基础工程。为此，采用地下连续墙与沉桩工程（混凝土方桩）在一个基坑平面内同步交叉施工新工艺。该工艺在上海软土地基深基础施工中还无先例。经过本工程施工实践、探索，取得了下述几点初步的认识。

1）沉桩速率与地下连续墙施工之间的关系。在沉桩过程中，桩向四周挤开与自身体积相等的土体，这就造成桩周土的破坏和位移，并在土体中产生很大的应力增量。根据有效应力原理，挤压应力首先导致很高的孔隙水压力。所以，塔楼部位群桩沉桩速率越大，每天沉桩数量越多，孔隙水压力的积累就越大，土的扰动就越严重，对地下墙成槽施工，影响槽壁稳定的因素就越多。因此，沉桩速率必须有效控制。根据本工程的具体情况，经有关专家论证，塔楼部位每天打桩 6 根为宜。实践证实，每天沉桩 6 根的速率是可行的合理的。

2）沉桩桩位与地下连续墙同步施工最佳距离探讨：

①沉桩对地下连续墙施工槽壁稳定影响因素除上述"挤土与超静孔隙水压力"外，还有一个重要的因素，就是沉桩产生的振动影响。振动大小与距离相关。沉桩桩位与地下连续墙施工槽段之间最小安全距离多少为宜，许多意见和认识并不一致。归纳有三种：

a）在沉桩过程中产生的振动相当于 2～3 级地震，要相距 70m 为宜。

b）要大于 1.5 根桩长度（包括送桩深）。

c）最小距离不少于 30m。

②. 现以 1993 年 4 月 22 日沉桩与地下墙同步施工实测进行效果分析。

a）沉桩与地下墙同步施工相互位置布置见图 1.7-3。

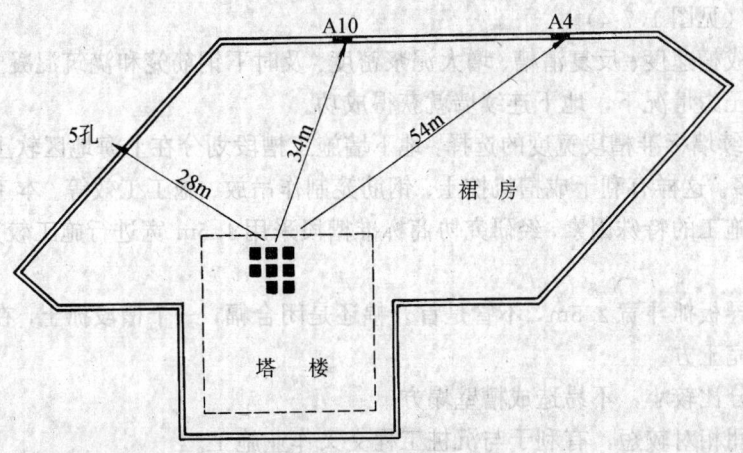

图 1.7-3 沉桩与地下墙同步施工平面位置图

A10 为拟施工地下连续墙槽段；A4 为已完成地下墙槽段，内设置 SX-20 伺服式测斜仪；5 号孔设置振弦式空隙水压力盒；桩位编号图示从左向右，从上排到下排顺序为：158 号、149 号、157 号、154 号、155 号、153 号、151 号、149 号。

b）4 月 22 日上午 7：30A10 幅地下墙开始成槽。2.5m 宽导板式液压抓斗先挖 4.5m 宽标准槽段一半土方。下午再挖余下部分土时，上午已挖槽壁有塌方现象。

c）上午 8：30 先送桩 4 根（157 号、153 号、151 号、149 号，送至桩深 12m）。下午再打 4 根桩（154 号、155 号、158 号、159 号），直到晚上 7：00 沉桩结束。

d）晚上 22：00 地下墙浇捣混凝土。

e）量测数据：

A. A4 段地下墙内测斜仪测得地下墙向外推移 7.5mm（包括以前累计计数）。

B. 5 号孔量测超静孔隙水压为 $3N/cm^2$。

C. 超声波测量仪测定槽壁基坑内侧有塌方现象。

D. A10 段地下墙计划混凝土 96m³，实际浇筑 103m³，充盈系数 106.25％。

E. 基坑开挖后，在挖土面向下 4m 上下处，地下墙混凝土有明显向坑内鼓起凸出现象产生。

f）效果初步分析和认识：

A. 沉桩（混凝土方桩，$L=26m$，送桩 12m）与地下墙同步施工最小距离应大于 40m。

B. 每日施工安排，沉桩应提前开始提早结束，地下墙成槽滞后施工，两者之间形成一个时间差，有利于槽壁稳定。

C. 在沉桩与地下墙保护一定距离同步施工过程中，影响地下墙正常施工的三个要素中（挤土、超静孔隙水压力、振动），振动是关键因素。

3）孔隙水压力对地下连续墙施工的影响：塔楼沉桩工程于 1993 年 5 月 26 日完成（边缘桩距地下墙内侧为 1.59m）。20 天后，从 4 号孔监测数据掌握孔隙水压力值比较高（6.5N/cm²）。在上海软土地基中，打桩挤土产生的超静孔隙水压力消散到地下墙可以成槽施工（专家建议＜$3N/cm^2$）是一个时间较长和复杂的过程。显然施工工期是不允许的。为此，根据相关量测数据，信息化指导施工，预先制定相应的技术措施。在塔楼③轴 A28 段地下墙进行施工实施（见图 1.7-4）。

采取减慢成槽速度、反复清槽、增大泥浆密度、及时下钢筋笼和浇筑混凝土等措施，在较高的孔隙水压力情况下，地下连续墙就获得成功。

4）地下连续墙标准槽段宽度的选择：地下墙施工槽段划分在上海地区软土地基施工中选择 6m 宽较多。这样有利于成槽机挖土、钢筋笼制作吊放、施工工效等。本工程由于地下墙与沉桩同步施工的特殊因素，经研究协商标准槽段采用 4.5m 宽进行施工较为有利。主要优点是：

①成槽机导板抓斗宽 2.5m，不管是首开幅还是闭合幅，一个槽段抓土，在平面内只要抓二次才能挖完土方。

②槽段划分比较小，不易造成槽壁塌方。

③成槽时间相对较短，有利于与沉桩工程交叉作业施工。

④由于各道工序加快，混凝土可以提前浇捣，客观上延长了混凝土的养护时间，为明天沉桩施工顺利进行创造了条件。

5）承台边桩沉桩施工方法的确定

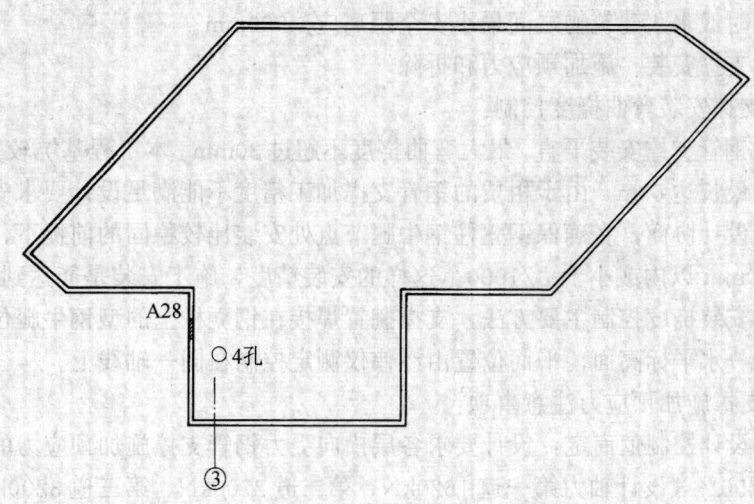

图1.7-4　地下墙施工与孔隙水压力测孔关系图

　　裙房柱断面400mm×400mm×17500mm，送桩12m，桩尖入土深29.5m，部分边桩距地下墙处只有60cm。地下墙入土深25m，比裙房桩尖浅4.5m。当时考虑如果先沉桩后施工地下墙，那么地下墙施工有可能会影响桩边60cm土塌方，造成桩位严重倾斜或位移。为慎重稳妥，确保沉桩质量，采取沿地下墙只有距60cm的全部边桩后打桩先成墙的施工方案。在桩架尚未退场该方案比较安全可靠，又不增加施工技术措施费用。

　　（2）深基础沉桩施工送桩12m桩对位移产生的影响

　　塔楼部位设计桩位是群桩布置，规范允许沉桩偏差值相对来说较大。而裙房部位设计是轴线桩，规范规定偏差值顺轴线允许15cm，垂直轴线允许10cm，偏差值较小。规范又规定由于送桩深度超过2m等原因的位移，不包括在内。依据以往的沉桩施工经验分析，送桩12m桩位移偏差值估计要超过规定允许值。提请设计裙房地梁宽度及配筋安全要充分考虑沉桩桩位偏差值超规范标准因素。在沉桩过程中，虽采取了数项技术措施，垫层浇完后复测桩位，裙房中有少量桩发生位移似超过了规范允许值，个别偏差略大的桩在底板内作了局部加强处理。

　　（3）地下墙施工与临时、永久建筑物之间应满足的最少距离

　　本工程南侧裕安大厦结构施工已到±0.000，地下围护墙及地下室紧贴红线。同样本工程结构设计方案紧贴红线。深基础基坑施工，选用任何一种围护方案，都必须有一定的施工场地。本工程采用地下墙围护方案，施工最小场地要多少呢！下面介绍两个施工单位对最小距离的要求。

　　本工程地下墙共316m，标准幅及异型幅共71幅。为加快施工进度，由沪、浙两家机施公司二台成槽机同时进行施工。

　　地下墙施工与建筑物最小安全距离取决于拔锁口管设备顶升架平面大小（成槽机械槽可在基坑内一侧进行）。沪机施公司顶升架平面尺寸为3.12m×1.54m（3.12m垂直于地下墙），因此要求最小净距离是：3.12m×1/2+0.1m−1/2×0.8m（地下墙宽）=1.26m（其中0.1m为安全距离）。浙机施公司顶升架平面尺寸1.61m×1.6m，要求最小净距离是：1.6m×1/2+0.1m−1/2×0.8m=0.5m。因此，选用浙江机施公司顶升架设备操作施工，地

下墙外加与临时或永久建筑物之间最小安全距离应≥500mm。

（4）钢管支撑安装、施加预应力和拆除

1）钢管支撑安装弯曲挠度控制：

设计要求钢管支撑安装平直，最大弯曲挠度不超过30mm。本工程基坑较宽，支撑长度一般为42m，最长达63m。由于租赁的钢管支撑加工精度不能满足设计要求安装弯曲挠度控制值，经与设计协商，在确保钢立柱钢牛腿节点处安装比较稳固的前提下，最大弯曲挠度值控制在50mm以内或小于$L/1000$。这样的安装精度，施工安装是能达到的。

钢管支撑安装挠度控制主要方法，支撑搁置焊接在钢立柱上的型钢牛腿位置由水准仪量测确保在同一水平标高面，平面位置由经纬仪测定控制在同一轴线上。

2）钢管支撑施加预应力注意事项：

①预应力设计控制值商定：设计要求各层横向受力钢管支撑施加预应力的控制值为设计支撑轴力的50%（设计轴力第一道1620kN、第二道2700kN、第三道3200kN）。实际施加预应力值一～三层分别为750kN、900kN、960kN。根据以往的施工经验及有关专业技术人员的意见，钢管支撑施加预应力值原则不超过1000kN为宜，这样有利于施工。

②预应力施加前、施加时及施加后应注意事项：

a）施加预应力前，横向钢管支撑（受力支撑）在节点处能沿轴线方向自由移动，但不能侧向滑动。

b）施加预应力时，应在横向钢管支撑一端，由两台千斤顶同步分级进行施加，同时紧固钢管各段端部连接螺栓，使预应力施加值逐步达到设计控制值。纵向支撑仅起联杆作用，只需要加少量预应力紧固支撑节点即可。

千斤顶施加预应力值应与同根钢管支撑另一端安装监测支撑轴力的压力传感器（按监测要求进行布置）量测的轴力要基本相符。否则要进行检测、校核、调整，达到实测轴力两端基本同步为止。

c）预应力施加完毕，纵横支撑上下交叉节点处由连接件ϕ30U型螺检紧固在ϕ400U钢管立柱型钢牛腿上，并用电焊焊牢。节点稳固可靠性很重要，是确保支撑计算长度、压杆稳定达到设计要求的关键条件之一。

d）搁置钢管支撑的钢牛腿与钢立柱焊接处要增设"加强衬板"，否则-8mm厚钢管立柱壁受力后会发生凹陷、塌瘪等现象，影响支撑承载力。

3）钢管支撑拆除：

①首先相对应的各道混凝土"换撑"达到设计要求强度值，才能进行钢管支撑拆除。

②钢管支撑由于承受土体主动侧压力产生很大的轴向力。因此，拧松支撑连接处螺栓的拆除方法是不可解体钢管支撑，只能采用"气割"，沿钢管外径"逐圈"切割端部非标准节钢管支撑，逐步释放轴向力，最终分段拆除支撑。

（5）深井泵与真空泵复合型降水管井

1）地质状况：

①第一层杂填土1.4m厚。

②第二层粉质土-2.5m～-3.2m，厚5.7m。

③第三层淤泥质粉质粘土-3.2m～-9.5m，厚6.3m，$K_V=9.65\times10^{-7}$，$K_H=1.82\times10^{-6}$。

④第四层淤泥质粘土－9.5m～－17.5m，厚8.0m，

$$K_V = 1.59 \times 10^{-7}, K_H = 2.22 \times 10^{-7}.$$

⑤第五层粉质粘土－17.5m～－23.5m，厚6.0m，K_V、K_H 未测定。

2）降水原理：本工程浅层土壤渗透系数较小，单一的管井井点（一般水泵抽水深6～10m）和深井泵降水（深可达15m）在本工程的地质条件下不适合使用。为此，机施公司专项研制了一种新型的降水设备——深井泵复合真空泵降水井。主要降水原理是：在真空泵（利用轻型井点真空泵，一台泵可接3～4只井）作用下，管井内及管井四周土层形成一定的真空度，地下水在负压作用下，由高压向低压流动进入管井内，由深井泵抽出；在真空度范围以外的土层，水在重力作用下，形成水力坡度，向管井流动。由于加了真空泵，它不仅可以抽取土层中的自由水，而且还能吸取土层中的一部分弱结合水。这种复合型的降水方法，在含水层渗透系数较小且含水量又较高的土层中，具有较明显的降水效果。

3）深井泵真空泵管井主要构造：管井由深井泵、真空泵、钢井管、滤网井管等组成（见图1.7-5）。井管直径ϕ250mm，成孔插入后四周要回填黄砂。本工程滤网钢管配制8m，主要考虑淤泥质粘土土层较厚，渗透系数小，增加滤管与④层土接触面，可加大抽水量。另外，让滤管能深入到粉质粘土层，渗透系数较大，真空吸水效果较好。这样在井四周一定范围内形成一个水力坡度，加快土层内水向井管流动，对提高总体降水效果是有益的。

4）深井泵真空泵管井布置：一个基坑内布置多少口管井为宜，这要与井的形式、降水性能、地质状况、外部环境、坑内支撑平面布置、挖土深度、降水方案等有关，要综合分析才能确定。如果基坑离江、河较近，就要适当增加管井数量，以减少单井降水面积。

1993年初，当时管井在深基坑施工中应用较少，单井降水作用半径认为$R=6～7$m，每只井抽水控制面积为200m²左右。本工程基坑面积4500m²，布置21口管井。

近几年来，各类深井降水在工程中广泛应用，积累了一定经验。目前认为，在正常工况条件下，降水半径R可以提高到9m左右，单井降水控制面积不大于300m²为宜。

（6）多道十字型支撑布置工况下的挖土施工

本工程基坑采用三道钢管与混凝土复合型支撑，分四层挖土。由于支撑的水平和垂直距离都比较小，第三、四层土开挖比较困难。挖第一层和第二层土采用液压反铲，铲车容量为1m³或1.6m³，挖土机停在基坑或支撑（路基箱架空）面直接进行挖土作业，汽车外运土方。

第三、四层土采用二种方法开挖。一种是选用多台（0.4m³斗）小型挖机进入基坑内水平挖土、接力翻驳运至基坑边，由基坑面2台W1001挖土机垂直提升土装入汽车外运。另一种是采用坑内小型挖土机和人工同时挖土装入"集土箱"内，利用安装钢管支撑的履带吊车将"集土箱"吊运至地面土倒入汽车内运走。该挖土方案是由本工程特定条件下形成的。总之，数道钢支撑，多层挖土，施工难度较大，选择一个比较完善的能符合实际支护系统的挖土方案，对加快地下室结构工程施工进度是很重要的一环。

（7）深基础施工主要监测内容

在深基础基坑施工中，主要采用了如下监测方案：

1）采用振弦式孔隙水压力盒和SS-Ⅱ型频率接收仪量测土体内空隙水压力。

2）采用SX-20型伺服式测斜仪配合接收仪监测地下连续墙与土体水平位移。

3）钢支撑端部安装反力传感器测定支撑轴力。

4）地下连续墙受力钢筋应力测试采用钢弦式应力计。

5）混凝土支撑关键节点处 X、Y、Z 三维方向的变位值。

6）基坑南侧裕安大厦沉降观察。

7）红线外有关地下管线监测，委托各管线单位自行进行专项监测。

1.7.4　几点体会

（1）在上海软土地基中，首次采用地下连续墙与混凝土方桩在一个基坑平面内同步施工，这种施工工艺是可行的。它能缩短地下室结构施工工期，并为深基坑支护工程提供了一种新的施工方法。但工艺因初次运用，尚有许多不足之处，如沉桩对地下墙槽壁稳定的影响；沉桩与地下墙同步施工之间最少距离；最小空隙水压力等技术问题，要在今后同类型工程施工中，作进一步的实践性探索，使地下墙与沉桩同步施工工艺日趋成熟和完善。

（2）工程挖土深度12.2m，基坑平面体型很不规则，采用地下连续墙围护及钢管与钢筋混凝土复合式支撑方案，从总体上看是有效、安全、可靠的。由于支撑平面布置，充分发挥了钢管与混凝土支撑各自特点，支撑体系有利于挖土工程，造价也比较合理，可以在深基坑施工中广泛应用。

（3）沉桩工程（打入桩）送桩10m以上桩基础施工，建议设计要充分考虑送桩引起桩位偏差值有可能大于目前规范允许值，并制定相应的（送桩超过10m深的）桩位验收标准和质量要求。

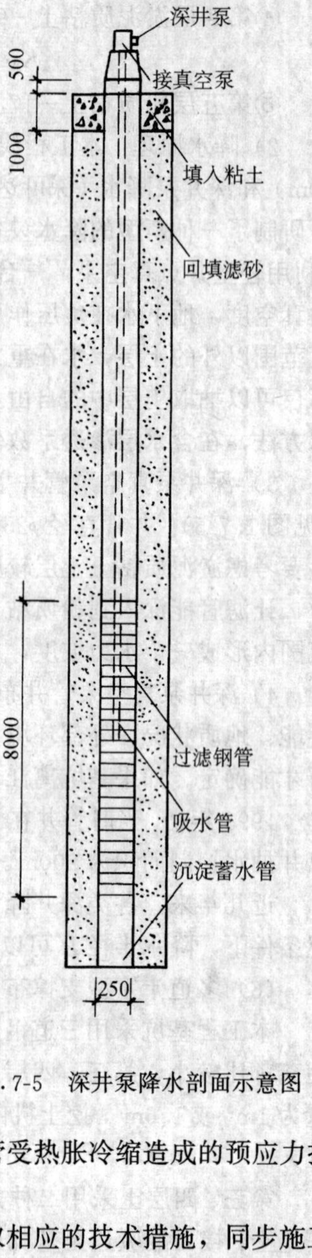

（4）钢管支撑施加预应力时间宜在早晚进行，最好夜间进行。这样可以减少因中午温度高（特别夏季施工）而钢管受热胀冷缩造成的预应力损失。

（5）在沉桩与地下连续墙保持一定距离的前提下，并采取相应的技术措施，同步施工作业是可行的。依据本工程实践，初步探索，两者之间的距离应大于1～1.5根桩深，不少于40m。

图 1.7-5　深井泵降水剖面示意图

（梁兴平　张仁元）

2 结 构 施 工

2.1 海仑宾馆工程施工与组织

2.1.1 工程概貌与施工基本情况

（1）工程概况和主要特点

该工程为中美合资的涉外四星级宾馆，建设单位为上海新亚（集团）联营公司、上海投资信托公司、美国京伦有限公司、美国橡山有限公司，设计单位为华东建筑设计院，施工单位为上海市第一建筑工程公司。建筑面积 $44508m^2$，基地占地面积 $3011m^2$。地下室 1 层，主楼 34 层，总高度 117.56m，裙房 6 层，高度 25.70m，主楼标准层高度 2.9m。主楼结构平面长 37m，宽 29.6m。采用四角局部剪力墙与梁板组成一个刚度大的现浇钢筋混凝土框架、剪力墙结构体系，6 层裙房为框架结构。

施工主要特点是：

1）地处闹市、施工场地近于零。

建筑物覆盖面积相当于占地面积的 94％，整个建筑物沿红线建造，红线以外即为繁华商业中心人行道及交通主干道，近处相距仅 1.7m，最远也只 7.3m，施工场地近于零，这在上海工程建筑施工史上亦属少见。

2）交通拥挤、管线密布。

建筑物周围的南京东路、福建中路、九江路均为市中心主要交通干道，人车流量特大。地上、地下管网纵横交叉，年久失修，管道距施工地点最小尺寸仅 50cm，给施工带来很大困难。

3）居民密集、危房成片。

与工程毗邻的建筑物大部为砖木结构，建于 20～30 年代，均属危房，距施工点近者仅 3m，为此在施工期间对周围建筑、地下管线和行人安全的防护，成为该工程又一需要重视解决的问题。

4）时间紧迫、矛盾交错。

整个工程处于边设计、边施工的状况，合同工期仅 32 个月，而基础工程施工的难度很大，工期较长，以上各种矛盾错综复杂，如按常规组织施工，很难如期完成。

综上所述，时间紧、工期短、要求高、矛盾多、难度大，这是工程研究施工方案时必须正视的几个重大关键。

（2）建筑物位置和工程地貌。

该工程地处市中心最繁华的商业区，北面紧贴南京东路，它是上海市中心东西向交通主干道，也是本市首屈一指的商业街，人车流量堪称全国之最；西区紧邻福建中路，该路则是市中心区南北向的主干道；南面背靠九江路；东面又是一条狭窄的人行通道石潭弄。见图 2.1-1。

基地地形比较平整，地面标高在 2.97～3.31m 之间，现场勘察资料表明，处于地表下 47m 的第 7 层为粉细砂土层，厚度为 16m，贯入阻力 P_s 为 11.8～16.77N/mm²，其下 8、9 层属亚粘土层，平均厚度为 12m，P_s 值为 4.3N/mm² 左右，第 10 层为粉砂细砂层，在地表下 70m 左右，层厚 9m，P_s 值达 19.29N/mm²。上述第 7 层即是上海地区常见的第一砂层，是较理想的桩基持力层，不少高层建筑均将此层作为桩基持力层。

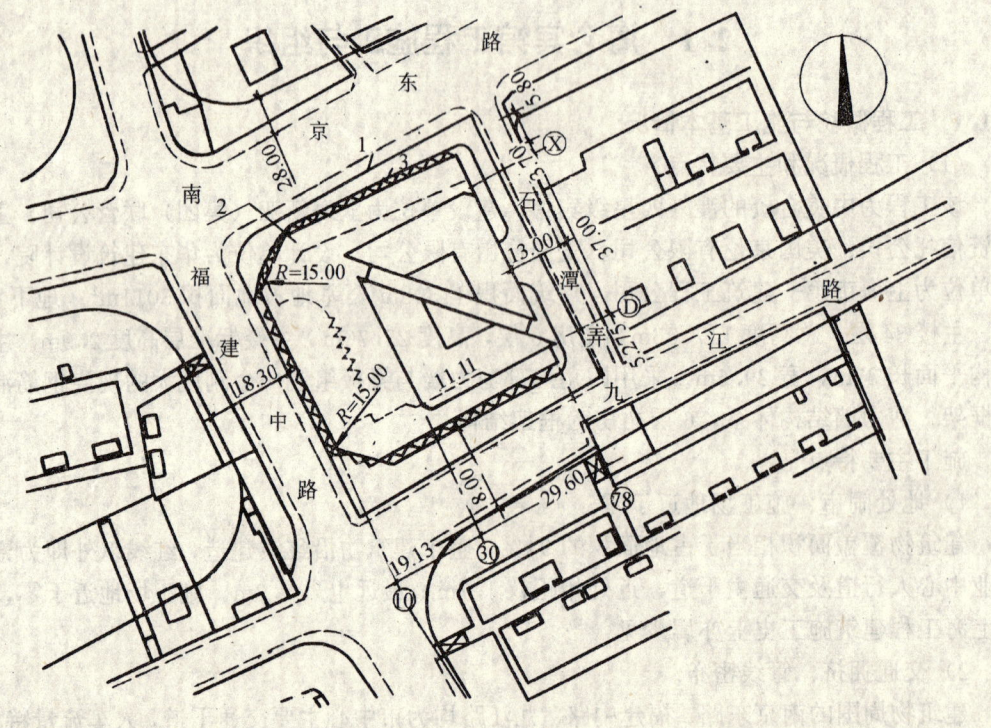

图 2.1-1　总平面图

1—原用地线；2—虚线为底层墙线；3—建筑红线

（本地形图是按宾馆总平面绘制图示尺寸，以 m 为单位）

本工程地下室近一半面积为停车场，无法设置剪力墙，使上层结构复杂多变，裙房及基础各部分荷载亦较悬殊，因此本工程采用整体板式基础，主楼与裙房基础承台联成一体，不设施工缝。为减少二者沉降差，选择第 10 层作为桩基持力层（差异沉降值约 2cm 左右），故要求桩长 70～72m，并穿透第一砂层达到第二砂层，据此在工程施工中又属首次。

（3）施工组织与管理

根据本工程工期紧、施工难度大等特点，公司把该工程定为"特级"项目，建立二级施工管理班子，派出公司副总工程师担任项目经理，项目经理部内设置项目副经理、项目工程师及其他有关人员，各分包单位也相应成立施工管理班子，并接受总承包方及甲方监理单位的监督，以确保工期和质量。施工项目管理程序如下（表 2.1-1）。

该工程采用项目法施工，有关生产、技术、质量、经济、安全等各项工作均实行项目经理负责制，对人、财、物进行独立工程核算。

表 2.1-1

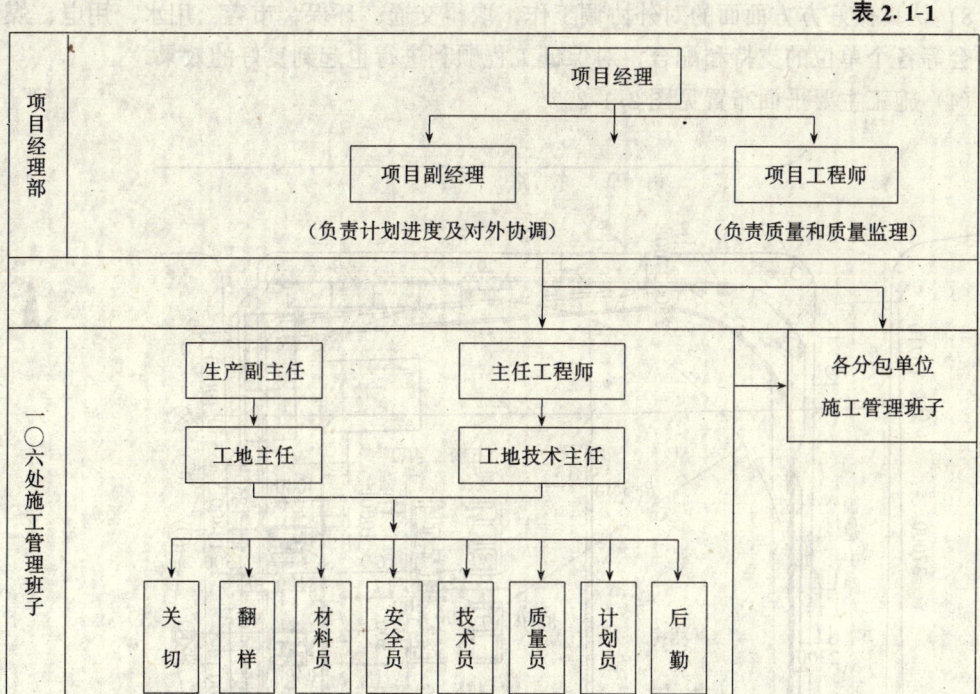

工程自 1989 年 5 月 1 日开始施工，至 1990 年 9 月 14 日结构工程封顶。结构实际工期自挖土算起为 437d。结构标准层工期自 1989 年 9 月 23 日至 1990 年 9 月 14 日共计 356d，平均 10d1 层，最快达 5d1 层。

由于场地狭小，工期紧迫，在施工组织安排上主要采取了以下相应措施：

1）在征得设计单位同意支持下，决定㊳轴以西的裙房暂不施工，留出约 900m² 的地下室顶板作为施工和材料场地，㊳轴以东部分的裙房和主楼一起先行施工，待主楼施工至标准层 9 层以后，㊳轴以西裙房一起再行与主楼交替施工。

2）为保证结构工期，采取日夜两班制连续不间断地组织施工。

3）所有各项原材料、周转设备材料包括使用频繁数量甚大的模板、钢筋等一律采取夜间运输进场。

4）加强计划管理，做好准确的月、周和日作业计划，建立可靠的材料后勤保证体系，随要随送，保证供应。

5）全部采用商品混凝土，搞好与混凝土分公司的协作关系，加强计划调度，确保施工需要。

6）建立各级"碰头会"制度，定时、定点召开，加强总分包单位之间的协作，及时解决和协调好各种矛盾问题。

7）对各分部、分项工程的具体施工方案进行"优化"，在保证质量、安全的前提下，千方百计地采取加快施工速度的办法和措施。如基础施工时，部分冷压套筒连接在加工厂内先压好一端，减少工地上所占用的时间；又如在九江路一侧设置临时的 60t·m 塔机一台，以解决 φ40 钢筋及各种材料的运输、卸料问题；再如在上部结构施工中采用公司自行设计的搁拉脚手和电梯筒内的整体式筒子模等。这些都对缩短施工周期起了积极作用。

8）认真做好方方面面的对外协调工作，取得交通、环保、市容、用水、用电、煤气、居委会等各个单位的支持和配合，对保证工程顺利进行也起到良好的效果。

（4）施工主要平面布置见图2.1-2。

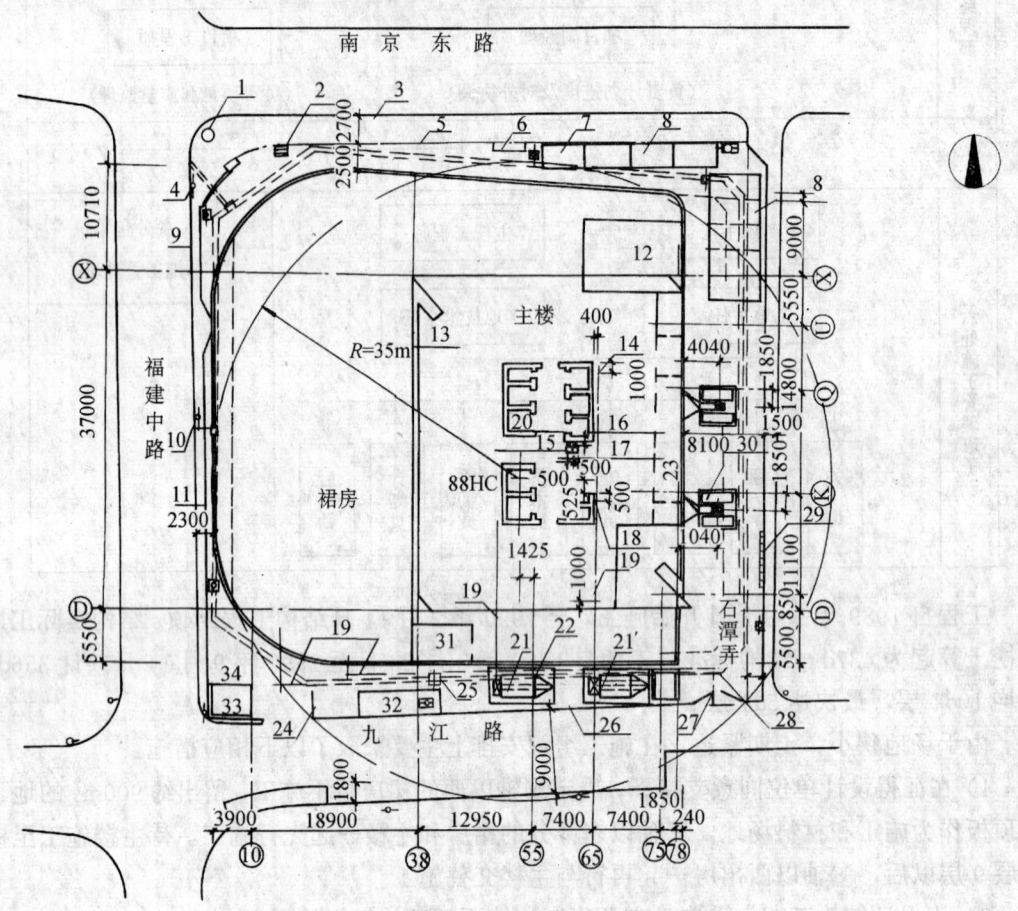

图 2.1-2 施工主要平面布置图

1—岗亭；2—灯架；3—电车电杆；4—动力电杆；5—广告牌；6—小便处；7—活动浴室；8—活动房工具间；9—道路侧面；10—茹里；11—固定围墙；12—工具间；13—裙房塔楼分块施工处；14—竖向混凝土布料管；15—高压水泵；16—2½″消防竖向水管；17—蓄水池；18—电缆竖向铺设；19—水平混凝土布料管；20—2″施工竖向水管；21—混凝土固定泵；22—水电铺设排水沟；23—生产班组工具间；24—四牌图；25—配电箱；26—活动围墙；27—排水暗管；28—过滤井；29—洗水池；30—人货电梯；31—厕所；32—配电间；33—门卫；34—材料卸放点

说明：①因场地狭小，现场无法布置食堂。

②主楼施工时㊳轴以西地下室顶板作为材料堆场。因工程的特殊性，应加强材料进场的计划管理，做到第二天用多少，当天夜间进多少。

③因场地太小，无法考虑消防通道，如遇火警临时拆除围墙，楼层上每隔二层装设灭火机四只，还设有专用消防水管。

④四牌一图放在福建路围墙上，㊳轴以西裙房施工时，另设一台固定泵于⑩轴以东空挡处。

（5）结构工程主要实行量见表 2.1-2。

（6）设计简介：体型呈点状平面的柱形建筑，塔楼体型由一方柱体，从对角线剖开、错位、而成两个三角形柱体，一前一后，一高一低，加上北高南低的倾斜屋面，从南京东路西北角眺望建筑物的轮廓，酷似浦江上漂游的帆船，体现了上海这个沿海城市的特征，采用铝合金的玻璃幕墙，给人以华贵绚丽的感觉，建成后，这座具有独特风格的建筑物，将为上海的市容增添又一景色。

表 2.1-2

名称 部位	土方 (m³)	模板 (m²)	钢筋 (t)	混凝土 (m³)	钢屋架 (t)
基础及地下室挖土	30620				
钻孔灌注桩			535.45	11000	
地下连续墙			3048	3600	
基础垫层				450	
基础承台			1600	8600	(钢支架) 200
地下室墙板顶板		4645	315	2400	
上部结构		104880	3580	16840	36.84
总计	30620	109525	9078.45	42890	36.84

地下建筑物的功能为：地下室、停车场、冷冻机房、锅炉房、污水处理室及应急发电房。

裙房：接待大厅、总服务台、办公室、问讯处、邮局、银行、行李房、商场、暂存库、总收发室、垃圾间、装卸台、火警控制室、煤气表房及鸡尾走廊、啤酒屋等。

二层：对外商店、餐厅、厨房、电气房及变压器等。

三层：旅馆管理及商业办公室、电传复印室、卖品部、对外商店、咖啡厅、面包房、中式餐厅及厨房。

四层：400 人大型宴会厅、多功能房、鸡尾酒席、专用餐厅、主厨房及备餐间，对外客房专用服务室。

五层：宴会厅、电话总机室、交换机室、电脑设备及厨房等。

六层（连接层）：裙房屋面室内部分为健身房、气候浴室、美发室、理发室、咖啡厅、酒吧、电子游戏机房、弹子房，室外部分为屋顶花园。

塔楼：共设客房 361 套，及其他外籍人员住宿、豪华套房、专用夜总会、迪斯科附酒吧间、设备间、冷却塔、水箱泵房、电梯机房及露天平台等。

塔楼为全现浇钢筋混凝土框架、剪力墙体系，内设电梯 8 座、钢筋混凝土楼梯 5 座。

外墙构造是整块钢化玻璃及玻璃橱窗，二层以上全部采用电化铝窗框，双层钢化金、银两色玻璃幕墙及内衬多层绝缘空间板，这种金属材料给人以华丽的感觉。

2.1.2 施工技术和质量

（1）施工采用的工艺体系

该工程采用混凝土全现浇施工辅以裙房屋架局部吊装的工艺体系。其根据和优点是：

1) 结构设计为框架剪力墙体系，剪力墙除电梯井外，其他部位较少，采用滑模、升板、爬模都不太合适，再加上公司有一套自行设计的搁拉脚手装置，结合柱模使用，可把结构顺利施工到顶。

2) 可充分利用公司现有设备与材料，如支模用小钢模都是现成的，从而可节约大量资金，降低施工费用。

3) 主楼 7 层以上系标准层，选用这一施工方法，工艺比较成熟，速度可以加快，质量也能得到保证。

(2) 主要分部分项工程的施工技术

1) 桩基工程：桩基在方案设计中，几易其稿，最初美方要钢管桩，扩初设计时，H 型钢桩，在建筑及管线密集的闹市区域，打入桩对周围环境影响是严重的。即使采用钢管桩，仍无法克服噪声、振动、挤土带来的环境影响。根据设计要求，能满足桩深 70～72m，并顺利穿透第一砂层达到第二砂层的以钢筋混凝土钻孔灌注桩较为理想。为此最后施工图采用是钢筋混凝土钻孔灌注桩。

在当时美方建筑师持强烈反对态度，认为在美国此种类型的钻孔桩深度只能做到 150 英尺（约 46m），在上海要做 70～72m 的钻孔桩，感到质量是无法保证的。通过调查和分析，认为钻孔灌注桩工艺是成熟的，关键是操作及管理，并对桩质量加强检测，才能确保工程成功。第一步先做试桩，进行桩的静荷试验，桩深 70m，直径 ϕ800 的（C30，钢筋 12 $\oplus$ 20 通长配置）钢筋混凝土钻孔灌注桩，设计承载力 3×10^6 N，从试验结果来看，一根极限荷载到 8×10^6 N 时，桩和地基均未破坏，残余变形仅 4.7m，另一根试桩极限承载力达到 9×10^6 N，沉降仅 1.70m，并经超声波和小变形测试，桩身混凝土质量良好，均达到设计要求，单桩承载大约在 1000～1100t，按设计承载能力计算，安全系数 $K > 3.0$。试桩的成功使中方增强了对钢筋混凝土钻孔桩的信心。

① 桩基工程的施工：

a. 施工场地地形平坦，地面标高一般在 3.10m，工程地质条件较差，以第 10 层粉细砂作为桩基的持力层。

b. 根据设计要求和本工程特点，桩的施工工艺是：成孔采用正循环回转式，以自然土造浆维护孔壁稳定。混凝土采用大流动加缓凝剂现场搅拌。钢筋笼集中落料，现场拼装和孔口分段焊接（或冷压连接）。废泥浆采用白天储存，晚间集中外运的办法，桩的施工工序和要求如下：

a) 埋设护口管：

A. 放样定位正确。

B. 开挖至规定深度后，探明有否障碍物。

C. 安放时上口应水平、垂直、中心偏差应符合要求。

b) 钻机定位：

A. 钻机底座基础应稳固，场地应平整、固实，钻机中心应与护口管中心对准。

B. 定位后应使天平、游动滑车与钻盘中心呈一直线。

C. 测量钻机平面标高。

c) 钻机成型：

A. 第一、二根钻杆钻进时应注意压力与速度。

B. 泥浆指标、泵量的控制应按规定执行。

C. 钻进过程中，应在孔口换水，使泥浆中的砂在沟中沉淀，并及时清理泥浆池、沟内的沉砂杂物。

D. 钻至设计深度时应复核具体尺寸。

E. 提出钻具后，测量孔底标高（必要时进行孔径测试）。

d) 安放钢筋笼：

A. 钢筋笼制作后，按规范要求，分节进行验收，并实行挂牌、编号制度。

B. 钢筋笼主筋搭接长度及焊接要求均应满足设计要求，并用经纬仪控制垂直度。

C. 在安放过程中，应保证护口管内泥浆水头高度。

e) 清除沉渣：

A. 不具备浇桩条件，孔内不可换稀泥浆。

B. 在具备下列条件后方可进行换稀泥浆。

A) 材料充足（水泥、砂、石）。

B) 机械设备完好。

C) 泥浆储备罐量足够。

D) 进料人员齐全。

f) 灌注水下混凝土：

A. 了解水泥品种，应同品种、同标号。

B. 按测定的砂、石含水率，调整每拌用量且每拌用量均以过磅计量。

C. 石子含泥量＞1%时，必须用水冲洗。

D. 二次清孔后，应在30min内剪断活塞铅丝。

E. 每拌混凝土搅拌时间应保证1.5min，外掺剂不得漏加、多加或少加。

F. 经常测定混凝土坍落度，做好混凝土试块的试压工作，编号正确（桩号、日期）等。

G. 每隔二吊斗混凝土，测定一次混凝土上表面并做好记录。

H. 保证导管埋入混凝土深度大于2.5m，小于10m，并及时提拆导管。

I. 当混凝土上升至离地面1.5m处，及时调整坍落度及用水量。

J. 混凝土面高出桩顶标高后，用探棒测定并做好记录。

K. 混凝土灌注结束及时提护口管，冲洗干净机具，用石子将桩顶标高以上孔段填实。

②工程施工质量检测情况：

按照桩的施工工艺特点，在施工过程中主要对下列几方面进行检测：

a) 放样定位及桩位处自然地坪标高。

b) 钻头直径和成孔深度。

c) 钢筋笼制作及孔内安装情况（电焊和冷压）。

d) 导管的安放尺寸。

e) 孔底清渣情况。

f) 混凝土级配调整情况。

g) 混凝土搅拌质量及原材料质量。

h) 桩顶混凝土的预留长度。

i) 部分桩孔的成孔孔径、垂直度的测试。

本工程共有钻孔灌注桩 295 根，完成后选取 120 根桩作了动测，测试数据表明桩身质量优良。其中 I 类桩占 78％，II 类桩占 22％，没有一根桩不合格，均满足设计要求，后来美方也心服口服了，赞扬中国的施工水平。

2）基坑支护：本工程地下室结构外包尺寸为 53m×56m，四周呈圆弧形，基坑内不同区段的实际开挖深度分别为 7.5～10.0m 不等。

根据工程特点及场地环境条件，放坡开挖显然是不可能的，结合当时上海地区深基坑支护工程经验，所提供的只有钢板桩及地下连续墙两种支护方案。技术上都是可行的，但由于工程地处特殊环境，故对方案作了认真比较与经济分析。

钢板桩支护具备工艺简单、速度快和回收及费用少优点，但针对本工程具体分析，有以下几点不利：

①钢板桩施打噪声大、振动也大，对周围住户及建筑和地下管线均会产生不良影响，日后拔桩又会扰动基土，针对本工程特殊环境，要再拔桩回收难度很大。

②基坑面积近 3000m²，如采用钢板桩支护，中间势必要增加不少立柱及支撑，加之钢板桩材料来源困难，只能依赖进口，方案实现可能性减少。

③该工程桩基为灌注桩，设计间距小，给增加立柱带来困难，并且大量立柱与支撑给挖土施工带来不利。同时闹市中心即使允许打钢板桩，速度也会受到限制。

而地下连续墙支护的优点在于结构刚度好，强度、抗倾覆、抗滑力、抗管涌等性能都能得到保证，挡土抗渗效果也好，对地下管线及周围建筑的安全保护十分有利，加上支撑体系可大大简化，有利于施工挖土，速度也可加快。经过技术经济分析，二方案所花费用差不多，因此最后业主、设计、施工一致同意采用地下连续墙支护设计方案。

①地下连续墙支护结构设计：

结构设计主要包括：地下连续墙入土深度的确定，墙体内力及变形计算，平面布置及槽段划分以及支撑系统的设计计算等。地下连续墙环状布置于地下结构外侧，周长 207m，分成 52 个槽段，墙厚 800mm，考虑到结构的整体抗滑动、抗倾覆、抗隆起及槽段稳定因素，将少量槽段呈稀齿形插入深度分别为 18.9～29m，为了加快进度方便施工，只在顶部设一道 0.8m×2.0m 的钢筋混凝土环形圈梁，四角各设 2 根 0.6m×（1.0～1.2）m 的钢筋混凝土斜撑，斜撑底部共埋设 12 根 ϕ609×11 钢管灌注桩支承（长撑下 2 根，短撑下 1 根）。圈梁与支撑都具有较大的强度与刚度，有效地控制了变形。

a. 地下墙入土深度：

入土深度选定对整个支护工程的造价、周围土体的沉降变形及基坑施工顺利与否影响很大，为此在本工程设计中分别验算了整体抗滑动、抗倾覆（踢脚）、抗隆起及槽壁稳定等各种稳定安全度，考虑到工程所处环境的特殊性，计算中的荷载按水土分算，土压力分别采用朗金及库伦公式对比校核，土的力学指标由地质报告提供的 0.7 折减值全部换算成峰值，在不同墙深、不同地面超载、不同开挖标高及坑内降水深度等多种参数下分别计算其各项稳定安全系数。

b. 支撑系统

深基坑支撑体系设计和架设的可靠程度也是影响工程进度、基坑稳定和造价的关键因素，由于本工程仅在地下墙顶部设置一道支撑，故要求支撑系统具有较大的强度和刚度，以使其变形和内力控制在适当的范围内。

c. 墙体计算

采用规范推荐的竖向弹性地基的基床系数法，即墙外按合算的水土压力为荷载、墙内的土体水平基床系数 K 根据各层的力学指标设定并模拟为土弹簧，支撑系统按应力÷应变关系使圈梁跨中及支座处变形分别与该处地下墙顶的变形协调一致，由此计算出单个槽段的内力和变形，然后再考虑深浅槽的共同作用，一起进行分析，以求得合理结果。

d. 平面布置及槽段划分

根据地下墙的垂直精度、平整度和可能产生的结构变形量，决定其平面内净尺寸比地下室外墙每边放出 15cm，再根据总体和分段尺寸间的优化组合，结合成槽设备性能、槽壁稳定要求、钢筋笼尺寸及重量、单元槽段混凝土浇灌量等因素综合分析后，划分为 52 单元槽段进行施工。

②地下连续墙施工：

地下连续墙混凝土总量为 3500m³（折合成墙面积 4375m²），分 52 次成槽及浇灌，历时约 80d，平均每天成槽面积 55m³，折合 0.65 个槽段。

地下连续墙主要施工工艺为：

a. 成槽护壁：这是确保地下墙施工安全的关键，为保证设计深度内的有效护壁及槽壁（墙身）的竖直精度，成槽机械采用意大利进口的 C50 型液压抓斗，抓斗尺寸取 250cm（外包斗长）×80cm（斗宽），按槽段中心线对称挖掘，护壁泥浆采用优质膨润土泥浆以正循环方式补给，泥浆的各项技术指标（如相对密度、粘度、失水量等）均必须符合规范对新浆或循环泥浆的要求。

b. 清底置换：为保证泥浆下灌注混凝土的施工质量，必须在挖掘至设计标高后即进行清底换浆，本工程采用空气吸泥法（即气举法），以反循环方式抽吸槽底处相对密度较大的泥浆和淤泥，并从槽顶补给新浆，直至底部泥浆相对密度及淤泥沉积物厚度达到规范要求时为止。

c. 钢筋笼吊放：钢筋笼事先在地面上整体成型后，由 W-1001 吊车分主副钩通过钢"扁担梁"上的若干吊点将笼子水平吊起，然后放低一头，逐渐吊直到铅垂状并缓缓放入已挖好的槽内。

d. 水下混凝土浇灌：混凝土采用商品混凝土，坍落度为 18～20cm，浇筑用导管直径为 ϕ250mm，以可快速装拆的环箍接头分段连接并止水，为保证混凝土质量，槽段要一次 5h 左右浇灌完毕，混凝土浇灌安排夜间进行。

e. 接头处理：为保证接头部的混凝土强度和防水质量，采用 80cm 直径的圆形接头管，成槽及清底后即放入槽段端部，混凝土浇灌后则应适时地用专门的顶升架将接头管逐渐顶拔出地面。在已构成墙体的二段中间成槽时，还必须用特制的接头刷认真刷清半圆形接头面上所沾带的泥渣。

f. 现场监测：根据需要，本工程在深坑开挖及地下室施工阶段对支护结构及周围环境的监测安排了如下内容：

a) 地下连续墙墙顶位移观测，在圈梁顶面共设置 8 个测点进行观测，自坑内土方开挖起至混凝土斜撑拆除后止。

b) 地下墙竖向墙体变形观测：共四孔，在墙内预埋测斜管后采用活动式测斜仪测读。

c) 地下墙外侧深层土体位移及孔隙水压力监测：各二孔，分别用测斜仪及孔隙水压力

计观测。

d）对邻近建筑物、道路及地下管线的监测。

经过监测后，邻近建筑物最大沉降量为 17mm，只一测点的最大水平位移为 6mm，四周管线与建筑均未发生问题，因此说明支护设计及施工是成功的。

3）深层降水：

基于四周已有地下连续墙封闭，且具有较好的阻水能力，仍用一级轻型井点降水，但采用了以下措施：

①选用射流泵。

②加强井点管，用 8m 井管另加 1.8m 长滤管，井点间距 1.6m，基坑中间 9m 井管，另加 1.8m 长滤管，井管间距 1.2m。

③适当减少每台泵工作面，以提高降水效果。

④井点管布置在地下墙内侧，井点管均落低布置在−2.35m。

基坑内设置水位观测井 9 只，埋深 1.2m，专人负责观测降水速度和深度，为土方开挖提供依据。基坑中间井点管运行至混凝土垫层捣完为止；四周井点管分两阶段拔除，即土方完成时拔 1/2，其余 1/2 在浇捣底板混凝土时再拔除。整个开挖期间，基坑比较干燥。

4）土方工程挖土：

基础平面尺寸为 56m×51m，基坑各部位的实际开挖深度分别为−8.15m、−8.80m、−9.60m 和−10.6m，基础底板座落在淤泥质亚粘土层上。

土方总量为 30620m³，地下连续墙支护工程给土方施工创造有利条件，然而 296 根钻孔灌注桩要截除的源浆部分高达 4m，这又给挖土增加了一定难度，根据闹市中心只允许夜间出土的情况，采用的主要施工方法是：

①选用 0.4m³（HD-400SE-1）和 R942HD 全液压 1.8m³ 挖掘机各 1 台，配以汽车随挖随运，并与人工修整坑底相结合。

②根据开挖深度和设备性能，采取分层挖土分段截桩，台阶式双机接桩力挖掘的工艺。

③当地下连续墙及圈梁混凝土强度达到设计要求，井点降水深度达到应有标高后，即开始挖土。由于施工环境条件的制约，交通出入道口只能放在九江路，挖土流程须由北向南循序进行，R942HD 型挖掘机为此停靠在九江路一侧的中心地段，夜间用以吊运出土，最后收尾退场。

④用爆破方法，分段截桩，即先挖去一层土，将桩身暴露，然后进行爆破截桩，每根爆破长度最大为 2.8m，设计标高以上 70cm 的桩顶仍用人工打凿，以保证桩顶质量。

⑤挖土期间专人跟随测量标高，为了保护基底土质不受破坏，坑底以上 20cm 的土用人工挖桩修平，并随挖土进展分块浇好混凝土垫层，即挖好一块，清理一块，混凝土垫层浇完一块。

⑥基坑底部布置纵横畅通的盲沟和集水井，以有效地保证雨水和施工冲洗用水的及时排除。1989 年 8 月台风袭击上海，部分道路积水，而该工程基坑内仍能照常施工，不受影响。

⑦自基础挖土开始至地下室混凝土浇捣完成的整个施工期间，始终把地下连续墙及四周地下管线和相邻建筑物的监测列入重要工作来抓，主要监测内容有 *a.* 地下连续墙墙顶水平位移；*b.* 地下连续墙竖向墙体变形；*c.* 地下连续墙外侧深层土体变形；*d.* 地下连续墙部

位的孔隙水压力。

对以上各项每天进行监测，做到信息化施工。监测结果是，地下连续墙墙顶最大位移为17.5mm，小于设计验算值，建筑物最大垂直位移12mm，地下管线最大垂直位移18mm，没发生大的问题，情况比较理想。

5）基础承台（8600m³）大体积混凝土施工：

承台为56m×51.5m，厚度2.8m，电梯井加深部分厚达5.25m，混凝土工程量为8600m³，设计上不设沉降缝和后浇带，要求整体浇捣，设计强度等级为C30。

①方案选择：

施工方案进行了技术经济比较，这类大型基础，上海传统做法多是采用分块及分层组织施工，这种施工方法好处是减少水泥水化热有利，但其不足之处是施工安排次数多，工期长，施工缝不易处理，钢筋易被污损，上层后浇混凝土由于受到下层先浇混凝土的约束，质量不易保证，更易产生裂缝等。针对本工程基础承台主楼与裙房连在一起的特点，故结合近年来的施工实践，利用商品混凝土生产运输条件及泵送混凝土的成熟经验，以及大体积混凝土温控技术，决定采用一次连续整体浇捣工艺。

8600m³如此大量一次连续浇捣混凝土工程，当时在国内建筑工程中尚无先例，为此抓住以下三大重要技术关键，认真研究对待。

一是减少水泥水化热，防止温度应力所产生的有害裂缝；二是由于混凝土量大，浇灌时间长，如何解决混凝土及时覆盖而不产生施工冷缝问题；三是如何组织、协调参战各单位，发挥团体作战优势，最大限度地减少对环境的影响。针对上述问题，作了专题研究并采取了相应技术措施。

②制定合理的混凝土供应和浇捣实施方案，主要有：

a. 采用商品混凝土泵送施工，工地两边设6台汽车泵，沿九江路、福建中路各设3台，见图2.1-3。

用φ150mm硬管布料，为了保证不间断泵送，另在附近地段储备3台汽车泵作备用，以便泵送出现故障时能及时更换。

b. 由宝山和长桥搅拌站同时供应商品混凝土，分别供5600m³和3000m³，真如和江湾两个站作备用应急。

c. 混凝土浇捣方向，从北向南（即从南京东路一侧开始浇捣至九江路一侧结束）分6条泵管同时进行。

d. 采用"斜面分层"布料施工（坡度1∶6），分层厚度控制在40cm左右，斜面浇灌一层混凝土为250m³左右，若每小时供应量为120m³，则2h可覆盖一次，不会产生冷缝，并应用上海市第一建筑工程公司、上海建筑科学研究所、局属材料预拌分公司共同研制的WL-1型外掺剂，初凝时间可达6-8h，完全能满足及时覆盖要求。实践结果8600m³混凝土在闹市中心仅用65h就浇灌完成（原预计90h），平均浇灌速度130m³/h，最高速度200m³/h，这在当时速度是很快的。

e. 每根泵管上配备了8台插入式振捣器，派有丰富经验的技工负责监督振实和质量控制。

f. 为了防止泵送混凝土落料高度大，出现混凝土离析及水泥浆污损钢筋等情况，在浇灌底层时采用串筒下料。

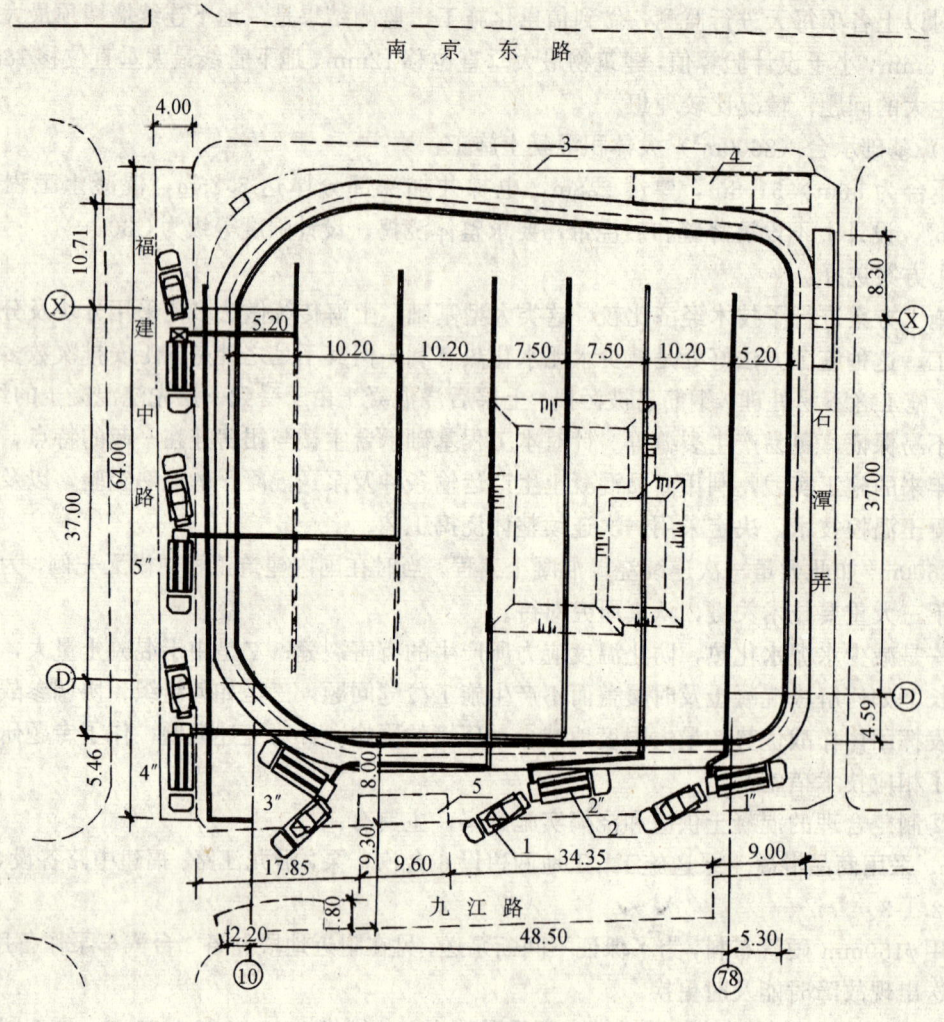

图 2.1-3　混凝土浇捣施工平面图

1—搅拌车；2—汽车泵；3—广告牌；4—活动房；5—配电间

③减少水泥水化热及防止混凝土裂缝的具体措施是：

a. 减少水泥用量，充分利用混凝土的后期强度，试验证明 1m³ 混凝土的水泥用量每增减 1kg，水化热将使温度相应升降 1℃。为了控制水化热温升，减少温度应力，经过与设计协商同意以 45d 强度代替 28d 强度，取消 B6 抗渗要求而直接采用普通 C30 混凝土。

b. 选用水化热比较低的 425 号矿渣水泥。

c. 选用中砂，石子粒径采用 5～40mm。

d. 优化配合比，并掺用自行研制的 WC-1 新型外掺剂，每 1m³ 混凝土水泥用量为330kg。

e. 为了代替部分水泥，改善混凝土可泵性，降低水化热，在混凝土级配设计中每 1m³ 混凝土掺加粉煤灰 60kg。

f. 坍落度控制在 12±2cm，骨料含泥量，石子<1%、砂<2%进行控制。

　　g. 为了降低混凝土的入模温度，搅拌站将砂、石材料预先入仓，防止太阳曝晒，经常在拌筒上洒水散热，现场的布料硬管全部用湿麻袋包裹并经常浇水散热。

　　④确保大体积混凝土质量的方案主要有：

　　a. 加强混凝土表面处理，做好承台基础蓄热保温。根据计算，基础承台的最高温升$T_t=33.5℃$，混凝土平均入模温度为$34.5℃$，浇筑后的内部最高温度为$68℃$，浇筑当时的大气温度在$25℃$左右，两者温差达$43℃$以上，为此混凝土浇筑完成后，表面用铁锹拍实，刮尺刮平，木蟹搓毛，待收水后再二次木蟹搓平，然后用竹帚扫毛，再用一层塑料薄膜，两层草包覆盖，以蓄热保温方法避免混凝土表层降温过快，造成体内温差过大，产生裂缝。

　　b. 进行测温监控。在整个承台东北角位置上，布设44个点，采用XQC-1300大型长图自动平衡记录仪和WZG型铜热电阻测点进行温度测量，要求混凝土入模5min后开始读数，入模后7h内，每1h测一次，3~5d内每2h测一次，15~20d时每4h测一次，以便掌握混凝土内部各部位的温度动态，通过保温覆盖措施，随时加以调整，使其温差小于25~28℃，从而防止结构裂缝的出现，切实保证工程质量，实际降温速率及温差见表2.1-3。

表 2.1-3

龄　　期 (d)	3	6	9	12	15	18	21	24	27
中心温度（℃）	72.0	68.8	63.8	58.6	56.2	52.4	49.0	46.2	44.3
表面温度（℃）	57.0	44.6	42.4	36.8	35.6	32.6	30.2	33.4	32.3
内外温差（℃）	15.0	24.2	21.4	21.8	20.6	19.8	18.8	12.8	12.0

　　c. 严格控制混凝土坍落度，派专人与搅拌站共同工作，随时按砂、石实际含水率调整水灰比，在混凝土运至现场后，严禁任意加水并进行坍落度测试，有异常情况立即调整配合比。

　　d. 搅拌站在浇捣前对所有设备全面进行检修保养，以保证商品混凝土正常供应，同时工地派专人深入 WC-1 型外掺剂生产工厂，加强质量控制。

　　e. 加强混凝土浇捣方案和操作要领的技术交底，确保严格执行。

　　f. 配备足够的照明设备，加强机具维修人员队伍，使之保证正常运转。

　　g. 与市气象部门联系，预测半个月的天气情况，使浇灌混凝土期内不受大雨等意外气候影响，并根据气象变化，及时调整混凝土配合比，做好养护工作。

　　⑤强化施工组织与管理方面的方案主要有：

　　a. 严密施工组织，责任落实到人，现场成立临时指挥组，由各施工单位经理、总工程师指挥，昼夜轮流值班，坚持到混凝土浇灌结束。指挥组下设调度、技术质量、材料机具、后勤服务、对外协调等小组，分工明确，责任落实到人，使全体人员做到心中有数，工作有条不紊。

　　b. 做好外单位协调工作，取得支持和谅解，混凝土浇捣方案确定后，分别召开了交通、市容、环卫、管线、公交、居委等单位的协调工作会议，让他们了解施工困难和工程进展，以取得支持，并对施工中因灯光、噪声、车辆往返等干扰人民生活的影响，也向居民说清楚，求取谅解。整个施工过程因而比较顺利，没有发生过搅拌车受阻现象，也保障了交通安全。

6）钢筋工程

基础底板平面 3011m²，厚度 2.8m，配置 ϕ40mm 受力钢筋，上下共 11 层（上 4 下 7），总重量为 1600t，由于进口钢筋的含碳量高，可焊性差，不能满足设计剖口焊接头要求，为保证底板整体强度和刚度，最后采用冷压连接新技术。

钢筋冷压连接是一项新型的钢筋连接工艺，它改变了电弧焊、电渣焊、闪光焊、气压焊等传统焊接工艺的热施工操作方法，采用特制钢筋连接机，将钢套筒和两根待接钢筋压接成一体，使套筒塑性变形后与钢筋上的横肋纹紧密地咬合在一起，从而达到连接效果的一种机械接头方式。

此项新技术，由上海市钢铁工艺技术研究所、上海华东建筑设计院、上海市第一建筑工程公司联合研制开发并首先在本工程钻孔桩与基础承台中应用，获得成功，获上海市科技成果一等奖，今又在上海南浦、杨浦大桥、东方明珠电视塔及其他各工程广泛推广使用，国家建设部也把此项新技术列入全国推广十大新技术之一，取得了很大的经济效益与社会效益，也可说是钢筋连接一项重大的突破。

该项技术具有接头操作简单，施工无明火，安全作业，可实行全天候操作，工期能保证，并能大量节约能源和钢材等优点，施工中具体要点如下：

①选用 YC 型手提式钢筋冷压连接机和 SPJ 型系列螺纹钢筋连接套筒，并确定连接套筒材料质量和冷压连接后接头抗拉强度为 510MPa。

②根据设计配筋布置和钢筋定尺长度，逐层逐根排出接头位置，计算出接头总和、钢套筒加工数量，进而参照每台压机台班能力，落实压机数量，适应进度需要。

③对操作人员进行上岗技术培训，并针对直径 40mm 大规格钢筋的冷压连接特点，结合该项工艺的技术鉴定资料，制定质量标准。

a. 连接套筒材料应满足 SPJ 型钢筋套筒技术条件，其外形尺寸见表 2.1-4。对进场的套筒要组织专人逐个检查验收，凡不符合上述规定的均应剔除。

b. 套筒安装及压接成形质量标准见表 2.1-5。

表 2.1-4

套筒型号	外径（mm）		内径（mm）		长度（mm）	
	标准	允许偏差	标准	允许偏差	标准	允许偏差
SPJ40	70	±0.50	48	+0.50 −0.30	300	±1.5

表 2.1-5

套筒型号	每端钢筋插入长度（mm）		每端压接扣数	两端压接后套筒总长度（mm）	
	标准	允许偏差		标准	允许偏差
SPJ40	150	±5	5	330	+6 −10

c. 为保证 40mm 钢筋连接接头达到设计强度要求，根据压接机的技术性能，确定压接工作压力值为 65～70MPa。

④钢筋连接施工操作严格做到：

a. 做好压接机械的保养，保证机械性能完好，操作一定数量后，即用专用压力测定装置，对液压泵系统的输出油压进行测试验证，当误差值超过工作压力值 5% 时，则该机要停止使用。经检修完好后方可继续使用。

b. 连接钢筋的端面要基本平整，斜面不平处控制在 5mm 以内，如有超过，采用手提式砂轮机打磨处理。

c. 钢筋端头压接部位的浮锈、油污必须严格消除，以免影响压接效果。

d. 为满足钢筋插入套筒的有效长度，插入前用红铅笔或墨线在钢筋上划出插入长度标志，作为施工操作和质量检验的依据。

e. 在套筒外周做出压扣位置标记，第一扣应在套筒端头边缘，扣距28mm，并由套筒的一端向另一端逐扣循序压接，以保证满足每端的压扣数量和扣距均匀。

f. 连接质量的检测，在检查钢筋连接接头外观质量的同时，还须采用模拟和随机取样相结合的方法，对冷压连接接头进行抗拉强度试验，经检验全部试件实测强度均大于510MPa的规定时，才满足设计要求。

7）模板工程：

该工程上部结构的模板总用量为10500m²，根据工期和质量要求，决定㊳轴以东（主楼部分）配4层模板，㊳轴以西只配1层模板，反复周转。柱、墙、梁全部采用组合钢模拼装，楼板底模采用50mm×100mm方木外，其余排架支撑、纵横围檩及搁栅等均采用ϕ48×3.5焊接钢管（即通用的钢管脚手架材料）。该工程共有9个电梯井道，为加速施工进度，保证垂直度，设计了整体内爬模，用倒链爬升。实践证明，这些模板体系设计合理，取得了良好的经济效益。

8）混凝土工程：

由于场地等特定条件，全部采用泵送混凝土。上部结构13层以下为C40，14层以上均为C30，由搅拌站用混凝土输送车定时、定量供应。C40商品混凝土也是与上海建研院、上海建筑材料工业公司、市建一公司三家联合科研成果，在本工程首次使用，该项科研成果得到建工局科研成果二等奖。

泵送混凝土原材料，石子粒径5～25mm，中粗砂，425号矿渣水泥，外掺剂用公司自行研制的WL-1型（掺量0.4％～0.8％，视使用情况定）。混凝土坍落度，主楼14层以下㊳轴以西裙房为12±2cm，主楼15层以上15±2cm。泵送设备全部采用德国BSA2100HD型固定泵，主楼25层以下因混凝土量大，用2台泵同时供应，25层以下采用1台泵，主管及水平管均采用ϕ125硬管，布料机布料。混凝土一般浇捣速度可达30～40m³/h。混凝土的和易性、可泵性和试块强度完全满足施工操作和设计要求，泵送中基本上未发生堵泵、堵管等现象。

9）钢结构工程：

该工程仅在㊳轴以西部分的裙房屋顶用了5榀钢屋架（36.8t），系由市金属结构厂加工制作，散件运到现场拼装就位。

10）施工机械：

垂直运输机械主要用以解决模板、钢筋、周转设备材料以及人员和小型工具的提升，故在电梯井道位置设置1台德国LIEBHERR88HC塔式起重机（内爬式）。最大起重量8t，根据施工需要，起重大臂回转半径为35m。在建筑物东面一侧，设置瑞典ALIMAK双驱动人货两用电梯2台（四吊笼）。另有2台德国BSA2100HD固定泵，供泵送混凝土。工程总高度在100m以上，外脚手架面积为18000m²，如全部用钢管落地搭设双排脚手架，需近千吨周转材料，运输量、工人的劳动强度很大，且很不安全，最后决定在裙房部分搭设落地钢管双排脚手架（高度25.7m），主楼7层以上不再搭设外脚手或挑脚手架，而采用自行设计的悬撑脚手架（又名搁拉脚手），见图2.1-4。

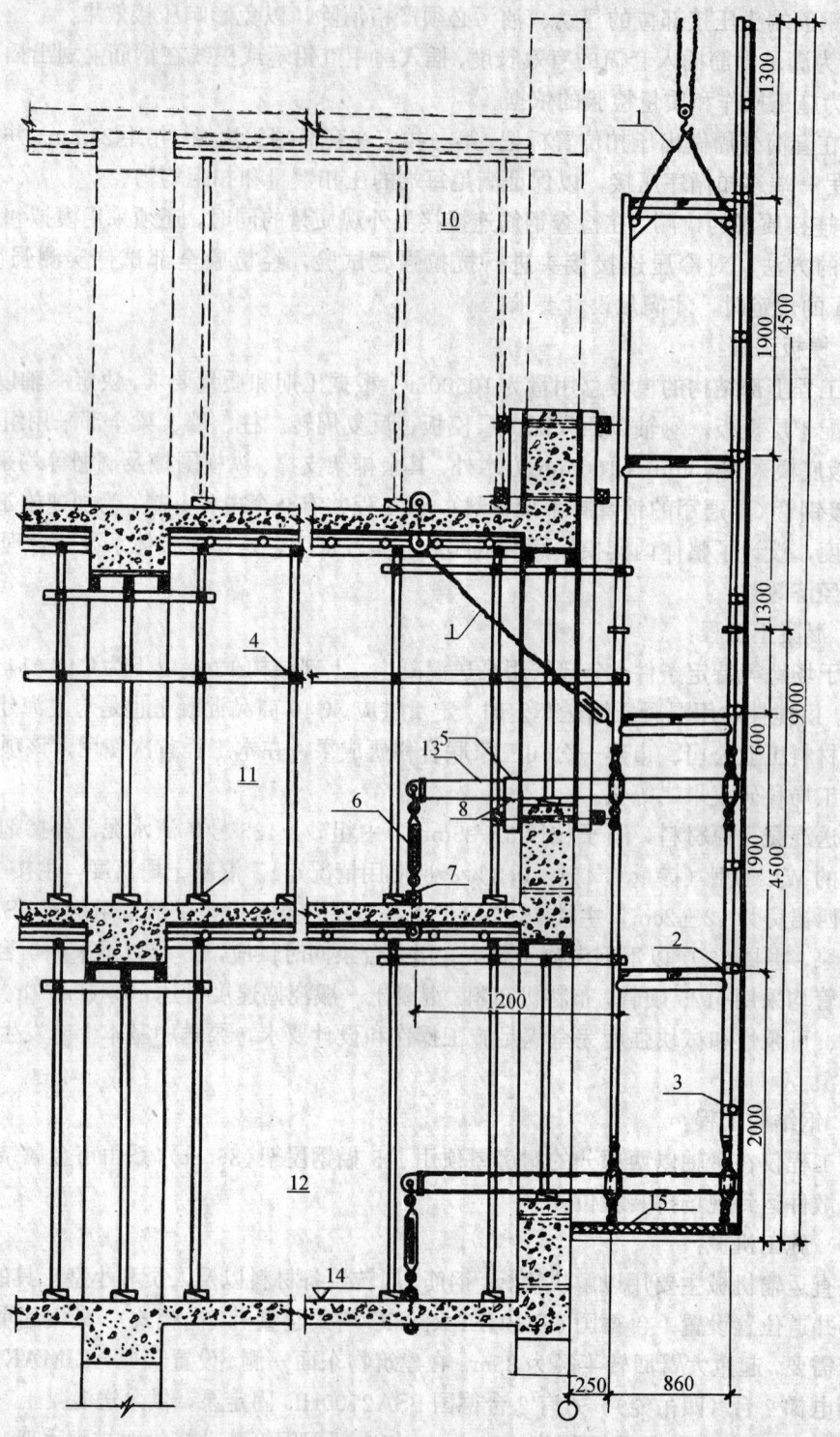

图 2.1-4 悬撑式外脚手示意图

1—钢丝绳；2—工作平台钢板网；3—V 形螺栓 φ6 配件；4—哈夫；5—保险；6—花篮螺丝；7—卸甲；
8—销子；9—对拔榫；10—安模层；11—拆模层；12—拆模层；13—悬臂杆；14—楼板；15—竹笆板

根据主楼的平面尺寸，共设计 34 榀悬撑脚手架，用钢材 30t，费用不足 10 万元，而 8～35 层脚手摊销费为 61.5 万元，仅此一项就节约资金约 50 万元，从使用效果来看，此项脚手架装拆快速简便，也便于工人操作，安全可靠。

11）工程施工测量与主楼垂直度控制：

①轴线平面控制。整个工程的纵横线，根据建设单位、设计单位、施工单位三方认可的控制网轴线图测定。

②工程结构按轴线为依据，在底板内埋设坐标点（经监理单位验收，南北向轴线由 Ⓦ Ⓔ 两轴线控制，东西向轴线由 ⑩ ㊳ ㊿ ㊀ 四条轴线控制，轴线控制点固定在基础承台面上。

③主楼施工的垂直度控制是工程的难点之一，也是保证工程质量的重要环节。采用的是"俯视法"，即在每层楼面上设置 4 个以上的控制点，进行引测，每隔 5 层再检测和固定两次基准点，从基准点引测到楼面后再进行轴线闭合复测。

④水平标高的基准点由汉口路、福建中路的 0～267 测点引进，在九江路、福建中路口设施工用水平标高基准点，测量采用两次往返测试（取平均值作为引测标准）。

12）保证质量与安全的组织措施：

①保证质量的组织管理措施：

a. 建立完整的质量检验与监督保证体系。班组自检互检——工地施工员复检——工程处技术、质监部门检查——项目经理部检查——监理人员复查并签证。这样前后须经历 5 道关，并 3 班制跟踪检查，经验收合格签证认可后，方可进行下道工序。

b. 严格执行各分部分项工程的质量验收标准，并坚持贯彻打桩令、挖土令、浇灌混凝土三令制度。

c. 项目一经确定，工程处就确定为创鲁班优质工程。因此处处坚持高标准、严要求，质量管理做到一丝不苟。

d. 重大的分部分项工程（如基础承台 8600m³ 混凝土一次连续浇捣，上部结构施工，搁拉脚手新工艺，钢筋套筒冷压连接新技术），都在施工组织设计的基础上，进一步编制施工实施方案，经上级批准后执行，防止盲目施工。

e. 分部分项工程施工前，均由技术领导向施工班组进行详尽交底，做到参战人员人人心中有数，不打无准备之仗。

由于上下思想一致，各项措施贯彻得力，总的工程质量受到各方面好评，结构质量被上海市质监部门评定为全市第二名，并获上海市 1993 年"白玉兰"工程奖，现又在全国获得建设部和中国建筑业协会颁发的 1994 年鲁班工程奖。

②保证安全的组织管理措施

a. 建立以项目经理和工地主任为主的项目安全生产管理班子，并设 2 名专职安全员跟班检查监督，发现违章或不安全苗子，立即随时整改或报告有关领导部门处理，做好安全上岗记录，并经常抽查。

b. 每周一次开展以工地主任为首的安全大检查，公司每月进行一次重点检查，如有问题限时整改。

c. 每次向施工管理人员或施工班组交待生产任务的同时，也详细进行安全交底，不断进行安全意识教育，严格执行安全操作规程。

d. 所有外脚手的外侧设置两道安全栏杆，并用尼龙安全网进行全封闭，"四口"、"五监

边"均有保护措施。

　　e. 工地四周均设有双层保护架，以保证行人安全，每次浇灌混凝土时，除工地增派纠察维护安全外，还聘请市和区交通处警员协助维持交通安全。

　　f. 所有地上地下管线及架空电缆均请专门部门进行监控，工地进行监控，发现问题及时处理。

2.1.3　施工进度

　　工程总工期仅 32 个月，基础桩及地下连续墙等施工已占去了一半时间，结构与装修时间极紧，主要采取了以下措施：

　　(1) 施工采取了两大班制，每班 12 小时，做到昼夜不停，节假日也是如此。

　　(2) 配备足够的劳动力和施工管理人员，做到连续、均衡施工。

　　(3) 加强计划的平衡安排，既有年、月计划，又有旬、周甚至日计划，特别是用料（包括设备周转料）计划，更力求详尽、准确，杜绝因待料而影响第二天施工。

　　(4) 密切与各兄弟单位的联系协作，如对混凝土分公司、钢筋加工厂及运输单位等，派有专人对口，及时互通信息，保证施工顺利进行。

　　(5) 因工程基本处于边设计边施工的状况，设计出图迟、修改多，为此特别加强与设计院驻工地代表的联系，防止产生不必要返工。

　　(6) 在施工中尽量采用先进或成熟的新技术、新工艺，在保证质量安全的前提下，努力加快施工进度，该工程施工网络计划见图 2.1-5。

2.1.4　几点体会

　　(1) 本工程地处闹市，环境特殊，采用地下连续墙和局部四角支撑体系围护，工程取得了良好效果，证明所采取的技术方案和技术措施是成功的，给闹市中心密集地区建高层建筑提供了实践经验及丰富资料。

　　(2) 工程基础占地小、钻孔数量多，地下连续墙和承台混凝土等技术复杂，由于组织严密、措施得当、管理到位，都能按原定施工方案顺利施工，而且施工时基本做到"三无"，即无噪声、无振动、无挤土，对邻近管线及建筑物无损坏，这在上海闹市中心、密集建筑及管线的高层建筑施工中是少有的。从而证明，应在保护周围环境上下功夫。

　　(3) φ40 大规格进口钢筋在不能采用焊接工艺情况下，采用套筒冷压连接先进工艺技术，强度和连接各项指标均能满足设计要求，同时也节约钢材近 200t，此项新工艺技术应在其他工程中推广应用。

　　(4) 工程基础承台超厚、超大，8600m³ 大体积混凝土仅用 65h 就一次整体连续浇灌完成，平均每小时供应与浇灌量达 130m³。这充分显示了混凝土搅拌、运输、泵送、浇灌现代化成套施工技术的优势，同时也说明对此类工程的施工，把组织与管理放在重要位置的必要性。

　　(5) 超高层建筑结构施工的垂直运输，就每层 1000m² 左右的施工面积，采用 1 台内爬塔机，2 台混凝土固定泵，2 台人货两用电梯，可以满足一月施工 4～5 层的结构施工速度。

　　(6) 运用定型小钢模和一般七夹板，经重视质量、管理和采取有效措施后，可以做到工程质量优良，节约了工程费用。

　　(7) 工程施工要取得良好效果，必须取得施工、设计、甲方、监理等单位的密切配合和大力协同，这样才能目标一致，同心协力，把工程搞好。

（马兴宝）

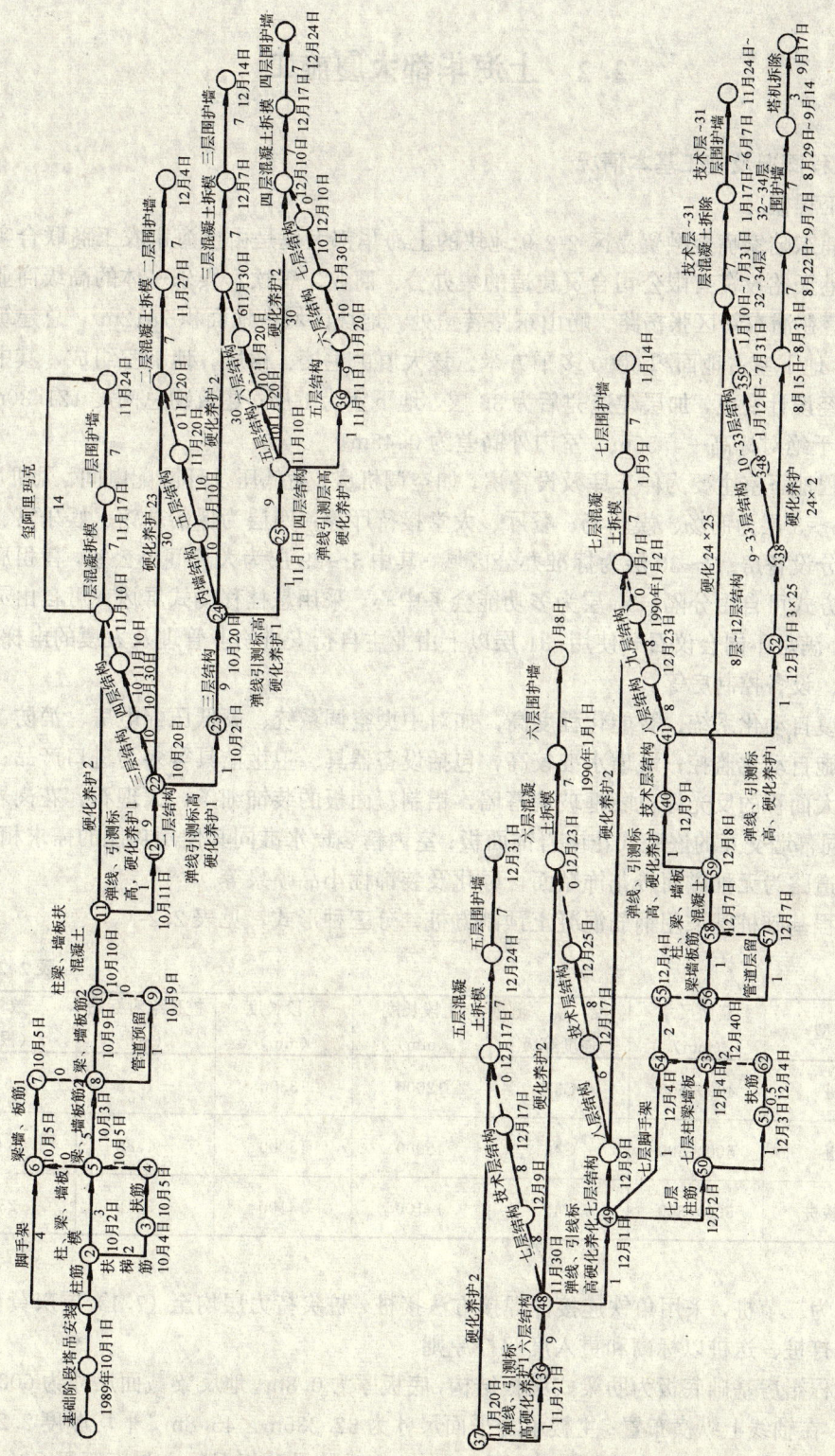

图 2.1-5 网络计划

2.2　上海华都大厦施工

2.2.1　工程概况及施工基本情况

（1）工程概况

上海浦东陆家嘴金融贸易区 2-2-9 地块的上海华都大厦是由上海市农工商联合实业总公司和香港天铭投资有限公司合资建造的集办公、商业、餐饮、娱乐一体的高级商业办公大厦。座落在浦东新区张杨路、崂山东路转角处。地块区域占地面积 7812m²，总建筑面积53025m²，地下室占地面积 6000 多平方米。该大厦由主楼、裙房、地下室组成，其中主楼至最顶层经设计变更，加层建造完后为 36 层，地下室为 1 层；建筑物总高度 121.80m，±0.00 相当于绝对标高＋4.55m，室内外高差 0.45m。

该工程地下室主要为停车库及设备房，如空调机房、高低压及环网配电间、风机房、水泵房等；1～3 层为商场、娱乐场、餐厅、大堂接待厅等；四层为保龄球馆、娱乐宫、屋顶花园及部分设备房；5～30 层为标准办公区域，其中 5～29 层为大开间办公室，售租后根据具体使用方式可自由分隔；30 层为多功能会务中心，采用悬挂移动式屏风，可自由灵活组成大小厅，满足不同会议召开使用；31 层以上由业主自行安排物业管理及大厦的电梯机房、卫星天线、设备控制房等。

该大厦自动化系统、智能化程度高，如对中央空调系统、高低压配电房、消防、冷热水系统实施自动化监控；装潢水准较高，包括设备器具、卫生洁具等多为进口产品；大厦外立面为大面积的反光绿色隐框玻璃幕墙，铝制覆面板的装饰细条，大理石、花岗岩干挂饰面，及同幕墙交互的嵌装式花岗岩饰面板；室内精装潢水准同其使用功能的需求相匹配。室外总体道路为无釉磁面砖花饰贴面，绿化及装饰性小品喷泉等。

该工程基础桩基采用钢筋混凝土预制方桩，分三种形式，见表 2.2-1。

表 2.2-1

桩　　型	截面尺寸 （mm）	混凝土 强度等级	上段长度 （mm）	下段长度 （mm）	桩顶绝对标高 （m）	数量 （根）
裙房桩	400×400	C38	12000	13300	－1.18	351
主楼桩	500×500	C43	15000	15000	－1.88	306
局部主楼桩	500×500	C43	14100	14100	－3.18	23

桩均为二节桩，采用角铁连接件焊接方法接桩。桩尖持力层均至（7.1）层灰黄色砂质粉土层。打桩、送桩以标高和贯入度双控原则。

该工程裙房基础底板为肋梁式梁板结构，底板厚为 0.8m，地反梁截面尺寸为 600mm×1800mm，在轴线上纵横布置；主楼承台平面尺寸为 62.235m×45.8m，平均厚度 2.2m，混凝土强度等级均为 C33；地下室外墙厚为 400mm，外墙及顶板混凝土强度等级 C33，抗渗要求 S6。

该工程上部结构形式为外框架内筒体全现浇结构；主楼标准层四框筒至三十框筒，层高均为 3.2m，建筑外墙平面轴线 37m×37m；结构平面体型复杂，四个正立面为"V"字型内凹，四角为内凹圆弧，半径为 4.241m；内筒体设六部电梯井道，外框为十六根圆柱，柱子直径单面收分从 ϕ1500 至 ϕ1200，再至 ϕ900，从内筒向外辐射型布置梁板体系，外圈均为悬挑梁板（1.357～2.3m）。该工程混凝土强度等级九层以下为 C35，以上均为 C30。

（2）建筑物地理位置及地貌特征

该工程位于陆家嘴金融贸易区内，区域内周围工程已开工的处于施工过程阶段或陆续开工的项目较多；整个施工场地较狭小，建筑物占地 80％，场地内仅留存深层搅拌桩支护结构混凝土坝面作为场内运输通道。崂山东路一侧，该工程主楼西面有已建的 3.5 万伏变电所，其建筑物离本工程基坑边 10m，围墙为 6.5m，其间还有电缆沟；裙楼的西部既有崂山东路一侧的地下市政管网，又有进出变电所的高压电缆，这一侧是本工程重点保护部位。本工程施工过程中还将面临着周围工程的施工影响，如东面汤臣金融大厦打桩工程对本工程基础施工的影响，北面江苏大厦的施工影响，张杨路拓宽工程共同管沟和道路施工的影响。在施工总平面图管理的过程中，根据施工进度的开展，适时做好施工区域的生活、办公等大型临时设施的搬迁搭设，在工程施工中妥善做好后勤保障工作。

（3）施工承包形式及施工管理组织

华都大厦是中外合资项目，由投资方以董事会形式成立了华都大厦有限公司，其管理形式同国际接轨，有香港威宁谢测量行中国有限公司进行造价估算、工程审计；香港魏仕理物业代理公司进行物业管理；但又有中国国情特色，华都大厦有限公司下设工程管理部，同上海市建设工程监理公司联合监理，设置了现场监理组。前期工程、桩基工程、围护设计、围护结构深层搅拌桩施工由业主直接发包；自挖土至工程竣工交付使用的施工总承包由上海市第一建筑工程公司作为总承包责任方、香港华企建筑有限公司作为总承包合作方联合总承包。其中，土建主分包由上海市第一建筑工程公司第三工程管理部承担，安装和精装璜工程由香港华企建筑有限公司承包。依据项目法管理和适应该工程承包形式的特殊性，市建一公司组织了两套项目管理班子：总承包管理班子和土建主分包项目管理部。

总承包管理部负责工程总体协调管理工作，包括同香港华企建筑有限公司华都大厦项目部的施工配合、协调等工作，承担自行分包或业主指定及直接分包的各分包单位在施工全过程中的综合协调管理；土建主分包项目管理部负责全部的土建工作。

市建一公司作为该工程施工总承包的责任方，按照施工总进度计划编制月、周等各阶段施工进度计划，定期召开由业主现场工程管理部、监理组、设计单位、各分包单位参加的施工协调会及不定期的专项研讨会，组织协调各专业施工队伍的施工，负责整个施工现场的供水、供电、垂直运输调度、工作作业面清理、产品保护等，负责整个工程的质量监督、检查、验收工作和生产现场的安全保卫工作。

（4）施工工期

该工程开展的主要工期节点见表 2.2-2。

该工程 1993 年 2 月 25 日象征性破土动工，1994 年 1 月 22 日主体结构结束，其中 4～30 框筒标准层结构施工平均 5 天一层，在当时被誉为"上海水平速度"工程之一。

（5）施工总平面图布置

施工总平面图的精心设计与严格执行和管理，是施工组织设计大纲中最重要一环，是施工方案顺利实施，确保施工现场创建文明标准化合格工地及保证施工有序组织和实施的关键；针对施工场地小，面临多次环境变化及大临设施搬迁，分阶段进行施工总平面图的设计，并且进行动态管理。总平面图先后按基础阶段、结构阶段、装饰阶段、总体小区配套施工阶段进行设计实施和调整。结构阶段施工总平面图见图 2.2-1。

表 2.2-2

时　　　间	工 作 内 容、范 围
1992.5～1992.8	征地场平、制桩、试桩
～1993.2	打桩工程
1992.12～1993.3	基坑围护工程
1993.2.25～1993.6.25	地下室结构工程
1993.7～1994.6	主体结构工程
1994.6～1995.6.16	装饰、装璜、设备安装等工程

2.2.2　施工技术及质量

该工程为钢筋混凝土结构，其施工工艺体系采用全现浇工艺；其中钢筋采用加工厂定型加工，成型后运至现场采用绑扎工艺达到设计及施工验收规范规定；采用商品混凝土泵送工艺；标准层结构采用悬撑挑排脚手作为安全防护脚手体系；装饰工程中实物量较多、造价较大的工艺主要有隐框玻璃幕墙安装工艺、干挂法大理石或花岗石的安装工艺等。

(1) 土方工程及基坑支护技术

该工程前期制桩过程由于基建项目扩大，市场水泥、钢材等建筑原材料告缺，造成工期延误；在打桩工程还未结束，就提前进入围护桩结构施工。该工程围护桩采用深层搅拌桩重力坝挡土支护及阻水的支护结构，但由于在主楼及附房局部区域内同打桩工程搭接进行，打桩过程中的振动挤土作用，对围护桩桩身强度破坏甚大，并且围护桩设计时未能考虑到设备井坑的落低深度，在地面开挖标高的假定同实际不符，使得桩长及桩插入基坑底长度均偏小，相应造成悬壁端增长；经验算后勉强满足重力坝强度要求，但其安全系数已经偏小。

根据工程开挖设计标高及场地自然标高，经计算裙楼开挖范围在 5.2m～5.4m，主楼在 6.0～6.2m，电梯井坑 8m，空调设备房处挖深在 7.4m 左右，而其中编号为 2 号的设备井坑挖深达到 9.5m。基坑底位于工程地质的第三层及局部第四层土质层上，第三层土层为淤泥质粉质粘土与粘质粉土互层，第四层土层为灰色淤泥质粘土（局部深坑处土质层）。根据以往工程施工经验，第三层土质层属饱和流塑，开挖后不作过大扰动，不会产生液化流砂现象，该层土的物理力学指标值见表 2.2-3。

表 2.2-3

力学指标 土　　　层	含水率 w	重力密度 G	相对密度 r	内聚力 c	内摩擦角 ϕ	水平渗透系数 K
第三层土层	37.5%	18.4kN/m³	2.71g/cm³	5.6kN/m²	21.2°	$1×10^{-4}$

根据上述土层情况大胆采取不降水的挖土方案（指不作井点等降低基坑内地下水位的降水措施）。

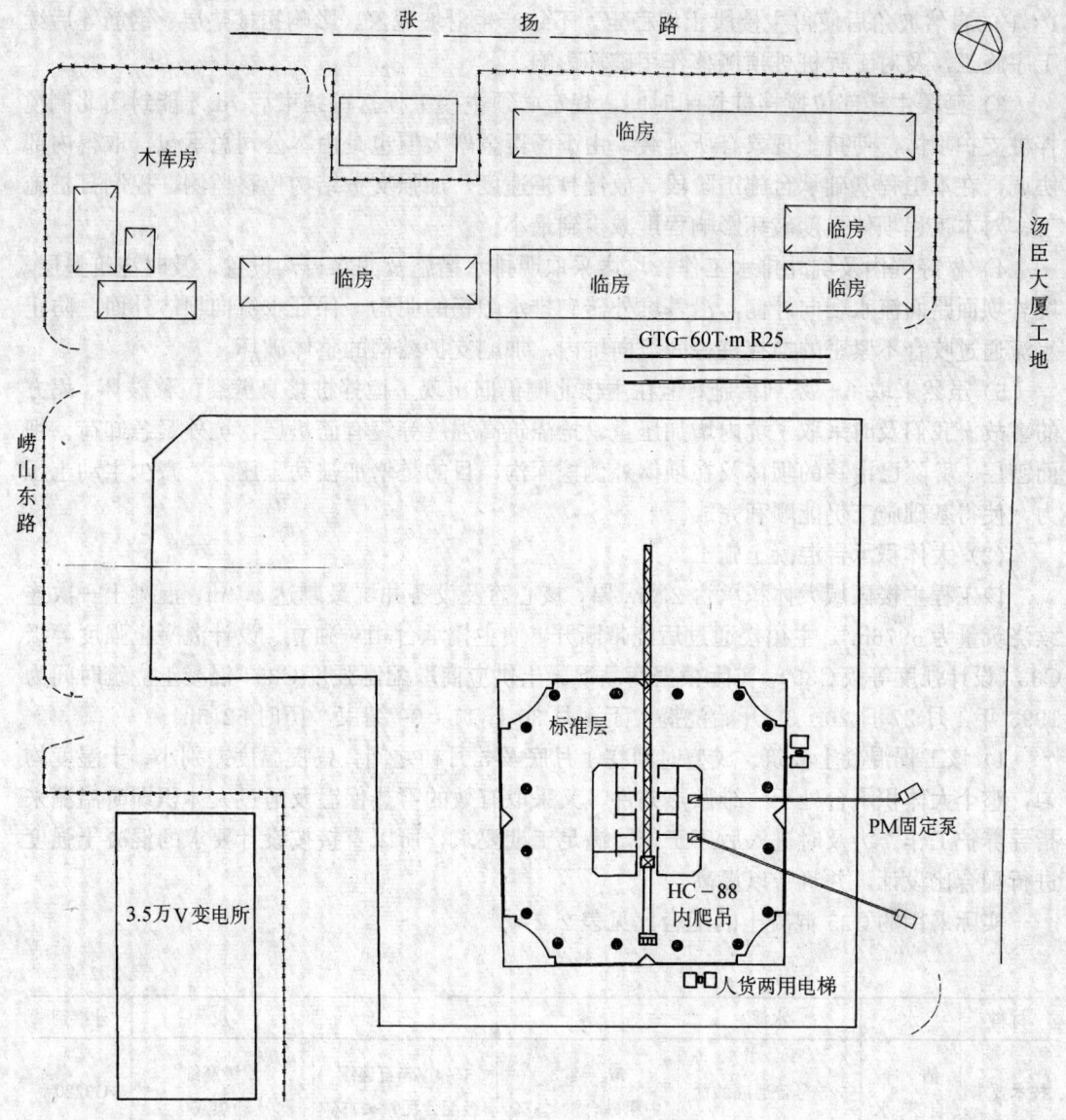

图 2.2-1　结构阶段施工总平面图

　　整个挖土流程为自西向东、先裙楼后主楼部位（先浅后深）的施工顺序。挖机选型为 R942 和 KATO-10 加长臂两台挖土机，自卸车若干辆，中、夜班连续施工。主、裙楼分两期挖土，共计 42000m³ 土挖土及外运。在挖土过程中针对围护结构的先天不足采取了以下一系列技术措施，从而保证了挖土的顺利进行。

　　1）在变电所一侧的深层搅拌桩坝面增加支座，增加二道角撑，分解土体侧力。

　　2）挖土顺序上提出了先浅后深的挖土顺序，也就明确了先裙房基础后主楼承台基础的施工顺序。这是利用裙房段深层搅拌桩先行施工，坝体、桩身已有强度，而主楼段搅拌桩后期施工桩身强度未到的特点；但采取上述施工顺序后带来了基坑内土坡稳定性的问题，解决此问题我们采取了在该段主裙楼交结地带临时设置了线状排布的井点管，其作用为降低滑坡圆范围内的土体含水率，消除滑坡圆内的土体动水压力，加强土体固结，在取得近似

1∶1 的自然坡角后使得主楼段土坡稳定，不致产生滑坡现象，影响裙楼垫层、钢筋等后续工序施工，及对工程桩桩顶侧移作用破坏影响。

3）延缓主楼部位搅拌桩封闭时间，规定必须主楼工程打桩结束后 7d 才能封闭北侧搅拌桩支护坝体，使挤土现象有所延缓。由于汤臣金融大厦也是由本公司总承包，取得内部协调，在本工程基础承台施工阶段，放慢打桩速度，加强支护结构位移监测，控制打桩施工，对本工程坝体强度破坏影响程度减少到最小。

4）做好坑内及坑外排水工作。坑内采取明排水措施及滤水盲沟设置，及时浇筑垫层，坑外坝面路面流水朝向外侧，沿基坑外砖砌排水顺畅的明沟，保证水流向坝体外面，防止水流通过咬合不紧密的搅拌桩桩间流向坑内，加剧支护结构的整体破坏。

5）虽然采取了一系列措施，但在主楼北侧仍旧出现了搅拌桩桩身劈裂位移破坏、塌方的事故。我们及时采取了坑内增加压重、抢浇筑高强度等级有筋垫层，坑外紧急卸荷、坝面刨层、辟除已滑移的坝体及在坝体外侧挖深沟，目的是增加被动土压力、减少主动土压力，使得基础施工仍能顺利完成。

（2）大体积承台混凝土施工

该工程主楼区域大体积承台 2.2m 厚，核心筒及设备井坑最厚达 4.4m，混凝土一次连续浇筑量为 6976m³，主裙楼通过后浇带断开，使主楼承台相对独立。设计混凝土强度等级 C33（设计强度等级 C35）。实际根据商品混凝土供应商取配制强度 C35，混凝土浇筑时间为 1993 年 4 月 27 日 20∶30 开始浇捣，于 4 月 30 日 11∶00 结束，历时 62.5h。

1）该工程混凝土浇筑、成型时间在 4 月底及 5 月初之间，昼夜温度差别小，干湿度均匀，整个大体积承台处于一维散热条件，又采取有效的蓄热保温及通过大体积即时温测来指导养护工作。为及时进入后序工作，满足工期要求，所以直接按设计要求的混凝土强度进行配合比设计，并且予以提高。

实际采用的 C35 混凝土的配合比见表 2.2-4。

表 2.2-4

材料	水	水泥	砂	石	灰	外掺剂
技术要求	洁 净 自 来 水	525 号普通硅酸盐	$M_x=2.3$ 中粗砂含量<3%	5～40 碎石连续 级配含泥量<1%	Ⅱ 级磨细 粉煤灰	C6220
数量	196	350	690	1020	80	1.435

同常规商品混凝土配合比不同的是，增加了每立方米混凝土中粉煤灰的掺量，以起到降低水泥用量改善混凝土和易性，降低混凝土水化热的作用，使得大体积混凝土温升峰值得以控制。

2）根据主楼承台的长方形布置及基坑外道路情况，场地停泵车、运输车辆上泵供料的方便，共布置了 6 台汽车泵接 φ150 硬管，出料口接 5m 长橡皮软管，其中 5 台泵的硬管平行后退，一台泵直放接至中央电梯核心筒井坑处。该处混凝土量集中、厚度大、钢筋密，为满足大面积平台面同步退后收头该深坑处能接合严密，所以在大斜面混凝土还未流淌到之前预先集中施打，以保证混凝土同步攀升、接合严密、无施工冷缝。

3）混凝土浇捣流程及遵循的施工原则为自西向东、先低后高、斜面分层、循序渐退、自然流淌、一次成型。即采取斜面分层法，将每层厚度控制在 50cm 之内，连续浇筑至设计标高后拆管后退。其中需妥善解决两大问题：

第一，由于采取泵送商品混凝土，其流动性大，当浇筑至 2.2m 标高时，由于自然流淌及振动流淌，其长度大致在 15m 左右，所以在沿其流淌方向上必须分三个层次进行振捣，分前、中、后。最前面为密振，振点密集均匀，经过分层分皮接合至最后设计面标高；中间为引振，以振点少，布点散为主，主要是为出料口出料散开，均匀布料为目的；最后为缓振，由于现在结构设计中桩基承台中底排钢筋均较密，该工程底排钢筋 ⏀32 双向双层计四皮，局部加强筋达到六皮，采取绑扎后及上下皮不对齐，往往 7cm 振捣棒难以插入至底，如果流淌过程中不注意此坡底处的振捣，往往不能保证质量，出现不密实并且又无法修补，但此处振捣不能过密，以散振、缓振为主，以防加剧流淌长度。此段振捣派专人进入承台内上下排钢筋中间进行振捣。

其次，混凝土浇筑过程中，会产生大量的泌水，和原垫层面上及落低深坑内还未能及时排出的积水，根据浇筑流程及工程实际结构布置，选择了结构上编号为 1 号的设备井坑作为整个承台浇筑混凝土过程的集水坑，在混凝土泵就位之前用水泵将其积水及时抽排出，表层积水派专人用布吸揩干。

4）为准确及时掌握好大体积承台混凝土的升温情况，便于有的放矢地进行蓄热保温养护工作，根据设计及规范中有关温度梯度差及降温速率同混凝土强度发展之间的关系进行裂缝控制，指导养护工作。采用 XQC 系列大型长图自动平衡仪测温设备打点记录即时温度。在该工程承台内主要布置了三根测温轴 X、Y、Z 三根横轴，以典型地表示整个承台平面；在每根横轴上间距 8～10m 布点，每点的竖轴上，依据承台 2.2m 厚布置 5 点，局部 4.4m 厚处布置 7 点，以准确表示承台表面、中间、及承台底部的温度；为正确对比，并增加了养护保温层薄膜处温度测点和大气温度测点，共计 65 点；除个别测点在施工过程中遭到损坏外，其余均能正常打点显示即时温度。

根据混凝土温升期基本在 2～3d 左右，我们规定了从混凝土入模开始 4d 内每小时测一次，5～9d 内每 2h 测一次，10～15d 每 4h 测一次，先频后疏的方式；而当发生异常情况下如温升后高温持续不降或温度陡降陡升等情况下随时增加测温次数，并且规定测温员观察当温度梯度差临近或超过 25℃时报警，及时采取应急措施。

5）现场实际测温从 1993 年 4 月 27 日 22：00 开始，至 5 月 12 日 12：00 停止，历时 2 周，实测值同经验估计值及理论计算值还比较接近，处于受控状态。如绝热温升值根据理论公式计算为 60.7℃，考虑承台处于一维散热条件，散热系数经验值取定为 0.85，则预计温升值为 51.6℃；假如入模温度估计为日平均气温，则最高温升值大致在 74～76.5℃左右。

实际测定结果，温度最高值为 73.6℃，该点入模温度为 27.6℃，为 4 月 29 日下午 3 时左右入模，温升值为 46℃；而绝热温升最高点为 49.3℃，该点的入模温度为 24.1℃，最高值为 73.4℃；高温持续时间一般为 16～24h。混凝土升温期为 60h，在 80h 后逐渐开始降温。大多数温升值均在 45～48℃之间，温升值较低的测点均处在承台边、坑边及坑底，属于散热条件较好的部位，散热系数的假定可取至 0.75。

6）混凝土表面采用一层薄膜一层草包再一层薄膜一层草包的保温遮盖层，承台侧面模板外侧挂双层草包，电梯及设备井坑上铺满双层草包的保温材料和铺设方法。上述保温材料的实际铺设是能满足中心温度、表面温度、保温层温度三者之间 25℃温度差的。

但是由于工期的紧迫,于5月8日白天拆除了一层薄膜及一层草包及电梯设备井坑保温材料进行拆模,目的为加强散热,避免温度居高不下,加速降温速率,但由于产生了温度陡降的趋势,混凝土表面温度快速趋向大气温度,从而使中心温度同表面温度相差将大于30℃,所以晚间又重新覆盖了一层薄膜及草包,然而部分区域未能覆盖,测温点记录显示中心温度同表面温度差达到31.7℃,但以后至5月10日,内外温度就相当接近了;表明在大体积承台混凝土蓄热保温中,仍应重视散热处理,否则温度居高不下,延长了保温养护时间,所以在适宜的降温速率的前提下及温度梯度允许的条件下,加强散热处理,从而缩短保温养护时间,争取工期。

该承台通过上述措施,经保温养护两周及浇水养护7d共计21d,经设计、监理等共同检查,表面无裂缝,表明该承台的结构施工及保温养护工作取得了成功。

(3) 主体结构施工

该工程结构平面体型复杂,结构标准层平面面积大,结构施工工期紧迫;设计上在结构施工上的规定及质量要求高,如整个外圈是挑梁板外立面垂直度偏差只允许在25mm范围内,也就是立面垂直度只允许±12.5mm的偏差以满足玻璃幕墙等装饰面层要求;结构混凝土拆模要求以强度和龄期双控为原则;主楼、裙楼以后浇带形式自承台开始断开,主楼20框筒结构后方可施工裙楼结构;后浇带的封闭需在主、裙楼结构均完成后方可连接施工以满足结构及建筑物的沉降均匀问题。施工方案上的制定以主楼4~30框计27层次的标准层施工为结构施工重点,形成配套的标准层施工工艺;由于采取了一系列的技术措施,使得该工程在9~12月份的四个月内始终保持着每月完成6层框筒结构,实际标准层结构施工达到了5天一层的施工速度,赢得了1993年度建工集团"上海水平工程"称号。

1) 模板工程:

该工程结构为外框内筒结构,由于业主对工期进度的要求,所以在工程造价中给予了一定的模板补贴费用,使得施工单位可以在模板费用中相应舍得投资。我们选择在结构上共性强,便于模板周转,共用的结构部位配制定型钢模板。如根据该工程圆柱 ϕ1500 将从地下室施工至九框,该模板可翻转使用10次的特点,所以梁柱节点下的柱身模板采取加工厂定型制作圆弧形钢模板,用4mm厚钢板做面板,角边及腰档用匚6.5槽钢制作,排骨档撑格用4mm厚钢板加肋,用 ϕ14 螺栓对拼连接。柱身模分二节,每节两榀,每榀重量为35kg左右,人工搬运翻拆及就位固定操作均可搬运;而梁柱节点区补缺档处模板也同样如此;外弧圈弧梁侧模、底模、核心筒外圈八字角模等均采用定加工模板;定加工的模板用于非承重侧模,均为一套,用于底模等承重模板均加工三套,便于翻转;而其余选择灵活方便可任意组合成满足建筑模数的定型组合小钢模及九夹板、 ϕ48×3.5 钢管、扣件及木搁栅等组成的模板体系;墙身及梁模板拉结采用2.5mm厚的铁皮拉结条;其中方柱、梁模、剪力墙、电梯井壁用定型组合钢模板栏设,平台底模用夹板铺设,采取这样的模板体系是操作灵活,能整装整拆,也能散装散拆,可减少或不用塔吊来解决垂直翻驳运输;如电梯井侧壁通过井道内操作脚手架直接拆翻至上层操作层面,而其余可通过设备井道、预留孔洞等人工传递,或通过钢平台吊运输送至操作层,尤其适应于一些非承重侧模及其支撑件。

由于受结构混凝土强度及龄期双控原则和施工进度加快的制约,模板支撑架的投入量相当大,尤其是在冬季施工时,虽然通过调整优化混凝土级配,掺入早强剂、抗冻剂等措施,但仍最多时投入了六套模板支撑架。图2.2-2为基坑围护结构平面布置图。

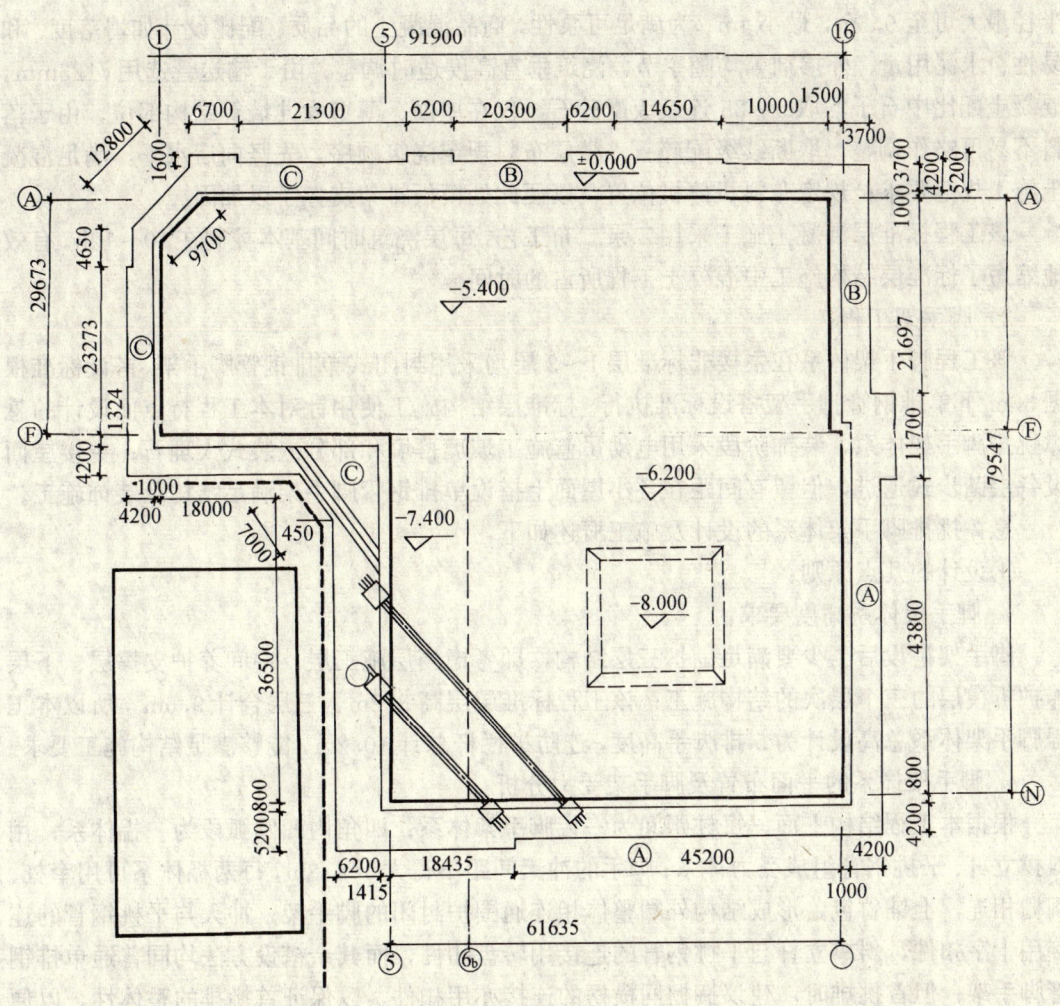

图 2.2-2　基坑围护结构平面布置图

2）混凝土工程：

该工程为全现浇钢筋混凝土结构，混凝土工程全部采用商品混凝土供料和现场泵送施工工艺，每层框筒柱、剪力墙、核心筒、梁、板及楼梯一次浇捣施工方法。

标准层每层混凝土浇筑量 380m³ 左右，采用二泵二布施工方法。地面场地上设置二台混凝土固定泵，由市建一公司机运处提供泵机，型号为德国普茨美兹机械制造公司的 BSA-2100HD 和 BSA1408D 混凝土固定泵，前者混凝土输送压力标准值为 80 巴，后者为 65 巴；理论计算上均能满足 100m 以上的泵送能力，但建筑结构施工多种制约相关因素影响如供料的不均匀、商品混凝土的品质及楼层内布料时排泵管型管较多等情况，我们在 80m 以下采用 1408D 型，80m 以上采用 2100HD 型。

泵管选用 φ125 泵管，地面上水平管 30m 左右，专门浇筑了 2 个混凝土锚固墩，上设卡箍固定水平管；立管利用结构筒体内设备竖井，亦用抱箍固定，抱箍可设在楼板留孔处或贴边的剪力墙墙面上，抱箍夹住泵管之间用橡胶衬垫，减少泵管磨损。立管随结构攀接长。楼层面水平管用 φ48×3.5 钢管搭设架子固定，出料口前接混凝土机械式布料杆，作业回转半径最大可至 9.5m，最小 4m。为满足可泵性，商品混凝土的品质、配比设计如坍落度、和易性、水泥用量、外掺剂等均随季节、浇筑垂直高度适时调整；由于输送管选用 ϕ125mm，混凝土配比中石子均取 5～25 连续级配碎石，仅在屋面、薄壁女儿墙等结构部位，由于落料不易可略作调整，取断续级配碎石。楼层布料规定浇筑顺序，先竖向后水平，满足混凝土施工规范要求；规定布料机停机位置，以便此处模板排架支撑予以加固。

该工程标准层混凝土施工采用二泵二布工艺，每层浇筑时间基本控制在 10～12h，有效地缩短了标准层结构施工中混凝土工程所占的时间。

3）脚手架工程：

该工程脚手架体系在主楼非标准层 1～3 层均采用封闭式单排钢管脚手架，搭设标准根据 30m 下单排钢管脚手架搭设标准执行。标准层结构施工使用针对本工程特点而设计的悬撑挑排脚手架体系，装饰阶段采用电动吊篮施工玻璃幕墙和部分嵌装式大理石；主楼屋面设备层踏步式退进，但留有间距在各小屋面上搭设单排钢管脚手架满足结构及装饰施工。

悬撑挑排脚手架体系的设计及施工概述如下：

①设计的几点原则：

a. 脚手架体系高度要求：

脚手架搭设后至少要满足围护三层结构，即考虑当层施工层、中间养护支撑层、下层养护拆模层的三个层次的结构施工；该工程标准层层高 3.2m，三层合计 9.6m，所以本工程脚手架体系总高设计为 5 排脚手高度，连防护栏杆总计 10.2m，能够满足结构施工要求。

b. 脚手架体系的平面布置及脚手架受力分析

根据本工程结构平面，每柱距间为一榀脚手架体系；四角内凹圆弧段为一榀体系；用斜撑立杆、平挑钢管组成受力体系；脚手的冲天间距不得大于 1.8m，每两榀体系可用牵杠、搁栅相连，上铺竹笆，形成结构外圈整体相连通围护封闭的脚手架；冲天与平挑钢管的连接用十字扣件，斜撑立杆与平挑钢管的连接用转盘扣件，而其余搭设方法均同普通单排钢管脚手架；但首挑排时，建议搁栅同横楞的连接亦用扣件，以保证首挑排的整体性，以便搭拆。该工程的悬撑挑排脚手架用于全现浇结构施工，由于混凝土施工采用 PM 固定泵泵送商品混凝土，其余模板操作、钢筋绑扎均可在建筑平面内施工，材料翻转可通过悬挑的钢平台及结构内部向上传递，所以脚手架的作用仅为安全围护性质，以防止高空坠人、坠物等，而不是堆物或用于结构施工的支撑受力平台，所以脚手架上只允许上人，而不允许堆物和结构支撑。体系形成时五排脚手，高峰时也只有三排可能同时上人立体操作。

该悬撑挑排脚手所用材料均为普通单排 ϕ48×3.5 钢管脚手架材料；脚手架结构的承载、传力就是 ϕ48×3.5 钢管杆件和符合 JGJ22—85 规范制作的扣件的力学性能作用，所以受力体系的验算必须两者兼具，而且整个脚手架还应进行抗风、抗倾覆验算。

c. 脚手架体系同结构物连接方法：

斜撑立杆立于混凝土面上，为防止滑动，用木楔嵌牢；平挑管承插在预埋于结构混凝土内的锚固吊环。根据受力分析，该工程吊环可用大于 ϕ10mm 以上的钢筋制作，经验算螺纹钢及圆钢均可选用；吊环裸露部位可以穿插入钢管，锚入混凝土必须有 35 倍钢筋直径的锚固长度，圆钢末端必须有弯钩，以防止吊环的松动拔出混凝土，造成锚固的破坏。吊环同钢管两者连接点处用木楔或扣件锁住。

d. 该工程脚手架受力计算中，施工荷载取 2700N/m²，共计有三排同时上人操作，施工荷载的组合系数取 1.4，脚手架每榀体系的自重计算按实际计算，其荷载组合系数为 1.2；扣件抗破坏能力按 JGJ22—85 中有关转盘或直角扣件的性能进行假定。经进行扣件接头受力分析、锚固吊环受力分析、平挑管受力分析、斜撑立杆受力分析后，证明是能够承载的；实际使用后证明计算方法是可行的。

②悬挑脚手的施工：

a. 悬撑挑排脚手架的搭设顺序：

对混凝土结构内预埋锚固吊环修正——平挑钢管锁紧——牵杠——冲天——搁栅——加斜支撑——栏杆——铺竹笆——剪力撑——安全网。

整体为二排脚手架完成——一层结构施工——再搭两排高脚手架——二层结构施工——再搭一排高脚手及防护栏杆——三层结构施工完。

b. 拆除挑撑脚手架的顺序遵循后搭先拆、先搭后拆、依顺序逐步拆除。

c. 悬挑脚手以 3.6m 长钢管为主，挑出楼面 1.5m 宽，其中离墙 0.2m，脚手架标准宽 1.2m；由于四角均为内圆弧，为满足直线形脚手，所以该处的平挑管中间二根为 4.5m 长；平挑管间距及冲天间距≤1.8m，露出脚手外 0.1m 以利挂安全网。

d. 该工程使用悬撑挑排脚手在标准层施工中，脚手搭设所占用工期每层在 6h 内，占用吊机 10 吊次左右，不影响结构平面内钢筋绑扎和模板工程及混凝土工程的施工，达到了预期目的；随着多层次的施工，架子工劳动力相对稳定和熟练后，仅须 10 人左右便可施工该脚手架体系的搭设及拆除全过程。根据结构施工进度，脚手架保持二组体系计十一排脚手（防护栏杆两组合算为一排），材料实际投入计 5000m² 左右的脚手架用料，这些材料均从公司租赁站租赁，不存在大量支撑型钢的投入，项目承包效益显著。

4）工程测量：

①测量依据：

该工程位于陆家嘴金融贸易区 2-2-9 地块，属土地批租性质。依据土地规划局提供的地块及建筑红线定位坐标及高程引测点，设计单位在总平面标出的建筑边界线、轴线方向线及标高值；施工单位依此作为正确的施测依据。

桩基施工由业主直接发包，测量定位控制点在打桩结束后移交本总承包单位过程中，由于金融贸易区内共用通道的施工，原控制点均遭破坏；众所周知，地块地界坐标的测定同建筑物轴线的测定，其测量精度、允许误差是不等级的；为避免施测系统上带来的误差，我们通知业主，由业主牵头委托专业勘察院、原桩基施工队及总包单位共同施测大楼的若干轴线交汇点作为全部轴线的引测依据，从而避免相互扯皮，影响桩基开挖后的竣工验收。我们根据轴线交汇点，在挖土前引测至场外可靠点，场外永久建筑物墙面等，短期内妥善保护，垫层浇筑后投回一次，以控制柱、剪力墙等插筋及承台施工；承台施工完毕后，再将轴线全部投回，建立以建筑物内控为原则的定位系统。

②主楼垂直度控制：

a. 该工程主楼外框柱轴线为 32m×32m，核心筒外墙 14.4m×14.4m，我们选择在主楼承台面上，精确测量出 24m×24m 的控制网，其交汇点做为向上的传递点，必须妥善保护，采取抹出 5cm 厚度 1500mm×1500mm 的砂浆面块，以防积水，抹平后清晰地弹出沿控制线方向的十字墨斗线，粗细在 2mm 以内；十字墨斗线的交汇点就是轴线控制点，并且做出红漆标志，上面用盖板遮盖保护好，共计四点，做为今后竖向传递测量和垂直控制用。

b. 竖向投测采用吊线坠法和天底准直法两相结合方法，在每层结构楼板相应位置预留4个（250mm×250mm）的投点孔，用5kg 线坠或 DJ6-C6 垂准经纬仪逐层引测。

c. 每楼层用 J2 经纬仪对竖向投测的控制网交汇点进行角度闭合和钢卷尺尺量相结合的偏角纠偏法后，放出井字形网络线和电梯核心井筒的十字中分线。而楼层轴线则根据控制网和电梯井筒的十字中分线依次用钢卷尺量测出，根据轴线或轴线的控制线再分别弹出柱、墙、梁等结构构件形状；对外圈圆弧线用按照实样做出的弧形套板弹出外弧梁边线及控制线，便于模板拦设后的复核。

d. 竖向投测每5层用垂准经纬仪进行对基准点的校测，并且进行线坠法同垂准经纬仪引测做比较；为便于逐层引测的方便，在施工至 10～20 层的时候，又分别做了精确性引测；该工程逐层引测误差基本在 3mm 以内，30 层复测结果最大偏移点在 7mm，而每层的投测点均在一个 R10mm 半径的圆心内变动，满足了高层施工规范的允许偏差范围内。

③装潢施工中玻璃幕墙安装施工放线及电梯安装时均按照每层结构面上保护完好的控制网进行放样，在综合考虑混凝土表面偏差略作调整后就可展开施工。

（4）玻璃幕墙施工

该工程装潢豪华、气势非凡，很大程度上是由于其外墙采用了全面积隐框幕墙及大理石、花岗石饰面，色彩搭配柔和，占工程造价比例高，施工专业性强；由业主直接发包，选择了境外设计及施工承包队伍，设计及施工均符合国内有关玻璃幕墙施工验收规范的规定；而总承包予以在施工进度、施工质量等协调、配合管理，顺利地完成了该幕墙的安装施工。

1）设计特点概述：

该幕墙为隐框式单元幕墙，隐框单元窗扇大，直立面处 1143mm×1600mm（宽×高），圆弧形直立面处 1103mm×1600mm，其玻璃均为 6mm 厚度的绿色镀膜热反射镜面玻璃。主龙骨（竖龙骨）同结构通过角钢螺栓连接，其间衬垫 1mm 厚绝缘 PVC 材料，使结构体同幕墙单元相互独立避雷；角钢同结构体用电焊连接在结构混凝土内预埋的已经镀锌防蚀处理的 320mm×200mm×6mm 的钢板埋件；横龙骨在假平顶上及窗台板下 @1600 间距同主龙骨用角铝自攻螺栓连接；主、横龙骨均为银灰色铝合金框架件；根据立面造型设计每隔一定层次统圈安装了 3mm 厚轧制成凹凸型的白色铝质盖板做装饰细条，增加艺术效果。室内每层的窗台板由 1.6mm 厚铝板制作。

幕墙同结构外梁及窗间墙实心粘土砖砌筑的 120mm 厚 650mm 高的结构物之间用 38mm 厚耐火 2h 等级的矿棉填充，矿棉外包锡箔纸与窗玻及结构物面层用双面胶粘牢。

该工程幕墙正立面还嵌装了 20mm 厚的天然花岗石块材，大小同隐框玻璃幕墙单元。幕墙隐框单元每两榀之间幕墙玻璃间嵌入方型的垫圈条，用于平立面幕墙，而圆弧及折角用圆形的垫圈条；垫圈条为泡沫氯丁橡胶材料，外均注满结构硅酮密封胶。

2）幕墙施工方法：

该幕墙的施工在总承包管理部的统筹安排下进行，材料的垂直运输利用人货两用电梯输送，人员结构外立面操作利用电动吊篮进行，每立面布置 3～4 台，由于其采用自平衡式原理，安装移动及搭拆均较简便，所以分别在结构第 25 层楼面上和大屋顶上两次安放以满足同土建室内工程相互搭接，其施工工艺大致如下：

①首先结构工程施工中在每楼层外梁侧面根据隐框单元主龙骨间距尺寸预埋镀锌钢板埋件，进行隐蔽工程验收。

②土建结构施工结束后，幕墙专业施工队伍进场后进行测量定位，主要定出主龙骨的竖向中心线，包括平面间距及垂直度，水平标高主要控制横龙骨的安装标高，作技术复核。

③角钢牛腿电焊连接在原结构预理的钢板埋件上，并做隐检。

④安装立柱，从下向上，采用伸缩式套筒连接上、下立柱，上、下各搭接325mm，并用螺栓固定；插入横龙骨，用角铝固定；逐层向上固定主龙骨同角钢的连结点，待框架均完成后逐层嵌填内衬矿棉防火材料。框架均须做隐检工作。

⑤框架完成后分户内和户外进行后续工作；户外安隐框玻璃扇，其顺序为安定位块，塞内扣板，用自攻螺丝固定，安隐框玻璃，盖外扣板，抽条嵌入垫圈条，然后结构硅酮胶封缝。而嵌装花岗石块材及装饰铝板大致相同。户内翻启式窗安装及窗台板安装；最后经隐检后再自上至下进行硅胶密缝封闭，重点为易积水部位及女儿墙幕墙封顶处理部位。

2.2.3 总结及体会

（1）华都大厦工程是上海市第一建筑工程公司踏入陆家嘴金融贸易区较早期的工程承包项目，而该项目在陆家嘴金融贸易区内也属立项较早的项目之一。所以市建一公司派出了第三工程管理部作为骨干力量来承担该工程项目的施工；从项经部施工管理人员的选择，施工工艺的确定，施工方案的制定，机械设备、劳动力等生产各因素均在公司的统筹安排下组织实施；总结了公司80年代以来高层、超高层的施工经验，成熟配套施工工艺和施工管理经验，再次熟练贯彻到该工程的施工实践中去。在标准层结构施工中化繁为简，因"便"制宜，成熟地将内爬式塔吊运输、操作悬挑钢平台、二泵二布混凝土浇筑工艺、悬撑挑排脚手架安全围护体系等运用在结构施工中，创造了近3000m² 标准层框筒结构的施工、平均五天一层的当时上海水平速度。

（2）针对该工程承发包体制的特殊性，形成了独树一帜的施工总承包管理模式；在工程合同履行中，充分发挥总承包责任方的主观能动性，有机组合协调多方参战单位的积极性，创造了"三位一体"管理模式；即在工程开展过程中，充分调动建设单位暨业主及其联合监理组作为一方，工程设计单位为一方，及纳入总承包管理的各施工单位为一方，围绕工程质量、进度等生产多要素共同参予，共同合作，职责分明，减少推诿、扯皮等不利工程开展的不良因素。

（3）制定施工工艺、施工方案尤其是技术方案，在保证质量、安全的前提下力求简便、实用及经济。这是在该工程实践中致力追求的，并且实践证明该工程最终结算后承包效益是相当显著的，不仅取得了良好的社会信誉，也取得了较可观的经济效益。

（刘学军）

2.3 协泰中心大厦施工与管理

协泰中心大厦是一外资建造的高级综合楼，它由香港普豪投资有限公司投资，香港冯庆延设计事务所、上海民用建筑设计院设计，上海国际建筑总承包公司、香港迪成发展有限公司、上海市第一建筑工程公司及上海市基础工程公司施工。

2.3.1 工程概况及特点

（1）地理位置：本工程位于上海市虹桥经济技术开发区28-3C地块，紧靠仙霞路与遵义路交通干道的转角处，主出入口面朝遵义南路。

（2）建筑功能：大厦由塔楼与裙房两部分组成。塔楼30层，总高度为103.75m，裙房3层，高度15.25m。地下1~2层供停车和机电设备（冷水机组、冷冻机等）用，也是本大楼的心脏部位。首层设有装饰豪华、环境优雅、气势宏伟的中厅，厅内设置两部自动扶梯，可直接将客户输送到二层和三层楼面，还装有5台客用快速电梯及1台服务电梯，直达各层楼面；2层为商场及桑拿浴室；3层设有中西餐厅、夜总会及多功能宴会厅；4~23层为800人的办公用房，22层为设备层，24~27层是供给办公用户居住的32套公寓住房，大屋面以上为水箱及电梯机房；它是融办公、住宅、娱乐为一体的高级综合楼。

（3）装饰要求：建筑物外立面装饰用料讲究、色泽和谐，与周围环境协调统一。首层至3层的外墙采用浅灰色磨光花岗石饰面，同色烧面花岗石嵌线脚，4~27层塔楼采用进口蓝色反射镜面玻璃幕墙，屋面沿口为白色丙烯酸漆和白色铝盖板，大门口雨篷采用镜面不锈钢盖板，厅的圆型巨柱采用两块镜面不锈钢合抱。塔楼建筑采用圆角设计，并配有绿化和雕塑，使整个大楼既有西方建筑的先进技术，又照顾到使用者的实际需要，成为具有时代感、动感、气派宏大的建筑。

（4）结构体系：

1）塔楼呈正方形，边长为30.5m，外圈设置20根圆柱体为受力框架柱，内圈与剪力墙承重的电梯井、楼层均为有梁楼盖，结构材料全部采用现浇钢筋混凝土，形成一个刚度大、整体、稳定好的框架—筒体结构体系。

2）裙房为三层现浇钢筋混凝土框架结构，局部大梁采用钢结构。

（5）工程特点

1）施工场地狭窄，建筑物与施工道路占了整个基地面积的87%。

2）邻近高层建筑密集，锦明大厦紧贴基坑，地下管线复杂，有22万伏的电缆线、煤气、上下水道、通信电缆等，距施工点最近仅1m多。

3）工期紧，从破土动工至结构封顶，前后共13个月半（合同要求工期），超一天罚6000美元，折合人民币约35000元。

4）质量严，合同签约为优良工程，现场有三方代表，业主、建筑师、总承包，在施工全过程中进行跟踪管理，未经验收认可，不准进行下道工序的施工。

2.3.2　基础施工

（1）桩基：塔楼采用进口φ609钢管桩，壁厚11mm，桩长62.5m，总桩数239根；裙房采用φ600钻孔灌注桩，混凝土强度等级为C30，桩长42m，总桩数43根，采用常规机械施工。

（2）地下连续墙：根据地质条件、现场环境与地下管线的施工特点，经方案比较，决定选用挡土隔水性能好、环境影响小、无噪声、刚度大的地下连续墙体为本工程的挡土围护结构。按基础平面南北长68.02m，东西宽42.60m，地下连续墙设计成不规则封闭形，总长度为208m，槽段划分成51幅，深度分别为24.2m及18.4m，墙厚均为800mm，由于内支撑受力较大，经计算选用双肢式H型钢支撑。施工时沿基坑周边先做好导墙，再按单元槽段的长度开挖沟槽（注意泥浆护壁），将预先制作的钢筋笼投入槽中，最后用导管插入沟槽，从底部开始浇灌混凝土，混凝土由下而上不断将沟槽内泥浆置换出来，形成密实混凝土墙体，各个单元槽段之间，用锁口管连接，形成一个整体性能的地下连续墙。

(3) H 型钢支撑，全套支撑结构是从日本引进，曾在花园饭店工程中首次使用，这里作为新技术推广应用。

1) 准备工作。应根据工具式支撑的规格、模数，按支撑受力大小，考虑挖土方便，安装简捷，合理布置支撑。经设计确定，设置一道支撑，36 根立柱，组成井字格（图 2.3-1）。

最大网格 8.1m×8.1m，最小 6.75m×6.55m，绘制详细支撑平面、节点、配件图，并列出材料清单，进行核对。立柱位置宜避开桩位，考虑支撑安装模数（螺孔间距 150mm），立柱轴线偏差应小于 40mm。H 型钢及配件进场，应认真清点，逐根验收，分门别类堆放整齐，对外加工件应跟踪检查，并组织验收。

2) H 型钢支撑安装。第一次挖土至支撑底面标高，即可进行三角支架的安装，每根横围檩下不少于 2 只支架，支架间距不大于 2.5m，在立柱上同样弹出标高线，并注意起拱 20mm，三角支架分别用螺栓或电焊固定在地下连续墙及立柱上。横围檩应与地下墙之间留有 15～20cm 的间隙，待支撑拼装后用 C30 混凝土填实。工具式支撑由于长度不一，拼接时接头宜错开，支撑应保持在一直线上。支撑安装以 88HC 塔机为主，汽车吊或履带吊为辅，支撑本身附有可供调节的油压千斤顶，确保支撑受力均衡；支撑系统设计时仅考虑承受轴向力，不考虑挖土机及汽车荷载的作用，更忌机械冲击与碰撞，并在挖土过程中采取路基箱架空等措施；应做好立柱沉降观测，第一次观测在支撑安装前进行，第二次在支撑安装完毕，挖支撑下的土，直至挖至基础承台底，应每天进行观测。当浇好混凝土垫层后，可每周观测一次。立柱的沉降量应控制在 4cm 内。

3) 支撑的拆除。必须待基础承台混凝土强度达到 C20 时，方可开始拆支撑，拆除步骤：首先逐个放松油压千斤顶，观测地下连续墙的变形情况，再卸斜撑，然后再将双肢支撑中的一肢先卸荷，若变形在容许范围（10cm 内），则可将支撑全部拆除；若卸荷后单支撑受力时，地下墙变形有发展趋势时，宜将暂留支撑保留至地下二层结构施工完毕，把回填土覆盖好后，再行拆除全部支撑。工具式支撑的优点是可供重复利用，因此，对螺栓、配件的回收与保管应派专人负责清理，拆下的 H 型钢及时外运，不得随意堆放在基坑边，以免增加地下连续墙的变形。

(4) 挖土与降水：由地质资料得知，土质属灰色淤泥质亚粘土和粘土，含水量高达 44.1%～51.8%，土壤很湿，呈可塑或软塑状态，且夹有薄层粉砂，为此在挖土前必须预先做好降低地下水位。我们采用轻型井点降水，即在基坑范围内，打设轻型井点管，持续降水一周，待坑内地下水位降低并稳定后，方可进行挖土。挖土分层进行，第一次开挖深度为 1.7m，在安装水平支撑位置局部挖深至 2.8m，选用 R942 及 WX100 挖掘机各 1 台，两班制作业，挖土量达 1500m³，配备 T815 自卸载重汽车 12 辆，装载量为 6m³/辆，第一阶段挖土仅 59h 就顺利完成；第二阶段挖土，应在支撑全部安装完毕、铺好走道板后方可进行，由于支撑呈井字形，挖掘机的有效作业受到限制，大臂无法自由伸展，为此，必须借助 2 台 0.4m³ 小挖机（HD-400SE），在支撑下部形成踏步形开挖，挖土方向由西北向东南退却，土方的最终收头采用 R942 改装加长臂来完成。基坑总土方量 13000m³，仅用 17d 挖完，比计划工期提前了 8d。对于紧靠南侧的 43 根 φ600 钻孔灌注桩，则用闷爆截桩法（由上海复旦大学爆破公司承担），爆破与挖土同步进行，不占工期。

(5) 基础承台混凝土一次连续浇捣：该基础承台厚度分别为 2m（塔楼）与 1.5m（裙房），混凝土工程量 4923m³，混凝土设计等级强度 C30（R28），抗渗 S8，底板配筋 Φ32，

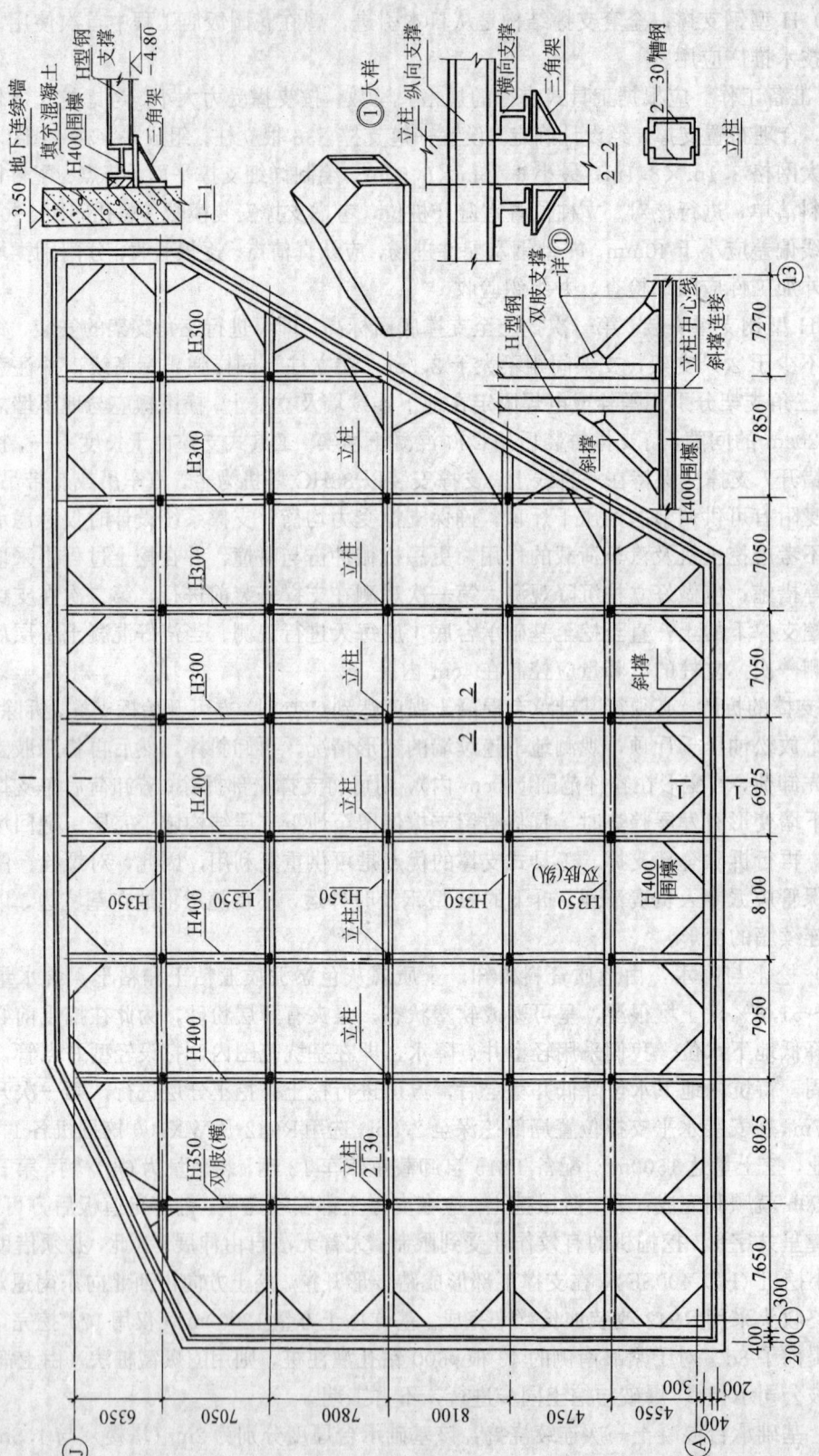

图 2.3-1 H型钢支撑平面布置

8皮(上下各4皮)。因受施工场地所限,且一次浇捣量又较大,故采用泵送商品混凝土,现场设置5台汽车泵,北侧3台,东边2台,泵车布置见图2.3-2。用φ150硬管(出料口接软管)布料,为保证混凝土泵送连续不断,另设2台备用泵(就近停放),商品混凝土由真如和长桥两个搅拌站集中供应,江湾搅拌站备用。针对大体积混凝土,为了减少水化热造成的不良影响,我们采取的措施如下:

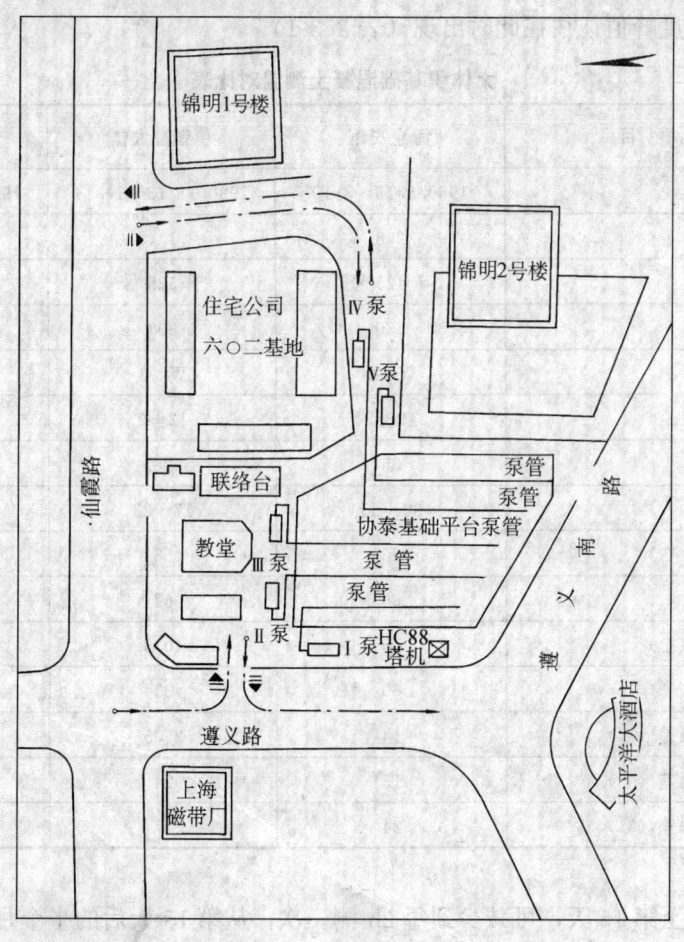

图 2.3-2　混凝土泵车布置

1) 采用上海水泥厂生产的425号矿渣水泥,过筛的中粗砂,5~40mm石子,材料进场除附有材料质保书外,还应提前4d进场,以备抽检之用。

2) 掺用WL-1外加剂,该剂由市建科院、材料公司和我公司共同研制成功,它具有减水、缓凝、早强等优点,掺量为水泥用量的0.4%~0.8%,它不仅能增强混凝土的抗渗能力,又可延长混凝土初凝时间(6~8h),增强可泵性,提高混凝土早期强度,减少水泥用量。

3) 适量掺用磨细粉煤灰,代替部分水泥,有利提高混凝土的活性,一般掺量在15%左右。

4) 充分利用混凝土的后期强度,征得设计单位的同意,以R45强度代替R28强度,水泥用量降低,水化热也随之降低,经试验测得每少用10kg水泥,水化热将下降1℃左右。

5）进行测温控制。测温点布置平面呈十字形，在长、宽方向各设 7 处，每处由上至下分设 5 个点（间距控制在 50cm 左右为宜），及时观察混凝土内部温度的变化情况，采取相应的养护措施，使温差控制在 25℃ 之内，有效防止有害裂缝的出现。测温所用的仪器为改制的 XQC-1300 型长圆自动平衡记录仪，测点用 WZG 型铜热电阻棒，环氧树脂封闭。测温要求在混凝土入模后 5min 开始，在第 1～3d（即 72h）应每小时测一次，这是关键时刻，从几个工程实测温度峰值往往在此时出现（表 2.3-1）。

大体积基础混凝土测温对比表

表 2.3-1

工　程　项　目	海仑宾馆	供销社大楼	协泰中心
浇捣日期	1989.8.16～8.19	1990.11.13～11.14	1990.12.18～12.20
浇捣厚度（m）	2.8	1.4	2.0
水泥品种	矿 425 号	普 525 号	矿 425 号
水泥用量（kg/m³）	330	304	350
外加剂品种	WL-1	WL-1	WL-1
混凝土坍落度（cm）	12±2	12±2	12±2
浇筑延续时间（h）	65	28	42.5
混凝土入模温度（℃）	30～35	17～23	8～14
混凝土内最高温度（℃）	76	58	50
升温时间（h）	66	62	85
混凝土中最高升温（℃）	45	40.5	36
恒温延续时间（h）	60	33	54
升温期混凝土内外温差（℃）	14	25.5	14
恒温期混凝土内外温差（℃）	15	24	26
降温期混凝土内外温差（℃）	24	27	30

从第 3 天后至第 15 天，可减少到每 2h 测一次，从第 15 天后的半个月，则可每 4h 测一次，如发生异常情况可随时增加测次。当混凝土内外温差不大于 25℃ 时，且水化热呈下降趋势，则可停止测温工作。测温必须有专人日夜轮流值班，以保持测温作业的连续性，取得可靠数据，正确指导现场施工。

6）蓄热养护是行之有效的一种养护方法。当混凝土收水后（一般在浇捣后 2h 左右）即可进行养护，视气候气温条件，可采用上、下两层塑料薄膜、中间夹一层草包或麻袋，覆盖严密、贴实、塞紧。

7）除采取技术及机械设备等措施外，施工现场管理及组织协调工作也是不可忽视的，在混凝土浇捣过程中，施工管理人员必须到岗到位，按泵定人，分块设岗，条线负责，日夜轮班跟踪管理。

2.3.3　上部结构施工与管理

（1）模板选用：结构层模板接触面积达 7 万 m²，设计层高（2200～5500mm）五种，墙厚（220～400mm）三种，圆柱直径（500～1100mm）六种及不同的梁、板断面多种，针对几何断面变化多及一次成型的设计要求，必须从模板的选材、制作、安装、拆卸等多方面综合考虑。

1）筒体墙模，选用钢框七夹板组合的中大模，以利流水使用，规格为 1220mm×3150mm，按拼装排列图对号就位，模板配置以标准层四个楼层翻转使用。

2）外框架独立圆柱模为保证弧度的不变形，当直径 800mm 以上均配置钢模，每节高度控制在 1500mm，用四块 90°圆弧拼合，用 ϕ12 螺栓连接，当直径小于 700mm，则采用木模，用 10 号槽钢做围檩，以增强整体刚度，模板配置二个楼层高周转使用。

3）梁、板模板配置：非标层（1～3 层）现浇混凝土柱（除圆柱外）及梁、板模均用七夹板，平台模一律采用七夹板铺设，按排列图统一编号，装拆就位。配置量为五层，以适应高速施工需要（梁侧模配置二层即可）。

4）电梯井道模板配置以组合小钢模，拼装成整块钢大模，用 4 只手动葫芦（2t）吊装。

（2）混凝土强度的快速测定技术

1）协泰工程因工期、质量创一流的特殊要求，如何快速测定混凝土强度，得出合理的配合比至关重要，市材料公司急用户所急，通过大量的模拟试验，最后得出如下配合比所测得的 0.5h 及 1h 快硬的强度记录（表 2.3-2）。

表 2.3-2

混凝土强度等级	525 号膨胀水泥(kg)	饮用水(kg)	中砂(kg)	5～25 石子(kg)	外掺剂 WL-1(%)
C30	417	202	711	989	0.4

2）试验人员在上述第一手资料的前提下，建立相应的控制手段，对外加剂掺量及品种进行大量的快速测定，取得数据见表 2.3-3。

表 2.3-3

外加剂掺量	WL-1	C6220 400ml/100	WL-1 0.8%	不掺	WL-1 1%
坍落度（mm）	35	150	105	85	15
30min 后 T（mm）	30	80	60	60	8
预测 R28（MPa）	42.1	18.8	37.5	36	37

3）真如搅拌站按配合比要求严格控制，配制商品混凝土送至工地现场，既满足施工操作要求，可泵性又好，并通过三个多月时间的实践验证，快测法预测 R28=38.9MPa，我们采取现场抽样作对比，在同等条件下养护，试块实际抗压强度 R28=39.6MPa，两者数值非常接近，为快速施工提供高品质的商品混凝土创造条件，确保了高强商品混凝土的质量控制。

（3）混凝土浇筑方案的选择

1）泵送商品混凝土的应用总的混凝土量为 1.1 万 m³，标准层每层混凝土用量 350m³，整个结构要浇 30 多次方可结束，由于塔楼结构顶部最高点达 107m，考虑选用 2 台德国产品，PYTImeister BSA2100-HD 固定式混凝土泵（其中一台备用），这样可以连续输送混凝土，从泵的压力、管道摩阻力、输送高度等性能均可满足混凝土一次浇灌的质量与施工速度的要求。

2) 一泵二布浇筑法的使用，输送管道布置应方便装拆和固定，输送主管可通过各层现浇板预留孔 250mm×700mm 后与楼层水平管相接，水平输送管应架空（一般搁置在马凳上），为提高混凝土泵的台班产量，采用本公司成熟做法，即"一泵二布"浇筑法（布料机服务半径 $R=7.5\text{m}$），局部超出范围，采用移动式泻槽补充布料。

3) 混凝土浇筑程序：先柱、墙后梁、板，以平台布置流水，依次浇筑，墙柱混凝土分层布料，来回振捣密实，每皮厚度控制在 500mm 左右，浇筑时应设置串筒，控制混凝土自由落体在 2m 范围内，为控制承台板的超厚，采用短钢筋焊成的小马凳，随浇随移，有效地利用负偏差（−5mm 之内），管理人员跟踪检查、督促、指导，保证了预埋管线、预留孔位置的正确。

（4）机械设备的合理配置

1) 主楼混凝土用量高达 1.1 万 m^3，钢筋 2000 余吨，各种模板 7 万多平方米，为保证工程的高速、优质低耗、安全施工，除各项施工方案的完善之外，垂直运输同样是一个关键问题，设备选择更应慎重。考虑整个工程的结构、数量、高度、进度、频率，宜选用质量可靠、性能稳定、效率较高的机械设备，显得十分必要。经比较，决定选用一台德国产88HC 塔机为主及瑞士产 ALIMAK 人货两用梯（载重量 1t）为辅的垂直运输机械，由于设备选用得当，顺利地完成了结构阶段施工材料运输的繁重任务。

2) 建筑物高达 107m，混凝土拌合料从地面向百米高空输送，我们选用 2 台德国产混凝土固定泵（1 台备用）。

3) 工期紧迫，势必造成多工种交叉穿插作业，人员上、下频繁，二班制作业，2 台 ALI-MAK 电梯（载重量为 1t），解决了人员上下的燃眉之急。

4) 为配合塔机垂直运输需要，在主楼增设 4 个钢制悬挑平台（规格 3m×5.5m），以满足拆卸模板、钢管等大量周转材料的中转之用。

5) 装饰阶段，外墙因安装玻璃幕墙的需要，我们采用由本公司自己开发研制的电动高处作业吊篮（GLD05 被列入市优秀新产品），每侧设置 5 台，沿周边设置共 20 台，从而取代了落地脚手。

（5）新型悬挑提升脚手架的应用

1) 本工程从标高为 21.85m 起，即采用悬挑提升脚手架进行施工，该脚手架尺寸为长5380mm、宽 800mm、高 2000mm，沿建筑物周长设置，每侧设置脚手架 5 套，在地面拼装，塔吊配合安装就位。

2) 悬挑脚手架系由悬臂钢架、拉接件及操作架三部分组成。悬臂钢架采用 10 号槽钢加焊一块 4mm 厚钢板，呈"口"字形，钢梁出挑长度 1200mm，伸入 1000mm，并用拉接件（链条）与混凝土楼板系牢，操作架由普通 $\phi48×3.5$ 钢管（采用扣件连接），使之与挑出的钢梁固定，脚手架自重应控制在 1.2t 左右，悬臂钢架应按设计图纸要求进行加工制作，当第一榀悬挑脚手架进行安装就位后，应由现场技术、安全有关人员进行验收，认真检查制作、安装质量，确保安全施工。

3) 每步高度为 1.7m，均应铺放竹笆，每步防护栏杆不得少于二道栏板（1mm 厚钢板网），顶排外侧加焊 30mm×4mm 角铁，并满张密眼安全网。

4) 悬挑脚手架，无论安装、拆卸或提升都必须在统一指挥下进行，尤其在安装型钢挑梁时，在未固定前，不得松开钢丝绳，在拆卸转移时，钢丝绳未收紧受力前，不得松脱挑梁的固定螺栓。在装拆过程中应做好安全防护，以防高空坠落物件伤人。

2.3.4 以合同为依据，项目为中心，精心组织实施

（1）方针目标制定：本工程采用项目法施工，制定项目方针，实行目标管理。方针是恪守合同，科学管理，精益求精保质量，争分夺秒抢速度。确定的四个主要目标分别是质量达到优良，力争达到优质水平；工期确保13个月结构封顶；安全要达到无重大事故，并且不发生市政管线事故。

（2）施工现场标准化管理：方针目标贯彻实施中，紧紧抓住施工现场管理标准化这条工作主线，运用全面质量管理中的"三全"思想，即全员、全面、全过程地对工程从基础、结构、装饰等不同阶段上动态地管理标准化。

1）施工方案作为一项总体标准，还比较重视时间上、阶段上的变化，使之能适应现场的动态性，在现场平面布置中就明确了场布图阶段化，先后共编制了四个。挖土阶段重点放在土方开挖及运输线上；地下基础阶段主要放在大体积混凝土浇灌及支撑拆除上；在±0.00以上的主体结构阶段，主要规定了钢筋、模板、垂直运输、设备的堆放安装区域；装饰阶段现场布置图主要划分为黄砂、水泥、石灰、大理石及其他装饰材料堆放区域。有了动态场布图标准，使现场始终保持了整洁、文明、高效、有序的标准化状态。

2）从场容场貌做起，带动各项基础管理纳入标准化轨道。场容场貌的优势，构成了企业面向市场的客观形象，也是企业内部管理水平的标志，它需要各项基础管理工作的配合，也为强化现场管理标准化提供一个事事有标准，处处按标准，人人讲标准的环境。过去是习惯就是标准，现在是标准即是习惯，由此带动项目内外场地和软硬件管理实现八个"化"。

①围墙大门规范化。做到整齐划一，一改过去建筑工地脏、乱、差的面貌，使之耳目一新，造成一种可信感。

②道路水沟网络化。做到有路必有沟，水沟连成网，排水通畅，下雨不积水，搅拌车无阻碍。这既有利于提高工效，又有利于安全生产。

③物料堆放定量化。定量堆放带来文明，又不致于材料积压过多，造成资金流转困难。

④管理资料档案化。做到各类管理资料分门别类编号装订成册，便于查找及存放，便于执行合同，为创效益提供可靠的原始资料。

⑤班组"落手清"制度化。从检查内容、每天日报表等串连起来实施，形成专人专责制度管理，促使班组"落手清"天天做，工完料尽场地清。

⑥工序衔接定时化。坚持在总进度网络计划制约下，按周、日、工时编制网络作业计划，根据实际情况保持资源平衡，工序搭接，并进行动态补网，各道工序人员相对固定，以提高熟练程度，故而确保了计划实现。

⑦合同管理程序化。对合同条文的研究、履约、交涉，过去是施工管理中的缺项，为此，强调对合同的学习、理解与管理、树立恪守合同的观念。

⑧成本核算动态化。建立一套"先算后做，边算边做，做后再算"的标准，将成本控制落实到每层结构施工过程中。据测算，每层结构成本27.10万元，将它分解为17个子项，逐项加以控制，其中10项为变动成本，1d支出6500元，这就促使我们将工期标准从6d一层，提高为5d一层，以节约成本。每层结构完成后立即进行分析，使成本基本处在可控范

围，最低的曾降到每层结构 25.1 万元。

（3）现场质量控制。项目经理部严格把持质量关，做到对施工全过程的质量控制，在工地上设立质量责任区，组织质量责任考核，对劳务人员开展质量教育、质量奖惩，建立质量样板层、样板间，进行质量自检、互检、专检，组织 QC 小组，开展质量攻关，推行"三全"现场管理标准化活动，努力创造有利提高质量水平的管理环境。经上海市质量监督部门检查，本工程的基础、主体、楼地面、门窗、装饰、屋面、采暖、煤气、电气、通风、空调、电梯安装等分部工程全部达到优良标准，工程整体质量也为优良，工程启用三年多来，功能全部达到设计和使用要求。

（4）工期控制：合同工期特别紧，规定从 1990 年 8 月 12 日地下连续墙施工开始，到 1991 年 9 月 27 日必须封顶，若有拖期，每拖一天工期，罚款 6000 美元，这样短的工期，势必要求标准层达到 6d 一层的持续高速度。

施工总进度计划的编制（表 2.3-4）：

按施工图进行实物量计算，考虑工艺流程，组织流水作业，在控制总工期为 412d（日历天）由必须结构封顶的要求，分解成两阶段，即地下基础 195d 及上部结构 217d，紧紧环绕工期为中心，合理选择施工机械，配备足够的周转材料及所需工种搭配适量的劳动力。

①地下基础进度计划，分五个节点进行控制。地下连续墙（80d）——挖土施工（44d）——承台混凝土（27d）——地下室二层（20d）——地下室一层（20d），即施工至 ±0.000 标高。地下连续墙沿四周长达 210m，根据工艺流程，800mm 厚墙身，合理划分槽段，平均一天只能完成 2.5m 左右，这样至少要 80 个工作日方能完成，在此期间，我们进行穿插，组织挖土前的各项准备工作，如安装临时塔吊，由导墙拆除、打设井点、打高钢支撑立柱，这样就可不占绝对工期；在挖土时，当井点预降水取得一定效果后，采取边挖土边拔井点，遇到桩时，即边挖土边凿桩，交叉作业，又可省工期；在基础承台时，可在浇好垫层混凝土上，进行钢筋绑扎，使承台从钢筋绑扎至混凝土浇筑完毕，仅用了 27d 时间。

②上部结构进度计划，分六个节点进行控制。首层结构（20d）——二层结构（17d）——三层结构（17d）——4～20 层标准层结构（96d）——设备层及以上标准层（54d）——顶层机房水箱（13d），即施工至结顶。关键节点是标准层的作业计划（图 2.3-3）。

按其工艺流程，弹线——柱、筒体钢筋——柱、筒体内模——筒体外模、搭设排架——平台模——平台钢筋——一次浇捣柱、筒、平台混凝土，把常规施工需 10d 一层的生产周期，通过调研，改进操作，调整流水节拍，合理增加一些设备周转材料，把工期压缩至 6d 一层。考虑到平台混凝土养护需要，确保混凝土的强度，必须配备足够数量的模板，我们配了五套模板供三层施工翻转使用。

③实施过程中，除总进度计划、标准层进度计划外，还应制订月、旬及周的进度计划，以利及时调整，确保各节点不超进度。

2.3.5　效果评价

项目位于上海虹桥开发区的协泰大厦工程，在建设过程中，引起国内外建筑界的关注，络绎不断来到该工地考察、参观的高达 60 余批，数千人次，其中有来自全国各地的同行，也有来自香港、台湾、美国、日本、新加坡等地区和国家的建筑师和建筑商。我公司在承建这个工程中，改革现行的建筑管理体制，推行以工程项目经理负责制为中心的项目管理，强化和重视施工组织与管理，创造了上海市工程建设工期、质量、现场管理的一流水平。工程从 8 月开工至第二年 8 月封顶，结构施工平均 5.5 日完成一层，创造了当时上海高层结构施工的最高速度；工程质量始终保持优良，在上海市 1991 年度结构优质工程竞赛中获得第一名，现场文明施工成效突出，受到建设部领导的高度评价，并召开现场交流会，向全国建筑企业推广"协泰"经验。

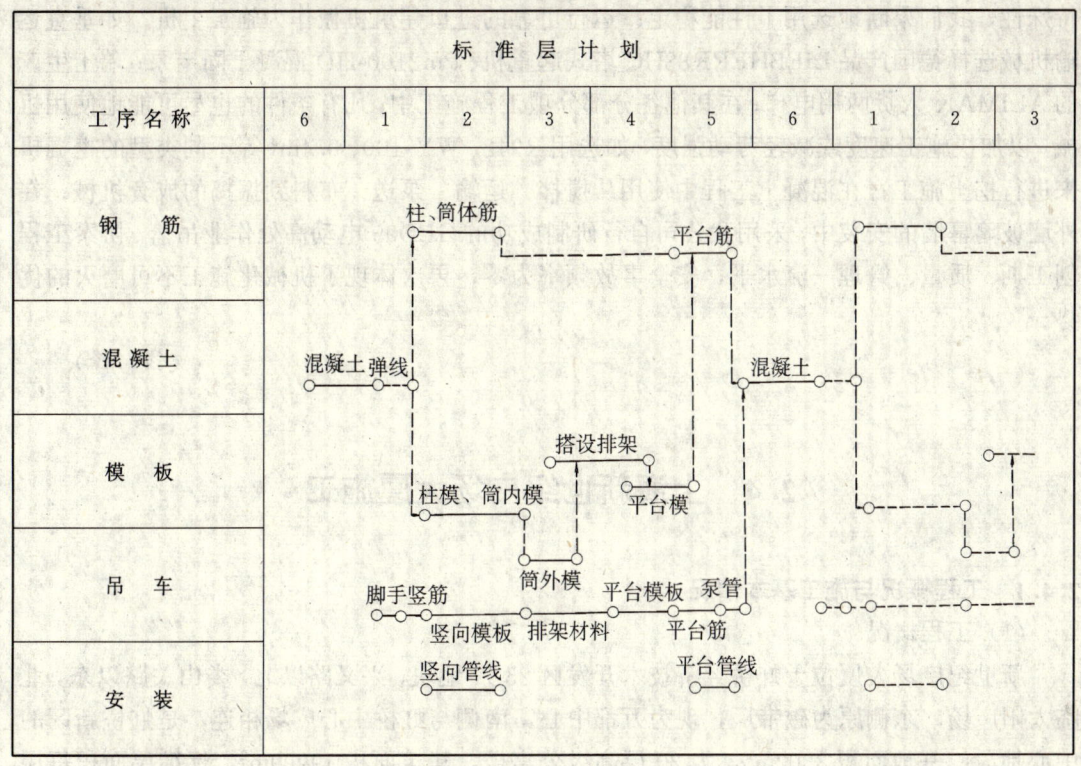

图 2.3-3 标准层计划

（1）本工程能有这样好的综合效益，应归功于项目法施工，因它促进了建筑企业内部机制转换。它是以承包合同为依据，由项目经理全权负责，对工程实行统一计划、组织、协调、控制的一次性管理系统，它打破了建筑企业长期以来工程项目由上面签订合同，下面管施工，合同责任与现场生产相脱离，靠行政手段管理工程的旧体制，把经济责任直接落实到工程项目经理部，从而给施工管理注入了压力、动力和活力。工程项目经理颇有体会，并把项目管理的作用概括为三个"有利"，有利于革除工程建设吃大锅饭的弊端，树立以效益为中心的观念；有利于改变施工中土建、安装、供应各自为政、相互扯皮的现象，合理配置施工生产要素；有利于转变凭经验施工，靠会战抓速度的做法，促进现代化管理和先进技术的推广应用。在协泰工程围绕综合效益目标，应用了网络法、系统工程、标准化管理、定量法等现代化管理手段，工期进度采用总进度、阶段进度，每层进度的三级网络控制，整个工程进度都纳入效益的轨道，每个环节都进行核算，并辅以相应的奖罚措施。

（2）积极应用新技术、新工艺，提高工程项目的技术含量，依靠技术进步来保证目标的实现。本工程紧密结合施工生产，开展科研活动，组织 QC 小组，进行难题攻关。

混凝土强度快速测定法的研制成功，能在 1h 内，就可通过试验，推算出混凝土 R28 的强度，使商品混凝土的质量在受控状态下进行，为整个混凝土的施工赢得了时间。

（3）新型悬挑脚手架的出现，使脚手架成为工具式，拼装方便、省时。采用悬挑型钢支承操作架，取代了传统的落地脚手架，不仅为工地现场提供干净利落的场容，且大量节约钢管及扣件的往返运输及搭设费用，取得明显的经济与社会效益。

（4）针对本工程的特点，根据在施工中将以速度为轴心，其他工作均环绕这轴心转的特殊性，我们果断地选用了性能稳定、运行可靠的进口建筑机械作为施工主机。如垂直运输机械选择德国产品 LIEBHERR88HC 塔式起重机、Pm2100-HD 混凝土固定泵；瑞士生产的 ALIMAK 人货两用电梯；在其他各分部分项工程施工中，凡有条件的也尽可能地使用机械，以加快施工速度或减轻劳动强度，如选用 R942、WY-100、0.4m³ 等不同类型的挖掘机来进行挖土施工；在混凝土工程中使用从搅拌、运输、泵送、布料到振捣的成套机械；在外墙玻璃幕墙的安装中，采用我公司自行研制成功的 GLD05 电动高处作业吊篮。协泰工程创工期、质量、管理一流水平，安全事故频率为零，再次体现了机械化施工不可磨灭的优势。

（钱　锋）

2.4　上海新世纪广场大厦施工

2.4.1　工程概况与施工基本情况

（1）工程概况

新世纪广场大厦位于虹桥经济技术开发区 25-A 地块，兴义路以北，娄山关路以东，北临太阳广场，东侧原为磁带厂，现为万都中心，南侧与虹桥中心广场相连，是虹桥新区的中心地段，基地面积 8302m²，为 20 层高级公寓楼，建筑面积 49999m²，标准层面积每层 2200m²，其建筑平面设计呈弧型，北面外侧弧长约 180m，南面内侧弧长约 130m，横向平面宽度 17～23m，地下 1 层，地上 20 层，建筑物全高 65.6m（屋顶层局部尖塔顶标高为 70.605m）。

大厦中间⑬～⑮轴设有大空间凯旋门孔，直通至 12 层，高达 38.5m，凯旋门内设 4 根直径达 1.8m，高达 40m 的巨型柱托起整个凯旋门顶。

大厦南立面 1～3 层设有长达 110m 的柱廊，柱廊由 20 组直径 0.6m、高 11.2m 的双柱构成，3～6 层设有逐层向内收的构架，18～20 层还有逐层外挑的构架，最大挑出宽度为 2.6m。

大厦北立面紧靠大厦⑧～⑪轴范围，在地下车库顶面设有 26m 直径馒头型网架结构，玻璃天棚游泳池。

大厦地下一层主要是停车库房（车位 101 个）以及变电间、水泵房、风机房、冷冻泵房、电话机房、污水处理、游泳池水处理等设备房。

地面一、二层为公共活动部分，一层设有商场、健身房、消防中心等设施以及一夹层多功能厅，二层西半楼为餐厅、咖啡厅，东半楼为办公用房，二夹层为技术层，3～20 层为公寓用房，每层有四个单元，分甲、乙、丙、丁型，每单元有 3～4 套住房，共计 274 套，

18、19、20 层为跃层式公寓,屋顶层设有电梯机房、水箱等设施,每单元均有 2 台电梯,现捣消防楼梯一个直至 20 层屋顶层。

大厦层高设计为首层 6m(其中一夹层 2.842m),二层 6.7m(其中二夹层 2.2m),3～20 层均为 2.8m,电梯机房 2.3m。

大厦装饰外立面以本色仿石面砖为主,局部采用浅灰色玻璃幕墙,大厦车库顶面铺设花岗石,磨光与烧毛相结合,4 根 ϕ1800 巨柱及 40 根 ϕ600 小圆柱及 3～6 层构架均采用克拉拉白大理石。

大厦公寓层空调系统采用小型热泵,以保证每个房间均有空调,且不影响外立面效果。

大厦桩基选用 ϕ800、l=64.5m 钻孔灌注桩 369 根,混凝土强度等级 C30,设计承载力 3000kN,基础承台板厚 1.8m,局部 2.2m,大厦北侧车库部分桩基选用 ϕ300、l=20m 长树根桩 265 根,混凝土强度等级 C25,基础承台板厚 1.15～1.8m。

高层上部结构设计为现浇钢筋混凝土框架剪力墙体系,柱距 5.01～7.6m,框架柱断面为多种类型方柱、矩型柱、圆柱,随大厦的高度变化而变化,剪力墙厚为 250～400mm,内带暗柱,楼层板厚 200mm,梁断面 250mm×500mm(300～7.00)mm 不等。在大厦中央凯旋门内设有井字形箱梁,断面最小 600mm×2200mm,最大 900mm×3200mm,以支承凯旋门上方八层结构荷载,混凝土为 C40。中间设两条宽 1m 后浇带以控制大厦与北侧车库的沉降,此两条后浇带待结构封顶后予以补缝,同时由于大厦体型太大,在凯旋门内设一条承台后浇带,待结构至 13 层后补缝,在东西两侧各楼层上另设两条后浇带,混凝土浇捣 40 天后补缝,以控制结构因体型太长造成的伸缩变形。

新世纪广场大厦凭其 180m 长弧线体型、110m 长的弧形柱廊及构架,配以绚丽夺目的泛光灯衬托,成为虹桥开发区的一颗璀璨明珠,上海建筑业的精典作品。

(2) 主要施工特点

1) 大楼平面呈弧形,建筑定位尺寸难以控制。

2) 大楼桩基采用 ϕ800 钻孔灌注桩,桩长 64.5m,桩深 69.1m,如此大口径深桩在当时尚属罕见。

3) 支托凯旋门的 4 根 ϕ1800 巨柱及其巨型箱梁对模板支撑系统要求甚高。

4) 外墙立面采用的面砖尺寸较大,长 208mm,宽 100mm,且面砖为横贴,比一般竖贴困难得多。

5) 4 根巨柱均镶贴大理石到顶,并且在柱顶及柱底设有柱帽及柱脚,柱帽的大理石镶贴难度很大。

(3) 施工组织情况及施工工期

该工程由上海建筑设计研究院设计,上海市建一公司施工总承包,上海市建一公司第一工程管理部土建分包,上海易通安装公司安装分包,中国地矿上海公司第四工程处桩基分包,上海康业装饰公司内装饰分包,常州华艺铝型材有限公司玻璃幕墙分包。业主金马房产公司也在工地设置了项目筹建组,负责协调总包单位与设计单位的关系,业主同时委托上海建筑科学研究院对整个工程质量实施全过程监理,并参与质量检查和验收。

由于本工程分包单位众多,为协调好各分包单位的关系,总承包每周召开一次工程协调会,土建作为主承包协助总包搞好各方关系的协调工作。

工程于 1993 年 1 月 31 日开始打桩,1994 年 3 月 23 日出土±0.00,1994 年 10 月 28 日

结构封顶，1995年11月10日竣工，总工期33个月，其中桩基工程369根钻孔灌注桩用时201天，土建从开挖至结构±0.00用时8个月，上部结构20层加2个夹层用时219天，平均每层10天，标准层每层8天。

（4）施工主要平面布置

1）基础施工阶段：因新世纪广场大厦南侧虹桥中心广场基地为我所用，故在打桩及挖土阶段，车辆进出均走南侧兴义路大门，在基础承台施工阶段，亦在基坑南侧放坡地面外以八字形布置两台QTG-60塔吊，以解决基坑内吊运桩顶处理混凝土及承台钢筋的垂直运输，承台及地下结构混凝土浇捣均利用南侧场地，待承台浇捣完后在承台上大厦北侧安装两台HC88塔吊，臂长45m，HC88塔吊可以运转即拆除QTG-60塔吊。

2）结构施工阶段

结构施工阶段，在塔楼东、西半楼北侧各安装一台ALIMAK人货两用电梯，在粉刷及装潢施工阶段，再在塔楼东半楼北侧增设一台ALIMAK人货两用电梯，结构阶段垂直运输选用2台HC88塔吊，在承台施工后即进场安装。结构阶段施工总平面图如图2.4-1所示。

表 2.4-1

钻孔灌注桩 （$\phi800$，$l=64.5$m）	369 根
树根桩（$\phi300$，$l=20$m）	265 根
土方量	40000m³
混凝土	38500m³
钢筋	9000t
砖墙	9000m²
外墙面砖	33000m²
玻璃幕墙	6350m²
大理石、花岗石	5650m²

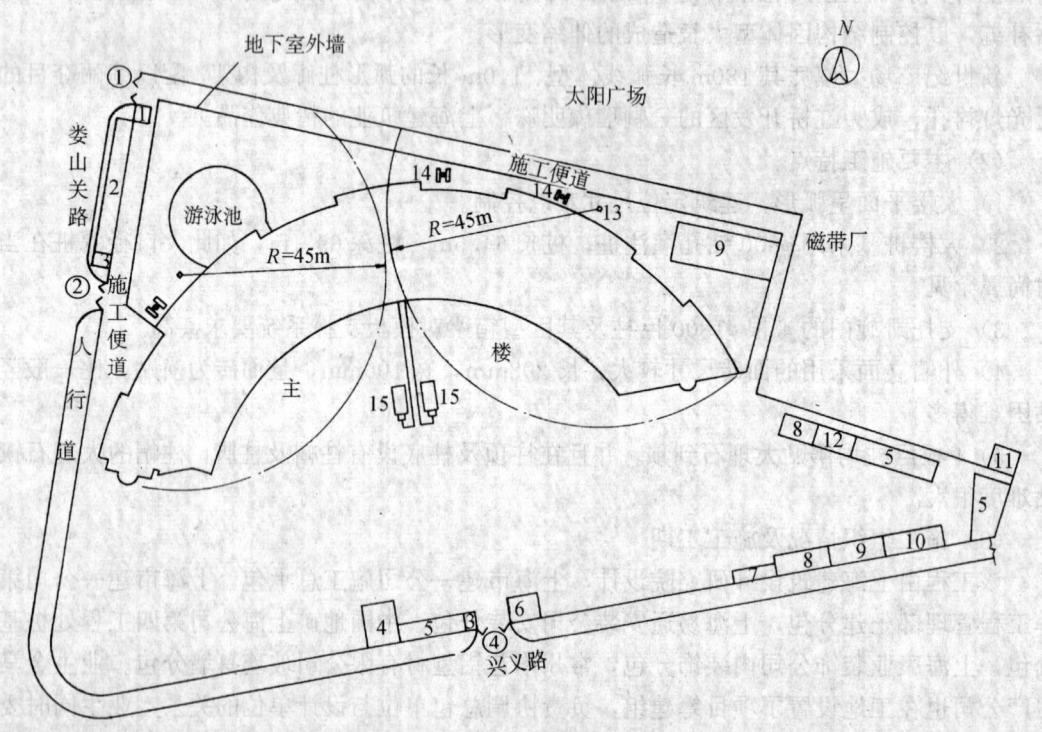

图 2.4-1　结构阶段施工总平面图

1—变配电间；2—办公室；3—门卫；4—水泥仓库；5—宿舍；6—餐厅；7—扣件池；8—木门间；

9—模板堆场；10—脚手管堆场；11—厕所；12—食堂；13—88HC塔吊；14—人货梯；15—固定泵

（5）结构、装饰工程主要实物量

见表 2.4-1 所示。

（6）施工部署

为加快大厦施工进度，依照设计上后浇带的位置，将整个大厦分为两个流水段：⑬～㉖轴为第一流水段，①～⑬轴为第二流水段，如图 2.4-2 所示。打桩先从第一流水段开始，待第一流水段桩基完成，转入第二流水段后，第一流水段即开始挖土。基础部分及上部结构也依照这两个流水段对翻施工，这样大大缩短了结构工程的施工工期。

2.4.2 施工技术与工程质量

（1）施工工艺体系

本工程地下部分施工工艺采用水泥搅拌桩加树根桩围护，不设支撑，轻型井点降水。上部结构为全现浇框架—剪力墙体系，采用七夹板拼装中大模，结合部分小钢模工艺，楼板为现浇钢筋混凝土梁板，采用排架及七夹板支撑工艺。

（2）施工测量

根据建设单位提供的界址点及其坐标尺寸、水准点标高，以及设计单位提供的建筑定位图定出所有轴线。

整个建筑物轴线分二部分，即大厦部分及大厦北侧地下车库部分。大厦部分轴线呈放射状布置，北侧车库轴线为矩形网格状。轴线定位方法，大厦部分根据界址点定出圆心及基准轴线，然后用极坐标法定出大厦部分所有轴线；北侧车库轴线则由建筑红线平行推出。因大厦从基础至结构封顶均采用极坐标法定位，故圆心保护及基准线控制特别重要，每次开轴线时，均需将圆心位置复核一次，以保证测量精度。测量平面如图 2.4-3 所示。

大厦高程测高用闭合回路法将城市标准水准点引测到现场合适部位，待塔机安装完毕后，引至塔机上，以后结构各层标高均由该点用钢卷尺向上层检测。为避免施工的累计误差，每隔几层检测总尺寸进行校核，发现少量误差及时修正，直至结构封顶。

（3）施工技术

1）基础工程：

①桩基工程：本工程大厦下部桩基采用 $\phi 800$、$l = 64.5\text{m}$ 钻孔灌注桩，混凝土强度等级 C30，设计单桩承载力

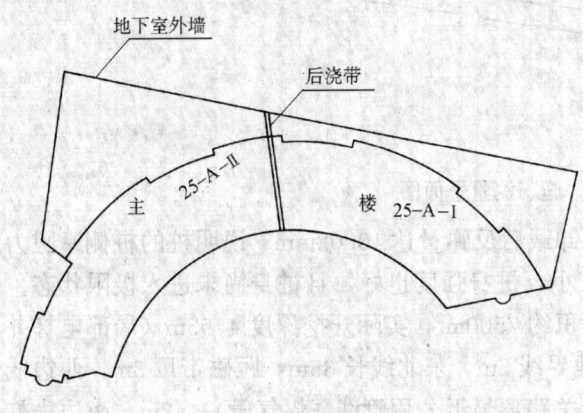

图 2.4-2 施工流水段分布图

3000kN，实际钻孔深度达 69.1m，如此深的钻孔灌注桩当时实属罕见。本工程共有钻孔灌注桩 369 根，选用 GPS-10 型和 G-10 型工程钻机为主体的成套施工设备进行施工，采用正循环泥浆护壁回转钻进工艺成孔，喷射反循环工艺清孔，原土造浆护壁，混凝土采用大流动度，由现场拌制，混凝土坍落度为 18～20cm，施工时严格把好桩位放样成孔，桩深、桩径、桩的垂直度，清渣，钢筋笼制作及孔口焊接，混凝土浇捣等质量关，按 5% 的比例在成孔后用 JJY-Ⅲ 型井径仪测量孔径，成桩后全部进行了动测，结果表明桩身质量优良，Ⅰ 类桩占 46.9%，Ⅱ 类桩占 53.1%，还进行了两组桩的静荷载试验，从试验结果看，当最大荷载达

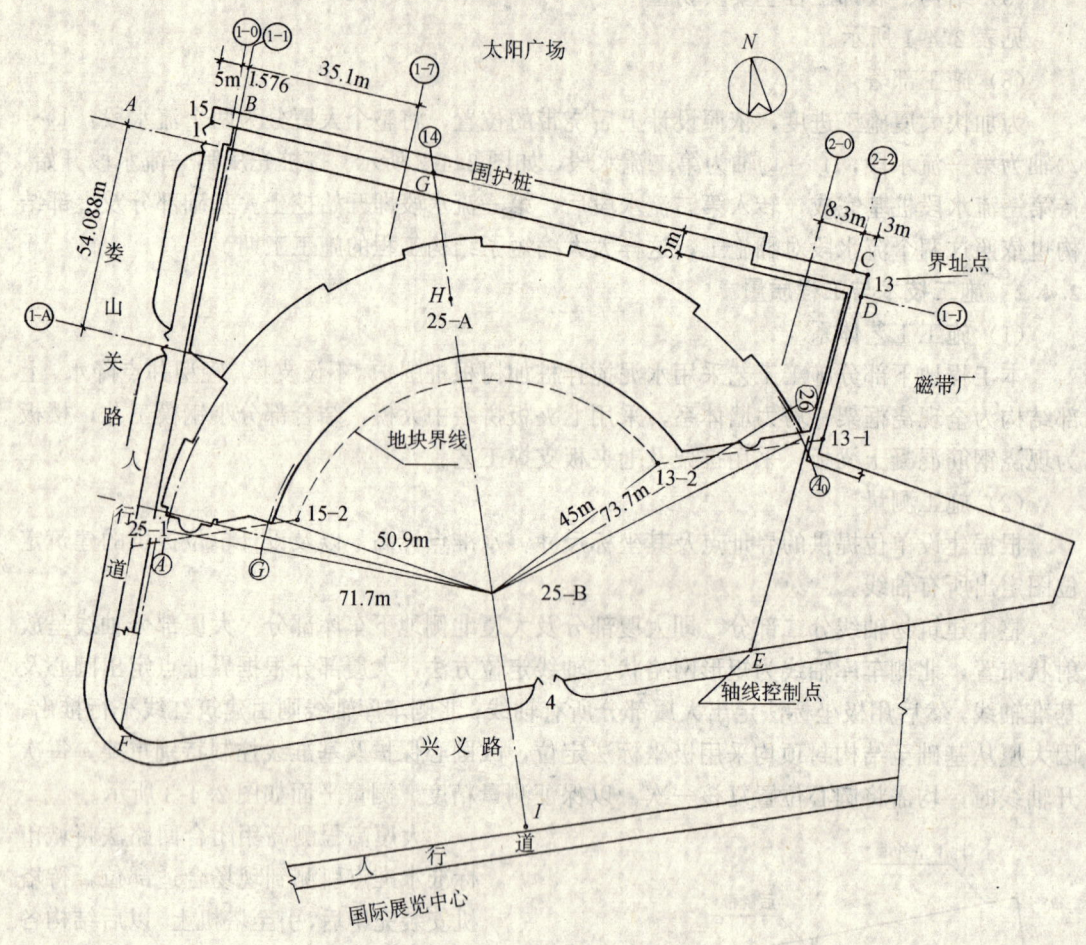

图 2.4-3 施工测量平面图

到 6600kN 时，桩身仅沉降 12.88mm，且卸载后反弹量达 10.02mm，说明桩的桩侧摩阻力较大及处于理想的持力层，故桩端下沉较小，桩身强度也好，且桩身尚未进入极限状态。

②基坑围护：新世纪广场大厦基坑面积约 7500m²，实际开挖深度 4.95m（局部电梯井 6m），基坑北边线长 140m，距太阳广场地界线 5m，东北线长 35m，距磁带厂 3m，西边线长 110m，距娄山关路地界线 5m，沿娄山关路离最近公用管线（煤气管）4.2m，南边为虹桥中心广场基地，当时尚未开工，为我方所用。

根据本工程基坑面积较大，但不太深的特点，经过多种设计方案讨论研究，最终为确保沿线公用管线正常使用及邻房安全，决定采用深层搅拌桩作为基坑围护坝体。根据获得的信息，北侧太阳广场边线在太阳广场一侧已施工有 4.2m 宽搅拌桩坝体，且太阳广场基础工程已完成，故决定北边线不再做围护桩，西边线采用 3.05m 宽搅拌桩，东边线采用 2m 宽搅拌桩，南边线采用 1:1.5 放坡。由于现场条件的限制，支护基坑坝体宽度均未能达到设计要求（即坝体宽度：基坑深度=0.8），故只能在坝体内侧承台基板底下加设搅拌桩支墩加强坝体，搅拌桩内增设竹筋，且在内外两排搅拌桩内增加 300mm 厚钢筋混凝土统圈梁，以加强坝体的整体性。搅拌桩水泥掺量为加固体重量的 13%，水灰比 0.45～0.5，均采用单头桩，搅拌桩 的施工顺序为先东区第一流水段，再西区第二流水段，其中树根桩施工时间为搅拌桩施工后 5～7 天内进行。整个大厦的围护结构如图 2.4-4 所示。

为了确保围护坝体及毗邻建筑物及煤气管的安全，在基坑开挖及地下结构层施工过程中，对坝体及娄山关路上的煤气管进行了水平位移及沉降量的观测，每天上午进行监测一次，结果如下：在第一施工段开挖过程中，东侧围护坝体的最大向内水平位移值为 69mm，沉降值为 16mm；在第二施工段开挖过程中，西侧围护坝体的最大向内水平位移值为 96mm，沉降值为 3mm，娄山关路上煤气管的水平位移值为 22mm，沉降值为 17mm，娄山关路未出现大的开裂及马路局部塌陷现象，煤气管也未开裂。对此围护结构的总体评价是，此类复合型围护体系对于不太深的基坑（基坑深度小于 6m），还是适用的。且从基坑开挖后的情况看，水泥搅拌桩的挡水效果相当好，在搅拌中加设树根桩及在搅拌桩内侧做支墩以增大被动土压力，此类加强措施也起到了一定的作用，但稍嫌不足的是，靠娄山关路一侧的坝体位移大了一些，主要原因是在坝体上建了一个变配电间，且在坝体外侧建造了临时办公用房，增大了桩顶荷载值。

③井点降水：根据大厦施工流水段的划分，新世纪广场大厦基坑土方开挖分为二个阶段进行，第一阶段开挖 25-A-Ⅰ区，第二阶段开挖 25-A-Ⅱ区，井点降水也分为二次进行。由于大厦基坑围护未予封闭，故井点降水要由开挖前开始直至大厦基础承台施工完毕。

本工程由于降水深度不大，故采用一级轻型井点降水，井点管管径为 $\phi50$，长 6m 及 7m 两种，另加滤头 1.75m，井点管排列间距 1.6m，由于工程围护搅拌桩有截流作用，基坑三面设围护搅拌桩，一面放坡，故井点排列只需考虑放坡部分地下水的截流及基坑本身的地下水排除。基坑降水共设 7 台真空泵，型号为 S1（相当于 V_5），分二批进场，第一批为降 Ⅰ 区地下水，共排设 4 台真空泵，其中④号泵在抽水一周后，于开挖前拆除，①号泵在 Ⅱ 区开挖前拆除，第二批为降 Ⅱ 区地下水，排设 3 台真空泵，其中⑦号泵抽水一周后于 Ⅱ 区开挖前拆除。井点降水布置如图 2.4-5 所示。

安装井点管由于现场自然土面下 1.5m 范围内遍布石块，无法用常规水冲法沉设井点，故改用 $\phi300$ 树根桩钻机打孔沉管措施安装井点管。

由于③号井点在挖土过程中遭破坏，抽水效果不佳，故在原③号井点沿线用钻孔灌注桩钻机打设三口 $\phi600$ 井，深 10m，分别用潜水泵抽取地下水，结果表明，降水效果也比较好。

④土方开挖：新世纪广场大厦基坑开挖面积约为 7500m²，土方量近 40000m³，基坑开挖设计标高 $-6.45m$～$-7.50m$，实际开挖深度自然地面以下 4.95m～6m。由于基坑面积大，而且模板、钢筋、混凝土的工作量也大，施工周期长，采取大面积开挖造成基坑内长期暴露，对地下工程施工不利，为有利于基坑降水，缩短施工周期，分二段开挖基坑。第一次进场开挖 25-A-Ⅰ区，实际土方量约 20000m³，第二次进场开挖 25-A-Ⅱ区，实际土方量约 20000m³，挖掘机选用 1 台 R-942，斗容量 1.6m³，1 台小松 PCZ20，斗容量 1m³，另配备 15t 载重自卸车 22 辆及重跑道板若干块，每日出土量为 1000m³。

挖土流水方向为由北向南，出土方向为娄山关路①号门及兴义路④号门。

考虑到新施工的围护桩养护时间未超过 3 个月，围护桩内侧一次卸荷不得太快，故在正式挖土前先进 1 台挖机，沿围护桩边挖深 2～2.5m，停一天后再用 2 台挖机由北向南一

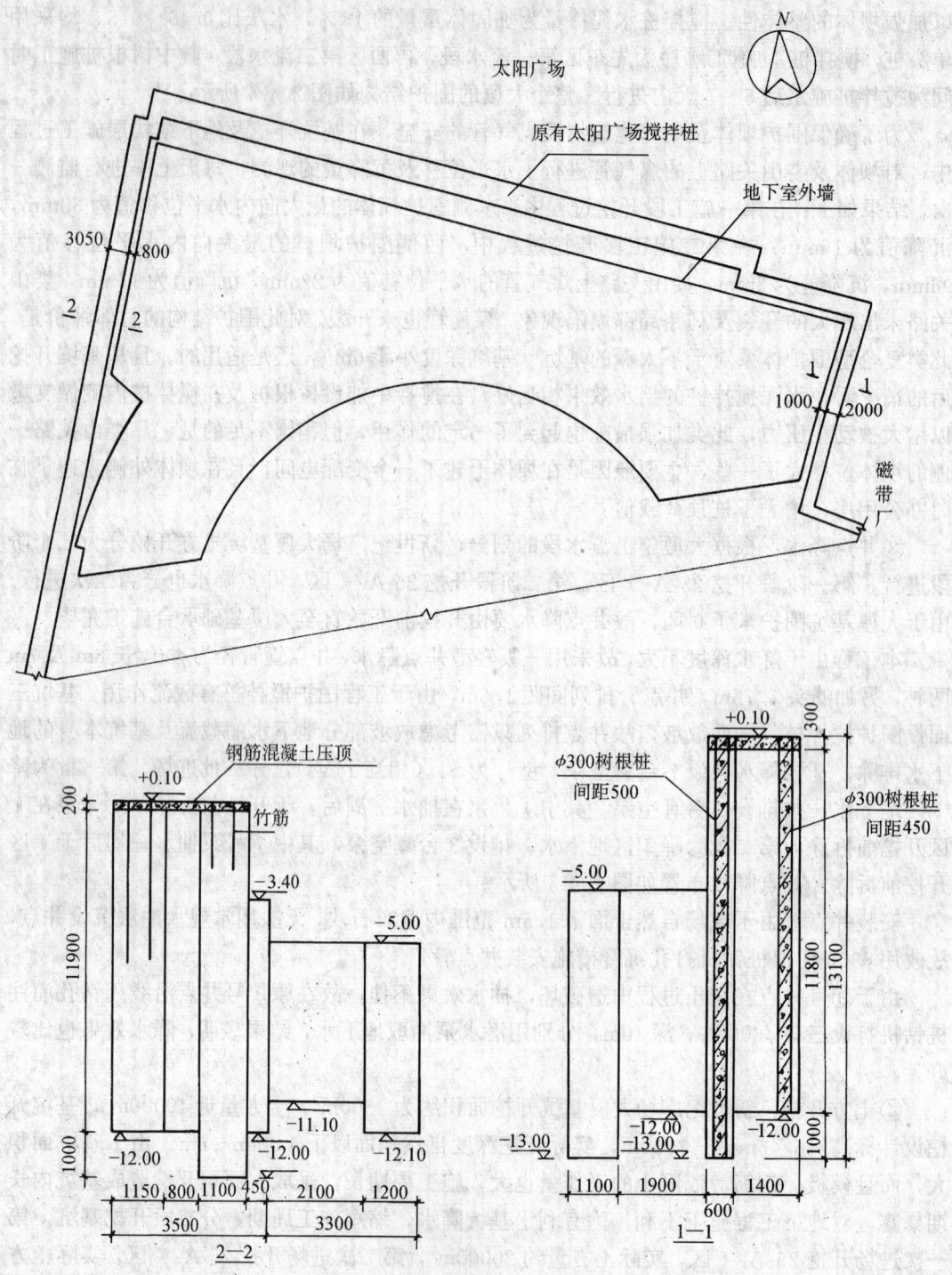

图 2.4-4　围护结构布置图

次挖至设计标高,为保证坑底土质不遭到破坏,在坑底以上20cm土由人工铲平。大厦基坑
南侧采用1:1.5放坡,其坡面修整后,抹30mm厚C20细石混凝土,中间放一层铅丝网作
护面。

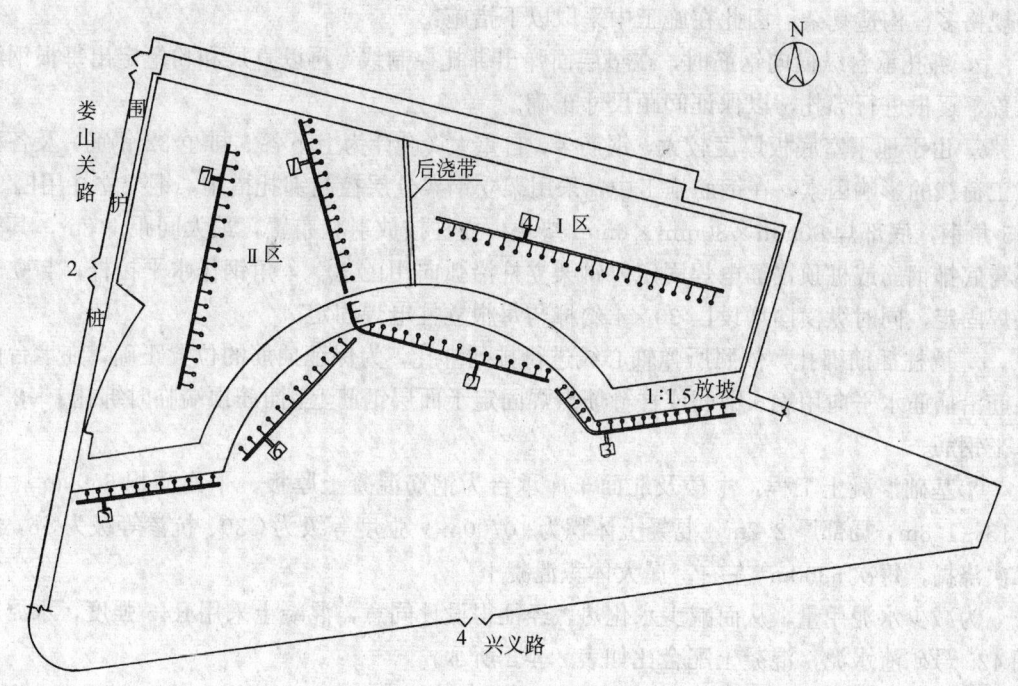

图 2.4-5 井点降水布置图

基坑开挖过程中遇钻孔灌注桩 369 根，树根桩 265 根，分布于整个基坑，基桩顶深入基坑挖土层 2.5～3.5m 不等，每台挖机配备 8 个劳动力锹土平整基坑水平标高，使平出的土随机装运出场。

工程桩的桩顶处理采用空压机凿除的方法，即先以空压机在桩顶锚筋处沿桩周开槽，割去吊筋，折断桩顶超余部分混凝土，用空压机振碎至 400mm×900mm 小块随挖土出场，锚筋范围内混凝土用空压机凿至设计标高。

为了有效排除坑内积水，在坑底开挖 300mm×300mm 盲沟，内填道碴，同时沿坑底周边每隔约 40m 挖取集水井一只，用 $\phi600$ 瓦筒四周打梅花形漏水孔，外填适量石子与盲沟连通，瓦筒内设潜水泵抽水至坑外明沟内。

⑤基础模板工程：大厦建筑平面设计为弧形，外弧长 180m，内弧长 130m，承台基板厚 1.15～1.8m，局部 2.2m，承台侧模主要用桩顶处理中凿下的混凝土块砌筑而成，部分用一砖厚标准砖砌筑而成。这样做有三大优点，其一，是凿桩形成的混凝土块就地消化，减少了混凝土块外运的工作量，并且也减少了模板运进基坑的工作量；其二，以砖代模，对于大体积混凝土浇捣后的保温保湿养护非常有利；其三，可减少拆模工作量，加快施工进度。结构层混凝土墙体因多为弧形，故采用定型组合钢模，纵横围檩均用 $\phi48×3.5mm$ 钢管双根/道，纵横距离控制在 700mm，$\phi16$ 螺栓固定垫片 160mm×160mm×10mm，横围檩根据弧形墙板及弧形梁的弧长、弧度和矢高分别用钢管及木方做成内外弧的定型套板，以保证弧度的正确，所有套板均标明轴线，并用油漆做标记以免用错。

⑥基础钢筋工程：大厦及车库承台钢筋用量，包括墙柱插筋共计 3600t，地下结构层钢筋量 670t，按照设计出图承台钢筋排列有弧形要求，给施工带来一定难度，且地下室的钢

筋规格多，构造复杂，因此在施工中采取以下措施：

　　a. 绑扎承台纵横向钢筋时，在垫层面弹出绑扎控制线，再以直尺和粉笔定出每根钢筋位置，逐根进行绑扎，以保证间距尺寸正确。

　　b. 由于地下室底板厚度较大，钢筋多，自重大（设计为上下各5排φ32钢筋）及各种施工荷载的影响因素，在钢筋施工中，采用架立钢架分层控制绑扎措施，钢架立柱用∟50×5角钢，底部焊80mm×80mm×6mm垫块，立柱按放射状布置，最大间距1.8m，其根部与底排钢筋或桩顶锚筋电焊固定，钢架立柱沿弧向用∟30×4角钢作水平拉杆，与立柱电焊固定，同时纵横向增设∟30×4斜撑与每根立柱电焊固定。

　　c. 墙柱插筋绑扎，依照所弹轴心线进行排列绑扎，为保证插筋的位置正确，在承台面层筋沿插筋水平向用φ16钢筋或柱箍筋点焊固定于面层钢筋上，插筋顶端临时绑扎1～2道水平钢筋。

　　⑦基础混凝土工程：主楼及北面车库承台为钢筋混凝土厚板，平面面积6500m²，厚1.15～1.8m，局部厚2.2m，混凝土体积为10700m³，强度等级为C30、抗渗等级为S6，分二次浇捣，每次5350m³左右，属大体积混凝土。

　　为减少水泥用量，从而减少水化热，经征得设计同意，混凝土采用R45强度，水泥采用425号矿渣水泥，混凝土配合比如表2.4-2所示。

单位：(kg/m³)　　　　　　　　　　　　　　　　　　　　　　　　表 2.4-2

水泥	水	黄砂	石子（5～40mm）	外加剂（WL-1）	粉煤灰
350	197	674	1019	2.1	80

　　为保证基础承台板连续浇捣按期完成，在浇捣前组织有关单位（商品混凝土供应单位）成立现场指挥部，负责供应调度，控制质量。

　　每次混凝土浇捣均配备混凝土汽车泵（型号为A800B）7台，其中2台备用，输送混凝土搅拌车40辆（型号为AM3687），其中5辆作备用。第一次混凝土浇捣由西向东进行，第二次混凝土浇捣由北向南进行，如图2.4-6所示，均采用斜面分层法浇筑，每个出料口浇筑面配备不少于4个φ70软轴振动器，大面积承台混凝土浇筑水平面标高控制可利用墙、柱插筋保持间距焊接短筋作浇筑水平标高控制，本工程二次浇捣承台混凝土，第一次浇捣量为5400m³，用时44h，第二次浇捣量为5300m³，用时47h。

　　为防止大体积混凝土由于体内外温差超越限值而产生收缩裂缝，采用以下措施加以控制：

　　a. 混凝土表面采用"二塑二包"的保温养护措施，即二层塑料薄膜中间夹二层草包，柱墙插筋中间部位以麻袋片覆盖密实，养护工作在表面层最后一道整平工序2h后进行。

　　b. 采用混凝土内不同部位埋设铜热传感器，并用混凝土温度测量记录仪测定大体积混凝土内水化热温度的升降发展变化，进行全过程跟踪监测，其测温方法和结果如下：

　　承台厚1.15m～1.8m～2.2m不等，承台大体积混凝土水化热温度测量采用XQC-300大型长图自动平衡仪打点记录和WZC-010型铜热电阻温度传感器做为基本测温单元，第一次浇捣在承台上、中、下分五层布置67个测温点，另设大气温度测点一个，室内温度测点一个，混凝土表面温度测点二个；第二次浇捣亦布置67个测温点，另加大气温度测点一

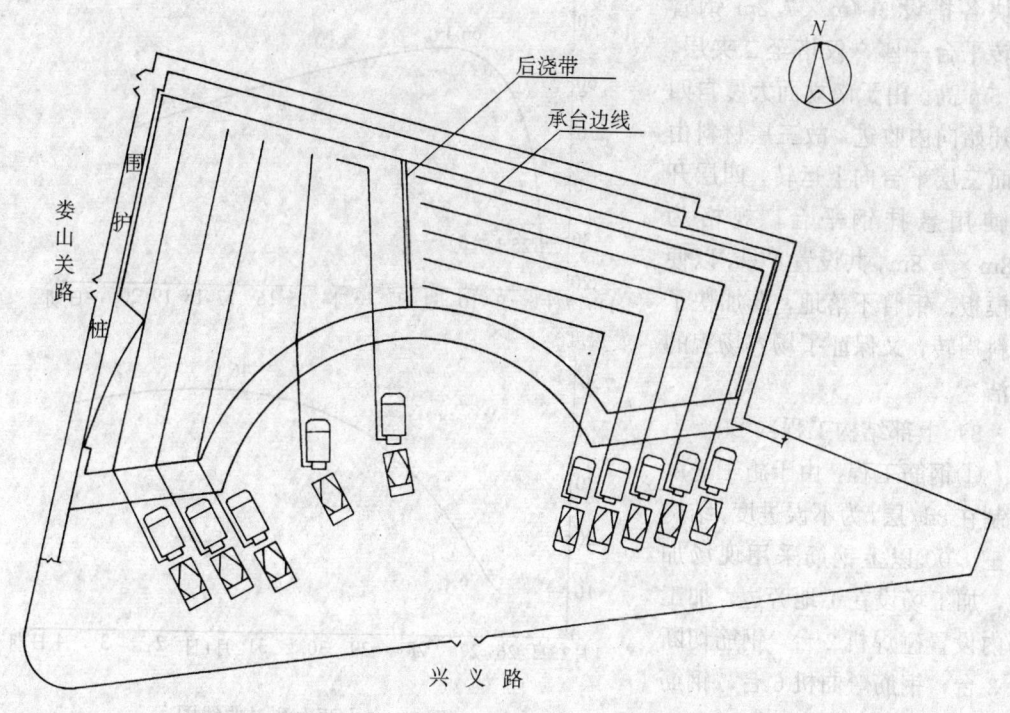

图 2.4-6　混凝土浇捣平面布置图

个，室内温度测点一个，混凝土表面温度测点三个，上下层测温点 离承台表面和底面均为 50mm。

估算混凝土温升值为 37.6℃～42.6℃，实测为 34℃～42.1℃，与理论计算相当接近。此外，混凝土的温降速度比较平缓，混凝土内外温差均控制在 25℃以内，整个桩承台无裂缝现象，两次测温曲线如图 2.4-7 所示。

地下结构层混凝土浇捣，Ⅰ区采用二次浇捣法，即柱墙钢筋绑扎好，模板封好后，在绑扎梁板钢筋前浇捣柱墙混凝土至梁底，然后绑扎梁板钢筋，再次浇捣梁板混凝土，这样做能够保证柱墙混凝土的质量，但缺点是在绑扎梁板钢筋前模板内的清理工作及施工缝处理比较费时费力。Ⅰ区柱墙混凝土浇捣采用二台汽车泵，梁板混凝土浇捣采用二台固定泵配合二台布料机由西向东浇捣。Ⅱ区地下结构层混凝土采用柱墙、梁板一次连续浇捣方法，配备四台汽车泵，由北向南浇捣。

2）脚手工程

本工程外墙脚手搭设，以普通 $\phi 48 \times 3.5$ 钢管扣件常规搭设，高度为 60m，脚手架 30m 以下采用双管立柱，所有脚手管所在首层楼面范围，其楼板均采用加固措施，方法为在首层楼板下搭设排架，立管间距同上部脚手立管，上顶楼板，下口支撑在承台上，用方牙螺栓顶紧，脚手架附墙点设置为横向间距 5.4m，竖向间距 3.6m，附墙点呈梅花状排列。

由于大厦南立面在 57.5m 标高处有一统长斜挑板，挑出长度为 2.6m，外脚手在此也跟着斜挑而出。

为配合所拆卸的模板、支撑等材料中转向上吊运流转使用，在北立面脚手架外侧东西两块各搭设 5.4m×7.2m 钢管中转平台一座,仅搭至二夹层,10.5m 高。由于南立面大厦自四层开始向内收进,故三层材料由南面三层平台向上运转,四层开始使用悬挂钢平台,规格为2.8m×4.8m,共设置 4 只,以便使模板、钢管不落地,既加快了材料周转,又保证了场容场貌的整洁。

3) 上部结构工程:

①钢筋工程:由于施工进度控制在 8d/层,为不误进度,结构层±0.00 以上钢筋采用现场加工,加工场设在工地旁边,加工场内设置碰焊机 2 台,钢筋切断机 3 台,钢筋弯曲机 6 台,钢筋调直机 1 台,拉丝机 1 台,QTG-60 塔吊 1 台,日加工钢筋能力为

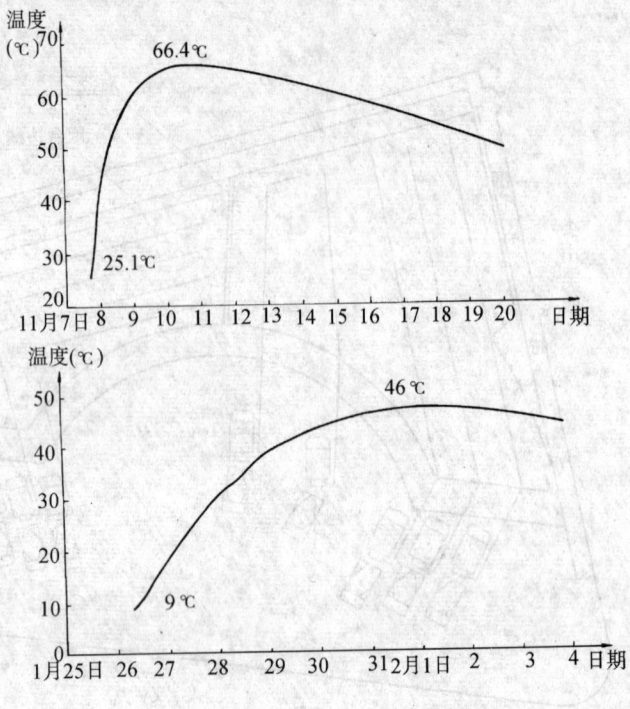

图 2.4-7　两次测温曲线图

60t,能满足现场每层结构钢筋 220t 的供应。为保证钢筋的质量,现场设专人负责对每批进场钢筋进行抽样检验,对现场加工的钢筋碰焊接头按规范规定送检。

本工程结构层柱墙钢筋采用绑扎搭接,每两层设一个接头,在保证竖筋的垂直度的基础上绑扎水平筋与箍筋。钢筋绑扎顺序为先柱墙后梁板,柱墙筋保护层垫块纵横向距控制为 1000mm,靠上端口加密至 700mm,梁板保护层纵横向距控制在 1000mm 以内,在浇捣混凝土前,将柱墙钢筋用水平筋与箍筋固定在楼板钢筋之上,以防止混凝土浇捣时钢筋偏位。

②模板工程:本工程上部结构为框架剪力墙,框架柱断面 1m×1m,剪力墙厚 250～400mm,另加 ϕ600 圆柱 40 根(11.2m 高),ϕ1800 圆柱 4 根(40m 高),矩形柱及剪力墙采用七夹板拼装的中大模,电梯井道模采用组合钢模拼装成整块钢大模,圆柱采用定型加工钢模,以保证圆柱弧度正确。其中 ϕ600 圆柱模高 1.5m,以 4 块 90°圆弧形模用 ϕ14 螺栓连接,上下节连接均以 ϕ14 螺栓固定,ϕ600 圆柱模配量以配制 4 根圆柱到顶后流转使用。

ϕ1800 圆柱钢模高度为 1.42m 及 1.38m 二种,做法同 ϕ600 圆柱模,配量以配制 3 层流转使用,圆柱模做法如图 2.4-8 所示。

梁板模采用七夹板配制,圆弧形梁其弧度采用定型木模控制。梁板模、墙柱模除圆柱模外,均配制三个半楼层流转使用,本工程模板总面积 85000m²,实际用量为钢模 3200m²,七夹板 15000m²。

现捣梁板模排架支撑系统采用常规做法,⑬～⑮轴井字巨梁因其自重太大,最大一根(1m×2.2m)自重达 770kN,经与设计商量,同意所有大梁采用分二次浇捣混凝土方法,即先浇筑 1m 高,待强度达到 70%后再浇筑余下的 1.2m,这样做的优点是可减少梁底排架支

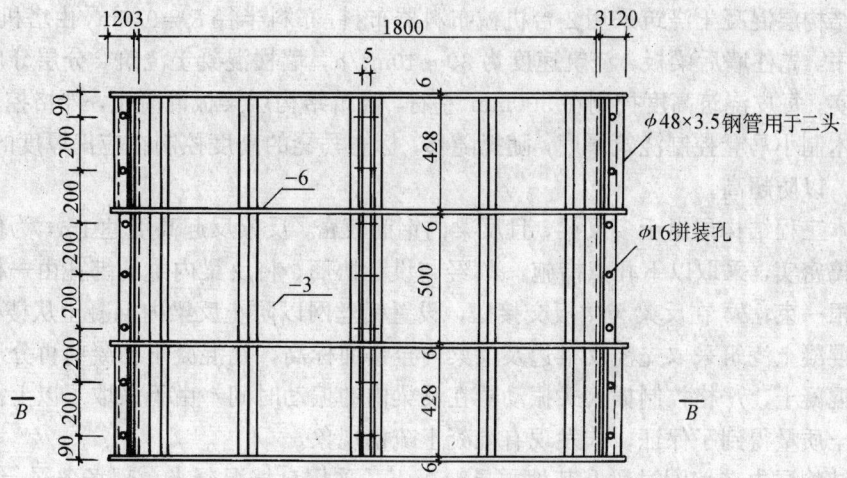

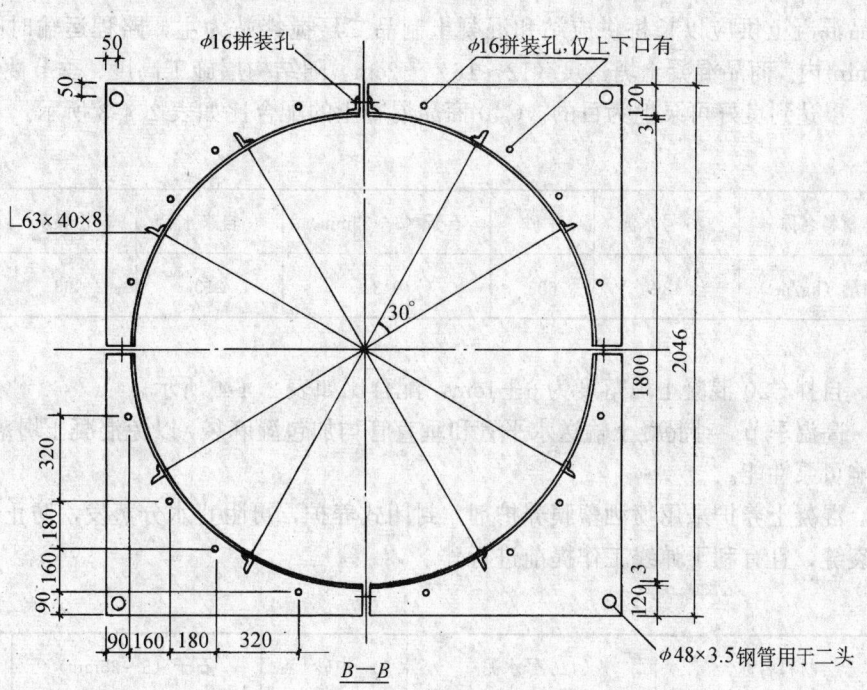

图 2.4-8　圆柱模板制作图

撑密度,利用已浇半根梁的混凝土与排架共同受力。梁底排架落地搭设,搭设高度 38.5m,
支撑立管采用 ϕ48×3.5 钢管,纵横距 400mm,纵横水平拉杆水平向距离 800mm,垂直向
距离 1000mm,交错放置,水平拉杆与楼层内排架相连,排架立柱接口错开 50%。

　　③混凝土工程:结构混凝土量约 20000m³,标准层约 900m³/层,由于分两个流水段施
工,故浇捣量为 450m³/次。混凝土浇捣采用柱墙、梁板一次浇捣方法,由于量大,时间紧,
采用商品混凝土,垂直运输采用 2 台大象牌 BSA2100HD 牵引式混凝土输送泵,混凝土输送
最高点为 65.5m,固定泵输送立管设于 ⑧、ⓒ 轴与 ⑬ 轴、⑮ 轴间,立管通过各 层现捣板留
孔 250mm×900mm,在洞口楼板上埋设埋件,埋件上设连接件与泵管连接,达到固定目的。

结构层混凝土浇筑采用 2 台机械布料器布料，布料半径 $R=9.5\mathrm{m}$，由塔机负责移位。浇筑顺序：先柱墙后梁板，浇筑速度为 $30\sim40\mathrm{m}^3/\mathrm{h}$，墙柱混凝土浇筑，分层分皮布料来回振捣密实，每皮浇筑高度控制在 500mm 左右，浇筑结构层梁板混凝土，严格控制厚度，用钢制或木制小马凳控制浇筑厚度，随捣随移，标志马凳的高度控制在应捣厚度的负偏差 5mm 以内，以防超高。

本工程结构层由于多反梁，且反梁内钢筋较密，反梁反起高度达 1m，为保证反梁混凝土浇捣密实，采取以下几点措施：a. 经与设计协商，将反梁内主筋绑扎由一根间隔一根改为二根一束；b. 在反梁与楼板交接处，设置铅丝网以防止反梁内混凝土从楼板内涌出；c. 反梁混凝土浇筑采取先浇反梁边及反梁内至楼面标高，在混凝土初凝前再分层分皮浇筑反梁内混凝土，严格控制插入式振动器在反梁内的振动时间。由于采取了以上措施，反梁的混凝土质量得到了保证，未发现有混凝土疏松现象。

结构层内砖墙圈过梁及其他零星混凝土，采用自拌混凝土，现场备一台 $0.25\mathrm{m}^3$ 搅拌机，混凝土配合比由试验人员会同有关人员取材做试验，取得最佳配合比，经认可后使用。商品混凝土供应以长桥供应站和混凝土制品二厂搅拌站为主，路程运输时间基本控制在 60min 内。商品混凝土坍落度（$12\sim16$）$\pm2\mathrm{cm}$，随结构层施工高度、季节性气候变化而调整，以达到良好可泵性为目的。C40 商品混凝土的配合比如表 2.4-3 所示。

表 2.4-3

材料名称	525 号水泥	中砂	石子（5～25mm）	自来水	粉煤灰	WL-1
用量（kg/m³）	437	683	943	213	63	2.19

自拌 C20 混凝土坍落度为 $6\pm1\mathrm{cm}$，配合比如表 2.4-4 所示。

高温季节，对混凝土输送水平管和垂直管均加包湿麻袋，以免混凝土坍落度损失过大，影响可泵性能。

混凝土养护采用喷洒塑膜养护剂，封闭式养护，可阻止水分蒸发，防止热天混凝土表面裂缝，且有利于弹线工作提前进行。

表 2.4-4

材料名称	425 号水泥	中砂	石子（5～25mm）	自来水
用量（kg/m³）	300	621	1268	180

4）施工机械：88HC 塔吊共设三道附墙，分别位于 5 层（18.25m）、11 层（35.05m）、16 层（49.05m），塔吊在做完基础承台后即安装。

由于大楼施工面积大（2200m²/层），砖墙量多（420m³/层），参战单位多，二班制作业，使用频繁，维修等因素，选择三台引进 ALIMAK 电梯，电梯安装位置要保证不影响塔吊拆卸，电梯与楼层每三层设一道附墙。由于 ALIMAK SCANDO Ⅱ 10/30 型电梯主支承架中心与建筑物距离为 2.35～4.308m，本工程电梯定位尺寸为距结构 3.5m，但由于 20 层结构楼板内缩 2m，故附墙杆长度不够，现场采取以下措施：用二根槽钢卧放焊接于结构平面预埋件上，此两根槽钢伸出立面1.5m，电梯附墙杆与匚20连接，两根槽钢间用φ48×3.5钢管连接，如图2.4-9所示，由于三台电梯均安装于地下室顶板之上，故地下室顶板采取加固处理，如图2.4-10所示。

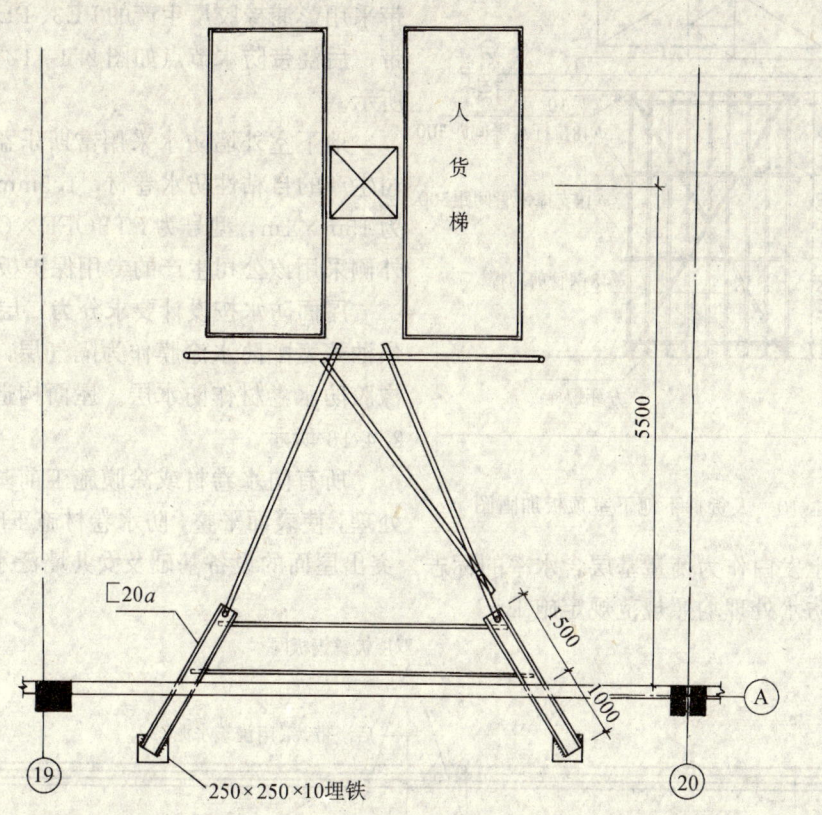

图2.4-9 人货梯附墙方案图

主楼结构施工选用的主要机械设备见表2.4-5。

主楼结构施工选用的主要机械设备表　　　　　　　　表 2.4-5

名　　称	数量	型　　号	用　　途
外附式塔机	2	德国 LIEBHERR 88HC　臂长45m	模板、钢筋、脚手管等吊运
施工电梯	3	瑞典 ALIMAK SCANDO Ⅱ　10/30 型	人、小件运输
混凝土泵	2	德国 PUTZMEISTER BSA 2100HD	混凝土垂直运输
布料杆	2	国产	混凝土布料
简易井架	3	选用 JJK-1 卷扬机	砖、砂浆垂直运输
搅拌机	1	华东建筑机械厂 JG250 型	混凝土搅拌
喷浆机	1	德国 PUTZMEISTER P13 型	灰浆的垂直运输
灰浆机	4	崇明新民机械厂 UJZ200-1 型	灰浆搅拌

5）建筑防水：本工程建筑防水分三部分，即后浇带防水、地下室外墙防水、地下室顶板及屋面防水。

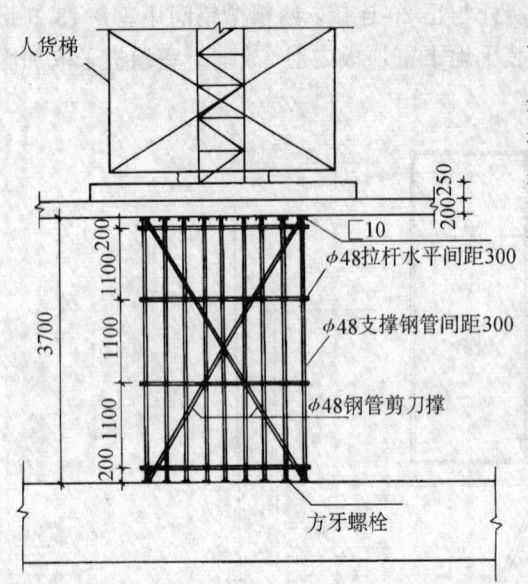

图 2.4-10 人货梯下地下室顶板加固图

本工程共设三条后浇带,沿基础底板、地下室外墙、地下室顶板兜通,每条后浇带设二条止水带,贯通于底板及地下室外墙板,止水带采用彭浦橡胶厂生产的 PE3、PE20 型止水带,后浇带防水节点如图 2.4-11、图 2.4-12 所示。

地下室外墙防水采用富斯乐益士本泰公司生产的自粘性防水卷材,1.5mm 厚,规格为 15m×1m,型号为 PTFOFE×GPE,卷材外侧采用该公司生产的专用保护板保护。

屋面防水按设计要求分为二层,国产 851 焦油聚氨酯防水涂膜作为隔气层,三元乙丙橡胶防水卷材作防水层。屋面构造节点如图 2.4-13 所示。

所有防水卷材或涂膜施工前基层作适当处理,使表面平整,防水卷材施工时,一般以基层混凝土发白作为衡量基层含水率的标志。突出屋面的设备基础及女儿墙泛水、本层水头子等处防水处理均照规范规定施工。

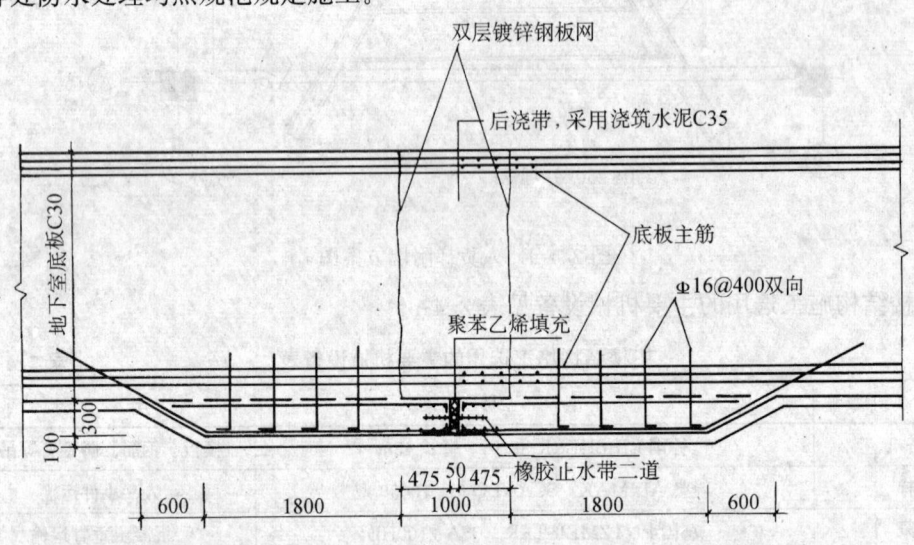

图 2.4-11 底板后浇带防水节点图

6) 内外装饰工程:

①平面分隔:本工程平面位置分隔采用 MU10 多孔砖,分户墙和外墙为 240mm 宽,内隔墙为 120mm 宽,所有管弄墙采用同济 GRC 轻质建材厂生产的玻璃纤维增强水泥多孔轻质墙板(简称 GRC 板)KB60 系列,板厚 60mm,宽 575mm,长 2.38m,板重 50.6kg,板两边设雌雄槽,板与板之间靠雌雄槽及玻璃纤维网格布加专用胶泥连接,板与结构间用槽钢、圆钉及胶泥连接,如图 2.4-14 所示。

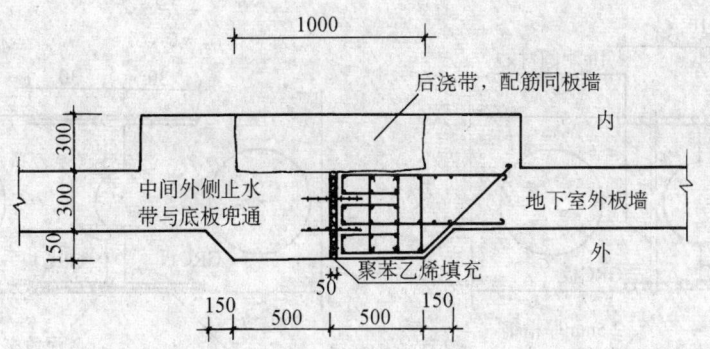

图 2.4-12　地下室外墙板后浇带防水节点图

用 GRC 板代替砖墙，具有施工速度快，工效高，施工现场比较整洁的优点，再加上此种板可根据需要锯短，应用比较方便。

本工程所有公寓厨房均采用 ZPS-A-3 型烟道，此种烟道为玻璃纤维网格布加 MZS 高强度水泥砂浆配制成的薄壁结构，表面可用水泥砂浆刮糙后贴面砖。

②内墙粉刷：采用 1：1：6 混合砂浆打底，纸筋灰罩面，外刷高级涂料，若基层为混凝土墙板或平顶时，则先将基层湿润，然后用曹杨粘合剂厂生产的 JCTA-400 混凝土界面剂涂刷一层，约 1mm 厚，待界面剂稍收浆后

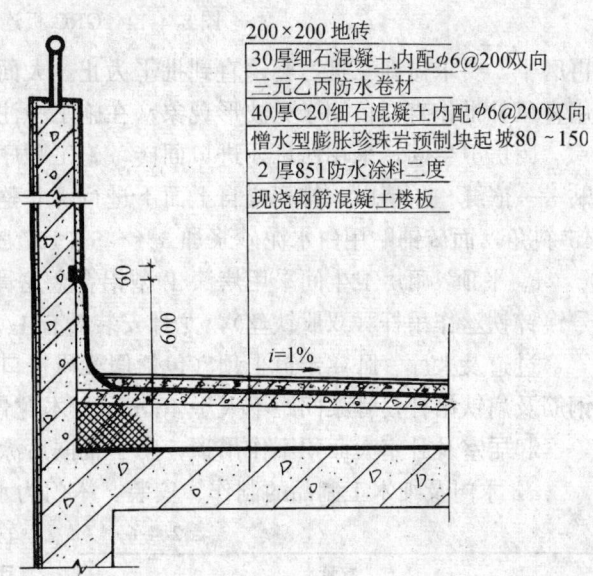

200×200 地砖
30厚细石混凝土,内配φ6@200双向
三元乙丙防水卷材
40厚C20细石混凝土内配φ6@200双向
憎水型膨胀珍珠岩预制块起坡80~150
2 厚851防水涂料二度
现浇钢筋混凝土楼板

图 2.4-13　屋面构造节点图

即可抹灰，这样处理可避免抹灰层空鼓脱落，从而代替人工凿毛处理工艺，省工省时，经对比测定（在完全相同的条件下），经过 JCTA-400 界面剂处理后的基层与水泥砂浆的粘结强度可提高 49％～62％。

③公寓内装饰工程：新世纪广场大厦共有标准房 274 套，每层 14 套，住房面积计约 4 万平方米，每套住房装饰施工方法如下：

a. 楼地面：卧室及起居室采用搁栅木地板，采用柞木长条企口地板，施工工序如下：弹出水平线及木搁栅中心线——冲击钻打孔，安装木榫——钉木搁栅（木搁栅上面刨光，三面涂水沥青防腐）——用细石混凝土将木搁栅垫实——验收木搁栅——铺木地板——钉木踢脚线及压条——木地板磨光——油漆。

厨房卫生间地面，采用同质地砖镶贴，铺贴时注意泛水坡度，铺贴前砖必须浸水，基层需湿润，砖缝用白水泥嵌缝，擦缝。

b. 墙面：卧室及起居室采用日本美时丽涂料，在内粉完成的基础上先用腻子批嵌，遇墙面不平凹凸 5mm 以上，用水泥砂浆补修，待干后作腻子满批，干后磨平，再补平批嵌，

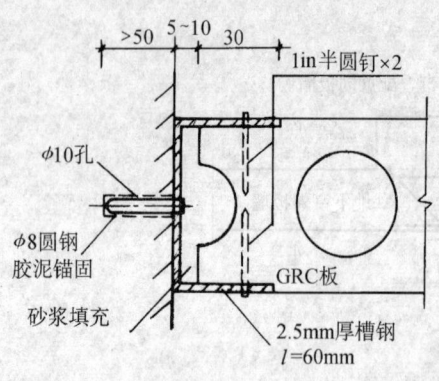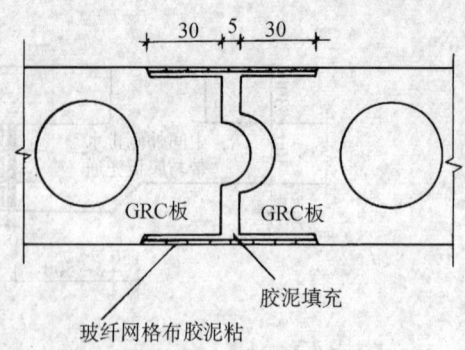

图 2.4-14 GRC 板连接节点图

再磨平，要求做到三批三磨，直到批平为止。大面积墙面及平顶采用磨光机施工，阴阳角用直尺补批作直，目测未见波形现象，在施工中注意基底强度，合格后方可涂刷乳胶漆。

厨房卫生间，采用西班牙进口面砖，施工顺序为弹水平线——抹底灰——预排——镶贴——嵌缝——清面，排列应自上而下进行，非整砖在最下边，阳角处的两块交角砖砌成45°斜角，面砖铺贴用白水泥砂浆加3％～5％107胶，贴后用白水泥嵌缝后擦缝。

c. 平顶：厨房卫生间采用烤漆 T 型铝合金龙骨，防水石膏板作罩面板，龙骨安装用12号镀锌铁丝作吊杆（双股铁丝），龙骨安装后有 1/300 的拱度。

过道及大厅、卧室走道平顶（包括假梁风机口）用木龙骨、石膏板罩面，吊杆采用$\phi 6$钢筋及扁铁吊杆，骨架间距不大于400mm，木龙骨涂刷防火涂料，吊杆作防锈漆处理。

起居室及卧室大面积不作吊顶，腻子批嵌后涂刷日本美时丽涂料。

d. 木门及细木工制品的制作、安装：木门为水曲柳夹板门，要求木材含水率不大于12％，待粉刷完成后安装木门，安装门框用专用铁件在木框背面与墙侧面固定，与墙接触面用沥青涂刷作防腐处理，门框固定后用水泥砂浆嵌樘子，门扇安装采用三只铰链，铰链位置为上 180mm，下 200mm，中间一只居中。所有门窗均用水曲柳细木工板做门窗套，窗帘箱及壁橱也用水曲柳细木工板制作。

e. 油漆：木制品油漆除地坪外均采用肉色清水，木地坪采用清水亚光水晶漆，其操作顺序为：清理木材表面灰土——磨光——润粉——批嵌腻子——刷底漆——刷漆——涂刷亚光漆。

室内装饰所用主要施工机械如表2.4-6所示。

④本工程外墙面装饰主要为外墙面

表 2.4-6

名 称	数量（台）	用 途
冲击钻	20	地搁栅、细木制品安装
电箱	20	电气工具接电
手电刨	16	木制品加工
手枪钻	32	木制品、吊顶安装
平刨机	4	木制品加工
石材切割机	10	地面砖切割
木地板磨光机	8	木地板磨光
木工圆锯	12	木制品加工
电焊机	2	脸盆角铁架制作
型材切割机	1	角钢等切割
氧气切割设备	1	铁件切割
固定式石材切割机	2	大理石、花岗石切割

砖，面积达 33000m²，由于选用的外墙面砖为仿石毛面砖，且规格较大（208mm×100mm×9mm），并且要求所有面砖除楼层分隔带外采用横贴法，离缝排列缝宽 8mm，给施工造成了很大的困难，首先是面砖规格较大，又是用在高层建筑上，因此要求粘贴一定要牢固，其次是面砖采用横贴法，且尺寸大，给面砖排列带来麻烦，再次是本产品为毛面砖，清洁工作较困难。

要从根本上解决粘贴牢度问题，就必须从墙体基层处理开始，同内粉刷一样，当墙体为混凝土板墙时，采用 JCTA-400 界面处理剂处理基层，然后再用 1：3 水泥砂浆刮糙，刮糙厚度根据所测外墙粉刷灰饼所定，但每次刮糙严格控制其分层厚度，不得大于 10mm。在粘贴面砖前，基层必须清除浮灰、油污，然后浇水湿润，待表面干燥后，即可开始粘贴面砖。面砖粘贴也采用曹杨粘合剂厂生产的 JCTA-300 陶瓷面砖粘合剂，面砖粘结层厚度控制为 2～3mm，在使用时用水将粘合剂调成糊状，水灰比 1：4，粘砖后在 5～20min 内面砖可以移动，但不会脱落，这对于面砖的调整非常有利。经测试表明，在相同条件下，用界面剂处理基层，用粘合剂粘贴面砖，比单用水泥砂浆粘贴面砖，其粘结强度可提高 1.77 倍，且施工方便，不会起壳，从根本上解决了粘结牢度问题，保障了安全，施工完毕后经验收表明，面砖无起壳现象。

对于面砖排列问题，则在砌外立面砖墙时就予以考虑，经征得设计同意，在砌外墙时，根据面砖排列尺寸适当调整砖墙位置及门窗洞口尺寸，尽量将非整块面砖排列于阴角及不显眼之处，待外墙面砖刮糙测灰饼时再结合建筑物垂直度偏差及面砖排列尺寸控制灰饼厚度，刮糙完成后，在基层面上将所有面砖排列线弹在基层上，其中水平控制线用水准仪引测，垂直控制线用经纬仪引测，这样就很好地保证了面砖位置的正确及面砖缝隙的横平竖直。

面砖间缝隙采用曹杨粘合剂厂生产的 JCTA-360 嵌缝粘合剂填嵌，用此嵌缝剂，可保证所嵌缝隙无裂缝产生，并且有良好的防渗水性能，还能防止水泥砂浆中游离钙的析出，破坏整个装饰面的美观。

由于本工程所用的为毛面砖，故面砖表面的清洁工作就显得特别重要。在施工中，对工人特别交待要注意防止面砖的污染，一旦有砂浆沾上马上清掉，并且派专人在面砖粘贴后进行墙面清理，在拆脚手前再逐一查看，从而依靠管理保证了外墙饰面的美观。

⑤大理石铺贴：本工程南立面 3～6 层构架及 4 根 φ1800 圆柱、40 根 φ600 圆柱，其外饰面均采用意大利进口克拉拉白大理石。φ1800 圆柱做有大理石柱脚及柱帽，φ1800 圆柱由 6 块圆弧形大理石相拼而成，拼缝 4mm，每块大理石高 1.3m，厚 30mm，重 110kg，大理石圆柱外径 2000mm，柱脚外径 2900mm，由 3 层 18 块大理石相拼而成，柱帽外径 2800mm，由 3 层 18 块大理石相拼而成。φ600 圆柱大理石装饰面外径 800mm，共分 10 节，每节由 4 块 1.13m 高、30mm 厚圆弧形大理石相拼而成，拼缝 4mm，每块大理石重 58kg。构架大理石为平板大理石，厚 26mm，平面尺寸最大为 930mm×696mm。

根据以往的施工经验，外墙大理石湿贴容易引起花斑，影响外墙美观，故同设计商量后将所有大理石均采用干挂，采用不锈钢挂件，除 φ1800 圆柱每块大理石用 3 个挂件外，其他均采用 2 个挂件，大理石干挂节点如图 2.4-15 所示。φ1800 圆柱柱帽构造节点如图 2.4-16 所示。

因不锈钢挂件用膨胀螺栓固定在混凝土结构面上，故打螺栓孔前先用钢筋探测仪探明

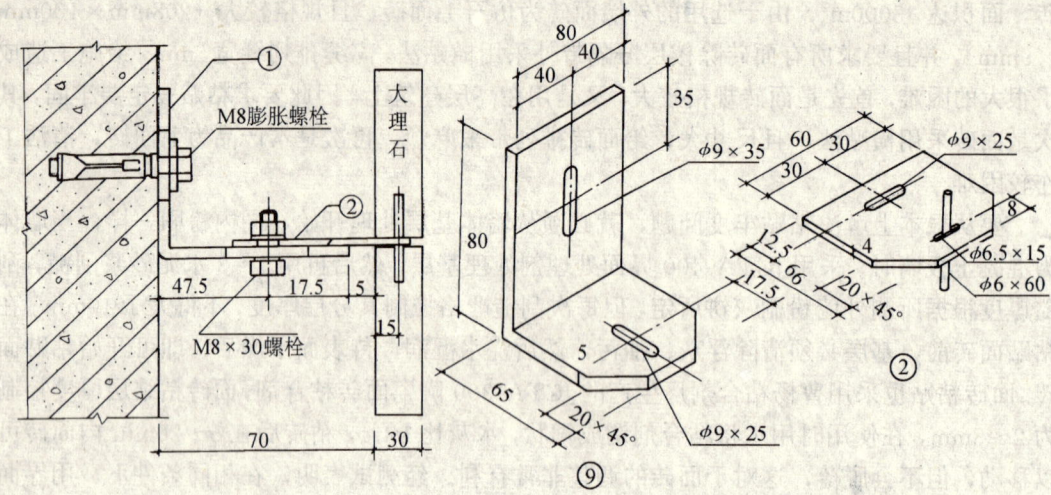

图 2.4-15 大理石干挂节点图

钢筋位置，再避开钢筋钻孔。在铺贴构架大理石时，碰到一个问题，就是构架外立面有许多砖墙，又是多孔砖砌筑而成，而不锈钢挂件直接用膨胀螺栓固定在多孔砖上，强度显然不够，因此就必须予以加强，为此采用角钢连接成一个平面网架，用膨胀螺栓固定在混凝土立柱及梁上，不锈钢挂件固定在钢网架上的办法予以处理，所有铁件均需经过防锈处理。

⑥幕墙与门窗工程：本工程所有外门窗均采用铝合金门窗，分为推拉门、推拉窗、平开窗、门连窗四种，其中推拉门采用 90 系列。推拉窗及门连窗采用 70 系列，平开窗采用 50 系列。门窗与墙体连接固定采用 3mm 厚镀锌连接钢板，一端用螺钉固定在门窗框上，一端用射钉固定在墙体内，固定点间距 500mm，若固定在多孔砖墙上，则固定点用混凝土砌块代替多孔砖。门窗玻璃均采用浮法平板玻璃，有白玻璃及茶色玻璃两种，茶色玻璃 5mm 厚，白玻璃 6mm 厚，均用双面橡胶条固定。门窗加工尺寸为洞口尺寸每边收 25mm，门窗框暂时固定后用 1：2 水泥砂浆填塞门窗框与墙体间的缝隙，由于所有铝型材经过特殊处理，故不会对门窗框造成损害。

本工程外墙面做有局部隐框玻璃幕墙，采用 140 系列铝合金龙骨，6mm 厚银灰色涂膜玻璃。因做结构时幕墙埋铁图纸迟迟未出，故结构施工中未做埋铁，在安装幕墙时，用 8mm 厚镀锌钢板代替埋铁，用 4 只 M10 膨胀螺栓固定，每根龙骨每层有一固定点。膨胀螺栓采用瑞士产喜利德牌化学药水固定膨胀螺栓。经测试其抗拉强度为 30.525kN，为国产同直径钢膨胀螺栓的 4.4 倍，足能承受幕墙设计荷载。幕墙在每个楼层隔断处，均用防火棉填塞密实，上下用铝板封头。幕墙用结构胶为通用 GE4400 型，密封胶为通用 GE2000 型。

铝合金门窗与幕墙根据设计要求，每隔三层要与避雷带接通，结构施工中，每隔三层将外周梁主筋与柱内避雷主筋电焊接通，梁下为铝门窗及幕墙处用 $\phi 8$ 钢筋一端焊在接避雷的梁主筋上，一端伸出梁底，待安装铝门窗时与固定门窗框的连接钢板电焊搭接，安装幕墙时则与幕墙埋铁电焊连接。

⑦钢网架工程：本工程在大厦北部紧靠大厦的平顶面有一 26m 直径馒头形网架结构，玻璃天棚游泳池，半球形网架矢高 9.5m，为单层钢网架，采用 $\phi 60 \times 3.5$ 及 $\phi 48 \times 3.5$ Q235 高频焊管作为连接杆件，节点采用 $\phi 100$ 及 $\phi 120$ 不锈钢实心球，杆件与节点球间连接采用高

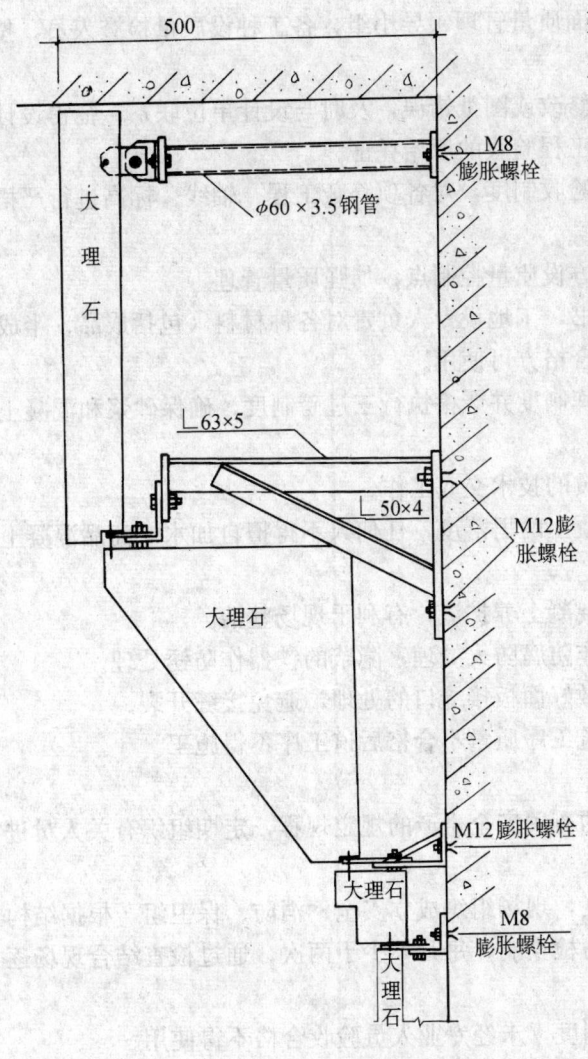

图 2.4-16 圆柱柱帽构造节点图

强螺栓。网架的安装采用高空散装法，首先根据圆心对网架的支承点放样线，定出每支承点的经线和纬线，然后根据图纸再进行尺寸的复核，把纬线上各支承点之间的尺寸控制在公差<±1mm，测量完毕后开始安装网架的支承杆，把杆件和支承球连接起来，螺丝不完全拧紧，使杆件不受力的作用，再进行支承点和预埋铁的焊接，跳弧对称贴角焊，焊缝高度保证 6mm，以确保以后安装的强度需要，而后用高空散装法在满堂脚手上自下而上逐层对网架开始安装，满堂脚手搭设要求自下而上逐层收缩，保证脚手外边线离网架各弦杆距离 300mm，每安装一层要对球节点进行三维空间测量，以保证各节点的所有尺寸无误。在网架安装完毕前必须要使杆件不受力作用，安装完毕后作所有尺寸的测量复核，确认无误之后再将网架所有杆件拧紧。

游泳池天棚采用 22mm 厚中空夹胶安全玻璃，用 995 结构胶固定于铝合金龙骨上，龙骨则用平头螺钉固定于节点球上，玻璃之间及玻璃与结构外墙连接处则用 793 密封胶密封，结果经水密性检验无渗水现象。

7) 空调系统：新世纪广场大厦一层、一夹层、二层为办公及公共场所，采用中央空调系统，三层以上为公寓，采用小型热泵，每户一台，热泵制冷量根据每户居室面积的不同，从 15 千卡至 30 千卡不等，每台热泵均拖风机盘管数只，风机盘管同热泵之间通过冷热水管连接，一路供水，一路回水，冷热水管沿居室天花板四周布置，室内装璜用假梁予以封闭，循环水的补给则通过每单元设一水箱与回水管道相通自动补给，空调凝结水管则通向厕所内的排水管。

采用小型热泵代替分体式空调，具有以下几个优点：第一，既满足了每间房间均有空调的使用要求，又避免了分体式空调使用太多造成的室外机太多，影响外立面美观；第二，解决了凝结水问题，凝结水通入厕所排水管，避免了分体式空调凝结水排入阳台；第三，使用小型热泵，噪声小，风力比较柔和；第四，使用小型热泵，室内出风用风机盘管，风机盘管安装在局部吊顶内，使室内比较美观。

（4）保证工程质量与安全的主要措施

1) 保证工程质量措施

①推行全面质量管理，工地成立全面质量管理领导小组，各工种设质量检查人员，按施工程序进行质量管理。

②严格按图施工，施工中遇到图纸修改或图纸错误，及时与设计单位联系，征得设计同意后办妥修改手续，作为施工依据和工程验收的原始凭证。

③设立分包、总包、业主代表三级验收制度，对各项隐蔽工程、轴线、标高进行严格控制。

④对各种质量不易控制好的细节地方设质量控制点，加强质量管理。

⑤所有材料进场必须具有材料质保书，工地设专人负责对各种材料（包括成品、半成品及原材）按规范要求进行检验，复检合格方可使用。

⑥现场制作的砂浆、混凝土实行挂牌制度并严格执行三过磅制度，确保砂浆和混凝土的强度符合设计要求。

⑦各分项工程施工前，做好施工人员的技术交底工作。

⑧浇捣商品混凝土时，严格控制混凝土的坍落度，任何人不得擅自加水，商品混凝土严格控制从出场到现场的时间。

⑨混凝土的养护，结构层楼面使用混凝土养护液，有利于现场整洁。

⑩装饰施工中，所有隐蔽的木器均作防腐防火处理，隐蔽的铁器作防锈处理。

⑪安装石膏板吊顶及夹板吊顶时，做好面板接缝口的处理，避免接缝开裂。

⑫严格做好前后道工序的交接，前道工序质量不合格后道工序不得施工。

2）保证安全措施

①坚决贯彻部、集团总公司、公司的有关安全生产的规定规程，定期组织有关人员进行安全检查。

②实行每周四上岗安全生产交底制度，现场组织成立安全、消防、保卫组，根据结构安装工程进展阶段情况，组织安全、消防检查制，每月不少于两次，通过检查结合现场逐步改进完善各项设施及措施。

③现场各种机电设备实施挂牌验收制度，未经专业人员验收合格不得使用。

④结构楼层所有洞口均加以封闭，现捣扶梯拆模后用 $\phi48$ 钢管扣件搭设临时扶手，同时安装好临时照明灯。

⑤浇混凝土时，对所用电线严格检查有否破损，以防漏电接触钢筋伤人。

2.4.3　施工进度及劳动力安排

主楼施工分为两个流水段，标准层每段面积为 $1100m^2$，两段对翻施工，原计划按每层10天安排，实际施工中，达到每层8天的速度，使整个结构提前32天完成，实际标准层每个施工段施工进度如图 2.4-17 所示。

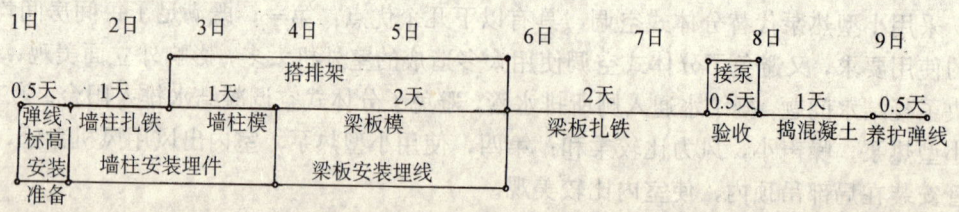

图 2.4-17　标准层一个施工段施工进度示意图

标准层每流水段工作量如下：柱墙钢筋 35t，梁板钢筋 71t，柱墙模板 705m²，梁板模板 1166m²，安装埋管 2156m；劳动力安排为：木工 90 人，钢筋工 70 人，电工 20 人，分两班制作业，混凝土浇捣由钢筋工负责。

2.4.4 几点体会

（1）对于不太深的基础（挖深小于 6m），采用深层搅拌桩作为支护挡土措施，既挡土又挡水，造价低廉，还可减少井点降水费用，搅拌桩上混凝土压顶既可加强坝体的整体性，亦可作为工地内的施工便道，节约了费用。

（2）做围护设计方案时充分利用太阳广场一侧已做有搅拌桩的有利条件，使我方搅拌桩与之连接，减少了 130m 的围护工作量，缩短了工期，并且就此一项即节约投资 100 万元。

（3）利用钻孔灌注桩桩顶处理凿桩所产生的混凝土块砌筑作为承台侧模，既使大体积混凝土侧面保温施工方便，保温效果好，又减少了混凝土浇筑后的拆模工作量，缩短了工期，还减少了凿桩后混凝土的外运工作量及费用，不失为今后钻孔灌注桩基础施工的好方法。

（4）基础大体积混凝土浇捣，用 45 天强度代替 28 天强度，并配以良好的配合比，减少了水泥用量，降低了水化热，对控制混凝土内外温差，避免温度裂缝极为有利。

（5）本工程测量定位采用极坐标法，操作简便，定位速度快，对于圆弧形建筑是比较适用的。

（6）结构层施工安排采用两个施工段流水施工，避免了等工现象，加快了施工进度，对于平面施工面积大的建筑比较合适。

（7）结构施工中，2.2m 及 3.2m 高井字巨梁分两次浇捣，对于支撑体系的稳定比较有利。

（8）墙面粉刷时，用混凝土界面处理剂代替混凝土墙面的凿毛，省时省力，又提高粉刷层同墙身的粘结强度，值得推广。

（9）大理石铺贴采用干挂法，虽然比湿贴法费用有所增加，但其施工速度大大快于湿贴法，且工人操作简便，工序少，劳动强度低，铺贴效果好，对于外墙面更加适用。

（10）公寓层空调用小型热泵代替分体式空调制冷效果好，又不影响建筑物的外立面，并且室内装潢处理简便，美观，对于今后其它公寓楼的空调设计是值得借鉴的。

（朱毅敏）

2.5 上海凯福商厦施工

2.5.1 工程概况

凯福商厦由上海市虹口区财贸办筹建，上海市华东建筑设计院设计，上海市第二建筑工程公司第五工经部施工，上海振华工程咨询公司监理。

本工程基地位于四川北路、海宁路口，主楼①轴线距海宁路规划红线 4m，该建筑物四面邻街计有东邻西街，南邻昆山路，西、北两面为四川北路及海宁路。

本工程由裙房、主楼组成建筑单体（图 2.5-1）。

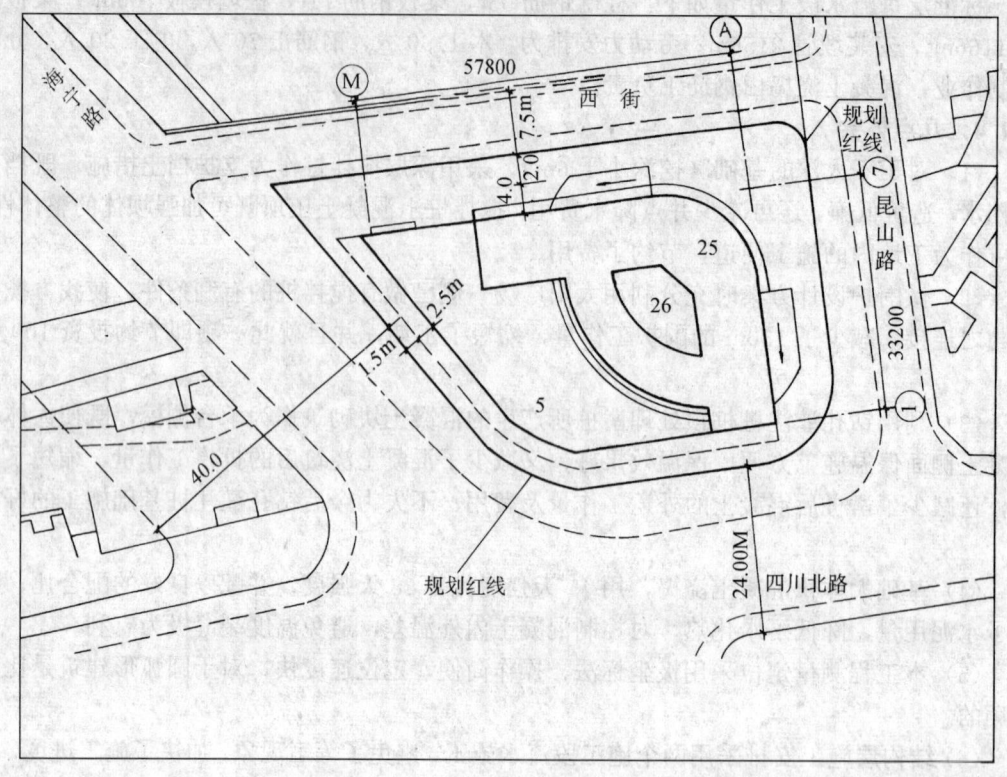

图 2.5-1 总平面图

(1) 建筑设计特点：

1) 平面布局：本建筑物所处的位置，建筑密度比较大，四川北路为虹口区主要商业街，人口流量大。考虑到地形条件，充分利用基地面积以及与周围建筑相协调，设计采用的平面布局主基调为带弧段的不等边距形。

裙房在沿四川北路海宁路段从二层开始悬挑 3m。

本建筑物设 4 台客梯，1 台消防梯兼货梯，货梯 2 台。

2) 建筑造型：本建筑物形体高低错落，主裙房界线分明。整个建筑物设计以弧形为主，辅以直线。结合功能使用要求，西北面高层 3 层为阶梯型，（从裙房屋面开始）3 层以上设置半径 23m 的弧段筒体直向屋面。裙房西北角、建筑物东南角均为圆弧段。建筑物最高层塔楼为矩形，装饰体为锥形。

3) 立面处理：建筑物裙房底层沿主要街面（四川北路、海宁路）为玻璃橱窗，2 层以上为银灰色金属幕墙，从 6 层以上的主楼。为通长隐形玻璃幕墙，配以部分银灰色玻璃幕墙。

4) 技术指标：

①层数：地面以上 27 层（不包括塔楼），其中裙房 5 层，主楼 22 层。地下 2 层，塔楼 1 层，装饰体占 1 层。

②高度：相对标高±0.00 相当于绝对标高 4.35m，室内外高差为 1m。塔楼屋面装饰体制高点为 111.2m，地下室地坪为 −8.9m。

③占地面积：57.8m（长）×33.2m（宽）＝1920m²。

（2）结构设计特点

按 7 度抗震烈度设防，二级抗震计算，基础为桩基加箱基。桩径为 $\phi900$、$\phi750$，混凝土强度等级 C30，箱基底板作为桩基承台，主楼底板厚为 2.2m，裙房为 1.5m，混凝土强度等级 C35。结构柱网 7.6m×4.8m，柱截面 980mm×980mm、980mm×680mm，局部在高层电梯及南北楼梯处增加剪力墙以加强建筑物刚度，混凝土强度等级以 52.85m 为界，以下为 C40，以上为 C30。钢筋配置均按抗震要求，剪力墙中每隔一定距离设有暗柱，空洞处增设加强柱，并在主、裙房之间增设一道后浇带。

（3）地质概况

根据工程地质报告所提供的资料，本工程场区地基的地质构造属于结构较为复杂但为常见的软土地基，对建造高层建筑是个十分不利的因素。桩基设计的持力层选定为：主楼桩⑧-2 层，裙房桩⑤-3 层。

（4）工程环境及总体准备情况

1）经甲方提供的地下资料表明，西侧四川路南北走向有 10 条地下管线，其中距建筑物最近 3m 处为 1 根电缆线（埋深标高为 0.90m）。北侧海宁路东西走向有三条地下管线，其中距建筑物最近 4m 处为一根 $\phi300$ 铸铁上水管（埋深标高为 0.90m）。

2）距建筑物 6～8m 处四侧各有一组至二组高、低压架空线，其中东、西两侧为 1 万 V 高压线。

3）该工程场地原为凯福饭店原址以及部分民宅，地下有障碍物，邻近 2～3 层民宅等。（系 30 年代建筑物），业主已提供有关位置、基础、结构等资料。

4）电源从东面变压器直接进入工地，总量为 500kW。水源从海宁路接入工地为 $\phi76mm$。上部用水通过在底层设临 时水箱。海宁路及昆山路为进入工地的主干道（只能是夜间行驶），通往工地的大门设在南、北昆山路及海宁路上。

5）施工场地内在靠近四川北路侧搭设上下二层共计 34 间混合结构的临时用房。除底楼作为业主出租商店外，其余均为工地生活设施、生产设施。施工作业棚根据工程进展情况临时搭设。靠昆山路、西街人行道上方搭设门字形安全防护棚，临时用房上方搭设悬挑式防护棚。

6）根据工程所处的特殊地理环境以及工程本身的性质特点，业主与我方达成共识，基础施工时考虑基础围护，方案由上海高士工程技术咨询公司编写。

2.5.2 基础围护方案

（1）设计依据：

1）基坑平面尺寸约 58m×34m，开挖深度 10m。总体平面图、商厦底板平面（桩位）图、剖面图（略）。

2）上海建筑设计研究院勘察处提供"上海凯福商厦地质勘察报告"。土层物理力学性质综合情况见表 2.5-1。

3）稳定地下水位约 0.7m。对普通硅酸盐水泥无侵蚀作用。

（2）围护、支撑形式：

根据基坑开挖深度及坑周情况，本工程采用地下连续墙加三道钢支撑挡土、隔水。地下连续墙厚 600mm，深 21m，支撑按施工进度进行换撑（详见图 2.5-2、3）。

土层物理力学性质综合情况　　　　　　　　　　　　　表 2.5-1

土层编号和名称	底层标高 （m）	深度 （m）	容重 （kN/m³）	摩擦角 （°）	内聚力 （kPa）
（1）填土	1.46	1.6			
（2）-1 褐黄-灰黄粉质粘土	0.76	2.30	19.2	18	17
（2）-2 灰色砂质粉土	−4.5	7.5	18.7	24.5	4
（2）-3 灰色粘质粉土	−8.5	11.5	18.5	23	6
（2）-4 灰质砂质粉土	−15.9	18.8	18.5	22.5	4
（3）灰质粉质粘土	−24.74	27.8	18.4	5	11

注：内聚力、摩擦角值为峰值。

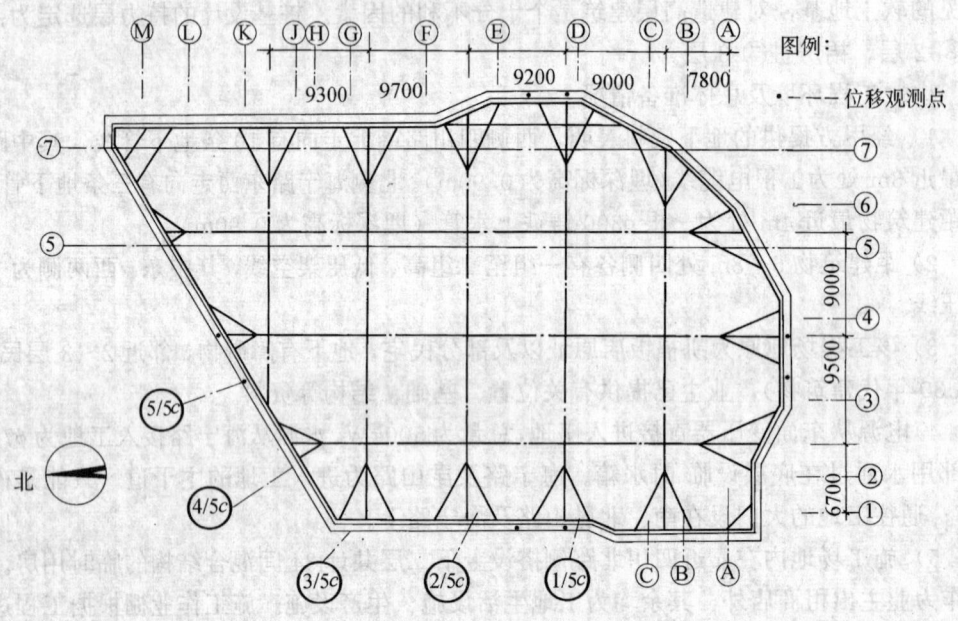

图 2.5-2　基坑支撑平面图

（3）设计采用规范：

1）上海市标准——《地基基础设计规范》DBJ—08—11—89。

2）《钢筋混凝土结构设计规范》TJ10—74。

3）《钢结构设计规范》TJ17—74。

（4）计算说明：

1）根据现场条件及地质条件，地面超载考虑 2t/m²，土压力计算时，采用水土分算，各土层 c，φ 值选用地质报告中提供的峰值。

2）计算工况：

工况 1：未开挖前自然地面下 1m，第一道支撑完成施加预应力 600kN（以下均以自然地面下计）。

工况 2：基坑开挖至 4m，第二道支撑完成，施加预应力 1000kN。

工况 3：基坑开挖至 7m，第三道支撑完成，施加预应力 1500kN。

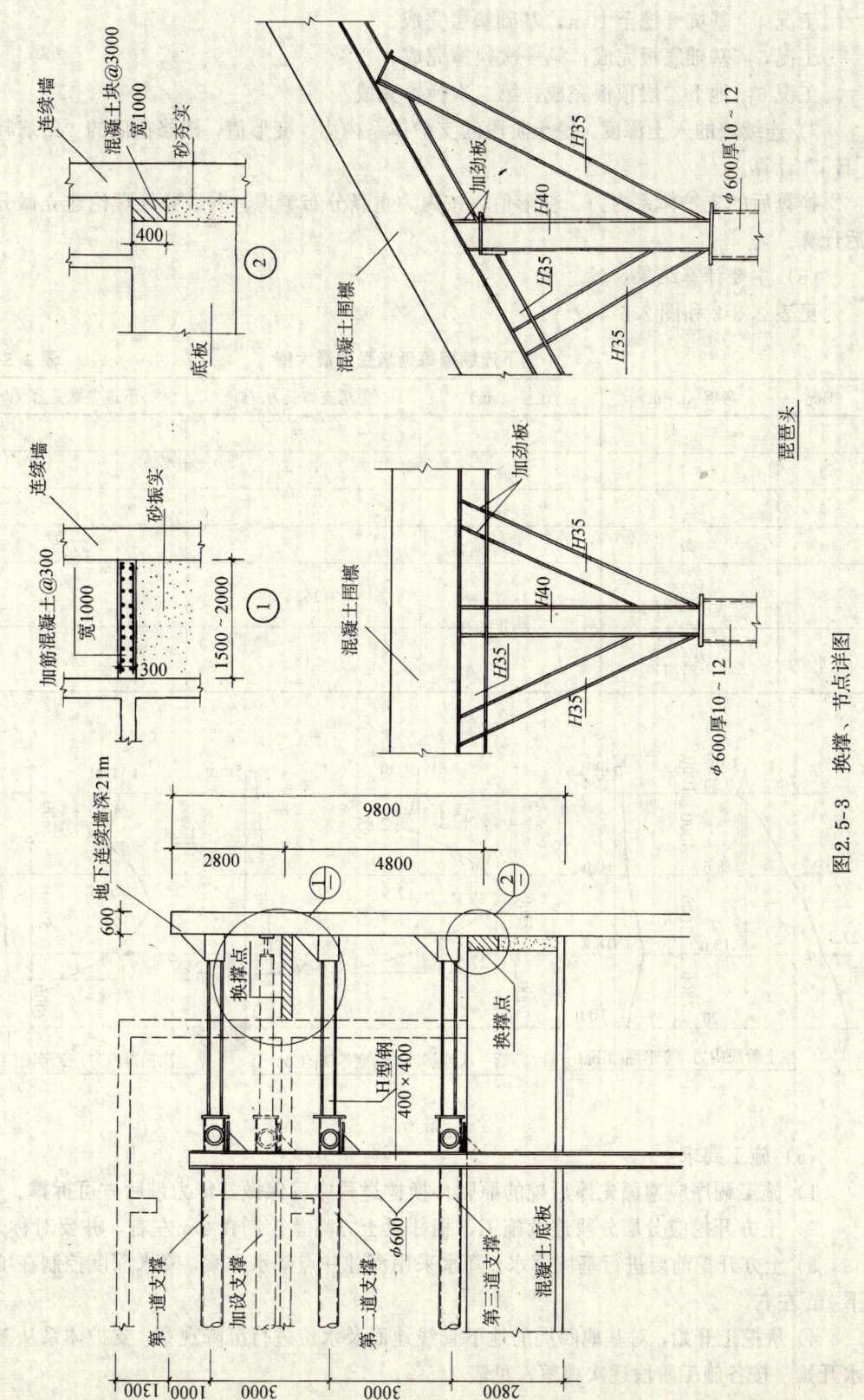

图 2.5-3　换撑、节点详图

工况 4：基坑开挖至 10m，基础垫层完成。

工况 5：基础底板完成，第一次换撑完成。

工况 6：地下二层顶板完成，第二次换撑完成。

3) 连续墙的入土深度、挖土阶段的支护体系内力、变形值，按修正后的"山肩邦男法 [日]" 计算。

换算后的支护体系内力、变形值，按内力重新分布考虑，并以弹性理论建立微分方程后计算。

(5) 主要计算结果：

见表 2.5-2 和图 2.5-4。

地下连续墙每延米受力最大值   表 2.5-2

工况	弯矩（t·m）	位移（cm）	上道支撑受力（t）	下道支撑受力（t）
1	−0.24	0.34	7.6	
2	8.6	1.0	16.6	
3	15.0	1.87	27.8	
4	20	1.0		27.8
5	12.5 (−26.8)	1.87	15.4	27.5
6	10.0 (−21.4)	1.87	18	24.9

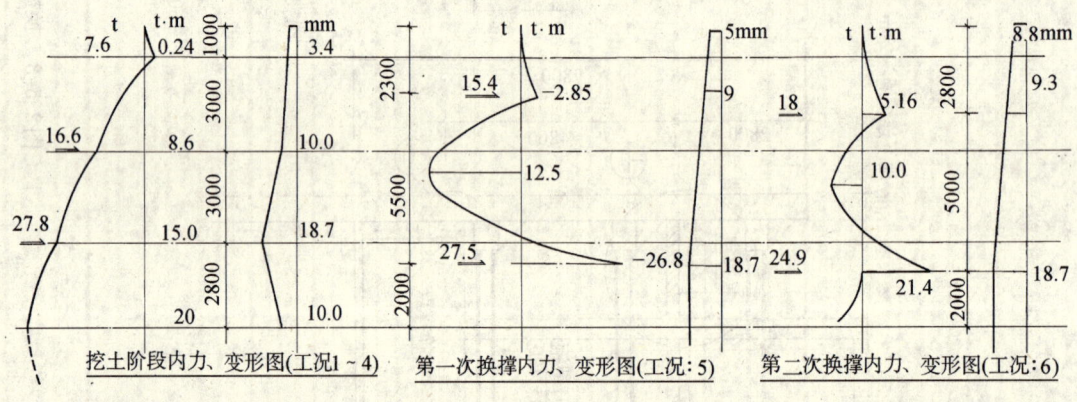

挖土阶段内力、变形图(工况1~4)　　第一次换撑内力、变形图(工况：5)　　第二次换撑内力、变形图(工况：6)

图 2.5-4

(6) 施工要求

1) 施工顺序应遵循先撑后挖的原则，换撑过程中确保做好传力带后方可拆撑。

2) 土方开挖应分层分段连续施工，相邻段土方高差控制在 2m 左右，并要对称开挖。

3) 土方开挖前要进行基坑降水，降水采用深井井点降水方案，降水深度控制在坑底以下 1m 左右。

4) 从挖土开始，对基地四周的地下管线地面及水位进行沉降观察，支护体系从基坑降水开始，按各施工阶段逐次观察，见表 2.5-3。

观察项目时间表 表 2.5-3

观察时间/观察项目	围护墙位移	支撑轴力	支撑点轴力	围护墙外侧的土压力
降水结束后	✓			✓
第一层挖土结束后	✓	✓		
第二层挖土结束后	✓	✓		
第三层挖土结束后	✓	✓		✓
第一次换撑后	✓	✓	✓	
第二次换撑后	✓		✓	
使用方法与仪器	采用测斜管测斜仪	压力传感器	压力传感器	双膜土压力计 孔隙水压力计

（7）效果

在基础施工期间，由上海高士技术咨询公司对地下连续墙、钢支撑和混凝土围檩进行三维监测，对基坑四周建筑物、道路管线进行沉降观测，最后提供的观测资料表明：

围檩转折角的最大水平位移　　10mm

地下连续墙最大水平位移　　　30mm

地下连续墙最大沉降量　　　　10mm

周围建筑物及管线的最大沉降量30mm

设计变形值　　　　　　　　　20mm。

2.5.3 施工总流程

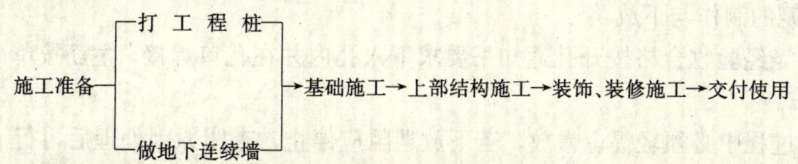

2.5.4 工程桩（灌注桩）、地下连续墙阶段施工概况

（1）钻孔灌注桩的施工工艺

各施工阶段完成的时间表 表 2.5-4

施 工 工 序	实 施 时 间	工 期	备 注
施工准备	1993.7.30—1993.9.30	2个月	
做地下连续墙	1993.10.12—1993.11.12	1个月	
打工程桩	1994.1.2—1994.4.12	3.5个月	
基础施工	1994.4.15—1994.10.15	6个月	
上部结构施工	1994.10.15—1995.6.25	8.5个月	
装饰、装修（裙房）	1995.6.28—1995.9.28	3个月	已交付使用
装饰、装修（标准层）			

本工程设计 ϕ900mm 的桩型为中大型桩，采用正循环钻进成孔，二次反循环换浆清孔，ϕ750mm 的桩属中小型桩，采用正循环钻进成孔，二次换浆法清孔。整套工艺分为成孔、下放钢筋笼和导管灌注水下混凝土。

1）钻孔灌注桩的施工方法：

①测量：将长度为 1.5m、直径为 ϕ1000mm 的钢制护筒，采用十字架中心吊锤法将护筒垂直稳固地埋实。护筒埋设误差应小于 20mm，护筒埋好后同时测量护筒标高。在挖除地

下障碍区域施工，所填土用护筒隔离，采用 75JZ8 冲抓机 3m 深，再埋设 3m 长护筒。

②钻机安装定位：钻机安装必须水平、稳固，天车前缘、转盘中心与护筒中心在同一铅垂线上，用水平尺校平转盘，转盘中心与护筒中心的偏差不大于 20cm。

③钻进成孔：

a. 钻头：钻进 $\phi900mm$ 孔选导向性能良好的单腰式钻头，其直径为 $\phi900mm$；钻进 $\phi700mm$ 孔，选用双腰笼式钻头，其直径 $\phi700mm$。这两种钻头具有强度高、排渣性能好、切削量大、导向度高的特点。

b. 钻进技术参数：采用分层钻进技术，即针对不同的土层特点，适当调整钻进参数，开孔钻进，采用轻压慢转钻进方式，对于粉质粘土和粉砂层要适当控制钻压，调整泵量，以较高的转数通过。

c. 泥浆管理：根据地层特点，用好泥浆是保证成孔顺利，桩孔不坍、不缩，混凝土灌注质量的重要环节。钻进用泥浆主要采用原土自然造浆，为防止钻进砂质粉土和粉砂层不坍孔，泥浆中加入钠聚合法膨润土，加黄沙为 50～80kg/m，人工配制泥浆，调整进入孔内泥浆性能。泥浆循环系统由泥浆池、循环槽、泥浆泵、沉淀池、废浆池（罐）等组成。

d. 终孔前 0.5m 到终孔，采用小参数钻进到终孔，以利于减少孔底沉渣。

④一次清孔：终孔时，使用较好泥浆，将钻具反复在距孔底 1.5m 范围边反扫边冲孔低转速钻进，大泵送泥浆量利于搅碎孔底大泥块（一般一次清孔不小于 30min）。$\phi900$ 灌桩，在此基础上，再用砂石泵吸渣清孔。

⑤钢筋笼的制作与下放：

a. 钢筋笼经验收合格按开孔通知书要求下入孔内并在孔口焊接，主筋按单面焊接，搭接长度 $\geqslant 10d$。

b. 吊放过程中必须轻提、慢放，若下放遇阻应停止，查明原因处理后再行下放。严禁将钢筋笼高起猛落，强行下放。

⑥下导管：灌注混凝土选用 $\phi250mm$ 灌注导管，导管必须内平、笔直，并保证连接处密封性能良好，防止泥浆渗入。

⑦二次清孔：第二次清孔在下导管后进行，清孔时用较好泥浆清孔，将孔内较大泥屑排出孔外，置换孔内泥浆，直至泥浆相对密度 $\leqslant 1.25$，清孔过程中，必须将管下放到孔底，孔底沉渣厚度 $\leqslant 100mm$，方可进行混凝土灌注。

⑧水下混凝土灌注：本工程以商品混凝土为主，保证混凝土灌注必须在二次清孔结束后 30min 内进行。灌注过程中，应及时测量孔内混凝土面高度，准确计算导管埋深，导管的埋深控制在 4～8m 范围内。为确保桩顶质量，混凝土均灌至桩顶标高以上 2.5m，空孔回填杂土。

(2) 地下连续墙：

1) 导墙施工：

①测量放样：根据工程测量，定出地下墙轴线定位桩，分段沿墙轴线方向布置龙门板，标出导墙位置和标高。

②挖土：采用 $0.4m^3$ 挖土机挖土和人工修正到标高。

③垫层：垫层模板按在龙门板标出位置挂线定出模板。

④立模及浇筑混凝土：在垫层混凝土面上定出导墙位置，再立模板、绑扎钢筋，导墙

外侧以土代模，内侧立模，导墙采用C20商品混凝土。

⑤拆模：混凝土达到70%强度后可以拆模，拆模后必须在导墙内分层支撑方木，防止导墙向内挤压，方木水平间距为1.5m，上下二道。

⑥施工缝：导墙施工缝是凹凸形式，并附加钢筋插筋，施工缝表面应凿毛，使导墙成为一整体，达到不渗水目的，该施工缝应与地下连续墙接缝错开。

2）泥浆工厂：本工程设置一套钢制泥浆工厂，共6只泥浆箱及4只泥浆罐，由于材料性质的变动，每一批新制的泥浆要进行泥浆各个性能测试，对泥浆的粘度、相对密度、失水量、泥饼厚度、静切力、pH值稳定性及胶体率性能进行测试，符合指标性能的泥浆才允许使用。

对于成槽后进行回收的泥浆，应经过净化设备，调整后对其各项性能指标进行测试，并重新调整性能达到标准后，才能使用。

3）成槽施工：

①在导墙上用明显标志标出单元槽段位置、每抓宽度位置、钢筋笼搁置点、锁口管安放位置、泥浆液面高度位置（导墙顶以下30cm）。

②成槽机成槽：单元直线槽段采用先两侧、后中间抓法，转角槽段采用先外侧、后内侧的方法，转角处应外突出10cm。

③成槽时，泥浆应随着出土量补入，以保证泥浆液面高度在规定的位置上，在抓斗掘进时，不宜补浆，以防泥浆溢出。

④成槽机的掘进速度应控制在10m/h左右，导板抓斗不宜快速掘进、提出，以防槽壁失稳。当挖至槽底2～3m时，应测槽深，防止超挖和少挖。

⑤在成槽结束后，应先刷壁扫孔，抓斗每次开移50cm左右，确保槽深符合设计要求，误差应控制在−20cm范围内。

⑥扫孔结束后，待槽内泥浆稳定后，进行超声波测试，测量槽壁的垂直度，同时用测量绳测槽深，数据均作原始记录。

4）钢筋笼制作：

①钢筋笼制作平台：现场布置三只钢筋笼制作平台，每只平台尺寸为7m×25m，平台采用10号槽钢焊成格栅，平台标高用水准仪校正并找平，钢筋标位用经纬仪校正。

②钢筋笼制作步骤：把横向钢筋搬运至钢筋笼平台上，并按设计间距放好，再放入纵向钢筋，用电焊机焊牢。随后下层钢筋保护块→桁架焊接→下层的斜撑→剪力筋→上层钢筋→横向箍筋→接驳器，最后吊点加强筋及钢筋笼搁置点以及保护块。

5）钢筋笼吊放

钢筋笼采用双机抬吊、空中回直整体下笼原则。钢筋笼抬吊时，主机为两点吊，副机为一点吊。

6）水下混凝土浇捣：

①当槽段宽$L<4m$，采用一根导管，当槽段宽度$L>4m$，采用二根导管。导管采用快速接头法接装，接装长度视槽段深度而定，接装前应检查实测槽深记录，导管口距槽孔底为50cm，不宜过大或过小。

②混凝土供应能力在36m³/h左右，并且来料要均匀连续，和易性良好，坍落度要求达18～22cm，以保证混凝土浇筑质量。

③混凝土开始浇筑时，首次浇筑量应满足开浇阶段的混凝土量的需要，确保导管埋入混凝土中1.5m，记下开始浇筑时间备查，二根导管应同时开始浇筑。

④球胆浮出泥液面后回收，以备继续使用，在混凝土开始浇筑同时，开动泥浆泵，回收泥浆。

⑤当测算导管有4～5m埋管值时，应提升拆除一根导管，在任何情况下，导管埋管值不得小于1.5m，最大埋管值不得超过5m。

⑥混凝土浇筑需浇至标高后（比设计标高高30～50cm），方可结束。

⑦锁口管在混凝土开浇4～5h后可以提升，以后每隔20～30min提动一次，每次提升30cm左右，若提升时感到阻力大时，可以缩短到15min一次。

⑧在混凝土浇灌结束后6～8h，在顶升架提升下，拔完锁口管。

2.5.5 基础阶段施工概况

（1）施工方案：

1）建筑物主楼与裙房的各分项工程，根据施工流水同时安排施工，浇商品混凝土时一次性完成混凝土底板。

2）基础阶段的主要垂直与水平运输综合上部结构阶段一并考虑采用88HC外爬吊，并在安装支撑前组装完毕。

（2）基础施工工艺流程：

1）水平支撑与挖土工艺流程：

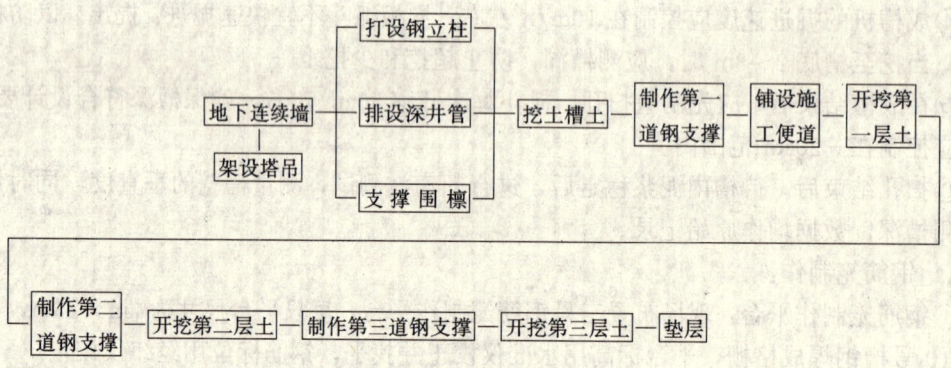

注：深井井点降水至每次挖土底以下1m方开始挖土，直至基坑底。

2）混凝土大底板至±0.00施工工艺流程：（见下页）

（3）主要分项工程的施工方法：

1）深井点降水：

①凯福商厦深基础的降水区土层构造以淤泥质粘土为主，其渗透系数最小为$2.04 \times 10^{-7} \sim 8.84 \times 10^{-8}$cm/s（基本上属于不透水土壤构造，降水极其困难）。

②常规井点皆不适用，特选用近年新研制并通过鉴定的ZGJ-50型深井（渗透系数最小可达1×10^{-8}cm/s）。

③由于淤泥质土壤的不透水性，无法列出该土壤的抽水影响半径，因此深井数量的确定套用轻型井点或经验性的计算公式及以往的施工经验而定，单井作用面积约180m²/井，$R=7.75$m/井。

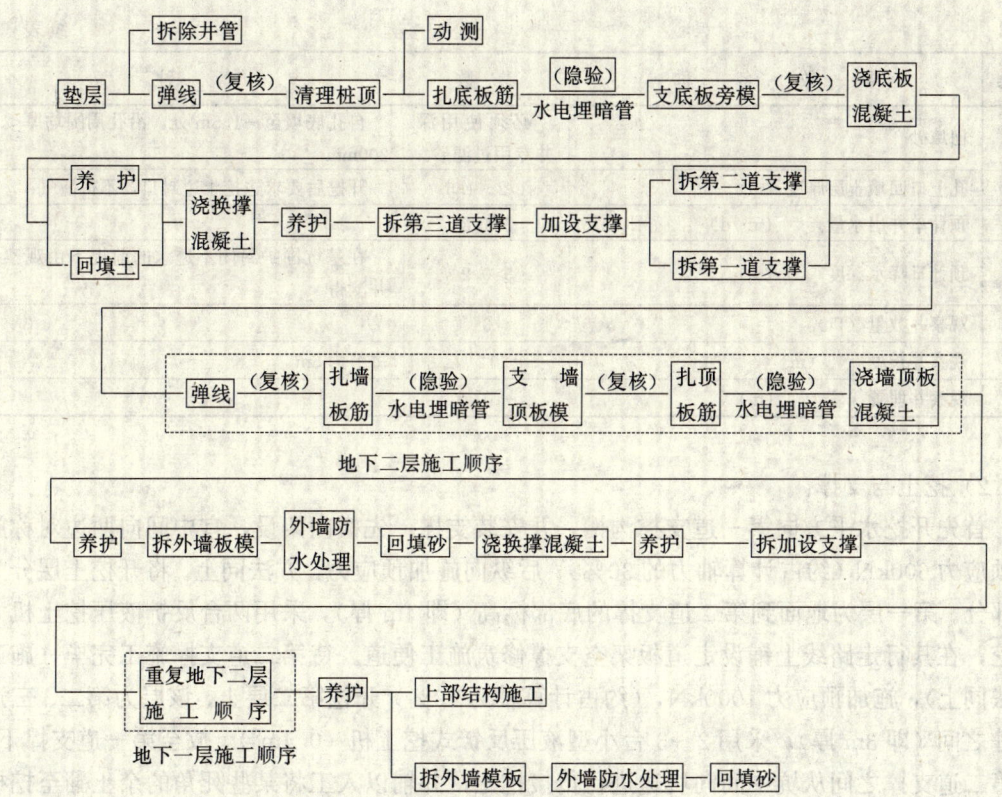

④凯福商厦工程基坑内降水技术参数见表 2.5-5。

基坑内降水技术参数

表 2.5-5

序号	参 数 名 称	参 数	备 注
1	降水区面积 （m²）	1880	
2	A 土层含水量 W （%）	42.5	
3	B 土层含水量 W （%）	51.1	
4	降水区（A）土层渗透系数（cm/s）	2.04×10^{-7}	土质名称：灰淤粘土 深度：$-3.2m \sim -8.5m$
5	降水区（B）土层渗透系数（cm/s）	8.84×10^{-8}	土质名称：灰淤粘土 深度：$-8.5m \sim -16.5m$
6	挖土深度 （m）	-10	（指基坑底）
7	设定降水深度 （m）	-10.5	一般不应设在透水层上
8	ZGJ-50 型深井配置数量（口）	10	
9	每口深井长度 （m）	15	
10	每口井滤水管长度 （口）	3.5	①＞4m（一般越长越好） ②可按需制作
11	深井埋置深度 （m）	-15.8	
12	要求成孔直径 （mm）	＞800	
13	要求成孔深度 （m）	-15	
14	洗孔要求 （$\gamma = 1.05g/cm^3$）	以大水流洗孔直至泥浆水质略清即可	必须严格执行，否则严重影响降水效果

续表

序号	参　数　名　称	参　数	备　注
15	回填砂	必须使用深井专用过滤砂	自孔底填至−1.5m 处，沿孔周围均厚<200mm
16	孔上口回填土层厚度 （m）	1.2～1.5	开挖后要求边挖土边封口，不得漏气
17	预计单井出水量 （m³/d）	>1.2	
18	预计日降水深度 （m）	>0.2	在基坑围护封闭不透水的前提下由观察井测得
19	观察井数量 （口）	3	
20	观察井长度 （m）	12	每节为6m
21	观察井埋置深度 （m）	−10.8	

2) 挖土与支撑：

首先开挖水平方向第一道支撑沟槽，并安装支撑：先横向架设，宜中间向两边对称施加预应力 600kN（约占计算轴力的 30%）；后纵向施加预应力，方法同上。将开挖土层分为三部分。第一层为地面到第二道支撑的底部标高（即 4m 厚），采用两台反铲液压挖土机大开挖，在其行走路线上铺设走道板架空支撑修筑施工便道。待第二道支撑施工完毕（施工方法同上），施加预应力 1000kN，（约占计算轴力 40%）开挖第二层土，该层为第二、三道支撑之间（即 3m 厚），采用 2～3 台小型液压反铲式挖土机（0.4m³），放至第一道支撑下，在第二道支撑之间从坑中间向坑边进行传接挖土，并辅以人工将某些死角的余土翻至挖机的工作范围内。随后由停在坑边的垂直提升挖土机将土放至地面或直接装车。待第三道支撑施工完毕（施工方法同上，施加预应力 1500kN，约占计算轴力的 50%）开挖第三层土，该层为第三道支撑至地板面（即 3m 厚），采用的方法同第二层土。

基础底板完成后，在底板的侧面每隔 3m 做一个 400mm×400mmC30 混凝土块换撑点，当其强度达到 C20 时，方可拆除第三道支撑，并可利用该支撑的材料翻至地下室二层顶板结构面标高上加设支撑（称为换撑，详见图 2.5-3）。施加预应力 1000kN，约合计算轴力的 30%，然后再拆除第一、二道支撑。待地下二层结构施工完成后，回填黄砂，并在地下二层的顶板侧面通长设置 C30 混凝土板带，当其强度达到 C20 时拆除加设支撑。这样完成了支撑─→挖土─→换撑的整个过程。

3) 大体积混凝土：

本工程桩基承台厚 2.2m，一次连续浇筑，混凝土量为 3970m³，设计混凝土强度等级为 C35，抗渗等级 S8。浇捣混凝土时，正值夏季，因此我们采取了如下措施：

①为减少混凝土内外温差，防止大体积混凝土产生裂缝，采取低水化热的矿渣硅酸盐水泥，在混凝土中掺入适量减水剂，以减少水泥用量，降低混凝土温升。粗骨料选用 5～40mm 碎石，细骨料选用中粗砂，控制碎石含泥量<1%，黄砂含泥量<3%，使级配良好，混凝土坍落度控制在 140±20mm，混凝土表面采用两次木蟹打磨打压，减少收水裂缝的形成，做好混凝土的保温养护和测温工作。

②混凝土浇筑顺序，根据场地条件及混凝土方量，配备 4 台泵车，硬管布料，其中一台泵车为预备车，泵车混凝土分布及浇捣方向为：第一辆泵车停在东南处，从北至南方向浇筑，混凝土方量在 1200m³ 左右。第二辆泵车停在南面从北开始向南方向浇筑，混凝土方

量在 1400m³ 左右。第三辆泵车停在西南处，从北至南方向浇筑，混凝土方量在 1200m³ 左右。

③混凝土浇捣方法采用斜面分层法，每层厚度控制在 80cm 之内，连续浇筑到设计标高。由于泵送混凝土流动性大，每皮混凝土流淌坡度约 1：10，则浇筑至承台面时，其流淌长度为 10m 左右。沿混凝土流淌方向，分 3 个不同层次振捣，并派专人进入桩承台上、下两层钢筋之间振捣，振捣时，重点控制两头，即混凝土流淌的最近点及最远点。不使漏振，保证混凝土振实。在浇筑过程中产生的泌水，用潜水泵将其及时抽出。

④由于浇捣基础混凝土时，正值夏季，雷阵雨天气较多，因此为防止地面水流向基坑，应及时排除明排水及混凝土泌水。

⑤由于夏季施工，混凝土入模时温度较高，一般在浇筑后 3～4d 其中心温升将达到峰值。为防止混凝土表面散热过快造成温差裂缝，在混凝土表面采用蓄热保温法保温，控制混凝土中心温度与表面温度温差在限值 25℃ 以内。混凝土浇筑 10～12h 内，在其上覆盖塑料薄膜，再在塑料薄膜上覆盖二层草包，草包要浇水，覆盖材料的拆除由测温决定。

⑥混凝土内温度测试，采用 XQC 大型长图自动平衡仪，配以导线用 WZC-01 铜热电阻作为测温探头，每个铜热电阻与导线必须焊接可靠，然后用环氧树脂封闭，并进行老化处理，确保测温在浇筑完后 10h 内开始测温，自混凝土入模至浇捣完毕的 7d 期间内每隔 2h 测温一次，以后每隔 4h 测温一次，一般 10～14d 后可停止测温，或温度<20℃ 时可以停测。

2.5.6 上部结构阶段施工概况

（1）施工方案

1）根据结构体系、体型特点，施工中模板采用组合钢模，散装散拆。混凝土固定式泵送商品混凝土，布料机平面布料。

2）根据建筑物各层次的特点及不同的高度，脚手架采用钢管扣件式散装散拆和悬挑式挂架相结合的方针来满足施工要求。

3）施工场布图及主要施工机械选择：88HC 外爬吊接 45m 大臂，垂直运输采用 1t×2 笼人货两用机 1 台（图 2.5-5）。

（2）上部结构每层施工工艺流程：

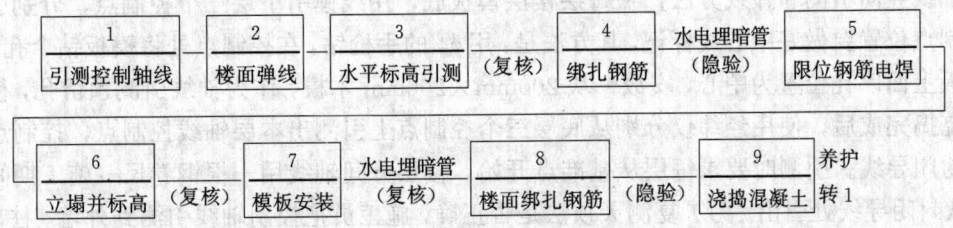

（3）主要分项工程的施工方法

1）测量控制：

①轴线、标高控制（轴线竖向引测用天顶法）

a. 用经纬仪在地下室顶板上面定出各墙主轴线，由此弹出各柱、墙墨线。相邻两轴线之间允许误差值控制在 ±5mm 之间，以上各层同，高层垂直度允许偏差：每层各开间为 ±20mm，全高不得大于 35mm。

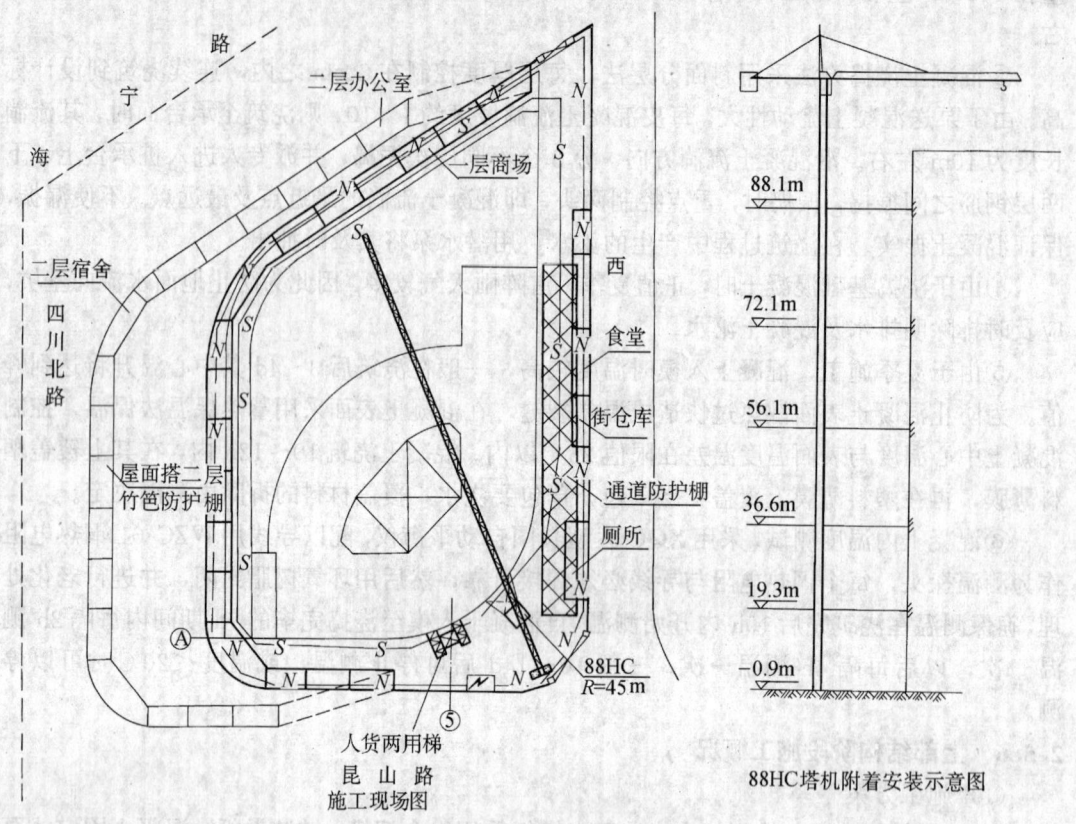

图 2.5-5 施工场布图

b. 在地下室平面上设置四个控制点（其中一个作为闭合校核用），作为以后竖向传递的基准点。

投点后放一次实样做成红色标记。实测每二点控制点之间的闭合尺寸，作为今后各层复核轴线的依据。

轴线竖向引测和弹线方法：在每层楼层模板底，用线锤引下层三个控制点，分别引测的控制点位置要做好中心线标记，其方法是：用 $\phi 4$ 的手枪钻，在控制点处将模板钻个孔，再在模板上面以孔位置为中心，安放一块 200mm×200mm 木模，作为轴线引测预留孔，待混凝土浇捣完成后，使用经纬仪分别从底层三个控制点上引测出本层轴线控制点，控制点之间为封闭导线。引测时要求每层从基准点开始，楼层分间轴线用一根钢卷尺（施工期间不变）从封闭导线处引出。为了复测天顶法是否正确，施工员把控制轴线引测到外墙（柱）立面上用墨线弹出，并用线锤同下层校核是否垂直，有条件的可把经纬仪设在二根轴线的外档复测该线是否垂直，竖向导线用红色油漆做出标记，又可作为装饰的基准线。

c. 标高控制：在底层墙板（柱）上做好±0.00标记，用 50m 长钢尺从该点为起始点，引测各层标高，在标高 30m 处复核一次，如准确无误则以该标高作为以后各层的引测点，直到机房屋面。引测时从±0.00 处引测到每层楼面底模上表面标高处，作为复核记录，允许偏差为±5mm。

②沉降观测：沉降观测点按设计要求埋设。沉降观察采用精密水准仪，时间为：a. 地下室完成。b. 墙板、楼板每浇捣四层。c. 内外墙砌筑完。d. 内外粉刷完成。竣工后每三个月测一次，一年后每半年测一次直至沉降稳定止。建筑物交付使用后，则由建设单位自行观测。

2) 钢筋焊接与绑扎：钢筋由塔吊配合运至楼面，现场绑扎。

在绑孔钢筋前要先对下层插筋进行检查，清理校正。墙板的接长钢筋要垂直，间距要均匀，横向筋水平间距要均匀，上节墙板筋放在下节墙板筋的左边或右边，上下层钢筋左右要交替，墙板两侧钢筋之间每平方米内设置3～4根斜支撑钢筋，以确保位置正确。暗柱主筋四角上都应放垫块，保证保护层厚度。同时为保证暗柱插筋位置正确，宜将暗柱主筋与楼层钢筋焊接。暗柱的箍筋弯钩应交错放置，梁的箍筋应在梁面的架立筋上交错放置。楼板、屋面板主筋布置按短向筋在下、长向筋在上，主筋搭接按图纸说明及规范要求。在楼板面水平筋处，柱筋用一道钢箍，将插筋与钢箍焊牢。柱四角接筋放在预留钢筋外侧，墙插筋固定法同柱插筋，用 $\phi10$ 钢筋代钢箍。

根据设计图纸要求，当柱、墙纵向受力钢筋直径≥$\phi22$ 时，钢筋连接采用电渣压力焊。焊接时，要求钢筋端部矫直，两根钢筋端部安装时，中心线要对准，不偏心。施焊时对不同直径的钢筋严格控制电流，控制焊接时间。对焊接后的节头，焊缝溶合、均匀，并按施工验收规定做好物理试验工作。

3) 模板安装及拆除：

①墙、柱模：

根据所测标高，弹线位置应在剪力墙两侧及柱四周，可用1∶2 水泥砂浆通长做模板底座，宽度约为5cm。当具有一定强度时（一般为1d）方可支模。模板组装根据模板排列图依次对号入座。模板就位后用 U 型卡固定，然后安装围檩，用对销螺栓将模板夹紧，松紧程度以碰到上下限位为准，墙的截面尺寸以图纸收小5mm 为宜。阴阳角应挂小线锤校准垂直度，模板上口拉麻线校准平面出进，待检查校正后即把松动的螺栓全面拧紧固定。楼层内圆柱采用10cm 宽钢模拼装，模板固定采用定型扁铁箍箍紧，其下部及柱1/3 处另加围檩加强固定。弧形梁采用定型加工模板施工。加工套数不少于三套（考虑模板流转）。

模板组装完毕，应全面进行检查并作好记录。模板组装的允许偏差：模板竖向偏差2mm，模板位置偏差3mm。混凝土强度达到1.2MPa（通常为1d）才能松螺栓开始拆旁模。拆模应严格按与组装模板相反的顺序进行。拆下的模板、钢管、配件等用人工从洞口传递至上一层平台面。

②楼层平台模：平台底模采用组合钢模及12mm 竹模板，利用钢模间隙中间起拱，支撑采用 $\phi48$ 钢管排架，排架平面尺寸≤900mm，离地面1.5m 处设水平牵杠。搁栅采用 $\phi48$ 钢管，联结采用扣件，平面模板支撑一般配置3～4层。板、梁等承重模板应在混凝土强度达到设计强度的100％方可拆除，拆下的模板等运送方法同上。

4) 混凝土浇捣：

混凝土采用商品混凝土，输送泵供料。1～5层裙房结构混凝土浇捣时，在地面配备2台汽车泵，经临时竖直硬管输送到楼面上，并在楼面上安放2台布料机。浇捣6～27层结构混凝土时，用2台B5516E 型固定泵经固定竖直硬管输送到楼面上，并在楼面上安放一台布料机，根据混凝土浇捣路线，布料机设定几个位置点（以覆盖楼面为准，其位置处模板下方支撑需加固），浇捣混凝土遇纵模墙（梁）宜同时进行。墙板混凝土分三次轮转浇捣，每皮控制高度不应超过 1m，方法以塞锹为主（包括柱）。下料和振捣要紧密配合，随捣随振，浇捣楼板混凝土时应先设定好水平标记（间距在 2m 左右），边振捣边刮平，严禁将布料机口搁置在平台模上集中一次下料。浇捣到窗框处两侧应均匀下料。下料慢，勤振捣，并严密监视窗框下口模板。当冒浆时及时通知放料人员并用铁板将窗框表面混凝土抹平。

混凝土养护：设专人用皮带管和喷壶养护，墙体混凝土浇筑完 6～12h 开始养护，楼面开始弹线 2h 前或弹线 2h 后浇水养护，养护时间根据气候情况定，如平均气温低于 5℃时，不得浇水。

5）脚手架搭设：

根据本工程的特点，外脚手架搭设采用三种形式：

①1～5 层裙房在北侧海宁路，西侧四川北路立面，由于结构紧贴临时商场（底层）、临时生活设施（二层），因此不能搭设脚手架，故采用挑网、立网形式起安全保护作用。搭设要求符合市劳动局的有关规定。

②结构 1～9 层在东侧西街，南侧昆山路立面，采用钢管扣件式外脚手架，随工程进展同步着地搭起，外侧面满封。

③10～27 层标准层结构采用悬挂式外脚手架（图 2.5-6）。

6）结构层质量控制：

2.5.7 结束语

（1）在施工场地十分狭小的情况下，采用地下连续墙做围护是成功的。这是由于复合围护（钻孔灌注桩挡土，深层搅拌桩阻水）的形式受到了场地的限制。但三道钢管支撑并

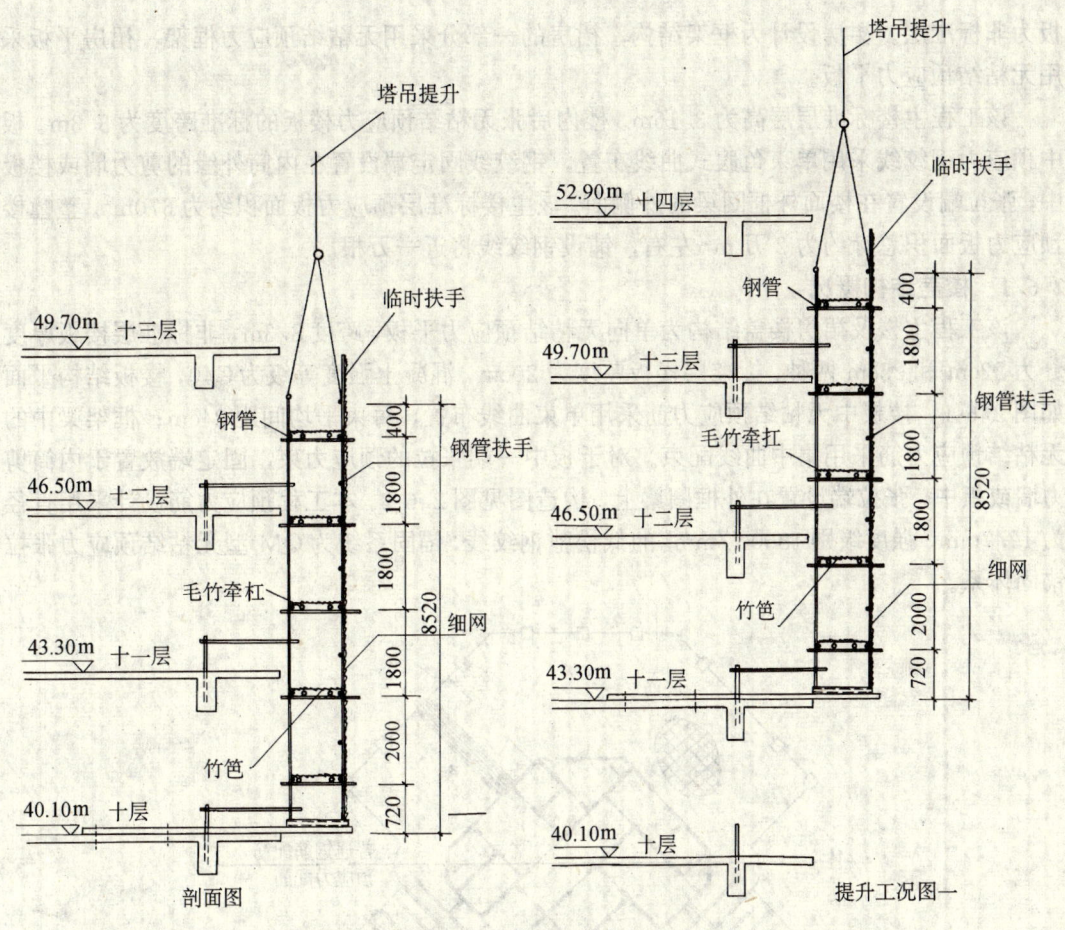

图 2.5-6 悬挑架提升图

加一道换撑的支撑形式似可简化。

(2) 上部结构施工阶段的脚手架形式在配备高层塔吊的条件下有其可取之处（利用塔吊提升），但如何变换成无动力协助下的下降（适用于外墙装饰阶段）还有待于探讨与改进。

(陆钟伟)

2.6 上海申鑫大厦无粘结预应力楼盖施工

上海申鑫大厦多功能综合楼是上海地区率先采用无粘结预应力成套设计和施工技术的高层房屋建筑，位于上海市延安东路繁华闹市区的南侧。该工程由主楼及裙房两部分组成，主楼地面以下 2 层，地面以上 28 层，上部结构总高为 98.75m，总建筑面积约为 3.6 万 m²。主楼设计采用内筒外框结构，形状近似八角形；内筒由电梯井和楼梯间等剪力墙组成，内筒与外框之间的楼板采用后张无粘结预应力混凝土现浇平板。预应力平板自地面以上第一层地板至第四层顶板为非标准层，第五层顶板至第二十七层地板为标准层，第二十七层顶板为非标准层。裙房设计为框架结构，裙房的一部分采用无粘结预应力框架，裙房平板采用无粘结预应力平板。

　　该工程主楼标准层层高为 3.15m。楼内后张无粘结预应力楼板的标准跨度为 8.3m。板中预应力钢绞线采用单束鱼腹式曲线布置，钢绞线固定端设置在内筒外缘的剪力墙或楼板中，张拉端设置在楼面外框圈梁的外侧面。该主楼标准层预应力板面积约为 670m²。整幢楼预应力板面积总计约为 2 万 m² 左右，铺设钢绞线将近一万根。

2.6.1　楼盖结构概况

　　该工程主楼及裙房楼盖结构为单向无粘结预应力平板，跨度 8.3m，非标准层楼板厚度分为 22cm 和 25cm 两种，标准层楼板厚度为 20cm，混凝土强度等级为 C40，楼板结构平面如图 2.6-1。楼板中无粘结预应力筋采用单束曲线布置，每束平均间距 24cm；框架梁中的无粘结预应力筋采用集中曲线配束。对于板中一端张拉的预应力束，固定端放置于内筒剪力墙或板中，张拉端设置在外框圈梁上，构造图见图 2.6-2。本工程预应力筋设计采用直径为 12.7mm、强度级别 1860N/mm² 的低松弛钢绞线，锚固系统为 QM 型无粘结预应力张拉锚固体系。

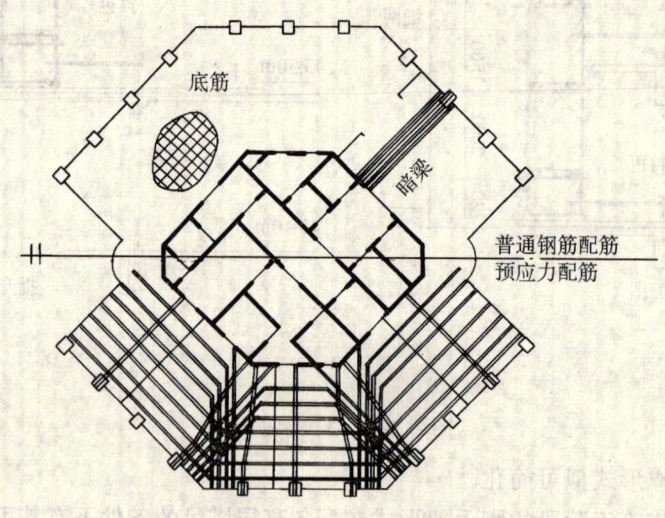

图 2.6-1　楼板结构平面配筋示意图

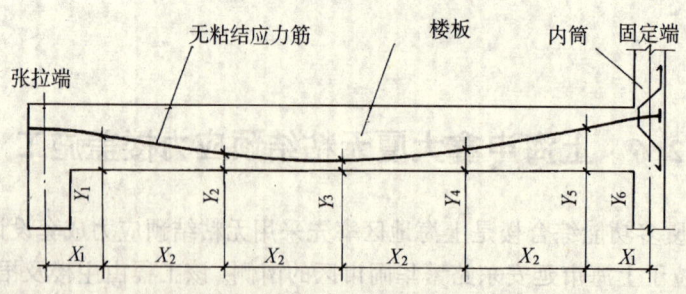

图 2.6-2　板中无粘结筋构造

2.6.2　预应力原材料的选用

　　（1）无粘结预应力筋：按照设计选定的参数，依据《钢绞线、钢丝束无粘结预应力筋》(JG3006—93)技术标准的规定要求,本工程选择了鞍山钢铁厂无粘结预应力钢绞线分厂生产的ϕ12.7mm 钢绞线无粘结预应力筋产品。

(2)锚具:由于无粘结预应力结构中的预应力筋与混凝土间没有粘结,张拉力全靠锚具传到构件混凝土上去,而且锚具在整个结构的使用过程中一直处于高应力状态下,因此对于锚具的锚固性能和防腐要求甚是严格。本工程使用的锚具选用中国建筑科学研究院结构所研制的 QM 无粘结张拉锚固体系,张拉端为 QM13-1 型,其性能属于 I 类锚具。构造如图 2.6-3 示。

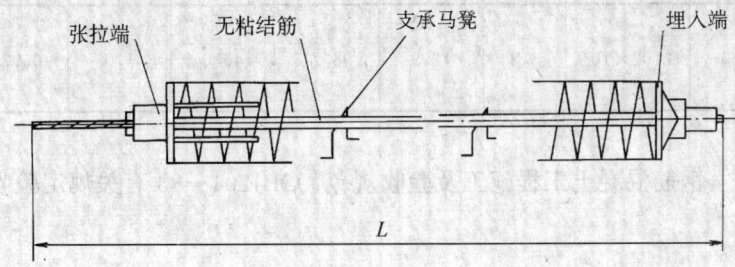

图 2.6-3 张拉端及埋入端锚具示意

2.6.3 设备选用

张拉设备采用 YCQ-20 型前卡千斤顶,并配电动高压油泵,埋入端锚具制作设备为 YJ-45 型挤压机。YCQ-20 千斤顶性能参数见表 2.6-1。

YCQ-20 千斤顶技术性能参数　　　　　　　　　　　　表 2.6-1

张 拉 缸 额 定 油 压		50	MPa
张 拉 缸 活 塞 面 积		44.2	cm²
张 拉 力	理 论	221	kN
	公 称	200	kN
张 拉 行 程		200	mm
回 程 缸 工 作 压 力		<8	MPa
回 程 缸 活 塞 面 积		12.6	cm²
最 大 回 程 力		<10	kN
最小穿心孔径	13 系 列	ϕ13.5	mm
	15 系 列	ϕ16.2	mm
千斤顶净长	不带顶压器	495	mm
	带顶压器	586	mm
自 重	不带顶压器	22	kg
	带顶压器	25	kg
应力筋工作锚 外预留长度	不顶压 单孔锚具	≥130	mm
	不顶压 多孔锚具	≥300	mm
	顶压 单孔锚具	≥220	mm
	顶压 多孔锚具	≥400	mm

2.6.4 材料及设备进场验收

（1）按照《钢绞线、钢丝束无粘结预应力筋》（JG3006—93）标准规定要求，施工前对无粘结钢绞线产品进行了随机抽样，样品送交国家建筑工程质量检测中心检验，其各项性能的平均值列于表2.6-2。

表 2.6-2

项目 规格	破断强度 (N/mm²)	弹性模量 (N/mm²)	伸长率 (%)	实测直径 (mm)	截面积 (mm²)	油脂重量 (g/m)	护套厚度 (mm)	μ	κ
ϕ12.7mm 1860级 钢绞线	1910	2.02×10^5	3.8	12.9	98.71	46.6	1.0	0.072	0.0035

（2）锚具按《钢筋混凝土工程施工及验收规范》GBJ204—83有关规定验收，检验结果见表2.6-3。

表 2.6-3

项目 规格	实测组装件极限拉力 F_{apu} (kN)	实测钢绞线极限拉力 F_{apu} (kN)	锚具效率系数 η_a	实测极限总应变 ε_{apu} (%)	外观
张拉端 QM13-1	188.5	185.5	0.98	3.0	合格
埋入端 QMJ13-1	188.5	185.5	0.98	3.0	合格

（3）张拉设备在使用前进行标定，并在施工中不超过半年校正一次。

2.6.5 预应力施工工艺

（1）施工工艺流程

循环开始 → 场地 → 放线 → 下料 → 编号 → 制束 → 修补 → 成盘 → 分类 → 运输 → 起吊 → 铺筋 → 修补 → 验收 → 浇混凝土 → 拆模 → 张拉 → 记录 → 切筋 → 封端 → 循环结束

（2）现场无粘结束的制作

现代建筑越来越注重美观漂亮和多样化，因此对于结构设计配束也趋于复杂，一座建筑中无粘结筋的编号亦不下几十种之多，做好现场下料、编号和分类工作相当重要，它直接影响到今后配料布束的顺利进行。申鑫大厦工程位于上海市区的黄金地带，施工场地狭小，给现场制束工作带来了困难，为了便于应力筋的堆放保管以及放线下料，本工程采取工厂预制，然后根据工程进度定期定时送料的方案，从而使下料制束工作工厂化，有效地保证了下料分类的准确，严格控制了埋入端锚具的制作质量。

1）无应力筋下料

①下料长度计算：下料长度既要考虑节约，又要预防因施工尺寸不准而招致长度不够的情况。

对于一端张拉：$L=l_1+l_2+l_3+l_4$

对于两端张拉：$L=l_1+2l_2+2l_4$

式中　L——应力筋下料长度；

　　　l_1——板或梁中无粘结筋长度；

　　　l_2——张拉端锚具厚度；

　　　l_3——固定端锚具厚度；

　　　l_4——千斤顶夹具需要长度。

②放线、下料：因成盘供应的无粘结束重量在 1t 左右，故在有条件的情况下，应采用放线架放线，这样可节省人力，提高工效，减少破损。为了便于固定端锚具的制作以及前卡千斤顶安装张拉，无粘结应力筋采用砂轮切割机进行切断。

2）编号：下料后的单根无粘结束应立即贴上相应的不干胶编码条。

3）埋入端锚具制作：该工程固定端锚具采用 QMJ13-1 埋入式锚具，其性能可靠，制作方便。

4）修补：如发现无粘结预应力束保护层在运输、制作、搬运过程中发生破损，应及时进行局部填油包塑修补。

5）成盘、分类：将制作好的单根无粘结束卷成盘，然后分类堆放，以便供货。

（3）无粘结筋的铺放及浇筑混凝土

1）无粘结筋的铺放

①工艺流程：

安装模板——放线——绑扎下部非预应力钢筋——铺放暗管——安装侧模——绑扎或焊接预埋垫板——绑扎马凳——铺放无粘结筋并定位——安装螺旋筋——绑扎上部非预应力钢筋——修补——隐蔽工程检查验收

②布束要点：

a. 预应力筋绑扎要求位置正确；

b. 应尽量使各种管线为预应力筋让路；

c. 在铺放预应力筋过程中应尽量减少电焊使用次数，以免损伤预应力筋；

d. 支承马凳应具有足够刚度，一般 1～2m 放置一个，确保预应力筋矢高位置；

e. 为保证张拉顺利，无粘结束在靠近锚板处要有 35cm 平直段，即无粘结束应与锚垫板垂直，并用铁丝绑牢；

f. 张拉端锚垫板要与侧模贴紧，防止浇筑混凝土时发生垫板歪扭变位。

2）浇筑混凝土

浇筑混凝土应注意以下几点：

①在浇筑混凝土之前，需再对无粘结筋束形、矢高及埋入端锚具进行认真检查，发现问题及时改正；

②浇筑混凝土前，应进行隐蔽工程检查验收；

③浇筑混凝土时，严禁踏压无粘结筋及触碰锚具，确保无粘结筋的束形和矢高准确；

④混凝土应振捣密实，尤其是预埋垫板处不允许出现孔洞。

3）张拉

按设计要求，混凝土强度达到设计标准值的 75％以上方可进行张拉，短束采用一端张拉工艺，长束采用两端张拉工艺。

应力筋张拉控制应力：$\delta_{con} = 0.75 f_{ptk}$

应力筋张拉控制力：$N_{con} = \delta_{con} \cdot A_p$

应力筋张拉伸长值：$\Delta l = N_p \cdot L / A_p \cdot E_s$

式中　f_{ptk}——钢绞线强度标准值；

A_p——预应力筋截面面积；

N_p——计算张拉力；

L_s——预应力筋长度。

张拉步骤：

①剥掉外露塑料涂包层，清理预埋垫板端部，安装锚具；

②张拉时采用应力为主、伸长为辅的原则，具体步骤为：穿入前卡千斤顶，初应力（$0.1\delta_{con}$）时记录伸长值，一次张拉至 $1.03\delta_{con}$，记录伸长值，卸荷锚固，取下千斤顶，一束张拉完毕。

③当无粘结束较长，张拉伸长值大于千斤顶行程时，可采用分级张拉，即锚固一次后千斤顶回程进行第二次循环，直至达到控制值。对两端张拉的无粘结束，每端均应拉到控制值，伸长值合并计算。

④实际伸长值与计算伸长值偏差应在$-5\%\sim+10\%$范围内，超出时，应停止张拉，检查原因，采取措施后才能继续张拉。

4）封端保护

张拉后的无粘结筋应立即进行封端保护，本工程采用的 QM 锚具为密封型防腐锚具，具体方法是：

①用手提砂轮切割机切除张拉后的多余应力筋（外留 3cm）；

②将锚具处涂专用防腐润滑脂后罩上封端盖；

③对留有后浇带的锚固区采取二次浇筑混凝土的方法封端，对留有靴模的锚固区，用后浇膨胀混凝土或低收缩防水砂浆或环氧砂浆密封。

2.6.6　施工模板体系

由于受预应力施工工艺限制，本工程张拉完成后的楼板以上有几层在施工，故张拉完成后的楼板以下应有相应的层数不得拆除平台模板支撑。但为了加快模板的周转使用，达到拆模不拆撑的目的，就必须采用与其相适应的新模板体系。通过市场调查，反复筛选、类比，最后确定采用北京北新技术研究所开发的 SP-70 模板体系中的支撑系统。配用 1.8cm 厚机制夹板为平台模板。通过引用、改造的手段，较好地解决了无粘结预应力工艺的配套模板问题。

（1）SP-70 模板体系支撑系统

1）主梁：是一种薄壁空腹型钢梁，主要作用是将次梁荷载传给立柱。其上端带有 50mm 宽的凸起口，与楼板直接接触，起到代替模板的作用。当主梁的两端的挂口挂入立柱柱头的挂钩后，即可自锁，不会脱落，确保施工安全。主梁规格见表 2.6-4。

2）次梁：其材料可用木材、钢材自制或购买。其主要作用是将平台模板荷载通过次梁传给主梁。其通常垂直于主梁布置，间距为 400mm 左右一道。次梁规格见表 2.6-5。

3）早拆柱头：该构件为整个支撑系统中的关键构件，主梁两端的挂口挂入柱头的梁托

主 梁 规 格 表 2.6-4

长 度 （mm）		有效宽度	重 量	代号
实 长	主柱中心距	（mm）	（kg）	
1750	1850	50	14.32	L070185B
1450	1550	50	12.08	L070155B
1150	1250	50	9.83	L070125B
850	950	50	7.58	L070095B

次 梁 规 格 表 2.6-5

长 度 （mm）		有效宽度	重 量	代号
实 长	主柱中心距	（mm）	（kg）	
1830	1880	100	11.48	ZL070188B
1370	1420	100	8.63	ZL070142B
1220	1270	100	7.69	ZL070127B
915	965	100	5.80	ZL070095B

挂钩，然后将柱头顶头插口插入立柱顶端支撑整个平台模板体系。当楼板混凝土浇捣后达到一定强度，打开柱头自锁栓，则梁托自行下落 115mm，此时可拆除主梁、次梁及平台模板，而柱头顶头则仍与楼板底接触，只要保留柱头与立柱，即可起到拆模不拆撑的作用。SP-70 的柱头材料为精密铸钢，单只承载能力为 36000N，重量为 4.2kg（代号 C00170B）。

4）立柱：用于楼板模支撑系统的垂直支撑，在立柱适当位置焊有两个锥销式联接托，以便与横撑连接。当横撑布置间隔高度为 1.5m 时，每根立柱可承受荷载 36000N。立柱规格见表 2.6-6。

立 柱 规 格 表 2.6-6

长度（mm）	规格（mm）	重量（kg）	代号
2200	$\phi48\times3.5$	10.95	C10122
2400	$\phi48\times3.5$	11.92	C10124
2600	$\phi48\times3.5$	12.69	C10126

5）横撑：用于楼板支撑系统的水平支撑。在横撑的两端焊有锥销式联接托，以便与立柱上的连接托连接。锥销式接头俗称梅花接头，是精密铸钢件。连接操作很简单，将横撑上的连接销插入立柱上连接托内，用锤子一击即可牢固地连接在一起，每个梅花接头的承载能力为 4000N，横撑规格见表 2.6-7（1）。

横 撑 规 格 表 2.6-7（1）

横撑名义长（mm）	规格（mm）	重量（kg）	代 号
1850	$\phi48\times3.5$	7.08	C20118
1550	$\phi48\times3.5$	5.92	C20115
1250	$\phi48\times3.5$	4.77	C20112
950	$\phi48\times3.5$	3.61	C20109

续表

横撑名义长（mm）	规格（mm）	重量（kg）	代　号
1880	φ48×3.5	7.50	C20218
1420	φ48×3.5	5.74	C20214
1270	φ48×3.5	5.16	C20212
965	φ48×3.5	3.99	C20209

6）调节螺杆：插入立柱的下端，与地面接触，用作调节立柱的高度。调节高度范围为 0～500mm，总重量为 8.014kg，代号 C43900。

7）悬臂梁：用于主梁的延长部分。它与主梁一样，可挂在早拆柱头上。总重量 4.84kg（不包括木梁体），代号 L47060B。其使用条件见表 2.6-7（2）。

使 用 条 件 表 2.6-7（2）

名义长（mm）	浇筑混凝土厚（mm）
400	250
500	200
600	150

（2）楼板模的支撑格构

主梁立柱跨距长 L 有 1880、1550、1250、950mm 四种。主梁间距 B 有 1880、1421、1270、965mm 四种。因此支撑格构有 16 种可供选用。见表 2.6-8。

表 2.6-8（1）

格构种类	格构尺寸 L×B（mm）	格构种类	格构尺寸 L×B（mm）
A	1850×1880	I	1250×1880
B	1850×1421	J	1250×1421
C	1850×1270	K	1250×1270
D	1850×965	L	1250×965
E	1550×1880	M	965×1880
F	1550×1421	N	965×1421
G	1550×1270	O	965×1270
H	1550×965	P	965×965

各 种 支 撑 格 构 性 能　　　　表 2.6-8（2）

类别	格构尺寸 L×B（mm×mm）	混凝土厚度（mm）	主梁挠度（mm）	相对挠度	主梁最大内应力 σ（MPa）	面积（m²）	立柱荷载（N）
A	1850×1880	120	1.65	L/1121	144.6	3.48	20620
B	1850×1420	180	1.80	L/1027	136.9	2.63	19700
C	1850×1270	200	1.77	L/1045	130.3	2.35	18840
D	1850×965	250	1.64	L/1128	113.4	1.79	16600
E	1550×1880	250	1.54	L/1006	155.7	2.91	27100
F	1550×1420	330	1.52	L/1019	142.8	2.20	25090
G	1550×1270	380	1.55	L/1000	141.7	1.97	25000
H	1550×965	500	1.51	L/1019	133.1	1.50	23780
I	1250×1880	450	1.10	L/1136	153.2	2.35	34190
J	1250×1420	600	1.07	L/1168	145.5	1.78	32770
K	1250×1270	700	1.11	L/1126	147.9	1.59	33450
L	1250×965	900	1.07	L/1168	138.4	1.21	31710

续表

类别	格构尺寸 $L \times B$ （mm×mm）	混凝土厚度 （mm）	主梁挠度 （mm）	相对挠度	主梁最大 内应力 σ（MPa）	面积 （m²）	立柱荷载 （N）
M	950×1880	600	0.4	L/2375	106.2	1.79	32970
N	950×1420	900	0.48	L/1979	113.2	1.35	35460
O	950×1270	1050	0.5	L/1900	115.8	1.21	36450
P	950×965	1300	0.46	L/2065	105.6	0.92	33670

注：表中数据的依据如下：

1. 钢筋混凝土表观密度为 2610kg/m³，模板构件自重 30kg/m²，施工荷载 2500N/m²。

2. 主梁惯性距 $J_x = 220.74$cm⁴，截面系数 $W_{win} = 28.74$cm⁴。

3. 立柱最大承载力为 36000N。

4. 主梁的许用应力 $[\sigma] = 17000$N/cm²。

5. 主梁的允许最大挠度＜1/1000。

（3）施工工艺

1）模板配备：当楼板浇筑混凝土后通过养护并完成张拉时（一般需要 10d 左右）即可拆除张拉后平台模板，且保留支撑，该层模板则可翻到上层使用。按此推算，平台模板始终有二层在用、一层周转，而支撑始终有四层在用一层周转，所以配备三层平台模板、五层支撑即可满足该工艺要求。

2）操作流程：

内筒柱头钢筋——→内筒柱头模板——→平台模板——→平台板钢筋（包括预应力筋）——→外围结构——→捣混凝土

申鑫大厦主楼标准层预应力平台模板采用 SP-70 快拆模板体系后整个平台模板施工周期仅需一天半时间即可完成。所以该模板系统不论从工艺要求上和工期要求完全能满足后张无粘结预应力楼盖施工体系的要求。

2.6.7 几个必须解决好的问题

虽然后张无粘结预应力楼盖具有上述优点，但是该工艺与上海地区目前的传统施工工艺尚存在一系列的矛盾。如何解决这些矛盾是采用该工艺成功与否的关键。申鑫大厦无粘接预应力楼盖施工的成功主要是较好地解决了这一系列的矛盾。

（1）组织专业管理班子，加强专业管理

由于预应力结构的预应力效果是整个结构成败的关键，所以预应力工艺施工的质量控制是整个结构质量控制的关键。因此进行专业管理是质量保证的必要措施，而按传统的分工种条线管理，对于预应力工艺来说归口管理有一定难度。为此我们打破了传统管理模式，成立了一个专业管理班子。该班子由技术员、钢筋翻样、木工翻样组成，专门负责预应力部分的材料验收、钢绞线铺设、张拉垫板安装、钢绞线包皮的补损，乃至隐蔽工程验收以及预应力张拉等工作。从技术交底、操作质量控制到施工资料的收集汇总，分头落实到人，各工序之间一环扣一环，不留管理空白点，使整个施工过程始终在管理小组的控制之中，从而保证了施工质量。

（2）简化铺设预应力筋的工序

由于预应力筋在板中呈曲线状，在不同部位有不同的矢高要求，引起纵横向预应力筋在交叉处标高各异，所以给预应力筋铺设 顺序及马凳安装带来很大的难度。通过几个楼面的施工实践，我们找出了一个简化铺设预应力筋工艺的施工方法。首先在同向铺设的预应力筋范围内找出若干条同矢高线，然后在这些等高线上安装等高统长马凳。铺设钢绞线后，只要在局部区域零星加设几个单独马凳后，钢绞线的曲线矢高即能满足设计要求。这种做法大大地加快了预应力钢绞线的铺设速度。另外，铺设预应力筋顺序应考虑先满足受力预应力的矢高要求，遵循低标高先铺，高标高后铺的原则，在局部边角处略加编穿即可。以本工程的一个标准层楼面预应力筋铺设工作为例：铺设钢绞线总数为 320 根，每个楼面分为二个独立施工块，每块安排十余人用 3～4h 即可完成一个楼面的全部预应力筋的铺设工作。所以在总体施工速度上与普通框架结构施工不相上下。

（3）较好的解决了外墙张拉操作平台问题

由于预应力钢绞线的张拉端绝大部分设置在外墙上，而预应力筋张拉必须等到混凝土强度达到设计强度的 75% 之后进行。若按每月四层结构的施工速度推算，那么外墙挂脚手将因提升而无法为外墙张拉端提供操作平台。针对这个矛盾，我们会同了甲方及设计单位共同商量，最后采用了将后浇外挑平台略作修改后，改为与楼面结构一起浇捣的方法，将外挑结构作为张拉操作平台，排除了依赖外墙挂脚手作为操作脚手的局限性，加快了总体结构施工速度。这个经验对于今后类似建筑物的设计与施工具有一定的借鉴作用。

（4）解决好与设备安装之间的矛盾

无粘结预应力楼板内的预应力筋在跨中主要布置在板底部位，而往往该部位又是水电安装的电管、灯头箱等设备埋设的集中区域，在位置及标高上两者之间势必发生矛盾。所以必须采取措施协调好两者之间的矛盾。根据施工经验认为：水电安装的埋管工作宜在预应力铺设前进行，这样可避免在埋管过程中的电焊及锐器损伤预应力筋。但是在位置及标高上应先满足预应力筋的铺设预留位置，以确保预应力筋在楼板中的位置及正确性。另外，在浇捣混凝土完成之后的楼板上严禁擅自打孔，严禁在楼板的跨端面部及跨中底部设置膨胀螺丝，以免因损伤预应力筋而造成结构危害。这个问题应在设计及施工时得到足够的重视。

2.6.8　施工小结

采用无粘结预应力楼盖设计可降低结构层高，减轻自重，增大使用面积，改善建筑物使用功能。

预应力施工技术先进，具有施工方便，速度快，安全可靠的特点，申鑫工程平均每 7 天即可完成一层楼板的施工。

本工程采用的 QM 无粘结预应力张拉锚固体系设计合理，技术参数齐全，锚固性能可靠，在施工中使用效果良好，同时配套使用的 YCQ-20 型前卡千斤顶，具有重量轻，体积小，操作简单的特点，非常适用于高层无粘结工程的张拉施工。

（江逢潮）

2.7　国际信贸大厦施工技术

2.7.1　工程概貌与施工基本情况

（1）工程概况和主要特点

国际信贸大厦位于浦东新区外高桥保税区 C 区 C4-001 地块内，基地面积 6500m²，总建筑面积 47725m²，其中主楼地上 26 层，地下 2 层车库，高 100m，外形呈扇形，该大厦为 5A 级智能化办公大楼。

该大厦基础工程桩为钻孔灌注桩，其中主楼下为 $\phi800$ 钻孔灌注桩，桩长 50m（有效长度），根数为 337 根；裙房和车库下为 $\phi550$ 钻孔灌注桩，桩长 24m（有效长度），根数为 55 根；承台厚 1.5m 和 2.5m 整体钢筋混凝土底板，主楼与裙房车库底板高低接槎处不设后浇带，主楼上部结构为框架、核心筒核心体系。

（2）建筑物所处的地貌特征

该大厦自然地面平均标高为 +0.345m（相对标高），工程地质条件较差，整个基础下部为灰色淤泥质粘土和灰色淤泥质粘土土层，土的含水量为 40% 左右，孔隙比较大，渗透系数小，抗剪强度低。

（3）施工组织和工期情况

施工管理形式按照总承包的角色全方位的介入整个施工过程中，包括技术、质量、计划、安全、经济指标等管理的全过程。

国脉大厦开工日期为 1994 年 3 月 1 日，原计划竣工日期为 1996 年 6 月 30 日，目前由于资金情况暂缓至 1997 年 12 月 31 日竣工。

1994 年 8 月 25 日～1994 年 11 月 5 日挖土阶段。

1994 年 11 月 5 日～1994 年 12 月 31 日 ±0.000 以下结构施工。

1995 年 1 月 1 日～1995 年 7 月 28 日上部结构施工。

结构实际工期为 6 个月，扣除裙房结构施工，标准层工期平均为每层 6d。

（4）施工主要平面布置

详见图 2.7-1。

（5）结构工程主要实物量

土方：87200m³   模板：10000m²

钢筋：8664t   混凝土：36000m³

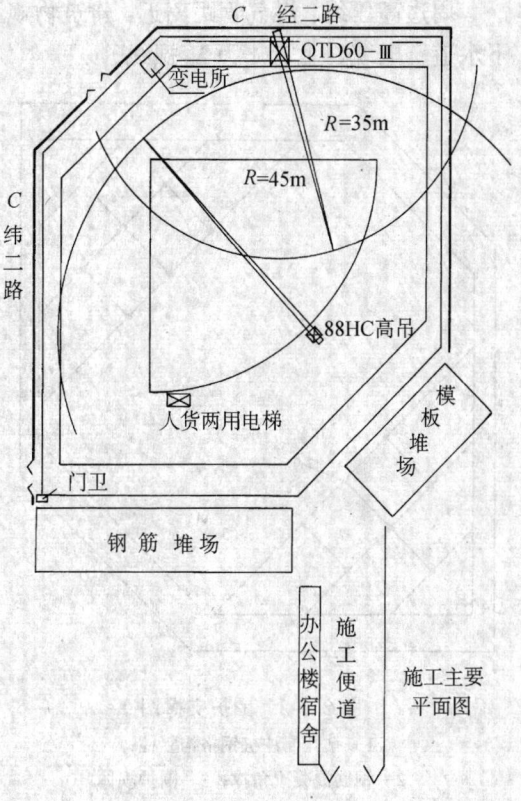

图 2.7-1 施工主平面图

2.7.2 施工技术与质量

（1）施工采用的工艺体系

该大厦主楼为框架核心筒剪力墙体系，核心筒电梯井道采用张缩式电梯井芯模，圆柱、圆弧、梁均采用定型加工钢模板，平台模板采用七夹板。

（2）各主要分部、分项工程施工技术

1）围护支撑工程：

该大厦围护支撑工程采用"大面积深基础搅拌桩有限支撑"施工技术，它克服了基础所处环境的恶劣条件，诸如"开挖面积大"、"基础埋置深"、"地质条件差"、"周边利用地方小"、"周边高压线、煤气管距离近"等。

基坑开挖面积大：约为 6657m²，最大对角线长达 90m，地下室建筑面积也大，约为 5330 × 2＝10660m²。相应土方量大，截桩量也大。

基础埋置深：达到 −10.55m 及 −13.25m，地下二层，基础施工期长，相应的基坑暴露时间长，要求的围护体系安全工作周期长。

地质条件差：基坑开挖位至 3～2 层，土力学指标差，呈流塑状态，开挖土层含水量达 40%，挖土扰动极易液化，在水压下形成流砂。

周边利用地方小：基坑开挖面积虽大，而周围可供利用的场地相对却极小，基础外缘距马路侧石太近，特别是西北两侧，无法挖土卸载，南侧余地不多，东侧距拟建的中良大厦公共红线为 6.5m，只能按中良大厦工程进展视情况利用。

周边高压线、煤气管距离近：建筑物规划红线与马路侧仅 4m 或不到，下有煤气管、上下水道、电缆，上有 1 万 V 裸线。

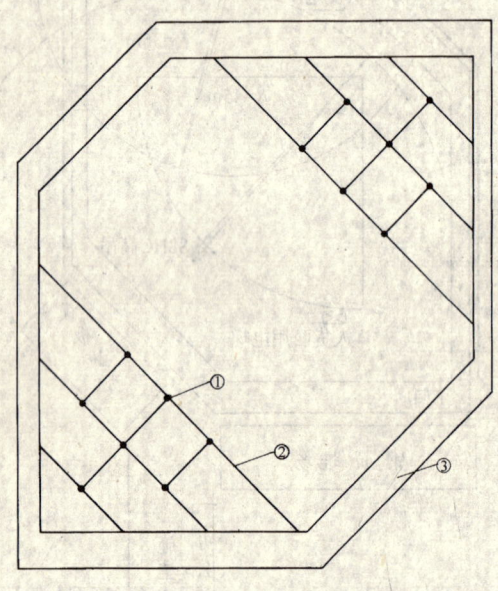

图 2.7-2　围护支撑图
1—钻孔灌注桩钢格构立柱；
2—钢筋混凝土角撑；3—围护坝体

综合场地条件和理论计算依据，坝体结合基础呈六边形的特点，分别对六条边形采用不同类型的围护结构：东、西两条边采用窄坝体，坝体为水泥土深层搅拌桩间以钻孔灌注桩加强；南边、北、东南、西北边采用纯水泥土搅拌桩重力式宽坝体，在坝体形式上采用了 h 形三阶梯断面，在第二阶梯断面上设置卧梁及坑内有限平面混凝土支撑，该支撑体现了大敞口特点，极其方便了挖土施工。围护支撑详见图 2.7-2、图 2.7-3。

水泥土搅拌桩施工中应引起注意的要点：

①严格控制好桩顶标高，桩体的垂直度偏差控制在 1% 内。

②桩体搭接施工一般不超过 24h，在施工搭接桩时，必须做到定位准确。下钻成孔时必须放慢速度保证搭接，搭接时间超过一周，搭接部位须增加 20% 水泥掺量。

③认真按图施工，准确控制水泥掺量和外加剂掺量，不同批量不同标号水泥不得混用。

④压浆应连续进行，不可中断，浆液应拌匀不得沉淀，严格控制提升速度，每延长米不可快于 2.5～3min。

2）土方工程：

根据该大厦地质情况，挖土前打设 7 口深井泵（其中 1 口为观察井），用于基坑内降水，并在挖土前一星期开泵抽水，直至垫层混凝土浇捣完毕后拆除，深井泵型号为 JC100×10，打设深度为 25m，降水半径 9m。深井泵布置详见图 2.7-4。

土方挖除根据围护支撑系统中间大敞口的结构特点，在中间留设土岛见图 2.7-5。由西

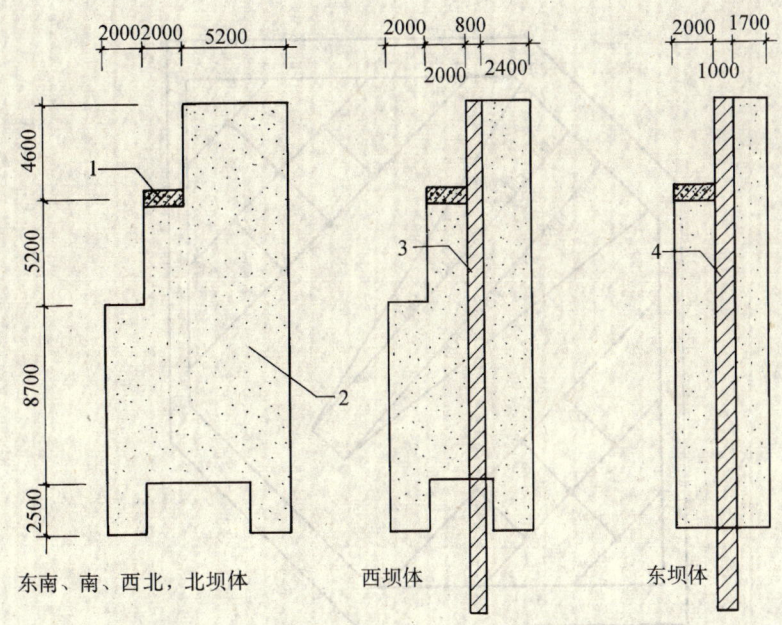

图 2.7-3 围护支撑图

1—钢筋混凝土卧梁；2—水泥土搅拌桩；3—φ800 钻孔灌注桩@1000；

4—φ1000 钻孔灌注桩@1150

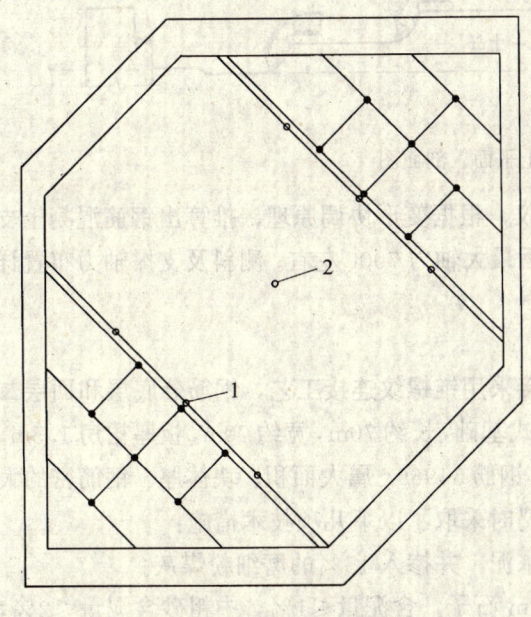

图 2.7-4 深井泵布置图

1—深井泵；2—观察井

北角出土，最后收头在西北角。开挖第二层土时，采用 2 台挖土机接力挖土，避免采用钢栈桥，加强了挖土速度和降低了挖土成本。

本次挖土采用 2 台美国产 cat1.2m³ 同时挖，扣除政府行为（国庆节期间停止挖土 15d）和支撑养护时间，平均每天出土约 2000m³。挖土平面图详见图 2.7-5。

在完成支撑混凝土浇捣开始第二层挖土前，开始围护结构进行测斜观测和钢筋混凝土支撑轴力监测，为挖土提供可靠的信息，本次监测共设 5 根斜管，采用钻孔埋设，埋深同搅拌桩深度一致，测斜管滑槽平面轴线垂直基坑边线，测斜导管采用外径 φ70、内径 φ59 的 PVC 测斜管。

测斜结果：从测斜曲线看，最大位移在坑深 13～15m 处，即在坑底下 4m 左右，在底板混凝土完成前该处的位移值在 6.6～10.4cm 之间，在底板混凝土浇捣完成和钢筋混凝土支撑系统爆破后，最大位移仅增加 1cm 左右。

从支撑轴力监测方面看，轴力监测取最长一道钢筋混凝土支撑作为监测对象，设 4 个

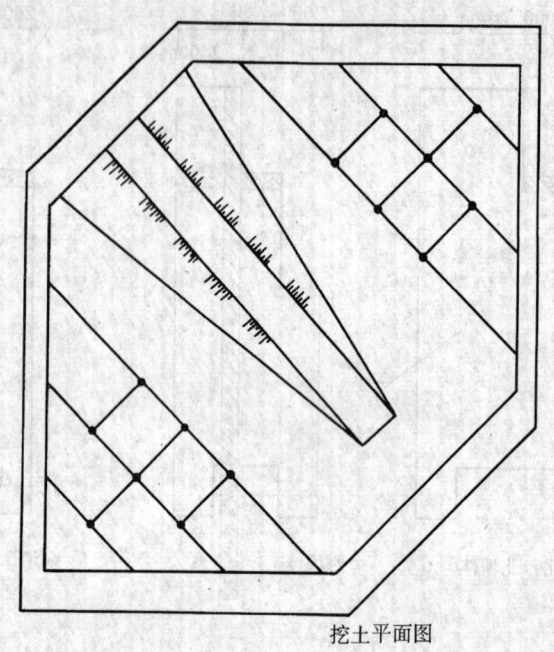

挖土平面图

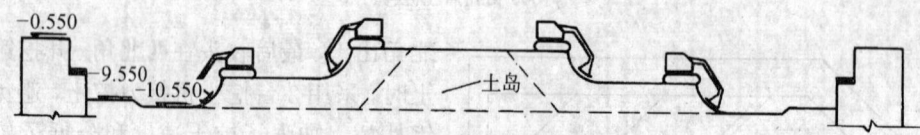

图 2.7-5 挖土平面、剖面图

测试截面，每截面放 4 只钢弦式混凝土应变仪，根据变形协调原理，推算出钢筋混凝土支撑轴力开挖阶段最大轴力近 900t，底板完成后最大轴力 700t 左右。测斜及支撑轴力布置详见图 2.7-6。

3）基础工程：

该大厦基础底板采用 φ40 钢筋，钢筋连接采用锥螺纹连接工艺，钢筋分底层和面层二层，面层钢筋置在钢筋支架上，基础底板为板式基础，长约 70m，宽约 70m，板厚裙房 1.5m，主楼 2.5m，面积 5000m²，混凝土 12800m³，钢筋 5496t，属大面积、块体厚、钢筋密的大体积混凝土，浇捣时不设后浇带，因此在浇捣时采取了以下几项技术措施：

①选择水化热较低的 425 号矿渣硅酸盐水泥，并掺入 15% 的磨细粉煤灰。

②设计良好的混凝土级配，采用 5～40mm 石子，含泥量≤1%，中粗砂含泥量≤2%，每立方米水泥用量控制在 380kg 以内。

③实施微电脑温差监护以及时调整养护措施，确保混凝土内外温差控制在 30℃ 以内，并且每昼夜降温控制在 1℃ 内。

④混凝土养护：混凝土表面收水后，覆盖一层塑料薄膜，上盖一层草包，视内外温差情况配备一层草包备用。

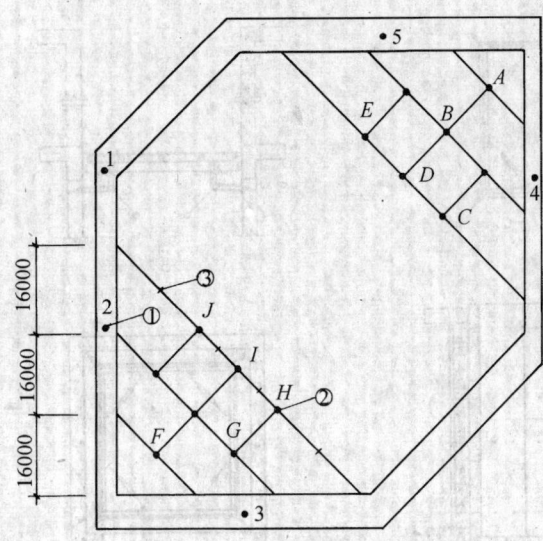

图 2.7-6 测斜及支撑轴力布置图

1—A~J 为支撑与钢立柱处沉降点;

2—1~5 为测斜观测点;

3—"+"混凝土支撑轴力测试截面共四个

由于采取了以上措施，整块底板没有发现温度裂缝产生。

钢筋支架按 4m×4m 为一单元 2.5m 厚底板，主柱、斜杆、水平杆均采用∟75×75 角铁电焊连接。1.5m 厚底板主柱、斜杆、水平杆采用∟63×63 角铁电焊连接。

基础底板混凝土浇捣采用 6 台泵车同时浇捣，耗时 49h。

4）结构工程：

①模板工程：主楼电梯井内模采用张缩筒子模，施工提升过程见图 2.7-7。由于采用了核芯模板，确保了电梯井井道的垂直度，现观察结果垂直度偏差在 1.5cm 以内，且大大的减少了工人操作的劳动强度，提高工效，经与小钢模板墙装配对比，每层约节约人工 24 个工。张缩筒子模详见图 2.7-7。圆柱和圆弧梁均采用加工定型钢筋，平台均采用七夹板作底模。

②钢筋工程：钢筋接头一律采用绑接，搭接长度为 35d。

③混凝土工程：结构混凝土均采用泵送浇捣，除基础底板到结构四层采用汽车泵泵送以外，其余均使用德国产"大象"牌固定泵进行泵送，配以 ϕ125mm 的输送管道，施工现场主要解决泵管布置和固定，搅拌站解决混凝土级配，通过双方密切配合，使每次泵送保持正常工作状态。

④泰柏板安装：

施工顺序：

$$立槽钢骨架\rightarrow 安装U码\rightarrow 拼装泰柏板\rightarrow \begin{bmatrix} 水电管线穿管 \\ 木砖预埋 \end{bmatrix}$$

→角网、平网补强→墙面粉刷

泰柏板施工主要有以下特点：

a. 该大厦在泰柏板采用了 C 种加强形式，门框节点处用 5 号槽钢加固，墙体长度超过 3.6m 时，用 5 号槽钢加固，加固形式详见图 2.7-8。

b. 墙板下脚用 U 码配以 ϕ10 钢筋码长 20cm，二面固定。

c. 墙板与墙板连接用"之"字条覆盖加强。

d. 墙板转角结合处，阳角用 L 型方格网补强，阴角用蝴蝶网或小 L 型方格网补强。

e. 墙板与平顶处用横向"之"字条加强。

⑤施工机械：该大厦挖土前布置了一台 88HC 高吊和一台 QTD-60Ⅲ红旗吊，解决主楼的附房垂直运输，结构施工至 6 层时启用一台双笼宝山牌施工电梯。

⑥脚手工程：结构施工时该大厦不搭设全封闭外脚手，而采用悬挂脚手，其搭设方式

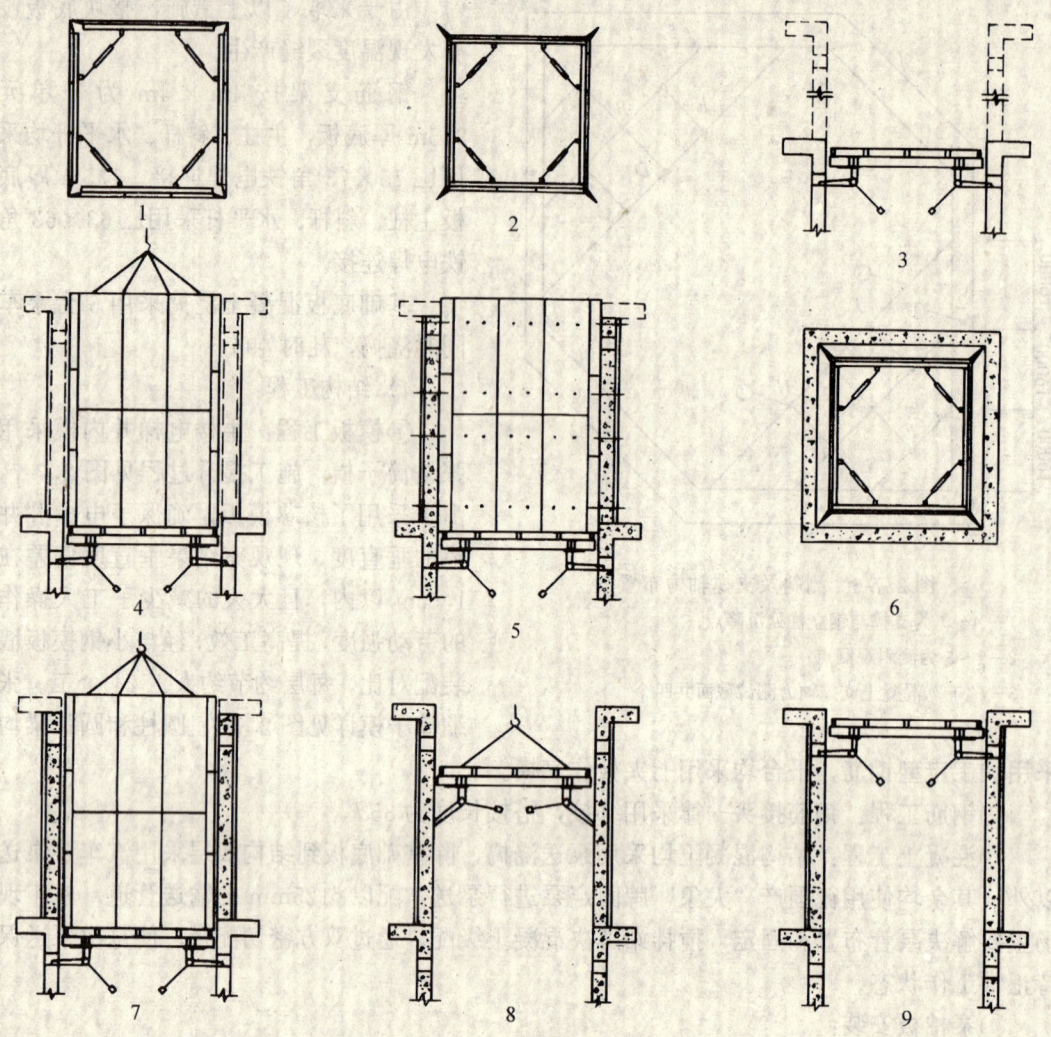

图 2.7-7 张缩筒子模

说明：电梯井操作平面及筒模配套使用工艺步骤：

1—现场组装筒模，成张开状态；

2—拉拢筒模四角，刷脱模剂，准备吊装就位；

3—现场组装操作平台，并吊入预留孔，调节高度及水平；

4—绑筋，支墙模，设预埋孔，吊入筒模插入穿墙螺栓；

5—撑开筒模四角拧紧穿墙螺栓，浇灌混凝土；

6—拆除墙模、收缩筒模四角、使筒模脱离墙体；

7—筒模吊高井筒，清理筒模，刷脱模剂准备再吊入；

8、9—提升操作平台，调节水平，准备下层施工（可与墙顶板同步）

如图 2.7-9 所示。按照结构施工速度要求，配置三层悬挑脚手材料，施工第四层时用第一层的脚手材料，此脚手 的搭设解决了外圈圈梁外挑平台施工和保证了施工人员的安全生产。外挑脚手详见图 2.7-9。

随层次升高每五层搭设挑网和平网，挑网采用 3cm×3cm 小网格安全网，且在结构 5 层

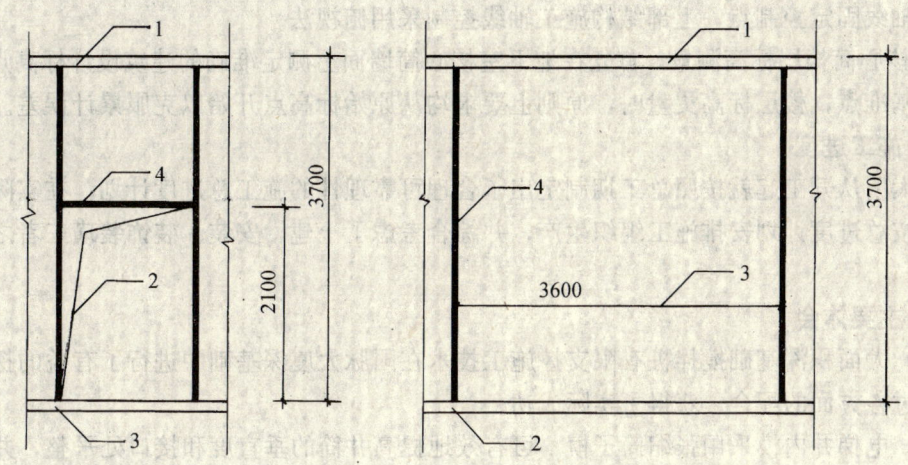

图 2.7-8　泰柏板加固图

1—楼层平台混凝土；2—门洞；　　　　　1—楼层平台混凝土；2—膨胀螺栓与槽钢焊接；

3—膨胀螺栓与槽钢焊接；4—〔5　　　　　3—槽钢立柱间距；4—〔5

和 10 层搭设外挑隔篱笆，外挑形式详见图 2.7-10。

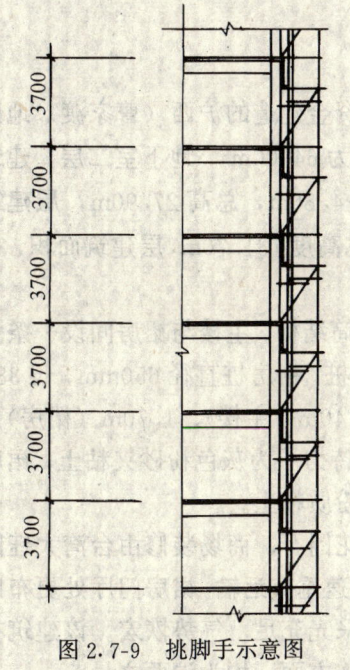

图 2.7-9　挑脚手示意图

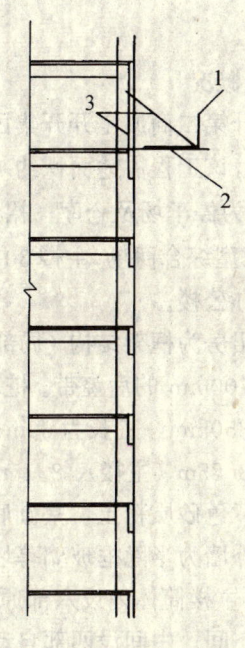

图 2.7-10　外挑隔离笆

1—ϕ48 钢管 1200 高；2—竹笆；

3—ϕ48 钢管立柱及拉杆

（3）结构轴线及标高测量控制

为保证不同结构间的平面相关位置、标高一致，施工时采取如下措施：

a. 统一丈量工具，一次性综合定位。

b. 主楼轴线定位分二次进行，第一次根据整个工程的定位控制轴线，将其引至基础垫层上，作为基础底板的施工依据，第二次是在底板面上引出控制线，精确定位定出控制轴

线做好轴线固定控制点，上部结构施工轴线控制采用俯视法。

　　c. 核心筒楼层标高测量，首先在地下室核心筒墙面上测定准确的建筑设计标高点，作为统一基准点，楼层标高丈量时，原则上要求均从原始标高点开始以克服累计误差。

2.7.3　施工进度

　　该大厦从开工起就按照总工期制定出了合理可靠理性的施工总进度计划，在实际操作上严格按总进度计划安排施工组织生产，并综合考虑了土建、安装、装饰装璜三者之间的矛盾点。

2.7.4　主要体会

　　(1) 大面积深基础搅拌桩有限支撑施工技术在国脉大厦深基础中进行了有益的探索实践，通过各方面的配合，获得了实际成功。

　　(2) 电梯井内模采用张缩筒子模，可有效地提高井筒的垂直度和接口处平整，并可大大地减小该部位工作的劳动强度。

(陈　舟　陆　锋)

2.8　上海开开第二商厦施工技术

2.8.1　工程概况

　　上海开开第二商厦是开开集团股份有限公司自筹资金建造的沪西（曹家渡）地区最大的商业建筑。该工程占地面积约 7000m²，总建筑面积为 64000m²。地下室二层，建筑面积为 8600m²，为停车场及仓库；裙房 6 层，层高 4.50～4.80m，总高 27.90m，层建筑面积4300m²，为大型综合商场；主楼 30 层，层高为 3.30m，总高度 131.70m，层建筑面积 1300m²，七层以上为办公楼。

　　该工程裙房为框架结构（局部剪力墙），主楼为框筒结构。主楼与裙房间设一条自底板至裙房顶宽 700mm 的后浇带。桩基为钢筋混凝土灌注桩，裙房桩直径 650mm，长 38m，主楼桩直径为 850mm，桩长为 60m。基础底板厚度为 2.40m（主楼）、1.70m（裙房）。基坑开挖深度为 8.85m（主楼）、8.15m（裙房）。主楼桩基持力层为灰色粉砂夹粘土，裙房桩基持力层为灰黄色砂质粉土，基础底板所在层土为灰色粉质粘土。

　　该工程外墙为半隐框玻璃幕墙、铝质扣板及少量花岗石，商场装修由台湾大钰国际设计公司设计。主楼筒体内设六部原装 OTIS 电梯进行高速垂直运输。裙房门厅处更布以近千平方米共享空间，中间设四部自动扶梯供人员上下，采光充足，气势恢宏。该建筑在智能化程度上达到四 A。所以不论在格局、体量还是在设施方面，均为沪西之最。

　　该工程开工日期为 1994 年 9 月 12 日，合同工期为 1996 年 11 月。结构工程主要实物量为：土方开挖 54000m³，钢筋 7450t，模板 125000m²，混凝土 36500m³。

2.8.2　工程特点

　　(1) 该建筑位于市级商业网点曹家渡之中心，万航渡路长宁支路口，为静安、普陀、长宁三区交界处。东距万航渡路 15m，北距长宁支路 7.5m，而离康福里旧居民住宅仅 4m，南临太平里旧居民宅 6.5m。建筑物及基坑西侧基本无施工场地，场内道路无法环通，给施工带来相当的困难。

（2）本施工区域原有金沙江商场及沪西电影院拆迁后遗留下的大量地下障碍物尚待清除，土质情况差，且局部有暗浜，地下水位也较高，一般在地表下 0.6m。

（3）四周的地下管线和民宅均距基坑或建筑物较近，且年久失修，老化，经不起有较大的位移、变形出现。周围居民对工地上文明施工、相关的安全及噪声、光源污染均提出了严格要求。

（4）工地东面靠万航渡路一侧的原邮局及鼎新园点心店因社会需要在施工期间仍须保留，而工地北侧大门外的长宁支路又是西向车单行道，故在施工场地安排及交通运输方面更显得捉襟见肘。

（5）施工主要平面布置见图 2.8-1。

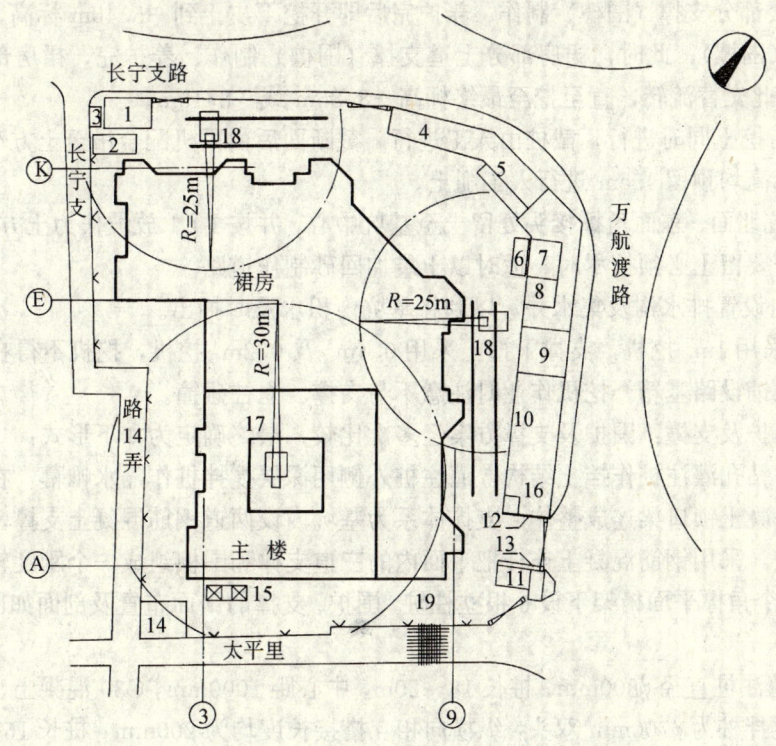

图 2.8-1　施工主要平面布置图

1、4—办公室及宿舍；2—仓库；3—公用电话亭；5—电工及机具间；6—便槽；7—厕所；8—浴室；
9—邮局；10—宿舍；11—配电间；12—"七牌一图"；13—花坛；14—食堂；15—人货电梯；
16—门卫；17、18—内爬吊；19—防护架

2.8.3　施工技术和质量

（1）施工采用的工艺体系

该工程主楼为内筒外框全现浇钢筋混凝土结构,裙房为钢筋混凝土框架剪力墙结构。模板除楼板底模采用七夹板外均以小钢模拼装辅以部分定型钢模（圆柱、楼梯间外墙等）；外脚手裙房部分采用双排双拼落地外脚手，主楼部分因是标准层，为加快施工进度，外脚手采用整体提升脚手；每一层面柱（墙）、梁、楼板等均采用泵送混凝土一次完成。

以上除整体提升脚手外均为成熟工艺,在物资、设备的调配及采购上均能得到保证。而整体提升脚手经过多方勘察、比较及论证,其合理性、安全性和在经济上的节约都是其他脚手方案所不能比拟的。

(2) 主要分部分项工程施工技术

1) 土方工程:

①土方开挖:该工程基坑开挖面积逾 $5000m^2$,总土方量为 $54000m^3$,实际开挖深度为主楼 8.85m、裙房 8.15m,局部达 11.15m。由于基坑支撑采用的是两道混凝土支撑,故挖土、支撑制作、截桩必须同时进行,交替流转,具体施工过程为:

a. $0.4m^3$ 反铲式挖机将主楼基坑挖至 $-0.80m$ 标高,然后制作主楼部分上道支撑(围檩),同时开挖裙房部分上皮土,制作裙房部分上道支撑(围檩)。

b. 待主楼部分支撑(围檩)制作、养护完后即开挖下皮土到 $-5.40m$ 标高,接着再制作下道支撑(围檩);此时,裙房部分上道支撑(围檩)制作、养护完,裙房部分开挖至 $-5.40m$;如此交替流转,直至挖至最终标高 $-8.85m$ 或 $-8.15m$。

c. 截桩与挖土同时进行,截桩由人工进行,截断面后由吊机配合吊至土方车上。每皮土方至规定标高均预留 15cm 进行人工削土。

d. 在基坑北面、东面角撑接头处留土至基坑中心,并按 1:1 放坡作为土方外运车道。因支撑制作需要留土必须挖尽时,适时以土袋加回砂制作道路。

e. 基坑内设置排水沟及集水井,以利将基坑内积水及时抽出。

f. 驳土采用 $1m^3$ 挖机,支撑下挖土采用 $0.4m^3$ 及 $0.2m^3$ 挖机,挖机不得在支撑上行走,作业时须铺设路基箱。挖机作业时注意不与支撑、立柱碰撞。

②基坑围护及支撑:围护及支撑方案经多次比较,最终确定为如下形式:

围护采用钻孔灌注桩作挡土结构,灌注桩外侧用深层搅拌桩作隔水帷幕,在灌注桩顶部浇筑钢筋混凝土锁口梁连成整体,支撑体系为基坑内设两道钢筋混凝土支撑,为保证支撑平面内稳定,采用钢筋混凝土连杆把平面内的三道支撑和围檩组成一个刚度较大的平面桁架,在每一个角撑平面桁架下设 6 根立柱桩,围护、支撑的平面布置及剖面如图 2.8-2 所示。

a. 钻孔灌注桩直径 $\phi800mm$,桩长 18~20m,中心距 1000mm,C30 混凝土,主筋为 12 Φ 25。深层搅拌桩为 $\phi700mm$ 双头,纵横向相互搭接长度均为 200mm,桩长 16~18m,水泥掺量为 13%。混凝土支撑上、下道截面均为 $b \times h = 1000mm \times 700mm$,标高分别为 $-0.40m$ 及 $-0.50m$;连杆截面为 600mm×600mm;上、下道围檩截面分别为 $b \times h = 1000mm \times 800mm$、1400mm×800mm;立柱桩其钻孔灌注桩直径为 800mm,入土深度 18m。围檩、支撑混凝土均为 C30。

b. 围护、支撑设计分别按挖土与支撑拆除四个工况进行计算。计算结果为:钻孔桩挡土墙每延米宽承受弯矩 $M_{max} = 480kN \cdot m$,桩顶最大位移为 18mm,桩身最大位移为 43mm,上道支撑力 $N_{max} = 338kN/m$,下道支撑力 $N_{max} = 553kN/m$。

c. 围护桩施工时与工程桩同步进行,围檩、支撑施工与挖土、井点降水穿插进行。支撑及围檩拆除采用定向爆破,拆除前须进行换撑,具体为:在砂垫层上、基坑壁与基础底高为 50cm,面标高分别同底板面标高、地下二层顶板面标高。换撑时间分别在基础底板施工养护完及地下二层施工养护完后。

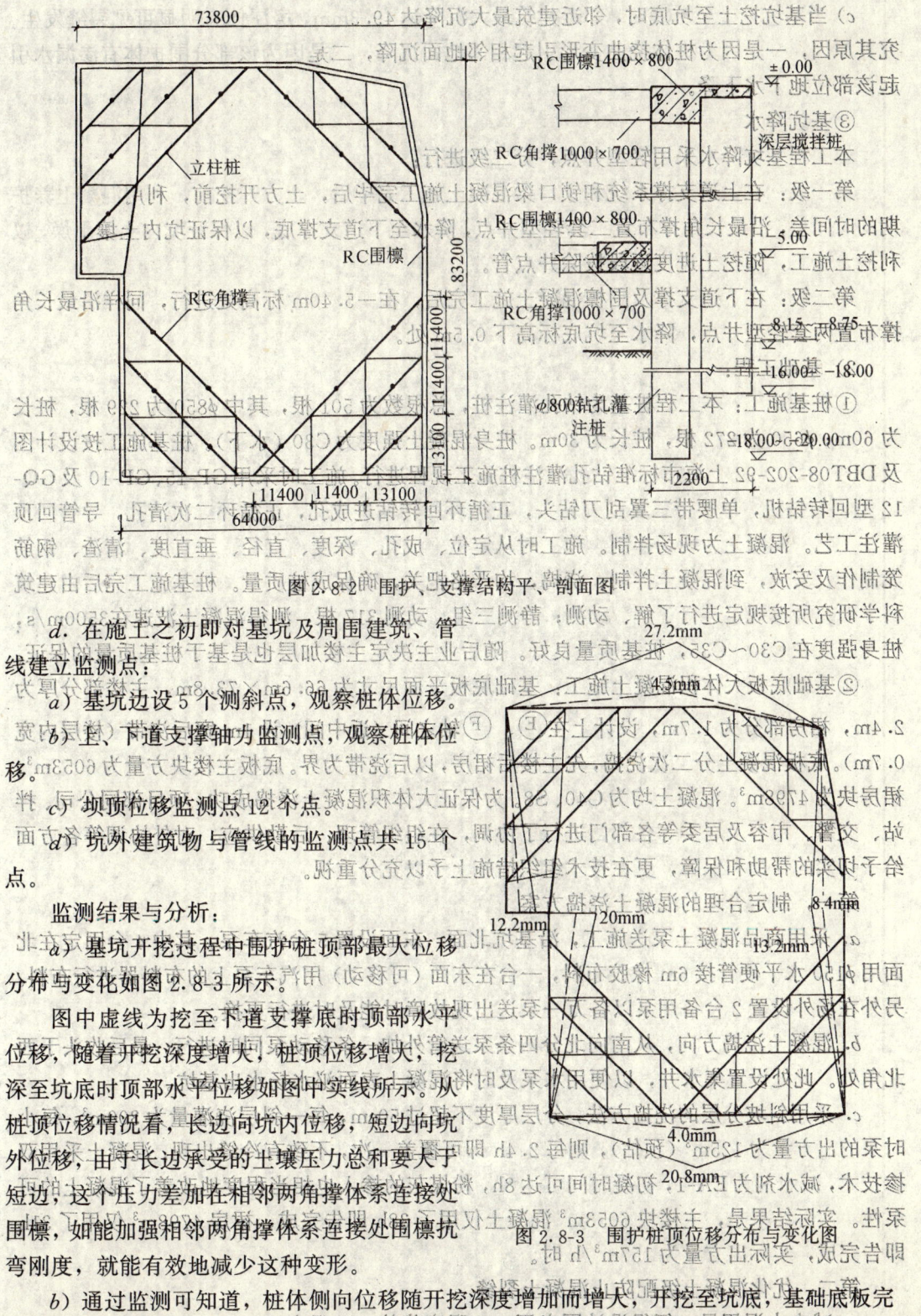

图 2.8-2 围护、支撑结构平、剖面图

图 2.8-3 围护桩顶位移分布与变化图

d. 在施工之初即对基坑及周围建筑、管线建立监测点:

a) 基坑边设 5 个测斜点,观察桩体位移。

b) 上、下道支撑轴力监测点,观察桩体位移。

c) 坝顶位移监测点 12 个点。

d) 坑外建筑物与管线的监测点共 15 个点。

监测结果与分析:

a) 基坑开挖过程中围护桩顶部最大位移分布与变化如图 2.8-3 所示。

图中虚线为挖至下道支撑底时顶部水平位移,随着开挖深度增大,桩顶位移增大,挖深至坑底时顶部水平位移如图中实线所示。从桩顶位移情况看,长边向坑内位移,短边向坑外位移,由于长边承受的土壤压力总和要大于短边,这个压力差加在相邻两角撑体系连接处围檩,如能加强相邻两角撑体系连接处围檩抗弯刚度,就能有效地减少这种变形。

b) 通过监测可知道,桩体侧向位移随开挖深度增加而增大,开挖至坑底,基础底板完成时桩体侧向位移最大,达 7.53mm,较理论值大,最大位移均在坑底下 2~3m 处。

c）当基坑挖土至坑底时，邻近建筑最大沉降达 49.3mm，房屋体有明显可见裂缝发生。究其原因，一是因为桩体挠曲变形引起相邻地面沉降，二是因为该部分围护体有渗漏水引起该部位地下水下降。

③基坑降水

本工程基坑降水采用轻型井点，分二级进行：

第一级：在上道支撑系统和锁口梁混凝土施工完毕后，土方开挖前，利用混凝土养护期的时间差，沿最长角撑布置二套轻型井点，降水至下道支撑底，以保证坑内土壤干燥，以利挖土施工，随挖土进度逐段拨除井点管。

第二级：在下道支撑及围檩混凝土施工完后，在 -5.40m 标高处进行，同样沿最长角撑布置两套轻型井点，降水至坑底标高下 0.5m 处。

2）基础工程：

①桩基施工：本工程桩基为钻孔灌注桩，总根数为 501 根，其中 $\phi850$ 为 229 根，桩长为 60m；$\phi650$ 为 272 根，桩长为 30m。桩身混凝土强度为 C30（水下）。桩基施工按设计图及 DBT08-202-92 上海市标准钻孔灌注桩施工规程进行。施工时采用 GP-15，GP-10 及 GQ-12 型回转钻机，单腰带三翼刮刀钻头，正循环回转钻进成孔，正循环二次清孔，导管回顶灌注工艺。混凝土为现场拌制。施工时从定位、成孔、深度、直径、垂直度、清渣、钢筋笼制作及安放，到混凝土拌制、浇捣，均严格把关，确保成桩质量。桩基施工完后由建筑科学研究所按规定进行了解、动测；静测三组，动测 317 根，测得混凝土波速在 3500m/s，桩身强度在 C30～C35，桩基质量良好。随后业主决定主楼加层也是基于桩基质量的保证。

②基础底板大体积混凝土施工：基础底板平面尺寸为 66.6m×73.8m，主楼部分厚为 2.4m，裙房部分为 1.7m，设计上在 Ⓔ、Ⓕ 轴之间（近中间）设 1m 宽后浇带（楼层内宽 0.7m）。底板混凝土分二次浇捣，先主楼后裙房，以后浇带为界。底板主楼块方量为 6053m³，裙房块为 4798m³。混凝土均为 C40、S8。为保证大体积混凝土浇捣成功，项目部同公司、拌站、交警、市容及居委等各部门进行了协调，在组织管理、后勤供应、对外协调等各方面给予切实的帮助和保障，更在技术组织措施上予以充分重视。

第一，制定合理的混凝土浇捣方案

a. 采用商品混凝土泵送施工，沿基坑北面、东面设置 5 台汽车泵，其中 4 台固定在北面用 $\phi150$ 水平硬管接 6m 橡胶布料，一台在东面（可移动）用汽车泵上的布料器进行布料。另外在场外设置 2 台备用泵以备万一泵送出现故障时能及时进行更换。

b. 混凝土浇捣方向，从南向北分四条泵送管外加一条移动泵同时进行，最后收头于西北角处。此处设置集水井，以便用水泵及时将混凝土表面泌水扬水出基坑。

c. 采用斜坡分层的浇捣方法，分层厚度不超过 50cm，每一斜层浇灌量为 300m³，每小时泵的出方量为 125m³（预估），则每 2.4h 即可覆盖一次，不致有冷缝出现。混凝土采用双掺技术，减水剂为 EA-1，初凝时间可达 8h，粉煤灰的掺入也相当程度地改善了混凝土的可泵性。实际结果是，主楼块 6053m³ 混凝土仅用了 38h 即告完成，裙房 4798m³ 仅用了 31h 即告完成，实际出方量为 157m³/h 时。

第二，优化混凝土级配防止混凝土裂缝

a. 减少水泥用量，征得设计同意用 60d 强度代替 28d 强度。

b. 水泥实际用量为 420kg/m³，为改善混凝土的和易性，可泵性，掺入粉煤灰，掺量为

$67.2kg/m^3$，减水剂选用EA-2。

第三，做好混凝土内外温度监测及控制工作

a. 采用微机实时温度监测仪，实施24h监控，监测期为一个月。

b. 根据底板平面形状、厚度，在底板中心，边缘以内一定范围设点，共设监测点53只。

c. 采用蓄热保温方法进行养护。在混凝土表面收头后即覆一层薄膜、二层草包再一层薄膜。随测温数据进行调整。

d. 监测结果及分析：

混凝土内部最高温度计算值，根据经验公式：

$$T_{max} = T_0 + \frac{W}{10} + \frac{F}{50} \tag{2.8-1}$$

得出$T_{max}=63.3℃$。表2.8-1是某点连续十天的实测结果。

表 2.8-1

天数（d）	1	2	3	4	5	6	7	8	9	10
中心温度（℃）	10.3	20.5	44.1	57.0	63.4	65.6	66.3	66.4	66.2	65.7
表面温度（℃）	10.2	7.6	24.9	42.4	46.4	45.2	39.6	40.2	40.4	38.5
内外温差（℃）	0.1	12.9	19.2	14.6	17.0	20.4	26.7	26.2	25.8	27.2

从表上及其他实测数据分析，可以得到这样一个结论：

a）混凝土内部实际最高温度峰值与理论计算值接近，说明上述经验公式在此类厚度底板的计算上是适用的；

b）混凝土内表温差基本控制在25℃左右。

c）昼夜降温速率完全控制在1.5℃。

d）混凝土最高温升值由边缘处向中心处递增，明显表明中心温度高，散热慢。

e）温升值边缘处控制在30℃内，而中心处最高达48.4℃，大大超过控制值，其原因主要是因水泥用量较多而搅拌运输时间过长。但最终混凝土表面仍未出现裂缝全赖于及时有效地调整养护措施，所以后期养护尤其显得重要。

3）结构工程：

①钢筋工程：为减少基坑敞开时间，防止坑壁、坑底产生不必要的位移及管涌、扰动，从工效、质量两方面考虑，决定用锥螺纹钢套筒（辅以少量冷压套筒）作为基础底板的钢筋连接方式。而除底板外的所有粗钢筋（$\phi25$及以上）连接均采用钢套筒冷挤压方式。

a. 与对焊、搭接焊及绑扎等传统工艺相比，机械连接（锥螺纹及冷压套筒等）具有如下优点：

a）能连接各种钢筋，不受钢筋种类及化学成分的限制。

b）连接质量高、对中性好，安全可靠。

c）连接器及钢筋可工厂化生产，连接速度快，生产效率高，工效较普通搭接焊方式提高10倍。

d）适应性强，在狭小场地，复杂钢筋排列处可灵活操作，能连接各方面钢筋，无须预留锚固筋。

e）无明火作业，不污染环境，现场施工不受环境、气候影响，可全天候作业。

f）施工技术及规范要求较为简单，对锥螺纹而言仅需控制扭矩；对冷套筒而言则须控制对中性、钢筋入套筒深度及压力值、压痕宽度（φ32 压痕总宽度≥60mm，φ25 压痕总宽度≥50mm）。通过现场的使用，积累及比较，我们发现冷压套筒与锥螺纹有相似的特点，但与之相比，另有差异：

ⓐ减少了加工过程，但增加了操作及设备要求。

ⓑ竖向连接时，控制好钢筋对中性及挤压长度即可，避免了锥螺纹施工因不易操作而难以达到规定力矩的缺点。

ⓒ母材不损失强度更高。锥螺纹拉伸试验破坏均在接头处，而冷压套筒均在原材塑断。

b. 本工程钢筋总用量为 7450t，除 φ25 以下采用普通绑扎外，其余均采用锥螺纹及冷压套筒。其中锥螺纹接头：φ32 为 21314 只，φ40 为 5777 只；冷压套筒接头：φ32 为 9600 只，φ25 为 9800 只。

c. 在施工过程中按规定对上述接头抽样进行拉伸试验，仅有一例钢螺纹为锥套筒拉出（其强度亦达到规定值）。

锥 螺 纹　　φ40 平均强度 480MPa

φ32 平均强度 490MPa

冷压套筒　　φ32 平均强度 555MPa

φ25 平均强度 545MPa

从上述数据可以看出，冷压套筒母材未受损失其强度明显高于母材部分损失的锥螺纹接头。而锥螺纹接头 φ40 强度反而低于 φ32 强，可能是材质所致。

②模板工程：本工程模板，墙、桩、梁及电梯井筒模均采用散装钢模拼装，φ48 钢管作竖横围檩及加固支撑，φ16 对拉螺栓拉结。平台板底模采用七夹板，排架支撑，木楞作底横楞。圆柱及部分墙体角模采用定型钢模。由于工期要求裙房每月完成二层，标准层每月完成五层，故裙房部分施工时配备二套模板系统（包括排架支撑），标准层施工时配备四套模板及其支撑系统（墙模板配制三套）。

③混凝土工程：本工程混凝土全部采用泵送商品混凝土。混凝土强度除底板、地下室分别为 C40、S8 及 C55、S8 外，七层以下为 C50，8～16 层为 C45，17～24 层为 C40，以上为 C30。泵送混凝土原材料，石子为 5～25，砂为中粗砂，水泥为 525 号或 425 号矿渣，视气候及需要掺入外加剂。坍落度技术层（十四层）以下为 12±2cm，向上逐渐增加至 14±2cm。泵送设备采用德国产 SCHWING BP-3000-HDD-18R 固定泵。

七层以下裙房施工时设备三台泵，标准层采用二台泵。泵管均采用 φ125 硬管（视需要在出料头子上接布料软管），泵管布置时视泵管高度将水平管与垂直管按适当比例布置，并尽量将弯头设计成 45°，以利泵送。遇高温施工时，在泵管上浇水或覆盖湿草包予以降温，防止混凝土坍落度损失过大，造成堵塞。每次施工均按规定制作混凝土试块。

④脚手工程：本工程建筑高度达 134.70m，如全部采用外脚手，则要耗用千吨以上周转料，费用极大，且安全、保养及标准化等问题上造成极大的不便。通过不断考证、比较，脚手方案最终定为，在 1～6 层裙房部分采用双排双拼落地外脚手；而 7 层以上则采用整体提升脚手架。

a. 整体提升脚手由特慢速提升机、脚手架承力架、φ48 钢管脚手架、提升机承力架、防

下坠及防外倾装置等组成。其原理为脚手架承力架位置安装提升机，采用特慢速电动环链葫芦带动整体脚手架同步提升或下行，以满足结构及外墙装饰施工需要。

b. 整体提升脚手一般高度为八排四层。按脚手宽度可分为 1300 系列、1800 系列等若干系列，对建筑上下进出不是很大的框架、筒体等各种结构形式均能适用。脚手主要设施情况及提升前后状况如图 2.8-4 所示。

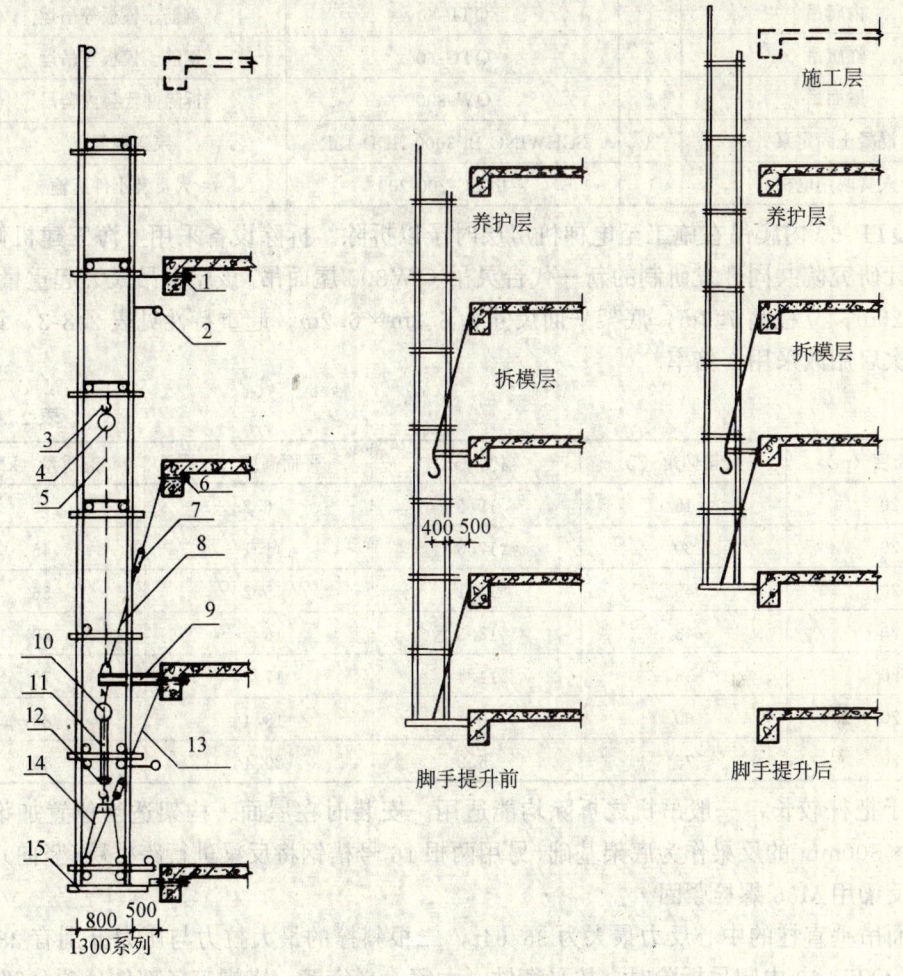

图 2.8-4 整体提升脚手剖面及提升前后示意
1—临时拉固螺栓；2—导向滑轮；3—爬机吊钩；4—爬机用手拉葫芦；5—爬机吊索；6—穿墙承重螺栓；7—花篮螺栓；8—拉杆下节；9—提升机承力架；10—特慢速提升机；11—起重链；12—动滑轮组；13—脚手架承力架拉杆；14—吊架；15—脚手架承力架

c. 脚手架设计时按每平方米承受施工荷载 $250 kg/m^2$ 计算。提升时每分钟升 6cm，每提升一层连前后准备共需约 2h。本工程共设提升机（位）29 只（套），防外倾及防下坠装置各 16 套。

d. 整体提升脚手仅为操作用，不作为堆物用，故不论在施工或提升时都不能在其上堆物。

e. 整体提升脚手不仅操作简便，大大加速施工速度，而且与落地脚手相比在经济上亦

大大节约。本工程为例，整体提升脚手较落地外脚手可节约实际费用35%，约40万元。

⑤施工机械：

a. 结构阶段主要施工机械见表2.8-2。

表 2.8-2

名　　称	数量	型　　号	用　　途
内爬吊	1	QTP-60	钢筋、模板等吊运
红旗吊	2	QTG-60	钢筋、模板等吊运
屋面吊	1	QW-800	拆除并代替内爬吊
混凝土固定泵	3	SCHWING BP3000 HDD-18R	泵送混凝土
人货两用电梯	1	宝山 SC-200-200	人员及小件运输

b. QTP-60内爬吊在施工至电梯机房层时予以拆除。拆除设备采用上海三建机修厂与建工设计研究院共同开发研制的新一代台灵吊-QW800屋面吊。该屋面吊最大起重量为8t，臂长为20m，立柱高7.7m，底架平面尺寸为6.2m×6.2m，起重特性见表2.8-3。钢丝绳由于首次启用故采用3倍率。

表 2.8-3

臂架长度（m）	臂架仰角（°）	幅度（m）	平面高度（m）	起重量（kN）
20	15	19.3	6.2	40
20	30	17.3	11.1	45
20	45	14.1	15.2	56
20	48	13.3	16	60
20	55	11.4	17.1	70
20	60	10	18.4	80
20	≤75	5.2	20.4	80

由于把杆较长，一般吊机之拆除均能适用。安装时在屋面、构架适当位置加设三根300mm×500mm的反梁作为底架基础，另用两根16号槽钢将反梁进行跨楼层（竖向）加固。底架与反梁用M36螺栓紧固。

屋面吊垂直柱的中心反力最大为36.64t，二根斜撑的最大拉力与压力分别有23.62t，22.71t。QTP-60内爬吊拆除时，按平衡铁、大臂、平衡臂、塔帽等各部件分项分解进行，主要几种工况见表2.8-4：

表 2.8-4

工况	工作半径（m）	额定起重量（kN）	起重件重量（kN）
Ⅰ	10	80	平衡重箱：30
Ⅱ	8	80	臂架总成：42
Ⅲ	11	72.7	提升机构：26.4
Ⅳ	14.8	54	转　　台：27.1
Ⅴ	12	66.6	平衡重箱：30

QW-800 本为吊机拆除专用。但本工程自有特殊及困难，由于内爬吊拆除后，屋面上尚有水箱层、斜梁结构尚未施工（高度达 14m），而先前考虑的角铁井架或独脚把杆等吊运设施在此时不可能启用。所以 QW-800 在内爬吊拆除完后尚须担当以后结构施工的吊运任务，能下亦能上。因此在卷扬机、钢丝绳导轨及排绳等方面作了相应的调整及变化。

本工程内爬吊的拆除是 QW-800 屋面吊的第一次实践运用，通过在本工程中的使用，对 QW-800 机械设施、性能及操作规程上都有了进一步的了解和积累，为以后徐浦大桥塔机的拆除积累经验、早作准备。

4）施工测量：

a. 轴线平面控制。整个工程的纵轴横轴线，根据规划红线及建筑总平面图，由建设单位、设计单位及施工单位三方认可的控制网轴线图测定。南北向以①、⑨轴为控制轴线，东西向以Ⓐ、Ⓚ轴为控制轴线（因Ⓐ、Ⓚ轴之间距离超过 50cm，故在中间Ⓖ轴处设一辅助控制轴线），在控制轴线两端道路或居民房屋上设控制点，用三角标记。

b. 结构垂直度控制。本工程垂直度采用天顶法。在 ±0.00 层面预埋四块 10mm 厚 200mm×200mm 不锈钢板，并在其上制作控制点，向上每层在此测点位置预留 200mm×200mm 测量孔用于投影定位。

c. 水准点的引测和层高控制。现场施工的水准点系根据长宁支路上的国家标准水准点用水准仪、水准尺进行引测，并在北大门处设工地临时水准点以便施工。层高及总高度控制均用同一钢卷尺丈量和复核。

5）保证质量与安全的组织管理措施：

①保证质量的组织管理措施：

a. 在工地建立较为完整的技术管理系统和质量保证体系。从技术方案的制订、技术交底、操作过程的检查指导，到隐蔽工程验收、质量监督和最终工程质量的自检自评，从原材料的产品标识溯源、试件试样结果的及时反馈到技术、质量资料的及时整理，进行了全过程的技术质量管理。

b. 建立以项目经理领导的质量管理小组，从项目经理、项目工程师到质量员、操作人员、全员重视质量，建立并认真实施质量奖惩制度，整个项目对质量员行使否决权予以充分支持。

c. 重大的分部分项工程（大体积混凝土浇捣、锥螺纹及冷压套筒、整体提升脚手架及 QW-800 拆除内爬脚手吊等）都在原施工方案的基础上补充、深化并进一步编制实施方案，并报上级部门审批后执行。

d. 本工程施工至地下二层时，由于业主要求加层（原设计为 28 层，改为 30 层），故原设计图有大幅度的变动，这样一来造成边施工边设计的局面，在图纸、思想上造成相当的混乱。项目部为保证工程质量，在翻样图、加工单等复核上采用二次复核，以期将图纸修改带来的负面影响减少到最小。

②保证安全的组织管理措施

a. 建立以项目经理为首的安全生产管理小组，并设数名专职安全监护，对工地现场的各部位、各楼层的安全设施进行日常检查、整改。

b. 在施工方案编制阶段即对各施工环节可能出现的安全隐患进行预计，并组织、采取相应的措施。

c. 对某些新工艺、新设备（如整体提升脚手、新台灵等）在安全上作出重点进行管理。对脚手提升架、屋面吊基础等受力部位进行复算。在操作上会同总公司各部门共同制订详尽的使用、操作规范，并对操作工人、作业班长专门进行培训，且在施工过程中进行实时监控，以期不仅在硬件上更在软件上对事故的可能减少到零。

（3）新技术应用、推广与现场文明标化

1）新技术的应用及推广

在1995年全国建筑业新技术应用示范工程申报中，本工程申报了以下四项：

①高强度混凝土的应用。本工程原设计为28层，后因业主需要改为30层。地下部分混凝土强度等级提高为C55，共4000m³，七层以下提高为C50，共7400m³。通过施工单位与混凝土供应单位的共同努力，对C50、C55混凝土在实际施工中的泵送特性、裂缝控制及强度发展等一系列特性有了一定的认识及掌握。实际施工结果：混凝土浇捣情况良好，强度正常。

②粗直径钢筋连接技术（锥螺纹及冷压套筒）。

③整体提升脚手架。

②、③项内容均在上文中有所叙述。

④现浇楼盖的早拆模技术。其原理为利用螺旋型早拆支撑调节器，保留平台板底模、板带部分的支撑，减小平台、板的结构跨度，使混凝土强度达到50％即可拆模，以达到快速周转的目的，但在本工程的运用中，由于本工程楼板属密肋型，井格梁间距较小，又由于工人操作的熟练程度不够，施工速度反而不及普通排架。再加上支撑调节器的供应问题，故此早拆模技术在二层局部施工完后即不再予以采用。尽管如此，我们同样可以得到这样一个结论：早拆模技术在无梁楼盖或梁间距较大时的应用，其优越性是不言而喻的，但在井格梁、密肋板的施工中对施工进度有相当大的限制。

本工程在1995年度被评为建工集团新技术应用优秀示范工程。

2）现场文明标化：本工程开工起就成立文明标化管理小组，由项目经理带头狠抓施工环节，狠抓场容场貌，并注意与周围居民及环卫市容等专业单位协调。1995年度，本工地被评为上海市文明工地。

2.8.4 施工进度

该工程于1994年5月12日开工，于1994年11月完成桩基，至1995年2月完成土方工程；1995年4月8日完成基础底板封顶，整个结构于1996年4月18日封顶。除去图纸、资金因素的停工，实际施工周期为裙房15d，标准层6d。

2.8.5 几点体会

（1）在对相对规则的基坑施工时，支撑采用角撑形式是安全可靠而且有效的。角撑能形成大空间，对以后挖土施工及地下结构施工提供相当的便利，因此而加快施工速度。另外，与其他支撑相比，由于角撑所耗实物量相对较少，故在造价上亦比较经济合理。

（2）大体积混凝土的裂缝控制分施工前及施工后。施工前的预防控制固然重要，但施工后通过测温进行的后期养护同样重要。混凝土中水泥用量由于强度关系有其下限，故其水化热引用的温升值往往超过正常的控制值。本工程为例，由于水泥用量多，温升值最高达48.4℃，远超过30℃的控制范围，依然未见有裂缝出现，全靠随测温数据及时、迅速地调整养护措施。

（3）整体提升脚手架在使用上是简洁的，效果上是明显的，如改善其提升系统（引入微机进行控制），在承力架的自身及附墙（建筑物）的安全性、平面尺寸上、更自由的可调性等方面进一步改进，则其应用将更为广泛。

（4）我们在钢筋、混凝土及脚手架上都有施工速度很快且较为成熟的工艺，而在模板系统上，尽管早已有了爬模、滑模等一系列的施工工艺，但它们的局限性也是显而易见的，在实用性、广泛性、工艺的深刻性及系统化上都远远不够，一定程度上拖住了我们的施工进度，浪费了大量的周转设备。工程实践需开发一种性能优越而费用又较低的模板体系。

（吴卫东、陈志明、顾建平）

2.9 新上海国际大厦施工技术

2.9.1 工程概况

（1）概述

新上海国际大厦是由新上海国际大厦有限公司筹建的一座钢筋混凝土超高层高级智能化办公大楼。大厦地处浦东大道、浦东南路口，属于小陆家嘴开发区的 1-3-4 地块，南面距中国人民银行上海总署大厦仅 18m，西面和世界金融大厦一路之隔，北面为小区规划道路，东面为浦东南路。该工程由上海市第三建筑发展总公司总承包，并于 1993 年 7 月 16 日开工，至 1994 年 11 月 18 日完成地下室结构，1995 年 12 月 26 日主楼结构封顶，预计将在 1997 年上半年开业。

（2）建筑特征

该工程占地面积约 5000 多平方米，总建筑面积 78000m²。建筑物由主楼和裙楼两部分组成，主楼在地基中央略偏东，总平面基本上呈正方形，主楼高 38 层，总建筑高度为 168.8m，裙房的建筑高度为 32.3m。

地下室为 4 层，建筑面积近 20000m²，为大型停车场。

裙房为 8 层，层高为 4.5m，内设置大型共享空间并用玻璃天棚作屋面。裙房部分为银行、证券交易所和一些公共娱乐的场所。

9～38 层为主楼标准层，层高 3.6m，均是可供自由分隔的办公用房。38 层以上部分为呈倒喇叭形的塔楼，屋顶为直升机停机坪，顶层为观光咖啡厅，顶层以下为一些电梯和风机房。

（3）结构特征

该工程结构全部采用现浇钢筋混凝土结构，混凝土强度等级分为 C40、C50、C60 三种。基础为 $\phi800$ 钢筋混凝土钻孔灌注桩，桩长 38.5m，基础承台为 3.0～3.5m 厚的钢筋混凝土片筏基础，基坑挖土深度为 13.5m，局部挖深为 15.8m。±0.000 相当于绝对标高 +5.95，自然地坪平均标高为 +4.000m。

主楼与裙房不设结构缝。裙房为框架剪力墙结构，主楼为框筒结构，为加大开间，同时满足建筑美学的要求，主楼从第 2～39 层采用了无粘结预应力扁梁楼盖结构体系。

2.9.2 总平面布置（图 2.9-1）

（1）施工用房和场地的布置。由于场地狭小，经和浦东陆家嘴开发公司协商，租借规划道路的北半条作为工人宿舍和堆场，利用浦东南路未拓宽前的5m多空间搭设办公用房。

（2）施工用水、排水。在基坑围护四周的锁口梁外侧设置一400mm×400mm的排水沟，同时设排水沉淀池二只，以减小对城市总体排水管道的影响。在排水沟的底部设四周环通的上水管一根，供现场施工用水。在结构进入±0.000以上施工后布置两台高压水泵，满足安全施工和消防的需要。

（3）施工用电。施工总电源为840kW，分地上、地下两路供电，并按施工层次及其面积分层设置。

（4）垂直运输机械的安排。

1）由于主楼位于基坑中央，所以在

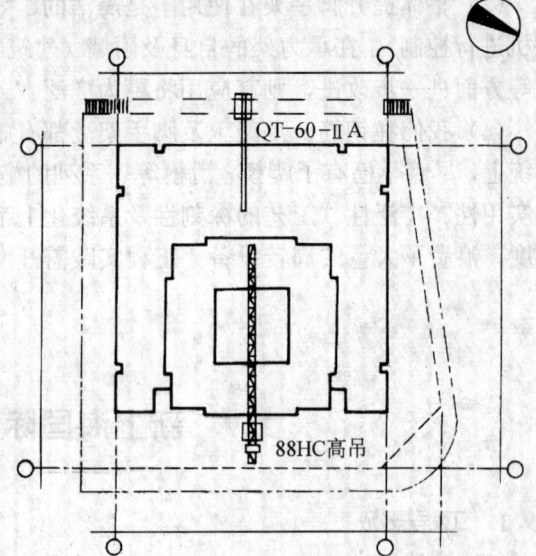

图2.9-1 塔吊布置图

基坑开挖前就将88HC高吊设置于基坑中央，安装在主楼的东立面。塔吊基础采用4根40号H型钢作为支承桩，桩长32m。

2）基坑外西侧设置一台QT-60-ⅡA轨道式塔吊辅助高吊施工。

3）另配人货二用电梯一台，安装在±0.000平台上，并在地下室内用φ219钢管加撑到基坑底板。

2.9.3 降水技术和设备

基础挖土前必须进行预降水，降水采用四套喷射井点，井点管单排线状布置四排，每套总管长50m，四排间距约15m左右。支管长度15.5m，直径采用φ76mm，滤管长1.5m，喷射井点管间距为2m，埋设井点管程序是先排放总管（进水总管、排水总管）再埋设井点管，总管及支管均埋入地下50cm。井点管的埋设用冲水法进行，冲孔直径为500mm，深度比滤管底深1m。井孔冲成后立即拔出冲管，插入井点管，并在管与孔壁之间迅速填灌砂滤层，以防孔壁塌土，周围有翻砂、冒水现象应立即关闭井管检修，井点全面试抽二天后，应更换清水，以后定期更换清水。新上海国际大厦基坑预降水时间为二周，后用W1001履带吊根据挖土进度分段拔除，从开挖情况看，降水效果较为明显。

2.9.4 深基坑支护技术

上海的地基属软土地基，要在软地基上建造埋置较深的多层地下室，其难度是大的。该工程施工遇到的突出问题是基坑支护结构的设置难度大，主要是因为：

①土质情况差，地下水位比较高，一般在地表面下0.75m左右。本工程又濒临黄浦江，土压力与水压力大，对深基坑开挖不利，由于水头高，必须探明坑底的承压水是否会将坑底隆起，从而使地下水涌入坑内；

②用地系数大，场地小，基坑无法放坡；

③本工程相邻的工程已开工，东侧是浦东南路，地下管线多。深基础施工既要确保自身的安全，也要保证已建工程的安全。

(1) 支护结构方案的选择与设计

1) 方案的选择与比较

根据新上海国际大厦地下室工程特点及地质情况，结合我公司在深基坑施工方面的经验，初步拟定了二种基坑支护结构的方案。

方案一：

采用钻孔灌注桩加钢管角支撑，利用钻孔灌注桩来作为承受土压力的主要结构。

方案二：

采用钢筋混凝土斜角支撑及地下连续墙围护结构，主要利用地下连续墙来承受土压力。

针对上述二种方案，我们进行了多次论证，特别是支撑的材料及数量，并且还对地下室外墙与作为基坑围护墙的地下连续墙结合成整体的可能性作了探讨。经过对比分析，反复讨论，认为采用钢筋混凝土角支撑及地下连续墙围护结构，比钻孔灌注桩加钢管角支撑具有强度大，刚度好，支撑间距可以放大，有利于挖土，隔水效果好，成本低等优点，适合该工程的特点和现场施工条件。

2) 方案的设计：根据新上海国际大厦的开挖深度、土层情况及其周围环境，最后设计了厚度为 800mm、深 26m 的地下连续墙共 66 幅作为围护墙，总延长 297m，在水平和竖向各设三道钢筋混凝土的斜角支撑及 24 根 $\phi 609 \times 12$ 钢管（灌混凝土）立柱桩（见图 2.9-2、图 2.9-3）。钢筋混凝土支撑断面高度为 700mm，宽度分别为 1.2m、1.4m 和 1.6m。

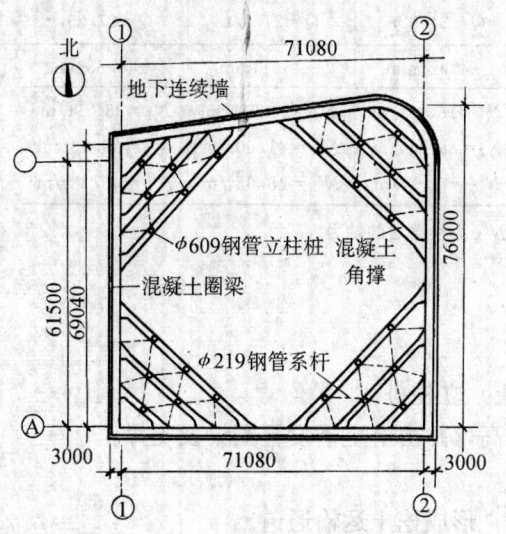

图 2.9-2 支护结构平面布置图

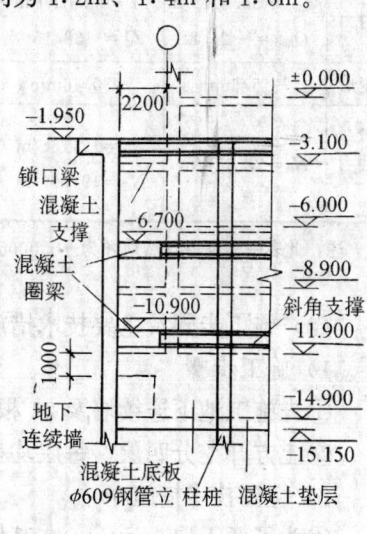

图 2.9-3 支护结构剖面及换撑

钢管立柱桩桩长为 38.35m。围檩采用宽度分别为 1.8m、2.0m 和 2.0m，高为 800mm 的三道钢筋混凝土圈梁，且在连续墙上预留悬臂钢筋及斜吊筋，吊住圈梁，并与同一标高的斜角支撑一起浇筑而成。同时为确保支撑的空间稳定性，每个角支撑在平面上均用 $\phi 219$ 钢管连接。

在设计过程中，我们对上述支护结构体系进行了理论计算，根据计算结果，其整体抗滑的稳定性、基底隆起及管涌稳定安全系数均满足规范要求。在稳定及内力（荷载）计算中，各土层的 ϕ、c 值均按规范要求取直剪土工试验中固结快剪指标的峰值。内力及变形计算中,墙背侧压力按水压力及土压力分算,地面施工荷载按 $2t/m^2$ 计算。支撑系统的计算包括圈梁及斜撑、立柱桩,其安全与否至关重要,故每层圈梁及斜撑均按整体钢筋混凝土框架作内力及变形分析。为慎重起见,还分别考虑立柱桩在坑内大面积土方开挖时发生少量上浮或沉降的工况,对圈梁和斜撑的内力及配筋进行校核。另外,斜撑配筋除按计算轴力及弯矩(由自重及施工荷载引起)作偏心受压构件计算外,还对施工中可能发生的其它受力情况分别进行了校核。斜撑与斜撑之间的 $\phi219$ 钢系杆作为额外的,其安全度没有计算在内。

地下连续墙各受力工况的墙体内力、变形及单位长墙体传给圈梁的反力计算结果见表2.9-1。

支护结构内力计算表　　　　　　　　　　　　表 2.9-1

	工况一	工况二	工况三	工况四	工况五	工况六
简图						
内力	$M_{max}=59.87t\cdot m$ $Q_{max}=-21.8t$	$M=95.51t\cdot m$ $Q=-38.15t$	$M=113.96t\cdot m$ $Q=-41.76t$	$M=114.04t\cdot m$ $Q=34.92t$	$M=110.10t\cdot m$ $Q=27.94t$	$M=111.78t\cdot m$ $Q=27.25t$
变形	$-15.6mm$	$-30.46mm$	$-42.73mm$	$-44.27mm$	$-45.14mm$	$-45.55mm$
轴力	$N_1=22.17t/m$	$N_1=12.16t/m$ $N_2=19.09t/m$	$N_1=13.13t/m$ $N_2=36.04t/m$ $N_3=62.5t/m$	$N_1=18.91t/m$ $N_2=39.11t/m$ $N'_3=71.9t/m$	$N_1=24.28t/m$ $N_2=41.60t/m$ $N'_3=45.63t/m$	$N_1=38.79t/m$ $N'_2=29.50t/m$ $N'_3=43.38t/m$

注:此表中标高取自然地坪为 $\pm0.000m$,表中 N'_1、N'_2、N'_3 为换撑后的轴力。

(2)施工步骤及主要技术措施

1)施工步骤

①先施工地下连续墙及 24 根钢管(灌混凝土)立柱桩。

②土方开挖分四层,每层均挖至围檩的底标高,并由上至下设置圈梁及支撑。

2)主要技术措施

①为了便于取土运土,在基坑北面设置坡道,形成挖土运输通道。

②土方开挖从四角同时开挖,待四角设置支撑,且达到强度后再进行下一层土方的开挖。

③为确保安全,第三层土方开挖先挖中间至设计标高,四周先留一圈土堤以增加被动土压力,中间一块混凝土垫层先浇筑,然后再对称分八大块对称开挖土堤,其混凝土垫层浇筑顶至地下连续墙形成临时支点起支撑作用。

④采用喷射井点法来降低基坑内的地下水位。

⑤在基坑开挖及地下结构施工中,对整个支护结构体系实施跟踪监测,根据监测数据及时调整开挖施工方式与步骤,既做到信息化施工,又能确保基坑安全。

(3)监测点的布置和埋设

为观测支护结构的受力情况，根据本工程支护结构的形式，埋设支撑应力测点 28 个，其中第一道支撑 12 个，其余二层各设 8 个，设置沉降位移观测点 48 个。通过埋设在支撑中的测压应力传感器和连续墙中的测斜管等仪器设备，运用电子计算机进行监测，以观测地下连续墙的变形、支撑轴向压力的变化。

（4）监测结果分析

1）每二道支撑间的围护墙后面的土压力值，一般小于支撑后的土压力值。这说明土压力主要集中作于圈梁的支撑上，即支撑和圈梁起水平支护作用，从而验证了我们在设计时将圈梁视为水平支点，而地下连续墙视为连续结构计算是正确的。

2）土压力分布规律。测试结果表明，土压力随深度变化规律与原设计时假定的三角形不符。土压力分布在第二道支撑处为最大。这说明土压力不是深度的线性函数，在靠近基坑顶部的一段深度范围内，土压力随深度增大而增大，但达到一定深度时，土压力反而是下降。

3）相邻建筑物对基坑的土压力变化有大影响，由此产生的地面荷载传递给围护墙的侧压力也是支护结构设计时的重要因素之一。

4）基坑沉降及整体位移。由测试结果表明（图 2.9-4），支护结构整体的变形和位移都是很小的。最大位移及沉降均出现在基坑

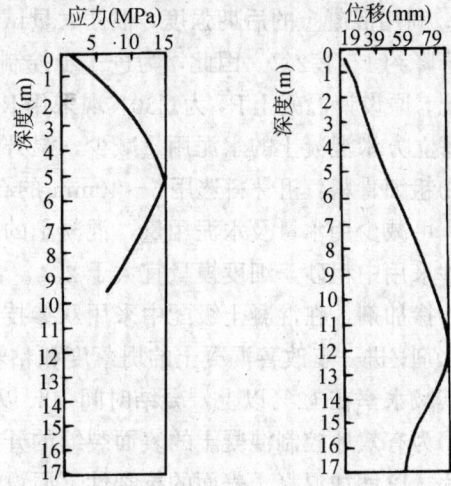

图 2.9-4 支护结构变形及应力曲线

南面。最大位移为 83.9mm，最大沉降值为 19.8mm。可见相邻建筑物对基坑的沉降及整体位移也有影响。

（5）结论

实践证明，采用地下连续墙及斜角支撑作为基坑支护结果，不受建筑物基础周围环境限制，适宜在高水位、周围有高耸建筑物及基坑开挖深度大、基础难以放坡的深基础工程中采用。同时为土方开挖，基础的施工提供了有利的操作空间，使挖土机械直接进入坑内挖土运土，76000m³ 土方挖土工期仅为 3 个月，它与钢内支撑相比，不仅施工进度快，而且节省了大量的资金，取得了较好的经济效益及社会效益。

2.9.5 17000m³ 混凝土基础底板一次连续浇筑

本工程基础承台为 76m×72m，主楼为 3.5m，裙房为 3.0m 厚，埋深为 13.5m 的整体板式结构，纵横向均不设伸缩缝及后浇带。在承台下面布置了 452 根钢筋混凝土钻孔灌注桩，底板内配 ϕ40 的进口螺纹钢，钢筋总用量约为 3800t，基础底板混凝土设计强度等级为 C30，混凝土总量为 17000m³，当时在国内尚属首次，在世界上也是罕见的。

由于基础底板具有超长、超厚、钢筋密、工程条件复杂等特点，而且施工条件又有可能碰到天气炎热和梅雨季节，设计要求采取一次性连续浇捣而不留任何施工缝，同时必须满足强度、刚度和耐久性要求，控制温度变形及裂缝开展。我们对施工方法进行了可行性方案的研究，对基础温度应力的抗裂度进行了理论验算，并制定了相应的控制基础底板混

凝土温度及混凝土收缩缝等一整套的施工技术措施。

(1) 施工技术措施

1) 混凝土温升和裂缝的控制

为了控制裂缝的开展，我们着重从控制温升、延缓降温速率、减少混凝土收缩、提高混凝土极限拉伸、改善约束程度和增加设计构造等方面采取了一系列技术措施。

①降低水化热：

a. 采用中低热的水泥品种，如选用 425 号矿渣硅酸盐水泥，用量控制在小于 330kg/m^3。

b. 利用混凝土的后期强度，根据大量试验资料说明，水化用量每增减 10kg，水化热也相应升降约 1～1.2℃。因此，为进一步控制温升，减小温度应力，根据结构实际承受荷载的情况，原设计混凝土 R$_{28}$ 为 C30，现采用 R$_{60}$ 为 C30，即用 R$_{28}$ 为 C25 代替设计强度，这样可使每立方米混凝土的水泥用量减少，温升也随之降低。

②粗细骨料：粗骨料选用 5～40mm 的石子，其含泥量控制在 1% 以内。因为增大骨料粒径，可减少用水量及水泥用量，混凝土的收缩和泌水也可随之减少。

砂采用中粗砂，细度模量宜大于 2.4，含泥量严格控制在 2% 以内。

③掺加剂：在混凝土级配中采用双掺技术，即在混凝土内掺加一定数量的磨细粉煤灰和减水剂，进一步改善混凝土的坍落度和粘塑性，满足可泵性的要求。这次选用 EA-2 外加剂，其减水率在 12% 以上，凝结时间 10h 以上。

④为有效地控制混凝土的表面裂缝的开展，在混凝土表面增设一道 ϕ8@200 的双向钢筋网片，以增加混凝土表面的抗裂性（原设计表面配筋为 ϕ40@200 双向）。

2) 混凝土工程

①泵送混凝土的浇筑和总体安排：基础底板 17000m^3 混凝土全部采用商品混凝土，混凝土用搅拌车运输到现场，然后由泵车送入模。为了加快浇灌速度，不使产生施工冷缝，混凝土每小时最低供应量应在 200m^3 左右，初凝时间在 10h 以上，入泵坍落度为 12±2cm。浇筑时均采用斜面分层、分条、分段、薄层浇筑，时间越短越好。采用 6 台泵车将混凝土通过水平管送入基坑，2 台移动泵车沿基坑两侧浇筑，另配 2 台备用泵车。

a. 基础混凝土浇捣顺序的原则是保证新浇筑的混凝土不出现冷缝。采用 8 个浇筑带（每个浇筑带由一台泵车负责施工）划区域浇筑，每个浇筑带均采用斜面分层浇筑，每层厚度不超过 50cm，浇筑时分段定点，一个坡度，薄层浇筑，循序推进，一次到顶，保证上层混凝土盖住已浇筑好的下层混凝土，上下层混凝土之间浇灌间隙时间不超过 5h。

b. 现场 8 台泵车同时进行浇筑，其中 2 台移动泵车回转半径 28m，分别浇筑基础南北两边各约 10m 宽区域，其余 6 台泵车固定设在基础东端，采用水平泵管各浇筑中间约 10m 宽的区域范围。

c. 泵车在开始压送时，必须先压水泥纯浆滑润管道，以保证随后压送的混凝土质量，防止管道堵塞，当混凝土供应不足或运转不正常的情况发生时，可放慢泵送速度，但最长不得超过 15min 压送一次，一般情况下混凝土泵作间隔推动，每 4～5s 进行四个行程的正反转。

为降低混凝土的入模温度，每台泵车的入料口均设置遮阳设施，用草包包裹水平管并浇水湿润，以防止混凝土高温下过快的水化反应。

d. 加强振捣,增加混凝土密实性,每台泵车配备 6 只插入式振捣器,在混凝土斜面上各个点均需振捣密实,以提高混凝土强度,减少混凝土收缩。

②泌水处理:由于大体积混凝土浇筑时泌水较多,在基坑东端处留设集水坑,采用 8 台小型吸水泵,将水吸入集水坑内,再由高压泵将水扬出基坑。

③表面处理:混凝土表面处理在浇筑后约 2～3h 左右进行,初步按标高用刮尺刮平,在初凝前用铁滚筒碾压数遍,用木蟹打磨,待混凝土收水后,再一次用木蟹搓平,以闭合收水裂缝,然后覆盖塑料薄膜和草包养护。

3)混凝土试块制作和坍落度测定

混凝土试块:由于本次混凝土浇灌量非常大,故每 200m³ 混凝土制作试块一组,现场另增设同条件养护测试点,及时了解混凝土的强度。

坍落度测定:每隔 1h 分别对每台泵车压送的混凝土测定坍落度,严格控制在 12±2cm,如有变化,及时同各搅拌站进行联系。

4)混凝土的监测和养护

①根据本工程的平面尺寸、形状和厚度,布置测温点 61 个,温度应力测点 14 个(图2.9-5),对大体积混凝土基础施工进行温度及温度应力监测,实现信息化施工。监测的目的是为了掌握混凝土内部的实际最高温升值和混凝土中心至表面的温度梯度以及由内外温差产生的温度应力,以便在保温措施上(加减草包和塑料薄膜)加以调整,保证混凝土内部与混凝土表面的温差小于 25℃及降温速率小于 1.5℃/d。

②根据理论计算,为了保证混凝土内部与混凝土表面温差小于 25℃,蓄热保温采用两层塑料薄膜和三层草包覆盖。

(2)基础底板混凝土测试结果及其分析

基础底板于 1994 年 5 月 28 日上午 9:00 开始浇筑,5 月 31 日凌晨结束,仅用 64h 完成 17000m³ 混凝土的浇筑,比预计浇筑时间提前 26h 完成。

1)实测温度结果分析:测温结果见表 2.9-2、表 2.9-3。由表 2.9-3 可以看到中心 3.5m厚度范围内的温度高而边缘 3.0m 厚度范围内的温度低,另外在入模温度基础上的温升值均超过 30℃。我们采取严格加强养护,对基础混凝土进行保温处理,来保证混凝土不出现有害裂缝。在第 12 天出现梅雨季节,气温骤降,最低达 17℃,为此在混凝土表面又增加一层塑料薄膜和草包,使得内表温差得以控制。所以后期养护良好以及使用了监测手段和监测信息的及时反馈,使得温控达到预期的目的。

基础中心混凝土温升理论值与实测值比较　　　　　表 2.9-2

测温点	3.0m 厚截面						3.5m 厚截面						理 论 计算值
	A	*B*	*C*	*D*	*E*	*I*	*F*	*G*	*H*	*O*	*J*	*K*	*L*	
入模温度(℃)	30.0	30.2	31.3	31.9	30.0	30.0	30.1	29.1	29.1	30.7	29.0	30.6	31.7	30.5
最高温升(℃)	54.7	62.7	65.1	65.3	65.7	64.9	65.7	65.7	66.2	69.1	66.8	69.7	71.8	63.9
相对误差(%)	14.4	1.88	1.88	2.19	2.82	1.56	2.82	2.82	3.60	8.14	4.54	9.08	12.36	

混凝土中心部位降温理论值与实测值比较　　表 2.9-3

龄期（天）	3	4	5	6	7	8	9	10	11	12	15	18	21	24	27	30
理论值（℃）	63.9	63.2	62.6	62.0	60.9	59.9	59.0	57.7	56.7	55.7	52.6	49.7	46.9	45.2	43.1	41.6
E 点实测值（℃）	65.7	64.5	63.6	62.4	61.2	60.1	58.8	57.8	56.9	55.9	52.8	49.9	47.2	46.1	44.6	42.7
L 点实测值（℃）		71.8	71.4	69.8	68.9	67.8	66.6	65.5	64.3	63.2	59.7	56.6	53.8	51.6	49.6	48.9

　　由测试结果及表 2.9-3 可知，3.0m 厚范围内的混凝土中心温度峰值均在第 3 天，而 3.5m 厚范围内的混凝土中心温度峰值均发生在第 4 天和第 5 天。因此说明混凝土厚度与中心温度达最高值时的龄期是有关系的。厚度越大，达峰值的龄期越长。

　　另外，从表 2.9-3 和图 2.9-6 中可看到，3.0m 厚混凝土实测中心温升值与理论值变化的规律是相近的，且接近理论最高温升值。而 3.5m 厚混凝土的实测温升值与理论值相差 7.9℃，因此，我们认为混凝土内部最高温升值的理论计算公式：

$$T_{\max} = T_0 + \frac{w}{10} + \frac{F}{50}$$

式中　$T_{\max}$——混凝土内部最高温度（℃）；

　　　　T_0——混凝土入模温度（℃）；

　　　　w——水泥用量（kg/m³）；

　　　　F——粉煤灰用量（kg/m³）。

较适用于 3.0m 厚以内的混凝土最高中心温度的计算。

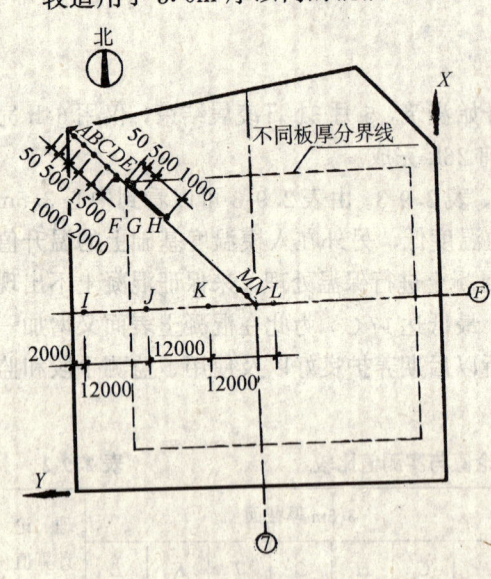

图 2.9-5　温度与温度应力传感器测点布置

2）实测温度应力结果分析

　　从图 2.9-7、2.9-8 中看到温度应力在 30d 龄期内随时间变化滞后于温度，即温度降温时，应力没有马上下降，而是延缓一段时间，约在第 10 天左右开始下降，说明发挥了松弛效应。L、K、J 与 I 断面 x 方向的温度压应力峰值为 -4.5MPa，约在第 8 天左右出现，拉应力约在第 16 天出现，主要是表面出现拉应力。由于基础很厚，基底相对地基保温很好，降温很慢。而表面气温变化较大，因此表面降温较大，出现拉应力较早。最大拉应力值为 0.3MPa，远小于 C30 混凝土极限抗拉强度，不会出现裂缝，从现场实地详查也未发现裂缝，说明温度应力控制很成功。

　　由对比可看出，温度应力在 x 方向上比 y 方向上大的多，这是由于 x 方向为对称中心轴，是约束最大的位置，而 y 方向仅是中心处约束最大，由 I 到 L 约束逐渐减小，因此 y 方向应力较 x 方向小，同时也说明温度应力控制监测区应选择在对称轴上。

　　由图 2.9-9、10 温度应力沿厚度方向分布可看出，温度应力呈非线性分布，中间大，两端（上下表面）小，符合以往经验规律及理论数值计算结果，所以本监测测试结果完全反映了基础受力的真实状态。

另外，在基坑支护系统拆除第三道支撑（最下层）时，基础底板还受压，起到了换撑作用，分担了第三道支撑拆除后土压力传递的荷载，对基础底板受力有益。

（3）结论

新上海国际大厦工程基础底板17000m³大体积混凝土浇筑完后，经过近一个月保温保湿养护，最后通过各方严格检查，没有发现任何裂缝。这次一次性连续浇筑取得成功，开创了基础混凝土浇捣的新记录，通过实践我们得到以下几点结论：

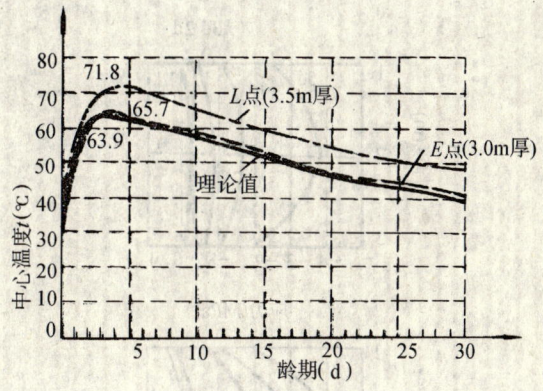

图 2.9-6 各龄期混凝土中心温度升降变化曲线

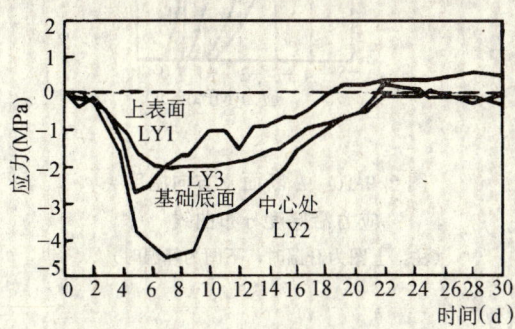

图 2.9-7 L 断面 x 方向温度
应力随时间变化曲线

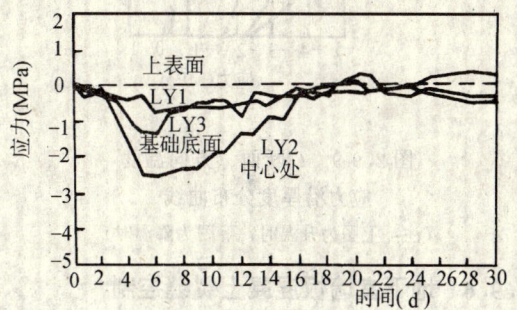

图 2.9-8 L 断面 y 方向温度
应力随时间变化曲线

1）对于各种超长、超厚的大体积钢筋混凝土基础能否进行一次性连续浇捣而不留任何施工缝，要根据实际施工条件和施工方法进行理论计算，验算混凝土各降温阶段产生的总拉应力值，应小于此时的混凝土拉伸强度，即 $\sigma_{max} < R_拉$。

2）采用了双掺配比混凝土，改善了混凝土工艺特性，提高了混凝土的可泵性，为炎热气候下大体积混凝土浇捣，提供了宝贵的经验。

3）通过本次温控结果说明了在夏季浇捣混凝土同样要注意养护，同时也说明了在雨季或气温突变时加强养护的重要性。

4）3.0m 厚混凝土中心温升在第 3 天达最高值，3.5m 厚混凝土则在第 5 天达最高值。

5）建议对于 3.5m 厚的混凝土中心最高温度的计算采用如下公式：

$$T_{max} = T_0 + \frac{wQ}{c \cdot \rho} \times 0.83 + \frac{F}{50}$$

式中 T_0——混凝土入模温度（℃）；

　　　w——水泥用量（kg/m³）；

　　　Q——每千克水泥水化热量（J/kg）；

　　　c——混凝土比热（J/kg·K），一般取 $c = 0.963$J/kg·K；

　　　ρ——混凝土的质量密度（kg/m³），一般取 2400kg/m³；

F——粉煤灰用量（kg/m³）。

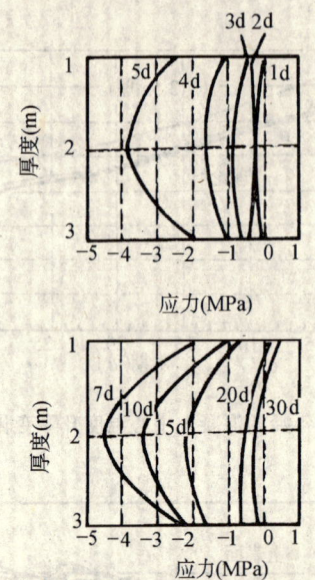

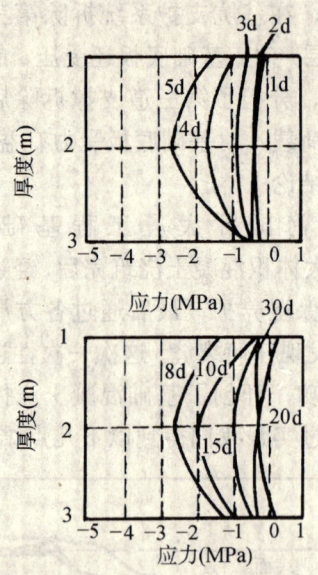

图 2.9-9　L 断面 x 方向温度
应力沿厚度分布曲线
（注：上图为升温时，下图为降温时）

图 2.9-10　L 断面 y 方向温度
应力沿厚度分布曲线
（注：上图为升温时，下图为降温时）

2.9.6 地下室墙板混凝土裂缝控制

该工程地下室有 4 层，层高 3.0m，墙板厚 600mm，外墙板延长米为 280m，每层墙板混凝土 487.30m³。地下室混凝土墙板采用木模，墙板与顶板混凝土同时浇筑，不留施工缝，混凝土采用商品混凝土。

（1）墙板混凝土与大体积混凝土裂缝产生的异同点

众所周知，混凝土构筑物长度在 30m 以内，厚度在 1.5m 以内，符合规范要求，一般不会产生有害裂缝，而当构筑物长度和厚度均超过规定值，就产生对有害裂缝的控制问题。地下室墙板的长度一般相当长，本工程的地下室墙板延长大约 280m，远远超过有关规定值，要实现不留施工缝一次连续浇筑，就必须采取相应的技术措施，以达到控制有害裂缝的产生。

墙板混凝土的裂缝产生与大体积混凝土裂缝产生的原因有一点是相同的，即由于水泥水化热的积累与传导，有一个明显的升温，降温过程引起的混凝土变形及自身在强度发展过程中有收缩变形，当变形受到内部外部约束即产生内应力，当内应力超过混凝土的抗拉强度，混凝土就出现裂缝。但墙板混凝土产生有害裂缝又有其特点，其特点是墙板受到混凝土基础的极大约束，这种约束力远远大于桩基对基础的约束。另一特点是墙板竖向表面养护极为困难，保温保湿养护的好坏严重影响裂缝的产生与发展。为此，针对地下工程特点，采用"综合温控"技术与相应的施工技术措施，以有效地控制墙板混凝土有害裂缝的产生。

（2）技术措施

1）自基础底板面以上 1.0m，顶面板下 1.0m 范围内，墙板水平筋改为小直径，增大密度布置,地下室墙板水平筋为 $\phi14@100$。

2)采用 425 号矿渣水泥,混凝土坍落度 $12\pm2\mathrm{cm}$,初凝时间大于 10h。

3)砂细度模数 2.4 以上,含泥量小于 2%,石子连续级配,含泥量小于 1%。

4)采用双掺技术,即掺入粉煤灰和减水剂。

5)墙板采用木模,采取保温保湿养护。

6)对墙板混凝土内部温度变化,实施跟踪监测,为温控防裂提供正确数据,给施工采取相应措施提供可靠依据。

(3)监测点的布置和埋设

1)为监测墙板混凝土内部温度变化情况,根据地下室结构,在墙板转角、内外墙交接处布置测点 95 个。详见图 2.9-11 和图 2.9-12。

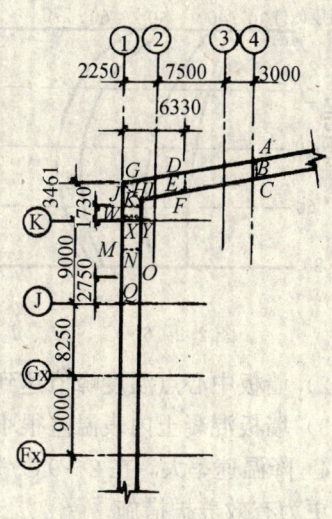

图 2.9-11 地下室墙板
转角测点布置

2)监测系统采用我公司科研成果——微机实时温控仪,实施全过程监测,提供任意测温点即时图像、图表。

3)监测期为 30 日,每 1 次/2h。

(4)监测结果分析

1)从图 2.9-13~图 2.9-17 中可以看出墙板混凝土边缘温度比中间温度低,符合边缘降温比中心快的原则。

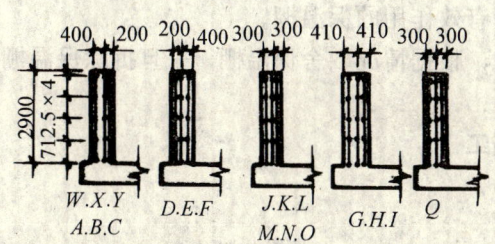

图 2.9-12 地下室内外墙交接处测点

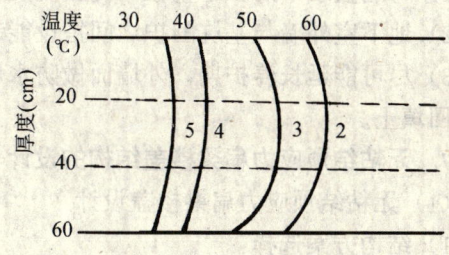

图 2.9-13 A_2、B_2、C_2 测点

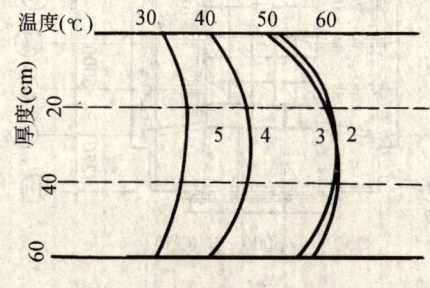

图 2.9-14 A_3、B_3、C_3 测点

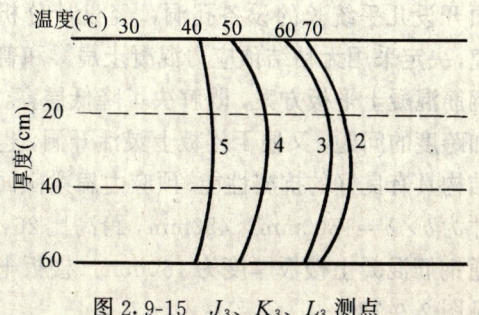

图 2.9-15 J_3、K_3、L_3 测点

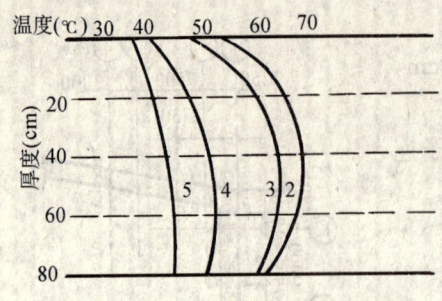

图 2.9-16 G_3、H_3、I_3 测点

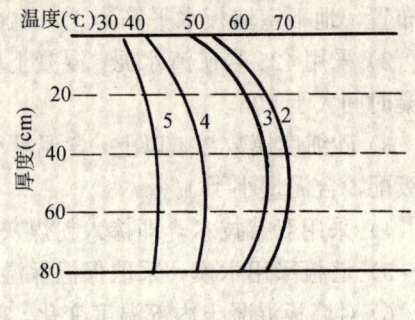

图 2.9-17 Q_4 测点

2）墙板中心点温度峰值达到的时间均在第二天。

3）墙板混凝土内表温差很小，完全控制在 25℃ 以内。

4）降温速率大，在 2～9℃/每昼夜范围内，要控制在原 1.5℃/每昼夜的要求内，必须采取更为有效养护措施。

5）拆模三天后，经仔细观察，发现少量收缩裂缝，裂缝宽度≤0.1mm，裂缝发生在墙板中间部位。同时，在今后的墙板混凝土施工中，应控制降温速率，尽可能延长养护时间（不拆模养护为宜），拆模后必须及时回填土。

（5）结论

地下室墙板混凝土裂缝的发生，与大体积混凝土裂缝发生的最大区别在于墙板受到基础板极大的约束，其次其厚度远比基础厚度小得多，墙板表面积大且其面又是竖向，蓄热保温养护极为困难，为此，建议采取以下措施：

1）对墙板水平筋取小直径，高密度配置。

2）地下室外墙与基坑围护之间搭设能起到有效作用的保温棚。

3）尽可能延长养护期，外墙面做防水层时，根据情况取舍保温棚，一旦拆除保温棚，立即回填土。

2.9.7 无粘结预应力扁梁楼盖结构的设计与施工

（1）无粘结预应力扁梁楼盖设计

1）结构方案选择：

①预应力扁梁。主楼内筒至外框柱之间跨度达 12m，已超过无粘结预应力平板的经济跨度范围，同时，沿 G 轴线内筒外边的楼板上必须开设几乎统长的设备孔洞，经设计分析研究，决定采用无粘结预应力混凝土扁梁和普通钢筋混凝土平板方案，既解决了降低层高，增加跨度的问题，又便于楼板上灵活开洞，也使结构具有良好的抗震性能，预应力扁梁截面尺寸为 $b \times h = 1500\text{mm} \times 450\text{mm}$，跨高比 26，普通钢筋混凝土楼板厚度为 150mm（楼板平面见图 2.9-18）。

②预应力悬臂梁。主楼四个外框角柱在第

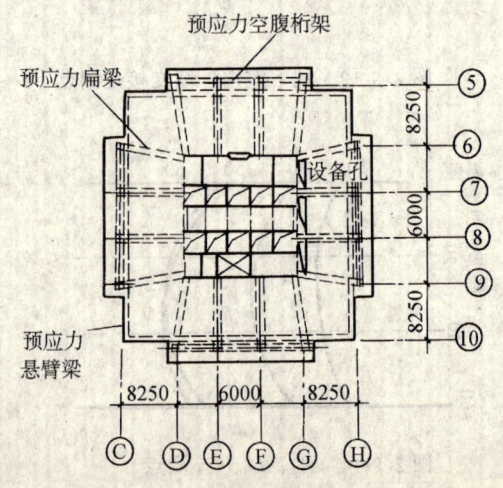

图 2.9-18 楼板平面布置

11 层终止，以上各层均无角柱，为此在第 11 层以上形成四块悬臂角板，悬臂角板的面积最大为 7.46m×7.46m，至顶层分三阶段收进，为满足强度及刚度要求，从第 12 层起，在四块悬臂角板处均设置无粘结预应力悬挑梁，悬挑梁长度及截面尺寸见表 2.9-4。

③预应力空腹桁架

第 1～7 层的 5 轴～6 轴间中庭，建筑师要求：取消 5 轴外框中间的两根柱子，获得 18m

表 2.9-4

楼　　层	悬臂长度 (m)	梁截面尺寸 $b×h$　(mm)	跨高比
第 12～22 层	7.00	800×700	10
第 23～32 层	5.50	400×700	7.86
第 33～39 层	4.00	400×700	5.70

跨度的大空间效果，为满足该建筑功能的要求，设计采用在 5 轴第 8 层以上每二层设置 18m 跨的无粘结预应力空腹桁架，每榀架高度等于层高，中间仅设两根小柱，用以支撑两层楼盖，共设置 16 榀预应力空腹桁架，取消了尺寸过大的转换梁，从而取得建筑功能，结构承载和外观美等方面的统一。预应力空腹桁架大梁截面尺寸 $b×h=857mm×1000mm$，跨高比为 18。

2）无粘结预应力梁设计：

①荷载与基本参数：

主楼板上的荷载有

自重	3.5kN/m²
隔墙吊顶等静荷	2.10kN/m²
活荷载	2.00kN/m²
总计	7.85kN/m²

梁、板混凝土采用 C40，无粘结预应力筋采用 ϕ15.24mm、标准抗拉强度为 1860MPa 的低松弛钢绞线，预应力张拉控制应力为的 $0.7F_{tk}$，预应力筋在楼盖混凝土达到设计强度的 85% 即可张拉。

②预应力筋的配置：预应力梁在正常使用阶段抗裂验算按一般要求不出现裂缝的构件设计。第 1～11 层预应力主扁梁中的预应力筋为抛物线配筋，从第 12 层以上由于悬臂梁的作用，扁梁预应力采用折线配筋。空腹桁架大梁预应力也采用折线配筋，两个弯折点设在两个小柱处。悬臂梁预应力筋沿整个梁通长布置，在悬臂梁端为抛物线配置，进入主扁梁后沿梁中心直线布置，这样形成一封闭框，增强了楼盖的整体性，对抗震有利（见图 2.9-19）。

③垂向框-筒压缩变形对预应力梁的影响：在框架-筒体结构体系的高层建筑中，由于内筒与外框柱承受垂直荷载的面积不同，两者之间会产生较大的轴压比之差，一般而言，内筒的轴压比远小于外框柱的，由此产生的两者之间竖向沉降差对扁梁的内力影响很大，扁梁与内筒连接处的负弯矩增大，与外框柱连接处的弯矩值减小，甚至出现正弯矩，此时梁

中预应力筋引起的反向弯矩加上沉降层产生的梁端弯矩会使与柱相连处梁底面产生较大的
应力，设计时应予以考虑。在设计中沉降差可取结构整体计算时考虑垂直荷载作用下模拟
施工过程得到的计算值，这样是偏于安全的。采用建研院结构所编制的预应力混凝土结构
设计分析软件 PFA 进行抗裂验算。梁中配置的预应力筋数量见表 2.9-5。

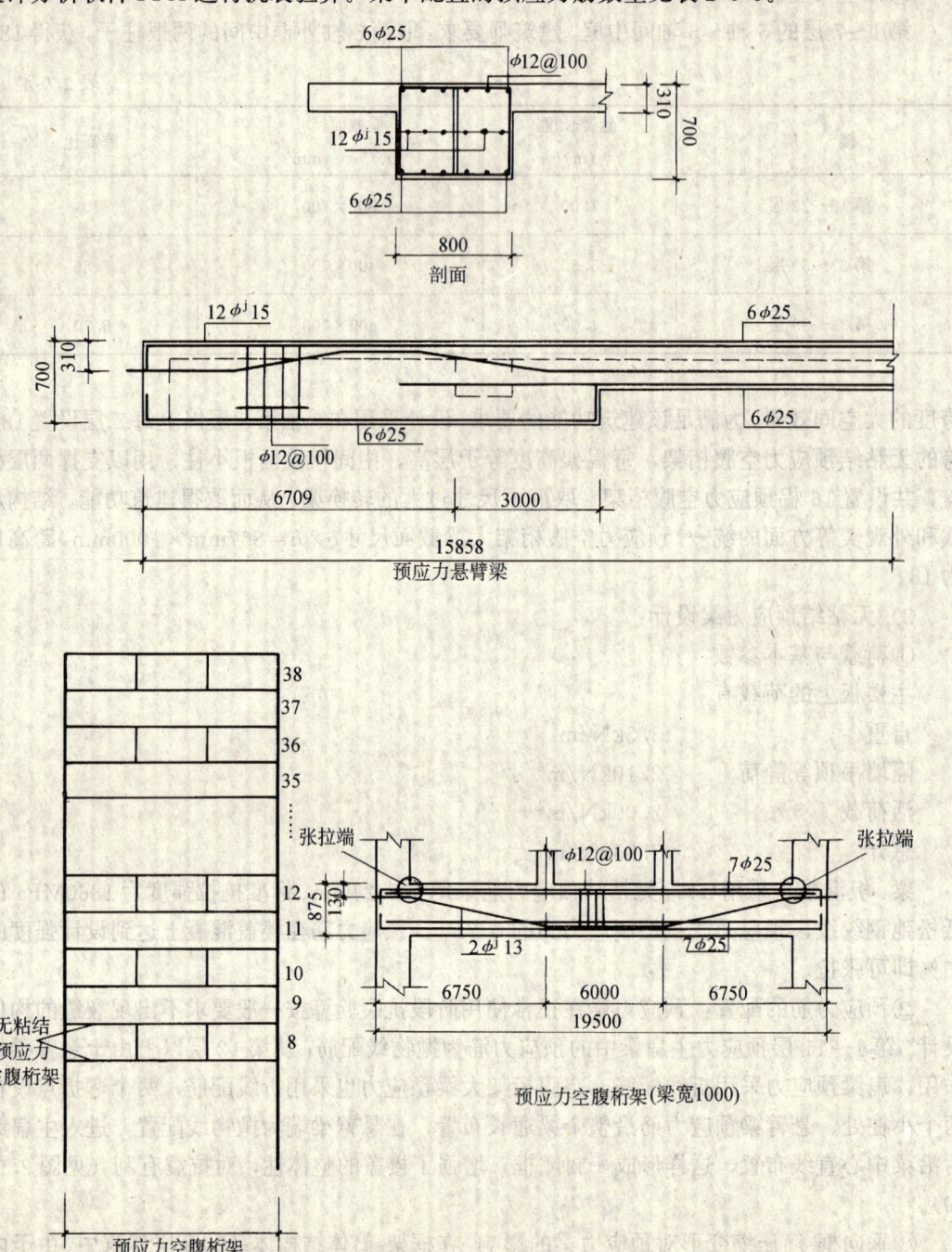

图 2.9-19　预应力筋的配置（一）

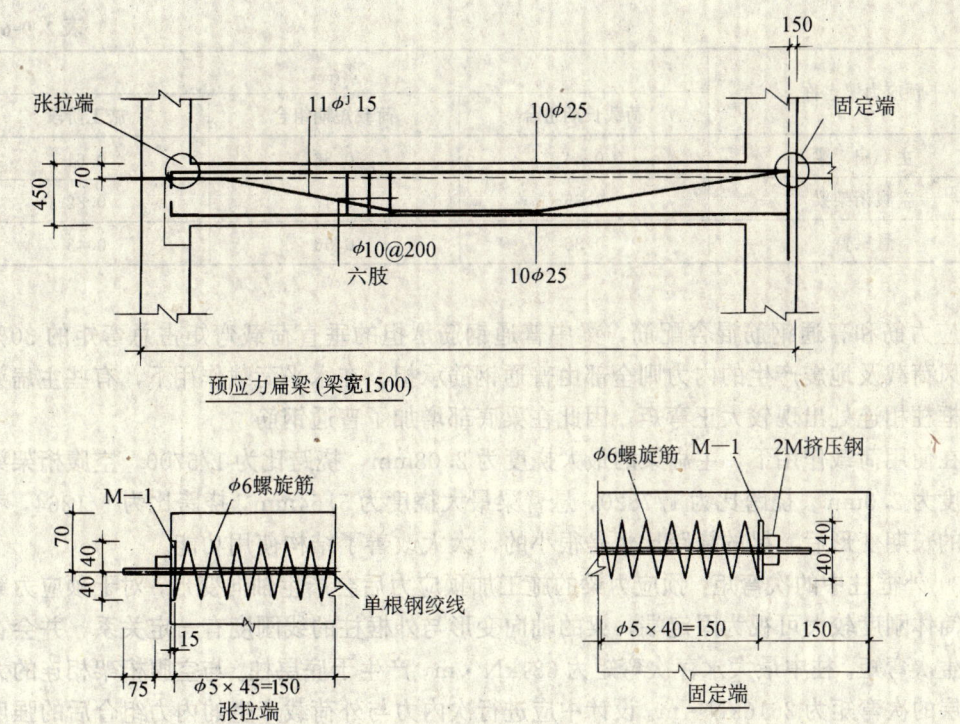

图 2.9-19 预应力筋的配置（二）

表 2.9-5

楼　层	配筋（ϕI 15）		
	主扁梁	空腹桁架	悬臂梁
2～7 层	11		
8～11 层	11	10	
12～13 层	12	20	12
14～22 层	12	22	12
23～39 层	12	22	6

④施工工况验算：当预应力筋张拉后，就会在梁中产生一组反向平衡荷载，当外荷载远小于或远大于反向平衡荷载时，梁都有可能开裂，而在施工过程中这两种可能性都存在，因此除了进行长期、短期荷载组合下的抗裂验算外，还需进行施工阶段抗裂验算。施工阶段分两种情况：

a. 楼板上只有自重本身

b. 楼板除承担自身重量外，还承担由支撑传递的上层楼板重量及模板、施工活荷。

施工荷载的大小主要取决于施工工艺及施工速度，新上海国际大厦的施工荷载合计为 $5.75kN/m^2$。

梁中抗裂验算结果见表 2.9-6。

⑤预应力梁的强度设计与变形：无粘结预应力梁的强度设计按部分预应力概念进行，采

表 2.9-6

预应力梁名称	$2ct_{max}$		
	荷载长期组合	荷载短期组合	施工阶段
主 扁 梁	0.44	0.56	0.61
空腹桁架梁	0.35	0.47	0.82
悬 梁 臂	0.36	0.50	0.43

用预应力筋和普通钢筋混合配筋,梁中普通钢筋承担的垂直荷载弯矩占总弯矩的 30% 以上,风荷载及地震产生的内力则全部由普通钢筋承担。在水平荷载作用下,有些主扁梁在与外框柱相连处出现较大正弯矩,因此在梁底部增加了普通钢筋。

在使用荷载作用下,主扁梁的最大挠度为 2.08mm,挠跨比为 1/5700,空腹桁架梁最大挠度为 2.3mm,挠跨比为 1/7820,悬臂梁最大挠度为 5.54mm,挠跨比为 1/1264,考虑结构的长期变形后,梁的挠跨比也是很小的,大大改善了结构使用功能。

3) 外框柱中的次弯矩:预应力梁的施工加预应力后会产生轴向变形,对于预应力梁而言,筒体刚度较大可视为固定端,梁的轴向变形与外框柱的线刚度有一定关系,并会在柱中产生次弯矩。柱中最大永存次弯矩为 681kN·m,产生于底层柱。与空腹桁架相连的大柱中地层的次弯矩为 2616kN·m。设计中应进行次内力与外荷载产生的内力组合后的强度验算。

(2) 无粘结预应力结构施工

1) 施工流水方式,竖向分层流水施工;

2) 施工工艺流程:

柱、墙钢筋、模板——梁底模、侧模——板底模——预应力筋下料、固定端制作——垫板、马凳、螺旋筋加工——梁钢筋笼、马凳、端垫板就位——梁预应力筋穿入定位——板筋布置——水电管线——隐检——浇混凝土养护——预应力张拉准备——张拉——封端——下一个循环开始。

3) 施工前准备

①施工人员配备:由 10 人组成张拉队伍,并配备 2 名工程技术人员负责。

②设备配备:JY-45 挤压机一台,YCQ-20 型前卡式千斤顶 2 台,电动高压油泵 2~3 台,手持式砂轮锯 2 台。

③无粘结筋按 ASTM,A416-92 订购 ϕ15.24 直径、强度 1860MPa (270K) 低松弛钢绞线。

④张拉锚固体系,本工程预应力体系采用 QM 体系,张拉端采用 QM15-1 锚具,固定端(埋入式)采用 QMJ15-1 挤压式锚具及承压垫板,张拉端垫板螺旋筋、马凳及固定端螺旋筋在现场或加工厂预先制作,固定端采用 JY-45 挤压机在现场制作,张拉端采用 YCQ-20 前卡式千斤顶张拉。

⑤进场验收:对无粘结筋锚具等主要产品进行进场验收抽检,验收合格后方可正式使用。

⑥固定端制作:在筋端 75~70mm 处剥掉外包塑料,擦去油脂,套上承压板,垫板凹口向挤压头一侧,在外露钢绞线端部慢慢旋入衬套,要求密排裹紧,旋入长度 70mm,钢绞

线、衬套、挤压件、模子要干净，挤压前挤压件上刷油润滑，油泵限压 60MPa，挤压过程一次完成，制作质量要求油压在 30～60MPa 内，外端钢绞线应露出 2～5mm，衬套二端都可见。

4）模板及支撑：本工程模板除楼板采用18mm 厚七夹板外，其余模板均采用组合钢模板散拆散装，支撑体系采用 ϕ48 钢管与桩卡支撑相结合使用，根据设计要求，对于预应力扁梁及悬臂梁，我们按一层已张拉完毕的预应力楼层只能支撑一层未张拉的楼层，即所谓"一层托一层"的原则。对于空腹桁架大梁按二层已张拉完毕的预应力梁支撑一层未张拉的预应力梁即"二层托一层"的原则，配置梁底模及支撑。扁梁及悬臂梁共配置了三套模板和五套支撑；空腹桁架大梁，配置了四套模板和六套支撑，另外楼盖支撑点设置在楼板跨度的三分点处，共设二排。这些梁底模保留，其余拆下翻至施工层去。也就是说，当楼层混凝土浇后到完成张拉时（7～10 天）即可拆除梁底模，且在三分点处保留支撑，该层模板则可翻至上层使用，按此推算，梁底模始终是二层在用，一层周转，而支撑四层在用，一层周转。

5）预应力筋布束与定位：在梁钢笼绑扎完成后，固定好马凳，螺旋筋端垫板，马凳用 ϕ12 钢筋横杠与梁箍筋点焊，沿梁轴线位置按图中尺寸放线定位，然后从固定端穿入预应力筋，穿束前应检查有无损坏，若有损坏用不含氯化物的胶带修补，束在梁中应平行顺直，原设计出于穿束方便，有部分梁采用集团束，可在实施过程中，我们认为还是单束穿起来方便，经与设计协商并到场看后，设计亦认为改成单束。穿束后，再从固定端开始沿梁轴线方向将无粘结筋用铁丝绑在马凳上，穿束时，预应力筋与非预应力筋、水电管线交叉时应保证预应力筋的位置。

6）张拉：

①张拉控制应力 $\sigma_{con} = 0.7f_{ptk} = 0.7 \times 1860 = 1302N/mm^2$，每一束钢绞线张拉控制力 $N_{com} = 184.8kN$。

②本工程所有无粘结预应力筋张拉控制力均为一个，预应力扁梁为一端张拉，悬臂梁为两端张拉，空腹桁架梁为一端对称张拉。

③安装锚具：在安装锚具前，将锚垫板上的残留混凝土及杂物清理干净，切除预应力钢绞线塑料外皮，擦去油脂。再将钢绞线穿入单孔锚杯孔内，然后把锚杯顺着钢绞线推靠在锚垫板上。

④安装夹片：擦除夹片表面泥土、砂粒，然后将三片夹片套在钢绞线上，平齐推入锚杯锥形孔内。

⑤安装千斤顶：将钢绞线穿入千斤顶，引进工具锚孔，调整好千斤顶位置，将千斤顶前端顶紧锚杯即可张拉。

⑥张拉与锚固：启动油泵，缓慢均匀地向千斤顶张拉油缸供油，达到初张拉 18kN 时，记录下伸长值 L_1，然后继续张拉至最终张拉力 184.8kN，记录下伸长值 L_2，停止供油，打开油泵截止阀，使油压缓慢降至零，工作锚上的夹片自动将钢绞线锚固。张拉伸长值 $\Delta L = L_2 - L_1$。

⑦张拉伸长值比较：若实际张拉伸长值与理论伸长值的差值在 -5%～$+10\%$ 之间即认为张拉合格，若不在此范围内则应找出原因并及时处理。

7）封端：从锚具外表面起保留钢绞线 30mm，将多余部分用手提砂轮切除，将封端帽装入部分无粘结筋涂包，用油脂将封端扣牢在锚具上，最后按设计要求在锚具处浇混凝土板或浇保护圈梁。

2.9.8　主体工程的外脚手架

由于结构情况较为特殊，本工程的外脚手架采用了爬脚手架、工字钢挑梁脚手和一般悬挑脚手相结合的形式。在南、西、北立面主要采用爬脚手，四角预应力悬挑梁部位采用普通的悬挑脚手，使每一层结构只挑二层的是悬挑脚手，以满足结构的受载需要。

（1）工字钢三角形挑梁，挑出结构面1200mm，采用25号工字钢作挑梁，每跨间距6m，每层设12步脚手架。

（2）四角收缩部位，采用在楼板面上设预埋环，采用ϕ48脚手管制作成三角架脚手，并和爬架相连以满足施工要求。

（3）爬脚手架

爬架由附墙架与工作架相连的爬升式脚手架。爬架与柱头的外模板组成一套组合提升的爬架与爬模，提升动力采用5t手拉葫芦，每组爬架配6～8只葫芦。由于楼板外口比柱头外立面出30cm多，所以在每组爬架上设若干顶轮，在爬架提升前，顶轮支承柱面，将爬架顶出板口，然后进行提升。爬架在柱头的采用8只H型螺母与内埋螺杆。

（陈志明、管大庆、叶卫东、潘洪刚、陆志博）

2.10　时代广场大厦施工技术

2.10.1　工程概貌与施工基本情况

（1）工程概况和主要特点

上海时代广场工程位于浦东新区陆家嘴金融贸易区中心最为繁华的张杨路、浦东南路口；是一家经国务院批准的以环球百货、精品、名品为主，集办公、商住、商贸、餐饮、展示为一体的豪华型综合性商业广场；建筑恢宏、风格别致、功能齐全、设备先进、装饰华丽，尤其是商场部分的中庭设计更是营造着优雅的购物环境。

时代广场占地面积10244m²，建筑物占地面积8050m²，总建筑面积为近10万平方米。由主塔楼、裙房两个部分组成，其中裙房室内为典型中庭设计，屋顶设有一座小塔楼，它和主塔楼一样，顶部设计成现在较为流行的大坡度尖顶。主塔楼与裙房之间设计有一条150mm宽的沉降缝。主塔楼为38层，裙房为9层，地下为3层。见表2.10-1。

表2.10-1

名　　称	建筑面积（m²）	建筑高度（m）	层　　数	结构形式
主塔楼	32760（地上）	160.6	地下2层、地上38层	核心筒框架
裙　房	50580（地上）	78.3	地下3层、地上9层	框架

注：地下部分总建筑面积为15830m²。

地下3层为生活用水池与泵房，地下1、2层四周是机房，中间区域为车库；裙房1～6层为商场，7～8层为美食广场，9层为员工休息、用膳区。其中3～9层为典型的中庭设计；在7层、9层、10层屋面设有天台花园；在裙房小塔楼内在10层设有一个展示厅；主塔楼10～20层为办公层，22～29层为商住层，29～33层为办公层，21层、34层为设备层。

大厦内设有商场、酒吧、咖啡厅、宴会厅、健身房、各式餐厅、游泳池、桑拿浴室、日光浴天台花园、游艺室、美容厅、音乐舞台、喷水池、室内观光电梯等各类设施;并安装有现代化的消防自动报警、喷啉装置、安全监控、电脑自动管理系统、自动电话交换、卫星接收、无线电呼叫等系统;另外还设有水质处理、中央空调及供暖、排风通风、自配发电机等先进设备;建筑物四周地面道路铺设彩色地砖,周围绿地环抱,草木葱茂,环境优雅。

整个建筑物 10 层以下平面形状为长条八边形,主塔楼 10 层以上平面形状为近似正八边形。主塔楼为钢筋混凝土核心筒框架结构,裙房为全现浇框架结构。整幢大楼共设有 15 部电梯,10 个安全疏散楼梯,其中 1~9 号电梯设在主塔楼核心筒内,为塔楼人员专用。10号、11 号、12 号、15 号电梯作为货运消防电梯,在裙房的南侧。另外两部自动扶梯,设在中庭的东西两端,作为商场顾客专用;另外在中庭西侧设有 2 部顾客观光电梯(13 号、14号电梯)。1~8 号楼梯设在建筑物的四周外围,作为裙房疏散人员专用。9 号、10 号楼梯设在塔楼核心筒内,作为主塔楼疏散人员的通道。塔楼核心筒剪力板墙地下 1、2 层最厚处为450mm,其余均为 300mm;裙房 1~8 号楼梯均为剪力墙结构,剪力墙厚度 250mm,剪力墙四个角均设有抗震暗柱。整个工程中间区域 B2F~9F 柱子为圆柱,最大直径为 2100mm,其余大部分柱直径为 900mm;四周为矩形柱,截面尺寸为 500mm×1250mm;9F 以上为方柱,截面尺寸从 1500mm×1500mm~800mm×800mm 逐渐收进。裙房部分中间区域设计为柱帽结构,柱帽厚 400mm,板厚 200mm,周边区域设计为扁状短形梁,跨度最大为 14m,截面为 900mm×3200mm,其余大部分梁截面为 600mm×900mm。塔楼部分结构梁为方形梁,截面从 850mm×850mm~600mm×600mm 逐渐收小。

该建筑物裙房外墙为花岗岩干挂配以大面积铝窗装饰,塔楼外墙为玻璃幕墙和花岗岩干挂互相间隔配合装饰,是典型的欧陆风格的建筑外观设计。内部裙房中庭采用大理石铺贴两侧立面和地面,风格典雅。

(2) 建筑物所在位置与地貌、地质特征

时代广场工程坐落于浦东新区陆家嘴金融贸易区中心繁华地段,是一座超高层建筑,西临新区主干道浦东南路,北边为张杨路,东接南泉路,南靠钱家港,与新世纪商厦隔路相望。南临化工大厦、新光大厦、新明大厦,东靠陆海空大厦(详见图 2.10-1)。

该工程所在地原来建有厂房、民房、办公楼及防空洞,虽经拆除,但场地上仍留有原有建筑的混凝土结构基础,开挖防空洞的回填土并未填实,施工场地东西两端分布暗浜,且有雨水管穿过场地;现场地貌土质情况较为复杂,施工场地狭小,同时又必须保护周边环境,这给正常施工带来较大的困难(表 2.10-2)。

上海时代广场地质情况   表 2.10-2

层　次	层底标高(m)	层厚(m)	土层名称	N	Ps
1	2.2~2.5	0.6~0.3	填　土		
2	0.5~0.2	0.8~1.2	粉质粘土		0.70
3	−3.70~−3.90	4.20~4.10	淤泥质粉质粘土		0.81
4	−13.10~−14.0	9.20~10.10	淤泥质粘土		0.43
5	−19.10~−19.20	6.0~5.20	粉质粘土		0.91
6	−24.0~−25.0	4.9~5.80	粉质粘土		2.70
7-1	−32.40~−31.20	8.40~6.20	砂质粉土	37	13.0
7-2	−57.0~−56.10	24.60~24.90	粉　砂	750	25.0

（3）施工组织和工期情况

1）施工组织情况：时代广场工程是参照国际惯例进行项目投资管理的，上海润华有限公司委托香港天顺有限公司组织建立时代项目部，代表投资者进行工程项目的管理；委托香港利比测量师事务所进行工程预算和结算的审核；整个工程分阶段招标施工，地下结构施工由江苏省建筑安装总公司承建，地上部分由上海第三建筑发展总公司总承包（包括整个工程的机电安装、装饰装潢的施工、管理）；地下结构施工阶段，江苏省建安总公司专门组织设立一个项目管理部进行施工管理，设有 5 个专业管理小组（详见施工管理网络图 1）；地上部分由上海三建总承包，为此上海三建组织建立一个总公司直管项目管理部，下设有 6 部一室，负责上部结构施工及机电安装、装饰装潢的施工、管理（详见施工管理网络图（二））。

地上部分施工由上海三建总承包，在该阶段各分包单位陆续进场施工，为搞好总包的协调管理工作，上海三建确立了总承包协调会制度，每星期二邀集各分包单位、业主、天顺公司项目部召开总承会，解决在施工出现的进度、质量、安全、工程技术等各类问题，协调好各分包单位之间的配合衔接工作。

管理网络图（一）如下：

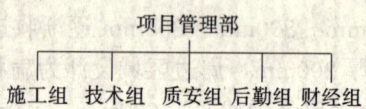

管理网络图（二）如下：

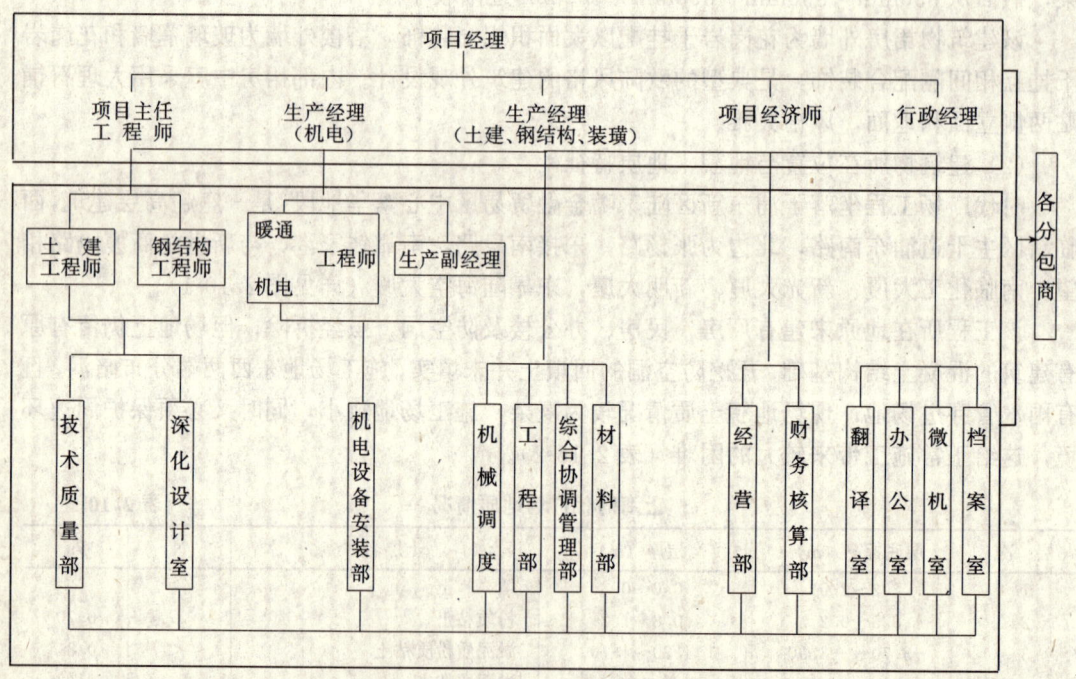

2）施工工期

根据业主要求，该工程总工期为 36 个月，1994 年 1 月 28 日起开工，1995 年 12 月 28 日结构封顶，1996 年 12 月 20 日竣工开业；实际工期结构阶段提前一个月结构封顶，具体情况详见开竣工日期表（表 2.10-3）。

表 **2.10-3**

工程名称	开工日期	竣工日期
地下结构	1994 年 1 月 28 日	1995 年 1 月底
主楼结构（上部）	1995 年 2 月 15 日	1995 年 11 月 22 日
裙楼结构（上部）	1995 年 2 月 15 日	1995 年 7 月 29 日
工程竣工开业		1996 年 12 月 20 日

（4）施工主要平面布置（详见图 2.10-1）。

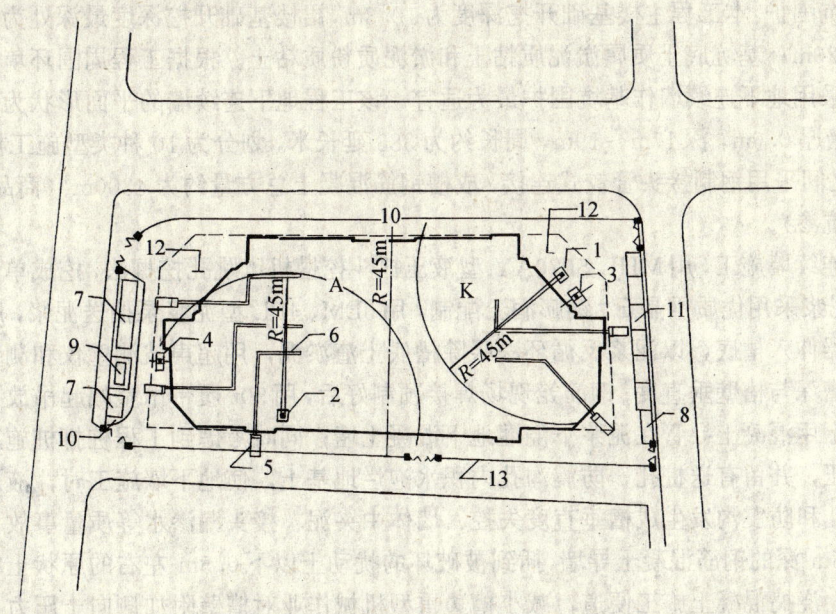

图 2.10-1　总平面布置图（上部结构）

1—88HC 塔吊；2—QT-80A 塔吊；3—人货电梯（SCD200J 型）；4—人货电梯（76-Ⅱ）；5—泵车；6—泵管；7—办公室；8—厕所；9—配电间；10—门卫室；11—工人更衣室、食堂；12—材料堆场；13—围墙

（5）工程主要实物量统计（详见表 2.10-4）：

表 **2.10-4**

名　称	数　量	备　注
PHC 管桩	（600，633 根）	$L＝AB10m＋AB10m＋AB12m＝32m$
混凝土	58500m³	地下部分：25000m³ 地上部分 33500m³
钢　筋	11000t	地下部分：5600t　地上部分：5400t
砖　墙	7100m³	
外墙玻璃幕墙	21100m²	
外墙干挂石材	13000m²	

2.10.2　施工技术与质量

（1）结构施工工艺

本工程地下部分施工基坑围护采用 600（mm）厚地下连续墙围护，设置二道钢筋，混凝土水平支撑，挖土区域打入管井降水。上部结构塔楼为核心筒剪力墙外框架体系，裙楼为框架体系，其中 1F～9F 框架柱为圆柱；故核心筒墙模板采用"70 型钢框塑面模板"，圆柱模采用自行设计的特殊规格 1/4 圆形钢模，其他结构柱模、结构梁模采用定型小钢模；楼板为现浇板，采用七夹板作楼板底模，满堂排架（@750）支撑工艺。整个工程划分为 K 区、A 区两大施工区域。

（2）主要分部分项工程的施工技术

1）土方工程

①基坑围护：本工程主楼基础开挖深度为 10.3m，裙楼基础开挖深度最深处为 12.20m，其余为 9.20m；基坑底土质属淤泥质粘土和淤泥质粉质粘土。根据工程周围环境条件和工程特点，采用地下连续墙作基坑围护最为适宜；该工程地下连续墙的平面形状为长条 8 边形，地下墙厚 0.6m，深 17m～19m，周长约为 383 延长米，划分为 10 种类型施工槽段共 65 个，墙体之间采用钢制接头管铰式连接，成槽钢筋混凝土总方量约为 4300m³（商品混凝土，C40、S6 抗渗）。

地下连续墙施工，用 MHL-5070AY 型液压抓斗挖槽机以跳孔挖掘法，挖成单元施工槽段；护壁泥浆采用优质重晶石、钠膨润土配制，用 3LM、4PL 型泥浆泵抽送泥浆，用 DG100 空气升液器伸入槽底，以泥浆反循环法吸除槽底土渣淤泥，用超声波测壁仪和测锤等量具工具测出槽深与槽壁垂直度；钢筋笼现场焊接预制好后，用 50t 履带吊整幅起吊放入槽内就位，混凝土用混凝土导管在泥浆下浇灌地下混凝土墙；同时考虑到工程桩打桩施工时，对土体的挤压，并留有送桩孔，防震沟孔内积水泡烂地基土，使地下墙施工时，液压抓斗易偏入送桩孔和防震沟发生成槽垂直度失控、墙体中夹泥、接头漏渗水等质量事故，所以预先构筑 2.5m 深的钢筋混凝土导墙，插到被破坏的扰动土以下 0.5m 左右的原状土中阻挡表层土扰动；浇捣混凝土施工便道，减小槽边重型机械作业对槽壁附加侧向土压力（详见图 2.10-2）。

考虑到围护结构的整体抗位移、抗倾覆、抗隆起及槽段变形等因素，设置两道钢筋混凝土水平支撑。上面第一道支撑面标高为 2.45m，断面尺寸为 600mm×700mm，围檩断面尺寸为 700mm×1000mm；下面第二道支撑面标高为 2.65m，断面尺寸为 700mm×900mm，围檩断面尺寸为 800mm×1000mm。水平支撑间距为 12m，采用土胎模施工，用挖掘机挖出梁槽，人工修整至设计断面尺寸、梁底标高，保证梁底平整在同一水平面上。然后采用 C35 商品混凝土泵送入模浇筑。钢筋混凝土水平支撑的竖向承载支撑，采用钢立柱传载至钻孔灌注桩的方式，共设 44 根钢立柱与钻孔灌注桩，钢立柱用 4 根∟125×125×12 的角钢组成的格构式钢柱，钻孔灌注桩直径为 750mm、深 30.6m，用 C30 混凝土灌注（详见图 2.10-3），单桩板底承载力为 275t；配置 4 台钻孔机施工，工期为 20d；钢柱插入灌注桩 4m，外伸 8m，很好地解决了立柱与底板混凝土良好结合和底板钢筋穿越钢柱的问题；支撑钢柱下部钻孔灌注桩的施工，可能对已完工的工程桩带来不利影响，因此在钻孔灌注桩布置时悉心考虑排列方式，其间距平均为 12m，与工程桩的距离不小于 $3D$（D 指桩径）；钢柱、钻孔桩布置位置在横纵水平支模的交点处或是交点附近。

土方开挖后，地下连续墙受外部作用，墙体会产生变形及位移，所以在连续墙四边各设置二根测斜管，共 8 根，长度同连续墙深度，约 18m 左右；测斜采用美国产 SINCO 测斜仪，观察水平位移采用德国产02B经纬仪，监测频率为每挖深1m观测一次，共计观测10～12次；水平支撑系统同样会因立柱不均匀沉降而失稳，在施工中加强对立柱沉降的监测，这项工作与对连续墙的检测同步开展，针对44个立柱，布置沉降观察点44个，具体是在支撑与立柱交接的中心处顶面预埋ϕ16短筋。外露160mm，在第一道支撑梁完工后每挖深1m观察1次。

②抽水井降水：本工程基坑开挖深度平均为10m，为了满足土方开挖，底板浇捣，地下空间结构施工顺利开展的要求；采用打抽水井的方法，把土方开挖区域内的地下水位降低，降水深度为10.5m，裙楼井距为10m，塔

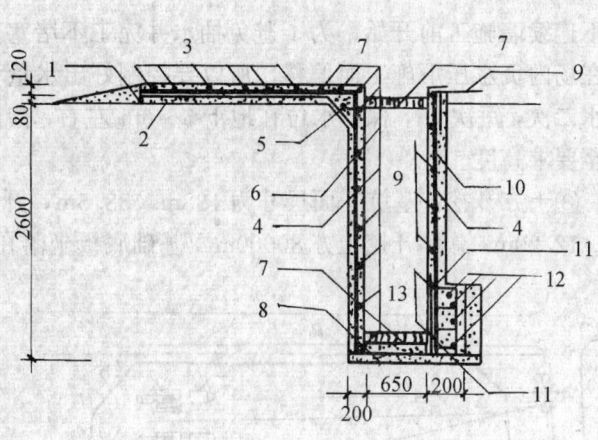

图 2.10-2 导墙详图

1—素混凝土接坡；2—碎石垫板；3—16@200 网法；
4—16（12）@200；5—16@400；6—内侧导墙；
7—100×100 方木支撑；8—素混凝土垫层；
9—12@200；10—外侧导墙；11—12@200 四肢箍；
12—12（25）纵筋；13—2×16 纵筋

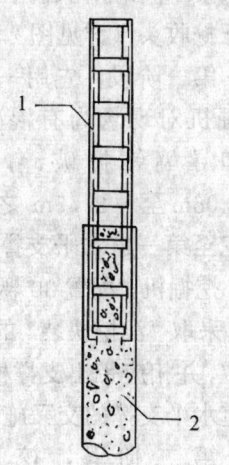

图 2.10-3 钢立柱详图

1—4∟125×125×12 角钢；2—ϕ750 灌注桩

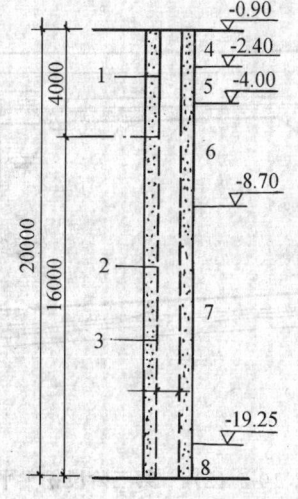

图 2.10-4 抽水井详图

1—普通混凝土管；2—塑料管；3—人造砂；
4—杂土；5—粉质粘土；6—淤泥质粉质粘土；
7—淤泥质粘土；8—粉质粘土

楼井距为6m，总共布置44只抽水井，布设位置预先排列，确保不影响工程桩与钻孔桩的质量。抽水井成孔采用两台SPJ300型正循环钻机，直径为800mm，钻井深度20m，内置预应力钢筋混凝土井管，外径360mm，内径300mm，壁厚30mm，混凝土井管上部4m为实管，下部16m为带孔的潜水滤管（具体见图2.10-4）。由于工期较紧，抽水井钻孔施工放在

地下连续墙施工前开始，为了避免抽水井完工不堵塞，必须经常抽水，同时也不能使连续墙在场内负水压下施工而偏移，所以要控制好出水量和抽水时间，在实际施工中每口井日抽水二次，每次2h，保持水位在地下5～6m左右，待连续墙完工后随挖土深度逐步降低水位至要求高度。

③土方开挖：基坑平面尺寸为138m×58.5m，开挖深度—9.20m和—10.3m，最深处为—12.20m，总计开挖土方80000m³，基础底板坐落在淤泥质粉质粘土和淤泥质粘土层上。

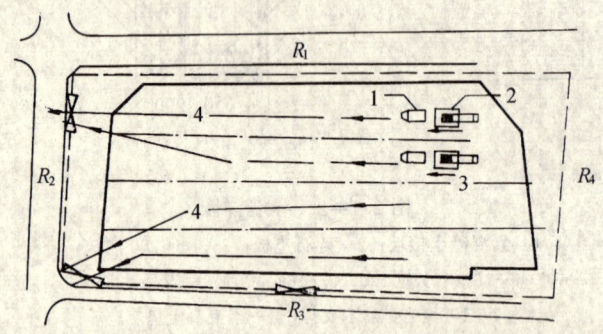

图 2.10-5（1）　第一阶段、第二阶段挖土平面布置图

R_1—张杨路；R_2—浦东南路；R_3—钱家巷路；R_4—崂山西路
1—土方车辆；2—1m³挖掘机；3—挖掘方向；4—车辆路线

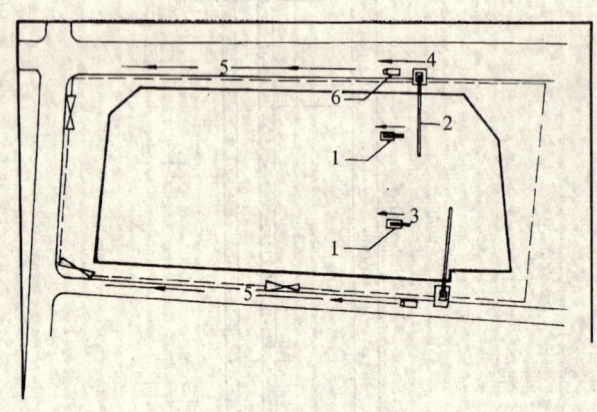

图 2.10-5（2）　第三阶段挖土平面布置图

1—0.4m³挖掘机；2—履带式抓斗吊；3—挖掘机行走方向；
4—抓斗行走方向；5—土方车辆行走路线；6—运输车辆

地下连续墙支护结构是较为牢靠的支护的体系，给挖土施工创造了安全有利的条件；但地墙施工时留有的混凝土施工便道，混凝土内侧导墙以及水平支撑、钢立柱、降水井管的存在同样对挖土浇筑施工产生了一定限制作用；挖土工期又影响后续各项工作的工期，所以，挖土施工必须根据以上特点分阶段进行；根据现场实际情况，利用钱家巷和浦东南路作为土方机械的进出口，施工中由东向西，往浦东南路方向开挖收头（详见图2.10-5）。

第一阶段，先用一台带镐头的挖掘机对现场尚有混凝土施工便道和导墙钻捣破碎，随后开挖—0.06m至—2.45m之间的土层。即挖至第一道水平支撑面。用四台1m³挖掘机，配置30辆大吨位自卸车，采取"浅挖快装"的方法，一次到位，并相应带出支撑槽段，便于第一道水平支撑的交叉施工。

第二阶段，挖土范围为—2.45m至—6.45m之间的土层，即挖至第二道水平支撑面。待第一道水平支撑混凝土强度达到80%后，采取四台1m³挖掘机，采取"深挖快装"方法，一次到位，同时吊入两台0.4m³湿田型挖掘机，开挖第二道水平支撑梁槽段，配合第二道水平支撑梁的交叉施工。

第三阶段，挖土范围为—6.45m到设计承台板底标高之间的土层，待第二道水平支撑混凝土强度达到80%，采取部分"传递式挖土"，即用两台履带式抓斗吊直接挖土，抓斗吊挖不到的地方由放入基坑内的两台0.4m³挖掘机挖土直接甩到抓斗吊施工范围内，由其吊抓装车。

挖土时留出高于设计标高100～150mm的土，人工辅助挖土，第二阶段挖土时，一次

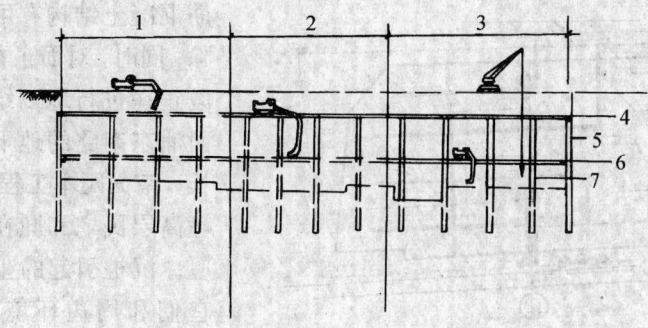

图 2.10-5（3） 三阶段挖土形象立体图

1—第一阶段挖土；2—第二阶段挖土；3—第三阶段挖土；
4—第一道水平支撑；5—地下连续墙；6—第二道水平支撑；7—立柱

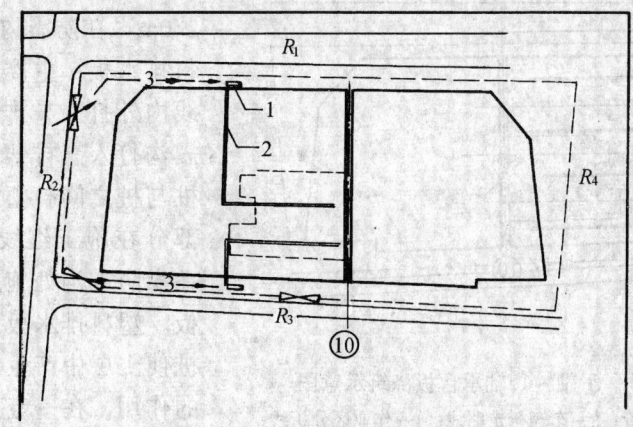

图 2.10-6（1） 局部三层地下室承台板浇筑布置图

1—汽车泵；2—ϕ125 泵管；3—车辆行走路线；
R_1—张杨路；R_2—浦东南路；R_3—钱家巷路；R_4—崂山西路

挖深 4m 左右，为防止土压力差作用下引起立柱、降水管的位移或破坏，故在他们附近放坡，分层沿四周均匀开挖，每层不大于 1m，坡度为 1∶1。

2）基础工程：

①打桩工程：

施工概况：

时代广场工程设计桩数为 633 根，其中主楼 372 根，裙楼为 261 根，采用超高强预应力钢筋混凝土管桩即 PHC 管桩，外径为 600mm，桩长 32m，由 AB10m＋AB10m＋AB12m＋1.8m 三节加钢管桩靴组成，各节桩的接头采用电焊连接。主楼部分桩距大多数为 2.4m，送桩约 7.5m，桩尖进入粉砂层桩的入土深度为 40m 左右；计划工期 75d；配备 2 台日本产车桩架，施工桩架用 24m 筒体，配以 D—62 锤，桩架配备一台日产 40t 住友吊机（履带式），用于驳桩、喂桩；同时配备四台电焊机，长度不小于 10m 的送桩器。

围护措施：

该工程施工场地及周围环境较为复杂，建设基地原有厂房、办公楼及防空洞的地下钢

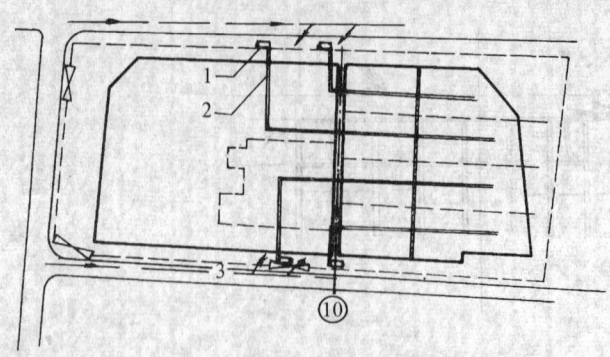

图 2.10-6 (2)　⑩轴~⑰轴承台板浇筑布置图
1—泵车；2—泵管；3—车辆行走路线

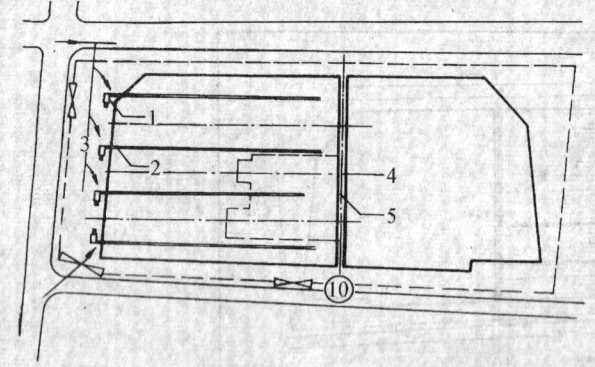

图 2.10-6 (3)　①轴~⑩轴承台板浇筑示意图
1—汽车泵；2—泵管；3—车辆行走路线；4—作业区分析线

筋混凝土结构有可能未被完全清除；同时，对面正在建的新世纪商厦正在进行地下结构的施工，西面浦东南路的地下复杂而年代较长，南面距本工程仅 20 多米为两幢高层民宅和同在施工的化工大厦；沉桩引起的土体挤压可能对它们和周边环境产生不良的影响。为此，在打桩前预先做好围护措施，即在主楼部分南面施工红线内打两排钢板桩，在它们中间开挖防震沟，断面尺寸为 1.5m×2.0m，在防震沟的内侧打三排塑料排水板；主楼部分其他区域红线内外打入平排钢板桩，开挖防震沟打入三排塑料排水板，并在桩与桩之间打塑料排水板。裙楼部分在施工红线处开挖防震沟，在靠防震沟处施打三排塑料排水板。塑料排水板可减少因锤击沉桩使土层中产生超高孔隙水压力的作用，在一定程度上对表面主体的水平推力起到分解作用。

施工工艺：

本工程采用的 PHC 管桩，长度为 32m，连同钢桩靴 1.8m，合计 33.8m，钢桩靴为最下节，上面三节桩组合为 AB10m＋AB10m＋AB12m；施打管桩的总体工艺流程为：

由经验收的施工用控制基线放出样板→监理验收→钢桩靴与第一节桩电焊连接→监理验收→桩架对第一节桩进行起吊，进笼口定位→桩架调直、定位→测量仪器控制桩架，桩的垂直度→锤击到地面→第二节桩电焊接桩→监理验收电焊质量后锤击第三节桩至地面→送桩准备→中间验收→吊套送桩并打到标高或最后三阵以每 10 击打入深度小于 4cm 为停锤标准→拔出送桩器，桩架移下一根桩位→下一循环施工

质量控制：

垂直度控制：

在打桩之前，用两台经纬仪从正侧面对桩架的垂直度进行校正，使桩架里的垂直度控制表随时正确，第一节桩打入时，由于本工程浅层土为填土及软土，所以用"死锤"把桩打入到一定深度（以不溜桩为止），并在施打过程调整桩的垂直度，为第二节桩的接桩创造良好的条件。同时，在施打过程中要求锤、替打、桩、桩靴在同一轴线上，不能偏心锤击，不能与桩架扭着施打，在锤击过程中，不随意移动桩架，以免出现打断桩事故；注意送桩机的垂直度控制，以防偏心锤击。

接桩焊接质量控制：

在焊接桩前对桩端板坡口进行除油除锈处理，并用角向砂轮机进行打磨，焊条采用 422 焊条；先用 $\phi 3.2mm$ 焊条进行打底，然后用 $\phi 5mm$ 焊条由 2～3 人同时对焊，方向一致进行多层、多道环缝横向焊接，在焊接过程中要及时清除焊渣、飞溅物，以确保焊接质量，焊缝表面不留裂缝、气孔及焊瘤。完工后请监理检查验收，做好隐蔽工程的验收工作。

②大体积混凝土承台底板施工：

基础承台底板混凝土主塔楼部分厚度为 2.7m，裙楼部分厚度为 1.5m，主塔楼、裙楼之间设有一条 150mm 宽的沉降缝，采用 C40 混凝土浇筑，总方量为 $17800m^3$，属大体积混凝土。针对大体积混凝土中水化热的作用易产生温差裂缝以及混凝土在硬化过程中体积变形易出现收缩裂缝的弊端，进行技术经济比较，采取了一系列措施。

在商品混凝土供应和泵送技术日趋成熟的情况下，采用一次性连续浇捣的方法，施工中与商品混凝土供应商、科研单位合作，采用缓凝型抗渗混凝土，水泥采用矿渣水泥，在混凝土中添加高效减水剂、"UEA" 外加剂，另外还掺加木钙和磨细粉煤灰等外加剂，降低水泥用量，有效地减少水化热，推迟水化热高峰期，满足整个承台底板混凝土一次性浇捣、不分块施工的要求；在施工中按混凝土泵车布置位置作业分区进行小范围的分段布料，采用"一个坡度分段定点，薄皮分层，一次到顶"的浇筑方法。泵车之间，上皮下皮混凝土之间搭接时间控制在 3～4h 内，振动棒振捣时插入下层混凝土 10cm，混凝土流淌到哪里振到哪里，避免漏振，流淌坡度大约为 1：1（详见图 2.10-7）。

整个承台底板混凝土浇捣时，采用 4 台泵车，另配 1 台备泵（见图 2.10-6），先浇捣裙房地下三层底板混凝土，接着进行主塔楼区 2.7m 厚底板混凝土浇捣，最后完成裙房剩余部分 1.5m 厚底板混凝土的浇捣。商品混凝土塌落度较大，混凝土流淌到哪里，就振到哪里，混凝土成型时，表面水泥浆较厚先用 2m 括尺括平，用平板振动器纵横振两遍，用木蟹打磨压实，收水再压一次，减少混凝土表面收水裂缝。

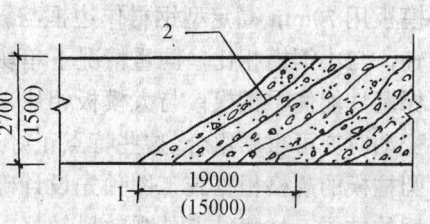

图 2.10-7　混凝土浇筑分层示意图
1—混凝土流淌距离；2—分层示意

3）结构工程

①钢筋工程：该工程采用进口钢筋，主筋为 Ⅲ 级钢，有 4 种规格，分别为 $\phi 16$、$\phi 20$、$\phi 25$、$\phi 32$；箍筋为 Ⅰ 级，有 4 种规格，分别为 $\phi 8$、$\phi 10$、$\phi 12$、$\phi 16$。针对施工场地狭小的特点，钢筋加工委托专业工厂完成，用汽车驳运至现场，经验收后吊运到施工面上。主筋的焊接根据不同部位采用闪光焊、熔渣焊、套筒、搭接电焊多种形式；为减少用钢量，在工厂进料加工时，允许采用闪光焊，但要求梁、柱钢筋同一截面上的接头相互错开，且数量不得大于 50%。加工到场的成品钢筋必须按每根柱、梁、每块板和配料单捆在一起，且挂上标有柱梁板编号标牌。以便到场后验料，由于受施工面、施工速度、接头错开等的因素制约，闪光焊和套筒连接在柱梁钢筋施工中较少应用；而基础底板钢筋绑扎的施工面积大，这两种连接可以较普遍应用。本工程基础底板厚度达 2.7m 和 1.5m，上设 4 皮 $\phi 20$～25 钢筋，下皮设 8 皮 $\phi 25$～$\phi 32$ 钢筋。施工中上面几皮钢筋，采用支架固定和控制面筋高度，承受钢筋重和混凝土浇捣时施工荷载。2.7m 厚底板中采用角钢（∟ $75 \times 75 \times 10$ 角钢）支架，1.5m 底板中采用钢筋支架（$\phi 32$ 钢筋）；底板钢筋用量较大，在钢筋绑扎前，先按设计图纸弹出

钢筋分划线和水平控制线的投放，施工中采用卡尺控制钢筋间距，使各皮钢筋网格上下对齐，以便保证混凝土的浇筑质量。绑扎过程中完工一皮验收一皮，确认合格后进行下道工序施工。考虑到温度应力在2.7m底板面设置 $\phi16@300$ 的防裂钢筋。

由于地墙的第一、二水平支撑要在地下二层结构完工后拆除，而它们与地下室结构外墙有重叠部位，故施工中在水平支撑围檩中预插钢筋，插筋长度满足50%接头错开要求，在穿越地下室外墙处设2mm厚止水片与连接钢筋焊接。

结构柱竖向钢筋采用压力熔渣焊、绑接结合使用的连接方式，这样做可满足设计要求，又可解决搭接错开的问题，也可减少用钢量。梁钢筋在断料时可采用闪光焊连接，以减少钢筋的浪费，在现场绑扎时，采用绑接方式。压力熔渣焊，采用国产机械进行，每层配6台，每天可完成300个接头，每层450个接头一天半可完工，施工速度虽慢于其他连接方式，但对进度影响又不大。同时在施工时，每层做2组试验，合格率为100%，全部试件抗拉强度均不小于570Pa，满足规范要求。

②模板工程：根据工期和质量要求，结合本工程结构形式的特点，主塔楼配3层模板及支撑排架钢管，裙房配2层模板及支撑排架钢管，反复周转使用；方形、矩形柱、梁采用组合小钢模拼装，楼板底模、柱帽底板采用国产七夹板；圆柱模采用自行设计制造的1/4圆形钢模，用∟$50\times50\times5$ 角钢作边框，4×50 扁钢作横肋，3mm厚钢板作面板（见图2.10-9）；核心筒剪力墙、楼梯间剪力墙内外墙模采用"70型钢板塑面模"；除楼板底模搁栅采用 $50mm\times100mm$ 方外，其余排架支撑、纵横围檩及搁栅等均用 $\phi48\times3.5$ 焊接钢管；70型模板用70mm高定型钢材作边框与纵横肋；用塑面七夹板作面板，这样模板刚度好、自重轻，与小钢模相比，同重情况下单块面积超出1～2倍，且混凝土成型后质量较好，保温、保湿性能优于钢模；与大模板相比，不需要吊机长时间配合，且组合较自由，在墙体尺寸变动时亦可重新组合，这些特点正好适合本工程核心筒剪力墙与楼梯间剪力墙的施工要求；圆柱模的规格根据施工图预先设计确定，由于设计模板刚度好，规格尺寸准确，所以成形后的柱子、柱集结点外观效果较好。

③混凝土工程：为了减少工序，加快施工速度，也为了减少商品混凝土供应的次数，基础底板一次性整体浇捣，每层柱、墙、梁一次性整体浇捣工艺，泵送混凝土坍落度为18±2cm，外掺剂为佳混凝土140。本工程每层柱、墙、梁的混凝土级配各不相同（具体见表2.10-5）；主塔楼每层混凝土方量为 $400m^3$ 左右，裙楼每层方量为 $2100m^3$ 左右。根据这些特点，

表2.10-5

项目部位名称	层　　　次	混凝土强度等级
塔楼柱	1～11层	C60
	11～23层	C50
	23～34层	C40
裙楼柱	1～5层	C60
	5～裙房顶层	C50
塔楼板墙	1～11层	C60
	11～23层	C50
	23～34层	C40
裙楼板墙	1层～裙楼顶层	C30
塔楼梁、板、楼梯	1～34层	C30
裙楼梁、板、楼梯	1～裙楼顶层	

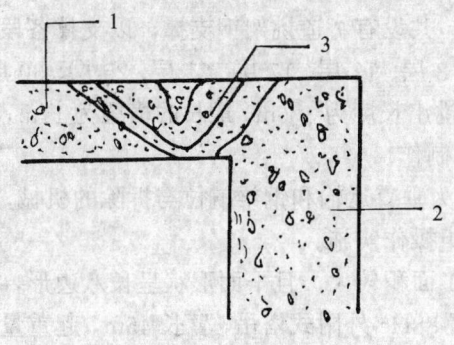

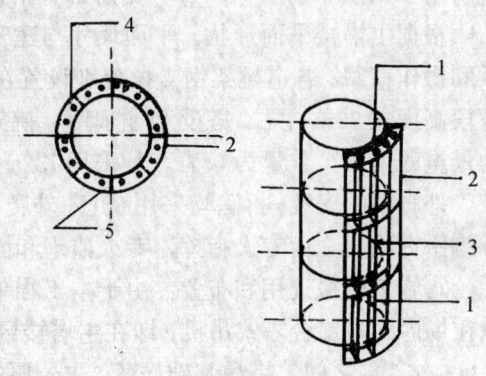

图 2.10-9 圆柱模详图

图 2.10-8 不同级配混凝土相交处浇捣示意图

1—3mm 厚钢板；2—∟50×50×5 角钢边框；

1—低级配梁混凝土；2—高级配柱混凝土；

3——4×50 扁钢纵横肋；4—φ12 孔穿 φ10 螺栓；

3—自由流淌堆高

5—分块模板接口；用 φ10 螺栓连接

上部结构施工阶段在塔楼区域布置 2 台固定泵（布置情况可见图 2.10-1），裙楼区域选用 3 台汽车泵，泵管采用 φ125mm 硬管，竖向泵备用预埋件固定在板墙或柱子上。

由于柱、梁、板级配不同，且主塔楼和裙楼区域都采用布料器至少要 4 台以上，且要多次移位，连接泵管，显然并不实用，所以采用软管浇捣，主塔楼从外向内浇捣，一台泵负责一种级配混凝土的浇捣，先浇捣外围柱、混凝土，梁、板混凝土随之跟进浇捣，最后浇捣核心筒板墙混凝土。裙房混凝土浇捣从东向西三根泵管并头收进浇捣在柱梁两种级配混凝土相交处，采取两种级配混凝土同时浇捣自由堆高相交的方式，在浇捣时同时振捣，实践结果柱梁接头无裂缝出现，无低级配混凝土侵入高级配混凝土内的现象发生，质量达到要求（具体见图 2.10-8）。由于商品混凝土质量较好，混凝土的和易性、可泵性和试块强度完全满足施工操作和设计要求。泵送中基本未发生爆管、堵管的现象。混凝土一般浇捣速度每台可达 20～30m³/h，一般 18～20h 完成一层混凝土的浇捣。

④钢结构工程：中庭的上部天棚为钢结构屋架上覆盖玻璃的透明天棚，该部分钢结构屋架跨度为 25m，共有 6 榀，单榀重量为 1.5t，形状为人字形，由 φ194×6.5、φ170×6.5、φ40×6.5 无缝钢管组成。单榀屋架在加工厂分二段加工，拼接点在整榀屋架中间，屋架基座设在 8 层结构上，基座上用 φ20 螺栓固定 20mm 厚钢板，屋架焊接在钢板上；由于 3～8 层为中庭部位为高空间，所以为便于二段屋架的就位拼接，在屋架投影线上从 3 层起搭设 1800mm 宽的 φ48 钢管操作排架，纵向亦搭设排架把每榀屋架下的排架联成整体，同时所有排架与结构联成整体；吊装时使用布置在裙房中的 QT80A 塔吊吊装就位，利用排架作为临时支撑，就位校正后再把二段屋架焊接成整体，所有焊缝均按二级标准探伤，所有钢构件均镀锌处理。焊接处用喷锌加刷漆处理。

⑤脚手架工程：工程总高度为 160.6m，外脚手架面积达 26000m²，数量巨大，需用近千吨周转设备材料，但是考虑到该工程工期紧，主塔楼平面形状特殊，多处成不规则三角形凹进，外立面设计有大面积的非承重混凝土墙，外墙装饰石材干挂一直做到 122m 高度，单块石材的重量达到 150kg 左右，且结构一到顶马上进行外墙装饰施工，工期较短等这些特点。如采用其他形式的脚手架显然不能满足施工要求，所以主塔楼部分采用三角排架式

挑脚手（见图 2.10-10、11），裙房部分搭设双排钢管落地脚手。

根据主塔楼平面形状、平面尺寸与建筑高度，共设有 7 道挑架钢支撑，以支撑各段脚手和操作荷载；各道挑架钢支撑分别设置在 3 层、8 层、12 层、17 层、21 层、25 层、30 层，各段高度在 20m 左右，搭设 11 排脚手，挑架最大挑出长度为 3.6m，最长的横梁为 11m，亦为最重的钢梁，重量为 0.7t，均采用 I32a 工字钢制作。

外脚手的安装，拆除均采用 88Hc 外爬吊机作为垂直运输和钢梁就位与拆除的机械，在外脚手拆除时，由专人指挥，专人监理和固定班组操作实施。

⑥施工机械选用和布置：由于本工程单层施工面积较大，且平面形状呈长八边形，所以在场内配备二台塔式吊机；即在主塔楼区域布置 88Hc 外附式塔吊，臂长 45m，起重量在 1.9t～5.09t 之间，塔吊基础坐落 2.7m 厚的台座板上。

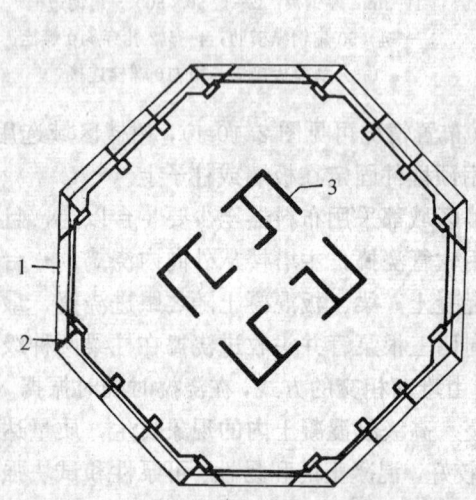 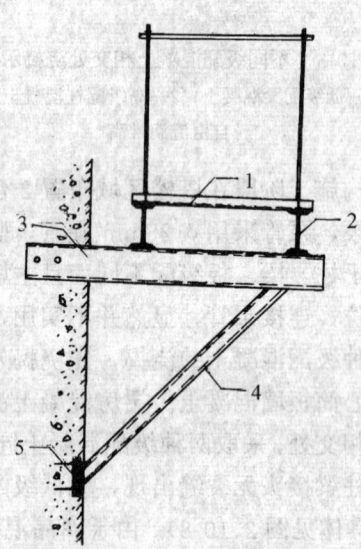

图 2.10-10　塔楼脚手平面布置图　　　　图 2.10-11　三角挑架详图
1—三角挑架；2—工字钢横梁；3—核心筒　　1—8 号槽钢；2—32 号或 25 号工字钢横梁；

3—32 号或 25 号工字钢挑梁；

4—匸 2×40 槽钢；5—埋件

裙房区域，场地较为狭窄，无法安装外附式塔吊，如采用内爬式塔吊，由于裙房小塔楼为坡屋顶，将来无法拆卸，如布置其他位置，内爬吊的塔身悬臂高度不够，将来与完工后的小塔楼相碰，无法回转，所以只能把 QT80A 外附式塔吊内置于结构内，附墙杆通过特制钢埋件附着在结构梁面上（钢埋件采用牛腿平放形式）。对受力梁和埋件进行受力验算，满足受力要求，该塔机基础亦坐在 1.5m 厚底板上。

主塔楼结构从 28 层开始逐渐向内收进，到 34 层结构向内收进 3.9m，且 34 层上部还有 17m 高钢筋混凝土结构的坡屋顶，为保证塔吊的自由回转满足坡屋面的施工，塔吊必须升高，附墙杆必须加长。此时塔吊中心至结构墙面为 9.9m，附墙杆必须加长至 11m，这大大超出常规，无前例可参照，根据有关资料和经验。在保证附墙杆平面角度不变的情况下，所受轴力不变，我们决定用 20 号槽钢制成正方形截面格构柱，由于附墙杆加长，材料选型增大，自重也增大，考虑自重的情况下，附墙杆按压弯构件来验算。验算结果，该构件满足受力要求，且安全系数较大，实践结果很理想，几次大风未有什么影响。

为满足垂直运输，在主塔楼东北侧布置一台SCD200型人货电梯，在裙楼西侧布置一台76-Ⅱ型人货电梯，基本上满足施工需要。

在结构施工阶段，在主塔楼布置2台德国国产固定混凝土泵，在裙楼布置3台汽车泵，以供泵送混凝土（所有机械布置可见总平面图）。

⑦钢筋混凝土结构坡顶施工：主塔楼和裙房小塔楼顶都是钢筋混凝土结构坡屋顶。以裙房小塔楼为例，该屋顶跨度为24.75m，从檐口到顶部的高度为12.80m，坡屋顶斜度接近45°，顶标高为59.95m，梁上部设置一个18m长的钢桅杆。整个屋盖由八根人字形斜梁与一圈环梁受力传递给八个矩形柱承重，四周为200mm或250mm厚剪力墙，屋盖板厚150mm，人字形斜梁与环梁断面均为800mm×1500mm或800mm×1000mm；该坡顶下部是展示厅，最大净空高度达24m，最小净空高度约为12m。

在施工中难点在于承重排架的搭设、混凝土浇捣、施工脚手的搭设；由于该屋盖下的净高为12～24m，且屋盖结构梁断面大，自重很大，呈人字形，搭设排架首先考虑稳定性，所以我们采取满堂排架支撑，分段浇捣的方法，先完成檐口下剪力墙，剪力墙亦分二次浇捣，每次浇捣6m，待四周剪力墙完工后，继续向上搭设排架，排架竖杆间距@600，水平杆间距@1800，并在人字形斜梁底设置八字斜撑，间距为短向400mm，长向为1200mm，完成的剪力墙对整个排架水平向稳定起到很好保护作用；屋盖的梁模采用小钢模，楼板底模用七夹板；由于屋顶坡度数大，给混凝土浇捣带来很大的困难；整个屋盖混凝土为300m³，用吊机吊运浇筑需要72h完工，在施工中我们采用泵送混凝土浇筑法，混凝土坍落度为12cm，浇捣时要使混凝土不要流淌过快；泵管的立管固定在剪力墙上，水平管布置在屋盖上的脚手架上；为保证施工方便和施工安全，在屋盖上搭设阶梯状脚手架，脚手架的水平杆、立杆通过埋件与结构梁板钢筋联结固定，在梁板混凝土未凝结以前均由模板受力，脚手架只作上人操作与铺设泵管之用，且与屋檐下面的施工脚手用斜撑联成整体；屋盖上的脚手亦环绕联成整体，有了施工脚手架给浇捣混凝土带来很大的便利，在施工中先浇捣柱子混凝土（C50），再浇捣斜梁混凝土，斜梁混凝土只浇捣到板底，即在此处留施工缝，待所有梁混凝土浇捣完毕，浇捣楼板混凝土，楼板混凝土分皮浇捣，每400mm一皮，浇捣一圈，在浇捣前做好剔凿表面浮浆与接浆处理（具体布置详见图2.10-12）。

(4) 外墙装饰工程

该工程外墙采用玻璃幕墙、镀膜铝板与干挂石材，间隔配合装饰，是典型的欧陆风格的外观设计；两者的面积均较大，外墙幕墙总计为21100m²，干挂石材面积为13000m²。

1) 玻璃幕墙施工：

①简介：主塔楼1～34层玻璃幕墙为长方格布置的灰色半隐框单层玻璃幕墙，同时在转角配以长条的金属铝板；裙楼除四个拐角立面为半隐框幕墙，其他均为显框幕墙；所用玻璃1层以上为灰色，1层为透明玻璃；该工程所用玻璃均为美国进口强化玻璃。

②所用材料：幕墙主要由结构预埋件，铝合金立柱、横梁连接件、带框玻璃、金属铝板、防火棉、隔热棉、结构密封胶、耐火密封胶等材料组成；本工程的预埋件为国产热浸平板埋件，每块埋件上有4个扁钢脚头，在预埋时与结构钢筋焊接连接；幕墙立柱截面规格为68mm×112mm，除1层外，其他均为灰色镀膜反射强化玻璃，厚度为8mm，每块玻璃均带半隐铝框，直接安装与立柱梁连接；金属铝板厚为3mm，表面做氧化喷涂处理，喷

涂厚度为大于 25μm；结构硅酮胶采用美国产
"DOW CORING 795"（黑色）；耐火密封胶采用美
国产 "KOW CORING 790" 硅硐胶（黑色），耐火
材料为耐火密封防火棉，厚100mm。

③幕墙的主要施工顺序：埋件铁件—尺寸复
核—确定垂直水平基准线—安装立柱—安装横梁
—安装铁件—安装隔热及防火材料—安装玻璃—
嵌泡棒—打密封胶—幕墙外面清洗。

④控制线的放测：幕墙施工中放线是关键一
步，由于所有幕墙材料均根据配制图在境外工厂
预制，所以放线必须按图进行；本工程放线在主体
结构一封顶马上进行，因塔楼面形状为正八边形，

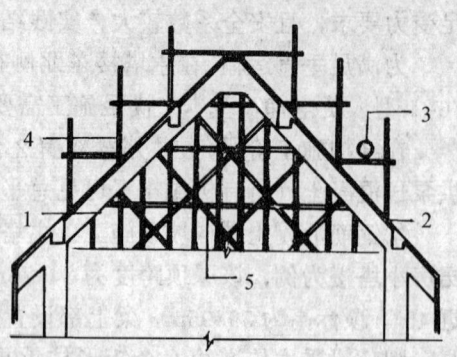

图 2.10-12 坡屋顶施工示意图
1—人字形斜梁；2—150 厚楼板；3—泵管；
4—阶梯状脚手；5—满堂排架

所以在拐角上放设 8 根 φ1mm 的尼龙垂直线，针对每层横梁位置放设水平线，所有放线均
按图施工；铝件安装就位后，所有带半隐框的玻璃都能准确就位；且整个立面的垂直度、平
整度都满足要求，安装后的外观效果很是隽美，密封性也较好。

2）石材干挂施工

①工程特点：本工程石材干挂从 1 层一直干挂到 32 层（+122m）。石材干挂是一种新
工艺，完全克服湿做法施工高度低，速度慢的缺点，把外墙石材装饰高度大大提高，施工
速度加快好几倍，成本亦降低。

时代广场工程石材干挂工程量大，达 13000m²，全部为干挂施工，如此大的面积，如此
高的高度，在全国首例；干挂的石材单块重量最大的为 150kg；规格普遍为 900mm×
1200mm，厚度为 30mm；主塔楼石材为西丽红与徂徕灰两种颜色配合装饰，裙楼石材为西
丽红与岑溪红配合装饰。

②石材的固定：石材加工根据事先画好的配制图在青岛加工，石材用专用的型钢扣件
固定混凝土结构上（具体见图 2.10-13）。考虑上海地区气候情况，每块石材根据不同规格，
配用 2～4 只不锈钢扣件，石材块与块间板缝设计为 6mm，用进口 "793" 密封胶嵌缝。

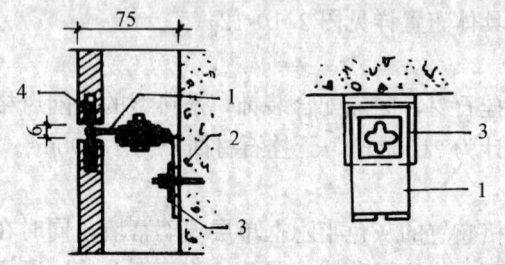

图 2.10-13 石材干挂示意图
1—二次件；2—混凝土结构；3—一次件；4—石材

③与幕墙的驳接处理：在外墙装饰施工中
最大的问题，石材与玻璃幕墙相交处收口，针
对此问题，在深化图纸时均用结构图为基准图
进行深化；石材与幕墙节点图做到详尽明确；
在测量放线时大家均以同一结构轴线为基准
线，所以具体施工中未有难题发生。

（5）工程施工测量与垂直度、标高控制

1）工程测量：根据建筑总平面位置图所提
供的设计数据和业主提供的控制点，在地下结

构施工阶段，把控制线与控制点引测在基坑四角的施工道路上，在不易受到外界影响之处，
在地下结构完工后，由于上部结构采用"天顶法"控制投放轴线与标高，所以必须把控制
线与点引测到 1 层楼面上，用一块（10mm×200mm×200mm）不锈钢固定在 1 层（±
0.00）楼层面上，在不锈钢上刻划控制线，今后各层的轴线，通过这个点来传递；共在 1 层

面上提供 6 个控制点,塔楼 2 个,裙楼 4 个,上部各层必须在相应位置预留 200mm×200mm 测量孔,各层的水平控制点投放在测量孔侧面(用红漆给出标记),逐层用尺丈量向上传递。

2)测量仪器与基准标高:本工程测量仪器采用 2 台国产 J2 经纬仪,2 台国产苏光水平仪,本工程 1 层±0.00 相当于绝对标高+4.65m。

3)水平控制:结构面层的水平标高控制关系到今后装修的工作是否能正常开展,因此,在水平控制点引测时特别重视,引测高程闭合差按±1mm$N$(N 为测站数);为控制楼层标高,结构施工浇捣混凝土之前,要求在外伸的柱钢筋上做好控制标记,浇捣中随绷线复核。

4)垂直度控制:建筑物竖向轴线总垂直偏差控制在 50mm 以内,每层轴线投测使用经纬仪从底部基准线引出向上投放,误差在一个作业层内加以调整,不允许产生累积误差。在塔楼的 8 个角离建筑物 30mm 外预先在 1 层上投放基准点,随后随着施工开展每隔 5 层测量一次,垂直偏差在每层加以调整。

2.10.3 施工进度

工程总工期仅为 36 个月,基础桩、地下连续墙,地下一、二层结构施工已占去一年的时间,余下的上部结构与设备安装、装修的工作施工时间十分紧张,主要采取了以下措施:

(1)施工采取两班制施工。浇捣混凝土时采取三班制连续施工,节假日也是如此;施工中把整个工程划为两大区域施工,每一个施工区域各自配备一支施工队伍。

(2)配备足够的劳动力和施工管理人员,从劳动力投入、图纸准备、材件准备上,做到连续、均衡施工。

(3)加强计划的平衡安排,既有年、月计划,又有旬计划、周计划、甚至日计划;特别是对周转设备料进场供应计划,更力求详尽,准确,杜绝因待料而影响第二天施工。

(4)密切做好与各兄弟单位的联系工作,如对混凝土公司、钢筋加工厂及运输单位等,派有专人对口,及时互通信息,保证施工顺利进行。

(5)因工程基本处于边设计边施工的状况,设计出图迟,修改量大,为此,特别加强与设计者的及时联系,提前进行图纸准备,防止产生不必要的返工、避免产生供料不及而待工。

(6)在施工中尽量采用先进成熟的新技术新工艺,在保证质量安全的前提下努力加快施工进度;对混凝土泵选型、吊机选型严加重视,在施工时选择性能稳定的两台进口混凝土泵,进口 88Hc 吊机。

(7)由于该工程分段招标,在后期装修的施工单位进场施工时间预先难料,因此,作为总包在结构施工阶段努力把各项准备工作做得细致完善,在装修阶段组织专项管理班子,进行协调管理,在机械、水、电、材料准备上,做到事先准备、准时就位。

2.10.4 几点体会

(1)总包管理对人员配备的要求。

时代广场工程由三建总包,从整个工程施工管理来看,设备安装和土建施工间的协调管理始终是个难题,总承包管理需要一批既懂得土建施工,又懂得设备安装管理的施工管理人员;能切实根据图纸要求、规范要求、实际情况合理安排施工进度,施工顺序,安排好材料供应,协调好土建和安装交汇处驳接处理,减少不必要开凿损失。把好质量关,保证施工质量。通过这个工程培养造就一批懂得国际惯例,具有总承包管理经验人才。

(2)技术方案和措施是影响工程质量、进度、施工成本的一个重要因素。

该工程针对场地环境复杂的特点，在基坑围护上采用地下连续墙作为围护体系；对保护周围建筑物、道路、地下管线非常有利；基础施工阶段有效的管井降水对方便施工，提高机械效率，缩短基础施工工期，保证施工质量，起到很好的作用。

（3）施工机械的灵活使用。

该工程由于场地狭小，结构形状特殊的原因，在吊机选用上灵活地把外爬吊内置在主体结构中使用，附墙杆通过特制的钢支座和钢埋件附着在结构梁面，来满足施工需要；由于主塔楼结构收进，88Hc 塔吊附墙杆作加长处理，也是首开先例；这为今后在机械使用取得一定的经验。

（4）要重视对境外设计和境外分包商施工方案的审查，对使用的技术标准要统一；总承包方必须要做好深化图纸的工作，配备一批懂得国际惯例，有设计、施工经验的技术人员、管理人员，这是总承包管理的基础。

（5）土建施工，施工阶段做好建筑物垂直度控制，楼层水平控制，为外墙装饰、室内精装修打下良好的基础；否则，大量的剔凿墙面、楼板面，会对结构安全留下很大的隐患，尤其对外墙为石材干挂的工程，外墙垂直度控制尤为重要。

（左根民　葛守勤）

2.11 新世纪商厦深基坑及主体结构施工

2.11.1 工程概况与施工基本情况

（1）工程概况

新世纪商厦工程是由上海市第一百货商店股份有限公司与日本八佰伴国际集团有限公司及日本八佰伴株式会社联合投资的综合性多功能的亚洲最大商场。

该商厦占地面积约 2 万 m²，总建筑面积 144800m²，由主楼和商场两部分组成。主楼柱距 6m×9m，标准层高 4m，±0.00 以上 22 层，高度 99.9m，商场柱距 8.5m×8.5m，标准层高 4.75m，±0.00 以上 11 层，高度 55.7m，上部结构为全现浇框筒剪力墙结构体系，主楼与商场之间设置沉降后浇带，商场内设置纵横两条伸缩后浇带。

地下二层，总高度 7.5m，基础采用 2m 高纵横梁组成的中空箱形底板，当地下室有水渗入时，作为隔水仓使用。

工程桩采用钻孔灌注桩，共计为 994 根，其中直径 1.2m，长 42m 的 210 根，直径 1.0m，长 59.6m 的 151 根和长 42m 的 633 根。

（2）主要施工特点

新世纪商厦工程主要特点是大、深、紧。即面积大：它是亚洲最大商场，基地面积 19984m²，地下建筑面积 12900m²，建筑总面积 144800m²；基础深：基础埋置深度-9.5m～-12.10m；工期紧：包括灌注桩在内的施工期仅为 30 个月。因此施工技术无疑是该工程的关键点，突破口。它有大量的课题需要我们去研究、解决。如：①基坑围护结构的形式；②施工区域的合理划分；③钻孔灌注桩的施工工艺；④基坑施工的搭接；⑤土方开挖时的措施；⑥垂直运输设备的选择和布置；⑦主体结构施工的流程；⑧沉降与伸缩后浇带的施工；⑨脚手与操作平台的搭设；⑩东、西弯壁的施工等。

（3）建筑物所在位置及地貌特征

新世纪商厦位于浦东南路，张杨路口，该工程的环境特点为"小、杂、差"。即施工场地小，建筑物四周规划红线仅 8m 左右；环境差：西侧和南侧 12m 即浦东南路和张杨路，浦东南路是浦东地区的主干道，地下管线复杂，$\phi1200$ 煤气管道和 $\phi1650$ 雨水管道等 8 条管线都离建筑物较近，东侧距新辟的崂山西路仅 7m，北侧距民房为 10m 左右；地质条件差：地下 20m 土质为淤泥质粘土，C、ϕ 值及摩擦系数较低。

（4）施工组织情况及工期状况

该工程是日本清水建设株式会社总承包，由三建公司作为土建主分包，从基础围护工程、基础工程桩、基础开挖到主体结构都是三建公司承建的，为了确保工程顺利开工并保质保量地按期建成开业，我们是在边设计、边准备、边修改、边施工的情况下进行土建的技术和施工管理的。

在技术管理方面，由总公司技质部派员任主任工程师，下设技术质量部，配备技术、质量、测量、试验、资料等技术人员。同时实行总翻样负责制，使施工组织设计切实有效地得以贯彻实施。

在施工管理方面，由总公司经理室派员任项目经理，由有实践经验的任生产经理，下设工程部，配备计划员、施工员、翻样等管理人员，同时配备材料设备部、财务核算部及办公室。在项目经理的全面领导下，使计划、技术、质量、材料、设备、核算、施工、劳资、生活、安全全方位的运转，从而形成了公司、项目部二级体制。

该工程于 1993 年 6 月 8 日开始施工围护结构，1993 年 10 月 28 日破土动工，1994 年 5 月 18 日出 ±0.00 线，至 1994 年 11 月结构封顶，直至 1995 年 12 月 20 日开张营业，总工期为 30 个月，获得了创上海水平的荣誉称号。新世纪商厦建成后，被上海市建设工程质监站评为竣工优良工程。

（5）基础及主体结构工程主要实物量

基础及主体结构工程主要实物量见表 2.11-1。

主要实物量一览表   表 2.11-1

实物量 ＼ 分项 工程项目	水泥土搅拌桩 （m³）	水泥（t）	外加剂（t）	土方（挖土） （m³）	混凝土（m³）	钢筋（t）	模板（m²）
水泥土深层搅拌桩	77906	约20000	62.28				
混凝土灌注桩				45000	34065	1800	
基础工程				140000	31241	4400	71245
主体工程					46064	9493	294213

2.11.2 施工技术及质量

（1）基坑围护工程

本工程土层大致可分为两种情况，上部土层从自然地面到 19m，天然含水率较高，在开挖深度范围内含水量为 32%～35%，天然孔隙比为 0.9～1.2，最大达 1.4，土为高压缩性，抗剪强度低，固结快剪内摩擦角仅为 14°～18°，最低只有 6°～9°，液性指数大于 1.05，有的层次大于 1.2，处于流动和半流动状态，地基承载力较低。下部深底 19m～28m 为暗绿色和草黄色粉质粘土。下伏粉细砂层，含水量 22%～23%。孔隙比为 0.65 左右，液性指数为 0.21~0.23。土层为中压缩性，内摩擦角相对较高为 15°~29°。从以上地质资料分析，可以看出：采用 19m 深度的水泥土深层搅拌桩，能形成一个抗渗性能好，又有一定强度的水泥土结构坝体，使这一部分土体座落在压缩性较小强度较高的土层上，作为基坑开后的围护坝体是比较合适的。

1）搅拌桩的构造：我们除了对坝体结构进行抗倾覆、抗滑、坝体应力和地基承载力的核算外，考虑这种坝体在计算上的不稳定因素较多，故在构造上采取了如下措施：

①坝体标准断面宽为 8.7m，深 19m，采用 $\phi700$ 双头水泥土深层搅拌桩，双排搭接，组成网络形平面以形成抗渗挡土坝体。在东面坝体转折处采取加宽到 9.7m 和桩加密措施，在东南面基坑开挖深度至 10.5m~11.7m，长约 60m 的部位，搅拌桩加深至 22m，宽度增至 10.7m，外侧增加 $\phi350$ 长 15m 的树根桩。

②坝体周边的直角部位，改成折角边，以增加坝体稳定性和抗弯能力。

③坝体顶部浇捣 250m 厚钢筋混凝土板作为盖梁，内配 $\phi12@200$ 双面双向钢筋，并用长约 0.7m 的 $\phi12$ 钢筋以及长约 10m 的毛竹插入搅拌桩内与盖梁连接，既加强了坝体的整体性又可作为施工道路。

2）为了满足施工进度，确保主楼优先施工，我们在现场布置了 8 台 SJB-H 型双头搅拌机，集中机械由北向南开钻。在施工中采取了如下措施：

①定位放线

按图定位，坝体两端做好固定点，中间间距 20m 设一个控制点，且施放灰线。

②样槽开挖

在安装桩架前，按灰线开基槽，基槽深度一般为 0.6~0.8m。

③桩架就位

桩架应水平牢固，且垂直，两轨间高低差不大于 2cm，垂直度不宜超过 1%。

④控制水泥掺量和水灰比

水泥掺量控制在 15%，水灰比为 0.45~0.55。水和外掺剂应用容器计量后加入且和水泥均匀搅拌并筛网过滤后才能使用。

⑤预拌下沉

搅拌轴沿导向架搅拌切土下沉，其下沉速度宜控制在 2m/min，当下沉速度小于 0.1m/min 时可以输入少量清水搅拌下沉。

⑥提升喷浆搅拌

当下沉至设计标高后，开启灰浆泵，边喷浆边旋转搅拌提升，提升速度不得超过 0.5m/min，喷浆应在提升过程中用完。然后再次下沉，使其水泥和地基土充分搅拌均匀，下沉至设计标高后，最后提升至自然地面，并作好每根桩的施工记录。

⑦间隔时间控制

相邻桩施工间隔时间不得超过 24h，若超过该时间时，第二根桩应增加 20% 的注浆量，且减慢提升速度。

⑧试块制作

每个班应取第二次提升上来的注浆头球阀上的水泥浆制作不少于一组的试块。水泥土深层搅拌桩在该工程施工周期为三个月。最后，在现场布置了 11 点作钻探取芯抗压试验，共取芯样 30 组，除一孔最低值为 0.06MPa 外，其余各孔均在 1.0MPa 以上，满足设计要求。

(2) 钻孔灌注桩工程

钻孔灌注桩主要机械设备采用日本进口的旋转式钻孔机,辅助设备采用国内的10t、50t履带吊,日本清水株式会社负责成孔,三建公司负责成孔后的施工。

1) 施工机械的配备及平面布置

灌注桩施工阶段正值搅拌桩施工紧张阶段,因此该工程施工现场机械繁多,合理安排施工机械是个先决条件,为满足主楼优先施工,我们在主楼区域内配置了2台桩架,以主楼为重点,由北向南全面施工。

2) 旋转式钻孔灌注桩工艺:本工程所用钻机是安装在履带式起重机上的凯氏钻杆,底部靠筒式旋转齿形钻头(刮板)切削土层后,同时把膨润土护壁溶液注入孔中,筒形钻斗在装满土层后,由钻斗底部的齿形刮板收拢一并把泥土和溶液装进筒形钻斗内,提起旋转杆起重臂,装运至自卸汽车内运走。

钻机切削土层时,为防止孔内上部土层崩塌,除埋入5~7m深的钢护筒外,同时注入膨润土稳定液直达土层承重层,钢筋笼由起重机吊入孔中心。灌注混凝土时,使用导管从孔底灌至桩顶标高以上50cm。

主要施工工艺如下:

①设立桩芯:根据设计钻孔直径,选定所需钻头。凯氏钻杆的垂直性用铅垂法确定,另外在起重机吊杆上有一个垂直度盘,在吊机司机旁有二个互相垂直的水平气泡,测定机座水平,恰巧组成一个直角三角形,以确保钻杆对准钻孔中心。

②调制与注入膨润土混合液:根据土层钻孔柱状图确定膨润土溶液的浓度,改变其比例。膨润土溶液中,膨润土占2.5%,添加剂约占0.2%,粘度25s以上,分散剂0.2%,相对密度1.01~1.2范围内。

③挖掘:在挖掘初始,是在钻至一定的深度内,才吊放套筒,长度5~7m,套筒上端用路箱板架设固定,挖掘孔径是预先选用相应的钻斗确定,钻至指定的深度并经常确保孔内膨润土泥浆水位。在升降钻斗时切勿使钻斗碰撞孔壁。

④确认承重层:挖掘至预计的持力层深度标高后,接受质监人员的检查,必要时取样,整理保管于土样箱内。

⑤底部清除:挖掘结束后,为使孔底形成一个平面,需用钻斗清除孔底残渣,并确认挖掘深度。

⑥等待沉淀:目的是使膨润土泥浆水分和泥浆分离,等待一定时间(可根据现场实际情况而定),以便最后用钻斗一次清除,清除后用检测带测定是否完全清除到第一次的深度。

⑦吊入钢筋笼:把预先制作一定长度的钢筋笼插入孔中心处,此时须注意垂直吊入,每截钢筋笼接头长度为40D,在插入钢筋时,用检测带固定在钢筋上端,检测钢筋笼上端伸入孔内深度。

⑧安装导管:直径250mm,长度分为1m、2m、3m,导管连结部水封采用O型环防漏、法兰式接头用螺栓紧固。导管上端安装泻料斗,初灌混凝土导管离孔底不大于20cm。

⑨二次粘土清除处理:挖掘结束后,先用专用钻斗(比较小的钻斗)清除孔内淤泥,在插入钢筋笼和导管时,还会有沉淀堆积的粘泥,为消除孔底杂质,在导管上端安装水下扬水泵,在抽吸导管中的水时,导管底部稳定液也会从导管底部流入管内吸上来,由于流水

动势使孔底粘泥产生浮游状态而被吸上来，然后再灌注水下混凝土，把孔底残泥压到混凝土上端，最后拔出导管。

⑩填土复原：在混凝土浇注后，为考虑安全，待混凝土基本硬化后，吊出护筒，用钢板覆盖回填原土。

该灌注桩施工工艺简便，掘进效率高。据统计，钻直径 1m，孔深 60m 的灌注桩，大约需要 5～6h，若直径 1.2m，孔深 42m，约需 4～5h，该工程灌注桩施工周期为 6 个月。

3）灌注桩工艺流程表：

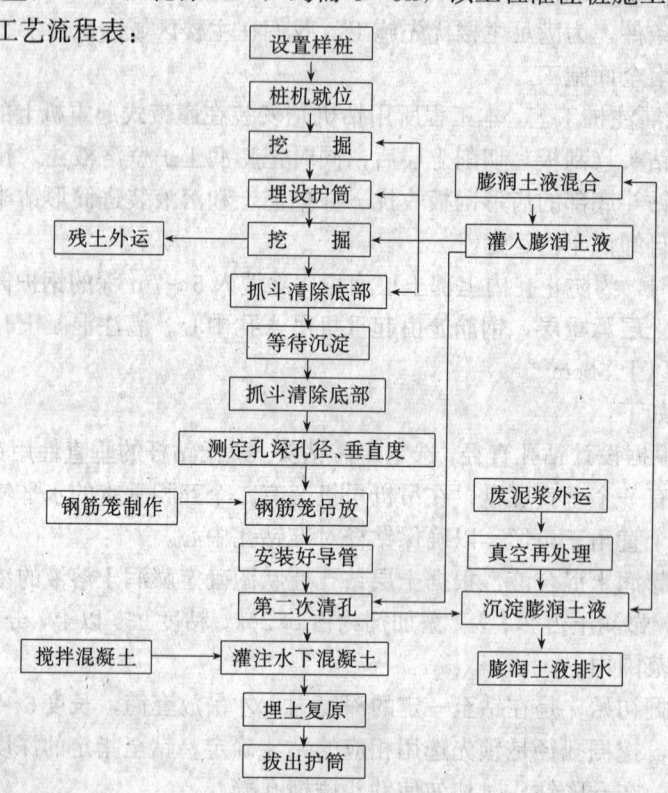

（3）基础工程：基础阶段的施工技术优化，对无支撑水泥土深层搅拌桩在新世纪商厦大面积、深基坑中得到成功应用，是至关重要的，我们在基础工程施工中采取了如下措施：

①设点观测变形：基坑西面紧靠浦东南路，是交通主干道，来往车辆频繁，路面下埋设有多种市政管线，其中煤气管道距基坑坝体仅 10m，它是基坑开挖保护的重点，必须对之进行监测，由于直接监测煤气管道移位有困难，考虑到煤气管道若有位移只能是由于西坝体位移产生的变形而引起的，所以监测浦东南路路面沉降和水平位移来判断煤气管道的位移，因此在西坝体内埋设 8 根测斜管。在煤气管旁设 9 点，坝体西外侧设 18 点，作纵向地表沉降监测，在坝体中部和浦东南路上设 7 点作横向地表沉降监测。并且沿坝体四周在盖梁面用 φ10 膨胀螺栓，@10m 设一控制点，监测坝体的水平位移。

②规定挖土流程：整个基坑挖土分三块进行，由北向南，沿西向东推行。土方分别从东、南大门运出。

纵向挖土流程：基坑沿垂直方向分两层挖土，先由 1.0m³ 和 1.2m³ 挖土机挖至 −7.6m 处，有了一定的操作面后，再由 0.4m³ 和 0.8m³ 挖土机挖至 −9.5m（设计标高）。

横向挖土流程：基坑沿横向方向挖完一块，基础施工一块（原则上以后浇带划分块），具体流程见下：

挖至设计标高—凿桩—动测试验—浇混凝土垫层—弹线—绑扎底板钢筋—支模—浇筑底板混凝土。

③井点降水：挖土前，在基坑内，由北向南设四道东西向的喷射井点，减少基坑内积水，以利于土方的开挖，加强土的固结，以此提高 C、ϕ 值，增加被动土压力。

④压密注浆：挖土前在盖梁外侧压密注浆，盖梁内侧在挖土至 -6.6m 时压密注浆，注浆点水平间距 0.5m，注浆深度 -24m～-8m，用 1：0.55 水泥纯浆注压，以此加强土质的强度和抗渗性能。

⑤取土卸载：挖土前，在东北角紧邻民房近坝体外侧开挖宽 5m、深 2m 的一条槽沟进行卸载，从而减少主动土压力，减少坝体的位移量。

⑥留土护坡：基坑四周凡可保留土的部分均将土挖至 -6.6m，按 1：1 放坡留土，并在斜坡上铺钢丝网，用 1：2 砂浆护坡，防止雨水冲袭而造成坍方。

⑦局部斜撑：为了确保西侧浦东南路下 ϕ1200 煤气管道、ϕ1650 雨水管道及通讯电缆管等 8 条管线不产生过大的变形，在 123m 长的坝体内侧打 85 根 22m 长、间距 1.5m 的拉森钢板桩。在基坑开挖时，沿坝体边保留一条约高 3m、宽 6m 的土体作为留土护坡，待留土以外部分底板混凝土捣好后加钢斜撑，等钢斜撑起作用后，将保留土挖除，再浇捣底板。实践证明坝体变形没有突变，说明斜撑代替了 3m 被动土，收到实效，坝顶位移最大在 10cm左右。

⑧深基加固：该工程部分邻近坝体的基础深度较深，其中在⑱轴/Ⓑ～Ⓖ轴有 -41m×8.5m、埋置深度为 -11.50m 的基础，且又紧靠坝体，如不采取积极措施将会对坝产生极大的危害，为此将土统一挖至 -9.5m 后，在深基础周围打入水平间距约 1.5m 左右的长为 8m的混凝土方桩，然后在方桩上口、焊接双拼槽钢作围檩，横向焊接槽钢作水平支撑，最后用抓斗机将土挖至设计标高，浇捣基础底板（见图 2.11-1）。实践证明，该部分坝体最大位移量为 18.2cm。

⑨明确基础施工流程：为了加快施工进度，严密施工搭接是个关键，用基础的自重来抵抗主动土压力是最切实有效的措施，为此明确格构式箱形基础的施工流程是保证搅拌桩坝体稳定的重点。

该工程基础是由底板、地梁、承台、顶板组成的。我们在这一过程中将两道环节改变了常规施工顺序和操作方法，即底板浇捣后再绑扎地梁和承台钢筋，但如果预留地梁 1850mm 高的箍筋，势必在固定该箍筋和给今后运输钢筋带来很大困难。

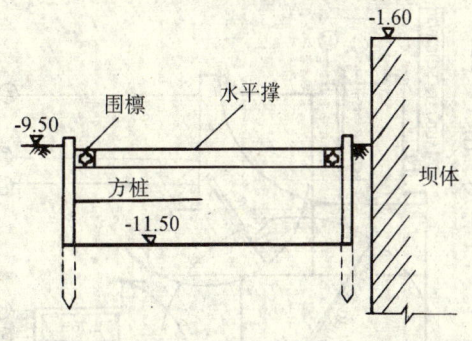

图 2.11-1　深基加固

为此，我们预留开口箍来改变预留封闭环的传统方法。其次顶板采用 50mm 厚实心板来代替模板，这样就取消了支模和拆模时间。为减少坝体变形赢得了时间，达到了保证坝体稳定的目的。通过上述各项技术措施的实施，从破土动工到出 $\pm$0.00 线，施工周期为 7 个月，并经坝体变形观察，坝体变形曲线基本呈"悬臂型"，上大下小，坝顶位移，在一般正常情况下，最大为 10～12.5cm 左右，坝顶位移变化率为每天 1mm 左右，视测点位置不同而有所变化，待基础施工大部分完成后，坝体变形也基本稳定。

（4）结构工程

1）施工区域的划分：新世纪商厦工程是亚洲最大的商场，针对如此大的面积，正确划分施工区域，对合理安排动力、合理布置垂直运输设备、合理布置混凝土输送管、确保工期是十分重要的。

我们利用设计要求设置的后浇带，将工程划分成 6 个区域 7 个块，安置 4 支队伍，主楼（K 区）由三建直属的一分公司施工；商场（A1A2 区）由建工集团联合公司施工；商场（B1C1 区）由浙江康健公司施工，商场（B2C2 区）由三建直属的二分公司施工。根据施工进度，队伍有序进场，最高峰时，土建施工的劳动力约为 900 人左右。

2）垂直运输设备选择与布置：

①垂直运输设备的选择：该工程上部结构，仅钢筋就有 9 千多吨，模板 29 万 m² 左右，加上二结构和粗装修施工，有大量的材料要靠垂直运输设备来解决。我们根据施工区域的划分和施工队伍的布局，根据总公司当时具有的设备能力。根据该工程的结构形式，分别选择了 88HC 外附吊、70HC、QTP60 内附吊和 ALIMAK-SCⅡ的人货两用电梯，作为该工程的垂直运输设备。

②垂直运输设备的布置：主楼（K 区）有一支队伍独立施工，它的高度要比商场高一倍左右，故在此位置靠北侧安置一台 88HC 外附吊以解决主楼（K 区）和商场（A1 区）西北块的垂直运输；在 A1 区 L-M/⑩-⑪轴安置一台 QTP-60 内爬吊解决 A1 区本身的垂直运输，在 C1 区 E-F/⑥-⑦轴安置一台 70HC 内爬吊解决 B1，C1 区及 A2 区、B2、C2 区的局部的垂直运输，在 C2 区 D-E/⑮-⑯轴安置一台 QTP-60 内附吊，解决 B2、C2 区的垂直运输。（见图 2.11-2）。同时又分别在主楼 S-T/②-③轴放置一台 ALIMAK-SCⅡ 20/30 的人货两用电梯，解决主楼（K 区）和 A1A2 区的施工人员上下和部分材料的垂直运输，在 A 轴以南⑪-⑫轴和⑱轴以东/Ｆ-Ｇ轴处各放置宝山-76-Ⅱ型人货两用电梯，解决 B1C1 和 B2C2 区的施工人员上下和部分材料的垂直运输。

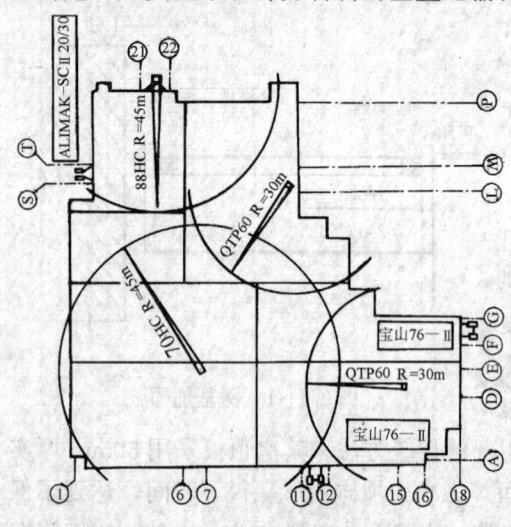

图 2.11-2　施工机械的平面布置

③内爬吊安装及爬升的技术措施：按常规，内爬吊一般安装在电梯井内，利用电梯井墙板作为该内爬吊的座基，但是该工程由于工期短，在土建结构尚未结束前就要安装电梯，故只能将内爬吊移至电梯井以外。为了解决座基问题，我们在挖土前采用 4 根 23m 长的 400mm×400mmH 型钢打入地下，作为承受塔吊荷载的支柱。在打入前预先制作一只定尺框架控制平台位移，将 H 型钢固定在该框架内，然后用振动锤将 H 型钢送入地下。随着挖土深度的增加，及时焊接水平撑和斜撑，将 4 根 H 型钢连成整体，保证其稳定性。

当工程施工至一定高度时内爬吊开始爬升。如该内爬吊设置电梯井内，完全可以将爬吊支腿在墙板上，但该工程内附吊支腿需置在结构梁上，因而与设计商量在原有梁边再增加结构梁，以此满足内附吊支腿的搁置，另外用斜撑来确保新增梁的强度，即用斜撑的上端与新增梁底部埋件焊接，斜撑的下端与柱根部的埋件焊接，并要求斜撑的接触面与埋件要紧密相接。该斜撑配备三套，循环使用。

3）脚手与材料平台的布置：

①脚手的布置：根据施工现场实际情况，在该工程采用了两大类脚手，即悬挑脚手与着地脚手。这里主要介绍悬挑脚手，悬挑脚手自3层起搭至22层，分别在3、6、11、17层楼面预埋工字钢与埋件三角悬挑脚手的水平横梁直接伸进柱或墙板内，然后再焊接斜撑。

②材料平台的布置：大面积、多层次施工，必定有大量周转材料需要反复使用，因此我们在该工程外围四周布置了5只材料平台，另外利用该工程的中庭内天井和自动扶梯预留洞口作为中间区域的材料出口。

4）混凝土输送泵管的布置：本工程混凝土采用商品混凝土，主体结构浇捣混凝土时分四个块，即K区作为一块，A1A2区作为一块，B1B2区作为一块，C1C2区作为一块，呈台阶式施工。混凝土搅拌车由东西大门进出，在浇捣每块混凝土时布置1～2台泵车（见图2.11-3）。在K区西侧布置一台泵车、搅拌车由西大门进出，混凝土由北向南捣；在A2区北侧及A2区东侧各布置一台泵车，搅拌车分别从西大门和东大门进出，混凝土由西向东、北浇捣；在B1B2区的东侧布置一台泵车，搅拌车由东大门进出，混凝土由西向东浇捣；在C1C2区的西侧布置一台泵车，搅拌车由西大门进出，混凝土由东向西浇捣。

5）沉降缝、伸缩缝与施工缝的处理：设计要求沉降后浇带待结构封顶、沉降基本稳定后方可浇捣该部分的混凝土。伸缩后浇带要等2个月，才能浇捣该部分的混凝土，根据这个要求，给施工带来很大困难。为此，分别采取了以下措施。

①沉降后浇带的技术措施：沉降后浇带设置在主楼与商场之间，设计要求从基础底板一直到商场屋面，从上到下预留800mm宽的缝带。这样势必造成该跨内从上至下的所有梁板不能浇捣，但同时带来2个不利因素，a梁板均应预留插筋，b约1000m³混凝土要待结构封顶后2～3个月才能浇捣，显然工期上不允许。为此根据跨度不同分别采取如下2个措施。

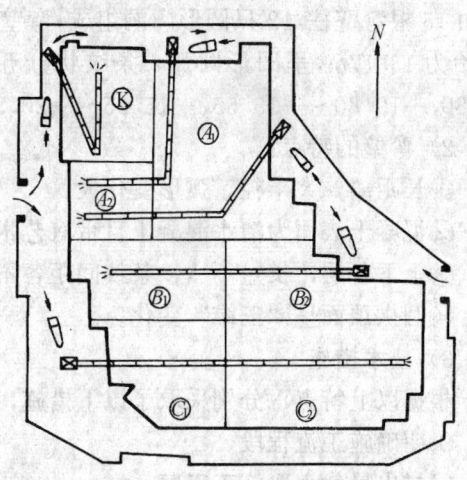

图2.11-3　混凝土泵车平面布置

a. ⑥～⑦轴跨的南北向沉降后浇带，由于跨度为8.5m，所以从基础底板始，在对梁板支模的同时用竖直钢支模将预留800mm宽的梁端部层层撑住，且与排架相连，待梁板混凝土强度达到满足拆模要求后，将排架拆除。等800mm宽的缝浇捣完且强度达到100%后再将该支模拆除。

b. K-Q轴跨的东西向沉降后浇带由于跨度仅为5m，因此先按常规施工即搭设排架，预留800mm宽缝，同时在梁底和柱侧预设埋件，待该层混凝土浇捣好一星期后，安装斜撑，待梁板混凝土达到满足拆模要求后，除次梁未加斜撑外，均可将排架拆除。

采取了上述措施后，既满足了设计要求也满足了工期进度。

②伸缩缝后浇带设置在商场之间，同样设计要求从基础底板一直到商场屋面，均应留

800mm 宽的缝带。但它区别于沉降后浇带，只需留设 2 个月即可补浇混凝土。因此在该部位，排架搭设加密，由原来常规搭设的 750mm 间距缩小至 500mm。待 4 个层次的混凝土浇捣完后，然后补浇 4 层以下伸缩缝后浇带，等该层混凝土强度满足后，随即将排架拆除，以此类推，层层如此。

另外伸缩缝后浇带的基础底板缝和外墙板缝的处理却不同于沉降后浇带。沉降后浇带有橡胶止水带，起到隔水作用。但伸缩后浇带和施工缝既没有这个特殊要求，而又要求不能渗水，对此在浇捣该缝混凝土前，在缝板的两侧贴上由日本进口的 10×20 的橡胶条状止水带，该止水带一旦受湿后即会膨胀，这样就此解决了渗水的质量问题。

由于施工区域划分合理，垂直运输设备选择、布置得当，脚手与材料平台布置恰当，混凝土泵管布置符合施工现场实际状况，各种技术措施恰到好处，因而加快了施工进度，主楼结构平均每月 4 层，商场结构平均每月 2 层，获得了速度为"上海水平"的荣誉称号。

(5) 东、西壁的施工

新世纪商厦工程给人以雄伟壮观的感觉，关键在于东、西弯壁的雄姿。

1) 东、西弯壁的概况：东、西弯壁是新世纪商厦工程建筑立面的重要部位，东临崂山东路，西近浦东南路，均为清水条纹状艺术混凝土。

东侧弯壁以座标点 R 为圆心，至弯壁中心半径为 80.00m，分布在Ⓜ-Ⓖ/⑪-⑯轴范围内，由 12 根弯壁柱、11 只圆拱门洞组成，弯壁总高度从一层面开始为 15.95m，门洞总高度从一层面开始为 9.84m，呈凹形圆弧。条纹状分三个层次，分别是 $\pm 0.00 \sim +6.05$；$+6.05 \sim +10.80$；$+10.80 \sim +15.95$，每层次条纹状相同。

西侧弯壁以座标 $R2$ 为圆心，至弯壁中心，半径为 132.375m，分布在Ⓚ-Ⓒ/①-④轴范围内由 15 根弯壁柱，12 只圆形门洞组成，弯壁总高度从一层开始为 25.45m，门洞总高从 1 层开始为 13.17m，呈凹形圆弧。条纹状分五个层次，分别是 $+3.00 \sim +6.05$、$+6.05 \sim +10.80$、$+10.80 \sim +15.55$、$+15.55 \sim +20.30$、$+20.30 \sim +25.45$，条纹状分为四种规格。

2) 弯壁的特点：

①长距离，大半径，弧形变化大。

②混凝土表面为清水混凝土且带有艺术条纹。

③上下各层，长短不一，条纹间距各不相同。

④圆拱顶面呈"三维"变化。

3) 技术措施

根据以上特点，分别采取了以下措施，保证其施工质量和施工进度。

①明确施工流程段。

②排出最优主要施工工序。

③模板工程

a. 模板的选择与加工：该弯壁由于是清水艺术状混凝土，因此对模板的质量尤为重要，既要保证条状楞角不掉角，混凝土表面光洁，又要保证竖向挺直、尺寸准确、垂直无偏差。为此选择了涂塑夹板作为清水混凝土模板，经计算后，用 40mm×60mm×3.2mm 方钢轧制成弧形放在塑面板背面，作为横肋。硬木条作为条状艺术混凝土的凹面放置在夹板正面，用 $\phi 6$ 平头螺栓和方钢连成整体，然后用 $2 \times \llbracket 14$ 分别竖向放在方钢上与之焊接。中间的 $\phi 48$ 钢管、竖向围檩在大模板吊装后再加。这样加工，使模板具有较大的刚度不易变形，适合

吊装,多次翻用;槽钢作为纵肋使之模板挺直,支模时容易控制垂直度;中间几道纵肋采用$\phi 48$钢管后装,既可减轻安装荷载,又可灵活调整穿墙螺栓位置。

b. 模板拼缝及穿墙螺杆孔的处理:在加工大模板时,对条状尺寸进行排列,使其拼缝放置在硬木条中间即艺术混凝土的凹槽中。同样穿墙螺栓的尼龙顶帽也设在硬木条中间,拆模后将表面稍作处理后,痕迹并不明显。

另外,为了保证施工工段之间混凝土表面的纵横向平整,拆除模板时横向凹槽的硬木条不拆除,将第二层模板座在该木条上。纵向交接处的模板支在两施工段中间,使之隔为一体,保持平整,无接槎。

④脚手与排架的搭设:由于弯壁在施工阶段从上至下和主体结构无任何联系(弯壁到顶后有钢架与结构联结),为了使脚手与支模排架具有足够的稳定性,除在弯壁两侧搭设常规脚手外,在靠近主体结构一侧另外搭设步高、步距均为1800mm的满堂排架,且用$\phi 48$钢管纵向@1800与主体柱子拉结连成一体,内外侧脚手通过圆拱门洞的加密排架(间距@500)联成整体,同时作为圆拱顶模的支撑排架。另外圆拱门洞以上,利用弯壁的穿墙螺栓,纵向@3600与两侧脚手连接。

⑤混凝土浇捣要求:弯壁混凝土浇捣,采用汽车泵输送。

为了防止由于混凝土朝一个方向浇捣而导致弯壁整体位移,在浇捣混凝土时规定,每一个施工阶段应从中间开始浇捣,然后两端向中间轮翻浇捣。

由于弯壁除柱子外,壁厚约在140~180mm厚,故在浇捣过程中,严格按40~50cm分层浇捣,用2台振动机对称振捣,使之受力均衡,振捣密实。

⑥极座标法定位弹线:前面提到大模板是预先制作好的,其弧度、起拱均是根据图纸计算的。如果定位弹线不正确,势必会造成弯壁的曲率不一致,那么质量就无法保证,为此根据这一特点,我们改变过去用尺丈量轴线间尺寸的定位方法,而是利用经纬仪和激光测距仪进行定位(见图2.11-4)。

a. 首先运用装有CAD软件的计算机算出定点Q到柱心C点的距离L,以及α、β、θ三个角度。

b. 用经纬仪和激光测距仪定出C点。

c. 再将仪器放在C点上,通过角度α、β、θ及L_1L_2定出A点、B点。

d. 根据图纸尺寸,弹出十字线和模板线。

通过上述各项措施的落实,东西弯壁的施工是成功的,质量达到了优良标准,为同类型结构积累了施工经验。

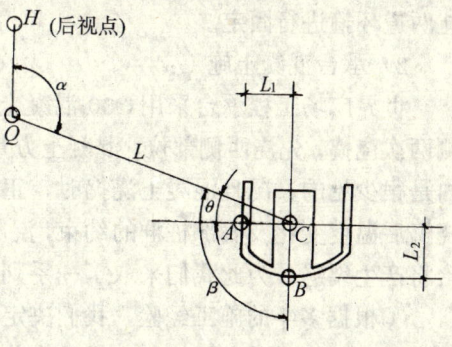

图2.11-4 定位方法

(葛守勤 左根民 陈志明)

2.12 上海世界广场深基础施工技术

2.12.1 工程概况及主要特点

世界广场工程位于上海市浦东新区浦东南路乳山路口,占地面积8116m²,建筑面积共

72098m²，是一幢商业、办公综合楼，地下三层面积为21000m²，地上38层，建筑总高度199m，地下室柱为钢筋混凝土柱及钢柱外再包封钢筋混凝土。本工程主楼挖土深度自然地坪至基础面为16.5m，钢筋混凝土筏板厚度为3.3m。裙房部分挖土深度为15.7m，钢筋混凝土筏板深度为2.5m。地下一层结构部分采用劲性钢梁，地下二三层均采用钢筋混凝土梁板。地下室共有77根钢柱，外包裹钢筋混凝土。地下室主楼与裙房之间南北向有一条宽1.2m的后浇带，自底板、墙板一直到±0.000顶板均要留设，待地下室顶板混凝土浇捣完成一个月后，再用微膨胀混凝土浇捣，强度比原混凝土等级提高一级。

2.12.2 施工技术及质量

（1）桩承台施工

1）桩承台钢筋绑扎：世界广场承台钢筋为φ32mm直径的9m直料，承台下部为8皮，上部为6皮。筏板施工时，中建三局的600t·m及300t·m塔吊都未到位，所以钢筋由履带吊汽车吊吊入坑后，由人工运送到绑扎位置。

承台钢筋同地下连续墙之间用锥螺纹接头连接，高度内上下各两排锥螺纹接头。钢筋绑扎前凿出预埋的接头，先用1.5m长的φ32mm钢筋同锥螺纹接头连接，并用扭力扳手测试连接质量，底板筋绑扎时再与这些1.5m长的钢筋进行绑接。

为了避免钢筋绑扎后钢筋底部垃圾无法清理，在钢筋绑扎前将垫层打扫干净，并由质检员验收并认可后方可绑扎钢筋。施工时严格防止垃圾及杂物落入钢筋内。为了保证上皮钢筋的位置、标高正确，上下皮钢筋之间利用10号槽钢制作钢筋支架，并呈梅花状布置剪刀撑，此支架不仅要承受上部钢筋的重量，还要承受混凝土施工时的施工荷载，钢筋支架的设计以挠度控制，不超过10mm，与保护层允许偏差一致。

对承台上的墙体、柱的插筋，为了保证这些垂直钢筋的位置正确，并在施工中不位移，我们采取了以下措施：插筋均插至下部钢筋，并与之连接固定；桩承台面钢筋在插筋外侧焊限位钢筋，墙体钢筋在上部扎一道通长φ16mm钢筋，并用s拉钩固定。柱钢筋则于上部扎两道环箍进行固定。

2）承台混凝土施工：

世界广场工程承台采用C30混凝土浇捣，最厚处达3.3m，整个承台分后浇带东侧、西侧两次浇捣，先浇西侧部位，混凝土方量达16000m³，如此大体积的混凝土承台，在当时国内是很少见的，况且混凝土浇捣时，正是8月5日，上海地区最炎热的季节，加上混凝土浇捣后温度变化及底部桩群的约束，混凝土内部将产生很大的应力，如果施工措施不当，承台将产生裂缝，为此我们采取了一系列的措施：

①根据多年的施工经验，我们决定以一次性连续浇筑16000m³混凝土，浇筑时，对混凝土进行严格、科学的控制，设计水化热低、可泵性好的混凝土配合比：选用低水化热的425号矿渣硅酸盐水泥，混凝土水泥用量控制在每立方米380kg以内，同时，为了减少水泥用量，降低水化热，征得设计同意后，充分利用混凝土后期强度，采用后期60d强度替代28d强度。石子选用5~40石子，含泥量<1%，减少混凝土收缩，砂选用中粗砂，含泥量<2%，为了更好的减少水泥用量，改善混凝土和易性，可泵性的目的，在混凝土中掺加适量减水剂及粉煤灰，粉煤灰掺量为水泥用量的20%。

②控制混凝土的出机温度及入模温度，混凝土中的原材料尤其是石子和水，对出机温度影响最大，混凝土搅拌站对砂石堆场搭设简易遮阳棚。商品混凝土到场后，检测其坍落

度是否符合要求。炎热季节浇筑混凝土时，泵管上部加盖一层草包并浇水湿润。

③大体积混凝土一次性浇筑，施工时必需有足够的措施保证混凝土不出现裂缝冷缝。做到分皮分层，连续浇筑一次到顶。混凝土浇筑时，形成自然坡度，每个出料口的一个坡度内，从前到后设四个振捣点，三点在钢筋面上，一点在两皮钢筋之间。振捣时呈梅花状，每振点之间距离不大于 500mm，新旧混凝土接触面加强振捣，振动器插入先浇混凝土面内50mm 保证新旧混凝土粘结成一整体，浇筑时，严格注意先浇的混凝土在浇好后 4h 内，必须有新浇混凝土覆盖，避免出现冷缝。

④采用保温蓄热养护，承台混凝土浇好后，两层草包覆盖，并浇水养护，保证混凝土内外温差不大于 25℃，混凝土内设测温设备，温度测点的传感元件为电流型的半导体温度传感器。每次测温后，立即汇总整理混凝土内部温度场与温差数值，提供给施工指挥部门，以达到信息化施工。

⑤为防止混凝土表面收缩裂缝，在承台上皮钢筋面，再加一层 $\phi8@200$ 钢筋网片。浇捣时，对大面积的板面进行拍打、振实，去除浮浆，滚筒碾压，实行二次抹面，减少表面收缩裂缝。

⑥后浇带处采用两层金属板网，这种低碳钢轧制而成的板网连接方便、可靠，与混凝土咬合紧密，流失水泥浆少，支撑系统采用 50×50 角铁及 10 号槽钢，支撑牢固，使用效果良好。

由于采取了一系列有效措施，16000m³ 混凝土在三昼夜里浇捣完毕，经养护后检查，未出现裂缝，施工质量得到业主及监理的认可。

3）劲性柱下钢支架及钢套筒的安装：

结构内劲性柱对高强螺栓的定位及标高要求相当高，为了控制预埋高强螺栓的位置及顶标高，我们在钢支架安装、钢套筒安装及高强螺栓安装各个阶段都加以严格控制。

垫层清理完毕后，利用高精度"莱卡"激光测距仪定出各劲性柱的中心点，弹出十字中心线，并根据角铁支架下脚的长宽，作出角点位置，然后初步安装支架。支架安装的办法是：在已做好的角点位置利用膨胀螺栓将－10×200×200（mm）钢板固定在混凝土面上，并在钢板上再次作出角点位置，然后初步安装角铁支架。

承台下部钢筋施工时，严禁碰撞已安装的支架。钢筋绑扎好后，在槽钢支架安装的同时，利用测距仪对上一次安装的支架进行复核，无误后，进行最后固定。并在支架面作出十字中心线，用红油漆作出醒目标志，然后安装钢套筒。钢套筒由钢结构承包商加工，我方进行安装。安装时，将钢套筒支座的中心线对准支架上的中心线，进行电焊初步固定，由于钢套筒安装及钢支架安装时存在误差，所以，最后还需对套筒面进行复核和纠偏，然后进行最后固定，我们的办法是：利用仪器在承台上部钢筋面上作出各个套筒的中心线（经油漆作标志，并弹墨线），然后用一块已作好十字线的有机玻璃板置于钢筋面（套筒面），钢筋面上的十字线同玻璃上的十字线吻合。然后检查套筒面中心线是否存在误差，如有误差，则进行调整，调整好后作最后固定。钢支架及钢套筒安装施工简图如图 2.12-1、图 2.12-2。

（2）劲性高强螺栓安装

劲性柱高强螺栓安装要求定位绝对精确，否则会影响到劲性柱的吊装工作及上部施工的质量。为此，针对各类型的劲性柱，根据它们的各种尺寸大小，我们事先做好螺栓套板，并在套板上做好十字中心线，螺栓安装时，用经纬仪对准中心线位置，用水准仪校正螺栓

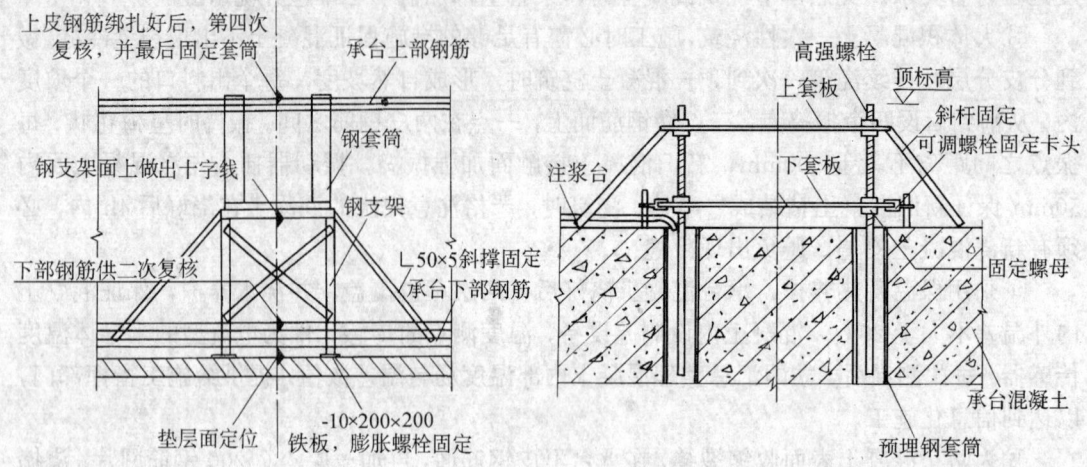

图 2.12-1 钢支架、套筒安装示意   图 2.12-2 高强螺栓安装示意

顶部标高，然后进行螺栓固定，保证其平面位置及垂直度准确无误。最后对套筒内用 M45 高强砂浆进行注浆。M45 无收缩高强砂浆用 525 号普通水泥、中粗砂（模数 2.4 以上，EUA 膨胀剂，南浦 Ⅱ 减水剂）搅拌至稠度 8＋2cm，搅拌时要求水泥、黄砂、粉质膨胀剂一齐拌制，充分均匀，加二分之一水，加减水剂，拌和，然后加至稠度，其配合比如下：

水　泥	黄　砂	水	EUA 膨胀剂	南浦 Ⅱ 减水剂
1	0.5	0.3	0.14	0.02
50kg	25kg	15kg	7.0kg	1.0kg

（3）结构施工

1）钢筋工程：世界广场地下二、三层柱筋为 ϕ40 锥螺纹接头连接，所用锥螺纹接头全部现场加工，技术质量员按规范对其丝牙长度，外观进行验收，不合格的产品拒绝使用。锥螺纹接头施工时，施工人员使用的扭力扳手和检验人员所使用的扭力扳手应严格区分开，每次对已完成的锥螺纹接头进行抽检，发现有不合格，达不到规范所规定的扭力值，责令全部改正，然后再进行抽检，直到抽检全部合格为止。

对所有其他的绑接钢筋，完全按设计及规范要求施工，所有向上的钢筋均要确保稳固不变形，墙体插筋在根部焊限筋，上部设 S 拉钩固定，柱筋则上下套两只环箍，保证预留钢筋的位置正确。

2）模板工程：本工程结构采用定型小钢模散装散拆，ϕ48 钢管支撑及排架。

为了保证浇好的混凝土表面光洁、美观，模板施工时，我们以尽量少用对拉螺栓为原则，所有的柱均不用对拉螺栓，柱抱箍采用方钢抱箍，ϕ16 对拉螺栓用双螺帽加垫片固定，最上及最下一道抱箍距地面及平台板不得大于 200mm，其平面简图如图 2.12-3。梁模板施工方法，对高度小于 900mm 的梁，不使用对拉螺栓，采用两道斜撑的方法，大于 900mm 的梁，则于下部采用一道对拉螺栓，上部斜撑固定。如图 2.12-4。

3）混凝土工程：结构混凝土采用移动泵用水平管浇筑，西区设六只出料口，东区设四

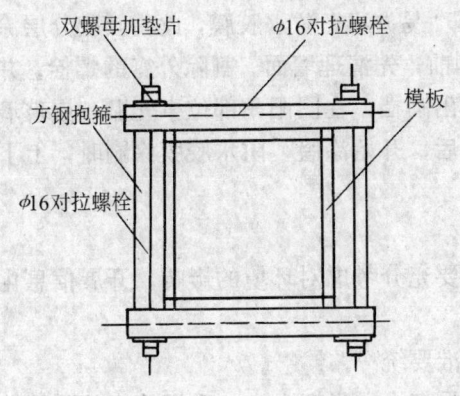

图 2.12-3 柱模制作示意

只出料口每层结构分两次浇筑,第一次浇到楼板底,然后绑扎平台钢筋,第二次浇平台混凝土。

浇筑时,严格控制浇筑顺序,几跨内先浇柱、墙混凝土,待墙柱混凝土浇好 2～4h,混凝土沉实后,再浇梁板混凝土,以此类推直至第一次混凝土浇筑完毕。外墙混凝土浇筑前,必须清理施工缝,凿毛后清理干净,并用清水冲洗、汲浆,浇捣时,外墙混凝土连续浇捣,形成自然坡度,分皮分层,薄层浇筑,后浇层必须于两小时内覆盖先浇层。一个坡度内设三个振捣点,振捣点间距不大于 500mm,保证墙体混凝土浇捣密实。

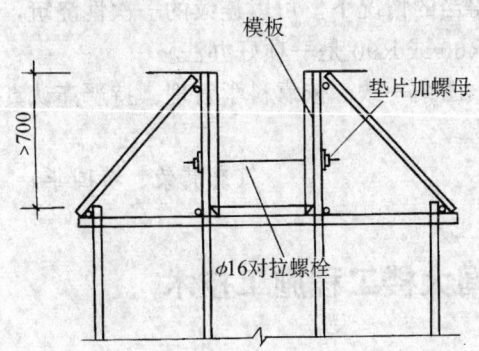

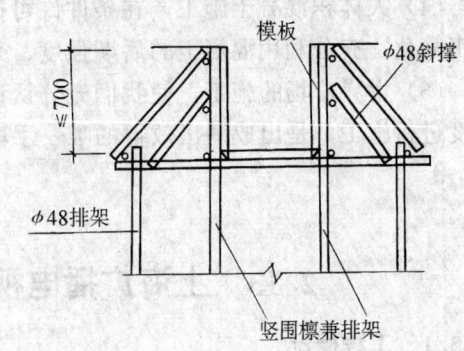

图 2.12-4 梁模制作示意

由于柱内含有劲性柱,在加上 $\phi 40$ 钢筋及环箍,所以柱混凝土浇筑相当困难,我们采用 $\phi 70$ 和 $\phi 50$ 直径的插入式振捣器,在钢筋密集、间隙较小的部位,采用 $\phi 50$ 振动器,并加强振捣,在浇筑层平台下部,派专人检查浇筑的密实度,用小锤敲打模板,并观察模板的溢浆情况。每个人都配有对讲机,能及时同平台上部料口指挥联系。

4)换撑工程:由于本工程设有一道 1200mm 宽的后浇带,所以,在拆除支

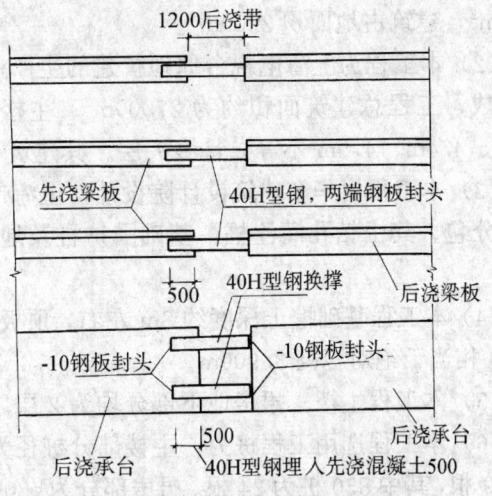

图 2.12-5 后浇带换撑示意

撑前必须换撑,我们的方法是:底板后浇带内设两道 40H 型钢,间距 6m,型钢两头 10mm 铁板封头,一端埋入先浇混凝土 500mm,另一端为自由端,顶至后浇混凝土面。地下楼层,我们在梁内设 40H 型钢,自由端用铁楔楔紧,然后拆除支撑。拆撑过程中,严格观测地墙位移情况,防止事故发生。换撑如图 2.12-5 所示。

5）外墙防水工程：世界广场外墙防水采用德国"易办事"防水胶膜，此种胶膜分层涂刷，最终结膜厚度必须达到1.5mm。防水胶膜涂刷前，先清理墙面。割除外露的螺栓，并用砂浆补平，磨光所有的混凝土流浆，在下阳角作出圆档，在阴阳角部位事先贴一层玻璃纸，待墙面干燥程度达到要求，基层面经监理验收后，开始涂膜，防水胶膜涂刷时，上下各卷入平台底（面）200mm宽，保证防水效果。

2.12.3 几点体会

（1）在立足于赶工的同时，要注意：施工方案要充分考虑对环境的影响，开展信息化施工，以测试数据指导施工。

（2）重视对施工方案的审查，对使用的技术标准要统一。

（3）大型工程必须建立统一的指挥中心，要有强有力的指挥中心，重视施工总平面管理，包括水电供应、消防和安全管理、垂直运输等。

（4）大体积混凝土施工，在条件许可措施得当的情况下，可以连续的一次性浇筑，使施工简化。充分利用混凝土的后期强度，采用R60或R90是一项好办法。

（5）世界广场的施工，使我们充分认识到，团结一致、依靠科学管理、持严谨认真的态度进行施工，是出成绩出效益的唯一手段。

（龚其荣、黄国华）

2.13   上海广播电视新闻大楼工程施工技术

2.13.1   工程概况

（1）上海广播电视新闻大楼位于上海市南京西路651号上海电视台大院内，基地东侧为奥林匹克餐厅，南面为电视台原业务用房，西面为居民楼，北临南京西路。基地总面积5500m²，建筑占地面积2200m²。

（2）本工程为上海电视台原地扩建的生产业务综合楼，由主楼、裙房、设备用房三部分组成，工程总建筑面积约为27000m²。主楼角筒最高点128.45m，层高分别为4.0m、4.2m、4.4m、4.5m不等，且多夹层。其建筑立、平面见图2.13-1。

（3）本工程由华东建筑设计院设计，上海市建四公司施工总承包，上海工业设备安装公司分包。其中钻孔灌注桩、基础围护桩及地基加固由甲方直接发包给江西地矿十处施工。

（4）本工程基础挖土深度约8m左右，顶板结构标高−0.165m，室内外高差1.1m，±0.000相当于绝对标高3.900m。

（5）本工程主楼、裙房地下部分均为2层。

（6）本工程选用工程桩为：主楼部分桩径为ϕ800和ϕ850、$L=35.6$m，钻孔灌注桩共计219根，其中850桩为24根。裙房部分为ϕ800mm及ϕ600mm，$L=28$m、30.9m、34.45m不等，钻孔灌注桩共计155根。桩身混凝土强度等级C30（水下）。

（7）本工程地下结构为全现浇二层箱形基础，主楼底板厚1.5m，裙房底板厚0.7m，楼板厚200mm，局部厚350mm。其中主楼基础采用C40，S8，裙房基础C30，S8。

（8）本工程主楼、裙房、设备房3部分以沉降缝（抗震缝）断开。

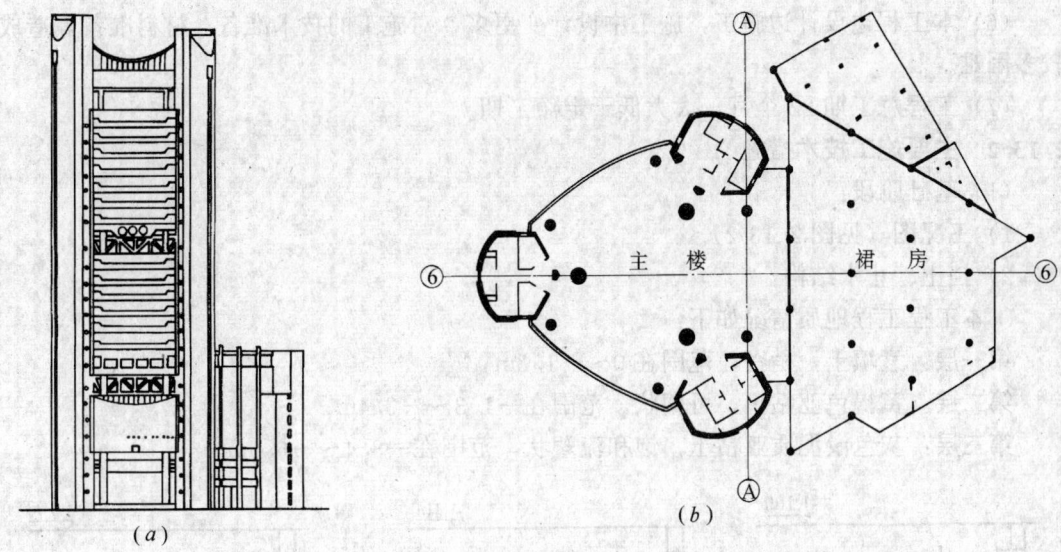

图 2.13-1 上海广播电视新闻大楼建筑立、平面图

(a) 建筑立面；(b) 建筑平面

(9) 主楼结构采用全现浇钢筋混凝土角筒预应力框架结构体系，结构抗震设计按 7 度计算，8 度构造设防，为一级抗震等级。主楼角筒及柱在标高 43.20m、80.40m 二处变截面。中间柱由 $\phi2100mm$ 到 $\phi1700mm$ 到 $\phi1200mm$，边柱由 $\phi1500mm$ 到 $\phi1200mm$ 到 $\phi800mm$。筒壁由 450mm 到 350mm 到 250mm。按设计要求，框架梁、柱、筒体、暗柱受力筋以及框架柱外环箍均采用焊接。各楼层均为肋形楼盖，中部楼板厚120mm，角筒部分楼板厚100mm，屋面楼板厚150mm。

(10) 裙房为现浇钢筋混凝土框架、钢屋架、预制槽形屋面板结构体系。钢屋架最大跨长 28.5m，矢高 5.0m，单榀重 220kN，安装于三层综合演播厅上空。

(11) 主体结构混凝土强度等级：主楼C40，裙房（设备房）C30。

(12) 本工程建筑平面体形复杂、别致，楼层高低不一。主楼三个筒体及立柱支承起大跨度框架体系，使主楼平面中心区域形成 $800m^2$ 的无柱大空间，主楼和裙房均以正三角形为平面构成要素，主楼的圆弧形筒体以及三边微凸的幕墙立面使建筑立面丰富新颖。

(13) 主楼筒体部分外墙为进口金属面砖饰面，框架部分外墙采用铝合金玻璃幕墙，裙房（设备房）外墙均采用高级外墙涂料。

工程特点：

(1) 施工场地狭小，又地处闹市区，临时设施及材料用地总面积仅 1500～2000m²，机械布置受限制。

(2) 结构平面多三角形，结构立面多曲面，层高较高且参差不一，难以使施工标准化，且模板材料损耗大。

(3) 结构抗震等级高，设计复杂，要求高，特别是钢筋工程每层主筋焊接接头多达2500～3000只，对工程进度影响大。

(4) 预应力工程技术要求高，工序多，数量大。

(5) 裙房钢屋盖现场安装条件差，安装空间受限制。

（6）本工程边设计边施工，施工中设计变更多，对施工的技术准备、材料准备等造成较多困难。

（7）工程总工期 22 个月，大大低于定额工期。

2.13.2 主要施工技术措施

（1）基础阶段：

1）工况图（见图 2.13-2）。

2）挡土、止水结构：

①本工程工程地质情况如下：

第一层：素填土，稍密，范围在 0～－1.3m；

第二层：黄褐色亚粘土，可塑状，范围在－1.3～－3.4m；

第三层：灰色淤泥质亚粘土，饱和流塑状，范围在－3.4～－6.6m；

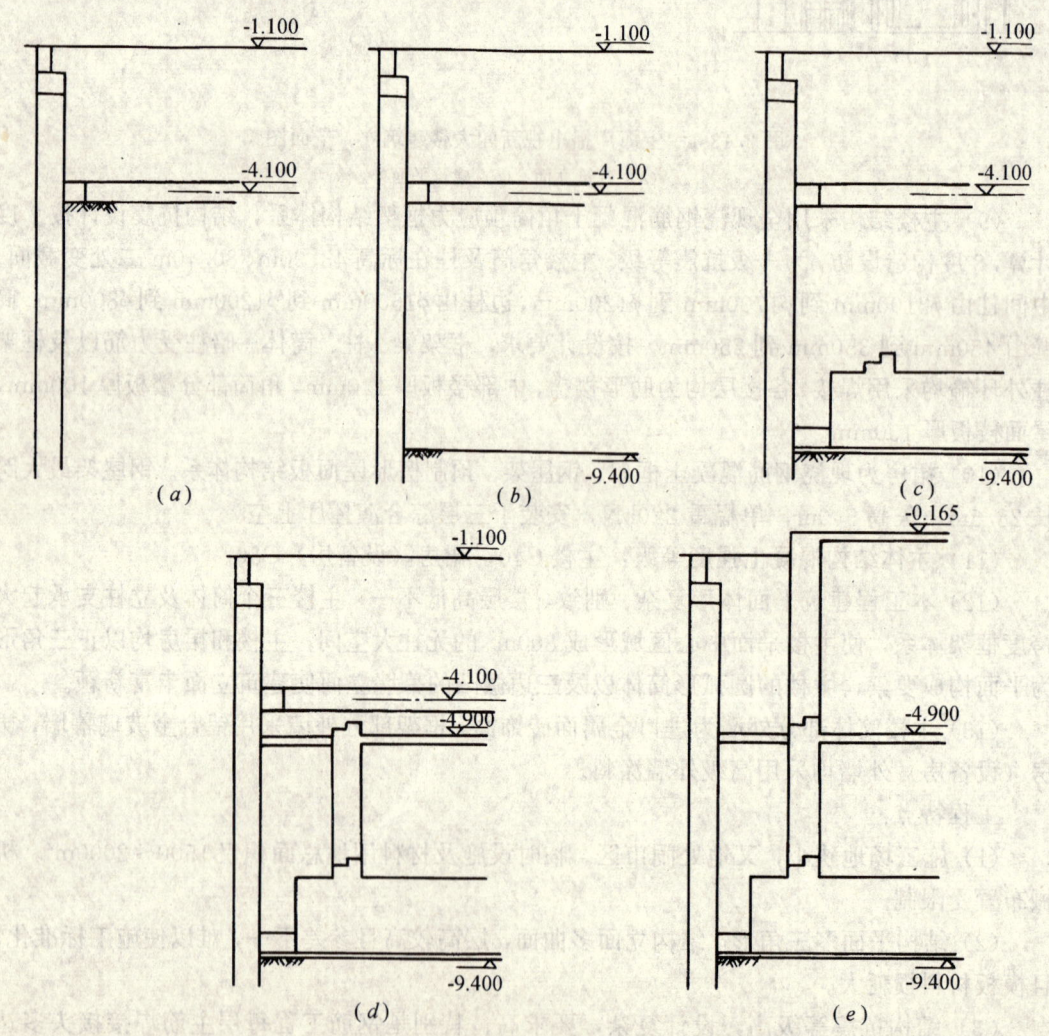

图 2.13-2 工况图

(a) 第一次挖土；(b) 第二次挖土；(c) 底板施工；(d) 地下二层施工；(e) 换支撑地下一层施工

第四层：灰色淤泥质粘土，饱和流塑状，范围在−6.6～−16.2m。

②本工程基坑开挖深度8.3m。

③本工程挡土、止水结构由同济大学设计，甲方发包江西地矿十处施工。

本工程挡土采用φ800钻孔灌注桩作挡土结构，桩长15m，桩距1m，内配7 ⌀ 22＋9 ⌀ 16钢筋（定向），混凝土强度等级C25。

本工程在钻孔灌注桩之间外侧部位加注了φ300mm，$L=12$m的素混凝土树根桩作为止水帷幕。

3）支撑体系：

①本支撑体系由市建四公司负责设计并施工。

②根据工程的实际情况，从可行性、经济性等多角度综合平衡，最终选定8.3m深基坑，采用一道钢筋混凝土水平内支撑的施工方案，见图2.13-3。

③计算原则：

我们运用计算机程序对支撑系统进行了杆系有限元分析，基本原则是：

a. 将整个支撑、立柱和围檩体系作为空间框架结构。

b. 所有非一直线的杆件交点均作为计算节点，包括立柱与支撑的交点。

c. 所有支撑内部及支撑与围檩间节点均为刚节点，立柱作空间弹簧处理。

d. 围檩杆件受侧向土压力由围护桩设计单位同济大学提供，按350kN/m计，并考虑一定的竖向力（自重及施工堆载）和温差应力。

通过上机计算，得到了全部节点的位移量和全部杆件的内力值，按上述内力，我们对支撑围檩进行了截面设计，设计中荷载系数取1.2。

另外，我们设想了某一根杆件在某处断裂实效的最不利情况，用计算机程序进行了补充分析。分析结果表明，某一支撑断裂后，对该支撑同方向的两侧各二道支撑有明显影响，

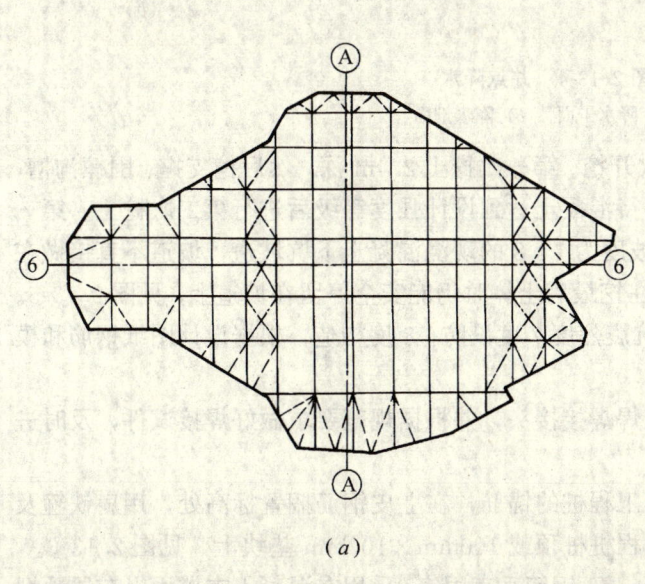

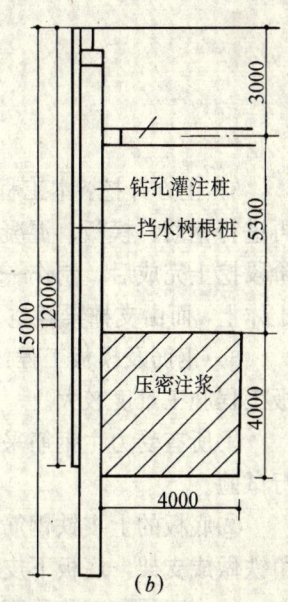

（a）　　　　　　　　　　　　　　（b）

图2.13-3　工程围护

——支撑1（600mm×600mm）；- - - - -支撑2（600mm×400mm）；—·—·—钢支撑（2 ⌷ 25对拼）；

（a）围护平面；（b）围护剖面

但仍小于考虑荷载系数后的设计支撑轴力。

④其他辅助措施：

为保证整个支撑体系使用中的安全可靠，在使用过程中对局部受力大的支撑进行应力测试，使整个支撑体系处于受控状态。

根据实际情况，考虑到坑体处土体较软弱，为了增强土体对桩入土锚固段的支撑作用，沿基底围边宽 4.0m、深 4.0m 区域进行了压密注浆地基加固处理。

为了保证支撑体系的整体性，在围护桩顶设一道宽 800mm，高 500mm 的钢筋混凝土圈梁，使围护桩"箍"成一个整体。

4) 井点降水：本工程由于采用钻孔灌注围护桩间设置树根桩挡水，考虑临近建筑物的实际情况，采用二套轻型井点降水，井点管长 7.0m，加滤管 2.0m，间隔 1.6m 设置一根，总管设置在混凝土支撑面上，见图 2.13-4。

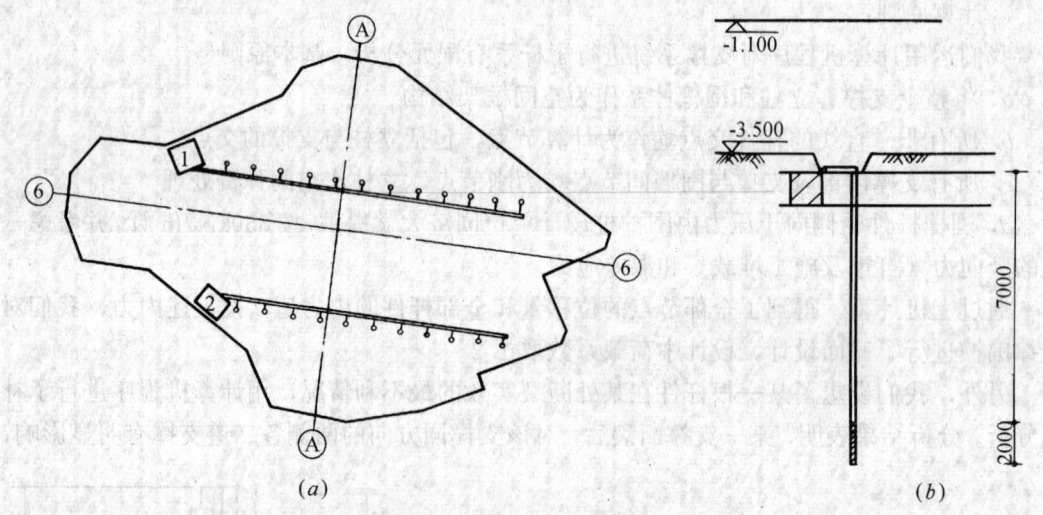

图 2.13-4　井点降水

(a) 降水平面；(b) 降水剖面

5) 土方开挖：本工程土方分二次开挖。第一次挖土 2.4m 深，然后挖支撑、围檩沟槽，再进行钢筋、模板、混凝土的施工，待混凝土达到设计强度等级后进行第二次挖土。第一阶段挖土完成后，制作一条宽 6m、坡度为 1∶8 的现浇混凝土下坑坡道，坡道不直接做在土体上，而由支撑梁架空，使挖土机在挖最后土体时仍能安全停留在坡道上，见图 2.13-5。

6) 钢筋及模板工程：本工程按抗震烈度 7 度设防，8 度构造，根据设计图纸钢筋和模板工程施工难度较大。

①所有受力主钢筋采用钢筋气压焊焊接接头，并根据规范要求做好焊接试件，及时进行试验。

②底板的上皮铁钢筋支架，利用工程桩的锚筋，在上皮钢筋搁置标高处，用扁铁箍及角铁做成支架，底板下皮铁搁置在工程桩桩顶或 100mm×100mm 垫块上，见图 2.13-6。

③本工程基础阶段部分深梁达 9m 高，钢筋垂直固定，采用在混凝土支撑面上布置预埋件和钢筋电焊连接，局部 4.25m 高深梁在混凝土支撑梁底预埋 ϕ48mm×3.5mm 脚手钢管，用扣件连接固定，保证钢筋的垂直度，见图 2.13-7。

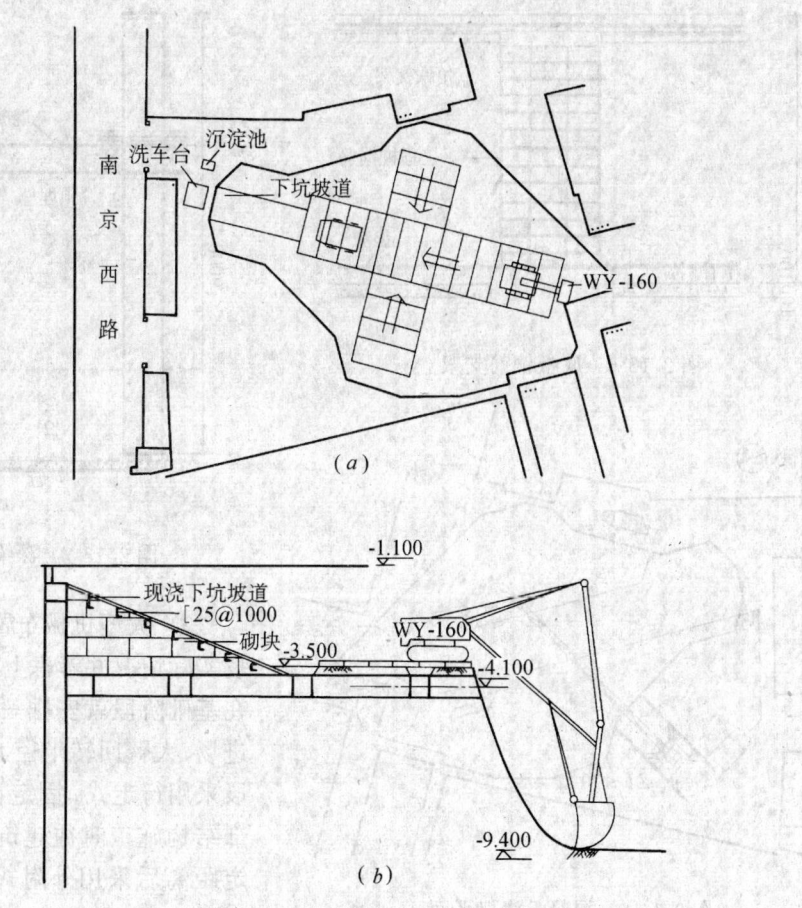

图 2.13-5 挖土示意图
(a) 挖土平面；(b) 挖土剖面

④模板体系采用定型钢模及 φ48mm 脚手钢管散装散拆，墙板横竖围檩间距不大于 1m，楼板排架纵横间距不大于 800mm，弧形墙板采用 100mm 钢模拼装，现场用 φ48mm 钢管制作弧形钢管围檩。

7) 混凝土工程。本工程混凝土数量较大，采用集中搅拌的商品混凝土进行浇捣。现场用一台固定泵和一台汽车泵配合浇捣，见图 2.13-8。

①主楼底板厚 1.5m，采用 45d 后期强度的混凝土掺入一定量的粉煤灰，采取斜面分层法呈扇形连续施工，减小内外温差，防止损伤性温差裂缝的出现。

②为防止混凝土表面的收缩裂缝，混凝土浇捣平仓后，用刮尺刮平，待收水后用滚筒来回滚压，然后用木蟹磨平，二滚三磨。浇捣完毕后覆盖二层草包，浇水养护。

③深梁由于钢筋密集，混凝土浇捣较困难，采用 5～25mm 石子级配，并用窜筒和开门子板方法进行浇捣，确保混凝土质量。

8) 支撑代换。本工程换撑采用回填中粗砂结合 200mm 厚、C20 混凝土传力带方式进行支撑代换，在地下 2 层外墙拆模并经验收后进行换撑工作。混凝土中掺入早强剂，在混凝土试块强度报告的基础上拆除水平混凝土支撑，然后进行地下一层结构施工。

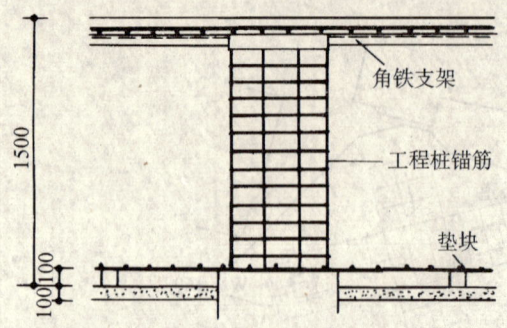

图 2.13-6 底板钢筋支架

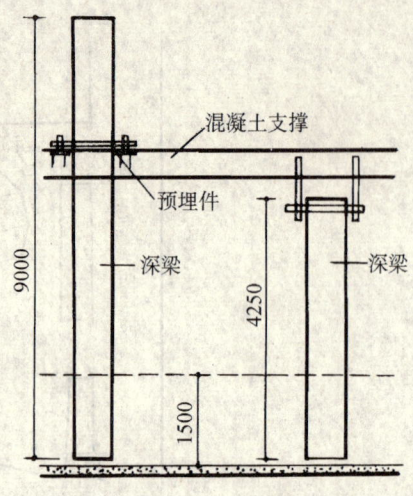

图 2.13-7 深梁钢筋固定

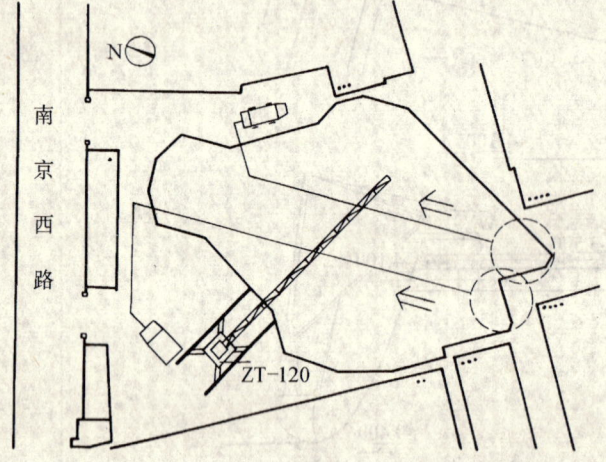

图 2.13-8 混凝土浇捣平面

9）大型机械布置：根据施工现场实际情况并考虑上部结构的施工，在基础阶段就安排一台 ZT120 塔吊进场，大臂回转半径 40cm。在基础阶段采用行走式，固定在路轨上，待上部结构施工时往建筑物方向移动一定距离后采用外附式，利用附墙杆与建筑物连接固定。

10）测量定位：本工程建筑物平面体型复杂、别致，楼层高低不一，施工场地小，轴线纵横交错且不连通。为了保证工程质量和进度，测量工作极为重要。针对上述情况，本工程测量采用苏光 J2 经纬仪一台、苏光 J2 改进垂直经纬仪一台和 DSZ2 水平仪一台，测量内容包括建筑物轴线内控和沉降观测，建筑物轴线方向控制桩及控制标志按图编号，妥善保护，以防破坏和位移，从而保证单位工程建筑物轴线的统一性和正确性。

（2）结构阶段：

1）垂直运输：

①为保证工程高速顺利地进行施工，本工程主要垂直运输设备为 ZT120 外附式塔机，回转半径 $R=40m$，可以覆盖整个主楼区域和大部分裙房区域，裙房在塔吊回转半径外的部位采取塔吊吊至平台面人工二次驳运的方法解决其垂直运输问题。ZT120 塔吊如前所述在基础阶段已预安装。同时为配合塔机发挥作用，主楼东西二侧各设四只钢制悬挑平台，分作两个楼面于西、南两侧交叉布置，以满足周转材料中途运输问题。

由于本工程层高不标准，多数楼层为非标准层，塔吊附墙布置较为困难，附墙高度与楼层高度不一致，一般都高出楼面，这使得塔机的一根附墙杆要作特殊处理，具体见塔机附着详图（图 2.13-9）。

②本工程使用一台瑞典产 ALZMAK 人货两用电梯，布置在主楼西侧，在结构施工至六

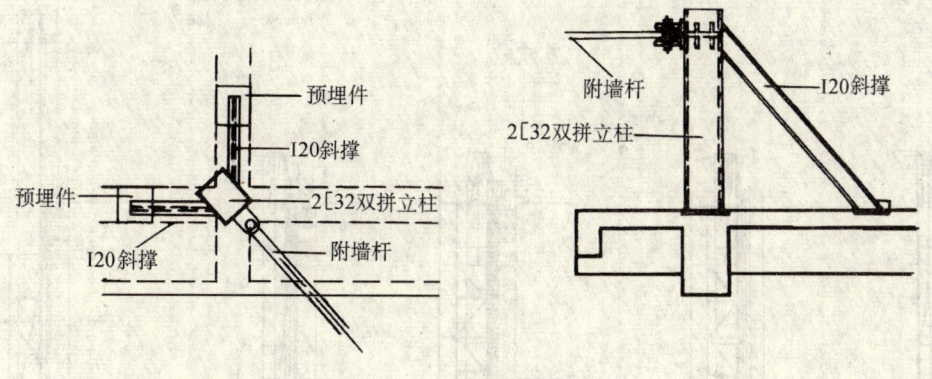

图 2.13-9 高吊附墙节点

层时安装，满足整个主楼、裙房的需要。

③所有机具设备在使用前经过验收，手续完备。所有操作人员都做到持证上岗，严禁违章作业。同时配备力量专门负责维修、保养工作，确保机械正常运转。

2）外脚手工程：

①本工程外脚手工程分为 3 个部分：主楼 3 个筒体脚手，主楼框架部位脚手和裙房外脚手。

②主楼筒体整个结构阶段筒体施工采取的是剪力墙爬模的施工工艺。具体操作步骤如下：

a. 用组合钢模散装散拆浇捣一层混凝土，并在预定位置标高埋设预埋套管。

b. 待一层混凝土强度达到 C15 时拆外模，安装爬模附墙节、标准节、吊脚手架及大模板，爬架附墙节通过 $10\phi22mm$ 穿墙螺栓与一层墙体固定连接，并通过神仙葫芦 1 提升大模板校正就位固定。

c. 浇捣二层混凝土，待二层混凝土达到 C15 时用神仙葫芦 1 拉住模板后拆去固定模板的穿墙螺丝。

d. 用神仙葫芦 1 提升模板，神仙葫芦 2 提升吊脚手架至三层位置，脚手提升同步进行。

e. 用神仙葫芦 1 校正模板位置就位固定，吊脚手架临时搁置在爬架标准节上，此时神仙葫芦 2 仍拉住吊脚手架。

f. 浇捣 3 层混凝土，待其强度等级达到 C15 时另外从三层楼面上吊一只神仙葫芦 3 下来同神仙葫芦 2 一起放置初始位置 2，爬架固定牢，此时大模板未拆去。

g. 通过神仙葫芦 3 提升爬架及吊脚手至 3 层位置，校正后用 $10\phi22mm$ 穿墙螺栓把爬架附墙节与 2 层墙板固定牢。

h. 用神仙葫芦 1 吊住大模板拆去穿墙螺丝，松开大模，提升至四层位置，校正固定。

i. 至此完成一个交替工作，然后逐层反复交替上升。其示意见图 2.13-10。

主楼三个筒体外墙装饰为进口金属面砖饰面，为保证施工质量，加快施工进度，装饰阶段采用落地脚手结合轻型挑排脚手的施工方案。落地脚手搭至 50m 高后，利用原爬模附墙用穿墙螺栓与预留孔洞和脚手管组成轻型三角架，层层悬挑搭设装饰脚手到顶，满足外墙装饰要求。具体节点详见图 2.13-11。

③主楼框架部位脚手采取常规落地脚手和挑排脚手相结合的施工方法满足结构阶段和幕墙安装阶段的需要。

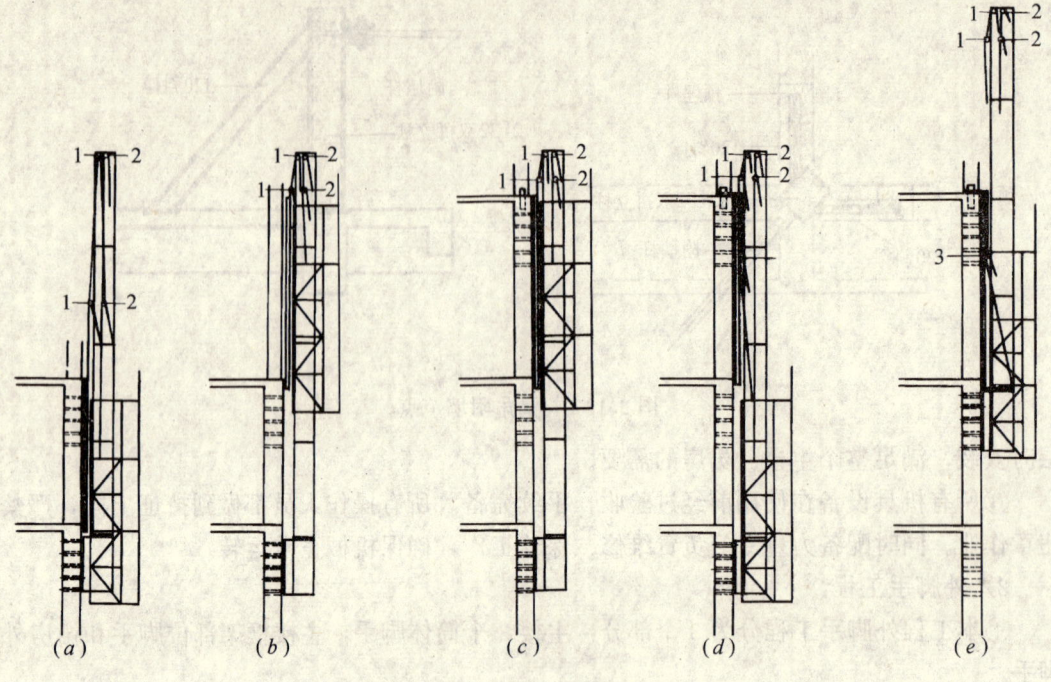

图 2.13-10   爬模程序

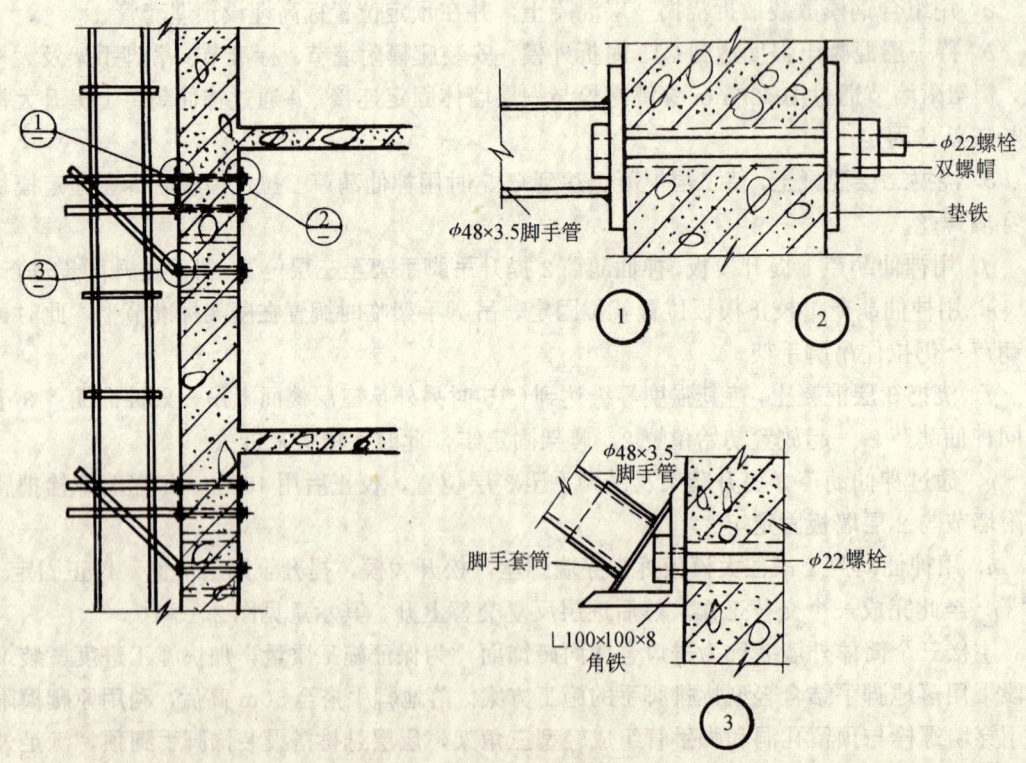

图 2.13-11   外脚手轻型三角支架

④裙房部位的外脚手采用落地脚手施工方案满足裙房结构阶段施工和外粉刷施工需要。

3）钢筋连接：本工程设计按地震烈度7度设计，8度构造设防，因此每层主筋焊接接头达2500～3000个。从工程质量、工程进度和工程成本多方面加以综合考虑后，决定采用钢筋气压焊焊接工艺，解决了框架柱主筋、筒体暗柱主筋的竖向焊接和框架梁主筋水平焊接的施工问题，无论从质量、进度和成本等多方面加以分析，都达到了预期目的。

4）预应力施工：

本工程主楼框架梁在上海市高层建筑中首次采用高强度、低松弛部分预应力框架梁后张法的施工工艺。

本工程主楼自第二层起，每层均有预应力框架大梁，因荷载不同，大梁宽500mm，高1000～1500mm不等，框架梁柱距17m。预应力梁配预应力筋2束或3束，预应力筋共268束。折线配筋、套管采用63.5mm×2mm焊接薄壁管，预应力主筋用江西新华公司产270级低松弛高强度钢绞线（$\sigma_b=1860\text{N/mm}^2$），每根用6$\phi$15，用上海预应力工程建设公司生产的B&SJ15-6锚具。

本工程预应力张拉采用"数层浇筑，顺向张拉"施工顺序，即：2层布筋、浇混凝土→3层布筋、浇混凝土→4层布筋→2层张拉→4层浇混凝土→5层布筋→3层张拉→5层浇混凝土，以此类推。张拉层混凝土强度等级85%，上层混凝土强度等级60%。

立模、埋钢管、先穿束后浇混凝土，两端张拉，超张103%持荷。因梁断面尺寸大，预压应力较小，为便于施工，每束一次拉足张拉力，3束先拉中间，2束从左到右，对讲机保持两端同步加载，应力控制，伸长校核，效果良好。图2.13-12为预应力梁孔道位置。

5）排架、支撑及模板：本工程模板系统较为复杂，有以下三个特点：

①圆弧形模板多，包括圆柱模板和圆弧形板墙模板。

②平面体型复杂，框架区核心部位为正三角形平台，头角多。

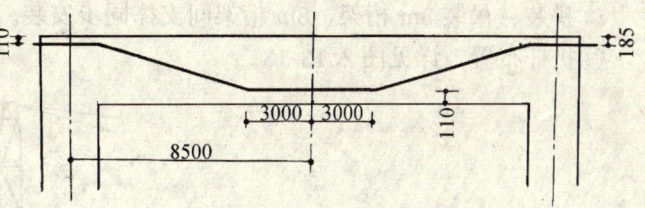

图2.13-12 预应力梁孔道位置

③层高不一，使主楼筒体竖向模板难以划一。

根据上述特点，采取圆弧形模板利用100mm宽小钢模成型，圆柱部分采用定型圆弧形钢模。主楼筒体外模采用钢模板组合成大模，采用爬模工艺。筒体内模，电梯井内筒模一般梁、柱、墙模板均采用小钢模散装散拆。

平台模板用九夹板拼接而成，配四层周转使用。

大模板纵横围檩均用ϕ48mm钢管，横围檩用脚手管弯折成弧形，每隔750mm一道，每道两根，竖围檩每隔600mm左右一道，每道两根，圆柱模板横围檩每隔750mm一道。

模板对拉螺栓用ϕ14mm，并用硬塑料套管作为限位，对拉螺栓间距同围檩间距。

外墙及外侧部位柱子竖向模板与内侧模通过穿墙螺丝固定，内模板每1800mm间距拉结一道，并不小于3道柱子的模板拉杆应交成90°。

一般情况，平台模排架立柱纵横向间距为1000mm，梁下立柱间距为800mm，水平杆每隔1800mm高度为一道，剪刀撑及水平杆均应在交成直角的两个面内设置。

6）混凝土浇捣施工：

本工程均采用商品混凝土，用2台固定泵输送混凝土，最高点为128m，商品混凝土的粗骨料粒径采用5～25mm，并根据气候条件，结构层高度，混凝土的坍落度在140mm±10mm～180mm±10mm之间调整（系指到工地现场的坍落度值）。

因工期紧，结构复杂，每层竖向与横向结构一次浇捣成型，不留施工缝。楼面混凝土养护采用专用养护剂进行养护。

7）裙房钢屋架吊装：本工程裙房钢结构主要为托架二榀，每榀约220kN，主桁架7榀，每榀重45kN，小桁架五榀，每榀20kN，水平支撑、垂直支撑共120kN，总计为940kN。因场地限制，钢屋架采用散件进场，由ZT-120塔吊至15.200m标高楼面拼装，再由拔杆起吊至设计标高位置。

①吊装机械：桅杆起重拔杆一台，高约32m，臂长25m，起重量$Q=300kN$。

②现场拼装、吊装：

a. 拼装平台板、焊机设备进场。

b. 搭设拼装平台、焊机，准备工作就绪。

c. 托架上、下弦焊接、校正。

d. 托架总拼，单面打底。

e. 托架反身、打底、电焊。

f. 托架再反身、电焊，竖直校正。

g. 吊装托架，并做好临时固定安全措施。

h. 拼装、吊装16m桁架，16m桁架间支撑同步安装。

i. 拼装、吊装8m桁架，8m桁架间支撑同步安装。

③扒杆布置，详见图2.13-13。

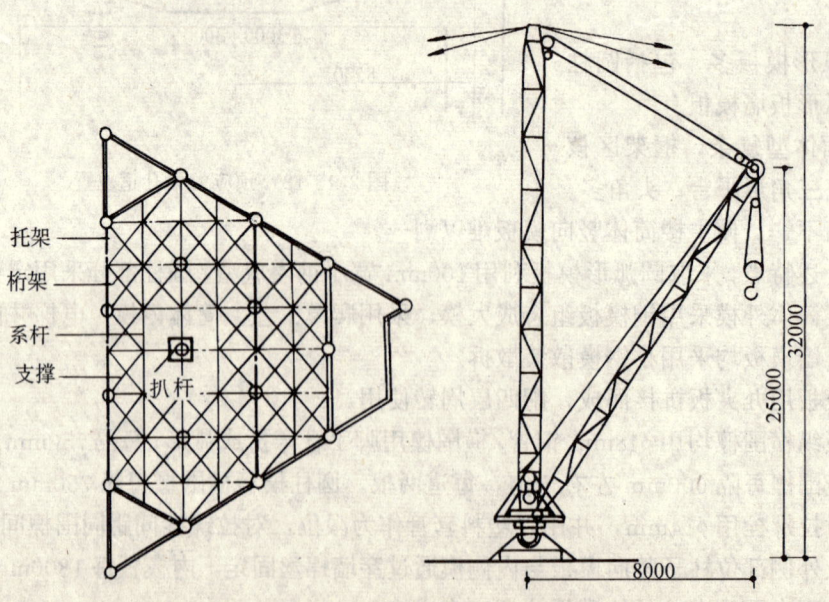

图2.13-13 钢屋架吊装扒杆布置

2.13.3 心得体会

（1）8m左右深度不规则体型基坑采用一道混凝土水平内支撑从受力性能、制作安装、费用、工期等方面来说都是合理、可靠的，利用SAP84程序进行受力分析，其理论值与实测值比较接近，关键在于其边界条件的假定。但由于是第一次对不规则基坑平面布置支撑系统，其平面布置相对较密，对挖土施工带来一定负面影响，这将在以后加以改进。

（2）整个模板体系还可以在以下几个方面加以改进：

1）圆柱定型模板尺寸偏大，人工安装、拆除、搬运均较吃力，以后应注意此类问题。

2）圆弧板墙大模板采用小钢模拼装而成，平面刚度较差，使用次数多后变形较大，以后可采用3mm左右钢板结合型钢骨架组成大模板，使之具备足够刚度，保证结构几何尺寸的准确。

3）平台九夹板质量不过关，周转次数过少，可采用质量较好、价格相对较大的进口九夹板，虽增加一定投资，但从周转次数和后续收头工作上来测算，包括一定的社会效益，应该是合算的。

（3）一级抗震结构钢筋连接：本工程的钢筋焊接采用的是气压焊接头，受气候、人工操作水平影响较大，质量不易控制。在施工前曾经试验过钢筋冷压连接和电渣压力焊连接，前者因价格较高，后者因钢筋较粗，质量不过关，都没有采用。根据现在其它工程经验，钢筋接头锥螺纹机械接头较好地解决了上述难点，即便于操作，不受气候、人工操作水平影响，质量检查手段直观，质量容易控制，而且价格不高，大多数业主能够承受，不失为一种价廉物美的好方法。

（何 杰）

2.14 建明大厦施工

2.14.1 建明大厦工程概况

建明大厦位于徐家汇衡山路和华山路的交界处，东北面是国际妇婴保健院，南靠衡山路，西临华山路。本工程建设单位为徐汇区商业建设公司，由华东建筑设计院设计，土建总包为上海市第四建筑工程公司第四项目经理部，设备安装为上海工业设备安装公司负责。

建明大厦建成以后是一幢融商住、办公、购物、娱乐、饮食和金融为一体的现代化建筑。结构类型为框筒结构，基础为钻孔灌注桩和2.51m厚大板基础，其总建筑面积约为56763m²，±0.000相当于绝对标高5.42m，由主楼和裙房两个部分组成，主楼面积37834m²，裙房面积18929m²，主楼地下2层，地上38层，总高143m，主楼1~9层为非标准层，主要用途是银行、商场、证券、餐饮等，9层和10层之间设一技术层，10~34层基本为标准层，22层为避难层，且在22层和37层各设水箱一只。裙房地下2层，地上9层，地下部分为停车用，地上部分主要为商业用房。主楼内总设客梯四台，消防梯一台，裙房设三台客梯。建明大厦外装饰为有光面砖铝合金窗，35~38层外装饰为玻璃幕墙，内部隔墙采用钢塑复合轻质墙板，平顶采用轻钢龙骨纸面防火石膏板，内铺贴采用上海斯米克建筑陶瓷有限公司产品。建明大厦标准层平面图见图2.14-1。

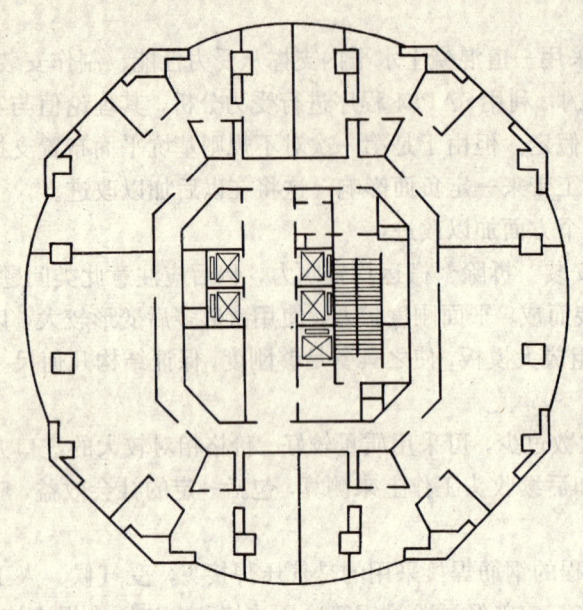

图 2.14-1　标准层平面图

2.14.2　主楼基础围护支撑浇捣在基础大板中的成功尝试

（1）基础概述：建明大厦主楼平面形状呈八角形，长宽各约 40m。基础埋深为—10.65m，局部电梯井埋深达—12.15m，基础为实心大板混凝土基础，厚达 2.51m。由于该建筑物东北面是国际妇婴保健院，南西紧贴衡山路和华山路，而且在衡山路侧有上水管、煤气管等，给基础施工带来了比较高的要求。

工程的土质资料如下：

第一层：建筑垃圾及浜填土，厚度 2.2～4.90m，层底标高 1.35～0.54m；

第二层：粉质粘土，厚度 0.5～2.30m，层底标高 1.29～0.45m；

第三层：淤泥质粉质粘土，厚度 2.1～3.70m，层底标高—1.61～—2.64m；

第四层：淤泥质粘土，厚度 8.8～10.5m，层底标高—11.35～—12.73m；

第五层：粉质粘土，厚度 19.7～35.6m，层低标高—37.55～—40.75m。

（2）基坑支护方案：根据工程的周围实际情况，基坑的支护只能是内支撑方案，由于本工程基础埋深—10.65m，地下室板墙内有大量暗柱、暗梁，再加上周围管线的要求，内支撑形式和位置选择是相当重要的，所以在选择支护方案时坚持了确保安全、缩短工期、方便施工和节省费用的原则。

1）围护及二道内支撑的设想：对于建明工地基坑深—10.68m 选用了钻孔灌注桩作围护，水平设二道混凝土支撑，上道支撑设在标高为—4.1m 处，这样可使地下室施工到—5.20m 楼板时进行换支撑。下道支撑大胆地设在基础承台面标高—8.04m 以下 41cm（图 2.14-2），2.51m 厚的基础承台混凝土施工时把下道支撑一起浇捣在承台内部，这对于缩短工期、方便施工、节省围护费用是一个比较大胆的设想，基坑围护采用钻孔灌注桩与工程桩一致，有利于同步进行，止水采用水泥土深层搅拌桩。

2）下道混凝土支撑与基础承台间的技术处理按照上述设想，第二道支撑设在基础承台内。如何处理好支撑与底板承台，新老混凝土之间的接缝直接影响到工程的质量，为解决这个问题，采取了以下措施：

①在支撑混凝土内预留 Φ 8@500mm 双向拉结筋，使支撑混凝土与基础承台混凝土拉结牢固，连成整体。

②支撑混凝土强度等级达到 50% 后表面剥皮凿毛，以便新老混凝土之间咬合。

③支撑内预留 ϕ60mm 后浆孔，待基础承台混凝土完成后进行压密注浆，消除新老缝隙。

3）上述支护方案的确认，只是根据施工要求和施工经验进行的一步设想，还要对它进行科学地审定，我们请了华东设计院专家对它进行了理论计算，确认了此方案，并在今后的施工中得到了完善的执行。

（3）基坑挡水和地基加固处理：基础四周混凝土钻孔灌注桩只起到了挡土作用，而挡水我们采用了在钻孔灌注桩外侧打二排水泥土深层搅拌桩。为了加强土体对桩入土锚固段的支承作用，沿基坑内边四周宽 3m、深 6m 区域内进行了压密注浆地基加固处理。

（4）基坑开挖及支撑施工中几个关键环节处理：

1）水平支撑的立柱：在考虑混凝土支撑水平位置时，根据工程桩位置把钢筋混凝土钻孔灌注桩接长作为水平支撑的立柱，这种做法省去了施工打立桩的工序，又对支撑在垂直方向约束起到了保证，同时对支撑系统平面稳定起到了很好的作用。

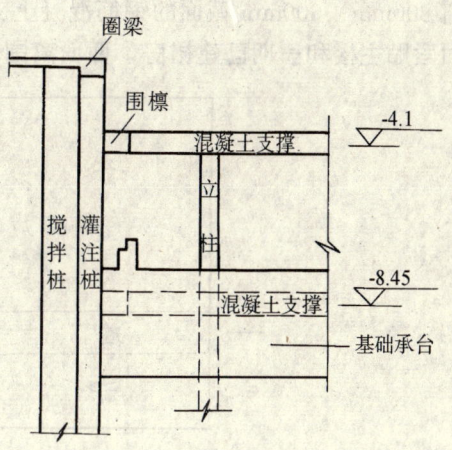

图 2.14-2　混凝土支撑在承台中

2）挖土坡道：土方工程因两道支撑设置分成了三个阶段，第一阶段开挖时同时在靠近主楼处的裙房位置制作一条宽 6m、坡度为 1：10 的现浇钢筋混凝土坡道，此坡道作为第二阶段挖土的下基坑车道，第三阶段挖土时，基坑内用小挖土机进行土方短驳。最后在基坑的坡道口停一台 1.5m³ 挖土机把土挖出。

3）水平支撑的调换：当基础地下室施工到 -5.2m 时，在地下室板墙与围护桩之间浇捣一层 30cm 厚钢筋混凝土支撑，待此支撑强度达到后即用爆破法拆除了上道水平支撑。

（5）基坑支护系统的监测及实施效果在本工程基础施工中实施的监测内容有：

①基坑周围建筑物及地面位移。

②周围上水管、煤气管的沉降。

具体实测结果如下：

建筑物垂直沉降 3.6mm；基坑垂直沉降 14.9mm；倾斜 3.2mm；煤气管垂直沉降 18.8mm；水平位移 16.1mm；上水管水平位移 27.3mm。由此可见，支护系统的工作状态是良好的，这也说明我们选用的方案是可行的。

（6）几点体会：

1）根据华东设计院要求，原支撑混凝土强度等级为 C30，但在实际施工中我们选用了 C50 的混凝土，到第五天，同条件养护试块强度等级达到 C31.5 即进行了挖土。

2）在基坑开挖过程中，钢筋混凝土支撑经受了机械碰撞辗压，可以认为钢筋混凝土支撑抵御冲击和碰撞性能大大优于钢支撑。

3）钢筋混凝土支撑还是很理想的钢筋堆场。本工程施工中，仅基础承台钢筋就达 720t，施工中大部分钢筋都分规格堆放于支撑上，这在很大程度上解决了工程场地狭小的矛盾。

4）钢筋混凝土支撑设于基础承台内，要根据每一工程特点进行考虑，有一定局限性，不是每个工程都能选用。

2.14.3　混凝土架空斜道在裙房基础挖土中的运用

（1）工程概述：建明大厦裙房地下 2 层，地上 9 层，总高 40.8m，基础埋深 8m 左右，基础外形呈手枪型，围护采用 φ800mm，钻孔灌注桩加双排 φ650mm 水泥土深层搅拌桩和一道 800mm×600mm 截面的钢筋混凝土支撑,基础土方量达到 23000m³。建明大厦裙房东西面紧贴主楼和一期已建裙房,西面离围墙仅 5m 左右,北面邻华山路也仅 4~5m。

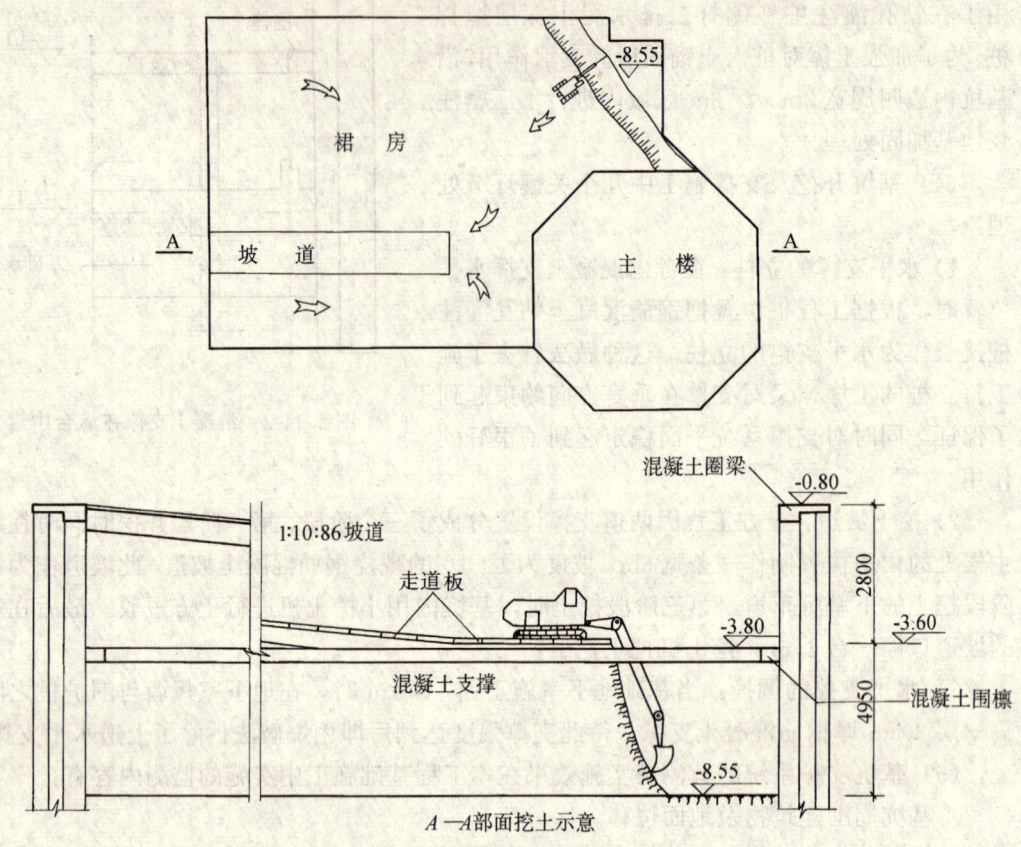

图 2.14-3 裙房挖土图

(2)挖土方案选择:深基础挖土方案的选择,对整个基础施工的工期、质量和费用起着至关重要的作用。一般深基础挖土基本上采用:(a)基础上搭设栈桥进行接力挖土;(b)基坑旁留设坡道供挖土机和车辆上下;(c)在基坑内留设原土坡道供挖土机和车辆上下。我们认为第一种方法工期长、费用大、施工繁琐;第二种虽然费用较低,但本工地裙房四周可用场地极小,根本无法留设坡道;第三种方法大面积挖土结束后,原土坡道再用蟹斗挖土会延误一定工期。经过我们再三权衡决定采用钢筋混凝土架空斜道,供挖土机和车辆进入下层挖土作业面。

(3)钢筋混凝土架空斜道形式:钢筋混凝土架空斜道利用原工程桩和围护桩进行支承,连续梁搁置在桩上,再在连续梁上放置走道板供挖土机和土方车辆上下,具体形式见图 2.14-3。

(4)混凝土斜道在挖土时的作用:按照原计划整个裙房基础挖土,混凝土支撑浇捣,基础垫层浇捣准备在一个半月内完成,由于我们采用混凝土斜道挖土,对第二皮挖土带来了极大的方便,使整个基础挖土工期提前了 10 天。其主要作用在以下几点:

1)钢筋混凝土斜道与混凝土支撑同时浇捣,其养护与混凝土支撑同时进行,不占挖土工期。

2) 第二皮挖土，挖土机和土方车从斜道上上下进行挖土比采用挖土机接力挖土缩短了一定工期。

3) 挖土结束后，斜道上可行驶一台履带吊，对基础施工的垂直运输带来了方便。

4) 斜道拆除与基础支撑混凝土同时采用定向爆破，不占整个基础施工工期。

5) 斜道又为基础底板施工提供了一块临时堆场，在一定程度上缓解了施工场地小的矛盾。

6) 根据测算，混凝土斜道费用与钢结构斜道相比，其费用比后者节约 25％ 左右。

2.14.4　142m 高结构的泵送混凝土施工

(1) 概述：建明大厦共计 38 层，每层混凝土方量在 $500m^3$ 左右，每层结构模板钢筋混凝土施工约需一个星期，我们选用一台"大象"牌固定输送泵，每次混凝土浇捣从晚上开始到次日早上结束，平均每层混凝土浇捣需 12～16h。

(2) 泵管布置：根据泵送混凝土技术要求，混凝土泵管排设垂直泵管长度与水平泵管长度之比为 3:1，且需在水平泵管处加设"止逆阀"。另外，混凝土输送泵管要求牢固地固定在结构上。本工地由于施工场地极小，混凝土泵管排设垂直长度与水平长度之比为 5:1 左右，经过考虑，我们选用"大象"牌固定式混凝土输送泵，在其水平泵管上有意识地增加一个水平弯头，以阻止混凝土的逆向反流。由于此弯头离固定泵仅 6m，受压力相当大，故我们在水平弯头处增设一个混凝土墩，且用神仙葫芦把钢丝绳拉紧予以固定。在水平与垂直管接头处用一只半径为 1m 的弯头联接，并做好专用固定架，垂直泵管在其接头处用两根 [16 开口进行固定，具体见图 2.14-4。

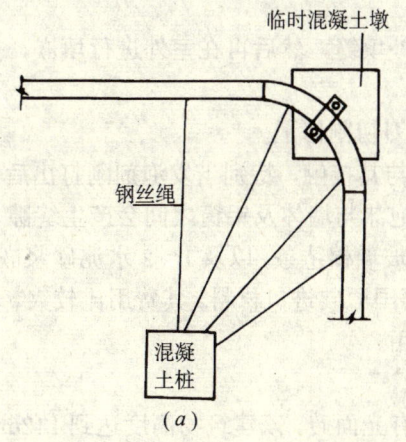
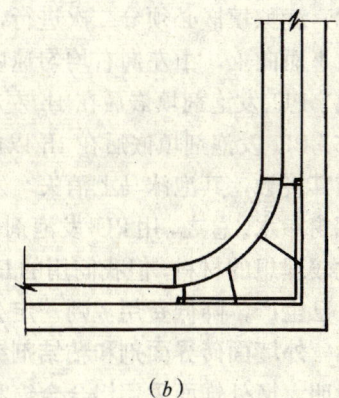

图 2.14-4　泵管固定示意图
(a) 水平弯管固定；(b) 垂直弯管固定

(3) 几点体会：建明工地结构混凝土得以顺利完成，我们主要采取了以下几点措施：

1) 混凝土坍落度选用适当。本工地选用混凝土坍落度范围为 8～20cm，随高度增加逐步提高。

2) 混凝土粗骨料选用 5～25mm 石子，以增加混凝土的流动性和和易性，以防泵管被阻。

3) 混凝土泵管的水平弯头和垂直弯头要用专用架子进行固定，以防止爆管。

4) 泵管的前段尽量采用卡口式高压泵管，且水平泵管用专用工具固定在结构面上。

5）当混凝土供应中断时，泵车每间隔一定时间要开动一次，以防泵管阻塞，且泵车操作人员要有一定的技术和责任心。

2.14.5　铝合金窗PU发泡剂安装填缝施工技术

建明大厦外立面窗采用90系列的铝合金窗，而铝窗嵌缝用何种材料一直是施工单位感到头痛的事。根据铝合金窗施工规范JGJ73—91第3.3.6条规定："当设计未明确时，应采用矿棉条或玻璃棉毡条分层填塞，缝隙外表面留5～8mm深的槽口填嵌密封材料。但由于结构混凝土施工时造成窗洞偏差和外墙面砖立排时对窗洞尺寸的影响，造成铝窗与墙面之间的缝隙有大有小，所以按规范用矿棉条和玻璃棉毡条填塞有相当大的困难，一般我们施工单位取得设计方同意都用1∶2水泥砂浆进行嵌缝，而水泥砂浆嵌缝造成铝合金窗无伸缩余地。铝合金的膨胀系数相对来讲比较大，对一般面积比较小的来说问题不大，当建筑采用长条排窗时，冬天施工用1∶2水泥砂浆进行嵌缝，到了夏天，由于热胀冷缩原因，就有可能造成铝窗变性，防水胶裂缝，引起窗洞渗水。建明大厦外立面窗采用90系列铝合金窗，其尺寸为：14.5m×2m，显然采用1∶2水泥砂浆嵌缝就不妥当了，而且矿棉条和玻璃棉毡填缝又有很大难度。根据现场情况和规范要求，我们与设计院、建设单位商量，最后决定采用德国制造的PU发泡材料。PU发泡材料是一种罐装的液态泡沫材料，用一把专用枪进行喷出施工，当喷出的发泡剂与空气接触后，逐渐变硬且与墙面和铝窗侧面咬合，不使雨水渗漏进来。几点体会：

（1）铝窗与墙体之间缝隙应控制在20mm左右，便于施打PU发泡剂。

（2）缝隙墙面要平直，且打PU发泡剂前必须清除缝隙的浮灰、尘屑等污物，使PU发泡剂与墙面和铝窗粘结牢固。

（3）缝隙填嵌必须分二次进行，先从室内往外填缝，然后再在室外进行填嵌，操作方向应由下而向上，由左向右均匀速度填嵌。

（4）PU发泡剂填嵌后在1h左右，然后用纸刀切割修平。

（5）PU发泡剂填嵌后在1h以内严禁用物体与其接触，特别当发泡剂刚打出后，如用物体与其接触，其泡沫马上消失，发泡剂收缩，泡沫与墙体及铝窗之间会产生缝隙，造成今后铝窗渗水。总之，用PU发泡剂代替矿棉条和玻璃棉毡条，以及1∶2水泥砂浆嵌缝，是一种比较理想的材料，但我们用的PU发泡剂是德国原装进口材料，其费用比较大，若我们国内自己生产，降低费用，则一定会得到推广使用。

2.14.6　外墙面砖界面剂和粘结剂铺贴施工

建明大厦外饰面采用铝合金窗和纸版乳白色有光面砖，该建筑物高度达到142m，外墙面砖铺贴量达到10350m²。

（1）材料选用和材料特性：

1）外墙面砖选用广东佛山蝴蝶牌外墙纸版有光面砖，单块尺寸为95mm×45mm×65mm，纸版尺寸为29.5mm×29.5mm。

2）由于该建筑物位于徐家汇闹市中心，建筑物高度达142m，所以铺贴面砖中粘结层质量对今后的安全问题至关重要，在与有关单位商定后决定采用上海曹阳建筑粘合剂厂生产的JCTA-300陶瓷砖粘合剂和JCTA-400混凝土界面剂，JCTA-300粘合剂主要技术性能如下：

标准　　　　　　　　　　　　实测

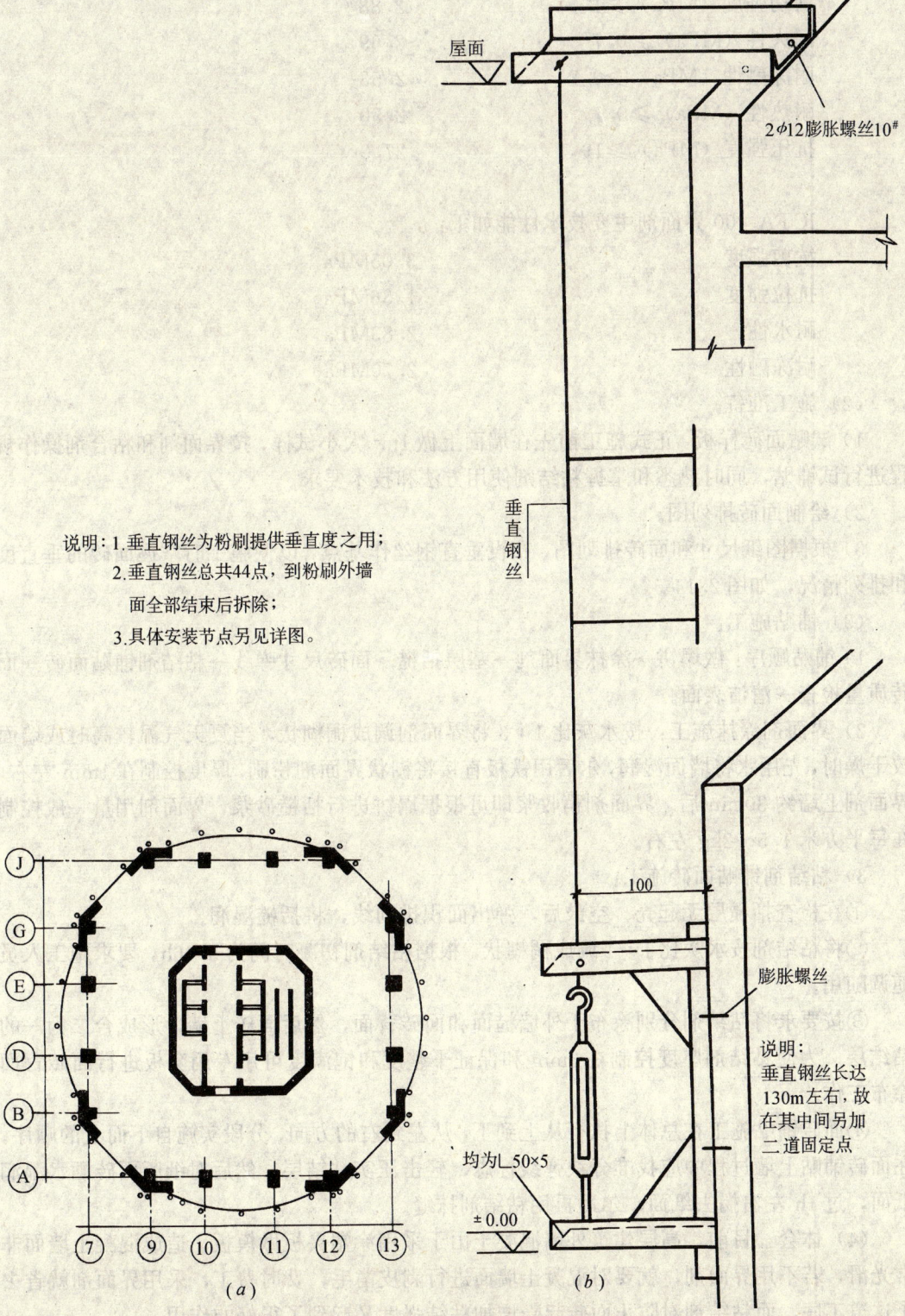

说明：1. 垂直钢丝为粉刷提供垂直度之用；
 2. 垂直钢丝总共44点，到粉刷外墙
   面全部结束后拆除；
 3. 具体安装节点另见详图。

2ϕ12膨胀螺丝10#

垂直钢丝

100

膨胀螺丝

说明：
垂直钢丝长达
130m左右，故
在其中间另加
二道固定点

均为∟50×5

± 0.00

(a) (b)

图 2.14-5　垂直钢丝布设
(a) 垂直钢丝位置；(b) 垂直钢丝安装

剪切强度（MPa）≥1.0   2.88

耐火性（MPa）≥0.7   2.69

耐冻融性（MPa）≥0.7   2.53

耐热性（MPa）≥0.7   2.50

抗压强度（MPa）≥19   27.0

JCTA-400 界面剂主要技术性能如下：

抗剪强度   3.05MPa

抗拉强度   1.36MPa

耐水性   2.83MPa

耐冻融性   2.70MPa

（2）施工准备

1）试贴面砖样板：正式施工前先在墙面上做 1m² 大小试样，按界面剂和粘合剂操作规程进行试铺贴，同时熟悉和掌握粘结剂使用方法和技术要求。

2）绘制面砖排列图。

3）根据图纸尺寸和面砖排列图，布设垂直钢丝作基点，以便施工时掌握面砖的垂直度和排列情况，如图 2.14-5。

（3）铺贴施工：

1）铺贴顺序：做塌饼→涂抹界面剂→基层括糙→面砖尺寸弹线→粘结剂铺贴面砖→面砖质量检查→清洁表面。

2）界面剂涂抹施工：按水灰比 1∶3 将界面剂调成稠糊状，当夏天气温较高时或墙面较干燥时，先用水将墙面湿润，尔后用铁板直接将糊状界面剂粉刷，厚度控制在 1mm 左右，界面剂上墙约 30min 后，界面剂稍收浆即可根据塌饼进行括糙砂浆，界面剂用量一般控制在每平方米 1.5～2kg 左右。

3）粘结剂铺贴面砖施工：

①在检查括糙层无起壳、空鼓后，弹出面积排列线，将括糙湿润。

②将粘结剂按水灰比 1∶4 调成稠糊状，根据粘结剂初凝时间为 5～6h，要求施工人员随调随用。

③按要求将粘结剂分别涂布于外墙糙面和面砖背面，然后面砖上墙，形成合二为一的粘结层。为使粘结剂厚度控制在 3mm 和保证平整度和饱满度可用专用套板进行面砖背面涂布工作。

④面砖铺贴施工在总体上执行从上到下，从左到右的方向，分段实施自下而上的顺序，在面砖铺贴上墙过程中应找准分块弹线标志，轻击压实粘结层，然后对纸版面砖洒水湿润纸面，过 1h 左右揭去纸面，尔后再用粘结剂抹缝。

（4）体会：目前，高层建筑外墙混凝土由于采用涂塑夹板做模板，造成混凝土墙面非常光滑，若不用界面剂，就要对混凝土墙面进行剥皮凿毛，费时费工，采用界面剂就省去了这道工序，而粘结剂对防止面砖起壳增加粘结强度又起到了很好的作用。

（陈耀明）

2.15　上海博物馆新馆施工

2.15.1　工程概貌与施工基本情况

（1）工程概况：上海博物馆新馆工程（以下简称上博新馆）位于人民广场中轴线上南端，南临武胜路，北靠在建人民广场地下商业街，东近已建成的 220kV 变电站中心控制室，西为新建成的人民广场地下停车场。

上博新馆工程建筑面积为 38110m²，地上五层，总高度 29.50m，主体建筑为 80m×80m 正方形，第四层为直径 80m 的圆形，即所谓天圆地方。地下二层，平面呈矩形，轴线尺寸为 128m×80m，埋置深度 8.9m，实际开挖深度为 9.3m。±0.00 相当于绝对标高 5.6m，设计室外标高为 3.60m，设计室内外高差为 2m。

除主体建筑外，东南和西南二角各有一 24m×24m 二层的东、西耳房。

该工程为桩基加箱基，桩基采用直径 φ650mm 钻孔灌注桩，主体部位 511 根，其中受压桩 395 根，抗浮桩 116 根，桩有效长度为 39m，东耳房 24 根，桩有效长度为 43～47m。箱基为 128m×80m，底板为梁板式，板厚 600mm，梁高 1800mm，壁板厚 400mm、500mm。上部为现浇钢筋混凝土框架，8m×8m 柱网，四层处有一 φ80m，高 7m 的空腹箱形环梁，由 16 片悬臂梁外挑支承，环梁上外壁贴花岗石。

（2）工程特点：

本工程被列为市府 1994 年度重点实事工程中第 2 号工程之一，从 1993 年 9 月桩基施工开始，至 1994 年 9 月 15 日结构完成，外立面装饰及总体道路、管线全部完成，工期特紧。

设计构思新颖，质量要求高，其中需吊装 300t 钢结构，25000m² 进口花岗石铺贴，16000m² 地下二层结构，130000m³ 土方开挖均给施工造成很大困难。

基坑面积大，垂直运输不到位。

地处闹市中心，车流量大，四周在建工程施工环境条件差。

（3）施工进度简介：1993 年 9 月进行 φ650mm 钻孔灌注桩工程的施工，1993 年 11 月开始围护结构钻孔灌注桩及深层搅拌桩施工，至 1 月 31 日完成 11381.1m³ 灌注桩，35720m³ 深层搅拌桩，80 根喷射井点管工程量；2 月 5 日土方开挖，3 月 17 日完成 1.3×10⁵m³ 土方；3 月 31 日完成 9380m³ 混凝土底板结构；4 月 23 日 ±0.00 顶板结构，6 月 20 日结构封顶。9 月 20 日，总体及外墙花岗石完成。1995 年 10 月三个陈列室装修完成对外开放，同时完成大堂、五层办公室及机房区域装修。1996 年 10 月完成全部内装修工程。

（4）主要实物量：

工程桩 8297.5m³

围护桩 3083.6m³　　　　　深层搅拌桩 35720m³

土　方 13 万 m³　　　　　混　凝　土 40000m³

钢　梁 356.77t　　　　　钢筋、埋件 9110.9t

花岗石 33000m²（其中 25000m²，1994 年完成）

2.15.2　主要施工技术

（1）施工工艺体系：该工程属全现浇钢筋混凝土结构，基础为箱基，上部为框架结构。

施工模具采用组合式定型钢模,平台模采用七夹板,脚手架采用扣件脚手,混凝土采用商品混凝土,汽车泵输送,地下室设后浇带,分段施工,上部结构整层整浇,柱、梁、板、墙一次浇捣。

(2) 自力式复合重力坝体围护结构施工技术:

1) 基坑围护方案的选择:上博新馆工程基坑南面是地下停车场的进车道,已打设了两排混凝土板桩,板桩入土深度14m,故南面围护可与地下停车场进车道围护结合考虑。西面是地下停车场的地下连续墙,停车场地下二层,埋置深度10.65m,地下连续墙墙深20.5m,因而可不另采取围护措施。其东面和北面是比较开阔的空地,围护的重点在于东面和北面采取什么样措施最适宜。

①钻孔灌注桩加内支撑方案:在上海市区内,开挖深度在9m左右的深基坑,最常见的基坑围护结构是采用钻孔灌注桩加内支撑,此种围护结构当时在上海地区已取得了一定的经验,安全可靠,从技术上来讲,上博新馆基础工程最适宜用这种围护结构,但此方案除围护结构本身施工(包括拆除)工期较长,同时土方开挖速度也会受到影响,因此此方案尽管技术比较成熟,但不能满足上博工程工期上的要求。

②中心岛法:我公司施工的人民广场地下停车场就是采用中心岛法,该方法在大型地下工程施工中能显示出很大的优越性,相对钻孔灌注桩加内支撑来说,不仅费用省,而且工期也可缩短。但中心岛法在中心岛结构完成后,周边继续施工时速度就比较慢,要占用相当长的一段时间。同时,采用中心岛法时,建筑结构设计必须预先考虑,并与之配合,这对上博新馆工程基础结构设计基本已定,要重新修改,已经是不可能,因此本工程无法采用中心岛法。

③自立式重力坝体围护体系:近年来,以水泥土深层搅拌桩形成重力坝体用作基坑围护措施的有很大发展,其最大优点:既能挡土,又能阻水,没有内支撑给挖土和地下室结构施工带来极大方便,相应造价也低。但水泥土深层搅拌桩强度低,抗剪能力差,一般位移量也较大,因而其实用的开挖深度受到一定的限制,一般来讲,基坑挖土深度在7m以内,只要周围场地和环境许可,可以采用自立式重力坝体围护。但如基坑挖土深度超过7m则很少有采用自立式重力坝体作围护的,如上博新馆工程基坑开挖深度达9.3m,仅以水泥土搅拌桩形成的重力坝体作围护,其抗剪强度和整体的位移量都难以满足要求。

④自立式复合重力坝体围护体系:对比钻孔灌注桩和深层搅拌桩的优缺点,采取了取长补短,将钻孔灌注桩和深层搅拌桩结合在一起的自立式复合重力坝体。

a. 将搅拌桩做成足够的宽度和长度,以其自身的重力抵抗土的侧向压力,满足抗倾覆、抗滑移和抗渗漏等要求。

b. 为了提高坝体的抗剪强度,在坝体靠基坑一侧设置一排密排的钻孔灌注桩,充分利用灌注桩的强度,抵抗侧向土压力产生的剪切力。

c. 为了减少坝体的位移,在搅拌桩外侧设置一排疏排的钻孔灌注桩,在坝体顶部设计一个刚度较大的"压顶",将内外侧的灌注桩连接起来。一般的搅拌桩坝体顶部仅为一块混凝土板,复合式重力坝体,内外侧灌注桩顶部分别浇捣一根混凝土梁,梁与梁之间用腹杆连接,形成一刚度很大的平面桁架,再在其上面浇筑一块混凝土板,将灌注桩与搅拌桩连成一个整体,可有效减少坝体上口位移。

经论证最终确定:该工程采用自立式复合重力坝体基坑围护结构。

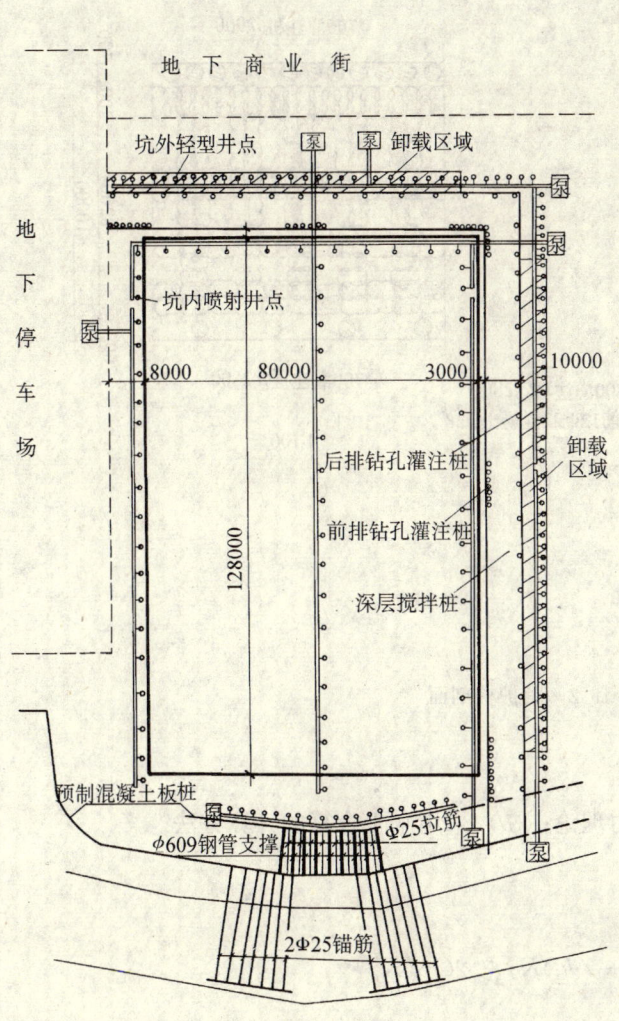

图 2.15-1　围护降水平面

2) 围护结构的总的设计思路：根据专家论证评审和本工程所处的地理位置、周围环境情况以及工期要求，上博新馆工程采用以自立式复重力坝体为主的围护结构体系。围护平面布置见图 2.15-1。

① 西面距已建地下停车场只有 8m，地下停车场为两层地下室，其围护地下连续墙深约 20m，因此西面就利用停车场本身作为本工程围护，下部土体 1∶1 放坡。

② 南面地下停车场进车道两排围护混凝土板桩已施工好，由于进车道走向问题，混凝土板桩与基坑距离最近处为 2m，最远处为 11m，南面即施工 2～11m 宽深层搅拌桩坝体，深 18m，外排混凝土板桩在武胜路上增加 2ϕ25mm×2500mm 钢筋拉锚。

③ 本工程围护体设计重点在东面和北面；采用自立式复合重力坝体围护，坝体宽 10m。靠基坑内侧为密排 ϕ700mm 钻孔灌注桩，外侧 ϕ700mm 钻孔灌注桩，间距 2800mm，深均为 20m。两排钻孔灌注桩之间为 ϕ700mm 格栅式深层搅拌桩，深 18m，钻孔灌注桩与深层搅拌桩之间间隙为 200mm，坝体剖面及坝顶桁架式梁板详图见图 2.15-2 和图 2.15-3。

3) 设计计算：

① c、ϕ 取值：取土工试验综合报告中提供的平均值，各层土体的 γ、ϕ、c 值如表 2.15-1 所示。

表 2.15-1

土层名称	层厚（m）	c	ϕ (°)	γ
①填土	1.3			
②褐黄色粉质粘土	1.6	13	14.5	18.8
③灰色淤泥质粉质粘土	3.7	10	12.1	17.5
④灰色淤泥粘土	9.9	9	7.1	17.1
⑤灰色粘土	10	11.8		18.1
地质资料	（单位 C：kPa，γ：kN/m³）			

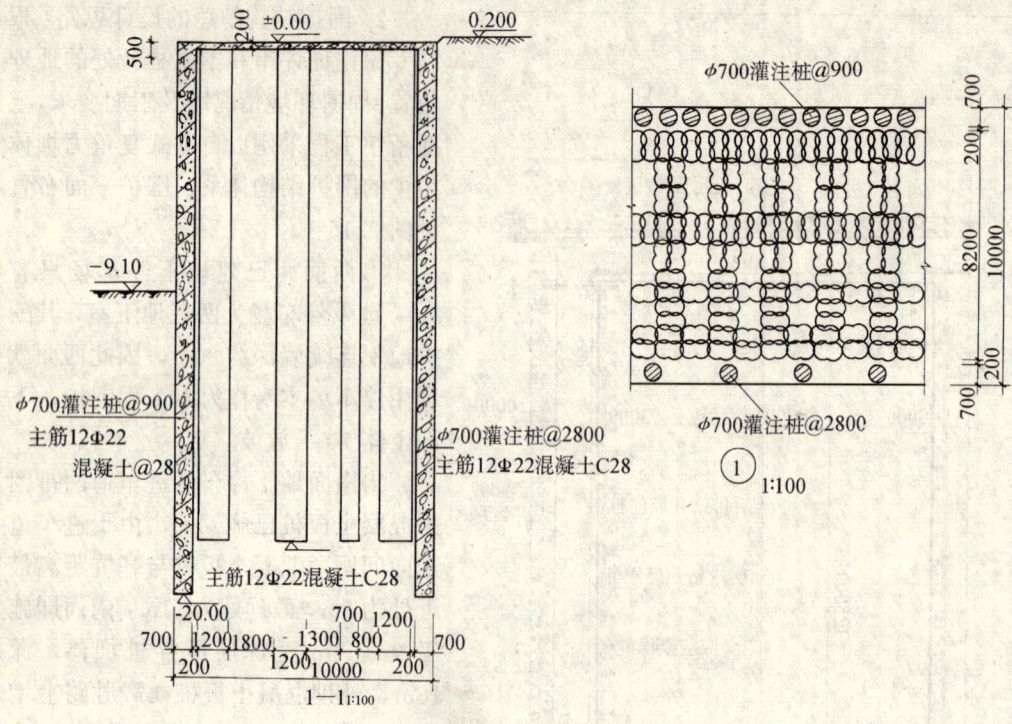

图 2.15-2　围护桩剖面

②土压力计算：

a. 计算原则：(*a*) 采用朗金土压力理论；(*b*) 采用水土合算的计算方法。

b. 计算公式：

主动土压力：

$$\sigma_a = (q + \gamma_i h_i)K_a - 2C\sqrt{K_a}$$

被动土压力：

$$\sigma_p = \gamma_i h_i K_p + 2C\sqrt{K_p}$$

地面超载取 $20kN/m^2$

c. 土压力计算结果：土压力计算数据如图 2.15-4 所示。

③坝体稳定计算：本工程所选用的自立式复合重力坝体按重力式挡土墙的设计方法，验算墙体绕前趾的抗倾覆安全系数和墙体沿底面的滑移安全系数。计算方法按上海市《地基基础设计规范》(DBJ08—11—89) 上有关规定进行计算。

a. 抗倾覆稳定安全系数 K_0：

$$K_0 = M_R/M_0$$

式中　M_R——对计算断面前趾的稳定力矩；

$$M_R = M_{EP} + M_W$$

　　　M_0——对计算断面前趾的倾覆力矩，

$$M_0 = M_{Ea}。$$

将第 2 条中土压力计算数据代入上式得：

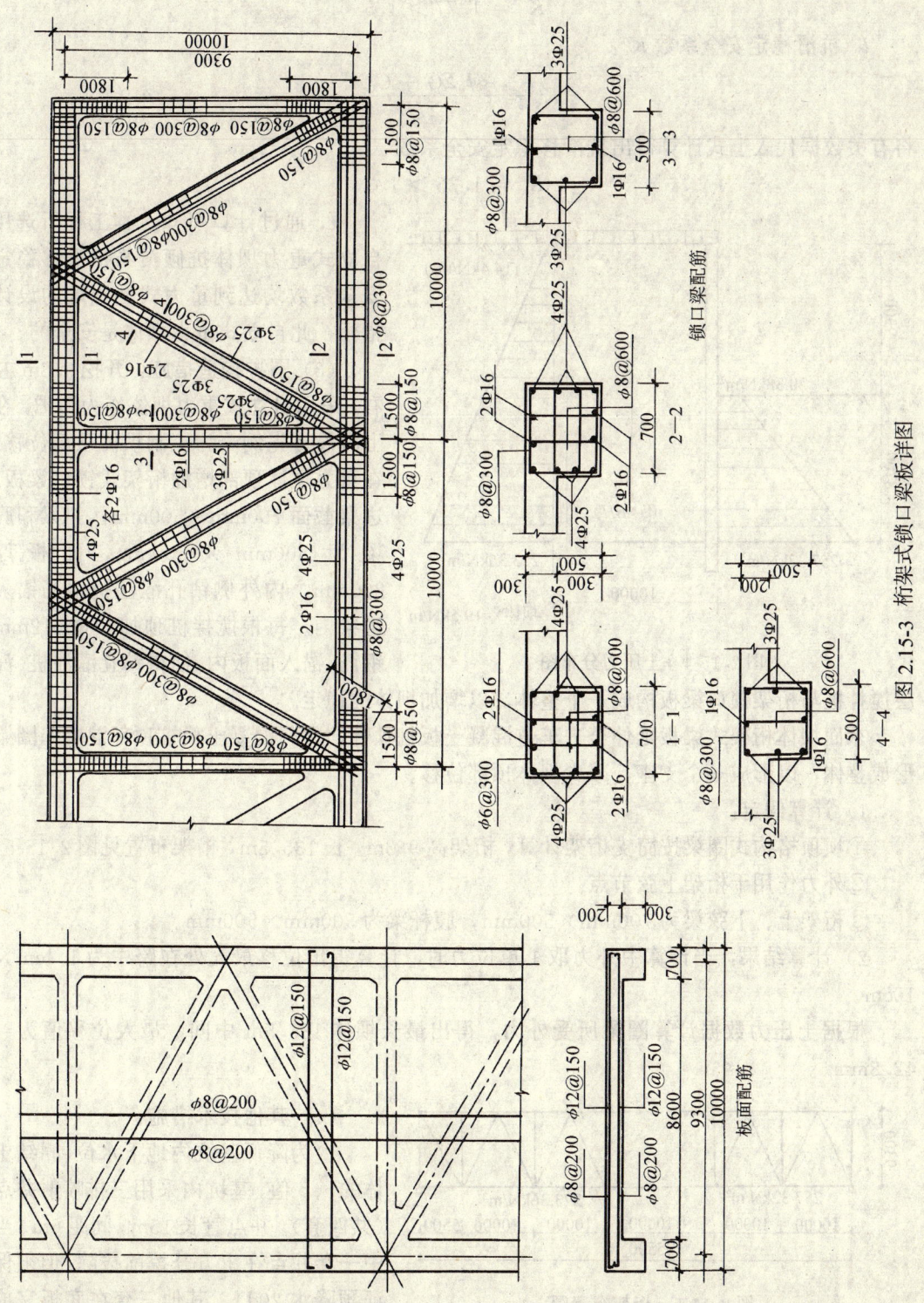

图 2.15-3 桁架式锁口梁板详图

$$K_0 = 1.77 > 1.5$$

b. 抗滑稳定安全系数 K_c：

$$K_c = \frac{\mathrm{tg}\phi_0 \Sigma G + C_0 A}{\Sigma H}$$

将有关数据代入上式计算得出抗滑移稳定安全系数

$$K_c = 1.35 > 1.3$$

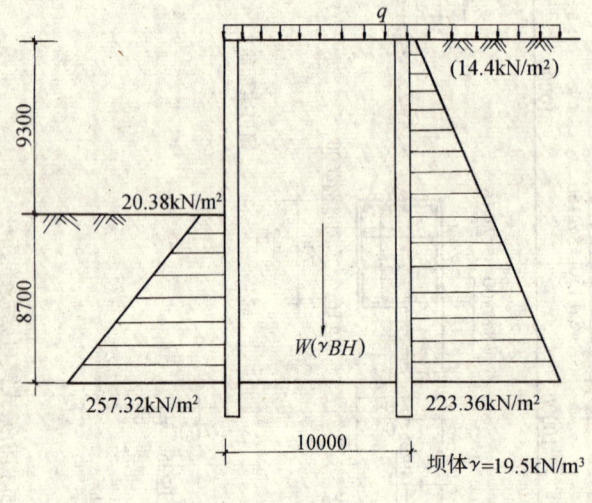

图 2.15-4   土压力分布图

c. 通过计算可知，本工程所选用自立式重力坝体抗倾覆与抗滑移稳定安全系数均达到重力式挡土墙的设计指标，此自立式重力坝体是安全的。

（3）围护构造措施：开挖 9.3m 左右，采用自立式重力坝体作为围护，在上海没有先例。为控制坝体顶部位移，在重力坝体顶部增加桁架式锁口梁板，边梁截面 700mm×500mm，斜梁和腹梁为 500mm × 500mm，面板厚 200mm，内外侧钻孔灌注桩钢筋锚入边梁内。每根搅拌桩顶加一根 ϕ12mm 钢筋，锚入面板内，使得钻孔灌注桩、深层搅拌桩与桁架锁口梁板构成一个整体，以增加坝体的稳定。

东面坝体桁架式梁板延伸至进车道混凝土板桩顶部，并与混凝土板桩顶部混凝土圈梁形成整体，以形成一个支座，减少坝体顶部位移。

1）计算假定：

①坝顶格构式圈梁按简支桁架计算，桁架高 9.3m，长 135.5m，桁架布置见图 2.15-5。

②外力作用于桁架上弦节点。

③桁架上、下弦梁为 700mm×500mm，腹杆梁为 500mm×500mm。

2）计算结果：当计算中外力取 1 单位力时，计算得出位移最大处在跨中为 1.4cm×10cm。

根据土压力数据计算圈梁所受外力，得出最长坝体 135.5m 中间，最大位移值为＝42.8mm。

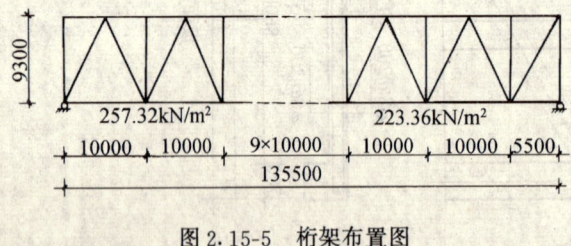

图 2.15-5   桁架布置图

（4）其他技术措施：

1）为降低基坑内地下水位，固结土体的 c、ϕ 值，基坑内采用三排喷射井点（共四套）。井点管长 15m，间距 6m。当中一套井点在土方开挖前拔除（但须保证预降水 20d），其他三套在底板完成后拔除。另在南侧设一套轻型井点，井点长 7.5m，间距 1.6m。

2）为减轻重力坝体外侧水压力和主动土压力值，沿东面、北面坝体外侧设置三套轻型井点，井点管长 8m，间距 1.6m，在基础完成、围护坝体稳定后予以拔除。

（5）实施后的效果：

1）由于基坑内采用了喷射井点，坝体外侧采用了轻型井点降水以及坝体外侧进行了卸载等措施，基坑开挖后，实测主动土压力较计算值有所下降，而坑内被动土压力有所提高。

2）通过监测可知：围护桩顶最大位移在北侧为 44cm，而东线坝顶最大位移仅 18cm，说明了围护桩顶的桁架式梁板对围护结构的稳定起了巨大的作用。

（6）围护结构监测情况简介

1）监测目的与测试内容：

①监测目的：为了准确掌握围护坝体的稳定情况，及时预报施工过程中可能出现的异常情况，以信息化指导施工，需建立严格的监测网对施工全过程进行监测，同时，通过监测取得一定参数，为深基坑围护体的科研提供可靠的数学依据。

②监测内容：本工程围护结构监测包括以下几项内容：

a. 围护结构基坑内、外侧水土压力变化；

b. 围护桩体挠曲变形；

c. 围护结构地表水平位移和垂直沉降变化；

d. 相邻地下构筑物水平位移和垂直沉降变化；

e. 基坑外侧土体沉降变化。

2）监测布点和测试方法：围护结构监测布点如图 2.15-6。

①在东、北线跨中处的围护结构内外侧和中间埋设孔隙水压力探头，观测基坑降水后围护结构内、外侧水头压力改变情况。在东、北线跨中围护体内外侧埋设土压力盒，观察挖土后土压力变化情况。

②在深层搅拌桩内埋设柔性测斜管，观测随开挖情况围护结构及其相邻土层的水平挠曲变化。

③在围护桩顶基坑侧边缘设置水平位移和沉降观测网点，观测围护桩顶水平位移和垂直沉降。

④在东、北线选取两个断面，钻孔取样进行室内土工试验，以确定基坑内、外土层在降水前后两个阶段物理力学指标和参数的差别。

3）监测成果：由于围护结构的变位与基坑开挖存在着必然的联系，因而绘制出基坑开挖时程表，如图 2.15-7，图中各曲线表示该处开挖至坑底的时间。在基坑开挖阶段，围护桩顶水平位移和垂直沉降每天测 2 次，水土压力每天 1 次，桩体

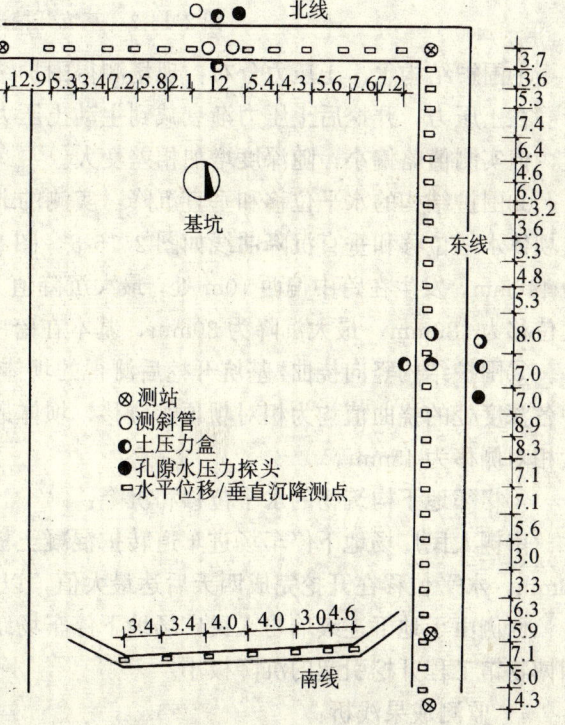

图 2.15-6 基坑测点平面布置图

挠曲和相邻结构位移,沉降 2d1 次,主要监测结果如下:

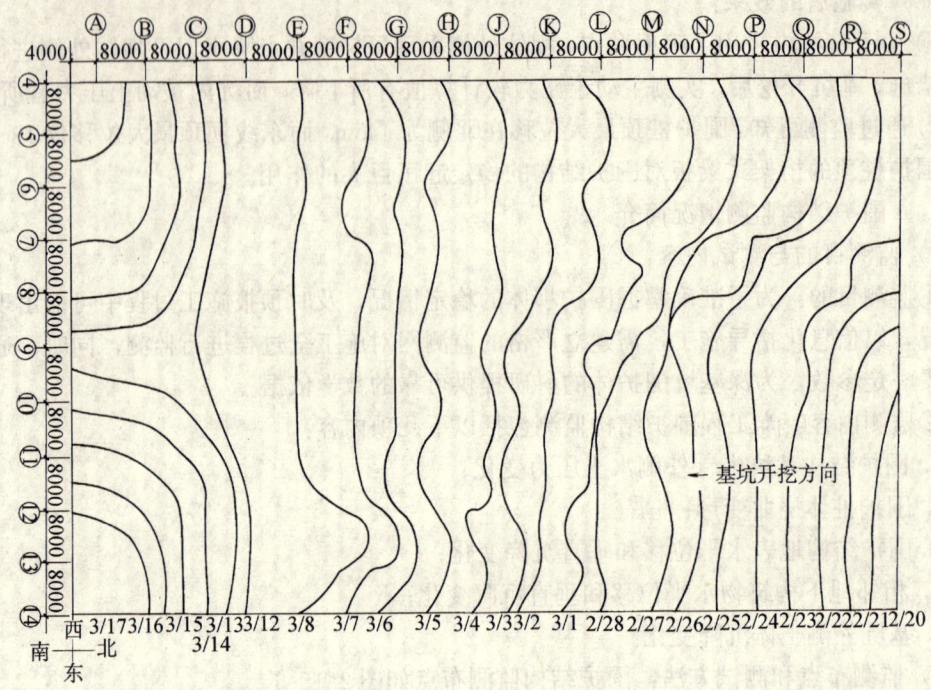

图 2.15-7 基坑开挖进程示意图

①围护结构水、土压力分布:现场测得围护结构外侧的土层压力,开挖前其数值接近于静在土压力,开挖后土压力渐衰减到主动土压力。主动土压力实测值与计算值相比较接近,但实测值略偏小,随深度增加相差变大。

②围护结构的水平位移和垂直沉降:实测的北线坝体水平位移,垂直沉降曲线以及东线坝体水平位移和垂直沉降曲线如图 2.15-8~图 2.15-11 所示,北线坝体水平位移最大值为 440mm,发生在跨中偏西 10m 处,最大沉降值为 120mm(跨中偏西 15m 处)。东线的最大位移为 180mm,最大沉降为 80mm,基本在跨中位置。

③围护结构竖向挠曲:基坑开挖后测得的坝体北线竖向挠曲曲线如图 2.15-12 所示,图中各深度处的挠曲值均为相对坝顶的位移,坝体最大竖向挠曲发生在基底以下 1~2m,最大相对侧移为 45mm。

④相邻地下构筑物的水平位移和沉降:

南侧人民广场地下停车场进车道转护混凝土板桩最大水平位移为 205mm,最大沉降为 36mm,水平位移在开挖完成四天后达最大值,以后趋于稳定。

西侧由于地下连续墙与人民广场地下停车场结构连成一体,且停车场结构已全部完成,因博物馆工程开挖引起的沉降极小。

4)监测成果浅析:

①作用在围护结构外侧的土压力初期为静止土压,随开挖引起的坝体位移使得其减小至主动土压力。由于粘性土的"自立拱"效应和降水对提高土层强度的影响,测得的主动土压力较理论计算值小。

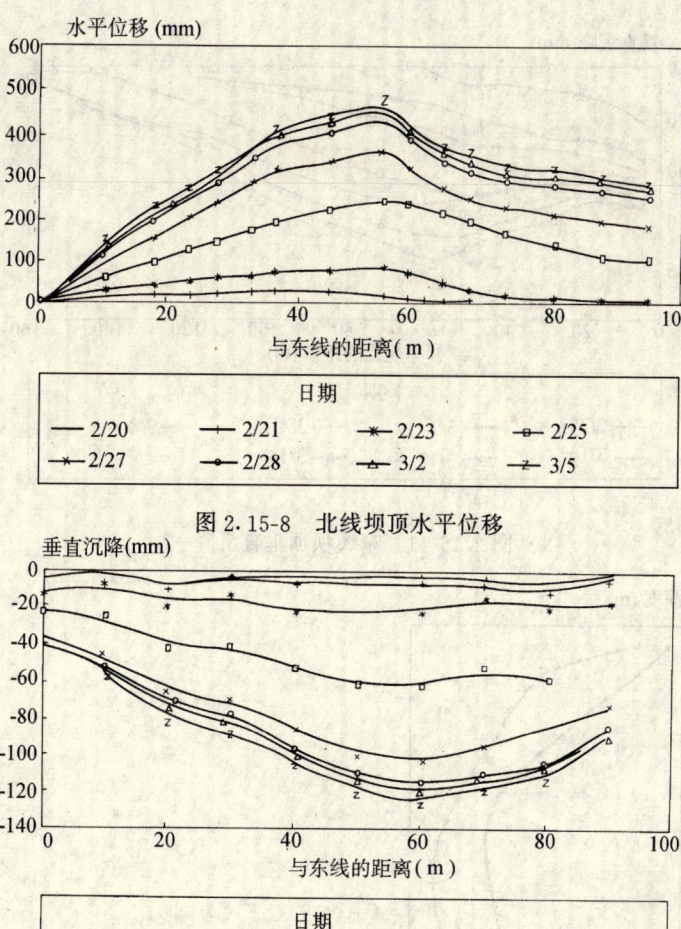

图 2.15-8 北线坝顶水平位移

图 2.15-9 北线坝顶垂直沉降

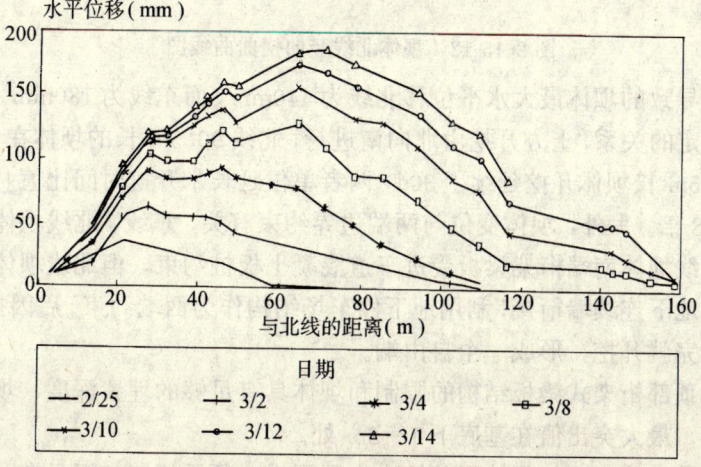

图 2.15-10 东线坝顶水平位移

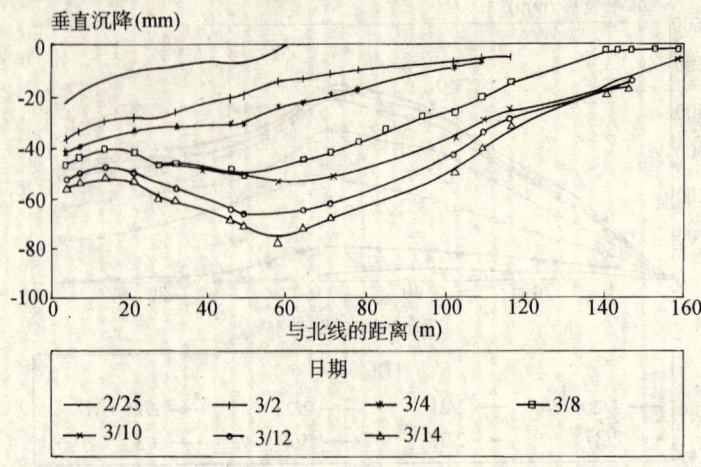

图 2.15-11   东线坝顶垂直沉降

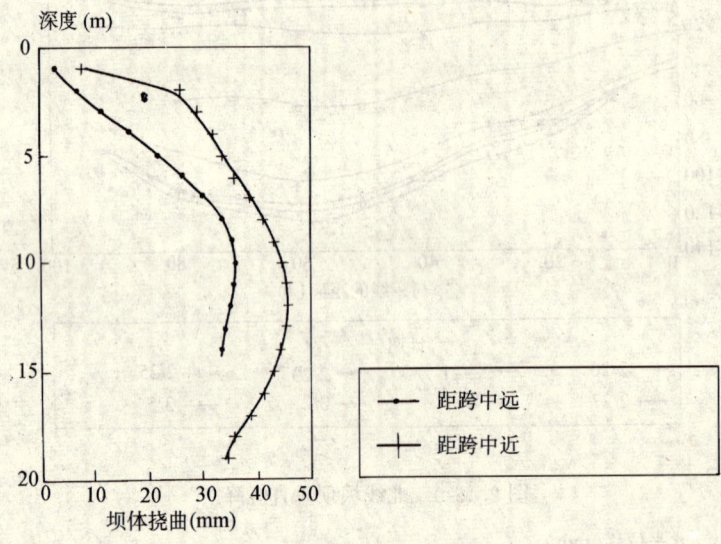

图 2.15-12   坝体北线竖向挠曲曲线图

②基坑开挖导致的坝体最大水平位移北线为 440mm，而东线为 180mm。可见坝体变位同开挖速度有一定的关系，土方开挖由北向南进行，北线 90.5m 长的坝体在 4d 内即全部暴露，而东线 135.5m 长坝体开挖延续了 30d，两者单位延长米开挖时间比值 [30÷136.5]：[4÷90.5] ＝4.8 倍。另外，坝体变位与两端边界约束有关，东线、北线坝体在东北角可认为刚性连接，东线坝体南端桁架梁板受进车道混凝土板桩约束，但北线坝体西端原设计与地下停车场 π 型地下连续墙衔接，利用地下停车场结构作为西端约束。后因挖土赶工期，有一段坝体未施工完就开挖，形成一个自由端。

③由于坝体顶部桁架式梁板结构的限制和坝体具有足够的埋置深度，坝体的竖向挠曲呈中间变形突出，最大突出值在基底下 1～2m 处。

④采取喷射井点降水不仅保持了基坑内土层干燥，便于施工，而且有利于提高土层的抗剪强度。本工程当降水使得各土层的含水量平均下降 12% 时，土层的粘聚力 C、内摩擦

角 ϕ、变形模量 E 均提高 30％左右。由于相邻土层的自立能力增长，因而作用在坝体外侧的主动土压力减小，基底以下的被动土压力增大。

2.15.3 80m 直径环形钢梁施工

（1）环梁概况：为体现设计的天圆地方思想，建筑顶层处设置环形钢梁。圆环形梁在四层通过 16 根混凝土深梁，将箱形钢梁悬挑在该建筑四至五层楼面之外。圆环梁型钢结构总重量为 340t，圆环中轴半径 R＝40100mm，箱形钢梁断面尺寸：550mm×4560mm（宽×高）。考虑到工厂制作、运输、现场场地等原因，经设计院同意，将圆环梁分成 20 段（每段再分为上下两部分），每段钢梁重为 15.2t，由工厂制作，运输到工地将每段梁的上下两部分在地面拼装，然后吊到 17.4m 高的圈梁上组对拼接。由于圆环梁悬挑于建筑外侧，断面尺寸特别，再加上工地现场场地狭窄，工程工期特紧，施工作业面复杂，给吊装工作增加了许多难度，因此如何在确保安全，确保工程质量的前提下按期完成该项吊装工作是本方案的中心课题。

（2）吊装方案编制依据：

1）甲方提供的钢梁制作图（结施 88＃、89＃）和与钢梁吊装作业有关的建筑结构图及总体平面布置图（包括与本方案有关的局部修改）。

2）吊装作业用的机具、材料和各项设计参数的选取，均参照有关方面现行的标准、规范和规定。

（3）吊装工艺：采用 91t 履带式起重机与龙门扒杆相结合的方法进行钢梁吊装组对就位。

1）吊装机械的设置：

①吊装作业选用 91t 履带吊为主吊机械，钢梁吊装时 91t 吊机的技术性能参数为：

扒杆长度	33.53m
吊臂角度	70°
工作半径	12.8m
有效高度	31m
起重量	22.2t

②龙门吊架在吊装作业中用于钢梁的脱排、就位组对工作，龙门吊架主体用 ϕ159mm×6mm 无缝钢管制作，高度为 6.8m，中间分节，节间用法兰连接，柱脚间距为 0.8m，底端焊有底板，安装时与 QL2 上的钢支座用螺栓连接固定。龙门吊架横梁上挂有 10t 手拉葫芦一个，钢梁的脱排组对由两副龙门扒杆同时作用。龙门吊架见图 2.15-13。

2）吊装工艺流程：

①工艺流程图：

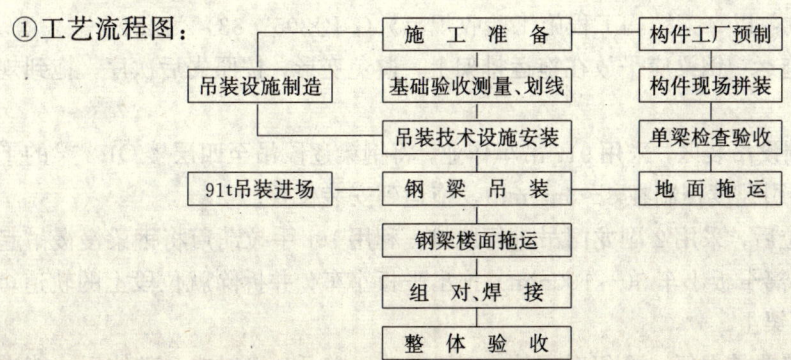

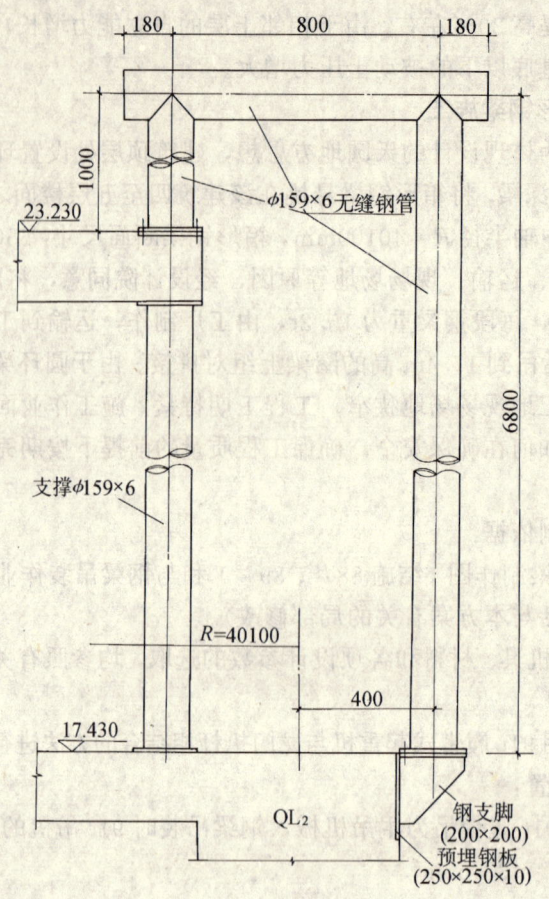

图 2.15-13　龙门吊架

②工艺流程说明：

a. 吊装施工准备工作主要有：熟悉施工图，制定各项作业计划，临时操作平台，龙门扒杆，平板小车、轨道、防倾支撑等设施的制作，现场拼装场地、构件堆场的平整、布置。

b. 基础的验收、测量划线，依据《建筑工程质量检验评定标准》(GBJ301—88) 进行四层圈梁验收。以土建提供的基准线为准，分别划出钢梁内侧、中轴、外侧的圆弧线，以及每段钢梁的位置线，并用墨线标注清楚。

c. 单梁检查验收：以《钢结构工程施工验收规范》(GBJ205—83) 为准。

d. 钢梁的地面拖运：钢梁应平放在拖运排架上，避免变形，按照先后次序，拖到规定的位置上待吊。

e. 在建筑物东侧设吊装区，采用91t 吊车作业，将钢梁逐段吊至四层楼 QL2 梁的平板小车上，由卷扬机牵引速度控制在 3～5m/min，拖运到安装位置。

f. 钢梁拖运到位后，采用2 副龙门吊进行脱排，利用10t 手拉葫芦将钢梁慢慢吊起到一定高度（钢梁底面离平板小车 50～100mm）拖出平板小车，并拆除就位段上的轨道，然后将钢梁缓缓放至圈梁上。

g. 钢梁组对拼接要拧上每一个组对螺栓，五段梁为一单元，组对成一整体后才能进行

固定焊接。

h. 钢环梁组对拼焊校正、完成后，经有关各方检验合格认可以后，拆除吊装机具及设施。

3）工艺要领：

①拖运要点：

a. 地面拖运是把钢梁平放在拖运排架上用走管滚动拖运，下排架一定要平，各着力点要坚固，拖运转弯时，应选择适当的锚固点使钢梁顺利转向。

b. 楼面拖运，钢梁呈竖立态，由于着力面很窄、重心高，稳定性较差，拖运时千万要小心谨慎，两侧安全支撑要牢固可靠，拖运速度应均匀缓慢。

②吊装要点：

吊装前必须对施工条件进行检查并确认。卷扬机、滑车组锚固点，吊索具等应认真检查，确认安全可靠后，方能开始作业。

91t 履带吊停的位置、工作半径、扒杆角度，必须按方案中规定的各项参数进行。

③钢梁组对拼接要点：

a. 钢梁就位、找平、找正，一定要按照基础上的位置线为准，组对时上、下左右的组对螺栓受力应均匀，保持梁的平稳。

b. 一个单元共五段梁，组对时可先用压板或楔子将其临时固定在圈梁上，等钢梁相互间的对接完全完成之后，再进行钢梁同圈梁各节点间的固定焊接。

c. 一个单元的钢梁着力点均设在 4 个深梁上，因此该 4 处的受力垫铁操作一定要符合规范，接触面要紧密，焊接要牢固。

（4）相互配合事宜：

1）现场需 $300m^2$ 钢梁拼装的堆放场地，场地要坚实和基本平整。

2）四层圈梁（QL2）处需画出标高，环型梁的中轴基准线，沿圈梁每隔 18° 提供一个，共 20 点。

3）在吊装作业过程中，龙门扒杆的拆装、移位以及吊装技措设施中的机具构件拆装将利用 HC-88 塔吊进行。

4）由于吊装技术措施的要求，在建筑结构上需增设一些埋件和锚固板，具体位置、尺寸，在结构施工时埋设，见图 2.15-14。

（5）安全技术措施：

1）参加吊装作业的全体人员，必须在项目组统一领导下认真执行本方案的吊装工艺要求和安全技术措施。

2）施工技术负责人应当全面、正确的理解、掌握本方案，并进行施工技术交底，使参加吊装的作业人员都能了解方案，并掌握各自岗位的职责和操作要领。

3）设专职安全监督管理人员，对现场的安全设施、施工机具以及在施工准备和吊装过程中的安全作业全面进行监督、管理。

4）设置吊装区域的警戒线，设立醒目的安全标志，清理警戒区域内的建筑杂物，确保吊装顺利进行。

5）由于钢梁外形尺寸特别，截面风载荷大，因此施工期间若遇 6 级以上风力时，应停止吊装作业，对已经吊至圈梁上的钢梁必须采取固定措施，防止钢梁在风力因素影响下发

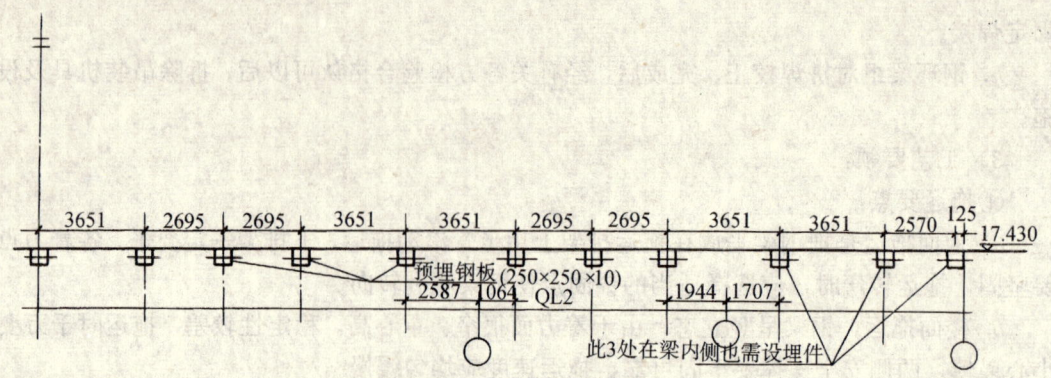

图 2.15-14 埋件位置图

生倾覆。

6）钢梁的楼面拖运是吊装作业中的关键环节，拖运应该是平稳缓慢的进行，拖运钢绳应尽可能沿切线方向运动，操作人员要密切注意拖运线路的前方、上方及左右两侧有无障碍物，避免发生碰撞，确保安全拖运。小车轨道见图 2.15-15。

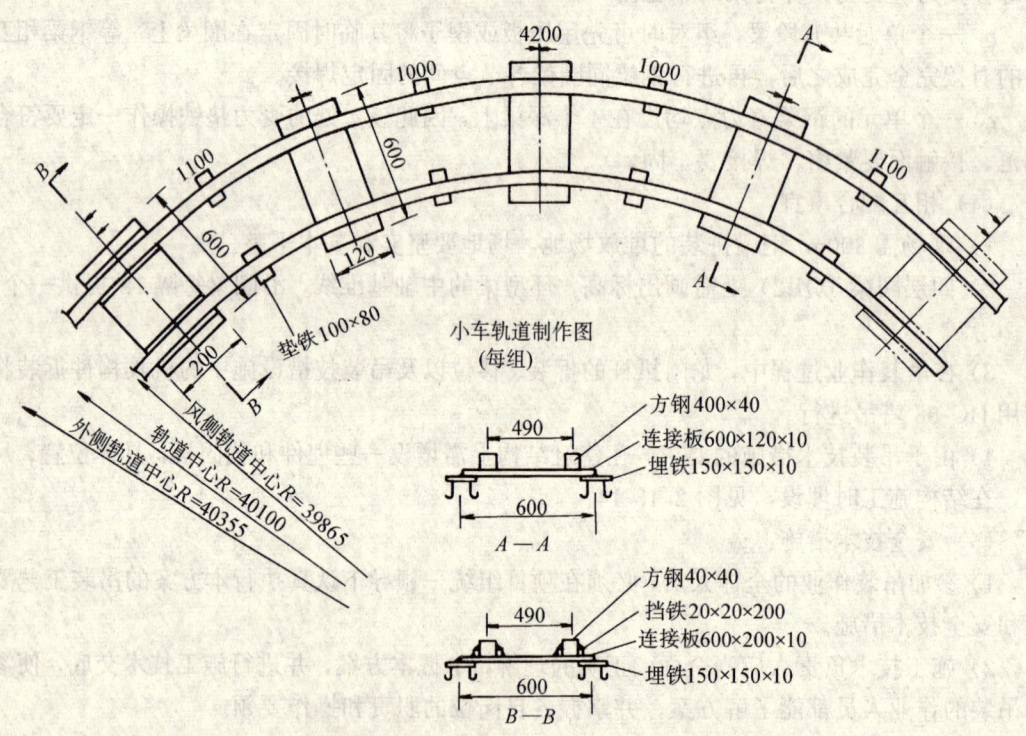

图 2.15-15 小车轨道制作图示

7）每组钢梁吊装在三组拖运小车上，三组小车应向心设置在方钢轨道上，每组小车与钢梁临时固结。拖运小车见图 2.15-16。

（6）主要吊装机具、材料选用见表 2.15-2。

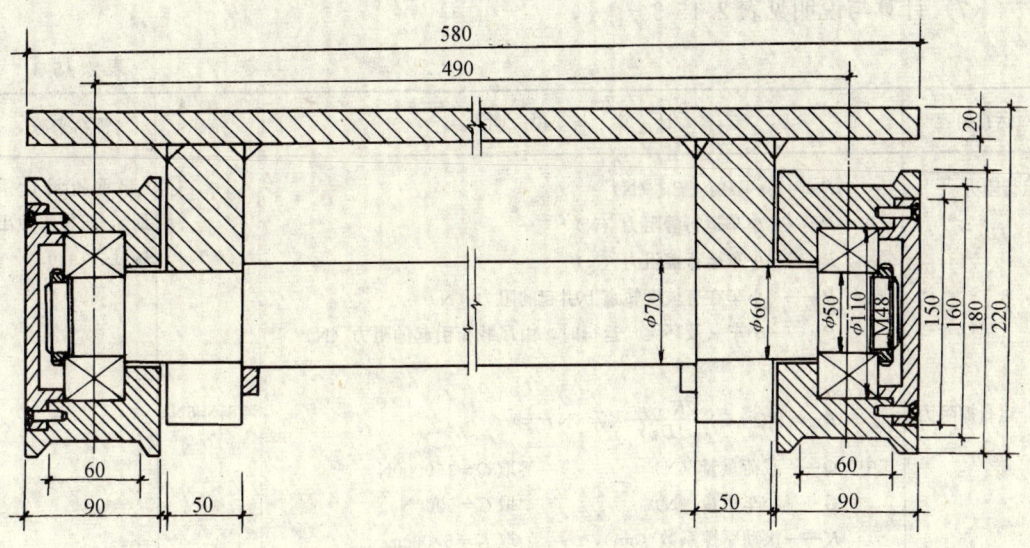

图 2.15-16　环形大梁拖运小车示意图

表 2.15-2

序号	名称	规格	单位	数量	备注	序号	名称	规格	单位	数量	备注
1	电动卷扬机	5t	台	2		17	千斤绳扣 ϕ17.5mm	6×37+1 -170	根	4	l=3m
2	电动卷扬机	1t	台	2		18	卸扣	M36	个	16	
3	平板小车	自制	台	9		19	卸扣	M30	个	8	
4	液压汽车吊	TG452　45t	辆	1		20	自棕绳	ϕ15	m	200	
5	履带式吊车	P&H91　91t	辆	1		21	自棕绳	ϕ13	m	200	
6	起道机	15t	台	4		22	道木	200×220 ×160	根	150	
7	千斤顶	10t 螺旋式	台	4		23	道木	500×220 ×160	根	20	
8	手拉葫芦	10t	个	6		24	木板	600×220 ×70	块	30	
9	手拉葫芦	5t	个	4		25	吊机路基箱	500×200	块	16	
10	手拉葫芦	3t	个	4		26	塔吊	88t—m	台	1	土建提供配合
11	钢丝绳 ϕ15mm	6×37+1 -170	m	200		27	无线对讲机		对	2	
12	钢丝绳 ϕ17.5mm	6×37+1 -170	m	200		28	方钢轨道	40×40	m	510	
13	千斤绳扣 ϕ28mm	6×37+1 -170	根	8	l=7m	29	红白安全绳		m	300	
14	千斤绳扣 ϕ26mm	6×37+1 -170	根	8	l=1.5m	30	龙门扒杆	H=6.8mϕ159 ×6	副	4	
15	滑车	H3-1KL	个	8		31	风速仪		套	1	
16	滑车	H5-1KL	个	2		32	水准仪		套	1	
						33	橡胶板	σ=10mm	m²	3	

（7）计算与说明见表 2.15-3。

表 2. 15-3

运行内容	计 算 与 说 明	结果	资料来源
运行阻力	$P_静 = P_摩 + P_坡 + P_风$ （N） 式中　$P_静$——小车运行静阻力（N） 　　　$P_摩$——小车运行擦阻力（N） 　　　$P_坡$——小车在有坡度轨道上引起的阻力（N） 　　　$P_风$——小车（及环梁）运行时，由风载荷引起的阻力（N）	4870.6N	《起重机设计手册》，机械工业出版社，1980.3
1. 运行擦阻力	$P_摩 = (Q+G) \dfrac{2K+\mu d}{D_轮} K_附$ （N） 式中　Q——载荷重量（N）　　　取 $Q=150000$N 　　　G——小车重量（N）　　　取 $G=5000$N 　　　K——滚动摩擦系数（cm），取 $K=6.03$cm 　　　d——轴承内径　　　　　取 $d=5$cm 　　　μ——轴承摩擦系数，见表　取 $\mu=0.015$ 　　　$K_附$——附加摩擦阻力系数，取 $K_附=2.0$ 　　　$D_轮$——车轮直径（cm）　取 $D_轮=16$cm 　　　$P_摩 = (150000+5000) \times \dfrac{2\times0.03+0.015\times5}{16} \times 2.0$ 　　　　　$=2615.6$N	2615.6N	
2. 坡度阻力	$P_坡 = K_坡 (Q+G)$ （N） 式中　$K_坡$——坡度阻力系数　　　　取 $K_坡=0.001$ 　　　$P_坡 = 0.001 \times (150000+5000) = 155$N 　　　$P_风 = C_q (F_起 + F_物)$ 式中　C——风载体型系数　　　　取 $C=1.4$ 　　　q——工作状态时的标准风压（N/m²）　取 $q=150$N 　　　$F_起$——起重小车挡风面积（m²）　　略 　　　$F_物$——物品的挡风面积，见表　取 $F_物=10$m² 　　　$P_风 = 1.4 \times 15 \times 10 = 2100$N 　　　$P_静 = P_摩 + P_坡 + P_风 = 2615.6 + 155 + 2100 = 4870.6$N	155N 2100N	
风荷载作用下的倾复力	$W = \omega_0 \cdot K_1 \cdot K_2 \cdot A$ （N） 式中　W——水平风荷载（合力）N 　　　ω_0——基本风压（N/m²）　据 P17～60 $\omega_0 \approx 200$N/m² 　　　K_1——体型系数　　　　据 P17～62 $K_1=1.7$ 　　　K_2——风压高度变化系数，见表 取 $K_2=1.15$ 　　　A——迎风面积（m²） 　　　已知环梁片宽 12.5m，高 4.6m，故 $A=12.5\times4.6=57.5$m² 　　　$W = 200 \times 1.7 \times 1.15 \times 57.5 = 22482.5$N	22482.5N	《设备起重》P17～57,同济大学安装专业教材，1976.4

运行内容	计 算 与 说 明	结果	资料来源
环梁大梁片的几何尺寸	 图 2.15-17 已知：图示 $R=40.4$m $\gamma=39.8$m $\alpha=9°$（圆周 20 等分） 求：当 $\gamma=39.8$m 时的弧长 l =？ 弦长 $a=$？ 弦弧距 $h=$？ 当 $R=40.4$m 时的弧长 L =？ 弦长 $A=$？ 弦弧距 $H=$？ 解：当 $\gamma=39.8$m 时 弧长 $l=\dfrac{2\gamma\pi}{20}=\dfrac{2\times39.8\times\pi}{20}=12.504$m 弦长 $a=2\gamma\sin9°=2\times39.8\times\sin9°=12.452$m 弦弧距 $h=\gamma-b=\gamma-\cos9°=39.8-39.31=0.49$m 当 $R=40.4$m 时 弧长 $L=\dfrac{2R\pi}{20}=\dfrac{2\times40.4\times\pi}{20}=12.692$m 弦长 $A=2R\sin9°=2\times40.4\times\sin9°=12.64$m 弦弧距 $H=R-b=R-\cos9°R=40.4-39.9=0.497$m		
环形大梁片的形心位置	 图 2.15-18 已知：$R=40.4$m $\gamma=39.8$m $\alpha=9°$ 求：$ys=$？ $a=$？ 解：$ys=38.197\times\dfrac{(R_3-\gamma_3)}{(R_2-\gamma_2)}\dfrac{\sin\alpha}{\alpha}$ $=38.197\times\dfrac{(40.43-39.83)}{(40.42-39.82)\times9}\sin9°$ $=39.9359$m 形心距外侧边缘 $a=48.4-39.9359=0.46415$m	距外侧边缘为 0.46415m	《机械零件设计手册》，冶金工业出版社，1974.4
环梁大梁片的稳定性计算：1. 风荷载由内向外	 图 2.15-19 已知：图示风荷载倾复力 $W=22482.5$N 环形大梁 片重量 $G=150000$N 求：计算稳定系数 K 解：以 B 点为原点，计算倾倒力矩 倒力矩 $M_w=W\times(2300+210)$ $=22482.5\times2510$ $=56431075$N/mm 稳定力矩 $M_a=G\times(464-45)$ $=150000\times419$ $=62850000$N/mm 稳定系数 $K=\dfrac{M_a}{M_w}=\dfrac{62850000}{56431075}=1.113$ 据同济安装教材 P4～19 为稳定	不够稳定	

运行内容	计　算　与　说　明	结果	资料来源
2. 风荷载由外向内 心轴的计算	以 A 点为原点，计算倾倒力矩 倾倒力矩 $M_w = W \times (2300+210) = 22482.5 \times 2510$ $\qquad = 56431075 \text{N/mm}$ 稳定力矩 $M_G = G \times (1090-464-45) = 150000 \times 581$ $\qquad = 87150000 \text{N/mm}$ 稳定系数 $K = \dfrac{M_a}{M_w} = \dfrac{87150000}{56431075} = 1.544$ 　　据同济安装教材 P4～19；$K_w = 1.4$ 为稳定	稳定 满足使用 要求	

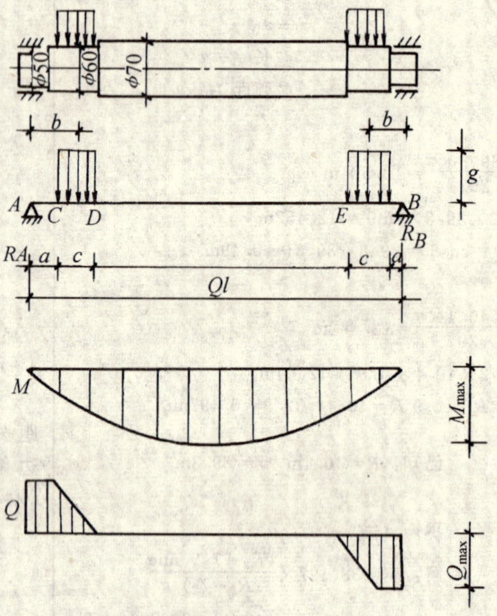

图 2.15-20

已知：$a=4.8\text{cm}$，$b=5\text{cm}$，$l=51\text{cm}$

$\qquad q = \dfrac{P}{C} = \dfrac{40000}{5} = 8000 \text{N/cm}$　　求：轴的强度校核

解：支座反力

$\qquad RA = RB = qc = 80000 \times 5 = 40000 \text{N}$

最大弯矩（位于 $\phi70\text{mm}$ 截面）

$\qquad M_{max} = q \cdot c \cdot b = 8000 \times 5 \times 7.3 = 2920000 \text{N/cm}$

最大剪力 $Q_{max} = q \cdot c = 8000 \times 5 = 4000 \text{N}$

$\phi70\text{mm}$ 的抗弯模量，$W = 33.67 \text{cm}^3$

弯应力：

$$\sigma = \frac{M_{max}}{W} = \frac{292000}{33.67} = 8672.4 \text{N/cm}^2 \qquad\qquad \sigma < [\sigma]$$

剪应力：$\phi50$ 的截面积 $F = 19.64 \text{cm}^2$

$$\tau = \frac{Q_{max}}{F} = \frac{4000}{19.64} = 2036.6 \text{N/cm}^2 \qquad\qquad \tau < [\tau]$$

挤压应力：$\phi50\text{mm}$ 的挤压面积，$F_c = 5 \times 3.5 = 17.5 \text{cm}^2$

　　说明：滚动轴承的宽度为 4cm，但扣除退刀槽，故取 3.5cm

$$\sigma_c = \frac{q \cdot c}{F_c} = \frac{8000 \times 5}{17.5} = 2285.7 \text{N/cm}^2 \qquad\qquad \sigma_c < [\sigma_c]$$

注：小车在最不利的状态下进行计算，吊件重量为 15t，考虑动载系数
　　计算重量为 16t，正常运行由三辆小车承受，不利状态由二辆小车
　　承受，每辆小车受力为 8t，一只车轮受力为 4t
　　心轴的材料为 45 号钢

续表

运行内容	计　算　与　说　明	结果	资料来源
车轮踏面接触应力计算	（一）耐久性计算（略） （二）强度校核： $$\sigma_{线max}=600\sqrt{\dfrac{2P_{计max}}{bD}}\leqslant[\sigma_{线}]_{max}$$ 式中：$P_{计max}$——不利位置的最大计算轮压（N）　　取 $P_{计max}=40000$N 　　　　b——车轮与轨道的接触宽度（cm）　　　取 $b=4$cm 　　　　D——车轮直径（cm）　　　　　　　　取 $D=16$cm 　　　　$[\sigma_{线}]_{max}$——许用接触应力（N/cm²） 据表 19-3（P306） 　车轮踏面硬度　　　　$[\sigma_{线}]$　　　　　　　$[\sigma_{线}]_{max}$ 　HB 320　　　64000～80000　　　96000～120000 　HB 400　　　80000～100000　　120000～150000 　HB 450　　　90000～110000　　135000～165000 　HB 500　　100000～125000　　150000～190000 $$\sigma_{线max}=600\sqrt{\dfrac{2P_{计max}}{bD}}=600\sqrt{\dfrac{2\times400000}{4\times16}}=67080\text{N/cm}^2$$ $$\leqslant[\sigma_{线}]_{max}=96000\text{N/cm}^2$$ 据《起重机械》中国工业出版社，1961.11（交大编） P231：车轮轮压不超过 5t，运行速度低于 30m/min 可采用铸铁车轮，铸铁牌子 C418-36，C418-56	当车轮踏面硬度为HB320时，小于许用接触应力	《起重机设计手册》，机械工业出版社，1980.3

2.15.4　16443m² 外墙花岗石墙面干挂法施工

上海博物馆新馆外墙面，除局部采用玻璃幕墙外，全部为铺设花岗石板，总面积为 16443 余平方米。底层为 80m×80m 正方形，4 层为直径 80m 圆形，2～3 层及 5 层为缩进多边形。

为了避免常规"湿贴法"施工引起花岗石墙面"泛碱"、"花脸"等缺陷，上海博物馆外墙花岗石板采用"干挂法"施工，其中在四层 7.70m 高钢梁外侧处采用钢骨架上干挂，面积约为 3200m²。室内约有 3000m² 是在砖墙上干挂法施工，其他均在混凝土墙面上施工。花岗石干挂法施工总共有 19443m²。

为了确保花岗石墙面施工质量，使其达到设计要求，体现上博新馆庄重、美观的效果，我们从原材料采购、花岗石墙面立面设计到干挂法施工，均进行了认真的把关和实施。

（1）材料选择：从众多的花岗石样品及外墙效果图比较后，最终选用了西班牙粉红石料，在意大利加工制成板材，运至中国，由日本株式会社、东北大理石及上海爱尔爱司石材有限公司负责施工。由于从荒料开始就进行选择色泽一致的原料，所以保证了制成的花岗石板材基本上无色差现象。花岗石的物理技术指标及加工的几何尺寸精度均符合部颁标准 J205—83 的要求。

根据设计要求，花岗石板材，用在外墙面上厚度分为 23mm 和 35mm，同时又分成磨光和毛面二种，部分板材凿出象形图案。

（2）板面尺寸确定：根据石材强度和施工操作和搬运的要求，板材最大尺寸不超过 600mm×1200mm，其他根据建筑尺寸等分定尺寸，板缝为 6mm。

（3）绘制板材排列翻样图：由于外形尺寸变化多，板材所需规格多，为便于加工、施工需要，所有要铺贴的花岗石板材均进行排板翻样图绘制，每块板材均编号，注明尺寸大小，绘制了平面图、立面排列图及详图，共绘制了 249 张。

（4）连接件：连接件是干挂法施工花岗石关键部件，直接影响施工质量和安全。为了确保使用安全、可操作性及安装质量。本工程全部采用从日本进口不锈钢连接件及不锈钢丝、结构胶、不锈钢膨胀螺栓等附件，干挂花岗石和基层的距离设计为 80mm，连接件采用了可调节的两次件连接、销钉固定的方法，它能在允许的范围内，有一定的上下、左右、内外调节范围，保证干挂的整体效果。根据板材大小，设计了几种大小不等连接件。较大连接件为 100mm×80mm×5mm，确保了安全，连接件形式见图 2.15-21。

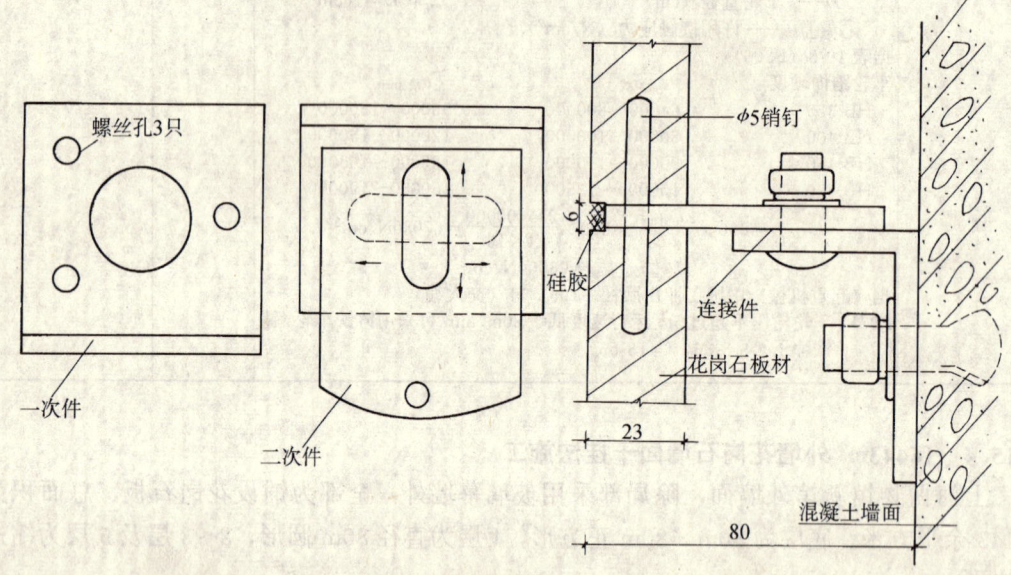

图 2.15-21　连接件形式

从图上可看出，一次件同基层连接除可通过大圆孔来作上、下调整外，尚可通过 3 个螺丝孔来调整连接件的垂直度，确保花岗石挂板施工质量。一次件和二次件通过不同方向圆孔来达到前后、左右调节，大连接件可调节范围达 20mm。

（5）板缝处理：板缝统一留 6mm 宽，施工时用 6mm 厚有机玻璃垫块来控制，板缝填泡沫嵌条，结束时板缝填灰色防水硅胶。

（6）钢骨架设计与处理：80m 直径的圆形钢梁上花岗石干挂是通过钢骨架来实施的。钢骨架分竖管和横管，竖管采用 60mm×80mm×6mm 方管，横管采用矩形，尺寸为 104mm×50mm×20mm×5mm，竖管和横管长度分别为 7700mm 和 1200mm，竖管同横管连接是通过 50mm×75mm×6mm×60mm 的角铁电焊固定。竖管同基层连接是通过与钢梁上下 QL 混凝土梁口预埋铁件电焊连接固定。垂直度通过 L50×75 调整。

竖管和横管由于未采用不锈钢材料，所以须先进行酸洗磷化处理，然后涂刷防锈涂料。竖管垂直度要求 ±5mm 内，横管标高偏差在 ±1.5mm 内，钢梁同钢骨架见示意图 2.15-22。

（7）施工准备：施工人员熟悉图纸，熟悉施工工艺，对施工班组进行技术交底和操作培训。

对花岗石板材需拆箱预检数量、规格及外观质量，逐块检查，不符合质量标准的须拣出重新加工。按图纸编号预摆排列检查，对需贴花岗石墙体基层尺寸、垂直度预检，对个别突出 10mm 的墙面先凿至符合要求。

（8）施工顺序：脚手架搭设→基层测量→放线→基层处理→连接件安装→挂板→嵌缝

→清洗板面→脚手架拆除。

　　钢骨架是在测量放线基础上进行安装，挂板方法与在混凝土基层上施工作法相同。钢骨架连接件详见图2.15-23。

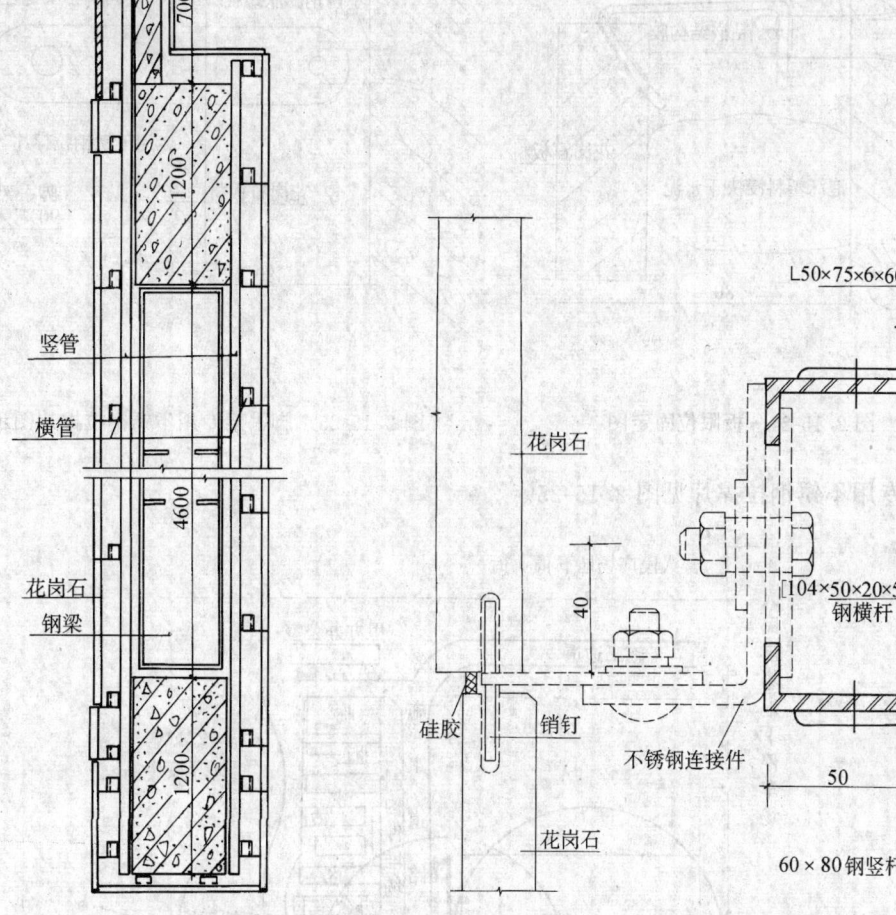

图2.15-22　钢梁、钢骨架剖面图　　　　图2.15-23　钢梁处挂板连接详图

　　（9）施工要点：

　　1）空挂花岗石的基层施工质量要好，其几何尺寸误差不宜超过±10mm，强度要保证，砖墙上空挂花岗石，要按板材排列图尺寸，在需打膨胀螺栓位置上设置混凝土梁、柱。

　　2）基层上按排板图统长弹线，连接件和花岗石板材安装采用挂通线控制。板材销钉眼钻孔要准确。

　　3）花岗石板空挂法施工须由墙面自下而上，一层层进行。下一层质量合格后，再进行上一层施工。板材上端部用ϕ10mm专用膨胀螺栓和ϕ4mm不锈钢丝限位固定，孔内用现场调制快干结构胶填嵌见图2.15-24。

　　4）脚手架附墙拉撑点影响花岗石板材施工时须置换为拉撑专用不锈钢片，安装在竖缝内，一端与打入墙内不锈钢膨胀螺栓尾部预留孔连接，另一端与脚手架连接，当完工后，拆除脚手架时，将与脚手架连接螺栓取掉，将不锈钢片朝下转动90°，隐入花岗石板缝中去。

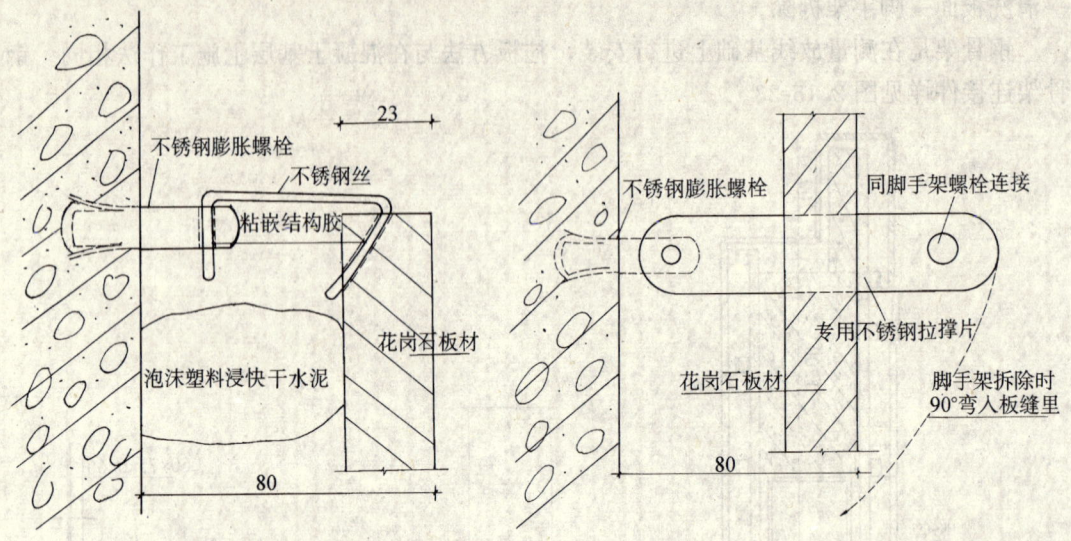

图 2.15-24 板限位固定图   图 2.15-25 脚手架专用不锈钢拉撑片图示

脚手架专用不锈钢拉撑片见图 2.15-25。

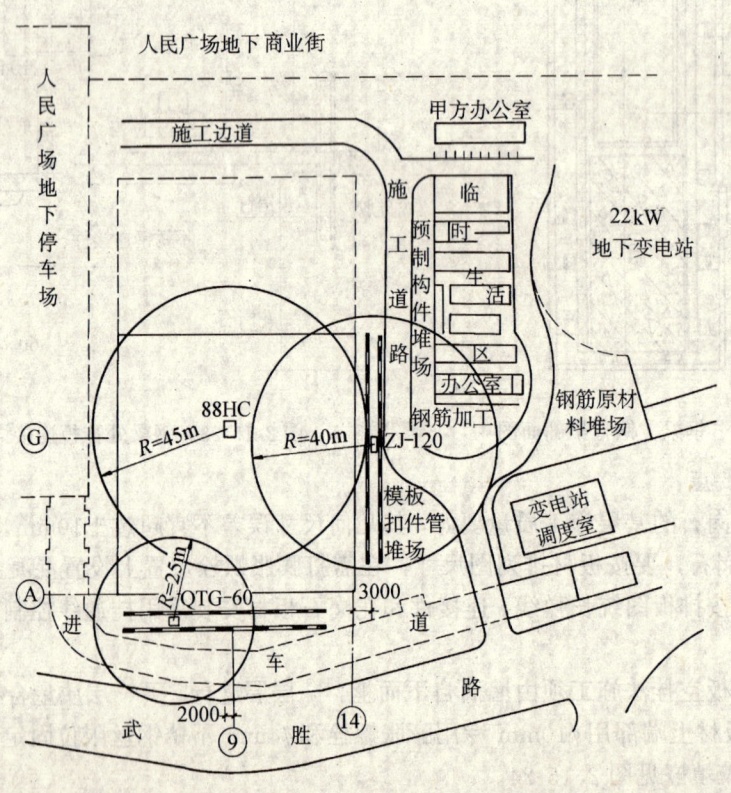

图 2.15-26 塔机平面位置图

5）板铺设完后，进行嵌缝，嵌缝前先将板缝两侧粘贴防护胶带，清除板缝中垃圾，填入泡沫嵌条，最后用进口灰色防水硅胶嵌缝，拆除胶带，清洗板面。

2.15.5 垂直运输机械布置

本工程基坑尺寸大，工期紧，为抢进度，在基础阶段布置4台塔机，北侧一台QTG-60，东侧QTG-60和ZT120各一台，基坑中设一台88HC。在上部结构阶段布置3台塔机，南侧一台QTG-60，东侧一台ZT120，建筑物中一台88HC，QTG-60及ZT120均为行走式塔机，QTG-60扒杆回转半径为25m，ZT120扒杆回转半径为40m，88HC为自升式爬吊，扒杆回转半径为45m，基本满足施工要求，具体布置见图2.15-26。

QTG-60和ZT120塔机座落在围护结构坝体上，安装较方便，88HC塔机按常规在底板浇捣好后或在±0.00结构完时开始安装，但这样至少要耽搁15d时间，按照总进度计划实在排不出15d时间，如不设88HC塔机，大量材料靠人力运输也将影响工期，决定在土方未开挖前，先将88HC塔机安装起来，不占总工期，具体做法如下：

利用地下停车库进车道板桩施工桩机，将4根29m长H型钢打入地下，H型钢截面尺寸为350mm×500mm，用14mm厚钢板制成，桩顶标高为−2.30m（即地面标高），塔机定位是根据建筑物实际情况确定的，H型钢距基础反梁仅100mm间隙，H型钢施工前必须将定位尺寸复核正确无误，压桩时用经纬仪从2个方向控制H型钢压入土中垂直度，压到标高后，先连接水平撑剪刀撑，剪刀撑用[12，$L=2250$mm，共32根，见图2.15-27。

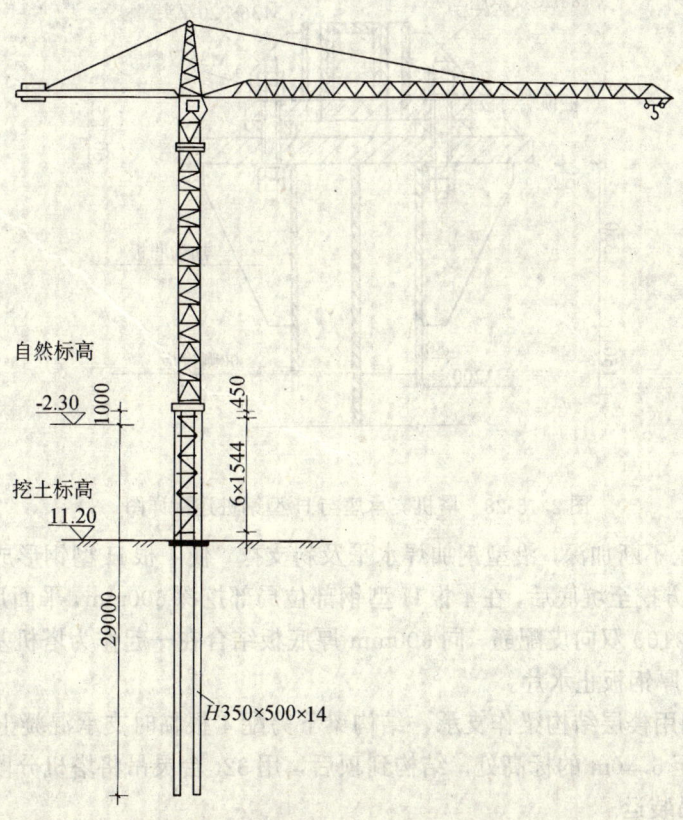

图 2.15-27　塔机立面图

H 型钢顶端封板应先与支承座脚螺栓连接后,方可同 H 型钢电焊连接固定,平面水平调整用水平仪控制,加钢板垫片调整,88HC 塔机支承座与 H 型钢桩连接见 2.15-28 详图,塔机安装使用 50t 汽车吊,土方开挖后,塔机部位四周同时均匀开挖,以免 4 根 H 型钢承受不同侧向压力,产生不利后果。

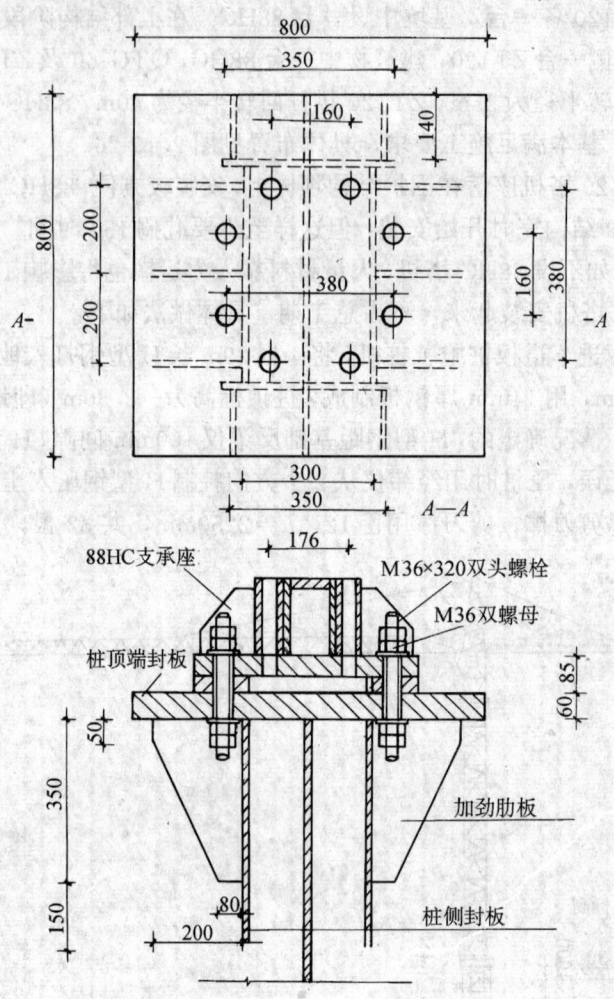

图 2.15-28　塔机支承座与 H 型钢桩连接详图

随着土方开挖不断加深,沿型钢加焊水平及斜支撑,使 4 根 H 型钢形成一个刚度好的整体,见图示,土方挖至坑底后,在 4 根 H 型钢部位局部挖深 600mm,平面尺寸为 2544mm×2544mm,φ22@100 双向皮配筋,同 600mm 厚底板结合在一起作为塔机基础,H 型钢在底板处加焊 6mm 厚钢板止水片。

88HC 塔机利用楼层结构梁作支承,结构梁下另配 4 根临时支承混凝土柱(300mm×600mm)加固,至 5.40m 的标高处,结构到顶后,用 32t 台灵吊将塔机分段拆卸,运至边跨,由 50t 汽车吊装运。

对于工期紧迫,场地小工程,在未挖土前安装塔机,不失为一种好办法。

(尹骅)

2.16　实业大厦工程

2.16.1　工程概况

（1）地理位置：实业大厦工程位于上海市徐家汇商业闹市中心地段。它的北侧有知名度甚高的东方商厦，东面紧靠漕溪北路，南面有文物保护建筑——上海藏书楼，西面为商住楼。

（2）建筑概况：实业大厦建筑面积为 68967m²，它由主楼和裙房二部分组成。其中主楼为商业办公综合大楼，总高度为 150m，地下 1 层，地上 42 层；裙房主要功能为停车库，总高度为 38m，地下二层，地上十层。

（3）结构特点：

主楼地下部分为箱体桩基础，埋置深度为 -10.60m；地上部分为框架筒体结构，标准层层高为 3.3m，楼面结构主要形式为无梁板体系。

裙房地下部分为箱形桩基础，埋置深度 -8.50m；地上部分为框架结构，车库层高 3m，楼面结构为密肋梁板。

（4）装饰特点：

主楼：外墙 1～9 层及 36 层以上为铝挂板和玻璃幕墙的交叉组合，10～35 层是带型铝合金窗与进口珠光面砖的分层交叉组合。整个外立面的立体美观气派。室内办公室及走道吊平顶为阿姆斯壮组合吊顶，它主要特点是施工方便，美观大方；地面材料为进口塑胶地板；墙面为进口大师牌涂料。电梯大厅墙地面均为磨光花岗石；卫生间等均铺贴进口墙地砖。屋面设有二道防水卷材，二道细石混凝土，及一道珍珠岩保温板材。

裙房：外墙装饰基本同主楼的 1～9 层；室内墙面为白色乳胶漆；地面为细石混凝土。屋面作法同主楼。

2.16.2　基坑围护的设计与施工

（1）地下土层及水位分布情况见表 2.16-1。

表 2.16-1

①—1	填土	层厚 1.5m	地下水位线
①—2	浜填土	层厚 1.9m	地下水位线
②	粉质粘土	层厚 2.3m	含水量 33.8%
③	淤泥质粉质粘土	层厚 3.7m	含水量 45.7%
④	淤泥质粘土	层厚 10.5m	含水量 51.3%

注：基坑底部位于第④层

（2）邻近管线及建筑物分布情况如图 2.16-1 所示。

（3）围护方案的确定：

根据地质勘察报告及周围管线和建筑物的分布情况。我们在讨论围护方案时，重点考虑以下三个方面：第一，确保北侧东方商厦地基沉降量控制在 10mm 以内；第二，确保东侧煤气管位移值控制在 10mm 以内，其次在打桩时如何保护电缆线不受损坏；第三，南侧

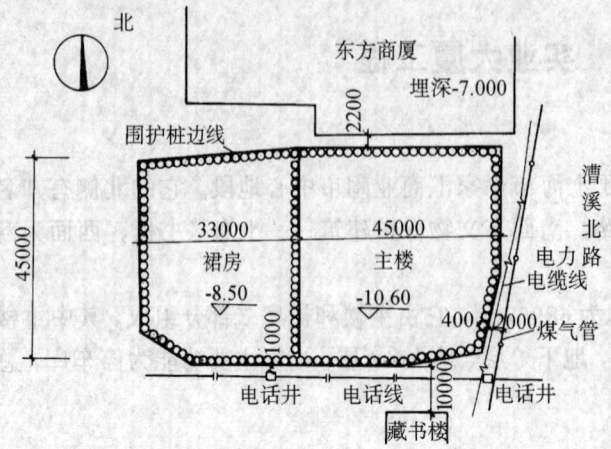

图 2.16-1　邻近管线及建筑物分布

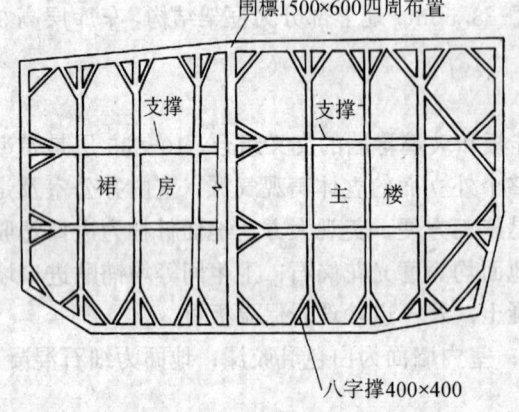

图 2.16-2　支撑系统平面布置

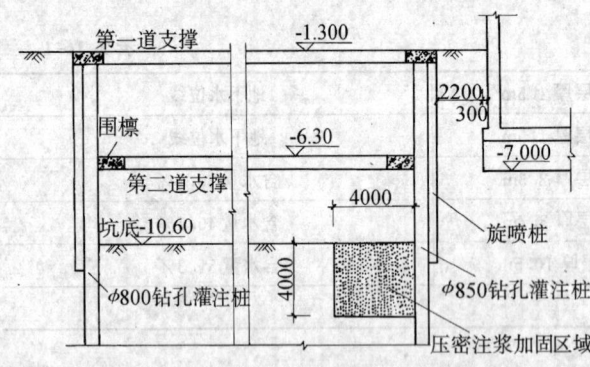

图 2.16-3　主楼支撑系统剖面图

电话线及电话井沉降量控制在 20mm以内。

要保护以上建筑物及地下管线的安全,就必须要求围护桩与支撑系统具有足够的强度、刚度及稳定性,同时要绝对保证在开挖期间围护桩外侧不能有水渗入坑内。

本工程的围护桩方案由华东建筑设计院设计,建设单位与施工单位共同参与讨论与审定。经过方案的反复论证后,最终确定如下方案:

围护桩为钻孔灌注桩,东方商厦一侧采用直径 850mm、长为 20m 的桩,其余采用直径 800mm 的桩,主楼桩长为 19m,裙房桩长为 16m。隔水桩采用直径 300mm 高压旋喷桩,以填充钻孔灌注桩之间的间隙。

围檩与支撑均采用钢筋混凝土,围檩断面为 1500mm×600mm,支撑断面为 600mm×600mm,其中主楼为二道围檩支撑,裙房为一道围檩支撑。支撑系统平面布置如图 2.16-2 所示,主楼支撑系统剖面图如图 2.16-3 所示。

从图 2.16-3 可看到:主楼的二道支撑标高分别在 -1.3m 和 -6.30m处,坑底标高为 -10.60m,而东方商厦基础底标高为 -7.00m。为了防止东方商厦基底土对围护桩产生的侧压力引起桩的水平位移过大,故在坑内沿桩侧 4m 宽度范围内采用压密注浆,以增加坑内的被动土压力。还有图中未注明的在东方商厦与围护桩之间有一排东方商厦施工期间留下的深层水泥搅拌桩,无形之中这些桩对东方商厦起到了减弱沉降的作用。

(4)基坑围护监测方案(主楼部分):为了确保在基坑施工时有效地控制围护桩的位移,以及保护周围邻近建筑与管线的安全,我们委托了上海广厦施工技术开发公司,对该工程从围护桩开始至地下室结束进行全过程监测。具体监测内容如下:

1）基坑外侧深层土体位移监测；

2）围护桩变形监测；

3）基坑支撑轴力监测；

4）基坑围护桩位移监测；

5）周围建筑物及管线监测。

测点的布置详见如图 2.16-4 所示。

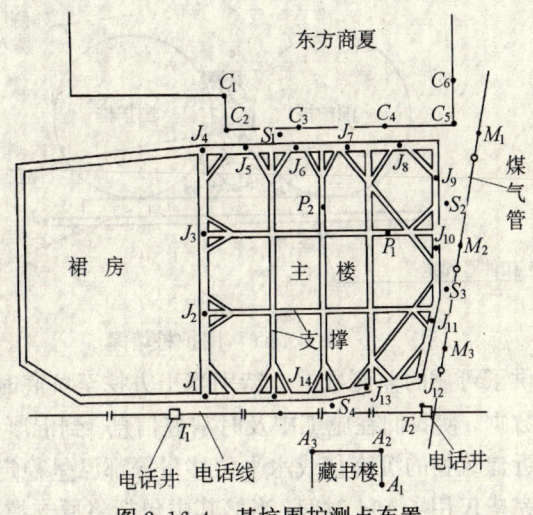

图 2.16-4　基坑围护测点布置

P—轴力监测点；J—围护桩顶位移监测点；S—深层土体位移监测点；C—东方商厦沉降观察点；A—藏书楼沉降观察点；T—电话井沉降观察点；M—煤气管沉降观察点

（5）基坑的挖土施工：主楼挖土总方量约有 16000m³，挖土深度达 10m 多，并且中间还要施工两道混凝土支撑，所以挖土难度较大。根据工程的特点，我们采用了分三次开挖的方案，具体步骤如下：第一次将表层土挖至 −2.00m 处，施工桩顶围檩及支撑混凝土，然后按图 2.16-4 布置各测点，并测好各点的原始数据；第二次挖土待支撑混凝土强度等级达到 100% 后进行施工，挖土深土至 −7.00m 处，与此同时，每天对各测点进行一次监测。为了防止部分围护桩的间隙产生渗水现象，我们特配备了两台压密注浆机，随时准备堵漏，第二次挖土结束后，即进行第二道围檩与支撑的混凝土施工；第三次挖土需要两台挖土机进行接力传递，中间还要配备土方车作短驳运输。具体详见图 2.16-5。

图 2.16-5 为由东向西第三次挖土流程，当下方的挖土机退至西侧围护桩将近 7~8m 时，坑内土方短驳车停用，改为二台挖土机直接传递土方。下方挖土机再退至桩边时，再改用抓斗挖土机将最后土方挖完。基础垫层混凝土在挖土阶段始终紧跟挖土工作，这样可避免坑底土的扰动。

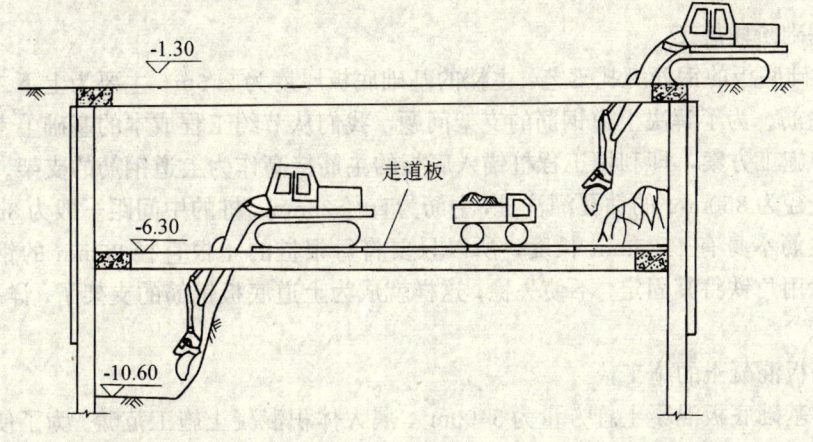

图 2.16-5　基坑挖土施工

（6）围护桩的堵漏技术在本工程的运用：

主楼在挖土期间，曾出现了三次较大的围护桩漏水现象，漏水部位都发生在两根灌注桩的空档处，漏水原因主要是外侧高压旋喷桩没有充分将水泥浆填充在空档里。

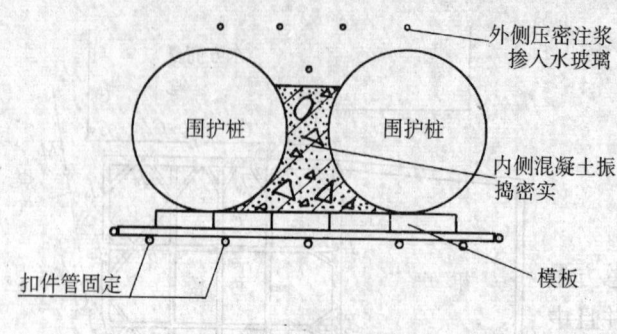

图 2.16-6　围护桩堵漏

为了尽快将漏水堵住，我们采取了内外封堵方法：即内侧用微膨胀混凝土支模将空档灌满捣实，外侧用压密注浆方法将松散泥土灌满水泥浆，待渗漏停止后，再拆模。此法效果颇佳，具体详见图示 2.16-6。

（7）基坑围护施工的实践效果：由于我们在挖土施工期间，严格按制定的方案进行施工，监测单位又每天提供了可靠的监测数据，特别当土方挖至坑底时，他们坚持每天早晚各一次提供给我们位移数据，使我们在施工中及时掌握信息。到混凝土垫层铺浇完毕时，围护桩及支撑、管线、邻近建筑物的沉降量或水平位移量等都已呈稳定状态。我们从第一次开挖至混凝土垫层铺浇完毕仅用了 40d 时间，当然其中包括将原支撑、围檩混凝土强度等级由 C30 提高至 C50，并掺入适量早强剂，使混凝土早期强度大大提高，只需 10d 便可开挖下层土方。

表 2.16-2 为邻近建筑物与管线的最终位移量。从表 2.16-2 可知，我们无论从设计方案或施工过程中都达到了预期的目的。

邻近建筑物与管线的最终位移量 表 2.16-2

	最终位移量（mm）
东方商厦	−9.5
藏书楼	−5.8
电话井	−8.8
煤气管	−9.6

说明：以上各点均取最大值

2.16.3　基础阶段施工

（1）基础底板的钢筋绑扎工艺：主楼的基础底板厚度为 2.6m，主要为上下二道双向直径 32mm 主筋。为了解决上道钢筋的支架问题，我们从节约工程成本的基础上考虑了一种比较简单的施工方案，即利用工程桩锚入底板的主筋接高作为上道钢筋的支架。由于主楼的工程桩直径为 850mm 的钻孔灌注桩，主筋为直径 25mm，桩的中间距一般为 3m 左右，锚入底板的主筋本身有 1125mm 长度，所以只要将每根桩的 4 根直径 25mm 的钢筋再提高 1.5m，然后用角铁将其固定，不使失稳，这样就成为上道底板钢筋的支架了，详见图 2.16-7。

（2）底板混凝土的施工：

主楼的基础底板混凝土总方量为 5400m³，属大体积混凝土施工范畴。为了使这一次混凝土浇捣成功，又不使混凝土内部的水化热升高而引起温差裂缝，我们制定了以下的一些措施：a. 要求商品混凝土供应单位提供水化热较低的混凝土，并征得设计同意后，采用 60d 龄期的混凝土；b. 在浇捣混凝土的施工方案中，采用 4 台汽车泵，同时由东向西平行布料，使混凝土的浇捣速度大于其初凝时间的速度，从而防止产生混凝土的施工缝；c. 采用中心点向边缘的测温方法（电测法），及时提供温差的变化信息，以便采取相应措施；d. 底板

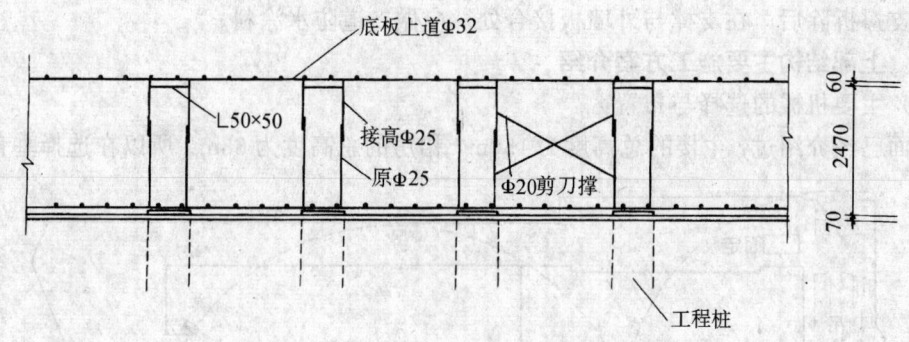

图 2.16-7 基础底板钢筋绑扎

混凝土终凝后，在其表面覆盖二层草包，中间夹一层塑料薄膜，控制混凝土的温差。

由于在实际施工中坚持按以上方案施工，使混凝土从终凝开始到养护龄期结束，没有出现表面混凝土的裂缝，更无底板渗水现象。从测温的原始资料中反映，最高温差仅为 23℃，内部最高温度也只有 54℃，完全达到预期的目的。

(3) 围护支撑混凝土与地下室结构之间的处理方法：

1) 主楼下道支撑的拆除方案：由于下道支撑的位置正好在底板面标高的上方，故我们在底板混凝土达到一定强度等级后，即回填土夯实，在底板侧面与围护桩之间浇一道素混凝土，然后待混凝土强度等级达到 C20 后，再进行拆除下道支撑，详见图 2.16-8。

2) 上道支撑位于地下室顶板下方：为了安全起见，我们征得结构设计同意后，采用混凝土支撑穿越地下室墙板的方法，即等到整个地下室顶板混凝土浇完后，再拆除支撑混凝土。详见图 2.16-9 的防渗节点处理。

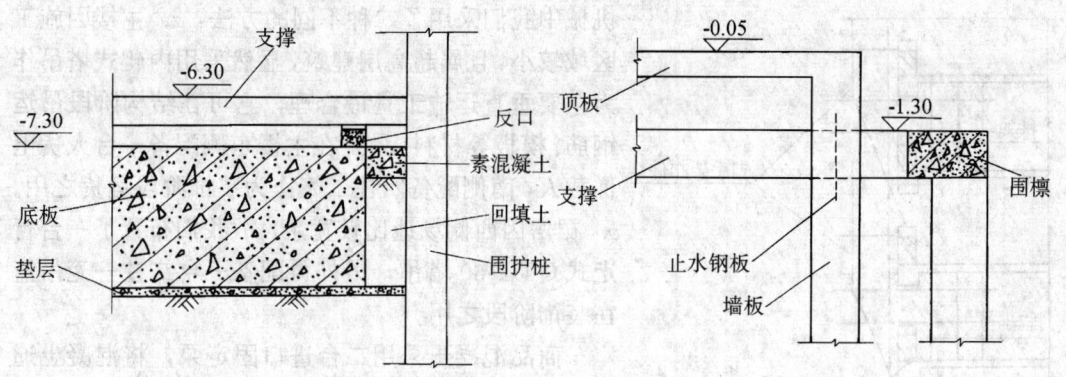

图 2.16-8 主楼下道支撑的拆除   图 2.16-9 防渗节点处理

说 明：

支撑穿越墙板的防渗节点处理，要注意以下几点：

① 支撑混凝土等级强度应同外墙板强度；

② 止水钢板必须在施工支撑时预留；

③ 施工外墙板前，必须清除支撑表面浮灰，并凿毛处理；

④ 墙板在支撑位置断开的钢筋，周边必须加强处理；

⑤ 上道支撑拆除前的回填土及素混凝土处理方法同下道支撑；

⑥支撑拆除后，在支撑与外墙板接合处，应做二道防水涂料。

2·16.4 上部结构主要施工方案介绍

（1）主要机械的选择与布置：

前面已经介绍过，主楼的总高度为150m，裙房的总高度为38m。所以在选择垂直运输

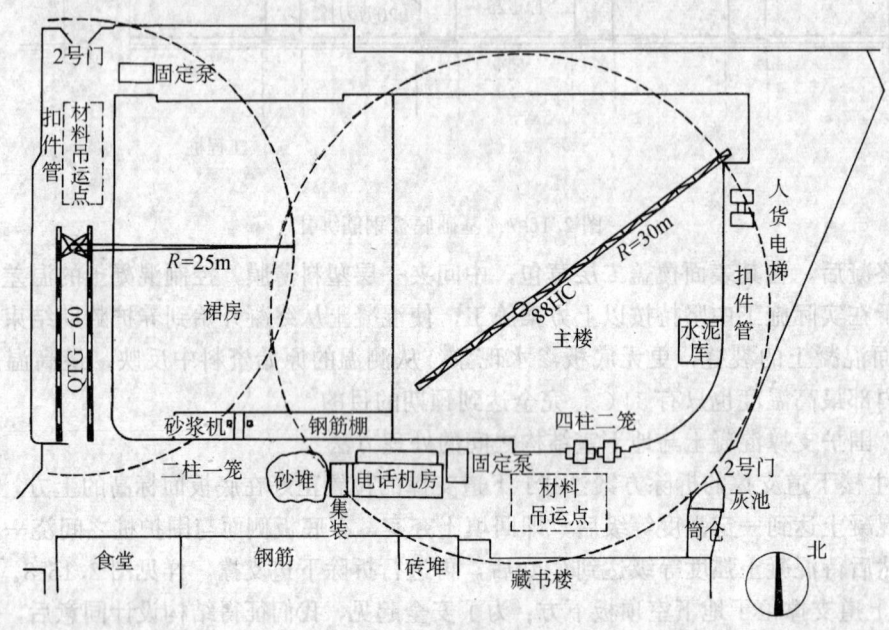

图 2.16-10　主要机械布置示意图

机械中我们采用了二种不同的方法：a. 主楼因施工区域较小，且属超高层建筑，显然采用内爬式塔吊作为主要垂直运输工具最合理，它可在结构阶段吊运钢筋、模板等材料。另外在主楼东侧配备一台人货电梯载人，南侧配备四柱二笼作为装饰阶段运货之用。b. 裙房因西侧场地比较宽余，故我们布置了一台行走式QTG-60塔吊，另外再配备一台二柱一笼吊篮在装饰阶段之用。

商品混凝土采用二台进口固定泵，将混凝土通过泵管送上操作层。砂浆的搅拌采用集中搅拌的方法，统一由专人负责供料。

主要机械的布置详见图2.16-10。从图2.16-10中可以看出：我们在布置主要机械时，尽可能的以最短的水平距离，来考虑地面运输；以最合理的地面吊

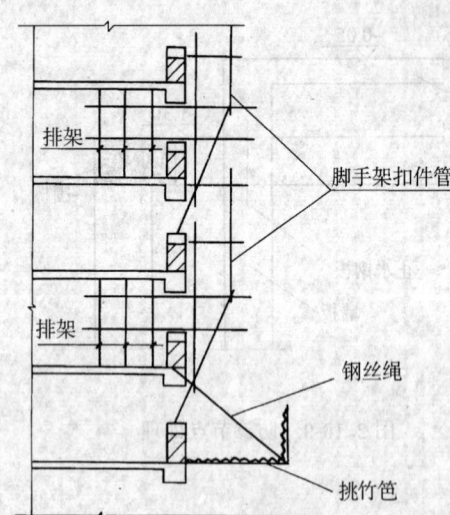

图 2.16-11　排架式挑脚手示意图

点，来解决垂直运输问题，两个塔吊的吊运点尽可能地靠近大门出入口，这样大大缩短了进出场运输车辆的装卸时间。

（2）排架式挑脚手在本工程的运用：

主楼10～36层为标准层，外墙施工采用何种脚手架是我们讨论方案的重点：首先脚手

架要确保使用安全；其二要考虑工程成本费用。在此前提下，我们大胆地采用了如图 2.16-11 的挑脚手方案，并经过对各结点的慎密计算后使用在主楼工程上。为了确保在使用中的安全，我们在脚手架下方每隔 5 层再设置安全挑竹笆，伸出外墙面 4m 左右，它可防止脚手架在搭拆过程中物件坠落地面。挑竹笆采用扣件管、竹笆、钢丝绳、膨胀螺栓等制作，结构比较简单，便于工人操作。由于外墙没有全立面脚手架，故挑竹笆实际上也能为实测外墙粉刷坍饼起到立足之用途。

排架式挑脚手同时适用于结构与外装饰阶段，它可随结构的上升随之上升，也可随外墙装饰的下降而下降。尤其在外装饰工期紧张的情况下，可以跳开层次进行多层次搭设操作。该脚手架的成本费用相当于全立面脚手架费用的 1/5，相当于整体降脚手费用的 1/2。

（3）石膏轻质砌块内隔墙的施工工艺：

本工程的内隔墙体绝大部分用石膏轻质砌块砌筑，它主要用于走道与办公室。及办公室之间的隔墙。

石膏轻质砌块的特点：

优点：

1）自身重量轻，约为粘土砖的 1/4；

2）砌块四周侧面均有企口槽，在砌筑时，凸槽对凹槽，可增加墙体的稳定性；

3）墙体厚度有 90mm 和 120mm 二种规格，它可节约房间使用面积，并且砌筑后，无需湿作业粉刷，仅为批嵌后再进行装饰工序；

4）对安装电线开关工作带来极大的方便。如多孔砖砌好后，电工要用钢凿打洞或打槽，劳动强度较大，而石膏砌块墙砌完后，电工只需用切割机开槽或开洞，既省力，又省时。

缺点：

1）砌块墙与结构地面、墙面的接合处，要进行特殊的技术处理，在地面上要先浇筑混凝土导墙，在墙、柱面上要先将木条用射钉枪固定在混凝土上，然后才能开始砌墙，如图 2.16-12 和图 2.16-13 所示；

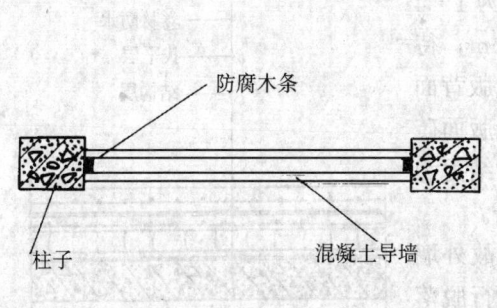

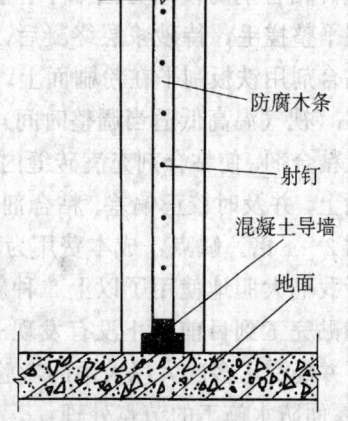

图 2.16-12　石膏砌块墙技术处理平面示意　　　　图 2.16-13　石膏砌块墙技术处理立面示意

2）石膏砌块墙不适用于卫生间、机房间等有特殊要求功能的地方。

石膏砌块墙在实际施工中，无论从材料运输，还是在砌筑中都对工人的劳动强度减轻了许多，而且砌块的损耗率也比砖墙要小。一个工人按 8h 计算，每天至少要砌筑 10m² 的墙体，比同等厚度的砖墙提高工效约 3～4 倍。另外由于石膏墙无需水泥粉刷，故大大减少了湿作业的工序，从而加快了施工进度。

（4）装饰阶段主要施工方法介绍

1）外墙带形窗与面砖的交叉施工方法：

主楼标准层的铝合金带形窗高度 1750mm，窗与窗之间的进口珠光面砖高度为 1550mm。具体剖面节点详见图 2.16-14。

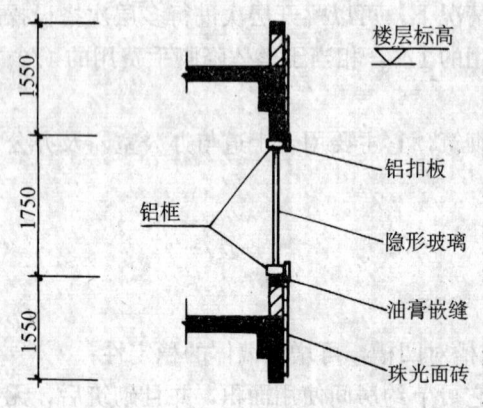

图 2.16-14　铝合金带形窗剖面节点

从图中可知：外立面铝合金窗框与珠光面砖为同一垂直平面，故窗框与面砖之间的防水节点显得尤为重要。另外珠光面砖的铺贴施工，在如何防止粉刷层与结构面之间，粉刷层与面砖之间的起壳，我们列为重点加以解决。因为 140m 高的外墙面砖因承受的风吸力很大，如在施工中产生起壳，那后果不堪设想。

在防止起壳的问题上，我们除了严格按操作规程施工外，还采用了二种特殊的新型粘合剂材料。一种为界面处理剂，用于粉刷前的基底处理；另一种为陶瓷砖粘合剂，用于铺贴面砖时用。下面就简单介绍二种新型材料的使用方法及其优点。

界面处理剂的使用方法如下：首先将基层洒水湿润，用水灰比为 1∶3 的界面处理剂调合成糊状，用铁板刮在基层上，厚度为 2～3mm 之间，待 15～20min 后再进行水泥砂浆的刮糙粉刷工作。界面剂的优点是免去基层的斩毛工作，大大减轻了工人的劳动强度，而且粉刷层与结构面之间通过它有机地将二者牢固地结合在一起，只要操作得当，粉刷层的起壳率几乎为零。

陶瓷砖粘合剂的使用方法如下：首先要求水泥砂浆粉刷面层平整搓毛，待砂浆层终凝后，用水灰比为 1∶4 左右的粘合剂用铁板刮平在粉刷面上，厚度为 1mm，待 5min 左右（视气温高低适当调整时间），在面砖纸版背面同样刮上粘合剂，使粘合剂充满砖缝内，然后将纸版面砖贴在墙面上，并及时校正偏差。粘合剂的优点：粘结力为水泥浆的 3～4 倍。缺点：成本费用为水泥的 3 倍。

由于我们大胆地使用了以上二种新型材料，故外墙面砖从铺贴完工到目前为止没有发现一块面砖自行脱落的现象，并经受了多次大风大雨的考验。

2）屋面防水施工的节点处理：

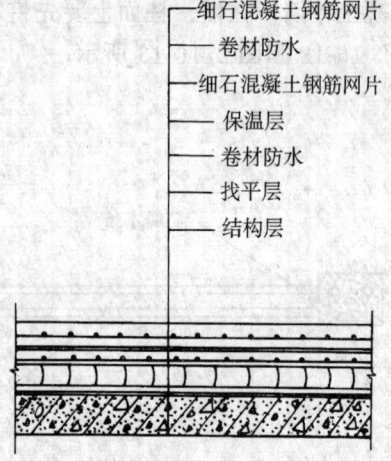

图 2.16-15　屋面防水施工程序

本工程为超高层建筑，故对屋面的防水等级要求比较高，具体施工程序见图 2.16-15。从图中可以看出，屋面防水保温层共有六道工序，可谓"双保险"防水。只要在施工中加强质量管理，应该说问题是不大的。在这里我们主要向大家介绍屋面与墙面间的防水处理以及屋面透气孔的作法。

由于主楼从 35 层开始均为各种不同形状的平面布局，这就形成了大大小小屋面共有 26 个，而且大部分屋面上均有铝合金龙骨固定，这就给我们的防水施工节点处理带来很大的麻烦。经过与设计院交涉，在不违反规范规定的前提下，我们采取了如图 2.16-16 的处理方法。

从图中可以看出，第一道卷材，细石混凝土，第二道卷材均伸入龙骨里档，这时铝板尚未封口。而当做最后一道细石混凝土时，铝板必须先安装完毕，然后按规范规定将细石混凝土圆档泛水伸入铝板下口，并伸进外立面 10mm，待混凝土收缩硬化后，在铝板下口与混凝土之间打上防水油膏。

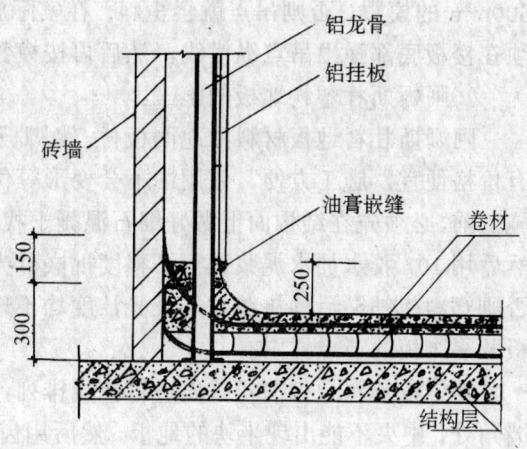

图 2.16-16 屋面防水施工节点处理方法

屋面由于铺设了珍珠岩保温板块，按规定必须设置透气孔。以往在其它工程上，我们使用过塑料透气孔及白铁管透气孔等，但效果均不理想。这次我们采用了多孔砖作为透气孔后，效果比较良好，详见图 2.16-17。

用此种方法制作透气孔，具有稳定、牢靠、透气效果良好等优点。

3) 阿姆斯壮系列装饰产品在本工程的运用：

① 阿姆斯壮吊顶的施工：

阿姆斯壮吊平顶材料主要有主龙骨、中

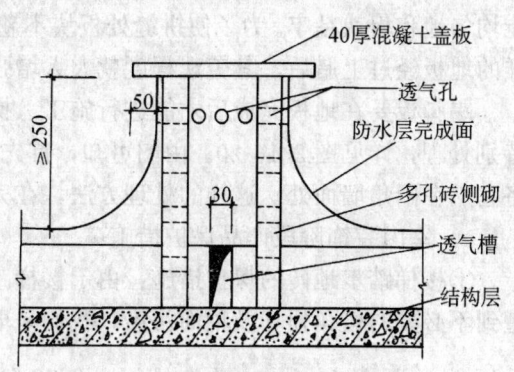

图 2.16-17 屋面防水用多孔砖
作透气孔示意

龙骨、小龙骨、矿面板等组成。主龙骨根据工程需要定制长度，中龙骨长为 1200mm，小龙骨长 600mm，矿棉板为 600mm×600mm 规格。主龙骨上有 600mm 间距的吊点眼子。图 2.16-18 为吊顶详图。

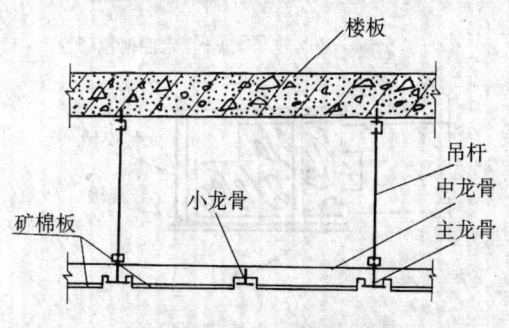

图 2.16-18 吊顶详图

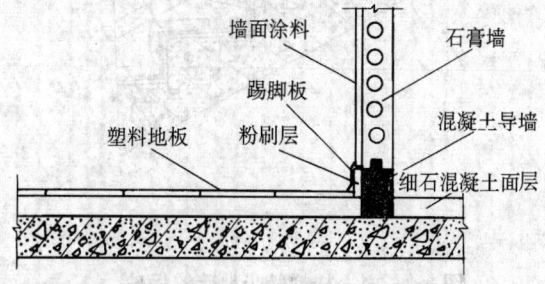

图 2.16-19 塑料地板及踢脚板节点详图

阿姆斯壮吊顶材料，具有体积小、重量轻的特点，它在施工中的节点处理比较简单，这样就对运输和安装都带来了极大的方便。

由于中龙骨、小龙骨以及矿棉板均为 600mm 的模数，故在安装吊点时，必须也是

600mm 的模数,否则吊点就会歪斜。在实际施工中,我们要求操作工人在布置吊杆前,必须在楼板底部弹出吊点纵横线,然后再按模数布置吊点,防止产生不必要的返工现象。

②阿姆斯壮塑料地板的施工:

阿姆斯壮料地板材料由地面板材、踢脚板以及粘合胶水组成。它与其它木地板比较,具有价格便宜,施工方便,使用中不会变形等优点,但它对基层的处理要求很高。塑料地板施工前,必须先在结构面上做好细石混凝土找平层,踏脚板基层要先用1:2水泥砂浆粉平,然后用107胶水加水泥浆进行平整度批嵌砂光。经过处理后的面层平整度应小于0.5mm,否则塑料板铺贴后的拼缝效果及光洁度均不理想,从而影响美观程度。图2.16-19为塑料地板及踢脚板的节点详图。

在铺设塑料地板前,首先进行弹线排列,由中央向四周方向铺贴,使半块的地板铺在墙角处,中央不能出现半块的地板,然后用齿口刮板将胶水刮在基层上,待3h后将塑料板块粘贴在地面上,每块板材之间拼缝必须严密,并且成直线状。另外为了防止塑料地板起壳,当板块在一间房间铺贴完后,必须用橡皮滚筒大面积来回碾压数遍,使地面上的胶水能均匀地和板块粘牢。为了使拼缝处板块不翘头,最好用小铁滚筒在拼缝上再碾压几次。这样的地板经过上腊后,其美观程度就大大增强了。

踢脚板要在地板完成后才能进行施工。操作方法基本同地面,但在阳角转弯处要经过特别处理,详见图2.16-20。由图可知,首先将塑料踢脚板反面开成一条竖向90°角,然后将它贴在阳角墙面处,这样的处理方法,在完成铺贴后,使阳角清晰可见,且不易起壳。

4)室内装饰阶段产品保护措施:

①楼梯踏步地砖的保护措施:由于楼梯踏步地砖铺贴先施工,为了防止地砖在完成后遭到不必要的棱角损坏及釉面污染,我们采取了用塑料布与废木料结合的保护办法,效果

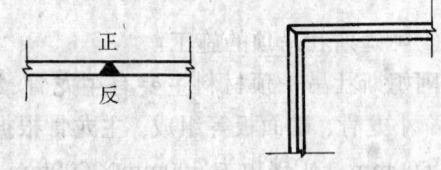

图 2.16-20   阳角转弯处的特别处理

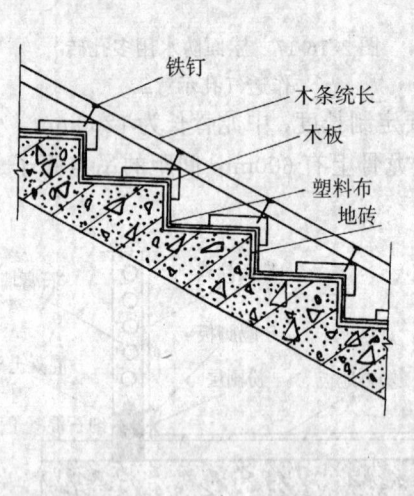

图 2.16-21   楼梯踏步地砖的保护

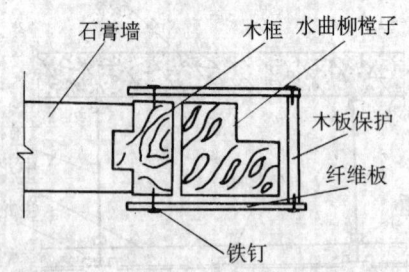

图 2.16-22   木橙子的保护

甚佳,详见图2.16-21。

②木橙子的保护方法:本工程的木门橙子均为水曲柳木料,而且油漆为亚光清水。按常规施工,从立橙到油漆,应有一段较长时间,因为室内还有大量湿作业未完成,这段时

间木樘子极有可能损坏或污染,所以樘子安装后,必须采取保护措施。樘子保护的主要对象是竖挺,详见图 2.16-22。

从图中看出,在樘子与石膏墙之间还有木框,这是为固定石膏墙体而设计的,另外木樘子又可固定在木框上。由于水曲柳樘子饰面为清水漆,所以保护用的木板不能用钉子钉在樘子上,而只能钉在木框上。今后,樘子上就没有钉眼了。

③其它装饰产品的保护方法及管理措施:

a. 电梯厅地面为花岗石产品,我们采取了用彩条布覆盖的方法,上面压少量木板或砖块,不使地面污染。

b. 塑料地板完成后,及时涂刷一层保护腊,然后房门锁上,防止闲人进入。当电工进入房间安装开关、地插座、灯时,我们要求工人在地板上铺好硬纸版,保护塑料地板。

c. 在不同颜色的油漆交接处,我们采取了胶带纸贴废报纸等方法,防止油漆的交叉污染,从而保证了施工质量。

d. 加强装饰工程的楼层管理,我们工地上管理人员有 22 人,平均每人管理分包二个层次,平时加强巡逻,防止人为损坏产品。建设单位对我们也大力支持,他们特地从街道里弄聘请 100 多人进行楼层看护,确保产品保护措施的落实。

(赵贵清)

2.17 上海图书馆新馆施工技术

2.17.1 工程概貌

(1)工程简介:上海图书馆新馆是上海市十大标志性文化建筑之一。新馆位于淮海中路高安路口,附近有不少国内外著名的大学和科学研究机构,该地区是上海的科研和教育中心。新馆占地 3.1 公顷,建筑面积为 83000m²,藏书容量达 1.3 千万册。内设 20 个各类阅览室及 32 个单人研究室。新馆还配备自走小车运行系统,使读者能尽快地获得各层书库的馆藏资料。新馆为方便残疾读者来馆研究学习,设置有无障碍专用坡道、电梯、厕所、专座等。新馆引进国际最新电脑和通讯技术,对主要业务环节进行电子化管理。新馆自动化管理系统与国内外主要信息网络联网,成为上海地区重要的网络节点和信息枢纽。为了丰富市民的文化生活,新馆向社会开放各种文化设施,如设有 872 个座位的演讲厅,总计 1800m² 的两个展览厅,300 个座位的多功能厅和 3 个学术活动室,并配有移动式多路同声传译设备。

(2)建筑特点:

新建成的图书馆吸收了近代上海建筑的特色,体现了宏伟、简洁、典雅、理性相结合的建筑形象。主楼由两座高度分别为 55.6m 和 106m 的塔型高层和 5 层裙房组成。东西两楼均呈多台阶式块体形象,象征着文化积淀的坚实基础和人类对知识的不断攀登。高大宏伟的塔式建筑丰富了上海西南城区的天际线,在夜晚的灯光投射下更突出了这座典雅明快的知识殿堂。整体建筑离道路 20 至 50m,通过路边斜坡绿化和中空玻璃对噪声的阻隔,创造了闹中取静的优雅阅读环境。建筑物周围有 11000m² 的绿化、花坛水池和两个广场,并在广场周围竖有一群艺术雕像。在建筑的南面设有大花园,内有小亭、山石、花木和草地。

本工程整个建筑由 *A、B、C、D* 四个建筑平面组成。主楼外墙面底层周围采用花岗石墙面，且有光面和毛面处理，一层以上外墙面贴高级亚光面砖。B 区一至三层为玻璃幕墙，D 区西入口处也有部分玻璃幕墙。外墙柱帽和壁柱采用高级仿石喷涂，主楼 A、C 区排水管采用不锈钢圆球承托，明露的管子和球体成为全面的装饰，地面大多采用水磨石地面，局部采用花岗石地面、地毯及木地板等。内墙有喷涂、织物、木装修、一般吸声等做法。

新馆设计集国内外先进经验，平面布置为体块组合，立面层次高低错落，整个建筑充满浓郁现代气息，见图 2.17-1。

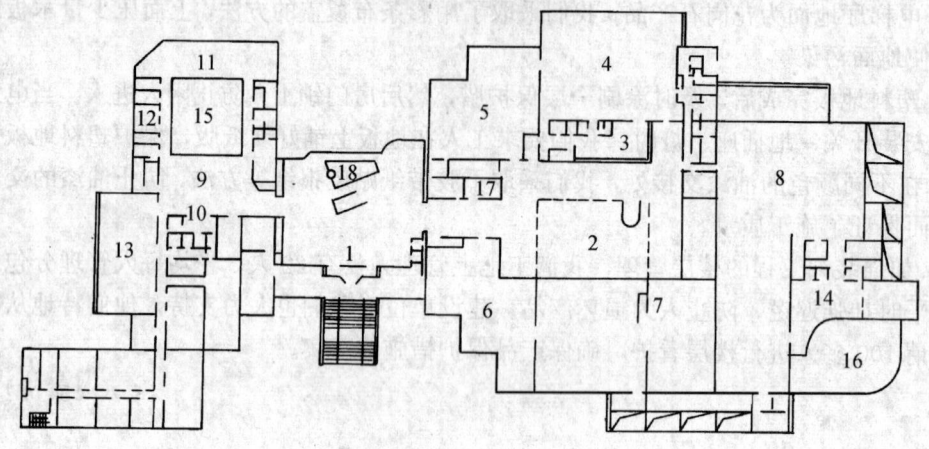

图 2.17-1　一层平面图

1—门厅；2—目录大厅；3—总出纳室；4—综合阅览室；5—中文报纸阅览室；；6—文明之苑；7—中文图书外借室；8—展览厅；9—目录厅；10—出纳室；11—上海地方资料阅览室；12—研究阅览室；13—近代文献阅览室；14—前厅；15—内院上空；16—门厅上空；17—复印室；18—浅水池

（3）结构特点：

1）C 区上部结构为外框内筒形式，B、D 区上部结构为框架结构。

2）D 区主体结构为 7500mm×7500mm 的柱网结构，C 区为 7.2m×7.2m 的柱网结构，柱子断面随着高度的变化而变化。标高≤38.00m 处为 1200mm×1200mm，标高 38.3～66.2m 处为 800mm×800mm，标高＞75.00m 处为 650mm×800mm。现浇钢筋混凝土楼板板厚 120mm，内格梁截面为 300mm×450mm。A、B、C、D 区基础均为箱形基础加桩基础，桩基为 ϕ600mm 的钻孔灌注桩，共 1068 根，持力层为粉砂层土。A、B、C、D 基础底板为梁板倒楼盖结构，板厚 600mm、800mm 两种，梁断面为 1300mm×1300mm、1300mm×1500mm。底板上设地垄墙，铺 120mm 厚预制板为防水架空层，A 区箱基局部为四级人防，顶板厚度为 700mm，C 区箱基为五级人防，其余为一般地下室。C 区底板厚 2200mm，属大体积混凝土施工。地下室外墙板大多为 350mm 厚，内墙板 250mm、200mm。

（4）施工组织情况：本工程由上海市第四建筑工程公司承建。施工现场的管理体系执行了项目管理制，项目经理为工程总承包负责人，下设生产副经理、项目工程师、项目经济师、技术员、质监员、施工员、两算预算员、关砌、翻样、材料员等，并设有以项目经理部经理为组长的工程创优小组和以项目经理为组长的上图新馆现场 QC 管理小组。建科院上图新馆工程监理常驻在现场，参与隐蔽工程及各分项工程的质量检查和验收工程。

（5）施工主要平面布置见图 2.17-2。

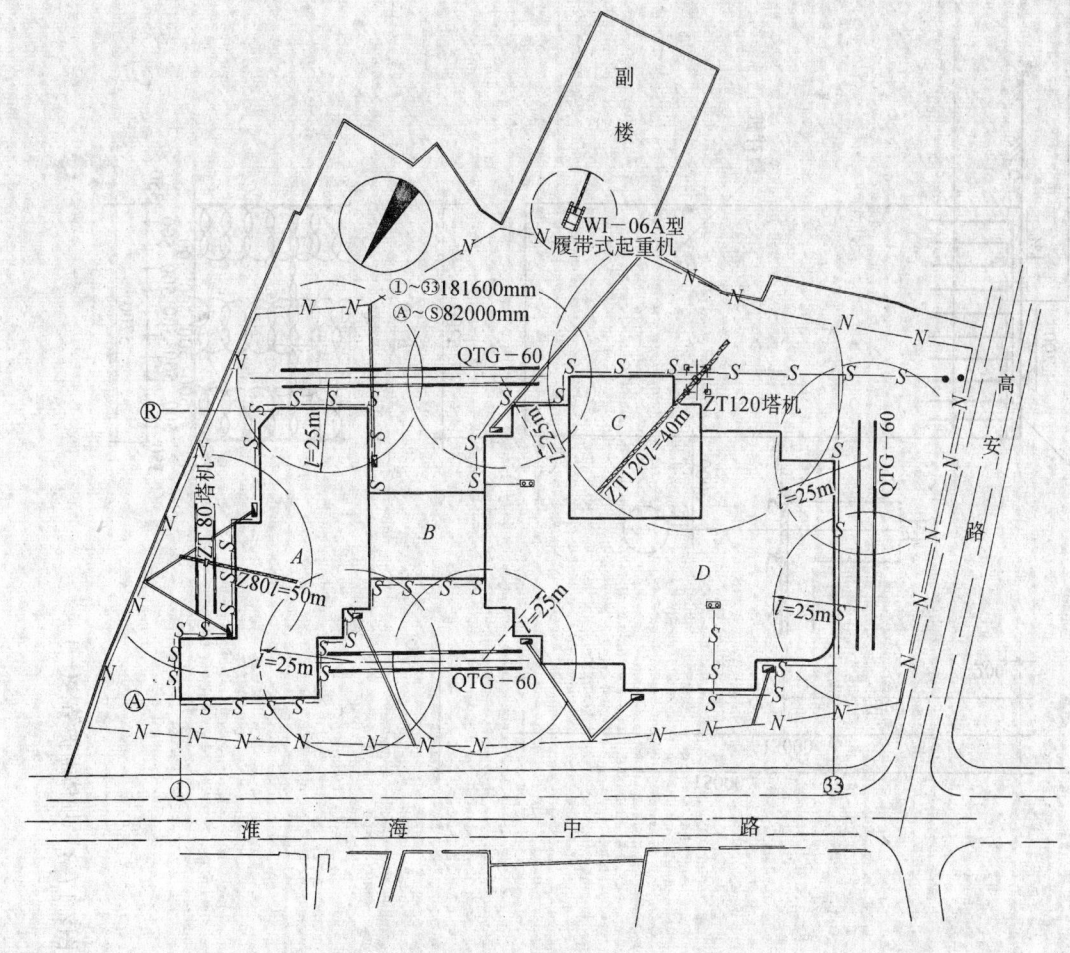

图 2.17-2 施工场地布置区

2.17.2 大型基坑围护工程的设计和施工方法

本工程基坑东西长、南北短，东西端线最长距离 $L=187.5\text{m}$，南北端最长端线 $B=87.2\text{m}$，最大开挖深度 7.4m，基坑开挖面积 13141m^2。基坑按不同区域有多个不同的挖土深度。A 区开挖深度 4.28m，B 区开挖深度 4.6m，C 区开挖深度 6.9m，D 区开挖深度 4.3m，局部 5.2m。基底埋置在灰色淤泥质粉质粘土层内。地下水位在自然地面下 $0.5\sim0.7\text{m}$。

（1）设计思路：本工程工期要求紧，按合同要求，施工工期只有 29.5 个月。市重大办要求的实际工期为 22 个月，同时基坑面积大，坑内设置支撑比较困难，且对工期影响较大。鉴于基坑围护之目的主要为达到隔水挡土作用，以利于基础施工。因此设计基础围护措施时考虑：1. 不设坑内支撑；2. 不采用中心岛方式，而采用自立式重力坝体围护体系，并辅于挖土前的井点降水措施。

（2）结构造型：

1）采用直径 $\phi700\text{mm}$ 的水泥土深层搅拌桩重力式坝体围护。

2）我们对围护平面进行了合理的、有针对性的布置。如北面的围护坝体的总长度为201m。

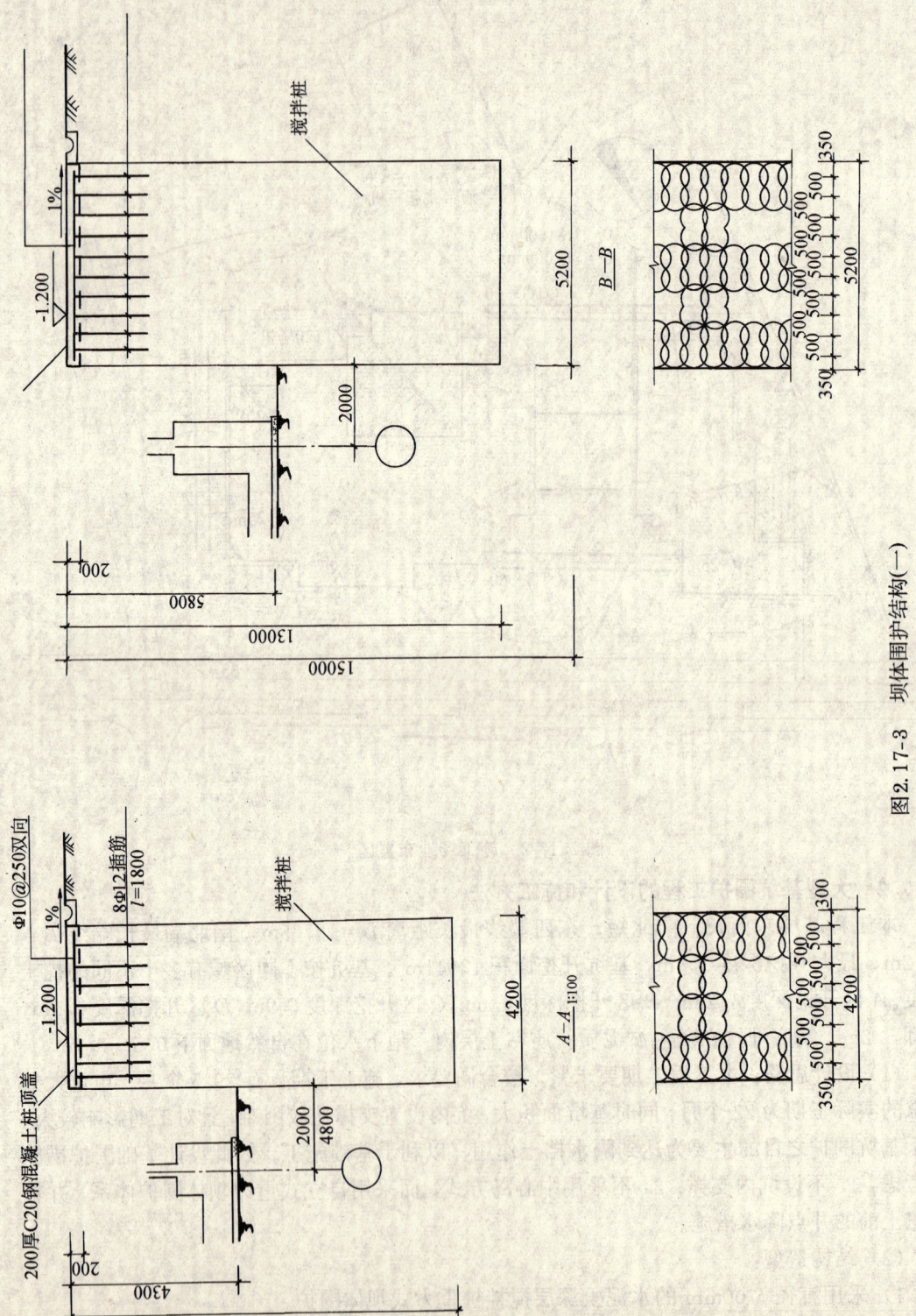

图2.17-3　坝体围护结构(一)

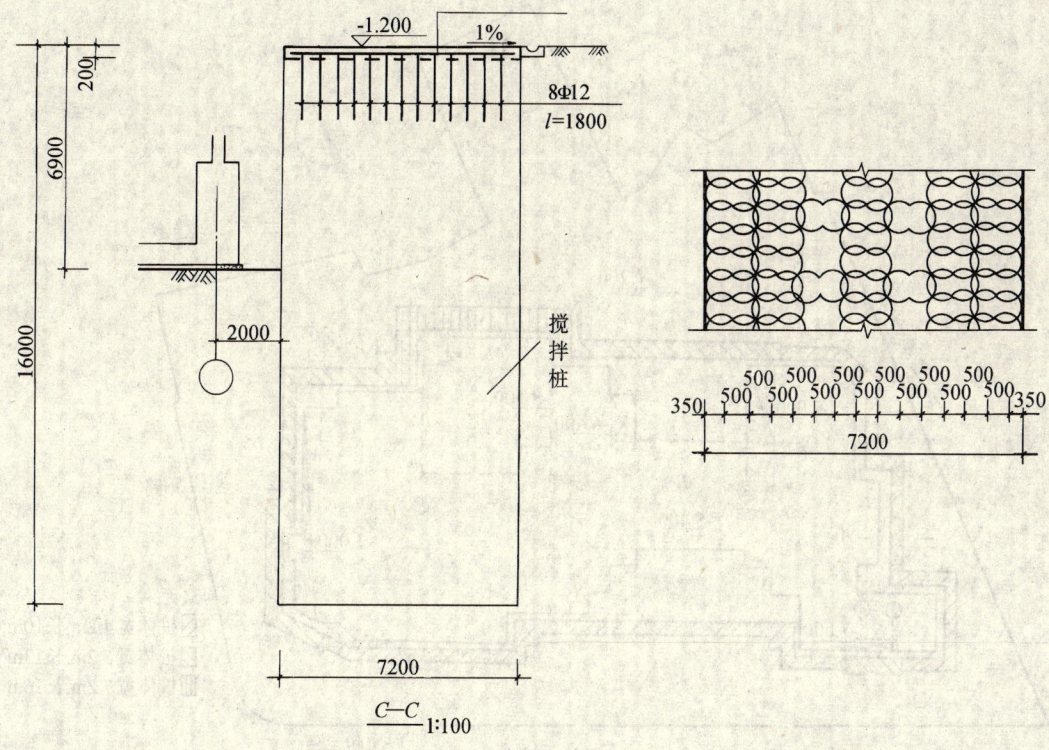

图 2.17-4 坝体围护结构（二）

为了减少挡土坝体向坑内的水平位移,设计时在坝体的转角处设了二道搅拌体墩子,缩短坝体长度,增加稳定性,以减少坝体的内向位移。

3) 按不同区域的挖土深度设置不同深度的水泥搅拌桩坝体。

4) 对具体的本身的搁栅形式进行重新排布和组合,将常见的单道加劲肋改为成双道加劲肋,以增加坝体本身的刚度,见图 2.17-3 和图 2.17-4。

(3) 围护措施内容:

1) 围护体:A、B、D 区对挖土深度 4.3m 的基坑采用宽度 4.2m、深度 10m 的深层搅拌桩组成的重力坝体,局部挖土深度 5.2m 的基坑支护采用宽度 5.2m、深度 13m 的坝体,其长度累计为 207.5m。C 区考虑局部开挖深度达 6.9m,采用宽度为 7.2m、深度为 16m 的坝体。搅拌桩直径 ϕ700mm,施工时采用 4253 普硅水泥,水泥掺量为 13%,见图 2.17-5。

2) 圈顶板:为保证围护体的稳定,减少变形,围护体上部做 200mm 厚 C20 混凝土,配筋为 ϕ10@250mm 双向双皮,同时与下面深层搅拌桩用插筋连接,以增加整个坝体的整体性,在盖板的外侧有排水沟,顶盖做好泛水,不小于 1%,防止雨水向基坑内倾漏,在内侧边上留好埋有空心管的位置,使挖土结束后可以插入脚手管,便于搭设栏杆,保证了安全。

3) 井点降水措施:考虑基坑土方开挖,预降水 10d 后本工程要求基坑内降水降至坑底面下 0.5m 处。因此坑内共设 4 套轻型井点,井点于土方开挖前拔除,基坑开挖后,设集水井,明沟排除坑内积水,保证施工正常进行,见图 2.17-6。

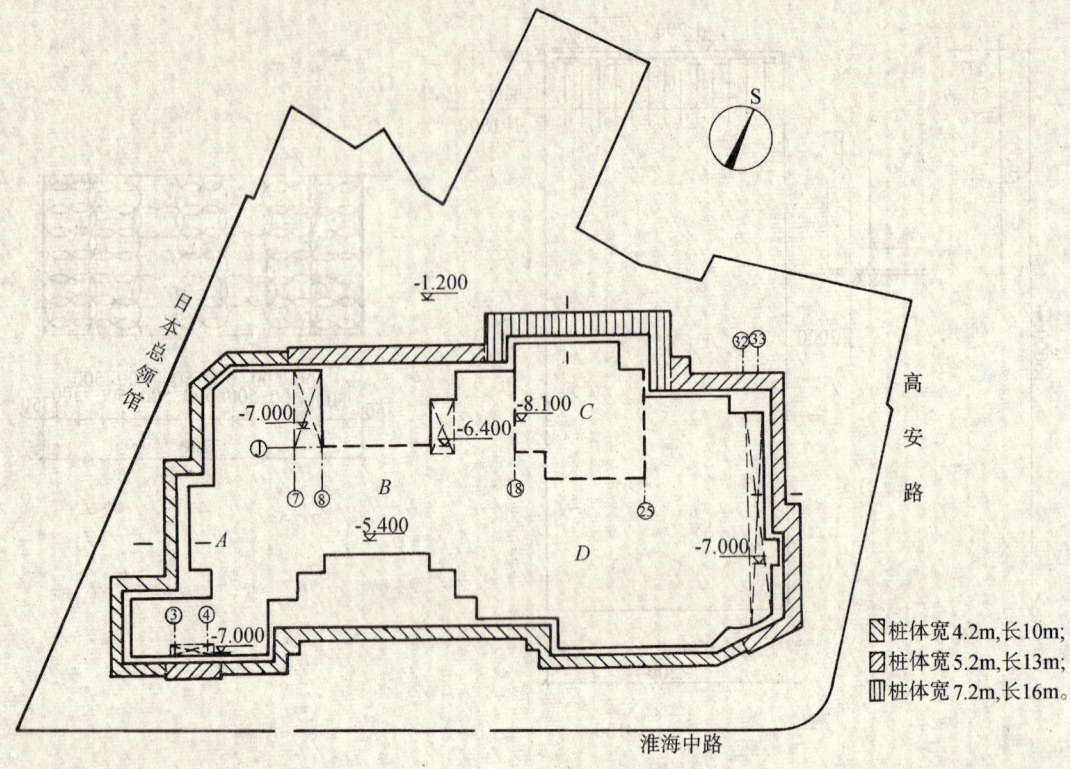

图 2.17-5　基坑布置总平面图

（4）围护设计计算：在开挖基坑中作为侧向支护的搅拌桩，原则上按重力式挡土墙设计。在理论上，我们对重力坝体进行了抗倾覆墙身应力、滑移等方面都经过慎密的计算，计算结果，本工程坝体的结构形式均符合设计安全系数，

（5）主要施工方法：基坑围护深层搅拌桩施工。桩数为4108根，深度10～16m不等。具体工作量为：搅拌工作量39635.75m³，水泥耗量为9625.76t，钢筋用量为33.2t。

1）施工工艺：

①依据设计的技术要求，本工程采用二次注浆、四次搅拌的工序流程，其成桩工序包括：放线、就位、下沉搅拌等多节环节。其工序流程如下：

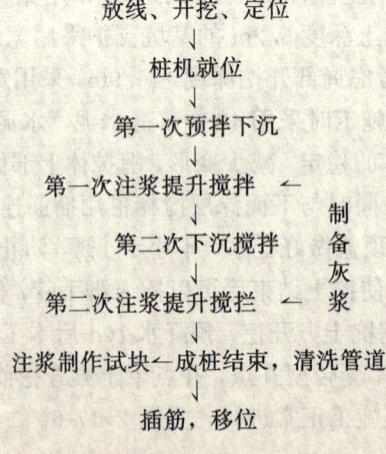

放线、开挖、定位

↓

桩机就位

↓

第一次预拌下沉

↓

第一次注浆提升搅拌　←

↓　　　　　　　　　　制

第二次下沉搅拌　　　备

↓　　　　　　　　　　灰

第二次注浆提升搅拌　←　浆

↓

注浆制作试块←成桩结束，清洗管道

↓

插筋，移位

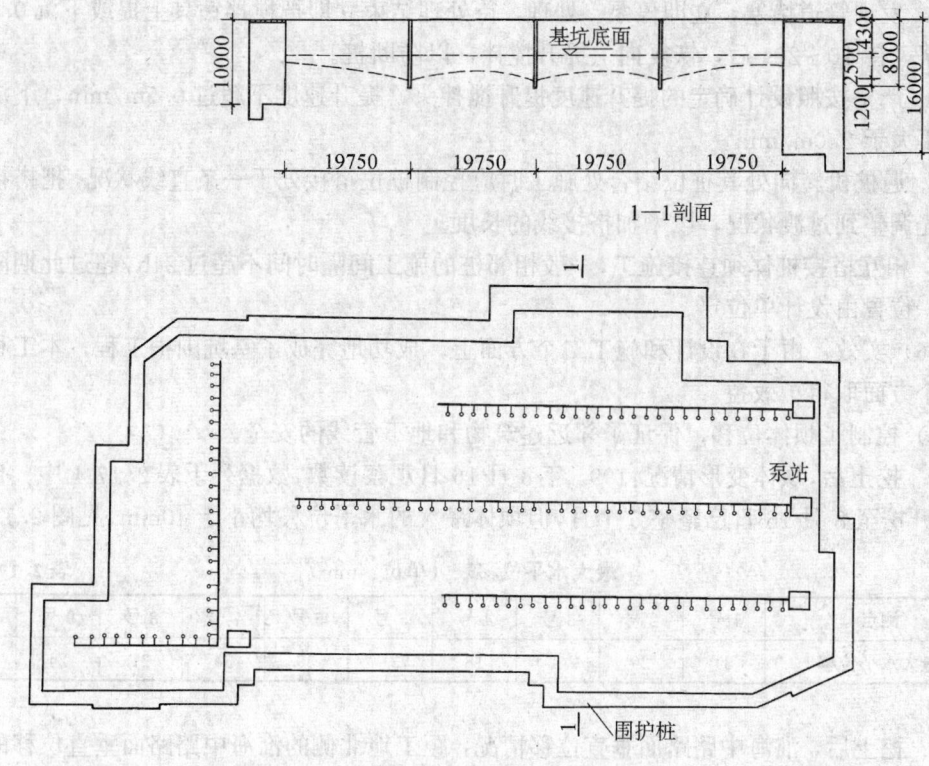

图 2.17-6 井点降水平面图

说明：在开挖区域内共设四套轻型井点，一套总管长 120m，三套总管长 100m，支管长 8m，支管间距 1.6m。

②注浆提升要求：搅拌头到达桩顶标高后，即刻上提 0.2m，启动压浆泵（以 $1\sim4$ kg/cm² 压力注入水泥浆液），待 $20\sim30$s 后搅拌头以每分钟 0.5m 的速度向上提升，使搅拌机边转边升，到顶止。

2）质量技术措施：

①制桩单位应设专职质量管理人员一名，负责全工地的质量管理工作，由建设单位、监理单位及总包单位负责上图工地的质量监理工作。

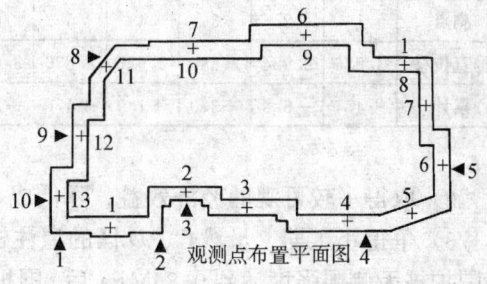

图 2.17-7 坝体测点图

▲—水平位移观察点；+—垂直位移观察点

②严格控制水泥掺量：

a. 总包单位派 2 名管理人员 24h 值班，加强计量管理工作，强调不得采用自估办法，每拌加入水泥必须用盛器计量加入。水灰比控制在 $0.5\sim0.55$ 之间。

b. 为杜绝施工单位偷工减料，影响桩身强度现象的发生，总包单位按工程实际进度，按量发放水泥于施工单位。

③保证桩身强度和均匀性：

a. 压浆阶段不允许发生断浆现象，输浆管道不能堵塞，全桩必须注浆均匀，不得发生夹心层。

b. 发现管道堵塞，立即停泵、处理，待处理结束立即把搅拌钻具上提或下沉 0.5m 开泵压浆，待 10~20s 后，恢复向上提升搅拌，以防断桩。

c. 严格按照设计确定的提升速度提升搅拌头，提升速度不超过 0.5m/min，下沉搅拌速度不大于 2.0m/min。

d. 遇桩机转向处其桩位结合处施工时应控制桩位搭接处于一条直线状况，把搭接的桩位预先调整到过渡状况，以增加搭接线的长度。

e. 相互搭接桩体须连接施工，一般相邻桩的施工间隔时间不超过 24h，超过此期限必须补桩，位置由设计单位定。

（6）实效：由于在设计和施工二个方面上，成功地完成了基坑围护工程，本工程在以下几个方面取得了效益。

1）控制了坝体位移，保证了邻近建筑物和地下管线的安全。

a. 挖土后，坝体变形情况：1994 年 8 月 16 日观察读数，数据列于表 2.17-1 中。自 3 月 17 日开挖至 8 月 16 日已整整 5 个月，但坝体最大的水平位移均小于 40mm，见图 2.17-7。

最大水平位移表（单位：mm） 表 2.17-1

测点	1 号	2 号	3 号	4 号	5 号	6 号	7 号	8 号	9 号	10 号
最大水平位移	34	29	1	18	31	30	34	21	24	15

b. 挖土后，淮海中路路面垂直位移情况：距工地北侧的淮海中路路面垂直位移的观察单位为上海市建筑科学研究院。6 月份测量数据见表 2.17-2。

测点位移成果表（单位：mm） 表 2.17-2

测点	1	2	3	4	5	6	7	8	9	10	11	12	13
垂直位移	3.826	2.954	2.886	2.927	2.830	3.016	2.999	3.1475	3.318	3.264	3.346	3.270	2.739
累计	+4.1	+5.9	+3.0	+1.9	+4.0	+5.9	+7.9	+2.9	+6.5	+5.8	-0.6	+5.7	+1.7

2）取得了较可观的经济效益，降低成本近百万元。

3）争得了工期：虽然 *C*、*D* 区的灌注桩和搅拌桩在同时进行施工，我们在确定 *A*、*B* 区围护桩无侧限强度达到 0.85MPa 后，围护呈半封闭的状态，因此决定打破常规，先在 *A*、*B* 区实施挖土工程，为今后的立体交叉作业，开创了一个良好的局面，并解决了几个外包单位的劳动力等用工问题。

4）降低了工程的成本，为文明工地的建设提供了一个很好的硬件。不易破坏的圈顶板，可作为施工周期较长的大型建筑施工场地的施工道路，还可作为各类大中型起重机器的基础。这样既便于施工，又节省了原来需要用于建造道路和施工起重机械基础的投资，节省了大型临时设施费，降低了工程成本。另外，宽畅的、易打扫及整理的施工道路，为文明工地的建设提供了一个很好的硬件。

2.17.3 地下工程

（1）基础工程：

1）土方、工程桩、围护桩工程、基础、上部结构同时施工的方法。

虽然 *C*、*D* 区的灌注桩和搅拌桩还在同时进行施工，但我们决定挖土必须分阶段进行，才能达到在 10 个月内拿下土方工程及主楼 18 层的市府目标，所以制定了第一阶段待围护桩施工至 15 轴，此时围护坝体已超出 B 区 7.5m，约占整个坝体总长度的 2/5，并已将 A、B 区两区呈 U 形封闭的状态下，在根据试验报告确定 A、B 区围护桩无侧限强度达到 0.85MPa 后，开始从 A、B 区实施土方工程。

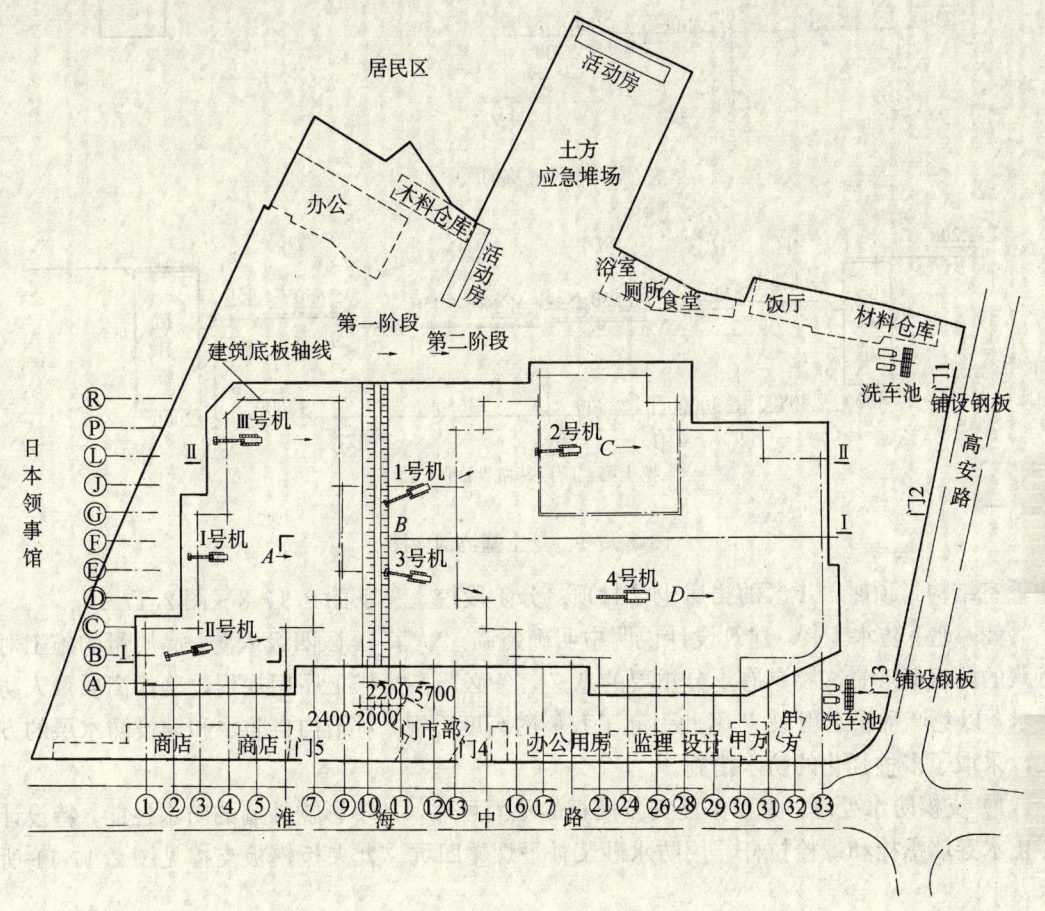

图 2.17-8　挖土阶段场地布置图

说明：1. 挖土分两个阶段进行，第一阶段 A 区及 B 区部分由 3 台挖土机同时开挖，第二阶段为剩余部分，由 4 台挖土机同时开挖。

2. 第一阶段土方数约为 15000m³，第二阶段土方数约为 54000m³。

3. 车辆出门进入市政道路需经洗车池冲洗。

2）具体方法

①由于基坑面积大，如果一次性把基坑全部挖到底，进行基础施工，则基坑的敞开时间长，基坑长边的围护坝体位移可能性较长，不安全，所以考虑减少围护的变形，并根据本工程基础结构设计的特点，把基坑分二块开挖，二块分界线的位置分别设置在结构的沉降缝上。当一个区域基坑土挖完后，就尽快浇筑垫层混凝土，绑扎底板钢筋，浇捣底板混凝土。待 C、D 区围护桩强度达到后，即实施第二阶段的土方工程。

②分块的挖土为今后的立体流水交叉作业，开创了一个良好的局面。本工程中在 D 区

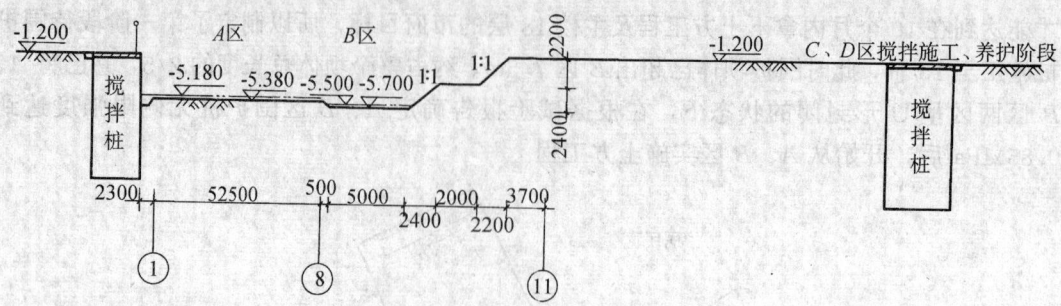

挖土第一阶段基坑剖面图 I—I

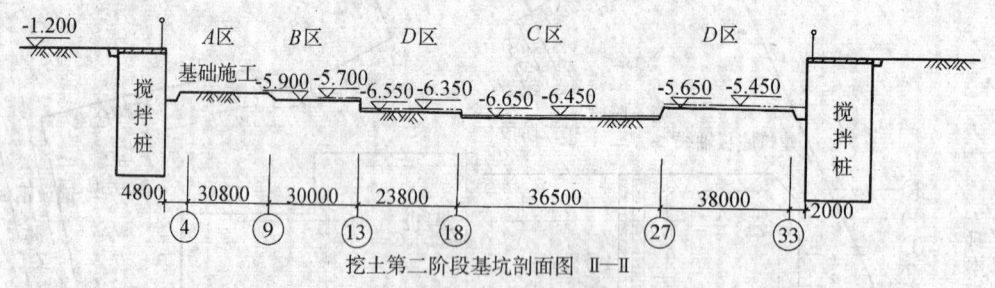

挖土第二阶段基坑剖面图 II—II

图 2.17-9　挖土基坑剖面图

地下室结构封顶时，A 区的裙房也已封顶。分阶段挖土见下图 2.17-8～图 2.17-10。

（2）地下防水工程：建筑设计说明中明确强调："尤其 A 区四级人防，高质量的施工对所藏的国家级珍贵文物具有十分重要的意义，务必严格操作工序用规程，确保高质量人防要求，以免产生渗水现象。"因此引起了我们的高度重视，对结构自防水和铺设防水层的方法，采取了多种强化的防水措施。

1）支模防水处理：为了保证安装模板的稳固可靠，且不影响外墙的防水性能，特设计了止水穿墙螺栓和螺栓拉杆，用防水砂浆补平螺帽凹坑。九夹板模板支撑见图 2.17-11 所示。

2）混凝土搅拌采用 S6 商品混凝土。混凝土泵送主要由 JPF-75B 混凝土泵车及 B5516E 型来完成输送任务。由于泵送混凝土施工时注意到合理布置泵车与减少输送管拆装移动次数以及水平 输送管长度和比例，同时每 100m³ 测定一次坍落度等事项。混凝土和易性、可泵性和试块强度均满足设计要求，未发生过堵泵、堵管等现象。

3）防水混凝土的浇灌，除了要使拌合物充满整个模型外，还注意拌和物入模时的均匀性，保持不离析。拌合物自由下落的高度控制在 1.5m 之内，超过时，采用 $\phi150$ 的软管下料，软管沿墙方向每 3m 布置一道。为保证混凝土结构的整体性，在后浇带范围内的每一分块，均做到一次性完成。对工程量大的则进行分层（层厚控制在 300～400mm）分段浇筑。

震捣，采用插入式和平面式两类震动器。震捣方法采用垂直与斜向"快插慢拔"方法操作。使用高频震动器时，最短时间不应小于 10s，但应视震捣混凝土表面下沉、气泡、灰浆来判断。为保证防混凝土的抗渗性能，采取设专人早期养护。混凝土浇筑后 4～6h 立即覆盖草袋浇水湿润养护 14 昼夜。平均气温应高于 5℃，低于 5℃时不得洒水养护，应采取保温措施。待混凝土强度达到设计强度的 70% 后，而且混凝土表面温度与周围温度相差不

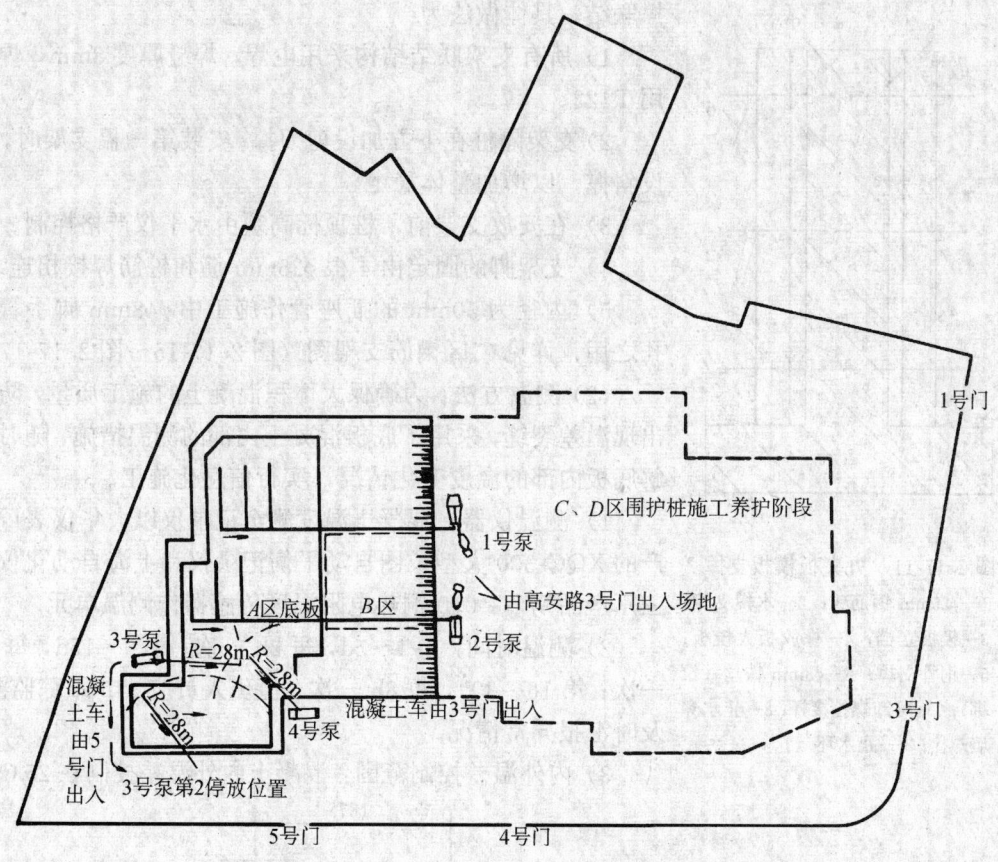

图 2.17-10　A 区底板混凝土浇捣泵车布置

说明：1. A 区底板浇捣时，B 区处垫层施工，C、D 区尚属围护桩施工阶段。

2. A 区底板混凝土约 3300m³，由 4 台泵车完成。每台泵 25m³/h 泵送能力计，约需 36h 完成。

3. 1、2、4 号泵混凝土运输车由 3 号门出入场。3 号泵混凝土运输车由 5 号门出入场。混凝土运输车出入场地由专人负责指挥调度。

4. 混凝土运输车出场前由专人负责冲洗后，方能进入市政道路。

超过 15℃时才能拆模。

由于本工程近万平方米的地下建筑长期处于地下，防水问题直接影响工程的坚固性和耐久性。为确保结构不渗漏，除采用防水的混凝土浇筑工程外，还采取了其他防水措施，具体作法如下：

4）在结构外侧（迎水面）均用 BI 型增强防水砂浆抹面找平，厚度 20mm。A 区防水砂浆找平层外侧粘贴 2 层 1.2mm 三元乙丙高级防水卷材，外侧做水泥压力板保护层，防止回填土碎石和铁刺划破三元乙丙防水卷材。在 B、C、D 区防水砂浆找平层外刷 851 防水涂料二度。外墙内侧均作隔水双墙。

5）对后浇带、阴阳角、钢筋支撑平台防水进行了设计及加强处理。见图 2.17-12～图 2.17-14。

2.17.4　大体积混凝土的钢筋支架搭设和测温方法

（1）C 区底板混凝土厚度 2200mm，底板上皮钢筋 4 皮，$\phi32@150mm$ 搁置在 L100mm×10mm 为横梁的钢支架上，钢支架设在灌注桩桩头上@2.062m 一榀，每榀间隔桩由剪刀

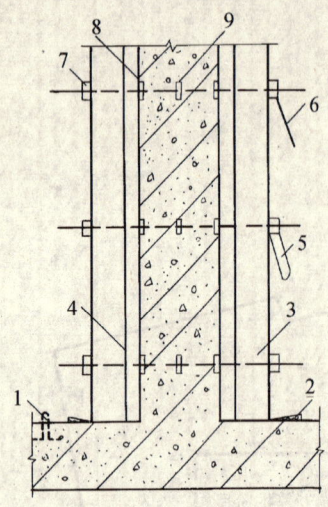

图 2.17-11　九夹板模板支撑

1—ϕ25mm 钢筋钩；2—木楔支撑；
3—模板立档；4—橡胶板大模板；
5—钢管支撑；6—ϕ8mm 铁丝（拉
绑）；7—可卸螺栓接杆；8—止水穿
墙螺栓；9—止水环

撑联结，具体做法为：

1）所有支架联结结构采用电焊，焊缝厚度 8mm，焊条用 T422。

2）支架隔桩在下方加设剪刀撑，安装第一榀支架时，需设斜撑，以增加整体稳定。

3）在安放支架前，桩顶标高须由水平仪严格控制。

4）支架脚的固定由 4 根 ϕ25mm 筋和桩筋焊接相连。

5）内径为 50mm 的插座管作施工中 ϕ48mm 脚手管插孔之用，详见 C 区钢筋支架图（图 2.17-15～图 2.17-17）。

（2）测温方法：为确保大体积混凝土的施工质量，防止出现温差裂缝，采用了底板混凝土内部的测温措施，随时了解底板内部的温度变化情况，实行信息化施工。

1）测温仪器：混凝土温度测定记录仪以大华仪表厂生产的 XQC-300 大型长图自动平衡记录仪和上海自动化仪表三厂产品 WZG-010 铜热电阻温度传感器作测温单元。

2）测温时间：第 1～5d，每 2h 一次；第 6～15d，每 4h 一次；第 16～30d，每 8h 一次。值班人员应 24h 跟踪监测，及时汇报异常情况。

3）内外温差控制范围：混凝土内外温差控制在 25℃以

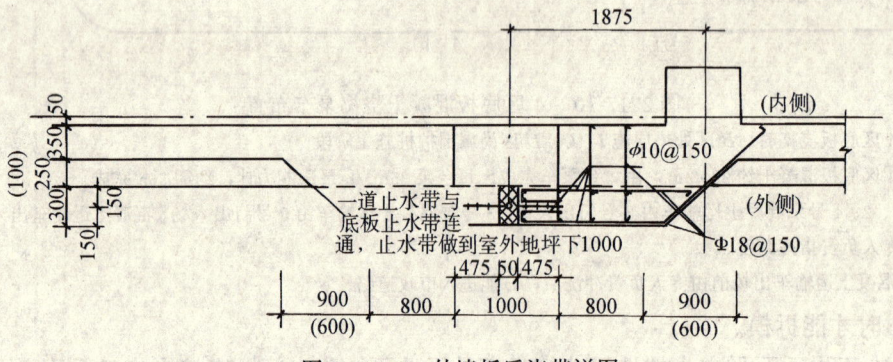

图 2.17-12　外墙板后浇带详图

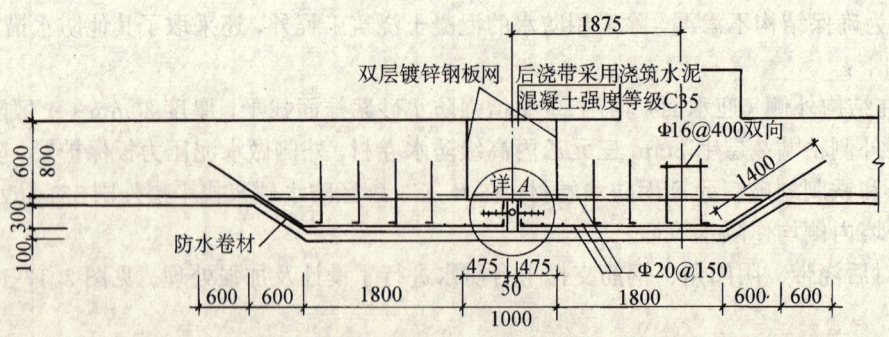

图 2.17-13　底板后浇带详图

内，当内外温差达到允许值的 90% 时，值班人员应及时报警，以利采取相应技术措施。

4）测温探头的固定和保护：测温轴采用φ12mm 钢筋（与底板铁扎牢），测温探头按要求绑扎在测温轴上，四周用 4 根φ6mm 钢筋在每个测温探头处用铁丝绑扎成笼子，防止浇捣混凝土时振动头子直接碰撞到测温探头。

5）测温点的布置：在混凝土基础内部，表面及内壁 A、B、C、D、E、F、G 轴各布置 5 个测温点，A 加为模板测点，此外基础混凝土外 1 个大气测温点，总共 37 点，每根测温轴上之测温点上下对称布置，详见图 2.17-18 和图 2.17-19。

6）底板混凝土浇筑时，测得混凝土的入模温度为 29℃，混凝土浇筑完毕后，立

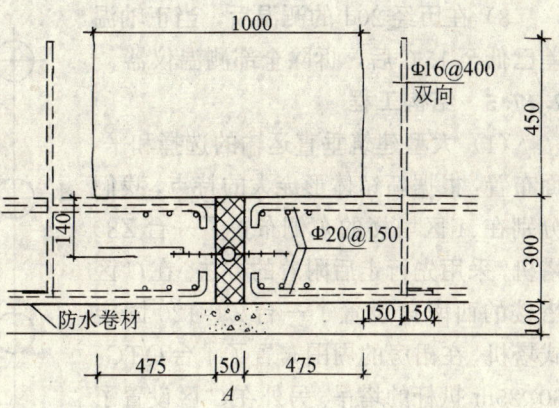

图 2.17-14　图 2.17-13 中 A 放大图

说明：

A 区地下室后浇带及主楼与裙房部分的后浇带待主楼结构封顶后根据沉降资料确定是否浇捣。

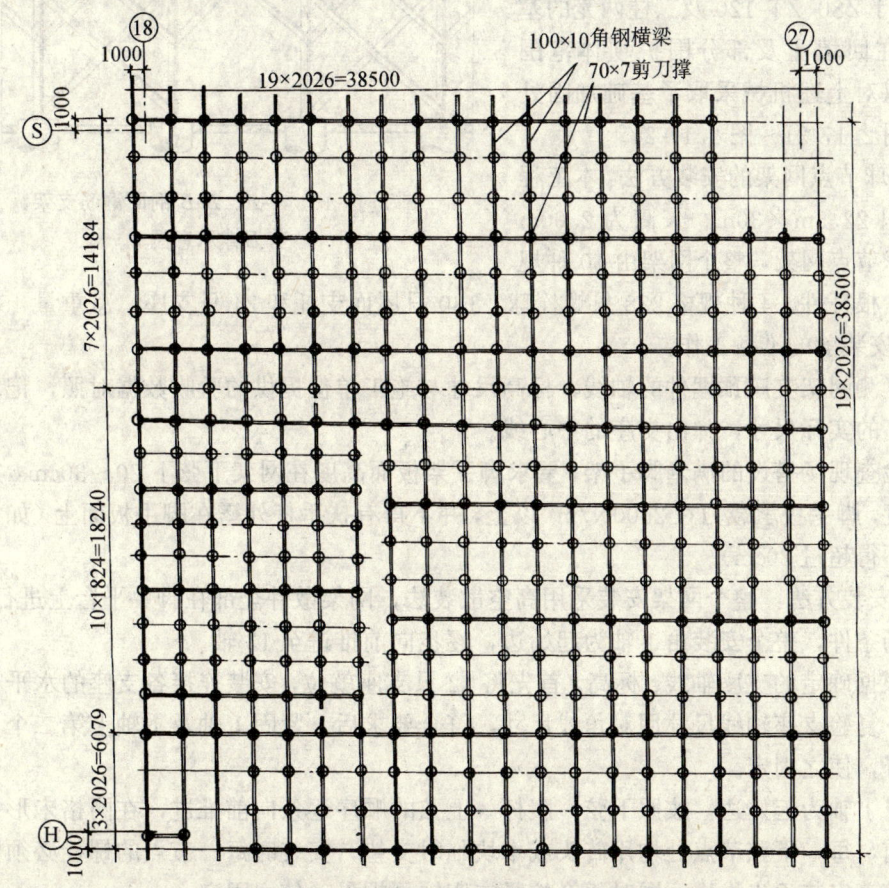

图 2.17-15　C 区钢筋支架平面布置图

即覆盖上塑料薄膜和 2 皮草袋，实行表面保温，使底板的内外温差基本上控制在 25℃ 之内。

7）在整个底板混凝土的养护测温过程中，各部分温差均属正常。

8）在历经20d的测温后，当正轴温差已低至15℃后，拆除全部测温仪器。

2.17.5　结构工程

（1）大型建筑垂直运输的选择和平面布置：根据新馆体形庞大的特点，我们分别在A区塔楼的东侧布置了一台Z80塔机，采用先行走后附着的方法。在C区塔楼的西南角设置了一台ZT-120固定式塔机，在裙房的周围布置了4台QTG-60、25m扒杆的塔吊。另外在C区设置了2台人货电梯，在A区、D区各设置了1台三柱两笼和3台2T轻型井架。平面布置见图2.17-20。

（2）Z80、ZT-120及三柱两笼的基础处理：由于Z80、ZT-120及三柱两笼的基础均处在回填土及部分围护坝体范围内，所以对上述机械采取了基础加固处理，见图2.17-21～图2.17-24。

（3）球节点网架的安装方法：本工程共有二只22.5m×30m、矢高为2.00m的钢管球节点网架，整个网架由10种规格共864根杆件、4种规格238只螺栓球、130只屋面支托和24只支座，总重量45.9t。

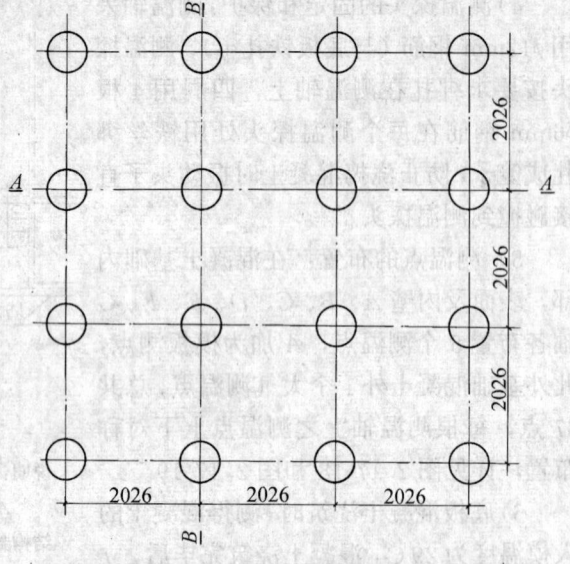

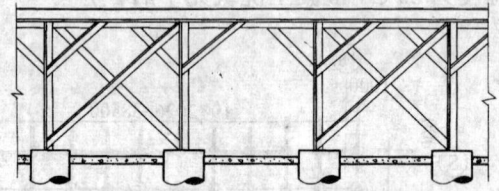

图2.17-16　A-A、B-B剖面钢筋支架、剪刀撑示意图

1）安装前的准备工作：

①复测网架支座预埋件的轴线，标高尺寸与施工单位提供的验收数据对照，记录每一支座标高的实际尺寸，弹出支座的中心线。

②检查现场搭设的满堂脚手架，要求脚手架板面高度在网架下弦下20～30cm，并有足够的刚度，脚手板承载力在2500N/m²以上，并不得有扶手杆外露在脚手板面上（如有露出其长度不得超过20cm）。

2）安装方法：整个网架安装采用高空散装法，网架散件全部在脚手平台上进行组装，根据现场条件，整个安装由1轴为起始边，逐步向前推进至13轴。

①根据确定的支座轴线、标高，首先将42只支座就位，安装连接各支座的水平杆并紧固螺栓，复验支座轴线尺寸用对角线尺寸，符合要求后，紧固1轴及1轴上第二个支座的锚固螺母，使之固定。

②以1轴为起始边，按照下弦—腹杆—上弦的顺序逐条向前推进，在网格未形成几何不变体前，每一下弦节点处均用砖头或木块临时支垫，安装时每一节点的螺栓必须紧固。

③随着安装逐步推进，同时逐个拧紧支座锚固螺母，使之固定。

④安装完毕后复测网架支座的标高、轴线尺寸，测量通过网架纵横向中心轴下弦节点处的初挠度，并作好记录。

⑤提供网架生产、安装全部资料，会同有关方面进行验收。

3）质量标准及保证措施：

①网架的生产、安装依设计图纸及 JGJ7-80 "网架设计与施工规定"为依据，网架全部安装后验收的标准为纵向长度误差为±15mm，横向长度误差为±12mm，支座中心偏移为±5mm，相邻支座高差为15mm，最低最高支座高差为30mm。

②网架全部装好后，再次逐个检查球节点螺栓的紧固情况，确保全部符合要求。

（4）玻璃顶棚的安装：

1）基础准备工作：

①将所有材料、零件及大型工具、设备等用塔吊吊至楼体施工现场。

②组装 $\phi219mm \times 5mm$ 管子对接用点焊夹具，对接时用水准仪 Ni4000 调平各定位面，以保证各面动平面度≤3mm。

③测量 D 区 17-26 轴之间顶棚预埋件尺寸（按图纸），使用光学仪器测量水平，用拉线及卷尺读数测量各有关基础尺寸，并做好记录，作为安装时的原始依据。

④打光 $\phi219mm \times 5mm$ 及 $\phi76mm \times 4mm$ 管子（副梁）表面（用抛光打磨机），使用4A-353/62M-001 点焊夹具点焊对接主梁，打磨打光焊缝，要求 $\phi219mm \times 5mm$ 主梁管子表面打磨出有规律的相同花纹，以增强管子的整体效果，测量 R 及弦高尺寸，做好记录备查。

⑤按基础改造图，改造基础预埋件以及幕墙玻璃扇的粘接成形。

2）主体框架的安装：

①用经纬仪及水平仪、卷尺读数法、拉线法，在顶棚安装部位确立一个正确的三维空间，找正基准线，作为安装时的尺寸基准，保证整体框架的统一协调以及与建筑体的位置正确。

②确定 28 个主体支座的位置，并做出标记，然后将 $\phi219mm \times 5mm$ 管子的对接记录与基础预埋件测量记录作比较，从而确定各主梁的相对安装位置，并做好记录。

③合理吊装并调整：首先安装 17、26 轴处（两端头）的主梁，并以此二根主梁为原始安装基准，装配其余各梁，同时安装 $\phi76mm \times 4mm$ 各副梁，切实保证尺寸 2070mm 及 1190mm 的间距和跨距 5075.0mm × 2mm = 10150mm ± 5mm，局部可放至 10150mm ± 10mm，各梁的连接均为焊接。

装配时，据实际情况，用拉线法、光学仪器法来保证各梁的正确位置，特别要保证各梁在主体轴线方向的高度一致性，并符合《技术标准》的规定，基本偏差位移量可通过加

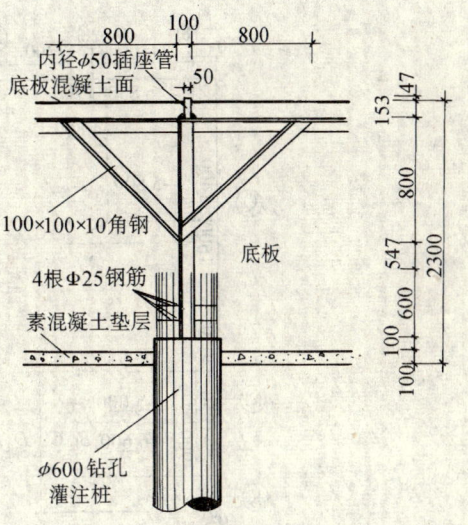

图 2.17-17 钢筋支架详图

说明：

1. 所有支架联结结构采用电焊，焊缝厚度8mm，焊条用 T422。

2. 支架隔桩在下方加设剪刀撑，安装第一榀支架时，需设斜撑，以增加整体稳定。

3. 在安放支架前，桩顶标高须由水平仪严格控制。

4. 支架脚的固定由 4 根 $\phi25mm$ 筋和桩筋焊接相连。

5. 内径为 $\phi50mm$ 的插座管作施工中 $\phi48mm$ 脚手管插孔之用。

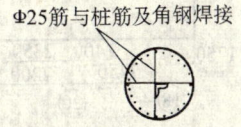

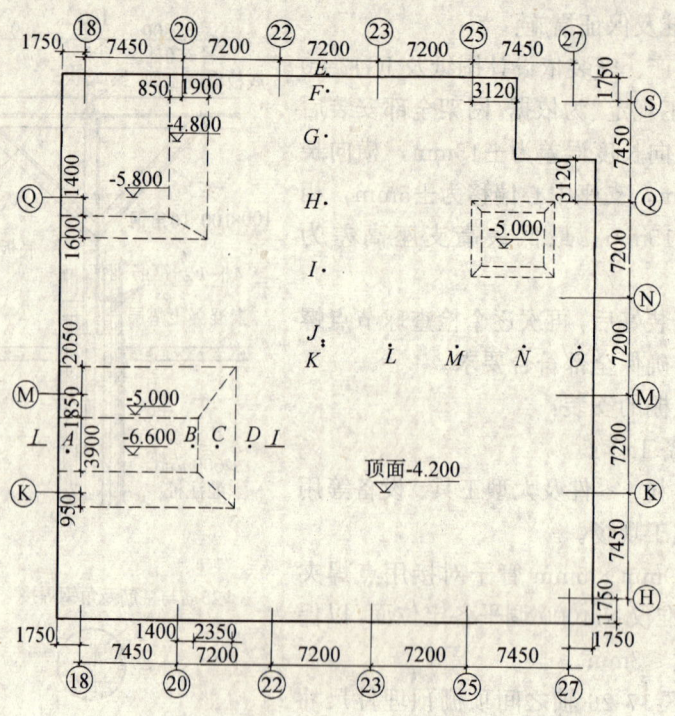

图 2.17-18   C 区地下室底板混凝土测温点平面布置图

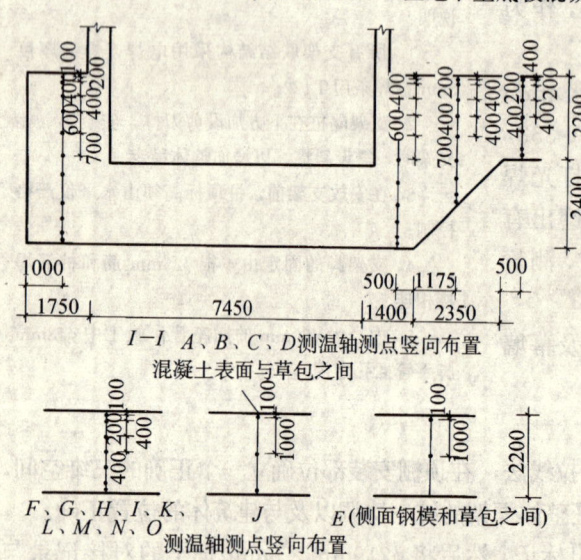

I—I A、B、C、D 测温轴测点竖向布置
混凝土表面与草包之间

F、G、H、I、K、   J   E(侧面钢模和草包之间)
L、M、N、O
测温轴测点竖向布置

图 2.17-19   C 区混凝土测温点布置图

垫调整并焊接之。

3)端部幕墙及挂板骨架的安装：当网端主体弧梁 ϕ219mm×5mm 管子框架安装到第 2 根以上时(分别)，便可进行隐蔽幕墙骨架的安装。安装时，首先调整焊接安装 ϕ76mm×4mm 两根弧形梁，然后确定立柱 NC2570 的正确位置及尺寸，并分别用角片及支座等与 ϕ219mm×5mm 管子、预埋件连接，再装配横档 NC2571，并用角片等与 NC2570 连接，当隐形幕墙安装完毕后(骨架)，再安装挂板骨架，安装时，先弧梁，后直梁，再与 NC2570 局部连接。

4) 历新板材的截切与安装：

①主体框架安装完毕后，便可调整焊接 150 个托梁支座，并焊接到 ϕ219mm×5mm、ϕ76mm×6mm×4mm 主副梁上；安装 R2309 托梁，安装支座及 R2309 时请注意历新板的尺寸：515m×2.04m，确保历新板的安装规范尺寸，每边缘压边不小于 20mm。

注：a. 所有焊缝均要打磨，并有圆弧过渡，以便消除残余应力。

b. 调整各尺寸可用加垫法及长圆孔错位来保证。

c. 用拉线法保证各支座及 R2309 托梁在主体框架主轴方向上的高度一致性，并要求保证各支座的直线度。

② 安装历新板到 R2309 上，安装前请将 R2309 贴硅胶垫的一面用溶剂清洗干净，不允许有脏物与异物存在，然后方可再贴硅胶垫，并用其成型 LTC 板上面，要严格按 LTC 板安装规范操作；LTC 板粘结在 R2309 上后，再用溶剂清洗将要粘硅胶垫的一面，并还要清洗 R0722 将要粘硅胶的一面，在安装 R0322 以前务必用 80～120 号砂纸打掉 R0722 两侧挂 2900 胶（封密性）的面上的 ED 膜电泳涂层，以保证粘结 2900 胶的牢固性（砂布打光后，还需用溶剂清洗干净），然后安装 R0722，最后涂 2900 胶。涂 2900 胶的胶缝，LTC 板在打胶前，务必清洗一遍，不能有杂质脏物存在。

5）挂板与幕墙成形：

① 挂装已成形好的幕墙玻璃扇，同时擦净玻璃扇表面，沿圆弧缝处涂密封胶，涂胶前务必用

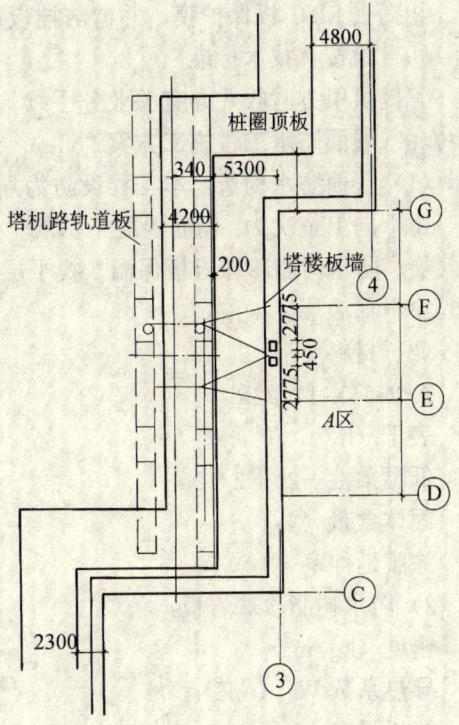

图 2.17-20　Z80 塔机平面位置图

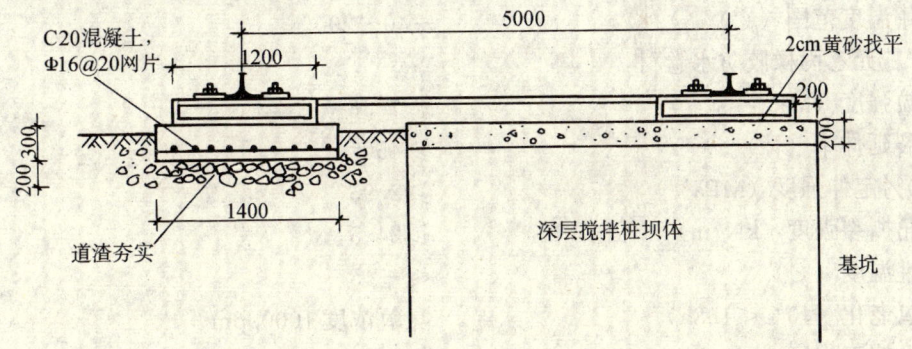

图 2.17-21　Z80 塔机路轨基础示意

说明：
1. *A* 区基础及裙房施工阶段采用行走式 Z80 塔机。
2. *A* 区塔楼施工阶段塔机附墙及固定位置另定。

有机溶剂清洗干净。

② 安装好预留的两块 LTC 板和挂板上方的 6 块 LTC 板条，并涂 2900 密封胶。

③ 裁切安装金属挂板，并清洗干净工艺留缝，涂密封胶。

④ 安装主体 LTC 板顶棚两侧及两端头的封严角材和封严板，并按图打密封胶。

6）收尾：

① 安装小顶棚及各附房百叶门等，并将暴露的黑色金属表面涂漆。

②揭去 LTC 板保护膜，并清洁挂板及小顶棚表面。

③自检按《技术标准》。

④提供甲方验收并办有关业务手续。

2.17.6 屋面防水工程施工方案

（1）屋面防水构造：本工程设防为隔气层及卷材防水层，具体构造如下：

由下向上依次为：钢筋混凝土基层、水泥砂浆找平层、GMX-1722R 液体涂料防水涂膜隔气层、防水树脂珍珠岩板保温、找平层 C20 钢筋混凝土整筑层、高分子防水卷材和浅色反光涂料保温层。

（2）材料要求：

1）GMX-17722R：

表干（h）	≤24
低温柔性−20±2℃2h	冷弯合格
固体含量（%）	≥65
涂膜延伸率（%）	≥850

2）防水树脂珍珠岩板：

密度（kg/m³）	<210
导热系数 W/（mK）	<0.062（<0.053）
抗压强度	>0.44（>0.45）
憎水率（%）	<6
使用温度范围（℃）	−40～200

3）三元乙丙橡胶防水卷材：

抗拉强度（MPa）	≥7.36
断裂延伸率（%）	≥450
300%定伸强度（MPa）	≥2.95
直角撕裂强度（kN/m）	≥24.5
脆性温度（℃）	≤−45
臭氧老化（40℃<168h）	臭氧浓度 1000ppm

（3）施工程序：

1）作业条件：

①施工准备：

a. 基层处理。本工程基层表面按设计要求做 1：2 水泥砂浆找平层，20mm 厚，水泥砂浆标号不低于 325 号，洒水养护无起壳现象。找平层粘结牢固，有一定强度。

b. 基层表面应平整，用 2m 长的直尺检查，基层与直尺间的最大空隙不应超过 5mm，空隙仅允许平缓变化，每米长度不得多于一处。

c. 高出屋面的管道应安装完毕，并用水泥砂浆固定。

d. 基层应达到干燥要求，含水率应在 9% 以下。含水率的简易检测方法：在找平层上浮铺 1m² 防水卷材。四周可用砂子压实，经 3～4h 后，将卷材掀开，若发现基层的颜色不一，潮湿时即认为含水率超过 9%。

e. 清理基层，先将基层表面突起物、砂浆疙瘩等异物清除；对排水口、阴阳角、管道

根、女儿墙拐角处，遇有油污、铁锈应用砂纸、钢丝刷或溶剂清除；对基层应进行多次彻底清扫；最后最好用高压吹风器或吸尘器清理一次。

②材料的抽检及验收：三元乙丙防水卷材及胶粘剂进入施工现场后，应根据厂方提供的该厂产品的质量标准（国家标准或行业、地方、企业标准）及产品合格证为依据，对其主要项目进行抽查。常规抽查项目可为：a. 抗拉强度；b. 断裂延伸率；c. 直角撕裂强度；d. 低温柔度；e. 不透水性；f. 卷材—卷材粘结强度等，合格后方可使用。

(4) 施工工艺：

1) GMX-1772R 施工工艺：

①桶装胶料在使用之前，应搅拌使之浓度均匀一致后使用，表面如有少量结膜现象，应当过滤后使用。

②胶料采取刮涂方法。

③在上道涂料层进行下道涂料施工时，必须待上道涂料层干燥后进行，干燥时间要视当地气温和湿度而定，一般实干需 4～24h。但整个防水层施工完毕后，在一周内不许上人或继续进行其他工序施工。

④涂料不准在雨天、大风、负温、雾天或夏天中午烈日下施工。并要随时掌握气温情况，预计在涂料干燥前有雨时均不得施工。

2) 三元乙丙防水卷材铺贴施工工艺：

①本工程三元乙丙屋面防水工程采用冷粘，即用粘结剂将卷材粘结在基层表面上，并用胶粘剂将卷材与卷材粘结为一体，形成完整的防水层。

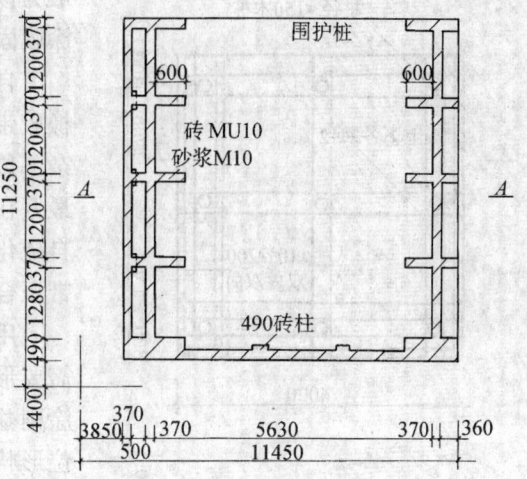

图 2.17-22　C 区 Z120 塔机基础

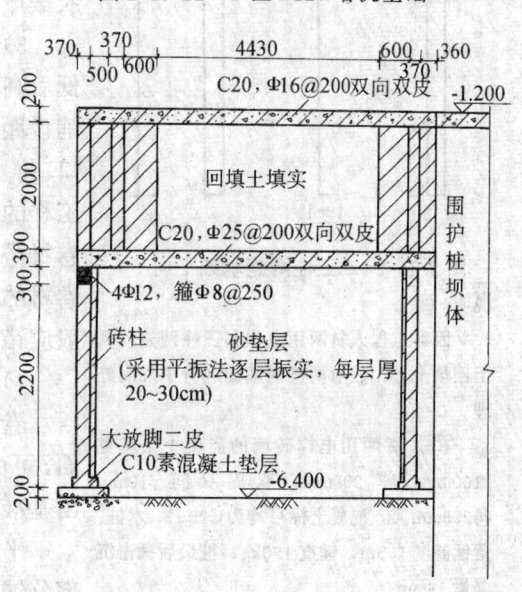

图 2.17-23　图 2.17-22 中的 A-A 剖面

卷材与基层粘结方式分别为：a. 天沟、檐构、出水口、泛水等处采用全粘法。b. 屋面大面积铺贴采用条粘法。c. 端头缝、屋脊缝、分仓缝等缝的部位按具体结点要求粘贴。具体见图 2.17-25。

②复杂部位的处理见图 2.17-26。

排水口、阴阳角及管道根部等均为易出现渗漏部位，在大面积铺贴卷材之前应先用涂料、自硫化橡胶带或同类卷材裁剪成一定形状包封处理。

涂料用 GMX-172 搅拌均匀，均匀涂刷在阴阳角、排水口和管道根部周围。涂刷宽度一

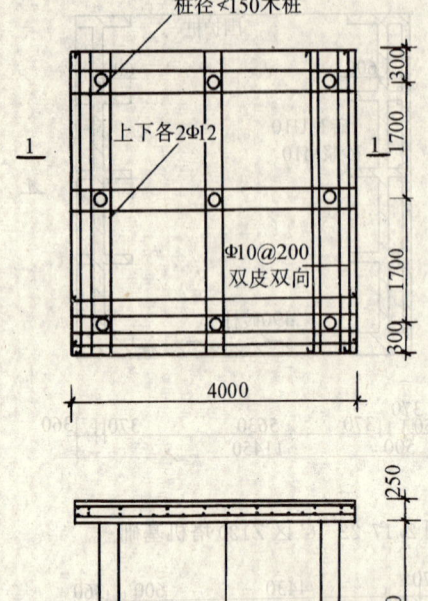

图 2.17-24 三柱两笼基础平面

说明：

因本工程人货两用电梯和三柱两笼均置于回填土上，故对两机的基础进行了加固处理。

1. 人货两用电梯砖墙的混凝土条基宽1100mm，厚 200mm，双皮双间 ϕ10mm @200mm。2. 混凝土标号均为C20。3. 木桩、落锤高度1.5m，锤重150kg，桩最后锤击沉降量16mm。

上向下顺序压实，继续由下向上的铺贴立面卷材，按顺序逐一压实。

5）卷材搭接缝的处理：

冷粘法施工的高分子卷材之间搭接缝宽度，长边与短边均应达到80mm 以上。

处理搭接缝时，先将搭接缝部位上层卷材翻开，用胶粘剂将翻开卷材与基底卷材点粘进行临时固实，点粘位置每隔 0.5m 左右一处。然后将搭接部位两侧分别涂布接缝胶粘剂，晾至干燥，即手触不粘为准。

般为该部位周围 200mm 范围，涂刷厚度为 1.2mm。涂膜固化后，可在该部位进行下一道工序施工。

自硫化橡胶带一般粘结度较高，所以用自硫化橡胶带处理可随意形成各种形状，适于处理各种复杂部位。将自硫化橡胶带按部位所需形状尺寸裁下，最好在被贴处涂刷一薄层基层粘结剂，待触开后，将自硫化胶带粘贴严实、压光，接缝处要用力将两层胶带压合成一体。

用防水卷材包封处理，首先将卷材按处理部位需要形状剪下。分别将被贴处表面和卷材表面均匀涂刷基层胶粘剂，并晾至手触干燥，然后将卷材按部位形状包贴，用小压辊将卷材压实，卷材与卷材接缝处用接缝胶粘剂粘牢，所有边缘和接缝处应用嵌缝胶嵌严封实。

3）卷材的铺设顺序及方向：卷材的铺贴应按先低后高，先远后近的施工程序进行，同高度屋面应先铺设距出口处距离远处及排水集中部位（天沟、檐口、排水口等），然后由低到高逐渐向出入处铺贴。本工程的流水坡度为 3.3%，可平行或垂直屋脊铺贴；卷材搭接缝要顺流水方向接茬，不得反向；相邻两条卷材的横向搭接缝必须错开，不得连成一条直线，一般应错开 30～50cm。

4）铺贴卷材：

卷材的铺贴，按配置方案，由最低处开始。平屋面，可由屋面顺长方向两端最低处同时开始。首先弹出基准线，以便沿线铺贴卷材。

平面与立面衔接部位的铺贴，先把卷材平面的部分铺贴好，然后由平面向立面铺贴，用手持压辊由

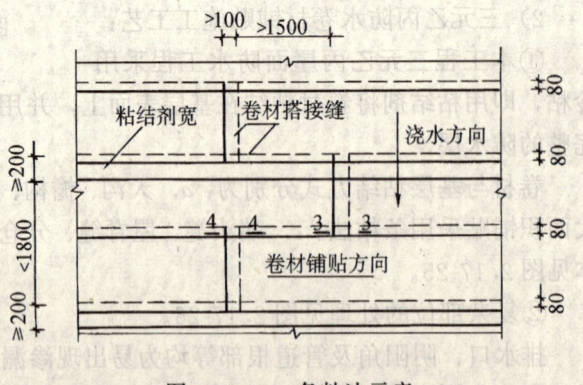

图 2.17-25 条粘法示意

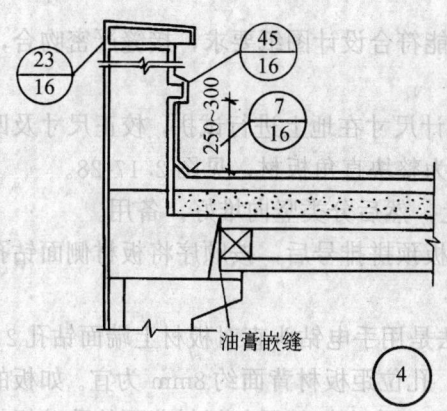

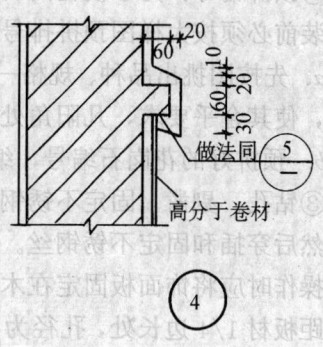

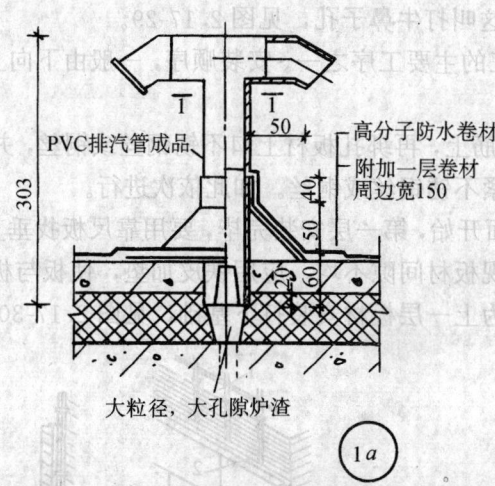

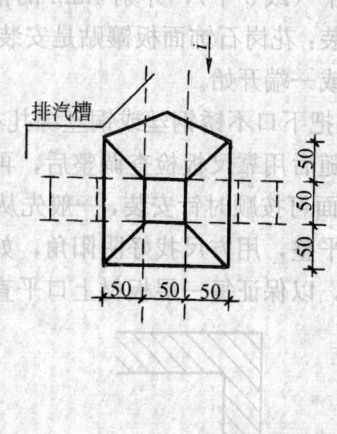

图 2.17-26　屋面复杂部位铺贴的处理

顺序将临时固定处拉开，压合粘结面，边粘边用手辊沿横向排除空气，加力压平，使接缝粘实。

卷材搭接缝粘结牢实之后，用密封剂将缝嵌严。

2.17.7　装饰工程

（1）花岗石饰面的施工工艺及检验标准：本工程的首层外墙采用天然花岗石饰面板分毛面和光面两种。

1）施工程序：花岗石饰面板镶贴安装施工程序：绑扎钢筋网→预拼排号→钻孔、剔凿、固定不锈钢丝→安装→临时固定→灌浆→嵌缝。

2）操作要点：

①绑扎钢筋网：按施工大样图要求的横竖距离，焊接钢筋用的钢筋骨架。

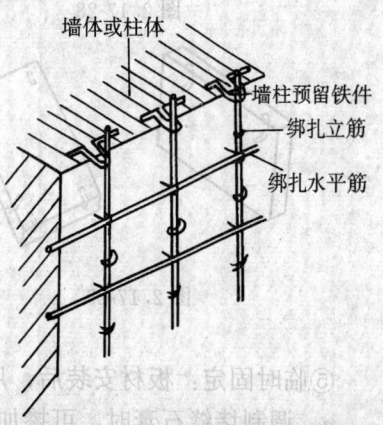

图 2.17-27

根据墙面的预留钢筋，首先焊接 φ8mm 竖向钢筋，随后绑扎横向钢筋，其间距要比饰面板竖向尺寸低 2～3cm 为宜，见图 2.17-27。

②预拼编号：为了使花岗石安装时上下左右能符合设计图纸要求，接缝严密吻合，因此安装前必须按大样图预拼排号。

a. 先按图挑出品种、规格一致的块料，按设计尺寸在地上进行试拼，校正尺寸及四角套方，使其合乎要求，凡阳角处，相邻两块边均为整块直角板材，见图 2.17-28。

b. 预拼好的花岗石编号，编号一般由下向上，然后分类竖向堆好，备用。

③钻孔、剔凿、固定不锈钢丝、花岗石饰面板预拼排号后，按顺序将板材侧面钻孔打眼，然后穿插和固定不锈钢丝。

操作时应将饰面板固定在木架上。直孔的打法是用手电钻头直对板材上端面钻孔 2 个，孔位距板材 1/4 边长处，孔径为 5mm，深 15mm，孔位距板材背面约 8mm 为宜。如板的宽度较大（板宽大于 60cm），中间应再增钻一孔。钻孔用合金钢錾子朝板材背面的孔壁轻打剔凿，剔出深 4mm 的槽，以便固定不锈钢丝或铜丝，然后将石板下端翻转过来，用同样方法再钻孔 2 个（或 3 个），并剔 4mm 的槽，这叫打牛鼻子孔，见图 2.17-29。

④安装：花岗石饰面板镶贴是安装施工的主要工序之一。安装顺序，一般由下向上，每层由中间或一端开始。

a. 先把下口不锈钢丝或铜丝绑扎在横筋上，再绑扎板材上口不锈钢丝或铜丝，并用木楔垫稳。随后用靠尺板检查调整后，再扎紧不锈钢丝或铜丝。如此依次进行。

b. 柱面可按顺时针安装，一般先从正面开始，第一层安装完毕，要用靠尺板找垂直，用水平尺找平整，用方尺找好阴阳角，如发现板材间隙不均，应用铁皮加垫，使板与板间隙均匀一致，以保证每一层板材上口平直，为上一层板材安装打下基础，见图 2.17-30。

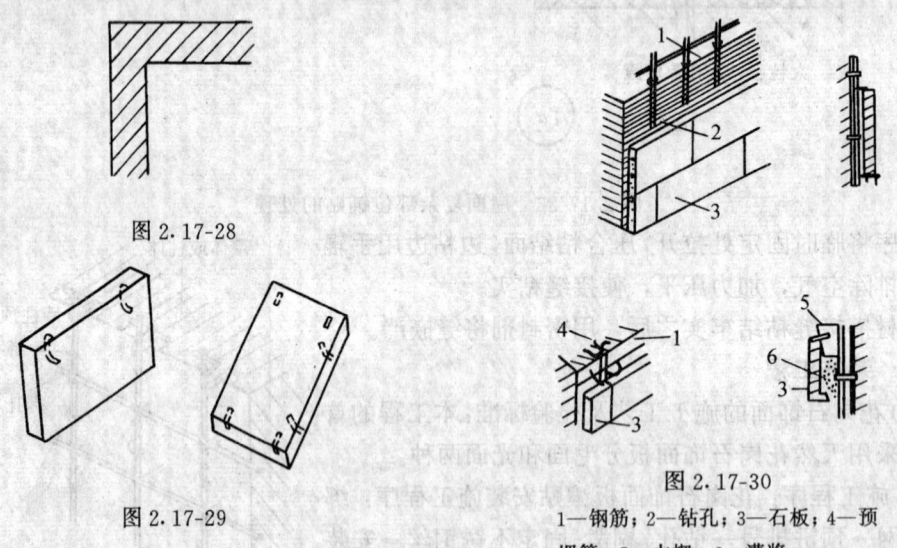

图 2.17-28

图 2.17-29

图 2.17-30
1—钢筋；2—钻孔；3—石板；4—预埋筋；5—木楔；6—灌浆

⑤临时固定：板材安装后，用纸或熟石膏将四侧缝隙堵严，上下口临时固定。

a. 调制堵缝石膏时，可掺加 20% 水泥，以增加强度，防止石膏裂缝。

b. 较大的块材以及门窗碹脸饰面板，应另加支撑。为了矫正视觉误差，安装碹脸时应按 1% 起拱，然后及时用靠尺板、水平尺检查板面是否平直，以避免板与板的交接处四角不直。发现问题，立即矫正，待石膏硬固后即可进行灌浆。

⑥灌浆：用稠度为 8～12cm 的 1：3 水泥砂浆分层灌注。灌注时不要碰动板材，也不要只从一处灌注，同时要检查板材是否因灌浆而外移。

a. 第一层浇灌高度为 15cm，即不得超过板材高度的 1/3。第一层灌浆很重要，要锚固下口铜丝及板材，所以应轻轻操作，防止碰撞和猛灌。一旦发生板材外移错动，应拆除重新安装。

b. 待第一层灌浆 1～2h 后，检查板材无移动，再进行第二层灌浆，高度为 10cm 左右，即板材的 1/2 高度。待第三层灌浆到低于板材上口 5cm 处，余量作为上层板材灌浆的接缝。如板材高度为 50cm，每一层灌浆为 15cm，留下 5～10cm 余量作为上层石板灌浆的接缝。

⑦擦缝、打蜡：石板安装完毕后，清除所有石膏和砂浆痕迹并擦洗干净，并按花岗石饰面板颜色调制水泥浆嵌缝，随嵌随擦干净，防止污染板材表面，使之缝隙充实、均匀，外观洁净、颜色一致，镜面花岗石板最后还要上蜡抛光。

3）验收标准：

①验收标准：

a. 饰面板的品种、规格、颜色和图案必须符合设计要求。

b. 饰面板安装必须牢固，无歪斜、缺棱掉角和裂缝等缺陷。

c. 饰面板表面应平整、洁净，色泽协调无变色、泛碱、污痕和显著的光泽受损处。

d. 饰面板接缝应填嵌密实、平直、宽窄均匀、颜色一致。阴阳角处的板茬方向正确，非整板使用部位适宜。

e. 突出物周围的板用整板套割吻合，边缘整齐；墙裙、贴脸等突出墙面的厚度一致。

f. 流水坡向正确，滴水线（槽）顺直。

②允许偏差见表 2.17-3：

石材饰面工程质量允许偏差　　　　　　　　表 2.17-3

项次	项 目		允许偏差（mm）			检 验 方 法
			光面、镜面	粗磨面、麻面、条纹面	天然石	
1	立面垂直	室内室外	2 3	3 6	— —	用 2m 托线板检查
2	表面平整		1	3	—	用 2m 直尺和楔形塞尺检查
3	阳角方正		2	4	—	用 200m 方尺检查
4	接缝平直		2	4	5	用 5m 线检查，不足 5m 拉通线检查
5	墙裙上口平直		2	3	3	
6	接缝高低		0.3	3	—	用直尺和楔形塞尺检查
7	接缝宽度		0.5	1	2	用尺检查

（2）各类吊顶的做法：

1）石膏板吊顶：

①施工步骤及技术要求

a. 各种管道、管线已安装调试完成，中型轻钢涂塑龙骨已安装完毕，并对龙骨水平度、吊顶间距、节点固定、起拱高度等检查符合要求。

b. 安装石膏板前，应在龙骨下口拉通线，以控制罩面板安装时缝隙的顺直。

c. 罩面板安装脸用暗式系列企口咬接安装法，采用 T16-40 轻型钢暗式系龙骨。安装板材时要注意龙骨与带企口板材的配套，以及企口的互相咬接和图案的拼接。安装时用力要轻，以防板材折损。石膏板固定时，板与板间应留出 3mm 左右间隙，然后用石膏腻子补平，并在拼板处贴一层穿孔接缝纸。

d. 其它采用 U 型轻钢龙骨，装饰石膏板可用镀锌自攻螺钉与龙骨固定，固定时要求钉头嵌入石膏板约 0.5～1mm，钉眼用腻子找平，并且用与石膏板颜色相同的色浆腻子刷色一遍，固定螺钉可用 GB847 或 GB845 十字沉头自攻螺钉（5mm×25mm、5mm×35mm）。

②图例：见平顶装饰图例（图 2.17-31*a*）。

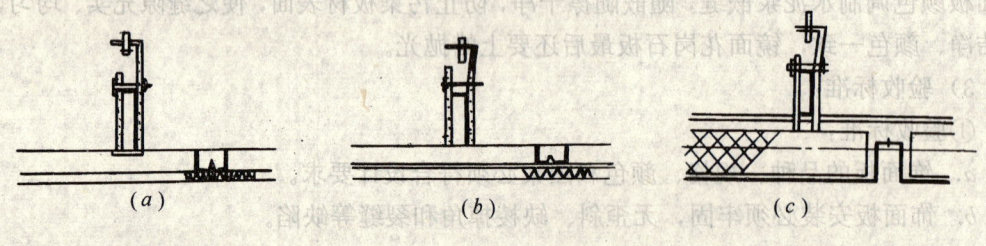

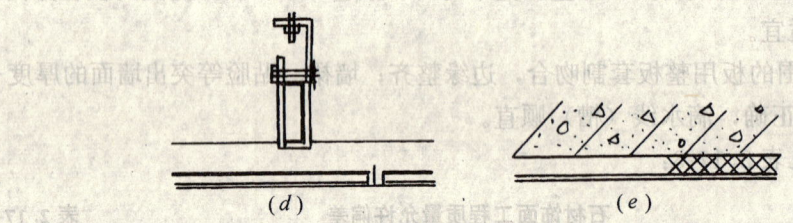

图 2.17-31 平顶装饰图例

2）矿棉板吊顶：

①施工步骤及技术要求：

a. 在安装矿棉板前，在中型轻钢涂料龙骨下口拉通线，以控制罩面板安装时缝隙的顺直。

b. 采用复合粘贴安装法，在已安装好的 U 型轻钢龙骨吊顶骨架上，用自攻螺钉先把纸面石膏板固定在上面，在板缝、螺钉帽处用腻子找平，再在石膏板上按矿棉板（600mm×600mm）放线，然后在矿棉板背面抹胶，涂 15 个点，最后把装饰吸声板粘贴在纸面石膏板上，粘贴时注意板面平整，板缝平直。

c. 施工中注意装饰板背面的箭头方向和白线方向，必须保持一致，以保证花样、图案的整体性。

d. 安装吸声板时要戴清洁手套，以免将板面弄脏。

②图例：见平顶装饰图例（图 2.17-31*b*）。

3）吸声铝合金板吊顶：

①施工步骤及技术要求：

a. 弹标高线和龙骨线，标高线一般弹到墙面或柱上，然后将角铝固定在墙面或柱面上，

角铝与墙面或柱面用射钉连接固定。

b. 采用倒 T 型龙骨，从一个方向依次施工 0.8mm 厚铝合金。板上放 50mm 厚离心玻璃棉（塑料包）。

c. 注意自动喷淋、烟感器、风口等设备与吊顶表面衔接部位的处理。

②图例：见平顶装饰图例（图 2.17-31c）。

4）水泥压力板吊顶：

①施工步骤及技术要求：

a. T 型中型轻钢涂料龙骨安装完毕后检查符合条件。

b. 安装 6mm 厚 600mm×600mm 水泥压力板，采用铝合金明龙骨，然后批平板底，涂料二度。

②图例：见平顶装饰图例（图 2.17-31d）。

5）聚苯乙烯板底粉刷：

①施工步骤及技术要求：

a. 在屋板浇捣混凝土时，在楼板底预放 50mm 厚聚苯乙烯板，保温板下为 $\phi6@300$ 钢筋网片，钢筋网片由 $\phi6@900$mm 吊顶伸至板面内与楼板筋扎牢。

b. 用钢板网片与钢筋网片扎牢。

c. 做粉刷层，面层涂料总厚 20mm。

②图例：见平顶装饰图例（图 2.17-31e）。

（3）外墙异型砖贴面施工方法：

外墙异型砖贴面施工方法见 GB/SJ-06-96。

1）施工准备：

①粘贴前应有专人对面砖进行挑选，凡外形歪斜、缺棱、掉角、翘棱、裂缝、颜色不均匀的应剔除。

同套面砖用套板分大、中、小三类，再根据面砖数量分别使用在不同部位。

②基层或基体处理

a. 基体表面上杂质、油污应清除干净，光滑的基层要凿毛。

b. 抹找平层要浇水湿润，特别是暑期水要浇足。

c. 当基层或基体的偏差较大时，找平层应分几遍进行，若一抹得太厚，砂浆易开裂。

d. 涂抹应平整，表面要粗糙，平整可减少粘结砂浆的厚薄不均，粗糙可增强砂浆的粘结力。

③门窗洞口及其它钢木配件、预埋件要安装正确，不能遗漏；门窗口标高位置必须正确，务必做到上下、左右进出一条线；混凝土墙、柱、过梁等，如有凹凸不平要凿平或用 1：3 水泥砂浆补平。

④运用 ACAD 方法，绘制面砖排列图。

2）施工工艺：

①分层做法：

a. 15mm 厚 1：3 水泥砂浆打底划毛。

b. JCTA-300 陶瓷砖粘结剂 2～3mm 厚。

c. 粘贴面砖。

②施工要点:

a. 按设计要求挑选规格、颜色一致的面砖,使用粘结剂时异型砖严禁用水浸泡。

b. 根据设计要求统一弹线分格、排砖。一般要求是横缝与碰脸或窗台平,阳角窗口是整砖,并在底子灰上弹垂直线。横向不是整块面砖的要用金钢钻和砂轮切割整齐。如按整块分格,可采取调整砖缝大小解决。

c. 面砖排缝原则上按设计要求。

采用离缝排列,缝宽保持在 7.5mm 左右。

阳角部位保持整砖,采取整砖对角粘结,主楼面间柱采用大面罩小面,即转角拼缝留在侧边,窗天盘滴水线深度、宽度不小于 10mm。

水平缝与窗上、下口平,保持 25mm。

d. 同面砖做灰饼,找出墙面、柱面、门窗套等横竖标准,阳角处要双面排直,灰饼间距不大于 1.5m。

e. 粘贴面砖前,墙面要湿润(外干里湿),保持一定的平整度,并清除浮灰等杂物。

f. 用水将粘结剂调成厚糊状,粘砖后在 5min 内可移动,方便纠正,水灰比约 1:4,调均匀后的粘结剂在 5h 内用完(20℃时)。

g. 将混合后的粘结剂涂抹在粘贴面砖背面,且充满异形砖的凹槽内,然后用力按,并用小铲轻轻敲击,使之与基层粘结牢固,并用靠尺随时找平找方。贴完一皮后,须将砖上口灰刮平,每日下班前须清理干净。

h. 在面砖完成一定流水段后,用勾缝剂勾缝,勾缝工具为边长 7.5mm 的矩形钢棒,凹进深度为 3mm。

i. 整个工程完工后,应加强养护。同时用稀盐酸刷洗表面,并随时用水冲洗干净。

③注意事项:

a. 施工前面砖应按规格、色差挑选分类。

b. 粘结剂初硬化 4～5h(20℃时),完全硬化 14d 后。

c. 在粘结过程中,力争一次成活,不宜多动,尤其是在收水之后。

d. 要注意养护和表面酸洗处理。

e. 上道工序经验收合格后(如垂直度、平整度)方能进行面砖铺贴,并实行面砖工程铺贴令、外脚手拆除令。

(任长发)

2.18 福德商务中心大厦施工

2.18.1 工程概况

(1) 工程介绍:

福德商务中心大厦是现代高级多功能商住楼,位于市区四川北路繁华商业地段,东临粤东中学、精武体育会,南靠东宝兴路,西临四川北路,北为俞泾浦(图 2.18-1)。

本工程建筑高度 99.8m,地上为两幢 28 层建筑(部分楼层通过中间连接体相连接成为一体),其中裙房五层,地下 2 层车库,裙房结构形式为框架结构,主楼部分为框筒结构,建筑总面积约 68000m²。

本工程总工期为 36 个月，从开始试桩及地下连续墙施工到施工至±0.000 工期为 14 个月。

本工程施工场地极为狭小，周围道路交通拥挤，道路地下管线复杂，且埋设年代久远，距现场又近，位于精武体育会和东宝兴路附近有大面积地下人防，埋深 3～6.5m，现场土质条件很差，地下水位较高，表层杂填土较厚，因此工程施工难度相当大。

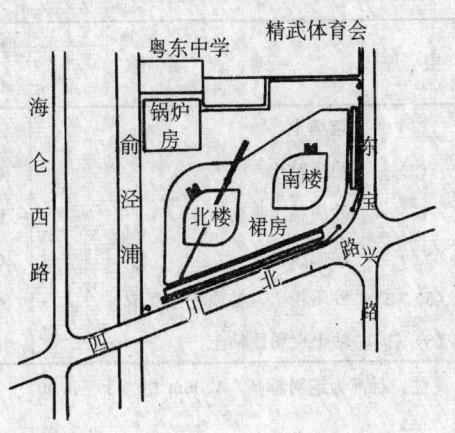

图 2.18-1 施工总平面图

（2）工程特点：主要有工程大、基坑深、圆弧多、难度大、工作量大、周围环境保护难、安全施工要求高、施工场地小、条件差、商品混凝土用量大、施工队伍多、施工阶段用水和用电量大、施工工期紧、施工措施多和工艺新（地下连续墙、深层搅拌桩、劈裂注浆等）等。

（3）工程地质情况：本工程位于上海市区北部，为密集居住商业区。地面标高一般在 3.45～3.97m 之间。东宝兴路四川北路一侧地下有大面积人防工程埋深约 3.0～6.5m。地下水（潜水）静止水位一般在 0.8～1.15m，相应标高一般在 2.65～2.42m，水位的变化主要受大气、降水、地表迳流补给控制。

（4）基坑围护方案：

1）主楼（含裙房）基坑围护：本工程基础承台混凝土厚度为 2.2m，承台面标高为 －8.450m，基坑坑底标高为－10.850m，开挖面积 4100m²，成不规则形，土方量约 43000m³（图 2.18-2）。

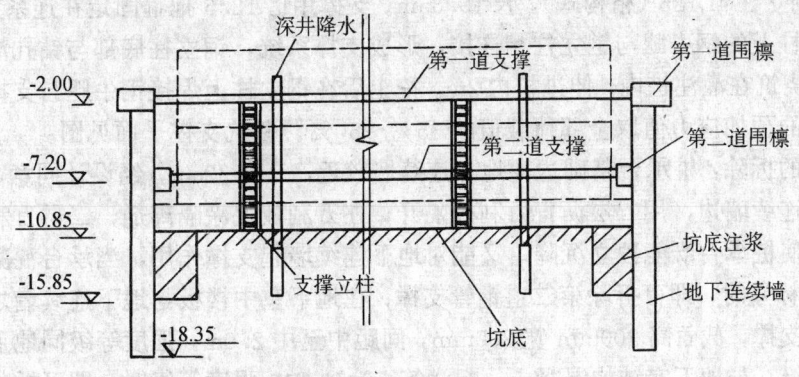

图 2.18-2 主楼支撑系统剖面图

基坑的地质情况：

①坑壁部分：

基坑围护结构采用 800mm 厚地下连续墙，在两道支撑位置（支撑中心标高：第一道 －2.00m，第二道－7.200m）设置两道钢筋混凝土围檩，第一道围檩面标高－1.500mm、宽 1200mm、高 800mm，第二道围檩面标高-6.800m、宽 400mm、高 800mm。

层　序	地 表 名 称	厚 度 (m)	层底标高 (m)	内摩擦角°	孔隙比	渗透系数 (cm/s)
(1)	杂填土	1.8	1.85	20.5	0.89	
(2)	粉质粘土	0.8	1.05			
(3)	砂质粘土夹粉砂	9.2	−8.15	25.5	0.85	7.69E-5
(4)	淤泥质粘土	6.0	−14.15	7.0	1.32	4.58E-5
(5)-2	砂质粉土、粘质粉土互成	31.0	−45.15	20.9	0.96	8.83E-7
(8)-1	粘土夹粉质粘土	15.0	−60.15	15.1	0.99	2.86E-8

注：标高为绝对标高，4.05m 相当于±0.00。

北侧俞泾浦一带，地下连续墙与俞泾浦防汛墙之间的土体只有 5.8m 宽，从受力和传力的角度看，非常单薄，特别是因为本工程地质条件差，所以有必要对这一狭长地带土体进行加固处理。采用深层搅拌桩加固围护方案，其作用有两点：

a. 把该段土体的强度提高，使其能负载相当的侧向挤压力。

b. 因为该段地下连续墙紧挨俞泾浦河道，加固后的土体同时起到挡水的作用。深层搅拌桩，桩径 φ700mm×1200mm（双头），打两排，桩顶面标高同地下连续墙导墙面标高，桩长 12m，超过基坑深度。

②支撑部分：

本工程基坑平面为不规则形，所有支撑均为斜撑，设置两道支撑，第一道支撑中心标高−2.0m，间距 9m 左右，采用 φ609mm×16mm 钢管支撑。第二道支撑中心标高−7.200m，间距 3m 左右，采用 φ609mm×16mm 和 φ580mm×12mm 钢管支撑。支撑两端搁置在钢筋混凝土围檩的牛腿上，在支撑中间设置两根钢连系梁 2I32b（格构式），整个支撑系统共设置 37 根钢立柱 4L126（格构式），长 10.35m。支撑用[12.6 抱箍固定在连系梁上，连系梁通过钢立柱上的钢牛腿与钢立柱相连接，形成支撑系统，钢立柱底部与钻孔灌注桩钢筋笼相焊接，浇筑在灌注桩内，伸进桩内 2m。挖土后在钢立柱上焊接钢牛腿与支撑系统形成整体，支撑的预加应力值取全部荷载值的 35%～50%。基坑支撑平面见图。

支撑的拆除：桩承台基础边离地下连续墙较近，只有 32cm，经设计同意，承台混凝土浇至地下连续墙边，用二层沥青万利板隔开，在万利板上涂隔离剂，二层万利板中间用油毡隔开，使桩承台既能独立沉降，又能对地下连续墙起支撑作用，当承台混凝土强度等级达到 C15 标号时，即可拆除第二道钢管支撑；在地下室中楼板与地下连续墙之间设现浇钢筋混凝土支撑，截面高 200mm 宽 300mm，间距中至中 2.0m，强度等级同地下室结构混凝土强度等级，与地下室结构混凝土一起浇筑，达到 C15 强度等级时，即可拆除第一道钢管支撑。地下室中楼板遇钢立柱处留洞，钢筋弯起，待拆除第一道钢管支撑后，拆除钢立柱，见图2.18-3。

③坑底部分：坑底采用劈裂注浆（分层注浆）加固土体，提高土体强度，对地下连续墙起到第三道支撑的作用，减小地下连续墙在坑底部位的位移，防止坑底较大程度的回弹和坑底土体大面积失稳产生滑动。同时，进行承台下深坑施工时，由于进行过预注浆，不再需要降水和支护，直接进行挖土施工。注浆加固范围：沿基坑内周边一圈（宽 6m 范围）为注浆带，另设八条顺支撑方向（起支撑作用）的注浆带（宽 5m）。此外有坑底以下深坑

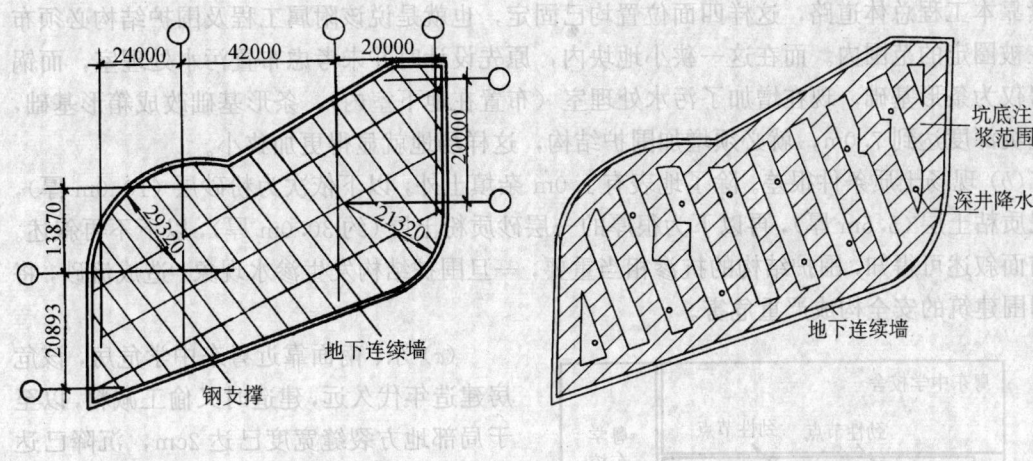

图 2.18-3 主楼支撑系统平面图　　　　图 2.18-4 主楼坑底注浆及深井
　　　　　　　　　　　　　　　　　　　　　　降水平面布置图

的，该处土体及周围 1m 范围内的土体都要进行加固。注浆加固深度：深坑部位的注浆深度为坑底以下 8m，其它部位的注浆深度为坑底以下 5m（图 2.18-4）。

④实际施工效果：经工程环境监测得出如下结果：

a. 地下连续墙：墙身最大变形不超过 5cm，墙顶最大水平位移 2cm（表 2.18-1）。

福德商务中心工程地下连续墙最大位移表　　　　　　　　　　表 2.18-1

位置	墙身水平位移		墙顶水平位移（mm）	垂直位移（mm）
	深度（m）	位移（m）		
南	10	22	15	9
北	11	19.6	7	10
东	12	29.9	15	8
西	8	41.7	19	11

b. 坑外土体沉降位移不超过 2cm，管线位移小于 1cm。

c. 坑底土体回弹几乎没有。

d. 支撑轴力：由于工期紧，为了加快挖土速度，土体开挖面暴露时间长、面积大，同时施工机械（50t 履带吊和挖土机）在支撑上行走，作业通过路基箱，土体传力给下面的支撑，且支撑的抱箍经常被挖土机碰掉，导致第一道支撑中有二根支撑活络头变形，支撑轴力测试结果偏大，最大达 2500kN（原设计 2000kN），离基坑最近（3.5m）的粤东中学危房（平房）沉降 3cm。但采取了加固活络头、抱箍等措施后，支撑未失稳，变形也得到有效控制，保证了基坑安全和顺利施工。

e. 地下连续墙基本无渗漏现象，坑外也无水土流失现象发生，止水效果好。

2）工程附属设施（含锅炉房、油罐槽、污水处理室）基坑围护。

在进行福德商务中心附属工程（包括锅炉房、污水处理室、油罐槽）基坑围护设计时，遇到以下一些问题：

（*a*）该附属工程场地极其狭小。北面临近俞泾浦驳岸，东、南面靠近粤东中学危房，西面紧靠本工程总体道路,这样四面位置均已固定,也就是说该附属工程及围护结构必须布置在被圈定的范围内。而在这一狭小地块内,原先设计时并未考虑布置污水处理室,而锅炉房仅为条形基础,现在增加了污水处理室(布置在地下室内),条形基础改成箱形基础,使基坑深度达到 7.0m,就必须增加围护结构,这样场地就显得更加狭小。

(b) 现场土质条件很差。除了地表有 1.0m 杂填土外,以下依次为粉砂层(10.0m 厚)、淤泥质粘土层(5.5m 厚),再以下为很厚的一层砂质粉土层(约 30.0m 厚),以下不再叙述。从前面叙述可得知,围护结构的抗渗相当重要,一旦围护结构发生渗水现象,造成流砂,将对周围建筑的安全构成严重危害。

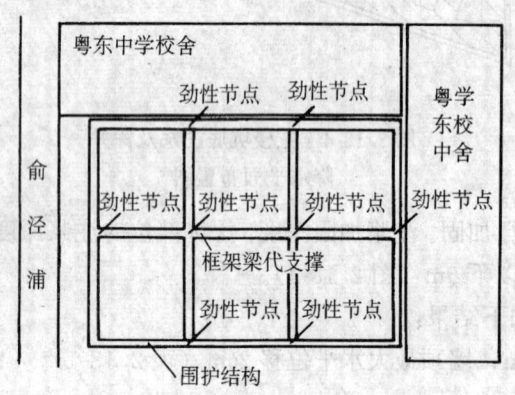

图 2.18-5 锅炉房支撑系统平面图

(c) 东、南面靠近粤东中学危房,该危房建造年代久远,建造时又偷工减料,以至于局部地方裂缝宽度已达 2cm,沉降已达 4cm。虹口区政府及建设单位要求,必须确保该危房的安全,围护结构变形要严格控制。为了确保周围临近建筑物、构筑物(俞泾浦驳岸、粤东中学危房)的安全,同时考虑到该附属工程基坑深度达 7.0m,只采用一道钢筋混凝土支撑,而该附属工程的基础底板较薄,仅为 600mm,浇好底板后,若要拆除支撑则坑壁围护成悬臂工作状态,变形较大,无法确保临近危房的安全。若保留支撑不拆,在地下室墙板上留洞,(或将支撑浇在墙板内),则设计单位(华东建筑设计研究院)不同意,设计单位明确提出要求:周围建筑物安全要保证,但是若要保留支撑进行地下室外墙板施工,则不允许支撑穿过外墙板(图 2.18-5)。

针对以上出现的问题,经过认真分析研究,决定按如下方法逐一解决。

(a) 针对工程场地狭小的问题,在围护结构坑壁部分设计时,将 ϕ850mm 钻孔灌注桩套钻在 ϕ700mm×1200mm 深层搅拌桩(单排双头)内,以减小围护结构坑壁部分的宽度。且油罐槽东、北、西三面及污水处理室南面与围护结构坑壁的距离仅留出 100mm,以防围护桩扩径或倾斜,结构混凝土浇到围护桩边,用万利板隔开。即使这样,该附属工程的围护结构北面离俞泾浦驳岸基础边仅有 50cm,东面离粤东中学危房只有 80cm,南面离粤东中学危房只有 90cm,场地之狭小可见一斑。

(b) 地质较差,又临俞泾浦,因此围护结构坑壁部分的抗渗作用相当重要。但是面临着场地狭小、无施工地带的困难,特提出将钻孔灌注桩套钻在深层搅拌桩内的方案,该方案:一可以解决无场地的困难;二可以起到抗渗的作用;最重要的是三可以起到防止或减小钻孔灌注桩扩径的作用,因为地质差、粉砂层厚,本工程工程桩扩径相当普遍且扩径比较大,但本围护桩离结构外包仅留有 100mm 距离,所以防止扩径也是相当重要的一个方面。

(c) 为了确保周围临近建筑物、构筑物(俞泾浦驳岸、粤东中学危房)的安全,同时考虑到该附属工程基坑深度达 7.0m,只采用一道钢筋混凝土支撑,而该附属工程的基础底板较薄仅为 600mm,浇好底板后,若要拆除支撑则坑壁围护成悬臂工作状态,变形较大,无法确保临近危房的安全。如果保留支撑不拆,则设计单位不允许支撑穿过外墙板。为此特提出以下一些方案：

方案一：将支撑抬高至地下室顶板以上，这样既可以保留支撑进行地下室外墙施工，又可以使支撑不穿过外墙板。但同时也造成以下不利因素：

（1）当撑好支撑挖土至坑底时，围护结构坑壁部分的变形将增大，支撑内力也增大。围护桩、支撑断面要增加，投资增加。

（2）围护结构坑壁部分的变形增大：一因变形增大引起周围建筑物沉降、位移；二使抗渗帷幕破坏造成渗漏，产生流砂，影响周围建筑物。

（3）支撑抬高，围檩抬高，造成挖土施工困难（高出地面），还要爆破拆除（对周围建筑物也有影响）或凿除（施工进度慢）。

方案二：底板浇好后，做斜撑撑在底板上，然后拆支撑，进行地下室墙板施工。该方案也带来以下不利因素：

（1）底板较薄，又没有桩基。撑在底板上，设计单位不同意。

（2）建筑物离围护结构很近，最近处仅有100mm，不能斜撑在底板外侧面上，只能撑在底板上面（外墙内）。这样，一影响外墙施工；二不能满足设计单位"支撑不穿过外墙"的要求。

因此以上两种方案均未通过。经过进一步方案优化选择，决定按以下（第三种）方案进行施工。该方案即获得设计的认可，又能确保临近危房的安全。

方案三：

（1）方案总思路：

①采用结构工程的框架梁代用钢筋混凝土支撑，在有支撑的情况下进行地下室结构施工，以确保安全，且可以永不拆除支撑，在投资方面也比较经济。

②将钢立柱（型钢格构柱）浇在结构工程的框架柱内，形成钢骨混凝土柱（钢立柱外侧仅保留四只角上主筋及箍筋作为构造筋）代替原来的钢筋混凝土框架柱。

③地下室结构完成，回填土到支撑下口时，将支撑与围檩接触处的钢结构切断，以便附属工程单独沉降（图2.18-6）。

（2）节点处理方法：

①框架节点：用钢结构作为劲性节点，代替混凝土结构受力，以利于将来将型钢格构柱浇捣在框架柱内，形成钢骨混凝土柱，完成梁柱框架节点。地下室部分，框架柱原有主筋可省略，仅留四根角钢筋，地上部分框架柱插筋要留出，插筋下部与钢结构连接。

②主次梁节点：在主梁（支撑）内预留型钢、锚固钢筋，以代替次梁下排主筋，起抗剪作用（上排钢筋可穿通）。

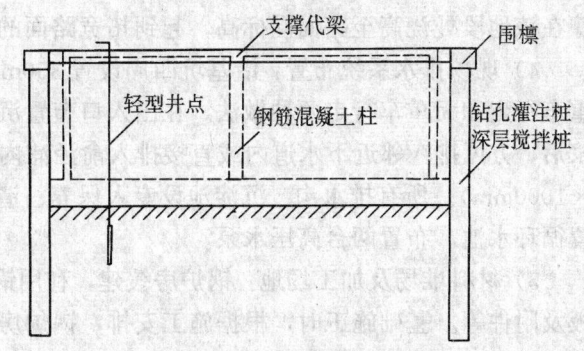

图2.18-6 锅炉房支撑系统剖面图

③梁板节点：楼板采用后浇叠合板做法，楼板后浇。梁在板底以下部分先浇，在板底以上部分后浇。梁上排主筋，放在先浇部分内浇，楼板内梁后浇部分，梁配置构造筋。

④梁墙节点：梁穿过墙部分，做钢结构，以利于墙钢筋绑扎、穿通、浇捣。若穿过外

墙,则在钢结构上焊止水钢板(放置在墙当中),主梁(支撑)与围檩的连接采用钢结构,在围檩内预埋钢板。

(3)实际施工效果:

①坑壁部分:围护桩基本未扩径,无渗漏现象,结构稳定未变形。围檩面最大位移为2mm。

②基坑内支撑系统:结构稳定,无变形。

③临近的危房、驳岸未发生位移、沉降,危房内原有裂缝未发展、扩大。危房沉降仅为3mm。

④监测数据反映良好,得到建设单位好评。

⑤本方案既安全,又经济合理。钢筋混凝土支撑也不用爆破拆除,且支撑代用框架梁,断面增加,配筋增加,提高框架梁强度;钢立柱浇在框架柱内,框架柱强度增强,对建筑物结构本身也是有益无弊。

2.18.2 施工布置及施工顺序

(1)施工布置:

1)概述:本工程场地利用率高,超过 90%,几乎无场地可言,造成基础施工时,施工道路、机械、设备、材料堆放场地、临时设施都很紧张。其中离粤东中学食堂处道路仅3m,离东宝兴路一侧的现场临时变电站 1.5m,离四川北路一侧的临时设施不到 3m,给施工带来很大困难。

2)临时设施:沿四川北路一侧沿街搭设两层临时设施,底层开商店,2 层为办公用房;沿东宝兴路一侧沿街搭设两层临时设施,底层为仓库、工具间,2 层为生活用房;俞泾浦一侧(靠粤东中学)搭设三层临时设施,底层为材料仓库、工具间,2、3 层为生活用房;在俞泾浦内借用一段河道,搭设生活设施;在东宝兴路、四川北路口搭设现场临时厕所。

3)工地现场出入口及主要施工道路:现场设 4 个出入口(四川北路一侧 2 个门,东宝兴路一侧 2 个门)。在其中两个出入口(四川北路靠横浜桥 1 个门到东宝兴路靠精武会 1 个门)之间做一条主要施工道路。该道路在粤东中学食堂处最狭只有 3m 宽,决定将第一道围檩在该地段处浇高至路面同标高,起到拓宽路面的作用,使路面宽度达到 4.2m。

4)现场排水系统布置:沿基坑四周设置 350mm 净宽的砖砌排水沟,深 400mm,分有重车行走和无重车行走两种做法。在出入口布置沉淀池,所有排水经沉淀池沉淀垃圾和泥浆后,方可排入邻近下水道内或直接排入俞泾浦内。共设五只沉淀池(1000mm×1000mm×1000mm)。所有排水沟、沉淀池设专人保养、清理,以保证排水畅通。在俞泾浦一侧设置循环水池,布置两台高压水泵。

5)材料堆场及加工场地:锅炉房缓建,利用锅炉房这一块空地作堆场,堆放钢筋、模板及附件等。基础施工时,根据施工安排,锅炉房的一块场地被用作堆场和搭一些临时设施。东宝兴路一侧外借至街沿石,用来搭建工具间和部分临时设施。外借粤东中学的部分操场用作钢筋现场加工场地。靠精武体育会一侧,装饰阶段布置砂浆机及砂石料堆场。

此外,在凉城地区借了一块场地,用作生活设施、原材料、半成品、预制构件、支撑及小五金、扣件等的堆放场地,以及木材、钢筋加工场等。

6)水、电布置:315kVA 变压器布置在东宝兴路一侧,沿场地四周一圈布置临时施工电线电缆,共设 10 个配电箱;东宝兴路一侧有一个 2in 进水管头,靠粤东中学处有一个 2in

进水管头，沿场地周围埋设水管。临时水电上楼线路布置在南北楼之间的沉降缝内，每层一个二级电箱、每 2 层一个一级电箱；利用地下室深坑作为集水池，布置两台高压水泵（施工与消防用水分开），每层设一个水龙头。

7）消防通道及消防栓布置：利用主要施工道路及四个出入口作为消防通道，场地内布置一个临时消防栓和一个原有消防栓。

（2）施工顺序：施工准备（人防处理、场地平整、定位放样及大门、围墙、施工道路、场地排水系统、临设搭设布置等）工程桩试桩→地下连续墙施工→工程桩（钻孔灌注桩）施工及钢格构柱安放→坑底劈裂注浆加固→深井泵结合真空泵降水施工→挖土、支撑施工及环境、工程监测→混凝土垫层施工及凿桩→工程桩动测、劈裂注浆检测及拆除井点→基础承台底板施工（扎筋、支模、浇混凝土、养护）→拆第二道钢支撑及安装施工塔吊。

地下二层结构施工（弹线→柱、墙扎筋→柱、墙支模及平台排架→梁、板支模→梁、板扎筋→安装埋管→柱、墙、梁、板浇混凝土→养护）→拆第一道钢支撑→地下一层结构施工→五层裙房结构施工及安装管线配套→安装施工电梯及地下室后浇带开始施工→南楼地下二层架空层施工及安装管线配套→6～16 层结构施工及安装管线配套（脚手随搭随拆）→内隔墙墙体施工→内粉刷→地坪→门窗，开始穿插施工→16～28 层结构施工及安装管线配套→玻璃幕墙施工及地下室安装管线、设备施工→屋顶塔楼结构施工及屋顶安装管线、设备施工→地下室防水，屋面防水、保温施工及拆除施工塔吊→主楼、裙房内装修及大楼电梯、设备安装（先搭电梯井脚手），同时进行附属设施（锅炉房、油灌槽、污水处理）结构施工及安装→回填砂及拆除施工电梯→安装工程系统调试→室外总体施工→。

2.18.3 试桩及地下连续墙施工

（1）定位测量：本工程由建设单位提供沿四川北路的一条红线（由指定地点沿街沿石向场地内量距确定两个控制点），将红线向北引伸出去，与俞泾浦的防汛墙内边缘相交于一点，以该点为基点，以红线为控制线，进行定位测量。在红线上量出与轴线的交点，顺时针转角度 18.5°，作出水平控制线（直角坐标 X 轴线），逆时针转角度 71.5°，作出竖向控制线（直角坐标 Y 轴线），从而建立本工程的平面控制直角坐标系统，通过量距确定本工程的主要控制轴线。本工程的施工控制网，由④轴⑨轴和 D 轴、F 轴组成。仪器选用苏州光学仪器厂 TDJ2 光学经纬仪，钢卷尺（50m）为上海卷尺厂产品。控制点水平距离控制在±5mm以内，测角控制在±5″ 以内，其余均按施工测量规程进行。

（2）水准点引测：由市设固定水准点 0～118（位于四川北路永明路口）引测，施工现场设置可靠临时水准点（2 处）。引测采用闭合水准路线。仪器采用上光 DS3 水准仪。

（3）试桩：本工程共做六组试桩。试桩施工结束养护 28d 后，进行静载试验。

（4）地下连续墙：本工程基坑围护采用地下连续墙，墙厚 0.8m，墙深 22m，共计 277.366 延长米，约 5000m³ 混凝土。其中标准幅宽 6m，计 27 幅，其余直线型槽段 6 幅，转角异型槽段 17 幅，共计 50 幅。

地下连续墙施工时，沿地下连续墙内侧铺设 C25 混凝土路，路面宽 10m，成槽机、吊机等大型机械都在地下连续墙内侧施工,钢筋笼制作加工及堆放场地均在地下连续墙内。经港监同意，外借俞泾浦一侧作临时废浆池。在锅炉房位置布置泥浆工厂。配备一台成槽机，平均一天一幅墙。

靠东宝兴路一侧，原有大片地下人防，埋深在 3～6.5m 左右。人防处理后，采用混合砂浆（水泥、磨细粉煤灰、黄砂、水）进行回填，既能确保地下连续墙成槽机（重约90t）在上面安全操作，又能保证工程桩（钻孔灌注桩）施工顺利进行。

工艺流程：

构筑导墙划分单元段充入泥浆→挖槽→吊放接头管清基→沉放钢筋笼→导管法浇筑混凝土→混凝土浇筑完成后拔出接头管形成单元段

2.18.4 工程桩及坑底劈裂注浆

（1）工程桩：

1）概述：本工程桩基为钻孔灌注桩，采用 ϕ800mm 钻孔灌注桩，桩深58.1m，有效桩长48.1m，共计487根。配备5台 SPJ-300 型钻机，4台混凝土拌和机（自拌混凝土），历时三个月完成。

2）工艺流程：

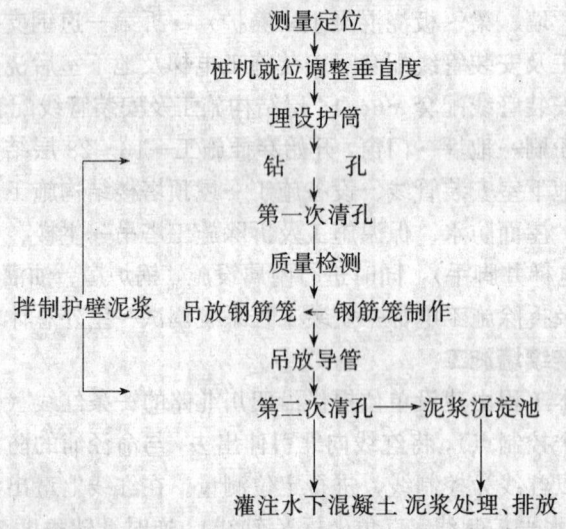

（2）劈裂注浆：

1）本工程坑底采用劈裂注浆加固，配备10台钻机、4台压浆泵，历时一个月完成。其包括以下两部分：

①作为坑底围护支撑的注浆：ϕ91mm×15m（孔径×孔深），注浆5m（坑底以下），1646孔。

②作为坑底以下深坑部位加固的注浆：ϕ91mm×18m，注浆8m，144孔。

2）注浆量：FB浆 250m³，CB浆 2200m³。

3）工艺流程：测量放线→钻孔→灌入封闭泥浆（FB浆）→插入塑料套管→放入注浆芯管→劈浆（CB浆）→封孔。

2.18.5 降水、挖土、支撑施工

（1）基坑降水：

本工程基坑面积4100m²，坑深10.5m，最深处达13.5m，根据降水深度和范围要求，决定采用深井泵结合真空泵降水方案，在基坑内布置12口深井，间距15m左右，深井孔径750mm，钻孔深度20m，内放井管直径280mm，井管长12m，滤管长6m，沉淀管长2m，

井管与土壁间填充 4 号海砂，井管内采用高扬程深井泵抽吸地下水。在深井内预加真空促使地下水流速增加，由 W3 型真空泵带动，每台泵吮吸三口井。

在深井作业基坑内外共设观察井 5 口，根据降水观察井内水位变化，同步对周围建筑物、管线、路面及基坑内水位变化进行监测。实际施工过程中，坑外水位经观察未见变化，坑内水位下降明显，每天下降 80cm，预降水时间为两周以上。停机、拔管后，采取明沟、集水井排水及垫层下布置盲沟措施，以确保施工顺利进行。

（2）基坑挖土：本工程为两层地下室箱型基础，坑底标高为 −10.850m，基坑开挖面积约 4100m²，开挖深度为 10.5m（局部 13.5m），开挖土方量约 43000m³。

1）挖土程序：挖第一层土→抽槽放第一道支撑（分段抽槽做第二道钢筋混凝土围檩）→挖第二层土→撑第二道支撑（随挖随撑）→挖第三层土→截桩、凿桩、运桩→浇混凝土垫层（随挖随浇）。

（注：土方开挖前已做好第一道钢筋混凝土围檩）

2）挖土方法：

①首先，用镐头机分段破碎混凝土地坪、地下连续墙内导墙并开挖围檩槽做第一道钢筋混凝土围檩；其次，大开挖至标高 −1.500m，即第一道支撑上沿 20cm；然后，开挖支撑槽（第一道支撑），钢立柱焊牛腿、安装连系梁、支撑，按挖土车辆运行路线（考虑挖机、吊机位置）铺设路基箱。同时，穿插进行分段开挖第二道围檩槽，以便第二道钢筋混凝土围檩扎筋、支模、浇混凝土、养护时不影响下一步支撑、挖土施工。

②标高 −1.500m 以下挖土采用传递接力式挖土，上层采用 1 台 1.6m³ 单斗挖掘机和 1 台 1.0m³ 单斗挖掘机挖土，深度控制在 5m 左右（挖土面标高根据施工实际情况做适当调节）；下层采用 2 台 0.4m³ 单斗挖掘机挖土，深度控制在 3.8m 左右（停机面标高根据施工实际情况做适当调节）；坑底留土和局部深坑内土采用 1 台 0.14m³ 挖掘机、蟹斗（50t 履带吊）配合人工挖土。第二道钢支撑安装穿插在挖土施工过程中，随挖随撑，支撑下第三层土开挖后 8h 内必须将支撑安装完毕，并加好预应力。截桩、凿桩、运桩应与挖土密切配合，双方都要为对方留出作业面并配合施工，尽量将桩头截短，以便由挖土车辆带走，为下道施工工序带来方便。

（3）本工程挖土施工要点：

1）严格执行开挖程序，必须小段挖土推进，及时安装支撑。做到随挖随撑，严禁超挖，确保安全施工。

2）在开挖每一层土体过程中，应快速连续施工，不得随意停挖，必须挖到支撑加撑时，方能暂停挖土，第二道支撑加撑时间应控制在 8h 之内。

3）支撑、抱箍安装之前应完成立柱牛腿、纵向系杆的安装。挖土过程中应确保三根纵向系杆至少有二根已安装。

4）第二道围檩槽的开挖工作应提前于中间部分挖土一个流水段，以便钢筋混凝土围檩扎筋、支模、浇混凝土及混凝土养护有足够的时间，不致于影响下一阶段挖土工作的开展。

5）认真做好预降水工作，预降水时间不少于两星期，通过水位观测孔观测水位变化。

6）实行安全信息化施工。

①挖土施工阶段，必须进行环境工程监测（本工程的监测内容有：地下连续墙墙身测斜、墙顶位移，钢支撑轴力测试，临近地下管线、建筑物、道路的沉降位移监测等）。要紧跟每层、每段土方开挖及支撑的进展，通过跟踪监测和监测信息反馈资料来调整改进施工，确保施工安全。

②专人每天收听天气预报，掌握天气动态，做到暴雨天有施工防范措施。

③坑内外均设置水位观测孔，对深井降水效果进行观测（坑内观测孔），对坑外水位及周围环境是否有影响（坑外观测孔）。

（4）支撑系统施工：

1）支撑布置：本工程支撑采用两道钢管支撑（$\phi 580mm \times 12mm$ 和 $\phi 609mm \times 16mm$），轴心标高分别为 $-2.000m$ 和 $-7.200m$。第一道支撑共 14 根，间距约 9.0m；第二道支撑共 44 根，间距约 3.0m。

2）施工设备：

①支撑吊装就位机械：本工程钢支撑单根最大重量约 20t，分 2～3 段吊装就位，选用 50t 履带吊 QUY-50。

②支撑现场水平运输机械为 20t 履带吊 QUY-20。

③根据设计最大预应力，选用高压油泵和配套液压千斤顶。高压油泵的最大工作压力 65MPa，有四对油管线路可同时接通四台液压千斤顶同时加压，工作压力通过压力表可直接读出和控制。液压千斤顶采用 1000kN 起重量，考虑一定的安全系数。2 台千斤顶同时顶升，最大顶升力达 2000kN，大于设计预应力。

3）支撑承受的最大轴力和预应力施加值：

第一道支撑轴力（与地下连续墙墙面垂直）为 $158kN \cdot m$；第二道支撑轴力（与地下连续墙墙面垂直）为 $520kN \cdot m$。

第一道支撑抽槽安放；第二道支撑随挖随撑，且支撑必须在挖土后 8h 内安装完毕。安装支撑时，须对支撑及时施加预应力，每根支撑施加的预应力值为设计最大轴力的 50%。

4）钢支撑施工工艺：

①钢支撑安装施工工艺：支撑编号→对号运到现场（本工程支撑均为斜撑，支撑长度都不一样，施工时这一点尤其重要）→支撑牛腿位置定位、量距、放实样及钢支撑现场拼接→清理平整牛腿面→钢支撑就位校正→施加预应力→紧固钢楔→拆除液压千斤顶→钢支撑与围檩、立柱、系杆连接。

②钢支撑拆除施工工艺：支撑起吊收紧→施加预应力→拆去钢楔→卸下千斤顶→吊下支撑→分节拆开。

5）支撑立柱施工：

本工程支撑立柱采用钢格构柱，由角钢及钢板组成，长 10.35m 共 37 根，底部埋入钻孔灌注桩内。

立柱安放采用整体起吊，与钢筋笼连接采用电焊连接，焊接应满足质量要求。为保证混凝土导管顺利安放，在立柱内放 8 根 12mm 导向筋，立柱顶安放四根 20mm 吊攀筋。钻孔灌注桩钢筋笼与钢立柱连接处为保证钢筋笼的刚度，自第一道加强箍筋向下每 300mm 增加一道加强箍筋，共 10 道，焊接应满足吊放要求。

立柱顶标高为 $-2.250m$，安放时标高误差应控制在 $+10cm$、$-0cm$ 以内（抬高为 $+$）。

安放立柱的钻孔灌注桩，放导管时应特别注意不能搁碰立柱，浇注水下混凝土时提升导管应注意，不能将立柱带上来。立柱的缀板应避开承台底板内上、下层钢筋密集区。底板施工时，应在立柱上（底板当中部位）设置止水钢板。地下室中板遇立柱处，楼板留洞500mm×500mm，以便立柱穿过及拆除立柱。拆除立柱时，沿底板面将立柱截断，拆除后，用素混凝土将口封死。

2.18.6　基础结构施工

（1）基础承台及后浇带施工：

1）基础承台施工：本工程基础承台面积约4000m²，厚2.2m，承台下另有六只深坑。承台中间设后浇带，后浇带宽1.5m，承台分二块浇筑，致使南、北二块成流水施工。

每块承台底板的施工顺序：

垫层施工——→剥桩筋、凿桩——→弹线——→桩顶处理——→避雷带施工——→底板扎筋、支模——→设备管线预埋——→底板混凝土浇捣——→养护

①模板：承台边缘大部分经设计同意浇至地下连续墙边，用两层万利板隔开，无模板。仅南块部分区域，采用240mm厚砖墙代模，用小钢模拼装钢筋混凝土支撑（承台与地墙之间）模板。后浇带处承台侧模采用威廉则士永久性模板，承台钢筋从板孔内穿过，100%接通，该模板不拆除，浇在承台内。基坑落深部位及电梯井均采用七夹板木模代钢模。

②钢筋：本工程承台钢筋主筋为ϕ32mm，总吨位约2500t。圆弧钢筋弯曲加工在现场进行，接头焊接与绑扎相结合。

a. 本工程基础承台底板钢筋数量多，上下各有三排钢筋网，暗梁上下各有四排钢筋，重量重，净距（承台上下铁之间）较大，且采用泵送混凝土，浇筑速度快，坍落度大，振动器振捣后横向流动而产生的水平推力大。如按常规采用钢筋马蹬做支撑不但稳定性较差，操作不安全，而且难以保持上皮钢筋在同一水平面上。为此采用型钢支架架立承台上层钢筋及施工时的部分活荷载，控制钢筋标高。支架立柱选8号槽钢，间距2.4m，中间设止水片，支架横梁用2ϕ32mm，钢筋支架立柱的下端焊在预埋件（设置在混凝土垫层内）上或与钻孔灌注桩主筋焊接。支架系统与支撑系统的钢立柱要有连接，避免支架整体移位。

b. 本基础承台底板钢筋搭接采用焊接与绑扎相结合。悬臂部分（底板上部筋为暗梁两侧各伸出5m范围，底板下部筋为暗梁内侧与外侧范围相同）钢筋接头采用焊接（焊接长度：单面焊10d，双面焊5d），同一断面内接头不得大于50%。其它钢筋接头采用绑扎搭接，受拉钢筋的搭接长度不应小于42d，同一断面内接头不得大于25%；受压钢筋的搭接长度不应小于30d，同一断面内接头不得大于50%。接头之间的距离大于45d。

c. 钢筋绑扎前应清除垫层表面的垃圾。在垫层表面弹出墙、柱位置的墨线。上皮钢筋安装固定后，应在面层钢筋上弹出墙、柱位置线，同时用钢筋或型钢做好限位。

d. 钢筋安装绑扎施工严格按设计要求的钢筋排列顺序自下向上施工。钢筋保护层厚度、钢筋位置及标高都要从严控制。

e. 基础底板中，墙、柱插筋时，下部按垫层上面弹出的墨线位置采用绑扎及点焊固定在底板钢筋上。上部采用拉通长麻线临时固定于上层钢筋网上。采用钢箍与上层钢筋焊牢作为柱、墙插筋限位，焊时应注意钢筋保护层。墙板插筋每隔2m双面均采用钢筋斜支撑与上层钢筋焊牢做为临时支撑，以防插筋太高不稳定，造成位移及倾斜。

f. 避雷接地做法：避雷接地应根据设计要求做，与柱筋焊接好，并用黄漆做好标记。

g. 由于施工场地狭小、施工工作面大等多种因素的制约，所有工程结构钢筋应统一建立钢筋进场的施工计划表，按要求分批、分量、分规格进入现场。在底板施工时，拟在基坑内设置坡道以供人员及材料上下。坡道用脚手管制做，上铺七夹板。

h. 桩顶锚固筋处理：工程桩（钻孔灌注桩）桩顶锚固筋凿出后，逐根验收其锚固长度，达不到设计要求的必须采用电焊双面焊接。

③混凝土（大体积承台混凝土）：本工程基础承台厚度为 2.2m，承台面标高为 $-8.450m$，基坑坑底标高为 $-10.850m$，成不规则形，混凝土总方量约 10000m³，分南北二块二次浇筑，中间设后浇带。混凝土强度等级为 C40，抗渗 S8。每块浇筑都布置 3 台汽车泵，1 台软管，2 台接硬管。

a. 混凝土浇筑前准备工作：

（a）在浇筑前，应按排人工清除垫层上留有的垃圾，并用高压水泵冲洗积泥等杂物。

（b）做好底板分层浇筑及板面标高控制的标志，利用柱、墙插筋按分层厚度用油漆做好标志，用水准仪确定纵横间每隔 15～20m 的钢筋控制点，形成标高控制网，以作为承台标高控制的依据。

（c）底板混凝土浇捣前各项准备工作必须专人检查，钢筋、模板施工完毕后，要经过有关部门的检验通过后，方可进行混凝土施工。

（d）现场木工翻样要对所有模板、预埋件、预留洞及泵管支架进行重点检查，发现问题及时解决。

（e）施工人员应向施工班组认真交底技术质量安全措施。签发混凝土浇灌令后才能进行混凝土浇捣。

b. 混凝土泵送：

（a）泵送开始前先用适当水泥砂浆（0.5m³）润滑输送管内壁。在冬季施工时应用干草包保温。

（b）在泵车进料口应有专人负责出料，限制速度快慢以防止吸入口空气入内形成阻塞。

（c）泵送过程中管道发生阻塞时应及时清除并用水冲洗干净。泵送间歇时间超过 45min 或混凝土出现离析现象时，应立即冲洗管内残留的混凝土。

（d）为防止堵管，喂料斗上应设专人将大石块及杂物及时捡出。

（e）当遇到混凝土压送困难，泵的压力升高，管路产生振动时，不得强行压送，应对管路进行检查，并放慢压送速度或使泵反转，防止堵塞。

（f）加强混凝土的级配管理和坍落度控制，确保混凝土的强度和可泵性。在整个施工过程中每隔 2～4h 进行一次坍落度检查，发现坍落度有偏差时，及时与搅拌站联系加以调整。

c. 试块留设标准：

（a）抗压试块：

a）每工作台班不少于一组。

b）连续浇筑混凝土每 100m³ 不少于一组。

c）现浇楼层，每层不少于一组。

d）每组三块试块。养护期 28d。

b）抗渗试块：

a）连续浇筑混凝土 500m³ 以下，留两组，一组标养，一组同条件养护。

b）每增加 500m³，增留两组。

c）每组六块试块。养护期 28d。

d. 混凝土浇筑方法：采用分块、分段施工。按斜面分段分层法连续浇捣进行，分层厚度 300mm 左右。一个坡度，薄层浇筑，循序推进，一次到顶。

e. 大体积混凝土施工措施：浇筑大体积混凝土时，由于凝结过程中水泥会散发出大量的水化热，因而形成内外温差较大，易使混凝土产生裂缝。因此，施工中必须采取措施：

（*a*）选用水化热较低的水泥（矿渣硅酸盐水泥 425 号）；中粗砂；5～40mm 石子。

（*b*）降低水泥用量：采用双掺技术，掺入适量的粉煤灰和高效减水剂；经设计同意，利用混凝土的后期强度，用 60d 强度替代 28d 设计强度。

（*c*）坍落度在满足泵送条件下尽量选用小值，以减小收缩变形。

（*d*）控制浇筑入模温度。夏季施工时，在搅拌筒上搭设遮阳棚盖，在水平输送管道上加铺草包喷水。

（*e*）混凝土浇筑顺序的按排，以薄层连续浇筑以利散热，不出现冷缝为原则。

（*f*）对浇筑后的混凝土，在振动界限以前给予二次振捣，以提高混凝土密实度和抗拉强度，对大面积的板面要进行拍打振实，去除浮浆，实行二次抹面，以减少表面收缩裂缝。

（*g*）混凝土在浇筑振捣过程中的大量泌水应予以排除。

（*h*）根据土建工程大体积混凝土的特点和施工经验，实测的混凝土内部中心与表面的温差值（包括环境的温度差），宜控制在 25℃ 之内。

f. 混凝土浇筑和振捣：

（*a*）大体积混凝土施工前必须收听天气预报，应避开暴风雪、严寒或大雨天气。

（*b*）混凝土浇筑方法采用斜面分层法，分层厚度 300mm 左右，连续浇筑至设计标高。由于泵送混凝土流动性大，每皮混凝土流淌坡度约 1：7，因此沿混凝土流淌方向，分三个不同层次振捣，每一泵送布料点采用 6 台插入式振动器，配备 φ50mm 或 70mm 振动棒，振捣时应做到快插慢拔，分层厚度 300mm 左右。浇上层混凝土时，需入下层混凝土内 50mm，使上下层混凝土紧密结合。6 台振动机分前后三排布置，每排 2 台，前后间距 3m，前排振动机振捣灌点混凝土，后二排振动机振捣斜坡流淌部分混凝土。插点移动间距 400mm 左右，均匀振捣，严禁漏振。在每个浇灌边缘斜坡处，设专人负责振捣，以保证斜坡混凝土密实。在两泵车送混凝土的结合部，凡后浇混凝土在振捣时，振动棒均应插入先浇混凝土内 5～10cm 振捣。振捣时派固定人员负责，严禁漏振、少振和振及钢筋。为防止爆模和钢筋位移，每台班均安排专人看模、看铁，以确保其质量。在混凝土浇筑过程中产生的泌水，用水泵将其及时抽出。

（*c*）采用硬管输送混凝土，管道下搭设一条脚手管排架，上铺七夹板作平台。浇混凝土灌点处，边浇、边退、边拆。运输平台用 φ48mm 钢管，竖向立杆@500mm，横向@1500mm 高度设连系杆一道，七夹板下最高一道连系杆必须设上下 2 根。

（*d*）泵送混凝土时，要控制混凝土浇筑速度，每台泵控制在 25～30m³/小时的施工量，以控制水化热及确保模板安全，混凝土料停留超过 2h，应将其退回，不得用于底板混凝土浇筑。

g. 混凝土的表面处理及养护：大体积泵送混凝土，其表面水泥浆较厚，在混凝土浇筑结束后要认真处理，经 4～5h 左右，初步按标高用长括尺括平，在初凝前用铁滚筒辗压数遍，再用木蟹打磨压实，以闭合水泥收水裂缝，混凝土泌出水的排除要及时。考虑到承台混凝土施工为夏季，达到初凝后铺一层塑料薄膜，并覆盖两层草包，草包应迭缝，骑马铺放，适当进行洒水养护，以降低底板混凝土中心和表面的温差，将底板混凝土内外温差控制在合理的范围内，不超过 25℃。

2）后浇带：本工程地下室在南北两幢主楼之间设一条后浇带，宽度为 1.5m，从地下室底板、外墙板、中楼板到顶板贯通。采用二毡三油防水卷材、1.5mm 厚紫铜片、隧道用防水橡胶条、3mm 厚钢板、UEA 微膨胀混凝土等措施。值得一提的是：我们对原设计的后浇带做了如下一些改进以利于施工。

①后浇带凹槽取消，改为直槽，采用威廉则士永久性模板，钢筋密集处用钢筋网片加强。

②二毡三油防水卷材改用 PVC 防水卷材。

③外墙板后浇带做法中，防水层中 250mm 厚混凝土墙取消，改为后浇带做好后再做 PVC 防水卷材，外砌砖墙保护。

④在底板后浇带下部钢筋混凝土板中增加紫铜片固定钢筋，紫铜片下部、防水橡胶与紫铜片之间空隙用泡沫塑料填充。

（2）地下室施工：本工程主楼、裙房地下室合为一体，均为 2 层地下室，地下 1 层层高为 3.4m，地下 2 层层高为 5.0m，底板面标高为 -8.45m。

1）施工安排：南北两楼分开施工，先施工南楼，后施工北楼，形成两个流水段。待地上五层裙房施工完毕后，施工底板及地下室后浇带，然后再施工南楼地下二层架空层。

2）南、北楼结构各自施工顺序：底板养护→拆第二道钢支撑→地下 2 层弹线→地下二层外墙外模板→地下二层墙、柱扎筋及避雷施工→地下二层外墙内模板、内墙模板、柱模板及平台排架→地下二层顶板（梁、楼板）模板→地下二层顶板（梁、楼板）扎筋→安装管线预埋→地下二层墙、柱、梁、板浇混凝土→养护→拆第一道钢支撑→地下一层施工顺序同地下 2 层→后浇带施工→南楼地下 2 层架空层施工。

3）施工测量：

①平面轴线控制：采用经纬仪纵横轴线方格网测量控制，轴线控制点设在场外临近建筑物及道路上，用红漆标明。

②水平标高控制：在现场四周设置四个水准基点（基本保持不动），埋预埋件并用红漆标明，随时相互检测校正，作为地下及整个工程水平标高引测依据。测量采用水准仪。

③为了保证地下结构施工与工程桩施工的连续性和工程搭接质量，可以在工程桩施工轴线、标高控制点的基础上进行施工、复核，如能满足结构施工精度要求，尽量连续使用。

4）地下室钢筋、模板、混凝土施工见上部结构。

2.18.7 上部结构施工

（1）概述：

主楼：2 幢（南楼、北楼），每幢平面尺寸 32m×32m（2 个角，2 个圆弧），高 99.9m，底层层高为 4.8m，2～5 层层高为 4.2m，6 层层高为 3.9m，设备层层高为 2.2m，7～27 层层高为 3.25m，28 层层高为 3.3m。柱断面最大为 2100mm×1100mm。

楼板厚：2～6 层、设备层、屋面板厚 100mm，7～28 层板厚除客房部分做 140mm 厚外其他厚度均为 100mm 厚。

梁断面：主梁断面一般为 500mm×650mm，次梁断面一般为 300mm×600mm。

墙厚：中心筒墙厚 500、400、300mm（-8.450～37.410mm），400、300mm（37.410～69.910mm），300mm（69.910～101.920mm）南北楼连接带（靠南楼一侧）设变形缝。

混凝土强度等级：标高 53.660m 以下为 C40，标高 53.660m 以上为 C30，水箱部分为 C30 防水混凝土（抗渗≥S6 级）。

（2）施工部署：

1）本工程结构施工采用流水施工法，南北楼各为一个流水，南楼比北楼快一层，浇混凝土错开 3d。

2）每层施工顺序：

轴线标高引测、放线 $\xrightarrow{技术复核}$ 搭排架 $\longrightarrow$ 绑扎墙、柱钢筋 $\xrightarrow{隐蔽验收}$ 墙、柱模板 $\longrightarrow$ 梁、板模板 $\longrightarrow$ 梁、板钢筋 $\longrightarrow$ 安装埋管 $\xrightarrow{隐蔽验收}$ 浇混凝土 $\longrightarrow$ 养护 $\longrightarrow$ 搭拆挑脚手 $\longrightarrow$ 拆模。

3）施工测量：

①垂直测量（竖向控制）：由于场地较小，故采用内控为主，就是在南北二楼每层楼板上相应位置预留孔洞（300mm×300mm），在地下室顶板上设置轴线控制引出点，用垂准仪将该点引至施工楼面。

②标高控制：沿建筑物的外墙、边柱、电梯井等向上竖直进行，且南北楼至少要由四处向上引测，以便相互校核。本工程南北楼有连接体这一点尤其重要。

③沉降观测：沉降观测点做法、布置位置、观测次数按设计要求。

（3）水平、垂直运输及机械配备：本工程场地拥挤，施工机械布置较困难。同时兼顾经济、合理、方便的原则。经过综合考虑，决定采用以下方案：

1）整个施工现场布置 1 台 88HC 附着式塔吊，臂长 45m。

①塔吊基础利用本工程桩承台基础。设置五道附着杆，标高分别为＋17.900、＋34.700、＋50.950、＋67.200、＋83.450m。

②在桩承台基础内预埋螺栓，塔吊底架与桩承台基础之间用螺栓紧固（桩承台基础浇筑时塔吊底架应预先就位，并用水准仪测定其标高，用经纬仪测定其垂直度。如超过允许误差，必须重新进行调整纠正和固定，以免桩承台混凝土浇筑时造成底架位移、倾斜。

③塔吊安装机械为 50t 履带吊（QUY50），塔吊拆卸机械为 50t 汽车吊。

2）本工程布置 2 台人货两用电梯，南、北楼各 1 台，位置见平面图。北楼 1 台电梯基础做在地下室顶板上（用型钢作基础），地下室二层内设钢顶撑将力传至底板，外车道侧板在电梯出入口这一段先做到±0.000 标高，留待电梯拆除后浇筑，在车道上搭挑，供人员出入。南楼 1 台电梯放在车道上，用型钢架作基础，两端搁置在两侧车道侧板上。结构施工到设备层开始安装电梯，往上每施工三层接高一次，附着杆每二层设一道。电梯底部三面要搭设双层防坠棚，其挑出宽度正面为 3.0m 两侧（一侧为 2.0m，另一侧搭到裙房边），搭设高度离地 4.0m 处，必须做好防雷接地。

3）本工程布置 2 台混凝土固定泵，1 台布置在二号门，另 1 台布置在三号门。

4）南北楼各布置一只外挑活络钢平台。

5）上部结构施工主要机械设备一览表见表 2.18-2。

上部结构施工主要机械设备一览表

表 2.18-2

序号	机械名称	型号	数量	功率（kW）	合计（kW）
1	高塔	88HC	1	55	55
2	人货两用电梯	宝山	2	25	50
3	混凝土固定泵		2	30	60
4	高压水泵	GCA-6	4	5.5	22
5	卷扬机		1	0.5	0.5
6	搅拌机	0.4m³	1	18.5	18.5
7	砂浆机		10	2.2	22
8	电焊机		10	21	210
9	振动器		80	1.1	88
10	抽水机		5	2.2	11
11	钢筋切断机		1	7.5	7.5
12	钢筋弯曲机		1	2.8	2.8
13	木工压刨		1	3.0	3.0
14	木工平刨		2	3.0	6.0
15	木工圆锯机		1	3.0	3.0
16	空压机		4	5.0	20
17	氧割设备		10		
18	汽车吊		1		

（4）钢筋工程：

1）工程场地狭小，钢筋制作加工采用外加工、外借场地加工与现场加工相结合，部分钢筋制作在现场进行，现场配置 1 台钢筋弯曲机、1 台钢筋切断机。

2）钢筋由现场钢筋翻样出加工单经技术员复核后送工厂配制，分批进场，每批钢筋至少提前一天进场，以便现场清点，分类复核验收。

3）钢筋进场必须核对成品钢筋的数量、钢号、直径、形状和尺寸是否与料单、料牌相符。如有错漏，应纠正增补。同时按规格、型号分类堆放。

4）预制铅丝混凝土垫块，垫块厚度等于钢筋保护层厚度。垫块的平面尺寸为 50mm×50mm，当在垂直方向使用垫块时，可在垫块中埋入 20 号铁丝。垫块间距 1.0m，柱、墙上端应加密至 0.7m，防止浇筑混凝土时钢筋移位。

5）避雷接地做法：避雷接地应根据设计要求做，与柱筋焊接好，并用黄漆做好标记。

6）由于施工场地狭小、施工工作面大等多种因素的制约，所有工程结构钢筋应统一建立钢筋进场的施工计划表，按要求分批、分量、分规格进入现场。上部结构钢筋应做到分规格随到随吊至施工楼面。

7）柱主筋采用搭接（地下室及底层柱主筋采用焊接）。

8）预埋件的安装必须按图纸尺寸弹线定位，准确无误后点焊将其与邻钢筋连接固定。

9）扎铁丝规格、长度必须满足要求。

10）钢筋绑扎、焊接均应符合设计和施工要求。

11）钢筋绑扎、焊接质量均应符合设计规范和质量验收要求。

（5）模板：

1）概述：采用组合小钢模组装成柱、墙板、梁模板等，楼梯模板采用木模及七夹板，电梯井道则采用组合钢模板拼装，平台板以七夹板为主，排架支撑用φ48mm 钢管及扣件、S 钩组合。柱、墙模板配备三层，梁、楼板模板配备二层。

2）柱模：支模前必须弹好轴线及柱边线，在钢筋上定好标高，在柱底部位焊好钢筋限位，按组合图施工。本工程柱断面较大（最大为 2100mm×1100mm），因此采用型钢柱箍结合桁架支模，间距 500mm，不用对拉螺栓。

3）墙模板：横楞、竖楞（与排架支撑立杆的连杆、斜撑）均采用φ48mm×3.5mm 圆钢管，双根设置，横楞间距 600mm，竖楞间距 450mm。对拉螺栓直径φ12mm，横向间距450mm，竖向间距 600mm。

4）梁、楼板排架及平台板：主梁方向为 500mm 次梁方向为 800mm，楼板双向均为1000mm，组成排架撑，支撑立杆离地 0.2m 处设纵横向水平拉杆，以上每隔 1.8m 设一道水平拉杆，三根立杆之间设斜拉撑，保证整个钢管排架支撑系统的稳定。平台板搁栅间距不大于 450mm，上铺七夹板，在七夹板的接缝处设木搁栅，固定七夹板，拼缝应严密、平整，有不足的地方用木板镶补，缝隙用粘胶纸贴。必须在模板上刷好隔离剂。按设计要求梁跨度大于 8m 时，梁底模板按全跨长度的 3/1000 起拱。钢管支撑的底部应垫木板及木楔找平，以利拆模。

5）派专人负责预留孔、拉结筋、插铁、埋件等工作。

6）混凝土强度必须达到 75％方可拆模（构件跨度大于 4m 时），其余为 50％。

7）模板、管子、扣件等材料垂直运输，一可利用外设活络钢平台。二可利用电梯井内操作平台。

8）工程特殊部位的处理：

①弧形段平台模的处理：

a. 套板实地放样：按照设计图纸尺寸，利用空旷平整场地进行实地放样，然后做足尺弧度套板，分为内弧和外弧两种。两轴线中间为一块或一组套板。现场施工时，按所定的辐射与纵向轴线将套板置于轴线交点处，中间部分用墨线划出，作立模的依据。这样，就保证了准确的建筑体形和位置。

b. 模板施工方法：平台模采用钢管搭设排架，用七夹板铺设平台板，圆弧空缺处镶板补全，然后浇混凝土。

②预埋件及插筋的固定方法：将预埋件及插筋按要求的位置用点焊固定于立筋或箍筋上。

③预留孔及管道的预留方法：

a. 先做木框，其大小同留孔尺寸，厚度为内外两模板之间间距，在留孔部位，于模板上钻若干小孔，用铁钉固定木框。

b. 管道孔较大时，先预埋管道套管，套管外围用木模镶拼代替局部模板，并和周围模板固定住。

9）钢平台设计：钢平台尺寸 5000mm×3000mm（伸出建筑物 5000mm）；搁栅采用

[10 槽钢，间距 500mm；主梁采用 [25b 槽钢；面上覆 4mm 铁板；采用 ϕ25mm 吊耳、1 号钢丝绳。钢平台两边有 200mm 的挡脚板，防止零星物件坠落，同时，三面设置防护栏杆，防护栏杆由上下二道扶手及栏杆柱组成，上扶手离地 1.2m，下扶手离地 0.6m，扶手长度方向每 1.0m 设一立柱。扶手及立柱用 ϕ16mm 钢筋。

(6) 混凝土：

1) 上部结构混凝土施工（含裙房部分），采用一次性整体浇筑，柱、墙、梁、板（含楼梯）同时浇筑。浇筑过程中严格按柱、墙、梁、板浇筑顺序进行。采用水平硬管（末端加软管）布料，立管布置在管道井内，将立管用抱箍固定在柱上。

2) 混凝土浇捣前准备工作：混凝土浇捣前应对钢筋、模板、预埋件、预留孔进行全面检查验收，并且做好隐蔽工程验收。（注意：①各节点部位的竖横向钢筋，宜采用电焊进行定位、控制措施，以控制钢筋保护层和钢筋间距，对输送管下受泵送冲击较大部位，应用拉条等牵拉牢固；②埋件的架立、固定必须牢固；③模板拼接缝隙要求严密，模板孔洞应预先补平，并有足够的刚度和强度，柱、墙模下口与楼板接触处，应抹一层砂浆找平，防止漏浆，模板内垃圾、杂物、积水应清除干净。）

3) 混凝土浇筑时，应经常观察模板、支架、钢筋、预埋件和预留孔洞的情况，当发现有变形和移位时，应立即停止浇筑，并应在已浇筑混凝土凝结前修整完好。

4) 浇筑竖向结构混凝土前，底部应先填以 50mm 厚与混凝土成分相同的水泥砂浆。分层布料，每层高度 500mm。用振动器振捣密实，振动器应插入下层混凝土 5cm。每根柱内不少于 1 个振动器，墙 2.0m 范围内不少于 1 个振动器。振动器移动间距 400mm。

5) 浇筑柱、梁、板节点处的混凝土时，由于钢筋较密集，有必要对钢筋间距做适当调整，以利于浇灌混凝土和进行振捣。

6) 加强混凝土的级配管理和坍落度控制。混凝土强度等级按设计要求，坍落度控制参照表 2.18-3，确保混凝土的可泵性。在整个施工过程中每隔 2～4h 进行一次检查，发现坍落度有偏差时，及时与拌站联系加以调整。

坍落度与泵送高度关系表   表 2.18-3

高度（m）	30 以下	30～60	60～100
坍落度（cm）	12±2	14±2	16±2

7) 楼板、梁混凝土施工时，顺着次梁方向浇筑，振动器移动间距 400mm，振捣后应用括尺括平，初凝前再用铁板压实、扫毛。

8) 开泵前，必须与前台联系，允许后方可泵送。泵送过程中，要随时注意浇捣情况，按步骤和流程进行，随叫随停，遗留在平台上的混凝土要及时清理。

9) 框架柱内应在混凝土浇筑前预先放置振动器，随着混凝土浇筑面的上升而提升振动器进行振捣，严禁漏振。

10) 浇筑剪力墙混凝土时，应密切注意混凝土流淌情况，流淌距离应适当控制，流淌范围内的混凝土要进行振捣，避免漏振。

11) 浇灌与柱或墙连成整体的梁和板时，应在柱或墙浇筑完毕后停歇 30min，再继续浇灌，并注意在接缝处加强振实。在混凝土顶面如有积水时，应待排出后，方可继续浇灌。

12) 混凝土的振捣时间，宜为 15～30s，振捣至砂浆上浮石下沉，且不再出现气泡为止。

13）施工缝的留设（原则上不考虑留施工缝）

①柱：留在梁底以下 100mm。

②墙：留在纵横墙交接处或门洞口过梁跨中三分之一范围内。

③梁、板：主梁不留，留在次梁跨中三分之一范围内。

④施工缝处继续浇筑混凝土时，应符合以下规定：

a. 已浇筑的混凝土，其抗压强度达到 1.2MPa；

b. 应清除接头部位松散混凝土，并冲洗干净且不积水；

c. 浇混凝土前，用高一级水泥浆接浆。

d. 混凝土应捣实，使新旧混凝土紧密结合。

14）输送管的布置：

①布置水平管时，采用混凝土浇灌方向与泵送方向相反；布置向上垂直管时，采用混凝土浇筑方向与泵送方向相同。

②混凝土泵的位置距垂直管应有一段水平距离，其水平管的长度与垂直管高度的比值大于 1：4。

③垂直立管布置在管弄井内，将立管用抱箍固定在剪力墙上，逐层上升到顶，整根立管应保持垂直在同一铅直线上。

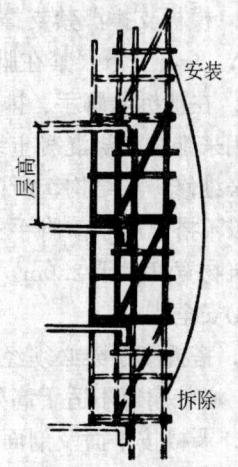

④楼面水平输送管布置时，应将输送管铺设于架空马道上。

⑤配管：

a. 水平配管长度：底层 80m，当前施工层 90m；

b. 竖直配管长度：200m；

c. 软管根数：4；

d. 弯管个数：90°10 个，45°4 个；

e. 锥形管长度：1.0m2 根。

挑脚手施工剖面图

（7）脚手架施工：本工程采用二种形式的脚手架。

1）裙房：（1～5层）采用普通钢管脚手架（单冲天）实地搭设。

2）主楼：框架部分：采用脚手管悬挑钢管脚手架（单冲天）（图 2.18-7）。

图 2.18-7　脚手管悬挑脚手架

①挑脚手组成：

a. 悬挑排架：每层搭设，挑一层脚手（二排脚手）

b. 脚手、立杆纵距为 1.6m（计算取 1.8m），横距为 1.0m，步高为 1.8m。

②挑脚手架安装、拆除程序及要求

a. 安装程序：室内挑架→室内挑架底部二根挑杆→脚手挑架上牵杠→脚手内冲天→脚手外冲天→脚手横杆→脚手牵杠→搁栅→扶手→剪刀撑→脚手芭→安全网。

b. 拆除程序：脚手芭→剪刀撑→扶手→搁栅→脚手牵杠→脚手横楞→冲天→室内挑架底部两根挑杆→室内挑架。

c. 要求：

(a) 室内挑架冲天接头宜采用绑扎接头，顶部与板底、底部与板面两头支牢。

（b）室内挑架高度方向设三道牵杠，并加设剪刀撑。

（c）室外脚手冲天选用4.2m规格脚手管，接头采用绑接接头。

（d）里排冲天离建筑物距离保持200mm。

（e）在脚手架外侧面按规定设置剪刀撑。

（f）在挑架处冲天与梁之间铺设统长的安全底笆。

（g）脚手架水平方向每一柱距设两个拉结点，每个拉结点用4根10号铅丝接，脚手挑架上牵杠与楼层内平台排架拉结（室内挑架未单独工作之前）。

（h）室内挑架必须能单独工作，与楼层内平台排架分开，两者有冲突时，平台排架应避开室内挑架，先拆平台排架，后拆脚手。

③脚手使用要求：

a. 本挑脚手（六排脚手）可施工3层结构，保证二榀挑架悬挑六排脚手，脚手顶层一排允许有施工荷载，并且每榀脚手内只允许有两人同时操作，严禁堆放模板、钢筋等，并经常清理脚手内的建筑垃圾，以确保脚手内畅通不超荷载。

b. 六排脚手必须始终有两付挑架存在，这点必须坚决贯彻。

c. 模板支撑严禁支撑在脚手上。

d. 人员上下严禁在脚手架外攀爬，本脚手共设二处上下梯。

e. 在被拆除脚手、排架、模板的楼层内，应遗留一批钢管以供搭设临时挑脚手用，该脚手用来维修已浇混凝土结构（若发生爆壳子、孔洞、露筋等情况时），该脚手搭法同上，是用来维修一层结构，所以只有一付挑架两排脚手，且不一定联成整体，不需要维修的地方可以不搭设脚手。脚手三面用密眼安全网围护，在其下面一层搭设密眼水平安全网，伸出建筑物宽度大于2.0m，以下每隔三层设一道水平安全网。

④安全措施：

a. 搭拆脚手架必须经安全技术教育的架子工来担任，并经常进行体格检查，凡患有高血压、心脏病等不适于高处作业者不得上脚手操作。

b. 严格按平面及剖面搭设，遵守搭拆程序及要求，斜挑杆接长应采用绑接，严禁用对接。

c. 搭拆时必须仔细检查挑杆是否固定良好。

d. 脚手外立面满挂小眼安全网，严禁用竹笆围护。

e. 拆除脚手时施工区域应设置警戒区。

f. 遇有恶劣天气影响施工安全时，不得进行脚手架的搭拆施工。

g. 遵守其它搭拆脚手架的一般规定。

h. 搭拆前施工员应向施工班组进行详细的安全交底。

i. 搭设完成后施工班组应进行仔细的自检，并由安全部门进行验收，不合格处及时整改，必须待验收通过后方能使用。

j. 脚手使用期间必须有专人进行脚手养护及安全监护。

2.18.8 墙体施工

本工程墙体材料有标准砖、多孔砖、砌块等。

（1）砌砖前，弹出墙身线及皮数杆（竖立于墙角及某些交接处，其间距以不超过15m为宜），经复核无误后方能砌墙。砖应浇水润湿（0℃以下除外），石灰膏等材料要保持良好塑性。准备好所用材料及工具，施工中所需门窗框、预制过梁、插筋、预埋铁件、预埋素混凝土块（铝合金窗用）等必须事先作好安排，配合砌筑进度及时送到现场。

（2）砌筑方法采用一顺一顶，标准砖要满刀灰，多孔砖要达到水平、垂直缝饱满，并每皮拉统长麻线。

（3）砌墙留孔一定设拉结筋@500mm，并不得留老虎接槎。

（4）预埋用木砖一律要浸水柏油防腐，安放位置要准确。

（5）墙的转角及丁字交接处，应加砌半砖，使灰缝错开，转角处半砖砌在外角上，丁字交接处半砖砌在横墙端头。

（6）砖砌体应上下错缝，内外搭砌。

（7）隔墙或填充墙的顶面与上部结构接触处宜用侧砖斜砌挤紧。

（8）半砖和破损的砖应分散使用在受力较小的砌体中。

（9）砌筑多孔砖砌体时，砖的孔洞应垂直于受压面。砌筑前应试摆，在不够整砖处，如无辅助规格，可用模数相符的普通砖补砌。

（10）外墙转角处严禁留直槎。墙体转角处和交接处应同时砌筑，对不能同时砌筑而又必须留置的临时间断处，应砌成斜槎。

（11）拉结筋位置应设置正确、平直，其外露部分不得任意弯折。拉结筋不得穿过烟道和通气孔道。如遇烟道和通气孔道时，拉结筋应分成两股沿孔道两侧平行设置。

（12）设计要求的洞口、管道、门窗安装的预留孔及预埋件等，应在砌筑前按要求预留或预埋，不得事后剔凿。砌体中的预埋件应做防腐处理。

2.18.9 防水工程

（1）防水材料：地下室外墙防水卷材采用PVC，屋面防水卷材采用三元一丙橡胶。

（2）施工步骤（采用冷粘法施工）：基层处理→粘贴防水卷材→粘结防水卷材接缝→收头处理。

（3）施工要点：

1）立面或大坡面铺贴卷材应采用满粘法，并宜减少短边搭接。

2）立面卷材收头的端部应裁齐，并用压条或垫片钉压固定，最大钉距不应大于900mm，上口应用密封材料封固。

3）地下室外墙防水卷材PVC铺贴时，底脚应注意干燥、不积水。本工程底板浇至地下连续墙边尤其应注意。

2.18.10 屋面保温工程施工

（1）保温材料：本工程的保温材料采用水泥膨胀珍珠岩板（憎水）。

（2）施工要点：排汽孔数量按屋面面积每$36m^2$设置一个，应做好防水处理。

（3）干铺的板状保温材料，应紧靠在需保温的基层表面上，并应铺平垫稳。分层铺设的板块上下层接缝应相互错开，板间缝隙应采用同类材料嵌填密实。

2.18.11 安装工程

本工程设中央空调系统、变配电系统、消防喷淋报警系统、弱电（通讯、安保等）系统、雨污水、上水、照明、煤气、动力、机械式停车、擦窗机、电梯等设备。东北角另有污水处理室。

值得一提的是，本工程的地下车库为了增加停车车位，全部使用上海倍斯威国际贸易公司的机械停车设备，其中还包括 DW323 型涵洞式三层停车设备（可停三层车辆），该设备的涵洞（利用本工程南楼地下室二层的部分架空层）净高 1550mm，进深不小于 6000mm，上层净高 2770mm，从涵洞底到顶棚的实际高度为 4320mm。

2.18.12　玻璃幕墙工程

（1）概述：本工程两幢主楼外立面装饰全部采用全隐框玻璃幕墙，整个玻璃幕墙面积近 30000m² （为国内罕见），采用美国 VIRACON 公司生产的镀膜反射玻璃和镀釉玻璃，整个大厦玻璃幕墙设计美观、宏伟。

（2）特点：

1）工程量大。大楼外立面全部采用玻璃幕墙，幕墙面积近 30000m²，在国内罕见。

2）工期紧。整个幕墙施工周期仅 8 个月。

3）施工工艺要求高。

①施工采用逆作施工法，由下往上施工，打破了在结构封顶后现场安装铝料、安装玻璃的做法。

②幕墙设计采用了目前国际上较先进的单元板块式设计，可以讲是上海第一个应用这种幕墙设计和安装的工程。在工厂流水线形式生产加工铝合金玻璃幕墙板块至成品后，整片运抵施工现场直接进行吊装，从而将大大缩短施工周期，但对施工现场的前期准备工作要求相对提高，必须提前对土建预埋件的放置进行指导和检查，为方便以后正常施工提供保证。

（3）施工安装程序和方法：对已完成的混凝土结构作精确的测量、放线，然后确定幕墙基准的定位，自下向上安装幕墙固定铁件。然后每三层把成品的幕墙板块用塔吊吊进各楼面，用专用的车把成品的幕墙板块运到各个安装位置待安装，安装顺序是阶梯形的自下向上用专用的卷扬机吊装，每一层的玻璃幕墙板块约 220 片，每片面积约 4m²，重量约 100kg。施工安装所使用的设备、工具均为进口和国内较先进的。

（4）施工要点：

1）由于是逆作法施工安装，在下面安装幕墙时，土建还在上面浇筑混凝土，故必须对已安装好的幕墙进行必要的产品保护。

2）玻璃幕墙的施工安装是一项危险性较大的工作，特别是本工程，外墙无脚手架防护，所以安全措施最重要。

3）屋面防水、轻质内墙、楼面防水槛、楼层之间封断、结构预埋件布置、室内装潢等等与幕墙节点的处理要注意。

（5）施工进度：幕墙施工周期为 8 个月。原计划 1995 年 1 月初在六层先试装一层样板，为正式安装打好基础，1995 年 2 月初正式进场安装（结构完成到十九层时）。实际上，由于幕墙板块未能及时从美国运到，因此，1995 年 3 月底前开始在六层试装一层样板，1995 年 5 月末正式进场安装。每层安装速度控制在 10d 以内，1996 年 5 月前基本完成全部幕墙施工安装。

（6）施工的配合要求：

1）提供土建结构的三线。

2）提供玻璃幕墙的垂直运输。

3）确保楼层内水平运输的道路畅通，使玻璃幕墙板块能运抵各个安装位置。

4) 土建施工的混凝土结构精度应控制在幕墙可调范围内。

5) 做好幕墙成品的保护工作。

2.18.13 装饰工程

(1) 概述：

本工程为一幢多功能商住楼，由主楼和裙房组成。主楼为地下二层、地上二十八层，裙房为地上五层。

建筑物位于闹市中心，地理位置较为显要。因此装饰要求较高，大楼外墙装饰：主楼采用玻璃幕墙，裙房采用玻璃幕墙和铝板、石材。

室内装饰项目种类繁多，其中，顶棚装饰：裸露结构加粉刷，悬吊夹板加粉刷，悬吊矿棉板；墙面装饰：光面大理石、花岗石，磁砖，墙砖，抹灰浆，混凝土墙面喷白，轻质墙（泰柏板）加粉刷，玻璃隔墙。楼、地面装饰：细石混凝土地面、磁砖、地毯、聚氯乙烯地砖、光面花岗石铺面。

(2) 施工方案部署：

1) 施工程序安排：

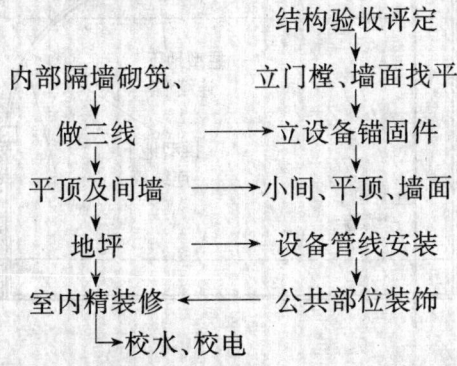

2) 室内粗装饰施工部署：

本工程结构封顶后，可报批质检站进行主体结构施工验收。验收通过后即可进行室内粗装饰施工。

设置 2 台人货两用电梯作垂直运输。室内以人工运输为主。并要求地面设置两个砂浆搅拌点以准备充足的材料。施工用水采用高压水泵送水至操作层面。

3) 外墙装饰见玻璃幕墙。

4) 大楼精装修的施工安排：

1～6 层的室内精装修与外装饰同时进行，裙房屋面在主楼外装饰基本结束后进行。

主楼室内精装修：标准层室内精装修可按楼层单元分层进行施工。装修顺序按先里后外，先上后下的原则进行施工。首先，应满足建设单位的需要。

2.18.14 室外总体工程施工

室外总体工程包括主体管道、道路、配套等。施工方法采用由下至上的原则进行。

本工程施工期间正好与四川北路拓宽改造工程同时进行，为了避免两次破路，决定将本工程沿四川北路一侧的总体管线先施工，与城市管道接通，待污水处理室施工好后，再施工场内管线与之接通。

（钱 宏 刘 俊）

2.19 凯旋门大厦施工技术

2.19.1 基坑支护结构的设计与施工

（1）工程概况：

凯旋门大厦是一幢具有欧洲风格的商住大楼，座落于上海火车站附近的天目中路、乌镇路、新疆路、国庆路间的闹市区。工程地下二层，地上三十层，钢管桩加地下室箱型基础，基础底板厚2.5m，基坑平面尺寸为71.9m×51.9m，占地面积约3500m²，工程基础埋深−10.35m，最深处−12.00m。上部结构为框—筒结构，建筑总高103.10m，建筑总面积50714m²（图2.19-1）。

基坑东、西、南缘紧邻乌镇路、新疆路、国庆路，北缘距离天目中路约25m。周围地下管线年代久远且分布密集，其中乌镇路东侧人行道上的 φ300mm 上水管距离基坑边不足3m，东北角近国庆路处合流污水管道距基坑边仅 200mm 左右。根据工程地质报告反映，该工程自地表起的地质状况是：第一层为填土，层厚2.3m；第二层为灰色砂质粉土，层厚6.7m；第三层为灰色淤泥质粘土，层厚5.0m；第四层为灰色粘土，层厚3.0m；第五层为粉质粘土，层厚8.7m。

鉴于本工程周围环境的限制，同时考虑到工程进度的要求和施工条件的制约，要求工程深基坑围护结构应在规划红线之内，且内支撑在沿基坑深度方向的道数

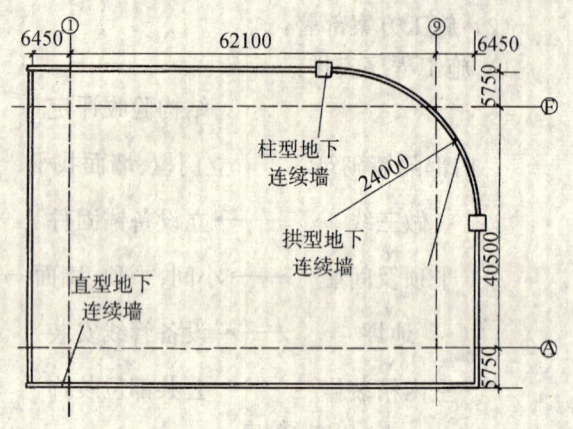

图 2.19-1 基坑平面图

应尽可能的少，以满足机械开挖及换撑等方面的基本要求。为此经过反复论证计算，工程基坑围护采用地下连续墙厚度为800mm、深度为22m，φ580mm 钢管支撑的结构体系及机械台阶式接力挖土的施工方案。

（2）支护结构设计与施工：

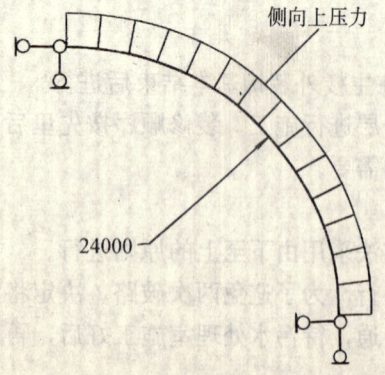

图 2.19-2 拱计算模式

1）拱型支护体系

由于国庆路正在施工合流污水工程，且工程基础在此处为一斜角形状，无法施工直型地下连续墙，故决定在此处采用1/4圆（R=24m）拱型地下连续墙。拱型地下连续墙的单元槽段采用折线型，截面尺寸6000mm×800mm，内设两道 800mm×800mm 拱，拱位置同 φ580mm 钢管支撑的位置。

拱型结构的最大特点是能将其所受的法向压力转化为轴向压力，如此可最大限度地发挥混凝土的抗压性能，且可不设内支撑，亦给基坑开挖带来了很大

方便。

计算拱型地下连续墙和拱时将拱作为地下连续墙的支撑计算墙的内力、位移和支撑点反力，而后将此支撑点反力作为拱所承受的径向压力来计算拱的内力、位移和支座反力（拱的支座按铰接计算）。拱和拱型地下连续墙间用钢筋（预埋于地下连续墙内）连接。拱型地下连续墙的计算模式如图 2.19-2。

拱和拱型地下连续墙与直型地下连续墙间做一个 1800mm×1800mm×25m 柱型地下连续墙，在柱型地下连续墙上与拱相应的位置预埋钢板，待基坑开挖至拱位置处于施工拱时将拱纵向钢筋与预埋钢板焊接，以使拱与柱型地下连续墙连接牢固。

柱型地下连续墙作为拱型地下连续墙、直型地下连续墙、拱和钢管支撑的连接点，承受着上述物体和土体传来的荷载，因此其在设计中除应考虑弯矩、剪力外，还需考虑扭矩作用。

根据对拱中央和端部（拱与柱型地下连续墙连接部）钢筋的应力监测可知，拱为全截面受压，基本上符合计算模式。但其端部其内侧钢筋压力值几乎为零，而外侧钢筋压力值最大为 21.5KN，这说明拱内确实存在着弯矩，但这些弯矩足以为拱内配筋所承担。

2）考虑基坑开挖方式的支撑平面布置：

地下连续墙是目前地下连续墙围护结构中最常用的一种型式，考虑到基坑开挖施工，故采用上下两道支撑以利阶梯式开挖施工。见图 2.19-3。一般的深基坑围护结构支撑的平面布置成井字型，如此则只能实施分层开挖，而无法采用反铲挖掘机进行阶梯式基坑开挖，必将影响基础施工进度。为此决定在基坑东南、西南、西北区域采用 45°角支撑，中央区域采用对撑（因东北区域采用拱型地下连续墙结构，故不用任何支撑），支撑采用连杆和立柱作为支点以减小长细比。这样不仅便于

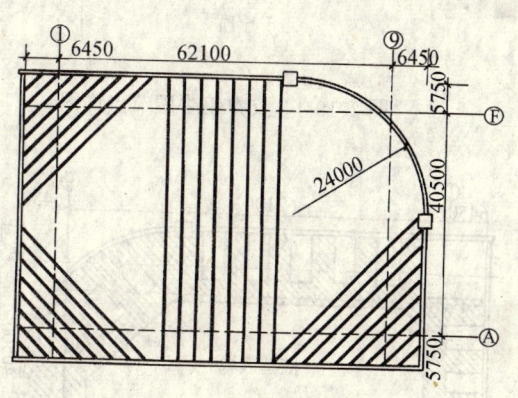

图 2.19-3 支撑平面布置图

阶梯式基坑开挖，而且基坑中间存在较大的无支撑区域，可大大加快基础施工的进度。

本工程地下支护结构采用 ϕ580mm×12mm 钢管支撑，均为内支撑，水平向亦采用 ϕ580mm×12mm 钢管连杆作为减小水平向长细比的支点，垂直向采用原工程 ϕ500mm×10mm 钢管桩加长作为减小垂直向长细比的支点。

直型地下连续墙单元槽段长度一般为 6m，最长为 8m，每一单元槽段上设上下两道支撑，每道支撑为两根支撑，这样每一单元槽段上就有四根支撑，和于其对应的单元槽段（其上亦支承着上下二道共四根支撑）共同形成一个空间稳定结构，且由于地下连续墙的自身刚度大，又可经计算在墙配置一定数量的水平钢筋，故直支撑可直接支承于地下连续墙上，角支撑与地下连续墙间采用钢牛腿（预加工后焊接在预埋于地下连续墙的钢板上）作为连接节点（详见图 2.19-4 所示）。所有钢支撑均施加预顶力，其间不再设置围檩，如此即可大大加快基坑开挖的施工进度。

根据监测数据可知上道支撑轴力在安装下道支撑前随开挖深度增加而增大，在安装下

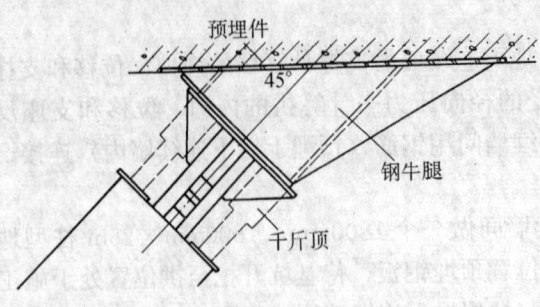

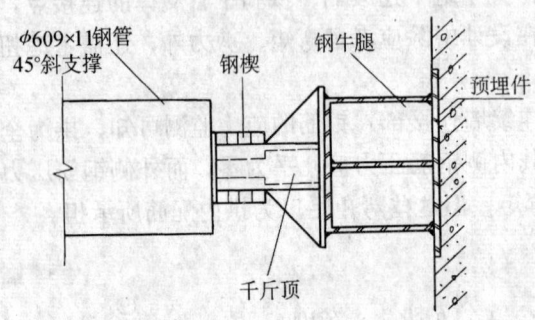

图 2.19-4 支撑钢牛腿节点详图

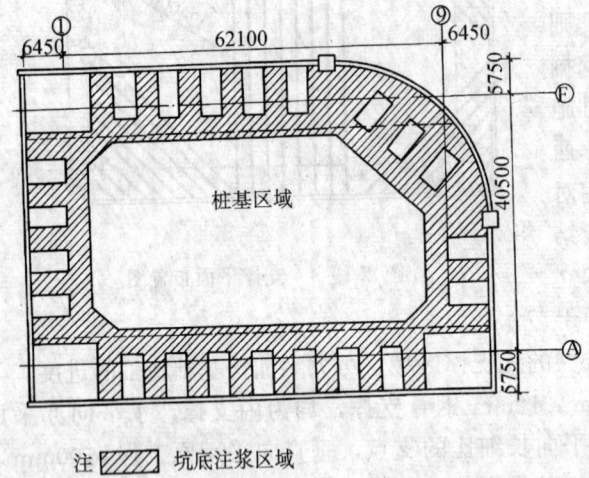

注 ▨ 坑底注浆区域

图 2.19-5 坑底注浆平面图

道支撑后随开挖深度增大面减小，基本符合设计计算结果。角撑、对撑的上、下道支撑轴力的计算值均比理论值小 10%，说明设计值比实测值大，估计是荷载系数的影响。

3）坑底注浆：

考虑到本工程坑底土质为淤泥质粘土，含水率高，渗透系数低，该土质对抗坑底隆起不利，故此沿基底四周进行了 3m 宽踞齿型坑底注浆，注浆区域直至桩基区域，既改善了坑底土质条件，增强了坑底抗隆起的能力，又相当于给地下连续墙增设了变形约束（图 2.19-5）。

为了确切了解坑底注浆对地下连续墙体变形的约束情况，在施工中对地下连续墙体变形进行重点监测，在中央和四角各选择四个典型槽段。共设 8 根测斜管（内外各 1 根），测得其中一个槽段的墙体变形如图 2.19-6 所示。

由图中可以看出，墙体变形最大为 69.3mm，而不是与设计所示位于坑底处。经研究认为，这是由于坑底注浆对墙体变形有约束，而计算时却无法定量考虑，因而向坑内的最大位移发生在坑底下 5m 处，仅 23.8mm 比设计值小 13%。由此可见，坑底注浆对地下连续墙体的变形约束有很大作用。

4）井点降水：一般深基坑大多采用深井泵降水，但由于本工程采用了挡水性能良好的地下连续墙作为深基

坑的围护结构，同时考虑到淤泥质粘土的渗透系数极低（达到 10^{-7} 级），几乎为不透水层，因此决定采用二级轻型井点降水。先在基坑中央间隔打设 6m 和 9m 井点管作为一级井点降水，而后在降水的同时沿基坑周边地下连续墙内侧 2m 宽范围内开挖至地面下 1.5m 处再间隔打设 6m 和 9m 井点管作为二级井点降水，开挖时逐组拔去基坑中央的井点管，待基坑开挖至坑底后，再拔去基坑周边的井点管，具体布置详见图 2.19-7 所示。虽然这样无法将水位降至坑底以下，但只要保证开挖第三层土的挖土机的停机面土质坚硬即可，而且与深井

泵降水相比，降低了费用，提高了工效，取得了较为显著的经济效益。

5）支撑立柱与基础底板的节点处理：本工程围护结构的支撑采用原ϕ500mm 钢管桩加长作为其立柱，因而在施工基础底板时造成立柱贯穿整个底板结构，极易引起底板渗漏，况且钢管立柱贯穿底板又使得基础底板钢筋在立柱处被截断，因此我们在基础底板施工时对所有立柱与底板的节点进行了图 2.19-8 所示的处理，如此既保证了支撑立柱的正常工作，又防止了底板渗漏，并确保了底板钢筋贯通。

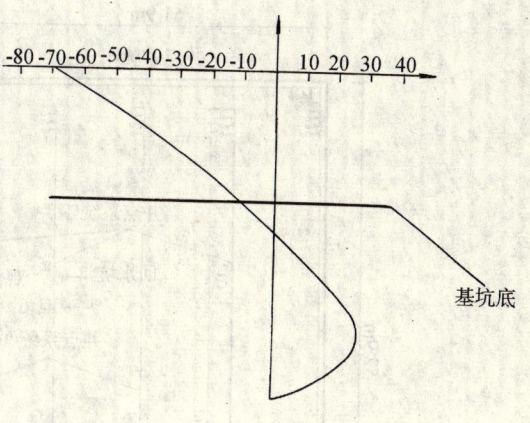

图 2.19-6　地下连续墙体变形图

（3）体会：深基坑支护结构因不同工程而异，其方法千差万别，关键是因地制宜。我们在凯旋门大厦深基坑支护结构设计施工中针对工程环境的具体情况进行设计施工，在一些方法上有所探索尝试，解决了工程技术上的一些难题，适应了工程施工在环境、进度、质量等方面的要求，同时也走出了一条由施工单位自行设计施工深基坑支护结构的新路。

2.19.2　复式层结构施工技术

（1）工程概貌：

凯旋门大厦东西两框筒体自第 25 层起以复式层型式相连，复式层自标高 79.50m 至标高 97.70m 共计为 6 层（层高为 3m），其在两框筒体间净跨为 12.30～28.50m，且高度方面呈倒阶梯形逐层外延状。

跨间复式层混凝土构件几何尺寸：楼板厚为 240mm，外墙板厚为 500mm，内隔墙厚为 300mm，柱断面为 300mm×300mm，设计混凝土强度等级为 C30。

（2）工作平台设计：

1）基本要求：工作平台必须满足二大方面的要求：其一是满足施工操作需要，诸如：模板支设、料具堆放、脚手架立、人员行走以及平台自身安装所需操作面等；其二是满足承载能力的需要，也即是保证在各阶段工况条件下的正常工作。本次设计根据复式层呈倒梯形逐次外延的结构特点，设置了 3 个工作平台，具体详见下图 2.19-9。

2）承载取值：

拆除支承于平台上的模板便意味着工作平台的卸荷。因此工作平台设计承载力的确定必须综合考虑以下因素：（1）结构承载能力（混凝土拆模强度限定）；（2）结构承载形式（传力路径）；（3）常规施工工序与工期；（4）平台设计的经济性及施工可行性。

本设计对支承工作平台的混凝土拆模强度作了限定，并据此确定工作平台的设计承载力。

平台 1：①当 25 层模板混凝土强度达 $100\%R_s$（C30）；②且 26 层模板及 QBL2601 混凝土强度达 $70\%R_s$（C20）时，可拆除支承于工作平台上的 25 层楼板底模，然后才可一并浇筑 27 层楼板及 QBL2。

依次类推，同样分别对支承于工作平台上的 26、27 层楼板底模拆除时间作了限定。

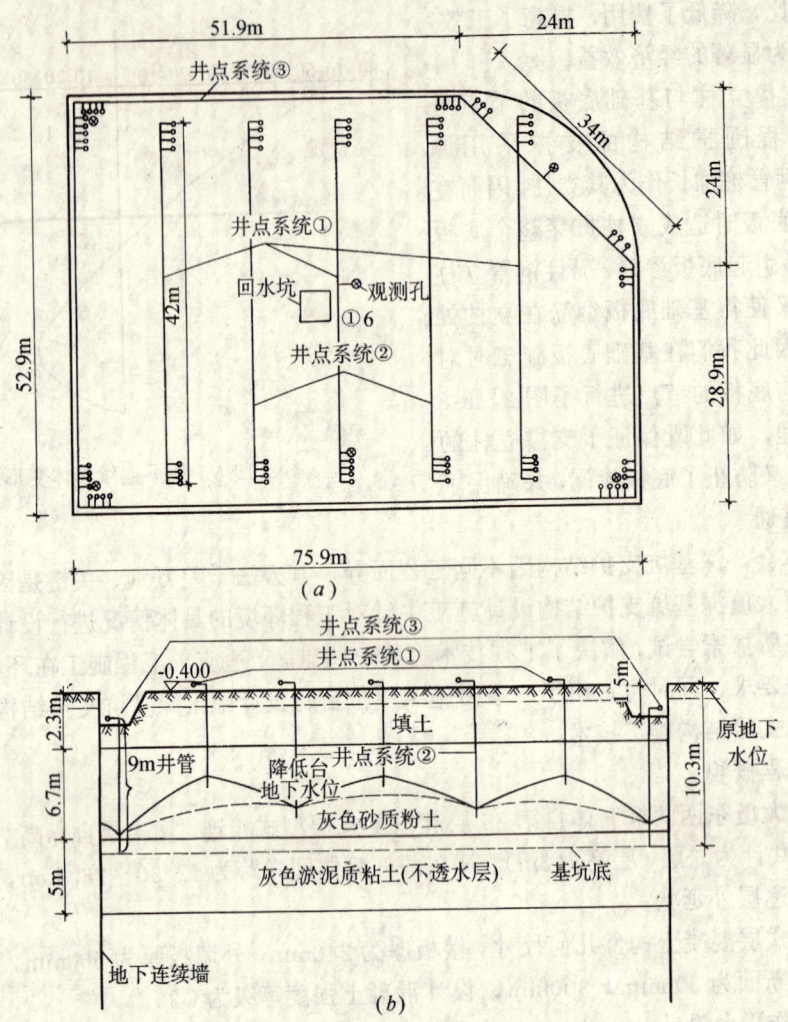

图 2.19-7 井点降水布置图

(a) 井点降水布置平面；(b) 井点降水布置剖面

平台 2、3：根据水平分段施工的 KQB1、2 自身的承载能力（由华东建筑设计研究院提供），在 KQB1、2 标高＋89.300～92.300m 混凝土浇筑前作用于平台 2、3 上的荷载达到 KQB1、2 施工过程的最大值（工作平台的设计承载力据此确定）。KQB1、2 在＋89.300m 以上部分荷载将由结构自身与工作平台协同承载。

3）工序要求：

根据工程结构承载形式及工作平台结构性能，施工操作工序有以下要求：

QBL2601 及 QBL2 应分别与 26 层、27 层楼板一并浇筑完成；

混凝土浇筑流向应严格控制以⑤轴为中心分别向东西两侧等速对称浇筑。

按常规施工能力，无疑与考虑工作平台承载能力的混凝土拆模强度限定是一对矛盾。根据复式层施工期的气温条件，要使混凝土 $R20=C30$，且 $R10=C20$，除在混凝土内掺入早强外加剂以外，将设计混凝土强度等级由 C30 提高至 C40 是满足常规施工能力的必要手段。

4）设计指标：

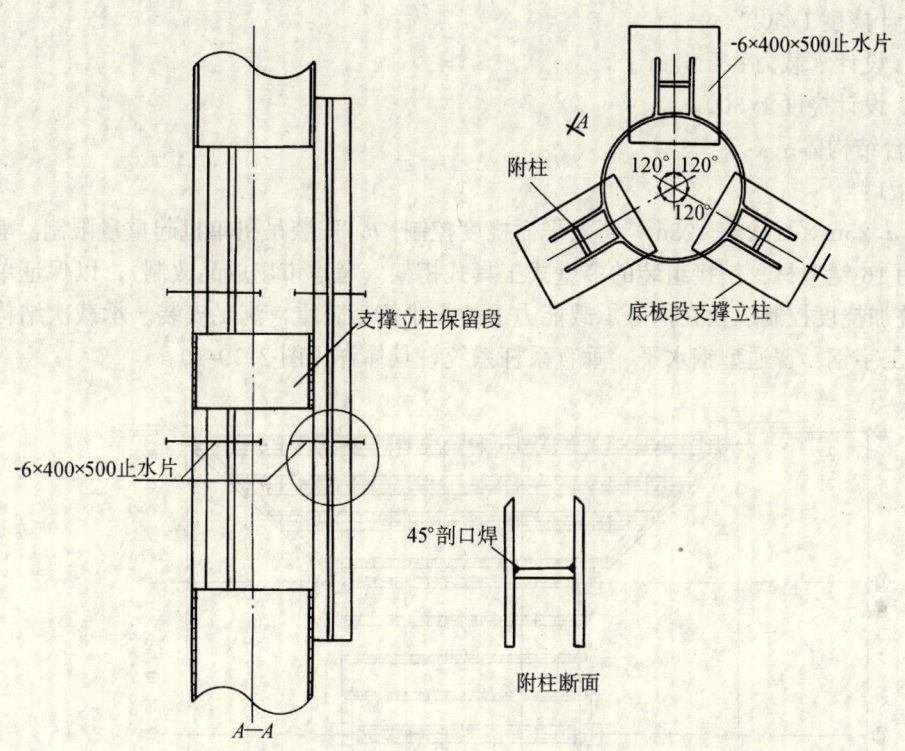

图 2.19-8 支撑立柱与基础底板的节点处理详图

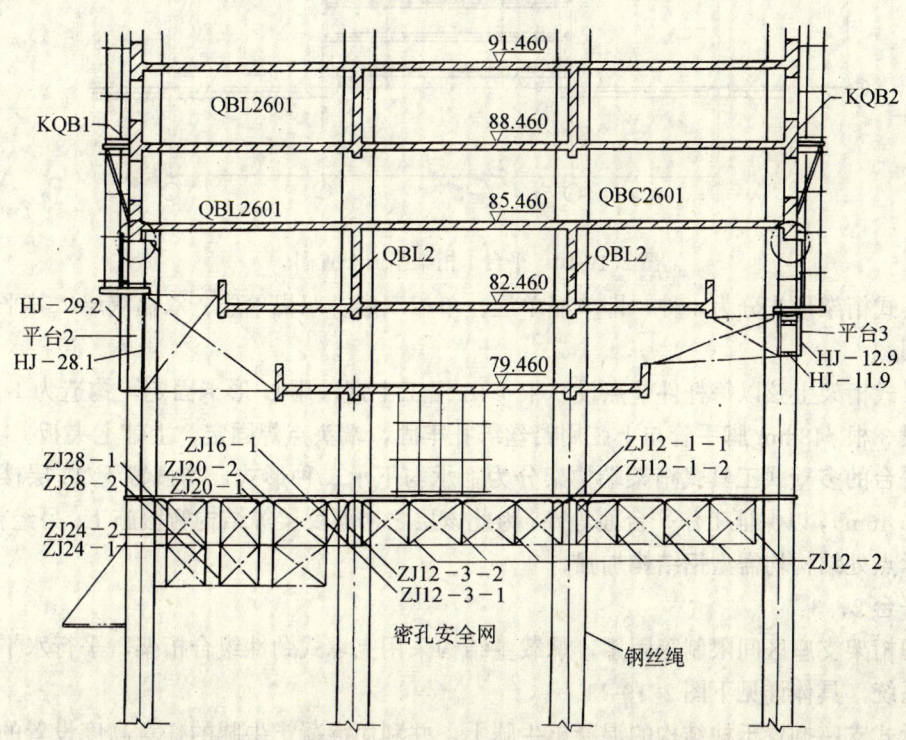

图 2.19-9 工作平台立面布置图

平台 1：设计承载力 80kN/m²（折算值）；

设计挠度 1/500。

平台 2、3：设计承载力 90kN/m²；

设计挠度 1/500。

5）平台结构体系：

①平台 1：

考虑：*a.* 25m×（12m～28m）超大平面挠度控制；*b.* 安装吊机单机起重量限制。承载主结构采用 16 锰型材、销接组装的多壁式工具式桁架（考虑市场成品改制），以保证单位高跨比的叠加挠度控制以及在同等承载能力下的最小桁架自重，满足安装。承载次结构为配套 16 锰工字钢、普通型钢水平、垂直系杆系统，具体详见图 2.19-10。

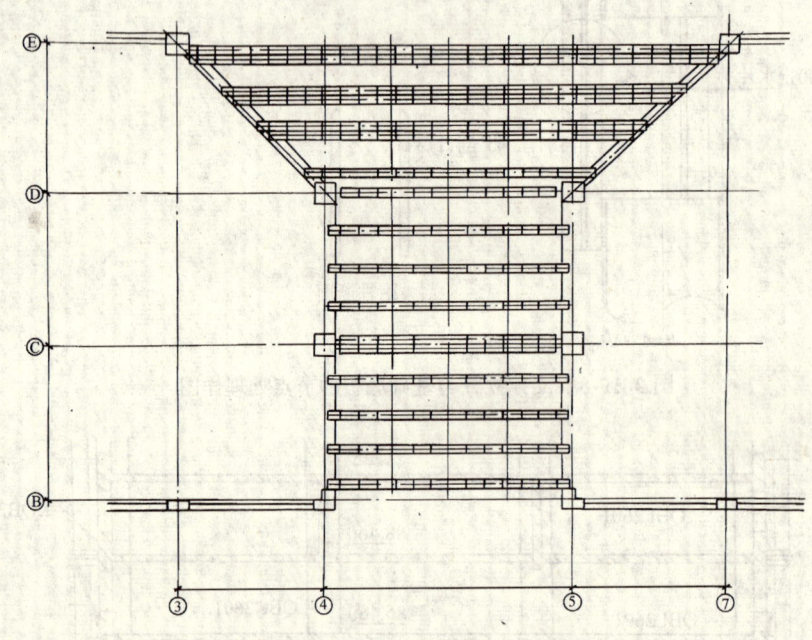

图 2.19-10 平台 1 桁架平面布置图

工具式桁架形式分为 4 种，即单榀单层、单榀双层、双榀单层、双榀双层，其平面布置详见图。

工具式桁架上弦以每杆件节点设一根 I 16 锰工字钢，用 U 形卡固定，构造为 I 16 型钢，间设 3 根 φ48mm 脚手管与上弦用铅丝绑扎牢固，端头点焊固定，上铺七夹板。

本平台的多壁式工具式桁架端构架分为上承与下承二种形式，均搁置于 23 层楼板面（标高 73.46m），以保证工作平台面等高，为此该层之楼面反梁等结构暂缓施工。另经核验，桁架支承点处结构均需型钢结构加强。

②平台 2、3：

考虑桁架支座区间限制等因素，承载主结构采用上承式劲性组合桁架，平行水平、垂直系杆系统，具体详见下图 2.19-11。

上承式支座搁置于柱结构的混凝土牛腿上，并利用混凝土牛腿的任意高度设置的特点将平台 2、3 提高至 +83.00m 标高处，以改善模板支撑的性能。

③施工监测：平台结构在离地 80m、两框筒结构间的风荷敏感位置，风荷载体型效应

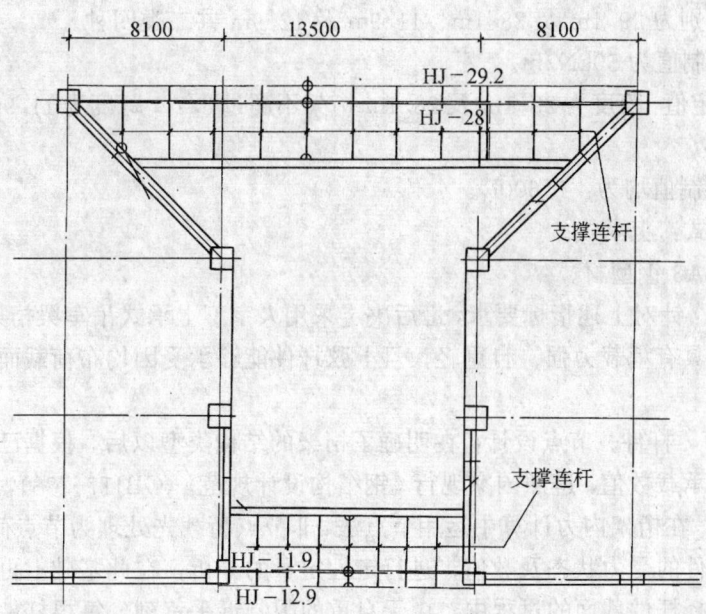

图 2.19-11 平台 2、3 桁架平面布置图

的多变,使其对平台结构的作用难以定量计算,影响了平台的安全度,为此考虑对整个平台结构工作状态进行监测。

6)桁架设计:

①平台 1 桁架设计:

平台 1 的支撑构架采用已有的工具式桁架,桁架的承载能力,由于工作平台因复式层结构的特点需承受结构混凝土、模板及其支架、钢筋和平台上的操作荷载,故此桁架的承载力、杆件强度、挠度是计算的关键。

工具式桁架的最终受力是通过楼板底模支架立杆传递来的,而支架立杆的位置尚需根据复式层楼面上的梁、板位置而定,因而每榀桁架所受的荷载是不同的,这就需要既计算出每榀桁架的内力,又确定好每榀桁架的位置。

根据桁架的内力和位置的不同,将桁架设计成 4 种型式:

a. 单榀单层桁架。

b. 双榀单层桁架:由两个单榀单层桁架通过套销联接成一体组成的一整体性桁架。

c. 单榀双层桁架:由工具式桁架的标准节组成上下 2 层的桁架。

d. 双榀双层桁架:由两个双榀单层桁架通过套销联接成一体组成的一整体性桁架。

由于工具式桁架跨度是标准的,而复式层结构的跨度是非标的,特别是北部跨度从 12.30m 至 28.50m,因而桁架的端构架有些将另行设计,以适应复式层结构不同跨度的需要。

②平台 2、3 桁架的设计:

a. 设计指标:在方案的设计初期已经确定了桁架设计的一些基本指标。在对桁架的细化设计时,通过精确计算桁架所承荷载最后明确了如下的桁架设计指标:

(a) 跨度分别为29.1m及28.1m、11.9m及12.9m共二类四种。

(b) 荷载控制值为50kN/m。

(c) 自重限定值：跨度为29.1m及28.1m桁架不超过8.2t,跨度为11.9m及12.9m桁架不超于4.5t。

(d) 挠度控制值均为：1/600L。

(e) 支承形式：上承式。

(f) 材料：A3钢型材。

b. 桁架选型：针对上述指标要求,最后决定采用人字型上承式吊车梁桁架的结构类型。此种类型的桁架具有承载力强、自重轻,且上弦杆件能够承受因均布荷载而产生的压弯能力等工作优势。

c. 内力计算,杆件、节点设计：在明确了桁架的结构类型以后,根据已完成的荷载计算所提供的桁架承载数值,遵照国家现行《钢结构设计规范》(GBJ17—88),进行了二次人工计算桁架内力。在桁架内力计算中运用节点法、非节点荷载先处理为节点荷载等手段,先行明确了桁架杆件的受力状态及数值,进行定性定量的分析,在此基础上再用计算机复核计算过程。在选择杆件截面的过程中,由于自重的限制近乎苛刻,每根杆件的设计都必须极其精确,不允许有太大的富余量,尤其为选定上弦杆件截面,通过人工计算及计算机组合上下弦杆件截面以复验整体刚度及稳定,反复数次后确定采用2根C_{36}普通槽钢肢背相拼作29m桁架的上弦杆件。下弦杆件和腹杆的截面计算亦如此。在支座节点处理过程中,还引进了网架式支座的橡胶衬板新工艺以改善支座板的受力不均的状况,最后完成桁架的施工图。

7) 桁架支座处结构加固：

桁架支座处若是柱结构,则于支座位置处预做牛腿,原设计采用钢牛腿,因其具有受力明确、构造简便、便于安装和拆除,但考虑到本工程主要是高空作业,而钢牛腿高空焊接质量不易保证,由此可能造成安全隐患,因而权衡再三,决定采用混凝土牛腿以保障工作平台的施工安全。

桁架支座处若是梁结构,则为了充分利用原有结构,采用了钢箱梁加混凝土梁的组合截面形式。钢箱梁在梁底模安装时即做梁底模,两端锚固处采用钢板锚脚锚入混凝土立柱,并下设型钢斜撑以减小钢梁跨度的方式予以解决。

(3) 施工方法：

1) 工作平台体系施工：本工程复式层施工的工作平台共有三个,即平台1(由标注为ZJ—XX的双壁式桁架组成)和平台2、3(由标注为HJ—XX桁架式平台梁组成)。

①桁架的制作和运输：

a. ZJ—XX双壁式工具式桁架为一种工具式标准杆件拼装桁架,市场上有供应。在平台1的体系中,跨中标准段均可采用,但端部要根据实际情况另行制作配套的端构架。

b. 平台2、3桁架按设计图纸由专业厂家制作,其中HJ-28.1、HJ-29.2分两段制作,便于运输。桁架间支撑及其与结构支撑杆件按设计图分件制作。

c. 制作时应采取合理工艺操作,避免制作应力及初始变形的产生。

d. 所有钢构件均由加工厂负责运至现场,运输时应注意采取结构加强措施,避免产生不可恢复的塑性变形。

②平台安装：

a．平台安装流程：辅助平台安装──→桁架在辅助平台上拼接──→起板扶正──→逐榀吊安装──→安装桁架间支撑──→铺设型钢搁栅──→铺设走道板。

b．辅助平台的安装：

（*a*）辅助平台为吊装构件就位专用平台。

（*b*）辅助平台的平面尺寸要求：6.0m×32m，设置于北侧裙房顶，用工具式桁架架设，桁架间铺设Ⅰ16型钢格栅，上满铺50mm×200mm板。

（*c*）辅助平台桁架支座设在③、④、⑥、⑦轴位上，宽490mm砖砌高1500mm，搁置点表面浇筑60mm厚细石混凝土承压。

c．工作平台安装的一般注意事项：

（*a*）桁架跨度大于12.9m，采用双机抬吊，其余桁架则采用单机吊装。

（*b*）吊装前应预先对塔机进行单机性能测试和双机抬吊同步工作性能调试、演练。

（*c*）吊装前应先按桁架端部螺孔尺寸和设计桁架跨距进行复核，利用附有螺栓的铁板在牛腿面的焊制来微调结构误差。随后用502胶贴橡胶支座垫。

（*d*）双机抬吊时塔机要慢档小幅动作，平稳地移动，防止动作不协调使桁架发生平面外挠曲。

（*e*）桁架吊装设二级指挥进行安装协调，其中一人为总指挥，二个分指挥；分别在桁架支座端将有关桁架吊装就位情况通知总指挥，再由总指挥指挥吊机操作。

（*f*）桁架由南向北逐榀吊装，对于平台1每完成两榀即进行桁架间水平、垂直系杆安装；对于平台2、3一完成桁架吊装即进行桁架间系杆和桁架与结构间水平和垂直系杆的连接安装。

（*g*）由双机抬吊的桁架在吊至就位标高时应双机互相协调，使桁架两端在支座处同时接触支座搁置，严禁桁架一端先就位再另一端就位。若一次就位不到需再次就位时，仍应双机协调操作，严禁单机单独操作。

（*h*）由单机吊装的桁架在吊至就位标高时，一端先在支座处就位临时固定，而后再另一端就位。

③平台1施工：

a．准备工序：

（*a*）桁架搁置点预埋件表面混凝土清除，混凝土牛腿面螺栓校正。

（*b*）同条件养护混凝土试块报告表明达C20以上。

（*c*）拼装后桁架上弦杆用扣件管做好两边扶栏，同时上弦杆满铺七夹板。

b．吊装顺序：

（*a*）首先由西面高塔采用单机一次整体吊装"ZJ12—1—2"桁架，安装完毕后，由东面高塔吊装"ZJ12—1—1"桁架，安装完毕后按设计要求连接此两榀桁架，以形成空间结构形式。

（*b*）以C轴为界东面高塔负责吊装C轴以南桁架，西面高塔负责吊装C轴以北五榀桁架，待12m跨桁架全部吊装再安装其余桁架。

（*c*）"ZJ16"至"ZJ28"桁架采用双机抬吊一次整体吊装方式，逐榀由南向北吊装。

c．单榀吊装工艺：

在地面拼装完毕后采用两点起板扶正后起吊，待提升至安装标高（＋73.460m），按设计要求固定两端支座，并由专职人员检查完全无误后，方可上人松开吊点，并安装相邻两榀的连接支撑 16Mn 工字钢。

④平台 2、3 施工：

a. 准备工序：

（a）搭设操作平台并清除牛腿面预埋件表面混凝土，待实地测量后按设计图要求焊上螺栓，安装橡胶衬垫。

（b）拼装完成并扶正的 HJ 型桁架，用扣件管做好扶栏，桁架高度之半处拉设一道钢丝绳（以便吊装人员固定保险绳）。

（c）检查桁架上的空间有否障碍物。

（d）待同条件养护试块报告达 C20 后方可开始吊装。

b. 吊装顺序：

（a）首先由东面高塔采用单机一次整体吊装方式起吊"HJ—11.9"桁架，待安装完毕后，再由西面高塔以相同方式吊装"HJ—12.9"桁架。

（b）东西两台高塔采用双机回点抬吊方式一次整体吊装"HJ—28.1"桁架及"HJ—29.2"桁架。

c. 单榀吊装工艺：

单机吊装工艺可按"ZJ"型桁架执行。

双机抬吊工艺：

因本工程受起重量所限，故"HJ—28.1"及"HJ—29.2"桁架起板扶正时采用非常规方式以尽量缩短吊点回转半径。桁架扶正后，由吊装总指挥指挥两台高塔同时慢速起高，起高过程中，应随时密切注意桁架保持水平，起吊至安装标高后，两塔吊分别先后回转至安装点，然后由总指挥同时指挥双机以慢速放下桁架至牛腿面螺栓及临时固定铁板安装后，检查无误，方可上人松开吊点，安装第二根桁架。

2）结构施工：

①模板工程：

a. 楼板底模板采用木模板；梁和墙板模板则采用组合钢模板。

b. 平台 1 上模板支架立杆与 16Mn 钢梁焊接连接，立杆间距 800mm×1000mm；平台 2、3 上模板支架立杆与 ⌷20 钢梁连接均为焊接。

c. 复式层 QBL2601、QBL2 墙采用倒吊模法施工，即将墙下模板支架立杆和局部楼板底模支架立杆伸出板，以作固定此墙模板之用。墙模板则立在马凳形钢筋上。

d. 模板拆除：

（a）复式层第 25 层（楼板面标高 79.460m）底模支架应待第 25 层结构混凝土达到 C30 级，第 26 层结构混凝土达到 C20 级方能拆除，但在此模板支架拆除前不得进行第 27 层结构混凝土的浇筑施工。

（b）复式层第 26 层（楼板面标高 82.460m）、第 27 层（楼板面标高 85.460m）底模支架亦按第 25 层底模支架拆除办法处置。

（c）KQB1、2 底模支架应在标高 95.300m 到 97.700m 间结构混凝土浇筑养护 10d 后才可拆除。

②钢筋工程：

a. QBL2 墙在 88.190m 处增加 6 根直径 25mm 钢筋，以保证 QHL2 墙因留置施工缝而未浇筑至相应标高的情况下仍能正常工作。

b. 施工缝钢筋均按 35*d* 搭按长度预留插筋，后浇结构钢筋在垂直施工缝处与预留插筋焊接连接，在水平施工缝处则搭接连接。

③混凝土工程：

a. 施工缝留置：

因 25 层 C、D 轴梁借助 QB2601 承担部分荷载及 26 层外挑梁借助 QBL2 承担部分荷载，故 QBL2601 需随 26 层楼面同时浇筑，QBL2 需随 27 层楼面同时浇筑，经与设计商定，施工缝做如下布置：26 层：QBL2601 水平施工缝标高 85.220m；

④/D、④/C 轴柱水平施工缝标高 85.220m；

⑥/D、⑥/C 轴柱水平施工缝标高 85.220m。

27 层：QBL2 水平施工缝标高 88.240m；

QBL2 垂直施工缝 D 轴向北 6000；

④/D、④/C 轴柱水平施工缝标高 85.240m；

⑥/D、⑥/C 轴柱水平施工缝标高 85.240m。

因牛腿位置较高，故 HJ—29.2、HJ—28 桁架上弦杆在楼面施工缝之上，故③/E、⑦/E 柱施工缝标高为 79.460m、85.960m、88.220m、88.460m、91.460m、94.460m。

b. 混凝土泵管布置：

混凝土泵管自原两框——筒体处向复式层结构中央⑤轴线处交会。

c. 混凝土浇筑方向：

混凝土自中央⑤轴线向东西两框——筒体处浇筑。

3）平台桁架的拆除：

①采用塔式起重机：因南北两端处的桁架位于复式层结构外侧200mm 处，故可采用塔式起重机予以拆除。其中北端跨度为 29.1m 桁架采用 2 台塔式起重机双机抬吊予以拆除，南端跨度为 12.9m 桁架采用单机起吊予以拆除。上述两榀桁架均吊至建筑屋面进行解体。

②采用卷扬机：位于复式层底下的桁架均采用卷扬机拆除，预先在复式层底部楼板相应位置预留孔洞，将卷扬机钢丝绳自孔洞内放下吊住桁架，而后将桁架主体与支座分解，再吊至地面。

4）主要技术措施：

①桁架成品验收：

a. 桁架运至施工现场时应按设计图纸进行验收，其制作及拼装误差应符合规范规定。

b. 桁架验收时应提交钢材质量保证书、钢结构出厂合格证书及其它有关技术文件。

②桁架吊装：

a. 吊装应根据《钢结构工程施工及验收规范》（GBJ205—83）中的有关规定，对桁架进行检验，若有超出规定的偏差，应于吊装前设法清除。

b. 桁架间支撑焊缝质量检验按三级质量检验标准，其质量标准见《钢结构工程施工及验收规范》（GBJ205—83）中的有关规定。

5）安全技术措施：

a. 平台体系安装完毕后应即在平台周围用48mm 钢管搭设一圈防护栏杆，栏杆高1m，双横杆，每隔1.5m 设一立杆，横杆与立杆间用扣件连接，而立杆焊于16Mn 钢梁上。

b. 在桁架吊装前应先在两框——筒结构体间在第23层楼板面搭设一层满铺密孔安全网作为上部桁架和复式层施工的安全保障。

c. 其他：26层楼面南侧挑出部分由平台1搭设排架作脚手进行结构施工。27层、28层楼面施工脚手由平台2、3上搭设脚手提供，其仅由立杆、横楞、牵杠组成，只在楼面层有竹笆，脚手限重1.5kN/m²。28层以上施工脚手由复式层挑排脚手提供。

（范岱华 应 健 陆 晨）

2.20 上海金融广场施工

2.20.1 工程概况

上海金融广场为港商独资，市政府土地批租项目，租赁期限70年。该项目是一幢集商办、娱乐、购物为一体的综合性建筑，地处上海繁华的黄浦区九江路、山西南路与汉口路三路交汇处，东临区内重要的体育活动场所——黄浦体育馆，与"中华第一街"——南京东路仅一"路"之隔，地理环境极为优越，号称"地皇之王"，见图2.20-1。

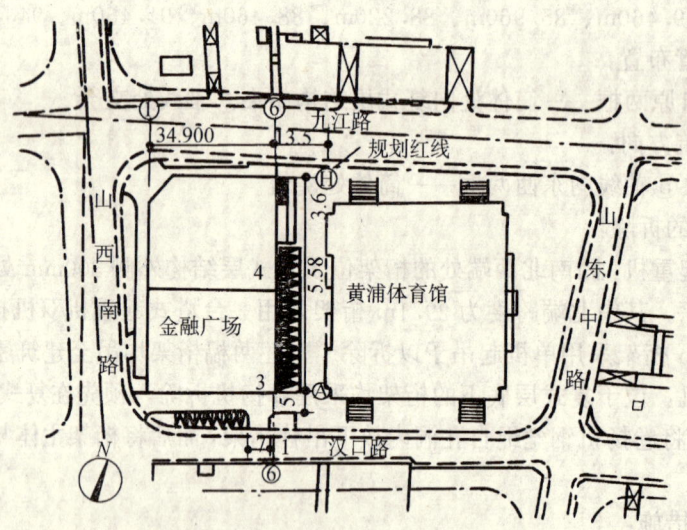

图 2.20-1 上海金融广场工程地理位置

上海金融广场工程建筑总面积43180m²。整个建筑物由地上与地下两部分组成。地下室共有3层，从上往下层高依次为3.6m、3.6m、3.4m，地上共有31层，其中，1～4层为非标准层，层高均为4.8m，由裙楼与主楼两部分组成，中间不设任何变形缝；5～28层为标准层，层高均为3.36m，每层建筑面积950m²；29～31层为辅助用房、观光平台，设有电梯机房、屋面水箱等；最顶上是正四棱锥形钢结构尖屋顶，外围用铝合金扣板作围护。整个大厦的立面以铝合金玻璃幕墙装缀主调，局部配以花岗石挂板的艺术处理，显得雍容华贵，气派非凡。

　　该工程由香港周星樾建筑工程室内设计事物所设计，选择华东建筑设计院作为境内设计顾问，由上海市第五建筑工程公司进行施工承包。该工程于1994年4月25日开工，目前进入最后的设备安装、调试阶段，预计到1996年底竣工并投入使用。

2.20.2　超深超大的深基础施工

　　(1) 深基础概况：本工程地处上海最繁华的闹市地段，土地极其昂贵，为了提高建筑容积率，满足大厦的各项建筑功能，符合各职能部门提出的具体要求，建筑师将建筑物的地下室设计成三层，地下室外墙板紧贴建筑红线。地下结构为桩基承台箱型基础，深基础占地面积3000m²，平面近似呈长方形，长×宽为65m×45m，基础埋深为室内地坪以下−13.00m（相对标高，以下皆同），遇电梯井深坑则落深至−15.00m，属超深超大深基础。

　　(2) 深基础周围的环境概况：

　　基础东面是市中心重要的体育比赛场所——黄浦体育馆，该馆建于60年代，基础埋深较浅，且没有打桩，仅在外围看台部位采用环形片筏基础，上部结构为独立柱，悬臂梁，屋盖为网架结构。经检查，该馆的部分柱梁已有开裂现象，其柱子的混凝土施工质量也有问题，该馆西边与深基坑的净距不足1.5m，对位移和沉降十分敏感。

　　基坑的其余东、西、北三面环路，路下敷设了各个时期的城市管网，最早的有1992年敷设的城市排水管，由于久不维修，城市公共设施建设积债甚巨，这些风烛残年的管线同样对位移和沉降十分敏感。有关部门的负责人曾在管线交底会上明确提出，对路面管线的沉降和位移控制在2cm之内，要求很高，难度很大，见图2.20-2。

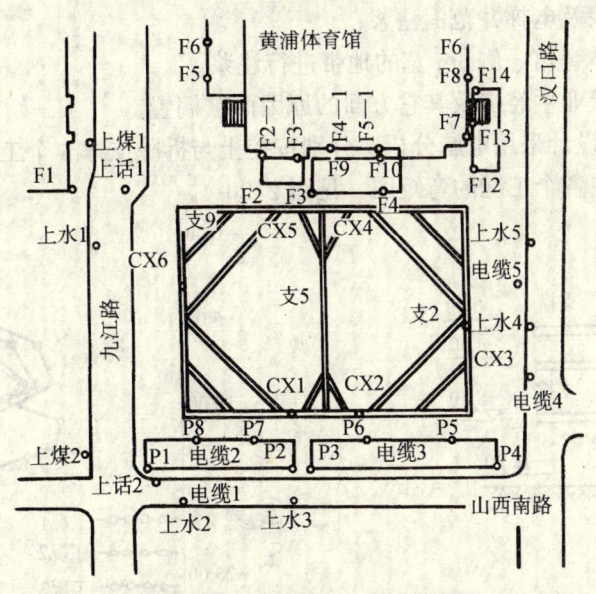

图2.20-2　基坑及周边环境图

　　(3) 深基坑支护方案的选择：综上所述，由于本工程所处的特殊地理位置和工程自身特别的要求，为了确保周边地下管线和建筑物的安全，所以决定对基坑采用地下连续墙围护和加钢筋混凝土支撑方案，因为该方案更能满足此工程的环境保护要求。

　　(4) 支护方案的细化：

　　1) 基地工程地质条件见表2.20-1。

表 2.20-1

层序	地 层	颜 色	厚 度 (m)	密度 (g/cm³)	相对密度 (g)	内摩擦角 (°)	内聚力 (kPa)
1	填土	杂~黄	1.50~1.90				
2	粉质粘土	褐黄~灰黄	1.00~1.60	1.79~1.89	2.73~2.75	10.0~12.0	13~20
3	淤泥质粉质粘土	灰	5.80~6.70	1.74~1.88	2.72~2.75	13.5	10
4	淤泥质粘土	灰	7.50~9.30	1.67~1.73	2.74~2.76	6.0~8.0	10
5-1	粘土	褐灰	5.00~7.30	1.76~1.79	2.74~2.75	9.0~10.0	10~12
6-2	粉质粘土	褐灰	17.0~19.8	1.78~1.91	2.72~2.74	10.0~20.0	7~15

2) 综合本工程的具体条件, 经过验算, 决定基坑围护采用 800mm 厚地下连续墙, 墙深 25m, 起挡土与隔水作用。

3) 基坑开挖后, 地下连续墙将设三道混凝土支撑, 三道支撑的中心标高分别为 -0.4m、-4.5m、-8.5m, 同时根据基坑呈长方形的特点, 再布置 "八" 字形角撑和中间直角撑, 以利用钢筋混凝土支撑的断面可按需要确定的特点, 适当放大支撑与围檩断面, 从而使整个基坑的支撑数量减少, 达到土方开挖时有足够大的施工空间的目的 (图 2.20-3)。

4) 由于基坑底部为淤泥质粘土层, 土质很差, 为了限制坑底地下连续墙的变形, 需对基坑底部土体进行劈裂注浆加固, 开始曾考虑过 3 种方法:

①基坑内全部进行注浆 (中间以井字形布置);

②基坑周边注浆及电梯井范围注浆;

③基坑靠黄浦体育馆一侧 6m 宽的地带进行注浆。

但以上方案由于业主经济及其它方面的原因而被搁置。

5) 本基坑围护设计采用电脑分析。分别按挖土与拆除支撑 6 个工况进行计算:

①地下连续墙在各个工况的弯矩图, 见图 2.20-4。

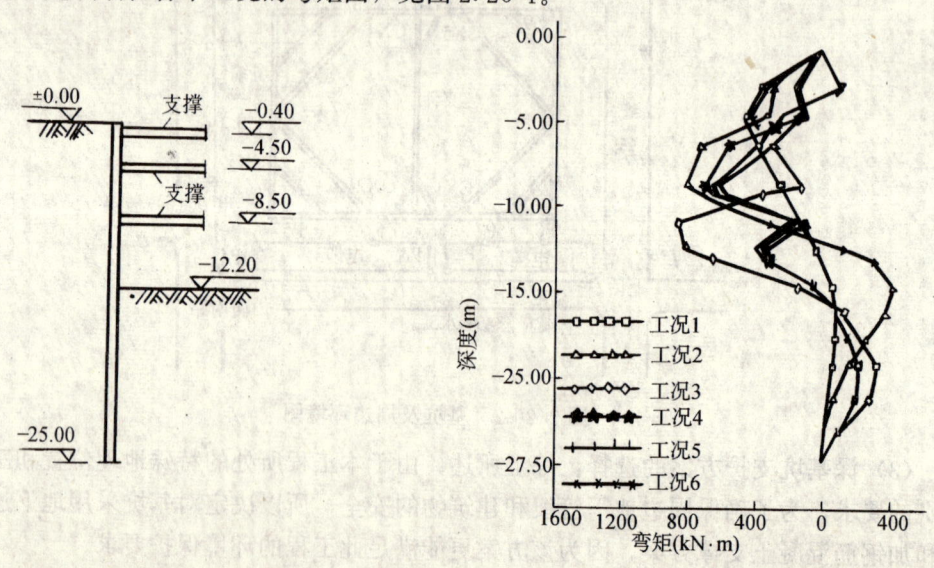

图 2.20-3 支撑布置剖面图   图 2.20-4 地下墙各工况弯矩图

②计算数据汇总:

支撑力　　　　第一道支撑　　　181.70kN/m

　　　　　　　第二道支撑　　　416.70kN/m

　　　　　　　第三道支撑　　　528.60kN/m

最大弯矩　　　坑内受拉　　　　88.23t-m

　　　　　　　坑外受拉　　　　42.92t-m

最大位移　　　　　　　　　　　28.14mm

（5）施工实施：

1）地下深基础施工流程：施工准备→定位放线、引测水准标高→地下连续墙施工→试桩→钻孔灌注桩施工→深井泵降水→土方开挖、支撑及监测→浇捣垫层→工程桩桩头处理及复试→大体积混凝土承台的施工和养护→地下三层结构施工及拆除支撑→安装穿插

2）地下连续墙与钻孔灌注桩的交叉施工

本工程地下连续墙共计40幅，800mm厚，25m深，钻孔灌注桩总计303根，直径800mm，主楼部位桩长38m，裙楼部位桩长35m，均打入5～2层持力层内，设计单桩承载力250t/根（主楼），220t/根（裙楼）。

地下连续墙的施工顺序：测量定位→导墙制作→成槽（泥浆护壁）清槽测深→吊放钢筋笼→浇捣地下连续墙→拔锁口管→转入下一幅地下墙施工。

钻孔灌注桩的施工顺序：测放桩位→埋设护筒→钻机定位→复测桩位→钻进制孔→第一次清孔→测孔底沉渣→安放钢筋笼→下灌注导管→第二次清孔→测孔底沉渣→安放隔水栓→灌注桩身混凝土→钻机移位。

本工程在施工地下连续墙与钻孔灌注桩的时候，碰到了两个大问题：

第一，在基地范围内有一条地下人防工事，人防2m宽，2.5m高，根据尚存的两张图纸，依稀可看出该人防东西横穿整个基地，其埋置深度自然地坪以下不少于4m。

第二，由于甲方前期的拆迁工作进展缓慢，我们接管地盘后，基地内仍有东南的上海一家交电商店没有拆除，占整个基地面积的1/3，该店直到我们开始施工地下连续墙以后6个月才被拆除。

为了不影响施工进度，早日完成该工程基础，本工程打破了常规的施工安排，决定地下连续墙分两次施工，中间穿插钻孔灌注桩。即第一次先做完除家交电商店以外的东（局部）、西、北三边的共计24幅地下连续墙，这24幅地下连续墙完成后，即请地下连续墙施工单位所有机械、人员、泥浆工厂暂时退场，请钻孔灌注桩的施工单位进场施工，钻孔桩从西往东、从北往南逐步推进，使甲方利用这一时间差，拆除一家交电商店，腾出被占有的1/3基地，从实际情况看，所有工程桩基本连续施工，中间没有被中断过。所有工程桩完成后，又请连续墙施工单位进场，接着完成剩下的16幅地下连续墙。

在钻孔灌注桩施工的同时，抽出一定的力量，对人防进行清除和善后处理工作。该人防为水下混凝土结构，先用挖掘机刨去人防顶上的复土层，再用混凝土破碎机破碎人防，将碎块全部挖走。由于该人防所占的位置正好是主楼位置，该区域桩群密布，人防回填处理不当会影响钻孔灌注桩的质量和施工机械的安全，为此，我们决定对此地基进行临时加固，加固方案是用水泥、原状粉煤灰和黄沙混合干拌，分层回填夯实。回填料的配合比如下：水泥：粉煤灰：黄沙＝50：200：1000（仅供参考）。

该地基经此处理后，在钻孔灌注桩成孔和地下连续墙成槽时，没有发生塌孔、塌方、缩

颈等现象，确保了工程质量。整个基地的加固耗资不到 25 万元。

在地下连续墙与钻孔灌注桩交叉施工中，由于场内机械林立，场地显得拥挤不堪，这对工程的定位带来了较大的麻烦，因此，我们做到"一次定位，二次复核"，从而避免了可能产生的桩移位现象。

3）真空深井泵降低基坑地下水位：

根据地质钻探资料，本工程开挖至第四层土——淤泥质粘土，该土层土的水平渗透系数 $K_h=7.17\times10^{-7}$ cm/s，垂直渗透系数 $K_v=3.41\times10^{-7}$ cm/s，所以特增大开孔口径，加厚渗水层，提高垂直渗透性。深井开孔口径定为 850mm，深井井管直径 250mm，整个基坑共布置深井 12 口，观察井 1 口，详见图 2.20-5。

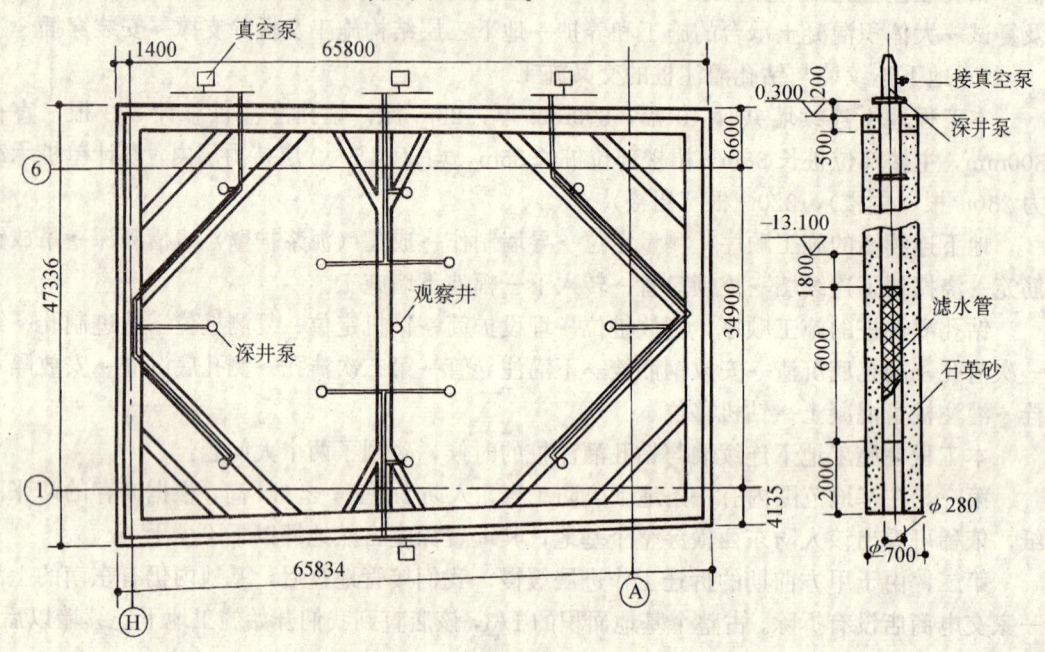

图 2.20-5 真空深井泵平面布置

另外，由于坑内含水层渗透系数小，流动性差，单靠深井泵抽吸地下水难以理想，所以在井管中附设一组气管，与真空泵联接，由于真空泵不断地工作，可在每口深井泵周围土体中形成一定范围的真空度，地下水在大气压（正压）的作用下，由高压向负压流动，从而达到加快地下水积聚汇拢于井内的目的，提高坑内降水效果。

①施工流程：钻井——换浆——下井管——清孔及回填沙——洗井——安装降水设备——接通管路系统——开泵抽水。

②定井位：本工程在基坑内共设置了深井 12 口，均匀分布，每口井的工作范围控制在 250m²，在电梯井深坑处适当缩小每口井工作范围至 200m²，每口井的位置宜尽量设置在坑内格构柱边，以便土体开挖后固定井管，井管若四周无法依靠，则随土体开挖流程，还应做好截井固定工作。同时做好二级排水工作。井位开钻前需埋设护筒，在该处需挖至老土，确保钻扩井孔顺利推进。

③钻井：选用一台 JPS10 型钻机成孔，钻头选用 φ800mm，配备 2 只，先用方钻杆慢速钻井，以利垂直成孔，然后可适当加快速度，快速成孔，钻进时用清水原土造浆护壁，控

制泥浆相对密度在 1.15～1.2 之间。

④下井管：钻孔深度达到设计标高后，可用测绳测量，立即用清水或稀浆置换井孔内原有稀浆，然后下井管，井管连接用焊接，焊缝要密实，确保不泄漏和井管垂直度，下管前检查各管接头处的质量，达到要求后才能使用（井管上口标高定在＋0.5m，井管总长度22.80m）。

⑤清孔回填和洗井：安装完井管便下放钻杆，一边换清水，一边在井管周边回填石英砂，达到洗井要求后在井上部围填 1m 厚黄泥起封闭作用。然后，封闭井口，加压换清水，清除泥砂及疏通渗水通道。

⑥安装降水设备：深井泵按要求安装，泵管埋深一定要布设在18m以下，深井真空泵管路铺设因地制宜，力争做到横平竖直。合理设计管路，使其距离最短，弯头最少，以减小管头损失，一台真空泵串联三口深井。

⑦水位控制深度和方法：安装自控电箱，以求达到自动控制井内液面的目的，液面控制器上触点安置在自然地面下−15m，下触点安置在−16.5m，即上触点为开泵抽水点，下触点为关泵停止抽水点。

⑧真空泵的使用：真空深井泵一旦投入使用后，一般在土方开挖期间不得长时间停机，以免泥浆阻塞，影响后期降水效果。

⑨竣工拆井：土方工程全部结束，基础垫层浇捣完毕后，即进行拆泵、截井工作，井管上口加焊钢板封口。

4) 深基坑土方开挖：基坑内全部土方工程量为 48000m³，土方外运出口设两处，即九江路与汉口路各设一处，挖土时现场情况详见图 2.20-6，所有土方共分四次进行开挖，在挖土过程中穿插支撑及围檩施工，所以整个挖土过程贯彻了"先撑后挖、边撑边挖、分段开挖、分层开挖"的思想，从而保证了挖土的顺利进行。

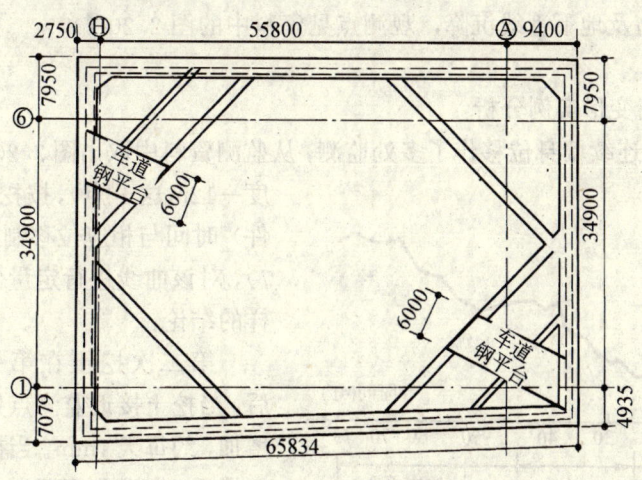

图 2.20-6 挖土平面图

①第一次开挖：第一次土方开挖从自然地坪起，直至第一道支撑梁底下10cm，即至标高−1.00m 处，土方开挖时，配备两台 1.6m³ 反铲液压挖土机挖土，30辆15t 自卸式卡车将土方全部外运，另配备一台混凝土破碎机，破碎地下连续墙超过部分和导墙混凝土。

②第二次挖土：第二次土方开挖至-5.00标高处（第二道支撑底下10cm处），以中间对撑为界限，分南北两个区域同时开挖，在基坑内挖出斜车道，满铺跑板后，运土车直接开到开挖点，挖土机停在坑上挖土，土方装车后直接外运。

在第二次土方开挖至-5.00m深时，从监测资料分析，地下连续墙变形和支撑轴力均属正常，但临近的黄浦体育馆过街楼为新建建筑，直接处在基坑边上，其地基尚未稳定，此时由于本基坑挖土影响，沉降量徒增，发生多处裂缝，经分析，造成这一结果的原因是地基的不均匀沉降，为此，决定采用原被搁置的劈裂注浆方案，进行大面积的基坑注浆，并在加强对黄浦体育馆进行沉降监测的情况下继续施工。

③第三次开挖：第三次挖土因有5m多深的土方已挖去，原有斜车道已不复存在，运土车不能直接进入坑内运土，故第三次土方开挖时必须将6台挖土机分成南北两组，仍以中间支撑为界，用50t汽车吊吊在第二皮土方上，通过接力方式将边角块土方翻至两钢平台附近，再通过停在两只钢平台上的两台1.6m³液压挖土机装车外运，土方车亦停在钢平台上。

④第四次开挖：第四次挖土深度至设计标高-13m，局部-15m，土方开挖时，仍将6台挖土机吊在坑内，停在第三皮土方开挖层上，亦通过接力形式将土方翻至两只钢平台附近。此时，由于钢平台距离第四皮土层已有12m，原有2台液压挖土机够不上，故换用2台液压抓斗式挖土机，该机最大开挖深度可达20m，该机停在钢平台上，将坑内的土方挖出装车外运，第四次开挖局部机械挖不到的地方，则换用人工挖出再经挖土机装车外运。

5）土方开挖的监测与分析：

①在基坑支护方案设计时考虑应用监测信息，在施工之前就建立以下监测点：

a. 地下连续墙墙顶、墙身位移；

b. 支撑轴力；

c. 坑内外地下水位变化；

d. 坑外建筑物及地下管线沉降，观测点见资料中的图2.20-2。

②实测结果：

a. 地下连续墙变形实例分析：

本工程对地下连续墙身位移作了多处监测，从监测资料中取出图2.20-2的CX1处（深度-12m这一点），按挖土阶段（工况条件）时间与相应位移制成曲线（图2.20-7），对该曲线进行定量分析，可以得出这样的结论：

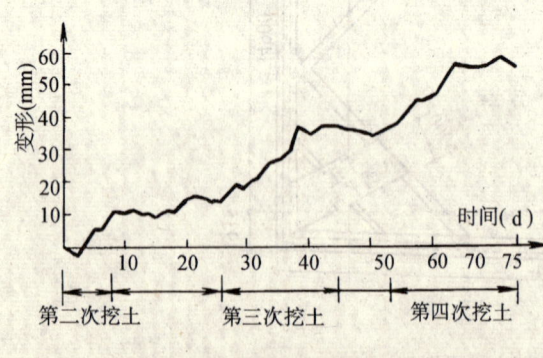

图2.20-7　位移曲线

第二次挖土在第一道支撑完成以后，当挖土接近监测点处，变形开始逐日增加，约每天1mm。当挖土停止，开始做支撑后，其变形逐日减少，约每天0.2～0.3mm，在支撑完成后基本不再变形。在第三次挖土开始后，变形又逐日以每日1mm速率增加，在第三道支撑完成后变形呈平衡不变状态。到第四次挖土开始又以每日1mm的变形增加，到底板混凝土浇捣时累计变形达58mm，为计算值的2倍。

b. 支撑轴力实测分析：从第二次挖土开始对支撑轴力连续进行实测，数值虽然分散，且同一层不同位置的角撑约有30%误差，这可能是支撑形成时间与挖土先后所造成，但有一点规律是非常明显的，即同一位置的角斜撑，如支2点，第一道支撑轴力为472kN，第二道1440kN，第三道835kN；中间支撑的支5点，第二道轴力约为4000kN，第三道轴力3400kN，再看小斜角支撑点，第二道为2049kN，第三道为1368kN，说明支撑轴力的规律是第一道最小，第二道最大，第三道小于第二道，这与设计计算得出的开挖越深轴力越大的结论不符合。

6）超大超厚大体积钢筋混凝土承台的施工：本工程上部所有的荷载，通过整块浇捣的巨大的钢筋混凝土台传递到303根工程桩上，该平台近似呈长方形，长×宽为63.3m×47m，主楼承台厚度为2.5m，裙楼厚度为1.5m，中间设宽3m的平缓过渡带，避免应力集中、突变，整个承台耗用钢材1499t，混凝土6822m³，一次浇捣完成，属超大超厚大体积钢筋混凝土承台。

①桩承台设计方案的二次重大修改：

本工程的桩基和承台是由南方一家建筑设计院完成的，由于他们对上海地质这一特殊软土地基认识不够，最初设计的承台经过了两次重大修改，第一次承台修改是关于统一承台厚度问题，设计方面根据南方的土质条件照搬到上海，将裙楼部分的承台设计成8种不同厚度，面标高与主楼的承台一致，柱下承台标高各不相同，这样一来，挖土底标高很难控制，基础底部形成一个又一个的"小盆地"，机械开挖势必不行，人工开挖施工进度大打折扣，土坡的留设极其困难，也不利于垫层的浇捣。而且，该工程土方开挖至坑底时，以临近1995年春节，如果不在春节之前将承台浇捣完毕，该深基础必将长时间暴露，很不安全。为此，业主应施工单位的坚决要求，特将南方的设计人员请到上海，也邀请顾问单位——华东建筑设计院有关工程师，专门开会研究此事，在听取了多方意见以后，经过分析比较，承台设计人员同意将承台改成现在的样子，即厚度仅为2种。

第二次承台修改是针对整个大厦是否留设后浇带展开的，承台结构设计的工程师认为，象这样大的工程，结构轴线总长为长×宽＝55.8m×44.9m，按照惯例，从承台到地上四层非标准层，在主楼和裙楼之间，留设宽度为2m的后浇带，以解决不均匀沉降和伸缩变形问题，施工单位和业主请来的专家则认为：如此留设后浇带，理论上行得通，但是带来很多实际问题：第一，基础无法收头，深井降水拆去后，地下室泛水问题无法解决，长期不解决会殃及周围建筑物及管线；第二，由于后浇带留设时间很长，后浇带附近相当一段范围的支撑无法拆除，影响后道工序的施工；第三，对于后浇带自身来说，时间一长，会带来很多施工问题。最后，专家提出不留设后浇带，基础结构不设任何变形缝，混凝土一次浇捣成型方案，理论根据是：第一，参考大量国内外相类似工程，不设后浇带的也有很多；第二，本工程为桩承台箱型基础，承台自身的厚度很大，刚度很好，不均匀沉降、伸缩变形不会导致结构开裂，沉降引起的位移应力可通过桩基和承台自行调节实现应力均匀分配。专家还例举了近年来上海地区一些不留后浇带的类似工程情况，从理论和实践两方面表明不留设后浇带是完全可行的。最后，设计单位同意取消后浇带，从承台到上部结构的每一结构层一次浇捣，从而为本工程顺利、快速施工创造了良好的条件。

②承台钢筋的绑扎（承台钢筋的配筋情况见图2.20-8）：

首先绑扎承台底部钢筋，底部钢筋保护层100mm，所以，在绑扎底部钢筋前，在垫层上做好通长断面100mm×100mm混凝土垫块，两两垫块的间距2500mm，与承台第一皮底

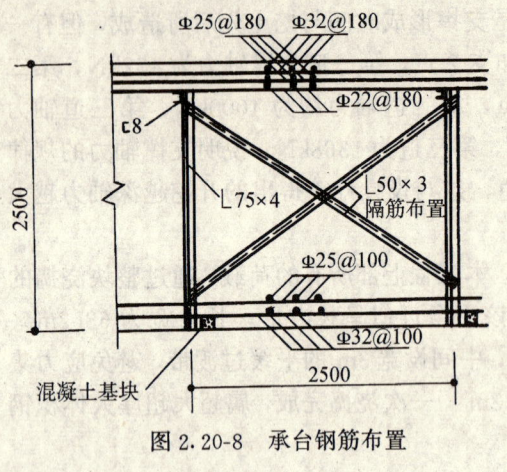

Φ25@180 Φ32@180
Φ22@180
∟8
2500
∟75×4
∟50×3
隔筋布置
Φ25@100
Φ32@100
2500
混凝土基块

图 2.20-8 承台钢筋布置

钢筋垂直布置。正式绑扎钢筋前，用粉笔在通长垫块上划出每根钢筋的位置，然后依次绑扎底部钢筋网片，根据规范规定，受力钢筋网片每个节点均需绑扎。

承台面层钢筋绑扎之前，由于面层钢筋网片的数量比底部钢筋大得多，而且要承受浇捣承台混凝土时很大的施工荷载，承台自身厚度很大，运用常规的钢筋支架难以承受上部钢筋的重量和确保钢筋网片表面平整度，为此，预先做好由小角铁和小槽钢组成的钢筋托架（详见图 2.20-9），以此来托起整个承台面层钢筋和施工机械等，托架形成后，即按顺序将三层钢筋网片就位、绑扎，按规定，受力钢筋网片每个节点均需绑扎，钢筋间距按图纸要求。承台面层钢筋绑扎完毕后，在承台里预留地下室外墙板、柱、核心筒墙和楼梯插铁，所有插铁均按垫层上弹出的位置线，从承台底部插起，在承台面层钢筋上，拉出通长麻线依次定出各地下室外墙板、柱、核心筒墙和楼梯位置线，并用红油漆标出，柱子插铁伸出承台部分用环箍和钢管作临时固定，务必使插铁位置正确、牢固可靠，防止因混凝土的流动而使插铁位移。

③超大超厚大体积钢筋混凝土承台的浇捣：

a. 设计对大体积承台混凝土的技术要求：混凝土选用 C30 强度等级，抗渗 P6。

b. 大体积混凝土的施工，应尽量减少水泥用量，以减少水化热。据测试，每减少 10kg水泥，可降低混凝土内温度 1℃，为此，本工程水泥选用低水化热的矿渣硅酸盐水泥，在配比混凝土时，控制每立方米混凝土中的水泥用量为 330kg/m³。本承台混凝土的实际配合比如下：

水泥：水：磨细粉煤灰：黄沙：石子：减水剂＝1：0.57：0.2：3：1.99：0.006

水泥：425 号矿渣水泥   黄沙：中粗沙

水：自来水   粉煤灰：二级磨细灰掺量 70kg/m³

碎石：5～40 碎石   外加剂：EA-1 减水剂

坍落度：120＋20mm

经设计单位同意，决定用 R60 强度代替 R28 强度，充分利用混凝土的后期强度，以降低水化热。

c. 本承台混凝土施工时，正值冬季，为了确保该大体积混凝土的一次浇捣成功，现场认真组织，确定合理施工方案，精心安排，根据混凝土的供应能力和施工进度以及施工现场的实际情况，决定动用 5 台汽车泵（备用一台），50 辆搅拌车，调动 4 个拌台同时供料，来打好这一仗。

d. 5 台汽车泵的平面布置详见图 2.20-9，其中，1 台汽车泵直接用软管布料，停在挖土阶段搭好的钢平台上，利用其 24m 长的布料臂，直接向电梯井落深部位布料。该处混凝土量很大，正好利用该汽车泵泵送量大的特点，事先将落深部位混凝土浇至承台底，利用商品混凝土流淌性大的特点，在时间上恰好与由南往北浇捣的混凝土接轨。

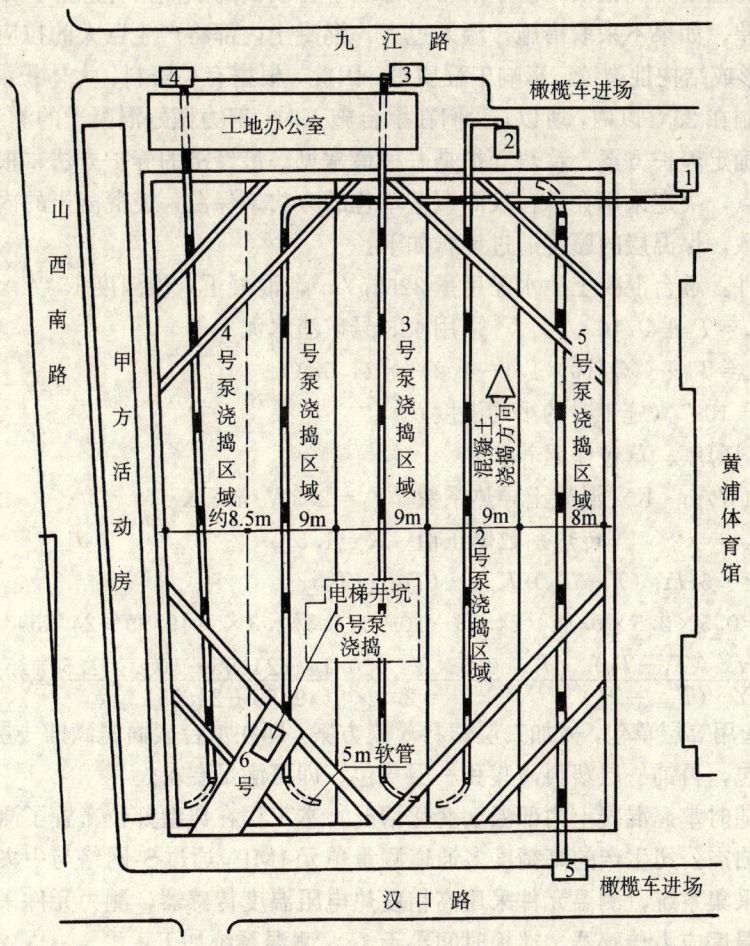

图 2.20-9 大体积混凝土承台浇捣平面布置

还有 4 台汽车泵均接 φ150mm 硬管，端头接 6m 长的软管，从基坑南边开始，沿基坑长度方向逐步向北推进，在浇捣过程中，4 台汽车泵统一协调，平衡供料，一起往北布料浇捣混凝土。

e. 在每一个浇捣点上（共计 5 个），组织 3 个混凝土振捣手进行混凝土的振捣工作，二人钻入承台内振捣，另外一人在承台面进行振捣。由于混凝土流淌性大，达到 1：5，所以要求振捣工人不仅要将落料点的混凝土振捣密实，而且要将流淌面上的混凝土振捣密实，不得漏振。振动机选用 φ70mm、φ50mm 插入式振动机，在使用之前向操作工人作技术指导。

f. 现场严格控制来料混凝土的坍落度和入模时间，每隔一小时测量一次坍落度，坍落度超过要求的坚决退回。商品混凝土从拌台发出之后，必须在 2h 内入模，超过时间的混凝土要退回。同时，对于大体积混凝土，按每浇捣 200m³ 混凝土需留置标准试块一组的要求来制作和养护标准混凝土试块。现场严禁向商品混凝土内任意掺水。

g. 当承台混凝土浇捣出面层钢筋时，必须控制混凝土标高，并派人做好混凝土表面的平整工作，要求表面用长刮尺刮平，木蟹磨平。

7）大体积承台混凝土的测温与养护：大体积混凝土承台，由于混凝土水化热的作用，使承台内部的温度升高很快，由于承台内部和承台表面的散热条件悬殊，因此产生表面与内部巨大温差，如果不采取措施，温差过大，混凝土内部将产生巨大的拉应力，会导致不同的变形，形成结构性裂缝，影响工程质量。因此，根据有关资料，大体积混凝土承台，必须将温差控制在 25℃ 以内，所以，我们在承台施工时，努力做好混凝土的测温和养护工作。

①首先确定养护方案，蓄热养护是一种最常见、最经济的养护方法，根据承台施工正处冬季的特点，决定采用在承台表面覆盖草包的方法来保温，使混凝土的内部与表面温度基本趋于一致，保温层的厚度通过计算如下：

已知条件：承台混凝土中水泥用量 $325kg/m^3$，混凝土入模温度 15℃

解： $T_{max} = T_0 + Q/10$ 采用 425 号矿渣水泥

$T_{max} = T_0 + (Q/10 \times 1.1 - 1.2) = 24.55℃$

$T_b = 10℃$ （施工时的平均温度）

选用塑料薄膜、草包保温养护

$Y = 0.14W/m \cdot K$ 混凝土导热系数 $Y_1 = 2.3W/m \cdot K$

传热系数修正值 $K = 1.5$

$\delta = 0.5HY(T_a - T_b)K/Y_1(T_{max} - T_a)$

$= 0.5 \times 2.5 \times 0.14(24.55 - 10) \times 1.5/2.3 \times (49.55 - 24.55) = 33cm$

$$\delta = \frac{0.5HY(T_a - T_b) \cdot K}{Y_1(T_{max} - T_a)} = \frac{0.5 \times 2.5 \times 0.14(24.55 - 10) \times 1.5}{2.3 \times (49.55 - 24.55)} = 33cm$$

所以，选用二层草包，另加二层塑料薄膜方案。即在承台表面先满铺一层塑料薄膜，其上盖一层草包，再铺一层塑料薄膜和一层草包，即可满足要求。

②为了随时掌握混凝土内部温度变化情况，本工程在典型部位布置了测温点，测温采用英国施伦伯杰公司生产的高精度多通道测量单元 1MP，通过 S-网络与中央控制器组成的分散式数据采集系统，测温元件采用高精度热电阻温度传感器，测力元件采用高精度双自补偿埋入式温度应力传感器，巡检时间小于 1s。测温系统如下：

测温工作是从混凝土浇捣至承台面开始的，由于水化热的作用，混凝土内温度升高得很快，特别是混凝土浇捣完成后的第 9 天，内部温度升高到 49.5℃，达到峰值，现场根据温差变动情况，采取了必要的措施，测温工作持续了 13d。

③本承台实际养护天数为 30d，养护结束后，经撤去上面覆盖材料，会同业主、工程监理、设计一起验收，承台无结构性裂缝，满足设计要求。

8）3 层地下室结构施工：本工程三层地下室共耗用钢材 836t，混凝土 $4920m^3$，由于地下室外墙紧靠周边建筑红线，结构外墙板与地下连续墙间距仅 30cm，这给模板的支撑带来很大的困难。

①施工缝的留设，三层地下室共分三次浇捣混凝土，一次浇捣一层柱、梁、板、楼梯、核心筒墙和外墙板，外墙水平施工缝留在板面以上 200mm 处，留设凹槽，内柱、内墙的施工缝均留在板面，楼梯施工缝留设在梯段的中间 1/3 处，且与梯段板模板垂直。外墙施工缝留置见图 2.20-10。

②竖向钢筋的连接，按设计院图纸要求，地下竖向钢筋优先采用电焊连接或机械连接，

为此本工程地下柱、核心筒墙、外墙竖向主筋全部采用电渣压力焊新工艺进行连接，其工作原理是：利用电流通过焊剂产生的电阻热将钢筋端部融化，然后施加压力使钢筋焊合。具体操作如下：

a. 将预留竖向钢筋调直，端头如有压扁、缺角预先切割圆整。

b. 调整压力焊机使其处于对焊状态。

c. 由两名工人合作将要接长的竖向钢筋就位，并用对接焊头夹住，注意上下两根钢筋对齐，钢筋上下垂直。

d. 在焊接接头处垫好石棉垫，放好适量焊接焊剂。

e. 由经过培训合格的焊接工人将焊接机头通电，使焊剂与钢筋两接头融化。根据所焊钢筋的不同直径，确定通电时间，一般正好与钢筋直径相同，如 $\phi25mm$ 钢筋通电时间正好为 25s，这可通过表显示时间来掌握。

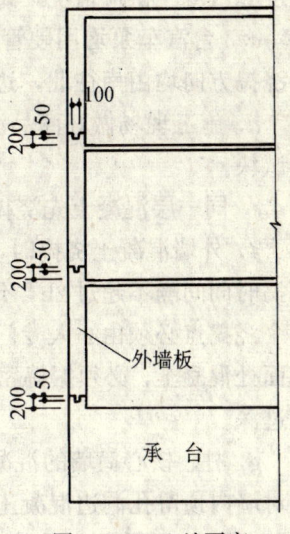

图 2.20-10　地下室外墙施工缝

f. 通电时间一结束，即通过机头手柄加压，使融化的两钢筋头粘合在一起。

g. 拆去焊接接头，进行下一钢筋接头的焊接。待刚焊好的接头冷却后，用短钢筋轻轻敲去粘在接头外部的焊剂，逐个检查接头处的"钢包"是否饱满，如发现钢包夹有夹渣，不圆整，则判为不合格接头，需割去后从新焊接。

h. 每层钢筋焊接时，应留出焊接接头试件，按规定每300只接头留一组试件，送中心试验室试拉是否合格。

i. 本工程所有送检试件经试拉，接头均合格，试件拉断处均在母件位置，证明该工艺是先进、可靠的，而且操作也较方便。

③地下室模板的支撑：

a. 地下室外墙外模板采用砖代模，内墙、柱、梁、核心筒墙模板均采用小钢模散装散拆，平台模采用七夹板，排架采用 $\phi48mm\times3.5mm$ 钢管搭设，柱、墙模配置两层，梁、平台模配置三层。

b. 地下室外墙板外模，以砖代模，即事先弹出外墙位置线，用M10水泥砂浆砌筑砖墙，砖墙与地下连续墙间少量空挡回填黄沙，代模板一侧墙面用1：3水泥沙浆粉刷，木蟹磨平。

地下室外墙板内模采用小钢模拼装，"S"钩连接，小钢槽上设纵向、竖向双钢管围檩，间距600mm，并因地制宜沿高度方向设支撑5道，水平间距600mm，确保模板支撑牢固。

c. 内柱、核心筒墙模板也以小钢模散装散拆，$\phi48mm\times3.5mm$ 圆连管作围檩，$\phi14mm$ 对销螺栓拉接，间距750mm。

d. 梁、板模搁置在钢管排架上，平台七夹板下搁 $5cm\times10cm$ 方木搁栅，用固铁钉固定，平台模板铺设必须平整，几何尺寸正确。

4）地下室混凝土的浇捣：

a. 地下室三层结构混凝土强度等级均选用C40，抗渗S8。全部采用商品混凝土浇捣，所有混凝土均为普通混凝土，以R28天强度为准。

b. 一层地下室结构一次浇捣完毕，混凝土1600m³左右，浇捣时间两天两夜，根据施工进度和混凝土供应情况,每层混凝土配备三台汽车泵泵送,30 辆搅拌车两个拌台供料。

  c. 3 台汽车泵均用硬管泵送混凝土,端头配 6m 长软管,可在小范围内灵活布料,每次的浇捣方向均由南往北,边浇边退,逐步推进。

  d. 施工现场做好商品混凝土的收料工作,每隔两小时做一次坍落度测试,并按规定留置试块。

  e. 同一层混凝土先浇捣外墙板,再浇捣内柱、内墙,最后浇捣梁板。

  f. 外墙混凝土浇捣时,必须分皮浇捣,每皮浇捣高度不超过 500mm,前后两皮混凝土浇捣时间间隔不超过 2h,不任意留设施工缝。针对商品混凝土和易性好、流淌面广的特点,每个浇捣点必须由 2 人专门振捣混凝土,1 人负责振捣下料点处混凝土,另 1 人负责振捣流淌面处混凝土,必须振捣密实。在振捣上皮混凝土时,振动棒插入下层混凝土内 10cm,不能过深。

  g. 柱、核心筒墙的混凝土浇捣方式基本与外墙同,在浇捣核心筒墙混凝土时,必须加强对墙内预留孔洞边混凝土的振捣工作,想方设法使其振捣密实。

  h. 梁、板混凝土原则上同时浇捣,先用铁锹搞平,再用平板振动机振捣密实,在混凝土收水前做好平仓工作。

  i. 由于正处夏季,梁、板混凝土表面硬化后,所以必须浇水养护,使其表面湿润,以利于混凝土强度的发展。

  j. 在浇捣外墙、柱、核心筒墙混凝土的时候,由专人负责看模,发现爆模,立即组织人员抢险。在浇捣梁、板混凝土时,监护人员必须跟踪检查板负弯矩钢筋是否被踩下,有问题立即整改。

  k. 本工程混凝土浇捣完毕后,养护一昼夜才可在其上继续上一层结构施工。上一层结构混凝土浇捣完毕后,本层混凝土强度等级达到 100%,方可拆除本层模板支撑。

  9)基坑支撑的拆除:

  本工程在深基坑土方开挖过程中,随挖土进程浇捣了上、中、下三道钢筋混凝土支撑,在地下室结构施工时,根据需要拆除这三道支撑。拆除顺序是自下而上逐道拆除,拆除时间依次定在承台施工完成后、第三层地下室结构和第二层结构施工完毕后各拆除一道。

  拆除地下室支撑、围檩采用定向爆破技术,将混凝土支撑大梁、围檩粉碎成人工好搬运的小块,用吊车吊出基坑,装车外运。

2.20.3 上部结构的施工

  本工程±0.000 以上 1～4 层为非标准层,5～28 层为标准层,结构采用全现浇框架——筒体剪力墙结构,主楼、裙楼按 2 级框架设计,主楼抗震按 2 级剪力墙设计。

  (1)设计对上部主体结构的要求:

  1)柱箍筋做成 135°弯钩,弯钩端直段长度不小于 10*d*,(*d* 为箍筋直径),在纵向钢筋搭接接头处,箍筋弯钩要绕过两根纵向钢筋,弯钩长度需相应加长,见图 2.20-11,柱内纵筋每边大于 4 根时,应分两次搭接,见图 2.20-12,主纵筋在顶层锚固见图 2.20-13,二级框架底层柱纵筋接头用电渣压力焊焊接,柱变截面处钢筋见图 2.20-14。

  2)框架梁端部箍筋加密范围如图 2.20-15,梁上部钢筋应在跨度的 1/3 处搭接,下部钢筋应在支座进行搭接,加密区的箍筋直径同非加密区。

  梁内箍筋应做成 135°弯钩,直钩长度不得小于 10*d*,同图 2.20-11,第一根箍筋自柱边

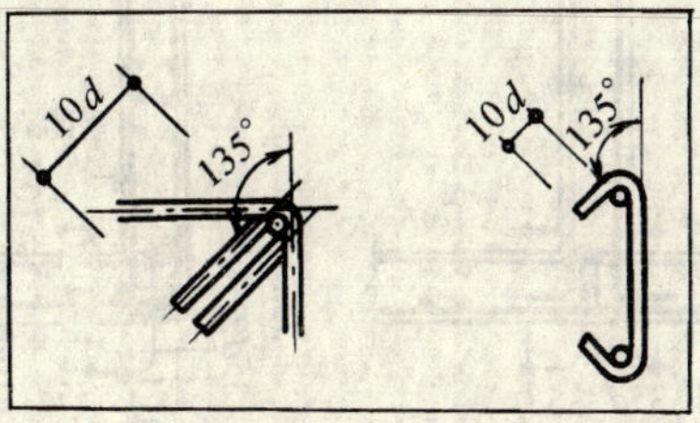

图 2.20-11

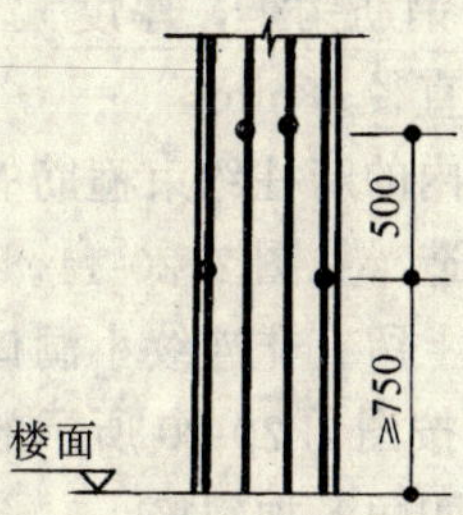

图 2.20-12

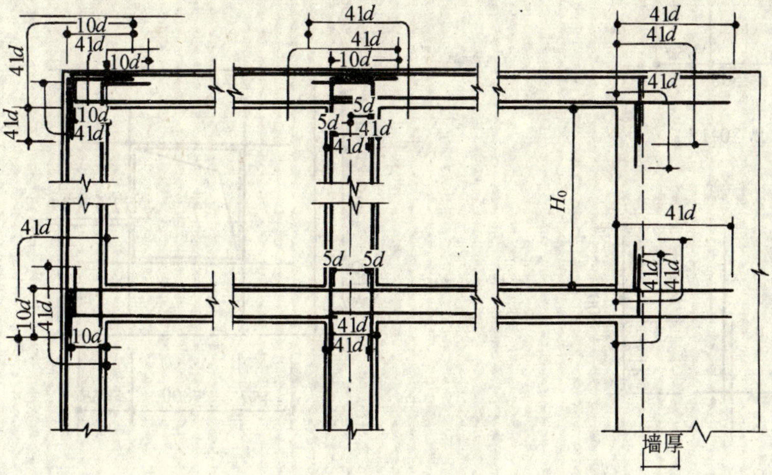

图 2.20-13

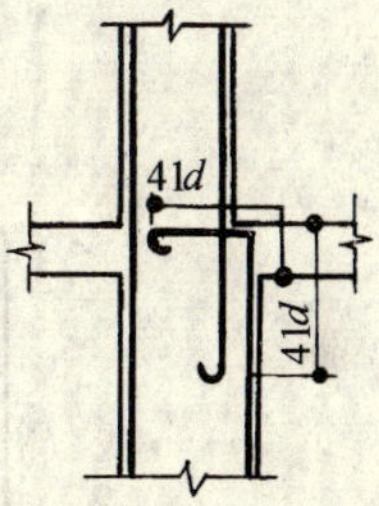

图 2.20-14

或主梁边 50mm 放置。

梁内吊筋与鸭筋的弯起角度,当梁高小于 800mm 时为 45°,梁高大于 800mm 时为 60°。

梁柱节点区按柱加密区要求设置箍筋,箍筋的构造要求同柱要求,见图 2.20-15,柱与填充墙的连接按图 2.20-16 所示预留插筋,使墙柱有可靠连接。

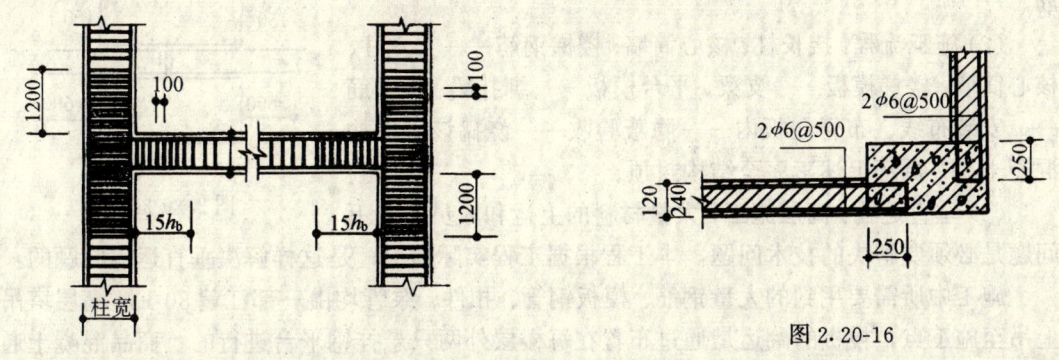

图 2.20-15

图 2.20-16

3) 剪力墙墙内水平分布筋的连接与锚固见图 2.20-17 和图 2.20-18,墙内竖向钢筋的搭接见图 2.20-19,墙板两侧钢筋设拉筋,拉筋直径为 ϕ6mm,间距不大于 600mm,拉筋应与外皮水平钢筋钩牢,厚度大于 400mm 的墙板,拉筋直径 ϕ8mm。

剪力墙内的暗柱约束箍筋的弯钩构造同柱的箍筋构造。见图 2.20-11。

剪力墙上留有非连续小洞口(各边长均小于 800),按图 2.20-20 所示的钢筋在洞边加强,门洞四角各加斜筋。

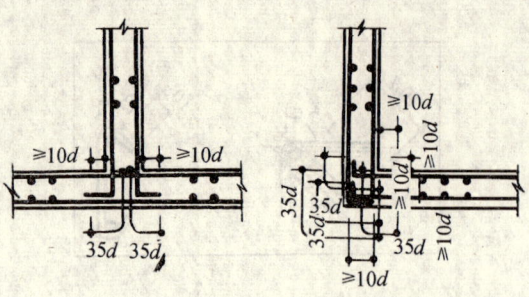

图 2.20-17

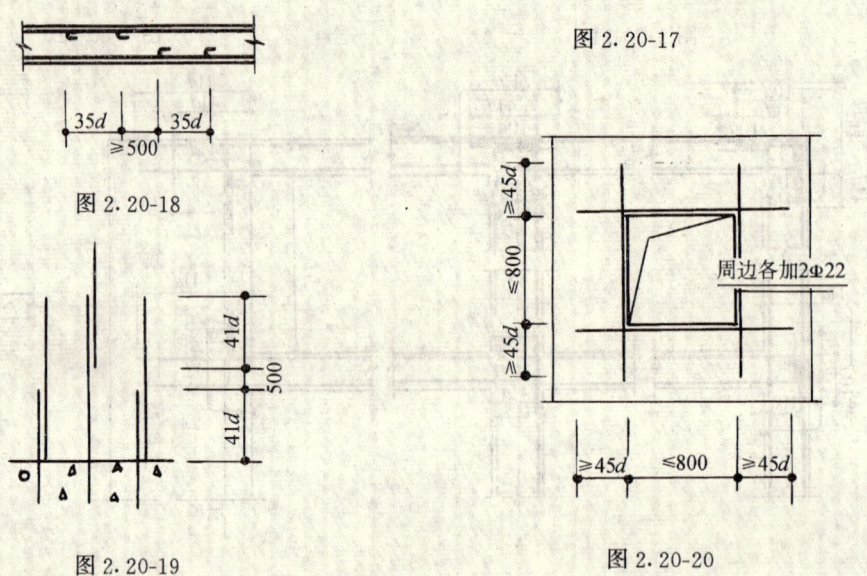

图 2.20-18

图 2.20-19

图 2.20-20

周边各加2Φ22

4)连梁主筋伸入墙肢内 41d,并不小于 600mm,顶层剪力墙连梁在伸入墙肢部分 41d 范围内设置间距为 150mm 的箍筋,其直径同连梁实配箍筋,见图 2.20-21。

连梁的箍筋弯钩构造同框架梁的箍筋弯钩构造。

5)剪力墙开洞部分需要用砖墙填空时,在墙板内预留插筋。

(2)施工流程:接长柱、核心筒墙、楼梯钢筋——支立柱、核心筒墙、楼梯模板——支梁、平台模板——绑扎梁、板钢筋——安装布线、布管在板内——隐蔽验收——浇捣该层结构混凝土——循环上述工序至结构封顶。

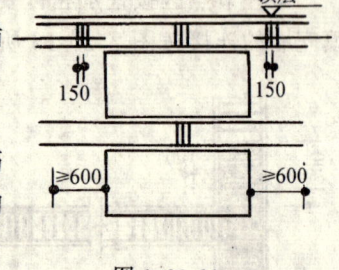

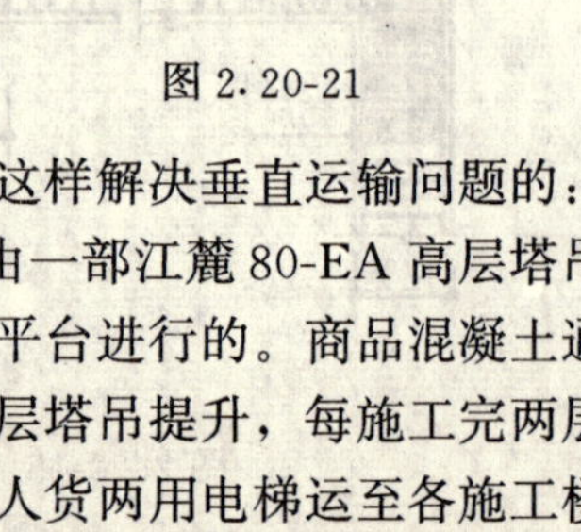

图 2.20-21

(3)垂直运输:高层施工,大量材料的上运和人员的上下问题是必须要解决的技术问题,本工程根据工程实际情况,是这样解决垂直运输问题的:

施工中所需要用到的大量钢筋、模板钢管、扣件、泵管均由一部江麓 80-EA 高层塔吊上吊至施工点,模板的翻运是通过布置在每楼层外两只悬挂钢平台进行的。商品混凝土通过汽车泵和固定泵直接泵送到要浇捣的楼层,外挑脚手通过高层塔吊提升,每施工完两层结构提升一次。砖、砂浆装入劳动车后,由布置在现场的一台人货两用电梯运至各施工楼层,垂直运输问题就是这么解决的。

(4)130m 高的主楼垂直度控制:本工程 1~4 层为非标准层,5~28 层为标准层,29~

31层为观光层、机电上部用房，最上面钢结构尖屋顶，从±0.000起算，总高度达130m。标准层由中央核心筒墙和外围16个大柱子承载，整个楼层为无梁楼盖，楼层的最外边有垂直侧板，厚度有200mm、160mm，高度450mm。如何保证每个楼面上的柱子、核心筒墙的垂直度，特别是外围24层垂直侧板，如何使其处于同一垂直面的允许范围内，保证玻璃幕墙的安装，成为本工程施工一个极其重要的质量控制点。

1）控制大厦垂直度的工作方法：引测控制点→建立控制网→建立平面直角坐标系→引测轴线位置→确定框架柱、核心筒墙的平面位置→互相校核。

2）在该大厦的2层结构面上（主楼部位），在楼层的四角位置，分别测出4个控制点，详见图2.20-22，K_1K_2、K_1K_3、K_3K_4、K_2K_4条直线依次两两垂直，且与主楼最外围轴线距离1500mm，从而形成一个平面直角坐标控制网，该控制网上的4个点两两通视，不被其它构件的竖向钢筋挡住视线。为提高工效，防止累积误差，克服自然环境（如风力、温度）的影响，在整个大楼高度内，分段设置控制点，间隔60m。本工程除在第2层设置控制点外，还在第15层结构的相同位置也设置了4个控制点，将控制网上翻。

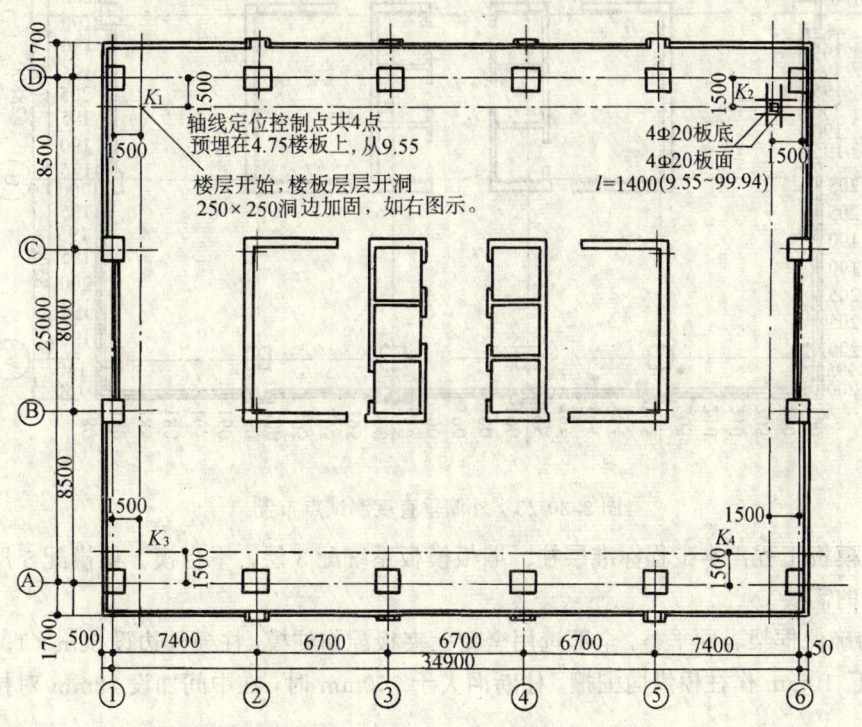

图2.20-22　控制垂直度平面控制点

3）垂直传递的质量控制主要采用JJ2A激光垂正经纬仪依次将四个控制点引测到浇捣好的混凝土楼面上，利用该经纬仪的高精度（测角精度2″，垂准精度1/40000，扫平精度1/30000）来确保传递控制点的正确性。在进行控制点传递时，用对讲机通讯联络，4个点全部引测完毕后，再在楼上用50m钢卷尺校核。

4）利用投测好的控制网，根据施工图和平面直角坐标法则，依次弹出柱、核心筒墙、外围梁位置线以及外围侧板的控制线。

5）本工程主体封顶后，经玻璃幕墙的施工单位和工程监理对本大厦外挂钢丝校测，测试平面见图2.20-23，在每个楼层上设测点106个，总计2544点，有2528个点误差在1.5cm以内，还有16个点也在规范允许范围内，这不仅保证了建筑物主体结构的施工质量，而且对下道工序装饰、装修工作起到了至关重要的作用。

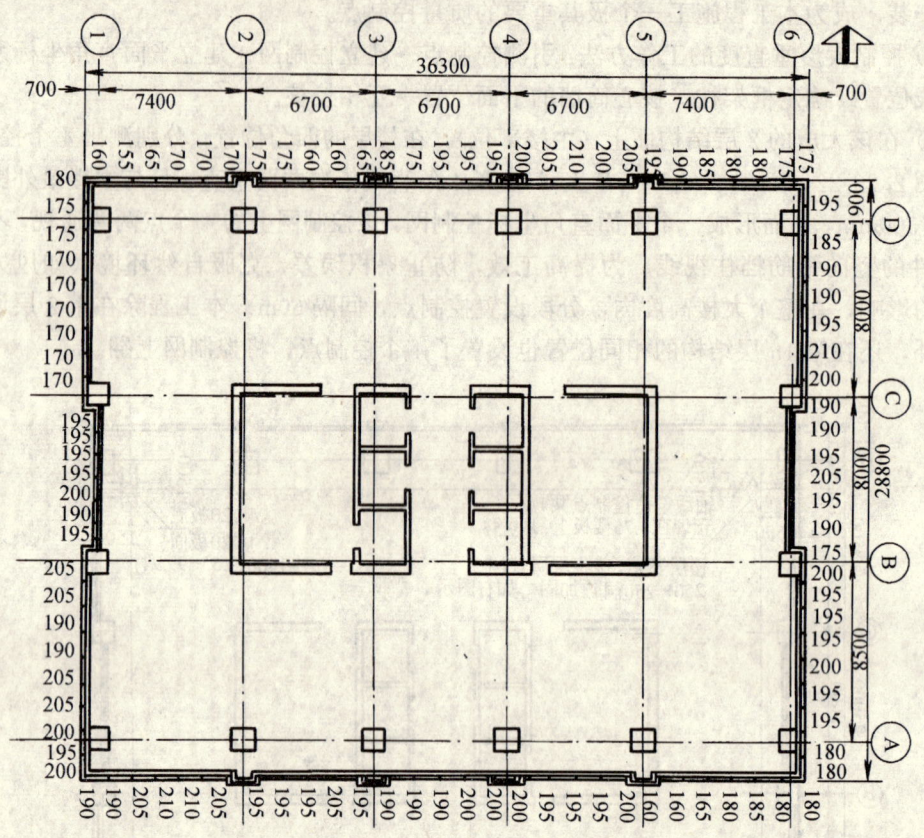

图 2.20-23 外墙垂直度测试点布置

（5）模板工程：本工程标准层柱、墙板模板系统配3层，平台模、梁模配5层，满足快速施工的需要。

1）为确保框架表面平整，全部选用全新七夹板配作柱模，柱模外边设5cm×10cm木排骨档，用匚10mm作柱模纵向围檩，柱断面大于700mm时，在中间加设12mm对拉螺栓拉接。

2）梁模板选用全新定型小钢模拼装，"S"钩连接，梁断面高度超过800mm时，沿高度方向750mm设一道$\phi12@750$对拉螺栓拉接，梁跨度大于4m时，梁底模跨中起拱2‰。

3）平台模板全部采用七夹板，局部以毛板镶拼，毛板经压刨机刨光平整，与七夹板拼缝紧凑，铺设平整。

4）核心筒墙模也用全新定型小钢模拼装，核心筒墙内设50mm×2mm铁片拉接，水平间距600mm，垂直间距750mm，拉接铁片与小钢模用"S"钩连接在一起，沿核心筒墙水平、垂直方向设钢管围檩，以校正、固定钢模板。

5）梁、柱节点，梁、板节点，梁与核心筒墙接点均用木板或木块镶拼牢固，对于异型梁、曲线圆弧梁则在实地放出大样,用木模制作。

6)为加快施工进度,促进班组间劳动竞赛,1~4层非标准层,每个楼面划分成3个施工段,分别由3个木工班负责支模工作,5~28层标准层则将一个楼面一分为二,划分为两个施工段,由两个木工班同时支模,加快了支模速度,提高支模质量。

7)电梯井大模板施工:为保证电梯井壁垂直度、平整度,减少支模时间,提高工效,本工程从第5层标准层开始至28层,6个电梯井内模全部采用大模板爬模工艺,该工艺操作方便,施工安全,较小钢模更容易控制井壁几何尺寸、垂直度、平整度。该工艺操作如下:

①爬模系统由爬架、模板、模板带操作台、提升设备4大部分组成,爬架与模板用提升设备互相交替爬升。

爬架:由工作架与底座固定架组成,是一个多层的钢结构构架,它发挥两个作用,一是用来提升模板,二是作为操作平台和内脚手。在爬升架的顶面设有吊模板的吊环,爬架共加工制作5只,另一个电梯井以内爬塔吊的塔身作为爬架,见图2.20-24。

模板:采用竹胶合大模板,用18mm厚竹胶板作面板,40mm×60mm方钢作横肋,7.8角钢做边框,□10槽钢作围檩,在每块大模板上均设置吊环。

提升动力设备:采用3t加长手动葫芦(行程大于5m),每只爬架配4个手动葫芦共20个。

②爬升模就位在第4层混凝土结构上,混凝土强度要达到70%。用模板固定螺栓固定在电梯井墙板上,爬模的工序流程如下:

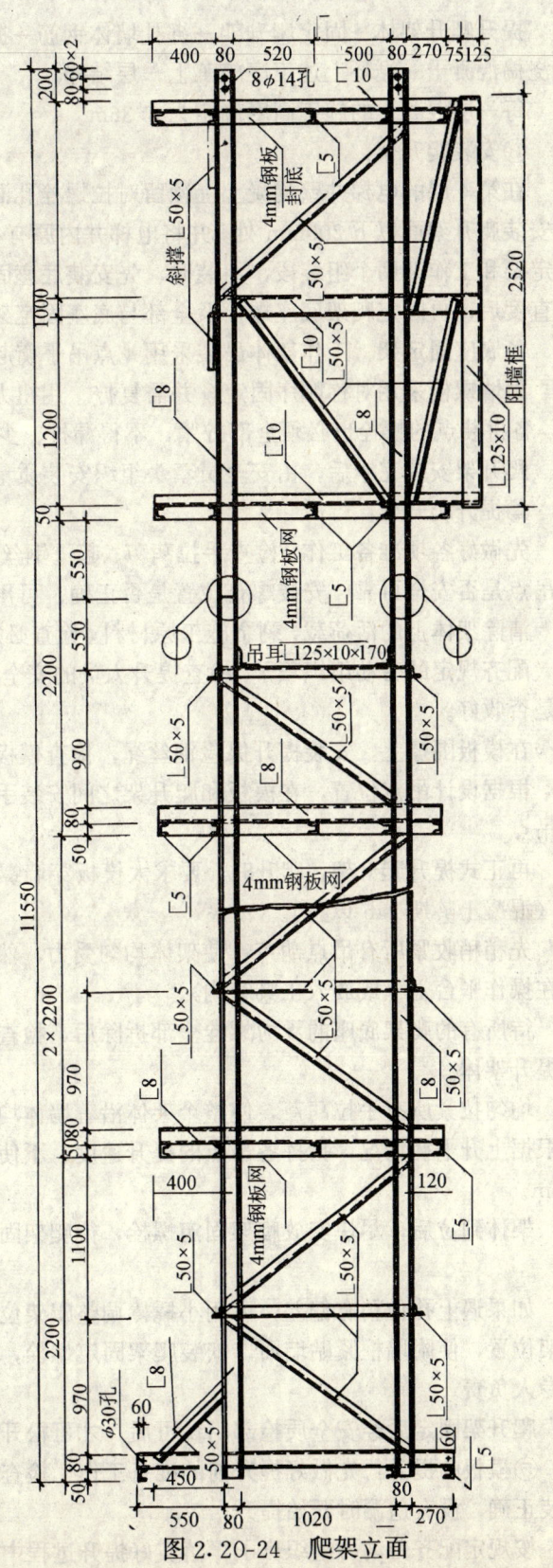

图2.20-24 爬架立面

提升爬升架体→固定爬升架→绑扎墙体钢筋→提升大模板就位→测量校正→固定模板→浇捣混凝土→循环上述工序施工上一层结构。

每一层混凝土的施工高度确定为 3.36m。

③安装爬升架：

在第 4 层的电梯井壁混凝土上预留对拉螺栓孔洞，拆除电梯井道内所搭的临时内脚手至安装爬升架面以下 200mm 处，并将电梯井内原有小钢模拆清吊出，电梯井爬架分成底座固定架和工作架两个组装段，组装时，先安装底座固定架，然后安装工作架，校正好架体垂直度后，再固定爬架底座螺栓及全部与底座固定架相连接的拼装螺栓，之后即可卸去吊钩。各底座固定架、工作架体吊装采用 4 点吊平衡起吊。

附墙螺栓采用对称顺序固定，并需复拧。用扭力扳手测其扭矩，保证符合 40～50N·m，各拼装点的螺栓也必须全部拧紧，不得漏拧、少拧。

爬升架安装完毕后，由安全员牵头组织安装质量验收。

④提升爬升架：

先做好各项准备工作，检查手拉葫芦、起重钢丝绳、保险钢丝绳、卸甲、爬架吊点、模板吊点是否安全可靠，安装螺孔位置是否正确、可用。

清除架体上的活荷载，剩余施工原材料，检查必须随架体一起上升的设备是否固定好。

配齐规定的劳动组织班子，检查提升人员的安全保险措施是否落实，架体上的拉接、跳板是否收好。

在模板围檩上，安装提升保险钢丝绳，检查模板和爬架的连接传力位置是否可靠。

根据设计吊点位置，在模板和爬升架之间安装手拉葫芦，每个电梯井爬架 4 个手拉葫芦吊点。

再正式提升爬升架，爬升时，要求大模板穿墙螺栓受力处的混凝土强度等级在 C10 以上（混凝土龄期 24h 以上）。

先稍稍收紧所有吊点葫芦，使架体均匀受力，然后拆卸爬升架固定螺栓，并用铅丝固定在操作平台上（或放入工具箱内）。

待所有的爬架底座的承力螺栓全部拆除后，检查无误时，在指挥人员的统一指挥下方能提升架体。

均匀拉紧所有手拉葫芦，使整个架体沿着墙体均匀上升，防止晃荡与扭转。指挥人员应根据上升平衡情况，指挥各吊点的提升速度，不使架体与墙卡住。顺墙倾斜面不得大于 10cm。

架体到位后，尽快安放爬架固定螺栓，待爬架固定螺栓全部穿入后垫垫片，拧上外螺母。

如果遇上孔位稍有偏差，可用小撬棒调整爬架位置，或利用手拉葫芦的松紧措施调整爬架位置，使附墙框紧贴墙面，安装爬架固定螺栓，垫上垫片，拧紧外螺母，该项工作须有专人负责。

爬升架固定后经安全质检部门认可后，才可松开手拉葫芦，进入正常使用。

⑤模板的提升：先做好提升前的准备工作：检查上道绑扎钢筋工序无误后，预留孔洞安装正确，没有遗漏时开始提升。

按规定配齐劳动力组织班子，落实好提升过程中附件工具和附属工序用料等。

在爬架挑梁的相应位置和模板上按设计吊点挂装葫芦。为平衡起见，一般都采用2点起吊的方法来提升模板和模板带操作脚手。角模可考虑采用单点吊。然后正式提升模板：

先用手拉葫芦拉紧所要吊装的大模板，然后拆卸模板连接螺栓和模板对拉螺栓；

拉开所要吊装的大模板，使其沿着操作平台的混凝土墙面的间隙均匀上升；

在提升大模板时，清理人员应及时在两侧清理模板和涂刷混凝土隔离剂；

模板均匀提升侧向倾斜量不宜大于10cm。

⑥固定大模板：

推大模板下口并放松葫芦，使其到位，临时固定在以浇混凝土的最上一排对拉螺栓预留孔上。

松葫芦，进一步推模板上口，使其整体到位。

安装模板限位，穿墙螺栓和硬塑料管。模板安装完毕后，对所有模板连接螺栓和穿墙螺栓进行紧固检查。

⑦使用爬升模板特别注意事项：

由于爬架的固定螺栓位置套用模板的对拉螺栓孔，在安装模板时，钢筋上一定要焊模板限位，这样在紧固模板时，不致使塑料管顶弯，影响混凝土的断面尺寸及爬架的安装。

爬架的固定螺栓应严格检查使用，螺杆的螺纹不合格不得将就使用。

(6) 钢筋工程：本工程所有钢筋均按设计图纸要求，由工厂加工成型，送到现场绑扎就位。由于本工程施工场地极其狭小，钢筋按工地进度要求进场，运到工地的钢筋经验收后，再吊到施工点绑扎就位。

1) 在绑扎成型钢筋过程中，必须正确穿插主梁与次梁、主梁与柱子、梁与剪力墙的钢筋位置，即主梁主筋应伸进柱内或剪力墙内，满足搭接倍数，梁最外边主筋应放在柱最外边主筋的内侧或剪力墙主筋的内侧，次梁钢筋伸入主梁内，面层钢筋应搁置在主梁面层钢筋之上，主梁搁置次梁的位置，按图放置吊筋，不得遗漏，吊筋规格、数量根据施工图，其它绑扎方法均同常规。

2) 梁、柱、板钢筋绑扎过程中，由专人负责预埋预埋铁件，预留孔洞，并另派人检查是否正确，是否牢固，预埋件是工程中重要的构件，必须认真安装，不得遗漏。

(7) 混凝土工程：本工程上部结构混凝土强度等级，标高42.670m（11层）以下选用C40，42.670m以上选用C30，水箱为防水混凝土抗渗等级P6。

1) 各楼层结构混凝土数量见表2.20-2。

表 2.20-2

楼 层	F1	F2	F3	F4	F5～F28	F29	F30	F31
数量（m³）	730	750	720	760	各430	390	370	250

2) 根据工程进度和商品混凝土浇捣能力，现场作此安排：1～4层非标准层每2昼夜完成一层结构混凝土浇捣，5～31层用一个晚上浇捣好一层结构混凝土。整个上部结构工程从1995年5月20日浇捣完成±0.000地下室顶板，至1995年12月18日全部混凝土结构封顶，耗时不足7个月。

3) 在浇捣1～4层非标准层时，现场布置3台汽车泵同时浇捣，配备30辆搅拌车同时从2个混凝土拌台运输混凝土，汽车泵全部用硬管泵送混凝土至浇捣点，汽车泵的布置详见图2.20-25。混凝土浇捣方向由南往北，三泵同时推进。

4）在浇捣5～31层标准层混凝土时，现场布置2台Pm2100-ND固定泵同时浇捣，配备20辆搅拌车从一个拌台运输商品混凝土，2台固定泵分别布置在汉口路的两扇大门旁，硬管泵送混凝土至浇捣点进行浇捣，详见图2.20-26。

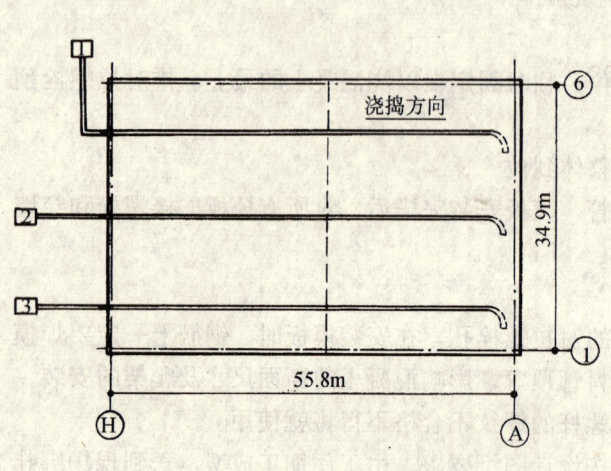

图2.20-25　非标准层浇捣混凝土平面布置

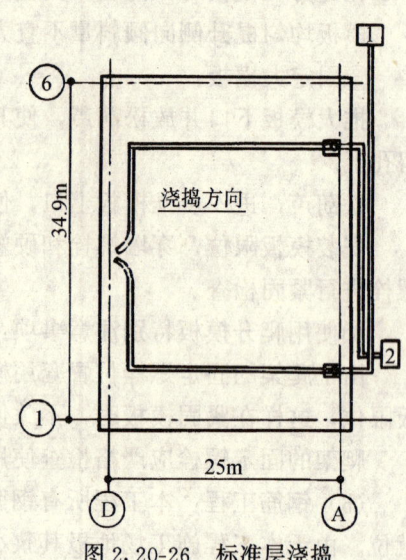

图2.20-26　标准层浇捣
混凝土平面布置

5）在结构混凝土浇捣时，每个结构点设2人振捣混凝土，2人安装、拆卸泵管，4个人铺摊混凝土，各司其职，浇捣点和泵车、收料点通过对讲机进行联络，每次浇捣混凝土，均由专人统一指挥、安排人员做好监测混凝土质量、安全、后勤保障工作。

6）混凝土全部采用插入式振动棒振捣，对于核心筒断面较小的小板墙，小梁用50mm振动棒小心振捣。对于柱、深梁等构件，由于高度大，进行分层浇捣，分皮浇捣的时间间隔不超过混凝土初凝时间，振捣混凝土的操作者必须认真把关，严禁漏振。

7）混凝土的浇捣标高由水准仪抄平，预先在预留钢筋上做好红漆标记，供平仓工人拉麻线控制面标高，混凝土经振捣密实后，用2m长刮尺刮平，木蟹打毛。

8）混凝土浇捣完成后，根据气候条件采取必要的养护措施。

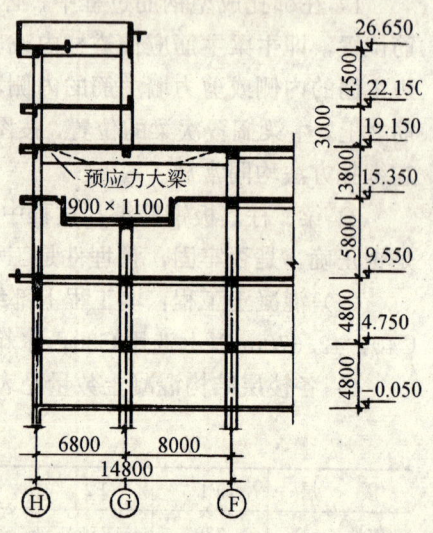

图2.20-27　裙房剖面

（8）第4层预应力大梁的设计与施工：本工程第三层楼面（裙房部位）设计有8.5m宽、24m长的室内游泳池。为满足这一建筑功能，保证游泳池上空有足够的净高，在结构处理时，在4层楼面采用了14.8m跨度的预应力大梁，裙楼剖面见图2.20-27，预应力大梁平面布置见图2.20-28。

1）预应力大梁的设计计算：

14.8m 跨度预应力大梁的结构要解决两个问题：a. 在采用预应力技术后，降低梁的截面高度，满足建筑要求；b. 承担建在该部位上的 5 层和 6 层传来的荷载，保证梁的强度与挠度。

大梁的设计采用部分预应力混凝土结构理论，计算方法按 4 层框架结构进行内力分析，然后按荷载平衡法的概念计算第 4 层的预应力框架梁，布置预应力筋和验算截面。其主要的设计计算结果及主要参数介绍如下：

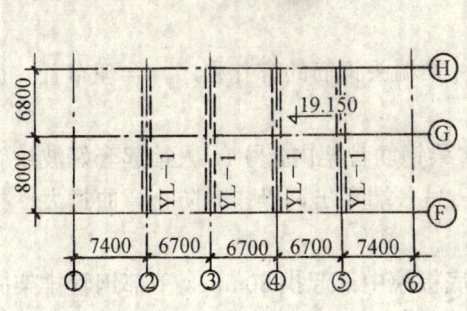

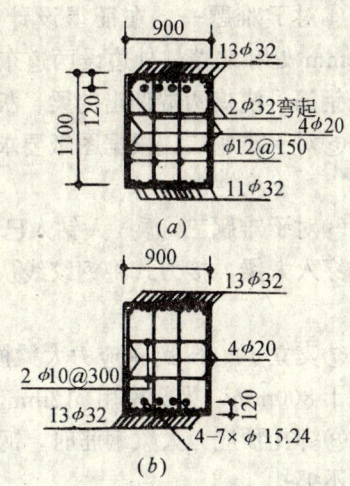

图 2.20-28　预应力大梁平面布置　　　　　图 2.20-29　大梁剖面

①预应力梁承受的荷载、内力：作用于梁上的荷载最大值跨中集中荷载 $P_{max}=1415kN$，线荷载 $q_{max}=127kN/m$，荷载组合后截面的最大弯矩值 5344.8kN·m。

②预应力梁截面如图 2.20-29。

梁截面尺寸为 900mm×1100mm，C40 混凝土截面内共配四束 $7×\phi15.24mm$ 钢绞线。$F_{py}=1800MPa$，预应力筋面积 $A_y=3920mm^2$。此外还配了普通 II 级钢筋，面积为 $A_sd=1055mm^2$，预应力度 $PPR=A_yf_{py}/(A_yF_{py}+A_sF_s)=0.7$。

③预应力筋布置与预应力控制应力：梁内预应力筋采用曲线布置，由三段抛物线组成，以尽可能地减少预应力筋的摩阻损失，提高截面的有效应力。

经计算该梁的预应力总损失约为 20%，截面平均预应力有效值为 3500kN

④预应力张拉锚固体系：因每束预应力筋的张拉力达 1300kN，且一端张拉。选用张拉锚体系为：张拉端为 OVM15-7 锚具，固定端为 P 锚。

2）预应力大梁施工工艺：

预应力大梁设计完成后，在施工时，技术上遇到了三大难题，急需解决。

难题之一：预应力大梁呈南北方向布置，在大梁南端有结构梁板，北端有外伸悬臂梁、板，梁上要砌砖墙，外伸悬臂梁上受力较大，而预应力梁仅布置在 F~H 轴段，端部施工十分复杂。

难题之二：在预应力大梁支座处，梁、柱节点内，不仅有预应力钢绞线，梁内上下各 $13\phi32mm$ 钢筋，而且有纵向、横向钢筋锚入柱内，钢筋密集，各种钢筋绑扎就位极其困难。

难题之三：由于预应力大梁采用 $\phi12@150$ 四肢箍，支座处加密到 $\phi12@100$，全部为封闭箍，给预应力钢绞线的安装带来困难。

针对上述问题，我们制定了相应的技术措施，并指派专人进行跟踪指导和质量管理。

①制定预应力大梁施工程序，针对技术难题提出解决措施。

②组织各工种熟悉施工图，研究操作要点和确定合理搭接工序。

③指派专人负责检查钢绞线、锚具、夹具、波纹管等质量，特别对每一根波纹管进行盛水试验，剔除不合格产品。

④对于难题一，在征得设计同意后，采取预留施工缝方案，即在预应力大梁南端2700mm 处和北端柱外边设两道东西向水平施工缝，先浇捣预应力大梁，待张拉完毕后，再接长钢筋，浇捣两端伸出的梁、板混凝土。

⑤对于难题二，根据图纸要求，确定各种梁端头钢筋的绑扎程序，合理布置，循序穿插。

⑥对于难题三，派 5 人钻入已绑扎好的大梁钢筋骨架内，另 10 人抬起套好波纹管的钢绞线穿入大梁，接力式将钢绞线从一端穿入，另一端穿出，操作时防止弯曲过大，损坏波纹管。

⑦支立 14.8m 跨预应力大梁模板时，梁底板模中部起拱 30mm，下部钢管排架间距不得大于 800mm，梁侧模用 $\phi12mm$ 对拉螺栓拉接在钢管围檩上。

⑧绑扎预应力大梁钢筋时，钢筋接头错开 25%，为便于穿插预应力钢绞线，梁两端钢筋暂不绑扎。

⑨由专人负责进行钢绞线编束，套波纹管，对锚固端墩头处理。

⑩每束钢绞线插入大梁后，即校正其标高、平面位置、弯起点等，最后用"井"字型网片固定在梁内。

⑪在锚固端口再穿入 $\phi25mm$ 白铁管作灌浆透气管，锚固端口用 1：2 水泥砂浆封堵，防止混凝土进入波纹管内。

⑫在张拉端，将锚垫板固定在模板上，用 $\phi4mm$ 螺栓拧紧，在混凝土浇筑前将灌浆孔用黄油堵塞，以免垃圾堵孔，锚垫板与波纹管接口用胶带包扎牢固。

⑬浇捣预应力大梁前，用高压水注入波纹管，检查波纹管壁是否有裂缝，接头是否有松动，检查符合要求后方可浇捣混凝土。

⑭在梁、柱节点钢筋密集处，事先用 $\phi48mm$ 铁管打入，使混凝土能顺着空隙进入柱内，振动棒进入振捣。

⑮在振捣柱头混凝土时，派专人负责柱头看护，检查柱头是否振捣密实，发现有空鼓者，立即补振。

⑯梁、柱、板混凝土一次浇捣成型，边浇边退，混凝土表面用长刮尺刮平，木蟹打毛。

⑰待混凝土强度等级达到 C12 后，用高压空气通过预埋透气管将波纹管内积水全部吹出。封好端部外伸钢绞线。

⑱在整个预应力大梁施工中，严禁电焊工在其上任意切割、焊接。因为钢绞线是高强钢丝，通电、电焊等将降低钢绞线的抗拉强度，甚至断裂。在振捣混凝土时，严禁将振动棒直接冲击波纹管，以免损坏波纹管，引起张拉困难，应力损失。

⑲待大梁混凝土强度达到 100% 时，方可进行张拉，严格控制张拉应力，张拉力每孔

1330kN，采取先拉外两孔，后拉内两孔方案，对称张拉。

⑳每根大梁张拉到设计荷载后，即进行锚固，并用 $W/C=0.42$ 的 525 号普通水泥浆灌浆。

㉑灌浆结束三昼夜后，拆除预应力大梁底模板及支撑。

（9）斜屋顶钢结构的制作和安装：

本工程最上部的屋盖系统为斜屋顶钢结构，它在金融广场第 31 层的钢平台上，该斜层顶钢结构底部为 18.7m 的正方形，向上逐渐收拢，形成"金字塔"型，斜屋顶全高 16m，由 8 根 I40a 斜支撑撑起，在底部中心竖起一根立杆，在斜屋顶内共分隔成三个平台，平台间有旋转楼梯上下，整个钢尖顶由工字钢、槽钢、圆钢等型钢组成，耗用钢材达 40t，尖顶平面及剖面详见图 2.20-30，该钢结构的安装难度在于，由于它坐落在第 32 层，离地高度已有 100 多米，所有构件必须在高塔拆除之前吊到屋面上堆放，使本来就很小的吊装区域更显"捉襟见肘"。钢结构的吊装全部采用"土法吊"。

原材料全部经后方工厂加工，送到现场拼装，在断料前必须校直。钢结构制作焊接采用手工电弧焊，焊条选用 E4316，施焊前对母材烘焙干燥，对于一些特殊难点的杆件，先放出大样，再行制作。

较长构件先在车间分段制作后作好标记，到现场拼装，各种型钢的连接均按规范要求等强度连接，严格控制中心立柱的制作偏差，不得超过规范要求。各种构件在出厂之前必须严格除锈，清除焊渣，并涂刷防锈底漆一度。各种构件验收合格后，才可装运到施工现场拼装。

钢结构的吊装：

钢结构正式吊装之前，认真做好吊装前的各项准备工作，包括清理场地，复测预埋件的标高和中心，检查吊装机械、吊装用的钢丝绳、索具、夹具是否完好。

①钢结构的吊装顺序：吊装中心立柱 G—1→吊装平台 1 处的水平横梁 G—4、G—5、G—6→吊装外围斜钢支撑 G—2、G—3→吊装平台 3 处水平横梁 G—8、G—9→吊装平台 2 处水平横梁 G—6、G—7→安装各平台处钢板、栏杆→吊装钢旋转楼梯→吊装不锈钢旗杆。

②中心立柱 G—1 的吊装：

中心立柱经拼装后重约 3t，长度为 15m 左右，是整个斜屋顶钢结构中最重要的构件，利用拆卸施工高塔时所立的 60t·m 台灵一次吊装就位，即将钢丝绳牢固地绑扎在立柱吊装中心的上方，大约是立柱根部起以上 10m 的地方，先作试吊运转，与此同时，从 4 个方向绑扎好缆风绳，浪风绳可通过神仙葫芦调整立柱垂直度。

在试吊正常的情况下，正式起吊该立柱，使立柱根部离地作缓慢就位移动，至安装点，底板嵌入底脚螺栓后，旋入螺母作临时固定，收紧并固定好四个方向的浪风绳，放松主钩绳索。

用两架经纬仪互成 90°校正立柱垂直度，在中心立柱平台 1 下方，以四个方向钢支撑再次给中心立柱牢固固定，底脚安装螺母下方可垫入 8mm×80mm 方垫片，与底板铁焊牢。

③围护斜支撑 G—2、G—3 的吊装：

围护斜支撑 G—2、G—3 共有 2 根，是本结构构件中最长的构件，由于其与水平线成一夹角，空间位置比较复杂，成为本次吊装难度最大的构件。

用台灵吊和摇头巴杆吊装 G—2、G—3 构件，钢丝绳吊点设在 G—2、G—3 构件重心之

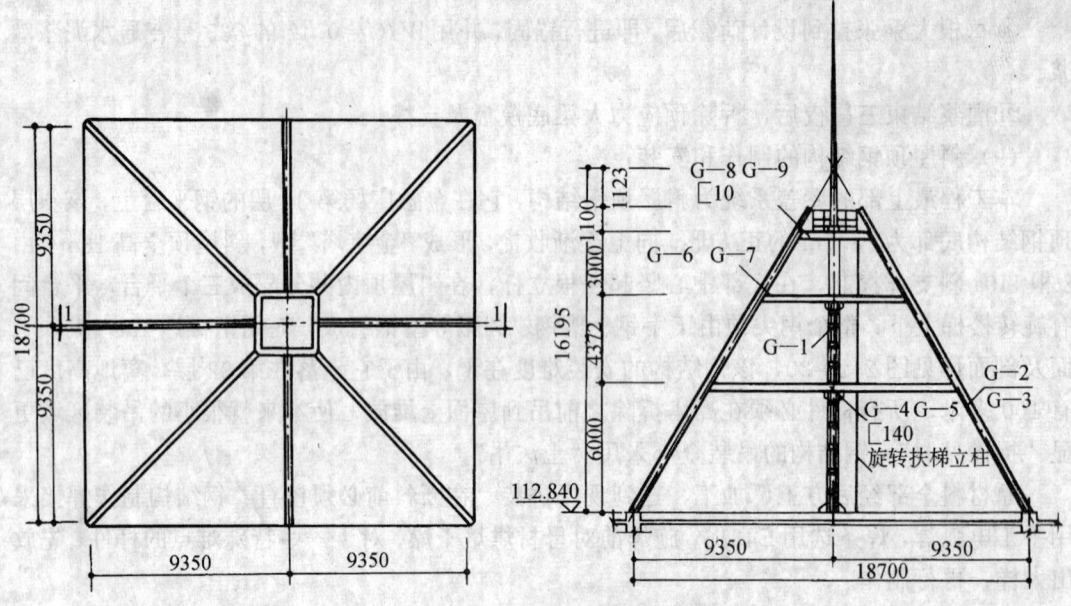

图 2.20-30 钢尖顶平面及剖面

上的 1/3 处。

　　按顺序起吊 G—2、G—3 构件，缓慢就位于固定点，上下两端做好临时固定。复核每一个斜平面中 3 根 G—2、G—3 构件是否在同一斜面中，通过吊索调整至要求。

　　焊接固定围檩支撑 G—2、G—3 构件与底脚预埋件和各平台横梁。

　　④旋转钢扶梯的吊装：

　　旋转钢扶梯在屋顶平台上制作，通过立在平台 2 上的摇头把杆一次吊装就位。

2.20.4 外立面铝合金玻璃幕墙与局部花岗石饰面

　　本工程外墙立面选用隐框、半隐框高级玻璃幕墙和天然花岗石相间的外墙饰面材料，玻璃幕墙选用银白色，花岗石选用桔红色，通过铝合金骨架装缀在外墙面上，大厦每层设有活动窗，幕墙铝型材为黑色阳极处理，幕墙的结构胶和气候胶采用通用电气 GE400 结构胶和 GE2000 气候胶，玻璃幕墙设计抗风正压为 +3.0kPa，负压为 -4.2kPa，幕墙的气密性、水密性等各项指标依据 ASTM（美国材料试验标准）标准，在香港达到国际标准的试验中心进行测试，安装容许误差标准采用日本 JASS 标准以及美国 ASTM 标准。

　　（1）铝合金玻璃幕墙铝料的加工：由有丰富经验的工程师设计加工图，检查有关加工生产器械程序，根据加工制作图检查生产及装配的物料。按照加工图，对各种铝型材进行流水线加工制作，将所需配件按加工图安装在铝型材上，检查无误后，将铝合金材料转移，并包好保护胶纸，做好物料编号后，分类放置，按进度需要把已加工好的铝合金材料派送上楼，找适当的位置放好。各种铝合金材料的下料长度的偏差必须小于或等于 ±1mm，加工时，必须经常校正。铝型材的加工偏差，不能超过允许偏差。

　　（2）幕墙铝合金骨料的安装：

　　1）铁码的安装及其技术要求：

　　①根据当地风压等各种荷载计算铁码的尺寸（包括厚度尺寸），并按 B.S729 或 ASA123

标准的规定进行镀锌。

②对铁码与竖料以及铁码与混凝土的接触面涂上铬酸锌底漆或沥青涂料形成加强保护层。

③通过预埋件螺丝把铁码固定在预埋件上。

④当幕墙竖料和横料安装完成后，把铁码上的方垫片和螺丝烧焊在固定铁码上。

⑤电焊时应采用对称焊，以控制因焊接而产生的应力变形，焊缝不得有夹渣和气孔存在，必须先把焊渣敲掉，再刷防锈漆。

2) 幕墙铝合金料的安装：

①检查所放的线是否正确。

②用螺丝把竖料固定在外墙上，安装完毕后用密封胶把竖料之间的接缝密封。

③检查幕墙竖料和横料的安装偏差是否符合要求。

④安装横料底部顶饰板及活动窗的窗框。

⑤把螺丝、垫片焊接固定在铁码上，以限制竖料变位。幕墙铝料的安装见图 2.20-31。

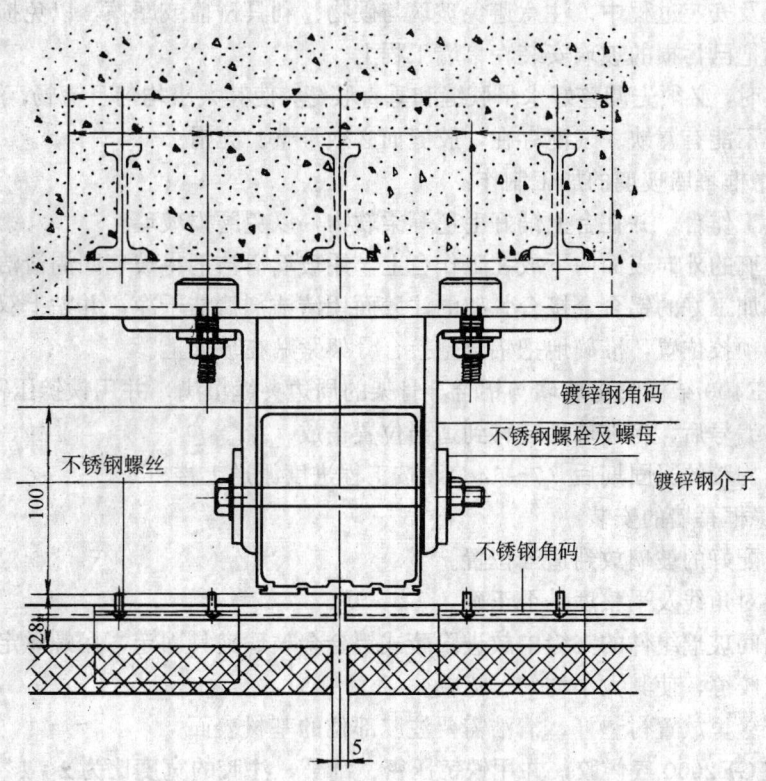

图 2.20-31 幕墙节点

(3) 幕墙玻璃的加工制作及其安装：

1) 半隐框幕墙的加工制作

①用玻璃清洁剂（如二甲苯）将玻璃两侧及铝合金表面清洁干净。

②按施工图调整好预校位置，贴上双面胶条。

③通过双面胶条的粘结力把玻璃准确地贴在铝合金骨架上。

④用GE4000结构胶将玻璃件与铝合金骨格之间夹缝填满，并用小铁铲压实括平。

⑤结构胶必须注满，不能有空隙或气泡存在。

⑥清洁后的物件必须在一小时内进行密封，否则从新清洁。

2）半隐框玻璃幕墙的安装：

①将分配好的玻璃派送至各楼层的适当位置。

②检查框架对角线及其平整度是否正确。

③安装时不准将玻璃和框直接接触，需在玻璃底部、顶部放置适量橡胶垫块。

④在垂直胶缝里放置衬垫杆。

⑤在需要胶肢部位基材表面进行清洁处理后，注入GE2000气候胶，用铁铲把胶压密、括平滑。

⑥最后安装幕墙横向装饰板线。

⑦玻璃临时放置时，必须放在干燥通风的地方。

⑧避免玻璃与电焊火花、机油、混凝土等有害物质接触，避免玻璃受到损毁。

⑨搬运及安装过程中，注意避免玻璃与硬物、利具碰撞或摩擦，以免损毁玻璃。

⑩不能把已污损的玻璃安装在幕墙工程上。

⑪安装时，必须先调整好水平胶缝和垂直胶缝，使其大小均匀且流畅，然后进行注胶。

⑫注胶不能有漏缺、气泡存在，胶缝面必须平整、光滑。

3）全隐框幕墙玻璃的加工制作：

①设置工作台，并在台上铺好毛毯等柔软物，以免磨损玻璃。

②将玻璃的外向表面向下放在工作台上，用玻璃清洁剂将玻璃四周清洁干净。

③将已加工好的铝合金接合骨架的注胶面用清洁剂清洁干净，并贴上双面胶条。

④调好预校位置，准确地把铝合金接合骨架紧贴在玻璃上。

⑤用GE400结构胶将玻璃与铝合金骨架的周边夹缝填满，并用铁铲压密、刮平。

⑥贴好编号后，将玻璃件转移到适当位置平放。

⑦待结构胶的凝固期后（7～14d），按工程进度派送上楼。

4）全隐框幕墙的安装：

①将分配好的玻璃放到适当位置。

②框架对角线及平整度是否正确。

③在两间玻璃组件的夹缝中放进隐蔽式铝合金玻璃夹具固定，用螺丝定位调整其水平胶缝和垂直胶缝，使其大小均匀、流畅。

④在胶缝里放置衬垫杆，清洁需要注胶部位的基材表面。

⑤灌注GE2000气候胶，并用铁铲压密、刮平，注胶的宽度比为2∶1

⑥密封胶应与铝材、玻璃粘接牢固，胶缝表面平整、光滑。

（4）花岗石的安装：

1）花岗石安装的允许偏差：

①花岗石作为建筑物外部的围护材料，结构厚度允许误差±2mm。

②外部块体任一尺寸的允许误差±1.0mm。

③安装好的外部块体之间接缝的允许误差±1.0mm。

④花岗石的接缝校直度±1.0mm。

⑤安装好的相邻花岗石块边缘平整度±1.5mm。

⑥平坦表面任一部分的最大弓曲度（凹凸）不得大于所测尺寸的1/1000。

⑦一个角与其它三个角突出平面的最大弯翘度为：距最近相邻两角的距离的1.5/300，但不得超过2.5mm。

⑧不得使用修补或其它掩盖方式来掩盖材料或工艺的缺陷。

⑨不准在石块上使用喷灯或任何加热手段。

2）花岗石的搬运和贮藏：

①运到现场的每一单元花岗石，都根据经过审查的装配图上的指示，清楚正确地加上标志，说明等级及安装位置

②防止花岗石块体与地上其它能损坏暴露表面的材料接触，防止金属包装带和起重设备在花岗石上造成锈斑。

③在结冰天气，保护孔或平嵌线不可有水或冰。

④破碎、裂纹、劈开、沾污或毁损的石料必须去除，不能安装在工程上。

3）花岗石的安装：

①花岗石背部为砖墙的部位，必须刷防水胶防水层。

②按排列图进行测量放线工作。

③按图安装铁支架或幕墙骨料，以作固定花岗石的骨料。

④在骨架上安装不锈钢角码。

⑤通过钢针把花岗石固定在不锈钢角码上。

⑥清洁花岗石的接缝两侧，再注入密封胶，胶缝表面应平整、光滑。

⑦安装偏差要小于或等于花岗石安装的允许偏差。

（5）抗火棉的安装：

1）本工程采用100mm厚、密度64kg/m³的抗火棉，具备两小时的抗火能力。

2）在花岗石和玻璃安装前安装抗火棉，以免受风雨杂物的破坏而出现漏洞。

3）抗火棉用镀锌角码加以固定，使抗火棉连续地密封在与花岗石面或楼板或玻璃之间的空隙中，形成一道可达到两小时耐火能力的屏障。

（6）隔热棉的安装：

1）隔热棉的厚度为50mm，密度为120kg/m³，隔热棉设置在玻璃于楼层之间的位置上，具有保温隔热的作用。

2）隔热棉的尺寸在现场裁割，其尺寸与实墙位铝合金框的内空尺寸相同。

3）把裁割好的隔热棉用铝槽和金属线固定在铝合金框上，使铝合金框密封，以免光线射入室内。

（7）幕墙玻璃及花岗石的清洁：幕墙玻璃及花岗石在安装过程中应保持清洁，工程完成后再清洁一次。在工程完成后，撕掉室内幕墙骨料上的胶纸。

2.20.5 主要施工机械的安装、使用和拆卸

为解决本工程的垂直运输问题，解决高层施工中大量材料的上运，在工地配备了一台国产江麓80-EA内爬式高塔，由于本工程自身条件的限制，给该内爬式高塔的安装、拆卸提出了很高的要求。

由于本工程为土地批租项目，外商为充分利用土地，建筑物外墙边线紧贴规划红线，施

工用地几乎为零,现场极其狭小,为此经反复研究用内爬式高塔,安装在地下 12m 深处,主楼核心筒内的一只电梯井筒内,尽量减少对建筑物外围施工场地的占用。

该高塔选用起重能力 130t·m,45m 长扒杆,最终爬升高度为 130m,高塔安装在地下室 −12.3m 电梯井坑面上,在浇捣承台大体积混凝土前,预先将高塔的四只底脚螺栓预埋在承台内,保证预埋正确,螺栓上部同时安装一个固定框,确保四个螺栓的平面相对位置、标高的正确性。承台混凝土浇捣完毕后,强度达到 75%,开始拼装高塔,由于它处在自然地坪下 12 多米处,高塔安装中心距基坑面最近也有 10 多米,而且由于场地狭小,大臂等较长构件一次就位困难很多,安装难度非常高,经过勘探现场,反复讨论研究决定采用分体就位,一次安装高度达 35m 的拼装方案,使安装好的高塔吊臂高度超过东面黄浦体育馆的屋顶,具体方案如下:

(1) 将高塔所有部件按拼装顺序陆续进场,对重要的构件如大臂、塔身回转机构分解,分解以后的单件重量不超过 3t,所有部件都应摆放在汽车吊吊运范围内。

(2) 调用一台 TG-500E 汽车式起重机配合拼装高塔,其主要技术参数如下:

最大起重量	50t
整机重量	37.75t
吊杆长度	10.4～32m

经计算,使该汽车吊停在挖土时搭设的钢平台上,此时,汽车吊的吊装距离为最短,离高塔安装中心线 10.55m,恰好能吊起所有高塔部件就位。安装平面见图 2.20-32。

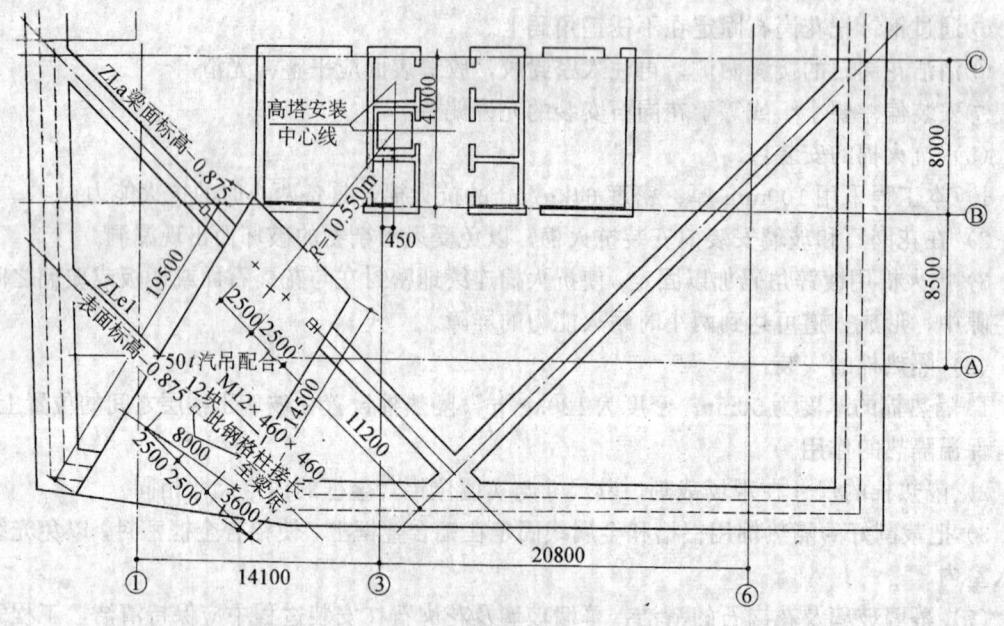

图 2.20-32　高塔拼装平面布置

(3) 然后按正常安装顺序拼装高塔,大臂分两次拼装,第一次先拼装 25m,呈偏东、西向布置,完成后,使大臂旋转 90°,正好对汽车吊,接着接长第二段大臂。

(4) 高塔在使用过程中,随结构升高而爬升。根据本工程特点,第一次拼装高度有 35m,可完成地下三层的结构施工,所以高塔第一次爬升时间在地下室 ±0.000 顶板完成后进行,第二、第三次爬升分别在非标准层 2 层和 4 层结构完成后进行，以后每完成三层标准层爬升一次，直至结构封顶。

（5）结构封顶后，利用专门搭在屋顶上的台灵架将高塔分解，吊至平地上外撤。台灵架选用 60t·m，其最大起重量为 80t，最大幅度为 $R_{max}=14.5m$，最大高度为 $H_{max}=14.5m$。该台灵架与屋顶结构大梁牢固连接，局部结构作临时加固，以确保台灵架安全拆卸。

（6）其它高塔的安装、拆卸均同常规，不再赘述。

（沈立新　叶链佳）

2.21　银东大厦施工

2.21.1　工程概况

（1）上海银东大厦位于上海浦东新区，金桥出口加工区内，占地 6800m²，是由上海银东实业有限公司投资兴建，美国 CALLISON 公司和华东建筑设计研究院联合设计，上海市第五建筑工程公司施工总承包的现代化多功能超高层写字楼。

银东大厦地下 2 层，基坑开挖面积 6000m²，开挖深度约 9.35m；地上 31 层，高 130m，总建筑面积 51388m²。结构形式为现浇钢筋混凝土框架-筒结构。大厦有 4 层裙楼，分别布置有银行营业大厅、餐厅、大堂、商务中心等建筑功能；5 至 29 层为标准层写字楼，每层划分为 6 个单位（其中 17 层为设备及避难层）；30 层有健身房、咖啡厅等娱乐、休闲场所；31 层为机房、水泵房等。

银东大厦自工程桩起总工期为 28 个月，基础阶段施工工期约为 8 个月，主体结构阶段施工工期约为 8 个月。

（2）工程特点：银东大厦属于当代典型的高层写字楼建筑，具有当代典型高层写字楼建筑的一般特点：

1）建筑面积在 30000m² 以上，建筑高度在 100m 以上；

2）地下 2 层，开挖深度 10m 左右；

3）多层裙楼，多种功能。

（3）施工特色：根据上述工程特点，我们市建五公司银东大厦项目管理部在指导施工生产过程中，贯穿了这样一个主体思想：不求施工工艺的标新立异，但求施工过程的标准化管理。

这里我们指的"标准化施工"应该包含以下内容：

1）施工现场的标准化管理；

2）施工安全设施的标准化管理；

3）施工生产的标准化作业；

4）施工质量的标准化管理；

5）施工组织及进度控制的标准化管理。

2.21.2　施工条件及现场标准化管理

（1）本工程基坑面积及建筑面积大，消耗材料多，工作量大，因此材料堆场较大，工人较多（临时设施相应增加），场地利用率较高。由于周围环境的限制，现场在南边近西面处设 6m 宽大门，场内 6m 宽施工临时道路只能三边贯通，因此在挖土，商品混凝土浇筑及材料的场内运输过程中，交通组织尤为注意。

(2) 现场明排水：

沿基坑三边设置 350mm 宽、400mm 深的砖砌排水沟，分重车行走及无车行走两种做法。

所有排水经沉淀池沉淀垃圾和泥浆后，方可排入邻近下水道内，设 1 个沉淀池（1000mm×1000mm×2000mm）。

所有排水沟、沉淀池设专人保养、清理，以保证排水畅通。具体做法见图 2.21-1。

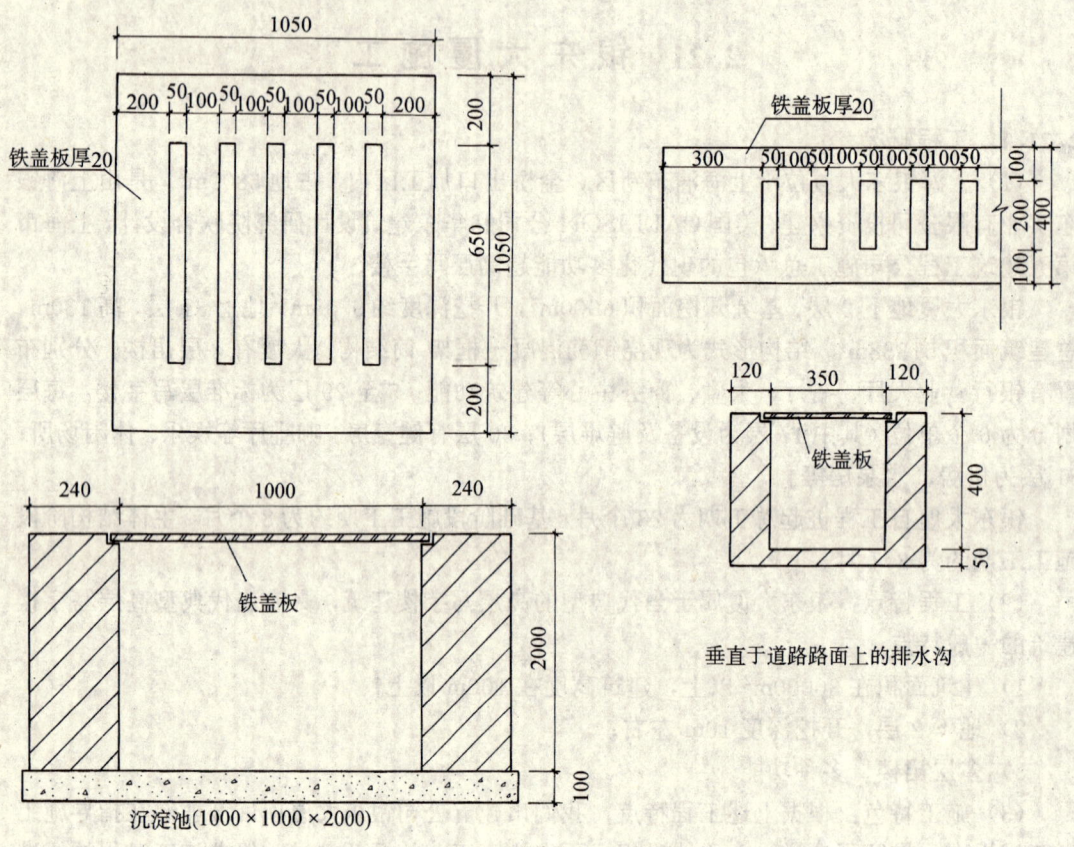

垂直于道路路面上的排水沟

图 2.21-1　沉淀池及排水沟做法详图

(3) 临时供水：

1) 现场施工用水量 q_1（L/s）：

$$q_1 = K_1 \Sigma(Q_1 \cdot N_1/T_1 \cdot T)(K_2/8 \times 3600) \qquad (式2-1)$$

式中　q_1——施工用水量 L/s；

K_1——未考虑到生产用水系数（1.05—1.15），取 $K_1=1.15$；

T_1——年（季）度有效作业日，取 $T_1=160d$；

t——每天工作班数（班），取 $t=3$ 班；

K_2——用水不均匀系数，取 $K_2=1.5$；

N_1——施工用水定额：

混凝土养护用水 400L/m³；

楼地面耗水量 190L/m²；

Q_1——年（季）度工程量（以实物计量单位表示）：

混凝土　　27400m³，

楼地面　　40500m²。

代入得：
$$q_1 = 1.15 \times \frac{27400 \times 400 + 40500 \times 190}{160 \times 3} \times \frac{1.5}{8 \times 3600} = 2.328 \text{L/s}$$

2）施工机械用水量 q_2（L/s）：

$$q_2 = K_1 \Sigma Q_2 N_2 K_3 / 8 \times 3600 \qquad (\text{式 2-2})$$

式中　Q_2——同一种机械台数（台）：2 台 HITACHI　EX200，1 台 KATO HD800，1 台 KATO HD250，1 台 SUMSUNG SE130，1 台 HD60-，汽车 15 辆，2 台 6m³/min 空压机；

　　N_2——施工机械台班用水定额：内燃挖土机耗水量取 250L/台班 m³，汽车耗水量取 500L/台班，空压机取 60 升/台班 m³ min，内燃起重机耗水量取 18L/t 台班；

　　K_3——施工机械用水不均衡系数，取 $K_3 = 2$。

代入得：

$$q_2 = 1.15 \times 2$$
$$\times \frac{250 \times (2 \times 0.7 + 1 \times 0.8 + 1 \times 0.2 + 1 \times 0.5) + 500 \times 15 + 60 \times 2 \times 6 + 18 \times 60}{8 \times 3600}$$
$$= 0.8 \text{L/s}$$

3）施工现场生活用水 q_3（L/s）：

$$q_3 = \frac{P_1 \times N_3 \times K_4}{t \times 8 \times 3600} \qquad (\text{式 2-3})$$

式中　P_1——施工现场高峰昼夜人数（人），取 $P_1 = 450$ 人；

　　N_3——施工现场生活用水定额，取 $N_3 = 40$L/人班；

　　K_4——施工现场用水不均衡系数，取 $K_4 = 1.4$；

　　t——每天工作班数，取 $t = 3$。

代入得：
$$q_3 = \frac{450 \times 40 \times 1.4}{3 \times 8 \times 3600} = 0.29 \text{L/s}$$

4）消防用水量 q_4（L/s）：

根据规定，现场面积在 25 公顷以内，消防用水定额按 10～15L/s 考虑，故取 $q_4 = 10$L/s。

5）总用水量 Q（L/s）：

综上所述，由

$$q_1 + q_2 + q_3 = 2.328 + 0.8 + 0.29 = 3.42 \text{L/s} < q_4 = 10 \text{L/s}$$

故：

$$Q = 10 + 1/2 \times 3.42 = 11.71 \text{L/s}$$

6）管径（d）选择：

取 $d = 0.1$m $= 100$mm。

现场配 1 个 2in 进水管头，但消防用水不足（当不考虑消防用水，则 $Q' = 3.42$L/s，$d' = 52$mm，尚能满足要求）。

式中 d——配水管直径 (m)；

Q——总用水量 (L/s)。

(4) 临时供电：

用电量计算：

$$P = (1.05 \sim 1.10) \times (K_1 \Sigma P_1 / \cos\phi + K_2 \Sigma P_2 + K_3 \Sigma P_3 + K_4 \Sigma P_4) \quad (式 2\text{-}4)$$

式中 P——供电设备总需要容量 (kVA)；

P_1——电动机械额定功率 (kW)；

P_2——电焊机额定容量 (kVA)；

P_3——室内照明容量 (kW)；

P_4——室外照明容量 (kW)；

$\cos\phi$——电动机年均功率因素 (在施工现场最高为 0.75~0.78，一般取 0.65~0.75)，取 $\cos\phi = 0.65$；

代入得：K_1、K_2、K_3、K_4——需要系数，取 $K_1 = 0.6$、$K_2 = 0.6$、$K_3 = 0.8$、$K_4 = 1$。

$P = 1.05 \times (0.6 \times 200/0.65 + 0.6 \times 150 + 0.8 \times 40 + 1.0 \times 20) = 343\text{kVA}$

现场配 500kVA 变电器，满足要求。

(5) 工程地质情况：

本工程位于浦东金桥出口加工区内，南临新金桥路，东距金张公路 35m，西距施工中的新金桥大厦约 120m，北距杨高路约 200m。根据地质勘察报告提示：场地原为农田，地形平坦，北部原有一河浜通过 (现已填平)，地势低洼，地面标高一般约为 3.5m。

场区浅部地下水属潜水，地下水位埋深平均为 0.5m，经过两组地下水样进行的地下水对混凝土侵蚀性分析表明，场区内地下水对混凝土无侵蚀性。

报告还提示，场区内浅部 15m 深度为不存在可产生液化粉土及砂土层，故可不考虑地震产生液化问题。

本工程在基坑开挖深度范围内，大部分分布着灰色淤泥质粘土，含水量较高，土的抗剪强度低，承载力差，且都为流塑状态，这将对大面积的基坑开挖带来困难。表 2.21-1 为地层表。

地 层 表 表 2.21-1

层 序	地层名称	厚度 (m)	层面标高 (m)	含水量 (%)	重度 kN/m³	渗透系数 kV (cm/s)	渗透系数 kH (cm/s)
(1)-1	杂填土	3.50~3.00	3.69~3.37			2.13×10E-6	
(1)-2	素填土 (耕土)	0.90~0.40	3.59~3.37			2.34×10E-5	
(1)-3	浜底淤泥	0.80~0.40	0.54~0.03			1.38×10E-6	1.10×10E-6
(2)-1	褐黄色粉质粘土	0.90~0.30	3.16~2.78	27.7	19.4	7.59×10E-7	7.21×10E-7
(2)-2	灰黄色淤泥质粘土	0.70~0.40	2.56~2.00	45.7	17.4		
(3)	灰色淤泥质粉粘土	4.80~3.40	1.90~1.57	42.9	17.7		
(4)	灰色淤泥质粘土	13.00~11.60	-1.73~-2.98	50.3	17.0		
(5)-1	灰色粘土	3.90~1.90	-14.44~-15.30	39.2	18.0		

续表

层 序	地层名称	厚度 (m)	层面标高 (m)	含水量 (%)	重 度 kN/m³	渗 透 系 数	
						kV (cm/s)	kH (cm/s)
(5)-2	灰色粉质粘土	6.20～3.80	−16.68～−18.50	33.6	18.5		
(6)-1	暗绿色粉质粘土	2.60～1.20	−21.78～−23.07	23.1	20.1		
(6)-2	草黄色粉质粘土	5.00～1.90	−23.62～−24.61	29.6	19.1		
(7)-1	草黄色砂质粘土	13.40～9.10	−25.94～−28.90	25.4	19.8		
(7)-1T	草黄色粉质粘土	2.40～1.00	−28.12～−29.49	28.8	19.2		
(7)-2	草黄～灰色粉砂	5.70～3.70	−39.59～−41.42	26.7	19.3		
(7)-3	灰色粉砂	27	−44.49～−45.39	26.8	19.6		
(9)-1	灰色粉砂	5.40～5.00	−72.25～−72.39	22.6	20.1		
(9)-2	灰色中粗砂(含砾)	未穿	−77.38～−77.65				

(6) 现场平面布置：

现场平面布置，基本上可以根据围护桩施工阶段及土建结构施工阶段分别进行，详见图2.21-2和图2.21-3。

临时用水、临时用电基本上沿基坑周边布置。流动电箱每二层设一只（图2.21-4）。主楼内消防龙头设在1、5、10层，以上2层一只，地下室水池蓄水，以弥补消防用水的不足，水池旁设160m场程的水泵一个。

(7) 施工道路：沿基坑周边布置6m宽施工道路，由于施工中该道路上重车行走频繁，因此做法如下：

250mm厚C25混凝土路面；

250mm厚粉煤灰三渣；

70mm厚道渣。

施工道路应派专人清扫，保持路面清洁，路边堆场堆放整齐。

2.21.3 工程桩施工

银东大厦工程桩均采用预制打入桩，主楼采用桩径600mm超高强预应力钢筋混凝土离心管桩（PHC桩AB型）；裙楼采用500mm×500mm钢筋混凝土方桩。

(1) PHC桩施工：

1) 本工程PHC桩共计281根，桩长32m（10AB+10AB+12AB），另加1m长钢靴，桩身混凝土采用C80，桩顶标高全部为−5.900m（绝对标高），单桩承载力为260t。桩为场外制作运至现场。

2) 设计要求

①采用桩径600mm预应力圆管离心桩，桩端加1m长的钢桩靴，并施工时焊接。

②本桩采用预制打入桩，用标高和贯入度控制，以标高控制为主。

③为了减少桩顶破坏，桩顶要求垫一层合适的减振材料，并及时更换。

3) 施工区段的划分及沉桩主要流向：沉桩区段的划分及沉桩的主要流向主要考虑了沉桩的附近建筑物及地下管线的影响所应有的合理的沉桩流程。另外考虑了现场的施工条件、

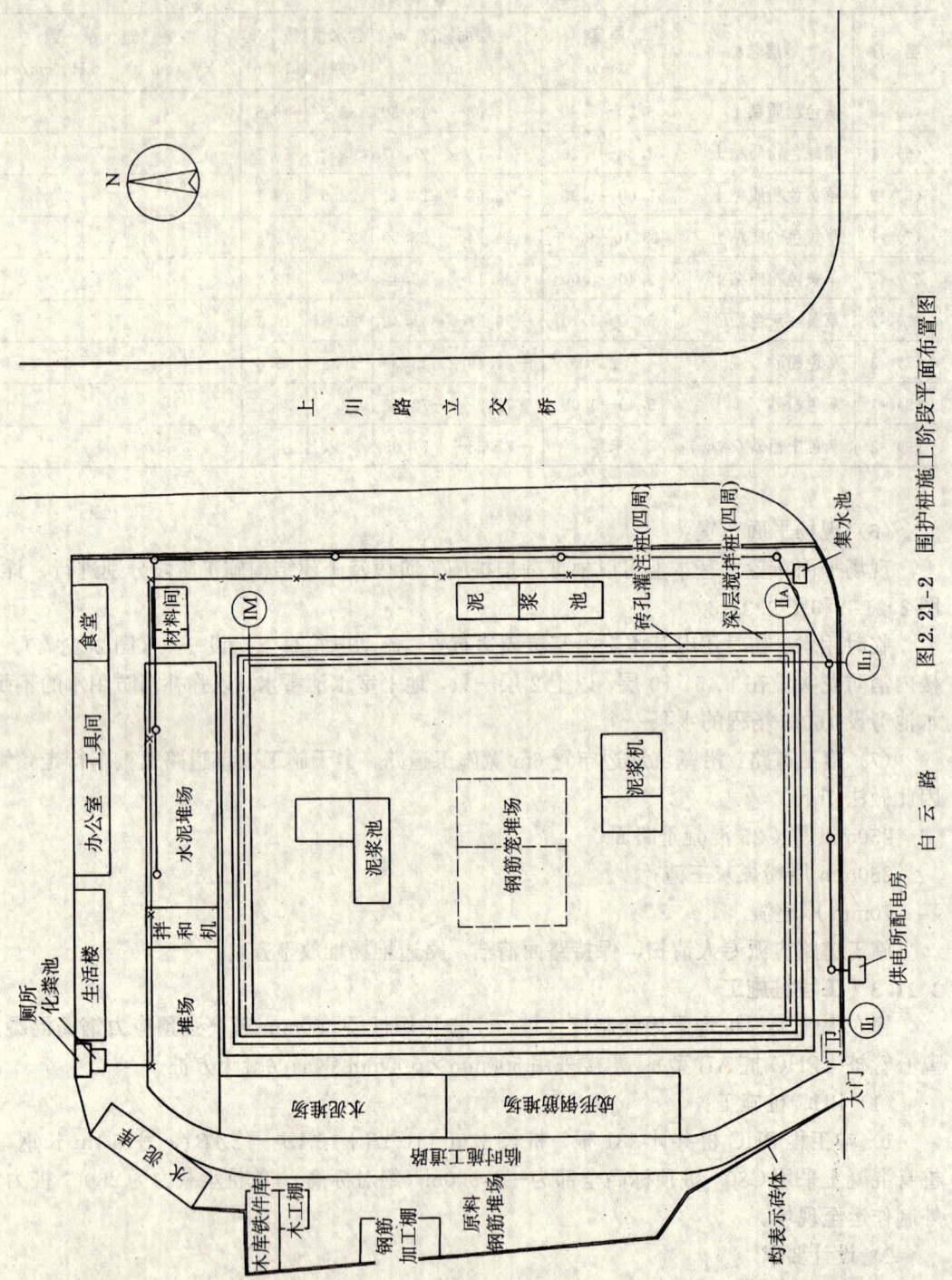

图 2.21-2   围护桩施工阶段平面布置图

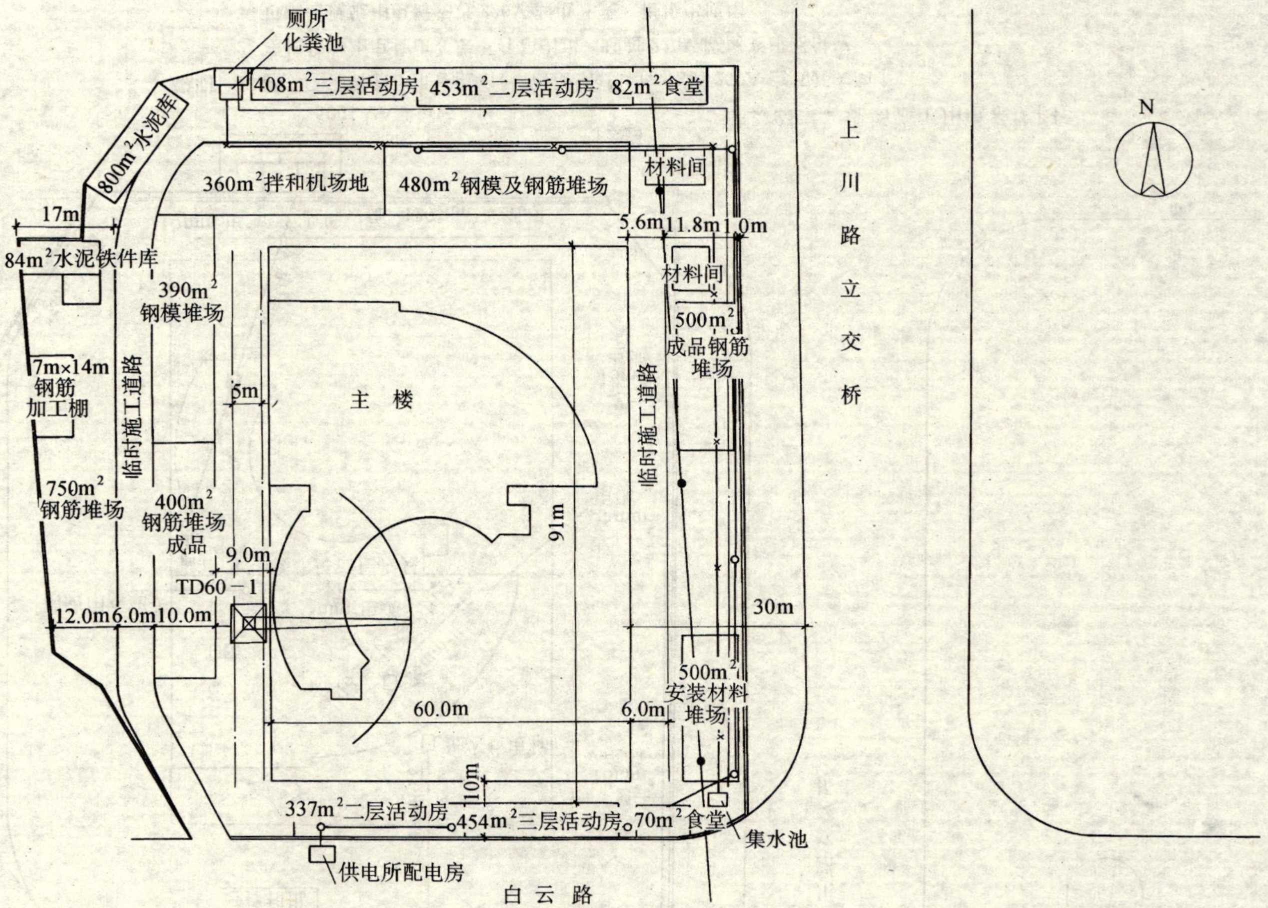

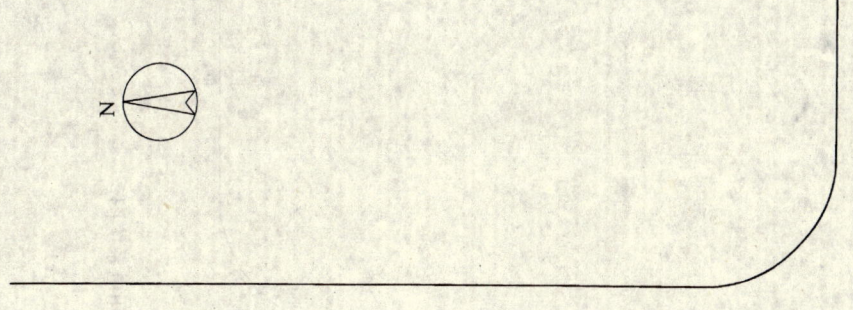

图 2.21-3 土建结构施工阶段平面布置图
——○——施工临时架空电话电缆；
——●——施工临时架空电力电缆；
——×——施工临时下水道；
——施工临时上水道；
——围墙；

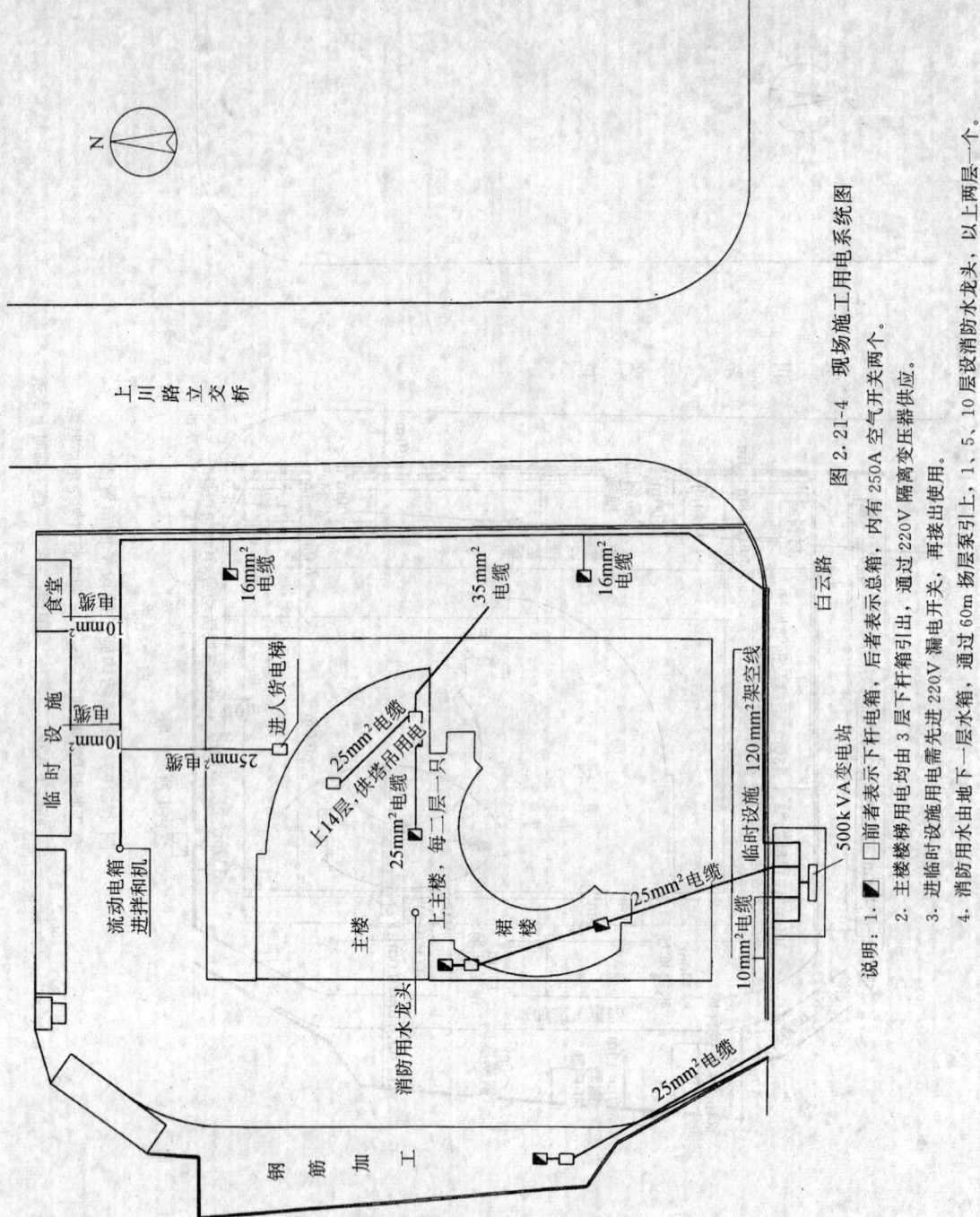

图 2.21-4　现场施工用电系统图

说明：1. □前者表示下杆电箱，后者表示总箱，内有 250A 空气开关两个。
　　　2. 主楼楼梯用电均由 3 层下杆箱引出，通过 220V 隔离变压器供应。
　　　3. 进临时设施用电需先进 220V 漏电开关，再接出使用。
　　　4. 消防用水由地下一层水箱，通过 60m 扬程水泵引上、1、5、10 层设消防水龙头、以上两层一个。

地质条件、堆放管桩的位置及桩架移动方便，原则考虑先打外围半圆区域桩，轴线桩由北向南打。

4）施工准备：

①打桩的现场平整：

a. 现场平整度，倾斜不大于2度；

b. 现场需用道渣压实，地耐力不小于$100kN/m^2$；

c. 对原有建筑物的基础及地下设施了解清楚。

②测量放线：

a. 由业主提供测量控制点及水准点；

b. 从控制点布置施工控制点，从水准点引施工水准点；

c. 放线样桩精度要求，样桩偏差不大于2.0cm，全部打入地面，样桩中心即为桩的中心位置；

d. 放样桩使用$\phi6\sim\phi8m$长约15cm的光圆钢筋，然后用白石灰根据管桩直径放出圆形位置，并在位置处设计桩位编号的标志；

e. 施工控制基线及控制点放好后须进行自检，再请有关部门组织检查，并及时办理验收手续；

f. 正式沉桩前对施工桩位复核一次，以免样桩走动和丢失，影响施工质量，对施工控制点要定期进行校核纠正。

③桩必须按有关规定进行验收。

④桩的吊运：吊桩采用二点吊，安放基点要准确、平整，防止滚动。

⑤机械设备的选择：打桩机选择性能良好的日本DH-508型，桩架高度24m，考虑沉桩的困难，选用德国DELMAG-62柴油锤，吊车选用住友40t自由吊。

5）主要施工方法：

本工程采用锤击沉桩法施打预应力圆管桩。

打桩机就位→挂吊桩钢丝绳→桩尖入桩位稳桩→用经纬仪双向校正垂直度→打冷锤2～3击→复查桩的垂直度→正式打桩→接桩对位→电焊接桩→正式打桩→作贯入度记录。

6）质量要求

①场地平整，要求作1‰泛水，四周设有明沟集水井，以排除施工场地土壤中的上层水。

②施打预应力混凝土空心圆管桩：

a. 在施打前要进行桩的质量检查，如裂缝、桩身弯区等；

b. 桩入孔后要用经纬仪双向校正，开始锤击1～2次后再次校正，发现倾斜立即停止锤击，必要时需拔出桩重新稳桩，以保证垂直度≤1/1000。

c. 打桩过程中，桩帽内要垫一些减振材料，要及时更换，以保证桩头。

d. 桩尖进入持力层要求的深度后，立即求出贯入度，认真测量桩顶标高，允许偏差0±10cm。

e. 桩顶的平面偏位要求：群桩D，边线桩$D/2$，独立桩15cm，内控10cm（D为桩径）。

f. 认真做好原始资料整理工作，桩位编号应随打随编，以免发生差错，桩位的设计编号已在桩位图上编号。

7）技术保证措施：

①为了保证整桩垂直度，并使轴线位置在一条直线上，对下节桩的垂直度要求控制在 1/500。

②当下节桩沉入土中后，中上节桩对位是比较困难的，为保证质量要求，接桩吻合，要求 a 坡口错位 2mm，b 根部间隙 4mm。

③电焊接桩采用手工焊，在正式电焊之前进行试焊、拍片，合格者方可参加接桩。焊工一定要有操作证书，接桩时严格按指标要求，电焊时两人同时同方向进行，防止发生不均匀的电焊变形。

④对桩帽内的减振垫块，须及时更换，并保证平整，特别是新更换后容易发生倾斜，必须通过调换方向加以调整，保证桩、桩帽（替打）及锤的轴线在一条直线上，严禁偏心锤击。

⑤做好技术质量交底工作，让施工人员明确施工技术质量要求，力争优良工程。

8）安全注意事项：

①打桩机械运输车辆，装车堆放要捆牢，避免超高、超宽。

a. 装卸要明确分工，统一指挥；

b. 所有吊卸索具要经常检查，如有问题，应立即更换或妥善处理，不能大意；

c. 运输车上不允许坐装卸人员；

e. 起吊物件时，应遵守安全操作规程，要环视四周，不得碰撞；

f. 行车要精神集中，遵守交通规则。

②装卸打桩机械：

a. 工作前要进行交底；

b. 装拆前，应详细检查各部件是否安全可靠；

c. 工作区内禁止非工作人员入内；

d. 起落机架明确分工，统一指挥；

e. 安装机架前，底盘应放在平坦坚实的地面上，高空作业时要系安全带，地面作业要戴安全帽。

③打桩作业：

a. 作业前，指挥向操作人员进行全面交底，并有整套手续；

b. 各个工序均应遵守安全操作规程；

c. 作业前要明确分工，统一信号，统一指挥；

d. 打桩作业区，非操作人员不得靠近；

e. 起吊桩构件，不得碰撞，吊物下面不得有人穿行；

f. 机械移位，场地要平整、坚实；

g. 打桩作业人员禁止酗酒，操作时精神要集中，发现异常立即停机，遇有恶劣气候，按规定停止作业；

h. 打桩操作时，不得进行维修保养，所有电器设备，非电工人员不得乱动，以防触电，高空作业与地面作业均必须遵守安全规定。

i. 打桩作业停止时，应立即切断电源。

j. 送桩后，应及时盖好口孔板，以免人员掉下。

（2）混凝土方桩施工

1）本工程裙楼桩采用500mm×500mm钢筋混凝土方桩，共计237根，采用图集8-7SG361，桩形为JZH6-240-109C，桩顶标高为-9.200m及-10.700m（相对标高），桩身强度等级为C35。

2）场地处理：

由于打桩区域原为农田，所以其中田埂纵横交错，而且地下尚有渠道，为确保桩基质量及沉桩设备的安全，必须先将地下渠道全部挖除，清除地面的出水口及分水井，然后用推土机将施工场地推平，局部区域可采用人工整平，以便打桩工程顺利进行，提高打桩质量，加快施工进度。

打桩场地较为开阔，工地原本又系农田，地势较低，所以在场地平整后必须在施工场地四周开挖排水沟及石子盲沟，确保沉桩场地内无积水，保证沉桩的连续性。

3）施工顺序：因为施工场地较为开阔，无构、建筑物需作保护，桩基布置也较稀，所以沉桩顺序按由东向西，南北往返的原则进行。

4）沉桩设备选择：

根据桩基规格及地质情况，沉桩设备选择D32筒式柴油锤，喂桩机械选用W1001履带式吊机，其最大起重量为15t。

桩架高度为24m，锤重7.8t，锤心重3.2t。

5）施工技术措施：

①根据业主提供的坐标点、水准点，做好牢固的控制点，并交业主验收后方可使用。

②检查制桩资料，混凝土强度必须达到100％，且龄期不少于28d。

③与业主共同做好混凝土桩的质量验收工作，各项指标均应符合GBJ202—83。

④检查和了解施工现场及周围的情况，确保沉桩的安全及质量。

⑤混凝土桩起吊必须两点起吊，吊点需按设计要求，落地用枕木填好，堆积高度不得超过6皮，防治产生裂缝。

⑥样桩必须每天复核，避免因沉桩而产生的挤压、移位，影响工程质量。

⑦沉桩前必须用明显色彩在混凝土表面注划好米数，便于正确记录沉桩的贯入度。

⑧沉桩时必须保证桩机与混凝土桩的垂直度，用经纬仪进行校正。

⑨认真做好沉桩记录，严格控制桩顶标高。

⑩沉桩过程中如发现桩体突然倾斜、移位、贯入度突变等异常情况，应立即停止施工，与设计及有关方面研究处理后方可继续施工。

6）施工安全措施：

①进入施工现场必须戴好安全帽，扣好帽带，正确使用各类劳防用品。

②严禁酒后开机、指挥或登高作业。

③如遇大雾、大雨、六级以上大风，应立即停止施工。

④沉桩设备必须每天检查，不懂电气和机械性能的人员严禁使用机电设备。

⑤机械操作人员应绝对服从指挥信号，严禁在无指挥情况下施工。

⑥施工现场必须铺平压实，认真做好"三通一平"。

⑦沉桩过程中必须先将替打拔出后方可移动桩机，地面桩孔及时回填。

⑧下班后必须切断电源，盖好电动机，操作人员离机必须关机，上锁，吊钩升高，桩

锤落地。

⑨施工中对违反操作规程的行为，安全员有权予以制止，操作人员必须绝对服从。

⑩指挥人员严禁边操作边指挥，确保指挥讯号清晰。

2.21.4　基坑的围护和开挖

（1）基坑围护方案概述：本工程基坑开挖面积为 6000m²，开挖深度 9.35m，基坑围护采用单排钻孔灌注桩挡土，双头单排水泥搅拌桩止水，二道钢筋混凝土圈梁支撑的围护体系。

1）钻孔灌注桩：布置在基坑四周，主要起挡土作用，采用单排桩连续墙形式。

桩分 3 种形式：ZH1 桩，桩径 1000mm，桩长 23m，数量 24 根，用于主楼基坑落深部位（开挖深度 10.35m）。ZH2 桩，桩径 850mm，桩长 21m，数量 144 根，用于裙房基坑（开挖 7.85m）。共计 33410.35m。根桩，钢筋笼为全笼，主筋采用在坑内外受拉面加强配置方式（非均匀配置），在坑内一面还要设和圈梁连接的预埋钢筋和铁件。因此钢筋入孔时用注意其方向性，钻孔灌注桩混凝土强度等级采用 C30。

2）水泥土搅拌桩：布置在钻孔灌注桩外侧，作为止水帷幕。搅拌桩采用双头单排，桩长 17.5m，水泥掺入比为 12%。

3）钢筋混凝土圈梁：在基坑深度范围内设置二道圈梁，将钻孔灌注桩形成整体，并将排桩上的水土压力传递给支撑。第一道圈梁设置在钻孔灌注桩顶，断面尺寸为 950mm×2000mm，中心标高为 -2.30m，第二道设置在钻孔灌注桩内侧，断面尺寸为 1000mm×1800mm，中心标高为 -7.30m。混凝土强度等级为 C35。

4）钢筋混凝土支撑：第一道支撑断面尺寸为 1200mm×900mm（角撑），800mm×900mm（对撑及联系梁），中心标高为 -2.30m；第二道支撑断面尺寸为 1400mm×950mm（角撑），800mm×950mm（对撑及联系梁），中心标高为 -7.30m。混凝土强度等级为 C35。

5）格构柱及下部钻孔灌注桩：为减小钢筋混凝土支撑梁的跨度，在支撑下设置格构柱 GZ1-3，共计 31 根。格构柱用型钢焊接制成，柱下为桩径 900mm，桩长 22m 的钻孔灌注桩，钢筋笼主筋为 16 根 18mm，长度为 21m，混凝土强度等级为 C30。

（2）施工方案：

1）施工顺序：水泥土搅拌桩→围护灌注桩，支撑立柱灌注桩→第一道圈梁，支撑→挖土至第二道支撑底→第二道圈梁，支撑→挖土至基坑底→地下室地板→拆除第二道圈梁，支撑→地下室二层墙板，楼板及其四周围护桩间的支撑结构→拆除第一道圈梁、支撑。

2）水泥土搅拌桩施工工艺：放线定位、样槽开挖→路基平整、轨道铺设→桩架组装、压浆设备组装→桩架就位、钻头对中桩位→预搅下沉至桩底标高、拌制水泥浆液→压浆提升搅拌至桩顶标高→压浆结束搅拌下沉至桩底标高→搅拌提升至地面结束。

3）钻孔灌注桩施工工艺：根据本工程地质条件和桩的设计要求，钻孔灌注桩采用正循环泥浆护壁回转钻进工艺成孔。正循环二次清孔，导管法灌注水下混凝土的施工方法。

4）挖土施工原则：

①第一次挖土至第一道支撑底；

②待钢筋混凝土支撑达到设计强度的 70%，开始第二次挖土至第二道支撑底；

③待第二道钢筋混凝土支撑达到设计强度等级的 70%，开始第三次挖土至坑底；

④始终保持由北向南的平面流水方向：挖土顺序见图 2.21-5。

图 2.21-5　挖土流程平面图

注：1，2，…7 表示挖土顺序

⑤严格控制挖土的深度和平面范围，严禁超挖；

⑥多机接力挖土，大机在上，小机在下，阶梯布机，控制土坡的倾斜角，保持边坡稳定。

5）挖土分层厚度及施工机械安排见表 2.21-2。

挖土分层厚度及施工机械安排表　　　　　　　　　表 2.21-2

	标高（m）	土层厚（m）	土方量（m³）	挖　土　机　械
第一次	−1.300～−2.775	1.475	9000	1 台 HD800，1 台 EX200，1 台 HD250，1 台 SE130，1 台 HD400
第二次	−2.775～−7.800	5.025	30000	同上
第三次	−7.800～坑底	3.000	20000	同上，1 台 PC400 收头人工配合挖土

6）降水：

根据降水深度和范围要求，决定采用深井泵结合真空泵降水。在基坑内布置15口深井，5台真空泵抽真空加大吸力度，以保证降水效果。深井布置应避开工程桩和支撑立柱、连系梁位置，以及主要挖土、运土、出土方向，尽可能布置在立柱旁，通过立柱加以固定，见图 2.21-6。

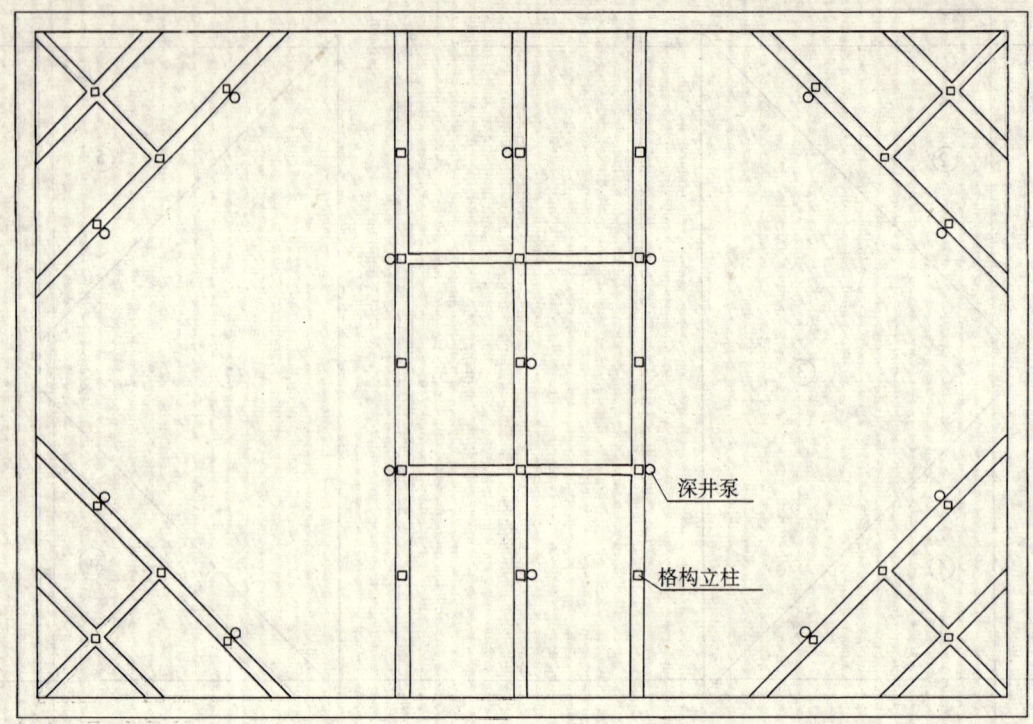

图 2.21-6 深井泵布置平面图

深井孔径 750mm，钻孔深度 20.5m，内放井管直径 280mm，井管长 20.5m，其中滤管 2m，径管与土壁间填充料为 4 号海砂，提高透水性，井管内采用高扬程深井泵（100Jc/Ks-42-16）抽吸地下水，水位液面控制在 −12m 处；由液面控制开关控制，在深井内预加真空，由 W3 型真空泵带动，每台吮吸三口井，促使地下水流速增快。每口深井空间为 1.1m³，足够影响三口井土层大气压力差，加速地下水流速。

随着土层的挖深，深井也相应截短，井管的钢柱支架也就近固定在立柱上或纵向支撑梁上。出水管、气管及电线走向也同时附设在支撑系统上。深井不是固定在立柱上时，应有简易爬梯和小平台，便于维修，观察真空表情况。

2.21.5 基础底板施工

（1）工程概况：

本工程结构体系为主楼 31 层，地下 2 层的现浇钢筋混凝土框筒结构，主楼与裙楼之间设有 100mm 宽沉降缝。

基础承台分为二块，1 区（主楼）为 41.4m×60.5m，厚度为 2.46m；2 区（裙楼）为 50.8m×60.5m，厚度为 0.96m，均为整体板式结构。在承台下是 PHC 管桩和钢筋混凝土方桩。1 区底板内有 JL 地梁，上部配 ϕ28mm 钢筋 4 皮，中部配 ϕ16mm 钢筋 2 皮，下部配 ϕ28mm 钢筋 6 皮；2 区底板内上下均配 ϕ22mm 钢筋各 2 皮，共用钢筋 1600t。基础底板混凝土设计强度等级为 C40 防水密实混凝土，抗渗等级为 S8，混凝土中掺 10% 水泥重量的 U 型膨胀剂，混凝土用量：1 区底板为 6900m³，2 区底板为 3000m³。

（2）施工方法：

1）垂直运输机械的设置：在基坑西边设置 1 台 TD-60 型塔吊作地下室施工的垂直运输

机械，以保证钢筋、模板和其它材料的供应。塔吊在浇筑主楼及裙楼混凝土时，要让出泵车及搅拌车停放的位置，待混凝土浇筑完毕再恢复道板。

2）分段流水，加快施工速度：为加快施工速度，采用分段施工流水方法，按先主楼，后裙楼原则进行。

3）钢筋施工：本工程主楼和裙楼部分剪力墙平面呈圆弧形，因此钢筋要按弧度进行加工，给钢筋施工带来困难。主楼 2460mm 厚底板内上、中、下设有 12 皮钢筋，JL 梁断面高度为 1725mm，底板上还有电梯井、柴油机房、集水井等落深部位的钢筋，纵横交错，错综复杂。

①在现场设对焊机、弯曲机等设备，预先按施工图将不同部位的钢筋加工成型，加工好的钢筋分类堆放，绑扎时对号入座。

②主楼底板内设置钢筋支架。主楼底板内含钢量较高，重量大，再加上施工活载大及钢筋堆放，还有泵送混凝土水平运输管道与架子的重量，所以采用型钢焊成支架，支承底板上部及中部钢筋；JL 基础梁的箍筋也难以支承，也采用型钢支架来支承，裙楼底板上下钢筋间设 ϕ22mm 马凳形钢筋支架。

主楼承台底面钢筋保护层为 150mm，采用 150mm×150mm×150mm 混凝土试块作钢筋保护层垫块，裙楼承台底面钢筋采用 100mm×100mm×100mm 混凝土预制块作垫块。

③柱、墙预留插筋防位移措施

主楼及裙楼柱主筋插入承台面分别为 2000mm 及 800mm，上端伸出承台面 750mm 及 1250mm。主楼柱筋固定方法：分别在承台上部筋和中部筋上设一个 40mm×5mm 角钢框，用仪器校正好预留插筋位置及垂直度后，将柱主筋与角钢框、承台上部筋及中部筋与角钢框焊牢。裙楼预留筋固定方法：承台上部筋上面设 40mm×5mm 角钢框，固定方法同上，柱底部箍筋与主筋焊牢，再用 ϕ16mm 斜筋（四面）固定在下部筋上。

主楼及裙楼剪力留插筋承台面分别为 2000mm 及 800mm，伸出承台面 40d。同样，校正完毕后，主楼墙板预留筋在上部筋上面及中部筋上面设统长 ϕ14mm 水平钢筋，电焊固定。裙楼墙板预留筋上部用统长 ϕ14mm 水平钢筋固定在上部筋上面，下部将统长 ϕ25mm 水平筋与预留插筋焊牢，再用 ϕ16mm 斜撑筋固定在下部钢筋上，主筋预留插筋每隔三根与统长水平筋焊牢一处，其余绑扎在统长水平筋上，统长水平筋与上皮钢筋焊牢。斜撑钢筋每 1.5m 设一道。

4）模板施工：

①剪力墙水平弧度围檩预先成型：要保证剪力墙弧度正确，必须要使模板有可靠支撑，水平弧度围檩采用 48 钢管在加工厂按设计要求预先加工成型，加工的水平围檩要求弧度正确。

②底板侧模支承：承台混凝土采用泵送一次到顶，混凝土对模板的侧压力较大，按日本泵送混凝土的侧压力经验公式，当每小时泵送混凝土浇灌高度为 10m 以内时：

$$P = 1.5kN$$

式中　P——混凝土对模板的水平侧向压力，kN/m²；

　　　R——混凝土的表观密度，t/m³。

主楼底板高 2.46m，在公式范围内，所以取：

$$P = 1.5 \times 2.4 = 3.6t/m^3$$

③大体积泵送混凝土，在浇捣过程中泌水与浮浆较多，如不及时排除会造成严重质量问题，所以在钢侧模底部用 50mm×100mm 统长方木作为支撑垫木。在承台北侧钢模下垫木留 300mm×50mm 排放孔 6 个，在西侧开 300mm×50mm 排放孔 3 个，排放泌水浮浆。2 区承台在南侧留排放孔 6 个，在西侧留 3 个。

④沉降缝及止水带处理方法：沉降缝处橡胶止水带的安放质量，是保证混凝土不渗漏的关键。根据设计要求，在沉降缝处设 Z94-30、PE1、PC1 橡胶止水带各一道，因主楼大柱主筋要伸到承台面上 2000mm，故 Z94-30、PE1 止水带在主楼一侧不能展开，因此采用一5×20 钢板与钢筋焊接固定后，再用 φ16mm 螺栓 200mm 将止水带夹紧定位。在裙楼底板内 PE1 止水带用钢筋套及铁丝固定。Z94-30 止水带用铁丝固定在下部主筋上，在安放止水带时，要避免刺破止水带和接头处粘结不牢固现象。

5）大体积混凝土施工：

①材料要求：

a. 水泥应尽可能采用中低水化热的水泥品种，如 425 号矿渣硅酸盐水泥。为减少水泥用量，降低水化热，经设计单位同意，混凝土采用后期 60d 强度替代 28d 强度。

b. 粗骨料：优先选用 5~40mm 石子，减少混凝土收缩，含泥量<1%，符合筛分曲线要求，骨料中的针、片状颗粒<15%（重量比）。

c. 外掺剂：在混凝土中掺加减水剂和 U 型膨胀剂，以减少水泥用量，改善混凝土的和易性和可泵性，并减少混凝土收缩裂缝产生的可能性。

e. 细骨料：中粗砂，含泥量<2%，符合筛分曲线要求。

f. 混凝土配合比，配合比设计由建材公司提供，要求砂率在 42%~45% 之间。

②商品混凝土的制备及供应：

每一斜面分层浇筑的混凝土量约为 250m³，为了防止出现施工缝，要求每小时供量大于 100m³，混凝土初凝时间在 6h 以上，入泵坍落度为 12cm（±2）。

混凝土泵送与运输机械数量确定及布置。承台底板混凝土数量较大，浇灌时间越短越好。因此泵车数量以充分利用可能展开的工作面来决定。由于基础东侧及南侧道路不能环通，混凝土浇捣顺序由东往西。主楼设四台泵车，一台设于基坑北侧，用布料杆下料，三台设在基坑西侧，采用水平管泵送混凝土。泵车位置与水平管方向形成垂直。并准备若干备用车以防故障。

混凝土搅拌车数量，根据搅拌站供应混凝土数量及搅拌车每次往返时间，计算确定：每车运输量为 6m³，按混凝土供应量为 100m³/h 计算，再考虑 20% 保证系数，每小时来车 20 辆次，再按各拌站到工地路程远近及交通条件决定各站提供搅拌车数量。

③搞好场地及道路的质量是确保泵车、搅拌车正常运行的重要一环。由于车辆进出繁忙及搅拌车重达 20t，必须对原有施工道路及泵车停留及搅拌车喂料场地进行全面加固修理或铺设路基箱。

④因底板上留有墙，柱预留插筋，因此在水平管下搭设 φ48mm 钢管排架，排架的操作面高度应高出插筋，排架随混凝土浇捣进度及时拆除。

⑤大体积泵送混凝土的浇捣：

为避免出现不可允许的施工冷缝，混凝土浇捣按 4 个浇灌带（每个浇灌带由一台泵车负责），按 1~4 号泵车的顺序划区浇捣。由于混凝土流动性大，每个浇灌带的混凝土均采用斜面分层浇筑方法。

避免泵送混凝土水平管的反复拆除与接长，提高泵送效率：

a. 泵车与泵车，各分层混凝土之间搭接时间严格控制在 3.5h 内；

b. 浇捣时混凝土应分点布料，防止集中堆积，宜先振捣出料口处混凝土，形成自然流趋坡度，然后进行全面振捣。严格控制振捣时间（使混凝土表面呈现浮浆和不再沉落）、移动间距（振捣器作用半径的 1.5 倍以内）和插入深度（插入下层混凝土内深度应不小于 50mm）。严禁振捣棒振动钢筋和模板。

c. 大体积混凝土往往振捣后泌水较多，除在侧模留设排水孔外，混凝土浇灌到端头时，及时用软轴泵排除泌水。

⑥连续浇捣的单项工程，不论是一个还是二个以上搅拌站预制混凝土，必须用同一品种的水泥、掺合料、外加剂和同一配合比，禁止不同水泥品种、不同标号掺合剂混用。

⑦搅拌运输车在装混凝土料前，搅拌筒内存水必须倒干净，装料后，搅拌筒必须慢速转动，不断搅拌，卸料前，搅拌筒必须快速转动一分钟，方可卸料。禁止运输或卸料过程中任意加水。混凝土运到现场后，由专人每小时每一次坍落度，并做好记录，及时与搅拌站联系纠偏。

⑧试块制作

混凝土强度试块：每 200m³ 制作一组；

混凝土抗渗试块：每 500m³ 制作一组。

6）混凝土表面处理与蓄热保温：根据计算得，混凝土浇捣后的内部最高温度为 62℃，而浇筑时最低气温在 12℃ 左右，两者温差达 50℃ 以上。如不采取措施，势必产生严重结构裂缝，造成质量事故。为此，采取以下措施：

①混凝土浇捣完成后，表面用铁锹拍结实，刮尺刮平，木蟹搓毛，待混凝土收水（约 6h）后再用木蟹搓平，随后再用竹扫帚扫毛，以减少表面收缩裂缝。

②大体积混凝土浇捣后须采取保温措施，以达到减缓降温速度，控制混凝土里表温差，确保水泥充分水化，混凝土强度正常增长的目的。具体措施：在混凝土表面收水搓平扫毛后，即用一层塑料薄膜，二层草包加以覆盖（薄膜及草包均要求搭接，使混凝土不外露），防止水分蒸发。用蓄热保温的方法来避免内部与大气的温差过大而造成裂缝。

③以温度控制决定撤除保温层时间。撤除保温层，要在混凝土中心温度及表面温度开始下降，且能保证中心温度与表面温度、表面温度与大气温度差值均不大于 20℃ 的情况下，逐层进行，每撤除一层，立即测量温度。

严禁任意拆除撤掉保温材料。

有抗渗要求的混凝土浇水养护（撤除保温层后）的时间，不得少于 14d，浇水次数应能保持混凝土处于润湿状态。

7）混凝土测温方法：

混凝土内外温差控制在 30℃ 以内，当测温值达到 90%（即 27℃）时，值班人员及时向项目经理反应，以及时采取措施。

测定温度项数应根据混凝土温度变化梯度和气温变化情况来确定，要求混凝土入模后 5min 开始读数，入模后 72h 内，每小时测一次，3～15d 每 2h 测一次。

（3）施工组织与管理：

1）现场成立临时指挥小组，由各分包单位及监理单位负责人参加，进行指挥协调，下设"调度指挥"、"技术质量"、"材料机具"、"后勤服务"、"对外协调"等 5 条职能分工，责任落实到人，工作做到井井有条。

2）浇捣前召开与交通、市容、环卫、管线、当地政府等单位的协调工作会议，向他们介绍施工方案，取得各单位谅解与支持。

3）混凝土浇捣前，由项目工程师及各工种技术负责人向操作班组进行技术交底，详细介绍浇捣实施方案，操作规程及施工中要注意的事项。

4）混凝土浇捣过程中，派出有实际操作经验的老工人为质量监理工，对每根泵管布料点进行操作监督，防止混凝土漏振和不按操作规程施工的情况。

5）配备足够的照明和施工机具，以及维修保养人员，以保证所有施工机具的正常运转。

6）在底板面以上做好标志，以保证混凝土面的标高控制及平整。

7）注意气象预报，使混凝土浇捣时间避开大雨时间，并根据气象变化与搅拌站联系，及时调整配合比。

8）劳动组织：

每台泵（浇灌带）配备二班人员，每班 13～14 人，其中搅拌车卸料处 2 人，振动操作4～5 人，出料口移动软管及拆水平管 4 人，平台及表面处理 4 人，另外每班设总指挥 1 人，看铁工 2 人，看模工 2 人，机电维修工 2 人，试验工 1 人，搅拌车指挥 1 人。

条线职能管理人员、测温及养护人员另行组织安排。

2.21.6 微膨胀混凝土用于地下室结构自防水

对一些地下室结构渗漏原因分析的结果表明，侧墙及顶板中大部分渗漏来自混凝土产生的裂缝，因此，在本工程底板和墙板混凝土中采用了在混凝土中掺 U 型膨胀剂（微膨胀混凝土技术）来减少混凝土裂缝产生达到结构自防水目的。

微膨胀混凝土结构自防水机理：

微膨胀混凝土又称收缩补偿混凝土，通过在普通混凝土中掺入能使水泥水化时产生膨胀组合来达到膨胀或收缩补偿之目的。

最常用的膨胀组合为硫铝酸盐和氧化钙。硫铝酸盐的膨胀能产生以下反应通式：

$$6CaO+Al_2O_3+3SO_3+32H_2O \longrightarrow 3CaO \cdot Al_2O_3+3CaSO_4 \cdot 32H_2O$$

氧化钙反应式如下：

$$CaO+H_2O \longrightarrow Ca(OH)_2$$

由上述二式中可知，硫铝酸盐与水反应可产生体积膨胀的 32 个结晶水的水化硫铝酸钙，即钙矾石；氧化钙与水反应生成氢氧化钙产生体积膨胀。

普通混凝土在水中养护时可保持其体积不变，暴露于空气中即开始产生收缩，当处于限制状态下的混凝土结构的收缩应力大于混凝土本身的抗拉应力时，便产生裂缝。

无约束状态下的微膨胀混凝土，水中养护时可产生万分之一至七的体积膨胀，在限制状态下则产生 0.2～0.7MPa 的预压应力。当混凝土暴露于空气中开始收缩时，预压应力得到释放。从而使得混凝土的抗拉强度的发展始终大于收缩应力，避免了裂缝的产生。

一般情况下达到 C30 以上强度等级的普通混凝土才能满足 S6 的抗渗能力，适当的限制条件能使微膨胀混凝土的密实性显著提高，并有效地减少孔隙率，改善孔结构，因此抗渗性能有所提高，试验结果表明 C25 的膨胀混凝土可能达到 S6 的抗渗强度等级。满足抗渗及避免裂缝产生是微膨胀混凝土进行结构自防水的基本条件。

银东大厦基础承台分为二块，1区（主楼）为 41.1m×60.5m，厚度为 2.46m；2区（裙楼）为 50.8m×60.5m，厚度 0.96m，均为整体板式结构。基础底板混凝土设计强度等级为 C40 防水密实混凝土，抗渗强度等级为 S8，混凝土中掺 10% 水泥重量的 U 型膨胀剂，混凝土方量 1 区底板 6900m³，2 区底板 3000m³。

为减少水泥用量，降低水化热，经设计单位同意，混凝土采用后期 60d 强度代替 28d 强度。

根据计算：混凝土浇筑后内部最高温度为 62℃，而浇筑时最低气温约在 12℃ 左右，两者温差达 50℃ 以上，故混凝土的配合比设计、混凝土质量控制以及现场混凝土的振捣、抹面、养护、保温，仍是微膨胀混凝土作为结构自防水的关键所在。银东大厦基础底板大体积混凝土表面处理与蓄热保温采用下列措施：

混凝土浇捣完成后，表面用铁锹拍结实，括尺刮平，木蟹搓毛，待混凝土收水后，再第二次用木蟹搓平，随后再用竹扫帚扫毛，以减少表面收缩裂缝。

大体积混凝土浇捣后须采用保温保湿措施，以达到减少温降速度，控制混凝土里表温差，确保水泥充分水化，混凝土正常增长强度的目的。所以在混凝土表面收水搓平扫毛后，即用一层塑料薄膜，二层草包加以覆盖（薄膜及草包要求搭接，混凝土不得外露），防止水分蒸发，用蓄热保温的方法来避免内部与大气温差过大而造成的裂缝。

以温度控制决定撤除保温层时间。撤除保温层，要在混凝土中心温度及表面温度开始下降，且能保证中心温度与表面温度、表面温度与大气温度值不大于 20℃ 情况下，逐层撤除，每撤一层，立即测量温度。

采取以上措施施工的银东大厦地下室底板及墙板，至今天有 9 个月，经历了盛夏和严冬的气候，在底板和外墙板没有发现裂缝，基本达到了结构自防水的目的。

2.21.7　工程测量定位方案

本工程上部结构体形大，圆弧多，结构高度高，因此工程的测量定位至关重要。

本工程测量定位方案分三部分：

a. 主楼核芯筒测量定位；

b. 裙楼测量定位；

c. 主楼弧形边柱测量定位。

（1）主楼核芯筒测量定位：本工程主楼核芯筒区域基本为正交轴网（有部分斜交轴网），因此我们在主楼顶板核芯筒外找 O_1、O_2、O_3、O_4 四点，使之成为闭合四边形，且两组对边分别与正交轴线平行，通过楼板留洞，使用垂准仪，将此四点逐层上引，建立新的一层正交轴网，再通过轴线关系，得到每一层结构构件的平面测量定位。

（2）裙楼测量定位：本工程裙楼区域基本为正交轴网，部分弧形轴线由于半径较小，圆心亦在楼层中，因此也容易由正交轴网中得到，裙楼的正交轴线与主楼芯筒正交轴线相平行，因此容易由芯筒已经建立的轴网平移得到。

（3）主楼弧形外边梁柱测量定位：本工程最为复杂的测量定位是主楼弧形外边梁柱的测量定位。由于弧线较长，半径较大，且弧线圆心在结构平面外，因此经过反复研究，论证决定，首先以圆弧圆心为原点，建立平面直角坐标系，取轴线 1，2，3，…10，与半径为 29m 的圆弧的交点为控制点，依次为 B_1，B_2，…B_{10}，与半径为 27m 的圆弧的交点依次为 A_1，

A_2，…A_{10}，依次连接 B_1A_1，B_2A_2，…$B_{10}A_{10}$，得到 1，2，3，…10，10 根轴线。由于相邻轴线与原点所夹圆心角为 13.6°，得到 A_iB_i 的坐标。利用 O_1，O_2 两点分别建立以 O_1，O_2 为极点，通过 O_1，O_2 水平线为极轴的两个极坐标系，通过坐标转换，得到 A_iB_i 分别在两极坐标系中的坐标。使用 TOPCON 激光全站仪，以 O_1 为极点的极坐标进行放样定位，此时以 O_2 为后视。再以 O_2 为极点的极坐标系进行复核，此时以 O_1 为后视。得出 B_i，再通过矢高关系，容易得到外边梁的位置。

（4）水准点引测：本工程由市级固定水准点引测，施工现场设置可靠临时水准点，引测采用闭合水准路线，仪器采用上光 DS3 水准仪，临时水准点应经常以国家标准水准点为依据进行复核，发现误差及时调整。

（5）测量要求：控制点水平距离控制在 ±5mm 以内，测角控制在 ±5″以内，其余均按施工测量规程进行。

（6）测量工具：TOPCON 激光全站仪、垂准仪、水准仪。

2.21.8 脚手架工程施工方案

本工程脚手架工程分二种形式，主楼 1~2 层及裙楼四周采用普通落地钢管脚手架（单冲天）；主楼 3 层以上采用挑排脚手（单冲天）。

（1）普通落地钢管脚手架（单冲天）：

1）脚手架基础：脚手架基础即为地下室顶板，上统一铺设匚8，脚手架立柱立于槽钢槽内。

2）脚手架冲天纵向间距为 1.8m，横向间距为 1.05m，底排脚手高 2m，以上均为 1.8m，中间搁栅不得少于二根，脚手架冲天离墙不得大于 300mm，底部冲天应采用不同长度的钢管错开，不在同一断面上。为此底部应采用 4.2m 及 3.6m 两种长度的管子。

3）在脚手架外侧 9m 左右设剪刀撑，与地面成 45°夹角。剪刀撑宜用长管子用扣件与冲天扣牢，剪刀撑与冲天最下面的连接点离地不得大于 500mm。

4）脚手架每步搁栅上铺安全笆，四周应用 18 号铅丝扎牢。从第二步起应设一道 1m 高的钢管栏杆，并扎安全笆，外挂安全网。

5）脚手架与建筑物的拉结，水平方向每三根冲天拉一道，垂直方向每隔二步拉一道，用双股不少于 18 号铅丝与建筑物拉结以承受拉力，同时在拉结附近用钢管与墙面撑紧，钢管与冲天用扣件扣牢，以承受压力。

6）脚手架施工荷载 2.7kN/m²，只准三排脚手上堆载，并应有接地装置。

7）脚手架上任何杆件和拉结、铅丝等物，严禁随意拆除或割断，如施工中必须拆除者，必须经项目安全负责人同意，指定专人先加固再拆除，在使用过程中要派专人维修、检查。

8）搭拆脚手架应有明显标志和专人看护，脚手架上材料、杂钢应及时清除干净，自上而下逐步拆除，不允许踏步式或留局部出口。脚手架做到一步一清，拆下来的零件、管子要传递或吊运下来，堆放整齐，严禁高空抛物。

（2）挑排脚手（单冲天）：挑排脚手平面布置见图 2.21-7，具体搭设方法见图 2.21-8。
挑脚手组成：

①悬挑排架：每层搭设，挑二排脚手。脚手立杆纵距为 1.6m，横距为 1.05m，步高 1.8m。

②安装程序及要求：

a. 安装程序：室内挑架→室内挑架底部二根挑杆→脚手挑架上牵杠→脚手内冲天→脚

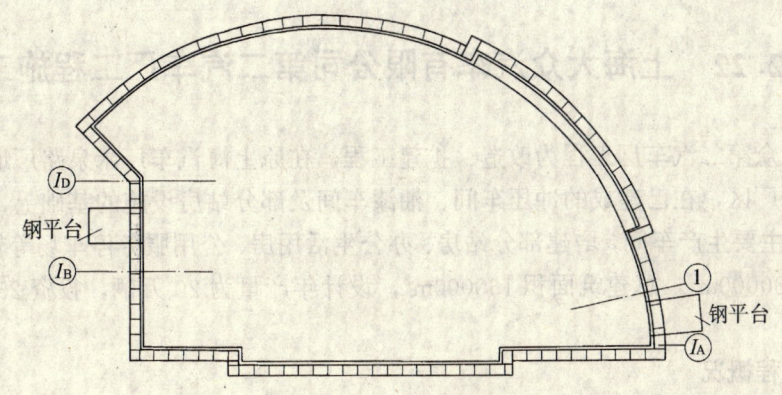

图 2.21-7 主楼 3 层以上挑排脚手防护平面示意图

手外冲天→脚手横楞→脚手牵杠→搁栅→扶手→剪刀撑→脚手笆→安全网。

b. 拆除程序：脚手笆→栏杆→剪刀撑→搁栅→牵杠→横楞→冲天→挑架底部二根挑杆→室内挑架

c. 要求：

（*a*）室内挑架冲天接头宜采用绑扎接头，顶部与板底支牢；

（*b*）室内挑架高度方向设三道牵杠，并加设剪力撑；

（*c*）冲天选用 3.6m 规格，接头采用绑扎接头；

（*d*）里排冲天离建筑物距离保持在≤300m；

（*e*）在脚手架外侧面设剪刀撑；

（*f*）在挑架处冲天与梁之间铺设统长的安全笆。

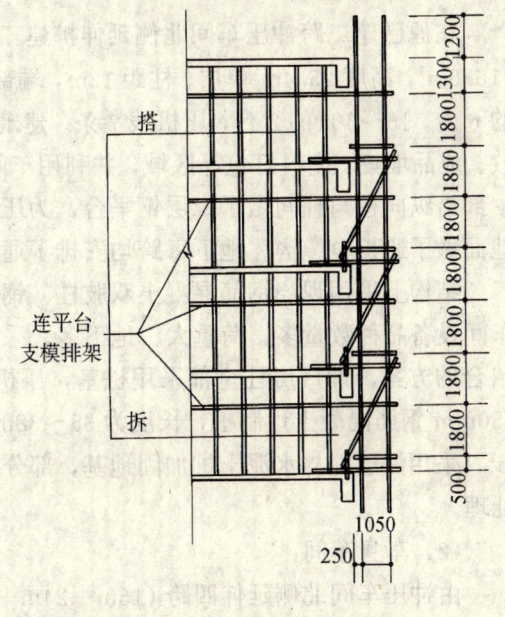

图 2.21-8 外挑脚手剖面示意图

d. 使用要求：

（*a*）本挑脚手用来打二层结构，保证二榀挑架悬挑四排脚手。脚手顶层一排允许有施工荷载，并且每榀脚手内只允许有二人同时操作，严禁堆放横板、钢筋等，并经常清理脚手内的建筑垃圾，以确保脚手内畅通，不超荷载；

（*b*）四周脚手必须始终有二付挑架存在，这点必须坚决贯彻；

（*c*）横板支撑严禁支撑在脚手上；

（*d*）人员上下严禁在脚手架外攀爬，本脚手共设一处上下梯；

（*e*）在被拆除脚手、排架、模板的楼层内，应遗留一批钢管以供搭设临时挑脚手用，该脚手用来维修已浇混凝土结构。该脚手搭法同上，只是用来维修的地方搭设，脚手三面用密目安全网围护，在其下面一层搭设密目水平安全网，伸出建筑物宽度大于 2m，再以下每隔四层设一道水平安全网。

（章建华）

2.22　上海大众汽车有限公司第二汽车厂工程施工

上海大众第二汽车厂工程为改造、扩建工程，在原上海汽车厂米泉路厂址和上海汽车发动机部分厂区，在已建成的冲压车间、油漆车间及部分站房设施的基础上，调整工艺布局，改扩建主要生产车间，增建部分站房、办公生活用房、公用服务停车场等辅助设施。总用地面积 330000m²，总建筑面积 160000m²，设计年产量为 20 万辆，投资 25 亿元人民币（折算价）。

2.22.1　工程概况

工厂由四大主要车间及相应公用动力设施和辅助部分组成。主要车间为冲压车间、车身车间、油漆车间、总装车间。

（1）冲压车间：

在原已建二跨冲压车间北侧延伸扩建三跨（24m＋30m＋24m），长度 120m，总面积为 11635m²，高度 25.4m 单层。柱距 12m，端部尚有一 24m 横跨，其中共有桥式吊车 10～50t 的 6 台，15～30t 的 2 台，压机线 7 条。建筑平面根据工艺需要将车间划分为压机、模具堆放、成品堆集、废料打包等区域，并利用车间高度，在端部沿横向做了二层办公后勤用房，中部沿纵向柱与柱间做了二层钢平台，为压机配电设备用各种管道的纵向通路。柱与柱间地面做了通长电缆沟。地下每跨均安排了通长压机坑（8m×110m×6m）。

结构上采用现浇钢筋混凝土双肢柱、钢屋架、钢吊车梁、钢托架及大型屋面板。由于车间设备品种数量多、荷重大、地下多，采用厂房与设备分治，深基坑围护与地坪加固相结合的方案，即厂房柱全部采用桩基，压机坑荷载大，沉降要求高，截面积为 450mm×450mm 钢筋混凝土预制桩，长度为 35～38m 三节。横跨为钢材库，地面荷载要求 150kN/m²，采用深层搅拌水泥土桩加固地基，部分设备基础利用深基坑围护的深层搅拌水泥土桩处理。

（2）车身车间：

由冲压车间北侧延伸四跨（15m＋24m＋24m＋24m），长度 144m，总面积 25945m²。由于工艺要求，需要大柱网、大空间，故车间为二层，底层柱网 12m×12m，层高 12m，二层柱网 24m×24m，净空 9m。结构采用现浇钢筋混凝土梁柱（框架）结构，屋盖系统采用正交四角锥螺栓球节点网架结构，屋面为轻质保温金属夹心板。基础为独立柱基桩承重，桩截面 450mm×450mm，长度为 39m3 节。

由于屋面荷载轻，网架刚度大，因此可以把焊接设备支架直接悬挂在网架下弦球节点上，避免了以往焊机均作钢架子立于地面上，形成钢柱林立的局面，这样使得车间下部空间宽敞整齐、美观，视线好，同时也适应了汽车工业工艺多变的使用要求。

（3）油漆车间：本车间为部分利用原有建筑改造结合扩建的一项复杂工程，按结构体系分为四大部分组成。

1）主体车间西段长 150m，宽 24m×3m，系利用原上海汽车厂联合厂房进行改扩建的部分。

2）主体车间东段长 60m，宽 24m＋24m＋24mm＋8.3m，为新建部分。

3）主体车间北部长 150m，宽 15m，系利用原上海汽车厂总装车间进行改扩建为办公、悬链廊及配电、动力公用的部分。

4）在第（1）与第（3）部分之间，原有 8.7m 宽、长 150m 的夹弄，在此夹弄内改建为浴室、更衣室等生活用房。

东西段接头处，设置沉降缝兼作温度伸缩缝，使东西段不同结构互相完全脱开，独立变形。

主体车间西段原结构为天然地基、独立柱基、预制混凝土柱、预制混凝土拱形薄板屋架，但柱顶需接高，薄型屋架拆除更换为 24m 钢屋架、大型屋面板，以便悬吊密集的悬挂运输链。

车间内有多个重达 200～300t 溶液槽，采用了桩基承台，避免厂房柱基础超载沉降。

车间内有长达 200m 的二层局部三层混凝土工作平台，平台上布满设备，荷载大，采用全现浇混凝土框架结构，钻孔灌注桩基础西段 150m 与原有厂房用沉降缝脱开。东段 60m，与新建厂房结合为一刚体，共同工作。

（4）总装车间：

总装车间为五跨（27m＋27m＋27mm＋15m＋18m），长度 264m，总面积 53183m²。由于工艺要求，需要大跨度、大柱距、大空间，便于生产流水线的布置及今后的调整与发展，同时楼面荷载大（3t/m²），开行铲车运输零部件。楼面及屋面下满布悬挂输送链，每隔 3m 布置一吊点，每个吊点荷重 1.5～2.5t，并且对楼地面的挠度要求高，以使悬挂输送链能平稳运行，正常工作。

面对以上结构要求，采用了大跨度、大柱距、大空间的空间网架结构。屋面网架的柱网尺寸为 24m×24m 和 24m×27m 两种，网架形式为正放四角锥，支承条件为周边结合型支承，球结点的联接形式。但中间点支承处，由于网架杆件内力很大，超出了现有螺栓球结点的极限值，所以局部结点采用焊接球结点。

楼面结构采用周边多点支承，螺栓球结点网架，支承在 12m×12m 和 12m×15m 的混凝土方格梁上。

屋面板和楼面板分别为 3m×3m 和 2.2m×2.2m 的正方形预制混凝土肋形板。

车间东西两端均为五层辅楼，用作生产与生活辅助用房。南侧 18m 跨为单层排架，钢屋架彩色压型钢板屋面，用作装卸区。

2.22.2 施工部署

（1）施工组织：根据该工程规模大（约 160000m²）、工期短（3 年时间）、质量要求高（要求达到优质工程）的特点，公司专门成立了大众二期工程项目部，由项目经理、项目工程师、项目经济师、项目会计师等组成，下又分设三个项目组，即冲压车间与车身车间项目组、油漆车间项目组、总装车间项目组，辅助工程分别由各项目组分担。项目组设工地主任、技术员、质量员、关砌、翻样，材料员等 11 名管理人员。

（2）施工顺序：

第一项目组：锅炉房系统、35kV 降压站→总装车间。

第二项目组：冲压车间、循环水泵站→车身车间、生活楼→废水处理站、悬链天桥。

第三项目组：职工食堂→冷热泵房、空压站、医务楼→油漆车间。

（3）施工流水：每个项目组在单位工程施工时，再根据结构特点划分流水段，进行立体交叉平行流水施工。

2.22.3 施工总平面布置（图 2.22-1）

2.22.4 施工总进度计划（表 2.22-1）

2.22.5 施工方法

（1）冲压车间超长深基坑无支撑水泥土搅拌桩围护结构施工：

1）工程概况：

冲压车间 3 跨内均有宽 10.2m、深 7.5m（局部深 8.1m）、长 137m 的冲压机械设备地坑。冲压车间一面紧靠原冲压车间（1992 年刚建，已投入生产），其它三面为厂区马路。新车间基坑离原车间仅 8m，甲方要求基坑施工时不能产生裂缝。设计要求地坪荷载为 100kN/m²，地坑两侧移动工作台的导轨与地坑相对沉降量不大于 3～5cm，东端横跨内地坪荷载为 150kN/m²。

根据工程工期、费用、挡水挡土情况、车辆行驶等各种因素分析，有五种方案可供选择：深层水泥搅拌桩支护和地坪加固；钻孔灌注桩围护和地坪加固；拉森板桩内支撑围护、混凝土预制桩加固地坪；放坡大开挖、混凝土预制桩加固地坪；放坡大开挖，混凝土护坡围护、砂石回填加固地坪。本工程选择了第 1 方案，见图 2.22-2。深层水泥土搅拌桩具有：施工质量可靠、操作简便、造价较低、挖土时不需井点降水等特点。该基坑施工不设内支撑，方便了后续施工，而且可与地坪加固结合考虑，节省损耗，缩短工期。

2）方案设计要点：深层水泥土搅拌桩围护及地坪基土加固控制条件是：

①自然地面为 -0.8m，基础深度为 -7.5m，中间地坑东端局部为 -8.1m。

②近原车间一边的围护结构桩水平位移不得超过 10cm（顶部倾斜位移），其它 3 个方向控制在 30cm。

③要求压机小车轨道与压机地坑沉降差不超过 3.5cm。

④基坑挖土时及挖土后，地面上要行驶运土方卡车、铺设 60t·m 塔吊、行走商品混凝土搅拌车，为此基坑的临时载荷为 15～20kN/m²。

3）围护体结构形式：南侧坝体宽度为 7.7m，4 排桩，桩长 12～15m。为加强坝体侧向刚度，纵向长度内增加 3 个暗墩段，采用密打（图 2.22-3）。东西北侧坝体宽度为 5.2m，3 排桩，桩长 12～15m，每段设若干构造墩子，即明墩加固（图 2.22-4）。中心岛坝体宽度 12m，采用格构式，桩长 10m、12m、15m 等。东跨 24m 地坪加固，采用散打，桩长 12m。转角处刚好有柱子承台，削弱了转角强度，为了补足这一缺陷，增加了 ϕ300mm、长 18m 的树根桩，以加强转角刚度（图 2.22-5）。设计计算控制值（围护体）：基底水平位移为 4.2cm，沿基坑长边方向位移为 2.4cm，坝体水平挠度为 1.4cm，坝体顶部倾斜位移为 10.1cm，坝体顶面最大位移为 18.1cm，地坪总沉降量为 6.4cm。

4）施工要点：

①水泥土搅拌桩工艺流程：放线定位样槽开挖→平整路基铺设轨道→组装桩架及供浆机→桩架就位钻头定位→预搅下沉至桩底标高→配制水泥压浆，提升搅拌至桩顶标高→压浆结束重复搅拌下沉至桩底标高→搅拌提升至地面结束，埋插锚固筋→桩顶平整、钢筋绑扎、浇捣路面混凝土。

②施工要点：

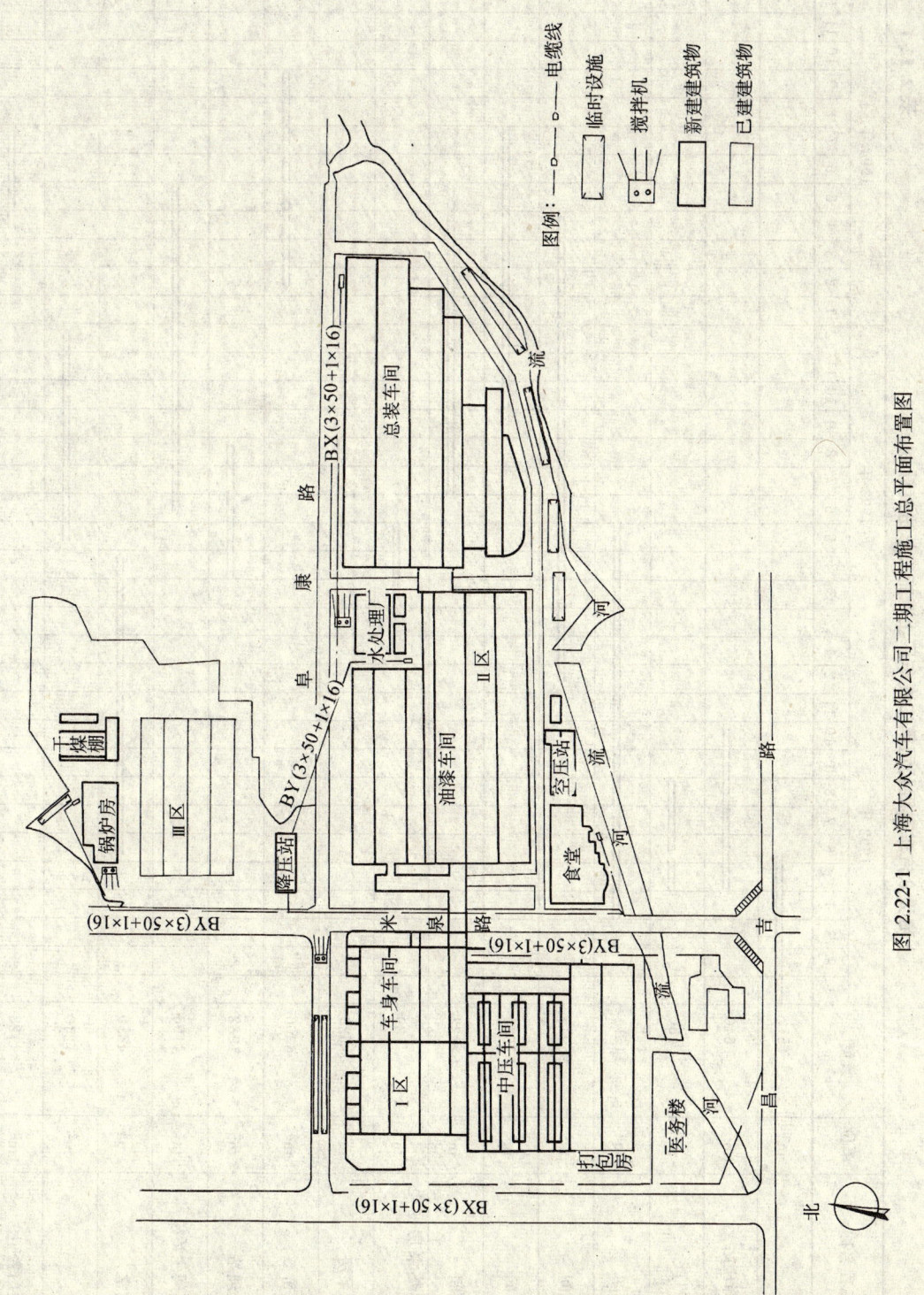

图例：——D——电缆线
临时设施
搅拌机
新建建筑物
已建建筑物

图 2.22-1 上海大众汽车有限公司二期工程施工总平面布置图

上海大众汽车有限公司第二汽车厂厂土建施工总进度计划

表 2.22-1

项次	工程名称	单位	数量	1992 年	1993 年	1994 年
1	锅炉房	m²	6517			
2	35kV 降压站	m²	640			
3	空压站	m²	480			
4	冲压车间	m²	11611			
5	车身车间	m²	25945			
6	油漆车间	m²	37638			
7	总装车间	m²	53222			
8	#1 冷热泵房变电所	m²	789			
9	循环水泵房	m²	629			
10	悬链天桥	m²	6300			
11	废水处理站	m²	1982			
12	冲压车间生活楼	m²	4106			
13	职工食堂	m²	4850			
14	医务所	m²	1240			
15	厂区大门警卫	m²	428			

（注：各年份下按月份 1～12 分列，表中以双竖线表示各工程施工进度计划时段。）

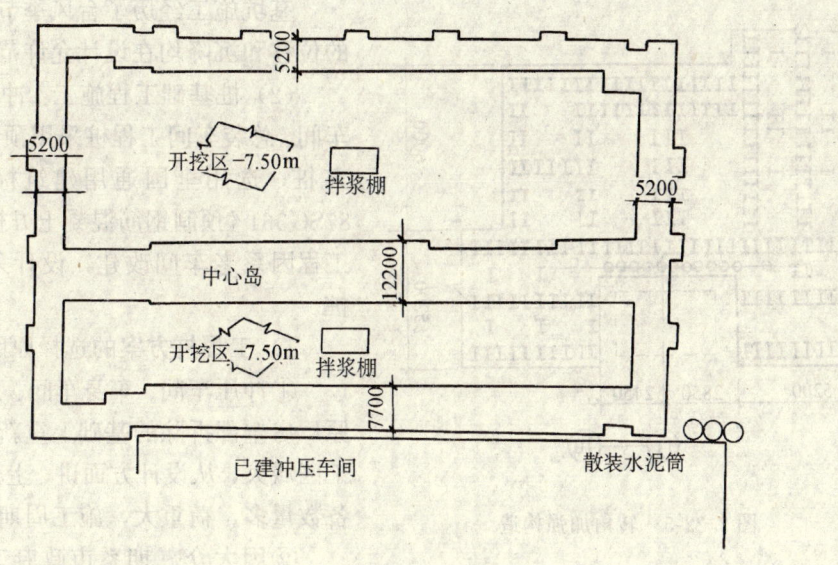

2.22-2 基坑围护施工平面

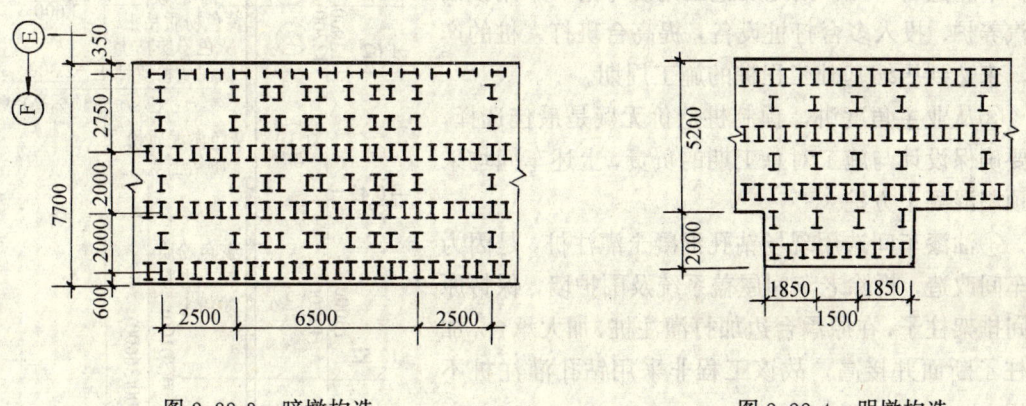

图 2.22-3 暗墩构造   图 2.22-4 明墩构造

a. 放线定位、定桩位、引水准点、开挖样槽时，必须清理杂物。样槽开挖可用人工或小型挖掘机。

b 平整路基，铺设钻机轨道，钻机轨道面标高要求一致，在 10m 距离内高差不超过 30mm，以保持桩架垂直，轨道下每隔 500mm 设道木一根。

c. 搅拌桩的水泥掺量为土重量的 12%，水泥为 425 号矿渣水泥，水灰比在 0.45～0.5 之间。为减少水灰比，提高桩体强度，水泥浆中掺占水泥用量 0.2% 的木钙或 0.5% 的碳酸钠。

d. 重复桩的下沉、上升搅拌次数，是使软土与固化剂进一步充分搅合的保证；严格控制提升速度，做到 2 次搅拌，1 次压浆，钻头到顶，浆液压尽。

e. 如桩的搭接时间超过 24h 的，前 1 根桩须按设计增加注入浆液 20%，同时适当减小提升速度，以保证搭接质量。

f. 在一个流水区域设置 2～3 台搅拌机，同时施工 1 条坝体，各钻机前后拉开 6m，交错推进，在基坑四角采用"马牙塞"打桩法，以确保接缝搭接质量。

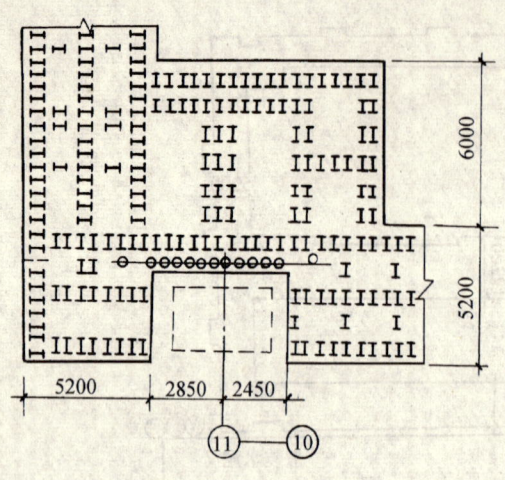

图 2.22-5　转角加强构造

工程，开工时间紧促，后期外商安装设备工期只能提前，不能拖后一天，因此从施工角度考虑，采用预制蒸汽养护，投入多台打桩设备，提高台班打入桩的产量，来达到压缩基础工程桩的施工周期。

③从业主角度讲，预制桩造价无疑是最佳选择，只要确保设计与施工对总工期的负责，上述车间均采用预制混凝土方桩。

④油漆车间选用现场钻孔混凝土灌注桩，是因为老车间改造，拆除老车间屋盖系统及围护墙，保持原车间排架柱子，在原承台边加打灌注桩，加大承台，加大柱子断面并接高，故该工程非采用钻孔灌注桩不可。

2）施工条件及地层地质概况：

工地占地面积约为 330000m²，施工场地均为原汽车厂老车间拆除的经推土机平整的地，由原厂区马路作为施工道路。

根据地质勘察报告，提供的地层资料，自上而下的穿孔地层见图 2.22-6。

3）桩的类型：

①工程桩以三节预制混凝土方桩为主，断面 400mm×400mm～450mm×450mm，采用工厂预制蒸汽养护，考虑到运输车辆、公路转弯及起吊装卸因素，每节桩长度控制在 12～13m 为宜，见表 2.22-2。

基坑施工经历了台风季节的考验，测得的位移和沉降均在设计允许范围内。

（2）桩基础工程施工：冲压车间、车身车间、总装车间工程桩采用预制混凝土三节方桩，选用全国通用建筑标准设计图集 87SG361《预制钢筋混凝土方桩》。油漆车间工程因系老车间改建，设计采用钻孔灌注桩。

1）工程桩方案的选择原因：

①冲压车间、车身车间、总装车间因在原厂房全部拆除的基础上重新建造厂房，施工区域大，从设计方面讲，上述车间由于设备数量多，荷重大，施工周期短。

②因大众二期系市政府工业系统一号

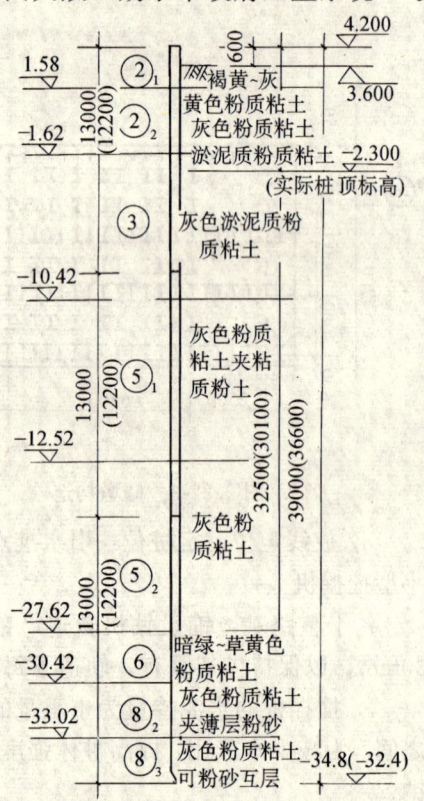

图 2.22-6　地层剖面图

主要车间的类型 表 2.22-2

单位工程	桩形式	桩数（根）	断面（mm）	节点形式	混凝土	桩顶标高（m）	打入形式
冲压车间	预制三节方桩	742	450×450	钢帽焊接	C35	−2.20 −2.70～−2.70	锤击打入
车身车间	同上	460	450×450	同上	C35		同上
油漆车间	钻孔灌注桩	680	600	整根无接头	C30		钻孔现浇
冲装车间	预制三节方桩	789	450×450	钢帽焊接	C35		锤击打入

②根据上海地区抗震设防等级要求，三节打入方桩均采用顶端预埋钢板，用角铁电焊连接，连接件用3号钢，节点详图见图2.22-7。

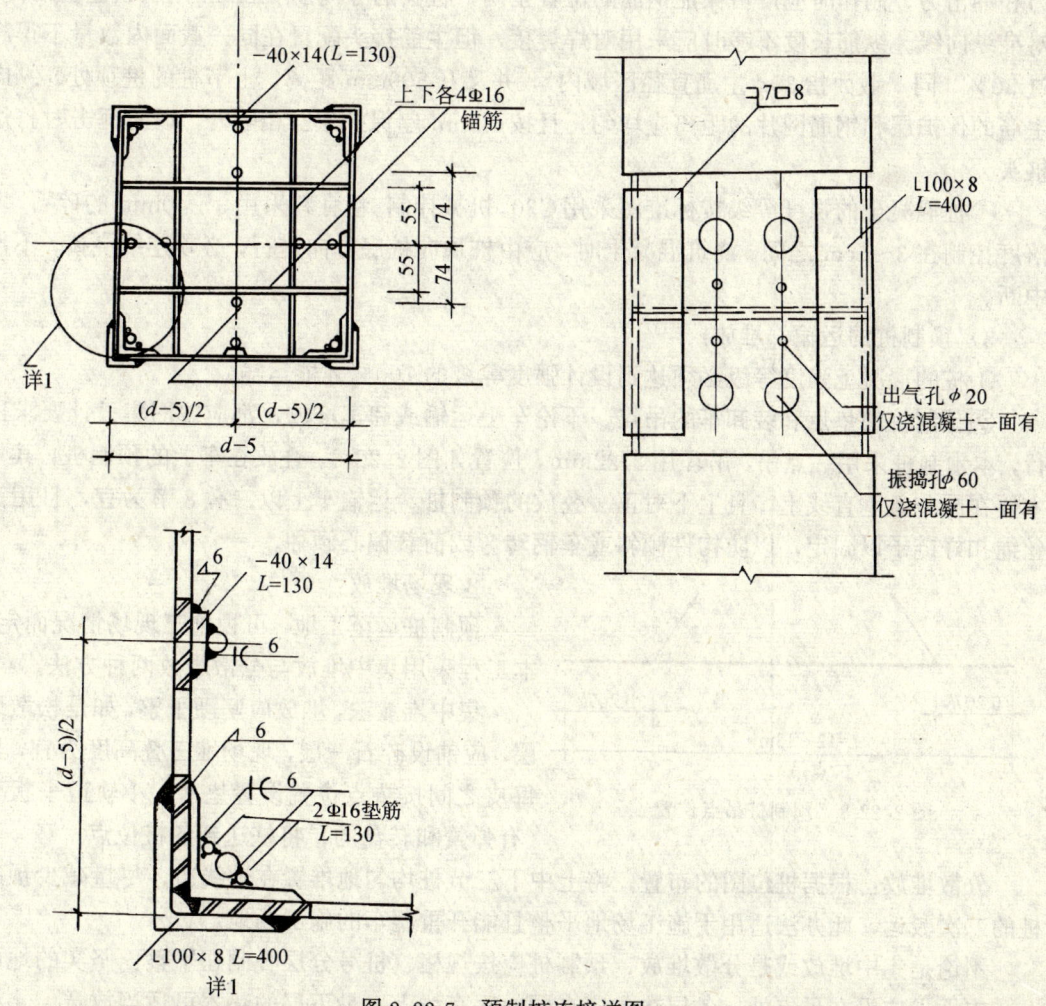

图 2.22-7　预制桩连接详图

③预制桩配筋，根据桩的长细比、单桩设计承载力、桩制作、运输吊卸条件，选用B组配筋，配8φ18mm，配筋率为1%。

4）工厂预制方桩的制作：

①预制桩由于本身体积大、自重大、平卧时构件本身刚度小等原因，其制作通常是在工地现场打设处就地制作，以减少起吊、运输中对桩本身的损坏，但在本工程实施中，实际工期紧，桩的数量多，现场预制加上养护周期，需占用大量的施工时间，受到工程的总体进度约束，不宜采用现场预制，所以本次预制桩由多家预制厂同步制作，并采用蒸汽养护的措施，来减少加工周期，提高混凝土强度的办法。

②根据预制桩标准图集的设计要求，工厂化生产采用机组流水作业法。采用该工艺方案制作构件，生产组织一般由下列程序组成：

定型模板就位、组装→安装钢筋及预埋件→隐蔽验收→浇捣混凝土→蒸汽养护→拆除模板、清理→产品出车间。

③桩内的纵向钢筋及横向钢筋，要承受桩在运输、起吊和打击下沉时所产生的弯曲应力和冲击力，制作时应严格保证钢筋的位置正确，桩头的导向筋 $\phi22mm$ 用扁铁定位固定，对准纵向线。纵筋长度不够时应采用对焊焊接，但主筋接头配置在同一截面内数量不得超过 50%（同一截面指 $30d$ 主筋直径区域内），并叉开 $500mm$ 距离，上节桩的桩顶处、纵向主筋的保护层和钢筋网片的距离应均匀，且按 $70mm$ 厚保护层互相隔开，以防锤击时打烂桩头。

④桩混凝土的强度等级按标准图采用C30，机械拌制。粗骨料采用5～40mm 的碎石，坍落度控制在3～5cm 之间。浇筑混凝土时，应由桩顶向桩底方向进行，必须连续浇捣，不得中断。

5）预制桩的运输、堆放：

①桩的混凝土强度等级必须达到设计强度等级的 100% 才能运输。

②预制桩的垫点和装卸车的吊点，不论车上运输或卸车堆放，都应按图集设计要求进行，本预制桩采用二点吊，吊环用 $2\phi22mm$，位置如图 2.22-8。叠放在车上的预制桩，其垫木要在同一条垂直线上，且上下对正。叠放的预制桩，运输车上以二叠8节为宜，且用钢丝绳扣好链子以固定，以防构件倾斜或车辆转弯或荷载偏心倾翻。

③现场堆放：

预制桩运至工地，可视施工现场情况而定，本工程采用集中堆放与分散堆放两种方法。

集中堆放法：堆放应坚硬平整，如是松散地层，应铺设碎石一层，现场堆三叠高度为宜，且每皮之间按垫点位置设置垫木，小轨道平板车（有弹簧和转盘的）将桩送到各桩位点。

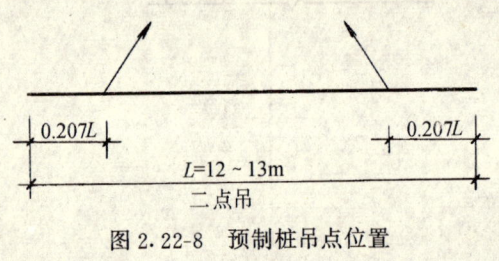

0.207L   0.207L

$L=12\sim13m$

二点吊

图 2.22-8　预制桩吊点位置

分散堆放：根据桩位图的布置，将上中下三节桩均匀地堆置在轴线边，尽量减少预制桩的二次驳运，此办法适用于施工场地平整且能开重型车的施工场地。

不论是集中堆放或是分散堆放，预制桩应按规格、桩号分层叠制在平整、坚实的地面上，支承点应设在吊点处，各层垫木应在同一垂直线上，最下层的垫木可适当放宽。

6）打桩施工机械设备：

①根据工程规格、桩的特性、土层地质情况、施工期限、打桩专业队的动力和机械供应及现场条件等情况，选择以柴油打桩机履带式桩架为主的打桩机械。

②履带式桩架利用履带式起重机的动力装置，结构较简单，其导架起重机身和吊臂相

连结，行走、旋转和所有卷扬机构均利用起重机装置，性能灵活，适用范围广，对预制方桩的冲孔、锤击尤为胜任，主要桩机以日本产 IPD-80R 及 IPD-90 为代表。

③桩锤：采用柴油桩锤，以柴油为燃料动力，施工中不需电源和其它动力装置，其设备重量轻，装配及搬运均方便，锤冲击能量大、功率高，使用最为普通。采用以日本产 K45 筒式柴油锤为主。

7）打桩施工准备：

①桩机进场及桩机移动操作路线应平整、坚实，局部低洼处可用 5～40mm 石子铺平，场地平整度控制在 1％以内。另外铺设 100～150mm 厚道渣，并在周围挖设明沟排水。

②打桩前先清除原厂房的基础和动力设备基础及老厂房下水道和地下管线等，根据定位轴线及埋设桩位标签，与甲方共同检查桩位是否与老基础相遇，并在打桩前用钢钎打入地下，检查是否有障碍物。

③采取防震措施。由于基坑桩较多，且密集，部分柱基础桩离原车间较近，最近的桩距老车间柱子承台约 1.1m，因此在设备基础群桩外围打 5 排塑料排水板，深度 12m，排水板间距为 1m，共计 650 个。

8）质量要求：

①预制方桩允许偏差应符合下列规定（表 2.22-3），并在打桩前验收预制桩所提交的混凝土试块强度等级报告，桩强度应达到设计要求强度 100％。

预制桩的允许偏差　　　　　　　　　　　　　　　　表 2.22-3

项　　目	允许偏差（mm）
①横截面边长	±5
②桩顶对角线之差	10
③保护层厚度	±5
④桩身弯曲矢高	不大于 1％桩长，且不大于 20
⑤桩尖中心线	10
⑥桩顶平面对桩中心线的倾斜	＜3

②除上述外，预制桩外观应符合下列要求：

a. 桩表面平整、密实，掉角的深度不应超过 10mm，且局部蜂窝与缺角的缺损总面积不应超过该桩表面全部面积的 0.5％，并不得过分集中。

b. 由于混凝土收缩产生的裂缝，深度不得大于 20mm，宽度不得大于 0.25mm，横向裂缝长度不得超过边长的一半。

c. 桩顶和桩尖处不得有蜂窝、麻面、掉角。

③混凝土预制桩在沉桩后位置的允许偏差应符合表 2.22-4 规定。

④标高控制：本工程的桩设计均以桩顶标高来控制，则桩尖均达到 8 层灰色粉质粘土与粉砂土层，桩顶的允许偏差不得大于 -50～+100mm。

9）打桩顺序及主要措施：

①本工程的预制桩均为三节，设计标高较均一，且均以轴线桩为主，所以打桩采用多台桩机同时进行，采用平面交叉作业法。以总装车间为例：789 根桩，用 4 台打桩机，分散

同步进行施工,见图2.22-9示意,既避开了多台桩机互相干扰,同时保证送桩路线的畅通。

预制桩位置的允许偏差   表 2.22-4

项 目	允许偏差(mm)
上面盖有基础梁的桩	
①垂直基础梁的中心线	100
②沿基础梁的中心线	150
桩数为1~2根或单排桩基中的桩	100
桩数为3~20根桩基中的桩	
桩数大于20根桩基中的桩:	
①最外边的桩	1/2桩径或边长
②中间的桩	一个桩径或边长

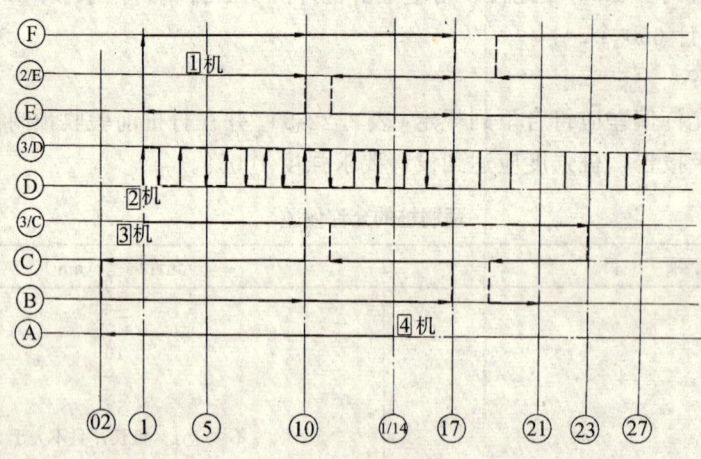

图 2.22-9   总装车间桩基打桩流程图

②预先在每根桩的侧面、垂直桩纵向沿桩全长,每隔1m画出一水平线,以供打桩时作锤击记录用。

桩机进场后,按上述施工顺序铺设桩机行走的便道,便道可铺设150mm厚石子或铺履带跑板箱,以保持桩机架垂直平稳。桩的起吊就位另配备起重机送桩就位。

③用桩架的导滑夹具将桩嵌固在桩架的两导柱中,垂直对准桩位中心,缓缓放下,对准地面定位小竹桩插入土中,待桩位置及垂直度校正后,即可将锤连同桩帽压在桩上,桩帽或送桩帽与桩四周的空隙留出5~10mm,锤与桩帽之间应有适当的弹性衬垫。在桩头顶面用麻袋或厚纸板垫平。开始打桩应起锤轻压或轻击数锤,观察桩身、桩架、桩锤等垂直一致后,即可转入正常施打。打桩中,用二台经纬仪双向校正控制桩的垂直度,发现位移或倾斜现象,及时纠正。打桩过程中,作好锤击记录及标高控制。送桩帽采用角铁马钢板制成,长度视送桩标高定,将送桩帽放于桩顶头上,使送桩帽与桩在同一垂直线上,锤击送桩,将桩慢慢打至设计标高为止,然后移动桩机至新桩位。

④接桩:

三节桩之间的连接采用焊接法，见图 2.22-7。

当接桩打至离自然地坪约 30～50cm 时，将上节桩垂直对准下节桩并四角对齐，如上下两桩顶与底之间有空隙，可用预先准备好的铁片填嵌焊牢固定，然后用四块∟ 100×8，$l=$ 400mm 包贴在桩节头四处处角，即用电焊点焊，然后由二个焊工进行对称焊接，减少焊接变形，焊缝处要求连续饱满，焊缝厚度 8mm，焊条采用 J422。接桩时，上下桩的中心偏差不得大于 5mm，节点挠曲矢高不得大于桩长的 1%，且不大于 20mm，电焊接桩的接头应通过隐蔽验收合格后方可继续打桩。

（3）车身车间现浇框架结构施工：车身车间是上海大众汽车厂二期工程四大车间之一。车间由于生产流水线工艺要求，需要大柱网、大空间。本车间为二层，底层柱网尺寸 12m ×12m，底层层高 12m，二层柱网尺寸为 24m×24m，净空 9m，车间宽度 87m（24m＋24m ＋24m＋15m），总长 144m（12m×12m），中间设温度伸缩缝，采用现浇钢筋混凝土梁板柱结构（框架）。

1）施工安排及流程：

①车间为现浇框架，主要工程量如表 2.22-5 所列。

车身车间现浇框架实物量　　　　表 2.22-5

钢筋（t）	模板（m³）	钢管（m）	混凝土（m³）
4400	36000	280000	7500

②根据上述实物量，结合工程特点，施工以 9 轴线温度伸缩缝为界，分东、西两个区域，即以 1～9 轴为第一结构施工区域，9～15 轴为第二个结构施工区域，这样可减少一半的施工物资投入，如图 2.22-10。

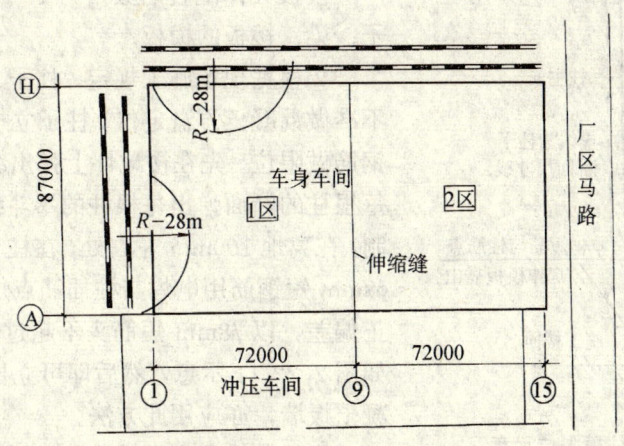

图 2.22-10　车间平面布置图

③区域施工流程：底层Ⅰ区→Ⅱ层工区→底层Ⅱ区→二层Ⅱ区→Ⅰ区屋面网架→Ⅱ区屋面网架。

上述这样安排，主要为屋面网架安装争取时间，也即为设备安装创造了条件，因种种原因，该车间正式投入结构施工的日期与设备安装日期仅四个月时间，如按平面层次施工，不但施工周期长，且投入的机械周转设备大，而且于屋面网架分包商的施工周期也不利，因此对方案反复论证，采用上述按区域施工方法，在第二区域施工阶段，为第一区域屋面网架施工提前赢得了时间。

④框架、梁、板、柱施工顺序如下：弹线→柱子扎铁→柱、梁、楼板支撑→钢筋、模板验收→混凝土浇至梁底→梁、楼板钢筋绑扎→梁板隐蔽验收→梁板浇混凝土。

2）施工主要机械设备的选择：

①现浇框架主体结构占地面积大，89m×144m，施工范围覆盖面广，且车间的 A 轴线与邻跨的正在同步施工的冲压车间 H 轴相连接，如图 2.22-10 所示。在此的西北两处设立二台塔式起重机 QTG-60Ⅱ，回转半径 R＝28m，起吊为 2t。

②本工程主要实物量见表 2.22-5。钢筋及模板主要依靠二台 QT-60Ⅱ塔吊，但该起重机回转半径仅 28m，其覆盖区域仅占到施工面积的三分之一，绝大部分施工区域需用人工作水平搬运。

3）模板配置：

①模板方案的选择：

柱子、梁如采用定型组合模板，如大模板、组合模板台模，具有拼装迅速、简便，拆除方便，减轻劳动强度，施工质量得到保证等优势，但还需依赖一定的机械设备，如吊车，且施工周期长等薄弱环节，一次性制作投入量大。

本工程特点是：量大面广，施工周期短。而吊车的回转半径覆盖面恰是本工程的弱点，唯其用劳动力的长处来克服其不足，而定型组合小钢模板散装散拆工艺恰能在此体现出来。方案几经论证，最终决定柱子、主次梁模板采用定型组合小钢模板，楼板模板底采用七夹板。

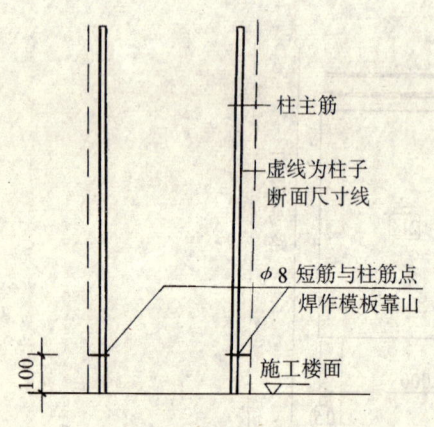

图 2.22-11　柱模限位示意

模板具体配置的数量为 1～9 轴范围内一层柱子、梁、楼板的模板。

②根据现场施工规定，柱子、墙板模板、底部不准做混凝土方盘定位。柱子立模时，用 φ8mm 短钢筋做限位。先在楼地坪上弹出纵横轴线，再根据每根柱的断面弹出每根柱的墨斗线，以负偏差为控制，在离地 100mm 左右处，在柱子四个面方向，用 φ8mm 短钢筋用电焊与柱插筋点焊牢，并用线锤校正偏差，以 φ8mm 短筋头不超过柱子墨斗线为宜，如图 2.22-11 示意，然后即可立柱子模板，如遇混凝土板墙，亦应用此方法。

③柱模采用小钢模散装散拆，柱箍每@750mm设一道抱箍，用 48mm×3.5mm 钢管，并在中间增设一道双向 φ12mm 对销螺丝，见图 2.22-12。柱子分两次施工，第一次至标高 6.00m 处，并在 3.5m 开设门子洞，第二次施工至标高 10.30m，即主梁底处。因柱子高度达 12m，分二次施工应控制其垂直度及偏位，在柱子每次支模时应使用二台经纬仪交叉控制垂直度，校对控制线，并用线锤配合使用。纵横向外边控制轴线校对两对柱子，中间柱可用长麻线或长铅丝控制。

④梁与楼板的排架塔设如图 2.22-13。排架采用 48mm×3.5mm 钢管搭设。因其模板荷

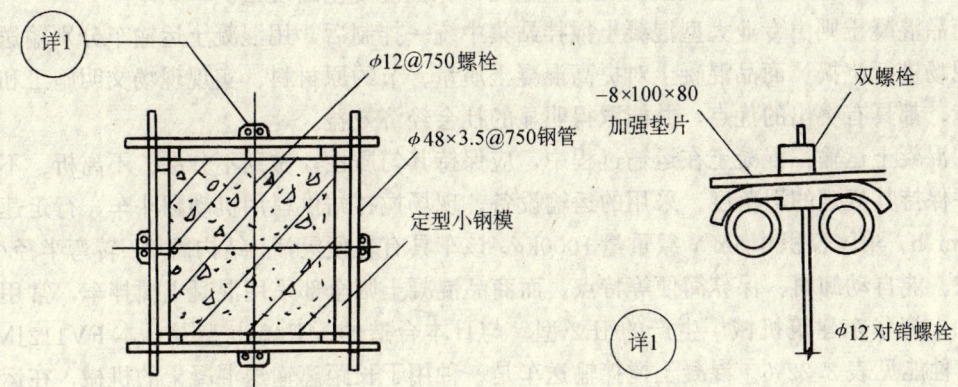

图 2.22-12　柱模固定示意图

载、钢筋、混凝土自重及施工荷载达 10kN/m²，排架撑其顶撑对基层回填土的局部压力超过基土的承载力，使整体排架系统产生局部不均匀沉降或失稳，从而造成整个模板系统的破坏。因此在常规的回填土地坪上支撑模板是不行的。坚硬良好的脚手底座和地基模板系统的安全极为重要，在搭设前须对回填土地基进行加固。利用车间底层地坪结构层的节点做法：先在回填土上（分层夯实）满铺 100mm 厚碎石夯实，再浇 100mm 厚混凝土面层，即利用混凝土地坪的基层，待基层混凝土结硬后，按排架搭设间距要求，弹出控制线，按线搭设排架。图 2.22-14 为梁模固定示意图。

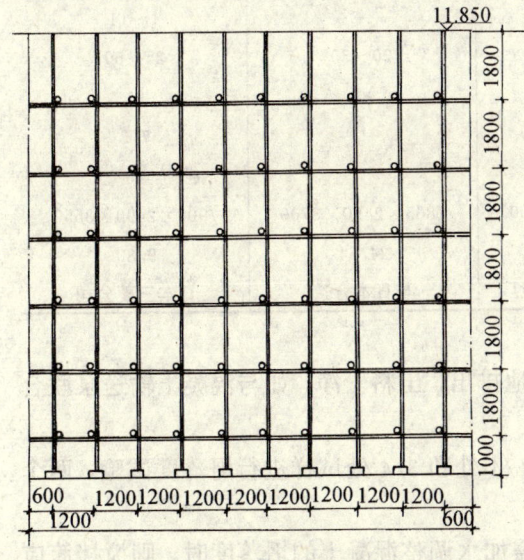

图 2.22-13　排架搭设示意

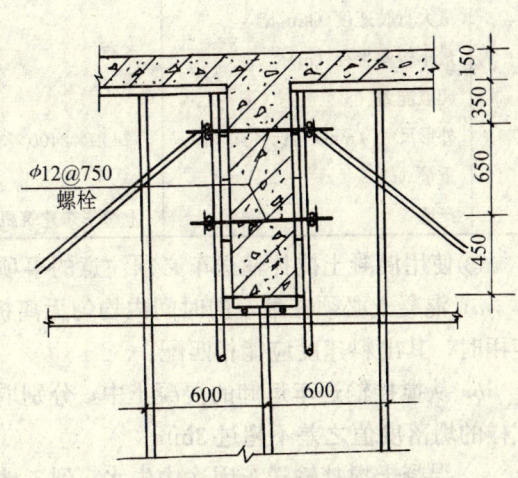

图 2.22-14　梁模固定示意

4）现浇混凝土施工：

①混凝土的来源：

柱子混凝土施工面广，采用现场拌制；梁板混凝土土方量大，需一次性连续浇捣，采用商品混凝土。现场搅拌按施工现场条件、工程量的总数及每日需供量、机具设备等情况，采用 2 台自落式搅拌机，同时配备卷扬机拉铲将砂石料送到上料斗内，上料斗内配备电子自动称量器，使每次拌的混凝土级配计量正确，保证混凝土的质量。

商品混凝土则由专业大型混凝土搅拌站集中统一拌制后，用混凝土运输车分别输送到施工现场进行浇捣。商品混凝土对提高混凝土质量、节约原材料、实现现场文明施工和改善环境，都具有突出的优点，并能取得明显的社会经济效益。

②混凝土运输：混凝土在运输过程中，应保持其匀质性，做到不分层、不离析、不漏浆，并保持其规定的坍落度。采用的运输设备，现场搅拌站供料用机动翻斗车，行走速度为 29km/h，斗体容积 0.5m³，载重量 1000kg。该车具有轻便灵活、结构简单、转弯半径小、速度快、能自动卸料、保养简便等特点。而商品混凝土则全部采用混凝土搅拌车，常用的型号如上海华东建筑机械厂生产的 JL2 型、与日本合造的 MR4510 型及日本 FV112JML型，其性能见表 2.22-6。混凝土搅拌输送车是一种用于长距离输送混凝土的机械，在运输途中，混凝土搅拌筒始终在不停地作慢速转动，从而使筒内的混凝土拌合物可连续得到搅动，以保证混凝土长距离运输后，不致产生离析现象。

混凝土搅拌输送车参考表   表 2.22-6

项次	项 目	JC2 型	MR4510	FV112JML
1	拌筒容积（m³）	5.7	8.9	8.9
2	额定装料容量（m³）			5.0
3	拌筒尺寸（mm）（直径×长）			2100×3610
4	拌筒转速（r/min）			
	运行搅拌（r/min）			8～12
	进出料搅拌（r/min）			1～14
5	卸料时间（s/m³）	60～120	20～30	25～60
6	最大行驶速度（km/h）		86	91
7	最小转弯半径（m）			7.2
8	爬坡能力（%）			26
9	外形尺寸（mm）（长×宽×高）	7440×2400×3400	7865×2490×3700	7900×2490×3550
10	重量（t）	12.55	24.64	9.80
11	产地	上海华东建筑机械厂	与日本合造	日本三菱公司

③使用混凝土搅拌输送车必须注意的事项：

a. 混凝土必须在最短的时间内均匀无离析地排出，出料干净，如与混凝土输送泵联合使用时，其出料速度应能相匹配。

b. 从搅拌输送车运卸的混凝土中，分别取 1/4 处和 3/4 处试样进行坍落度试验，两个试样的坍落度值之差不超过 3mm。

c. 混凝土搅拌输送车因途中失水，到工地需加水调整混凝土的坍落度时，则搅拌筒应以 6～18r/min 搅拌速度搅拌，且转动不少于 30 转。

④混凝土泵及排量计算

混凝土泵或泵车基本上有两种使用方法：

（a）搅拌运输车地面运输：商品混凝土──→泵或泵车──→施工楼面─利用布料杆──→浇捣混凝土的施工点（构造）。

（b）搅拌运输车地面运输：φ100mm 布料管垂直输送商品混凝土──→泵或泵车──→

ϕ100mm 布料管水平输送——→施工楼面——→浇捣混凝土的施工点（构造）。

以上两种混凝土泵送体系各有特点，可视工程情况结合使用。

混凝土泵或泵车的输送能力（排量）与输送距离、混凝土级、配坍落度等参数有关。产品说明书的泵排量，都是在特定的理想化条件下求出的，与工程实际常常差异较大，混凝土泵平均排量按下式计算：

$$Q_m = Q_p \times E_t = \alpha Q_{max} \times E_t (m^3/h)$$

式中 Q_m——泵的平均排量（m^3/h）；

$\quad\quad Q_p$——按泵推算出的实际排量（m^3/h）；

$\quad\quad Q_{max}$——按泵所标定的最大排量（m^3/h）；

$\quad\quad \alpha$——折减系数，与输送距离有关，查表2.22-7；

$\quad\quad E_t$——作业效率，一般取 0.4～0.6。

混凝土泵排量的折减系数 α 表 2.22-7

泵送距离（m）（水平换算距离）	折减系数
0～49	1.0
50～99	0.9～0.8
100～149	0.8～0.7
150～179	0.7～0.6
180～199	0.6～0.5
200～249	0.5～0.4

⑤泵送混凝土的输送管道及管道换算：

混凝土输送管道常用口径有 100mm、125mm、150mm 等，标准管管长3m，配套管有1m 和 2m 两种，另配有15°、30°、45°、90°弯角，以供管道转折处使用。管道的敷设应符合"线路短、弯道少、接头少"的原则，以减少输送阻力。混凝土泵的输送距离，一般是指水平管道的输送距离，而实际上输送管道是由直段管、弯管、锥形管和软管组成。各种管道的管内阻力不同，为了计算出混凝土的输送距离，就须将各种管道换算成水平直型管道状态。换算见表2.22-8。

水平距离换算表   表 2.22-8

项 目	管 径	水平换算长度（m）
每米垂直管	100mm	4
	125mm	5
	150mm	6
每个锥形管	175→150mm	4
	150→125mm	10
	125→100mm	20
90 度弯管	弯曲半径0.5m	12
	弯曲半径1m	9
橡胶软管	5～8m	30

　　管道接头严密,采用抱箍夹紧,水平管搁置在用 φ48mm 管子组成架子上,用 U 型管螺栓固定。泵送开始时,先用适量同强度等级水泥砂浆润滑输送管内壁,输送管道在作业中要防止阻塞,阻塞原因是混凝土料跟不上,吸入了空气,或是因泵车机械故障使混凝土在管道中停滞时间过长,混凝土变硬。因此在泵送过程中管道发生阻塞时,<u>应立即对管道进行敲击,无效时即打开管道接头排除阻塞物,或调换阻塞管道</u>。

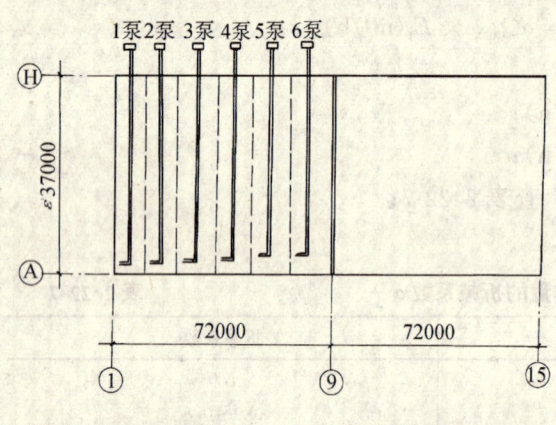

图 2.22-15　泵车布料平面图

　　⑥泵送混凝土施工时的管道布置如图 2.22-15 所示,每台车的施工控制面以 10～12m 为宜,这样在第一、二流水区域分别布置 6 台泵车才能完成楼面施工区域。但一次安排 6 台泵车,对施工区域的道路交通造成拥挤堵塞,混凝土搅拌车无法调度进场,所以每次施工楼面混凝土时,以安排 2～3 台泵车为宜,且每层设楼层施工缝。

　　⑦每台泵车配备 4 台插入式震动机,分 2 个震动点。振动器型号 HZ6X-60,软轴长 4m,振捣器长 0.47m,直径 6cm,振动力 9.2kN,频率 14000 次/min,功率 1.1kW,转速 2840r/min,重量 35.2kg。混凝土作斜坡式流淌。振捣器设前后两排,紧跟布料管下料作振捣,并用 2m 木制长刮尺刮平,再用平板振动器振实,木蟹抹平,待收水时表面再用木蟹打毛,防止表面收水时裂缝产生。

　　5)几条技术性措施:

　　①在回填土上支撑满堂排架,确保不使排架的局部不均匀沉陷或整体性沉陷,是模板支撑体系成功的一个关键。在确保基础回填土合乎质量要求后,结合工程地坪结构层设计,先铺设满地道渣,面上浇捣 100mm 厚 C10 的混凝土垫层,养护数日,在垫层上按模板支撑排列图,弹出控制线,供施工人员操作。

　　②根据柱模板混凝土侧压力计算,在配置柱模板时,用 φ12mm 对销螺丝,为防止小型扣件受力后变形。在山型扣件的表面增加一 8mm×100mm×80mm 的铁垫片,对销螺丝用双螺帽固定,见图 2.20-12。

　　③模板脱模剂:在现浇混凝土模板中,涂刷脱模剂是一道必不可少的工艺环节。选用性能稳定可靠、脱模效果好、价格适宜的脱模剂是提高质量、降低造价的重要措施。HL-1 型脱模剂主要优点是:混凝土表面白净清洁,具有操作简单、安全、无毒,该产品为白色液体。它以机油、脂肪酸、复合乳化剂及其它助剂为原料,在模板上涂刷方便、干净、不易脱落,脱模效果好,不污染表面,性能稳定。其它产品型号有:JC-88 型、YH-3 型等,效果均不错。

　　(4)油漆车间屋盖系统的制作与吊装:

　　1)工程概况:

　　①油漆车间系老车间改扩建项目,拆除老车间的原混凝土桥式屋盖系统及车间围护墙,保留原车间的基础及混凝土柱子。改建的主要措施为在原承台边加打钻孔灌注桩,加大承台,加大原混凝土柱子断面,并接高。

②原老车间屋盖为混凝土桥式屋架，不适应汽车流水线生产工艺的需要，改建屋盖系统根据工艺需要并结合施工实际及工期，设计采用梯形钢屋架，无气楼屋面板采用预应力钢筋混凝土大型屋面板，局部因有屋面烟囱，采用定制的钢屋面板。

③油漆车间计三跨 24m，总长 210m，建筑面积 37615m²。在 13 及 26 轴处设二道伸缩缝。屋架支座底标高为 14m 和 16m。梯型钢屋架 GWJ24-5 共 117 榀，每榀重量为 5t（标准图集为 3.2t，原设计不等边角铁市场无货，用大规格代替），整个屋面钢结构及混凝土屋面板工程总重量近 2000t。

2）老柱子加高与屋架的连接

①老柱子加宽断面，原来车间拆除屋盖及围护墙后，利用老柱子加大断面，设计采用抱箍法，节点如图 2.22-16 示意。

因原有柱子施工实际断面与设计断面有出入，所以连接件抱箍制作必须与每一柱子要相配，用夹具夹紧后再焊牢，原柱子面层的粉刷层全部凿除。

②老柱子加高，有两种做法。A 是凿出柱子主筋，长度满足搭接倍数，单面焊，$L_f >$ 220mm，双面焊 $L_f >$ 120mm，如图 2.22-17。B 是在原有柱顶埋件上焊接长钢筋，该钢筋弯成 L 型或 U 型，焊接长度同 A。

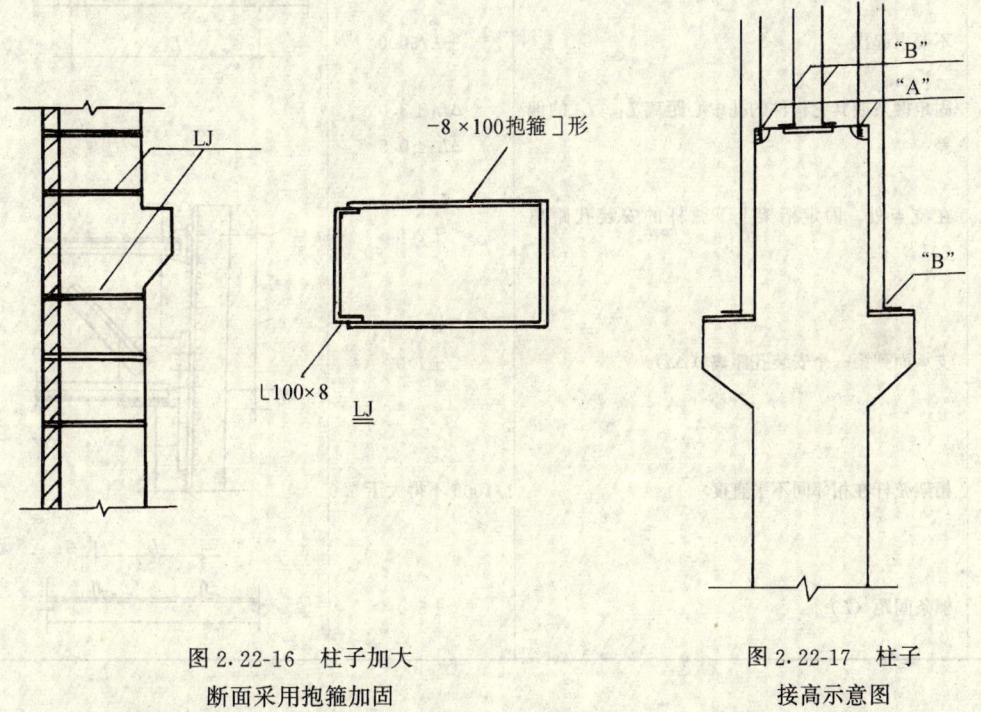

图 2.22-16　柱子加大断面采用抱箍加固　　　图 2.22-17　柱子接高示意图

③柱子与钢屋架的连接是通过柱子顶预埋 2φ24mm 锚栓与屋架下弦杆安装孔 φ26mm 对准，用细牙螺帽拧紧，并用电焊将柱顶预埋与屋架下弦杆满焊牢。

3）构件的加工：

①钢屋架加工。本钢屋架标准图集绘制是于 1975 年，当时设计中所选用的一些不等边角铁及等边角铁，目前已不再生产，故征得设计部门同意，用大规格的不等边角铁及等边角铁代换原设计所选用型号。

②钢结构屋架制造的允许偏差见表 2.22-9。

屋架、屋架梁及其它桁架允许偏差   表 2.22-9

项次	项 目	允许偏差（mm）	示 意 图
1	桁架跨度 L 最外端距的两个孔，或两端支承面最外侧 L 距离的偏差（ΔL） $L<24m$ $L>24m$	 $+3.0$ -7.0 $+5.0$ -10.0	
2	桁架或天窗中点高度	± 30	
3	桁架按设计要求起拱 不要求起拱	$+10$ $\pm L/5000$	
4	固定檩条或其它构件的孔中心距离 L_1、L_2 的偏差	$\Delta L_1 \pm 3.0$ $\Delta L_2 \pm 0.5$	
5	在支点处，固定桁架上下弦杆的安装孔距离（ΔL_3）	± 2.0	
6	支承面到第一个安装孔距离（Δa）	± 1.0	
7	桁架弦杆在相邻间不平直度	1/1000 不得大于 5.0	
8	檩条间距（L）	± 5.0	

③产品经检验合格后，进行表面涂底，涂底油漆采用与钢屋架面层油漆（改性氯磺化聚乙烯防腐涂料）配套的底漆。钢屋架成品堆放采用立放，并在运输过程中亦应保持竖直状态，上弦杆用杉木杆互相绑扎牢固，以防屋架变形。

4）吊装方案：

①吊装方案的选择。在保证安全、工期、质量的前提下，我们根据现场实际情况，并结合业主安装厂房流水线的进度，采用了履带吊跨外拼装屋架，塔式起重机跨内综合吊。

②吊装机械参数及选用吊车。屋架跨度 24m，下弦杆标高 14.8m 及 16m，山脊最高点

19.2m，屋架重量5t，预应力混凝土屋面板1.2t，2台W1001履带式起重机，扒杆长度18m，1台用作拼装屋架，1台用作卸车构件，2台QT-6型塔式起重机，起重量2~6t，变幅8.5~20m，铺设轨道在跨中，吊装屋架及屋面板。

③复核基准线和柱子顶部预埋螺栓。基准线控制用经纬仪在柱子顶面放出轴线，为保证柱子顶预埋螺栓位置尺寸准确，预埋时，用足尺套板进行定位，并用点焊固定，使安装螺栓偏差不大于2mm。检验所用钢皮尺用弹簧秤拉测，拉力为100N。

④复核柱顶预埋标高。在每个柱顶测出四个点标高，控制在0~5mm之间，大于此偏差者，用预先准备好的楔形钢垫片垫平。

⑤屋架的拼组及吊装：加工厂制作的钢屋架，考虑到车辆运输，是按两半榀生产制作的，在现场进行组装，组装钢屋架需制作一个钢操作平台，其平整度控制在±5mm，并按足尺放出屋架的样图，拼装屋架就在其上进行。组装后的屋架按型号，轴线方向竖直立放在柱子附近并用杉木对屋架进行绑扎，以加固钢屋架平面方向的刚度，保证屋架在吊装过程中不变形。屋架起吊后，钢屋架成悬空状态，为使屋架起吊后不致发生摇摆和其它构件碰撞，起吊时在屋架两端用麻绳系牢，随吊随放松，以保持其正确位置。第一榀屋架就位后，在其两侧设临时缆风绳作临时固定，并校正其垂直度，待第二榀屋架就位后，用二根屋架校正器作临时固定和校正，经校正后的屋架，就可拧紧螺帽作最后固定。

（5）大型工业厂房正交四角锥螺栓球节点钢网架的施工：

钢球节点网架已被广泛应用于大跨度的各类建筑中，但是用钢球节点网架用于大型工业厂房方面实例尚不多，尤其用于楼面网架更少见。大众二期总装车间屋面与楼面及车身车间屋面采用了网架结构。图2.22-18为总装车间网架平面示意图。

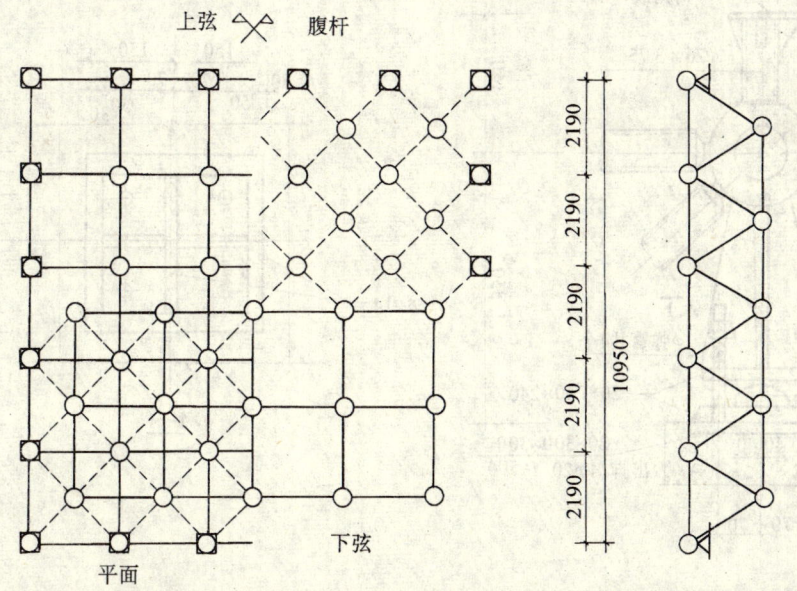

图 2.22-18　总装车间网架平面示意图

总装车间楼面网架节点有螺栓球节点226个，其直径为120~200mm；屋面焊接球点50个，其直径为400~500mm。楼面网架杆件由60mm×3.5mm至180mm×8.0mm不等，长度为 2190～2460mm 不等；屋面网架杆由 175mm×3.75mm 至 219mm×22mm 不等，长度为 2121～4104mm。杆件钢管要采用 A3 钢，钢球采用 45 号钢，楼面网架用钢量 700t 左右，屋面网架用钢量在 1100t 左右。

1）楼面网架设计要求：

①本网架采用正放四角锥形式，上弦周边支承，网架高度取 1.8m，网架制作安装由专业厂家完成，其上弦节点见图 2.22-19。

②网架平面荷载按静载 4kN/m，动载按 20kN/m²、15kN/m² 分别组合计算，荷载作用在上弦节点上。

③网架杆件钢管采用 A3 钢，支座采用单面弧形压力支座，支座高 350mm，详见支座节点图 2.22-20。

④节点零部件材料加工精度及拼装误差均应符合网架结构设计施工规定 GGS1—91 的要求。

⑤高强螺栓选用 40cr，抗拉强度 1.0kN/mm²，钢球采用 45 号钢。

⑥下弦球以加吊顶螺栓孔 M24 及 M27。

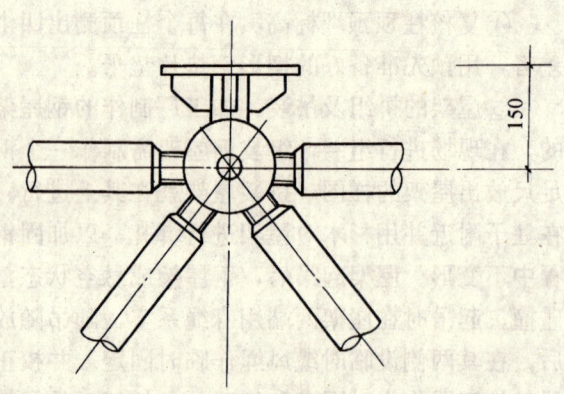

图 2.22-19　上弦节点图

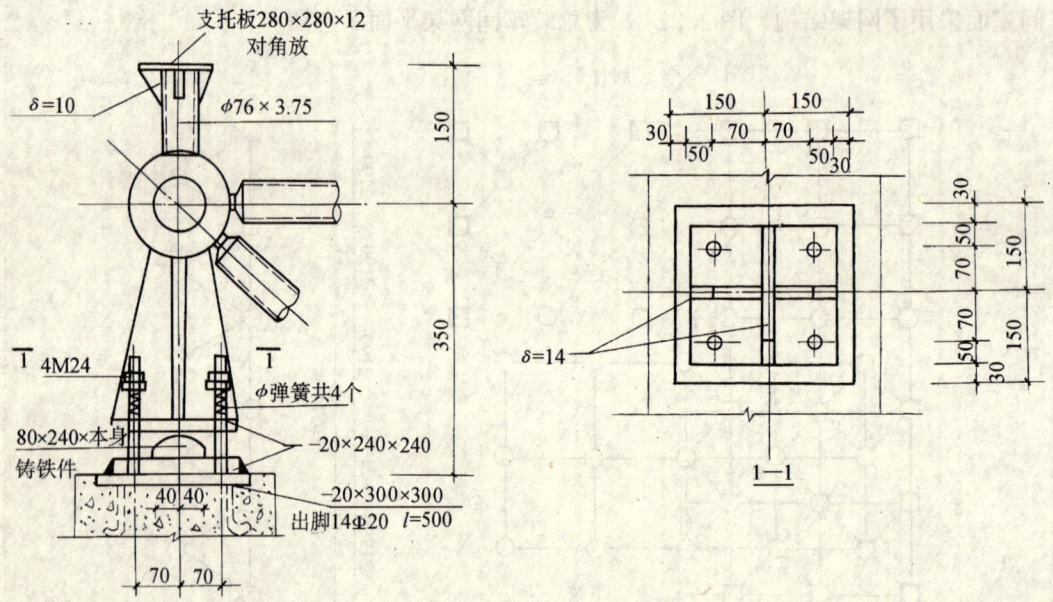

图 2.22-20　支座节点详图

2）屋面网架设计要求：

①本网架采用螺栓球节点正放四角锥网架型式（局部采用焊接球节点）

②网架覆盖面积 20196m²。

③支承形式：网架上弦固定及多点柱支承。

④设计技术参数：

a. 静荷载（不含网架自重）：

上弦层：3.2kN/m²

下弦层：E—F　2.0kN/m²

　　　　D—E　1.50kN/m²

　　　　B—D　0.50kN/m²

b. 活荷载：0.50kN/m²。

c. 地震烈度：7度。

d. 屋面网架平均用钢材：17.24kg/m²。

3）楼、屋面结构设计：

楼面：70mm 厚 C30 混凝土内配 $\phi6@200$mm 双向钢筋网，预制混凝土楼面板（下简称网架板）。

屋面：LYV-603 防水卷材（铝基反光型）及配套粘接剂，60mm 厚 C20 细石混凝土，内配 $\phi6@200$ 双向钢筋网，80mm 厚防水珍珠岩保温层及配套粘接剂，20mm 厚水泥砂浆找平层，预制混凝土屋面板（下简称网架板）。

4）螺栓球节点简解：

本网架采用的是螺栓球节点联接。该螺栓节点，即每根杆的两端都带有一个可转动的高强螺栓，螺栓放置一个无纹螺母（称之为套筒），无纹螺母一侧上有一螺纹孔，螺柱上有一长槽孔，将销孔穿入螺母内并伸入螺栓杆长槽内，螺柱和无纹螺母便连在一起，可在杆件端部转动。螺栓球是预先制好的有螺孔的实心球，当杆件端部螺柱插入球的螺栓孔

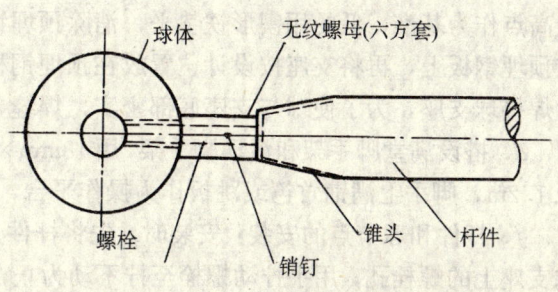

图 2.22-21　螺栓球节点图

后，便用扳手拧紧螺母，螺母带动螺栓旋转，逐渐拧紧入球体内，直至最后紧固。球和杆都转不动，螺栓紧固后，杆件和球连在一起，形成螺栓球节点（图 2.22-21）。杆件受拉时由螺栓承受，受压时由螺母承受传递给螺栓球。

5）钢网架施工：

①工艺流程：基座处理→满堂脚手搭设（活动脚手架）→安装支座→安装上弦杆→安装球节点→安装下弦杆→复核标高轴线→再安装另一跨杆件直至结束→总体检查验收。

②施工准备：

a. 网架安装前，首先熟悉安装图纸，领会设计意图，了解安装要求，编制网架施工方案，在编制方案时，应根据本工程网架的结构形式和受力特点，在满足质量、安全、速度和整体经济效益要求的前提下，采用高空散装法。

b. 执行规范 JGJ7-91 网架安装的要求。

c. 安装前对所有杆件、球体和螺栓球等配件进行验收，均应有出厂合格证和原材料的检验报告，并应逐件进行外观验收，然后分类堆放。安装前应对所有的杆件、球进行试排编号。

d. 为辅助高空散装法网架的施工,按伸缩缝方向先搭设一段满堂脚手,一段活动脚手,即 G-F/4-10 为固定式满堂脚手,G-F/11-17 为活动脚手,整片脚手平面尺寸为 81m×72m,脚手荷载根据杆件重量要求。脚手用 48mm×3.5mm 钢管搭设,间距 1.5m×1.5m,每排高 1.2m,活动脚手架平面尺寸 27m×18m,最高支承点 5.3m,活动脚手架支承在槽钢轨道,移动时用卷扬机牵引。

e. 网架的单件重 200kg 左右,垂直运距 5～22m,为此根据实际情况,共配备 QTG60-Ⅱ塔吊 2 台以配合施工。

f. 根据施工要求,将施工用的水电设备接到施工现场,配备 4 台交流电焊机,专用扳手 6 种共 12 把,校对安装用钢尺。

③安装方法:

a. 楼面网架的轴线控制线以⑧/⑩轴和⑩轴作为轴线控制线,标高控制点 3 点以⑧/⑩轴与⑩、⑯、㉑轴交界点为标高控制点,标高以结构标高为准。

b. 屋面网架的轴线控制线以①轴和⑭轴作为轴线控制线,标高控制点有 3 点,分别以①和⑦、⑭、⑳轴交界点为标高控制点,标高以结构标高为准。

c. 支座安装:首先,测量混凝土结构的预埋铁的标高、平整度,平整度偏差不得大于 2mm。每两块预埋钢板之间的标高偏差不得大于 15mm。根据测出的标高和平整度值,选择最高点作为基准,低的用锲形铁垫平,消除预埋钢板上偏差,然后将球支座按设计位置放在预埋钢板上,再将支座按设计位置放在预埋钢板上,再将球支座的轴线标高校正好,然后焊接球支座,为了使球与支座底部密实,焊缝要求密实饱满。

d. 搭设满堂脚手架和活动脚手架,用 48mm×3.5mm 钢管搭设,间距 1.5m×1.5m,排距 1.2m,脚手上满铺竹笆或跳板作为操作平台,且低于球节点 0.7～1m。

f. 杆件和球节点的安装:安装时,先将杆件上套筒用销钉固定好,把竖杆和斜杆对准球支座上的螺栓孔,用手拧动螺栓至拧不动为止,再用专用扳手拧紧。竖、斜杆安装好后,将球节点安装到杆端上,但不可将螺栓一次拧死,要留好几扣,待整跨网架安装完成并复核校正后,再将螺栓全部拧死。整个网架安装后,还应用水准仪和经纬仪对标高、轴线和垂直度进行总体复核。

g. 施工时应注意的问题:施工时先用丝锥将螺栓孔清理一遍,以防螺孔堵塞。如果发现螺栓孔不对,不可任意扩大,应重新加工。施工标高出现偏差时,低于标高时应用垫圈垫高,垫圈的截面积要大于螺栓的截面积,且强度要相同;高于标高的,可将套筒用砂轮磨去一点。安装螺栓时,如丝扣拧不动或出现死拧,应将螺栓拧开,找出原因,进行处理,严防螺栓假拧。由于在高空进行网架的拼装,而其杆件及球节点的自重较重,为此采用人力进行水平运输的过程中,要注意杆件及球节点在脚手板(竹笆)上要均匀堆放,荷载不得过于集中,以防球节点或杆件从脚手板(竹笆)上坠落而发生事故。

h. 杆件和螺栓球(焊接球)的垂直运输,用塔吊运到满堂脚手上,均匀堆放,人力负责水平方向的运输。

i. 劳动力安排:根据本工程的实际情况安排为木工 8 人,测量工 2 人,辅助工 8 人,焊工 4 人。

6)质量要求:

①质量保证内容:

a. 网架的钢管焊件：

(*a*) 当网架焊件管径＜76mm 时，其两端采用封板开坡口等强度焊接，封板厚度大于1/5管径；＞76mm 时，采用锥头开坡口等强度焊接。

(*b*) 钢管焊接件初始弯曲应＜1/1000，且不大于 3mm。

(*c*) 网架单体管件组装焊接后，优质品和合格品的允许偏差分别为：焊件长度±0.8mm和±1mm，两端孔中心与轴线偏差 0.5mm 和 0.6mm，两端与管轴线垂直度为锥头或封板半径的 5％。

b. 封板和锥头：

(*a*) 封板是用钢板机加工而成，锥头是用钢板热冲压成形后再进行加工。

(*b*) 封板和锥头均应满足与配套的钢管等强度，其坡口部位伸进钢管焊件内应＞7mm，其中心孔同轴度的允许误差 0.2mm，底板及锥头壁厚的允许误差为±0.5mm、－0.2mm。

c. 螺栓球：

(*a*) 螺栓球应用符合热处理要求的热锻毛坯进行机加工。

(*b*) 螺栓球成品要严格防止过烧及淬火裂缝等隐患。

(*c*) 螺栓球毛坯不圆度允许出现误差为±2mm，按三级精度要求加工，其检验标准按GB1228—1237—76 技术条件进行，并应严格控制螺纹的加工尺寸和偏差，保证与高强螺栓的螺纹紧密一致。

d. 除锈、涂漆：

(*a*) 网架所用钢管及球杆等，应采用酸洗除锈。

(*b*) 除锈后经专业检查合格后方可涂刷底漆。

(*c*) 管件出厂前完成二度底漆，现场安装后完成二度面漆，漆膜厚度不小于 4mm。

e. 高强螺栓：网架所采用的高强螺栓，按国标要求制造。逐根进行硬度试验并按承载能力（抗拉强度）试验报告抽检，键槽深度偏差±0.2mm，不直度＜0.2mm，外观检查严禁有裂纹。

f. 六方套和销钉：六方套和销钉均应按设计要求复检其材质和加工精度。

g. 网架的预装：当网架的杆件和节点连接件（包括螺栓球、高强螺栓、套筒等）已生产出一定数量后应在厂内先进行小单元组拼，以检验加工尺寸误差，然后再进行预组装，以检验球节点密合程度和实际安装偏差。

h. 网架的制作与安装必须遵循有关施工规范和操作规程，特别是焊接节点的所有焊缝必须严格检查，并做好记录。焊缝质量必须符合要求，螺栓球连接的高强螺栓必须达到要求。

②总体质量标准：

a. 网架各杆件与节点连接时，中心线应汇交于一点，螺栓球焊接球应汇于球心，焊接钢板节点应符合设计图纸要求，其偏差值不得超过 1mm。

b. 网架总拼装完后，应分别测量其挠度，所测的挠度值不得超过相应设计值的 15％。

c. 分项允许偏差：

(*a*) 网架的标高偏差不大于高度的 1/600，且不大于 200mm。

(*b*) 标高偏差不大于相邻支座距离的 1/400，且不大于 15mm，所有支座之间的最大偏差不大于 10mm。

(c) 水平距离偏差不大于相邻支座距离的 1/2000，且不大于 30mm。

7) 安装注意事项：

①网架制作安装使用的量具，都必须经计量部门的检定。尤其是制造与安装使用的钢尺，必须一致。

②安装时严禁网架的焊件和螺栓球节点连接件强迫就位，以防止网架结构改变受力状态和内力的重分配。

③在螺栓球节点连接零件组装时，应分阶段逐步进行记录，任何一个焊件不允许一次抱紧到位，必须保持螺栓球节点连接部分的均衡受力。

④当屋面网架按伸缩缝完成一个区域后，要对网架 4 跨中的两边跨进行挠度测试。

⑤支座处预埋件的标高和位置的掌握和控制很重要，在预埋钢板时，最好将球支座安放后即用水准仪将标高校正好，然后再固定预埋钢板，这可减少标高误差，给施工带来方便。

8) 网架板的吊装：本工程网架板总计有 8 种规格，其中楼面网架板有 2 种：B2、B3，计 2460 块；屋面 6 种：B1、B1KT、B1KL、B1A、B1KR，计 2244 块。

①网架板的吊装采用 2 台 QTG60Ⅱ塔吊进行垂直运输，从南北呈对称状向中间施工，同时以台灵吊配合高塔回转半径之外施工。

②网架板吊装均采用 4 点吊，起吊时 4 角钩牢。

③支座支托板上用墨线弹出所安装网架板的位置。

④网架板在网架上要有一定的搁置长度，4 角要座实，安装时 4 角必须垫实，可用 1mm 铁板做成垫块。网架板上的吊钩打垫后与相邻吊钩用 ϕ10mm 钢筋相互焊牢。

⑤网架板与网架上弦支托板要 4 点焊牢，焊缝高度＞8mm，且要求统长满焊。

⑥楼板网架板与混凝土花篮梁之间由嵌梁进行填充，其嵌梁与支托板应用电焊焊接，焊缝高度＞6mm，长度不小于 100mm，嵌梁与大梁则采用－8×110mm×200mm 连接件相连，统长满焊，焊缝高度＞6mm，如图 2.22-22 所示。

(6) 混凝土墙面高级腻子批嵌施工：大众二期工程中，由于大面积的工业厂房现浇混凝土柱梁及楼板，对其装饰要求比较高。同时更由于施工工期紧，如按常规的普通粉刷，则就很难确保其施工质量，为此在施工中，我们研究开发了高级腻子批嵌的施工技术，它具有表面光洁滑爽，观感和手感好，且具有施工简便等优点，在整个大众二期工程中，共有近 100000m² 试用了该产品，效果较佳。

1) 高级腻子的组成和性能：

①组分：高级腻子用粉料与胶水两种材料组成。粉料由萤石、白云石等无机材料组成，呈白色。细度在 250 目以上。

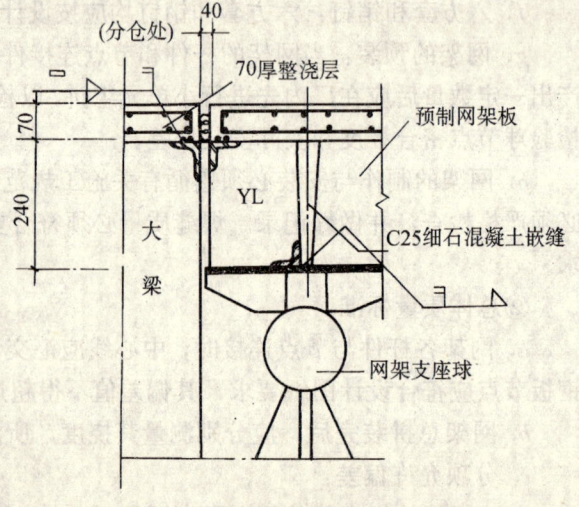

图 2.22-22 嵌梁节点

胶水以聚乙烯醇为主要原料，掺加其它成分。这两种材料运至现场后，按一定的比例混合均匀，即可上墙，如掺入色浆，还可以做成彩色面层，如用铁梳子作工具，可做出条状外形。

②性能：

a. 无毒、无臭、防火、防潮。

b. 不发黄、不粉化、无裂纹、耐久性好。

c. 与基层粘结力强，达 0.8MPa 以上。

d. 表面硬度大，达铅笔 4H 值。

e. 耐碱性好，浸入氢氧化钙饱和溶液内 48h 无变化。

f. 耐水性好，浸入水中 48h 无变化。

g. 耐磨性好，用 JM-1 型漆膜磨耗仪加重 1kg，旋转 1000 次，符合要求。

h. 耐高温，在 100℃ 环境下，6h 无变化。

i. 抗冻性好，25 个循环无变化。（-20℃，2h，然后水中浸 2h，自然晾干为一循环）

2) 高级腻子的施工：

①对基层的要求：除去基层浮灰、污垢杂物，基层平整度要好。因高级腻子有良好的粘接性，所以基层可以是纸筋灰、水泥砂浆、混合砂浆、混凝土等。

②现场拌和：材料到现场应妥善保管，袋装粉料下要垫架空板，防止受潮，胶水要密封，配量比为：粉料：胶水=2：3，腻子可随拌随用，在凝结前用完。如一时用不完，可在表面以清水或胶水封闭，用时须将表面水或胶水倒掉，再搅拌即可使用。

③施工操作：施工工具可用木制托板和铅皮刮板，如能采用 0.3mm 厚不锈钢刮板则更好。第一度满刮腻子约 0.3mm，待干燥后（约 4h，视气温而定）再满刮第二度，约 0.2mm，须刮平整，待表面收水后再用钢板压实，在终凝前再压一次腻子。整个作业过程无须砂纸打磨，便可达到光滑细腻的效果。当然，如果基层平整度较差，也可批刮第三、四度，只是成本较高，施工温度应控制在 5℃ 以上。

④人工用价格：施工所需人工约 25m²/人工，腻子单价 4～6 元/m²，比彩色涂料便宜，与一般乳胶漆差不多，但效果和耐久性却比彩色涂料和乳胶漆好。

（朱国梁　袁惠中　刘　桢）

2.23　浦东海关大楼结构施工

2.23.1　工程概况

上海浦东海关大楼位于浦东陆家嘴路以北，东临上海东方明珠电视塔，西靠陆家嘴轮渡站，北近上海主要水上航道黄浦江，建成后与上海外滩隔江相望。该大楼占地面积约 4000m²，总建筑面积 30000m²，由主楼、东西裙房和南广场车库三部分组成的综合性多功能办公大楼。该工程由上海海关投资兴建，上海市陆家嘴金融贸易开发公司承担业主管理，华东建筑设计研究院设计，上海市建筑科学研究院监理，上海市第七建筑工程公司承建。

该工程主楼为地下 1 层地上 22 层全现浇框架-剪力墙结构，1、2 层层高 5.7m，标准层层高 4.0m，总高度 94.8m；裙房为地下 1 层地上 4 层全现浇框架结构，1、2 层层高 5.7m，3、4 层层高 4.0m，总高度 20.3m；车库为地下 1 层片伐箱基结构，层高 4.5m，深度-6.0

～—6.5m。主楼、裙房和南广场车库相互间均设置沉降缝。

主楼、裙房和南广场车库为桩基加箱基，钻孔灌注桩设计桩径 ϕ700mm、桩长 42.6m、混凝土强度等级 C30 水下混凝土，其中主楼桩数 217 根、东裙房 39 根、西裙房 43 根和南广场车库锚桩 28 根。

主楼平面尺寸 29.95m×38.35m，柱断面尺寸：1～3 层 1200mm×1200mm，4～14 层 1000mm×1000mm，15～22 层 800mm×800mm；剪力墙尺寸：1～3 层 250mm、400mm、4～14 层 200mm、350mm，15～22 层 200mm、300mm；东裙房平面尺寸 22.450m×57.739m，西裙房 22.450m×49.339m；柱断面尺寸：550mm×550mm。

2.23.2 工程特点

（1）本工程是配合浦东新区的开发开放，使浦东地区尽早有自己的海关，因此，工期紧，质量要求高，采取边设计边施工的方法，在具体施工实施过程中难度较大。

（2）根据框架-剪力墙结构体系的特点，要求设计出真正反映速度快、质量好和成本低的模板体系。

（3）建筑物外形复杂，既有剪力墙又有框架柱和构造柱，对操作脚手架的选用带来一定的难度，因此，要求设计出既能满足结构施工阶段的操作安全，又能最大范围内方便施工，降低成本。

2.23.3 施工方案

针对工程特点，结合本单位的实际情况，对浦东海关大楼施工方法作了如下确定：

（1）施工流程：该工程每层混凝土采用柱、梁和顶板一次浇捣完成，具体流程如下：

平台弹线→插筋校正→柱墙钢筋绑扎、敷设管线→柱墙钢筋验收、管线验收→柱墙模板安装、梁顶板排架支撑→墙模板验收→梁顶板模板安装→梁顶板模板验收→梁钢筋绑扎→顶板下皮钢筋绑扎→安装管线敷设→顶板上皮钢筋绑扎→梁顶板钢筋管线验收→梁柱墙插筋固定→清除杂物浇水湿润→柱梁顶板混凝土一次浇捣→养护→拆除模板→拆除支撑→清理归类堆放→周转使用。

（2）垂直运输：主楼采用 1 台国产 QT80C 固定塔式起重机，2 台德国 PUTZMEISTER（大象牌）商品混凝土固定输送泵，2 台自制布料机和 1 台双笼瑞典产 ALIMAK 人货两用电梯；裙房采用 2 台国产 QTG60 行走塔式起重机。

（3）钢筋加工：由大型钢铁厂生产，专业钢筋加工厂厂内加工，分层分规格运至现场，堆放在现场规定的区域内。

（4）混凝土供应：采用搅拌站商品混凝土，到现场后由混凝土泵输送。

（5）模板体系：主楼柱模板采用定型条模，电梯井模板采用筒子模，外墙剪力墙为爬升模板，平台板为七夹板，其余部位均采用定型组合钢模板。平台、梁支撑均采用 ϕ48mm×3.5mm 钢管搭设排架支撑。

（6）脚手架形式：结构施工主楼采用爬升模板脚手架和翻排挑脚手架相结合，裙房和电梯井采用着地钢管脚手架。

（7）垂直度控制：本工程垂直偏差控制以室内垂准仪天顶法测量为主，辅助外墙经纬仪和电梯井吊挂线锤校对的方法。

（8）楼层水电布置：楼层电缆和水管从场地引入楼层后从预留孔内垂直布置，水管为 ϕ50mm，每层设置水龙头提供楼层用水；电缆除起重机单独设置外，每 3 层设置一只配电柜。

(9)消防卫生：消防立管 ϕ50mm 随结构逐层跟上，并配备独立电源的消防水泵，楼层按每100m² 建筑面积均不少于2只合成泡沫式灭火机布置。楼层卫生要求设置便桶，并用七夹板搭设简易棚，内设大便桶1只，小便桶2只，每层设置一个点。

2.23.4 施工工艺

(1)施工区域划分：浦东海关大楼主体结构是由22层的主楼和4层东西两座裙房组成，相互之间设计留设沉降缝，因此以设计留设的沉降缝为分界线，将主楼与两座裙房分开施工，形成三个不同的施工区域。主楼是控制整个工程工期的关键，一切机械布置、材料供应和劳动力配备均以主楼为主，形成主楼超前、裙房随后的施工搭接。

(2)垂直运输设备布置：

1)塔吊布置：主楼南北向平面尺寸29.95m，东西向平面尺寸为38.35m，建筑物总高度94.80m，选用1台 QT80C 固定塔式起重机布置在建筑物的北侧；东裙房南北向平面尺寸57.739m，东西向平面尺寸22.450m，西裙房南北向平面尺寸49.339m，东西向平面尺寸22.450m，总高度均为20.3m，分别选用1台 QTG60 行走塔式起重机。主要解决结构施工阶段钢筋、钢管模板和水电设备及其它一些施工用料的垂直运输。

2)混凝土固定泵布置：本工程主楼商品混凝土数量1～2层为每层约600m³，其余每层约500m³，裙房商品混凝土数量每层约300m³，因此主楼选用2台裙房选用1台固定泵输送商品混凝土。固定泵布置在大楼的北侧，垂直泵管通过底层穿过楼层的预留洞接至每层操作面，并用水平泵管接至混凝土浇捣的起始点。楼面布料采用2台自制的布料机，回转半径 $R=9.5m$。

3)楼层出料平台布置：楼层结构施工时，为满足楼层模板、钢管和支撑等周转设备料拆除后吊运至操作层反复使用，在北立面靠近东西两端各设置1只出料外挑钢平台，每次设置在拆除模板和钢管支撑的操作层，并随结构施工每层周转使用。

4)人货两用电梯布置：主楼设置1台 ALIMAK 人货两用电梯，布置在大楼北立面的西端，主要解决主楼和裙房结构施工阶段施工人员上下和部分材料的垂直运输，待进入装饰阶段施工时主楼和裙房另行增加井架和吊篮。以上垂直运输设备布置详见现场平面布置图2.23-1。

(3)模板工程施工：

1)模板体系的选择：根据本工程框架-剪力墙体系的特点，结合本单位的实际情况，对不同部位的模板选择如下：

①柱模板：本工程柱数量不多，因此重点解决工程质量兼顾施工进度，采用钢框胶合板面的定型条模板。其最大宽度800mm，高度1500mm，柱箍采用槽钢作围檩，每块模板重量控制在17kg 以内、方便操作人员的施工，

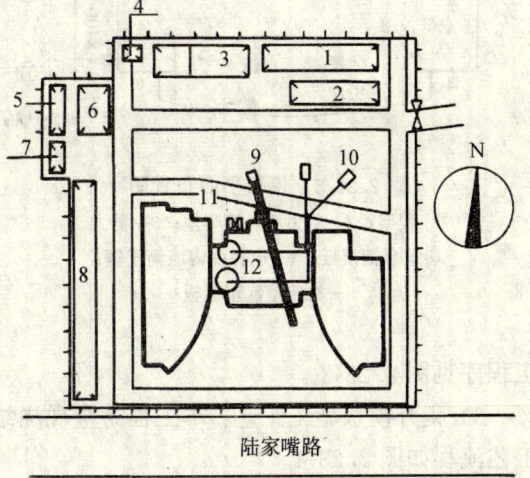

图 2.23-1 现场平面布置图

1—二层宿舍；2—二层办公楼；3—食堂；
4—锅炉房；5—厕所；6—浴室；7—工具间；
8—工具间，加工场；9—QT80C 起重机；10—混凝土
固定泵；11—人货两用电梯；12—混凝土布料机

因此较一般组合钢模板具有加快施工速度、提高功效和降低劳动强度的优点，同时由于模板表面平整，混凝土浇捣后其内在和表面质量均有所提高。

②剪力墙模板：内墙模板采用组合钢模板，主要考虑公司内部可以租赁，一次性投资较少，操作施工时较轻便灵活和拆装方便。在顶板支撑未拆前，可以将剪力墙的模板拆除并经整修后翻运到支模楼层；外墙模板采用爬升模板，主要考虑结构施工不搭设着地外脚手架，脚手架系统由爬升模板解决，采用了大模板后每个开间的模板一次拼装成形，不需每次拆开和拼装，整体自行爬升减少了起重机吊运的工作量，同时考虑到外立面垂直度要求较高，爬模施工可使模板的位置和垂直度调整到较高的精确度，满足垂直偏差较小的要求。

③电梯井筒体模板：本工程共有电梯井5只，电梯井内模板采用筒子模，主要考虑电梯井部位平面几何尺寸和垂直偏差度要求较高，采用筒子模后模板整体刚度好，以上问题基本能够解决。另外，电梯井部位操作面较小，若采用小模板施工工效低，用了筒子模后模板整体拆装并由起重机整体吊运，加快了施工速度，有效地减轻了劳动强度。

④平台模板：平台模板采用七夹板，50mm×100mm 木料为搁栅，ϕ48mm×3.5mm 钢管为排架支撑。平台铺设七夹板较一般组合钢模板铺拆具有工效高、速度快、模板拼缝小等特点。模板布置见图 2.23-2。

2）爬模施工原理：爬升模板由模板、爬架和爬升设备系统三部分组成。模板由大模板组成，爬架由支承架和附墙架组成，爬升设备由葫芦和环链组成。模板爬升通过爬架由爬升设备葫芦将模板爬升到安装的楼层，爬架附墙架用连接螺栓附在钢筋混凝土墙上，爬架爬升通过支承于模板由爬升设备葫芦爬至上一层的固定点固定。爬架和模板相互爬升形成循环，每浇捣一层混凝土后先爬升一次爬架固定后再爬升一次模板。爬模施工程序见图 2.23-3。

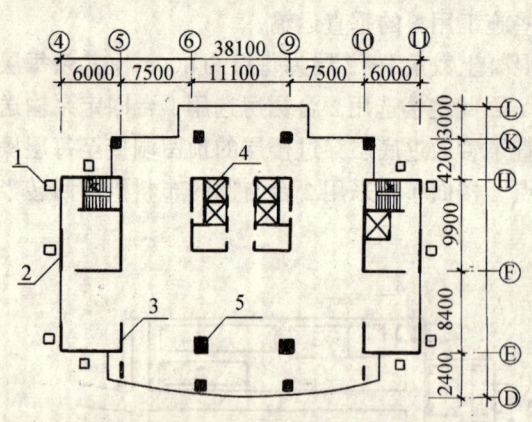

图 2.23-2 模板平面布置图
1—爬架；2—剪力墙外墙爬模；3—剪力墙组合钢模板；4—电梯井内墙筒子模；5—柱定型涂塑模板

3）爬升模板施工工艺：本工程为全现浇结构，墙体和顶板混凝土一次浇捣完成，施工工艺流程如图 2.23-4。

4）爬升模板的构造

①模板：本工程外墙爬模东西两边对称共有10处，设10块爬模板宽度分别为1.325m、3.850m、4.750m、5.175m 和5.400m 五种规格，高度比层高高出100mm，为4.10m。模板背肋采用40mm×60mm 空腹方钢作水平横肋，竖向大肋采用2ㄷ10槽钢，模板表面为4mm 钢板。为保证墙板混凝土上下层接口处的平整密实，在模板正面面板上下口分别设置100mm×10mm（厚）和40mm×10mm（厚）的钢板，并用电焊固定在模板上，模板下口同时设橡皮条，有效地控制模板接口处缝面平直不漏浆，凸口钢板所形成的墙面水平凹口线条待混凝土拆模后即用水泥砂浆粉嵌平整。爬升模板示意图如图 2.23-5。

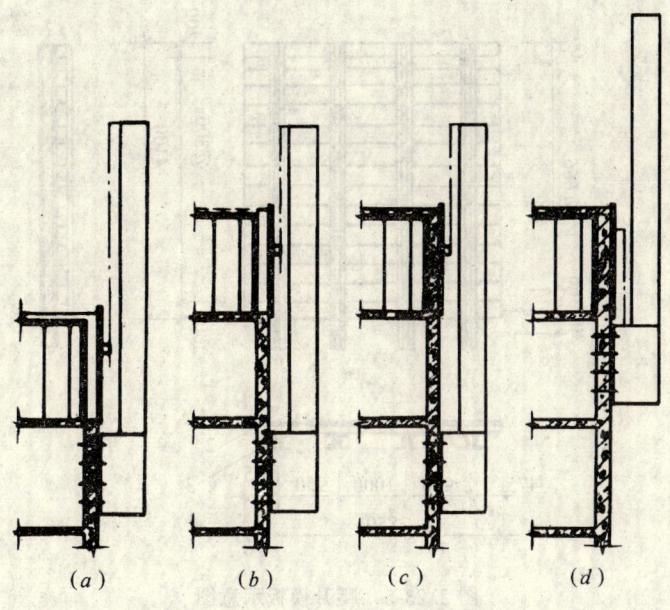

图 2.23-3 爬模施工程序

(a) 先安装爬架于 1 层，后将外模悬挂在爬架下，并安装 2 层外模，扎筋，安装内模；

(b) 浇捣 2 层墙顶板混凝土，爬升模板，安装 3 层外模，扎筋，安装内模；

(c) 浇捣 3 层墙、顶板混凝土；(d) 以模板为支承架爬升爬架，并固定在 2 层墙上

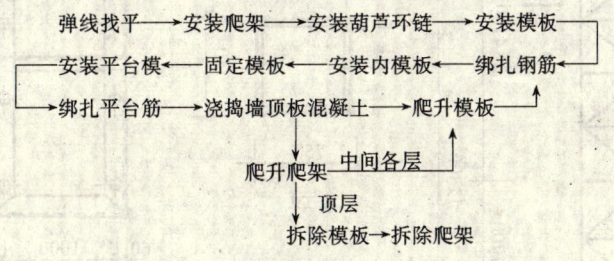

图 2.23-4 爬升模板施工工艺流程图

②爬架：本工程设置 10 只爬架，附墙架部分 1120mm×1120mm×2400mm（高），支承架部分为 750mm×750mm×9900mm（高）。附墙架一面紧贴钢筋混凝土墙面，采用 8 只附墙连接螺栓与墙体固定作为爬架的支承架，为了有效地控制穿墙螺栓预埋管的位移，螺栓的间距和位置利用大模板的穿墙螺栓孔。附墙架底部满铺 4mm 钢板，四周设置钢板网防护，以防操作时工具、螺栓等零星物件的坠落。

支承架离开墙面距离为 450mm，由 4 根 75mm×8mm 角钢组成的格构柱，并在其中设置直爬梯作上下行走。爬架示意见图 2.23-6。

③爬升设备：采用 5t 环链手拉葫芦为爬升设备，操作时由人工拉动环链，使模板上升或爬架提升，比较简便实用，又能较好地满足爬升要求。

5）爬升模板爬升过程：

①模板爬升：当爬架已安装固定并经验收符合安全要求后，拆除爬升爬架的爬升设备，同时混凝土强度达到拆模强度后可开始进行模板爬升。每块模板设置两套环链手拉葫芦，操

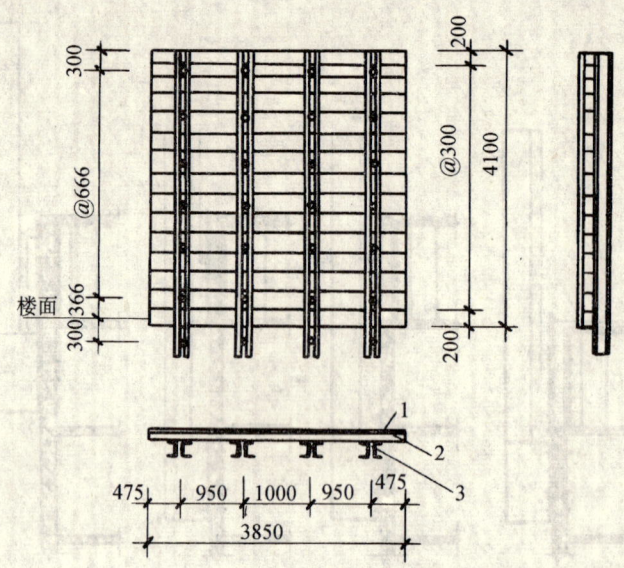

图 2.23-5 爬升模板示意图

1—面板 4mm 钢板；2—横肋 40mm×60mm 空腹方钢；3—垂直大肋 2 匚 10mm 槽钢

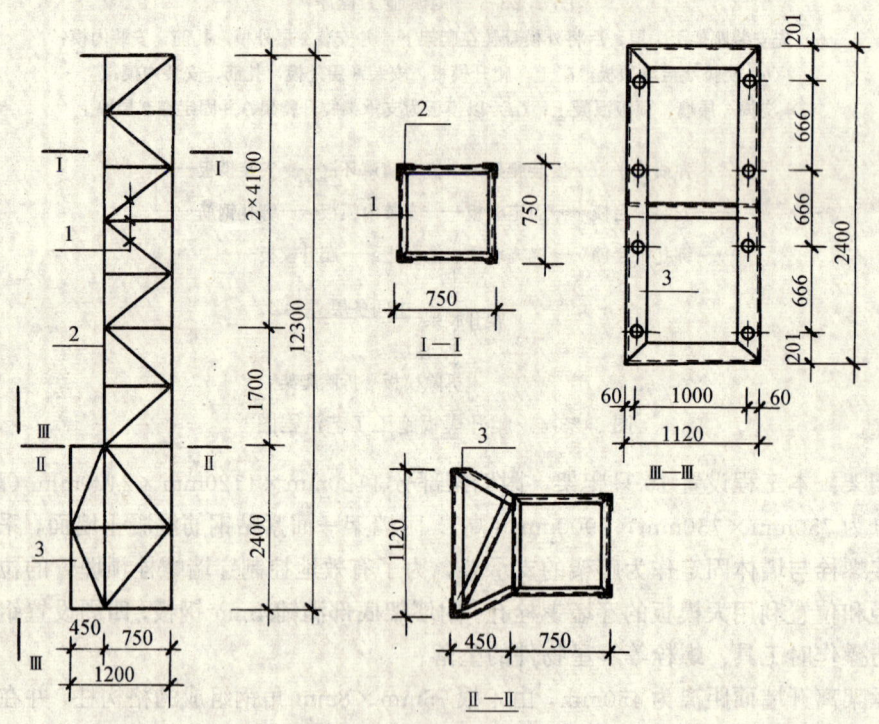

图 2.23-6 爬架示意图

1—支承架缀条 50mm×5mm 角钢；2—支承架立杆 75mm×8mm 角钢；3—附墙架 125mm×10mm 角钢

作人员施工时同时拉动环链，尽量保持同步爬升，使模板上口保持在同一水平面上。先试爬 50mm 左右再检查模板爬升情况，经检查符合操作要求后方可继续爬升，爬升到离就位高度相近时应暂缓爬升，做好就位准备工作后方可进入爬升就位阶段。

模板就位后先进行下口位置的校正，一般使其紧贴已浇捣混凝土的墙面，然后校正上口位置即校正整块模板的垂直偏差，校正无误后与内墙模板用穿墙连接螺栓固定。

②爬架爬升：当附墙架以上 2 层墙体混凝土浇捣具有一定的强度，并且此层的内外模板及穿墙连接螺栓均未拆除和松动时，模板可作为爬架爬升的支承架，利用环链手拉葫芦将爬架爬升到安装位置。

每只爬架设置二套环链手拉葫芦，操作人员施工时同时拉动环链，保持同步上升，使爬架保持在同一铅垂线上。要求先爬 50mm 左右，然后检查爬架爬升情况，经检查符合操作要求后方可继续爬升，爬升到离就位高度相近时应暂缓爬升，做好就位准备工作后方可进入爬升就位阶段。

爬架就位后用穿墙连接螺栓将附墙架与混凝土墙体连接起来，经检查全部连接后再用长扳手用力扳紧连接螺栓的螺帽，使得附墙架与混凝土表面之间有一定的预压力。

6）爬模劳动力组织：爬模施工时成立一个由木工、起重工组成的专业班组，设班长兼指挥一人，负责爬升前的安全技术交底和检查工作，同时检查和协调爬升过程中产生的问题。班内组员设 8 人，主要负责爬升前的准备工作，爬架、模板的爬升和校正固定等工作。

7）柱条模施工：本工程柱断面尺寸 1～3 层 1200mm×1200mm，4～14 层 1000mm×1000mm，15～22 层 800mm×800mm 三种规格，标准层层高为 4.0m，因此条模设计时宽度分为 200mm 和 800mm，最大高度 1500mm。平面组合为：1200mm 宽柱为 200＋800＋200mm；1000mm 宽柱为 200＋800；800mm 宽柱为 800mm，高度方向分为两段另加柱节点模板。

柱条模表面采用 12mm 厚的涂塑胶合板，模板背面采用 3mm 厚、43 宽的扁铁作为加劲肋，模板总厚度与一般组合钢模板相同为 55mm，以便于与组合钢模板通用。

柱围檩采用 2⊏10 槽钢，每 500～600mm 一道柱箍；柱箍的两端紧贴模板外侧各设 ϕ16mm 对拉螺栓，柱内不设对拉螺栓。柱模板及围檩见图 2.23-7。

拆模后，混凝土表面平整光滑，密实度提高，无跑模现象，接缝处亦无漏浆现象发生，由于采用了定型条模，不但提高了混凝土的施工质量，而且加快了施工速度，同时由于柱内不设对拉螺栓节约了钢材。

8）电梯井筒子模施工：

本工程 4 台客梯尺寸为 2200mm×2300mm，1 台消防梯尺寸为 2500mm×2600mm，由于电梯井是竖向连通的筒体，并且结构平面尺寸层层统一，施工要求几何尺寸和垂直度都比较高，因此电梯井内模采用定型大模板拼成筒子模，模板翻拆采用起重机吊运。

每只电梯井内模板共分为 4 块大模板，每只阴角各设置一只阴角钢模覆盖。模板面板均采用 4mm 厚钢板，水平横肋为 40mm×60mm 空腹方钢，竖向大肋采用 2⊏10 槽钢，模板四角分别设置花篮螺栓以便于校正。电梯井筒子模布置及模板见图 2.23-8。

（4）钢筋混凝土工程施工：

1）商品混凝土的选择：随着建筑施工技术的不断发展，混凝土的商品化势在必行，而且商品混凝土能较好地提高混凝土的工程质量，加快施工进度，减少操作工人的劳动强度，有效地提高劳动率。本工程混凝土数量为 19241m³，均采用商品混凝土。

2）商品混凝土施工机械布置：

本工程主楼混凝土数量为每层 500～600m³，裙房混凝土数量为每层 300m³，因此主楼

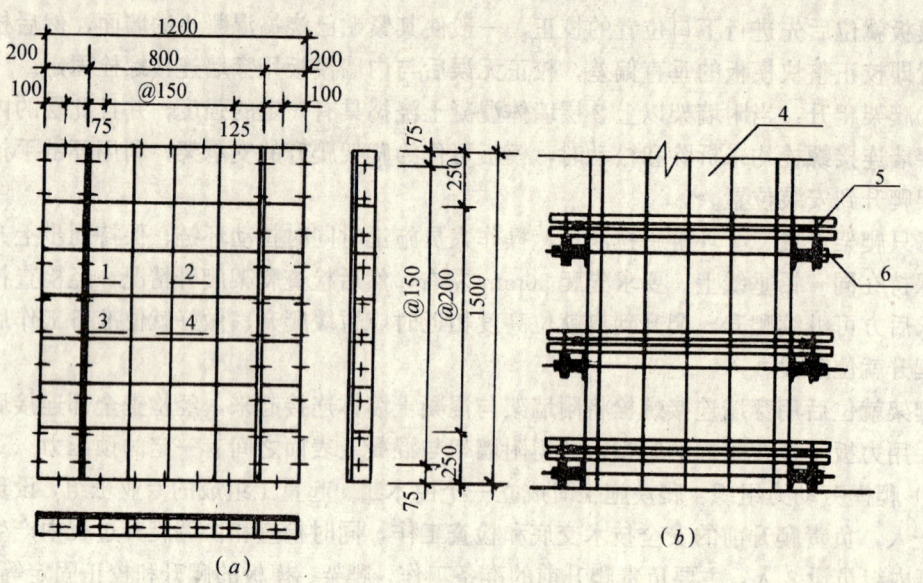

图 2.23-7 柱模板及围檩图

(a) 模板图；(b) 柱箍图

1—边框 3mm×55mm 型钢；2—加筋肋—3×43mm；3—U 型卡孔 φ14mm；

4—面板 12mm 涂塑胶合板；5—柱围檩 2 ⊏ 10@500～600mm；6—对拉螺栓 φ16mm

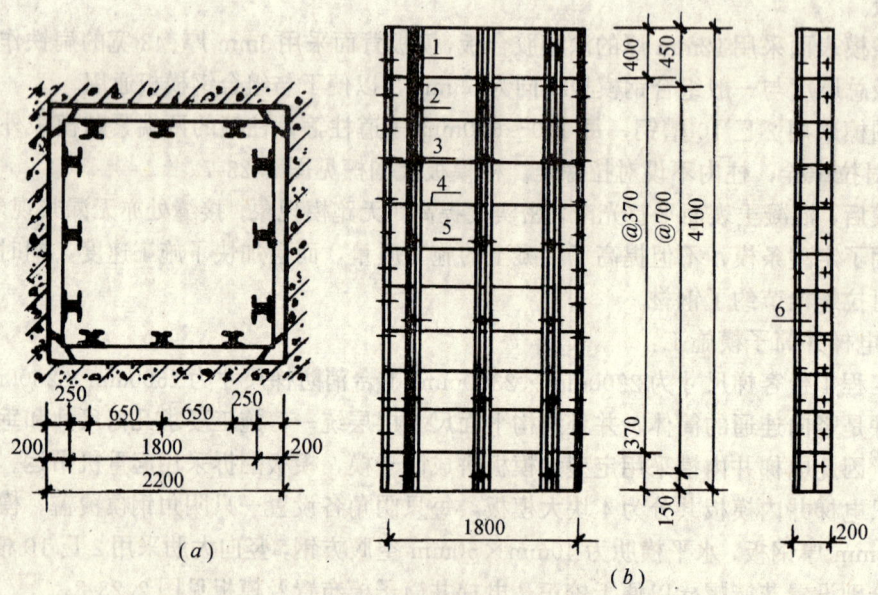

图 2.23-8 筒子模平面布置图

(a) 筒子模平面布置图；(b) 模板图

1—φ22mm 吊环；2—围檩 2 ⊏ 10 槽钢；3—φ25mm 模板孔；

4—40mm×60mm 空腹方钢横肋；5—4mm 面板；6—阴角模

施工选用 2 台裙房施工选用 1 台固定泵输送商品混凝土。固定泵布置在建筑物的北侧，垂直泵管通过底层穿过各个楼层的预留洞接至每层操作面，并用水平泵管接至混凝土浇捣的起始点，然后由半径 $R=9.5m$ 的自制布料机布料。

输送泵管采用直径 $\phi125mm$、每节长 $2.0m$ 的泵管，水平管布置 $20m$ 左右，再接设 $R=1m$ 的 $45°$ 弯管 2 只和 $2m$ 长的泵管作为水平管向垂直管的过渡。地面水平管直接搁置在地坪上，低的部位搁置在预先搭设的钢管支架上，间距 @$2.0\sim2.5m$，垂直输送管在各楼层采用脚手钢管组成的支架将垂直泵管固定。

3）商品混凝土的浇捣：

①材料要求：本工程 8 层顶板（含顶板）以下混凝土强度等级为 C40，8 层顶板以上为 C30，水泥为上海 425 号普通硅酸盐水泥，出厂时间不超过三个月，并进行安定性、凝结时间和强度等级等复试工作；黄砂采用中砂，细度模数 $3.0\sim2.3$，砂的含泥量不大于 3%；石子粒径采用 $5\sim25mm$ 的碎石，石子的含泥量不大于 1%，粉煤灰为 II 级，外掺剂按有关标准执行。

进入现场的商品混凝土首先验收项目名称、强度等级、每立方米水泥用量和坍落度等。在现场测定坍落度控制范围在 $\pm2cm$，并按每 $100m^3$ 混凝土数量制作一组试块。

②商品混凝土浇捣：本工程采用一层一次浇捣混凝土的方法，即将一层柱墙顶板的钢筋绑扎、模板支撑和管线敷设全部完成后，利用混凝土固定输送泵将商品混凝土一次浇捣完成。根据平面布置混凝土浇捣由西向东进行，遇到柱、墙体部位先浇捣柱和墙体混凝土至梁底稍下位置，待间隔 $1\sim1.5h$ 后接着浇捣此部位的顶板混凝土。

混凝土由固定泵输送到楼层后，由公司自制的移动式布料机在楼面上布料，每完成一个地方的布料由起重机将布料机吊运到待布料的位置。布料机离地有一定的高度，以避开柱、墙体插筋，布料出口处外接一根布料软管，使混凝土直接布料在楼层表面。

为了有效地控制柱、墙板、不跑模，除对模板支撑系统进行加固确保模板的刚度外，柱混凝土一次浇捣高度控制在 $1.0m$ 以内，墙板混凝土一次浇捣高度控制在 $0.5\sim0.6m$ 以内形成自然流淌。凡混凝土浇捣部位，模板旁均有木工看好模板，检查是否有跑模现象，如有则及时进行加固，使跑模部位缩小到最低限度，同时楼面上亦有钢筋工看好钢筋，对在混凝土浇捣过程中布料软管及施工人员踏坏的钢筋，要求混凝土浇捣前和浇捣后应整修钢筋，保证插筋平面位置和平台上下位置的正确。

混凝土浇捣过程中除控制模板位移和钢筋位置外，影响钢筋混凝土质量的是混凝土的密实度和施工冷缝问题，因此，在混凝土浇捣过程中配备 4 台插入式振动机，以每 $50cm$ 间隔对柱、墙板及梁进行振捣，2 台平板振动机对平台板来回振捣密实。另外，受交通、机械设备的影响，后皮混凝土覆盖前皮混凝土的时间有时较长，容易产生施工冷缝，影响钢筋混凝土的质量。因此，由浦东地区离本工程较近的混凝土搅拌站供料，组织足够的混凝土运输车将商品混凝土送至现场结合施工过程中料多快速布料，料少慢速间隔布料的方法，保证了上下皮混凝土布料间隔不超过 $2h$ 的要求，确保了钢筋混凝土的内在质量和外观质量。

平台混凝土浇捣后，做好二次抹平工作，混凝土初凝前后各一次，控制平台表面的收缩裂缝。

③钢筋混凝土养护：本工程主体结构施工 1994 年 1 月开始，至 1994 年 8 月结构封顶，混凝土浇捣正值冬季和春夏季节，因此冬夏季节混凝土养护措施直接关系到混凝土的质量。冬季混凝土浇捣除外加抗冻剂外，混凝土浇捣后 $8\sim12h$ 内覆盖一层草包，零度以下天气采用一层薄膜上面覆盖一层草包，起到混凝土养护保温作用。夏季混凝土浇捣后 $4\sim8h$ 内进

行浇水养护，气温高时采用一层草包加浇水的方法进行养护。通过实践，混凝土的质量均达到规范要求。

（5）脚手架工程施工：本工程根据不同部位共分为三种操作外脚手架，裙房及主楼电梯井采用常规的落地钢管扣件脚手架，主楼外墙剪力墙部位利用爬模挂脚手架，主楼外墙框架柱部位采用钢管翻排挑脚手架。

1）翻排挑脚手架：外墙框架部分脚手架主要提供施工柱梁操作面及临边防护，如采用落地脚手架，50m以下按高层建筑双排钢管脚手架施工，在50m以上每20m设置一道钢支架合计三道，钢材数量大、时间长、成本高。根据框架施工的特点，我们设计了操作简单、就地取材、成本低廉、施工速度快、安全可靠的翻排挑脚手架。

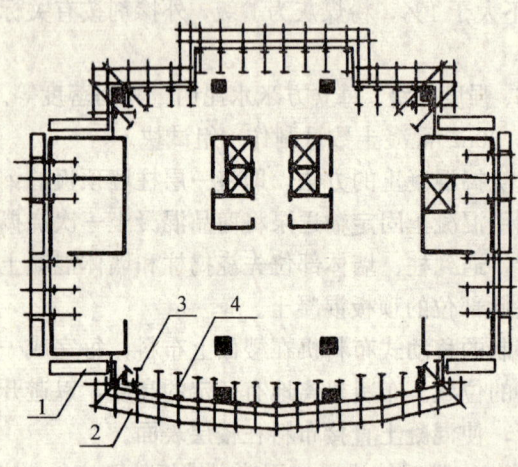

图2.23-9　脚手架平面布置图
1—爬模脚手架；2—翻排挑脚手架；3—楼面预埋2ϕ12@1800mm钢筋吊环；4—楼面水平钢管

①脚手架搭设原理：利用脚手钢管ϕ48mm×3.5mm和扣件作为脚手架材料，浇捣混凝土时在楼面上埋设ϕ12mm吊环，脚手钢管穿过内外预埋吊环向外伸出，然后在伸出的钢管上搭设脚手架。内吊环作为脚手架的拉结点，外吊环作为固定连接点。每层设置吊环，每一层建筑物高度为一组独立脚手架，脚手架与室内排架支撑分开独立作用，以便周转搭设，考虑到拆除平台排架的临边围护，因此翻排挑脚手架保持三层建筑的高度。

②脚手架布置：翻排挑脚手架主要用于南北2个立面，东西立面局部使用，外挑水平钢管和斜支撑每1.8m设一根，外挑的操作脚手架按常规脚手架施工，即立杆纵距1.8m，横距1.0m，步高1.8m，里排立杆离墙面不大于0.3m，脚手架每步搁栅上满铺脚手笆，立面设置封闭安全网，平面布置见图2.23-9。

③脚手架搭拆流程：本脚手架与平台排架支撑分开工作，且每层相互脱开成为独立的挑脚手架。因此搭设原则是先搭设外脚手架，再钢筋绑扎、平台支撑及模板安装等，而拆除时先拆模板及排架支撑等，最后拆除该层的外脚手架，然后做好临边的防护。每层脚手架搭设见图2.23-10。由图可知其搭设顺序为：①外挑脚手管及纵向连管→②③垂直管和室内斜拉管及纵向连管→④脚手架斜拉管→⑤脚手底笆及钢管→⑥脚手架冲天→⑦上排脚手架横楞及底笆→⑧再上排底笆及钢管→⑨安装安全网。拆除顺序与搭设顺序相反，即⑨→⑧→⑦→⑥→⑤→④→③→②→①。最后归类堆放，通过劳动车将钢管运到设在外立面的钢平台上，再由起重机吊运到搭设的楼面作周转使用。

④脚手架搭设要求：首先预埋吊环是关键，混凝土浇捣前必须验收平面位置、锚固长度及外露高度。外挑钢管①必须平直甚至外端可向上稍翘，待①、②、③、④管相互用扣件连结形成整体后方可上人搭设脚手架，而此前只能利用下层挑脚手架为操作面。

拆除脚手架前清理脚手架上所有的零星物件以防拆的过程中物件坠落，拆脚手架时必须保证①、②、③、④管组成的支架牢固，最后再拆除④、③、②、①管，拆脚手架时

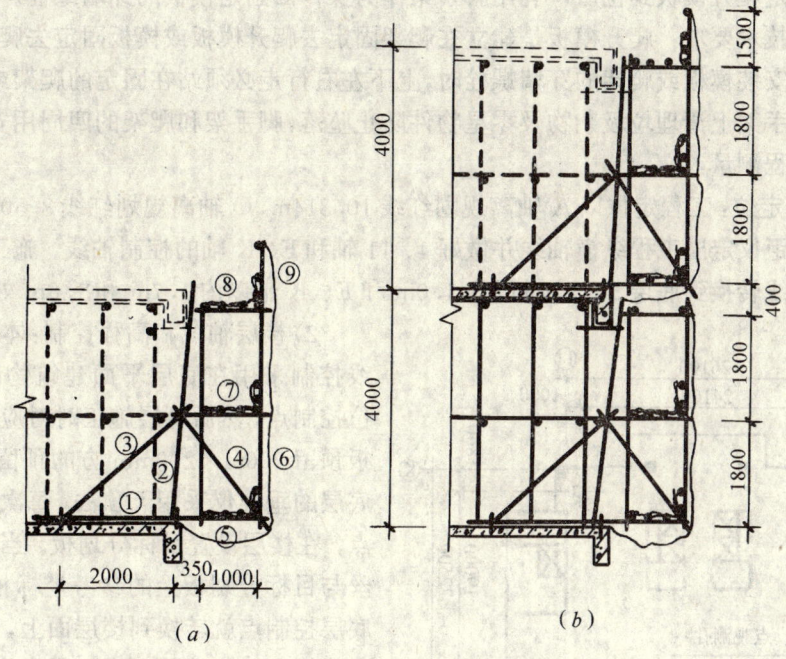

图 2.23-10 脚手架搭设示意图

(a) 先搭设脚手架后支撑排架；(b) 脚手架再搭设 1 层 3 排

操作人员佩带的安全带固定于吊环处的纵向连杆上，确保拆的过程中人身安全，全部拆除后搭设防护栏杆于临边。

2) 爬模脚手架：外墙剪力墙部分脚手架利用爬模脚手架，主要为模板、爬架安装提供操作面，其特点自重轻，操作方便，一次搭设后随爬升模板系统模板的爬升而提升，随模板的固定而固定。

①脚手架原理：利用爬模系统的模板为支点，在模板上口向下吊挂六排操作脚手架。脚手架内净宽度为 600mm，每步高度为 1800mm，脚手架与模板之间的距离为 150mm，脚手架吊件和横楞材料利用 63mm×6mm 角铁、50mm×200mm 的木板满铺并固定在横楞上，外围设置钢栏杆和小网眼安全网封闭，如图2.23-11。

②脚手架布置：爬模脚手架仅用于爬模处，即建筑物东西二端的南北立面及建筑物东西立面剪力墙部位。平面布置见图 2.23-9。

③脚手架爬升流程：脚手架爬升流程同模板爬升，即混凝土浇捣后，利用固定的挂脚手架进行爬升爬架，并利用脚手架作为操作面固定爬架的穿墙螺

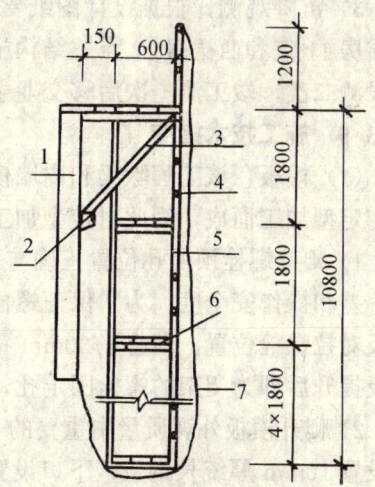

图 2.23-11 爬模脚手架示意图

1—爬模板；2—⊏10 槽钢牛腿；3—⊏12 槽钢斜支撑；4—ϕ38mm 钢栏杆；5—63mm×6mm 角钢吊脚手架；6—50mm×10mm 脚手木板；

7—小网眼安全网

栓。爬架固定爬升模板到位后，利用脚手架作为操作面固定模板的穿墙螺栓。

④爬升技术要求：爬升模板是建立在爬架固定去爬升模板或模板固定去爬升爬架，因此操作人员安装模板或爬架的穿墙螺栓时，上下左右行走必须站在固定的爬架或模板上，每次爬升时脚手架上清理垃圾杂物及零星物件防止坠落，脚手架和爬架的四周用安全网满封。

（6）工程测量：

1）测量定位：工程定位以 A 轴离规划红线 10.314m，O 轴离规划红线 8.500m 为依据，利用激光测距仪定出工程纵横轴线并做好 4、11 轴和 E、K 轴的控制轴线。施工至±0.000 时将控制轴线转换到底层 5、10 轴以内 1.0m 和 E、K 轴以内 1.7m 和 1.8m 处。

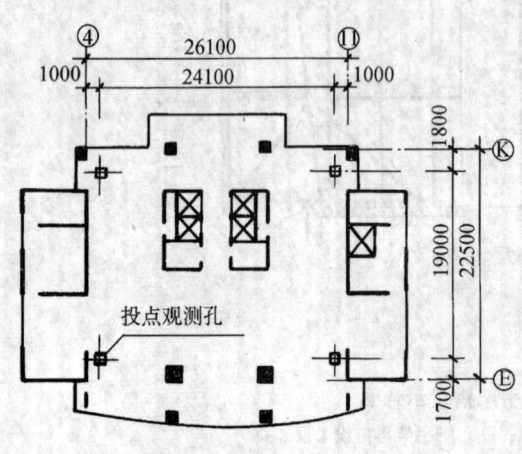

图 2.23-12 轴线控制图

2）楼层轴线和高程控制：本工程楼层轴线控制采用在底层平面建筑物四角设置定位控制点，然后每层施工时对应的部位在楼板预留 200m×200mm 方的预留洞，设置在底层的垂准仪采用天顶法，每次向上仰视投点，在楼层设置目标分划板。当望远镜十字丝与目标分划板上的参考坐标相互重叠时，底层控制点就转换到楼层面上，以楼层投点为依据利用经纬仪定出工程纵横轴线，见图 2.23-12。高程控制以底层楼面固定点为基点定出，由下向上逐层丈量，并以每隔 5 层设置一个新的标高基准点，以减少每层丈量产生的误差。

3）沉降观测：根据设计图纸要求在规定的位置共设置 45 个观测点，其中主楼 22 点、东裙房 11 点和西裙房 12 点。结构施工阶段每完成一层测一次，围护结构完测一次，装饰阶段测二次，竣工测一次后移交业主。

2.23.5 施工技术措施

（1）模板：该工程除梁和内墙模板采用组合钢模板散装散拆外，外墙、电梯井和柱模板均定型加工而成，为此对定型加工模板采取如下几条技术措施：

1）爬架螺栓预留孔位置正确与否是爬模施工的关键，直接关系到施工速度、爬架的垂直偏差和操作安全度。为了保证螺栓位置的正确，采用预埋 8φ30mm 钢管，位置对应于大模板对拉螺栓位置，即将 8φ30mm 钢管固定在模板对拉螺栓中，这样相对位置正确，待大模板提升后即为爬架的螺栓固定孔，有效地保证了爬架位置的正确。

2）爬升模板外观质量中重要的一环是上下层墙体混凝土接口处理。该工程采用模板上口设置 10mm 厚统长钢板，下口设置 10mm 厚、40mm 宽统长水平钢板并在模板上增加软橡皮衬垫。这样接口处混凝土凹进墙面约 10mm，密实度较好，最后凹进墙面部分利用水泥砂浆与外墙面粉平处理，外墙混凝土接口取得了较好效果。

3）爬架、模板爬升时间的确定是关系到混凝土质量、爬升安全的关键，该工程施工进度为每月 3～4 层。模板爬升时爬架支承处墙体混凝土 C30（R7）条件下不受影响。因此模板最早爬升时间受混凝土最早容许拆模时间的控制，视天气情况一般在混凝土浇捣后 12h 开始爬升模板。爬架爬升时其支承力由模板支撑系统承担，考虑到模板受力变形时对新浇混凝土的影响，爬架爬升确定在墙体终凝以后进行，通常在混凝土浇捣后 12h 进行爬架爬升。由此可见，爬升系统每层操作必须在 12h 后先开始爬升爬架，固定后再爬升模板。

4) 爬升系统爬升时无论是爬升模板还是爬升爬架，均采用试爬 50~100mm 然后停止爬升，检查爬架、模板脚手架之间是否相碰，两套爬升设备是否有偏差，模板或爬架的垂直情况，待一切正常后继续爬升。爬架或模板爬升到离就位标高高差 50~100mm 时停止爬升，检查就位的正确高度，然后缓慢地爬升到就位标高，螺栓固定并经检查验收后方可拆除爬升设备。

5) 楼梯踏步与剪力墙之间一直是影响混凝土质量的一个薄弱环节，本工程采用了流动性大的商品混凝土，商品混凝土易从墙体内通过楼梯踏步表面向上冒，另外，此处墙模板较难固定形成悬挂，造成墙体局部爆模。该工程采取了钢丝网垂直设置在墙体与踏步交界处，有效地阻止了混凝土向外冒出，同时墙体与踏步交界处其模板以每三踏步宽为一块模板定型加工，并与组合钢模板配套使用，通过"U"型卡的连接和模板外钢管围檩的连通，提高了模板的整体刚度，解决了局部模板爆模现象。

6) 模板清理整修保养是提高混凝土浇捣质量的前提。无论是墙体爬升模板、柱涂塑模板，还是平台的木模板，每层拆模后均派专人进行清理、整修和涂刷脱模剂等保养工作。对平台模板漏浆问题，采用了 900mm×1800mm 大规格七夹板来减少拼缝，达到减少漏浆，对七夹板之间拼缝以及梁和平台板之间缝隙采用塑料粘贴缝，基本上解决了漏浆问题，提高了平台外观质量，同时亦解决了漏浆时排架钢管和下层混凝土平台的污染。

7) 该工程梁的跨度为 8.4m，平台板的跨度为 2.9m，利用早拆模施工，即将梁和平台的支撑分开搭设，自成一体，在混凝土浇捣前相互连接，浇捣后拆平台模时再分开，视天气情况一般 7~14d 先拆平台和梁侧模板，保留梁底模板及其钢管支撑，待混凝土达到强度等级后再拆梁支撑，加快了模板和钢管等设备的周转使用。

(2) 钢筋混凝土：该工程钢筋成型由专业加工厂加工，混凝土搅拌由混凝土预搅拌站供应，现场泵送，因此对混凝土浇捣过程质量控制如下：

1) 混凝土浇捣前清理操作面上各种零星物件，清除支模扎筋过程中产生的各种垃圾杂物，并用水冲洗，一方面冲净平台模板和原有混凝土表面的垃圾，另一方面湿润了原混凝土和模板，使新老混凝土更加好地结合在一起。

2) 为了使混凝土泵送顺利进行，到达浇捣层的混凝土流动性好，便于操作施工，对不同的泵送高度和气温条件适当地调整混凝土的坍落度，调整幅度控制在 12~16cm。到达现场的混凝土要经过坍落度测定，控制范围为规定值±2cm，对超过坍落度标准的混凝土作专门处理，直至退回搅拌站。

3) 影响混凝土外观质量比较重要的一环是混凝土产生施工冷缝，即比较明显的混凝土接搓，为了有效地避免产生施工冷缝，该工程选择离工地较近的搅拌站，缩短运输时间，另外要求商品混凝土的初凝时间不小于 6h，后皮混凝土覆盖前皮混凝土的时间间隔不大于 2h。

4) 混凝土浇捣过程中最关键是振动密实，要求做到不遗漏，重要部位如柱四周、梁底和梁柱节点重点把关，振捣时振动头子快插慢拔，并间隔一定距离来回振动至密实。

5) 施工进度与混凝土养护在每层混凝土浇捣后存在着一定的矛盾，该工程混凝土养护采取一般情况浇水养护的同时进行绑扎钢筋和搭设平台排架，冬夏季节采用草包覆盖混凝土养护，弹线时适当移动草包让出地方弹线即可。排架支撑时暂时移开草包，待立杆固定后重新将草包覆盖在楼面上。冬季施工必要时将施工层窗洞满封。

（3）脚手架：该工程脚手架搭设是在安全可靠的前提下，本着经济的原则，主楼采用爬模脚手架和翻排挑脚手架相结合的方法来满足外墙操作施工，具体措施如下：

1）以往类似工程一般采用着地搭设脚手架，50m 以上用型钢组成三角支撑来承担脚手架的重量，不但三角支撑焊接工程量大，影响进度，而且由于着地搭设至屋面高度成本较高。利用翻排悬挑脚手架，搭设时随结构进度跟上即可，同时由于采取周转措施和搭设材料就地取材原则，大大降低了脚手架成本。

2）该工程翻排脚手架与楼层平台支撑排架相互脱开，改变以往利用排架搭设脚手架，造成先搭排架后搭脚手架和先拆脚手架后拆排架的不安全因素。要求先搭设脚手架，有了临边围护措施后再搭设排架支撑，同样，拆除时先拆排架支撑和梁的模板，清理归堆周转到操作层后再拆除外脚手架，比较好地防止了楼层排架支撑过程中物件从旁边向外坠落。

3）翻排挑脚手架是以水平管①、垂直管②和斜拉管③、④组成的稳定体为脚手架的支承体，见图 3.23-10，然后在支承体上搭设每层独立的外脚手架，因此必须严格控制搭设顺序，即先搭设支承体，经检查符合要求后再搭设外脚手架。拆除则反之，先拆外脚手架再拆支承体的钢管。

4）剪力墙施工利用爬升模板工艺后，结构阶段不再搭设外脚手架，而是在爬模板竖向大肋上焊接型钢三角架，再用角钢组成的 6 步悬挂脚手架悬挂在三角架上，脚手架随模板爬升而爬升，因此搭拆各为一次，比较简单，与模板连成一体，因而比较安全可靠。

（4）安全：该工程为 22 层综合办公楼，施工时把安全生产放在相当重要的位置，重点采取如下几点措施：

1）爬升模板系统是通过螺栓将爬架模板固定在墙体上，因此螺栓连接是关键。提升爬架松动爬架螺栓前，检查模板螺栓是否有松动，环链是否装好拉紧，达到操作规程后方可松动爬架螺栓提升爬架，拆除爬升设备前要求验收螺栓的数量及预压力。同样，提升模板松动模板螺栓前，检查环链是否装好拉紧，达到要求后方可松动模板的穿墙螺栓提升模板，待模板安装混凝土浇捣后才能松动环链进入下一循环提升爬架。

2）该工程脚手架形式共有三种，爬模脚手架由于采用了悬挂的方法，且在水平面内较难相互连通，给操作人员的上下左右行走带来一定的困难，因此，规定上下行走必须在爬架内完成进入外脚手架内操作，爬架及模板脚手架外围用小网眼安全网满挂封闭达到安全操作要求。翻排脚手架控制搭拆顺序确保脚手架的整体稳定，但脚手架拆除时下层无脚手架，因此采取拆除脚手架的下层设置安全挑网，拆除时操作人员佩带安全保险带及地面设置安全警戒线，有效地控制高空物件坠落和伤人事故的发生。

3）在安全设施上重点对外墙、电梯井、楼梯和预留洞临边的防护，如外墙和楼梯临边·采用钢管作水平栏杆，竹笆作挡脚笆；电梯井设置固定铁栅；预留洞采用夹板覆盖并用膨胀螺栓固定于楼面。

4）在施工过程中，加强安全知识学习，提高安全意识，明确施工人员的安全职责，实行动态管理和上岗前的安全交底工作，使安全工作深入人心，落实到每个施工工序上。

2.23.6 质量评估

（1）模板质量：该工程共采用了组合钢模、爬升模板、筒子模、条模和七夹板五种形式模板。其中爬升模板和筒子模采用型钢和钢板加工而成，刚度很好，没有发现爆模现象，通过近20层的周转使用基本无较大变形，只要每层浇捣后清除水泥浆，涂刷脱模剂，可以更多次的周转使用。柱条模面板采用涂塑胶合板，在使用过程中轻便，易操作，但模板易受硬的物件打击造成损坏，因此，在拆模过程中分块向下传递至楼面并按规格分类堆放。条模整体刚度与组合钢模差不多，周转近20次后混凝土质量还是比较好。平台模板使用过程中四周边容易损坏，特别是梁板阴角节点，采用脱模剂后方便拆模，模板损坏现象减少，在每层的操作过程中加强模板管理，除增加少量夹板外，基本能周转到结构封顶。

（2）泵送混凝土质量：商品混凝土采用525号普通水泥，粒径5～25mm和视天气、高度情况调整坍落度在12±2cm～16±2cm范围内，并将混凝土的初凝时间控制在6h以上，实际泵送效果较好。采用自制布料机将泵送混凝土均匀分布到楼面，做到较短时间内将新混凝土覆盖到刚浇捣好的混凝土上，避免了施工冷缝的产生。

（3）脚手架质量：由于采用自行设计的翻排脚手架，脚手架的整体方案通过二次搭设后正式定型。首先外挑脚手钢管必须水平或外端向上微翘，支点处用木块垫高，脚手架受力后能保持整体脚手架在铅垂线上，这样外观质量较好，给人一种比较安全的感觉；其次，水平管、立管和斜管组成的支架做到节点牢固并在铅垂面内，决不能产生倾斜，影响搭设质量。除此之外，挑脚手的搭拆和使用均同一般的脚手架没有区别，因此，无论翻排脚手架的质量还是使用功能均能满足结构施工的要求。

（4）工程质量：通过使用爬升模板、筒子模、条模和泵送混凝土，使工程的混凝土质量无论内在还是外观均有较大的提高。其结构工程和单位工程均被上海浦东新区质监总站评为优良，具体如下：

使用爬模和筒子模板与组合钢模板比较，外墙和电梯井混凝土的上下层接缝平而密，外观质量提高，垂直偏差小，几何尺寸正确等。条模和平台七夹板的使用使混凝土漏浆大为减少，特别是柱模板表面为涂塑模板，混凝土表面外观质量大大提高。在混凝土浇捣过程中由于采用了商品混凝土泵送措施，混凝土的流动性大为提高，浇捣速度快，使混凝土的密实度提高，减少了长时间浇捣所产生的施工冷缝。

因此，通过模板的选择和使用及混凝土泵送技术的应用，该工程混凝土结构工程的质量达到了较高的水平。

2.23.7　经济分析

该工程结构施工的模板使用、泵送混凝土的应用和翻排脚手架的采用，不但加快了施工进度，而且也节约资金，降低成本：如爬模、筒子模和条模成本按加工费50%推销进入成本，七夹板按购买费80%推销进入成本；另外，由于采用了爬模、筒子模、条模和商品混凝土，缩短工期，按工程造价7000万元每天奖励万分之二计算。具体计算如下：

（1）本工程模板、脚手架费用计算如下：

1）爬模条模加工费：203901元×50%=101950元

2）筒子模加工费：96733元×50%=48366元

3）平台七夹板成本：700m²/层×3层×67.90元/m²×80%=114074元

4）平台钢管排架租费：700m²/层×3层×0.25元/m²×240d=126000元

5）翻排脚手架租费：417.16m²×0.18元/d m²×240d=18021元

6）小计成本：（1）＋（2）＋（3）＋（4）＋（5）=408411元

（2）模板、脚手架的使用提前工程费用计算如下：采用爬模、筒子模和七夹板缩短工期每层 1.5d，使用商品混凝土缩短施工周期也为每层 1.5d，合计每层 3d。

奖励费用 7000 万元×22 层×3d/层×2/10000＝92.4 万元

（3）若采用组合钢模板和脚手架施工费用计算如下：

1）墙、柱模板围檩租费：44968m²×0.30 元/m²×240d＝32377 元

2）平台模板钢管排架租费：700m²×3 层×0.55 元/m²d×240d＝277200 元

3）着地脚手架租费：12951m²×0.18 元/m²d×240d/2＝279713 元

4）小计：（1）＋（2）＋（3）＝589290 元

（4）该工程采用模板、脚手架、商品混凝土技术后节约资金为：

$$58.93-40.84+92.40=110.49 \text{ 万元}$$

由此可见经济效益是比较可观的。

2.23.8　几点体会

（1）该工程结构施工时，将主楼和东西裙房分成 3 个施工段，按先主楼后裙房的顺序施工，既保证了主楼的施工进度，又解决了场地的堆场问题，确保了工程在合同期内完成。

（2）高层办公大楼一般设计采用框架-剪力墙结构体系，而其中剪力墙和电梯井筒体的钢筋和模板工程量大，施工慢，直接关系到整个工程的进度。因此，对电梯井及其余剪力墙采用爬模及筒子模等形式的大模板，无疑是加快模板安装速度、提高工效和质量、缩短施工周期的有效方法。

（3）高层建筑每层柱、梁、顶板混凝土采取一次连续浇捣的方法，简化了施工工序，减少了工序搭接间歇，加快了施工进度，同时，混凝土浇捣采用商品混凝土是提高工程质量、降低劳动强度和加速施工进度、缩短施工周期的又一措施，该工程采用商品混凝土后每层缩短工期 1.5d。

（4）高层建筑混凝土结构施工的垂直运输，对每层近 1000m² 的楼层，配备 1 台塔式起重机，2 台混凝土固定泵和 1 台人货两用电梯，能够满足每月施工 4 层结构的速度需要。

（5）在高层建筑中，将爬模脚手架和翻排挑脚手架结合应用在结构施工中，节约了大量脚手材料和资金，施工过程中操作方便，安全可靠，是一般高层建筑予以考虑的脚手架形式。

（6）该工程采用了平台板快速脱模方法，加快了周转设备料的利用，减少投入，节约成本。

（费跃忠）

2.24　福申里高层建筑施工技术

2.24.1　工程概况

黄浦区福申里改建工程位于本市延安东路、湖北路、北海路、福建南路所围地块，总建筑面积 41000m²，总高度 120.75m，整个办公楼由三部分组成，中间 30 层为烟草公司和农业银行办公用房（以下简称主楼），东面 5 层为烟草公司裙房，西面 6 层为农业银行裙房，主楼与裙房之间设置沉降缝。

主楼外形较复杂，形状呈筒形，在 18 层以上踏步形内收。并在 20 层以上螺旋形向外

挑 1.8m，整幢楼每层平面都在不断变化。

2.24.2 基础工程

（1）主楼裙房为 3 个独立的地下结构，其中主楼由 850mm、长 51m 的钻孔灌注桩承载，箱形基础，裙房为 $\phi850mm$、长 24m 钻孔灌注桩承载，箱形基础。

（2）主楼、裙房其挖土标高分别为 -9.45m、-9.25m、-9.85m，局部电梯井坑深达 -11.25m，室外地坪标高为 -1.90m。

（3）地下工程挡土围护采用 $\phi650mm$，深 15m 的钻孔灌注桩，每根桩之间用 200mm 混凝土树根桩隔水。

（4）基坑周围环境较复杂，北测北海路由 $\phi150mm$ 煤气管、$\phi300mm$ 上水管、$\phi700mm$ 下水管道，因此在基坑开挖过程中，对周围环境地下管线及围护桩进行变形、位移及沉降监测，以便采取相应措施。

（5）地下工程基础开挖围护采取围桩与二道 H 型钢支撑相结合的施工工艺。

（6）本工程四周管线密布，临近道路及建筑物，基坑外围不得采用井点降水。

2.24.3 保护周围地下管线及道路措施

（1）基坑围护采取围护桩与二道 H 型钢支撑相结合，灌注桩之间用树根桩防止围护渗漏。

（2）在围护桩外侧土体内采用压密注浆，使桩后土体固结，增加土体内聚力，进一步起到阻水防渗作用。

（3）为控制围护桩水平位移，局部钢支撑采用施加预应力。

2.24.4 支撑体系施工（图 2.24-1）

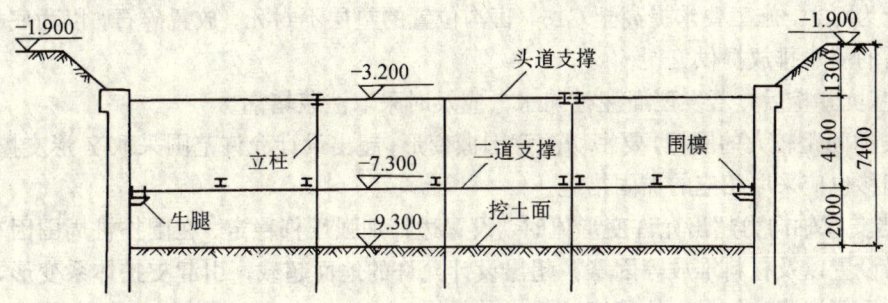

图 2.24-1 支撑示意图

（1）支撑设计原则：

1）按照隧道设计院提供的支撑平面图为依据。

2）支撑立柱布置结合工程设计图纸，避开工程结构柱、剪力墙。

3）支撑间距布置以满足支撑设计应力及圈梁强度要求、支撑体系稳定、便于挖土施工为原则。

4）为确保支撑体系的安全治理，方案须经隧道设计院和有关部门审核认可。

（2）围檩及支撑埋件设置：

1）围护桩顶端按设计标高（-2.90m）浇捣钢筋混凝土圈梁，按混凝土埋件布置设置头道支撑埋件。

2）第二道支撑围檩采用"I"字钢型，当围护桩时，在第二道支撑围檩标高处按每5根桩距设置埋铁，作为二道支撑围檩浇牛腿用，围檩与围护桩之间间隙用C30混凝土填实。

（3）支撑中间支承立柱及支撑设置

1）挖土面以下采用直径850mm灌注桩，以上部分插入混凝土灌注桩内1m深、300×300×94.3kg/m的H型钢，灌注桩的入土深度为挖土面5m深。

2）支撑平面位置进行支撑安装，支撑、圈梁、立柱施工按方案中各节点进行施工。

3）根据支撑平面图，对于某些钢支撑需加预应力支撑（图2.24-2）。

2.24.5　基坑开挖

（1）基坑挖土步骤：

1）先将基坑面层挖至第一道围檩标高。

2）设置头道支撑，施加预应力，并开挖基坑两侧土方至第二道围檩标高。

3）开沟设置第二道支撑围檩及两侧水平支撑，开挖设置第二道支撑及两侧水平支撑。

4）开挖中央土方至第二道支撑标高，并逐段设置中央水平支撑，逐段施加预应力，开挖第二道支撑以下土方挖土标高。

（2）挖土配合：

1）由于基坑未采用井点降水，所以必须及时排除基坑内的明水，采用明沟、集水井、盲沟的排水方法。

2）为了避免混凝土灌注桩影响挖土，要求分二次凿除至设计标高，如果在支撑安装过程中与工程桩相碰的也要求凿除。

3）基坑开挖至挖土标高及浇捣混凝土垫层，采取边挖边浇捣的措施，混凝土强度等级号原设计为C30，施工要求提高至C15，盲沟位置的垫层不封死，放置碎石，以为底板混凝土振捣后的泌水排放提供方便。

4）基坑开挖后，若发现灌注桩漏水，应及时采取注浆堵漏。

5）支撑间距较大的围檩，要密切注意围檩变形，超出设计允许范围采取Y形支撑加固，如立柱偏移也应采取相应的加固措施。

6）当支撑轴向力超出允许变形值时，设置边杆加强压杆稳定，在围护桩周围因车辆运行、塔吊设置以及材料堆放等因素，超出设计允许的地面超载，引起支护体系变形，必须在围护桩后侧注浆，加强土体稳定。

（3）挖土期间安全措施：

1）基坑开挖后，要求四周设置围护栏杆，施工人员上下基坑要有爬梯和扶手。

2）基坑四周堆物、设置吊车，以及车辆运行位置严格按照施工方案图，以免超载引起周围土体变形。

3）挖土施工严格按照先撑后挖原则，挖土和支撑顺序要按方案进行。

4）支撑焊接要按照施工规范和方案进行，并加强现场验收制度。

5）凿下的工程桩头要求扎牢和绑好后再吊出基坑，避免碰撞支撑。

6）支撑换撑按方案步骤执行，并密切注意观察。

7）挖土机械严格听从现场指挥人员指挥，不得盲目超挖并应在暴雨期间内做好排水工作等。

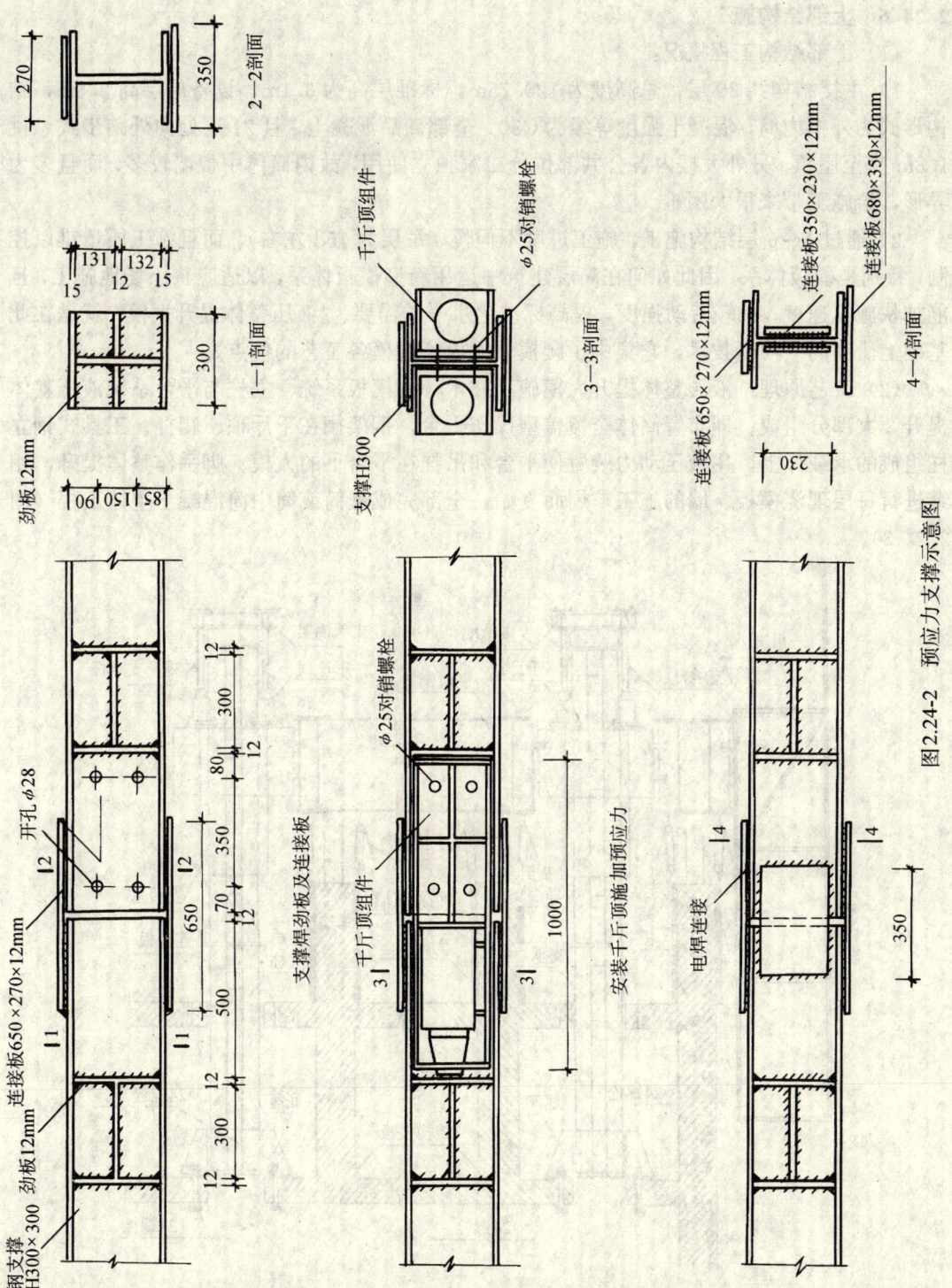

图 2.24-2 预应力支撑示意图

2.24.6 上部结构施工

（1）上部结构工程概况：

1）主楼结构共 30 层，总高度为 120.75m，标准层高为 3.1m，设备层层高 2.6m，结构形式为外框内筒，混凝土强度等级为 C30，全部商品混凝土，且 21 层处向外踏步式悬挑 1.8m 直至屋顶。另外大楼内各公共部位分二家独立使用，故内筒体中板墙较多，而且多为异形，给施工带来很大困难。

2）通过 1～6 层结构施工，施工进度不但慢（每层为 15d 左右），而且施工质量难以控制，特别是模板体系，因此如何在高层建筑中运用新型模板体系，以适应狭小场地施工，且能加快施工速度，减轻劳动强度，提高标准化水平的需要。"液压整体提升大模"就是在此基础上研制的一项新技术，它集中了爬模、大模、滑模各工艺的优点。

（2）工艺原理：液压整体提升大模施工技术，由模板系统、立柱与平台系统液压整体提升 3 大部分组成。即布置筒体全覆盖型操作平台，钢架搁在千斤顶、爬杆、工具式钢立柱组成的承载体上，用液压动力装置使平台和吊挂在平台下的大模、脚手作整体提升，相继进行每层现浇模板。墙的施工，周而复始，全部完成框筒或筒中筒混凝土主体工程（图 2.24-3）。

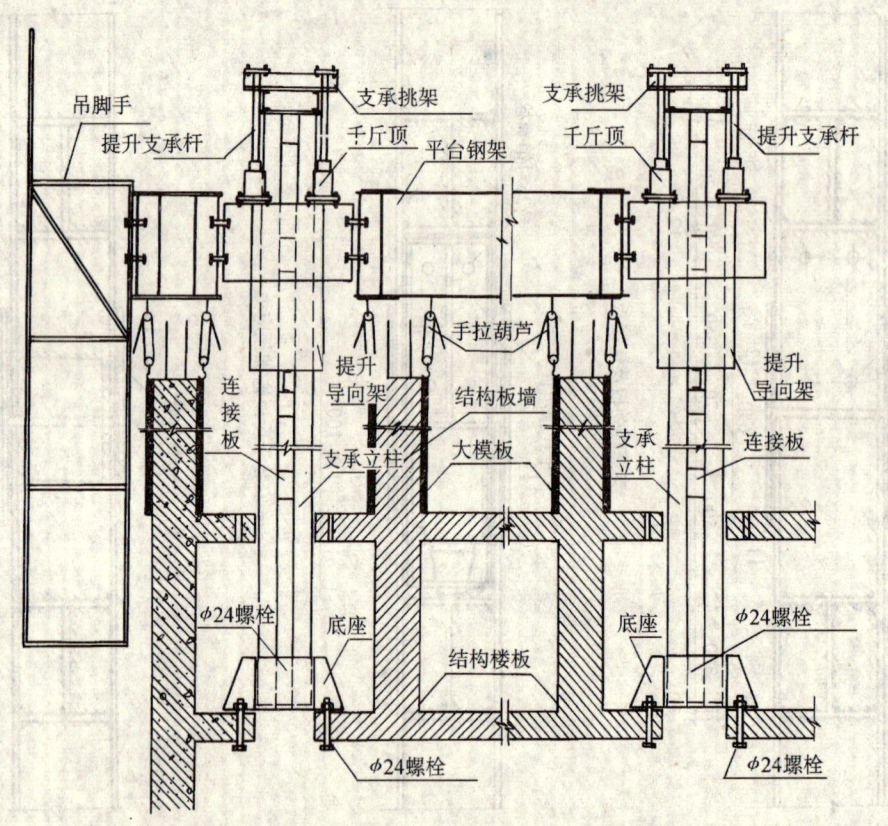

图 2.24-3 液压整体提升大模板施工剖面

（3）结构构造：

1）立柱布置：立柱是空间操作平台的支承柱，又是提升的导向柱，根据平台桁架设置，按平台自重、堆载和施工荷载、立柱自身刚度，确定立柱根数为 20 根，并结合工程平面特征，桁架设置方向定立柱位置。由于平台始终位于施工结构层上方空间，不受开间轴线的局限，可以均匀设置立柱。

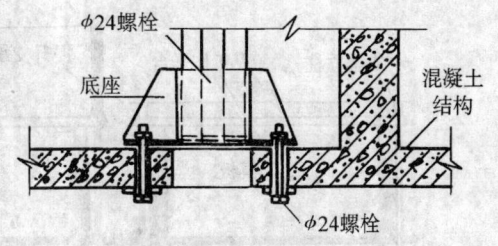

图 2.24-4　立柱支承座

2）立柱构造，立柱用 4 根 L50mm×50mm×5mm 角铁组合而成，柱长为 9.8m，包括提升架与千斤顶工作所需要的行程距。

3）立柱支承座：立柱立于楼面，并加支承底座，与楼板固定，将立柱插入底座，用钢销固定（图 2.24-4）承载时，混凝土不低于 C15。

4）提升导向架：用 10mm 厚钢板制作，套住立柱，搁在横销上，与平台桁架固定连接，起承托、带动平台、沿立柱上升的功能作用。

排梁、挂杆在立柱顶端，平放 8 号槽钢作挑梁，挂爬杆，并穿过搁在提升架上的千斤顶，启动油泵，千斤顶爬升，带动提升架工作。

平台构造，按工程特征，布置平台用 I36 工字钢作主架，10 号槽钢作搁棚，上铺七夹板。栏杆、吊脚手、平台外侧和平台开口处。一律设置栏杆，沿轴线一侧挂脚手，凌空外侧作封闭，并在电梯井位置设置 4 排 1.8m 高挂脚手，并做好登高梯。

5）大模板设计：根据工程特征，七夹板上刷环氧类油漆作模板，模板背后用 6.3 号槽钢作次骨架，12mm 槽钢作主骨架，对于外圈内圈圆弧部分，算出曲率半径进行加工，并在 12 号槽钢上横设置 6.3mm 槽钢，上放 2 块 2in×8in 板作为操作平台。

6）液压提升系统：按照工艺要求及提供的荷载参数，除中间 4 根立柱用 GYD-60 千斤顶（6t），共 16 台，爬杆为 φ48mm 钢筋，其余 16 根柱配置 GYD-30 千斤顶（3t），共 64 台，爬杆为 φ25mm 圆钢，总的提升力可达 2880kN。

（4）工艺流程：

1）组装程序：弹线→安装大横→搭设排架→安装平台→安装立柱→布置液压设备→提升平台→挂外脚手。

2）标准层程序：提升立柱→撬松大模→脚手随同提升、大模提升 1/2→提升平台→随提升在平台上绑扎钢筋→固定平台→继续提升大模→楼板模筋、混凝土施工→大模就位固定→墙体混凝施工、养护（图 2.24-5）

3）液压提升程序：爬杆调整→初升 1～2 个冲程→提升（调节流量、回量微控）→提升平台、模板至楼面标高→调整标高、水平度、垂直度→安装承重销→固定平台→校正、固定模板、浇混凝土→提升立柱、爬架。

（5）主要技术及其构成：

1）大模板系统：结合工程设计大模，配置辅助模板，以满足几何平面特征的要求。

大模一般设计宽度为 4～6m，高度 3m，背楞采用 6.3mm 槽钢，其间距不大于 450mm，面板采用七夹板，用环氧类油漆涂面，圆弧部分采用 2mm 薄形钢板，并配置少量阴、阳角模。

2）大模的吊挂是通过抽拔手动倒链葫芦，使大模始终吊挂在整体操作平台下。

3）立柱与平台系统为整体施工操作空间的主要构成部分。

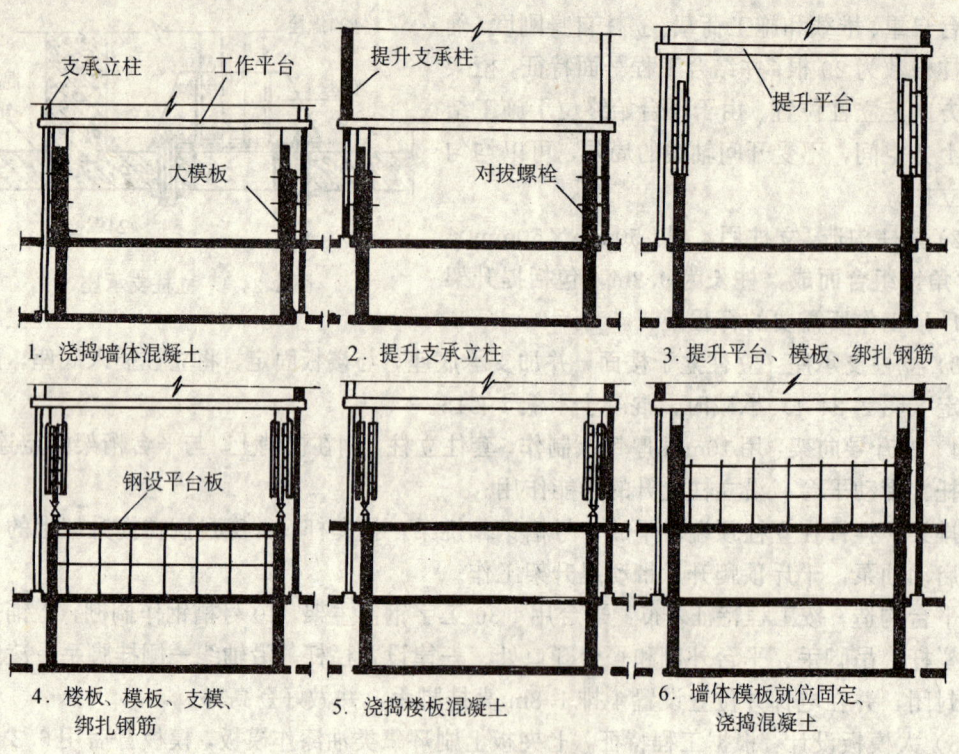

1. 浇捣墙体混凝土   2. 提升支承立柱   3. 提升平台、模板、绑扎钢筋

4. 楼板、模板、支模、   5. 浇捣楼板混凝土   6. 墙体模板就位固定、
   绑扎钢筋   浇捣混凝土

图 2.24-5 操作流程图

　　钢立柱是承载与传力构件,是平台负载的支承柱,又是平台提升的导向柱,必须具有足够的刚度和强度,不得有纵向弯曲变形每根立柱由 4 根∟50mm×50mm×5mm 角钢与 6mm 厚缀板接成格构式柱,截面为 200mm×200mm,长 9.8m,重约 270kg,立柱的辅助

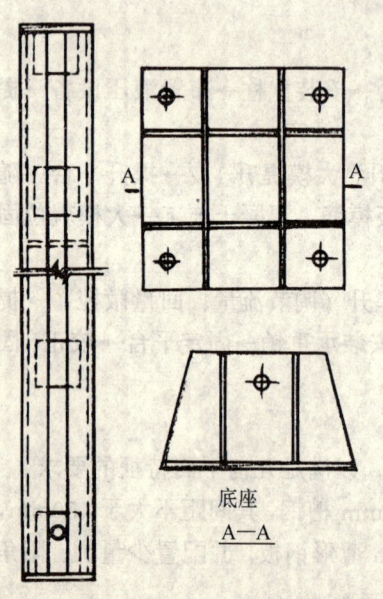

底座
A—A

图 2.24-6 工具式钢立柱及底座

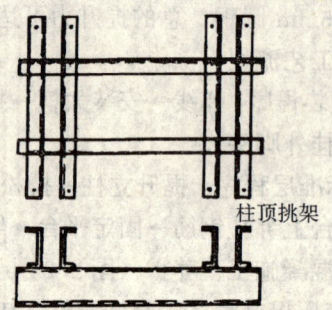

柱顶挑架

图 2.24-7 柱顶挑架示意图

构件有 2 个,其中一是卡式底座,采用 10mm 厚钢板制作(图 2.24-6)用 4 只螺栓固定于已完成楼板上,立柱套入后加销子固定,并随立柱按工序翻升到上一层;其二是立柱顶上焊有挑梁,采用 8 号型钢制作,对称留设 4 个圆孔,悬挂千斤顶爬杆(图 2.24-7)。

　　4)导向架与承重销:(图 2.24-8)立柱与

平台之间用导向架连接，导向架内装导向齿滑轮，使平台提升轻便；定位准确，导向架上面搁置 4 个千斤顶，用螺栓固定，当千斤顶向上爬升时平台也随之上升，当平台提升到位后，用承重销装置放在导向架下，搁于立柱上，使平台进入静止工作状态。这样施工操作的全部负载，由平台和导向架通过承重销传递到支承立柱上。

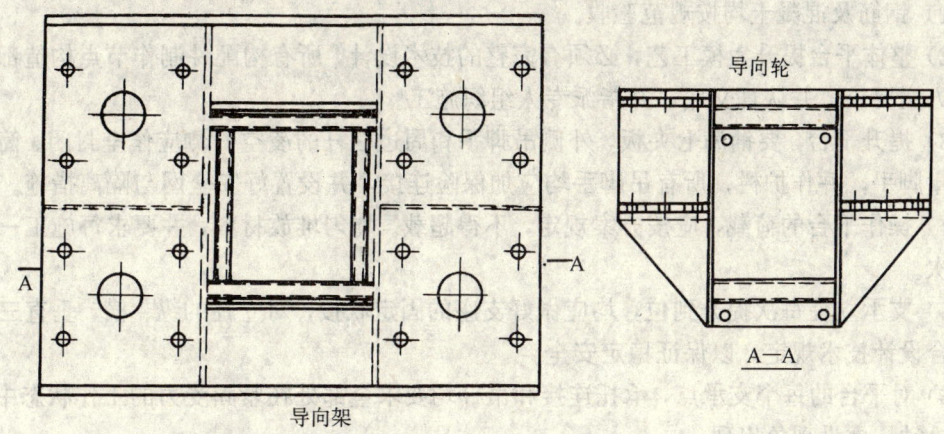

图 2.24-8 导向架示意图

5）施工操作平台根据平面特征决定平台的形状，设计成全覆盖型平台，以保证操作面的安全，平台为钢桁架形式，上铺木板封闭。平台外围的四周挂有 3～4 排角钢制作的吊脚手，用于外墙模板的操作与竖向钢筋木模板的施工，采用立柱顶部挑梁悬挂的手动葫芦。对脚手架位置进行调控。

（6）操作要点：

1）当平台提升到位，及时插上承重销，用铁片填实搁置面上的间隙，分组间隔提升立柱，每根立柱到位，扶正固定，并及时将爬架与桁架连接，调紧吊杆，保持受力件均在承重的工作状态中。

2）掌握平台同步，水平上升，这是保证顺利提升和安全的关键程序。在提升前应调紧吊杆，调平平台，使每根吊杆基本上是均匀受力，开始提升后，要检查每只千斤顶和每条油路工作情况，及时排除故障，及时进行调平，使承重销上的荷载。转换到吊杆上，保持各个吊点都处在正常的工作中。

3）提升前，每根立柱上做好水平标志，在提升过程中每提升 250mm，调整一次水平，将操作平台的高差控制在 10mm 范围之内，每次提升前，应有专人全面检查平台、大模、脚手等有无影响提升的障碍，要保证在提升过程中，不发生任何的碰、擦、勾等现象。

4）吊杆可重复使用，可根据实际使用状况，进行回收和调换，对操作平台，应有专人作检查，发现异样状态，及时研究，采取相应措施。

5）立柱保持直立，不得有扭曲、偏斜状况，大模板用套管对拉螺栓固定，压线安装。在拆卸螺栓、撬开大模前应先收紧钢丝绳，使大模重心与吊环在同一垂直线上，保持垂直悬挂，防止扭转、晃动。大模脱离墙体后，要清除板面残杂混凝土及垃圾，并用脱模剂护面。

6）大模脱离墙体，随平台徐徐上升，并清除散落在平台上的石碴、砂浆，做好落手清工作。

7）楼层水平结构梁板施工，要严格控制标高，此模板从下层向上层翻转使用，墙体混凝土施工，用串桶布料，每层施工结束，对散落的石渣、砂浆进行清除，做好落手清工作。

8）混凝土垂直运输用塔吊吊运或泵送，水电均布置在平台上，供施工使用。

（7）工程质量施工安全：

1）钢筋及混凝土均按规范验收。

2）整体平台提升大模工艺，必须有完整的技术设计，所有构配件制作节点构造都必须符合方案要求，并认真交底，并指派专人组织施工。

3）提升平台，要铺满七夹板，外侧吊脚手和周边栏杆的凌空一侧应作全封闭。筒体内设满堂脚手，并作护栏，所有吊脚手均应加保险连接，并设置好安全网与隔离措施。

4）操作平台的荷载，应按方案规定，不得超载。均匀堆放材料，并要求每施工一层清理一次。

5）支承立柱每次提升到位，均应做好支座的固定联接，对立柱的纵、横、垂直三相必须符合设计技术规定，以保证稳定安全。

6）对平台的每个支承点，承托连接和吊杆均要求全部处在紧固受力的工作状态中，不得有松动、虚设现象出现。

7）平台整体提升前，必须清除一切提升障碍，特别是先要撬松大模后再提升，在平台下方空间，设警戒线，不准有人停留在平台下方，并派专人监护。

8）遇六级以上的大风大气，应停止作业，在风雪雨后，进行检查，确保安全施工。

（8）机具设备，见表2.24-1。

（9）劳动组织，见表2.24-2。

典型工程液压提升装置设备一览表

（以 200m² 混凝土平台面积为准）　　　　　　表 2.24-1

号	名　称	规　格	单　位	数　量
1	液压控制台	70～100L/min	台	1
2	千斤顶	HR-3.5 型	台	96
3	高压	C16	根（每根 5m）	10
4	高压	C8	根	96
5	针形阀	1″	只	5
6	液压分配器	C100	只	5
7	液压分配器	C10	只	24
8	针形阀	1/2″	只	96

典型劳动组织表　　　　　　表 2.24-2

工作内容	安装阶段（人数）	提升阶段（人数）	拆除阶段（人数）
指挥	1	1	1
监护	1	1	1
木工（包括架子工）	40	12	20
电焊工	2		2
提升操作工	2	2	2

注：本表中未包括混凝土与钢筋工人数。

2.24.7 脚手架工程

（1）为保证结构施工的安全，适应结构不断变化的需要，根据实际情况，经过研究对主楼结构外脚手采用可爬升的悬挑式脚手架，通过工程使用取得了较好的效果，不但安全可靠，而且吊装方便。

（2）工作原理：爬升悬挑式脚手架是用有足够强度和刚度的型钢组合式底座，并用脚手管搭设二排半脚手架，并在底座上安装吊环，利用工程上的塔吊进行逐帽提升，每2层一次。

（3）主要机具设备：

1）单体脚手架主要用 $\phi48\text{mm}\times3.5\text{mm}$ 钢管用钢管扣件组合拼成空间单体脚手架（图2.24-9）

2）脚手架底座是用匚14槽钢双拼成组合底架与脚手立杆成一体，以防立杆底脚向外倾斜（图2.24-10）。

3）悬挑部分是用双榀 $\phi48\text{mm}$ 钢管与钢挑架形式抱箍（预先在楼板上留洞），并用脚手扣件连接。

（4）工艺流程：

1）组装阶段：根据事先方案进行加工制作，运输进场，组装成型，吊装就位，检查验收。

2）吊装阶段：设置警戒线，吊点就位，拆除锚固件，吊装就位。

3）施工阶段：包括准备工作、人员配备、技术交底、注意事项。

4）拆除阶段：设置警戒线，逐个吊装到地面，拆除脚手架，清理堆放。

（5）操作要求：

1）在进行吊装作业时，在震动情况下防止发生跳动和向外滑移。

2）吊点离外墙一般应在80cm以内为宜，吊环采用A25圆钢并涂刷防锈漆，吊环有过大扭曲或弯曲超过90°时，不许继续使用。

3）所有组装的脚手架外口应微口上翘约5cm，形成外高内低的情况，脚手架上吊点间距小于2000mm。

4）所有挑梁底部与混凝土面用木契垫实，不允许倾斜或局部受力。

5）挑梁悬臂长度以1:2.5为宜，支座反力架中的有二道钢管应与挑梁抱箍，不得留有空隙，并且用钢丝绳环绕挑架作为保险，钢丝绳连接点用紧固夹头不得少于3只。

6）在挑梁上部处用 $\phi48\text{mm}\times3.3\text{mm}$ 钢管与上部排架连接，作为拉结点，防止挑架晃动。

7）每榀脚手架必须按原组装顺序进行，每榀脚手架之间的空隙（空档）必须小于200mm，且空隙处都要用安全网绳连接，其后用木板式竹笆保护。

8）吊装好后的脚手架必须处于同一水平线上，所有连接点都要扣紧。

9）所有脚手架顶部均须封闭，连接处要用安全网绳连接防护，凡脚手外挡与两端小面也应绑扎好防护栏杆板，同时应设一道挡脚笆，并用安全网兜底封严，靠里档的要求与建筑拉接固定，同时规定其间距不得超过200mm。

10）如无可靠安全措施，电缆一律不准通过脚手架，非电工人员不准在脚手架上擅自拉接电线、电器等装置。

11）在脚手架上放置灭火机。

（6）吊装作业时间操作要点：

1）吊装作业时应有专人负责指挥，统筹各项事宜，并随时监督吊装的全过程。

2）作业人员应稳定，不得随意更换，吊装作业应在白天进行，如遇到能见度差、大雾天、大风雨天（六级风以上）一律暂停吊装作业。

3）吊装作业时应一气呵成，不得半途停顿或空中过夜。

4）吊装过程中，脚手架不得有过大的倾斜、晃动。非操作人员一律不准站在处于吊装状态的下方。

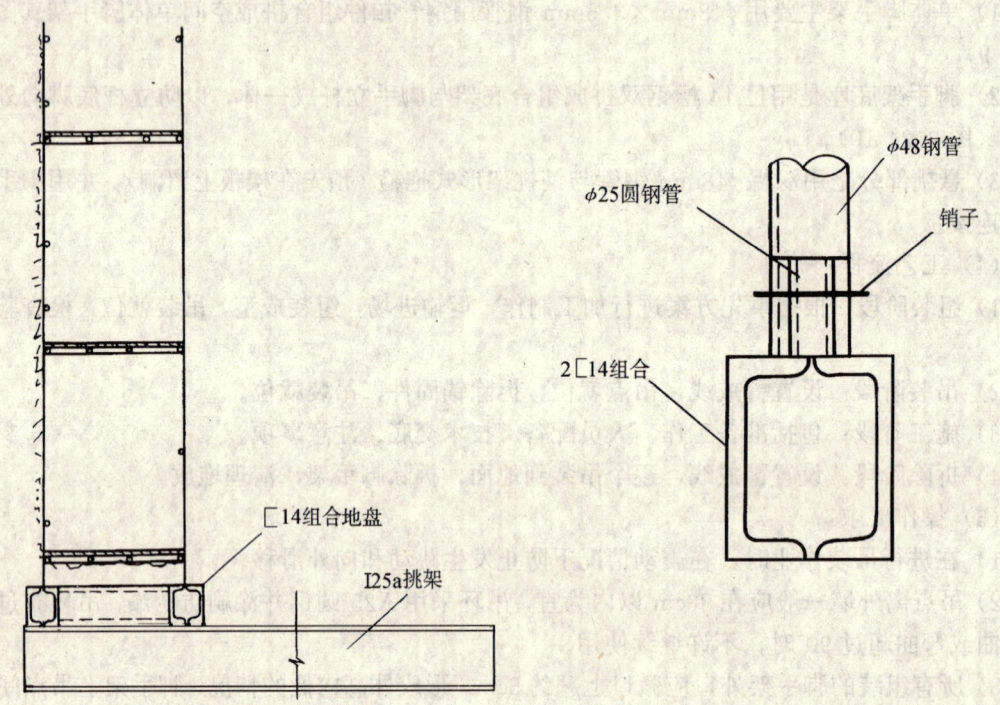

图 2.24-9　悬挑脚手架剖面图　　　　　图 2.24-10　立杆底脚与挑架节点图

5）在相邻的脚手架之间应及时用短管扣件接好，并由专人检查，合格后方可投入下一轮使用。

6）吊装脚手前必须检查一下原有连接件是否全部拆除。

（7）质量保证及安全措施：

1）选用 $\phi48mm \times 3.5mm$ 钢管均应合格规范。

2）电焊必须符合规范要求，并涂刷防锈漆。

3）所有加工组装验收标准均应在 3mm 误差范围内。

4）脚手架不得超载，不得堆放模板、钢筋等。

5）严禁在脚手架内拉设缆风或设置起重机杆等。

6）每天上班时，由专职安全员负责检查各类关键部件，必要时再复查一遍，如发现异常情况，就应及时报告有关方面，及时整改后，才可继续使用。

2.24.8 装饰工程

(1) 主楼装饰工程概况：

主楼外墙大部分为面砖和铝窗，2~6层为蓝色玻璃幕墙，自然地坪−2层干挂花岗石，2层为不锈钢网架加白片玻璃。

楼层内主要是办公房和商住楼及各种公共设施，由于结构外形为筒形，故给外墙面砖及内装饰、吊顶、地坪等带来困难，另外，由于楼层面全部展开，装饰单位达到16家之多，因此给施工及管理都带来很大的困难。

(2) 主要装饰施工：

1) 吊平顶，在装饰工程中吊平顶有很大比例，走廊、电梯、商住房、办公室等都为吊平顶，分为轻钢龙骨石膏板暗架平顶及轻钢龙骨矿棉板明架平顶。

2) 由于平面几何尺寸为圆形，因此平顶平面布置较为复杂，对于走廊部位进行特殊加工，每块矿棉板割成扇形。另外，根据设计图纸，各房间分隔，使吊平顶都要达到美观又要考虑到损耗降到最低。

3) 根据图纸的材料品种、规格进行复核，发现问题及时更正，做到质量合格。

4) 在屋面、外墙面砖、铝窗安装和内隔墙完成后进行吊平顶施工，并搭设简易可移动脚手架，供施工人员进行操作。

5) 在墙柱上弹出+1.00m控制墨线。

6) 吊杆下端螺丝杆与吊钩连接，待龙骨的标高和平整度校正正确后，将该螺帽拧紧，以防平顶在使用过程中受振动时螺帽脱落。

7) 吊杆直径为6mm有丝圆钢，并涂刷防锈漆，间距为900mm，用ϕ6mm膨胀螺栓与顶板混凝土连接，并且保持吊杆垂直。

8) 将大龙骨压入吊钩内，与吊钩内侧面相贴紧，大龙骨之间连接靠专用接插件，大龙骨间距小于1200mm，并根据平顶控制线用母线来调整吊钩高度、起拱和平整度，并且每根大龙骨都要顺直。

9) 将中、小龙骨吊挂在大龙骨上，接头采用专用中、小龙骨接插件连接，也用拉母线方法来调整中、小龙骨，保持龙骨顺直，并在灯具位置进行龙骨加固。

10) 所有龙骨安装完毕后，必须经过中间验收，等水电管试压后方可进行封板。

11) 安装石膏板从平顶中央向两边进行安装，根据图纸要求进行裁块和开孔，检查衬底板两短边是否能钉在中龙骨上，一人托底板，另一人用自攻螺丝拧入衬底板和中小龙骨内。

12) 用胶布将板缝封闭并用腻子进行批嵌，最后涂刷ICI涂料。

(3) 木地板施工同平顶施工同样有很大的难度，而且房间平面是扇形，木地板与其他材料节点较复杂，木材损耗特别大。

1) 木搁栅、地板按设计院要求进行检查，对于质量不符要求，地板色差较大的应给予剔除。

2) 在混凝土基层上，弹出搁栅中心位置，用水平尺控制木搁栅标高，并用细石混凝土将木搁栅窝牢。

3) 铺设木地板先由中央向两边进行贴，钉子长度为板厚的2.5倍，相邻两块高度不应超过1mm，而且相邻两块地板缝隙要密实，然后用刨地板机顺木纹刨平，再用细刨刨光，然后用磨砂皮机将地板表面磨光。

4）硬木地板四周沿墙脚和中间柱脚处用与地板料相同的木踢脚板，最度为20mm，高度为150mm，在阴角处钉凸角线，然后进行油漆，油漆完毕后，进行打腊擦亮。

（4）装饰施工管理：

1）先参于装饰图纸的会审工作，对装饰施工图纸中不明确节点和图纸不详、今后无法监控的部位，在施工前全部解决。

2）图纸到手后，抓紧熟悉图纸，把装饰内容归类。例：

平顶：轻钢龙骨明架，半明架、纸面石膏板等；

墙面：大理石墙面、瓷砖、主糊墙面等；

地面：花岗石地面，地砖、木地板地面。

3）对解决装饰内容及时归口，对于特殊装饰内容，寻找有关质量书籍，解决图中指出的问题。

4）图纸审定后，对图中装饰内容，配以装饰质量要求和控制质量的书面交底材料以便于施工队伍进场后逐一交底。

5）对各分项中的规范要求、验收标准、质监文件和质监核验进行重点反映。

6）对结构和安装影响装饰部位的在图纸交底中献计献策，直至满意为止。

7）对有中间验收的分项逐一交待，尽量避免返工，以免影响下一道工序的施工。

8）对分项有质保要求的资料管理全部作一交待。

（5）质量资料管理：

1）当本工程装饰分包单位进场后到质量员处报到，并针对其装饰作书面交底并设立管理台帐。

2）设计、施工修改图及外包装饰的来函应及时归档。

3）装饰材料质保书和试验报告及评定表，质量监理汇总。

（6）抓好质量信息，发挥信息反馈的作用。

1）搞好工程项目装饰质量管理，必须认真积累，掌握完备、准确的原始记录、台帐、资料，在工程全过程中抓好信息工作，制定装饰质量信息流程图，并落实到人。

2）建立分项质量分析制度：

①例外面砖施工中项目班子把主楼外墙面砖作为装饰施工中关键分项设立管理点，在墙身括糙套板复核正确的前提下，抓好墙身面砖弹线和水平线控制、窗台、节点处理和面砖缝格平直几方面验收。

②在吊顶和大面积木地板施工中，注意发挥信息的监控作用，发现问题，随时纠正，控制吊顶和木地板装饰质量，创造吊顶和木地板一次成活的好成绩。主楼部位一年来未发现石膏板吊顶有裂纹和木地板起拱现象，节约了人工、材料、降低了工程成本。

③卫生间面砖、地砖铺贴中，由于质量信息为先导，及时分析讲评、整改，使铺贴一次成功合格率从90%提高到99%。

3）由于抓质量信息的反馈，促进质量分析、整改，推动了创优目标的实现。

（7）建立健全计量管理网络，装饰工程中的测量、标高、复核都用特定的经纬仪、水平仪。为了使计量工作渗透到管理的全过程，在外墙砖洞处分别设立计量观测点，并随时把面砖铺贴数据标明在平面图上，客观反映了工程质量动态、状况并加强动态因素监理，保障了工程的最终质量。

（8）小结：

1）福申里改建工程在基础、结构、装饰阶段的施工是成功的，依靠科技进步上水平求发展的动力机制，促进质量和效益的提高。

2）强化以项目管理为中心环节的管理责任、承包制的管理机制，取得了较好的社会效益和经济效益。

3）在工程项目这块"责任田"上进行精耕细作，顺应了项目法施工而形式的新机制。

4）在工程中发挥以上各点，从广度、力度、深度努力提高，才能促进工程的不断发展。

（葛宏亮）

2.25 环球世界大厦基础与结构施工

一、基础部分

2.25.1 工程概况

上海环球世界商业大厦工程位于静安区万航渡路和愚园路口,分为主楼和裙房两部分。该工程占地面积 $3971m^2$，建筑面积 $45000m^2$，基坑面积 $3000m^2$。主楼 30 层，裙房 2~13 层向主楼呈阶梯形，地下均为 2 层。结构体系为框筒和框架结构，钢筋混凝土灌注桩，底板厚度均为 2.0m，埋置深度 8.4m，局部电梯，集水深坑达 10.2m。

基础施工采用大开挖，地下开控深度 8.7m 左右，局部深坑达 11.0m。在闹市区深基础施工特点是场地狭小，工程量大，工期紧，且土方不易运出，因此针对环球世界商业大厦工程特点,选择相适应的深基础围护施工方法是工程成败的关键。总平面如图 2.25-1 所示。

2.25.2 基础围护

（1）关于围护方案的选择：

1）通常我们见到的基坑围护结构主要有：

①钢板桩围护基坑；

②地下连续墙围护基坑；

③桩围护基坑。

下面简单介绍这 3 种方法的特点：

①钢板桩围护基坑：钢板桩围护一般用于沟漕开挖深度大于 3m 的沟漕或基坑。其断面形式通常有：平板形、槽形、Z 形、I 形及组合型。

优点：施工方便、灵活、造价低廉，适用于浅基坑和市政沟漕及周围场地对沉降墙无严格要求的情况。

缺点：应用范围较狭窄，当基坑周围有建筑物及市政管线而对地面沉降要求较高时不宜采用，且其防水性能较差。

②地下连续墙围护基坑：地下连续墙的主要形式有：排桩式、槽段式和预制拼装式。地下连续墙适用于城市开挖较深的基坑。

优点：

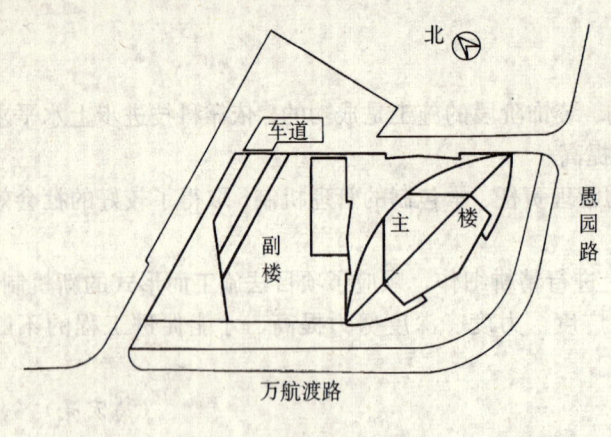

图 2.25-1　环球总平面图

a. 施工振动小，噪声低；

b. 墙体刚度大，用途广（其厚度一般为 40～120cm）；

c. 对周围地区无振动；

d. 挡土截水性能好，开挖不必降低地下水；

e. 可用于逆作法施工；

f. 可作成多种形式的基础；

g. 适用于多种地基条件，可昼夜施工，工期短。

缺点：

a. 施工机具对多种地质条件的适应性差；

b. 泥浆下浇注混凝土的质量下降；

c. 墙体间接头易留隐患；

d. 沟槽可能产生坍落或变形；

e. 废浆液处理成本高；

f. 槽底残渣不易清理彻底。

③桩围护基坑：常见的断面型式为矩形、圆形、T 形及工字形，适合于中等深度的市政工程沟槽或基坑。

优点：既可在施工时作临时护壁，又可与内衬混凝土结合共同成为主体结构，且有快速、节约、安全的特点。

缺点：水平位移和周围地面沉降与地下连续墙围护结构相比还是较大，且整体性较差。

2）SMW 工法围护基坑：SMW 工法是 SOIL MIXING WALL 的简称，是将水泥浆液与原位置的土砂混合搅拌后形成连续壁体的一种施工方法。通过特殊的多轴搅拌机将土体切散，同时从其前端将水泥浆注入土体，使之在搅拌过程中与土体充分搅和而形成水泥土体。

优点：

①对周围地层影响小。由于将水泥浆与硬化材料在原位置与土砂搅拌混合而形成墙体，不存在孔壁崩坍现象，因而对周围地层的影响很小；

②防渗性能好。由于水泥土本身的渗透性极小（10^{-7}～10^{-8}cm/s），在施工时搅拌叶片互相交互配置，形成了均匀连续的壁体，从而提高了墙体的抗渗性能；

③工期大为缩短。由于不需产生钻槽及安放钢筋笼，加上常采用特殊的多轴螺旋钻，工期可比地下连续墙缩短约 50%；

④不需要泥水处理，残土处理量极少；

⑤几乎适合于所有的土质情况。

3）方案选择：

在上海软土地基，当基坑开挖深度大于 6m 时，通常认为是深基坑，而深基坑开挖成功的关键在于是否安全和土方开挖、运输是否方便，其最终主要归功于基坑开挖后的围护支撑结构形式，同时必须考虑基坑力学性能的可靠性及施工方案的经济性。

针对以上因素，我们对"环球世界商业大厦"基坑工程采用的几类围护支撑方案比较分析见表2.25-1。

根据以上分析，SMW施工方法在各项工程指标上显示出其优越性，尤其在深坑开挖深度为6~10m更为适宜，所欠缺的是实施经验和工艺不明，最主要是SMW工法中H型钢插入后与搅拌桩共同作用的分析。

针对以上情况，结合上海软土地基的特点，参考日本和台湾类似地层文献资料，在同济大学及基础公司的大力支持和配合下，决定大胆采用一道截面为600mm×600mm钢筋混凝土支撑以确保挖机能下放到基坑出土。围护结构则采用刚度好的3排φ700mm水泥搅拌桩，厚度为2.0m，并且充分利用H型钢插入搅拌桩后自身受到水泥土侧限，保证了其腹板及翼缘稳定性，具体方式是采用间隔式插入大截面薄型H型钢。SMW工法如图2.25-2所示。

几类围护支撑方案比较表　　　　　　　　表2.25-1

类型	经济开挖深度（m）	费用	抗渗漏	现场要求	设备	泥浆管理	取土	施工进度	刚度	支撑	挖土	技术成熟度	结论
地下连续墙	10~15m	高	好	高	复杂	严格	要	慢	一般	2~3道	一般	一般	不适
钻孔灌注桩	6~10m	一般	差	一般	一般	要	要	一般	一般	2~3道	一般	熟练	安全抗渗漏差
SMW工法	6~10m	一般	好	少	简单	无	无	快	较大	1~2道	较方便	国内首创	安全抗渗漏好

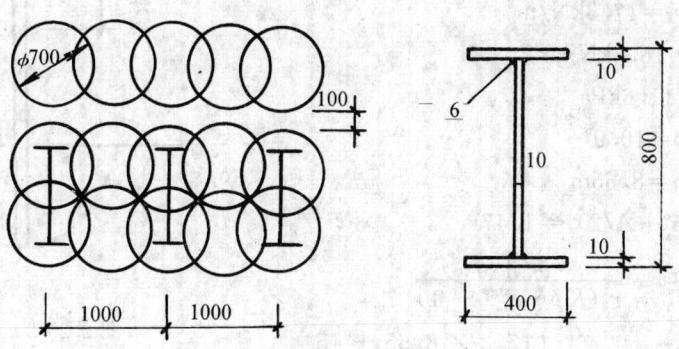

图2.25-2　SMW工法结构平面

（2）地质条件及SMW工法设计计算：

1）地质条件（表2.25-2）

2）入土深度计算：根据上海地区地下连续墙入土深度的经验公式为$K=0.7~1.0$之间，故暂定为$K=0.9$，则总长度为$L=16.5$m，$D=7.85$m。简图如图2.25-3。

$$M_d = P_v h_1^2 / 2, \quad h=8.6$$

其中：$P_v = q + rh$

$$= 15 + 17.3 \times 8.65$$

$$= 164.65 \text{kPa}$$

地 质 条 件　　　　　　　　　表 2.25-2

标高 (m)	序号	土 名	指标 (kPa)			
0.00	①	杂填土				
1.7~3.4	②	褐黄色粉质粘土	$r=18.5$	$c=21.4$	$\varphi=16.4°$	$f=90$
	③	灰色淤泥质粉质粘土	$r=17.0$	$c=9.50$	$\varphi=129°$	$f=70$
8.0	④	灰色淤泥质粘土	$r=16.6$	$c=10.9$	$\varphi=8.7°$	$f=60$
16.5~23	⑤1a	褐灰色粘土	$r=17.6$	$c=15.6$	$\varphi=11.8°$	$f=85$
	⑤1b	灰色粉质粘土	$r=17.7$	$c=19.2$	$\varphi=15.5°$	$f=95$
23~30.5	⑤2	灰色砂质粉土	$r=17.3$	$C=7.86$	$\varphi=22.7°$	$f=100$

其中：$h_1=7.85$m

$\therefore \quad M_d = 0.5 \times 164.65 \times 7.852$

$\qquad = 5072.92$kN·M

$M_r = \pi h_1^2 C_u$

$C_u = 40$kPa（C_u 值在围护桩内侧压密注浆可达 40kPa）

$\therefore \quad M_r = \pi \times 7.852 \times 40$

$\qquad = 7743.71$kN·m

安全系数：$K = \dfrac{M_r}{M_d} = \dfrac{7743.71}{5072.92} = 1.53 < 1.5$

3）抗隆起验算（Caguo 公式）。土性指标加权平均值如下：

非开挖侧：$r_1 = 17.3$kN/m²

开挖侧：$r_2 = 16.6$kN/m²

内聚力：$c = 11.6$kPa

内摩擦角：$\phi = 10.9°$

开挖深度：$h = 8.65$m

$K_p = \text{tg}2(45° + A/2) = 1.47$

$$D = \frac{r_1 h + q}{r_2(Kp \cdot e^{\pi \text{tg}\varphi} - 1)}$$

$$\quad = \frac{17.3 \times 8.65 + 15}{16.6 \times (1.47 \times e^{3.14 \times \text{tg}10.2°} - 1)}$$

$$\quad = 5.86\text{m} < 7.85\text{m（安全）}$$

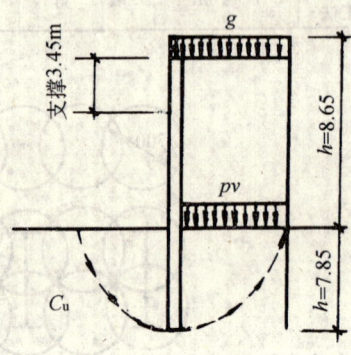

图 2.25-3　计算模型

4）内力及位移计算：根据 SMW 工法的理论假设，围护结构内力、弯矩由 H 型钢承担，搅拌桩仅作防止其翼缘及腹板失稳的填充材料，同时有效地防止了围护结构的过大变形。

根据 H 型钢的尺寸可求 4 得 $I = 0.001644$m⁴

根据同济大学电算桩身最大变矩为 $M_{max} = 720$kN·m

最大剪力 $Q_{max} = 370$kN·m，最大位移 37mm，

支撑最大轴力 $N = 490$kN·m

$$\therefore \quad \sigma = \frac{M_{max}}{I} \times \frac{y}{2} = 175\text{N/mm}^2 \approx 170\text{N/mm}^2$$

$$\tau_{max}=\frac{QS}{It}=52.8N/mm^2<100N/mm^2$$

5）H 型钢长度确定：根据国外有关资料，为了使 SMW 工法做得经济，H 型钢可以根据具体的地层情况，插至一定深度，以下部分的搅拌桩作为防止围护结构和基坑涌水的措施，所以本工程对照计算结果为插至开挖面以下 5m，总长 13.6m，而搅拌桩加深至 18m。

（3）围护结构平面布置及围护桩，见详图 2.25-4。

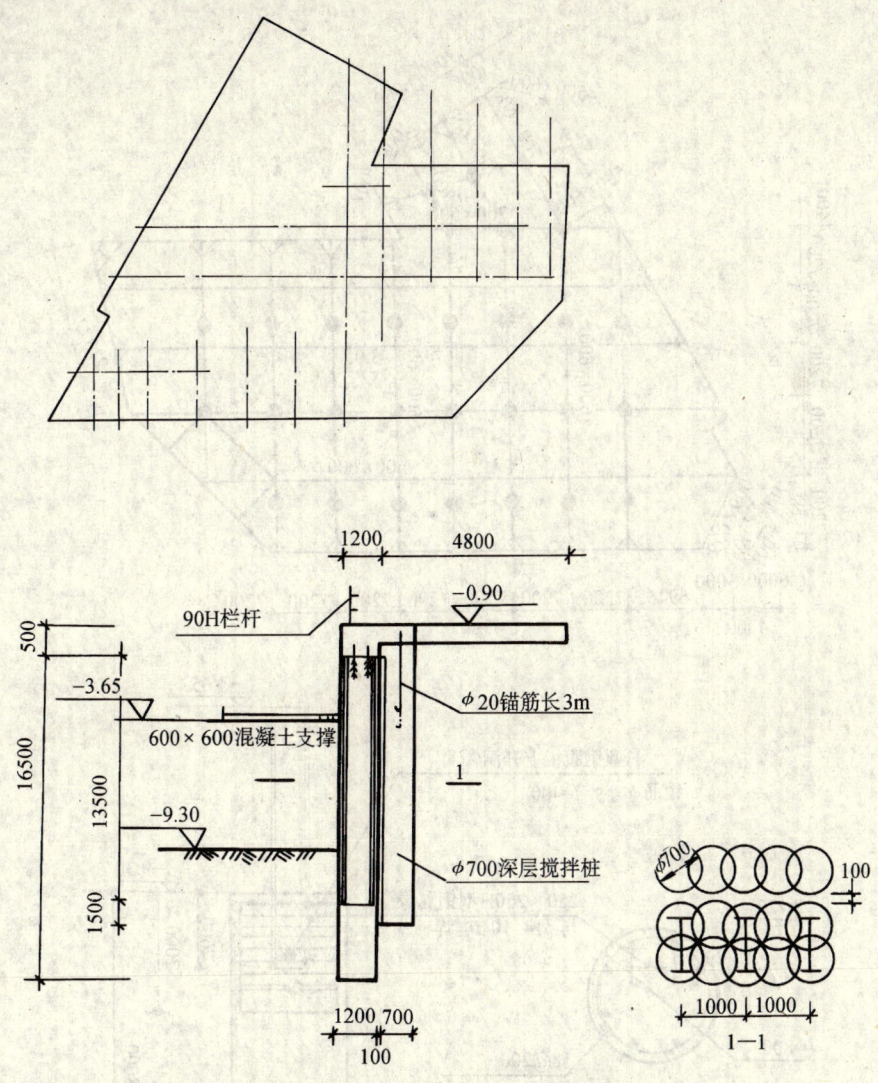

图 2.25-4　围护结构平面布置及围护桩详图

2.25.3　支撑

根据同济大学设计研究院提供的图纸，结合现场及挖土等实际情况，在−3.05m 标高处设置一道钢筋混凝土现浇支撑。

钢筋混凝土支撑面标高为−3.05m（设在地下一层楼板上 200mm 支撑断面为 600mm×600mm，围檩断面为 600mm×650mm，搁置焊接在围护桩中 H 型钢的钢牛腿上。由于支撑基坑跨度较大,不利于受力,故在整个基坑中设置30根H250mm×250mm钢支撑,主楼部分钢支撑预先插设在工程桩中,裙房部分插入深8.0m、ϕ800mm的钻孔灌注桩中,支撑搁置在钢立柱上。

立柱分布及详图如图2.25-5所示。

根据支撑的布置及立柱的布置和受力情况,可以计算出支撑与围檩处结合配筋,如图2.25-6所示。

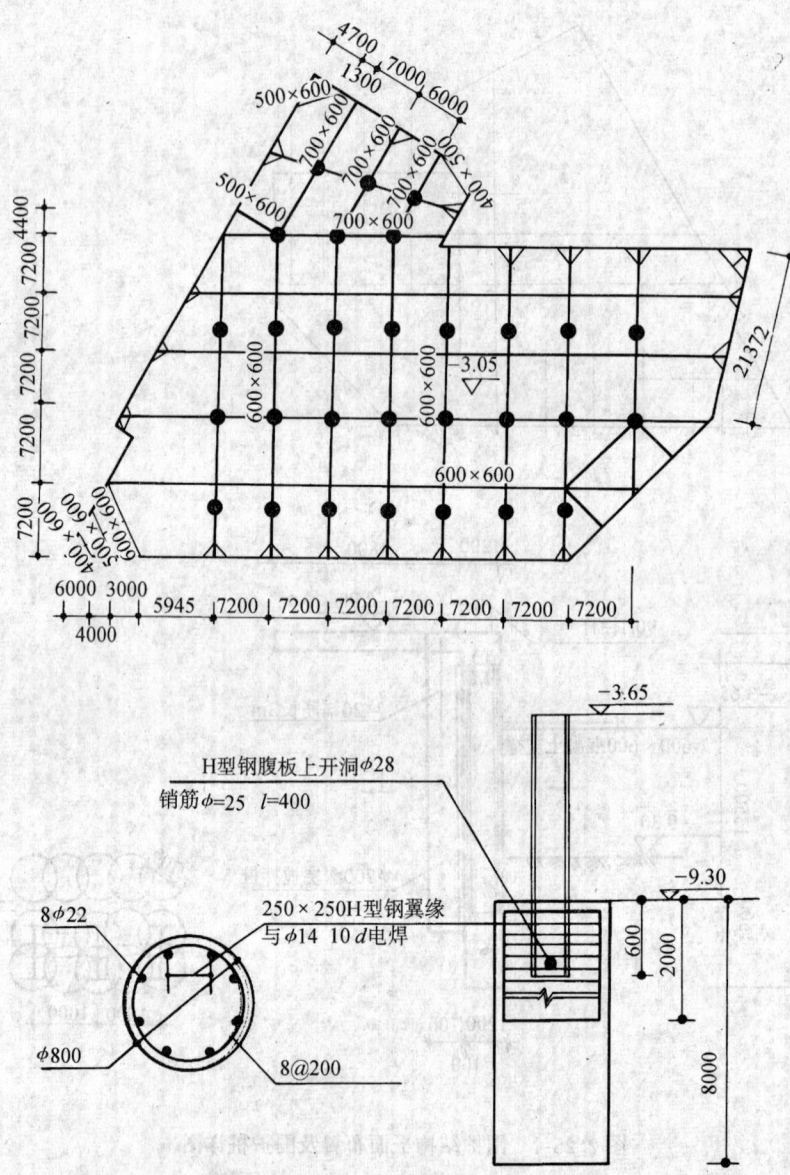

图 2.25-5　立柱分布及详图

2.25.4　基坑降水

(1)工艺流程:定位→成孔→冲孔换浆→下管→填砾→洗井→下泵→抽水。

(2)具体技术措施:

1）定位：采用经纬仪定出开位，钻机就位采用三点一线法，即天车中心、转盘中心及井位点处在同一铅直线上。

2）钻进成孔：钻机就位以后，采用20S左右的泥浆钻进成孔，钻头选用φ650mm钻头。针对地层造浆特性，采用了边钻进边清水的办法，既能保证泥浆护壁，又有加快成井速度。井深测量利用丈量钻具和测量测绳相结合的办法，保证井深达到要求。

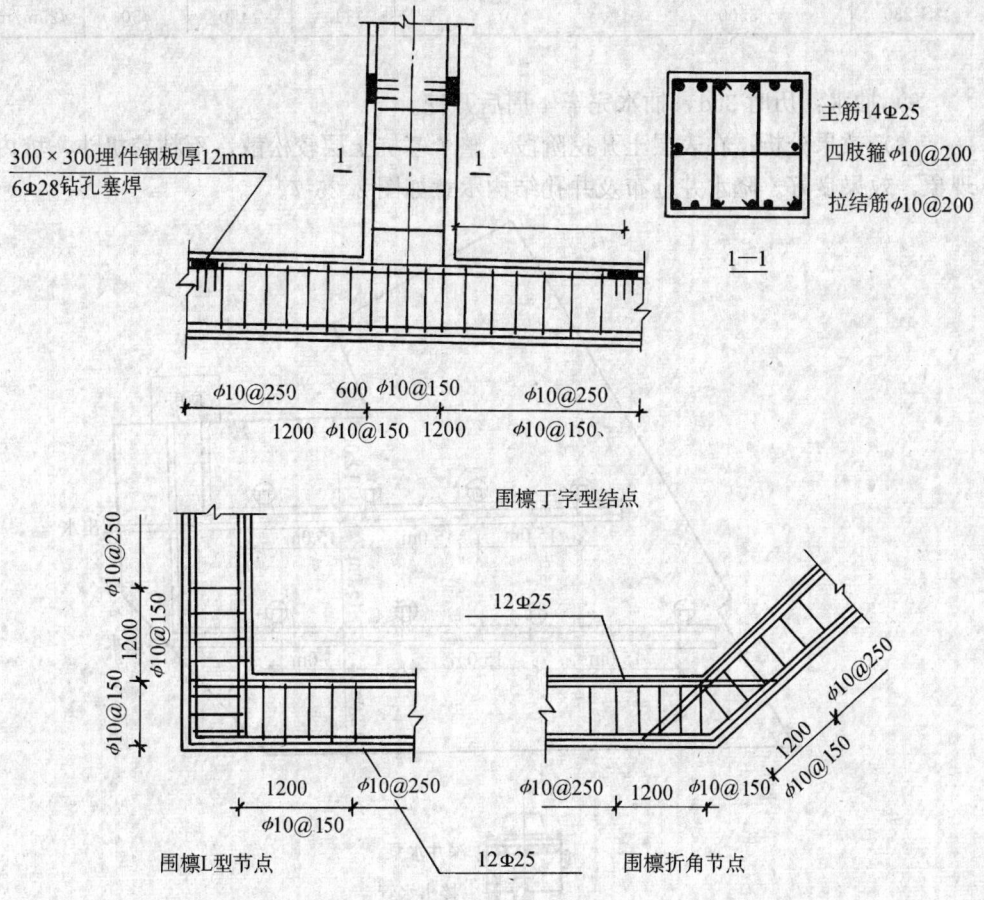

图2.25-6　支撑与围檩结节详图

3）冲孔换浆：冲孔换浆的目的是为了将成孔后的稠泥浆及孔内的泥砂冲出。

4）下管：所有的深井底部通过测量控制在一个水平面上，即井底标高约为−14.4m，同时在井管上加两组扶正器，以保填砾厚度和井管不靠在孔壁上。井管的焊接做到坚固密实，连接垂直、不漏水、不漏气，以保证下泵和真空泵结合降水作用。

5）填砾：采用管外返水快投法，封闭井口，从管内灌入清水，当送入的清水从孔中返回时，即可快速均匀地沿着井管四周撒入砾砂，这样砾砂中的杂质和细砂就顺循环槽排走，既提高了砾砂质量，同时起到了洗井作用。

6）洗井：当填砾高度达到要求后，继续往管内送清水，一直到返回来的含砂量小于5%时，洗井结束。

7）水泵：2台真空泵，型号2S-230，各控制4眼降水井。真空泵技术性能见表2.25-3。

真空泵主要技术性能指标

表 2.25-3

型号	极限真空（Ph）（水湿为15℃时）	抽水速率（L/s）（水湿为15℃时）	配用功率（kW）	转速（r/min）	进出口径（mm）	进入口径	重量（kg）
2S-185 2S-185A	3500	35	5.5	1440	φ50	G1/2″	185
2S-230	3500	70	11	1450	φ50	φ25m/m	420

8）抽水：历时 30d，抽水完毕 4 周后开挖。

（3）效果分析：在表层土开挖阶段，整个基坑土层较松散，不粘挖机斗，坑内无积水现象，效果良好。降水井分布及井孔结构示意如图 2.25-7。

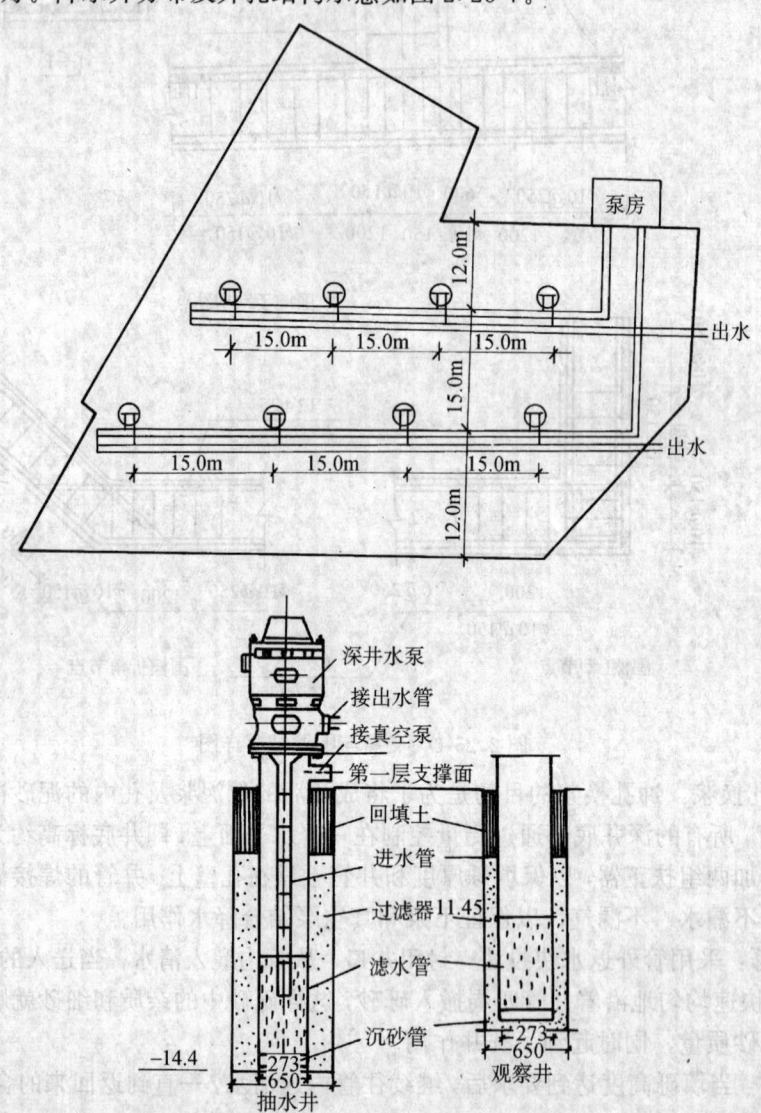

图 2.25-7 深井泵法基坑降水及井孔结构示意图

2.25.5 基坑开挖

(1) 施工准备：基坑开挖应待围护桩达到设计强度后方可进行，并按图要求将环境监测点埋好，测取初始读数，开始前要对施工道路、排水系统设施进行检查，以确保施工时道路畅通，排水及时。

(2) 本工程基坑开挖深度 8.40m，局部深坑 10.2m，由南向北。第一次开挖至 -2.85m 标高，主要目的是为了便于浇捣第一道钢混凝土支撑，挖土机械用 $1m^3$ 反铲挖机，方法详见挖土平面示意。当挖机至 -2.85m 标高时，用人工或 $0.14m^3$ 反铲机开挖支撑槽，浇捣 80mm 厚混凝土垫层，支撑的侧模采用钢模板，然后绑扎钢筋和浇捣混凝土（做好隐蔽工程验收），支撑采用 425 号早强水泥，支撑标高允许偏差 $+10$mm，支撑轴线允许偏差 $+10$mm，利用非工程桩作为立柱的支撑标高适当提高 20mm。

待钢混凝土支撑强度等级达到 C40 混凝土 70% 的强度等级时（估计日夜平均温度 20℃左右约需 3d），即可进行第二次开挖。

第二次开挖需做好以下准备工作：

a. 在 7～11 轴/A 处设置斜行钢平台（见第二次开挖示意图）；

b. 运土车辆道路及挖机工作面上铺设路基箱。（注意路基箱不要搁置在支撑上）；

c. 凿桩准备完毕。

第二次挖土开挖应严格按照挖土施工示意图来施工，挖至 -7.00m 标高，在围护桩四周留梯形坡宽度从 1.5m 到 6.0m，中心一次挖至 -9.4m，浇捣混凝土加强垫层，浇垫层强度等级达到 C20 后挖出围护桩边坡。挖土示意如图 2.25-8。

挖土示意如图 2.25-9。

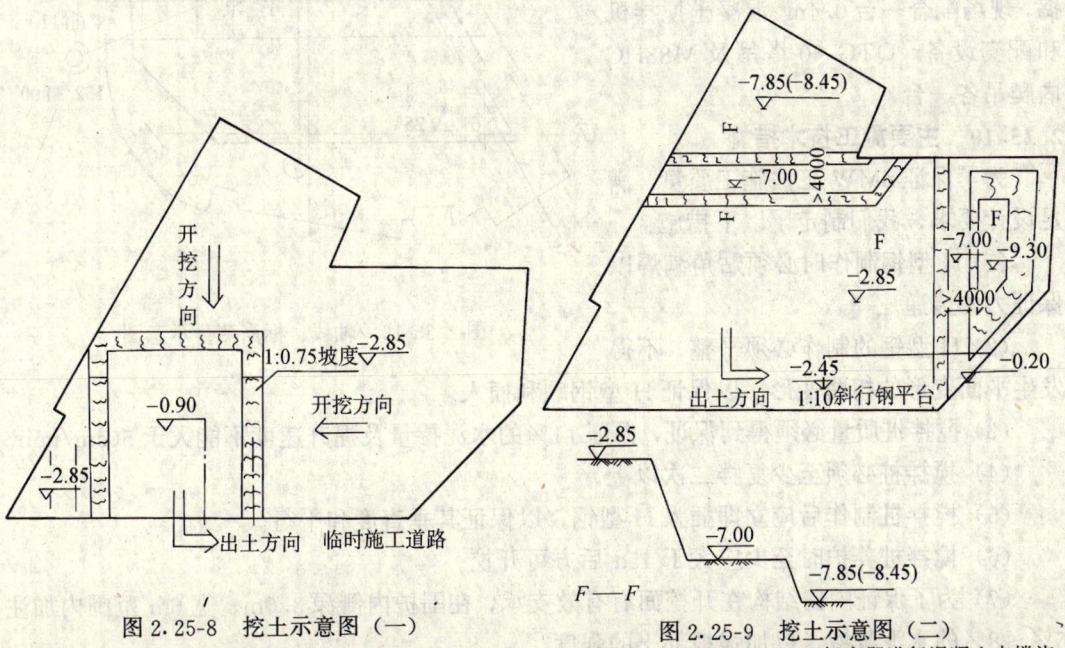

图 2.25-8 挖土示意图（一）

说明：1. 用 CAT $1m^3$ 挖土机由南向北挖至 -2.85m 标高。

2. 支撑开槽，安装支撑，同时搭设钢栈桥。

图 2.25-9 挖土示意图（二）

说明：1. 挖土至 -2.85m 标高即进行混凝土支撑浇捣，先浇捣斜行坡道处。

2. 挖机作业，在车辆行驶面须设跑垫板，但不可搁置在混凝土支撑上。

3. 挖机工作时不得碰撞支撑。

2.25.6　凿桩施工

本工程钻孔灌注桩主楼部分为群桩，桩直径为800mm，间距为2000mm和2400mm，估计超出桩顶设计标高3.0m左右，需人工凿除，凿桩必须紧跟挖土进行，挖土一段凿除一段，以免妨碍挖土施工，凿桩时应注意安全，用风镐将桩凿成500mm×500mm大小的混凝土块，晚上随土方一起外运。

2.25.7　基坑排水垫层施工

基坑排水措施紧跟土方开挖，当基坑挖至设计标高，即浇捣混凝土垫层，布置盲沟、明沟集水井，开始排水，垫层厚200mm，混凝土强度等级C20，外围明沟共设9只集水井，采用潜水泵抽水，经沉淀池沉淀后排入路边窨井，基坑周围紧贴围护的垫层加厚至400mm（加强垫层），并配筋以利稳定围护桩。垫层施工紧跟挖土进行，挖出一块即浇捣一块。另外，明沟集水并应加强经常性维护，排水泵须专人管理。

2.25.8　轴线、标高测量控制

为尽可能不受基坑开挖影响，轴线标记尽可能远地做在周围居民住宅的外墙上和路面上，墙面上用红"▲"标记，地面上打入2.0in的钢钉，顶头涂上红漆。待基础垫层混凝土浇捣完毕，用经纬仪将轴线投下，弹出基础施工轴线控制线，如图2.25-10所示。

水准标高从城市水准点引出，临时固定点设在愚园路对面的商业店外墙上，用水准仪引入基坑。

2.25.9　机械布置

为配合钢筋混凝土支撑体系的浇捣，现场配合一台0.4m³混凝土搅拌机和配套设备，QTG-60塔吊及M88HC内爬吊各一台。

2.25.10　主要施工技术措施

为了保证SMW工法施工质量，满足设计要求，我们制定了以下措施：

（1）H型钢制作时必须贴角满焊以保证力的传递。

（2）H型钢的制作必须平整，不得发生平面变形的扭曲变形，以保证H型钢顺利插入。

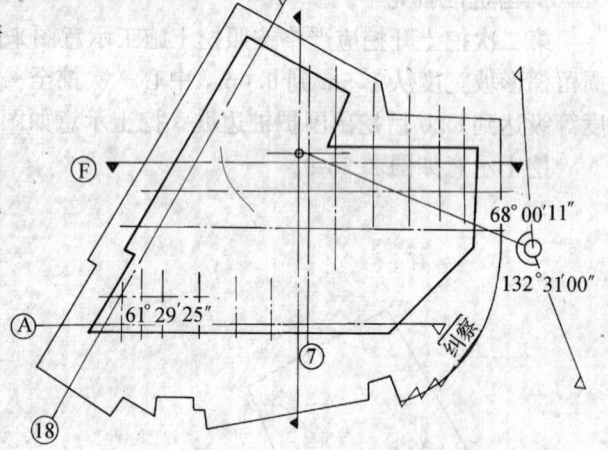

图2.25-10　轴线、标高测量示意图

（3）搅拌桩质量必须得到保证，保证14%的水泥掺量及提升速度不能大于50cm/min。

（4）搅拌桩必须至少复拌二次以上。

（5）搅拌桩制作后应立即插入H型钢，以保证其垂直度和平行。

（6）搅拌桩养护时至少应大于45d后方可开挖。

（7）为了保证围护结构在开挖面上有有效支承，在围护内侧深3.0m、宽6m范围内加注6%~8%的水泥浆液，以加强根部土的强度。

（8）开挖时先撑后挖，不允许超挖。

（9）钢筋混凝土支撑由于抗弯能力较差，所以不允许在其面上堆放重物，且要达到70%设计强度等级才可开挖。

（10）应在开挖两周以前排尽基坑范围内地下水，增加土体稳定性。

（11）开挖至坑底后尽快浇捣垫层，并争取快速完成底板施工。

（12）如有局部漏水，应立即注浆加以封堵，防止周围地面沉降，以保护地下管线及周围建筑。

（13）在垫层施工时进行加厚，并配少量钢筋，以防止基坑漏水。

（14）挖土施工严格按直线尺寸开挖，挖土标高按图纸尺寸要求，不准超挖，最后20cm建议用人工铲挖、修平。

（15）挖土期间对周围环境加强监测，要求每天监测一次。

（16）放坡挖土严格按图纸要求的坡度施工，坡面用人工修平。

（17）基坑内明沟、盲沟、集水井按图纸要求施工，并保持畅通，配备足够的抽水机械随时排除积水，保持基坑干燥，排水泵抽出的水要排入明沟或通过管道排出，不得流入基坑。

（18）垫层应紧跟挖土施工，挖一块土浇捣一块。

2.25.11　主要安全技术措施

（1）必须严格执行上级部门颁发的有关安全生产制度、安全操作规程的有关条文。

（2）施工现场外围必须加以围护，严格禁止非施工人员入内，施工人员进入现场必须带好安全帽。

（3）工地施工管理人员应认真做好安全管理工作和监督工作，制止违章作业。

（4）对于安全技术措施要求较高的作业，要事先进行交底，必要时应有安全人员负责进行监护。

（5）地下基坑开挖后，在基坑周围应设置保护栏杆，在基坑内设上下扶梯。

（6）机械挖土时要专人指挥，防止土块下落击伤施工人员，严禁工人在挖土操作范围内施工。

（7）基坑开挖时，遇有地下管线，要报请有关部门处理，不得擅自破坏，对基坑周围的地下管线要加强监测，落实保护措施。

（8）对于深基坑开挖，要加强对墙体位移监测，以便及时采取措施。

（9）挖土期间必须保持道路畅通，严禁在施工道路乱堆乱放。

（10）塔吊吊运构件必须遵守建工局"十不吊"规定。

（11）塔吊起重机械设备必须具备"三保险"、"五限位"，不准带"病"作业。

（12）非机电操作人员，严禁使用和玩弄机电设备。

（13）架设电线电缆必须符合有关规定，电缆辅设必须按有关规定并设置明显标志，严禁压重物、撞击磨损等现象发生，路面下埋设电缆应有专人保护。

（14）施工现场须设置危险品仓库，易燃、易爆物品应集中由专人管理。

（15）夜间施工场地必须配备足够的照明。

（16）加强对电焊、气割工人的安全操作教育，无证者不得操作。

（17）严禁施工人员在围护支撑上随意行走。

2.25.12　雨季施工措施

（1）施工现场的道路、明沟、基坑内的盲沟、集水井要按方案做好，并配备足够的抽水机械；随时排除积水。

（2）在雨季到来之前，组织有关人员对现场临时设施、机械、排水系统进行防电、防雨检查。

（3）现场道路应注意排除积水，防止车辆打滑，必要时道路辅设草包，确保车辆通行安全。

2.25.13　基础结构施工

基坑垫层浇捣完毕，钻孔灌注桩动测完成，即弹出轴线和结构边线，开始施工基础结构部分。共分三次浇捣。第一次浇捣地下室混凝土墙板施工缝，底板混凝土浇捣完毕后外墙拆模回填土（回填黄沙）并整实。第二次浇捣地下二层墙板、柱及−3.85m 标高楼板、车道板。外墙混凝土浇捣完毕，拆除外墙模板，回填土并夯实，且在−3.85m 标高处浇捣一层 200mm 厚钢筋混凝土支撑板，混凝土中须加早强剂。混凝土强度等级为 C20，待强度等级达到 70%，开始拆除 600mm×600mm 钢筋混凝土支撑。第三次浇捣地下一层墙板，柱及+0.00 楼板、车道板，拆除外墙模并回填土。

（1）钢筋工程：

1）钢筋应严格按图施工、钢筋的规格、数量、间距和搭接长度，位置等必须按设计和规范要求施工。

2）钢筋保护层应特别加以重视，严格按规范要求放足垫块。

3）底板上皮钢筋应按方案安装支架，然后再绑扎，楼板钢筋在浇捣时应设置竹篱笆。

4）柱、墙钢筋遇围护支撑插不上来时，钢筋采用 10d 双面焊，并做好试件。

5）后浇带处底板、楼板、梁钢筋应按方案留置。

6）底板钢筋搭接采用钢套管连接，按对接焊规范要求做好试件。

7）严禁随意改变钢筋规格、间距，如需代换，应通过技术部门报设计认可。

8）如发现插筋偏位严重，应及时报技术部门，采取措施后方能进行下一层施工。

9）墙柱钢筋应在验收通过后才能封模。

（2）模板工程：

1）外墙模板采用组合钢模板，如果围护桩与外墙板之间模板操作距离不够，则用砖代模。

2）内墙模板采用钢模散拆散装，梁柱模板采用组合钢模板。

3）楼板采用七夹板作模板，满堂钢管排架，5cm×10cm 搁栅上铺七夹板。

4）外墙水平施工缝做成企口缝，内口高 10cm，并设置止水片。

5）后浇带模板支设应按图执行。

6）G-T/18～20 轴处有梁底板，梁模均采用砖代模。

7）模板接缝应紧密，不合格的模板应禁止采用，以防漏浆。造成蜂窝麻面。

8）支模施工严格按照施工规程进行。

9）对穿底板的支撑、支柱、外墙对穿螺丝均要求烧焊止水片，经验收合格方可封模。

（3）底板大体积混凝土工程：本基础底板混凝土共约 5600m³，强度等级 C30，抗渗 S6，分三次浇捣，均属大体积混凝土。为了确保大体积混凝土的施工质量，防止裂缝的产生，我们着重从控制温升、延缓降温带率、减小混凝土收缩、提高极限拉伸等方面采取一些技术措施。

1）材料要求

①水泥：大体积混凝土结构引起的裂缝最主要的原因是水泥水化热的大量积聚使混凝土出现早期温升及后期降温现象，为此在施工中应尽可能采取中低热水泥，如 425 号矿渣硅酸盐水泥。

②细骨料：中细砂，含泥量<2%，符合筛分曲线要求。

②粗骨料：选用 5～40mm 石子，减小混凝土收缩，含泥量<1%，符合筛分曲线要求。骨料中的针状和片状颗粒<15%（重量比）。

④外掺料：在混凝土中可掺加减水剂和粉煤灰，以减小水泥用量、改善混凝土和易性和可泵性。

2）混凝土配合比采用集料泵送，砂率应在 42%～45% 之间，在满足可泵性的前提下，尽量降低砂率，坍落度在满足泵送条件下尽量选用小值，以减小收缩变形。

3）混凝土的施工：

①混凝土浇捣采用薄层分层连续浇捣，不出现冷缝、整个大块混凝土可采用硬管在上皮钢筋上布料，以一个坡度（1:7 或 8°）左右循序推进，一次到顶的浇捣方法。

②有可能的话采用二次振捣工艺，提高混凝土的密实度和抗拉强度，对表面采用二次抹面，减小混凝土表面的收水裂缝。

③混凝土在浇捣过程中产生的大量的水应予排除。

④根据以往大体积混凝土的特点和施工经验，实测的混凝土内部中心与表面的温差（包括与环境的温差）宜控制在 25℃ 内。

⑤利用测温进行信息化施工,全面了解混凝土在强度发展过程中内部温度物分布情况，并且根据温度变化情况可定性、定量的指导施工。

4）测温：

①根据本工程平面形状、尺寸、厚度等不同情况，我们在主楼和裙房部分合理埋设了 16 个测温孔，深度分别为 1.8m、1.4m、1.0m 和 0.6m。

②在混凝土浇捣前将测温管预埋好，用铁丝与底板钢筋固定。

③测温孔底端以电焊封死，上口用橡皮塞（软木塞）塞住。

④测温采用 0～100℃ 水银温度计。

⑤混凝土浇捣一周内每天测量五次，8:00、12:00、16:00、20:00、24:00，以后二周内测温二次 8:00、16:00。

⑥当测得混凝土内部温度和表面温度差大于 25℃ 时，应加强保温措施。

⑦每次测温后应立即汇总整理混凝土内部温度场与温差数值，以指导施工。

5）养护：养护是大体积混凝土施工中的一项十分关键的工作。养护主要是保持适宜的温度和湿度，以便控制混凝土的内外温差，促进混凝土强度的正常发展及防止裂缝的产生及开展。本工程根据施工的实际情况采用先盖一层塑料薄膜后再盖三层草包作保温保湿养护，结构侧面可在模板外侧用二层草包养护，草包应迭缝、错开辅放，养护工作必须根据测温值与温差及时调整。

（4）混凝土浇捣：

①本混凝土底板混凝土工程分三次浇捣,每次采用二台泵车并布二路泵管同时施工，一次连续浇捣，不留施工缝，混凝土强度等级 C30，抗渗 S6。

②浇捣底板时泵管应高架于底板（楼板）面，浇捣顺序为：墙、柱、梁、楼板。

③混凝土浇捣前，在内、外墙及柱子的竖向钢筋上弹出水平标高控制线。

④由于基础各层工作面较宽，在适当位置布置一些支路泵管以保证混凝土浇捣连续性，防止冷却缝的产生。

⑤浇捣前，应清理模板内杂物垃圾，清除钢筋表面的铁锈、油污，对木模板应浇水湿润。

⑥浇捣墙柱混凝土时要求先水平分层浇捣，每皮不超过 60cm。

⑦浇捣时，专人负责震捣，看钢筋和模板。

（5）支撑的拆除：

①待基础底板混凝土强度等级达到 C18 后开始拆除外侧模板，此时应注意，为减少温差引起的混凝土裂缝，必须边拆模边回填土（黄砂）。

②待基础地下楼板（-3.85m 标高）混凝土浇捣后，外墙强度等级达到 C18 时开始拆除外板墙混凝土模板，割除对穿螺栓并修补之。

③进行-7.30～-3.85m 标高回填土，分皮整实，并在-3.65m 标高表面浇筑一层 200mm 厚钢筋混凝土板，混凝土强度等级为 C20，内掺早强剂。该层钢筋混凝土板代支撑作用，依靠永久地下结构外墙顶住围护桩。

④待结构板墙、梁混凝土达到 70％设计强度等级时，支撑用钢筋混凝土板达到 C15 强度等级后开始拆除支撑（钢筋混凝土支撑）。

⑤钢筋混凝土支撑拆除总原则，先主楼后裙房，先八字撑、角撑，后混凝土主撑。

⑥支撑拆除施工时，应加强对周围管线、围护桩变形的观测，发现异常情况立即采取措施。

（6）机械布置：

①在支撑挖土阶段，由于 QTD-60 塔机尚未进场，零星物件吊运暂由春光号履带起重机配合施工。

②土方开挖用 1m³ 反铲挖机，深坑用 0.25m³ 反铲挖土机接力开挖。

③主楼底板混凝土施工完毕，强度等级达 C20，即可安装 88HC，35m 大臂。

（7）回填土：

①回填土应在基础外墙混凝土达 C10 强度等级后进行。

②回填土前将穿墙螺栓割除，并用防水砂浆修补。

③回填土前基础外墙施工缝处外表面涂刷 851 一度并砌筑 700mm 高、120mm 厚的保护砖墙。

④回填土应采用土质较好的土，不准采用淤泥质土及垃圾。

⑤回填土应分皮整实，并做好环刀取样试验。

（8）主要措施：

①钢筋绑扎严格按图施工，钢筋规格、间距、搭接长度、保护层都要求正确，并经技监部门验收合格后才能浇捣混凝土。

②在新浇混凝土之前，应将施工缝表面浆水凿除，用压力水或钢丝刷刷净，露出石子，再浇混凝土。

③混凝土浇捣前要清除模板内的杂物，冲洗钢筋，排除积水。

④混凝土浇捣后应在 12h 内进行养护。

⑤内隔砖墙拉结钢筋按施工图要求埋设。

⑥按施工图要求焊接避雷钢筋。

⑦浇捣应专人负责震捣,专人整理钢筋的模板。

二、上部结构施工

2.25.1 上部结构工程概况

环球世界商业大厦上部结构为全现浇钢筋混凝土内筒外框结构,平面形状呈不规则1/4圆。1～6层为非标层,层高4.6m,6～32层为标准房,层高3.4m。每层建筑面积约950m²。

结构核心筒呈三角形状,由众多板墙组成,墙板厚分别为500mm、300mm、200mm,外墙围框架柱为圆形柱,1～20层为ϕ1200mm,21～32层为ϕ900mm。楼盖为梁板结构,楼板厚100mm。

上部结构混凝土强度等级1～2层为C40,以上均为C30,采用商品混凝土。标准层内用多孔砖填充墙,M50砂浆砌筑。

主楼结构平面及施工总平面图如图2.25-11。

2.25.2 施工方法

1) 由于本工程1～6层为非标准层,结构变化较多,故模板采用传统散装散拆工艺。

2) 为缩短工期,上部结构施工至15层时,安排填充墙砌筑和一般粉刷准备工作。

3) 本工程结构混凝土全部采用商品混凝土,混凝土石子粒径为5～25m,混凝土输送采用固定泵硬管布料;混凝土坍落度50m以下结构为12～14cm,50m以上结构为14～16cm,根据气候情况调节。

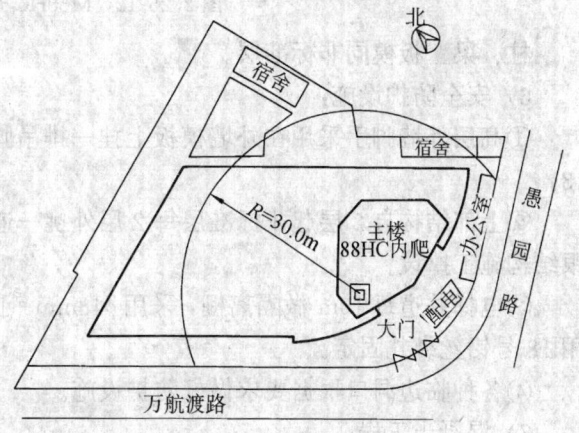

图2.25-11 主楼结构平面及施工总平面图

4) 垂直运输及主要施工机械

①本工程在主楼核心筒内布置一台M88HC内爬吊一台,臂长35m,非标准层为每二层爬升一次,标准层每3层爬升1次。M88HC平面布置示意见图2.25-12。

②本工程施工至10层时,在7/A轴处布置一台SC200/200人货两用电梯。

5) 模板工程:

①1～6层非标准层:

墙模:组合钢模板,纵横围檩采用2根48mm钢管。纵围檩@800～900mm,横围檩@400～450mm,用ϕ12对拉螺栓固定。

柱模:采用100mm宽钢模围圆定型,ϕ8mm围檩螺栓固定。

楼梁:支撑采用ϕ48mm钢管排架@900～1100mm,梁模等用小钢模,楼板模板采用七夹板,2in×4in木搁栅。

③7～32层标准层模板:核心墙模:采用液压整体爬模施工(另有专题介绍)。

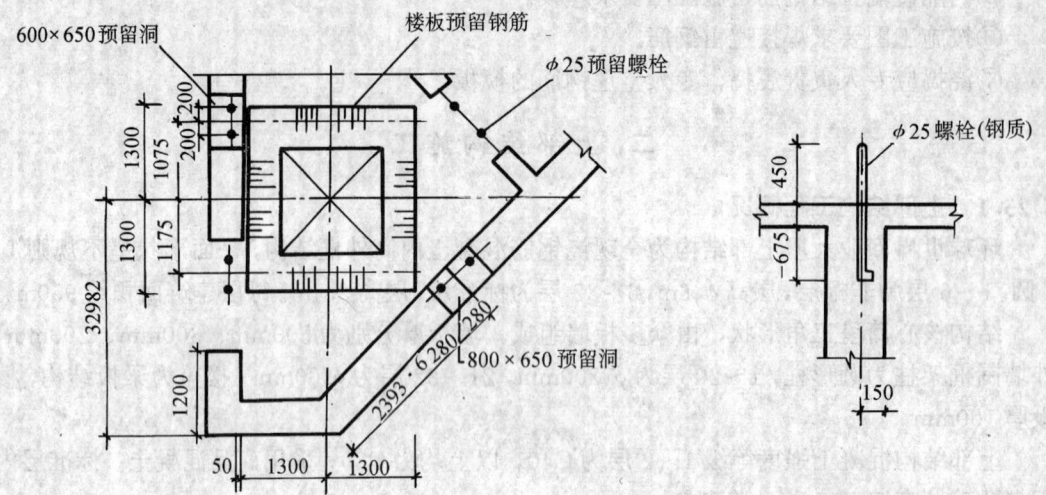

图 2.25-12   M88HC 平面布置图

柱、梁、板模同非标准层。

6）安全防护设施：

①高层外墙脚手采用在外墙模板上挂一排吊脚手，由爬架随模板一起爬升，如图 2.25-13。

②上部结构自 2 层起非标准层每 2 层外挑一道安全网，标准层每 3 层一道安全网，紧跟结构施工撑设。

③电梯井道每 10m 做隔离棚，采用 ϕ48mm 钢管伸进墙板留孔内@600mm，上辅竹笆，用 18 号铅丝绑扎固定。

④各种临边洞口根据要求做好防护设施。

7）混凝土工程：

①本工程全部采用商品混凝土，标准混凝土约 330m³，采用 ϕ125mm 硬管浇捣，主楼结构最高达 120m，选用 BSA2100-HD 固定泵车输送，实际施工时能满足工程要求。本工程结构施工时，连续 10d35℃以上高温，混凝土坍落度最高时达 16cm。

②混凝土浇捣顺序：先下一层柱、梁、板，以后为上一层墙板，核心筒体超高一层，即：墙和板梁处留施工缝；两次浇捣。

8）钢筋工程：本工程钢筋全部采用公司内构件厂预制成型加工送至现场。由于本工程场地极小，每层钢筋分二次输送，先送墙柱钢筋，再送梁、板钢筋，以减少场地狭小的影响。

2.25.3   效果分析

环球世界商业大厦上部结构平均 6d 完成一层，工程质量达到优良，在场地极度狭小的情况下，达到快速优质，各种施工顺序、施工方法按照施工组织设计施工，特别是核心筒采用液压整体爬模施工，为本工程创下了最快时 5d 一层速度，获得了可观的经济效益和社会效益。

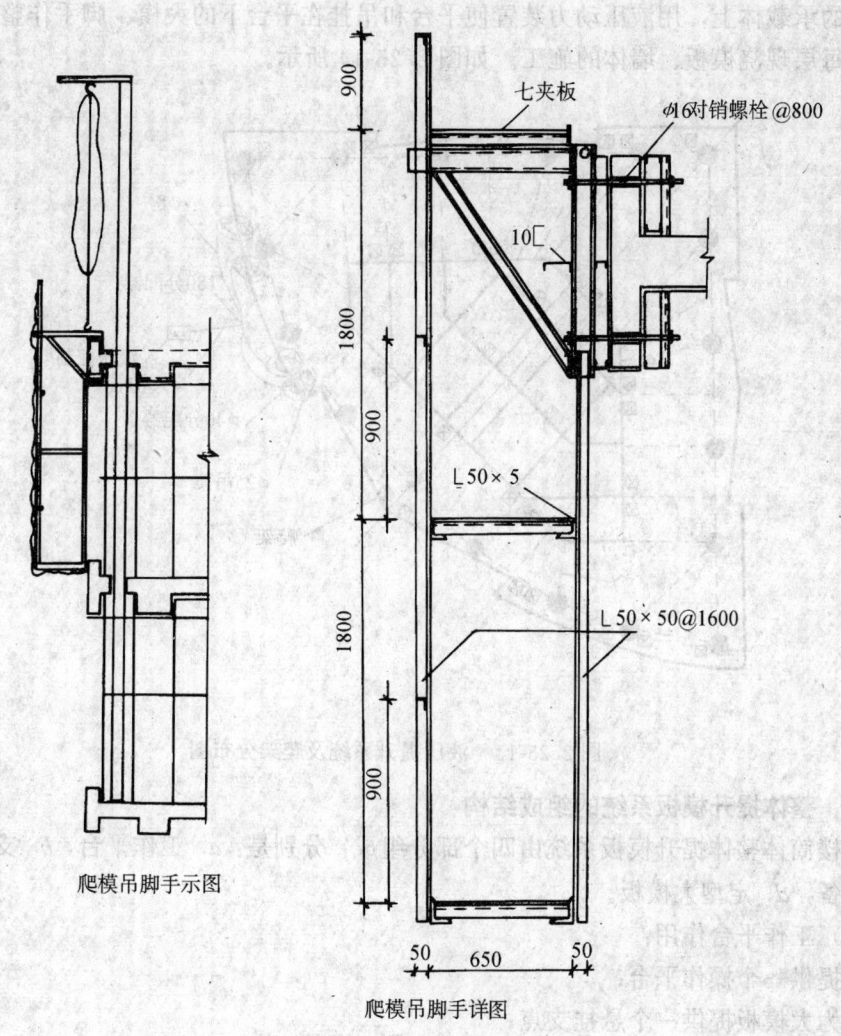

爬模吊脚手示图

爬模吊脚手详图

图 2.25-13 爬模吊脚手示意及详图

三、核心筒液压整体爬横施工

2.25.1 工艺选择

环球商厦上部结构 30 层系全现浇内筒外框结构,筒体外墙厚度为 500mm,内墙厚度为 300mm、200mm、150mm3 种。

主楼筒体墙板模板面积约 520m²,如果全部采用小钢模板拼装,不仅速度慢,而且效率低,模板周转数量多,不经济。

根据实际情况,本工程筒体施工采用整体提升工艺。内外筒体墙板全部采用大模板,由钢平台上的提升系统整体提升,施工效率大大提高。

2.25.2 工艺原理

液压整体提升大模施工技术,由竖向全套大模系统、立柱与平台系统、液压整体提升三大部分组成。即布置全覆盖型操作平台,钢架搁在由串心式千斤顶、爬杆、工具式钢立柱组成的承载体上，用液压动力装置使平台和吊挂在平台下的大模、脚手作整体提升。相继进行每层现浇模板、墙体的施工。如图 2.25-14 所示。

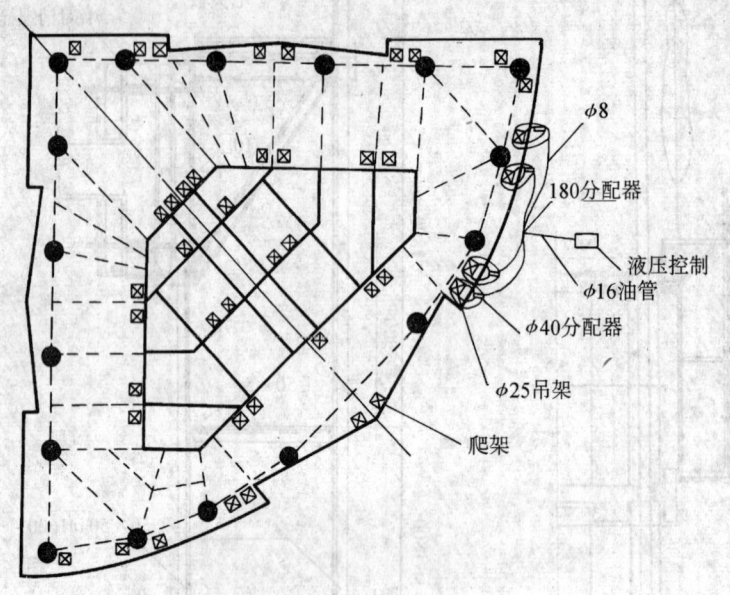

图 2.25-14　液压提升系统及爬架分布图

2.25.3　整体提升模板系统的组成结构

主楼筒体整体提升模板系统由四个部分组成：分别是：*a.* 工作平台，*b.* 支承立柱，*c.* 提升设备，*d.* 定型大模板。

(1) 工作平台作用：

①提供一个操作平台；

②为大模板提供一个悬挂支点；

③安装提升设备。

工作平台外形呈多边形，最大长度 31m。平台主梁由 360mm 工字钢焊接而成，次梁用 匚10，上铺木质平台板，木质平台板材料可用七夹板或毛板。留出墙体及电梯位置不铺，以便绑扎钢筋。

在筒体内 4 只电梯井位置安装吊脚手，吊脚共 4 排，长 7.2m，吊脚手挂在钢平台上，随钢平台逐层向上提升，钢平台外围设置宽度 800m，外挑平台，以便绑扎外墙钢筋。

工作钢平台全部自重约 16.7t，主梁 9t，次梁约 3t，板与搁栅 2t，吊脚手约 2.7t。

工作平台的位置始终高于施工楼层，最高处在楼上 7m，工作钢平台支承在 20 立柱上。

(2) 支承立柱作用：

①支承钢平台；

②安装爬升千斤顶及爬杆；

③提供钢平台顶升时的导向。

支承立柱高度为 8.2m，断面 200mm×200mm，由四根 匚70mm×6mm 角钢焊成格构柱，每根立柱自重约 0.24t。

支承立柱底部通过下个可拆除的底部支承在楼板上,立柱顶部安装外挑架挂4根爬杆。立柱与钢平台通过一个导向架连接,导向架的作用是可让立柱上下滑动,但不能左右移动。

支承立柱共布置24根,每2根为一组,钢平台中间布置4根立柱,外围布置20根立柱。

(3) 提升设备:

提升设备的作用是提供整个平台系统向上爬升的动力。

提升设备采用滑模用穿心式千斤顶,分别在24根立柱上安装4只3t千斤顶,共96只,油泵安装在平台中央。

爬杆采用ϕ25mm圆钢,爬杆上端部都用螺栓挂在立柱顶端,螺栓直径为ϕ16mm。

提升系统受力计算:

a. 3t千斤顶使用荷载按1.5t计算(安全系数2)

ϕ25mm爬杆顶端加工ϕ16mm内螺纹,净面积:

$$A_0 = \pi/4 \ (2.5^2 - 1.6^2) = 2.90\text{cm}^2$$

$$允许拉力 = A_0 b$$
$$= 2.90 \times 1.7 = 4.93\text{t}$$

ϕ16mm螺栓净直径13.546mm,净面积:

$$A = \pi/4 \times 13.546^2 = 1.44\text{cm}^2$$

$$允许拉力 = 1.44 \times 1.35 = 1.95\text{t}$$

计算结果表明ϕ25mm爬杆和ϕ16mm螺栓使用荷载都大于1.5t。

b. 96只3t千斤顶能提供的总的允许使用荷载

$$t_{总} = 96 \times 1.5 = 144\text{t}$$

考虑到荷载分布有一定的不均匀性和千斤顶工作的不同步性,荷载按88%予以折减计算。

$$t_{总} = 0.8 \times 144 = 115\text{t}$$

实际使用荷载:

钢平台自重16.7t,大模板自重36.4t,操作荷载15t(按100kg/m^2),设备自重6t。总荷载74.1t,小于千斤顶工作允许荷载115t。

(4) 大模板:筒体墙体模板全部采用大模板。大模板用七夹板做面板,面板上涂环氧树脂膜;横向肋采用6号槽钢,竖向肋采用18号槽钢,ϕ16mm对接螺栓固定。大模板共520m^2,总重36.4t。大模板始终是通过手动葫芦或钢丝绳挂在钢平台下的。具体见图2.25-15和图2.25-16。

2.25.4 工艺流程

分为三个程序完成:组装、施工操作、拆除设备。

(1) 组装程序:弹线→安装大模→安装平台→安装立柱→布置液压设备→提升平台→挂外脚手。

(2) 施工操作程序:

标准层程序:下一层墙体混凝土施工、养护→提升立柱→撬松大模→脚手随同提升、大模提升1/2→提升平台→随提升在平台上绑扎钢筋→固定平台→继续提升大模→楼板模、筋、混凝土施工→大模就位固定→墙体混凝土施工、养护。具体见图2.25-17。

具体介绍如下：

①浇捣墙体混凝土：这是上一个施工流程的结束，接下来是一个标准层施工流程的开始。

②提升支承立柱：

a. 支承立柱共24根，每2根成1对对称安装。首先提升一半（12根）支承立柱，另一半12根立柱支承钢平台。将待提支承立柱的承重销抽去。

b. 拆掉待提升立柱的底座连接螺栓。

c. 将爬杆顶部的连接螺栓旋松，向下将爬杆从千斤顶中抽出。

d. 将支承立柱向上提升一个楼层，提升方法可用手动葫芦。

e. 在上一层楼板上安装立柱底座，用对销螺栓固定在楼板上。

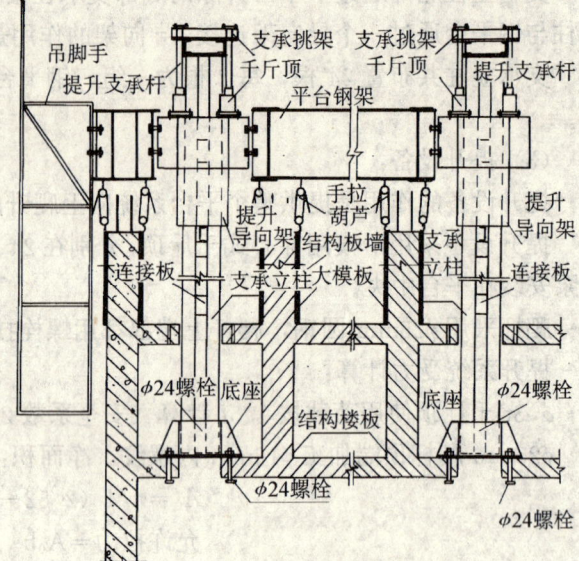

图 2.25-15   液压整体大模板施工剖面

f. 将立柱下脚送进立柱底座内，校正垂直度后将连接螺栓拧紧。

g. 在立柱上插进承重销，将钢平台搁置住。

h. 在千斤顶上插进爬杆，爬杆上端连接螺栓拧紧。

i. 12根立柱提升安装完毕后，按上述步骤提升另外12根立柱。

③绑扎墙体钢筋（第1次）

a. 将筒体墙的全部竖向钢筋插好并与插筋绑扎。

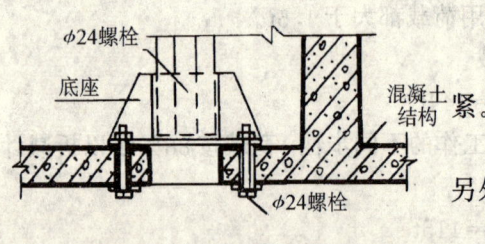

图 2.25-16   立柱支撑座详图

b. 绑扎墙体水平钢筋，高度是一半层高。

④提升钢平台（第1次）：

a. 将大模板的对接螺栓拔出，模板撬松离开墙面。

b. 开动油泵，带动钢平台及大模板沿立柱向上提升。

c. 向上提升钢平台1.7m左右高度暂停，待扎完钢筋后再提升。

⑤绑扎墙体钢筋（第2次）：绑扎墙体水平钢筋，高度至上层楼板底。

⑥提升钢平台（第2次）：

a. 继续提升钢平台及大模板，至一个层高位置。

b. 在支承立柱上插进承重销，将钢平台搁置住。

⑦提升大模板：用手动葫芦将大模板向上提升一段高度，以便绑扎楼板钢筋，这段高度可悬空楼板面1m左右，也可视施工情况调整。

⑧模板支模：筒体内楼板支模，绑扎楼板钢筋。浇捣墙体混凝土，高度如2.96m（标准层），即绕至上层楼板底以上为一个施工流程。

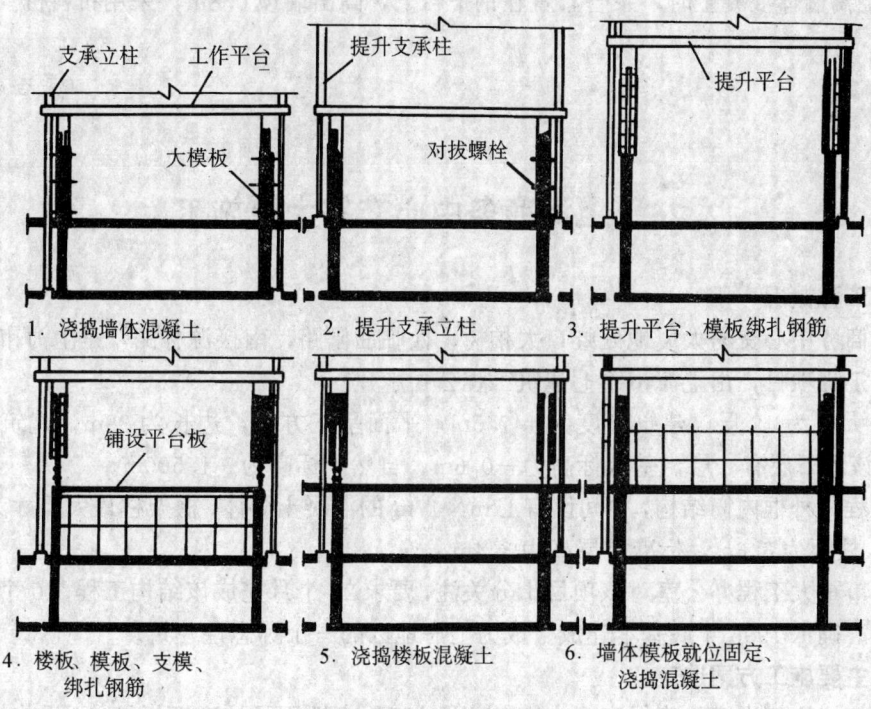

1. 浇捣墙体混凝土　　2. 提升支承立柱　　3. 提升平台、模板绑扎钢筋

4. 楼板、模板、支模、绑扎钢筋　　5. 浇捣楼板混凝土　　6. 墙体模板就位固定、浇捣混凝土

图 2.25-17　操作流程图

⑨放下大模板：将大模板放下，搁置在搁脚上。

⑩大模板就位：大模板校正就位，用对拉螺栓固定，大模板与板之间增加侧向支撑。

⑪浇捣混凝土：先浇捣楼板混凝土，随后浇捣墙体混凝土。

2.25.5　技术质量措施

(1) 框架梁与筒体墙的节点处理：采用整体提升模板工艺施工，每层墙体混凝土浇捣至楼板底标高。对外围框架梁，采取在筒体墙内梁端位置留出缺口的处理方法。

(2) 楼板与墙体混凝土一次连续浇捣的技术措施。

1) 大模板放下后搁置在搁脚上，搁脚用 100mm×120mm 混凝土块，放置在楼板上。搁脚块距离 1.5～2m。

2) 大模板之间设置水平支撑，可用钢管支撑，支撑间距 2m，上下 2 道，每开间应设 2 道剪刀撑。

3) 浇捣混凝土时应先浇捣楼板，全部结束后再浇捣墙体楼板，混凝土浇捣时在大模板处应注意清理，防止混凝土漏出。

4) 大模板位置控制，应在楼板模板铺好后，在楼板上弹出控制线。

(3) 整体提升操作中的几点问题：

1) 支承立柱提升后，在重新就位固定前一定要用线锤挂校核其垂直度。

2) 支承立柱底座下加临时支撑，支撑在下层楼板上。

3) 支承立柱用钢管斜撑与整体排架连接，以增加稳定性。

4) 钢平台提升时，应用水准仪对其水平随时调整，以保证各油泵同步上升。

5）浇捣墙体混凝土时，泵管布置在钢平台上，高出墙顶 0.8m，采用布料机。

（吴杏弟）

2.26　上海商务中心交易大厦施工

2.26.1　工程概况

上海商务中心交易大厦地处虹口大柏树，西临曲阳路，南接源林路，是上海市人民政府的重大工程项目，由上海市第七建筑工程公司承建。

交易大厦为 42 层，建筑高度为 147.5m，平面呈正方形，边长为 39m，建筑面积为 6500m，该地下层有 2 层，基低标高为－0.6m，自然土标高为－1.500m。

该工程属外框内筒结构，中间设有 17m×17m 的混凝土筒体，框架柱最大尺寸为 1.8m×1.5m，柱距为 6.6m，标准层层高为 3.4m。

由于市重大工程办公室对该项目十分关注，要求 20 个月完成该结构工程，10 个月完成装饰工程。确保 1995 年底基本建成。成为上海地区的一个标志性建筑。

2.26.2　主要施工方案选定

为了加快施工进度且确保安全，在基坑围护工程中选用了拉森钢板桩，不设内钢支撑，采用较先进的土层锚杆，使基坑施工大为简捷。

在基础大体积混凝土的施工中坚持一次浇捣且对混凝土的水化热、控制及养护作了多项技术攻关，确保了混凝土的工程质量。

上部的结构施工中，我们特别注重结构混凝土的浇筑方法，选用了两台混凝土布料机进行布料，消除由于布置不均所产生的裂缝。另一方面我们还加强对脚手架工程的攻关，使该脚手架适用于本工程，且适用于大部分的外框内筒的结构施工。

现将商务中心交易大厦施工的实际方法作如下介绍。

钢板桩施工：

按基坑设计的需要选用钢板桩，钢板桩运到现场后，应进行检查、分类、编号，然后根据打桩顺序进行堆放，质量较差的钢板桩则用于外围施工。

拉森钢板桩选用Ⅲ、Ⅳ两种类型，根据现场实际情况及货源情况，决定采用长度 15、18m 两种，有关打桩布置，标高要求见图 2.26-1。

为保证钢板桩墙面垂直，以满足围檩支撑设置于钢板桩贴近，便于电焊，故宜采用三点导杆式履带打桩机较为理想。

钢板桩围檩支架安装，其作用为保护钢板桩垂直打入和打入后板桩墙面垂直，且采用双面围檩，双面围檩之间的净距以比两板桩组合宽度大 8～10mm 为宜，围檩支架每次安装的长度，可视具体情况定，做法见图 2.26-2。

为确保钢板桩的打设质量，选用屏风式打法，此法用单层围檩将 10～20 块钢板桩组成一个施工段插入土中一定深度，形成较短屏风墙，对每一施工段，先将两端 1～2 块钢板桩打入，严格控制垂直度，用电杆固定在围檩上，然后对中间钢板桩再按顺序打入，由于采用围檩导向固定，经纬仪控制桩垂直度，减少了打入的累计倾斜误差，保证了板桩的平直。

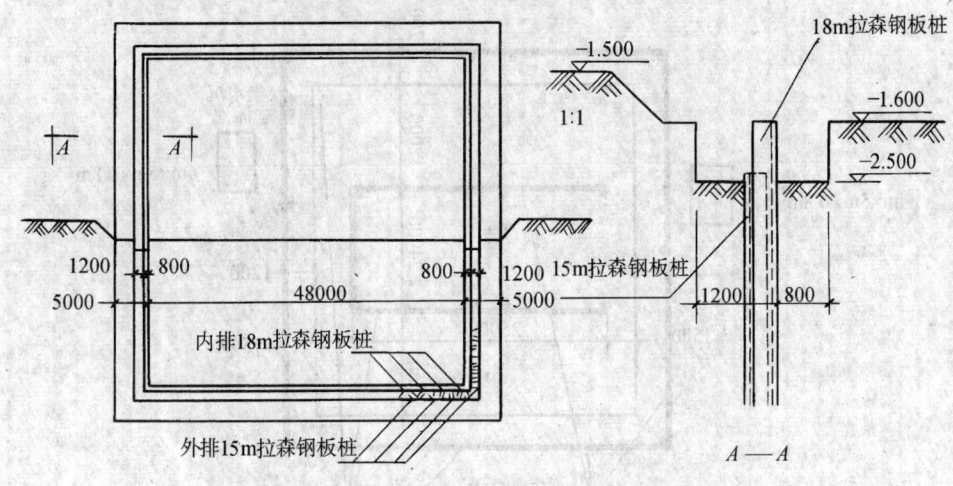

图 2.26-1 拉森桩平面布置标高清理场地施工图

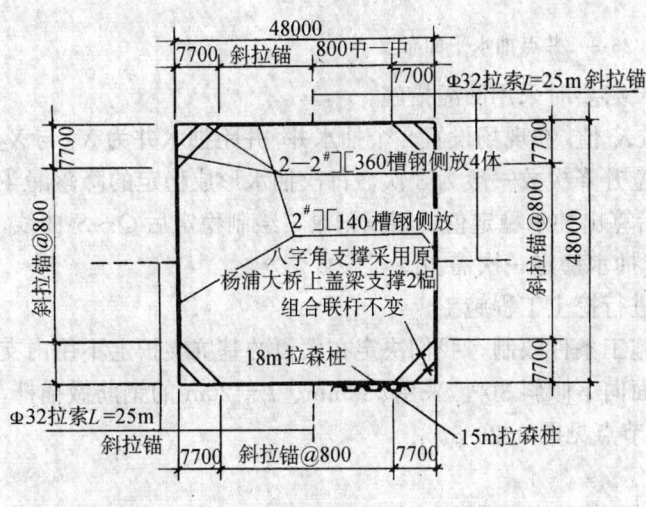

图 2.26-2 钢板桩、拉锚、支撑平面图

在钢板桩打桩过程中,应对板桩位置及标高每天复测一次以保证其质量,当钢板桩打设完后,应立即进行位移监测点设置,位移观测点设立间距为 10m。具体视现场情况定。

井点降水施工:

本工程处于软土地基,稳定水位较高,标高为 2.57~3.16m,为降低地下水位,减少土体中的孔隙压力,以增强土体的强度,减少钢板桩位移,因此,在整个基础施工中采用了井点抽水措施,机械选用真空泵 V5 型,井点管的平面布置见图 2.26-3。

井点管选用直径 55mm,长 8m,加配 1m 长滤管,井点管距钢板桩距离为 1.2m,管距为 0.8m。

井点管的入土深度应大于 9.5m(包括滤管),因此井点管的顶标高不得高于 -2.5m,见图 2.26-4。

为了将地下水位降低至挖土标高以下 1m 处,并使基坑干燥,方便施工,因此在井点使用时,应保证连续不断抽水,并准备双电源,正常出水规律是"先大后小,先混后清",如不出水,或水一直较混,或出现清后又混等情况,应立即检查原因,并采取相应措施。真空度是判断井点系统好与否的尺度,应经常观测,一般应不低于 55.3~66.7kPa,如真空度不够,通常是由于管路漏气,应及时修理,采取堵漏措施。

井点降水时,应对水位降低区域内的建筑物,交通干道进行观测,发现沉陷或水平位

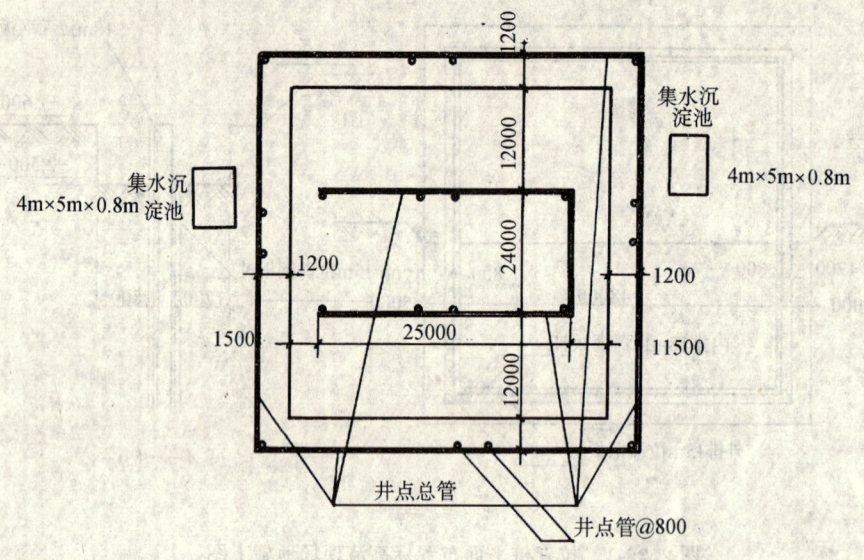

图 2.26-3 井点抽水平面布置

移过大，应及时采取防护技术措施，必要时采用回灌措施。

为保证降水效果，确定渗透系数 K 值，在现场设置 2 个抽水井，并距抽水井为 X_1 与 X_2 处设置两个观察孔，抽水实验中水位升降次数一般为 3 次，每次抽水形成稳定的降落漏斗曲线之后，再继续抽水 6～8h，然后算出抽水稳定值。根据记录，绘制稳定后 $Q～S$ 曲线，观测孔的水位一般 2h 测一次，估计抽水稳定一次需 7d。

只有当降水水位稳定后，方可进行挖土工程施工。

(1) 斜拉土锚杆施工：由于受施工条件限制，我们决定在大厦的基坑支护上不用内支撑，采用斜拉土锚杆施工，自水平面向下倾斜 30°，采用 $\phi32mm$、$L=20m$ 的钢筋做锚杆，间距 800mm。有关斜拉锚的布置及节点见图 2.26-3。

1) 斜拉锚成孔方法：

其原理是由回转机构带动螺旋转杆，在一定转压和转速下，被切削的松动土体产生对孔壁的压力及摩阻力使土体顺螺杆排出孔外，螺旋钻成孔法，适用于粘土、亚粘土、砂土等地层。

钻孔与插入拉杆钢筋分为两道工序，平行施工，由于实行这一方法不护壁，故须在成孔后孔壁短时间内不发生坍塌地层，放中心拉杆时，孔壁也不能受扰动，如有坍塌地层，孔壁有扰动，则采用成孔与插入钢筋合为一道工序进行，但进度有些影响。

2) 成桩锚固法：

实行钻孔与插筋锚固两道工序分开作业，钻机可以连续成孔，每成孔 2～3 个后，同时进行 2～3 个孔的安置钢拉杆和浇筑水泥浆工作。

为使钢拉杆置于孔中心和插入拉杆时孔壁不受扰动，于拉杆的有效锚固段，每隔 5m 焊滑条支座一个，每根锚杆安装两个支座，拉杆前端焊一挡土板，以防止土塞入孔内影响灌浆。

锚杆锚固材料为水泥，使用硫铝酸盐自应力水泥配制成的水泥浆，水灰比为 0.37～

0.4，为提高水泥浆的泵送性能和水泥的密水性，使用时加入 0.3 的木质黄酸钙，并能起缓凝和增加强度的作用。

　　备好的水泥、水及减水剂，需在注浆前 15min 内开始拌合，泥浆由输送泵经输送胶管压入中心拉杆管内，再由管底注入锚孔，待浆液流出孔口时，第一次注浆结束，接着迅速将水泥袋纸捣塞入孔内，再用潮湿粘土堵入孔口，严密捣实之，以提高注浆压力。然后进行第二次注浆，使注浆压力达 0.4～0.6MPa，稳压数分钟后灌浆即结束。

　　3) 锚杆的端部处理：拉锚杆注浆约 10d 后，进行拉锚杆的预应力涨拉锚固，锚固顺序为跳跃式，这样一方面能有效处理锚固接点的变形，另一方面，由于对钢板桩施加与土压力相反的拉力，使钢板框的位移大为减少。事实证明，采用预应力工艺后本工程基坑支护位移最大处为 3.2cm，平均为 2.86cm。

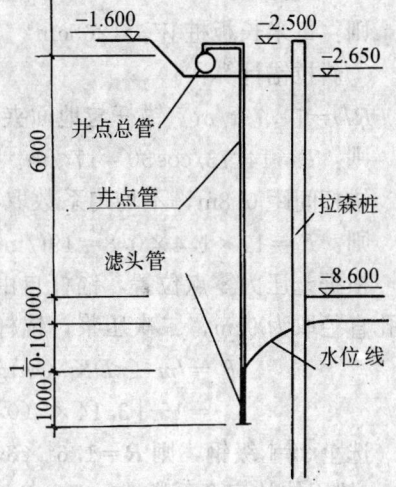

图 2.26-4　井点埋深示意图

　　(2) 斜拉土锚杆的设计：

　　1) 土质条件：

　　① 0～2.5m（亚粘土）

　　$\phi=20°$　$c=1200Pa$

　　② 2.5～13m（淤泥质亚粘土）

　　$\phi=20°$　$c=1100Pa$

　　③ 13～15m（粘土灰色）

　　$\phi=15°$　$c=1500Pa$

　　以上土体，统一取 $\phi=18°$，$c=0.10000Pa$，地面超载 30kPa

　　2) 开挖情况：开挖自然地面下 7.00m，土压力计算：

　　① 主动土压力：

$$Eab=(3+1.8×7)\,tg^2 36°-2×1tg36°=67.8kPa$$

$$EAC=(3+1.8×15)\,tg^2 36°-2×1tg36°=144kPa$$

　　② 被动土压力：

$$EPB=2×1×tg54°=27.5kPa$$

$$EPC=(8×1.8)\,tg^2 54°+27.5=300kPa$$

　　③ 求主、被动土压力零点位置：

　　$Y=1.64m$

　　3) 板桩计算：

　　① 取 $MO=0$，$RD=14.73t$，$RO=12.3t$。

　　② 计算最大力距：

　　剪力 O 点 $X=5.5$，$M_{max}=25.30t·m$。

　　③ 钢板桩：

$W = 1265 cm^3$

则：每米长板桩 $W \geqslant 1265 cm^3$

④斜拉锚计算：

$RD = 14.73t/m$ 锚杆与地面夹角 $30°$，

则：$T = 14.73/\cos 30 = 17t/m$。

锚杆间距 $0.8m$，不均匀系数取 1.4，

则：$T' = 17 \times 1.4 \times 0.8 = 19t/m$。

根据土压力零点位置，锚杆自由段长度为 $5m$，锚杆长度为 $20m$，则有效长度为 $15m$。钻孔直径取为 $9cm$，二次压浆，锚杆中点离地面高度为 $8.25m$。则锚杆极限抗拉强度为：

$$P = lm [\pi DK (rhtg\phi + c)]$$
$$= 15 [3.14 \times (0.09 \times 1.5) \times (1.8 \times 8.25 tg18° + 1.0)] = 370kN$$

选 $\oplus 32 \text{ II}$ 级钢，则 $R = 1.6^2 \times 3.14 \times 2.8 = 225.2kN$

（锚固体的安全系数为：$K = P/T' = 37/19 = 1.95 > 1.5$

锚拉钢筋的安全系数为：$K = R/T' = 22.52/19 = 1.19$

⑤板桩入土深度计算（按 $1.5m$ 锚点计算）：

$RO = 12.3 + (14.7 - 13.7) = 133kN$

$$t = \sqrt{\frac{6Ea}{B}} = \sqrt{\frac{6 \times 13.3}{2.46}} = 5.7m$$

$$L = 7 + 1.64 + 1.2 \times 5.7 = 15.48m$$

现取 $15m + 17m$（间隔布置）可。

所以按计算总体情况如下：

a. 土压力系参数，按地质报告打 9 折，采用 $\phi = 18℃$，$c = 10kPa$。

b. 每米板桩截面模量须大于 $1265 cm^3$。

c. 板桩长度为 $15m$。

d. 斜土锚长 $20m$，采用 $\oplus 32mm$ 钢筋，锚固点取为地面以下 $1.5 \sim 2.0m$。

（3）基础混凝土大底板施工

当时曾有人为了保证质量，要求将厚度为 $2.28m$ 的承台平分二次浇筑混凝土，以减少水化热，我们意见如下：

①分层浇筑减少了混凝土收缩徐变内应力，理论上讲减少了混凝土的水化热，但是实际影响不大。由于国内对于混凝土温度及温度应力还不能正确计算，根据目前混凝土内部温度的计算式

$$T = T_1 + (WQ/CP)(1 - e - mt) \quad 或 \quad T = T_1 + M/10 + N/50$$

由上式表明混凝土内部温度与厚度无关。

②分层浇筑由于施工缝及钢筋上水泥浆无法清理得很理想，故将影响承台混凝土的质量。

③分层浇筑使混凝土的养护工作无法进行，则混凝土表面温度不能达到保温效果，将大大增加温差，加大温度应力。

④分层浇筑对于二次混凝土施工间隙始终存在龄期差，既上部混凝土的温度膨胀将导致下部混凝土的龄期差裂缝。

上述意见表明,分层施工在一定程度减少了第一次及第二次混凝土本身的徐变内应力,但也产生了其他一系列新问题。为了保证混凝土施工的成功,我施工单位的意见是:由于承台长度小于50m,建议一次性浇注混凝土。具体技术质量措施如下:

①选用水化热较低的水泥,既425号矿渣水泥,而且将水泥用量降至最低,用量在380～395kg之内。

②采用混凝土外加剂WL-1减水剂,掺量为水泥用量的0.6%,从而减少用水量,掺加粉煤灰,掺量为水泥用量的11%,从而降低水化热15%,改善混凝土粘塑性。

③控制混凝土坍落度在9～11cm内,控制用水量,将每立方米混凝土的用水量控制在185kg以内。

④采用$\phi 5\sim 40$mm石子,实验证明比$\phi 5\sim 25$mm石子减少用水量15kg左右,减少水泥用量20kg左右,控制细骨料细度模数为2.3以上,同时控制石子及黄砂的含泥量。

⑤严格按要求进行混凝土保温养护。

工程实例证明,每减少10kg水泥用量,温度减少1～1.2℃。

根据几年来现场实例数据表明,本工程2.28m承台在秋季施工,混凝土浇筑温度T_1取28.5℃。

因此混凝土内部温度为:

$$T = T_1 + M/10 + N/50 = 28.5 + 395/10 + 42.9/50 = 68.85℃$$

由于我们当时提出上述的质量控制方法,方案很快得到了统一,加快了工程进程。

1）测量放线:当垫层混凝土浇捣完且达到一定强度等级后,由测量进行定位放线,且测出所打工程桩的实际位移量,及时做好记录,同时,在基坑四周弹出基坑边线,及时砌筑240mm厚、300mm高砖墙,以阻挡外围泥浆进入基坑。

在以上工作进行的同时,即可进行凿桩工作。凿桩时应尽量留出底板保护层部分,待凿桩工作完成后,及时将基坑内垃圾、杂物清理干净,并由施工员进行垫层弹线(板墙、洞口、集水井位置),并及时进行集水井的施工(集水井内水由手提式抽水机向外排除)。

2）钢筋工程施工:

在基础底板钢筋下基坑前应做好接桩钢筋的校正工作,如有接桩钢筋预留长度不满足设计要求时,应将混凝土垫层凿成45°斜坡,以保证接桩钢筋的电焊长度,同时,在地面上应派人进行钢筋的清点及清理工作。

待以上准备工作就绪后,即可进行钢筋下基坑工作,由于基坑内没有支撑,对于长度在30m以上的钢筋,均在地面上碰焊联接后,采用2台TD-60t·m双机抬吊,每机为四点吊,铁扁担长度为15m,配备上下指挥,严格按操作规程进行吊运。

钢筋保护层应按一定间距布置,且保证厚度,在长钢筋排列前,应在底面垫层上划好线,且有专人进行技术指导,分层监护,做到每次一层钢筋,即进行隐蔽工程验收(由技监部门会同甲方及监理部门)。

由于本工程钢筋分为上排4皮,下排4皮,故需增设钢筋支架,以保证钢筋支承高度及位置正确。现采用桩头锚固钢筋接长及增设钢筋搁置点的方法进行施工。

3）模板工程施工:

基坑底板侧模采用2.4m高大模板(经改制后的大桥墩身模板)。模板在地面经改制后均应分类堆放整齐,以便于拼装。

大模板在基坑内的排列应严格按翻样图纸施工，且在大模板吊入基坑前应逐块涂刷脱模剂，大模板入基坑后采用 $\phi 48mm \times 3.5mm$ 钢管支撑，钢管支撑也作为操作平台使用。

待模板全部拼装完成后，即在大模上弹出混凝土面标高线，并在此基础上钉 $20mm \times 30mm$ 木条。

4）混凝土浇灌工程施工：

本工程由于混凝土量较大，基础厚度为 2.28m，长度达 43m，为了保证每一处的混凝土在初凝前就被上一层新混凝土覆盖，故采用斜面式分层薄皮浇捣方法。分层厚度不大于0.5m。

由于分层薄皮浇捣使新混凝土沿斜坡流下，散热快，降低了混凝土入模温度，且混凝土经振捣后产生的泌水，顺斜坡排走，能保证混凝土的质量。

本次混凝土的浇捣顺序，由北向南进行，且配备 5 台混凝土泵车，20 辆混凝土运输车，负责混凝土的输送任务。

在混凝土的浇捣过程中，我们选用 $\phi 70mm$ 振动棒进行振捣，使用振动器时应快插慢拔，平面呈梅花状，间距不大于 35cm，每点振捣时间为 10～12s，振动棒插入时应深入上一皮混凝土内 5～10cm，达到复振效果，且应在振动棒上做好标记，以免过分深入上一层混凝土内，影响混凝土的质量。在振捣时，应加强距大模板 6cm 左右范围的混凝土的振捣。

在混凝土布料时，应预先做好样棒，以控制每皮混凝土的布料厚度，且应严格按主轴线方向进行布料。

表面混凝土浇捣完成后，即安排粉刷工用木蟹抹平、打毛。

劳动力组织：各配备 4～5 只插入式振动器，振动人员分为前后二档人：2～3 个人站在上排钢筋上，手提振动器，由上面向下插入，另一档人站在下排钢筋上振捣，这样前后二档人有次序地进行振捣。

在振捣过程中，应加强质量监督，以免造成振捣不密实、漏振等情况。

5）混凝土养护措施：

①承台表面混凝土浇捣结束，用木蟹抹平后，即铺上湿草包，上面覆盖塑料布，在最初四五天内，混凝土处于升温阶段，要采取保温措施，减少混凝土表面热扩散，在最初一星期里防止表面裂缝，由于塑料布覆盖下草包保持湿润，不要浇水，即保水养护，浇水时间安排在白天，有太阳的时候，不至于水温低，突然降低草包内温度。

②基础侧面在混凝土浇捣结束后，即将湿草包平铺在板桩与模板之间的夹弄上面，使基础侧面有一个湿润、恒温的环境。

③在施工过程中正确掌握拆模时间对防止裂缝的开展关系较大，拆模过程中边拆边挂草包，并使草包与混凝土侧面贴紧。

④半个月以后，在承台基础侧面，采取回填砂或土并浇水养护，从而使承台侧面处于湿润的养护条件下。

6）测温方法：拔出塞在测温管上的回丝，将温度计慢慢放入管内至测定深度，即用回丝封住上口，待 3min 后，取出温度计，记下测温值。测温时间安排如下：

1～5d，每 2h 测温一次；

6～12d，每 4h 测温一次；

13～20d，每 8h 测温一次；

21d 以后，每 24h 测温一次。

基础中心与基础表面及草包内外的升降温差测定示意：

（4）结构施工：

1）结构测量及控制：

①大厦的垂直控制采用内控制，在±0.00 线上设十字两条基线，在基线上控制点用不锈钢板固定。

②大厦的垂直控制采用垂直仪向上传递。

③由于大厦的垂直控制采用内控制，故每层留测量洞，洞口大小为 250mm×250mm，因大厦的层数很多，所以洞口尺寸一定要留正，以免到上面造成视角太小影响测量精度。洞口上面周围砂浆粉高约为 2cm，以免在测量时楼层上的水从洞口向下流，影响测量工作。

④在垂直控制点的位置不准堆物。

⑤对于现场一切测量基准点，施工人员应进行保护，严禁破坏或任意搬弄。

⑥由于本工程层数多，为了方便施工，保证测量精度，故对每一层的轴线及标高均设立固定控制点，施工中必须注意保留直至该层施工完（包括装饰）方可拆除。

2）楼层混凝土工程施工：

本工程混凝土全部采用商品混凝土，用 2 台固定泵输送，2 台半径 $R=11m$ 布料机进行布料。

混凝土的布料分为两个施工段，第一施工段为墙柱混凝土浇捣，分二次布料至梁底，相邻两柱来回布料，第二施工段为平台，梁混凝土浇捣。

平台混凝土的浇捣，按布料机停机平面位置图进行布料，在平台混凝土布料前必须完成柱墙混凝土后方可浇捣，平台混凝土厚度控制用马凳。

混凝土的振捣，采用插入式振动机，$\phi50mm$，混凝土布料厚度控制在 30～40cm。振捣间距不大于 40cm，且紧贴主筋范围内，振动时间为 10～20s，做到快插慢拔。平台混凝土的振捣，采用插入式振动机平振，振捣方法及时间同柱一样。平台混凝土与梁混凝土同时浇捣，千万不可在平台上过高堆料，应及时移动布料机布料方向或用人工将混凝土疏散，使平台混凝土均匀布料。

3）脚手架工程施工：

本工程为超高层结构施工，安全施工是本工程的一项至关重要的工作，在确保工作顺利进行的前提下，我们又在脚手架的每一个连接节进行合理优化，使工程成本大大降低，并且在施工中得到很好的施工效果。

该脚手架属外挑提升脚手架，脚手架底盘用 10 号槽钢组成，钢管采用 $\phi48mm×3.5mm$ 常规脚手材料组装。与结构连接主要是搁置在与结构采用工具式埋件螺栓固压的 $\phi14mm$ 上。由于该脚手架设计简单，重量轻，故用神仙葫芦进行提升，用塔吊也可，整个提升时间为 4～5h。有关脚手架的布置及爬升见图 2.26-5～图 2.26-7。

4）主要技术措施：

①钢筋工程在施工前应清理、清点，同时按施工顺序进行堆放，合理使用场地。

②钢筋工程由于量大，层次多，故由专人指导钢筋施工，做到施工一皮，验收一皮，层层把关。

③钢筋支架的标高应加强检查，同时电焊质量应符合要求。

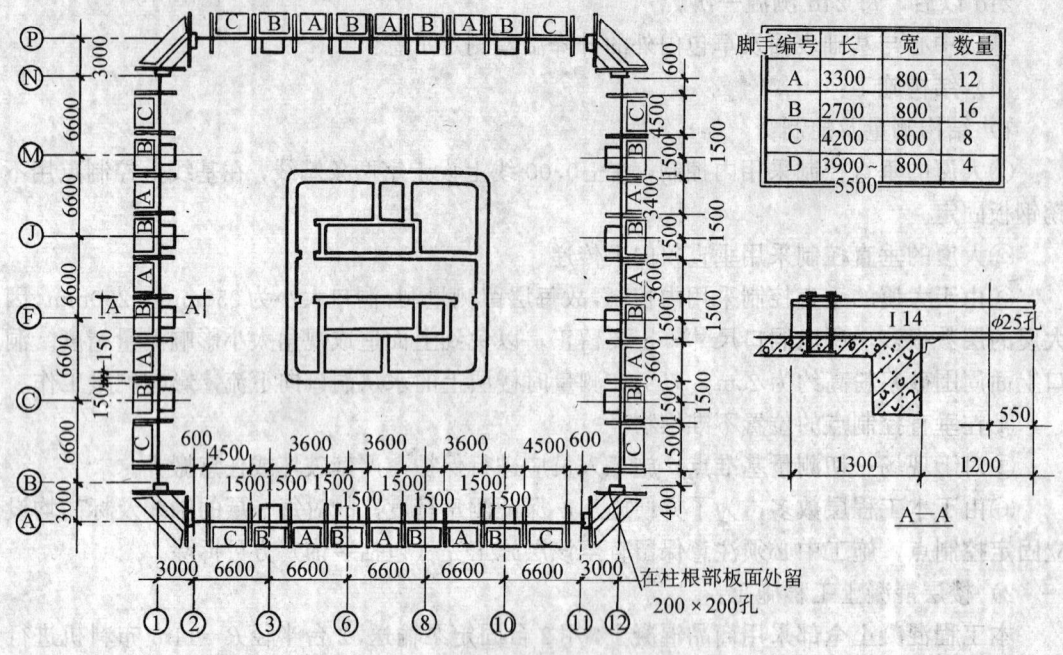

图 2.26-5　外墙爬脚手平面布置图

脚手编号	长	宽	数量
A	3300	800	12
B	2700	800	16
C	4200	800	8
D	3900~5500	800	4

在柱根部板面处留 200×200孔

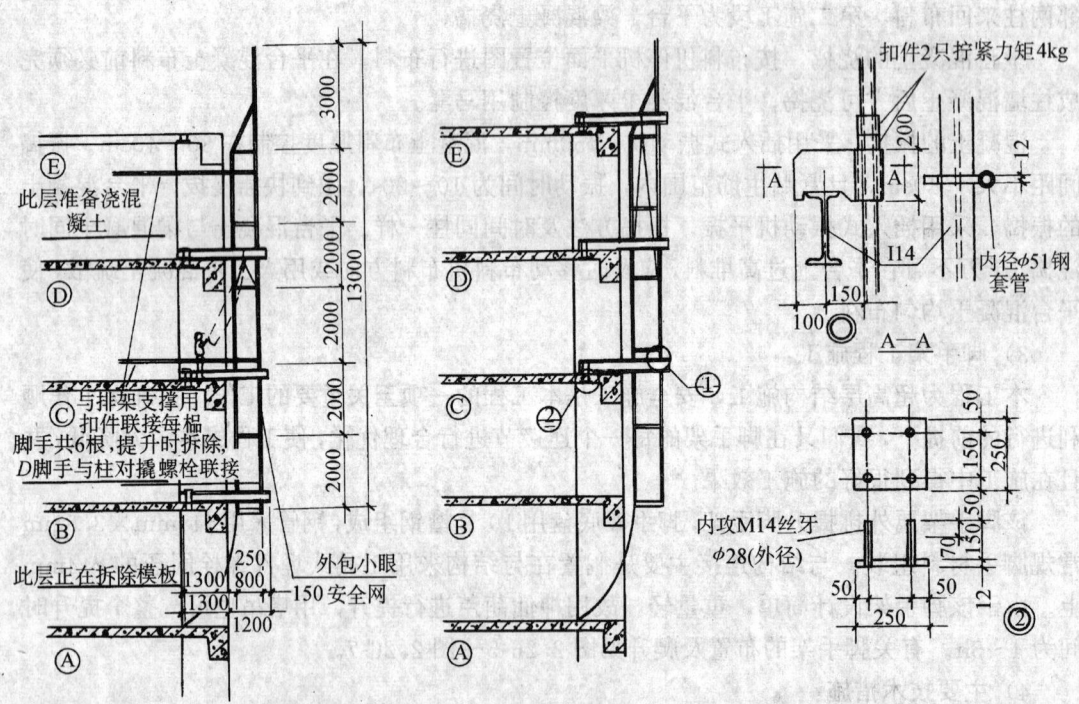

图 2.26-6　外墙爬脚　　　图 2.26-7　外墙爬脚手剖面示意图（二）
手剖面示意图（一）

④模板拼装及支撑质量由质量员加强检查，发现问题及时修改。

⑤合理选用混凝土级配，以减少混凝土的内部温度，同时，加强温度检测，合理选用混凝土的养护方法。

⑥混凝土进入现场必须由试验员负责测试混凝土塌落度及温度。

⑦组织以项目经理为首的强有力混凝土浇筑指挥小组。做到定人、定岗、定位，以确保施工质量，调度现场的一切工作，做到精心组织、精心施工。

⑧材料供应必须充足，如草包、塑料薄模、皮水管等，确保施工需要。

⑨在浇混凝土前必须对所有墙板预留筋轴线进行检测，校正后电焊固定。

5) 主要质量措施：

①模板基部找平，以防止板底根部漏浆及保证模板整体标高正确。

②柱墙混凝土高度方向分二次均匀布料，以减少模板位移及混凝土对模板的侧压力，从而保证混凝土的质量。

③平台混凝土施工时采用"马凳"穿跳，以保护钢筋及防止混凝土施工过程中对钢筋的破坏，确保混凝土的标高及平整。

④浇混凝土结束后，进行二次抹光，第一次在混凝土初凝后，第二次在前次抹光后2h进行，以消除混凝土的收水裂缝，保证平整及光洁。

⑤每一次混凝土浇捣后，必须将在板墙插筋上混凝土泥浆刷除及钢筋范围内混凝土进行施工缝处理，直至混凝土中石子露出为准，并清除浮石。

⑥混凝土养护采用草包在平台部分满铺，若后道工序施工，如排架撑、弹线工作，在以上工作完成后，应将草包重新覆盖。当温度低于5℃时，养护时不得浇水。

⑦每次浇捣混凝土前，应对模板内杂物清理，及对混凝土接合部分浇水，以保证混凝土质量（接缝）。

⑧在浇捣混凝土前，应组织技术、质量、安全交底，合理安排劳动力，加强对模板、钢筋的看护管理工作，做到分工明确，责任到位。

⑨冬季混凝土施工，由于本工程采用商品混凝土，当日平均温度低于5℃时，要求搅拌站在混凝土中掺加抗冻剂，具体掺量由搅拌站定，或于本工程技术部商定。

⑩冬季施工中，本工程自拌混凝土及砂浆级配由实验室统一出，以往级配不准使用。

⑪有关冬季施工的具体措施按公司文件办理。

6) 主要安全技术措施：

①必须遵守安全生产六大纪律，严格按施工操作规程进行施工，加强对职工的安全教育，及时设置安全设施，加强工地安全生产气氛。

②每分项工程施工前，必须进行生产安全交度，杜绝无安全设施的一切施工，同时加强对本工程的电器、机械设备的检修、保养工作。

③电器、机械设备的施工生产必须按各自的生产规程进行，班组长必须负责带头实施，现场施工员、安全员负责监督，使本工程走上安全生产的正常轨道。

④本工程非标准层均采用钢管外脚手施工，脚手架的搭设距结构50cm，脚手架的搭设操作人员必须持有上岗证，且按一般脚手架的操作规程进行。

⑤平台留孔、电梯孔道等必须全部封闭。目前对于平台留洞，采用钢筋网片电焊封闭。电梯井道内搭设脚手架。

⑥由于在排架支撑等施工过程中，必须出现上下施工现象，因此在上方操作人员不准

向下抛物，施工中使用的零件必须放入工具袋，当出现特殊情况施工（如较长、较重的周转设备安装）时，必须通知下方人员离开。施工人员、安全员负责监督下方操作人员也应加强安全意识，设立临时安全实施，如在上下方之间设一张夹板以作隔离。

⑦排架撑及模板拆除前必须组织专门安全交底会，拉好警戒线，将施工区域隔离，而且安全员到场监督，杜绝一切违章施工，合理安排拆模过程中平面及立体工作的安排。

7）关于加强外墙挂、挑脚手施工的安全要求：

①当楼层平面混凝土施工完毕后，宜立即进行悬挑钢梁安装，安装时应有操作人员监护，防止钢梁下落伤人，安装前必须将埋件内的混凝土浮浆清除，以保证钢梁平稳，钢梁安装螺丝必须保证 4cm 的实际锚固长度，且使 4 个螺栓受力均匀，钢梁及螺栓安装质量由技术员负责验收。

②在脚手提升前，必须将脚手上的一切杂物进行清除（包括平时每结构施工一层的清理），由施工员负责安排检查。

③脚手在提升前，吊钩进行轻度拉紧后，应将与每榀脚手连接的 4 根拉杆及封口挂网进行拆除，检查无误后方可指示吊机提升，此项工作由施工员负责。

④当脚手提升到位后应先进行牛腿安装、校正，使脚手平稳、垂直，拧紧扣件，然后将上下二道拉杆施工完毕，检查后方可卸去吊钩。此项工作由工程科安排落实，技术员负责上排斜拉杆的施工质量检查，另一技术员负责下排平拉杆的施工质量检查，施工时应加强上下联系。

⑤脚手顶部栏杆拆除应按脚手提升顺序进行施工，施工中只限提前拆除将要提升的该排脚手（共 9 榀），拆除工作由工程科安排，安全员与施工员监护。

⑥钢梁拆除必须由一名操作工人负责监护，负责钢梁平稳地移至平台内，回收零配件，做好落手清工作，埋件拆除必须由三个人一组负责进行，并且将麻绳扎于螺丝上，一个拉住麻绳，一个敲打埋件，慢慢放松麻绳，此时在下层的另一位人员走近将埋件取下，堆放整齐以便下次使用。

⑦脚手全部提升，安装完毕后由项目工程师、安全员 2 人负责检查，验收通过后方可投入使用。

⑧每日安全值班人员当遇脚手提升时，应加入管理行列，共同督促，检查脚手的整个提升过程，平时应随同安全员检查脚手的安全使用事项，必须杜绝在脚手上堆物、堆废料、拆除脚手零件、附件等违章问题，一旦发现由安全员对违章者进行重罚，查不到违章者，罚施工队负责人。

⑨本工程外墙脚手（非承重脚手架）仅限操作人员使用，包括可放置施工上必须要使用的零配件、扣件，但不能整箱整包进行堆放，施工完毕后必须将多余的零配件及时清除出脚手，堵绝堆放钢模、钢管、钢筋及木料。

⑩机械操作人员及吊机指挥，在吊物过程中必须注意吊钩高度及吊钩上下动作的位置，以防撞击脚手事故。此项工作由机械施工员负责，加强对机组人员的安全教育，加强检查堵促。

（宋文俊）

2.27 乐凯大厦施工

2.27.1 工程概况与施工基本情况

（1）工程概况：

乐凯大厦，原名供销大厦，位于上海浦东张杨路7—2号地块，是浦东"新上海商业城"十大单体之一，其位置东临胜康廖氏大厦，南面是新大陆广场，西靠良友大厦，北面为沈家弄路，是一座集购物、餐饮、娱乐、休闲、商务于一体的多功能综合性商厦。工程包括主楼和裙房，总面积50000多平方米，总投资2.8亿人民币。主楼28层，标准层层高为3.4m，裙房分4、6、8层，逐层收缩，呈阶梯状，主楼最大建筑高度100.20m，裙房为38.40m。地下室为2层汽车库。裙房外墙贴面为花岗石和进口仿花岗石涂料喷涂等，标准层以上外墙用稳框玻璃幕墙。

结构形式为框筒结构，设计采用C60～C50高强混凝土。

主楼工程桩采用500mm×500mm两节预制桩，混凝土强度等级为C40，长24m，送桩7～8m，桩距1.8～3m，桩持力层落在7～1层，单桩设计承载力为1700kN，桩数为449根。裙房采用同一持力层，桩距2～4m，桩断面为450mm×450mm，桩长24m，单桩设计承载力1400kN，桩数为176根。整个工程总桩数为625根，基坑开挖深度7～8m。

（2）建筑物所在位置地貌等特征：

乐凯大厦施工现场窄小，限制在沈家弄路南侧，胜康廖氏大厦和良友大厦之间的范围内，平面运输无环形车道可通，地下室外边线离沈家弄路边线最近处5m左右，给组织高层施工带来许多困难。

（3）施工工期：开工日期1994年1月6日，竣工日期1996年3月20日。结构实际施工工期：桩基5月，井点降水及深层搅拌桩、钻孔灌注桩围护体系3月，挖土至地下室完工4月，28层结构7个月，总计19个月。结构标准层施工周期为5d/层。

（4）施工主要平面布置：考虑到楼层室内装饰以干作业为主，在机械布置时，不设三联井架。本工程主要布置机械有：88HC塔吊，TD-60塔吊人货两用梯（只作裙房使用）泵车、布料器，详见图2.27-1。

（5）结构工程主要实物量见表2.27-1。

表 2.27-1

工程项目 \ 实物量 分项	土方 (m³)	模板 (m²)	钢筋 (t)	混凝土 (m³)	备注
主楼	6800	5000	20500	19700	土方指挖土量不包括回填土。钢筋混凝土，不包括预制桩
裙房	6200	4000	14000	10300	
合计	3000	9000	34500	30000	

2.27.2 施工技术工艺

（1）基坑支护工艺（见表2.27-2）。

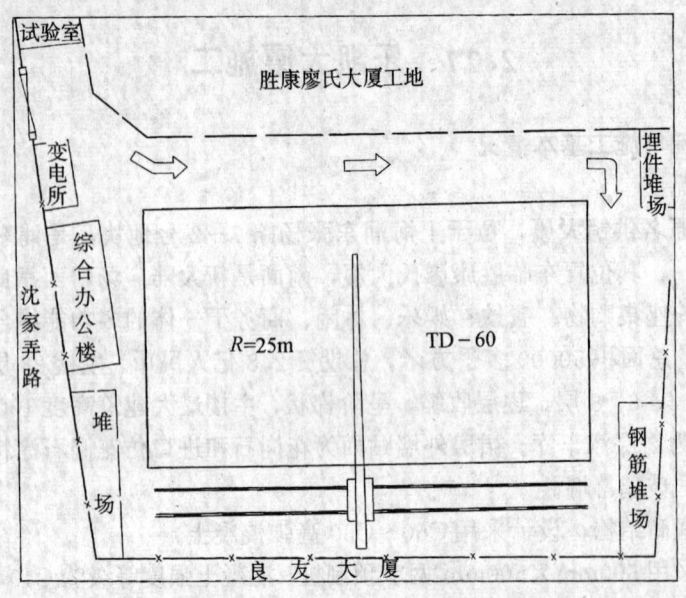

图 2.27-1　施工现场平面布置图（基础）

地基土物理力学性质表 表 2. 27-2

层序	地层名称	含水量	相对密度	孔隙比	塑性指数	内摩擦角	内聚力 C_1	侧压力系数
		(W)	(G)	(L)	(IP)	(φ)	(kPa)	(Ko)
(1)	填　土							
(1)	浜　土							
(2)	粉质粘土	31.9	2.73	0.92	15.3			
(3)	淤泥质粉质粘土	36.9	2.72	1.04	14.1	13.9	8	0.44
(4)	淤泥质粘土	48.3	2.75	1.36	20.8	7.9	11	0.52
(5)	粉质粘土	34.4	2.72	0.97	13.1	16.5	8	0.43
(6)	粉质粘土	22.4	2.72	0.66	14.8	12.9	40	0.41
(7)	砂质粘土	33.2	2.70	0.95	13.1	20.3	5	

　　本工程基坑支护，根据土质情况及场地要求大胆采用无支撑深层搅拌桩与钻孔灌注桩组合体系。在临胜康工地一侧及沈家弄路一侧的基坑内侧施打一排钻孔灌注桩，用于消除旁边胜康工地基坑支护应力，及保护沈家弄路地下管线。具体做法如下：

　　①沿胜康工地及沈家弄路二侧设 $\phi800$mm 灌注桩，桩长 18～20m，要求相邻两根桩周边相切，形成地下连续壁。配筋长度 17.30～19.30m，钢筋露出桩顶 300mm。

　　②紧靠钻孔灌注桩外侧，施工一排宽度为 6m、$\phi800$、中心距 700mm 的水泥搅拌桩，两桩搭接 100mm，桩长 18～20m，桩身强度 6MPa，桩顶标高 −1.00m，相邻两根周边相切，形成地下连续壁。

　　③靠近胜康工地及沈家弄路的三个角部，为增加其稳定性，基坑开挖至 −2.50m，−5.00m，设 2 道角撑，配 6 ⊈ 18mm 螺纹钢，混凝土强度 C30，在角撑部位增加 1 根混凝土

梁作角撑的撑脚。混凝土梁宽 400mm，高 400mm，长 5m，配 6 Φ 16mm，混凝土强度等级 C30。

为了防止撑脚下滑，在角撑支点部位再设一根搅拌桩，桩顶标高－2.40m，长 5.60m，直径为 600mm。

搅拌桩靠胜康工地一侧的桩外侧，用压密注浆法对此处地基进行加固（沈家弄路一侧同样作法），以增加挡土墙的稳定性，减小临近胜康工地基坑支护结构传来的应力，加固深度 9m。

采用水泥土搅拌桩与灌注桩组合的自立式结构，增大了挖土机操作面，加快了施工进度。

基坑支护施工平面图见图 2.27-2。

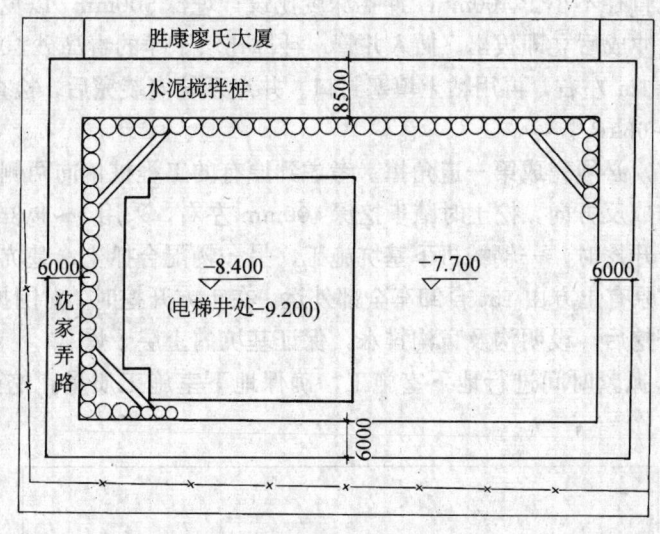

图 2.27-2　基坑支护平面图

（2）各分部分项工程主要施工技术：

1）基础工程：

①沉桩工程：

a. 桩数桩型：主楼采用预制钢筋混凝土桩，桩规格为 500mm×500mm 两节预制桩，混凝土强度等级 C40，桩长 24m，桩距 1.8～3m，449 根；裙房也采用预制钢筋混凝土桩。桩规格为 450mm×450mm，混凝土强度等级 C40，桩长 24m，桩距 2～4m，176 根。

b. 持力层选择：地质情况：根据工程地质勘察报告，本工程土层分为 7 层（表 2.27-1）。

根据基础深度，确定主楼桩基持力层落在 7～0 层，深度为 32m。

c. 沉桩工程：

沉桩施工部署是先打主楼，后打裙房；先打工程桩，后打围护用的搅拌桩。主楼打桩采用德马克 D4.6 锤，施工中水准仪引测水准点，控制打桩标高；经纬仪对桩身进行垂直度的双向控制，并用经纬仪校正桩架，使其倾斜度控制在 1% 以内。

在沉桩前，沿胜康工地及沈家弄路二侧，每隔 1m 打入一根 10m 长的塑料排水板，利用塑料排水板对饱和土内孔隙水的疏导和引流，有效地保证沉桩位置的正确。

在沉桩期间由专业测量人员对附近重点管线和地面进行垂直方向和水平方向位移监测，必要时调整打桩速度，确保施工期间附近工地及管线的正常运行。

合理安排打桩流程。打桩流水方向是北侧（靠马路）始，由西向东打四排桩，而后在西侧沿胜康工地边缘打四排桩（裙房处为三排桩），然后打中部密集桩，最后打东南两翼桩，使打桩而引起的土体位移控制在很小的范围内。

②土方工程：

乐凯大厦裙房基坑深7.7m，主楼8.4m，电梯井局部挖土深达9.2m。因此挖土必须待围护结构达到设计强度，井点降水满10d后方可开挖，本工程井点降水充分利用围护结构养护期间，进行轻型井点施工。井点降水派专人定位，并沿井点布置方向按自然土挖低0.5m。井点管冲孔直径不小于400mm，冲孔深度比设计埋深500mm，以免冲管拔出时部分土壤回落。井点孔冲成后立即拔出，插入井管，且每孔填干净的青岛砂600~800kg，以防塌土，上口离地面1m左右，再用粘土填塞封口。井点系统安装完后，检查有无漏气现象，真空度控制在53~66kPa。

大面积开挖前，必须完成第一道角撑。考虑到原有的工程桩偏向两侧，为了纠偏，挖土流向与打桩流向成反方向，挖土时踏步挖深400mm左右，采用1~1.8m³的反铲履带挖土机；第二步踏步开挖时，一辆挖机下基坑施工，另一辆配合抓土，基坑内铺走道板，保证运土车辆行走，原有土方由15t自卸车全部外运。在土方开挖时，对围护结构进行监护，设点观测。基坑开挖后，设明沟及盲沟排水，保证基坑内土层干燥。

基坑验槽后，抓紧时间进行地下室施工，确保地下室施工质量。挖土平面流水见图2.27-3。

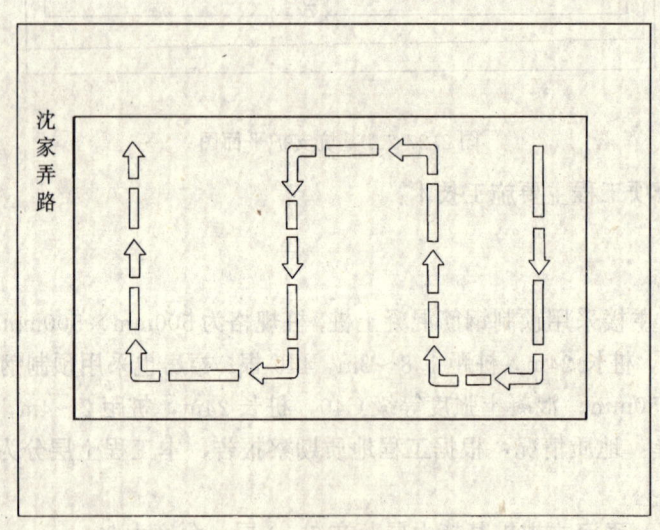

图 2.27-3 基坑挖土流程图

③大体积基础混凝土施工一次浇捣成功。

a. 主楼桩承台厚2.2m，混凝土总方量达到7000多立方米。设计强度等级C35，抗渗等级S8，底板钢筋由于工厂成型，现场闪光对焊及锥螺纹接头配用。

b. 在浇捣过程中，采用减少水泥用量，用425号矿渣硅酸盐水泥，同时还采用掺加磨细粉煤灰和木质素磺酸钙的双掺技术，并利用R60代替R28；混凝土表面采用二次抹面法。表面保温采用蓄热养护法；坑内支架上设油布覆盖的保温棚，混凝土表面及模板外侧铺设两层草包和一层塑料薄膜，棚内设置加热设备。在测温中如发现温差接近30℃时予以使用。两周养护后，未发现温度裂缝。另外为控制混凝土毛细孔渗水，在墙板及后浇混凝土中同样掺入微膨胀剂UEA。

c. 在浇捣前，周密地考虑混凝土浇捣方案，以保证混凝土连续、快速作业，为此，设2台备用泵车，由专人负责指挥调度，坑内增设溜槽，用以防止浇捣过程中混凝土离散。

d. 混凝土浇筑方法采用斜面分层法，每层厚度控制在40cm内，连续浇捣至设计标高。由于泵送混凝土流动性很大，每皮混凝土流淌坡度约1:7。沿混凝土流淌方向，再分三个不同层次振捣，并派专人进入上下钢筋内振捣。在混凝土浇筑过程中产生的泌水，用水泵及时抽出。

e. 为防止混凝土出现冷缝，同时要求混凝土从搅拌站出料，运输至筑捣完毕的时间控制在90min内，在浇筑现场按规定检查混凝土的坍落度。

f. 为准确及时掌握浇筑完成后混凝土内外温度情况，采用电热偶测温法，指导养护。根据测温点的温度及时间关系图可以看出，温度在混凝土浇捣完毕后十几小时内升温很快，其梯度达1℃/h，至峰值为3d左右，其后有一段等值温期，后缓慢降温。由此可见，大体积混凝土浇捣后，必须有较长时间的养护，直至混凝土抗拉应力足以抵抗温度应力时，方可终止养护，这样才能有效控制温度裂缝产生。

④后浇带处理：后浇带侧模采用双层0.6mm厚钢板网，钢板网上点焊统长Φ20@200mm钢筋作为肋，匚6.3制成的支架为围檩，每500mm为一道，此种做法施工较方便，无需拆模，也有利于提高新老混凝土的结合力。后绕带混凝土中掺入了UEA微膨胀剂，有效控制了后浇带处渗水通病。

2）结构工程：

①钢筋工程：

a. 底板和垂直接头采用锥螺纹接头，是由中国建筑科学研究院结构所研制的，这种接头可以承受拉力，弹性及塑性范围交变荷载，且不受钢筋表面花纹限制，适用于16～40mm直径的变形或光圆钢筋连接。

b. 这种接头具体施工方法是：用锥螺纹套丝机加工锥螺纹，并按加工每批钢筋锥螺纹数的3%抽检其螺纹牙形是否合格，丝扣数是否完整。各种规格钢筋锥螺纹最少完整扣数，见表2.27-3。

各种规格钢筋锥螺纹最少完整扣数　　　　　　　表2.27-3

钢筋直径 (mm)	16～18	20～22	25～28	32	36	40
扣数	5扣	7扣	8扣	10扣	11扣	12扣

锥螺纹丝头有一项不合格即为不合格品，则该批丝头要逐个复检。锥螺纹接头设置应符合：接头宜设在受力较少的截面上，在构件受拉区段的同一截面钢筋接头不得超过钢筋

总数的 50%，受压区段不受限制；钢筋接头错开间距不得小于钢筋直径的 35 倍，且不少于 500mm；在同一个构件的跨间或层高范围内的同一根钢筋上不宜超过 2 个接头。闪光对焊接头与该接头的间距不小于钢筋直径的 35 倍，且不小于 500mm；S 头端点距钢筋弯曲点不得小于钢筋直径的 10 倍；S 头与邻近钢筋之间的净距或接头相互间的净距应大于骨料最大粒径。

安装规定：连接套规格与钢筋规格必须一致，连接之前应检查钢筋锥螺纹及连接锥螺纹是否完好无损，并清除锥螺纹丝上的杂物及铁锈。将带有连接套的钢筋拧到待接钢筋上，然后按表 2.27-4 规定的力矩值，用力矩扳手拧紧接头，当力矩扳手发动"咔嗒"响声时，即达到接头的拧紧值。连接好的接头用红漆表示，防止漏拧。接头的施工质量，需通过力矩扳手按每 100 个接头为一批进行拧紧值检查，并填好抽检记录。

表 2.27-4

钢筋直径 (mm)	16	18	20	22	25～28	32	36～40
拧紧力矩 (N·m)	118	145	177	216	275	314	343

②模板工程：

a. 组合钢模板：

梁柱采用 ϕ48mm×3.5mm 普通钢管脚手管及扣件作为支撑。搭设技术要求除符合《钢管扣件脚手应用技术规程》外，在梁模向每 300mm 设一道支撑，纵向每 500mm 设一道支撑，底板道木间距为 500mm，支撑钢管相邻立杆对接接头错开，同时立杆垂直度控制在允许范围内，楼板底模采用早拆模技术。

内筒体模板采用组合小钢模拼大模，支撑系统采用 ϕ48mm×3.5mm 钢管。

b. 电梯井道采用大模安装。

鉴于电梯安装时对电梯井筒体内壁结构垂直度有较高的技术要求，电梯井筒体模板必须整体性好，几何尺寸准确和不易变形。因此确定主楼电梯井内模采用组装大模，由组合式钢模板、横肋、竖肋及角模拼装而成。结果表明，电梯井壁的垂直度和表面平整度都较好。

c. 试验采用早拆模技术

在标准层施工中，我们试验采用了早拆模技术，选用定型的早拆模支撑体系。该体系主要由早拆柱头、立柱、横柱、可调底座、主梁、次梁、悬臂梁及模板等组成。该早拆模体系的施工方法，是在每根立柱下端插入可调底座，用以调整标高，上端插入早拆柱头，中间的上部和下部均用带锥销的横杆连接，装上主梁，再将早拆柱头的外套向上推于上限位置，并用支承销固定，再在主梁上放入木次梁后，上面铺设九夹胶合板。

当混凝土实际强度等级达到设计强度等级 50% 时，要将早拆柱头上的支承销用锤子敲向另一侧（同一主梁的两端支承销同时敲），早拆柱上的外套连同主梁、模板等同时下落 115mm，此时可将主梁模板等拆卸，而原来的柱头仍保留支撑状态，柱头视混凝土的发展强度分批拆除。

选用九夹板时，主梁之间的间距为 965mm、1270mm、1420mm、1880mm 4 种。但在实际使用时，应按楼板厚度、荷载大小、结构梁之间的楼板大小、形状分别组合应用于 4 种规格的主梁。

③斜挑脚手：

根据本工程结构的具体特点，结构阶段主要采用斜挑脚手，这样既可以保证质量，又可以加快工期，降低成本。

结构施工时，斜挑脚手必须与每层满堂排架联成一个整体，斜挑杆间距 80cm，下脚坐在楼层混凝土上，与室内排架立杆用水平杆拉接，并与水平管拉通，隔道设剪力撑，所有杆件的螺丝均要拧紧，外边一周满罩安全网。

斜挑脚手搭设前，应周密考虑，避免斜挑脚手、支承管件与楼板支承早拆杆件发生冲突矛盾，同时在临时边界处加固斜挑脚手支承杆件。

④混凝土工程：

每层的柱、墙、梁和楼板混凝土采用一次连续浇灌完成的方法，这主要是为了尽量减少商品混凝土的供应次数，加快进度。但为了防止柱墙与梁交接处可能出现的裂缝，采取了柱墙浇筑后稍作间歇，待其适当沉实，再浇梁板以及接头回振的措施。

混凝土垂直运输用固定式，将混凝土一次泵送到楼层，再用布料器把混凝土直接送至浇灌点。现场采用 2 台固定泵（德国大象牌 BSA/408D 型牵引式混凝土泵），其功率为 118kW，最大泵送量 59m³/h，最大泵送高度 120m。当混凝土泵送至最高时，泵表压力为 17～19MPa，说明这种泵是可行的。布料器选用机械式，有效回转半径 9.5m。

为保证混凝土的可泵性，作了如下控制：水灰比 0.5，水泥用量 380kg/m³ 以上，黄砂中粗，碎石粒径 5～25mm，其中 16mm 占 60% 以上，木质素磺酸钙为水泥的 0.25%，细粉煤灰为水泥的 10%，坍落度则由温度变化决定，20℃ 以下 10～12cm，20～30℃ 用 12～14cm，30℃ 以上用 14～18cm；当垂直高度 80m 以上时坍落度再提高 2～4cm。

施工中，对泵管的搭设要求是：路线短，弯头少，泵管固定牢固，同时垂直管与水平管长度比不少于 3：1，且水平管长度不小于 20m，在泵机出料口后面，在地面输送管上要增设一个截止阀。高温季节时对暴露在外的泵管应加以麻袋遮盖，以免混凝土坍落度损失。

结构阶段平面布置图见图 2.27-4。

3）装饰工程：

①隐框玻璃幕墙施工：

a. 施工机具：选用悬挂式作业吊篮。使用吊篮可加快施工进度，特别适合隐框幕墙的安装。采用经纬仪调校各类安装基准线和尺寸，以保证施工安装的精度。

b. 外围护结构组件的安装：

在主梁（和横梁）安装完毕后，开始安装外围护结构组件。在安装前，要对外围护结构作认真的结构和尺寸检查，同时要求胶缝饱满平整，连续光滑，玻璃表面不应有超标准的损伤及脏物。

外围护结构组件的安装次序，可由上至下或由下至上进行安装。

外围护结构组件的安装主要采用了内勾块固定式。在围护结构组件固定之前，要逐块调整好组件相互间的平齐及间隙一致，不平整的部位应调整固定块的位置或加入垫块。为解决板间间隙一致的问题，可采用类似木质的半硬材料制成标准尺寸的模块，插入两块间的间隙，以确保间隙一致。插入的模块，在玻璃组件固定后应取走，以保证板间有足够的位移空间。

　　c. 外围护结构调整、安装固定后，开始逐层实施组件间的密封工序。

　　首先检查衬垫杆的尺寸和材料是否符合设计要求。对需要密封的部位，先要清除表面积灰，再用类似二甲苯等挥发性强的溶剂擦除表面的油污，然后用干净布再擦一遍，以保证表面清洁。放置衬垫时，要注意位置正确，过深或过浅都会影响工程的质量。间隙的密封采用耐候胶灌注（DC793 或 GE2000），然后将多余的胶压平刮去，并清除玻璃或铝板面的多余粘接胶。

　　d. 施工要点：

　　掌握正确的放线方法和主、横梁的安装水平。在主梁全部悬挂完后，逐根进行检验和调整，然后再施行永久性固定施工。

　　外围护结构组件在安装过程中，除了要注意其个件的位置，以及其相邻间的相互位置

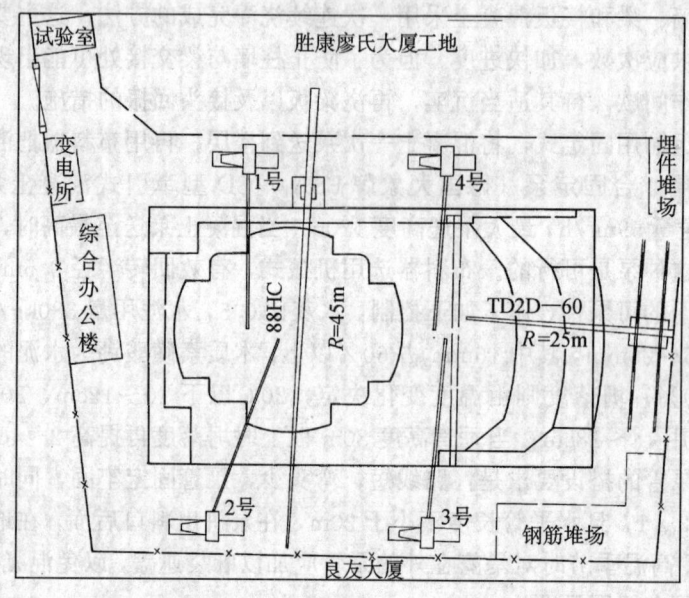

图 2.27-4　施工现场平面布置图（结构）

外，当幕墙整幅沿高度或宽度方向尺寸较大时，还要注意安装过程中的积累误差，适当进行调整，使整体表面平整，垂直。

　　施工质量检验应加强对隐蔽工程的检验，要及时处理以免留下后患。对每个检验项目都要有足够的检测点及代表性。并要制定标准的检验表格，对各项检验结果进行登记，以备查证。

　　e. 防止开启部位、周边及屋檐封口处漏水：

　　开启部位漏水首先要检查原设计结构是否合理。一般情况下密封失效的原因在于安装精度不高，五金配件破坏或密封胶条失去弹性。周边及檐封口产生的漏水情况比较复杂，所以在与结构相接的部位，要采用密封胶或其它措施加强处理，采用铝板作为封闭的接口部位，应有合理的搭接口设计，其重叠搭接度应根据板长及温差进行计算。除对设计及施工工艺和操作进行检查外，还要注意土建施工的配合质量。

　　f. 注意成品保护，防止反射玻璃镀膜面损伤和型材表面划伤。

②外墙空挂花岗石：

a. 测量弹线：根据图纸的花岗石排列和现场总包提供的水平基准线，用水平仪据基准点水平线，从东、西、南、北四个角各放一个垂线到地面，测量三次以保证水平线和垂直线的正确，再根据花岗石的排列弹出花岗石的排列线。

b. 角铁架的安装：用 $\phi14mm$ 的钻头，在已弹好的水平线上每 1m 钻一孔，打穿砖墙，用直径 12mm 的镀锌丝杆穿过砖墙，内侧用 100mm×100mm 的铁板作垫片，用镀锌螺帽作固定。外侧将已钻好孔的角铁用螺帽固定在墙上，丝杆间距定为 1m，角铁为 3m 一段，角铁用电焊连接，涂上防火漆作保护。将 5mm 不锈钢码用镀锌对拉螺栓固定在 46mm×46mm 角铁上，码片两头为已开好的孔，一头固定在角铁上，一头用来固定花岗石的钢针。

c. 花岗石空挂的角铁架及骨架验算：本工程骨架采用 L45mm×45mm 角铁，用直径 12mm 对拉螺栓固定于砖墙上，具体规格如下：

对拉螺栓：直径 $\phi12@900mm$ （水平）

石板：500mm×1000mm×25mm $r=2.6t/m^3$

角铁：L45mm×45mm （水平向放置）

验算：

（*a*）螺栓：

$$N=0.5\times1\times0.025\times2.6\times9/5=585N$$
$$\tau=N/A=0.0585/1.13\times10000=0.5N/cm<[\tau]$$

说明：因为空挂花岗石高度低，故对拉螺栓而言，其水平拉力远小于竖向剪力。

（*b*）角铁：L45mm×45mm，$d=5mm$。

计算简图：65N。

取最不利情况，假设角铁每计算段为简支。

$$M_{max}=0.0585\times0.45-0.065\times0.5\times0.45=117N\cdot m$$
$$S=M/W=0.0117/2.51=46.6N/cm<[\ ]=15.5N/cm$$
$$\tau=N/A=0.0585/4.292\times10000=1.36N/cm<[\tau]=0.95N/cm$$

经验算：无论对拉螺栓还是铁骨架强度均满足要求，因对拉螺栓间距 900mm，故花岗石作用产生的角铁变形可不必验算。

d. 花岗石安装：

按图纸尺寸挑出相同的石材，在石材二侧钻两个 5mm 的孔，将钢针涂上 502 胶水固定在石材两侧，再将花岗石安装在不锈钢码片上加以固定，为保证石材强度，在地面勒脚处花岗石用灌浆法施工，所有阳角按图纸统一方法收口，然后沿水平，由一头至另一头顺次安装。窗侧面从土建完成面至花岗石完成面留 4.5mm 间隙，然后按照规范抹胶收口。

e. 密封清理：待花岗石大部分安装完成，清理花岗石面与花岗口缝，放入泡沫条，打入 3~5mm 的进口硅胶密缝，等密封胶干后，再清理花岗石表面。

③装饰块喷涂（进口仿花岗石喷涂料）：

a. 基层处理：清理基层，在涂抹界面剂前，先对砖、砌体及混凝土墙面的粉尘污垢清理干净，再用清水冲洗。

b. 界面剂施工：本工程外墙混凝土面粉刷前用界面剂处理，界面剂选用上海曹杨建筑粘合剂厂的 TCTA-400 灰色粉末，使用时只需加水（1 份水，3 份灰），将其调成厚糊状即

可（不要有生粉团），调匀后的界面处理剂可用铁板直接粉刷，厚度约1～2mm，界面剂上墙约30min，即界面剂稍收浆即可进行抹灰，每平方米用量约为1.5～2kg。

c. 粉刷做装饰块：首先弹线分格，每隔50cm弹出分格线，弹线误差控制在10mm内。沿分格线用铁钉每隔50cm将木条钉入墙内。装饰块粉刷分三次进行：第一次粉层至木条二边曲线造型处，嵌密压密；第二次粉中层，同样刮毛，最后粉面层，压平打毛。三次粉刷每次厚度都必须小于9mm，且三次须隔夜抄平。为保证装饰块的强度及装饰块粉刷后不起壳，无裂缝，所用材料均为1：2.5水泥砂浆，同时掺入少量的石膏。待装饰块有一定强度后（一般为3～4d），除去木条，并检查，当有高低不平及损角处再用水泥修补。

d. 装饰块喷涂：喷涂前检查装饰块表面，不能有隆起，要平整，且不能有水分。如下雨或气温低于5℃时，不能进行喷涂。开桶的涂料，应在1～2h内用完。喷涂第一次和第二次的时间必须间隔3h以上。喷涂时，用量均匀，保持空气压力均一，遇到气温过高或过低或强风时停止施工。

④泰柏板（内隔墙）施工：

a. 工艺流程：清理楼面浮浆→弹墙身线→吊线确定楼层顶棚线→安装膨胀螺栓→安装校正L形码→立泰柏板→用L形码（楼地面可用钢筋码）与0号镀锌铁丝固定泰柏板→立门框、安装线管→缺口补强、门框补强等→泰柏板粉刷→表面装饰。

b. 墙板安装：

（a）墙板安装时，必须用L形码（楼地面可用钢筋码）、箍筋将墙板与其它墙体楼地面、板或梁底等紧密牢固。

（b）板与墙板之间的所有拼接缝必须用平联钢丝网或山字条覆盖、补强，紧密连接，拼接缝宽不准大于15mm。

（c）墙板的阳角接缝必须用不小于300mm宽的三角网补强。

（d）在楼地面接缝处若用钢筋码，则钢筋须不小于ϕ8mm，埋入楼板深处不小于5cm，间距不得大于600～800mm。

c. 墙板粉刷：

（a）抹灰前由专业人员对泰柏板安装做全面检查认可。

（b）材质要求：用425号普通硅酸盐水泥及淡水中砂，配合比1：3。

（c）墙体抹灰分二层进行，第一层厚度约10mm，第二层厚度约8～12mm。第一层抹灰后用带齿泥抹子沿平行桁条方向拉出小槽，以利第二层抹灰的粘结。

（d）泰柏板墙与其它墙体或柱的接缝，在抹灰时应设补强钢板网片以避免出现收缩裂缝。

d. 须注意事项：

（a）施工时膨胀螺栓位置必须保证准确。钢筋移位必须在L形码的可调整范围内。

（b）泰柏板与楼地面连接若用钢筋码固定，则钢筋码的位置必须准确，深度必须保证。

（c）抹灰时，将接缝处先嵌密实，尔后进行第一层抹灰。

4）屋面防水：屋面防水采用三元丙丁基橡胶防水卷材，在一般屋面渗漏水的事故中，细部节点处漏水占80%。为此管理好细部防水构造施工，是屋面防水施工质量的关键。针对上述特点，采取如下做法：

①严格做好找平层：凡是阴角都要抹成圆弧，半径在50～100mm之间，内部排水孔的

周围应抹成低的洼坑。屋面坡度不小于2%，檐口边要留出压卷材的收头凹槽。设备基础周边留20mm×20mm的分格缝。檐口、天沟中的落水口部位先安装落水口杯，落水口杯与沟底接触处的混凝土要留10mm×10mm的缝隙密封材料，沟底两侧阴角做成圆弧。

②基层处理剂：施工前，检查找平层是否有洼坑、酥松、起砂现象，屋面阴、阳角做法是否达到标准，基层干燥要满足施工要求。涂刷应先用刷子对细部节点周边拐角处，涂刷一遍，不可漏刷。

③水管孔口，如墙根部、变形缝、分格缝处，按照规范要设置附加层。特别是在分格缝处的附加层，先扫刷干净板缝中灰尘，填嵌防水柔性密封材料，缝上干铺300mm宽的卷材条，单边点贴作缓冲层，上面再铺贴防水卷材。

在施工中，认真仔细施工，妥善规范处理细部构造，是有效防止屋面渗漏水的最好方法。

5) 工程施工测量与主楼垂直度控制。

①测量依据：建设单位在场外提供若干坐标点及高程引测点。设计单位在平面定位图上标出坐标轴方向线、点的坐标值及标高值。施工单位以此作为引测依据。

②主楼垂直度控制：

a. 垂直控制线的控制点设在第一层顶，用200mm×200mm埋件预埋在混凝土内，并在铁板上凿出十字控制点，用激光经纬仪逐层向上投点，控制垂直度各层次±5mm，累计垂直度偏差总高度1/1000，且不得大于50mm。

b. 电梯井的轴线控制按每层楼面轴线控制辅助线进行控制。

6) 保证质量与安全的组织管理：

①保证质量的组织管理措施：

a. 建立完整的质量检验与监督保证体系。班组自检互检→项目经理部反样、施工员复检→项目质量员、技术员复检→公司技质部复检→监理人员抽检。经验收合格签证后，方可进行下道工序。

b. 严格执行各分部分项的质量标准，并坚持贯彻"三令制度"。

c. 重大的分部分项工程（如7000多立方米混凝土一次浇捣，上部结构、脚手）都在施工组织设计的基础上，进一步编制施工方案，经上级批准后执行。

d. 分部分项施工前，均由项目工程师向施工班组作详尽的交底，做到参与人员人人心中有数。

②保证安全的组织管理措施：

a. 建立以项目经理和项目工程师为主的项目安全生产管理班子，设置专职安全员检查监督，发现违章及不安全苗子，立即作出处理并通报有关领导。

b. 每周一次开展以项目工程师为主的安全检查，公司每月进行一次安全大检查。

c. 所有外脚手的外侧设置两道安全栏杆，并用尼龙安全网进行全封闭，"四口，五临边"均有防护措施。

d. 所有地上地下管线及架空电缆均请专门部门监护，工地发现问题，及时处理。

7) 保证质量与安全的技术措施：

①保证质量的技术措施：

a. 测量定位、轴线、标高引测过程中必须由技术人员复核鉴定，设控制桩、轴线、标高做好红漆标志，并注明编号或标高高度。

b. 搅拌桩施工时，为了保证水泥用量的正确，控制搅拌时间及提升速度，由八公司项目经理部、建设单位、同济大学设计人员共同组成监理小组，每天 24h 跟班，并做好各种监理资料。

c. 基坑开挖时，为了防止围护结构位移，在桩顶设沉降和滑移观测点，并严密注意土层的水渗透情况、夹砂情况。基坑挖至标高时，如有小范围超挖或遇暗浜，必须清理老土，并用 C10 毛石混凝土回填。

d. 钢筋绑扎施工必须严格按设计图纸及规范要求；有避雷要求的钢筋电焊搭接不少于 6d 双面焊，做好红漆标志，便于识别。

e. 模板支撑过程中必须全面复核，模板的垂直度、平整度、截面尺寸以及排架支撑强度，刚度和稳定性均经技术部门复核，并签发技术复核单。

f. 商品混凝土严格控制配合比，计量准确，外掺剂品种、数量符合要求，施工中严禁向混凝土中加水。

g. 为了保证新老混凝土整体性和连接处的强度，在浇混凝土前必须认真做好施工缝处理，接缝处接浆，钢模板要涂隔离剂。

h. 地下室施工封顶，回填土前要做好压水检测，确认地下室无渗漏水现象。

② 保证安全技术措施：

a. 现场设置各种醒目的安全宣传牌，对施工人员及现场外包工队伍应在施工前进行安全教育、技术交底和安全签证。

b. 所有电器、电缆设施符合安全规范，做好保护标志，所有电器设备必须备有保护接地，严格执行一机一闸制，配备二级漏电保护装置，所用电缆采用五蕊制。

c. 施工用机械设备要有专人负责，持证上岗。

d. 氧气瓶与乙炔瓶上必须有明显的色标，距离应大于 10m。

e. 沿围护桩及楼层临边设置防护栏杆，做好"四口，五临边"的防护设施，电梯井设防护门。

2.27.3 施工劳动力配备及技术改进

（1）劳动力准备：在基础阶段施工中，配备了 2 个木工班组 40 多个人，钢筋 1 个班组 25 人，另配混凝土及普工班组 2 个约 40 个人。结构阶段，考虑到拆模，为节约时间，配备 3 个木工班组约 55 个人。装饰阶段，粉刷配 3 个班组约 70 个人，另因裙房装修施工较复杂，配二支专业队伍。根据工程量及工期，合理确定劳动力，合理确定班组进场日期，以有效保证工期。

（2）技术改进：在地下室基础及上部结构的竖向构件中采用锥螺纹钢接头，比传统的绑接、碰焊等工艺，操作简便，无明火，而且节约材料；在施工前，对施工班组进行技术交底及指导，使班组熟悉掌握这门新技术。对上部脚手架塔设，事先我们拟定了几种方案，经过讨论，采用斜挑脚手方案。实践说明，这种斜挑脚手技术，施工方便，比爬升脚手的爬升速度快，且费用也一般。在基坑支护中，经过反复讨论，不断优化方案，最后采用了水泥搅拌桩坝与钻孔灌注桩组合结构，这种结构无支撑，加快了基坑挖土速度，节约费用 40 余万元。在装饰工程，采用界面剂，从而节约了传统粉刷工艺中混凝土面刷浆、斩毛的工序，加快了进度。

事先将技术方案不断优化，使本工程达到了当年挖土，当年结构封顶的施工进度目标。

2.27.4 几点体会

(1) 在周围均有在建工程施工，且场地狭小的深基坑施工中，必须在方案中围绕对临边工程的土体及原有建筑、地下管线的保护；对打桩速度控制、流向、基坑支护、降水与开挖土方等应统一作出周密考虑，制定完善的施工技术措施。乐凯大厦工程的施工实践，在这方面积累了一定的经验；同时在深基坑施工中，采用水泥搅拌桩及钻孔灌注桩组合的无支撑结构，也积累了一定的成功经验，可供今后施工中推广应用。

(2) 在结构施工中，采用斜挑脚手，这种施工工艺，容易掌握，操作简便，并且搭设速度也较快，但在拆除过程要有确实可行的安全措施。该工艺在本工程属于试用，通过实践，积累了一些较成功的经验，在楼板支撑体系中应用早拆模体系，由于施工前充分交底，施工中加以指导，通过一阶段的施工，对这种工艺就能较熟练的操作，取得一定成效。在前阶段结构施工中，用内墙模板、柱模和楼板模一次支模二次浇捣的方法，主要是为了保证楼板钢筋的绑扎质量，以免在浇捣墙体混凝土时，振动踏弯楼板面钢筋。施工后期，采用在楼板模上架设人员行走操作平台，并实施墙体与楼面一次浇捣措施，既保证了楼板钢筋的质量，又减少了施工工序，进一步加快了施工速度。在竖向结构中采用锥螺纹钢筋接头，一定要拧紧接头并做好标记，以防漏拧，质监部门应逐个复检并记录。实践说明，锥螺纹钢筋接头比传统工艺方便、快速，连接效果也较好。

(3) 在装饰阶段中，裙房砖墙面铺贴花岗石，采用空挂花岗石，按计算确定其角钢型号及间距、穿墙螺栓规格及间距，通过科学计算不断优化方案，节约了钢材。在大面积板面，采用界面剂是加快施工后期进度的较好施工方法，但在冬季施工中，应注意剂量、上灰时间的掌握。

（包 彦）

2.28 上海永新广场施工

2.28.1 工程概况

(1) 上海永新广场地处黄浦区南京西路商业区，东面紧邻金门大酒店，西面贴近上海新体育俱乐部，南面可望见人民公园，北面是凤阳路。

(2) 上海永新广场是一座集商业，娱乐于一体的现代化办公大楼。地下 2 层，地上 22 层。建筑面积 27587m²，建筑物全高 97.9m。建筑立面外望方正。上半部正面采用玻璃幕墙，两侧为铝合金面板，下半部采用花岗石，与周围古典风格的建筑物遥相呼应。上下分三段收进，8 层以下的平面面积约 1200m²，至顶层仅 600m²。显示了建筑物的稳重、高雅。

(3) 以 195 根直径 800mm，长 60m 的钢筋混凝土灌注桩承重。地下室作为主楼整体钢筋混凝土箱型基础。基坑挖深 10.40m。围护采用地下连续墙，设置两道钢筋混凝土水平支撑。建筑物外墙离邻近建筑物最小处仅 5cm。

(4) 在进行围护施工时，施工现场内的管线已经全部被切断或报废。南京西路一侧有各类管线 9 根，另有一根 110kV 高压电缆线在贴近规划红线处走过。凤阳路一侧有各类管线 13 根，其中有 1 根电缆线在围护连续墙旁边走过。所有管线的埋置深度均在 60cm 左右。南京西路和凤阳路的上空均有输电线。

（5）南京西路人群拥挤，周末实行步行街制度。平时每天晚上十时至翌日早晨六时才允许通行货车。遇重要事件，实行临时性交通管制。凤阳路是连接东西向的重要非机动车道，各种非机动车非常繁忙。

（6）业主：上海永泰房地产开发有限公司。

建筑师：DES IGN2 建筑师工程师（香港）有限公司。

国内建筑师顾问：上海建筑设计研究院。

总承包商：香港迪臣发展有限公司。

土建分包：上海市第八建筑工程公司

（7）装修工程由业主或总包另行确定的承包商负责施工。

2.28.2　施工部署

（1）永新广场工程的施工特点是多承包商、多工种同时在一个工作面上工作，而工期短，各工种之间交接时间要求严密。因此，合理安排施工顺序尤为重要。

（2）施工安排：在桩基完工并达到养护期后即开始挖土。从挖土到做基坑混凝土垫层，计划施工 60d，地下结构工程计划施工 86d，地上主体结构钢筋混凝土剪力墙计划施工 204d，砌墙装饰等穿插进行。合同工期为 540d。

（3）施工总进度计划见图 2.28-1。

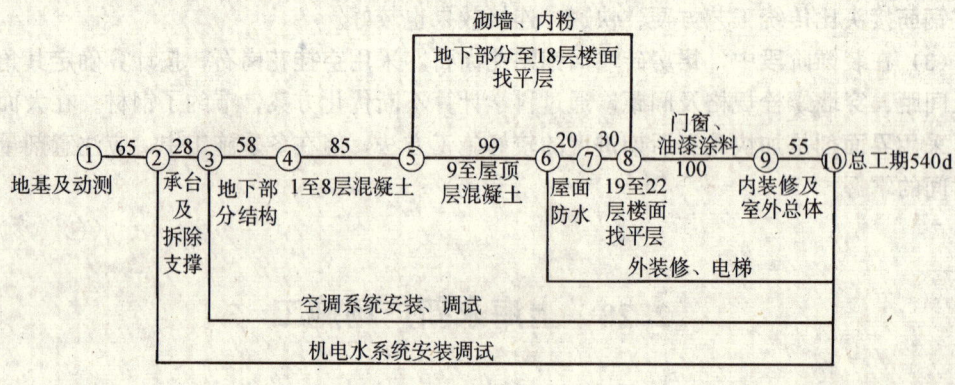

图 2.28-1　施工总进度计划

2.28.3　基坑围护

（1）基坑围护方案由上海特种基础工程公司设计，经市建委专家组评审通过。

（2）基坑围护由地下连续墙筑成。地下连续墙宽 0.8m，深 22m，靠近电梯井等处深 23m。基坑内深 7m 处向下 10m 有宽 3.2m，局部宽 4.2m 的深层搅拌桩。电梯井基坑处局部采用压密注浆加固。分别在 -2m 和 -7m 处共设两道截面宽 0.8m，高 0.6m 的钢筋混凝土水平支撑。

（3）基坑围护平面图和基坑局部剖面图，见图 2.28-2 和图 2.28-3。

2.28.4　挖土方案

（1）基坑开挖平面面积约 2100m²，总挖土量 2.5×10^5m³。因受场地狭小，仅凤阳路一侧有进出口和南京西路地理位置等因素的限制，出土只能在夜间十时至凌晨四时，由凤阳路的出口处运出，挖出的土全部外运。

（2）施工顺序：清理场地→搭设临时设施→制作地下连续墙锁口梁→挖第一层土→制

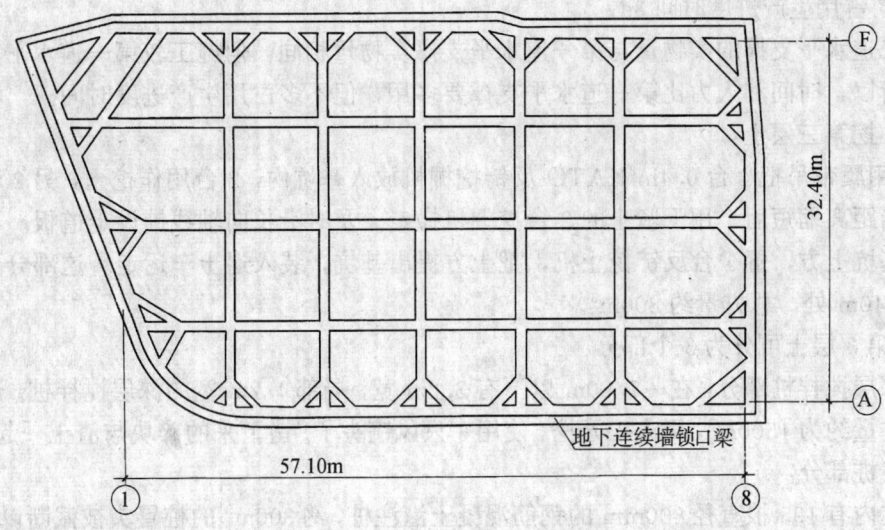

图 2.28-2 基坑围护平面图

作第一道水平支撑→挖第二层土→制作第二道水平支撑→挖第三层土→垫层。

（3）挖第一层土：使用一台 CAT330/1.7m³ 反铲挖掘机，挖土至第一道水平支撑以上 400mm，即－1.30m 处。土层厚 1.30m，土方量 2730m³，每天出土 680m³，用 4d 时间完成。

挖土期间，机械挖出第一道水平支撑的槽，人工修整紧跟在其后。

（4）制作第一道水平支撑。第一道水平支撑的混凝土方量约 280m³，钢筋约 100t。从制模到混凝土养护达到设计强度等级，计划用 11d 时间，其中占用生产进度时间 9d。

原设计混凝土强度等级为 C25，为了缩短工期，用提高混凝土强度等级、掺早强剂等技术手段，使混凝土在养护 7d 即能达到设计强度等级值。

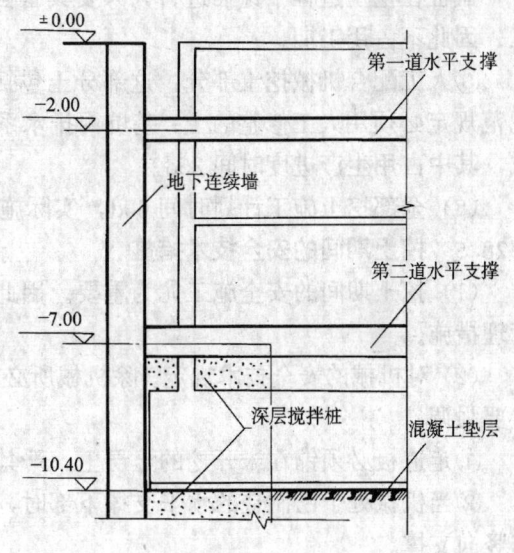

图 2.28-3 基坑局部剖面图

（5）挖第二层土：第一道水平支撑强度等级达到设计强度等级后，即开始开挖第二层土。沿长向轴线铺设走道板，使用两台小松 2m³，加长臂反铲挖土机，挖土到第二道水平支撑以上 400mm，即－6.30m 处。这层土厚 5m，土方量约 1.1 万 m³，每天出土 680m³，用 16d 时间完成，占用生产进度时间 16d。

挖土期间，机械挖出第二道水平支撑的槽，人工修整紧跟其后。

（6）制作第二道水平支撑：第二道水平支撑分两次制作，每次做一半。施工缝按规范规定设在主梁跨内三分之一处。每一部分由南向北施工，计划用 11d 时间，其中，混凝土养护 7d,占用生产进度时间 3d。

第二道水平支撑的实物量与第一道水平支撑实物量相同,但施工较第一道水平支撑有难度。所以,时间和人力比第一道水平支撑要多用,但不多占用生产进度时间。

(7) 挖第三层土:

1) 用履带吊把 4 台 0.4m³KATO 反铲挖掘机放入基坑内,2 台用作挖土,另 2 台用于驳土。当距离缩短后,用于驳土的 2 台挖掘机撤走。及时沿长向轴线铺设走道板。在近凤阳路的基坑上方,置 1 台反铲挖土机,把土方提出基坑,装入运土车运走。这部分土挖至标高 10.40m 处,总方量约 800m³。

2) 第 3 层土可分为 3 个部分:

①深层搅拌桩部分:在 -7.00m 以下有 3.2m 宽,局部 4.2m 宽的深层搅拌桩。这部分挖土总方量约为 1500m³,用人工开挖,使用 6 只风镐头子。凿下来的碎块与渣土一起外运。

②截桩部分:

基坑内有 195 根直径 800mm 的钢筋混凝土灌注桩,约 300m³ 的桩冒头被截断以后,用人工凿开,按图纸要求,把露出的钢筋割断。桩头被截断以后,在基坑中凿碎,与渣土一起外运。

截桩在挖土过程中穿插进行,只要具备截桩条件,配备足够的人力物力,即可进行施工,因此不占用工期。

③人工配合机械挖土部分:这部分土包括:水平支撑与围护墙连接处下部的土;根据规范规定必须用人工修整的土;基坑内排水系统的土,共约 6200m³。这层土用 30d 时间完成,其中占用生产进度时间 25d。

(8) 全部挖土施工计划时间 60d,实际施工 57d,因下雨等原因,占用生产工期 62d。

2.28.5 挖土期间的安全技术措施

(1) 挖土期间的安全施工尤为重要。因此,必须针对工程的特点,制定一些强制性的管理措施。

(2) 对机械的安全技术规定。除机械所必须执行的一般安全技术措施外,针对本工程,主要强调:

①走道板必须铺在未开挖的土层上,严禁机械在钢筋混凝土水平支撑上停留或行走。

②当机械处于已制造的水平支撑下部时,要注意挖机的任何部分都不能碰撞水平支撑和竖向支撑。

③分阶段选用不同型号的机械。

(3) 严格"先支撑后开挖,不许超挖"的原则。在施工过程中派专人控制挖土深度。

(4) 基坑开挖期间,曾发现围护结构个别地方渗漏,后来采取措施,进行封堵和加固。

(5) 基坑开挖过程中,曾遇雨天,采取挖临时排水沟,临时集水井,并不断向基坑外排水等方法,不使基坑内积水,尽量使土体保持稳定,使挖土机能安全地停留在基坑内。

(6) 必须重视监测数据。

2.28.6 变形监测

(1) 基坑开挖前后,对工程周围建筑物、地下管线和基坑地下连续墙围护进行变形监测。建筑物和地下管线共设置了 23 个监测点,基坑围护 14 个监测点。在挖土期间,每天一次进行变形监测。在变形趋于稳定后,数天一次进行监测。

（2）在从挖土开始至承台浇捣混凝土结束的 84d 里，周围建筑物和管线的最大沉降量为 26.2mm，其次为 20.5mm，最小沉降量为 3.4mm，其次为 4.3mm。承台形成后监测工作继续进行，累计 152d 监测结果：周围建筑物和管线的最大沉降量为 34.7mm，最小为 5.7mm。大部分监测点在承台形成后趋于稳定。

（3）基坑围护监测点设在地下连续墙的锁口梁上。监测垂直和水平两个方向的变形。从监测点形成至浇捣混凝土承台结束后的 65d 内，基坑围护最大沉降量 32.2mm，其次为 31.1mm，最小为 19.4mm，平面变形最大为 24mm，最小为 15mm。

（4）用控制爆破的方法拆除钢筋混凝土水平支撑。炸去第二道水平支撑后，基坑围护在 2d 内下沉了 10mm，然后趋于稳定，但水平变形基本不变。第一道水平支撑因是逐根爆破拆除，且相隔时间稍长，故对基坑围护变形影响很小。

（5）地下连续墙围护在受监测的 133d 内，经历了挖土、浇捣混凝土、换撑等阶段。其最大沉降量为 38.1mm，最小沉降量为 24.0mm。平面变形最大 26mm，最小 17mm。

2.28.7 垂直运输机械

（1）88HC 高吊：

1）结构施工中用臂长为 35m 的附壁式 88HC 高吊作为垂直方向机械之一。当吊钩在 35m 处时，额定起重量为 2.9t。经结构设计同意，吊车基础布置在承台内，并与承台一起浇捣混凝土。塔身设四道附壁支撑。

2）吊车需穿越九个楼层的楼板。因此，在这些楼层的楼板面预留了 2000mm×2000mm 的施工设备孔。经与结构设计研究后，部分小梁作了移动。楼板钢筋的插筋全部预留。在吊车拆除后，再利用这些插筋把洞口用混凝土封闭。由于事先采取了预留插筋等技术措施，故对质量没有影响。

（2）ALIMAK 人货梯：

1）因新建建筑物与周围邻近建筑物距离太小，难于安置人货梯，经反复测量、研究，最终决定把人货梯安置在建筑物东面的一条狭小过道局部宽度为 3.55m 的地方。

2）对人货梯的安置作以下技术安排：

①人和货物均由楼地面和楼层面进出，部分楼层面因有反梁，故搭设了斜坡；

②采用单笼；

③人货梯轿厢作适当的改造；

④与邻近有关单位协商，拆除了邻近建筑物上原有的一部分雨篷等突出物，在工程结束后再重建；

⑤对场地进行精确的计算和测量，对机械部件的进退场作周密的安排，按程序进退场、安装和拆除；

⑥新建建筑物内永久性的电梯必须按计划在规定日期开通使用，从而保证人货梯必须按计划在规定日期拆除，否则会影响其它施工工序的开展。

3）由于单笼轿厢难以满足施工高峰期间所有人员和货物运输的需要，故需疏散人流并且每天都对人货梯的使用时间进行统筹安排，使人货梯能最大限度得到利用。

（3）普通井架：为了减轻人货梯的使用负担，搭设了一座高约 30m 的 0.5t 普通井架。8 层以下的货物尽量使用该井架。

2.28.8 地下部分施工技术

(1) 钢筋锥螺纹联接技术：

1) 承台部分的钢筋用锥螺纹联接。使用钢筋锥螺纹应符合上海市标准"钢筋锥螺纹及联接技术规程"的各项规定。对于其中"锥螺纹接头，当设置在构件受拉区段时，同一截面联接接头数量不宜超过钢筋总数的50%"。为慎重起见，根据结构设计师的要求，以"不得超过钢筋总数的三分之一"执行。

2) 锥螺纹接头安装完毕后，首先由施工班组自行检验，认为符合规定以后，再有专职检验人员用专用测力扳手逐个全数进行检验。检验合格的做上标记，并做好书面记录，从而保证所有锥螺纹接头都能满足规范要求。

3) 专用测力扳手应每天进行检查，如有损坏，交由生产厂家修理。

(2) 承台钢筋钢支架：

1) 承台高度为2.10m，上部和下部均为 $4 \times 32mm$ 钢筋，为了支撑上部钢筋，经结构设计同意，采用 L50mm×5mm 角钢做支架支撑。

2) 结合工程实际情况并经计算，角钢支架立杆间距最大为1.9m，立杆间用斜杆焊接成三角形，以增加稳定性。横杆最大挠度0.7cm。

3) 为了防止承台底部的地下水从立杆向上蔓延，立杆不应直接放在垫层面上，而应放在混凝土垫块上，离地30cm处有止水片。

4) 角钢支架的质量要求同钢筋一样，其表面不允许有油漆和油渍。

(3) 承台大体积混凝土：

1) 基坑深10.40m，最深处电梯井深12.2m。承台长59.1m×34.7m×2.1m，设后浇带。承台内有88HC高吊基础，有600mm、800mm、1200mm见方的柱子插筋。外墙板厚400mm，混凝土方量4400m³左右，于1994年11月下旬浇筑。

2) 商品混凝土：商品混凝土由上海建工（集团）总公司所属的混凝土搅拌站提供，对该商品混凝土的要求是：

①混凝土强度等级C40，抗渗等级为P8，采用60d后期强度等级达到设计强度等级值。

②在几个拌台同时拌制时要求统一级配。

③选用矿渣硅酸盐水泥。各拌台所使用的水泥应同品种、同标号。

④粗、细骨料和外掺剂，按规范配给。

⑤控制混凝土塌落度。泵送混凝土塌落度为120±20mm。混凝土初凝时间为6~8h。检查混凝土在浇筑地点的塌落度，除现场建筑师代表临时指定外，每一工作班不少于两次。

3) 浇筑承台大体积混凝土：安排4台混凝土汽车泵，每台每小时泵送混凝土24m³，4台泵每小时完成96m³。浇筑方向由南向北并排退出。计划全部用两天两夜时间，实际只用了36h完成。在浇筑混凝土时，另有一台备用汽车泵车停在工地附近。

4) 试块：

把混凝土泵车分别编号为 A、B、C、D，按顺序每隔一小时进行采样，作为60d抗压试块，按顺序每隔4h采用，作为28d抗压试块；按顺序每隔5h采样，作为60d抗渗试块，按顺序每隔20h采样，作为28d抗渗试块。

因施工进度有快有慢，故还必须把试块的组数控制在规范规定的范围内。

5) 养护：除了按规范的正常养护方法外，还需采取措施：

混凝土表面收水以后，须认真覆盖一层塑料薄膜，两层草包。覆盖层的搭接宽度不小于10cm。在墙柱插筋处，需覆盖密实。如遇气温骤降，应再多盖一层草包。视测温记录反映的承台内温度变化稳定情况，并经现场建筑师代表同意，才能撤除保温材料。此外，因草包易燃，故应派专人监护，备有足够的消防器材应急。

（4）测温：

1）为了了解承台大体积混凝土内部由于水泥水化热引起的温度变化规律，及时掌握承台混凝土中心区与承台混凝土表面温差及混凝土表面与大气温度温差的变化，预防和减少混凝土因温差而产生的裂缝，为下道工序的最早起始时间提供依据，故进行承台大体积混凝土测温。

2）测温设备：采用上海市第八建筑工程公司研制的J8DX-1大体积混凝土计算机辅助巡回测温仪。该测温仪与微机结合，采用数字隔离措施，设立设定器进入状态，能测定和自动记录测温期间任何时间的测点温度，并能显示和打印记录曲线。

3）测温测点布置：根据该工程平面形状、尺寸、板厚等具体状况，在承台的四分之一面积范围内布置测温点。按板厚分三层，局部分五层。每层平面测11～12个测温点，另在混凝土表面布置4个测温点。大气中布置1个测温点，共设40个测温点。

4）测温结果：大气气温在13～18℃之间。承台表面温度由14℃最高升到43℃。承台中心温度最高升到65℃。

（5）后浇带：

1）本工程地下部分长59.1m，上部主体结构长26.1m，宽均为34.7m。鉴于此，在承台至±0.00m处，设计了一条宽1m的后浇带。该部分混凝土在主体结构封顶以后再补浇。

2）施工顺序：布设承台钢筋→布设后浇带分隔构件→布设面层分隔标记→浇筑承台混凝土→布设地下室墙体后浇带钢筋、模板、止水带→布设后浇带墙体分隔构件→浇筑地下室墙体混凝土→清理后浇带→浇筑后浇带混凝土。

3）后浇带施工注意事项：

①采取措施使分隔成两部分的地下室箱型基础在围护支撑拆除后仍能整体受力。措施之一是各平面的钢筋不予切断和加设传力构架。

②要注意承台部分隔离构造的刚度和稳定性，并要注意不能让过多的混凝土水泥浆进入后浇带内。

③要固定好橡胶止水带的位置。

④承台后浇带形成后应及时采取有效的措施进行封闭，阻止异物进入后浇带，否则今后难以清理。

⑤在补浇后浇带时，要注意与沉降观测成果相结合，在取得建筑师同意以后才能施工。

⑥在补浇混凝土时，应排除后浇带内的异物，并进行冲洗。

2.28.9 主体结构施工

（1）主体结构施工阶段施工平面布置见图2.28-4。

（2）脚手架：

1）本工程用于土建的脚手架分为两种形式：

①南北面由底层至3层和8～16层使用钢管落地脚手架，由3～8层和16层至屋面层使用钢架悬挑脚手架。

②东西面由底层至3层使用钢管落地脚手架，3层以上均为钢架悬挑脚手架。

2）钢管落地脚手架：即普通钢管脚手架。按操作规程搭设、验收、使用。注意拉结点有效、可靠。

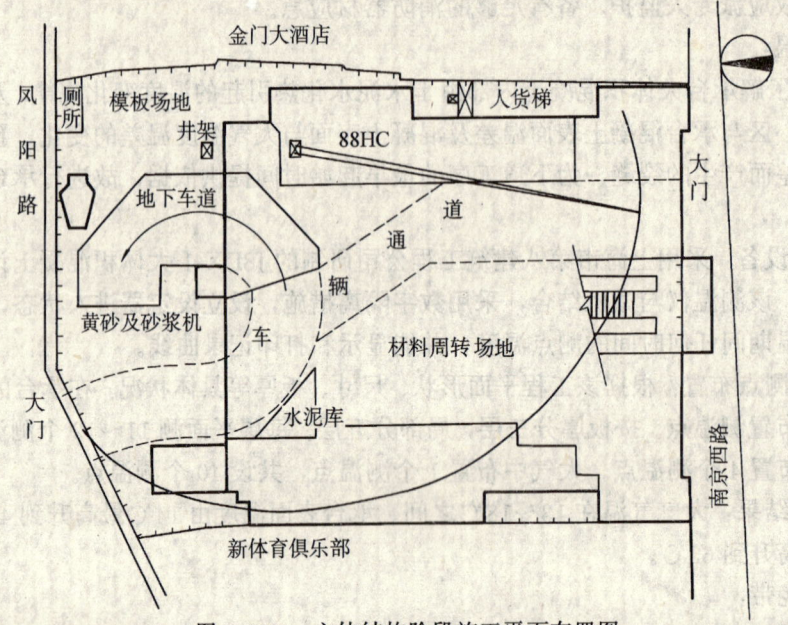

图 2.28-4　主体结构阶段施工平面布置图

3）钢架悬挑脚手架：该脚手架使用20号槽钢，分为两种形式；

一种形式是：钢挑梁的一端埋入混凝土柱子内，另一端与预埋在楼层梁面的预埋件焊牢；另一种形式是：钢挑梁一端放在楼层梁面上，梁内预埋M20紧固螺栓，用压板、螺母等把钢挑梁固定，另一端与预埋在楼层梁面的预埋件焊牢。

钢挑梁大部分与楼层梁面接触，只有少数悬挑部分（长1.3m）悬空。为了减少对建筑物的影响，在钢挑梁接触的混凝土梁下面设置了用10号槽钢制作的斜撑。

4）钢架悬挑脚手架支承点见图2.28-5。

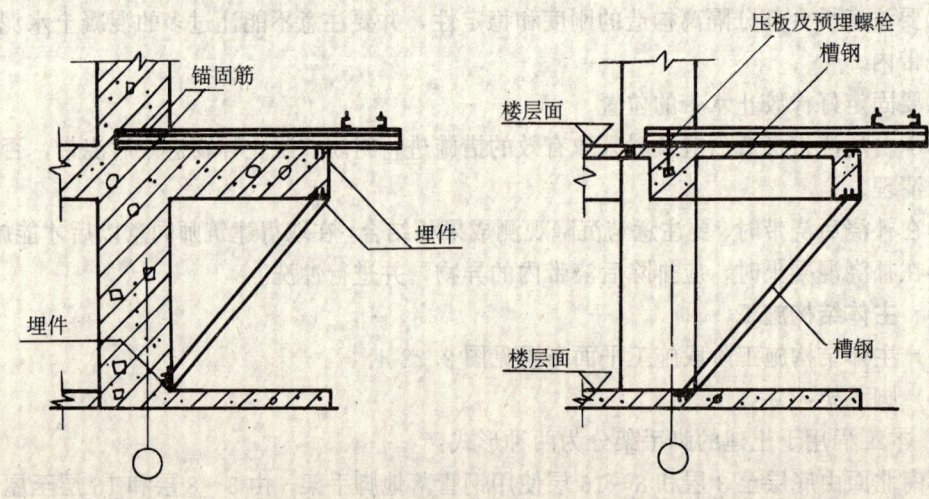

图 2.28-5　钢架悬挑脚手架支承点图

5）钢架悬挑脚手架计算的内容主要有：各杆件的抗弯、抗剪、局部承压、整体稳定、挠度；各预埋件、螺栓和节点的电焊、强度等。

6）搭设和使用时应注意：除了严格按有关操作规程进行施工、验收以外，应注意：

①埋设钢挑梁楼层的混凝土必须达到100％设计强度等级才能承受全部设计荷载。

②在使用期间，必须每月派员进行检查维修，其重点内容是：焊接点、螺栓、拉结点和安全栏杆。

③严禁超载使用。

（3）电梯井模板：

1）本工程共有8部电梯。电梯井大的净空为4800mm×2500mm，小的净空为2325mm×2500mm。为了更好地保证施工质量，采用了上海东南模板公司设计和制作的井壁式爬模系统。

2）该井壁内爬模系统由内爬架、大模板和提升设备三大部分组成。爬架与模板由提升动力相互交替爬升。

模板采用平面大模板和角模，系竹胶板和型钢组成的大模。模板框上有用于提升内爬架的节点和用于内爬架吊大模板的吊点。

内爬架是一个多层型钢构架，既用于提升模板，又作为操作平台和脚手架。

提升动力设备是一组3t加长手拉葫芦。

其它辅助设备有钢丝绳、高强螺栓等。

3）使用井壁内爬模系统的工艺流程为：

提升和固定爬架→绑扎结构钢筋→提升和固定模板→浇筑结构混凝土→提升和固定爬架。

4）提升内爬架和模板作业时，混凝土达到设计和规范许可的强度等级即可拆模提升。熟练工人能很快进行提升操作，不需特殊培训和特殊工具。

5）用该井壁内爬模系统施工的钢筋混凝土井壁光滑平整，几何截面尺寸易得到保证，易拆易换，操作简便，且安全可靠。

（4）泵送商品混凝土：

1）本工程所有混凝土均为商品混凝土。每次浇筑的混凝土方量，8层以下为800m³左右，8层以上为550m³左右。

2）8层结构完成以后，随着建筑物高度的不断升高，要求混凝土输送泵必须保证在晚上十点钟至翌日早晨六点钟以前浇筑完每次的混凝土。施工中，14层以下，即标高为58.70m以下采用美国制SHWING900/23汽车泵输送混凝土。14层以上采用德国制波茨麦斯牌固定泵输送混凝土。

3）在楼层面的混凝土输送管全部采用硬管，排成F形，用完一段，拆换一段。管口设置一段软管，用以浇筑墙体和电梯井混凝土。

4）浇筑混凝土时，88HC高吊、人货梯等密切配合，楼面和地面由对讲机保持联络。路面安排专人维护交通秩序和冲洗混凝土输送车轮胎上的污染。每个楼层的混凝土一般都能在8h内浇筑完成。

（5）安全围护：

1）垂直面的安全围护。在土建阶段，主要是攀附于脚手架上的彩色密目安全网。脚手架底部按规定铺设海底笆，侧面按规定铺设挡脚笆。密目安全网兜底固定在楼层面上。安全网垂直平面与脚手架扎紧。注意脚手架搭设高度必须高于施工面一排以上，并把安全网设置稳妥后才能进行施工。

2）水平面安全围护。在 8 层处设置了水平挑网，阻止高空坠落物体伤害。在南京西路一侧，金门大酒店和新体育俱乐部附房一侧的上空，都搭设了钢架双层竹笆水平安全隔离棚。

这些水平面的安全围护设施，容易堆积杂物，故每月都要进行清理和整修。

3）由于建筑物南北两侧的结构都敞开，故在拆除脚手架后，即用钢管、竹笆等做成围栏，固定在框架柱上，防止楼层内的物体被大风吹出楼层外。

4）电梯井、自动扶梯口都用围栏密封。

2.28.10　屋面防水施工

(1) 屋面各部分组成：

屋面各部分由下至上由钢筋混凝土结构层、找坡层、"必坚定"卷材隔气层、保温层、水泥砂浆找平层、"必坚定"卷材防水层、细石混凝土保护层和红缸砖外表层组成。

(2) 防水材料：

本工程防水材料使用："必坚定"卷材，这是一种坚韧、柔软、自粘性的薄膜，不需再另用胶粘剂。把防护用的隔离纸撕去，即可以直接粘贴在混凝土或砂浆基层面上。在建筑物各种应力作用下，仍能保持柔软、不易老化、不龟裂、不碎的状态。

必坚定 3000 号的防水膜厚度 1.5mm，每卷长 20m，宽 1m，重 36kg，实际用量 18.5m²。呈深灰色。

与之相结合的有：必坚定底油。用作清除基层表面的尘埃，提高必坚定与基层的粘附力。用量 6～8m²/kg。

必坚定 EM-3000 封口胶泥。用作防水膜封口及特殊处理。

(3) 施工顺序：基层检验、清理、修补→涂刷必坚定底油→节点和竖向管件密封处理→试铺、定位、弹基准线→撕去卷材底部隔离纸→铺贴自粘必坚定卷材→辊压、排气→搭接缝密封胶封边→收头固定、密封→保护层施工

(4) 技术准备：

①熟悉图纸，掌握和了解设计意图；

②编制屋面防水工程施工组织设计；

③向操作人员进行技术交底；

④明确质量目标，各工序质量检查和检验要求。

(5) 施工准备：

1）基层处理。基层上的各锐角都应做成钝角或圆角。铺贴必坚定前必须把基层的凹坑修补平整，铲除基层表面的突出物，基层表面必须清扫干净。

2）雨天或基层含水率大于 8% 或温度低于 3℃ 时，不得施工。

3）平时材料应有专人看管。放置在干燥通风及远离明火处，并应避免日晒雨淋。

(6) 施工工艺：

1）基层清扫干净以后，用滚刷在基层上均匀刷必坚定底油一道，干燥以后即可铺贴必坚定卷材。

2）先弹出一道基准线，以保证搭接宽度正确和整体平直。按线铺贴卷材，用橡胶小滚辊由卷材一端向另一端，中间向两边用力滚压一遍，彻底排除粘接层中的气泡。当第二张卷材铺上去时，要对准卷材上的白色搭接线。短边搭接宽度15cm左右，长边宽度10cm左右，接缝和接头处要用滚辊反复滚压，使其粘结牢固。卷材的接头处，用密封胶封闭严密。

3）水落口是屋面排水最集中的地方，必须保证屋面雨水能迅速排水。规范规定，水落口杯直径50cm范围内，坡度为5％，并要计算好水落杯口上口标高，防水卷材应落入水落口杯内5cm，以防翘边漏水。

2.28.11　几点体会

（1）施工实际情况：

工程从1994年8月25日～1996年3月31日，完成合同所约定的全部内容。经上海市质监站进行分阶段核验后，已允许使用，交由各用户按其需要进行精装修。

整个工程全过程按既定计划进行施工，各工序关键点都得到有效的控制。

工程由始至终始，无重大质量事故和安全事故发生。

（2）在永新广场如此狭小场地施工，必须注意场地使用的规划性和时效性，分阶段对整个场地进行使用分配，按时间对每块场地使用分配。特别是在装修阶段，大量的装修材料和机电设备，集装箱进场，并且又是在晚间的有限的时间和有限的出入口。

（3）对这种多承包商、多工种、多施工人员在场地小、工期紧的条件下进行施工，必须保证制定计划的可行性和科学性，执行计划的严肃性，在某一阶段拖延的工期，应千方百计及时补回来。

（4）高层建筑施工，垂直运输机械设备的能力是保证工期如期完成的关键。在永新广场这样几乎没有场地的工程施工，除了借用周邻单位和临时占用道路外，更重要的做法是：所有施工垂直运输机械必须按时进场、开通使用和按时拆卸退场。即使差一两天也要坚定不移地下决心安装好或拆除掉，决不拖延。这样才能保证整个大局的如期完工。同时，永久电梯应按期在人货梯拆除前能安全使用。

（5）安全第一。所有的施工单位和个人，都必须牢记"安全第一"。安全管理上分阶段、分工种制定安全技术措施，施工前进行安全交底，施工中进行安全检查。外墙垂直施工实行全封闭隔离施工。在永新广场，每周生产会都强调安全生产，每月都组织对各分包的安全检查。教育培训与奖励处罚相结合，合理运用经济杠杆，可以收到很好的效果。

（6）永新广场有很多分包，每个分包的一举一动都制约着其它分包及过程，反过来，其它各分包的行为又影响了每个分包。因此，搞好各分包之间的协调关系尤为重要。

（范裕华）

2.29　美华大厦工程施工技术

2.29.1　工程概况

（1）工程概貌及周围环境：美华大厦座落在北京东路，西藏中路东侧，建筑占地面积1720m²，北临厦门路，南靠上海牛奶公司五层楼，东面紧靠二层居民住宅，西临西藏中路。该工程地下1层，地上15层，建筑平面呈L形，高低屋面14只，是一幢集煤气业务、办公、商业购物、餐饮娱乐等多种功能于一体的建筑工程，建筑面积 16200m²，室内装饰一层有商场、门厅接待室，2 层、3 层餐厅与商场、舞厅与绿弹房，4～6 层为大玻璃落地无框玻璃办公室，10 层设有贵宾接待室、卡拉 OK 舞厅，其余主要部分、办公、会议室均做长条水曲柳地板，厨房、厕所等地面做彩色地砖。走廊、电梯厅地面墙面采用花岗石和大理石，外墙装饰 1 层花岗石贴面，2 层、部分 6 层为幕墙，3 层以上包括拱顶为 4.5cm×9.5cm 玉色外墙面砖，层楼窗为铝合金排窗。施工期 1992 年 6 月～1994 年 8 月。

（2）工程特点：基础采用桩基加箱形基础，桩为钻孔灌注桩，共 214 根，设计单桩承载力 2500kN，桩底标高—36.2m，进入箱基基底埋深为—4.60～5.40m，桩顶钢筋锚入底板 900mm。底板厚 1.1m，墙板厚 300m，顶板厚 150mm，地下部分柱截面尺寸有 100mm×100mm、800mm×800mm、600mm×600mm，承台墙板均为 C30 防水密实混凝土，抗渗等级 P6，地下室外侧涂 2.5mm 厚 851 防水层。

高层上部结构采用内筒外框结构体系，大柱网，楼面采用现浇梁板结构。底层层高为 5m，2、3 层层高为 4.5m，3 层以上层高 3.3m，建筑物总高度为 65m，最高处设有 R=6.4m，L=19.3m 的弧形拱顶。结构框架柱、梁、墙板全部为现浇 C30 混凝土，柱断面底层中柱为 1000mm×1000mm，边柱为 800mm×800mm，角柱为 700mm×700mm，以上每 6 层柱断面每边递减 100mm，梁断面采用 300mm×650mm、240mm×600mm、240mm×450mm，楼权 7.5m 跨为 100mm 厚，肋为 2250mm 间距一档，层面板厚 150mm。筒身墙体厚度为 250mm，局部为 300mm。围护墙、分隔墙采用多孔砖与石膏墙。

2.29.2　基础工程施工

（1）基础围护设计与施工：由于本工程位于闹市中心，场地狭窄，东、南面邻 2、3 层民房，5 层厂房。西北面紧靠西藏中路。在基坑围护方案中，针对现场实际情况，兼顾围护造价低廉。为此，本工程在基坑围护工程中采用了 3 种形式组成，灌注桩、预制混凝土企口板桩、大放坡（图 2.29-1）。

美华大厦离西藏中路只有 4.15m，街沿下管线有十几根，煤气管道、地缆线、自来水管等。为保证管线不受基础工程开挖破坏，因此，西面坑边沿西藏中路打 500mm×250mm L=8m 的预制混凝土企口板桩。北面距厦门路 9m，为保证施工期间有一定堆场施工操作面，也沿坑边设打 500mm×250mm，L=8m 的预制混凝土企口板桩。南面部分距 5 层牛奶公司楼 3m，北面部分考虑重车进出，所以都采用钻孔灌注桩，φ600mm，主筋 8φ14mm，螺旋箍筋 φ6@200mm，混凝土 C25，L=9m，混凝土企口板桩延长米共计 125m，250 根，钻孔灌注桩 33m，33 根。

（2）基础土方工程：

1）井点降水：根据工程地基土质特征，坑基深度埋深在褐黄～灰黄粉质粘土层处，位于在灰色粘质粉土夹砂质粉土上部 500mm 左右，渗透系数为 4.0×10⁻⁶。经过分析，在基坑挖深—4.1m 的情况下没有采用轻型井点降水，基坑开挖后，坑底土层面比较干燥，不影响基础承台施工，效果很好。

2）基坑开挖：根据工程特征，坑基深度情况，挖土采用 1 台 1m³ 液压反铲挖机，一次挖到坑底，挖土方向由东南退向西北方向，分别以西藏中路、厦门路大门为进车道和出车道。

3）凿桩施工：工程桩共有 214 根，露出基坑面≥2.5m，在挖土期间配合 6～8 个石匠

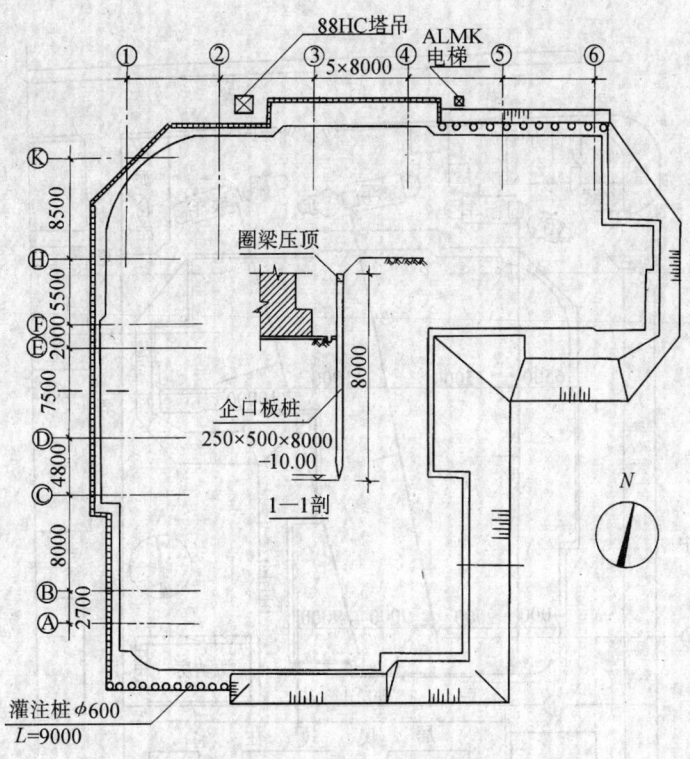

图 2.29-1 基坑围护平面布置

分段凿断，跟车外运。

4）电梯深坑流砂处理：针对电梯基坑挖深部分，由于产生流砂，地基上涌，结果采用以下措施：①深坑底面人工快速挖深 200mm，用混凝土板块铺填，现浇混凝土填层压实；②同时在深坑两对角设两只集水砂井，比基坑深 0.8mm，井中放竹筐，四周填 30cm 碎石，竹筐中放南京泵抽水至坑外。

（3）大体积混凝土基础承台施工：

混凝土浇捣：承台厚 1.1m，混凝土为 C30，抗渗等级为 S6，总共为 1830m³，采用商品混凝土，一次捣完，由南向北，接排三路水平泵管同步后退（图 2.29-2）。

①浇捣混凝土中采用分皮布料振捣，每皮 400～500mm 左右，要求上皮混凝土盖透下皮混凝土 1000mm 左右。

②承台表面采用一压二抹施工法，待混凝土平整后用滚筒来回压实，用木蟹磨毛表面，到混凝土收水时，再抹磨一次，以防止混凝土表面产生裂缝。

③混凝土的蓄热养护，在混凝土表面收水后，必须及时覆盖一层塑料薄膜，上面再加盖草包二层，均需错缝，墙柱插筋间也需用二层湿麻袋塞，养护一周以上，混凝土表层与混凝土的中心温差＜25℃，方可逐层揭取保温层，并浇水养护。

④防止承台混凝土产生温度裂缝的技术措施：

a. 选用低热的 425 号矿渣硅酸盐水泥，拟采用 60d 龄期强度，用量每 1m³ 混凝土控制在 380kg 以内；

b. 掺木质素磺酸钙和磨细粉煤灰，掺量分别为水泥用量的 0.25％ 和 15％，视实际情况决定；

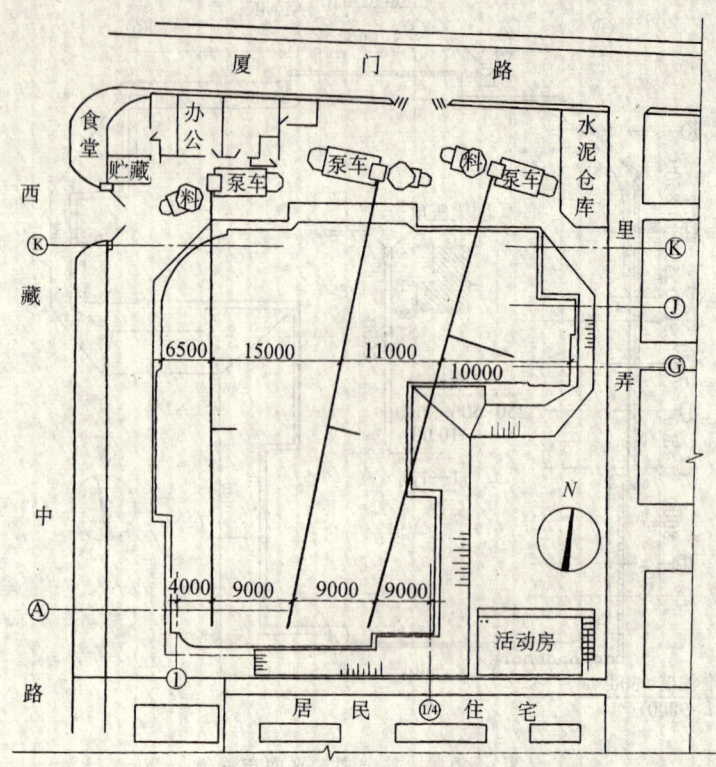

图 2.29-2 承台混凝土浇捣泵布图

  c. 控制骨料质量,采用5~40mm 粒径石子,粗料径石子比例尽量大些,可减少水泥用量。砂采用中粗,应严格控制含泥量,砂不超过2%,石子不超过1%;

  d. 控制混凝土浇捣温度,正值夏季施工,泵送混凝土水平管采取遮阳措施,用湿麻袋盖,视需要搭篷遮阳;

  e. 控制混凝土坍落度,泵送混凝土为12cm±2;

  f. 处理好泌水,以减少混凝土中水分。

2.29.3 上部结构施工

  (1) 大型机械布置:

  工程施工场地很小,在施工中供电只有200kW,由于位于市中心,用电量密集,大热天整段时间内周围商店、工厂等用电量激增,电压降上下很大,只达340~360V,所以考虑高吊采用性能好的德产88HC高吊,附墙式,吊臂长为45m,实践使用效果很满意。

  在塔吊安装、拆除时,经过比较周密的考虑,都是用20t 汽吊配合,安装、拆除一次成功,具体布置位置见图2.29-1。

  人货两用梯的布置位置,主要考虑人员进出安全方便,材料运输进楼线路比较简捷,布置中反复推敲,把原方案位置从在建筑物东南凹角转到了建筑物的北面,近厦门路大门,进货即可组织力量上楼,实际施用效果很好。布置见图2.29-1。

  井架布置,本工程在施工过程中场地很小,利用楼层面作承台堆场,还有中后期工期要求较紧。采用过接力井架,在建筑物的北侧着地搭到9层屋面,再缩在屋面,从9层搭到 13 层屋面，对结构施工起到较大的作用。

（2）标准层结构施工：

1）施工工艺流程：弹线→扎柱、墙板钢筋→焊接限位→电梯井、柱、墙板、模板施工→搭设层楼排架→安装梁、板、模板→扎梁及平台钢筋→浇捣柱、墙、楼板混凝土→转上层施工。

2）模板施工：

墙模采用定型组合钢模，一次安装到顶 3.3m，采用 $\phi14$mm 对拉螺栓，垂直间距从楼层面 150mm 处为第一道，以上@＝500mm，水平间距@＝600～700mm。内外墙 $\phi14$mm 对拉螺栓埋入时加 $\phi20$mm 塑料套管。在板墙 K 轴/⑦轴处、A 轴/①轴处分别有三道圆弧墙板与弧梁 $R=4.5$m，$R=11.5$m，$R=2$m。对圆弧较大的二道墙板，模板采用 100mm 小钢模竖拼排或弧形，围檩采用定加工的 2 道 $\phi48$mm 管弯弧，水平内外@＝500mm，每道 2 根，采用对拉螺杆固定。对圆较小一只采用中板支模。柱模：采用定型组合钢模，一次安装到顶 3.3m，柱模用匚8 槽钢式扎箍，间距@＝600mm，头道离地 150mm。

梁及顶板模，梁模采用定型组合钢模；顶板模采用九夹板 1.22m×2.42m。顶板模、排架梁支撑采用 $\phi48$mm 钢管脚手立杆，间距@900mm，每根立杆上下加二道水平牵杆，上搁 50×100mm 木料@＝400，上面再铺楼层模。

3）钢筋工程：本工程竖向钢筋直径大于 20mm 均采用电渣压力焊，焊接施工严格按竖向钢筋电渣压力对焊操作规程施工。由于柱中、筒体暗柱中大量钢筋都为 $\phi22$～28mm，所以钢筋采用二层高度一配（层高 3.3m）。对于梁柱交接核心密箍，采取适当放大箍筋直径，放宽箍筋间距，便于施工。

4）混凝土工程：

结构混凝土全部采用商品混凝土 C30，$\phi5$～25mm 石子。柱、墙板、平台混凝土采取一起浇罐，采用 2 台混凝土固定泵作混凝土垂直输送，层楼水平布料采用硬管，每层混凝土量约为 700m^3，取泵送混凝土 20m^3/h，2 泵合计最长计划 20h 浇完，随着结构上部收小 8 层左右采用 1 台混凝土泵。

在浇捣混凝土中，墙板要注意斜向 45°分皮浇捣，并控制浇灌速度，并派专人用榔头敲击模板，检查混凝土操作的密实度，使混凝土达到外光内实。

泵机进料头上设专人检查石子的粒径，如有大块石子及时取出，如混凝土泵性不好，石子过大应及时与值班人员联系。混凝土泵和管子每次用完必须清洗，不应留有水泥浆，每次使用前先用 1：1 砂浆润滑管道。

（3）18 层薄壁拱顶施工：

本工程最高 15 层上再建有三层，机房间、水箱层，弧拱顶长度为 19.3m，宽度为 12.8m，弧拱半径为 6.4m，弧拱两头为薄壁厚为 6cm～7cm，中间为弧拱栅肋，截面为 400mm×250mm。

拱顶支撑顺序，满堂排架支撑→搁木搁栅 50mm×100mm→铺钉弧顶板梁（五夹板）→400mm×250mm 弧拱栅肋侧模采用 2.5cm 中木板支模。

拱顶板、肋混凝土浇捣采用细石混凝土，配高吊混凝土斗放料，从弧拱两侧根部朝上浇灌。应先在弧拱板、梁外部从根部朝上用中板封高 1m，浇完混凝土，再封高 1m，然后再浇 1m 混凝土。振捣机械采用 3.5cm、5cm 的手提杆人式振动机，一皮一皮进行振捣。

（4）外脚手施工：主体结构层施工，采用平台排架，外挑管子，层挑层翻，并 3 层一设挑网（网眼为 2.5cm×2.5cm），上铺星条纤维布。在沿西藏路一侧，由于马路近，考虑到人流量、车流量都很大，只有搭着地外脚手全封闭，才能做好安全防范工作。而脚手着地的部位，都在美华大楼的二层群房顶板上，顶板厚 120mm，脚手采用毛竹脚手从 9.5m 搭至 47m，搭设高度为 37m。

2.29.4 装饰阶段施工

（1）本工程外墙采用 4.5cm×9.5cm 纸皮联装饰面砖，施工方法按公司企业标准 QJ/PJBCOZSGOZ-90 操作，外墙面铺贴中：

底层砂浆   水泥：黄砂 1：2.5

中层砂浆   水泥：黄砂 1：3

粘结剂：采用曹杨粘结剂厂的 CJTA-300 陶瓷砖粘结剂（实际用于 8～18 层）同水泥：107 胶水（实际用于 3～7 层）二种。嵌缝水泥砂浆：水泥：细砂 1：1。

一般外墙贴面在砂浆底层粉刷前需在分仓线条窝半硬质泡沫塑料条，ϕ18～20mm，主要防止粉刷层冷热伸缩应力变化引起起壳，面砖脱落。美华大厦考虑到外墙面砖排布整块性，无法设置分仓缝，所以取消了分仓缝，并取消了半硬质泡沫塑料条，但在底层、中层粉刷中，更严格按企标要求做，严格按企标中的质量要求检查。

粉刷层砂浆做到：

1）隔夜洒水充分湿润基层表面；

2）厚度控制 5～7mm，用力压紧表面划毛；

3）发现开裂起壳坚决返工。

粉中层砂浆做到：

1）间隔洒水，粉前洒水；

2）厚度控制 8～10mm，每皮间隔 1d 以上；

3）干燥至 7～8 成时，全面敲击检查。

粘贴面砖：

1）中层粉刷干燥需 7～8 成时方能粘贴面砖；

2）粘结层厚度为 3～5mm，拌制粘结水泥砂浆，胀 20min 左右，上午拌的上午要用完；

3）刮抹墙上粘结水泥砂浆后，要间隔一定时间，待表面有一定程度"收水"，方能铺贴；

4）贴面砖程序，由上往下，先柱墩，后大墙面，再窗间墙。

实际施工结果，美华大厦外饰面完工至今没有发生面砖起壳和脱落现象。

（2）屋面地砖铺贴施工：本工程高低屋面 14 只，屋面做法为：在现浇屋面板上做 20mm 厚 1：3 水泥砂浆找平，上做 40mm 厚（最薄处）憎水珍珠岩板块找坡（按屋顶平面）20mm 厚水泥砂浆找平，上做 APP 氯丁卷材，铺聚氯乙烯薄膜上做 30mm 厚 C20 细砂混凝土，设分仓缝，内配 ϕ6@200×200 双向钢筋上贴地砖。由于施工碰到大热天，又由于屋面面积大小不一，在 120～40m² 之间，为了考虑美观协调，大屋面采用 300mm×300mm 广场砖，小的屋面采用 150mm×150mm 的地砖。为此在按地砖铺贴的操作规程的同时，搭设了 3m×4m 见方 1.7m 高的遮凉棚，使地砖铺贴后的前阶段避免阳光直接照射，做好降温措施。事实证明，这样做法很有必要，使地砖的起壳大大减少。

(3)4～6层所有沿通道两侧为落地大玻璃隔段施工：美华大楼4～6层考虑承租商办公性能要求，在层楼的走廊两侧采用了全玻璃落地隔段，玻璃厚12mm，大玻璃的上嵌下嵌，采用90系列的古铜式的门夹来做，门扇采用无框玻璃门，门框采用100mm×25mm古铜式铝合金方挺、立挺长做，楼地面到楼顶底板固定，针对全玻璃沿长超过2m长的上嵌与混凝土楼底板用镀锌铁板条固定，完成后，形成走廊地坪大理石，两侧落地大玻璃，平顶为阿姆期壮明架平顶，显得净亮轻巧，办公室效果非常好。

(4)7～15层沿通道两侧为半玻璃隔段，石膏矮墙体，大理石贴面：7～15层为煤气公司自用办公房，在走廊的地坪贴大理石，两侧墙采用900mm高大理石贴面，再上部1250mm为100mm×45mm古铜式铝合金框，当时考虑到墙体厚度按铝合金方管宽100mm，采用轻质材料施工，所以矮墙体采用石膏墙厚度80mm，外侧铺贴15mm厚大理石，里侧为汇丽涂料喷涂。外侧在铺贴大理石施工中，针对石膏墙的表面间隔12h涂刷二遍107胶水，使石膏墙面板结，干燥后再根据大理石墙面铺贴法施工。实践证明，石膏墙面施工大理石贴面用此方法是可行的。

(5)地下室车道毛面花岗石铺贴：本工程地下室车道面为现浇混凝土坡道，25mm厚，1∶2水泥砂浆面，作逆齿防滑。为此与设计、业主多次商榷，地下车库进出车辆多，砂浆面板容易起壳、损坏，即不美观又不耐用。最后考虑车道采用500mm×500mm毛面花岗石铺贴，石材厚为40～60mm，美观、坚固耐用，业主非常满意。事实上采用毛面花岗石铺贴于地下车道面尚属首次。

（严振兴）

2.30 汤臣国贸大厦施工

2.30.1 工程概况

(1)地理位置及周围环境：汤臣国贸大厦位于上海市外高度桥保税区C3-001地块，北邻C纬二路，西靠C经一路，东面和南面紧连其他单位的地块。工程占地面积7569.7m²。地下室长88.274m，宽60.15m，地块红线与地下室外墙板面为5m，西面为8m，东面为5m，南面为7.5m。地块外沿C经一路和C纬二路边有上水、下水、煤气等地下管线，周围无邻房，见施工总平面图2.30-1。

(2)地质情况：从地质资料来看，自然地坪绝对标高为＋3.86m，建筑物室内±0.000相当于绝对标高为＋4.55m。土质从上到下分别为杂填土、灰褐色亚粘土、褐色亚粘土、粉质亚粘土，粉质亚粘土层的土含水率较高。地下室的挖土深度分别为6.06m、6.61m、7.81m三种深度。

(3)建筑物情况：本工程为地下1层，地上25层框架筒体结构，总建筑面积为46330m²，建筑总高度为113.55m。地下室为停车库及机电设备用房，计5457.5m²，基础平面呈矩形，仅西北角切去一角呈圆弧形，地下室中间设沉降缝一道，将其分成主楼块和裙房块。基础设计采用桩基箱形基础。主楼块用C60高强混凝土预应力管，桩长为59m，计251根，长58m，计101根。裙房块用450mm×450mm混凝土方桩，长为28m，计165根。主楼块地下室底板厚为2m，混凝土量为6868m³。裙房块地下室底板厚为1.3m，混凝土量为2800m³。

上部结构1~4层为非标层,层高分别为5.5m,5m、3.9m、5.7m。4层以上为标准层,层高为3.4m。24、25层也为非标层,层高分别是3.9m和4.7m。上部结构为全现浇框架筒体结构,筒体尺寸为15.5m×15.5mm,位于主楼中间,筒体内设电梯8台,楼梯二座,还包括电话间、厕所及管道间。筒体外墙壁厚为0.4m,内墙厚分别为0.3m和0.2m。筒体以外为现浇钢筋混凝土框架结构,每层有圆柱20根,柱断面直径从下而上分别为1.5m、1.3m、1.1m、0.9m。现浇楼板厚度为0.12m。混凝土强度等级1~14层(包括地下室)为C40,14层以上为C30。

(4) 施工部署:

1) 项目经理部组织机构:

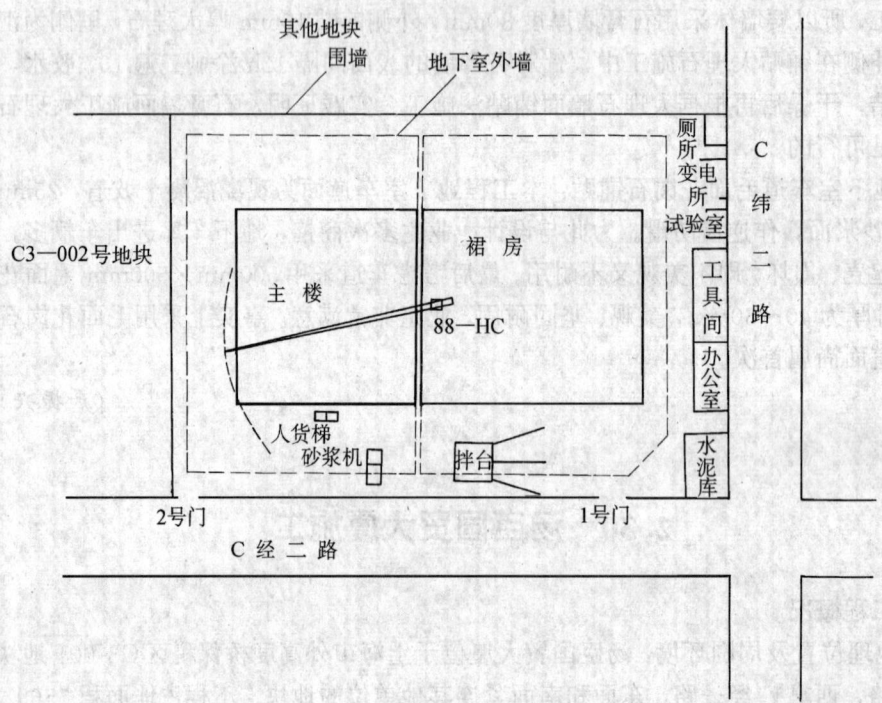

图 2.30-1 施工总平面图

2) 施工顺序:本工程施工先地下后地上;地下施工是工程桩和围护桩同时施工,围护钢板桩待工程桩全部完成后闭合;先围护支撑后挖土;然后是底板钢筋混凝土、墙顶板钢筋混凝土、地下室外墙防水卷材、回填土,拆除水平支撑、拔除钢板桩。

上部结构先主体1~4层标准层施工,后裙房与主体结构同时施工,8层起安装人货两用梯,开始结构内隔墙施工和地面整浇层施工,室内一般装饰,总体配套工程。

安装工程由总承包公司公包,外墙玻璃幕墙和室内精装修由业主直接分包,在此不作介绍。

3) 总进度计划见图2.30-2。

2.30.2 基础施工

(1) 桩基:基础主楼块用C60高强混凝土预应力管,桩长59m,采用日本DH508打桩机架,高度24m,锤采用德国D62锤,吊机采用50t履带住友吊机,臂长27m。裙房块用

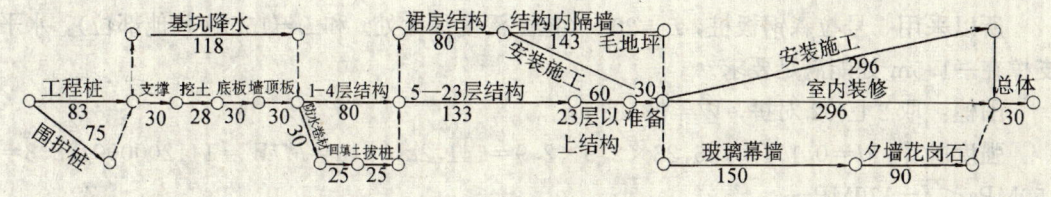

图 2.30-2 总进度计划图

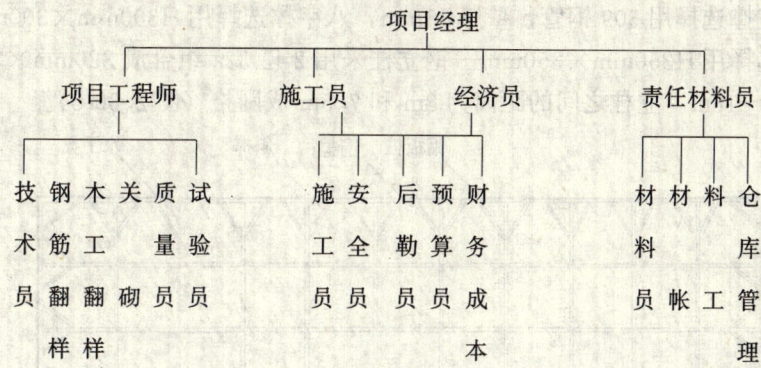

450mm×450mm 混凝土方桩，长为 28m，采用 1 台日本桩机（85P 型）打桩机，配 1 台 40t 吊机。

（2）基坑围护：

1）围护方案的确定：本工程根据其实际挖土深度平均小于 7.0m 及周围无永久性建筑物，地下管线离基坑较远，施工工期紧的特点，对可以实施的三种围护方案进行了比较：

①深层搅拌桩围护：隔水性能较好，不需设置井点降水，位移较小，有利于保护周围的设施，施工费用较低，但其施工周期长，所需占用的场地大。

②钻孔灌注桩围护：挡水效果较好，位移小，稳定性好，有利于保护周围的设施，但施工周期长，费用高，所需施工场地大。

③钢板桩加水平支撑围护：施工周期短，场地要求不高，费用介于上述二种方案之间，位移量相对大。

根据工程的实际情况以及业主对工期的要求，本工程的围护采用钢板桩加水平支撑体系。

2）钢板桩型号及水平支撑的确定：根据地质报告及挖土平均深度在 6.61m，即基坑底标高在 −7.3m，局部最深东面为 −8.5m。按施工难易程度、工期要求、机械性能，取水平支撑的位置在 −1.5m 处：

确定支座反力：$E=166.26$kN/m

计算高度取：$L=1/2 \times [(7.1+1.4 \times 2)+(5.7+3.4)]=9.5$m

轴向力：$N=1.2EL=1.2 \times 166.26 \times 9.5=1895.31$kN

弯矩：$M=0.105 \times 10.3 \times 10.3 \times 1.61=17.93$kN·m

长细比：$X=10300/211=48.8$

取 $\varphi=0.861$

稳定验算：$=N/\varphi A=M/W=1895360/(0.861 \times 20600)+17930000/3030000=112.8MPa<f$

所以采用 5 号拉森钢板桩，$L=20$m（挖土深度最大处）和 $L=15$m（其他部位），水平支撑在 -1.5m 处能满足要求。

围檩：取 2 匚 32 对拼，$W=93.88$m

强度验算：$M=0.101×166.26×2.9×2.9=141.2$kN·m$=M/W=141200000/93.8=150MPa<f=170$MPa

因此围檩选用 2 匚 32 能满足要求。

水平支撑选择用 609 钢管，壁厚 11mm，八字撑选择用 H300mm×300mm。

顶撑选择用 H350mm×350mm。钢立柱采用 2 匚 32a 组合成 320mm×320mm 断面的组合梁，$L=18$m。立柱之间的距离为 8m 和 7.5m 成网格（图 2.30-3）。

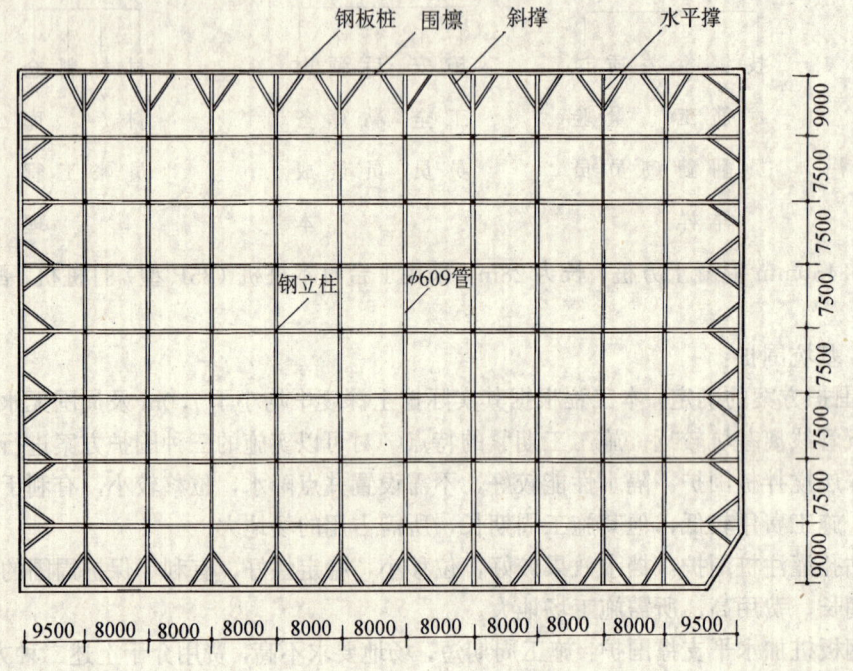

图 2.30-3　围护支撑平面图

3）围护钢板桩的施工机具及施工方法：钢板桩的施工采用 1 台日本桩机（85P 型）及 1 台 40t 的吊机，另配有导向架。

①施工流水：本工程北面、西面都有大小不等的雨水、下水、电缆、煤气等管线，为减少大桩工程的挤土、震动影响，在桩基施工前打好北面、西面、东面的钢板桩，南面的部分暂时不打，待工程桩施工结束后再封口。施工流水方向分六个流程。

②施工方法：本工程拉森钢板桩，采用锁口封闭屏风式打桩法施工，用振动锤挂在桩机上进行插桩的方法，插桩的深度为钢板桩本身深度的 1/2。另 1/2 留在土上面，逐渐使钢板桩在土面上形成一道钢屏风。屏风以一条直线 40 根桩左右为一段，用柴油锤将土面上的屏风拍打到规定的标高。拍打屏风采用凹凸式巡回打桩法，严禁按顺序一拍到底，以防桩位严重偏移，最后保留 3～5 根桩不向下拍打，以利继续施工。

4）基坑内支撑施工：

①施工流程：立柱定位→打立柱→地面开槽→安装围檩→围檩与钢板桩之间用细石混

凝土填实→安装水平钢管支撑→支撑施加预应力→沟槽内回填土→挖土准备。

②围檩支架与钢板桩相焊接，焊接前支架面的标高保持准确一致，围檩处支护桩表面泥土要清除干净，焊接后用细石混凝土嵌缝。

③围檩安装要平直，每个接头需加焊连接铁板，围檩同支护桩之间及时用高标号砂浆或C30细石混凝土填灌密实。

④采取在钢立柱上焊接钢牛腿，使水平支撑平稳地搁置并固定在它的上面，做到支撑整体上下纵横三点一线。

⑤水平支撑相互连接的部位，除十字交叉的地方采用加工成的十字节用高强螺栓连接之外，其余的位置都时采用焊接，当挖土到一定的深度以后，螺栓连接处和其他的焊接处都要及时地进行紧固和补焊，以防支撑失稳。

5）钢板桩侧向位移的控制。为减少挖土后钢板桩下口的位移，采取了边挖土边浇捣100mm厚垫层混凝土，并在钢板桩四周3000mm宽的范围内用200mm厚加Φ12@200mm×200mm双向钢筋网片进行加固，以稳定钢板桩，减少下口的位移。事实证明，及时浇筑垫层混凝土，其钢板桩下口的位移比晚浇两天的钢板桩的下口位移小100mm左右。及时浇筑垫层混凝土对减少钢板桩下口的位移效果非常明显。

6）水平支撑及钢板桩的拆除。基坑围护的拆除，是在地下室的结构施工完毕，地下室结构外墙防水层施工及回填砂工程施工结束以后再开始。首先割断水平支撑的八字撑和角撑，使原有的应力得以释放，拆除水平围檩，再是水平钢管支撑，由于水平支撑并未在地下室顶板施工前拆除，因此需花大量的时间和劳力从地下室的车道处运出。钢板桩的拔除采用30t的振动锤，在拔桩之前对其周围的土层进行压密注浆，同时边拔边回填砂，以确保周围管线和道路的稳定。拔除后的钢板桩及时地清运出场，严禁集中堆放在地下室的顶板上，以防结构破坏。

（3）基坑降水：由于本工程地质条件差，地下水位高，基坑底的土质为粉质亚粘土，遇水极易产生泥浆，加上有流砂的可能性，决定采用轻型井点降水来降低基坑部位的地下水位。

1）本工程地下室的平均挖土深度小于7m，水平支撑的位置又在地面以下1.5m处，因此可以先挖除地面上厚1.2m的土层，降水的深度小于6m。

2）井点降水分二种类型：

①基础全过程的降水井点降水沿围护桩内侧四周布置，总管长322m，采取基坑封闭井点降水，仅留—7.5m宽缺口方便以后挖土车辆的进出。为能均匀有效降水，设4套轻型井点组配4台射流泵S-1，井点支管选用50m×7m，吸水滤管长1.5m，支管之间的间距为1.6m，井点降水总管和泵机的排设都在自然地面向下1m处。井点总管用三角支架呈水平固定在钢板桩上。井点管介于钢板桩和基础结构外墙之间，距钢板桩0.8m，距基础结构外壁0.7m。

②挖土前预先降水由于挖土的基础面积较大（90m×70m＝6300m），虽然已采取了封闭式的井点降水措施，但仍有一部分地下水，加上挖土区域土层含水率高，封闭降水范围不足以使挖出的土方干燥，不利于正常的挖土施工。因而再在挖土的区域内设临时轻型井点4套配4台射流泵S-1，设置在自然地面标高上，降水时间为7～10d，一般到抽出的水不再混浊即可安排挖土施工，挖土前需拔除预先降水的4套井点设备（图2.30-4）。

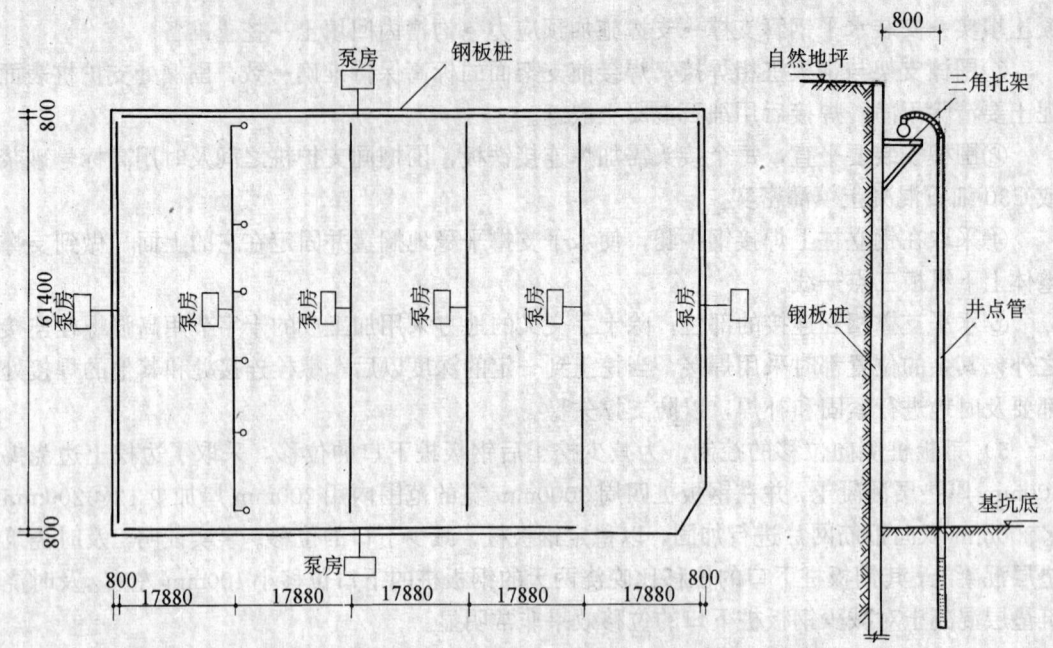

图 2.30-4   井点降水平面布置图

（4）基坑挖土：基坑的土质为粉质亚粘土，含水率高达 40.2%～50%，土壤很湿，呈可塑和轻塑状态，采用轻型井点降水以后，挖出的土基本上干燥。挖土分两次进行，第一次挖土深度为 1.8m，安装水平支撑，采用 R942 挖掘机 1 台，两班制作业，土方量 11000m³，配备交通 SH361 自卸载重卡车 8 辆，第一阶段挖土为 60h 就完成。第二阶段要待水平支撑施工完成后再开始。同时在水平支撑上铺设人行走道板。由于受支撑的影响，挖掘机的大臂无法自由伸展，必须借助 2 台 0.4m 小挖土机在支撑下部形成阶梯形开挖，挖土顺序由东南向西北退出，全部土方 3.1 万立方米，用 24d 的时间完成。挖土至基坑底，立即浇筑垫层混凝土，垫层混凝土强度等级为 C20，沿围护桩一周 3m 宽范围内厚度为 200mm，其余的为 100mm。

（5）基础钢筋连接：基础的底板和墙板，柱的钢筋数量大，约为 3000t，规格较集中，大部分是 ϕ25mm 和 ϕ32mm，其接头数量分别为 5000 个和 15000 个。由于基础钢筋密度高，数量大，施工工期短，设计要求 25mm 和 32mm 直径的钢筋不宜搭接绑扎，可采用焊接或机械连接。在考虑了施工工期和费用之后，决定采用钢筋锥螺纹连接工艺。钢筋锥螺纹连接是钢筋机械连接的一种形式，将两根待连接钢筋的端头由特制的机床加工成锥螺纹，然后与预作的锥螺纹连接套相栓接。

1）钢筋锥螺纹加工：

①钢筋端头加工螺纹前，不得有弯曲现象，且端面要求平整。

②切断钢筋应用砂轮锯片，不允许用气割或冲剪。

③锥螺纹加工，应在专业用机床上进行，应采用水溶性切割冷却液，不允许用油类冷却液或无冷却液加工。

④钢筋锥螺纹加工以后，应逐个用环规检验合格，不允许有烂牙现象，螺纹牙形表面要求光洁。

⑤经检验合格后的钢筋锥螺纹，应立即旋上塑料保护套或与之匹配的连接套，连接套的另一端仍应安装塑料保护盖，并妥善堆放。

2) 连接接头应用：

①钢筋锥螺纹连接器设置在构件的受拉区时，在同一截面钢筋连接器的数量不得超过钢筋总量的 50%。

②其设置在构件受压区时，在同一截面的钢筋连接器数量不受限制。

③受拉区构件内错开布置的锥螺纹连接器，其错开间距应大于钢筋直径的 35 倍，且不少于 500mm。当无法按规定错开时，可根据工程的重要性，适当增加钢筋密度及连接器数量。

④在同一截面内采用锥螺纹连接器的钢筋间距应大于 50mm。

3) 现场安装：

①钢筋连接时，应检查钢筋和连接套规格是否一致。

②外观检查钢筋和连接套锥螺纹是否完好，如发现螺纹面有杂物，应予以清理。

③钢筋连接套若埋入混凝土内，应按钢筋混凝土结构施工规定另行加电焊固定，且必须埋设牢固，其中心偏差，按有关钢筋混凝土结构施工规范和设计图执行，不得有偏斜现象。

④钢筋锥螺纹连接时，应使用专用扭力扳手，将其拧紧到规定的扭矩值，其中 25mm 和 32mm 直径的钢筋规定的扭矩值分别为 275N·m 和 314N·m。

⑤参加钢筋锥螺纹连接的施工人员，包括技术管理、质检、操作工人均需参加技术培训，获合格证书后方可上岗。

4) 试验与验收：

①试验工作要求：

a. 用于试验的连接器，必须是与施工现场使用的连接器的材料和加工安装工艺相同。

b. 每批同规格连接器，最少进行一组（3 个试件）拉伸强度试验，并提出书面报告。

c. 试件在试验前不得受力，一般在常温下进行试验。

②产品验收：

a. 检验每批连接套是否与待联钢筋尺寸规格相符。

b. 每批相同规格连接套的材料应附有出厂证明或材料试验报告。

③安装检验与验收：

a. 钢筋锥螺纹连接器现场安装后，应采用特制扭力扳手对连接紧力矩值加以全数检查。

b. 所有检查的连接器，必须 100% 合格，如有不合格，则该批连接接头必须重新按规定力矩值拧紧。

c. 检验人员所使用的扭力扳手，必须与施工人员使用的扭力扳手分开，不得混用。

d. 每批同规格接头应做拉伸试验，如有 1 根试件不合格，应取双倍试件进行试验，如仍有不合格的，则该批接头为不合格。

5) 施工安全：

①钢筋端头锥螺纹加工时，应搭设架台，架台与机械切削刀具下口相平，不得一端进入机械另一端用人力把持。

②垂直钢筋锥螺纹连接时，应搭设排架以作支架，防止钢筋倾倒伤人，施工时应两人同时上下用力以防把持不住坠落伤人。

③操作工在上岗前应进行专门安全教育，并获安全上岗证书后方可上岗操作。

④加工机械应按规定每机打一组有效接地，设置二级有效漏电保护装置。

6）劳动力组织：

①对于钢筋两端皆加工螺纹者，两端设置两台机械，当中搭设支架备二名操作工和若干辅助工。

②对于一端加工螺纹者，配备一名操作工，两名搬运工，并搭设支架，另配一名钢筋端头校正工。

③钢筋连接时，两名操作工，其中一名固定钢筋，另一名拧紧套筒，当一端拧紧以后，一名操作工固定套筒，另一名操作工拧紧另一端钢筋。

7）效益分析：

①用钢量分析（以套筒采用高强钢加工为条件）：

对比	节约率
与 35d 绑扎接头相比	70%～74%
与 45d 绑扎接头相比	90%～94%
与单面电焊接头相比	4%～6%
与双面电焊接头相比	增加 55%～72%

②工效分析（以 ϕ25mm 钢筋接头为例）：

项目	平均耗时	平均耗工	耗工节约率
单面电焊接头	14min/个	0.0938 工/个	
锥螺纹接头	3min/个	0.0330 工/个	64%

③费用分析（以 32mm 钢筋接头为例）

项目	单价	加工费	节约
锥螺纹接头	25 元/个	3 元/个	2.8 元/个
45d 搭接	30.8 元/个		

（6）基础大体积混凝土施工。基础承台厚度塔楼为 2m，混凝土量为 6868m³，裙房为 1.3m，混凝土量为 1600m³，以中间的沉降缝为界分两次浇捣。由于场地条件的限制，采用商品混凝土，设计强度等级为 C30，抗渗等级为 P8。裙房基础混凝土设 3 台汽车泵，连续浇捣 26h 完成。塔楼基础承台混凝土浇捣时，现场共设汽车泵 5 台，西面 3 台，南、北面各设 1 台，备泵 3 台。由混凝土分公司统一供应商品混凝土。用 150mm 直径硬管（出料口接软管）布料。

1）针对大体积混凝土，为了减少水化热造成的不良影响，我们采取以下措施：

①采用上海水泥厂生产的 425 号矿渣水泥，中粗砂，ϕ5～40mm 石子，材料进场附有质保书，提前 4d 进场以备抽检。

②掺用 WL-1 型外加剂，该外加剂即可减少水泥用量，又可延长初凝时间（6～8h），改善可泵性，增强抗渗能力，掺量为水泥用量的 0.4%～0.8%，随气温的高低而增减。

③适量掺用磨细粉煤灰，部分代替水泥，并提高混凝土的活性，一般可掺 15%。

④尽量利用混凝土的后期强度，在证得设计同意后，以 R45 强度代替 R28 强度，使水

泥用量减少，水化热也随之降低，经试验测得每少用 10kg 水泥，水化热可下降 1℃ 左右。

⑤进行混凝土测温控制，测温点呈口字形布置，每边设 15 个点，间距为 1m，离承台边最近一点为 500m，每处由上、中、下 3 个测点组成，上下两点离乘台底和面都为 500mm，测温采用 XQC-1300 型长图自动平衡记录仪，测点用 WZG 型铜热电阻棒，环氧树脂封闭。及时观察混凝土内部温度与表面温度的差值，并控制在 28℃ 以下。测温在混凝土入模以后 5min 开始，在 72h 内须每小时测一次，3~15d 可减少到每 2h 测一次，以后可每 4h 测一次，当混凝土内外温差小于 25℃ 时，且水化热呈下降趋势，可终止测温。

⑥大体积混凝土的养护，我们采用简单实效的蓄热养护，当混凝土收水后（约浇捣后 2h）即可进行养护，根据当时 7 月初的高温气候条件，采用一层塑料薄膜，上盖两层草包，覆盖严密，测得的最大温差为 28℃，一般为 25℃ 左右。

（7）模板体系。基础施工模板采用常规的钢模，钢管支撑，九夹板作平台模，圆柱模采用自行设计的定型钢模。

（8）地下室外墙防水。为防止混凝土收缩和因不均匀沉降而引起的地下室外墙裂缝，使地下室墙板渗水以及防止水平钢支撑横串混凝土墙体部位修补后的渗水，在地下室的外墙采取铺贴"必坚定"防水卷材，外加氧化沥青板作保护。

1）"必坚定"防水卷材施工：

①基面处理：表面积灰清除，粘贴的混凝土基层必须养护 7d 以上并达到干燥。

②Primer 涂刷：用刷子将底油涂刷在干燥表面上（每千克约涂 8m²），让底油干燥 1h 后进行卷材铺贴，必须在当日将涂底油的区域全部铺设完卷材。

③施工气候：严禁在雨、雾、高温等恶劣气候下施工。

④按卷材上标志线进行搭接。

⑤边缘密封：垂直面末端采用平嵌线，凹槽进行加层密封处理，所有垂直面和水平面的边缘均用 B-3000 封边胶勾缝。

⑥内外角处理：外角处理应做到无明显边缘线出现，与所有角相邻处混凝土表面如有疏松现象应及时修复后再施工，内角采用聚合砂浆处理。

2）保护板施工。施工后的卷材，防止在回填土时损坏，采用国产材料奥地利引进生产线生产的氧化沥青板，用喷灯法进行施工。保护板施工与防水卷材施工及回填土施工呈踏步式进行。

2.30.3 上部结构施工

（1）模板系统。本工程的模板系统包括圆柱模、电梯井道爬模、梁、板模板。

1）圆柱模由自行设计成定型钢模，外加工。圆柱模按直径分为 600mm、900mm、1100mm、1300mm、1500mm 等五种规格，在设计加工时，ϕ1500mm、ϕ1300mm、ϕ1100mm 圆模分成八块，长为 1.4m 和 1.35m。每块之间用 ϕ12mm 螺栓连接固定，经计算设计成每块之间可以互换。每块重量小于 45kg。ϕ900mm 圆柱模设计加工成六块拼接，长 1.35m，每块重 42kg。ϕ600mm 圆柱模设计加工成两块拼接，长 1.4m，每块重 52kg。在施工时，先绑扎圆柱钢筋，经验收合格以后，在柱主筋上焊十字形钢筋，标高为该楼层之建筑±0.000 线。然后拼装圆柱模，圆柱模的固定当柱净高小于等于 3h 时，只用上下两道与钢管排架相连即可，当柱高大于 3h 时，可设置上、中、下三道固定。

2）梁、剪力墙采用组合钢模，钢管支撑配置二层以利周转。平台模采用九夹板，配置

4 层以适应高速施工的需要。

3) 内筒电梯井爬模。内筒电梯井共有 8 个,断面尺寸都为 2.3m×2.3m。标准层以下采用组合小钢模,标准层开始采用内壁爬模系统,由公司和上海东南模板公司联合设计制作。

①爬模系统介绍:

a. 爬模系统由内爬架、大模板和提升设备等三大部分组成。爬架和模板用提升设备动力互相交替爬升。

b. 模板采用 4 块 "L" 形钢框复面大模板,在大模板上设置提升内爬架的吊点。

c. 爬架是一个多层的金属构架,即能用来提升模板,又能作为操作平台和脚手。上设吊点和操作平台,下有承受上面全部荷载的固定附墙段,并有修补墙面用的修补脚手。

d. 提升动力设备采用 3t 加长(行程大于 4.5m)手拉葫芦,每只井架 4 只葫芦。

e. 保险钢丝绳:每只架体 2~3 根,规格为 ϕ18.5mm,每根长为 5m。

f. 固定螺栓:固定爬架用,每只架体 8 只,共计 64 只。M24、45 号调质钢。

②爬升模组装:

a. 在安装固定段楼层上,预留 48mm×3.5mm 钢管,脚手拆至离安装段面以下 1000mm。

b. 架体分成二个组装段,即底座、工作段各一个。

c. 各段吊索采用三点平衡起吊,其中一吊点须用手拉葫芦,这样可调节与墙体的合拢程度。

d. 附墙螺栓采用对称顺序固定。各拼接点的螺栓必须全部拧紧,不得漏拧或少拧。

e. 安装质量要有专人负责检查,经技术安全质监部门验收合格后方能正式使用。

③爬升架提升:

a. 配齐劳动力,检查安全保险措施是否落实,架体上的翻板是否挂好。在设计的吊点位置上,在模板和爬架之间安装手动葫芦。

b. 拉紧所有吊点葫芦,使架体受力,拆除爬升架固定螺栓,并用铅丝固定在操作平台上。

c. 均匀调节手拉葫芦,使爬升架离墙面 30~50mm。

d. 均匀拉紧手动葫芦,使整个架体均匀上升,在提升时,指挥人员根据上升平衡情况,指挥各吊点之间的提升速度,不使架体卡住,水平倾斜度不大于 50mm。

④架体固定:

a. 架体提升到位后,利用内外吊点的松紧措施,使架体紧贴墙面。

b. 用工具调整爬架的位置,对准固定螺栓孔位,安装固定螺栓。

c. 先将方榫螺杆放入预留孔中,在墙体的另一面垫上垫块,旋上螺母,再在附墙框侧垫上垫块,旋上外螺母,最后拧紧外螺母,使附墙框紧贴墙面。

⑤模板的提升:

a. 在墙体钢筋验收合格后,组织劳力提升模板,翻起翻板,在吊点上挂装二套葫芦。

b. 在大模板的上设计吊点设置模板吊点,葫芦先拉紧大模板,然后松开固定螺栓。

c. 拉开模板,使模板均匀上升,在提升时要派两人扶住模板,不使模板撞击墙面式架体。

d. 在模板就位前，清理人员应及时在一侧和上面清理模板和涂隔离剂。

e. 模板均匀上升侧向倾斜量不宜大于 100mm。

⑥模板就位：

a. 依靠人力推动模板下口，使其初步到位。

b. 松葫芦，进一步推模板上口，使其整体到位。

c. 安装限位拉杆，穿墙螺栓。若模板的吊点高度不够时，吊点可放在模板的下设计吊点上。

⑦劳动力组织。提升架体作业时，一个班组配置 8～10 人，拆装附墙固定螺栓 3 人，2 人在附墙框一侧，1 人在墙体另一侧，并对固定螺栓的固定安全负责。提升模板作业时，该班组分成二个小组同时施工。

（2）混凝土工程。上部结构的混凝土总量为 $1.3 \times 10^4 m^3$。其中 1～14 层为商品混凝土，硬管固定泵输送，混凝土强度等级为 C40，15 层至顶为现场自拌泵送，采用德国大象牌 2100 混凝土输送泵输送，水平管和垂直管长度的比例不小于 1∶3，混凝土强度等级为 C30。

1）商品混凝土运输，垂直输送按常规施工。

2）现场自拌混凝土泵送，自拌混凝土从 15 层起到顶，其量为 5500m³，从山东省建筑机械厂购得 25 型搅拌台一座，额定每小时混凝土生产量为 25m³，经安装调试，实际生产能力平均为 20m³/h。为使自拌混凝土既能满足强度等级要求，又要确保顺利输送到楼面和尽量降低成本，我们采取了以下措施：

①由公司中心实验室计算试验混凝土的级配，经努力，试制成如下的级配：

525 号普通硅酸盐水泥	370kg/m
中粗黄砂	680kg/m
ϕ5mm～25mm 石子	1020kg/m
水	195kg/m
磨细粉煤灰	70kg/m
外掺剂 C6220	0.35L/1000kg

②专人负责级配的管理，根据原材料的含水率及时地调整用水量，以确保混凝土的质量。

③采用大象牌 2100 混凝土输送泵，配 125mm 直径的硬管，使水平管的长度和垂直管的长度比保持在 1∶3。

（3）外脚手架：由于外墙装饰 1～4 层为花岗石干挂，4 层以上为玻璃围幕墙，因此在确定外脚手架时，1～4 层采用钢管脚手满搭，4 层以上结构采用现搭现拆的翻排脚手，翻排脚手于结构施工面基本保持一致高度，从结构排架上水平挑出 1.5m，用斜撑加固，间距为 1m，每次搭设三排，该层结构施工完毕后即予拆除，向上翻致上一层。脚手架的外面用小眼安全网全封闭。装饰阶段施工玻璃围幕墙时，采用 GLD05 电动高处作业吊篮，每边设 4 台。

（4）垂直运输机械：根据工程的建筑高度（塔楼最高处为 112m）以及运输量（钢筋 2000 余吨，模板 70000m²）的情况，为保证工期如期完成，选用了 88-HC 外附和室外 ALIMAK 电梯各一台，保证了施工的正常进行。

（5）装饰阶段：装饰工程主要由业主分包给台湾和香港的专业分包商，仅有水泥粉刷和厕所地砖和磁砖由我们施工。在厕所磁砖铺贴过程中，遇到在 TK 板面上铺贴磁砖的工作。为此，我们采用了上海朝阳胶粘剂厂生产的 JCTA-300 灰色陶瓷砖胶粘剂代替水泥作粘合材料，其操作如下：

1）将已施工完毕的 TK 板表面用竹丝扫帚扫干净，除去浮灰。

2）充分浇水湿润。

3）将 JCTA-300 灰色粉状胶粘剂用 1:4 水灰比调合均匀。

4）对 TK 板基面平整度和垂直度偏差大于 3mm 的，应使用该胶粘剂打底抹平至偏差小于 1mm。

5）根据墙面尺寸排定磁砖块数。

6）磁砖浸泡水中 2～4h 后取出，凉干待用。

7）将混合后的胶粘剂涂抹在磁砖背面，然后用力按，直至平实。

8）粘贴后在 5～20min 内完成校正，移动。4～5h 后硬化，14d 后完全硬化。

9）材料消耗：JCTA-300 胶粘剂每平方米的耗用量约为 3.8kg。

经过一个冬天和夏天的考验，基本上无明显的起壳现象。

2.30.4 几点体会

（1）基础施工采用钢板桩加一道水平钢管支撑，对于挖土深度在 6m 以内，基坑周围无重要建筑物和管线的工程来说，可以节省费用和明显地缩短工期。

（2）基础大体积底板粗钢筋接头采用锥螺纹连接可不受气候和温度的影响，同时可节省费用和缩短工期。但需要较大的加工场地，可采用工厂集中加工运送现场安装。

（3）对基坑底土质含水率较高，土的渗透系数较高，降水深度小于 7m 的，采用轻型井点预降水可以起到防止流砂、固结基坑底土质的作用。

（4）高层结构施工，混凝土结构电梯井道模板采用整体爬模，可减小井道壁混凝土墙体的平整度和垂直度误差，加快施工进度。

（5）装饰阶段厕所间 TK 板隔墙上铺贴瓷砖，采用 JCTA-300 陶瓷粘结剂作粘结材料，可减少因温差引起的开裂起壳，保证质量。

（6）通过以上的施工方法和采取的措施，汤臣国贸大厦从 1993 年 2 月 10 日开始施工工程桩，到 1993 年的 8 月 30 日基础结构施工完毕，1994 年 5 月 30 日上部结构封顶，1995 年 5 月 10 日竣工，历时 800d，取得了基础、结构和工程竣工的优良，顺利地履行了合同。

（沈才兴）

3 安 装 技 术

3.1 上海八万人体育场屋面安装工程

3.1.1 工程概况与施工基本情况

（1）工程概况：上海八万人体育场是一座建筑造型新颖的大型综合体育设施，平面投影近似直径 300m 的圆形，屋面形体呈马鞍形。观众席上部建有遮雨、避阳的受拉膜结构屋面，可容纳八万名观众，集体育比赛、文体表演、健身娱乐、住宿餐饮、商务办公和购物展览为一体。总占地面积为 $1.9 \times 10^5 \text{m}^2$，总建筑面积为 $1.5 \times 10^5 \text{m}^2$。宏大的规模、先进的设备、完备的功能，使它成为国内目前规模最大、具有国际水准的体育场（图 3.1-1）。

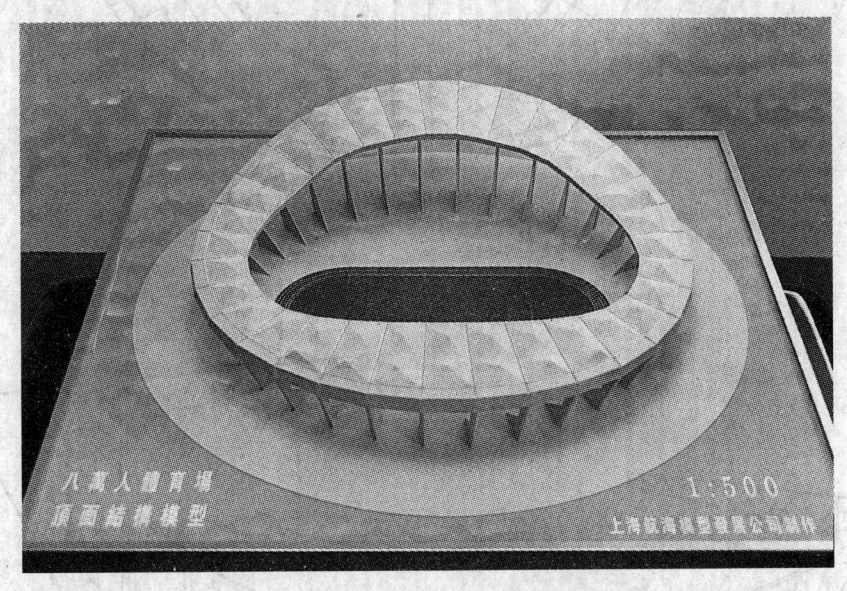

图 3.1-1 上海八万人体育场屋面结构模型

体育场屋盖特大悬挑钢结构体系气势恢宏，空间尺寸复杂多变。屋盖主体结构由不同规格的钢管通过相贯节点、板式节点和球节点连接组成的 32 榀悬挑双幅式桁架及 64 榀内、外环梁和 27 榀中环梁构成，主体钢结构总重量为 4000t。屋盖面层选用 SHEERFILL 建筑膜；屋面排水系统采用不锈钢天沟，总长为 3km；内外环梁的屋面及墙面围护均采用彩色压型钢板,面积约$2.5\times10^4\mathrm{m}^2$,主体钢结构与彩色压型钢板之间的过渡结构层为钢结构,重1200t。

图3.1-2为屋面平面示意图,图3.1-3为结构剖面图。

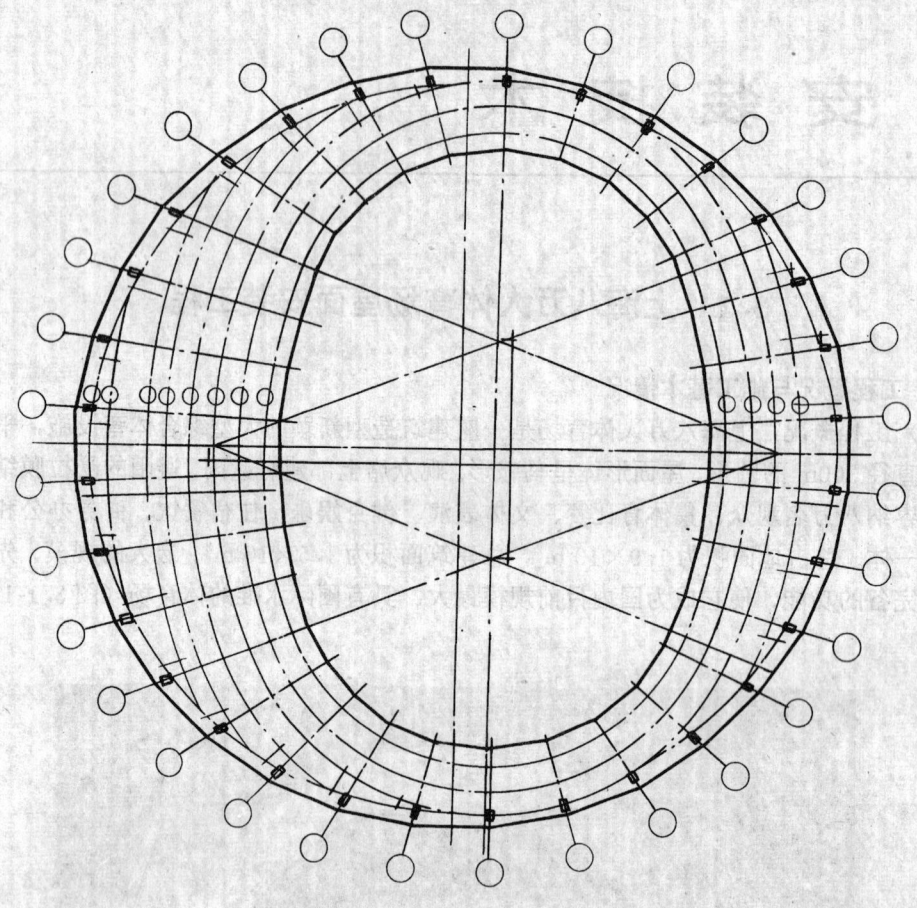

图3.1-2   上海八万人体育场屋面平面示意图

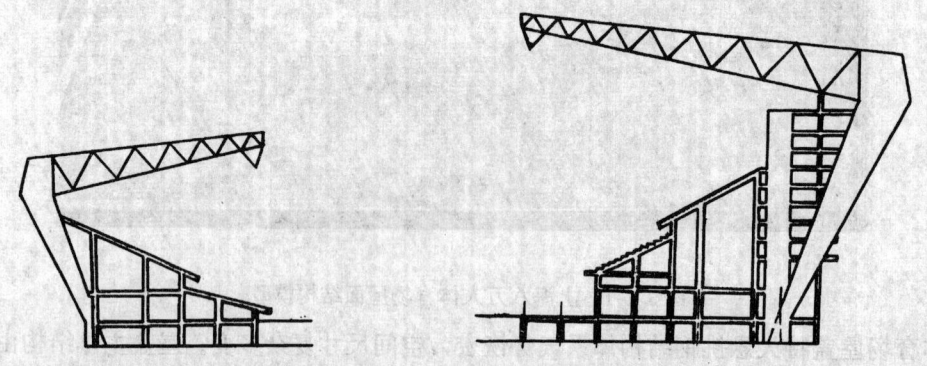

图3.1-3   上海八万人体育场结构剖面示意图

(2) 工程主要特点:

1）工程结构新颖、构件体量大：八万人体育场跨径东西长288.4m，南北宽274.4m，整个空间结构东低西高，南北对称，高低起伏，呈马鞍状。最大外环梁长27.89m，宽9.76m，高10.78m，重46.65t；最大悬挑桁架长度达73.5m，重量达80t，安装高度达70.6m，为世界同类建筑之最。

2）施工难度大，质量要求高：八万人体育场平面轴线以多中心呈辐射状发散布置，每榀悬挑桁架安装标高各不相同，测量定位要求高；须在看台结构完工后施工，施工机械只能在跨外开行，大大增加了吊装难度；整个结构呈环状封闭，累积误差难以调整；构件分工厂和现场制作，现场制作又分场内和场外，大部分构件无法进行预拼装，增加了高空对接拼装难度；管材节点全位置焊接要求高。

3）工序复杂，工期短：由于边设计边施工，加上工艺复杂，工序繁多，施工组织难度极大。从柱帽、外环梁到悬挑桁架、内环梁、中环梁主体钢结构吊装工期为6个月；从过渡层、彩色压型板等、天沟排水系统的制作、安装到膜面结构的安装工期只有4个月；整个屋面安装工程工期仅为10个月，因而工期十分紧迫。

（3）建筑所在位置及地貌特征：上海八万人体育场座落在上海西南部，交通要脉地铁和内环线的交汇处，与万体馆和游泳馆成倚角之势，成为上海体育的中心。毗邻繁华的徐家汇商业区，西临漕河泾科技开发区，北接虹桥经济开发区，巨大的人流，信息流在此汇聚。

（4）施工组织情况及施工工期：

根据承建该工程钢结构、膜面安装和屋面工程设计、制作、安装的特点，为了既有利于对外联系协调，又有利于对内加强施工组织管理，主承包单位上海市机械施工公司设置了工程现场指挥组，并调集公司有关部门和基层单位的骨干力量，组成项目经理部，实施现场施工组织管理，以保证工程顺利进行。

总承包单位上海建工集团总公司总承包部在现场成立项目管理班子，协调土建、吊装、安装方面的工作，全面检查和监督工程施工工期、质量、安全及文明施工。

建设单位聘请上海建筑科学研究院监理工程师作为业主代表常驻现场，担任工程建设监理。

该工程分两大部分施工。一部分内容为主体钢结构，另一部分为屋面工程即膜面结构系统安装、检修走道系统、彩板围护系统（包括过渡层）、排水系统、柱顶装饰（大刀片）的设计、制作及安装。总工期10个月（1996年4月1日～1997年1月31日）。

3.1.2 施工技术及工艺

（1）主体钢结构：上海八万人体育场屋盖安装工程主体钢结构分为32个节间，环状布置，屋面呈马鞍形高低起伏，西侧檐口最高（+70.6m），南北两侧最低，落差近40m，主体构件由竖向构件（预埋钢管、钢柱帽）、径向构件（悬挑桁架）、环向构件（外环梁、中环梁、内环梁）组成。除预埋钢管为散件安装外，其余均在地面制成单元整体吊装。为了保证施工阶段结构的稳定和安全，在预埋钢管安装完毕后，柱帽与外环梁先行流水吊装，悬挑桁架与中、内环梁按节间综合吊装。主体结构的吊装的主要流程如下：

$$\boxed{预埋钢管} \rightarrow \boxed{柱帽、外环梁} \rightarrow \boxed{悬挑桁架、中、内环梁}$$

1）竖向构件：

①预埋钢管：预埋钢管安装在混凝土大斜柱内，是钢结构在混凝土柱中的延伸，随混凝土大斜柱倾斜，其内侧倾斜 71°，外侧倾斜 64°。F1、F2、F3 为组合件，G2、F3、F4、F6、F7、F8 为单根钢管。单件最大重量 4.5t，最大长度为 8m，如图 3.1-4 所示。

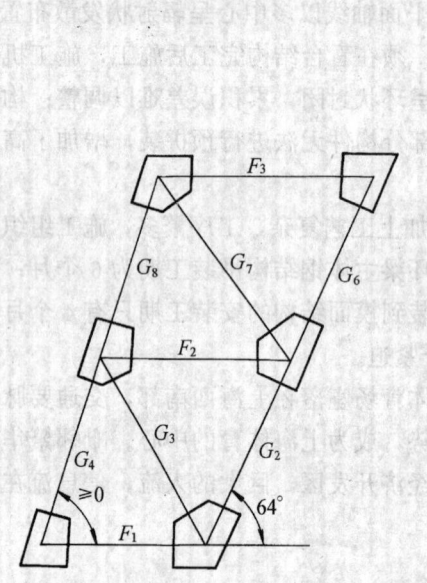

图 3.1-4　斜柱内预埋钢管结构示意图　　　　图 3.1-5　悬挑桁架单机吊装示意图

a. 预埋钢管采用组合件和单件相结合的方式进行吊装，吊装时与土建安装劲性构架、扎筋、浇捣混凝土穿插进行。吊装使用的机械为环 *N* 轴线的 TQ-60 塔吊，部分使用 80 吨米爬塔。

b. 预埋钢管安装定位主要控制三个四方架 F1、F2、F3 的位置，在制作时，斜杆和四方架 F1、F2、F3 预拼装，并在四方架上预先做好斜杆的定位块。因而只要四方架的位置正确，斜杆校到定位块上即可。

c. 预埋钢管定位校正完毕后，与土建劲性构架电焊连接固定。预埋钢管斜管与四方架连接为板管焊接，钢管与节点板之间为全熔透角焊缝。

②钢柱帽：钢柱帽是钢屋盖结构中最关键的构件之一，为双幅式四边形结构。其下部与预埋钢管连接，径向与悬挑桁架连接，环向与外环梁连接，最大尺寸为 8m×10m，最大重量为 20t。

a. 钢柱帽使用 300t 吊机安装，南、北、东采用 72m 扒杆，西区采用 66m 主臂＋30m 副臂。

b. 钢柱帽定位主要控制底部标高、径向位置、环向位置及面向场内的立杆的垂直度。其中底部标高、径向位置、环向位置三项定位方法同预埋钢管的 F3 定位。立杆垂直度可用 2 台经纬仪测得。钢柱帽的校正采用"边吊边校正"，就是在吊钩不松的情况下，校正钢柱帽的标高、位移和垂直度，待校正固定完毕后，再卸去吊钩。

c. 钢柱帽与预埋钢管的电焊为板管节点，要求全熔透焊接。焊接时为保证柱帽的垂直度不发生变动，焊接时采取对称焊接。

2）径向构件：

①悬挑桁架：悬挑桁架共有 32 品，为双幅式平面桁架。其弦杆为 φ450mm 钢管，腹杆亦为钢管，采用相贯节点焊接连接，在场内就地制作，组成整榀。最大悬挑桁架长 73.5m，重达 80t。由于悬挑桁架的安装是在混凝土看台结构完成之后，最大吊装半径达 50m，最大起重高度 70m，给安装到位带来极大困难，因此，安装过程中采取多机空中过渡的方法来实现悬挑桁架的高空就位。

a. 32 品悬挑桁架视其安装重量和高度，及 300t 吊机的起重能力，总体分三种工况。17、20、23、26、29、32、35、38、41 轴及其对称轴为单机吊装。吊装工况如图 3.1-5 所示。

b. 11、14、44、47 轴及其对称轴为双机抬吊。抬吊时，1 台 300t 吊机在场内，将桁架斜吊到看台板上，场外 300t 吊机接副臂，将副臂伸入场内，将桁架的根部吊起，完成吊点的空中转换，再后将桁架安装到位，如图 3.1-6 所示。

c. 2、5、8 轴及其对称轴的悬挑桁架为 1 台在场内的 300t 吊机与 1 台在西区宾馆屋顶 k 轴上的门式起重机双机抬吊到位。其过程为：

（a）300t 吊机将悬挑桁架吊到看台板上方，在桁架根部系好门式起重机吊索，在梢部由 100t 吊机承吊，然后 300t 吊机松钩，卸去吊索具，形成门式起重机与 100t 吊机抬吊状态；

（b）300t 吊机吊点移至梢部，卸去 100t 吊机吊钩，形成 300t 吊机和门式起重机抬吊的状态；

（c）300t 吊机和门式起重机起钩，使悬挑桁架高于西区混凝土结构屋面，门式起重机和 300t 吊机同时变幅，使悬挑桁架临时搁置在 G 轴柱子上；

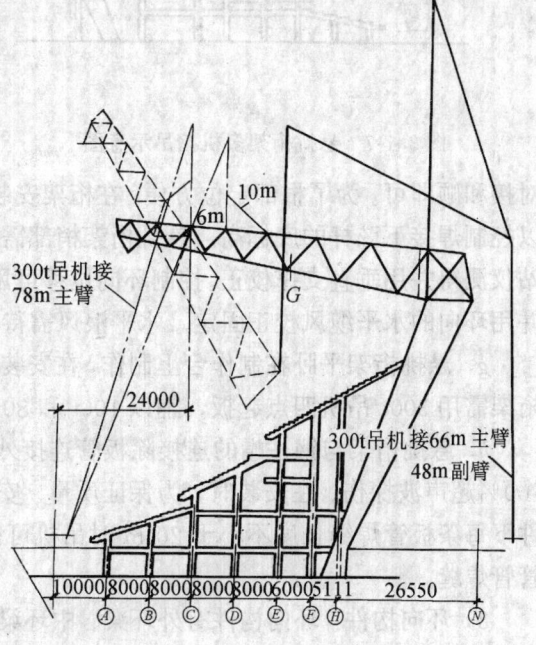

图 3.1-6 悬挑桁双机抬吊示意图

（d）门式起重机吊点向梢部再移动一个节距，双机再同时变幅使得桁架在门式起重机腹中通过，与柱帽连接，如图 3.1-7 所示。

d. 抬吊悬挑桁架的门式起重机是由二根扒杆组成"门"字形，其根部安装在 K 轴大梁面上，头部变幅缆风绳固定在钢柱帽顶上，可前后起扒扒杆；2 根扒杆之间的中心距离为 4m，使得桁架能从其中间穿过。门式起重机的最大起重半径为 25m，其时起重量为 41t。

e. 为了控制悬挑桁架在安装时的挠度和整体结构没有环通前的稳定性，每榀悬挑桁架需临时垂直支撑，如图 3.1-8 所示。

临时垂直支撑使用 580mm×12mm 钢管，最长为 38m，根据设计要求，每根临时垂直支撑需承受 30t 的压力和 20t 的拉力。为了安装方便，临时垂直支撑上下节点采用销接形式，上节点与托梁连接，同时下节点有可调整 50cm 长度的活络端，便于支撑调节长度。

f. 悬挑桁架根部的定位只需槽口插入柱帽节点板，桁架的上下弦杆与柱帽的上下弦杆

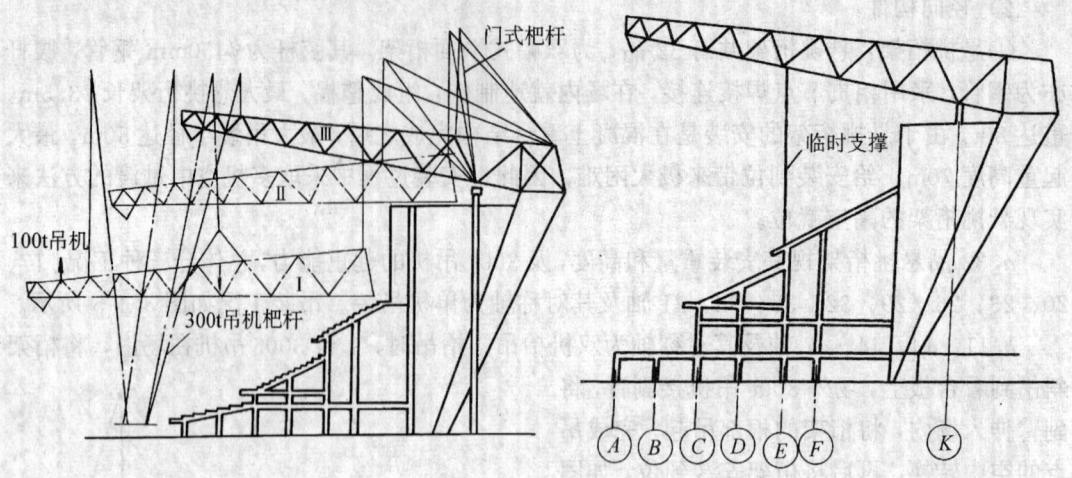

图 3.1-7 悬挑桁架多机抬吊示意图   图 3.1-8 临时垂直支撑设置示意图

对接和顺即可。为了根部定位方便，在桁架安装前预先在柱帽下节点板上焊接标高定位块，以控制焊接下弦杆的底标高。悬挑桁架梢部需控制标高、环向位移和垂直度。标高可用全站仪测得并用垂直支撑校正。控制环向位移可用定点在径向轴线上的经纬仪或全站仪测得，并用环向的水平缆风校正固定。水平浪风需待环向构件安装固定后才能拆除。

g. 悬挑桁架平卧在制作台上制作，在安装前需起扳和临时搁置。对于 50m 以上的悬挑桁架需用 300t 吊机四点起扳，辅以 100t 和 80t 吊机配合。

h. 悬挑桁架与钢柱帽的连接除板管连接外还需管管对接，是最重要的连接节点，并需 100% 超声波探伤。在安装时，为保证质量、安全和进度，经设计同意，在规定焊缝厚度条件下每条板管焊缝长度不小于 20cm 时吊机可以卸钩，卸钩后再精心焊接其余板管焊缝和管管焊缝。

3) 环向构件：环向构件有外环梁、中环梁、内环梁。外环梁是镶嵌在两榀柱帽中间的构件；中环梁在悬挑桁架的中间部位，连接相邻悬挑桁架；内环梁是连接各悬挑桁架梢部的构件。

① 外环梁：外环梁是空间桁架结构，中间有 8 只球节点，两端与柱帽相贯连接，外环梁最大外形尺寸为 $25.22m \times 9.759m \times 10.782m$，根据不同的安装高度和半径，选 300t 吊机用主臂或主臂＋副臂在场外安装。外环梁与柱帽流水安装，以尽快形成环闭状态，保证结构的稳定。

a. 外环梁制作时，要求与柱帽进行预拼装，以保证杆件尺寸准确。

b. 为加快外环梁的制作速度和便于预拼装，外环梁在场外制作平台上集中制作。这就涉及到外环梁的场外驳运，为运输这庞然大物，改装 60t 特种平板车，并用 50t 和 100t 吊机配合上车，300t 吊机卸车。

c. 因为外环梁和柱帽是经过预拼装的，所以在外环梁和柱帽的临时固定上。采用了"碗托"的形式，即在预拼装时，在柱帽与外环梁的节点位置上，焊接一个与外环梁弦杆半径、壁厚都相同的长 20cm 左右的半圆管（碗托）在柱帽上。在外环梁弦杆上，预先装上内衬管（壁厚 10mm），并用电焊焊牢。在安装时，只要将外环梁的内衬管搁在托座上，焊上少量电焊，即可松钩。松钩后由装配工和电焊工修割相贯线，完成设计所要求的节点其余部分。

d. 外环梁体形比较特殊，且两端高差较大，要求吊装时环向和径向的高差跟实际搁置状态基本相符才能进档。因此要求外环梁的吊装索具配置能满足 2 个方向调节的索具配备，可满足这一条件。使用平衡滑轮调节外环梁短方向的高低偏差，使用单门滑轮调节外环梁长方向的高低偏差，调节都使用神仙葫芦手工操作。

e. 为保证外环梁的焊接质量，所有外环梁的对接焊缝和相贯焊缝需作超声波检测，外套管角焊缝需作磁粉损伤检测。

②中环梁：中环梁总共有 27 榀，呈三角形断面，最重 13.76t，与悬挑桁架相连，选用 300t 吊机用 78～90m 主臂在场内进行安装，部分中环梁在场外安装。

a. 中环梁与悬挑桁架没有进行预拼装，因此要求节点能承受较大的制作误差，不能象外环梁一样使用"碗托"的形式。在节点处理上，采用了"十字板"的形式。具体做法为：在制作时，弦杆两端各缩短 30cm，将十字板置于中环梁的弦杆内，十字板的断面略小于弦杆的内径，使得十字板可以在弦杆内随意移动。在中环梁吊装到位后，将十字板从弦杆内拉出，与悬挑桁架焊接牢固即可松钩。待松钩后再用钢管将十字板精心覆盖，用电焊焊接。此节点既能承受较大的制作误差，又满足了施工进度，而且十字板本身对节点有永久加强作用。

b. 中环梁安装索具，使用 20t 单门滑轮调节环向支撑的环向高差，神仙葫芦调节环向高差。

③内环梁：内环梁安装在悬挑桁架头部，断面呈五边形，最大重量 14t。同一内环梁的两端最大高差达 7m。32 榀内环梁全部在内场制作，由 300t 吊机在场内安装。

a. 内环梁制作时，不与悬挑桁架预拼装，在节点处理上也应考虑能承受较大的误差，因而同中环梁一样使用十字板形式。

b. 为了便于内环梁定位，内环梁安装前，上弦需先安装临时搁模，搁模搁在悬挑桁架的弦杆上，并对准内环梁与悬挑桁架的节点，内环梁即安装到位。

c. 内环梁装配质量要求是，两端十字板伸出长度基本相同，管子对接和顺，对位准确。电焊要求外观美观，饱满无溢瘤、咬边等现象，超声波检测合格。

(2) 膜结构：

上海八万人体育场屋面覆盖材料采用新颖、轻质的 SHEERFILL 建筑膜，它是由玻璃纤维布涂覆合成树脂构成，色白，呈半透明状。大型体育设施采用这种膜结构在国内尚属首例。

膜结构由膜结构支架、飞索飞杆和膜面组成，以节间为单元设置整张膜面，并根据节间的长度设置 1～3 组飞索飞杆。通过液压千斤顶顶升飞杆，从而张紧膜面，形成一个个锥状伞面，既利排水，又美观别致。

整个体育场共分 32 个单元，计有 32 张大小不等膜面。最大尺寸达 28m×70m，重 2t；飞索飞杆每组重约 3t，飞杆长约 9～11m。由于飞索、飞杆和膜面均为凌空安装，所以给施工带来不少新的难题。

1) 膜结构支架：膜结构支架是由英钢 50D 钢管（ϕ323.9mm×10mm）制成的不规则四边形框架，沿悬挑桁架，外环梁和内环梁周边布置，每一节间为单元，距主体结构上沿

1.128m。它是屋顶面层与主体结构联接固定的过渡性结构。

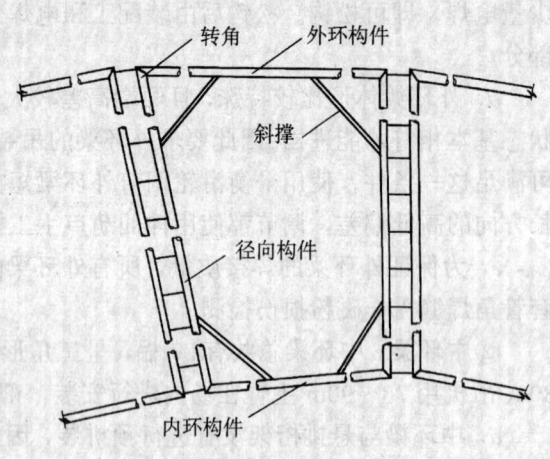

图 3.1-9　膜结构支架分段示意图

①膜结构支架平面尺寸大，刚度较小，且安装精度高，为便于运输和高空安装，将整跨支架分为径向构件、环向构件、转角、斜撑等分别安装。其中径向构件因长度相差悬殊（25～70m），以 30m 为限，分段制作安装，单件重量控制在 8t 以内，如图 3.1-9 所示。

②由于主体结构完成后再进行膜结构支架的安装，而屋面的跨度大、高度高，给安装就位带来一定困难，因此选用 300t 吊机接 54m 主臂、54m 副臂在场外进行安装，西侧局部膜结构支架在场内安装。

③为了保护膜面不受伤害，须对膜结构支架上侧面和所有已完成的焊缝都作打光磨平的处理。

2）飞索、飞杆：飞索、飞杆是连接膜结构支架与膜面的支承物，同时可通过顶升飞杆来调节膜面的松紧。飞杆由钢管（$\phi 273mm \times 10mm$）制成，并配有套筒式支座，每根飞杆由上下各四根飞索固定，飞索为有塑套保护的钢丝索，上侧四根直径为 25mm，下侧 4 根直径为 39mm，通过销子与飞杆和膜结构支架相连，如图 3.1-10 所示。

①飞索、飞杆的安装分两个阶段：吊装就位和顶升固定。

②飞索、飞杆尽管重量不大，每组（1 根飞杆，8 根飞索）重约 3t，飞杆的长度也在 9～11m，但由于悬在半空，高空操作十分不便，因此考虑飞索、飞杆成组安装，用 300t 吊机接 54m 副臂吊装。

③为了便于膜面的铺设，飞杆在吊装就位阶段其上端要求低于膜结构支架 1m 以上，故在吊装前须将飞杆和支座预固定，先由下侧 4 根飞索受力，并预先设置好提升的索具。

④膜面铺设完成周边固定后，飞杆开始提升，提升至顶升支座安装后，改

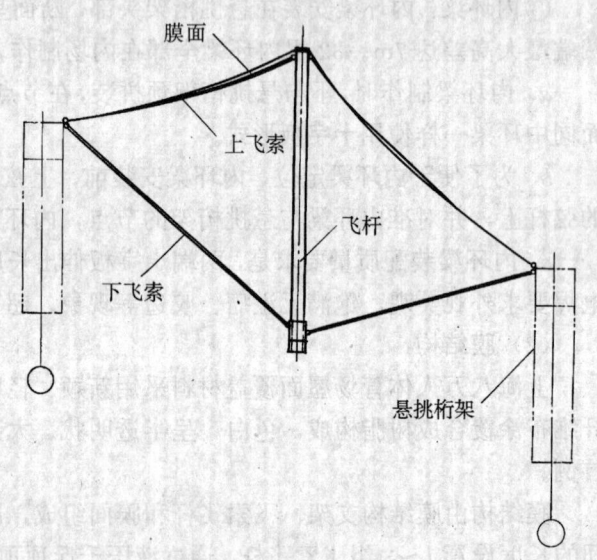

图 3.1-10　飞索、飞杆及膜面设置示意图

由液压千斤顶顶升，顶升的压力值由设计提供。每一单元有多组飞索、飞杆的，要求同步逐级加载顶升，直至达到要求为止。

⑤顶升到位后，飞杆和套筒支座用 4 根长螺杆螺母固定，再撤除千斤顶及附属装置。

⑥为了进行飞杆的顶升，操作人员必须悬空作业。特别设计制作了专用挂篮，以卷扬机为动力，设置钢丝绳索道，挂篮可在其上滑行和固定，供操作人员（2～3 人）使用。

3）膜面：膜面是一种半透明的轻质高强耐腐蚀的新型建筑面材，产品为本白色，随太阳较长时间照射转为白色，阻燃、可粘贴、抗老化，使用寿命30年。

用膜面作为屋面覆盖物，不仅质轻，而且可构筑曲线流畅多变的各种建筑造型。由于可透部分光线，夜间灯光投射在膜面上，还可使整个屋面色彩斑斓，色调可人。膜面由制造商制成单块成品，根据工程安装流程和工艺要求专门折叠装箱，运抵现场。

①膜面与膜结构支架的连接，是通过M10不锈钢螺栓和铝合金压条，固定在支架钳制板上，螺栓间距0.2m，膜面周边有圆形嵌条加强。

②膜面尖顶与飞杆上端的连接，是通过飞杆上端的可升缩调节装置用调节螺杆固定，并有局部张紧功能，其上设避雷针。

③膜面安装顺序：

安装绳网 → 膜面就位 → 膜面铺展 → 压边固定

→ 膜面张紧 → 膜面应力测定 → 膜面顶端调节固定

④由于屋盖主体钢结构主要是悬臂很长的悬挑结构，在安装主体结构时，每一悬挑桁架设一临时垂直支撑以控制挠度，一旦拆除，主体结构将产生较大竖向变位。为保证膜面正常安装，临时支撑待膜面安装完毕后再行拆除。

（3）彩板围护系统：

沿整个屋盖内、外两周，即内、外环梁的顶面和外侧面，采用英钢HP200彩色钢板制成的TD360压型钢板作围护面层，总面积24900m²（其中含各类收边板、饰盖板约4000m²）。

由于内、外环梁的顶面和外侧面多为翘曲面，且设计要求彩板围护系统的荷载须传至环梁的节点处，因此在该部位设置钢结构的组合墙板和屋面板（下称过渡层），一方面将翘曲面调整为平面，另一方面与内、外环梁球节点和板节点相连，符合荷载传递要求。

过渡层外用L型支座固定次龙骨，次龙骨外再置彩色压型钢板。

为了解决两根外环梁之间的平面扭转角问题，使建筑立面自然过渡，在每一柱帽上设置装饰性辅助钢结构（下称大刀片）。其外用钢丝网覆面后粉刷砂浆，并喷以砂膏作为饰面，如图3.1-11所示。

1）过渡层：作为过渡层的组合墙板和屋面板在内、外环梁处每节间各三块，最大尺寸8m×10m，重约3t。

①过渡层用大规格槽钢组拼，屋面板上还设有环向天沟的底架和调整屋面标高的架空层。防锈采用喷砂和涂刷水基富锌底漆。

②过渡层的制作，由工厂根据钢结构深化图落料，喷砂、油漆后，运至现场，其中内环梁的过渡层体量较小（3m×6m），为加快进度由工厂组拼完成后运抵现场。

③过渡层的吊装，根据安装高度和半径的不同，分别选用300t吊机和80t吊机进行，吊装前先在环梁处焊接支座或在过渡层上设临时定位支架，吊装到位后，校正平面的平整度，再焊接连接支座。

④为了减少高空脚手架的搭设，屋面板带环向天沟先行安装，以形成水平通道，待墙板安装完毕，在节点处补搭挂脚手，满足操作要求。

2）次龙骨：次龙骨采用稀土耐候钢制成的冷弯卷边Z型材（120mm×50mm×20mm×

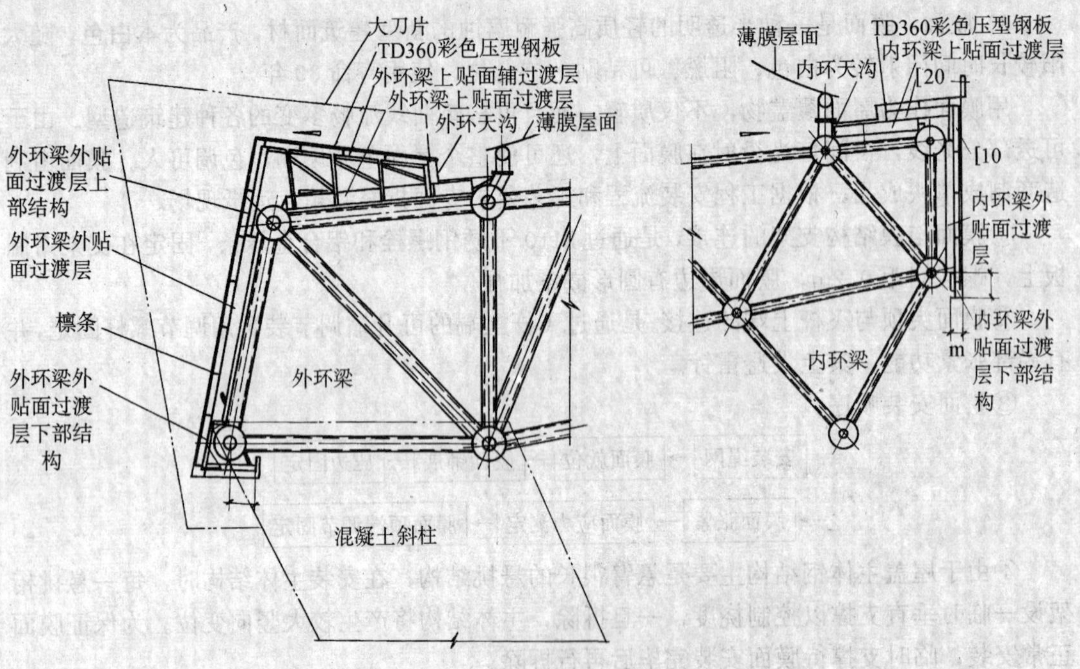

图 3.1-11　彩板围护系统结构示意图

2.75mm)，总重118t。支座为带长腰孔的角钢（120mm×60mm×6mm），长120mm。对型材和支座均选用铁红环氧树脂底漆（H06-2）和丙稀酸聚氨酯瓷漆作防湿热、盐腐和霉菌处理。

由于墙面为不规则四边形，为考虑装饰效果，次龙骨的布置上下两边平行于收边的外边线，中间按实际尺寸等分，间距不大于1m。

3）彩板：屋面和墙面围护装饰材料采用HP200彩色压型钢板。压型钢板通过带有密封垫圈的自钻钻孔螺钉固定于次龙骨上。鉴于平面形体的特殊性，墙面压型板的槽纹按垂直于地面布置；屋面压型板槽纹平行于两侧，至中间用梯形板调整。

压型板的接缝，采用旁向重迭设计，搭接长度200mm。压型板在屋面与墙面相交处、沿天沟处及墙面转角处，均用专门设计的各类收边板、饰盖板和披水板作收边处理，并采用硅酮密封胶DC780封闭。

（4）其他附属结构：

1）排水系统：由于体育场整个屋面呈高低起伏的马鞍状，排水系统的设计也较特殊，由布置在内、外环梁上的两圈环向天沟和在悬挑桁架上的32条轴向天沟构成。雨水总体流向为：内天沟→轴向天沟→外天沟→落水管。天沟根据受水面积和降水参数确定过水断面。为了能使高低落差极大的环向天沟及时分流，在与轴向天沟相交处，均设有拦水板，具有截水和溢水功能。

天沟采用日本304不锈钢板，厚3mm，工厂加工成6m定尺长，在现场电焊搭接连接，并通过角钢固定在天沟底架和侧向支架上。天沟总长约2760m。

2）检修走道系统：为了便于照明、音响设备的检修和屋面维护，在内环梁和悬挑桁架下弦设置一圈环向走道和32条轴向走道。由西区（宾馆区）框架顶面8轴、89轴设两个梯段作出入检修走道之用，另在 8、35、62、89 轴处分别设有屋面上人孔和梯段，通过轴向走道登上屋面。

检修走道宽 800mm，由走道板、支座和扶手组成。走道板用薄壁槽钢 20mm×40mm×2.5mm 和厚 4mm、网格为 29mm×80mm 的钢板网片预制成片，分段安装。扶手用 36.4mm×2.3mm 钢管分段预制，现场装配。所有部件均热浸锌处理。

轴向检修走道和环向检修走道均在地面安装于主结构上，随主结构一起高空就位，然后再在高空将各段补缺连接，这样既解决安装的安全，又可兼作施工用通道。

(5) 工程测量与校正：

1) 结构的轴线布置和特点：

本工程整个平面轴线以多中心呈辐射状发散布置，由 8 根环向轴线和 96 根径向轴线组成。其中 H 轴为环向轴线的主轴，是以 O_2 为圆心的封闭圆，其余各环向轴线均为圆弧或椭圆。径向 41～56 轴中各段圆弧以 O_3 为圆心，14～38 轴、83～59 轴、11～86 轴则分别以 O_5、O_6、O_4 为圆心，平面形式复杂。钢结构吊装是在 32 根径向主轴线混凝土斜柱上进行，主斜柱布置在 H 轴上，内角为 71°，外角为 64°。每根轴线处，斜柱的高度都不相等，随其高度变化，平面坐标也在不断变动。

测量定位的总体思路是先整体后局部，首先建立平面施工控制网和高程控制网，对观测结果进行平差，以消除其误差，然后进行细部放样。

2) 建立测量控制网：

① 平面测量控制网：32 条径向主轴线分别位于四个圆心点 O_3、O_4、O_5、O_6 的半径延长线上，为此，只需放样 4 圆心点及 32 条径向轴线和某条环向轴线的交点即可得到所需的放射轴线，通过对现场实际情况分析，环向轴线 A 轴位于第一层看台板上，通视条件良好，便于架设仪器，只要首先定出 A 轴与 32 根径向轴线的交点 A_2、A_5…A_{95}，则所需放射轴线均可通过相应圆心与 A 轴各点的连线测定。当放射轴线测定后，再各自延长至按设计坐标反算出的设计距离，即可测得不同标高处各观测点。

为了保证各控制点相对位置的正确，确保最后环闭，建立平面测量控制网，如图3.1-12所示。

首先，放样出 4 个圆心点 O_3、O_4、O_5、O_6，圆心点的连线延长线分别与 A 轴线交出 4 点 A_{11}、A_{86}、E、F，其中 2 条圆心连线正好通过两径向轴线 11 轴和 86 轴，此 4 个交点将 A 轴分划为 4 段两两对称的圆弧，其中南北两段圆弧 $A_{11}E$、$A_{86}F$ 以通过 O_3、O_4 连线的直线相对称，东西段以通过 O_5、O_6 连线的直线相对称。

以 4 个圆心点和如图的 4 个交点组成平面测量控制网，精确观测，严密平差，将其作为施工测量的首级控制网，然后在控制网的基础上，放样出 32 条径向轴线和 A 轴的各交点 A_i 点，将测量误差分别消除在各自分块内，以保证最后闭合精度。各块内的 A_i 点的放样方法是：将全站仪架设在圆心点上，利用已知角度和距离采用极坐标法进行放样，放样好后，再分别量测出相邻两个交点 A_i 和 A_{i+3} 点的间距，同已知弦长进行校核，经调整后作为下一部施工依据。

② 高程控制测量：由于吊装的高程控制是随土建混凝土结构的沉降进行的，因此选择在 28 轴和 68 轴混凝土结构上－10cm 附近埋设两个水准标志点，分别设为 E、F 点，并以场内原 O_2 点和 E、F 点共三点组成本工程高程控制网，进行附合水准测量，精密观测，以

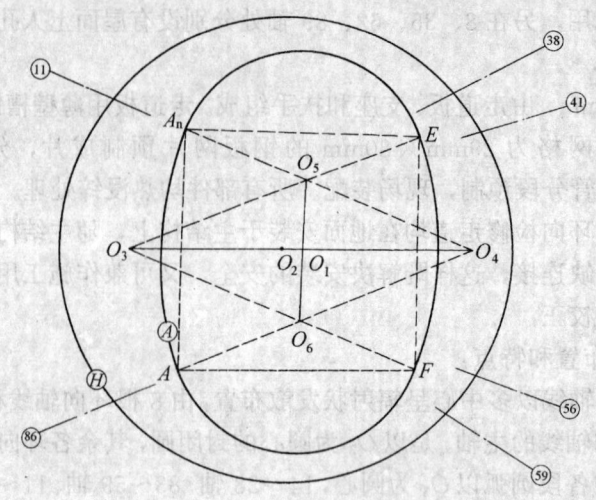

图 3.1-12 平面测量控制网示意图

此三点作为高程控制点。

3）主体结构吊装过程中的测量控制：

①预埋钢管吊装测量定位：预埋钢管分别插入劲性构架内，单根校正视线受阻，测量较困难，且不易保证各钢管内相对尺寸的正确，在每节预埋钢管的顶部有一四方架 F_i，只要校正四方架的空间位置，再将各根钢管对准四方架上预先划好的定位线，即可达到校正预埋钢管的目的。四方架标高定位方法如下：先确定其空间三维坐标 (x, y, z) 的 z 坐标，即测出四方架的设计标高，在视线通视的任一设计标高附近的劲性构架上，固定一呈直角的特制的夹具，在夹具上安放接收棱镜，精确整平，利用全站仪（本工程采用的全站仪型号为 TC2002，瑞士制造，测角精度为 $1''$，测距精度为 1mm＋1ppm）三角高程法正倒镜精确测量棱镜的实际高程，同设计高程比较，并调整至设计值，再使用水准管将放样出的设计标高引至四方架的四角，并用电焊在劲性构架上焊接标高限位块。四方架的平面定位通过平面测量控制网中相应圆心和 A_i 点用全站仪进行。

②钢柱帽吊装测量定位

钢柱帽吊装测量定位分两部分，即钢柱帽底部控制点三维坐标的确定以及立面环向、径向垂直度控制。底部的测量控制同四方框测量定位方法基本一致。在底部吊装就位完成后，再使用两台经纬仪，在平面位置大致呈 90°的方向上校正钢柱帽靠近场内的两根立柱，使之成垂直状态。

由于钢柱帽的定位误差即为悬挑桁架根部的安装误差，因此在钢柱帽吊装好之后，必须在与悬挑桁架的连接部位弹出控制基准线，引测高程，作为悬挑桁架与钢柱帽连接的位移和标高的控制线，并做好数据记录，作为悬挑桁架测量定位的依据。

③悬挑桁架吊装测量定位：悬挑桁架吊装的根部精度主要取决于钢柱帽的定位精度，测量定位在钢柱帽施工中已完成，吊装时只要对准控制基准线即可。梢部的测量定位方法为，将接收棱镜安放在梢部 LG 钢管中心 C 点，铅垂线通过钢管圆截面中心，将全站仪架设在 O_n 点，后视 A_i，观测并调整其环向位移，用三角高程法观测并调整其标高位移，粗差由吊车配合调整，在大致定位后，环向误差由两侧缆风精确调整至设计位置，标高由临时支撑

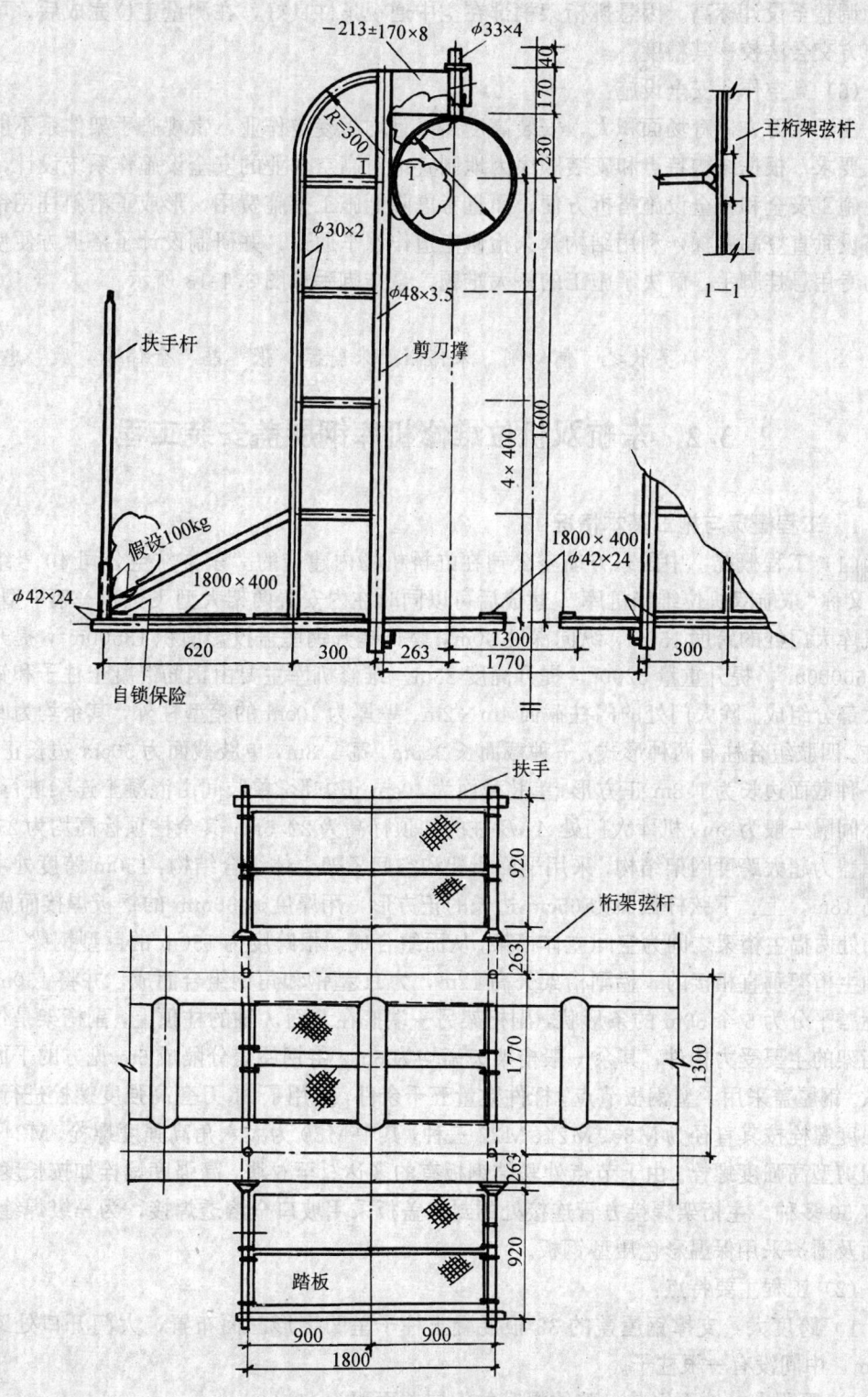

图 3.1-13 悬挂脚手示意图

精确调整至设计标高。因悬挑桁架梢部在空中通视条件良好，在测量定位完成后，可用空中前方交会法校核其精度。

（6）高空作业安全设施：

由于八万人体育场面积大，安装高度高，且均为凌空作业，常规脚手架体系不能满足施工要求，根据结构特点和安装顺序因地制宜地对高空作业的安全设施作系统设计，不仅满足施工安全和安全设施搭拆方便，而且考虑降低施工措施费用，形成了沿斜柱用钢管脚手搭设垂直登高爬梯，利用结构永久检修走道作水平通道，并研制设计了搭拆方便使用安全的专用悬挂脚手，解决了施工的一大难题。悬挂脚手如图 3.1-13 所示。

（吴欣之　何幼刚　朱伟新　朱蔚莲　张　晶　金伟峰　康　忠）

3.2　东航双机位维修机库钢屋盖安装工程

3.2.1　工程概况与施工基本情况

（1）工程概况：中国东方航空公司在虹桥机场内建造的"东方航空公司 40 号维修机库"又称"东航双机位维修机库"，建成后可以同时在内安置两架大型飞机和一架中型飞机。本机库大门处的跨度 150m，纵向深度 90m，整体提升钢屋盖投影面积 13500m²，提升空间达 160000m³，提升重量 3200t，提升高度 23m。维修机库主要由钢筋混凝土柱子和钢屋盖两大部分组成。除大门处的门柱截面 4m×2m、壁厚为 40cm 的箱型柱外，其余均为四肢组合柱。四肢组合柱有两种形式：一种截面长 2.3m，宽 1.8m，单肢截面为 50cm 边长正方形；另一种截面边长为 1.8m 正方形，单肢截面为 40cm 正方形。单肢间由混凝土连梁进行连接，中心间隔一般为 3m，机库大门处 A、B 柱的柱顶标高为 22.5m，其余柱顶标高均为 25.9m。钢屋盖为超大跨度网架结构，采用平面桁架和空间桁架立体组合结构：150m 跨度处主桁架矢高 18m，上、下弦杆截面为 65cm 边长的正方形，用厚度达 36mm 的钢板焊接而成。A、B 轴处两榀主桁架之间为空间立体桁架，从而组合成一根跨度为 150m 的巨型钢梁；一端与 B 轴主桁架垂直相接的 4 榀副桁架矢高 12m，为 H 型钢和角钢组合而成，并将 150m 跨度钢屋盖平分为 5 个 30m 的条形状，副桁架另一端搁在北面 J 轴的柱顶上，副桁架是仅次于主桁架的主要受力构件；其余一般桁架矢高均为 6m，将钢屋盖分隔成 6m 见方的平面桁架体系。钢屋盖采用了型钢板节点，杆件数量五千余件，使用了 21 万套高强度螺栓进行联结。高强度螺栓按其直径为 M30、M24、M22 三种，其中 M30 为大六角高强度螺栓，M24、M22 为扭剪型高强度螺栓。由于节点处联结钢板有的多达 5 至 6 块，高强度螺栓如按长度计算，共有 50 多种。主桁架焊接方管连接处的封口盖板采用坡口全溶透焊接，为一级焊缝要求；屋面及围护采用保温彩色压型钢板。

（2）工程主要特点：

1）跨度大：支撑钢屋盖的 32 根混凝土柱子呈凹字形三面布置，大门开口处跨度为 150m，中间没有一根柱子。

2）面积大：地面组装、整体提升的钢屋盖面积为 13500m²。

3）重量大：整体提升的钢屋盖重量达 3200t。

4）拼装难度大：运到现场的钢构件均为单根型钢散件，共有万余件构件，要用 21 万套高强度螺栓进行连接,由于极大部分构件出厂前无法进行预拼装,使拼装的难度增加,特别是 A、B 主桁架及 J4、7、10、13 副桁架提升节点处的焊接拼装相当于现场制作。

(3) 建筑所在位置及地貌特征:东航双机位维修机库位于上海虹桥机场东北部,其西侧为已建东航"七〇七"维修机库。

(4) 施工组织情况及施工工期:

屋盖钢结构地面拼装、整体提升、补缺安装等施工均由上海市机械施工公司承担,上海市金属结构厂、上海市第八建筑工程公司现场进行配合,由华东金属结构工程建设监理公司进行施工监理。东航双机位机库由北京航空工业规划设计院进行设计,上海江南船厂、太仓船厂进行深化设计;钢结构制作由上海市金属结构厂负责,部分再分包给其他厂家。

1995 年 11 月 20 日开始进行地面钢屋盖预拼装、单元拼装、地面组装。由于组装面积和组装空间大,同时采用了 21 万套高强度螺栓进行联结,特别是 A、B 主桁架间形成跨度150m、高 18m、宽 6m 的巨型空间式网架结构,一是采用的是大六角高强度螺栓联结,同一节点由于连接板多达 6 块,使用螺栓的长度各不相同,给高强度螺栓的施工增加了相当大难度;二是由于设计、制作、施工拼装的正常误差给高精度的空间结构拼装又增添了难度;再加上施工中气候等不利因素的影响,使整体提升钢网架地面组装直至 1996 年 6 月 8日才完成。整体提升于 1996 年 6 月 24 日起,历时 4d,共计 32h,钢网架顺利地提升到位,见图 3.2-1。

图 3.2-1 超大型网架整体提升图

(5) 施工总平面布置,见图 3.2-2。

(6) 结构工程主要实物量:

钢结构　　　　　　3200t

高强度螺栓　　　　210000 套

压型钢板　　　　　25000m²

电焊条　　　　　　焊缝高度按 6mm 计焊缝长度 4900m

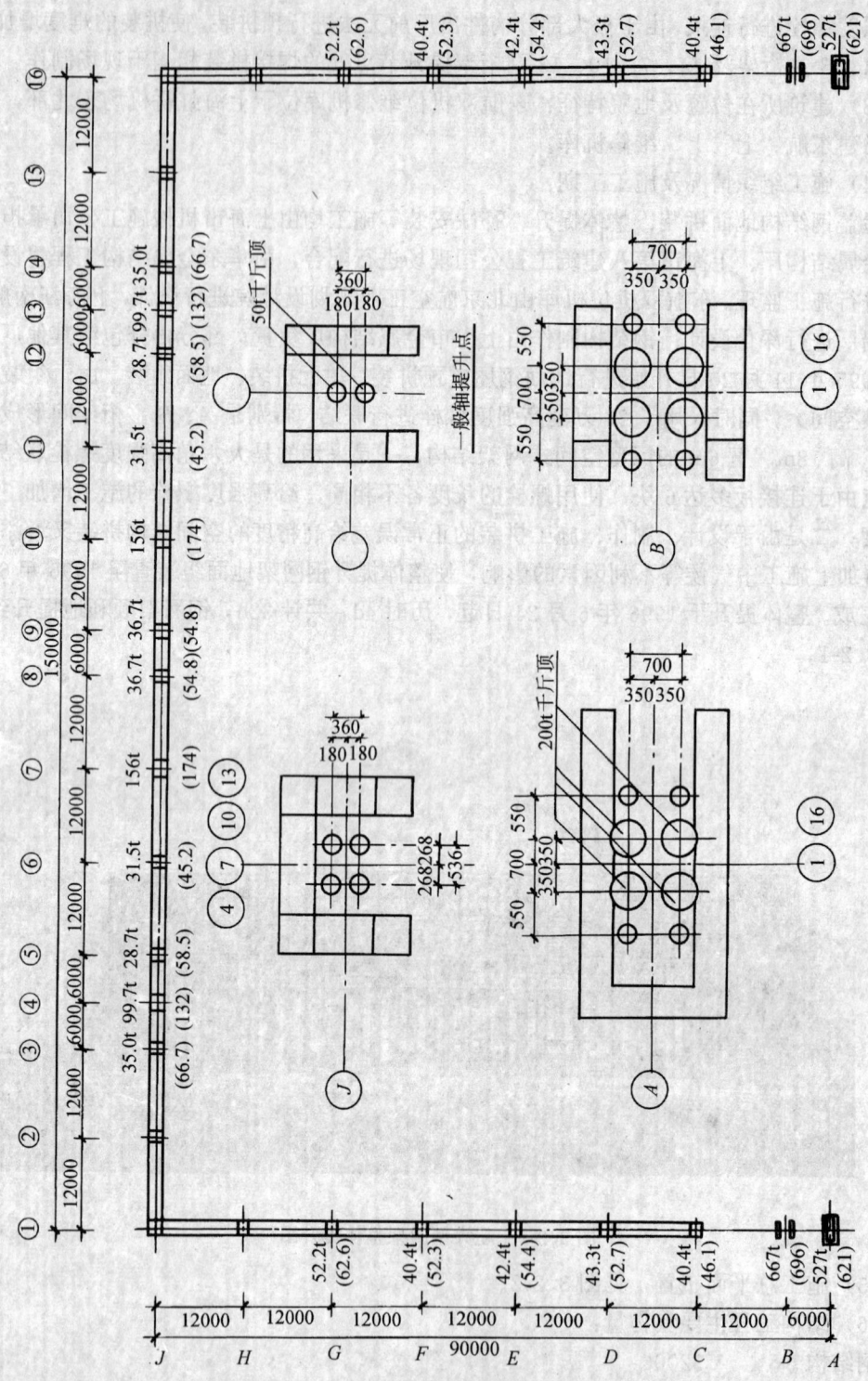

图 3.2-2   提升点千斤顶施工总平面布置图

3.2.2   施工技术与质量

（1）采用的施工工艺及其特点：

1) 施工工艺：东航双机位机库钢网架采取地面组装、整体提升的方法，利用使用阶段永久柱作为提升阶段承重柱，采用"钢绞线悬挂承重、计算机同步控制、液压提升千斤顶集群整体提升"施工工艺，并在实施中有爬升和上拔两种方式，本机库采用的是上拔式，即将液压千斤顶设置在永久柱上，悬挂钢绞线的上端与液压千斤顶固定，下端与提升钢屋盖用锚具连在一起，似井内提水那样，液压千斤顶夹着钢绞线往上提，从而将钢屋盖提升到安装高度。

2) 特点：

①充分利用使用阶段永久柱作为钢屋盖整体提升阶段的承重柱，使施工阶段和使用阶段受力基本一致，从而最大限度减少为整体提升而进行的结构加固量，避免了常规施工中设置辅助柱以及为此而进行的地基加固。

②钢绞线悬挂承重不仅是最经济的承重方式，而且解决了长距离连续提升的施工难题。

③液压千斤顶集群提升借助于计算机的控制，使提升能力可按需要任意组合配置。应用成熟的预应力锚具技术，使提升或悬停都非常可靠。

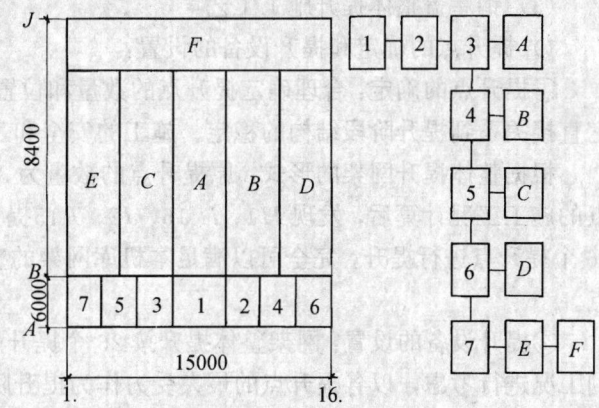

图 3.2-3 拼装总流程

④计算机同步控制可高精度控制提升点间升差，同时不受提升点设置多少和提升点间荷载差异悬殊的影响。

(2) 钢屋盖预拼装与地面组装：

1) 拼装总流程，见图 3.2-3。

总拼装顺序：以 B 轴线作为总拼装横向控制基准轴线，由 B 轴分别向 A 轴、J 轴分块扩展拼装，以 150m 跨中主桁架 WJ-2 拼装搁置点标高作为总拼装标高控制点，8、9 轴线中作为总拼装纵向控制基准轴线，分别向两侧对称延伸拼装。

2) 单元组合拼装：由于运到工地现场均为单个构件（节点连接件）或单根型钢散件，杆件型号一千多种，数量五千余件，三百多种节点形式，制作厂又无法在厂内进行预拼装，为了保证拼装质量，现场必须进行预拼装。

①A、B 主桁架单元拼装：高 18m、长 150m 的 A、B 轴两榀主桁架是整个网架主要受力构件，承受着整个网架三分之二的重量，是整个网架拼装的关键所在，因此在地面总拼组装前按施工组织设计要求搭设两座大拼装台，每座拼装台长 150m、宽 20m，东西向平行于主桁架组装轴线，然后在拼装台上按设计要求进行预拼装。长 150m 的主桁架共分为 $18m \times 3 + 24m \times 4$ 七个单元，拼装经验收合格后，按单元进行高强度螺栓的紧固工作，单元间的连接紧固工作在总拼组装时进行。

②纵、横向桁架单元拼装：由于进入现场的构件均为散件，构件数量近万件，因此必须在现场搭设拼装台进行单元拼装，以加快施工进度和保证拼装质量。纵向 $J4$、$J7$、$J10$、$J13$ 拼装单元长和高均为 12m、横向桁架拼装单元长 30m、高 6m，其余小桁架均拼为 $6m \times 6m$ 的小单元。和主桁架一样，拼装质量经验收合格后再进行高强度螺栓的紧固工作，单元间连接处除外。

3）支墩设置：由于要就地总拼组装屋盖钢网架，因此必须设置总拼时单元桁架搁置用的临时支墩，临时支墩的数量、高低及和地面接触面积的大小、位置等应根据支墩受力大小、地耐力大小、设计的要求等综合考虑，有钢支墩和混凝土支墩两种类型。

4）稳定措施：为保证网架总拼时的稳定，拼装阶段采用刚性立式稳定支架和柔性浪风钢丝绳进行校正和固定。

5）地面总拼：

①A、B 主桁架单元总拼：A、B 主桁架按总拼顺序进行单元安装，并采用平面移位至拼装轴线处，然后进行起扳回直安装到位，总拼时须控制拼装位置和标高，满足设计对网架拼装起拱度的要求。由于采用大六角高强度螺栓连接，且同一节点螺栓长度规格较多，因此应严格按有关操作规程进行高强度螺栓的紧固工作。

②纵向桁架与横向桁架单元总拼：A、B 主桁架单元拼装、并组合成一定整体后，方能进行纵向桁架与横向桁架的组装，最后进行横向桁架间小桁架的安装。

（3）钢屋盖整体提升施工工艺：

1）提升点的确定和提升设备的设置：

①提升点的确定：合理确定提升点的数量和位置，是整体提升施工中相当重要的工作，它直接关系到提升阶段结构的稳定、施工的安全和工程的造价。

根据整体提升网架的形式，原提升点的数量为 30 个（除两根角柱外），但按 30 个提升点的施工工况计算后，发现 H1、H 16、J2、J 15 提升点的受力很小，再通过分析计算，按 26 个提升点进行提升，完全可以满足本机库网架的整体提升要求，因此就减少了 4 个提升点。

②提升设备的设置：网架整体提升按 26 个提升吊点进行受力计算，并按施工中各种不利工况进行考虑，以各提升点的最大受力作为提升阶段的荷载值；最后根据荷载值大小将各种规格的液压千斤顶进行合理组合设置，并确保单根钢绞线的安全系数 $K>3$。

本机库提升点处提升设备的设置共有三种形式：A、B 轴处每个提升点设置 200t 和 50t 级液压千斤顶各 4 台，提升能力为 10000kN；J4、J7、J10、J13 处各设置了 4 台 50t 级液压千斤顶，提升能力为 2000kN；其余提升点处各设置了两台 50t 级液压千斤顶，提升能力为 1000kN。

2）整体提升的范围和形式：

①范围：整体提升网架范围的确定必须同时考虑提升阶段结构的稳定和满足土建施工的基本要求，因此必须事先与设计、土建施工单位以及业主进行协商，以求取得统一意见。

本机库施工中，经有关各方研究后统一：为确保提升阶段柱子的稳定，柱子间＋9.5m 和＋20m 处两道混凝土走道板应在网架提升前与柱子形成整体；混凝土四肢组合柱四周的混凝土连梁，其中三面混凝土连梁提升前与四肢连成整体，内侧向网架处的混凝土连梁后施工，以便让提升点处桁架伸入四肢柱内。因此，整体提升网架的范围限制在周边轴线之内，周边轴线处的杆件及与之有关的杆件均不在整体提升网架范围之内。

②形式：整体提升网架的形式应根据提升的具体结构情况而定，本机库网架的主桁架高度为 18m，如按一般的施工方法，施工阶段的工作柱长度必须超过 18m，加上结构本身柱子的高度，工作柱顶高度为 40m 以上，这样除了增加施工用钢外，如何保证提升阶段柱子的稳定，是一个很难克服的难题。

本机库施工中，为减小提升工作柱的长度，将提升点处的桁架改为切斜角形式，提升点设在网架的下弦，这样既可将提升工作柱长度控制在 6m 之内，减少了施工用钢，同时又保证了提升阶段柱子的稳定，确保了提升的安全。

3）液压提升系统的组成及安装方法：

①组成：每个提升点处均有一套液压提升系统（广义的），每套液压提升系统由工作柱、工作台、承重梁、液压千斤顶、钢绞线、专用吊具、专用锚具、钢绞线导向架、控制阀组、液压泵站等组成，其中液压泵站根据施工需要进行总体考虑，一座液压泵站可同时控制一个或多个提升点处的液压千斤顶（见图 3.2-4）。

工作柱、工作台和承重梁是为提升施工专门设计制作的，它是每个提升点设置液压千斤顶的承重支架；液压千斤顶是主要的提升设备，本工程选用的穿心式液压千斤顶提升能力分别为 2000kN 和 500kN。千斤顶内分别穿有 19 根和 6 根钢绞线；钢绞线为直径 15.24mm 的高强度低松弛钢绞线，破断拉力 260kN。

②安装：液压提升系统安装顺序：工作柱→工作台→承重梁→液压千斤顶→专用吊具→钢绞线→导向架→专用锚具→液压泵站→控制阀组。

工作柱须对应安置在各提升点承重柱的柱顶上；工作台应与工作柱配套安装；液压千斤顶与承重梁连接后安置在工作台上；专用吊具与提升网架下弦节点采用销子连接；钢绞线上端由液压千斤顶锚具夹住悬挂下来，下端与专用吊具进行固定。

由于本工程共有 16 台 200t 级和 68 台 50t 级液压千斤顶，千斤顶内共穿有 712 根 32m 长的钢绞线，如按常规进行高空逐根穿钢绞线，将耗费大量的人力和时间，因此决定在地面穿钢绞线，把承重梁、千斤顶和专用吊具连在一起后，利用现场起重设备进行组合安装，因而减少了高空作业，方便了现场施工，加快了施工进度。

4）计算机控制系统的组成及高差控制要求：

计算机控制系统的组成：屋盖钢网架整体提升共设置了 26 个提升点，为了保证在提升过程中 26 套液压提升器同步运行，使网架能够水平地平稳提升，并把升差控制在 5mm 之内，我公司综合机械、电子、液压技术，自行研制了计算机控制液压集群提升系统，同时还开发了辅助系统设计、调试和工程实施的计算机控制软件和计算机分析模拟软件（见图 3.2-5）。

(4) 提升阶段结构稳定验算与措施：提升阶段结构稳定验算是整体提升方案编制过程中不可缺少的重要部分，它是成功进行整体提升的安全保证，只有通过验算，才能找出结构中的薄弱部分，以便在提升前采取相应的加强措施，确保提升阶段结构的稳定。

1）单柱和群柱稳定验算与措施：对各混凝土柱子在垂直于房屋周边方向进行整体稳定验算时，都认为柱的下端为固定，上端为自由，采用计算长度系数 2.0（按升板规范 GBJ130—90 确定），各柱在沿房屋周边方向的计算长度则视柱间支撑、走道板和柱肢间混凝土水平小梁的作用而定。各柱提升时的最大压力由提升计算确定，网架的支承节点在提升时穿越柱子重心线，由于钢绞线可能产生的倾斜，各柱作用于柱顶水平力以百分之一的轴向力作为计算值，设抗风滑道处还应考虑五级风时水平风力的传递。现对本工程 4 种类型混凝土柱子分别进行验算和讨论。

①$A1$、$A16$ 柱：柱子承受最大压力 $N=5500$kN，$H_x=147$kN，$H_y=217$kN，按弹性开口薄壁杆理论进行验算。全柱作为独立悬臂柱计算，得出的弯扭失稳临界力为 14000kN，因

此该柱的稳定是足够安全的。

②$B1$、$B16$ 柱：柱子承受的压力 $N=6000kN$，水平力 $H_x=H_y=60kN$，在垂直于墙面平面方向是两片悬臂双肢柱，其长细比为 93，全柱承载力为 12000kN，在水平力作用下，柱底最大压应力为 $1kN/cm^2$。由于 $B1$、$B16$ 都是分为两片柱，在沿墙面方向分别与 A 柱和 C 柱通过支撑和走道板形成 $A\sim B$ 和 $B\sim C$ 两个不侧移的刚架，因此柱的计算长度采用无侧移刚架的稳定理论，得出全柱的承载力为 17070kN。沿墙面的水平力由增设的施工柱间支撑来承担。

③$J4$、$J7$、$J10$、$J13$ 柱：柱子承受的最大压力 1800kN，最大水平力 18kN，垂直于墙面方向失稳的临界力与 $B1$、$B16$ 柱相同，远高于最大可能承受的最大压力。沿墙面方向外侧是一片双肢柱，其内侧为两根单柱，单柱的最大压力应为 450kN，单柱的欧拉承载力为 2260kN，混凝土规范中取三分之一为混凝土柱的承载力为 753.5kN，因此单柱承载力足够。但单肢长细比为 200，超过设计规范为 100 左右的要求，为此用开口桥上弦杆稳定性的理论进行了论证，并确认此支承形式是安全的。

④其他柱：柱子承受的最大压力为 700kN，$H_x=H_y=7kN$。这类柱在垂直于墙面方向的长细比为 84.4，混凝土柱的承载力为 7880kN，远高于实际可能发生的压力。沿墙面方向失稳的承载力仍按单肢承载力计算，单肢承载力为 420kN，而每肢最大压力为 175kN，因此也是安全的。

⑤群柱稳定：

机库群柱稳定性计算按"钢筋混凝土升板技术规范 GBJ130—90"，得到群柱稳定安全性系数为 10 以上。

尽管根据计算柱子在提升阶段结构是稳定的，但是对关键 A、B 轴承重柱必须进行加强措施，即在 A、B、C 柱之间增设施工柱间支撑，从地面一直加到工作柱顶部，将 A、B 柱，B、C 柱连成整体；对于设置抗风滑道处也从下至上设置柱间支撑，从而确保提升阶段的群柱稳定。

2）钢屋盖系统提升验算与措施：东航机库网架是 $90m\times150m$ 的正交网架，采用国际著名的三维线性静动态结构分析通用程序 SAP90，实施网架整体提升工况的全模型内力分析，按提升点升差要求、风载限制等各种工况进行验算。网架杆件受力当以轴向力为主，按通常惯例均采用杆单元，但在整体提升时考虑到提升的需要，增设了一些附加支撑，由于这些支撑的设置导致了支座处的杆件产生了较大的附加弯矩，对这些杆件，作为空间梁单元考虑，以便同时计算轴力和弯矩等综合效应。根据复核计算，从内力来分析只要个别杆件作适当调整，总体来说原设计网架在提升时是足够安全的，但计算中发现风力对支座的水平变位影响较大，为控制支座变位控制在 5cm，必须将工作状态风力限制在四级风以下。

（5）整体提升计算机控制系统：

1）控制方案：计算机控制系统的任务是控制液压执行系统进行提升作业。计算机控制系统的主要功能是千斤顶集群动作控制、提升高差控制、提升力均衡控制、操作台实时监控、安全性可靠性保障等。

①千斤顶集群动作控制：整体提升的关键是要实现液压千斤顶集群的同步协调动作，包括集群联动、局部联动、单点单动等，使之能够按施工工艺规定的作业流程进行连续提升施工，并能自动或半自动地根据不同工况修正作业流程。由于液压千斤顶的基本动作是上

下锚具的紧与松，油缸的伸与缩，因此，控制系统要不断检测锚具状态和油缸位置，信号输入计算机后，经判断与决策，再由计算机发出控制信号，开关锚具和油缸的电磁阀，实现集群控制。所以，控制系统中要有一个位置反馈的闭环开关控制子系统，负责千斤顶集群动作控制。

②提升高差控制：根据施工工艺要求，在26个吊点中确定一个关键吊点为基准点，控制其他吊点与基准点的高度偏差不得超过设计允许的范围，始终保持网架的平稳姿态；当高差到达警戒线时必须预警，超过边界线时必须报警并向系统控制中心发出停升信号。因此，控制系统要不断检测各吊点的提升高度，信号输入计算机后，经计算与决策，再由计算机发出控制信号，改变各吊点电液比例阀的开度，通过调节流量来改变提升速度，从而缩小吊点提升高差，力图使之趋向零。所以，控制系统中要有一个位移反馈的闭环控制子系统，用以控制吊点提升高差。

③提升力均衡控制：由于26个吊点分布不均匀，吊点负载差异很大，液压系统采用多规格不同组合配置，导致各吊点的额定动力载荷比（液压提升器额定提升力与提升载荷的比）最小的1.3，最大的3.5，相差2.8倍，因此，必须控制提升过程中各吊点的实际动力载荷比，使之保持均衡。为此，要不断检测各提升器的油压，信号输入计算机后，经计算与决策，再由计算机发出控制信号，调整各吊点的动力载荷比。由于吊点载荷变化相对较慢，对油压的采样周期可以延长不少，检测精度要求也不高，同时本工程又以高差控制为主，而液压系统本身也有负载均衡措施，因此为了降低成本，决定采用人工观察压力表的方式代替传感器自动检测。所以，这是一个开环控制子系统。

④操作台实时监控：实时监控的功能主要是：系统的启动、停止、紧急停车；系统操作方式切换；系统工作时各类状态、参数、数据等实时信息监视；吊点偏差超限时报警，并决定采取停升、单吊点微调等措施；控制策略转换或修正；系统设定值和控制参数修正；各类图表打印；自动存储各类重要数据；历史数据查阅、分析等。

实时监控的画面：控制系统和执行系统状态图、吊点高度直方图、系统控制量直方图、偏差与控制量对比直方图、吊点平面布置图及偏差指示、偏差-时间曲线图、各吊点数据表、系统工作数据表、PID响应曲线图、总体载荷分布图、整体平衡度分析图等。

⑤安全性、可靠性措施：

a. 防止误操作措施：

(a) 电气系统设置了各种安全闭锁，防止手动误操作。

(b) 系统启动、停止、操作方式转换等均用主控台的硬旋钮，不用监控微机的键盘和鼠标，防止误触键、碰撞等引致的误动作。

(c) 软件具有各种检验算法，防止操作者修改系统参数时误操作。

b. 断点保护措施：

(a) 系统控制逻辑中设置了各种互锁算法，确保在任何情况下以任何方式中断系统运行都不会引发系统紊乱。

(b) 系统的断点保护功能，确保系统不会因停电或其他硬件故障引起的中断而丢失数据。恢复供电后系统自动恢复断点现场，并能自动检测系统状态，决定从何处恢复运行。

c. 抗干扰措施：

(a) 在易受干扰的物理层面上采用抗干扰性能好的可编程控制器。

(b) 信号线采取屏蔽措施。

(c) 采取电源抗干扰措施。

(d) 采取软件抗干扰措施。

d. 系统对重要数据自动作在线的镜像备份，数据损坏时自动提示，便于操作者及时发现问题，并恢复正确数据。

e. 系统的安装连接严格按有关规范进行，并采用各种接插件，做到简捷可靠。

f. 高度传感器设置露天抗风雨措施。

g. 为确保万无一失，在实际提升时采用与计算机控制系统完全独立的辅助检测手段，防止传感器和控制系统的意外故障。

2) 控制方式：控制系统设置了自动作业、单周作业、单步作业、单点调整和手动控制等5种控制方式。

①自动作业：这是系统的主要控制方式。操作者只要按下启动按钮，提升作业就全自动地进行，直到提升到预定高度或者操作者按下停止按钮为止。

②单周作业：操作者按一下启动按钮，系统就自动完成一个提升行程（周期），然后等待操作者再按启动按钮，才进行下一个提升行程。

③单步作业：一个提升行程有若干步动作。在单步提升方式时，操作者按一下启动按钮，系统只做一个单步动作，并提示下一步动作内容，等操作者再按启动按钮，才做下一步动作。

④单点调整：由操作者设定一个或几个吊点进行升降。各点的升降高度由操作者通过键盘分别指定，然后按一下启动按钮，指定点就升降到指定高度。

⑤手动控制：由操作者使用吊点控制柜，进行单点的升降。手动控制时，计算机控制系统退出对作业的控制，但仍然通过各种传感器来监视提升作业。

3) 试运行：

控制系统在投入工程实施之前，应当进行试运行。

① 试运行情况：为了使试运行的工况接近于实际提升工况，专设试验场，并搭设了模拟试验架。试验架高14m，长、宽各8m，提升件重100t，有效提升高度10m。在试验架上设置了4个吊点。液压执行系统按3种情况配置：即4台泵站驱动8台不同型号千斤顶作4吊点试验，1台泵站驱动8台不同型号千斤顶作4吊点试验，以及1台泵站驱动4台50t级千斤顶，作提升能力与负载的比率（2:1）与实际提升工况接近的4吊点试验。

试运行先后做了手动控制试验、控制系统开环试验、闭环试验，以及单点、单步、单周、自动作业试验，取得完全成功。通过试运行，验证了总体技术方案的正确性，改进了施工工艺和提升设备，取得了一系列重要技术数据和经验。

②试运行数据分析：由于试运行是冬季在只有4个吊点的试验架上进行的，与将在夏季实施的26个吊点的工况有很大差异，因此在试运行中得出的控制数据，不能直接在工程实施时搬用，需要进行修正。为此，运用自行开发的计算机分析软件，对试运行进行统计分析，进而推算了夏季、26个吊点、不同液压特性等各种工况下的控制参数，并模拟演示提升过程，对关键处以多种工况、多种策略、多种算法，反复模拟，反复对比，从而有效地改进了控制方案和控制参数。计算机分析与模拟的成果，在工程实施中一次试用成功，控制参数几乎不用调整就可进行正式提升作业，从而使现场带载试升的时间缩短到计划的

42%。

4）工地安装调试：

①系统安装：控制系统进入工地后，严格按有关规范要求做好安装工作。

②检查与试车：系统安装后，必须认真检查系统各部分连接的正确性、可靠性，检查软硬件设备的技术状况，做好试车工作，确保其可直接投入正常运行。

③传感器标定：由于工地情况与试验场情况有较大不同，因此传感器安装后需进行标定和参数微调工作。

④空载联机调试：由控制系统和液压执行系统组成的超大型网架提升系统，全体联机启动，进行空载联调，先后完成各吊点独立动作和 26 个吊点的联合动作。通过调试，检查了控制系统各部分的运行状况，预演了提升施工时的指挥、操作、记录、维护工作，落实了各项辅助、后备、应急措施，使系统进入临战前的最佳状态。

5）提升施工：提升施工分为逐步加载试升和正式提升两个阶段。

①逐步加载试升：逐步加载试升的负载按额定负载的 50%、75%、100%逐次递增。试升时，将单点、单步、单周、自动等

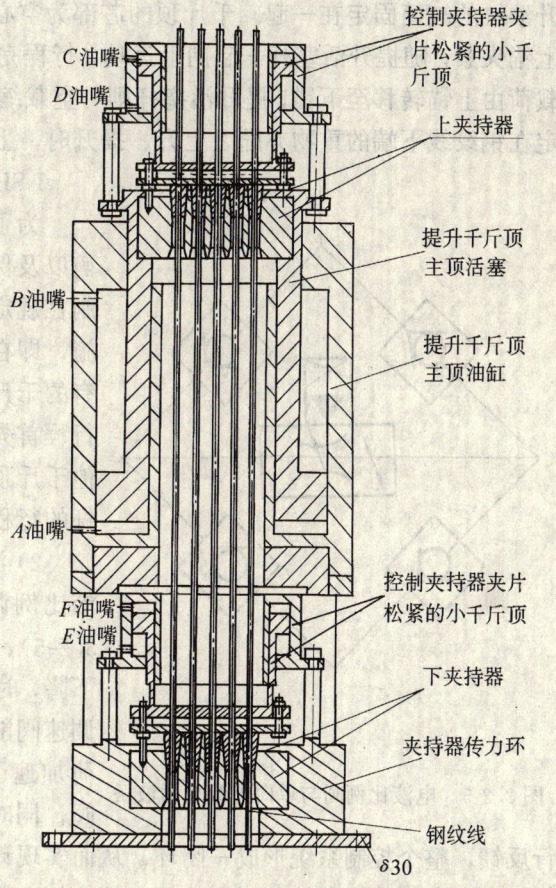

图 3.2-4 LSD200 提升千斤顶工作原理

控制方式和几种偏差控制算法全部试过，并且严密监察控制系统、液压系统和承重机构的工作情况，以及网架变形情况。

②网架正式提升：试升结构后，经检查与复测，证实偏差很小、情况良好，因而不停顿地转入正式提升阶段。正式提升时，控制系统始终按自动作业方式运行。液压系统排故时，大多用控制系统的单点调整功能，做单点动作或部分吊点联动，基本未用手动控制，自动化程度很高。

③施工情况评价：

a. 提升过程中的各吊点高差始终小于 5mm，主要承载柱的变形小于 2mm，网架到顶后的定位偏差小于设计限定值，施工质量良好。

b. 控制系统在现场施工过程中，经受了恶劣环境、电磁干扰、电网波动、雨中施工、连续作业等各种考验，显示了很高的运行可靠性和很强的现场适应性。

（6）整体提升液压执行系统：

1）提升千斤顶

提升千斤顶选用了广西柳州建筑机械总厂生产的 LSD200 型（提升能力 2000kN）及 LSD40（提升能力 400kN，实际可达 500kN），行程 300mm。千斤顶的中间部分为提升油缸，

上下各有一套锚具油缸及锚具装置。上锚具固定在提升油缸的活塞杆顶部，下锚具则与提升油缸的缸筒固定在一起。千斤顶的芯部为空心，钢绞线可以从中穿过。提升时钢绞线被上锚夹紧，随提升活塞杆一起向上运动，行程完毕后，下锚将钢绞线夹紧，然后上锚松开，载荷由上锚转移至下锚，提升活塞杆则可空载缩回。如此循环，随着钢绞线的不断上升，固定在钢绞线下端的重物亦随之上升。提升时，上下锚互锁，保证不会同时松开。

LSD200 提升千斤顶工作原理见图 3.2-4。

为了保证同一吊点上的各千斤顶之间的负载均衡以及保证各吊点之间在提升过程中的同步误差控制在规定范围内，千斤顶集群必须采用负载均衡措施，即在每台千斤顶上部安装了行程传感器，当所有的千斤顶中只要有任何一台的提升油缸活塞杆的行程首先到达规定的位置而停止动作时，余下的其他千斤顶也随之同时停止伸缸动作，而不管其活塞杆的行程位置如何。

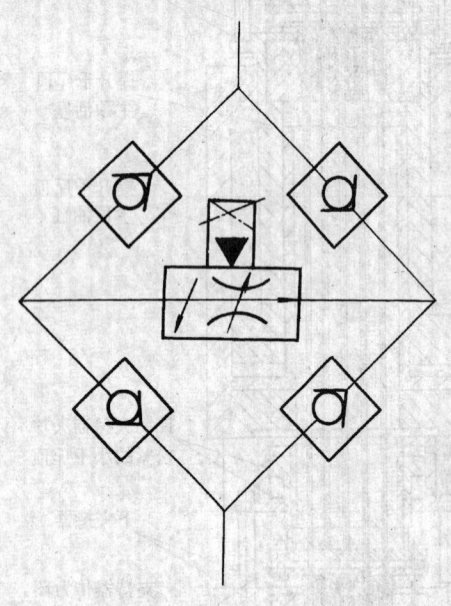

图 3.2-5　电液比例阀与单向阀组成的液桥

2）液压回路：液压系统中的同步回路采用了电液比例调速阀，同时用四个单向阀组成液桥（图3.2-5），使千斤顶在进油（带载上升）及回油（带载下降）时都能进行调速。另外，由于在带载下降时，调速阀能起到平衡阀的作用，防止在重力作用下载荷加速下降。每个吊点都装有一台电液比例调速阀，同时装有高差传感装置，将吊点的高差信号进行反馈，整个控制系统形成一闭环，从而实现计算机自动控制。在提升过程中，计算机根据吊点的高差值调节输入到调速阀上的比例电磁铁中的电流大小，从而控制阀芯的开度大小，这样油流的流量就得到了控制，即千斤顶提升油缸的伸缩速度得到控制。

3）液压泵站：

由于提升吊点多达 26 个，各吊点之间相距又较远，故一共设置了 12 台液压泵站向各个千斤顶供油。根据各吊点上的千斤顶数目和规格以及供油距离的远近来决定每台泵站的供油范围，有 1 台泵站向 1 个吊点供油，1 台泵站向 3 个吊点供油以及 1 台泵站向 5 个吊点供油共 3 种方式。

泵站的液压泵为变量泵，可以根据供油范围调定所需的流量，不至于有较多的油流从溢流阀直接回油箱，以提高系统效率，减少发热。泵站还有流阀，用来调定系统的压力。

4）提升运行：

由于各吊点的实际载荷与计算载荷的不一，为安全保险起见，提升时，吊点阀组的压力按计算载荷压力的 50%、75%、100% 分三次调定，使钢绞线逐步受力，待载荷全部离地悬空以后，再按实际载荷对泵站及阀组上的溢流阀作再次的调定，使系统进入正式的工作状态。

为防止意外，保证安全，提升时各个吊点上都安排了观察员，对承重、液压、电气、高差传感装置等设备的工作情况进行观察监视。

（7）质量与安全：

1）对全体施工人员除进行正常施工技术与安全交底工作外，还组织进行学习、培训，请有关专家上课，掌握正确的高强度螺栓施工方法、整体提升仪器与设备的正确使用等，同时进行考试合格后方能上岗。

2）现场设置高强度螺栓试验室，对工程中使用的 21 万套高强度螺栓质量进行严格把关，同时为现场高强度螺栓施工提供可靠的技术参数。

3）网架整体提升前，对网架的拼装、提升承重系统的安装、控制系统的安装调试、提升通道的畅通等作全面的检查，实行签发吊装令制度。

4）网架整体提升阶段在现场设置气象监测点，请专业气象人员进行现场风速监测，确保网架提升的顺利进行。

3.2.3　施工进度

1995 年 11 月 20 日开始进行地面钢屋盖桁架预拼装、单元拼装；1996 年 2 月开始地面整体总拼装，并于 1996 年 6 月 8 日完成提升网架的总拼装；1996 年 6 月 18 日提升网架验收结束；1996 年 6 月 19 日进行提升带载调试工作；整体提升于 1996 年 6 月 24 日开始，至 1996 年 6 月 28 日钢网架提升到位。

3.2.4　几点体会

（1）航机库网架整体提升的成功，充分体现了科学是第一生产力，是科学为生产服务的成功范例。

（2）不设辅助柱进行网架整体提升的设想是切实可行的，即利用使用阶段永久柱作为提升阶段承重柱，不设一根辅助柱，使两个阶段的承重模式一致，从而最大限度减少提升阶段结构加固量，免除了地基加固量。

（3）大面积（15000m²）、多吊点（26 个吊点）、吊点荷载差异极大（达 20 倍）是本机库网架整体提升的特点，提升方案中采用"钢绞线悬挂承重、计算机同步控制、液压千斤顶集群整体提升"施工工艺，将大吨位、多规格液压千斤顶不同组合，提升时吊点升差始终控制在 5mm 以内，从而进一步发展了整体提升工艺。

（4）本工程网架的整体提升施工方法，不局限于机库网架的施工，可以广泛应用于市政、建筑施工以及设备安装等领域，其推广前景广阔，经济效益和社会效益显著。

（杨 堃　王大年　王云飞　杨乃刚　吴欣之　崔振中）

3.3　上钢三厂大电炉工程安装施工技术

3.3.1　工程概况

上海第三钢铁厂平炉改造大电炉工程项目（简称大电炉工程），是 1995 年上海市重点工程之一。与它同时新建的大板坯连铸机工程项目（简称大连铸工程），两者合在一起统称上钢三厂"两大工程"。该工程已于 1995 年 10 月建成并试生产，为以前建成的 3.3m 中厚板分厂提供稳定的优质连铸板坯。由于紧靠中厚板分厂，为板坯热送，提高成材率和降低成本创造了良好条件。项目的建成使上钢三厂形成了当代先进的电炉短流程生产工艺，即以废钢为原料，按超高功率直流电炉初炼—炉外精炼—大板坯连铸机连铸—3.3m 宽厚板轧钢机轧制工艺，生产出电站锅炉钢板、高强度耐磨钢板、高温和低温压力容器钢板、核电站容器钢板、海洋平台用钢板以及石油化工、化肥特殊性能的专用中厚钢板等，从而填补我国生产优质中厚钢板的空白。

上钢三厂大电炉工程的关键设备是两套 100t 直流电弧炉。与交流电炉相比，直流电弧炉具有电耗低、噪声小、节约耐火材料和运行成本低的优点。这两套电炉是从瑞典 ABB 公司引进的，属超高功率直流电弧炉，其规模和单套容量是目前国内最大的，其设备和生产工艺水平都是世界一流的。它的输入功率大，达到 740kVA/t 钢水，为高功率直流电弧炉输入功率的 1.48 倍。由于输入功率大，所以钢的熔化时间大大缩短，每炉钢的冶炼时间仅需 80min。

大电炉工程规模较大，车间的东西向（1）轴至（20）轴，长度为 228m，南北向由（E）轴至（K）轴，宽度为 115m，占地面积 27000m²。（A）轴至（E）轴为大连铸工程区域。

大电炉工程由北向南，按工艺划分可分为配料跨、渣包辊模冷却跨、炉子跨和出钢跨（图 3.3-1）。土建工程由冶金部十三冶承建，安装工程由上海市工业设备安装公司承担施工。

安装工程主要实物量如下：

设备安装：共计 109 台，总重量 3500 余吨。主要设备有 100t 直流电弧炉 2 套、LF 精炼炉 2 台、反吹风除尘器 2 套、主排风机 2 台、重型铸造起重机 1 台、桥式起重机 16 台等。

电气安装：电缆、电线 310km，变压器 9 台，各种照明灯具 884 套、各类箱柜 510 台件等。

管道安装：各类管道总长 22km，其中有液压管、氧气管、乙炔管、氩气管、煤气管、给排水管和通风管等。

在上述安装工程中，技术难度较大的有 100t 直流电弧炉的安装、变压整流装置汇流铝母排的现场焊接和 200t/50t×27m 铸造起重机的整体吊装。现分别简介如下。

3.3.2　100t 直流电弧炉安装施工技术

（1）电炉本体设备施工工艺流程：

1）电炉本体设备简介：

型号	ALD610S 型
额定容量	100t（＋15t 剩余槽）
炉壳直径	6100mm
炉壳形式	N 型
拼合炉壳	有 EBT、WCP、底电极
炉顶形式	WCR
倾动方向	"右"/RS——"左"/LS
倾动角度	出钢 15°，最大 30°，扒渣 15°
旋转方向	出钢槽倾动侧
旋转角度	80°（炉盖）
电极直径	711mm（28in）
底电极	直径 4300mm

该电流电弧炉由炉体、摇架和平台、摇架轨座、炉盖、转塔、电极、炉底空冷设备和

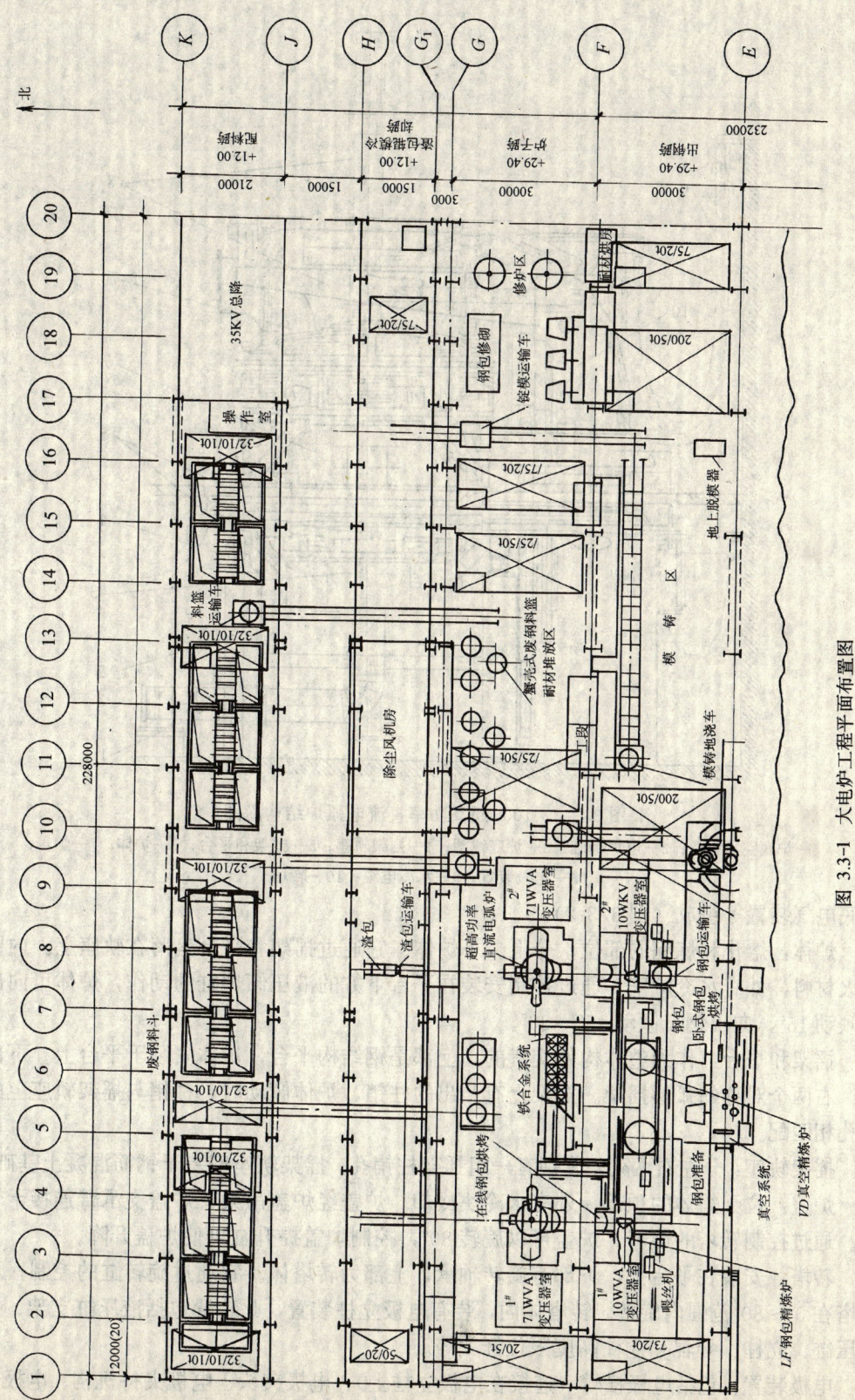

图 3.3-1 大电炉工程平面布置图

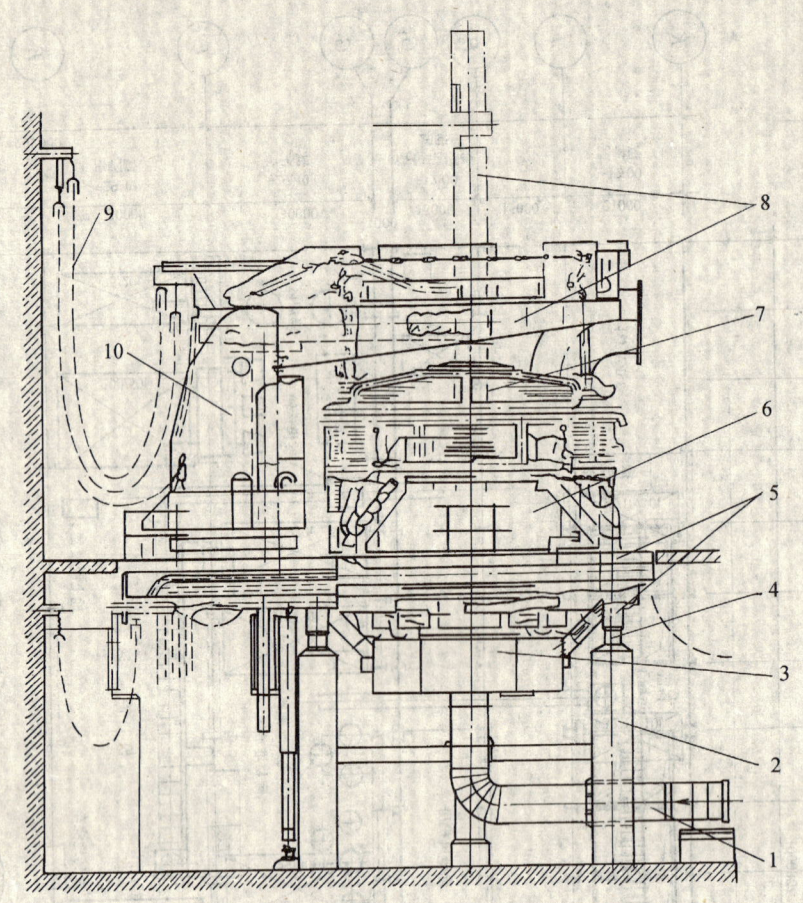

图 3.3-2   100t 超高功率直流电弧炉结构简图

1—炉底空冷设备；2—电炉基础；3—炉底线圈；4—摇架轨座；5—摇架和平台；6—炉体；7—炉盖；
8—电极装置；9—水冷电缆；10—转塔

炉底电气装置等组成（图 3.3-2）。

炉体：熔化和炼钢的部位，分上、下炉体。它通过摇架和平台坐落在轨座上。内壁衬耐火材料，外有水冷炉壁。通过控制安装在平台下方的液压倾炉缸的动作，炉体可向出渣口倾动 15°，向出钢口倾动 15°～30°。

摇架和平台：作为整体构件交货的，上部是钢结构平台，炉体安装于平台上。下部为左、右两个对称的弧形摇架。摇架上有凸出的柱销，炉体倾动时，柱销与摇架轨座上的柱销孔相匹配。

摇架轨座：分左右两列，分别有一组摇架柱销孔。摇架轨座安装于钢筋混凝土基础上。

炉盖：位于炉体的顶部，外有水冷块冷却。炉盖经炉盖吊架、炉盖支承臂连接于转塔上。通过控制转塔的旋转，炉盖可以旋转 80°，控制炉盖提升缸可使炉盖升降。

转塔：安装在平台上，下部有旋转轴承，上部为转塔体。它通过旋转缸的控制，可使转塔在 0°～80° 范围内旋转。转塔体内，装有电极立柱装置，此装置包括液压缸支架、控制液压缸、立柱、导辊和立柱高度限位开关等。

电极装置：包括电极横臂（连接在电极立柱上）、电极夹头、电极夹持机构、电极、电极冷却和绝缘。电极经过炉盖中心孔插入和退出炉体。

炉底电气装置：包括直径为 4300mm 的底电极、炉底上部线圈和下部线圈、电流管、接触管、各种支架、构架、保护板、软连接和绝缘等。

炉底空冷设备：位于炉底之下，用于炉底部位的冷却。包括通风机、通风管、软连接、密封罩等。

2）施工工艺流程：根据直流电弧炉的交货状态、交货时间和工期要求，结合施工现场实际情况，按图 3.3-3 施工工艺流程图进行组装和安装。为确保进度和质量，两套直流电弧

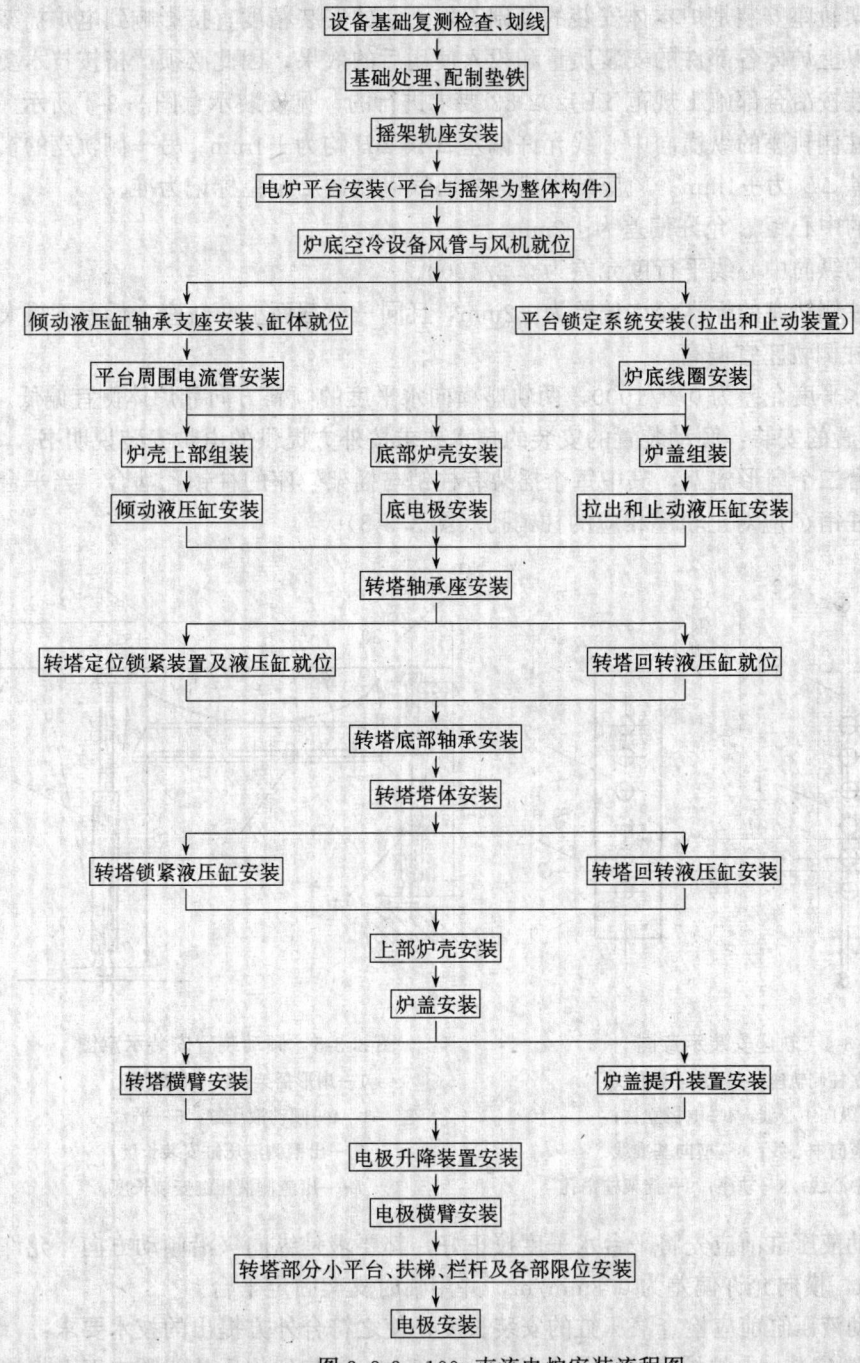

图 3.3-3　100t 直流电炉安装流程图

炉各用一套施工班组进行平行施工法施工。即始终保持一前一后的施工进度，使后者减少安装过程中的弯路。

（2）炉本体安装主要工序施工要点及技术要求：上钢三厂100t超高功率直流电弧炉设备安装的技术要求是以瑞典ABB公司的电炉安装说明书和外方专家现场确认为准，并参照我国冶金工业部颁发的施工及验收规范。

1）摇架轨座的安装：

电炉的摇架轨座安装是炉本体安装的基础工作。它的安装精度直接影响到电炉摇架和平台以及平台以上炉体各部件的安装质量和投入使用后的效果，因此必须严格按技术要求施工。这次安装按冶金部施工规范YBJ202-83要求进行的，见安装示意图3.3-4所示。

①电极立柱侧轨座的纵横向中心线允许偏差ΔA、ΔB均为±1mm；另一侧轨座的横向中心线允许偏差$\Delta B'$为±1mm。轨座的纵横向中心线以制造厂定位标记为准。

②两轨座的中心距L允许偏差为±2mm。

③两轨座的纵向中心线平行度允差为0.3/1000。

④电极立柱侧轨座的标高允许偏差为±2mm，且同一横截面上两轨座高低差不得大于1mm，电极立柱侧轨座宜偏高。

⑤轨座的水平度允差为0.2/1000，两轨座横向水平度的倾斜方向靠炉体侧宜偏低。

2）倾动装置的安装：倾动装置的安装的技术要求按外方提供的电炉安装说明书。

①电炉平台二个扇形摇架，其中每个摇架有柱销与摇架轨座的柱销孔啮合，当平台水平时中间一对柱销C应对正轨座相应的柱销孔（图3.3-5）。

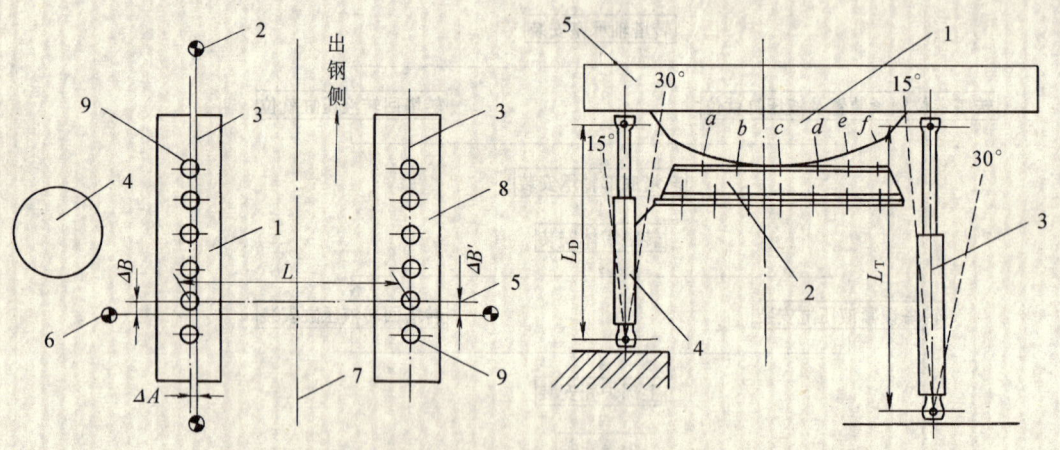

图3.3-4 轨座安装示意图　　　　图3.3-5 倾动装置安装示意图
1—电极立柱侧轨座；2—纵向基准线；　　　　1—扇形摇架；2—摇架轨座；
3—轨座纵向中心线；4—电极立柱；　　　　3、4—倾动液压缸；5—平台；
5—轨座横向中心线；6—横向基准线；　　　　L_D—出钢侧液压缸安装长度；
7—炉体纵向中心线；8—轨座；9—摇架柱销孔　　　　L_T—出渣侧液压缸安装长度

②安装倾动液压缸前应先将平台水平度校正好，其要求是纵向（沿倾动方向）允许偏差为0.5mm/m，横向允许偏差为0.8mm/m，并用临时支架固定平台。

③安装倾动液压缸前应检查液压缸的安装长度，使之符合外方提出的技术要求；

3）炉底线圈安装：电炉炉底线圈是电炉的心脏部位，安装到位后从线圈支架上将连接器焊接在平台的扇形摇架上，线圈能随平台一起倾动（图3.3-6）。由于相对于平台标高和炉子中心线要求较高，外方要求纵横中心线允许偏差±1mm，标高允许偏差±2mm，所以安装时有一定的难度。安装步骤和要求为：

①平台安装符合要求后，炉底线圈才可安装就位。

②炉底线圈通过平台安装到临时专用支架上。

③调正好标高和中心线位置，使其偏差值在允差范围以内。

④待线圈正式定位后，将连接器安装好，并与摇架扇形部位相焊接。

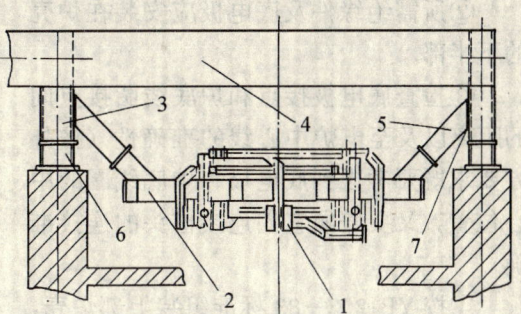

图3.3-6 炉底线圈安装示意图
1—炉底线圈；2—线圈本体框架；3—扇形摇架；4—平台；
5—连接器；6—摇架轨座；7—焊接部位

值得一提的是炉底线圈安装的方法，我们作了改进。在炉底线圈安装时，由于电炉基础部分无任何支撑点，为校正炉底线圈的水平位置，特别是要考虑到它与底电极的连接，外方专家提出用混凝土或型钢作4根立柱，分两边在立柱上各敷设1根30号工字钢，作临时专用支架，以便炉底线圈就位。其中前2根立柱要撑到平台下面的地坪上。按此方法施工费工费时又费料，而且又不利于炉底线圈水平度和中心位置的调正（图3.3-7）。因此在征得外方专家的同意后采取了如下办法：

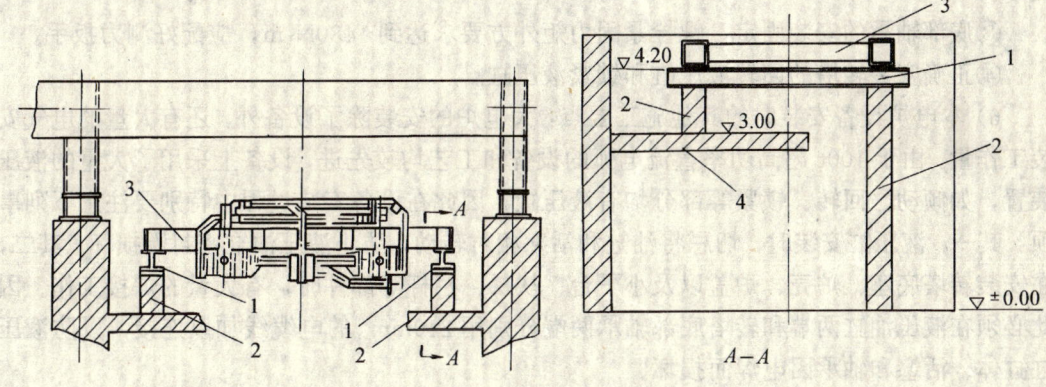

图3.3-7 炉底线圈临时支架示意图
1—30号工字钢；2—立柱；3—线圈本体框架；4—基础水泥平台

a. 根据炉底线圈本体下部框架的尺寸和电炉纵横向中心线制作了简易实用的型钢三角临时支架，将炉底线圈初步就位（图3.3-8）。

b. 利用小螺旋千斤顶校正好炉底线圈的水平度和标高，然后用垫铁垫实，以便在这一平面上能较方便地调正其纵横向中心。

c. 待外方专家确认后，安装好炉底线圈的连接器并将其与平台扇形摇架焊接牢固。此施工方法获得了外方专家和甲方技术人员的好评。

4）电炉炉壳安装：

①下部炉壳（配有底电极）应准确地安装在平台上，其纵横向中心线允许偏差为±2mm（外方要求）。

②所需绝缘件及底电极应安装在炉壳的下半部。

③检查底电极接点和炉底线圈接点间的距离以及至电炉中心线的准确性（按外方要求既要考虑到底电极和炉底线圈的中心位置，又要兼顾它们连接桩头的连接准确）。

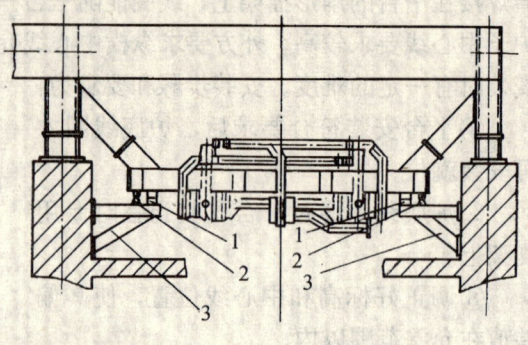

图3.3-8　改进后炉底线圈临时支架示意图
1—垫铁；2—小螺旋千斤顶；3—16号槽钢三角撑

④按YBJ202—83标准组装上部炉壳，炉壳的直径偏差最大直径与最小直径之差不得大于炉壳设计直径的3/1000。

⑤炉壳的焊接应符合GBJ236—82《现场设备、工业管道焊接工程施工及验收规范》的规定。

⑥在上部炉壳安装前，水冷块应装入上部炉壳的内部底部且应完全连接好。

5）转塔部分安装：转塔塔体是靠螺栓固定在转塔的底部轴承座上，转塔的横臂与塔体是螺栓连接的，因此塔体及横臂安装质量是靠设备的加工精度和安装精度来保证的。

①转塔底座（轴承座）安装水平度，外方要求不大于0.35/1000。

②底座与平台的焊接应符合GBJ236—82标准，特别要采取相应措施防止底座的焊接变形。

③底部轴承的安装固定，螺栓紧固力矩外方要求达到1480N-m，应配好测力扳手。

④正确安装转塔的回转液压缸和锁紧液压缸。

6）本电炉设备安装时的其他施工要点：大电炉的安装除了设备外，还有大量的电气安装工作量。由于100t超高功率直流电弧的设备和工艺均较先进，设备上采用了大量的液压装置，如倾动、回转、锁紧等部分均有液压缸，因此在设备安装过程中特别要注意下列事项：其一，液压缸安装时，切忌将油缸和活塞相对转动，防止液压油缸密封圈损坏；其二，在安装转塔底座、炉壳、炉盖以及小平台、扶梯、栏杆等部件时，有大量的焊接工作。因此必须在液压油缸两端和转塔底部轴承两端分别用240mm^{2}的电缆线加以连接，以防液压缸缸体、活塞和轴承因电焊而损坏。

（3）变压整流装置汇流铝母排的现场焊接：

1）100t直流电弧炉供电系统简介：两台100t直流电炉各有1套相同的供电系统。在每台电炉靠转塔一侧，均有1个变压器室（楼下）和1个电坑器室。变压器室内主要设备有变压器1台、整流器2台和油水冷却器1台。电坑器室内，主要有电坑器2台。

变压器技术参数：

型号　　　　TOTM—0

规格　　　　73300kVA

电压等级　　33kV/675V

电流　　　　1×10^5A

外型　　　　5000mm×4000mm×5300mm（长×宽×高）

重量　　　　105t（无油），140t（加油后）

整流器技术参数：

电流　　　　5×10^4A

外型　　　　3350mm×1600mm×2975mm（长×宽×高）

重量　　　　4.6t

电坑器技术参数：

电流　　　　5×10^4A

外型　　　　865mm×2100mm×2300mm（长×宽×高）

重量　　　　4.3t

直流电炉供电流程如下：

电源由厂区内220kV变电所提供，经35kV滤波装置输出，引入大电炉电坑器室。经受电柜和馈电柜至变压器，电流经变压器变压，再经整流器整流成直流电。整流器的正极用汇流铝母排接至墙外，再用4根大电流水冷电缆（每根2.5mm×10^4mm），接至电炉底部线圈，其负极用汇流铝母排接至电坑器，电坑器顶部再用汇流铝母排接至电坑器室墙外，然后用4根大电流水冷电缆和电炉石墨电极相连接，见图3.3-9。

2）汇流铝母排现场焊接的来由：由图3.3-9可知，汇流铝母排除连接2台整流器和2台电坑器外，还有电坑器顶部和整流器顶部接至墙外的，因此制造厂不可能整体制造后进行运输的。ABB公司将每台电炉的汇流铝母排加工成七段，运到现场安装后再连接。

鉴于如此大的电流要通过汇流铝母排及其连接接头，汇流铝母排设计成水冷式的，连接处设计成具有伸缩性能的铝焊接接头。由于这样的铝接头焊接是第一次施工，成了安装本套变压整流装置是否成功的技术关键。外方专家对这些汇流铝母排的焊接质量问题，也是作为首要问题来强调。甚至提出如果中国无人能焊接的话，将准备请国外焊接人员来焊接。确实这个焊接质量直接影响到变压整流装置的正常运转，进而影响到大电炉的正常运转。

汇流铝母排加工成七段交货的，具体规格如下：

①截面尺寸440mm×160mm，1根，长度6.850m，安装于电坑器顶部至墙外。

②截面尺寸220mm×160mm，6根。安装二台整流器上部侧向至电坑器下部的，长度分别为5.55m和6.76m。安装于2台整流器顶部至墙外的，垂直部分长度分别为1.26m和3.46m，水平部分长度均为6.70m。

每套电炉共有伸缩接头7个。其规格为：

①接头 a，1个，位于电坑器顶部。

规格为440mm×540mm×340mm（高×长×宽）

在现场用10块弧形组合铝板焊接而成。每块弧形组合铝板均以成品提供，它是由五组铝片加工成的（图3.3-10）。

②接头 b，2个，位于电坑器两侧下部。

规格为440mm×333mm×280mm（高×长×宽）

在现场用8块弧形组合铝板焊接而成。每块弧形组合铝板以成品提供，它是由3组铝片加工成的。

③接头 c，4个，位于其余连接处。

规格为360mm×60mm×20mm（高×宽×厚）

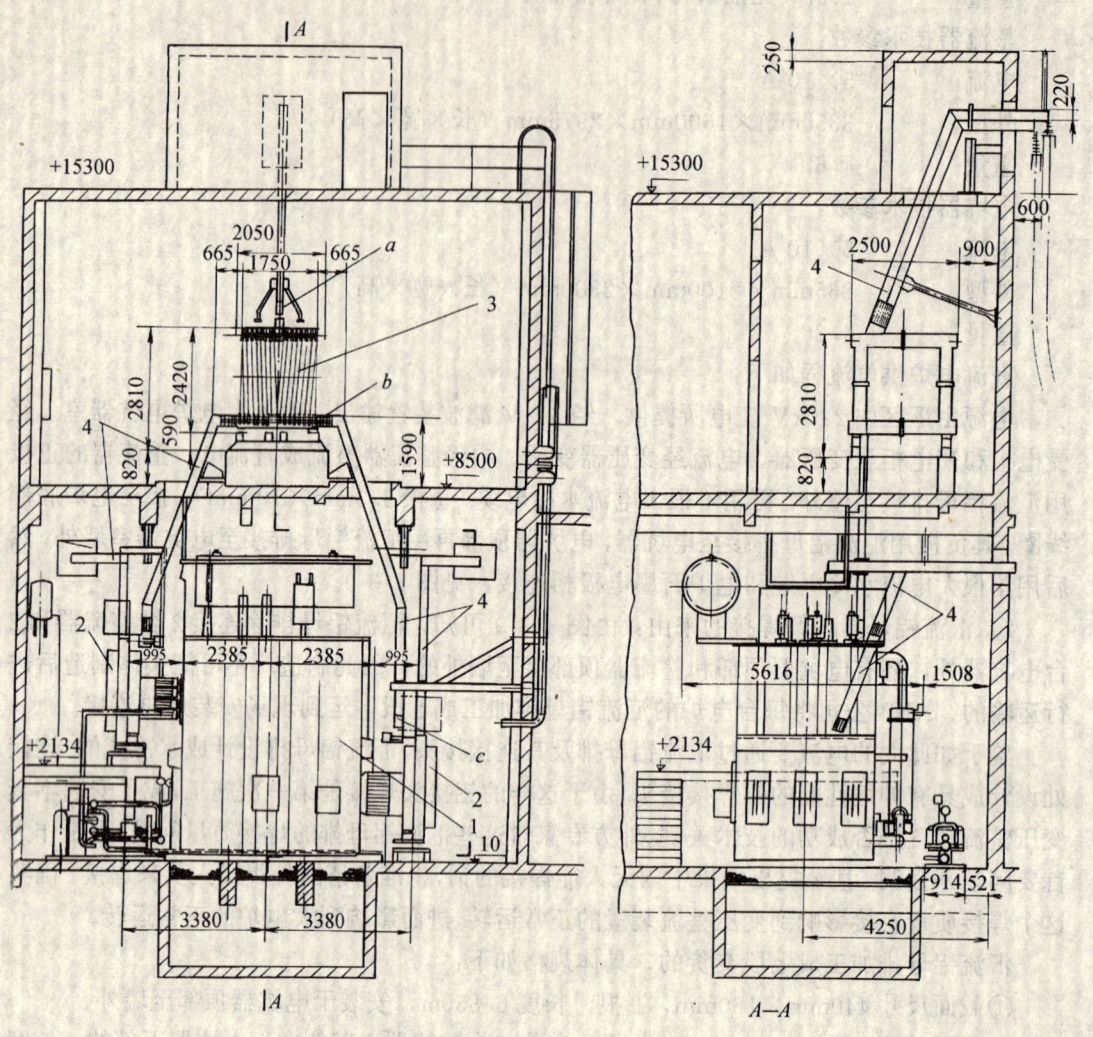

图 3.3-9   变压器室立面图

1—变压器；2—整流器；3—电坑器；4—汇流铝母排；a、b、c—伸缩铝接头

每个接头均有 24 块单片（成品），在现场逐片焊接而成。

3）焊接的实施：为解决这一技术难题，本公司组织了焊接技术人员和具有铝焊接资格的焊工组成攻关小组，进行技术攻关。经过一段时间的不断努力，许多次的试验，克服了半自动焊机送铝焊丝不畅、断丝等问题，焊出了合格的试样，并交外方专家运至国外检验认可后，再在现场进行焊接。由于事先作了充分的准备，现场焊接很顺利，确保了质量和工期，并得到外方专家好评。

我们认为要焊接好这样的接头，要把握好以下几个环节：

①要选用合适的焊机，并熟悉焊机的性能和操作要领。

②要具有铝焊接资格的焊工来施焊，并进行针对性培训。

③确保焊接部位，焊丝的清洁度。

④严格按照焊接技术参数进行施工。

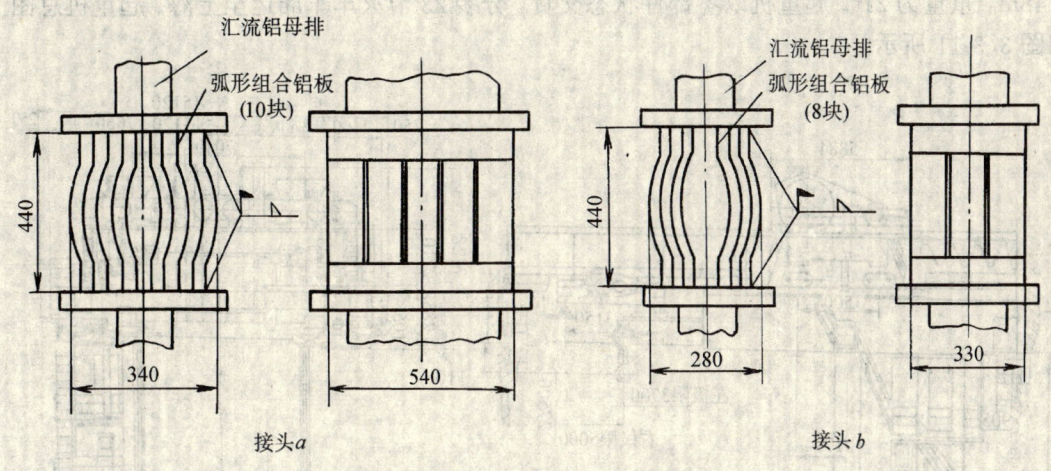

图 3.3-10 伸缩铝节头示意图

汇流铝母排接头焊接的主要技术参数如下：

铝焊丝型号 ALSI5（AA4043）（ABB 公司提供），直径 $\phi 1.2mm$。

焊机型号 500 型电弧脉冲焊机（林肯电气公司）选用模式 57。

送丝速度 9.12～10.8m/min。

电流 213A～230A。

电弧电压 22V～23.1V。

导电嘴与铝焊丝匹配。

氩气纯度 99.99％。

氩气流量 12～15L/min。

焊接部位清洁工具用不锈钢刷子。

预热温度 150℃（汽油喷灯）。

3.3.3 托架法整体吊装 200t/50t 铸造起重机施工技术

（1）问题的提出：

上钢三厂大电炉工程，共需安装大小桥式起重机 16 台。为确保施工进度，经商定全部利用钢结构厂房施工用的 1 台 300t 履带式起重机进行吊装。即与钢结构厂房吊装进行交叉施工，在钢结构屋架吊装之前，将桥式起重机逐台吊装就位于起重机轨道上。这是典型的先大件分件吊装，后在厂房起重机轨道上进行组装的桥式起重机安装工艺。

15 台桥式起重机按计划如期吊装完成了。唯独本工程形体最大、重量最重和安装标高最高的一台 200t/50t×27m 重型铸造起重机，因交货时间较晚，无法按原计划和安装工艺进行施工。待交货时钢结构厂房施工已经完成，为此必须重新制定施工方案。

200t/50t×27m 重型铸造起重机由太原重型机器厂设计制造，它安装于电炉炼钢车间 EF 跨，安装标高为 29.4m。该铸造起重机的特点是有主副小车，并分别在不同标高各自轨道上运行，副小车可在主小车下面来回行驶，因此起重机的桥架结构是四梁四轨式。主小车用于提吊盛钢桶，副小车用来翻转盛钢桶或吊运较轻物件。起重机的最大外型尺寸为 27.9m×15.62m×12.228m（长×宽×高），其总重量为 440t。主小车的最大外型尺寸为 11.918m×5.884m×4.715m，重量为 134t。副小车的最大外形尺寸为 3.775m×3.75m×

3.48m，重量为21t。起重机以零部件状态交货，分装23节火车车厢运至上海。起重机总图如图3.3-11所示。

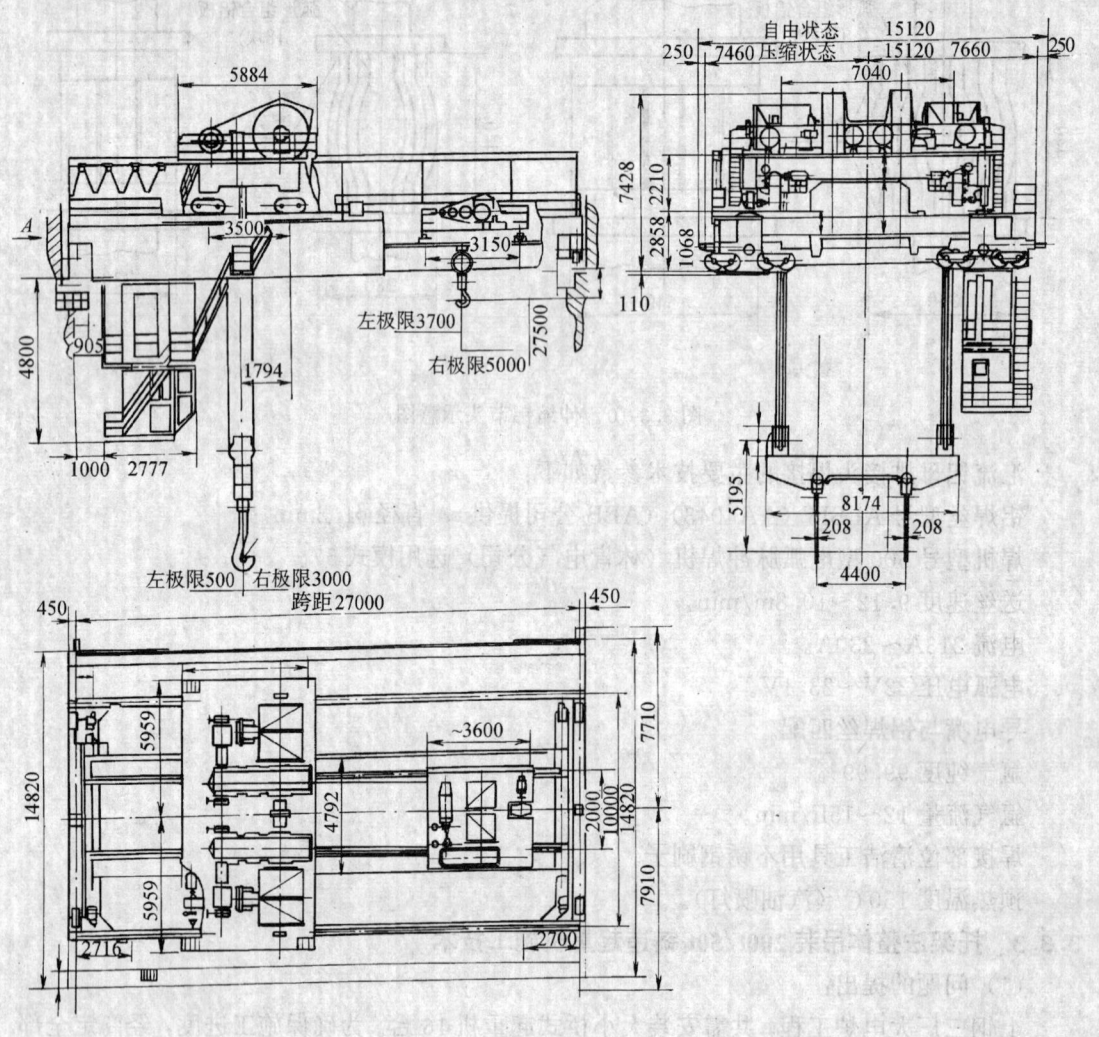

图 3.3-11　起重机总图

　　桥式起重机的吊装，通常使用自行式起重机吊装（简称吊机吊装）和使用桅杆起重机吊装（简称桅杆吊装），当条件允许时，也可利用厂房的承重构件如主梁、柱子等进行吊装。

　　本工程这台重型铸造起重机，在厂房屋顶已施工完毕的情况下，采用吊机吊装或利用厂房承重构件进行吊装，显然是不可能的。在一般情况下可采用地面组装独脚桅杆整体吊装工艺。但是，这台起重机较为特殊，外形尺寸大，尤其是本体宽度超宽，两根主梁间距达9904mm。若采用常规的钢丝绳捆绑大梁的整体吊装方法，吊装过程中吊装角最大将达到32°，大大超过一般桅杆所允许的最大吊装角。如果钢丝绳捆绑于副梁上进行吊装，则副梁的强度是无法承受的，因此如何吊装这台铸造起重机，成了本工程中又一技术难题。

　　（2）方案的选定和特点：

　　1）方案的选定　在使用桅杆吊装这台铸造起重机的条件下，先后提出了3种方案：

方案 A：分件吊装高空组装法。施工简要过程为：竖立 1 根桅杆→将两根起重机主梁就位于厂房轨道上→2 根端梁分别吊至厂房两边轨道上→桥架预组装→吊装副梁并组装于端梁上→再竖一根桅杆→预组装桥架拆成两半、双桅杆抬吊主小车、桥架合拢、主小车就位→二桅杆拆除→吊装副小车→吊装驾驶室→吊装平台扶梯→收尾。

方案 B：托架法整体吊装法（除驾驶室外）。施工简要过程为：竖立桅杆→起重机地面组装（驾驶室除外）→制作、安装托架→起重机整体吊装就位→托架拆除→桅杆拆除→吊装驾驶室→吊装平台扶梯→收尾。

方案 C：托架法整体吊装法（除驾驶室和两根副梁外）。施工简要过程为：竖立桅杆→起重机地面组装（除驾驶室、两副梁和副小车外）→制作、安装托架和副小车吊架→副小车固定在吊架上→起重机整体吊装就位→托架拆除→2 根副梁吊装就位→副小车就位于副梁上→副小车吊架和桅杆拆除→吊装驾驶室→吊装平台扶梯→收尾。

经本公司科技人员和有经验起重工多次开会讨论，分析各方案利弊，最后决定采用方案 C 进行吊装。

方案 A 虽是桅杆分件吊装的常规方法，但用于这台铸造起重机有许多不利因素。首先，起重机大件件数多，因此桅杆移位次数多；第二，主小车重量大，需采用双桅杆抬吊；第三，吊装高度大，桅杆都是单面吊装，缆风绳受力大而且布置困难；第四，施工周期长，无法满足现场施工工期短的要求，因此给予否定。

方案 B 和方案 C 均属托架法整体吊装法，它们具有整体吊装法的优点，即桅杆数量仅需 1 根，缆风绳受力小和高空作业量较少。鉴于该起重机驾驶室特别高大，达 4800mm 高度，两方案均不采用起重机整体一起吊装。但都采用托架进行安装，这是一种创新的吊装方法。

两方案的区别在于 2 根副梁吊装的先后次序。从理论上讲，方案 B 优于方案 C，前者是 2 根副梁可在地面组装较方便，并可减少吊装次数，同时又可免去后者因副梁不装而带来副小车的固定和就位困难。但是由于客观条件的限制，即 250t 桅杆截面尺寸较大，其最大截面尺寸为 2480mm，而起重机的两根副主梁间距为 2500mm，桅杆与副主梁之间单边间隙只有 10mm，为了确保吊装安全，最后选择了方案 C。

2）本方案的特点：托架法整体吊装桥式起重机的主要特点是可较大幅度降低吊点高度，同时又能缩小两组吊点的距离，因此使桅杆中心线与吊装滑车组之间的夹角（简称吊装角）大幅度减小。例如在这次吊装重型铸造起重机时，由于采用了托架法吊装，吊点高度降低了 2978mm，同时两组吊点的距离从 10000mm 缩小到 6800mm。使吊装角从原来的 32°减小到 17.1°，满足了所使用的桅杆额定吊装角的设计要求。采用托架法吊装，可以根据吊装需要来调整吊点的水平距离位置，从而达到缩小吊装角的预定要求。由于吊装角的缩小，既可满足桅杆额定吊装角的设计规定，同时还可以减小厂结构对吊装限制的影响，吊装角的缩小还将大大改善吊装机具的受力状况。托架法整体吊装桥式起重机的另一特点是，消除了作钢丝绳捆扎主梁吊装而产生的对主梁所产生的水平拉力，起到了保护设备的作用。

（3）主要技术措施：

1）吊装托架：这次吊装 200t/50t 铸造起重机我公司设计了托于桥架的专用托架。这种托架为箱形梁型式，其外形尺寸为 14.22m×0.65m×1.5m（长×宽×高）。托架示意图见图 3.3-12。

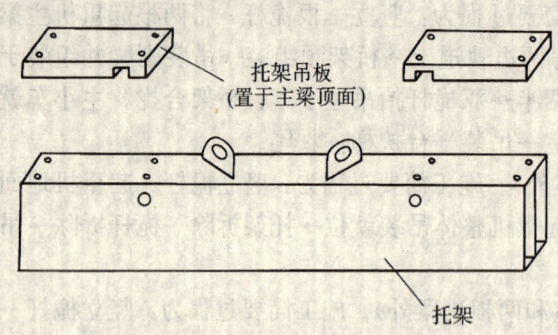

图 3.3-12 专用托架示意图

托架的长度根据起重机的宽度决定，实际长度的计算公式为：

$$L = a + b$$

式中 a ——两主梁外侧距离，mm；

b ——伸出主梁外侧长度，mm。

式中 b 主要考虑连接螺栓的直径大小和平面布置尺寸。

托架截面（高×宽）根据起重机对托架的负荷大小和制作材料来决定。为了降低托架的高度，我们在箱形梁的中间增加了一块腹板，托架矩形截面高度比控制在 2～2.5 之间，其宽度还需考虑连接螺栓的大小。为了将托架固定在起重机主梁上，确保托架在吊装时不发生位移，我们在托架的两端各设计了 4 根双头螺栓。在主梁上面设计了一块托架吊板，用螺栓来固定。压板的形式详见托架示意图 3.3-12 所示。在主梁与托架之间垫放一块橡胶板，防止滑移。双头螺栓的长度计算公式为：

$$h = h_1 + h_2 + h_3 + 2h_4 + 2h_5 + 2h_6 + 2h_7$$

式中 h ——双头螺栓长度，mm；

h_1 ——主梁高度，mm；

h_2 ——托架高度，mm；

h_3 ——托架吊板厚度，mm；

h_4 ——1 只垫圈厚度，mm；

h_5 ——1 只螺帽高度，mm；

h_6 ——螺栓单头露螺纹长度，mm；

h_7 ——橡皮垫圈厚度，mm。

在每根托架的顶面设置 2 只吊耳，吊耳的间距根据设定的吊装角大小来决定。托架吊耳设置的角度应使桅杆上所挂的上下滑车组之间的跑绳基本在同一平面上，消除扭曲受力现象，使跑绳行走平稳，并可减小滑轮的侧向受力，减小摩擦。

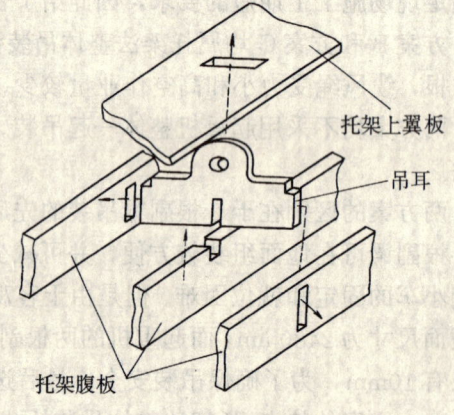

图 3.3-13 吊耳、托架示意图

托架设计时还必须对托架的刚度进行校核，设计托架时许用挠度值取 $\langle f \rangle = \dfrac{1}{750} \cdot L$。托架挠度值应包括两部分，即起重机对托架的负载产生的挠度值和托架自重产生的挠度值。托架刚度校核计算时，设定吊耳处为固定端，托架的两端作悬臂梁形式来计算下挠度。在理论计算时，我们设计的托架下挠度为 2mm。

我们这次设计的吊耳为 150t 级。理论计算时，每个吊耳受力为 1423.3kN。在托架设计中吊耳与托架的连接是至关重要的，这次施工的形式，如图 3.3-13 所示。

2）龙门式吊装：由于采用方案 C，2 根副梁吊装后高空组装。为此专门设计了二组龙门式吊装架，竖立在桥架的 2 根主梁上，在整体吊装前把副小车固定在此吊架上。考虑到车间屋架下弦高度的影响，龙门式吊架高度设计为 1900mm。吊梁采用双拼 $\phi377\text{mm} \times$

16mm 的无缝钢管 2 根,吊梁长度为 11000mm。龙门式吊架的立柱底部固定在主小车轨道压板处。立柱采用双拼 22 号工字钢制作,高度为 1400mm,立柱间距为 10000mm,每一主梁上两立柱相距为 2900mm。在龙门式吊架上架设置了 4 台手拉葫芦,用来吊装和固定副小车之用。为了降低龙门吊架的高度,采用了

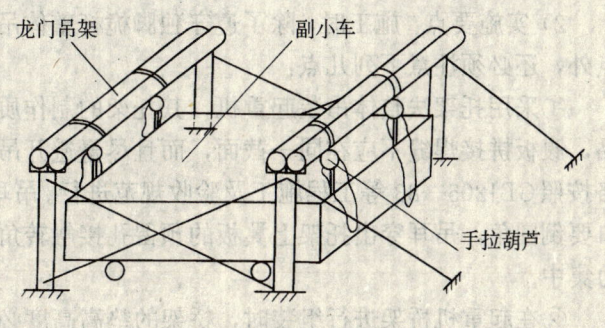

图 3.3-14 龙门吊架示意图

每一吊梁上设置 2 个吊点,副小车则利用这四个吊点来固定和吊装。二组龙门式吊架如图 3.3-14 所示。

(4) 施工工艺流程和实施要点:

1) 200t/50t×27m 重型铸造起重机施工工艺流程简图,见图 3.3-15。

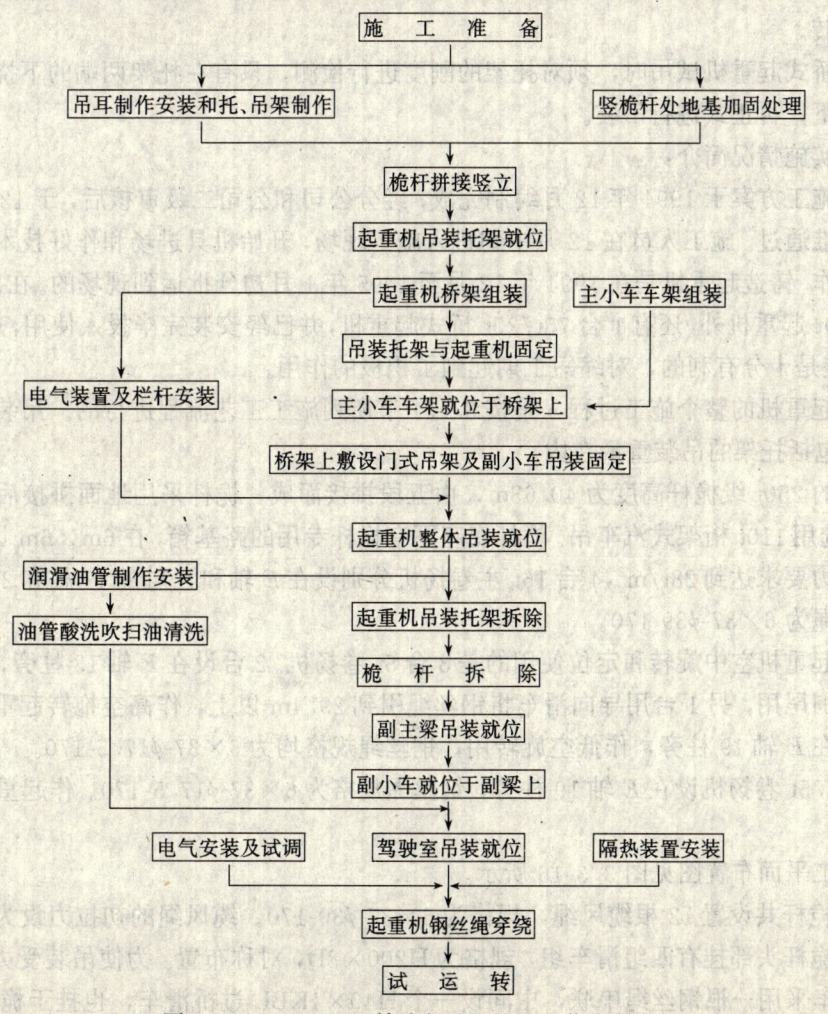

图 3.3-15 200t/50t 铸造起重机施工工艺流程图

2）实施要点：施工时，除了遵守独脚桅杆整体吊装桥式起重机有关操作规程和施工要点外，还必须注意下列几点：

①采用托架法整体吊装起重机，其托架的制作质量必须保证，制作材料必须是合格产品，腹板拼接焊缝不应在同一截面，而且尽量避开吊耳设置的位置，钢板坡口、焊接应严格按照 GBJ205—83 等工程施工及验收规范进行。吊耳的圆孔必须经过机械加工，并且圆孔口要倒圆角，吊耳穿出托架上翼板的预留孔接触转角处也应制作成一个圆弧过渡，消除应力集中。

②在起重机桥架进行组装时，桥架的垫高高度必须注意托架的底面高度，不要影响经导向轮出来的牵引绳。这次吊装经过计算桥架得预先垫高 3.8m，在垫高时，垫架的位置不应妨碍牵引绳的走向。

③在托架与桥架至梁之间，应垫放一层硬橡胶板起防滑作用，增加两者之间的摩擦力。

④由于安装位置高，在设置起重机空中旋转拖拉绳的导向滑车位置时，应避免拖拉绳仰角太大，当起重机上升到一定高度后，应将拖拉绳的导向滑车设置在吊车梁以上，再进行拖拉旋转。

⑤在桥式起重机试吊时，须对托架的刚度进行检测，只有在托架两端的下挠度满足要求的情况下，再正式进行吊装。

（5）实施情况简介：

吊装施工方案于 1994 年 12 月编制完成，经分公司和公司二级审核后，于 12 月底由总工程师批准通过。施工人员在 12 月中旬进入施工现场，开始机具进场和作好技术措施制作的准备工作。铸造起重机是在 1994 年 12 月至 1995 年 1 月初分批运到现场的。在出钢跨内，除 200t/50t 起重机外，还有 1 台 75t/20t 桥式起重机，并已经安装完毕投入使用，这对 200t/50t 的安装是十分有利的，对缩短工期起到了积极的作用。

铸造起重机的整个施工过程，是按 3.4.1 节所列施工工艺流程进行的。吊装总重量为 446t，它包括托架的吊装重量在内。

选用的 250t 级桅杆高度为 40.63m，由五段拼接而成。桅杆采用地面拼接后用吊机竖立，吊机选用 110t 桁架式汽车吊。桅杆底座下有桅杆专用的路基箱，在 6m×6m 区域内，地基的承载力要求达到 28t/m²，4 台 16t 主卷扬机分别设在 E 轴和 F 轴的 11 柱和 20 柱旁。起重用钢丝绳为 6×37-ϕ39-170。

铸造起重机空中旋转和定位使用的是 3 台 5t 卷扬机。2 台设在 F 轴 13 柱旁，其中 1 台作旋转时围尾用，另 1 台用导向滑车将钢丝绳引到 29.4m 以上，作高空拖转起重机用。还有 1 台设在 E 轴 19 柱旁，作低空旋转用，钢丝绳规格均为 6×37-ϕ17.5-170。

1 台 1.5t 卷扬机设在 E 轴 19 柱旁，钢丝绳规格为 6×37-ϕ17.5-170。作起重和拖运之用。

其施工平面布置图见图 3.3-16 所示。

250t 桅杆共设置 12 根缆风绳，规格为 6×37-ϕ30-170。缆风绳的初拉力设为 30kN。

250t 桅杆头部挂有四组滑车组，规格为 H200×8D，对称布置。为使吊装受力平衡，其中一组滑车采用一根钢丝绳串联，中间设一个 H40×1KBL 过桥滑车，也挂于桅杆头部。

现场搭设 8 个道木堆，其中 4 个用于垫起托架，高 2.3m，另 4 个用于垫起桥架，高 3.8m。

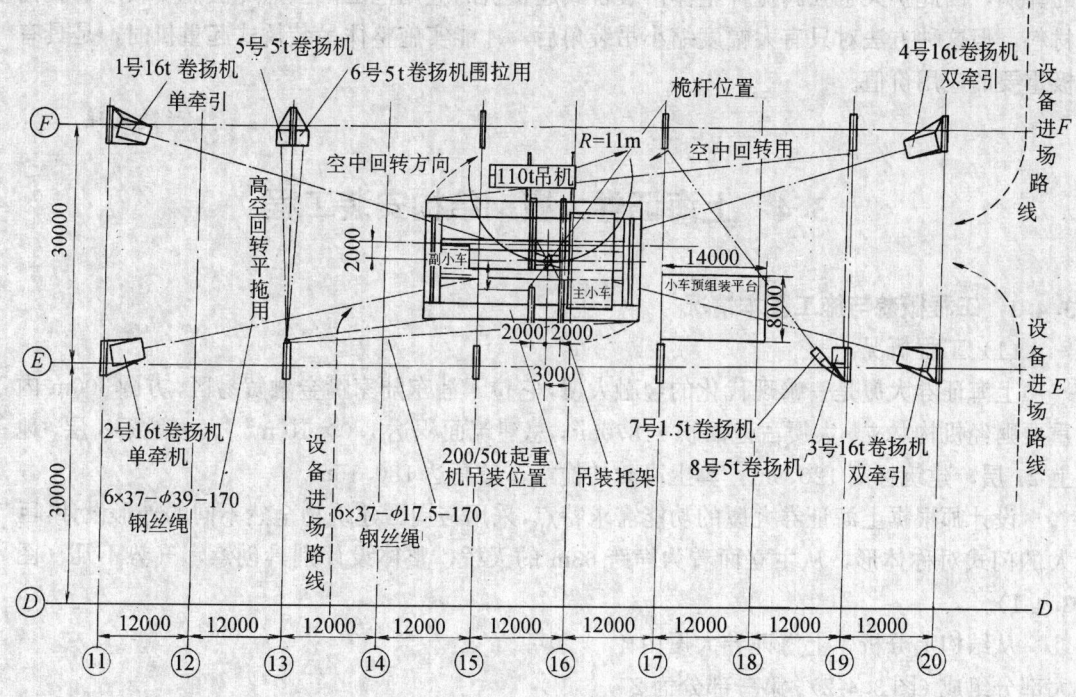

图 3.3-16 施工平面布置图

1995 年 2 月 20 日整体吊装前的各项工作已经完成,下午进行试吊装。200t/50t 起重机实际腾空时间为 15min,经实测桅杆基础均匀下沉 30mm。并对托架的刚度进行检测,在托架的上端外侧拉设一根 $\phi0.5mm$ 的钢丝,用花篮螺栓收紧,对托架的挠度进行实测,在托架长度中心处产生上拱,2 根托架分别上拱了 2mm 和 3mm,在托架 4 只吊耳处分别测得上拱 1.5mm、2mm、3mm,即托架两端的下挠度为 2~3mm,基本上与理论计算相符。

1995 年 2 月 21 日上午,经全面检查后正式吊装。开始吊装时间为 10 点 55 分,当大车车轮全部就位于轨道上,时间为 12 点 20,在整个吊装过程中,桅杆垂直度较稳定,基础沉降量小,除因卷扬机速度的差异,中间调整过几次外,无任何不正常情况发生,吊装过程十分顺利,得到建设单位高度评价。

吊装以后的各项安装工作,按原计划如期进行,于 1995 年 2 月进行各项试运转合格后,正式投入使用。

3.3.4 结论

(1)上钢三厂大电炉工程中,其 100t 超高功率直流电弧炉,是我国首次新建安装的具有世界先进水平的大型直流电弧炉。实践证明,这次直流电弧炉本体设备的安装工艺和变压整流装置汇流铝母排的现场焊接工艺是成功的,采用的技术措施和技术参数也是可行的,这对今后安装类似的直流电弧炉具有借鉴作用。

(2)这次采用托架法整体吊装 200t/50t×27m 重型铸造起重机是一个创新,是一次成功的尝试,为我们今后吊装桥式起重机提供了一种新的桅杆吊装方法。这种吊装方法除具有独脚桅杆吊装起重机的优点外,还具有如下优点:可通过设置在托架上吊点位置的变动,来控制桅杆吊装角的大小,改善吊装机具的受力状况,克服钢丝绳捆绑法吊装角调整量小的弊病，因此扩大了独脚桅杆整体吊装桥式起重机的应用范围。虽然此法需要较多的技措材料，但这种方法对只有大幅度缩小吊装角后，才能实施整体吊装桥式起重机时，是具有极重要的应用价值。

（钱呈祥）

3.4　上海证券大厦钢结构安装工程

3.4.1　工程概貌与施工基本情况

（1）工程概况：

上海证券大厦是一幢现代化的金融大厦，它位于浦东陆家嘴金融贸易区，方圆500m内重要财经机构林立。大厦占地面积11870m²，总建筑面积达1.0×10^5m²。大厦地下3层，地上27层，建筑标高120.9m，算上高耸的桅塔，最高达180.15m。

设计师根据上海证券大厦的功能需求特点，采用与周围建筑物全然不同的外形设计：巨大的门式对称体形，从主立面看为净跨63m的天桥，整体设计别具创意，气势不凡（图3.4-1）。

从结构上分析，上海证券大厦由4大部分组成（图3.4-2）。第一部分为27层（另加设备层）的南北两座塔楼，它是由钢筋混凝土核芯筒体与钢结构框架组成的框筒结构，两座塔楼的轴线尺寸均为36m×21m。第二部分为63m长、31m高（共八层）的钢结构天桥，它的位置在两座塔楼之间的19～27层处。第三部分为9层（局部十层）的钢结构裙房，它的位置在两座塔楼之间的地面层到10层处，其内包括有一个3620m²的无柱交易大厅。第四部分为高耸的桅塔（也称天线杆），它位于两座塔楼之间，起始于裙房的10层屋面，穿过19～28层的天桥，直指180m的高空，雄伟壮观，极富未来感。桅塔为全钢结构。

图3.4-1　上海证券大厦超高层钢结构外观

（2）工程主要特点：就大厦的高度而言，在众多的超高层钢结构建筑中，它是不起眼的。但是这幢大厦的建筑造型和施工难度是与其他超高层钢结构不能相比的。该工程具有以下特点：

1）大厦建筑属结构暴露形。这类建筑在国内不多见，它对安装的要求相当高。因为大厦上主要的杆件，包括杆件间的连接节点都暴露在建筑物的外面，安装时产生的变形与错位，是很难处理的。

2）大厦的中间部位是 63m 的大跨度结构，在单层工业厂房施工时，碰上这样的大跨度也属高难度项目，而在证券大厦，这样的大跨度在 40m 标高与 105m 标高上各有一个，超高空加大跨度，在国内属首创，在国际上也罕见。

3）与 63m 跨度的钢天桥相连的南北塔楼，是由钢筋混凝土核芯筒体与钢框架两种材料组成。在钢天桥自重约 1500t 荷载作用下，如何控制与调整由二种材料组成的塔楼的变形，使之与天桥的连接符合施工规范要求，是不可忽视的难题之一。

（3）建筑物所在位置及现场特征：上海证券大厦建造在浦东陆家嘴金融贸易区D3-2 地块，东面沿浦东南路，南面紧接浦东发展银行大厦（在建），北面毗邻建设大厦，西面靠近上海信息枢纽大楼（在建）。现场施工场地狭小，仅有一条环绕证券大厦三面的施工通道，宽约 10m。因此现场无钢构件的堆场。浦东南路又是陆家嘴金融开发区的交通要道，车辆来往频繁，对于钢构件的运输有一定的难度。

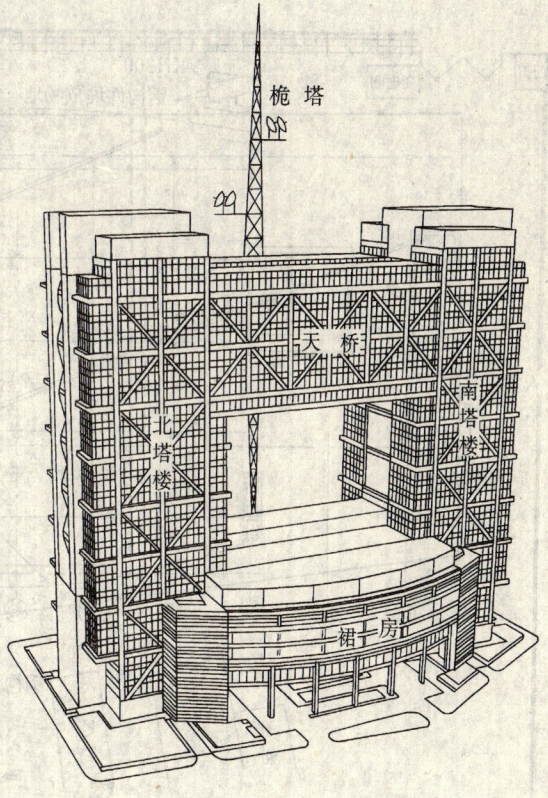

图 3.4-2　上海证券大厦钢结构安装 4 大部分示意图

（4）施工组织情况和施工工期：本工程业主是上海浦利房地产发展有限公司。由上海浦利房地产发展有限公司和上海证券交易所组成的上海证券大厦筹建处全面负责上海证券大厦的筹建工作。本项目采用 CM（Construction Management/Agency）非授权发包型模式进行管理，CM 班子负责人为项目主任。由加拿大 WZMH（The Webb Zerafa Menkes Housden Partnership, Architects & Planners）设计事务所设计，上海建筑设计研究院为设计顾问。钢结构工程（包括钢结构细部设计、钢结构安装、钢结构防火喷涂）由上海市机械施工公司施工。钢材由业主负责供应。钢构件制作由业主委托沪东造船厂，并委托上海市机械施工公司代理业主管理钢结构制作。

施工日期：

南北塔楼自 1995 年 8 月开始正常安装，至 1995 年 12 月 26 日安装到 26 层。钢天桥自 1995 年 11 月 14 日至 1995 年 12 月 28 日进行地面组装，1996 年 1 月 15 日提升到位。营业厅、裙房及设备层钢结构于 1996 年 5 月 30 日安装完毕，到 1996 年 7 月 2 日天线塔上部整体起扳完成。

（5）施工总平面布置（图 3.4-3）。

（6）钢结构工程主要实物量：本工程钢构件为 7712 件，重量约 9120t，高强螺栓 6.75 万套，剪力栓钉 14.3 万枚，压型钢板铺设面积达 $7.34 \times 10^4 m^2$，耗用电焊条 27.6t。

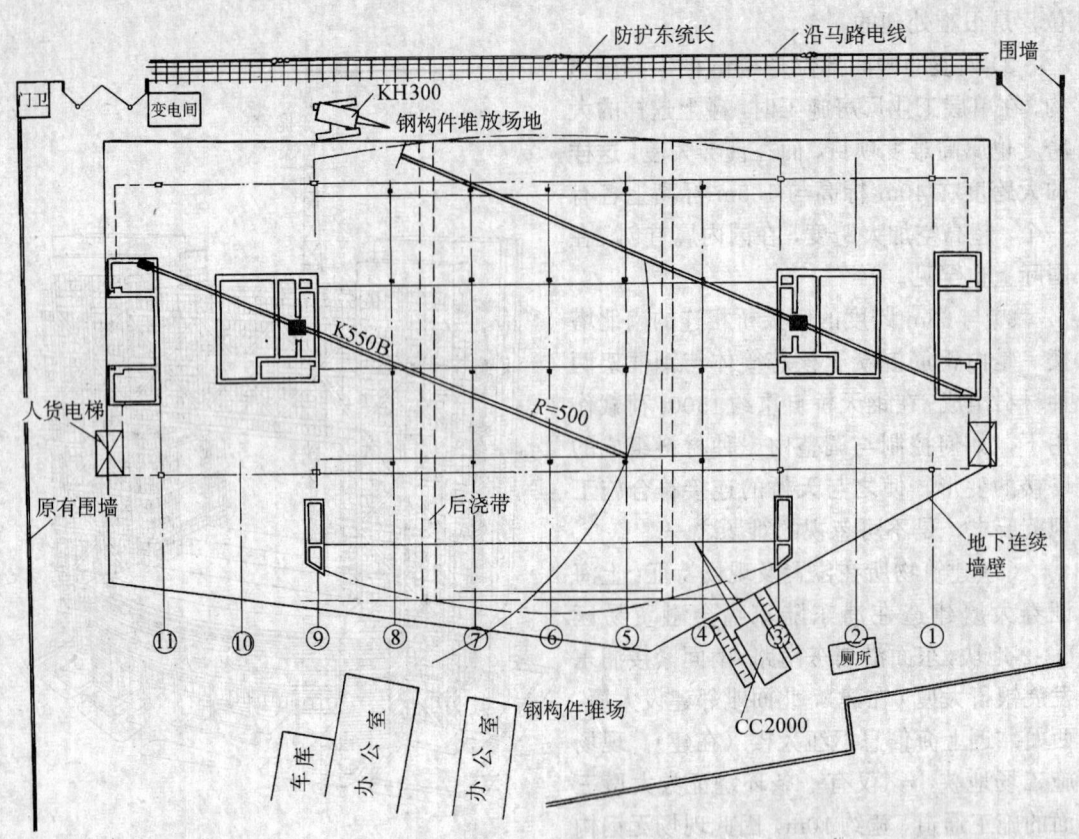

图 3.4-3　施工总平面布置图

3.4.2　施工技术及质量

（1）施工工艺体系：

上海证券大厦的南北塔楼是由钢筋混凝土核芯筒与钢框架组成的框筒结构体系，为满足核芯筒和钢结构的平行交叉施工要求，核芯筒采用滑框倒模的现浇工艺，钢结构为预制吊装。

钢天桥的施工采用地面组装，然后利用南北塔楼作支架，整体提升到位，与南北塔楼对接的工艺体系。

桅塔的施工工艺为：132m 以下用爬塔顺装，以上的 48m 采用整体起扳到位的工艺体系。

（2）吊装机械选择：

由于上海证券大厦工程有南北两座塔楼，且两座塔楼间的净距达 63m，因此在二塔楼核芯筒体内各设一台爬塔，南塔楼上用 600t-m 塔吊，接 60m 扒杆；北塔楼上用 450t-m 塔吊，接 50m 扒杆。

另外，由于天桥组装与裙房吊装的需要，在大厦的东侧设了 1 台 CC-2000 履带式起重机，在西侧设了 1 台 KH-300 履带式起重机。

钢天桥的提升，采用钢铰线承重，液压提升装置集群提升的新工艺。共用了 8 台 GYT-200 型钢索式液压提升装置，每台的额定荷载为 2000kN。

（3）吊装前主要准备工作：

1）物质设备的准备：除了有关机械设备（详见表 3.4-1～表 3.4-3）外，还有吊装索具、吊装消耗材料（如焊条、氧气、乙炔、高强螺栓、安装螺栓等）以及设备平台、安全通道、电缆、电箱、照明器具、脚手架、操作台、工具箱等。

工程所需主要起重机械及其性能   表 3.4-1

序号	型 号	名 称	扒杆长度	性 能	选 用		
1	K-550	爬升塔式起重机	60m 大臂	R_{min} (m)	5.9	Q_{max} (t)	20
				R_{max} (m)	60	Q_{min} (t)	9
2	K5/50B	爬升塔式起重机	50m 大臂	R_{min} (m)	3.9	Q_{max} (t)	20
				R_{max}	50	Q_{min} (t)	7.9
3	CC2000	300t 履带起重机	78m 大臂	R_{min} (m)	10	Q_{max} (t)	76.2
				R_{max}	70	Q_{min} (t)	4.2
4	KH300	80t 履带起重机	28m 大臂	R_{min} (m)	6.5	Q_{max} (t)	38.25
				R_{max} (m)	25.7	Q_{min} (t)	5.55

测 量 仪 器   表 3.4-2

仪器名称	产地	数量	精 度	用 途
激光经纬仪	瑞士	2	1/200000	大型钢柱垂直度
T2 经纬仪	瑞士	2	2in	与天桥、大桁架连接的钢柱垂直度
J2 经纬仪	中国	4	2in	一般柱垂直度
水准仪（NA-2）	瑞士	1	0.5mm	标 高
水准仪	瑞士	2		标 高
测距仪				距 离

工程所需焊接设备、仪表   表 3.4-3

序	名 称	型号、规格	数量	备 注
1	交流弧焊机	BX-330	7	塔楼、营业厅
2	直流弧焊机	AX-320	15	桁架接点焊接
3	弧焊整流机	ZX-400	5	接柱、柱-梁、梁-梁
4	直流弧焊机	AG-300	6	
5	弧焊整流机	ZX-800	2	碳弧气刨电源
6	空气压缩机	0.6m³	2	碳弧气刨电源
7	电热干燥箱		3	焊条干燥
8	超声波探伤仪		2	焊缝质量检查
9	电流表		2	检测焊接电流
10	测温计		2	检测预热温度
11	美国林肯焊机	DC-600	8	
12	美国林肯送丝机	LN-9	8	
13	射吸式割炬	2		
14	烘枪（多头单头）		6	
15	手提焊条保温筒		26	
16	碳弧气刨枪		4	
17	探伤仪附件	探头试块等		

2）钢结构的深化设计，由冶金部建筑研究总院承担。

3）钢构件的制作、堆放、运输及验收：钢材进口后，直接运至制作工厂——沪东船厂，制作好的构件在厂内堆放整齐，根据现场安装施工进度，运到现场，制作工厂在构件运到现场时，提供发运清单，并附有材料证明、试验报告与质检报告及一切有关资料。安装单位对进场的构件进行验收，不符合质量标准的，经提出后由工厂派人进行修正，直至合格为止。

钢结构构件制作质量的优劣，直接关系到安装质量与速度，构件在制作过程中，除了制作工厂必须进行自检外，安装单位也派员会同工程施工监理单位驻厂进行出厂前检测，发现质量问题即在工厂内返修，从而使构件在出厂前能将质量上存在的问题，减少到最低限度。

（4）吊装顺序：

上海证券大厦的主楼与裙房下均有地下室3层，在这3层地下结构中，除部分钢柱需吊装外，其余均为现浇结构。

地下3层完成后，首先进行南、北塔楼的吊装工作，此时可利用裙房位置的地下室顶板，作为塔楼构件的堆放场地。

当塔楼施工至20层附近，钢天桥开始组装。

当塔楼施工至27层时，钢天桥整体提升，且与南北塔楼对接。

此后2台爬塔继续塔楼的吊装，并进行钢天桥补缺构件吊装，与此同时，2台履带吊进行9层裙房的吊装。

当裙房与天桥基本吊装结束后，马上进行桅塔的安装施工。

（5）吊装工艺：

1）塔楼吊装：

上海证券大厦的塔楼有南北二座，二塔楼之间相距63m，二塔楼的外形尺寸、占地面积基本相同，呈对称布置。塔楼高120.9m，共27层，另加3层设备层，基本楼层高度为3.95m，基本柱距为12m×10.5m，南北塔楼的近中心位置，均有一个约13m见方的钢筋混凝土核芯筒体，从地下室底板开始一直到设备3层顶。

塔楼的基本构件有钢柱、钢梁与压型钢板。

塔楼吊装选用2台爬塔，K5/50B（450t-m）爬吊安装在北塔楼核芯筒体内，接50m大臂；K550（600t-m）爬塔安装在南核芯筒体内，接60m大臂。

为了防止2台爬塔在吊装时大臂与平衡臂相碰，我们采用了南、北塔楼错位施工的办法，即北塔楼吊装始终高于南塔楼3层。

根据塔楼钢构件的吊装重量、爬塔的起重能力以及受爬距的限制，塔楼钢柱基本上为3层一节。

2）钢天桥的吊装：

①吊装方案的确定：

根据天桥的形状、重量以及它的吊装位置和施工现场的实际情况，我们的吊装方案是：

在吊装南北塔楼的同时，在裙房的位置上组装钢天桥。等塔楼施工到27层，利用二塔楼作为天桥整体提升的支架，采用钢索式液压提升新工艺，将组装在地面的自重达1240t的巨形钢天桥整体提升到101.15m的高空，与二侧的塔楼进行对接（见图3.4-4和图3.4-5）。

上述的施工方案有许多优点。例如：减少了高空作业工作量，增加了施工安全度，施工质量也便于控制等等。但是必须对塔楼与天桥组装件的结构进行计算与分析，对使用的提升设备的适应性、安全可靠性进行研究，还必须对天桥与塔楼的连接节点进行研究设计，做到既方便施工，与施工新工艺相匹配，又能满足设计要求，得到设计的认可。

计算的内容有以下 3 方面：

a. 提升过程中塔楼的变形及主要构件与部位的应力，包括钢框架和混凝土核芯筒体。

b. 提升吊点部位变形量与应力（指 26 层处）。

c. 被提升天桥的受力分析，特别是天桥吊点处。

计算的结果是：无论是塔楼还是天桥，只需要作极少量的加固，就能满足整体提升的需要。

提升设备的选用：

组装后的天桥，每件重 620t，共二件。每件的体积为 63m×13.6m×28m（长×宽×高），提升距离 77m（参见图 3.4-4 和图 3.4-5）。

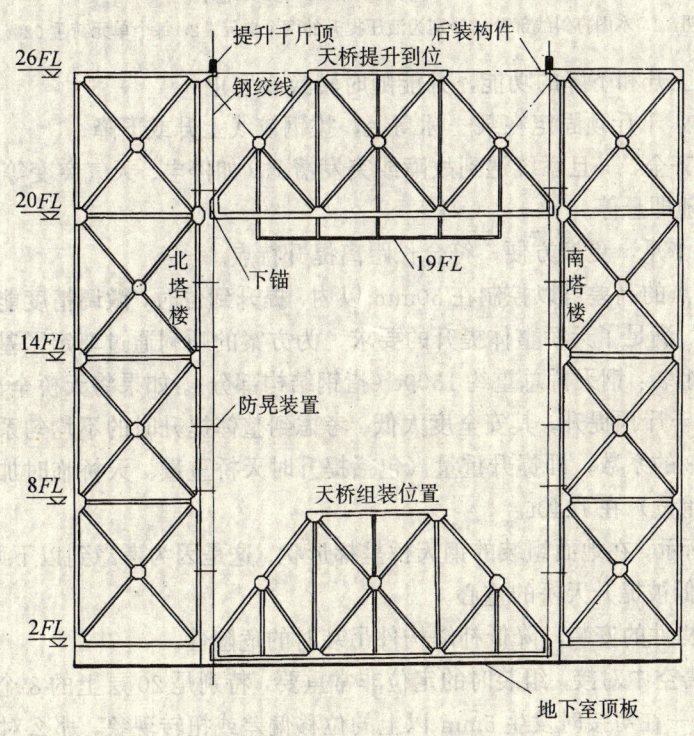

图 3.4-4 钢天桥施工立面示意图

这种长距离、大吨位、大体积的钢天桥提升，若采用传统工艺卷扬机滑轮组施工，不仅显得十分勉强，而且安全度很差。

"东方明珠"——上海广播电视塔钢桅杆的整体提升成功，为我们提供了新的思路。钢索式液压提升新工艺有效地解决了采用卷扬机滑轮组施工的难题，是天桥提升的理想设备。

这套设备具有以下功能：

a. 单台额定荷载（提升或下降）为 2000kN。

b. 活塞工作行程最大为 20cm，升降速度 4～6m/h。

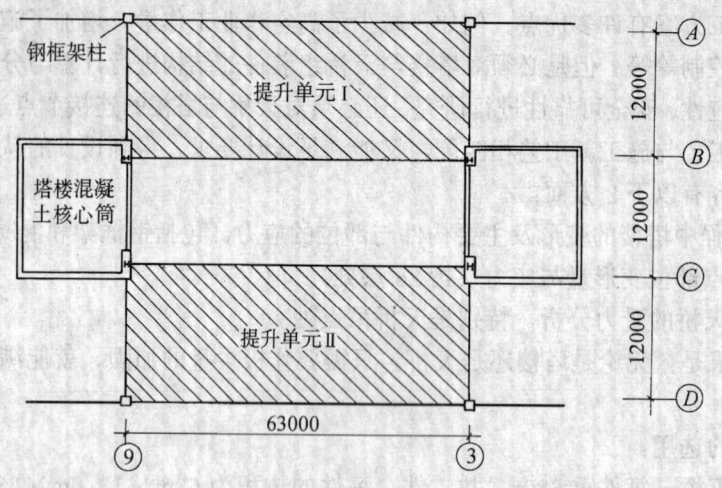

图 3.4-5　钢天桥施工平面示意图

说明：1. 本图打斜线部分，分别为液压提升的两个单元；2. 每个单元荷重 620t。

c. 具有带载上升和下降的功能，并能随时转换或停止。

d. 提升形式，千斤顶固定在某一标高上，拔钢铰线上升或下降。

e. 安全装置齐全，一旦系统遇到故障或突发情况（如停电、天气突变等），卡紧机构能及时闭锁，荷载随即悬停。

f. 能带载换卡爪，更换方便，符合长距离提升特点。

g. 提升时吊点的高差可以控制在 50mm 以内，提升到位时，微调精度能在 5mm 以内。上述的功能，满足了天桥整体提升的要求，为方案的顺利通过奠定了基础。

②钢天桥的组装：钢天桥总重约 1500t（指钢结构部分）。如果将天桥全部在地面组装，那么用 8 台 200t 千斤顶提升，其安全度太低。考虑到整体提升时的不均匀系数与动载系数等，我们取了 0.8 的系数，即提升重量（包括提升时天桥重量、天桥临时加固重量、安全设施与钢铰线的重量）在 1240t。

如图 3.4-4 所示，在地面组装的钢天桥呈梯形状。这是因为考虑到以下两方面的原因：

a. 尽可能降低被提升天桥的重心。

b. 方便补缺构件的安装，降低补缺构件吊装时的危险性。

天桥与塔楼需空中对接，组装时的定位非常重要，特别是 20 层上的 8 个对接点，填充段仅 40cm 长，万一在对接时发生 5mm 以上的位移偏差或扭转现象，那么对对接的质量造成严重威胁。

为了防止出现大的位移，我们用高精度的经纬仪，将南北塔楼 20 层上悬挑段的平面位置垂直投影到地下室顶板上，然后再放线组装。

③提升过程中的同步控制：GYC-200 型钢索式液压提升装置，为四台一组，由一个控制柜控制。每完成 1 个行程（即提升 20cm），最多会产生 5mm 的高差。为了把最大高差控制在 50mm 以内，我们规定：每做 10 个行程（即提升 2m），就调平一次高差，那时的高差最大也只有 50mm（忽略设备本身的调平功能）。观察的方法是：63m 方向用 2 台经纬仪从二侧观察天桥立柱的垂直度；而在 13.6m 方向，用透明的软管（内径 10mm）内装红色水，

把软管的二端分别挂在二侧的立柱上，利用连通器原理观察升差。

④提升时的防晃措施：

提升时产生晃动的直接原因来自风。经计算，在六级风力下，在 80～100m 的高空，如果风从天桥的正面吹来，天桥将受到 11t 左右的风荷载。而天桥是通过钢铰线挂在空中，刚起吊时上下锚的距离有 100m 以上，提升到位时也有约 24m 的距离，因此产生晃动是必然的。

对于高重心组装件的提升，晃动是设备本身不允许的，因为会影响卡爪与钢铰线的正常吻合。而在提升到位后，晃动更是不可以，因为那会影响天桥与塔楼的电焊对接。

防晃的措施主要有下面 3 方面：

a. 与气象台联系，帮助选择一周内风力小于五级的好天气。

b. 利用塔楼靠天桥一侧的四根钢柱，用 $\phi 48mm \times 3.5mm$ 的脚手钢管，把 12 根为一束的钢铰线圈在脚手钢管围成的方框内，并把方框固定在塔楼钢柱上，使钢铰线能在方框内上下自由通过，但限制了钢铰线的前后左右摆动。要求每隔 3 层（约 12m）设一道，以此来缩短摆长，达到减少摆幅的目的。

c. 提升过程中，若遇地面六级风以上的风力，要求停止提升，并用钢丝绳将悬空的天桥抛锚在塔楼立柱上。提升到位后，也必须用浪风绳作临时固定。在对接的部位用事先准备好的耳板与夹板，将填充段连接到天桥与塔楼的相应位置。

⑤提升过程中的监测：

尽管在提升前进行了大量的计算工作，方案与主要节点的设计修改也通过了专家的论证与设计的认可。但是把 1240t 重的庞然大物，要提到 100 多米的高空，这毕竟是一项高难度的施工项目，因此掌握提升时结构的变化情况，做到用数据讲话，使整个提升过程处于受控状态，这是至关重要的。为此我们请了专业测试队伍，到现场对提升过程中各关键部位进行应力应变监测。

另外在提升开始时，要求设备逐级加载，并用经纬仪与水平仪逐级监测塔楼框架与混凝土核芯筒的顶部位移，以及天桥下弦的挠度变化，每加载一次报一次数据，核实无误后再加载，直到天桥离地，确保万无一失。

⑥实施情况：

天桥组装用了 50d，提升历时 6d，但累计提升的实际时间约 20h，其中提升 4.5m 后，天桥悬停 2d，安装悬挂在天桥下面的 19 层。这主要是从安全施工考虑，因为 19 层的构件如果在高空悬挂安装，那是非常困难与危险的。

提升过程中，天桥的晃动很小，最大约 50mm 左右，主要原因是提升的那几天风力比较小，不大于四级，另外计算时以单摆形式，实践上天桥提升时有四组吊点，成长方形布置，长边 63m，短边 13.6m，与单摆的计算模式差异比较大。

从监测到的资料看，提升时应力很小，基本上都小于计算上值。用经纬仪观察塔楼的垂直度偏差与计算相差不多，框架柱顶的最大位移是 21mm，而计算是 24mm；混凝土核芯筒顶的位移最大是 5mm，计算是 7mm。天桥组装件提升时下弦的挠度，计算值是 10mm，而实际小于 3mm。

⑦钢天桥与塔楼的对接：

天桥与塔楼的对接无牛腿搁置，是通过填充段（最短 40cm）在空中把塔楼与天桥连接。

这就要求天桥提升到位时与塔楼对接部位的标高误差必须很小，要求是小于5mm。为此我们针对所用设备的特点，制定了提升到位进入微调阶段的实施细则，其中包括何时开始进入微调、微调步骤、注意事项以及微调结束后如何防止油压泄漏而造成下滑的措施。由于方案考虑比较周到，具体实施时又严格按方案微调，因此提升到位后，水平与垂直位移都达到了目标值，即最大不超过5mm。

对接采用剖口焊形式。因为天桥提升时，南北塔楼与天桥都会变形，造成填充段的长度很难控制。为此采用一端放余量，到现场根据实际尺寸切割开剖口的办法。

钢天桥与塔楼是通过填充段而连接的，填充段的焊接质量是至关重要的。为了保证焊接质量，我们请教了"焊神"曾乐，帮助我们制定了焊接工艺，其中包括：余量切割要求、填充段临时固定措施、焊条的品种、焊条与被焊构件的预热温度与时间、焊接程序与要求，以及焊接后的应力释放措施与焊缝的探伤要求等等。

4) 裙房营业厅桁架吊装：

营业厅桁架的位置在南北塔楼之间的8～10层，它是二塔楼的连接体，共五榀。桁架的长度达63m，高度有4.6m和8.6m两种，安装底标高+30.05m，顶标高约39m，每榀桁架的重量在150～180t之间。

营业厅桁架系上海证券大厦的主要结构之一，其设计、制作、安装难度很大，特别是安装上，由于桁架跨度大，而桁架的高度仅4.6m，高跨比达13.7，整榀吊装时，设计要求吊点不少于五点，且每点的受力要均匀，避免出现过大的水平力。鉴于上述的起吊要求，我们决定先安装钢天桥，再利用有24m高的钢天桥桁架的下弦节点（共有七个节点）整榀提升营业厅桁架（图3.4-6），经计算上述方案是可行的。

如图3.4-6所示，吊装采用压铁作悬挂配重，二端配以卷扬机滑轮组提升的工艺，采用这种提升方法好处是：

① 减小了卷扬机的起重能力；

② 保证各吊点的受力均匀；

③ 节约投资。

为了保证营业厅桁架的安装质量，必须对分段制作的桁架在出厂前进行预组装，验收合格方可出厂。其次该桁架的安装质量对与其连接的塔楼框架的安装质量提出了很高的要求，为此我们对南北塔楼的第7～10层间的安装质量提出了高要求，要求标高误差控制在2mm以内（规范要求不大于6mm），而在轴线与垂直度的控制上，按规范要求翻倍执行，从而为安装63m桁架创造有利的条件。

A、B、C、D、E轴五榀大桁架，在地下室顶板上拼装成整榀，先同时提升B、C两榀，到位于南北塔楼连接时，用两台爬塔吊装BC轴线内的连接钢梁与次桁架，两端可靠连接后，拆除吊点，再同时提升A、D轴桁架，到位用两侧的辅助吊机吊装AB与CD轴线内的钢梁与次桁架，同样在两端可靠连接后再拆除吊点。E轴的桁架采用两台CC2000吊机双机抬吊安装。

由于桁架的组装基本上不占工期，提升工艺比较简单容易操作，且安全可靠，因此在营业厅桁架安装时，受到了各方面的赞扬。

4) 天线杆的安装：

天线杆竖立于天桥桥廊的B、C轴中间的7轴线上，其根部坐在裙房屋面上，但天线杆

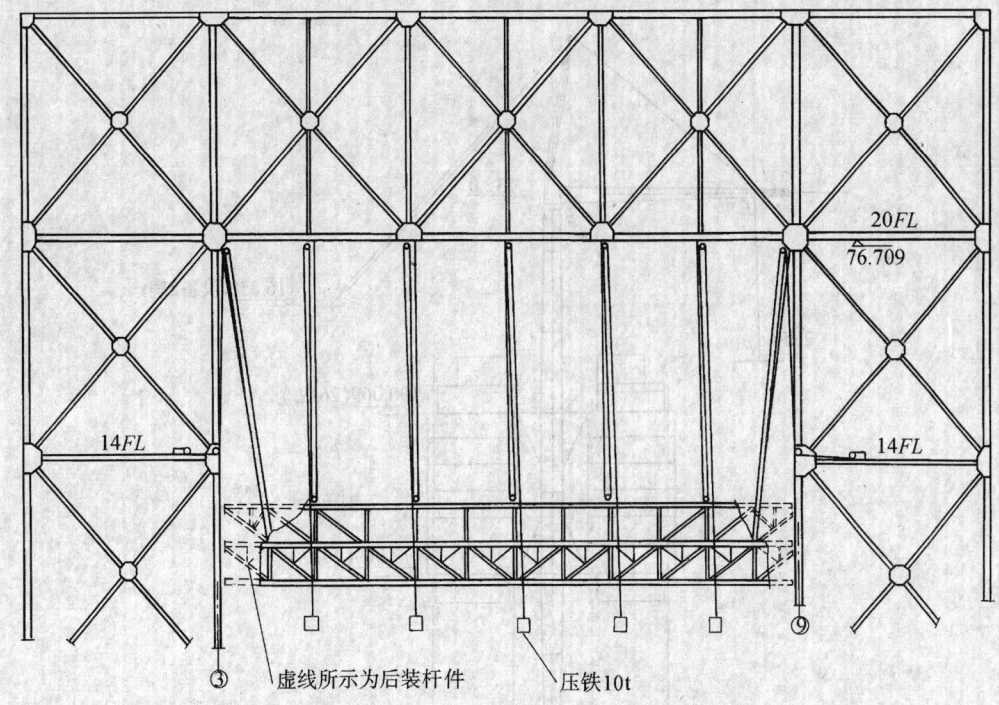

图 3.4-6　营业厅桁架整榀提升示意图

的垂直荷载并非由该支座承担，该支座仅部分约束天线杆的水平位移，而整根天线杆的固接点分别在天桥 20 层和 26 层的柱梁节点上。天线杆全长是 139.403m，安装总重达 140t，顶端耸于 +177.628m 标高。

整根天线杆呈两端尖，中间大的锥形体，横断面呈等边三角形，与天桥连接处的最大横断面边长为 4m。

天线杆上不论是横杆、竖杆还是斜杆均由钢管组成，钢管规格为 ϕ402mm、ϕ325mm 与 ϕ219mm，壁厚 13～11mm 不等。

天线杆的安装是上海证券大厦钢结构工程的最后一大项目，其安装时塔楼、天桥与裙房的结构均已完成，且北塔楼上的爬塔也已拆除，仅留南塔楼上一台爬塔，该爬塔的吊装高度只有 137m。

天线杆的总体安装方案是：用 K550 爬塔从裙房 10 层屋面开始，逐段向上安装，一直到 132m 标高，并把天线杆与天桥的固接点全部按设计要求完成。132m 到 177.628m 的天线杆采用横装，用滑轮组、卷扬机在高空起扳到位的方案（图 3.4-7）。

要实施上述方案，必须对下面的各个关键部位进行计算：

①132m 以下的天线杆（已安装），能够承受起扳时各阶段的荷载；

②45.628m 的被扳天线杆的受力计算；

③辅助撑杆的设计与计算；

④各个锚固点与铰支座的设计与计算；

⑤卷扬机、滑轮组的配置以及位置安排。

经过计算，高空起扳的施工方案完全成立，且不需要花费大的投资，其中辅助撑杆

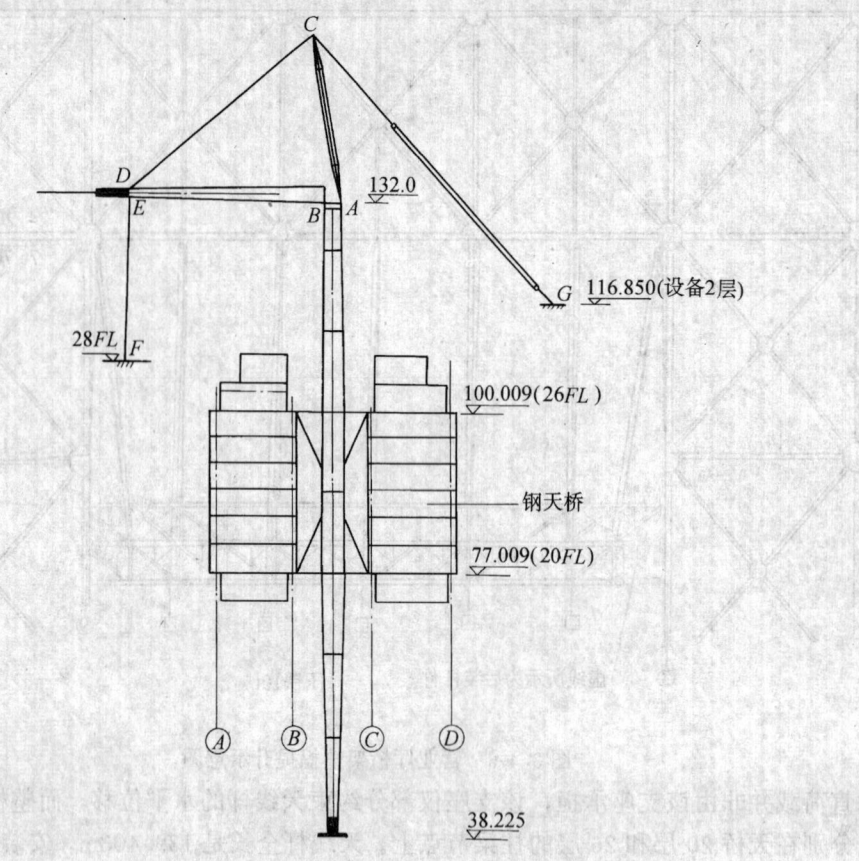

图 3.4-7   天线杆上部高空起扳施工示意图

（受力达 40 多吨），我们用现有的 W1001 吊机扒杆省去了不少钱。

准备工作做好后，进行高空扳吊（包括临时固定）。仅用了 40min 时间，整个施工过程安全可靠，安全质量也达到了设计要求。

（6）爬塔的装拆：

上海证券大厦工程的南北塔楼各有一台大吨位的爬塔，爬塔的安装是用 CC-2000 吊机一次安装到位，无多大难度。但是爬塔的拆除却比较难。因为在 100 多米的高空，常规机械是无法吊到的，更何况大型爬塔拆除时，其单件重量也要在 12t 左右。

上海证券大厦北塔楼的爬塔先拆，它是用南塔楼上的爬塔（K550）帮助拆 50m 大臂与平衡臂，而塔身的拆除用了 1 台 TQ-（60-80）塔吊（国产），立于北爬塔的一侧来拆的。而 TQ-(60-80) 塔吊又用 K550（爬塔）拆，这也不难。

最难的是 K550（南爬塔）的拆除了，由于核芯筒施工的需要，K550 爬塔拆除时已爬到了核芯筒的最高点，且拆除时已无法下降，这样 TQ-(60-80) 塔吊也无法达到拆除它的要求。为此我公司用旧的已报废的吊机改装成一台有 240t·m 起重能力的屋面吊机（代号 WMD210）。将它立于核芯筒的一个角上，来拆 K550 爬塔，另外再设计制造了一台 32t-m 的屋面吊机（QW6 屋面吊）来拆 WMD210 吊机。最后 QW6 屋面吊可拆成小而轻的单件（一般在 500kg 以内由施工电梯或土扒杆吊至地面）。

用 WMD210 屋面吊可拆 K550 爬塔的平衡臂、塔身等。但是 60m 长的扒杆，单靠这台屋面吊是不能胜任的。K550 爬塔扒杆重 32t，就算先拆除一部分部件，但最终还得有 21.63t 重量必须与扒杆整体吊至屋面，而 WMD210 屋面吊的最大起重量仅 15t，为此我们不得不寻找其他途径来拆 60t 扒杆。

已安装好的钢天线桅杆是比较理想的吊点种根点，扒杆面标高约 140m，而天线杆顶高约 180m。如果在天线杆 150m 以上的某部位设一副外挑 1.5m 的三角架，在三角架的外端设一吊点与 WMD210 屋面吊一起抬吊 60m 扒杆至 28 层屋面，这一方案既省钱又安全方便。经计算天线杆完全能承受抬吊扒杆所需要的荷载。最终，在业主与设计单位的认可下，我们就是采用上述方案拆除了 K550 爬塔的扒杆，顺利地解决了上海证券大厦钢结构安装工程中的最后一大难题。

（7）施工测量控制：

1）测量依据：

以业主提供的坐标点 M_{11}、M_{12}、M_{13}、M_{14} 作为定位依据，使用 T2 经纬仪建立轴线控制网。根据设计轴线交点坐标，计算出控制点坐标。

水准点由业主提供的 ZBM_1 高程控制点，绝对高程为 4.338m，±0.00 相当于绝对标高。

2）塔楼垂直度控制和标高控制：

当地下室顶板施工结束，即将塔楼定位控制线用 T2 经纬仪引测到顶板上面。南北塔楼各以 4 根箱型框架角柱作为控制柱，利用 T2 经纬仪和 $WILD_{2L}$ 准直仪逐层往上引测，从而完成塔楼的竖向传递。

施工过程中，由于负荷的逐渐增加，充分考虑到钢柱的压缩变形。根据细部设计图的计算，使柱顶标高控制在允许误差范围内，保持设计中心线和设计标高。

3）钢天桥整体提升的测量、校正：钢天桥是证券大厦的主要结构，在整体提升钢天桥的施工过程中，必须抓住测量、校正这一重要措施，只有在钢天桥的最终提升到位，空中对接成功，才能确保钢结构安装的质量要求。

①随塔楼电梯井筒混凝土施工，安装筒壁内连接钢天桥的钢柱：A、B、C、D 轴的 3、9 轴的钢柱，在 +77.450、+101.150m 处（第 20 层、26 层）均有伸出混凝土筒体的连接端，以此与钢天桥的箱型上、下弦以过渡的形式全熔透对接，精度要求很高。使用 WILD-20002 全站仪进行精确的跨度轴线测量，以及标高测量，钢柱的垂直度控制在 $H/1000$ 之内。

②钢天桥的地面镶拼组装：钢天桥镶拼在地下室的顶板上，首先就是把 A、B、C、D 轴线按实放在顶板上，即作为镶拼组装钢天桥的定位轴线，其次把第 20 层、第 26 层连接端的实测高差，作为天桥箱型上、下弦杆的高差。3～9 轴各轴线相应连接端的实测长度。作为天桥长向的长度控制。下弦杆的标高、起拱度随组装通过测量和校正，用千斤顶调整到设计要求。

③整体提升过程的测量：

钢天桥提升过程中的测量，主要是测量钢天桥的倾斜，以保证钢铰线提升时的铅垂，避免受力不均匀。因此在天桥上设置了连通器，内灌红色液体，以此来观察提升过程中的倾斜。在液压提升控制上，每提升 10 个行程（即 2000mm），测一次各角点标高，作一次调平，反复循环，始终将天桥的各点高差控制在 50mm 以内。

提升即将到位时，在最后 50mm 提升高度中，每提升 10～20mm 即测定一次标高，进行调平，来完成提升对接。

④提升到位的钢天桥过渡对接校正：

提升到标高的钢天桥，以中心线 6 轴线作定位测量，神仙葫芦水平微调，使钢天桥调整到轴线质量标准范围内。实测天桥上弦、下弦、斜杆与连接端的距离，按对接全熔透焊接的要求，安装过渡段。

对整个钢天桥经现场测量，纵横轴线、上下弦形心标高、钢柱垂直度位移，实际测量值均优于设计值的质量要求。

（8）现场焊接：证券大厦钢结构的焊接施工数钢天桥最为复杂，它可以分为地面镶拼组装和高空镶补两个阶段。天桥桁架由上下弦杆、立柱和斜杆组成，构件均为箱型截面。组装后成大型立体桁架，致使许多接头处于约束状态下。钢天桥构件的板厚 20～55mm，且焊接位置复杂，有平焊、横焊、立焊和仰焊。我们制定了相应的焊接施工工艺，以保证钢天桥的焊接质量。

1）地面镶拼焊接：钢天桥组装形成稳定节间，并在高强螺栓紧固之后，开始焊接。焊接基本按照先中间后边口，先下后上顺序，并对称焊接。

①焊接顺序：下弦杆→立柱→斜撑→上弦杆。

②焊前准备：

a. 检查坡口表面状况，并做好坡口角度、间隙、错边记录；

b. 清除焊缝两侧的铁锈、油污及杂质，清洁衬板和坡口表面；

c. 焊条 300℃ 烘焙 2h，100℃ 保温 1h，放于保温筒中带至焊接现场，随用随取。

d. 焊前对接头区两边进行预热。

③焊接施工：

a. 采用 J507RH 焊条，ϕ3.2mm 或 ϕ4mm 打底，ϕ5mm 中间层，ϕ4mm 盖面；

b. 焊接采用多层多道焊，道道清渣，并检查焊缝质量；

c. 控制层间温度不低于 110℃；

d. 打底层焊缝厚度不小于 6mm，填充层焊缝不大于 4mm；

e. 同一构件不得两端同时施焊；

f. 焊接时，尽量使构件处于较自由状态，减小约束度；

g. 焊接上、下弦杆和斜撑时，先进行仰焊，焊至三分之一板厚时，两人对面同时进行立焊，尽量保持焊速一致，待剩下盖面时，再移至仰焊、平焊，直至整个接头结束。

④焊后处理：

a. 清除焊缝及焊缝两侧钢柱上的熔渣和飞溅物，修整焊缝表面缺陷；

b. 立即对接头进行后热处理，后热温度 200℃ 左右，然后用石棉布包裹，使其缓冷。

2）钢天桥高空镶补安装：

①焊接顺序：下弦杆→下斜撑→上斜撑→立柱→上弦杆。

②焊接施工：钢天桥提升到位，丈量好与塔楼的间距，将过渡段按丈量好的尺寸，切割成型后，再将过渡段安装镶嵌到位后，进行焊接。为了减小约束应力，焊接下弦节点时留有一个焊口，作为活口后焊。焊接顺序如下（图 3.4-8）：

1 号节点→2 号节点→3 号节点→4 号节点。

a. 下弦杆、上弦杆的焊接,先焊仰焊缝,焊至三分之一板厚时,两人相对同时进行立焊,尽量保持焊速一致,待焊到剩下盖面层时,再将仰焊缝焊完,平焊缝焊完,补完立焊盖面;

b. 斜撑的焊接,亦是先焊仰焊位置焊缝,再焊立焊缝,最后焊接平焊缝;

c. 焊后处理方法同前。

3) 焊后质量检验:

①焊后进行焊缝外观检查。检查标准按 AWSD1.1-92 2.6 节进行,经检查 100%合格。

②焊后 24h,对焊缝进行无损探伤。

a. 对表面用磁粉探伤法,查验焊缝有无裂纹,经检查焊缝合格;

b. 对焊缝内在质量用超声波探伤检查,一般接头按 AWSD1.1-92 8.15 节要求进行;下弦杆和受拉焊缝按 AWS D1.1-92 9.25 节标准进行。

③经超声波检查所有焊缝均 100%合格。

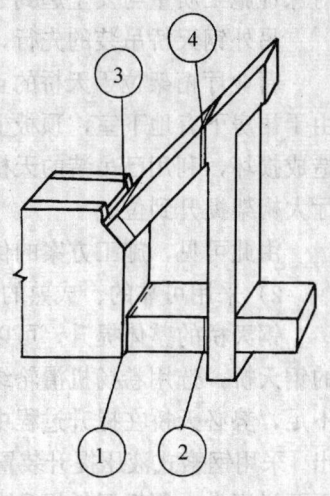

图 3.4-8 过渡段焊接顺序示意图

(9) 保证质量与安全措施:

1) 选择合理的施工流程,优化施工方案:

上海证券大厦的吊装方案主要是围绕着钢天桥的吊装而展开的。而钢天桥的吊装不外乎二种:高空散装与整体提升。

如果天桥采用高空散装方案,那么施工流程应该是这样:

先安装南北塔楼与中间的裙房,随后安装天桥,而天桥安装需一段接一段的悬臂式吊装。

采用这种方案施工有其优点。首先由于塔楼间的 9 层裙房已安装,因此天桥吊装时对南北塔楼造成的弯曲变形影响要小;其次裙房可以提前交付安装设备等。

但是天桥的高空散装会带来以下各种困难与危险:

①为了确保施工安全,在 70m 以上的高空必须解决施工脚手,无论是悬挑、悬挂或者是落地脚手,由于没有可靠的支承或悬挂点,脚手相当难处理。

②由于受塔吊起重能力限制,只能进行单个构件或单个节点安装,在安装过程中,受构件自重、施工荷载以及风荷载的影响,造成构件的定位比较困难。特别是天桥有 1500t 钢构件,少说也需二个月的吊装工期,在这样长的一段时间里,难保不出现八级以上的大风天气,那时天桥如果未合拢,那么又如何抵抗侧向风力呢?

③在 70m 以上的高空,因风速大,势必给大量的焊接和安装工作带来困难,施工质量肯定不如地面施工,同时也给质检工作带来困难。

④从裙房顶到天桥底约有 40m 的空间距离。天桥的吊装对裙房的施工是一个严重的威胁。这里不仅仅是一个产品保护的问题,同时也是对裙房施工人员如何采取保护措施的问题。

如果天桥采用整体提升,即现在采用的施工方案,就有效地克服了散装方案带来的一系列困难与危险。首先它把1200t左右的高空作业量放到地面上做，减少了高空作业危险性，又提高了施工质量；其次天桥提升完全可以避开大风天气，增加了安全性；再次，组装提升到位的天桥完全可以做到与裙房施工之间的空间隔离。因此采用整体提升施工方案对保证施工质量与安全起到了积极的作用。

另外钢天桥吊装的先行，也为下面的营业厅桁架的吊装打开了方便之门。

营业厅桁架位于天桥的正下方，每榀自重150～180t，共4榀。吊装高度达40m左右。由于裙房下有地下室，顶板上跑大型起重吊机会对施工安全带来威胁，对地下室顶板也会造成损坏，利用已吊装的天桥下弦挂上滑轮组，就可以非常安全地把组装在顶板上的营业厅大桁架提升到位。

由此可见，施工方案的优化，施工流程的合理是保证质量与安全的关键。

2）采用可靠的、成熟的施工工艺：

钢天桥的整体提升，可以采用传统的卷扬机滑轮组施工工艺。但是对长距离、大吨位的钢天桥，选用卷扬机滑轮组就不太合适了，最大的问题就是卷扬机的容绳量，由于容量不足，势必天桥在提升过程中要设搁置点或悬挂点，不能连续提升，施工安全问题相当突出。采用钢索式液压提升装置这类问题就容易解决了。首先它是钢铰线承重的，它不怕高，不要说证券大厦钢天桥提升高空为100m左右，就是1000m，工厂也能制成整根的，因此这就保证了连续提升，就算装置在提升过程中发生问题，这套装置也能带载在任何提升高度上悬停几天甚至几个月，因为它有自锁功能，这样施工安全度大大地提高了。

63m跨度的营业厅桁架，设计要求起吊时吊点不少于5点，最多达7点，且要求各节点的受力保持均匀，否则由于该桁架的侧向刚度差，而造成起吊过程中桁架的变形或损坏。为此我们采用了平衡法吊装工艺，即位于中间的各吊点挂上相等重量的压铁，桁架的二端各设1台卷扬机。这样就很轻松安全地将4榀大桁架安装到位，同时也满足了设计的要求，保证了桁架的安装质量。

①建立完整的质量检验与监督保证体系：

施工前：做好测量工具与仪器的预检与管理；做好对上道工序的预检（包括土建部分与钢构件的检查），尽量使上道工序的质量疵点消失在吊装之前。

每吊装完一个施工节后，立即用测量仪器进行检测，其误差提交制作工厂，在下一个施工节构件制作时修正。

落实责任，强化管理。把质量管理贯彻到班组的每一个人，明确其在工作中所承担的具体任务和职责。公司、分公司和现场项经部经常组织不定期检查，督促质保措施的落实，发现问题除及时整改外，还要查明原因，杜绝问题重复发生。

②建立以项目经理为首的项目安全生产管理班子，并设专职安全员跟班检查督促（每一个吊装区域设一名），发现违章或不安全苗子，立即限时整改或报告有关部门处理，做好安全上岗记录并定时抽查。

③对于重大的、高难度的或采用新工艺施工的环节，或者说是一个单项，开吊前必须实行吊装令制度。

用液压提升新工艺，长距离提升大体积、大吨位的钢天桥，在国内是首创，在国际上也不多见，为了确保万无一失，必须对涉及吊装的有关条件实行监控，对吊装前的各项准备工作的检查是相当重要的，为了加强对吊装准备工作的检查管理，工地实行填写和签发吊装令制度。

涉及吊装前必须检查落实的项目可分为10大类、52个项目。我们把它们汇编进检查项目表。每一项都设有检查内容及要求、检查结果与检查人等。吊装令检查人这一项，涉及到的单位与部门达12个。吊装令实行分公司与公司二级签发。吊装前组织一次会议，由各分项检查人汇报检查情况，汇总各项准备工作均达到要求后，再由主管经理和总工程师签发同意开吊，然后可以吊装。吊装令制度的实行，为天桥提升顺利完成奠定了基础。

在桅杆开吊前，也同样实行了吊装令制度。

3.4.3　几点体会

（1）上海证券大厦工程是我国第一个按国际建筑管理模式由国内施工企业总承包的超高层钢结构工程，它开创了国内企业在超高层钢结构总承包国际招标中夺标的先例。在此之前，国内建筑企业长期处于专业分包的"打工"地位。这次我公司作为该工程的钢结构总承包，承担了除钢材采购以外的所有钢结构项目，包括图纸深化、钢结构加工制作、安装以及防火喷涂等项目。因此上海证券大厦钢结构安装工程的胜利竣工，它表明了我国的超高层钢结构施工能力又前进了一大步，打破了在这一施工领域中由国外施工企业垄断的局面。

（2）该工程现场几乎没有施工场地，故采用裙房后吊，利用裙房位置作为南北塔楼与天桥构件的堆放场地与组装场地的方案是十分明智的。上述方案有效地解决了六千多吨（占总量的60%）钢构件的现场堆放和组装难题，同时也解决了核芯筒混凝土施工所必需的施工用地。否则现场必然显得非常混乱，从而影响施工进度。

（3）在上海证券大厦工程中，我们几乎采用了目前能采用的各种施工工艺，其中有不少新技术、新工艺。例如采用钢索式液压提升新工艺整体提升巨形钢天桥；营业厅桁架采用多吊点配重式的吊装，以及桅杆超高空整体起扳等。这一方面体现了上海证券大厦钢结构工程的技术难度大，同时也说明了施工技术必须不断地提高、不断地发展，必须因地制宜地运用到不同的地方，必须充分发扬技术民主，运用群众的集体智慧，克服技术上的各种难题，只有这样才能适应现代化建设的需要。

（4）充分利用大厦的固定结构来完成高、重、大构件的吊装，是该工程钢结构施工中的一大特色。例如1240t重的钢天桥，利用南北塔楼作支架整体提升；利用先行安装的钢天桥吊装下面的150t左右一榀的营业厅钢桁架；利用已安装好的桅杆协助拆除爬塔扒杆（长60m、重32t）等等。如果不利用原有结构的话，那么要完成上述的吊装，势必将花费大量的人力和物力。

（罗仰祖　金中林　吴金湖）

3.5　1500m³乙烯球罐施工技术

3.5.1　技术特性与安装特点

（1）工程概况：上海石化股份有限公司炼油化工部于1991年从日本城水铁工所引进了2台材质为LT50、容积为1500m³的乙烯球罐，由上海工业设备安装公司第二分公司负责现场组焊，上海市锅炉压力容器检验所派员现场监检。球罐结构型式为温合三带，由29块球罐壳板、10根赤道正切支柱组成，见表3.5-1和图3.5-1。现场对接焊缝长度312m，球罐焊后需整体热处理，工程于1991年8月开工，1992年5月竣工。

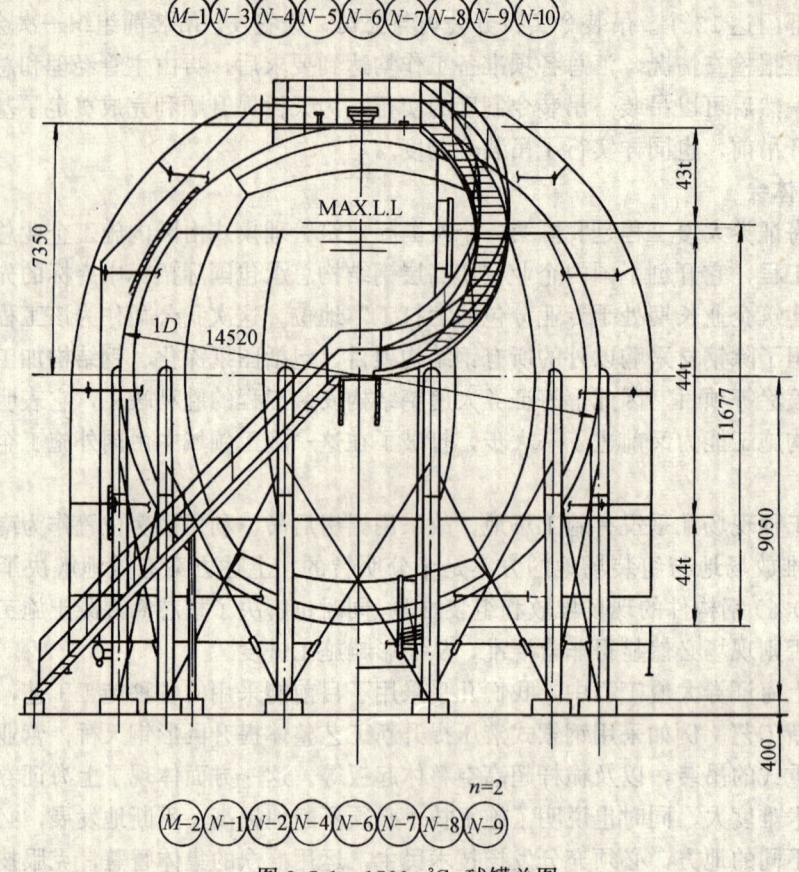

图3.5-1　1500m³C₂球罐总图

（2）技术特性：

1）球罐主要技术参数见表3.5-1。

球罐主要技术参数表　　　　　　　　　　　　　　表3.5-1

项　　　目	名　称　规　格	项　　　目	名　称　规　格
容　　　积	1500m³	结构形式	温合式三带
内　　　径	14520mm	球壳板总块数	29块
壁　　　厚	43～44mm	其中：上极板	7块；50874kg
球壳材质	LT50	赤道板	15块；135395kg
设计压力	2.1168Mpa	下极板	7块；50179kg
设计温度	-35℃	球壳板总重	236448kg
贮存介质	乙　烯	支柱形式	赤道正切
焊条牌号	LB62L	支柱数量	10根
焊条制造厂	日本神户制钢所	支柱重量	33668kg
设计单位	日本城水铁工所	球罐总重量	305000kg
球罐制造厂	日本城水铁工所	焊缝长度	312m

2）球壳板钢材及焊条性能见表 3.5-2～表 3.5-4。

球壳板钢材及焊条化学成分　　　　表 3.5-2

项目	牌号		C	Si	Mn	P	S	Cu	Ni	Cr	Mo	V	Bppm	备注
球壳板	LT-50	规格值 min	0.15	0.90										
		max	0.16	0.55	1.60	0.025	0.015	0.020	0.40	0.15	0.25	0.050		
		检查值＊1	0.13	0.35	1.29	0.011	0.002	0.01	0.47	0.02	0.05	0.033	3	
焊条	LB-62L	检查值＊1	0.07	0.30	0.87	0.012	0.004		2.38					
		复验值＊2	0.07	0.34	0.85	0.011	0.004		2.14					扩散氢含量 1.03mL/100g

注：1. 检查值：取自日本神户制钢所检查证明书中一例。
　　2. 复验值：取自上海工业设备安装公司第二分公司焊接材料复验报告一例。
　　3. LB-62L 符合美国 AWS A5.5 E8016-C1。

球壳板钢材及焊条力学情况　　　　表 3.5-3

项目	牌号		屈服强度 (N/mm²)	抗拉强度 (N/mm²)	延伸率 (%)	弯曲 α=180° α=1.5t	冲击韧性 J（AKV）				
							温度 (℃)	1	2	3	平均
球壳板	LT-50	规范值 min	490.33	608.01				min	27.459		47.07
		max		735.50	25	好	−40				
		检查值＊1	529.56	637.43	48	好	−40	184.37	184.37	184.37	194.17
焊条	LB-62L＊3	检查值＊1	533	619	26		−60				70
		复验值＊2	560	645	25		−60	88	67	121	71.67

焊条性能参数　　　　表 3.5-4

焊条	药皮类型	使用范围	烘焙温度(℃)	烘焙时间(h)	保温温度(℃)	再烘焙次数
LB-62L	低氢型	球本体、定位、夹具、支柱、返修、咬边修补等	350～400	1	100～150	≤2

（3）安装特点：

1）组装特点

采用整体组装法，即将所有球壳板及支柱直接在基础上组装成整球，再依次完成焊接、无损检测、整体热处理、水压试验、气密试验等整套工艺。

2）焊接特点：

①工夹具全部焊在球罐外侧：组装用工夹具全部焊在球罐外侧，使内侧无临时焊疤，提高了使用安全性。

②深坡口均设在外侧：球壳板的单面坡口或双面坡口的深坡口均设在外侧，施焊顺序为先外侧，后内侧；先纵缝，后环缝，焊接变形得到有效控制。

③采用单侧全厚度分段退焊法，减轻了焊工劳动强度，保证了焊接质量，焊后成形打磨。

3）严格质量控制：按球罐施工工艺全过程（见图 3.5-2 施工工艺流程方框图）进行质量控制，对其中关键工序，设置以下 7 个"停止点"，凡遇停止点检查，必须经监检人员、

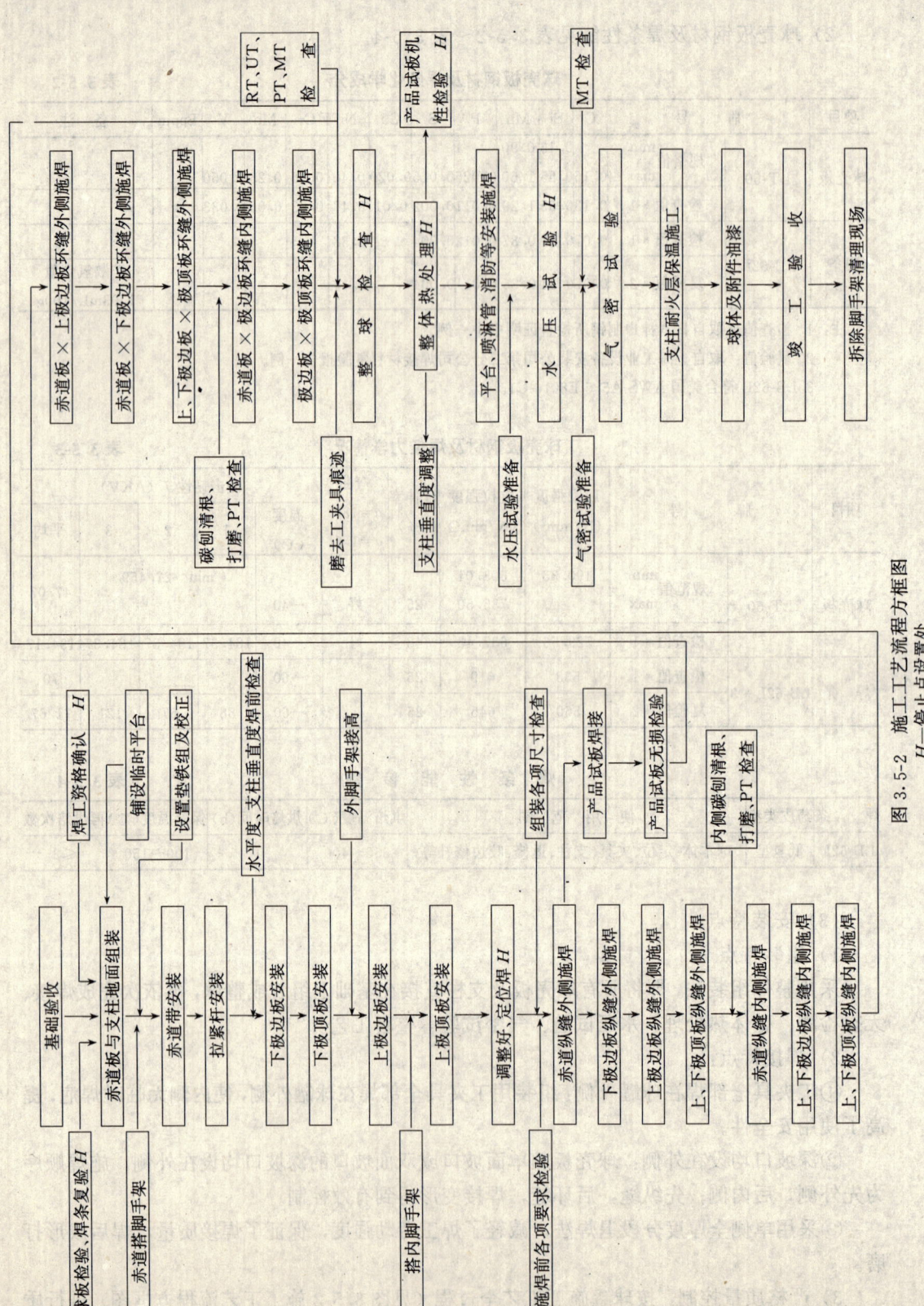

图 3.5-2　施工工艺流程方框图
H—停止点设置处

建设单位及质保体系有关责任人员共同确认签证后，方可转入下道工序：

①球罐本体材料质量控制；

②焊工资格审查；

③球罐组装后几何尺寸检查；

④球罐焊接后检查；

⑤球罐整体热处理；

⑥产品焊接试板焊制和评定；

⑦耐压试验。

3.5.2 施工准备

(1) 编制施工方案：根据球罐的结构型式与交货状态，编制了相应的施工方案。施工方案编制时，贯彻执行了日本的工业规范（JIS）高压气体取缔法及焊接协会标准（WES）中的有关规定，同时也执行了中国《压力容器安全技术监察规程》的有关规定。

(2) 焊接工艺评定：由于日方厂商提供了焊接工艺评定的各项技术资料及焊接工艺说明书即要领书，故我公司不再按国内标准作全面的焊接工艺评定，仅按日方提供的《现场焊接施工方法确认试验要领书》进行立焊、横焊、平＋仰焊三项焊接工艺评定试验，经验证，其结果均符合有关规定。

(3) 焊工技能考试：为了同时满足中国与日本各自规定的要求，凡从事本球罐工程焊接的焊工，必须首先取得《锅炉压力容器焊工考试规则》中的 D2-5，6，7，8J 项目的合格证，然后按日方规定，用球罐相同材质的试板与球罐焊接相同的焊条，采用球罐焊接相同的焊接工艺，在现场进行由日方、我公司及上海市劳动局锅炉压力容器检验所参加的汇同考试，考试的项目为板状试件，立焊、横焊、平＋仰焊 3 副试板 4 个位置，试板的具体尺寸及检验标准与要求见表 3.5-5。

试板尺寸和检验标准　　　　　　　　　　　　　　　　表 3.5-5

项　目	标　准
一、试板 （材质 LT50）	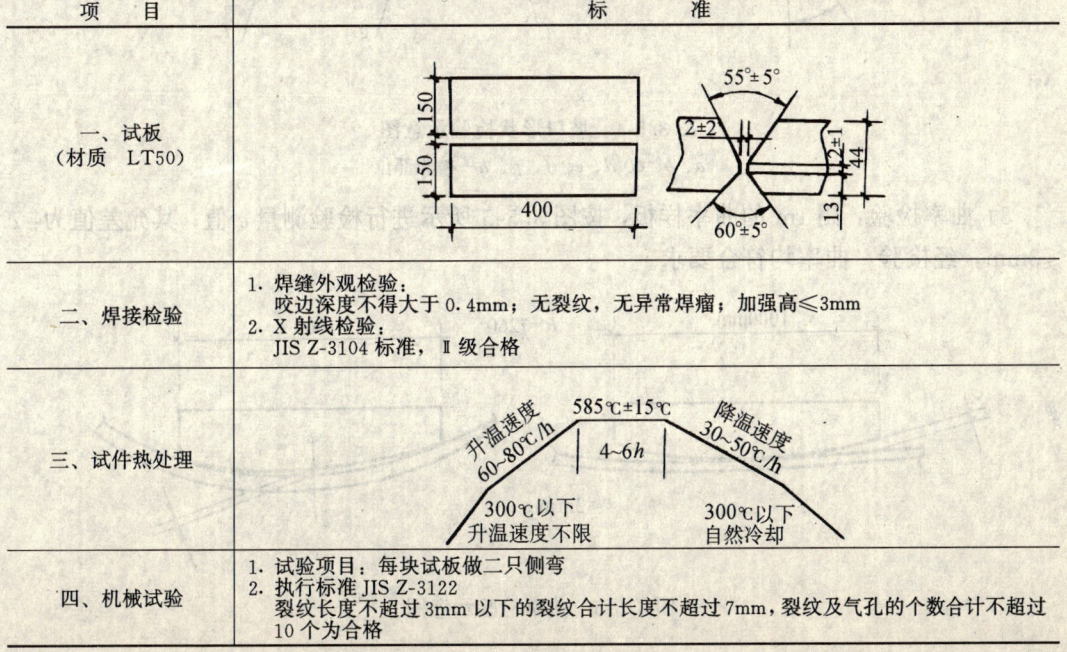
二、焊接检验	1. 焊缝外观检验： 　咬边深度不得大于 0.4mm；无裂纹，无异常焊瘤；加强高≤3mm 2. X 射线检验： 　JIS Z-3104 标准，Ⅱ级合格
三、试件热处理	升温速度 60~80℃/h　585℃±15℃　降温速度 30~50℃/h 4~6h 300℃以下 升温速度不限　　300℃以下 自然冷却
四、机械试验	1. 试验项目：每块试板做二只侧弯 2. 执行标准 JIS Z-3122 　裂纹长度不超过 3mm 以下的裂纹合计长度不超过 7mm，裂纹及气孔的个数合计不超过 10 个为合格

（4）球壳板检验：

为了保证球罐安装质量，必须对引进的球壳板进行严格的检验。首先按设计图纸检查球壳板的几何尺寸、坡口角度、厚度，对内在质量进行 20％抽检。

1）几何尺寸检验：球壳板的几何尺寸按图 3.5-3 进行逐项检验。

位　置	A	B	C	D	E	$L_1 - L_2$
允差(mm)	±2	±2	±2	±2	±2	3

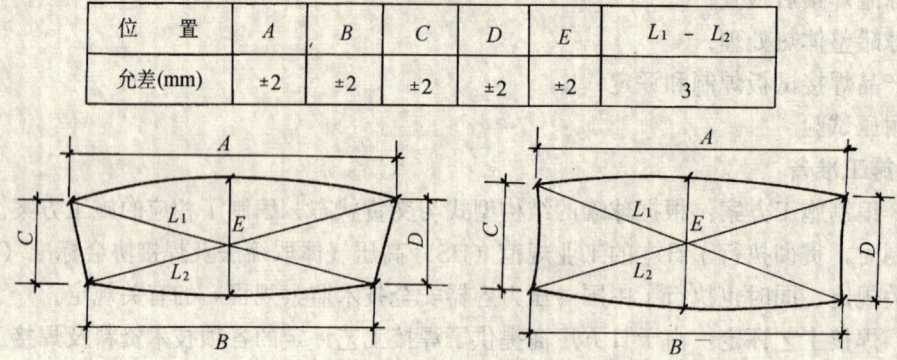

图 3.5-3 球壳板几何尺寸检验示意图

2）坡口形状检验：球壳板的坡口形状按图 3.5-4 所示进行检验。其允差值：θ_1：30°±2.5°；θ_2：27.5°±2.5°；R：2±1mm。经检验，坡口均符合允差要求。

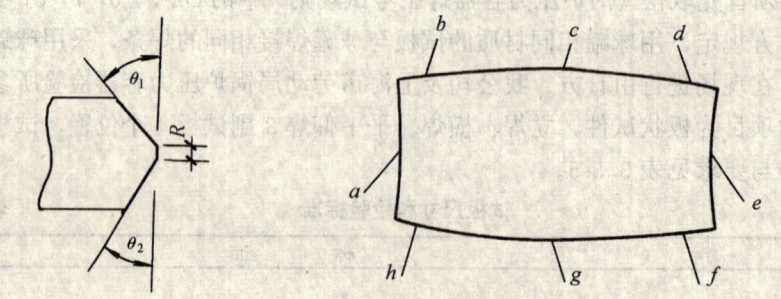

图 3.5-4 坡口形状检验示意图

a、b、c、d、e、f、g、h—检验部位

3）曲率检验：用1m的曲率样板，按图 3.5-5 所示进行检验测量 c 值，其允差值为：$c \leqslant 3$mm，经检验，曲率均符合要求。

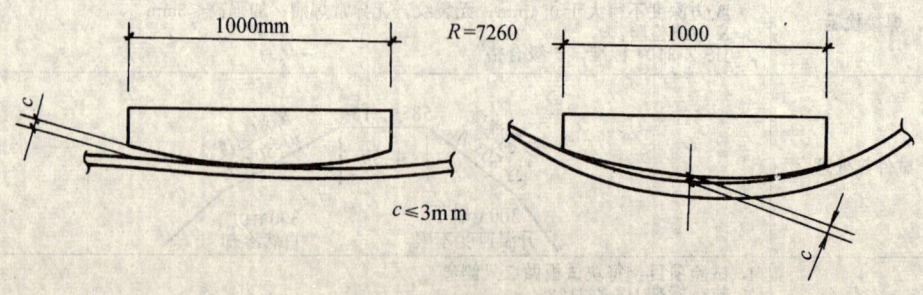

图 3.5-5 曲率检验示意图

4）厚度检验：球壳板厚度的检验，采用超声波测厚仪进行，检验部位见图 3.5-6 所示，抽查结果符合设计壁厚。

5）内在质量检验：为了解球壳板的内在质量状况，对球壳板进行超声波抽检，对其中六块进行100％超探，其余对周边100mm 范围进行检验，结果符合 ZBJ74003-88I 级的规定。

（5）焊条验收与保管：

球罐本体焊接所需焊条的牌号、规格，由日方匹配供应，为 LB-62L，按批号进行复验，复验结果，与日方检查证明书相符（见表 3.5-2 和表 3.5-3）。

经复验合格的焊条，由焊条保管员负责核对入库焊条的牌号、批号、规格、数量及包装情况，经确认无误后，

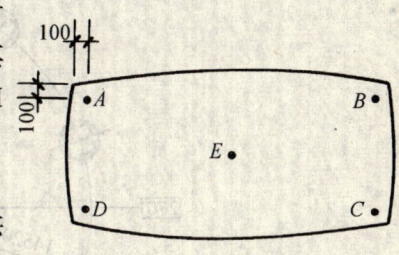

图 3.5-6 厚度测量部位示意图
A、B、C、D、E—测量部位

进入焊条库，按规格、批号分别存放在料架上，焊条库内装有红外线灯及去湿机，以控制库内温度、湿度，保管员负责每天实测记录二次。

（6）基础验收：基础的验收由建设单位会同土建、安装、劳动局监检代表，日方指导人员共同进行，根据建设单位提供的基础设计图，基础施工单位提供的质量合格证明书，按图 3.5-7 所示方式与表 3.5-6 所示的测量项目与验收标准进行测量验收，经实测，各项数据均在标准规定的范围之内。

基 础 验 收 标 准 表 3.5-6

序号	检 查 项 目		允 差 （mm）
1	基础标高偏差		±5
2	基础平面度偏差		±2
3	地脚螺栓中心与 基础中心圆距离偏差	内	±2
		外	±2
4	相邻支柱基础中心间距偏差 P_1		±3
5	支柱间距离偏差 　　P_2		±4
	P_3　P_4		±5
6	基础中心圆直径偏差		±5
7	地脚螺栓顶端水平		±5
8	地脚螺栓有效长度		螺栓露出螺母 1.5～5 牙

3.5.3 球罐组焊

（1）球罐组装：

1）支柱上、下段组焊：

①上部支柱与下部支柱在地面钢平台上拼接，施焊。

②支柱拼接时应注意拉杆耳板方向，调整好支柱平面度及中心线基准点。

③在上、下支柱进行点焊前，必须测定总长度及直线度、左右偏差等均达到允差值后方能点焊，正式施焊前加固焊口，以防止变形，焊后进行 PT 检测。

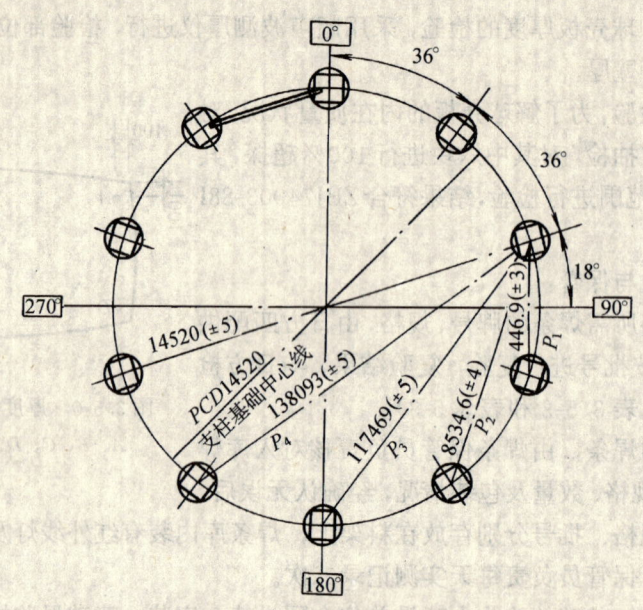

图 3.5-7   基础验收实测图

④支柱地面组焊允许偏差（按日方施工要领书标准）（图3.5-8）。

a. 上下支柱中心偏差：±3mm。

b. 焊接部位弯曲：±2mm（$l_1 \sim l_2$，$l_3 \sim l_2$）。

c. 支柱左右弯曲：±3mm（$l_1 \sim l_2$）。

d. 焊接后全长：±3mm（l_3）。

2）赤道带安装：

①赤道板的组装顺序如3.5-9图所示，按1-2-3-4的顺序进行，安装方位、球板编号必须核对正确。

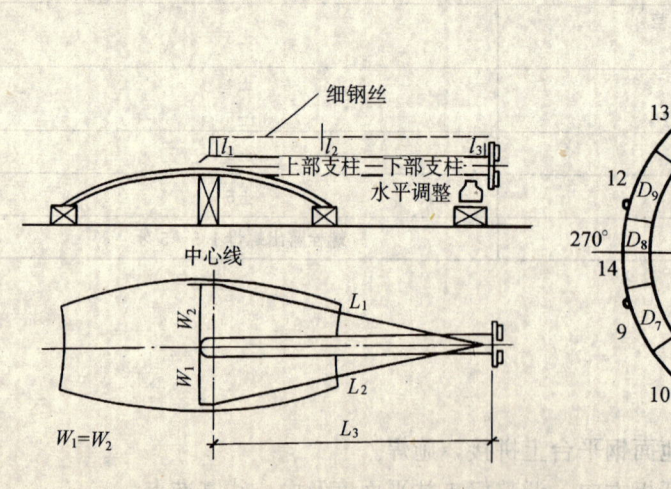

图 3.5-8   支柱地面组焊示意图

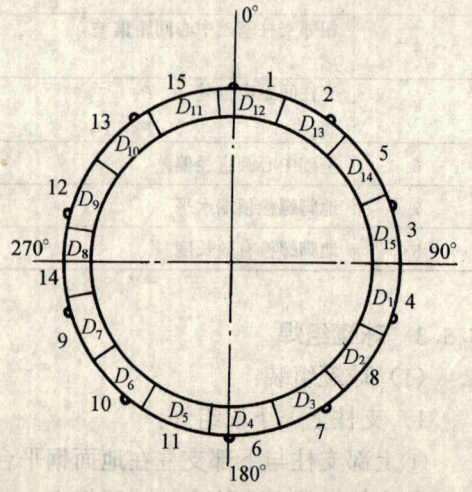

图 3.5-9   赤道板安装顺序图

$D_1 \sim D_{15}$—赤道板编号

②吊装第一块带支柱的赤道板，用缆风绳临时固定并调整好垂直度，然后拧紧地脚螺丝，图3.5-10。

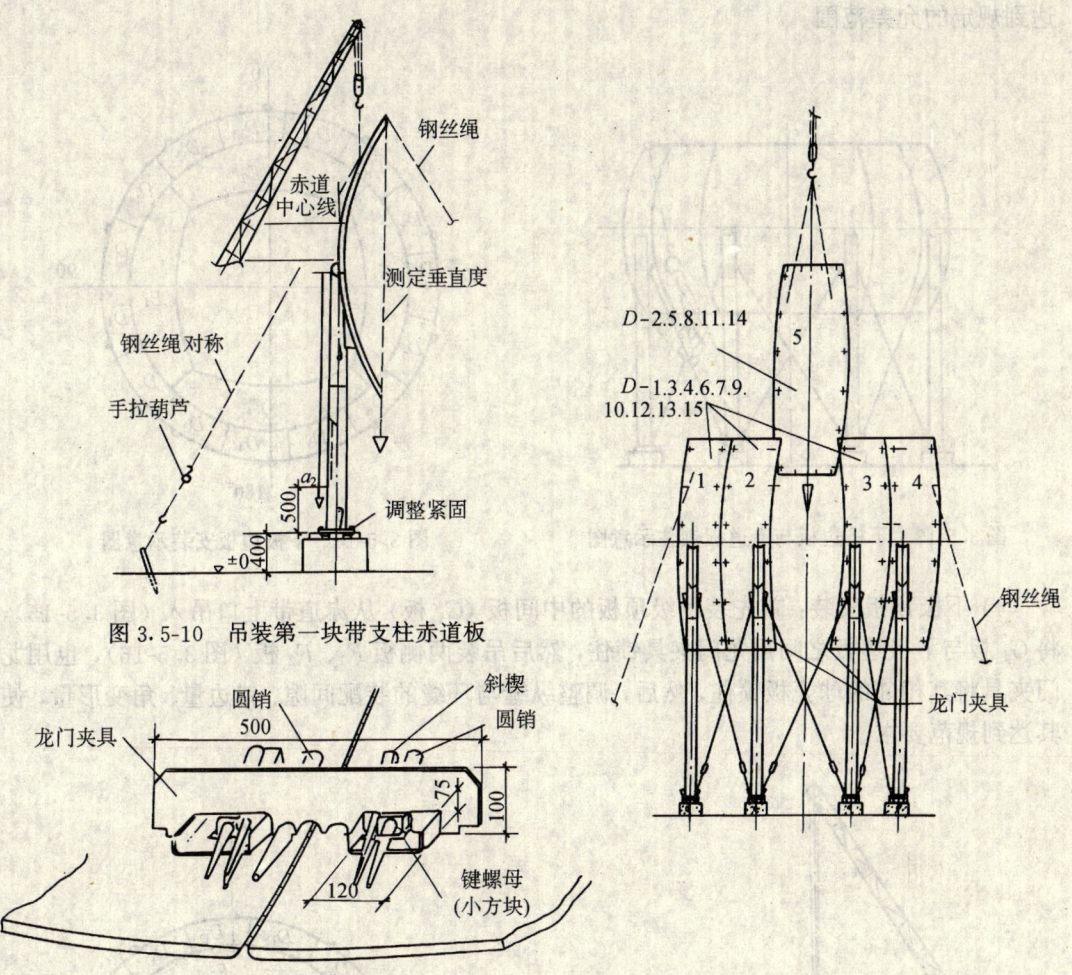

图3.5-10 吊装第一块带支柱赤道板

图3.5-11 龙门夹具锁紧两块球壳板示意图

图3.5-12 吊装不带支柱赤道板

③吊装第二块带支柱的赤道板，用缆风绳临时固定，再用龙门夹具将其与第一块赤道板锁住，同时装好两支柱之间拉杆，调整好垂直度，拧紧地脚螺丝（图3.5-11）。

④吊装第三块带支柱的赤道板，同②。

⑤吊装第四块带支柱的赤道板，同③。

⑥按图3.5-12所示，将第五块不带支柱的赤道板插入第二、第三块赤道板之间，用龙门夹具将其与相邻赤道板锁住，并将第二、三支柱之间拉杆装上。

⑦然后按3.5-12图示依次吊装就位，组成整圈赤道带。

全部吊装就位的赤道带还需通过调整，使其赤道水平度、装配间隙、错边量、角变形量、内径差、支柱垂直度等达到规范要求，然后再安装下极板。

3）下极边板安装：混合式球罐的下极为足球式，其中下极边板共4块，首先用吊机将第一块下极边板从赤道带上口吊入，用钢丝绳及手拉葫芦固定，同时用龙门夹具将其与赤道板锁住（图 3.5-13），然后用同样方式按图 3.5-14 所示，吊装相邻的第二、第三块，吊装顺序为 E_1-E_2-E_4-E_3，直至闭合，调整纵缝与环缝的装配间隙，错边量、角变形量，直至达到规定的允差范围。

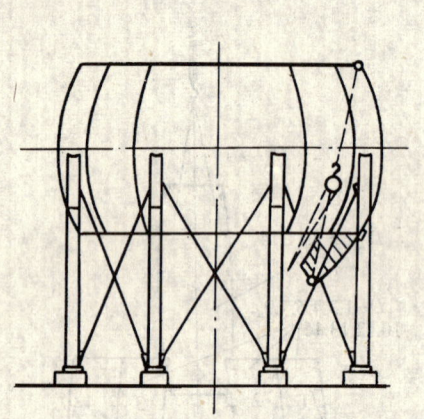

图 3.5-13　下极边板与赤道板锁住示意图

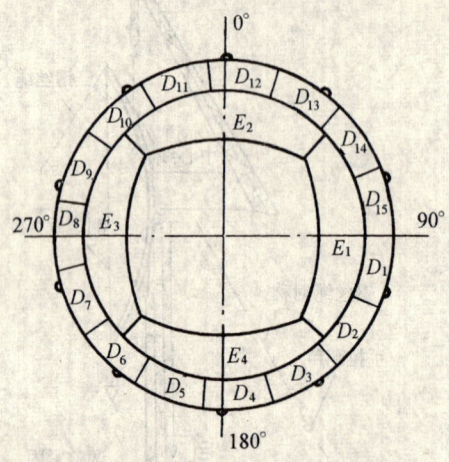

图 3.5-14　下极边板安装示意图

4）下极顶板安装：首先装下级顶板的中间板（G_1 板）从赤道带上口吊入（图 3.5-15），将 G_1 板与下极边板之间用龙门夹具锁住，然后吊装两侧板 F_1、F_2 板（图 3.5-16），也用龙门夹具将其相邻的球壳板锁住，然后，调整纵缝与环缝的装配间隙、错边量、角变形量，使其达到规范要求。

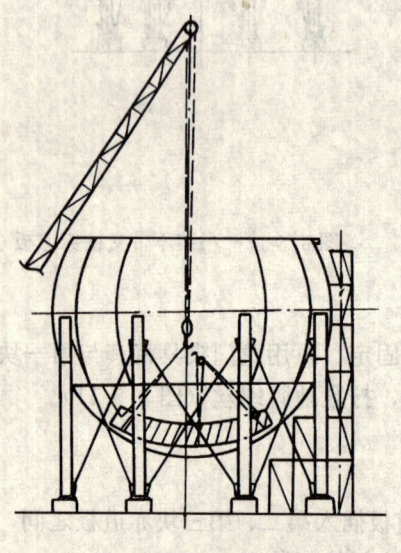

图 3.5-15　中间板吊入示意图

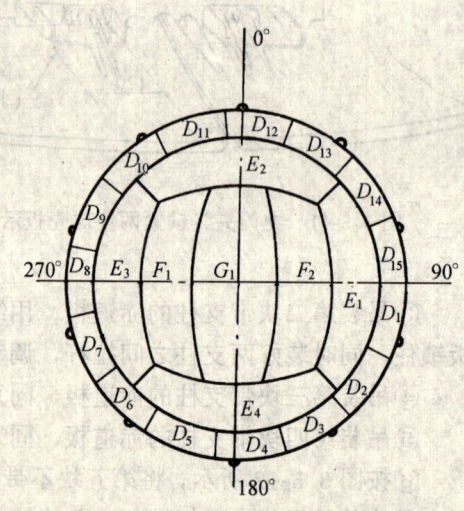

图 3.5-16　两侧板 F_1、F_2 吊装示意图

5）上极边板安装：上极边板也为四块，首先用吊机吊装每一块 C_1 板。（图 3.5-17），用龙门夹具将其与赤道板锁住，但吊机不松钩，此时用另一台吊机将第二块 C_2 板如图 3.5-17 的方式吊装就位，并用龙门夹具将其与相邻的球壳板锁住，然后两台吊机同时松钩，吊装顺序 $C_1 \rightarrow C_2 \rightarrow C_4 \rightarrow C_3$（图 3.5-18），直至闭合，调整纵缝及环缝的装配间隙、错边量、角变

形量,使其达到规范要求。

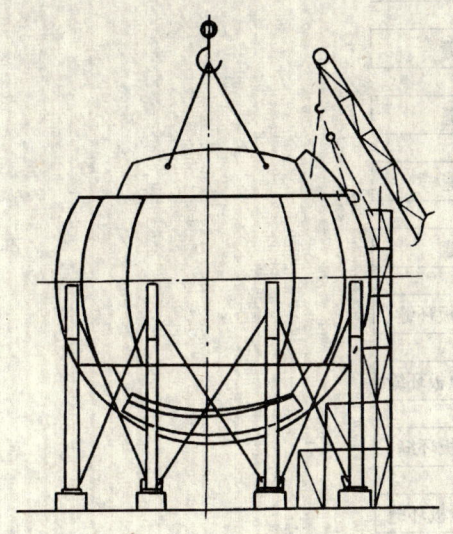

图 3.5-17 上极边板吊装示意图

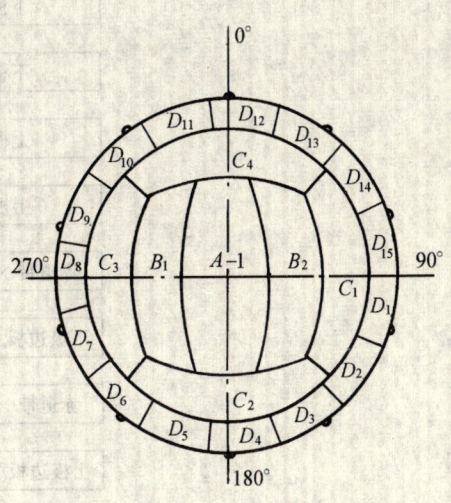

图 3.5-18 上极边板吊装顺序图

6) 上极顶板安装:首先按图 3.5-19 所示的方式将上级顶板的中间板(A_1 板)吊装就位并锁住,然后吊装两侧板 B_1、B_2 板(图 3.5-20)并锁住,最后调整纵缝及环缝的装配间隙、错边量、角变形量,使其达到允差范围。

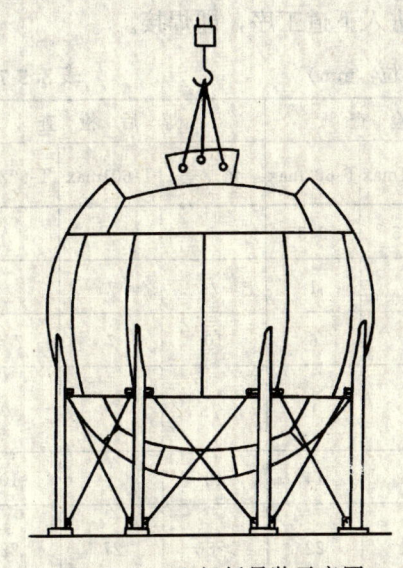

图 3.5-19 上极板吊装示意图

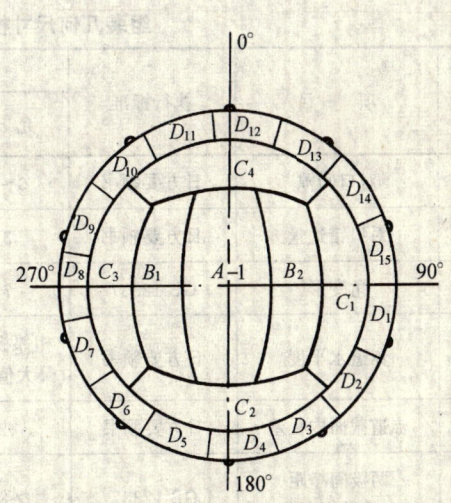

图 3.5-20 二侧板 B_1、B_2 板吊装示意图

7) 组装定位焊:组装调整完成的球罐,按图 3.5-21 的顺序进行组装定位焊,定位焊的焊工资格、采用的焊条与焊接工艺与球罐本体焊缝的焊接要求相同,定位焊焊缝在球罐内侧的小坡口内,每段焊缝长度为 80mm,间距 300mm,焊肉高度不低于 8mm。

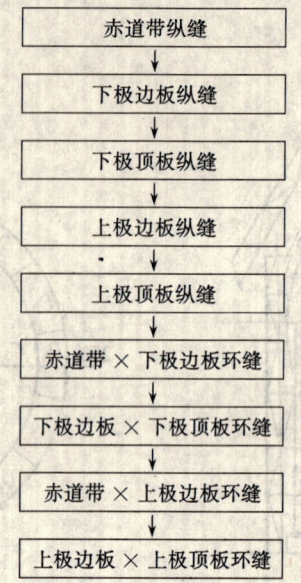

图 3.5-21 组装定位焊顺序图

8）组装停止点检查：球罐经组装调整定位焊后，进行停止点检查，即由建设单位、监检代表、质保体系责任人员共同对整球的组装质量，组装后的各项几何尺寸作一次全面的检查。检查的项目、检查的方法及允差值见表 3.5-7 所示。经测量，2 台球罐各项组装数据均在规定的允差范围之内，停止点检查通过后，可进入下道工序，即焊接。

组装几何尺寸检查表（单位：mm）   表 3.5-7

序号	项目	执行标准	焊 前 检 查			焊 后 检 查		
			允差	T-601max	T-602max	允差	T-601max	T-602max
1	对口间隙	日方要领书	0～4	3.5	3.5	/	/	/
2	对口错边量	日方要领书	3	1	1	/	/	/
3	角变形	GB 12337	7	5	6	10	7	7.5
4	赤道水平度	日方要领书	相邻板 3 最大值 7.3	1	1	/	/	/
5	赤道截面内径差	日方要领书	42	5	14	42	4	10
6	两极间净距与设计内径差	GB 12337	≥80	21	22	≥80	27	22
7	支柱垂直度	日方要领书	≤15	5	4	≤15	8	4

注：沿对接接头每 500mm 测量 1 点。

（2）球罐焊接：

1）焊条：

①焊条复验见 3.5。

②焊条使用范围见表 3.5-4。

③焊条的烘焙要求见表 3.5-4。

④焊条回收、发放：焊条干燥、发放、回收要有专人管理，发放、回收要做好记录，发放时间应在 4h 内，超过 4h 回收的焊条，要进行再干燥，再干燥不超过 2 次。

2）球壳板坡口型式见图 3.5-22。

3）预热与后热：焊接时的预、后热，采用液化石油气，预热温度、层间温度、后热温度见表 3.5-8。

图 3.5-22　球壳板坡口型式

预热、层间、后热温度表　　　　表 3.5-8

母 材	厚 度 (mm)	预热温度（℃）	层间温度（℃）	热后温度（℃/min）
LT-50	43～44	100～150	100～200	200～250

4）焊接工艺：

①球罐本体焊缝焊接顺序：

球罐本体焊缝的焊接顺序，遵循先外侧后内侧，先纵缝后环缝的原则（见表 3.5-9），纵缝采用分段退焊法见图 3.5-23，环缝采用多名焊工对称均匀分布，作同方向同步施焊。

②焊接工艺参数见表 3.5-10。

焊 接 顺 序　　表 3.5-9

焊　接　缝		焊 接 顺 序	
		外侧	内侧
赤道板纵缝	D×D	1	6
下极边板纵缝	E×E	2	7
上极边板纵缝	C×C	3	8
下极顶板纵缝	G×F	4	9
上极顶板纵缝	A×B	5	10
赤道板×下极边板	D×E	11	15
赤道板×上极边板	D×C	12	16
下极边板×下极顶板	D×E.F	13	17
上极边板×上极顶板	C×A.B	14	18

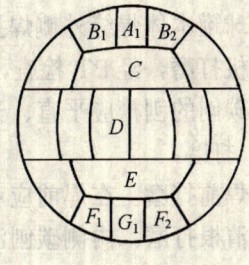

焊接工艺参数表　　表 3.5-10

焊接位置	焊接方法	焊条牌号	焊条直径(mm)	电流(A)	电压(V)	线能量(kJ/cm)
平焊	手工电弧焊	LB-62L	4.0	100～190	20～28	10～50
			5.0	150～260	21～29	
立焊	手工电弧焊	LB-62L	4.0	100～190	20～28	10～50
			5.0	150～220	21～29	
仰焊	手工电弧焊	LB-62L	4.0	100～190	20～28	10～50
			5.0	150～260	21～29	
横焊	手工电弧焊	LB-62L	4.0	130～190	20～28	10～50
			5.0	180～260	21～29	

③焊接要点：

a. 焊接前必须将坡口表面及两侧不小于 20mm 范围内的铁锈、油污、水分等清理干净。

b. 纵焊缝采用向上立焊分段退焊法，分段的长度可根据当天焊完为好，每段焊缝尽可能一次连续焊完，必须中断时，其焊接层数不得少于 2 层，且再次焊接前必须仔细检查，确认无裂纹等缺陷后方可按原工艺要求继续施焊。多层焊时，层间的焊接接头应相互错开 50mm，见图 3.5-23。

c. 引弧和熄弧应在坡口内或焊道上，"T"字型或"Y"型焊缝接头处的纵焊缝焊接时，应将熄弧点引向环缝的坡口内。

d. 环缝由数名焊工对称均匀分布焊接，焊接时避开"T"字接头。

e. 混合型球罐，每台有 8 只"Y"型接头，为保证该型式接头焊接质量，焊接作业时，应绝对避免在三点交叉处引弧及熄弧。

f. 临时附件的焊接与球罐本体焊缝的焊接要求相同，引弧和熄弧应在工夹具上或焊缝上，严禁在球罐本体表面引弧和熄弧，角焊缝至少焊二道，见图 3.5-24。

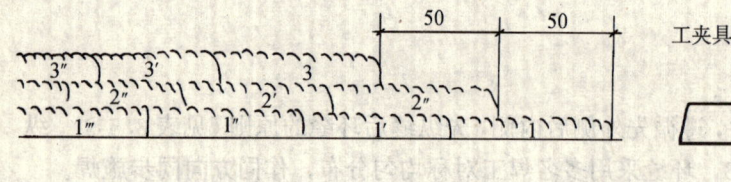

图 3.5-23　层间焊接接头分布图
1、1'、1"……—根焊条焊接长度

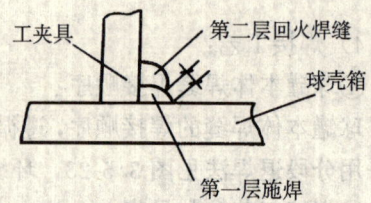

图 3.5-24　临时附件焊接示意图

5）碳弧气刨：

①球罐本体焊缝外侧焊接完后，在球内侧用碳刨清根，一般清除到完好金属为止，再用砂轮机打磨，经 PT 检查，直至缺陷全部清除为止。

②碳刨的刨槽应平直、光滑，如图 3.5-25 所示。

6）打磨：

①焊前打磨：在焊前应对坡口面内的锈、油漆等进行打磨，直至呈金属光泽。

②清根打磨：内侧碳刨清根后，应打磨清除表面氧化层，直至经 PT 检测合格。

③成型打磨：在整球焊接结束后，无损检测前应对球罐的本体焊缝进行成型打磨，表面不得有妨碍无损检测的缺陷存在，成型打磨的余高如图 3.5-26 所示。

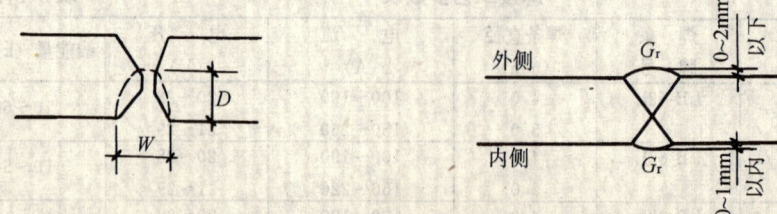

图 3.5-25　碳刨刨槽示意图　　　　　　图 3.5-26　焊缝成型打磨示意图

7）焊接环境要求：为了确保焊接质量，必须为焊接作业创造一个能保证焊接质量的良好环境,因此在焊接前,搭设了坚固的防护棚(蒙古包),它有防风雨作用,四周用防火帆布遮盖,顶部用瓦楞板遮盖,且留有排烟通风口,在创造了一定的环境后,还需按表3.5-11的条件,严格控制必需停止施焊的条件。每天上、下午至少进行一次气温、湿度的测定,测定点应离开焊接作业区1m以外的地方。

焊接环境条件 表3.5-11

序 号	项 目	气 象 条 件	备 注
1	天 气	下雨、下雪	
2	风 速	>8m/s	
3	气 温	低于-5℃	
4	相对湿度	>90%	

8) 焊缝质量检验与返修:

焊缝焊完后,应首先对其表面质量进行外观检查,其表面质量要求见表3.5-12,当焊缝出现规定不允许存在的缺陷时应在火焰加热器未拆除前,立即按焊缝返修的具体要求,将缺陷消除,并补焊结束。

焊缝表面质量检查标准表 表3.5-12

序 号	项 目	检 查 标 准
1	焊缝及热影响区	不应有裂纹、气孔、夹渣、凹坑、未焊满
2	咬 边	不得大于0.4mm,连接长度不得大于100mm,总长度不得超过10%
3	焊缝余高	>0~2.5mm
4	焊缝增宽	每边1~2mm

经外观检验合格后,进行成型打磨,再作射线检测(RT)、磁粉检测(MT)以及超声波抽检(UT),经检测不合格的部位,用碳弧气刨及砂轮磨刨的方法将缺陷消除干净,并经渗透检测(PT)确认缺陷已排除,然后按球罐本体焊缝焊接相同的焊接工艺进行返修焊,经返修的部位,还需按原检测要求作各种检测,直至合格,同一部位的返修次数不得超过两次。

9) 产品焊接试板:

①每台球作立焊、横焊、仰焊+平焊位置的产品试板各一副。

②产品试板焊接,应符合《压力容器安全技术监察规程》第71条规定。

③产品试板的检验与评定按日方提供的《现场要领书》,机械性能试验按GB150—89附录G执行。

④产品试板制备过程中应严格作流转记录,在各项试验结束后,对产品试板进行综合评定,认真填写记录表格,经日方、甲方、监检代表、质保体系人员签证确认。

10) 焊后几何尺寸检验:焊接工作全部结束后(包括无损检测),需对整球几何尺寸作一次检查,其允差范围及检查结果见表3.5-7,焊后整体检查,是停止点,检查通过后,可进入下一道工序,整体热处理。

3.5.4 无损检测

（1）无损检测范围和区域：球罐焊接时需作无损探伤的焊缝主要是：球壳板之间的对接焊缝，上下支柱的对接缝，球壳板与支柱、接板、人孔接管的角缝等，其具体的探伤方法、检查比例见表 3.5-13。

无损检测范围和区域表   表 3.5-13

焊 接 接 头	接头类型	无 损 检 验 方 法			
		RT	MT	PT	UT
球壳板×球壳板	对接	100%	100%①、③	100%②	20%
球壳板×支柱上段	角接	—	—	100%	
支柱上段×支柱下段	对接	—	—	100%	
球壳板×联接板	角接	—	—	100%	
临时附件去除区域	角接	—	100%		
球壳板×人孔、接管	角接	—	100%④		
人孔法兰接管颈圈	对接	—	100%④		
产品焊接试板	对接	100%	100%	100%①	

注：①用于焊缝背面碳刨清根的坡口；

②用于内外表面；

③用于水压试验前、后；

④用于水压试验后；

⑤无法作 MT 的部位，可改作 PT；

⑥RT—射线检测、MT—磁粉检测、PT—渗透检测和 UT—超声波检测。

（2）射线检测：

1）射线检测的技术条件：

①射线源：采用移动式"X"射线探伤机，日本 3005 机 4 台。

②胶片与增感屏：胶片规格 100mm×360mm，采用双面铅箔增感。前后屏的厚度均为 0.02mm。

③透照方法与象质计：全部采用内透法透照，象质计选用 JB4730-F0-6/12，指数 8。

④拍片时间与底片质量：

X 射线拍片应在焊接结束后 36h 以后进行，底片的质量要求是：底片有效评定区的黑度应在 1.0～3.5 之间，底片有效评定区内不应有因胶片处理不当引起的缺陷，或其他妨碍底片评定的划伤、压痕、水渍污染等伪缺陷。

⑤底片标记的排列：

底片必须具备：容器位号、焊缝号、焊工号、片号、年、月、日、母材、厚度、象质计、拍片方向号、搭接符号或铅标定尺（定位标记），见图 3.5-27。

⑥X 射线底片的编号：

a. 极板纵缝：由小角度向大角度方向编号，或由东向西，由南向北。

b. 赤道纵缝：由上（小片号）向下（大片号）方向编号。

c. 环缝（横缝）：由 0°向右 360°按顺时针方向编号。分割时必须把 T 缝放入底片中心。

d. 返修片号：返修规定至多不超过 2 次，拍片时编号为—R_1 或—R_2。

⑦底片的评定：按 JIS-Z-3104 中对焊缝透照缺陷等评为Ⅱ级合格。

a. 裂缝、未焊透、未溶合，评为Ⅲ级合格。

b. 长、宽比＞1/3 的为线状缺陷，＞1/3 板厚的线状缺陷为Ⅲ级（需返修）。

c. 长、宽比＜1/3，但＞1/2 板厚的圆型缺陷，为Ⅲ级需返修，圆型缺陷，按换算计定为Ⅲ级。

d. 综合评定：二种或二种以上缺陷，存在于同一种评定区内，合计为Ⅲ级，需返修。同时必须满足二种缺陷中有一种是Ⅰ级。

2）射线检测不合格焊缝的返修程序：经 X 射线检测不合格的焊缝按图 3.5-28 的程序进行返修和再探伤，直至合格。

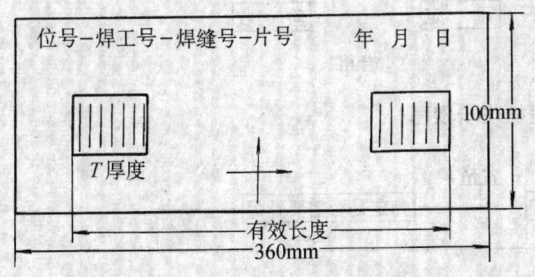

图 3.5-27 底片标记位置图

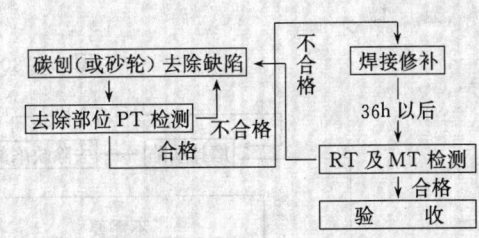

图 3.5-28 "X"射线检测不合格焊缝返修程序图

（3）超声波检测：

1）超声波检测比例：主体焊缝在 RT 后作不小于 20％的超声波检测，其中：Y 型、T 型焊缝必须超探。

2）标准与评定：按 JIS-E-3060 标准Ⅰ级合格。

①不允许任何裂缝、未熔、未焊透存在。

②其他缺陷根据 dB 波幅曲线划区判定，凡在Ⅲ区内超过 6dB 法当量都作为判废不合格处理。

（4）磁粉检测：

1）检测设备及材料：磁粉检测采用交流级间式探伤器。检测用的磁粉采用荧光磁粉，湿式，以水为分散剂，其磁粉浓度为 0.5～2g/L。

2）工件表面及磁粉位置要求：作磁粉检测时必须将焊缝及其两侧的母材打磨至露出金属光泽，且使焊缝与母材的交界处平滑过渡。磁粉检测也应在焊接结束后 36h 后进行。磁粉的位置符合图 3.5-29 所示的要求。

3）磁粉检测步骤：磁粉检测步骤按图 3.5-30 所示的规定进行。

4）磁粉检测不合格焊缝的返修程序：经磁粉检测不合格的焊缝，必须按图 3.5-31 所示的程序进行返修和再检测，直至合格。

5）标准与评定：

①标准：JIS-G-0565。

②评定：无缺陷为合格，有明显缺陷指示为不合格。

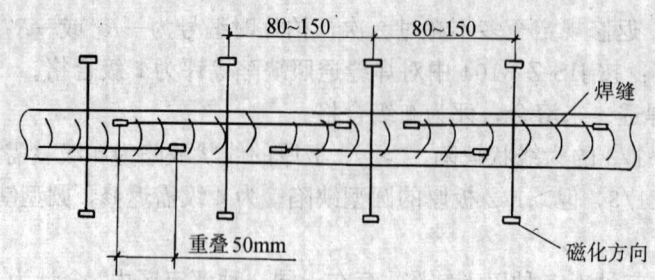

图 3.5-29 磁粉检测磁极位置图

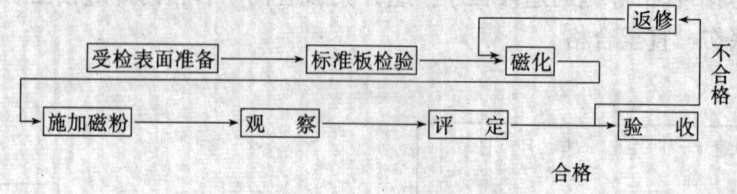

图 3.5-30 磁粉探伤步骤图

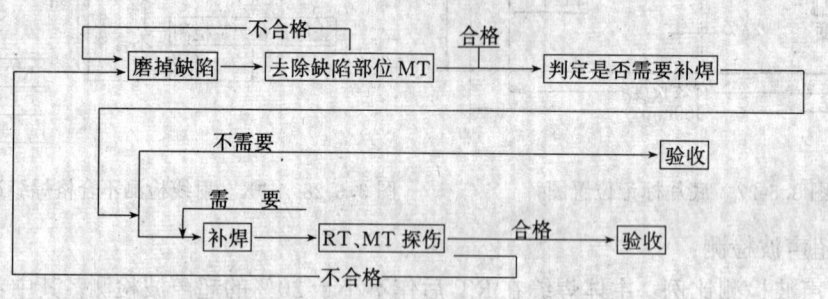

图 3.5-31 磁粉检测不合格焊缝返修程序图

（5）渗透检测：

1）检测用材料：渗透检测采用国产的清洗剂、渗透剂及显示剂。

2）工作表面要求：需要渗透检测的工件及附近 30mm 范围内，必须将表面的污垢、铁锈、焊渣、飞溅物及氧化皮等清除干净。

3）渗透检测的步骤：渗透检测的步骤按图 3.5-32 所示的规定进行，经检测被评定为不合格的部分应经返修后重新检测，直至合格。

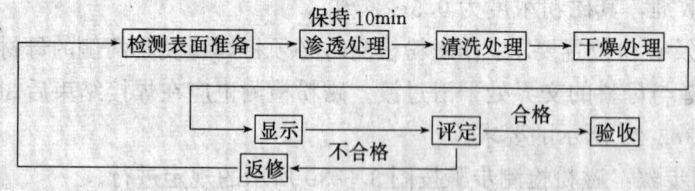

图 3.5-32 渗透检测步骤图

4）标准与评定：

①标准：JIS-Z-2343；

②评定：不允许存在任何缺陷。

3.5.5　球罐整体热处理

(1) 热处理技术要求:

1) 热处理温度:对于高强度调质钢板,根据热处理的最高温度不得超过其回火温度的原则,选定热处理的温度为 585℃±15℃。

2) 热处理保温时间:板厚 44mm,保温时间 3.6h。

3) 升温速度:300℃以下为自然升温阶段,300℃以上为控制升温阶段为 20～50 ℃/h。

4) 降温速度:300℃以下为自然冷却,300℃以上控制降温速度为 20～30℃/h。

5) 温差控制:在 300℃以上的升温和降温过程中,要求球体表面相距 4.5m 的任意二点间的温差小于 100℃,保温期间温差控制在 30℃内。

6) 热处理工艺曲线:根据上述要求制定的热处理工艺曲线见图 3.5-33。

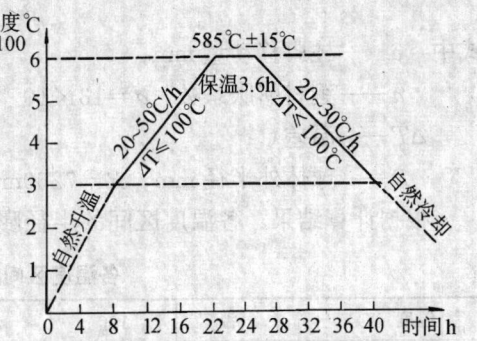

图 3.5-33　球罐整体热处理工艺曲线图

(2) 热处理方法:采用燃油内燃法整体热处理工艺,将球体用超细玻璃棉保温。在球罐下人孔设置高速燃油喷嘴,以轻柴油为燃料,压缩空气为雾化剂,由喷嘴喷出的高速油气流经液化气点燃器点燃后,在球内产生高温燃烧火焰,达到加热球体目的。同时因球体积较大,考虑到球体各个传热和散热条件的差异,对下人孔温度较低的部位设置电热板,作为辅助热源,以确保球体均热的目的,见图 3.5-34。

(3) 保温被铺设:采用内外二层耐温不同的超细玻璃棉被,内层为无碱棉,耐温 600℃,外层为有碱棉,耐温 300℃。铺设时先内层后外层,严禁互相错用。保温被应紧贴球体表面,同层接缝应互相搭接,内外二层接缝应错开。人孔、接管、柱脚与球体焊缝下端 1m 长度范围内均应进行保温。

(4) 测温点设置:

为能正确反映和控制球体各部在热处理过程中的温度变化,按球体表面间距 4.5m 的原则均匀地设置测温点。

采用铠装式镍铬热电偶(EU-2),配以多点式温度自动记录仪测量热处理温度,热电偶和记录仪必须经校验合格才能使用。

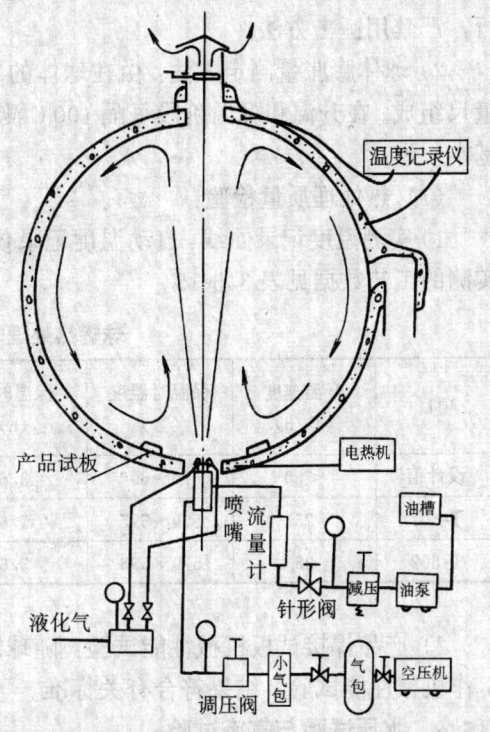

图 35-34　球罐整体热处理方法示意图

为使热电偶可靠地固定在球体上,采用在球体上点焊带有凹槽的测温螺母方法,其螺母要求与球体同材质,点焊工艺同球体焊接工艺,其痕迹用砂轮打磨去除后,作磁粉探伤,以确认无裂缝产生。

（5）试板设置：产品试板的热处理应与球罐热处理同时进行，对于大型厚壁球罐的整体热处理，为避免试板处于球体外侧时造成过大的温度迟缓现象，按日本球罐整体处理的规范惯例，将产品试板置于球内下人孔附近的极板处，离开燃烧器1.5m以上，以防止火焰直接接触，其焊缝与球体呈径向排列，实践证明这是一种成功的试板放置方式。

（6）柱脚位移调整：

1）球体在加热和冷却过程中柱脚的径向移动量可按下式计算：

$$\delta = a \cdot \Delta T \cdot R$$

式中　δ——柱脚移动量 mm；

a——钢材膨胀系数，$a=13 \times 10^{-6}/mm \cdot ℃$；

ΔT——温差 ℃；

R——球体外半径 mm，$R=7260mm$。

根据计算结果，各温度区间的半径膨胀量如表3.5-14所示（累计值）。

各温度区间的半径膨胀量计算表　　　　　　　表3.5-14

温度（℃）	气温	100	200	300	400	500	585
膨胀量（mm）	0	9.5	19	28	38	47	55

按计算位移量，温度每变化100℃，应调整一次，移动柱脚时应用千斤顶平稳缓慢地进行，严禁用锤击方法。

2）球体膨胀量测定方法：由在球体的0°~180°方向设置钢丝铅锤和固定在地面上的测量尺组成。在升温和降温阶段每隔100℃测量一次。实测结果，球体实测膨胀量和理论计算基本一致。

（7）热处理质量检验：

1）实测温度记录曲线：自动温度记录仪记录的曲线，符合制定的热处理工艺曲线要求，实测的工艺数据见表3.5-15。

球罐热处理时实测工艺数据表　　　　　　　表3.5-15

项目	升温速度（℃/h）	保温时温度（℃）	保温时间（h）	升温时温差（℃）4.5m 以内	降温速度（℃/h）	降温时温差（℃）4.5m 以内
设计值	<50	570~600	3.6	<100	30	<100
T-601	25	570~595	3.6	<95	15	95
T-602	25	570~598	3.6	<95	14	80

2）产品焊接试板机械性能试验：随球罐一起热处理后的产品焊接试板按GB 150附录G作机械性能试验，结果符合有关标准。

3.5.6　水压试验与气密试验

（1）水压试验：

1）水压试验具备的条件：

①球罐整体热处理完成，热处理实测曲线及产品焊接试板检验合格，停止点检查的签证。

②支柱已调整固定。

2）试验压力：1.5 倍设计压力，即 3.175MPa。

3）水压试验介质：采用清洁的工业水，水温应≥5℃。

4）水压试验设备：水压试验时采用电动试压泵，水压试验使用的临时管线、阀门、法兰、盲板等的压力等级必须与试验压力相适应，见图 3.5-35。水压试验用压力表，其精度不低于 1.5 级，且经校验合格，压力表的量程应为试验压力的 1.5～2 倍，表面直径 150mm，水压试验时，在球罐底部，顶部各设一只压力表，试验压力以顶部压力表为准。

5）水压试验过程：

①球罐顶部设一排气口，待充满水后，将空气排净，然后封闭排气口，开始缓慢升压。

②当球体内压力升到 0.1MPa 时，检查压力表的动作、法兰面密封情况及有否其他异常情况。

③当试验压力升至设计压力的 50％时（即 1.058MPa），暂停升压，保持 15min，对球罐所有焊缝和法兰及接管处，确认无泄漏后继续升压。升压幅度按设计压力的 1/10 控制，逐步升压至试验压力。

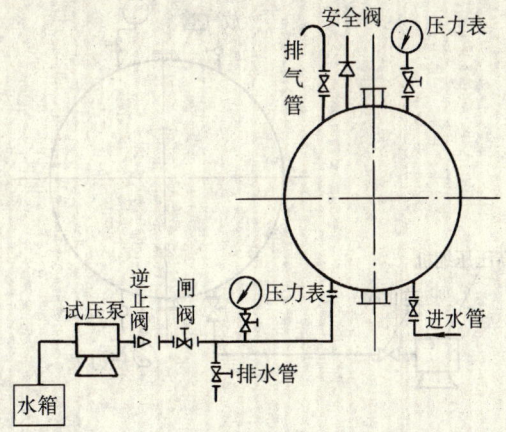

图 3.5-35 水压试验设备及布置示意图

④当球罐顶部的压力表指示值达到试验压力，保持 30min，且摄下压力表读数，然后，缓慢降至设计压力，即 2.1168MPa 保持 30min，确认无渗漏后，水压试验为合格。

⑤水压试验合格后，打开放空口，将压力缓慢下降至零，然后打开上人孔，再打开下部放水阀，将罐内的水缓慢排出。

6）球罐膨胀量测定：水压试验时，还需对球罐作膨胀量测定，共测定周长及直径两项数据。测量方法是用琴钢丝沿球罐赤道线围绕一周，在接头处装有伸缩用弹性橡皮及标尺以测定其周长膨胀量。同时从赤道线与直径的交汇处下垂一线锤，测量线锤之间的距离变化，以测定赤道面直径的膨胀量。另用千分表安装在球罐底部，测定两极之间直径方向的膨胀量。实际水压试验时测得数据，其膨胀量与计算值相符。

7）基础沉降测定：在水压试验过程中，要作基础沉降量测定，测定时间为进水到 1/4、1/2、3/4、充满水时，排水结束及排水一周后，相邻支柱沉降差不超过 3mm，实测结束，达到规范要求。

8）水压试验注意事项：

①严禁在球罐附近打桩或作其他剧烈的震动，严禁碰撞和敲击球罐；

②球罐周围不得放有油、乙炔、氧气等易燃易爆物品；

③试压时应保持焊缝干燥，便于观察；

④试压时不得超过试验压力的 0.05MPa；

⑤水压试验现场的 30m 周围，悬挂红、白旗安全标志，严禁非工作人员入内。

（2）气密试验：

1）气密试验需具备的条件：

①水压试验合格；

②水压试验后焊缝表面磁粉检测合格；

③球罐内部脚手架已全部拆除，杂物已清除干净；

④水压试验用管路、阀门及压力表等，经检查完好，符合气密试验要求。

2）气密试验介质：采用干燥、清洁的压缩空气，气体温度应≥5℃。

3）气密试验设备：管路、阀门及压力表等均利用水压试验的设备见图3.5-36。

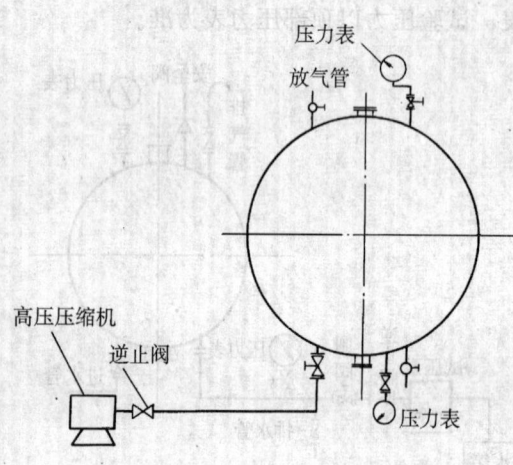

图3.5-36 气密试验设备及布置示意图

4）气密试验步骤：气密试验时升压应当缓慢，压力升至0.05MPa时，检查法兰面泄漏情况，确认无泄漏后，再继续升压，压力升至试验压力，即2.1168MPa时，保持20min，对焊缝和法兰等连接部位用肥皂水检漏，无渗漏为合格，然后缓慢降压。

5）气密试验的注意事项：

①对所有外脚架进行检查，必须有利于检查人员快速上下；

②随时注意环境温度变化，监验压力表读数，不得使压力表指示位超过试验压力的0.03MPa；

③严禁在有压力的情况下用铁锤敲击球罐；

④试验现场的30m周围，应注意挂红、白旗安全标志，严禁非工作人员入内；

3.5.7 球罐组装质量情况

（1）组装质量：实测数据全部符合标准要求，见表3.5-7组装几何尺寸检查表。

（2）焊接质量：焊接质量优良，经射线检测，拍片一次合格率达到99.8%，其中T-602一次合格率高达100%，见表3.5-16球罐焊缝射线检测实绩表。

球罐焊缝射线检测实绩表   表3.5-16

质量等级\球罐位号	拍片总数（张）	分级			一次合格率
		Ⅰ级	Ⅱ级	Ⅲ级（返修）	
T-601	1080	1034	42	4	99.62%
T-602	1080	1054	26	/	100%
合计	2160	2084	68	4	99.81%

3.5.8 热处理消除应力效果测定

（1）测量方法：为了解LT50球罐热处理消除应力效果，采用模拟方法将试板焊后及热处理后作残余应力的测量。试样尺寸：600mm×300mm×45mm。测量方法：采用钻孔法，测量单位：委托上海交通大学焊接研究所进行。

（2）测量结果分析与结论：

1）测点位分布见图3.5-37和图3.5-38。

2）测量结果分析：测试表明，热处理后，焊接残余应力明显下降，见图3.5-39。

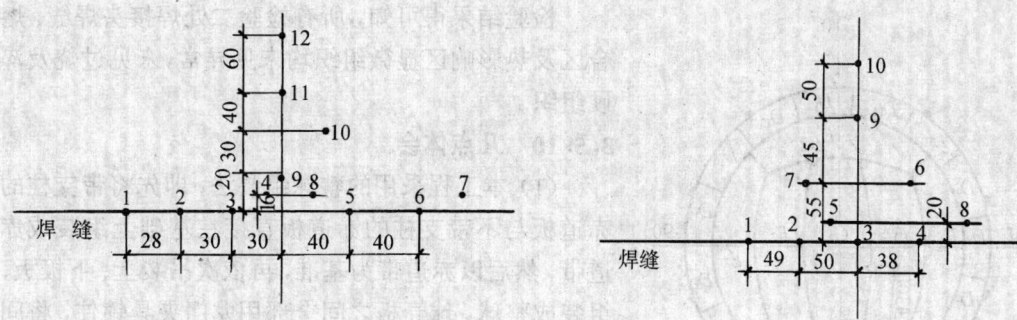

图 3.5-37 焊接后应力测试   图 3.5-38 热处理后应力测试

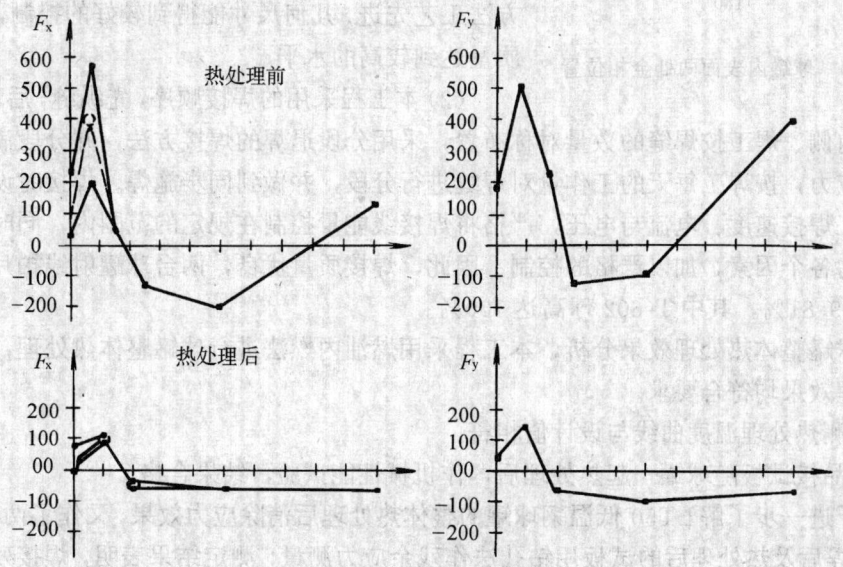

图 3.5-39 测试分析图

—·—·—焊接后应力；———焊接残余应力；……平均应力

①纵向最高应力下降 66.2%，横向最高应力下降 74.0%；

②平均应力下降 50%；

③峰值应力下降 68.4%；

3）结论：根据测试结果，二台球罐热处理后达到消除应力的预期效果。

3.5.9 球罐热处理后内表面焊缝金相检验

金相检验部位：球罐整体热处理后，为检验其焊缝表面金相组织，在 T-106 球罐内表面取两处作金相检验，见图 3.5-40。

第一处：$F_1 \times G_1$，离 $F_1 G_1 \times E_4 T$ 字缝 4300mm 处。第二处：E_2 与 $F_2 \times G_1 T$ 字缝交点处。

分别在上述两处打磨、抛光、4% 硝酸酒精溶液擦蚀，再制取金相复型，然后在实验室光学显微镜下观察分析及拍摄金相照片。

检验单位：委托上海市锅炉压力容器检验所进行。

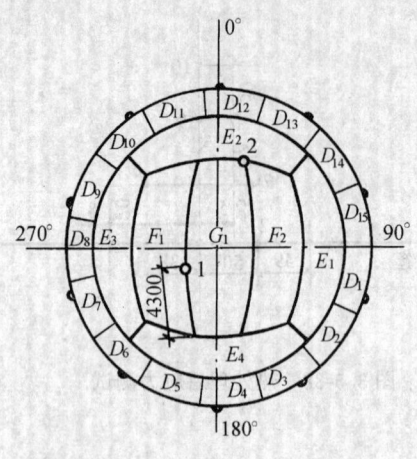

图 3.5-40　球罐内表面两处金相位置

检验结果得可知,所有检验二处焊接头焊缝、熔合区及热影响区显微组织均未见异常,未见过烧及淬硬组织。

3.5.10　几点体会

（1）本工程采用的整球组装法,即先将带支柱的赤道板与不带支柱的赤道板直接在基础上组装成赤道带,然后以赤道带为基准,再依次吊装上、下极板,组装成整球,球壳板之间全部用龙门夹具锁住,将间隙、错边量、角变形、内径差、支柱垂直度等都调整到规范规定的范围之内后,再进行定位焊。这种组装方法工艺先进,几何尺寸能得到较好的控制,使组装质量达到较高的水平。

（2）本工程采用的焊接顺序,先纵缝,后环缝;先外侧,后内侧。焊工按焊缝的数量对称布置,采用分段退焊的焊接方法,并分段满焊。为减小焊接应力,按焊工每天的工作量对焊缝进行分段,并做到同步施焊。焊接时设专人测量每一焊工焊接速度、电流与电压,严格将焊接线能量控制在规定的范围内,同时对影响焊接质量的各个因素,加以严格的控制。因此,焊接质量优良,两台球罐射线拍片一次合格率平均 99.81%,其中 T-602 球高达 100%。

（3）球罐整体热处理效果分析,本工程采用燃油内燃法进行球罐整体热处理,按规范检查热处理效果均符合要求。

1）实测热处理温度曲线与设计值相符。

2）产品接试板随球罐一起热处理后,作机械性能试验,结果合格。

但为了进一步了解 LT50 低温钢球罐的整体热处理后消除应力效果,又作了两项测试:

1）将焊后及热处理后的试板用钻孔法作残余应力测量,测定结果表明,焊接残余明显下降,达到预期效果。

2）为检验整体热处理后焊缝的金相组织,对其焊缝内表面典型的 2 个部位 13 个测点作金相检验,检验结果,熔合区及热影响区显微组织均未见异常,未见过烧及淬硬组织。

（4）严格质量管理,按球罐现场组焊的全过程,分 7 个系统,共设置 61 个控制点,按系统全过程进行了严格的质量控制,对特别重要的 7 个控制点,被定为停止点,必须经有关责任人员、劳动局监检人员、建设单位代表等到场确认并签证后,方可进行下道工序的施工,使球罐现场组焊自始至终处于受控状态,确保了球罐的安装质量,本工程二台球罐的施工质量优良。

（倪家利）

3.6　超高空承载索设备吊运技术

3.6.1　工程概况

东方明珠上海广播电视塔是上海的市标建设工程,塔顶标高 468m,在世界电视塔的行列中，其高度属世界第三，亚洲之首。塔的整体造型优美，其下部按正三角形的平面布置分别由三个直径为 9m 的钢筋混凝土直筒体和三个直径为 7m 的劲性钢结构混凝土斜筒体所组成。三个直筒体自地下室、塔座向上由直径分别为 50m、45m 和 12m 的钢结构下球、上球和五个中间小球所组成，在三个直筒体标高 290m 处的顶端继续向上过渡到直径为 8m 的钢筋混凝土单筒体，在其顶端标高 350 处设有一直径为 16m 的钢结构的太空舱，再向上为一根长度 118m 的冲天钢结构桅杆天线，从而形成了一座擎天高塔。

由于塔的高度和特殊的结构，使起重吊运工作在整个塔的安装过程中起到了"龙头"的特殊作用。因为有 5 台热泵机组（每台毛重 5t，体积尺寸长×宽×高为 5.32m×2.0m×2.3m）将安装在标高 288m 的上球顶层楼面上，而这些设备无法从塔体内部空间直接吊运上去，所以只可考虑从塔体外部空间跨越下球和上球结构吊运上去；其次是土建施工用的 HC-88 塔吊拆除（最重部件 6t，最大部件长 10m），要通过此超高空承载索从标高 290m 高度吊运返回地面；再次是布置在上球的广播电视工艺设备及其他材料的吊运等施工的需要。故超高空承载索设备吊运的施工具有高度高、跨度大、重量重、过程长和风险大的特点，和类似的施工吊装具有质的差别，所以这是一项针对特殊工程的特殊施工，是一次尝试，也是一次探索。

3.6.2 方案设计

超高空承载索实际上就是一组吊运物体的导索，但是根据其使用功能的要求，它具有惊人的高度和可以调整弛度的特点，本方案就是根据此特点进行设计的。

（1）参数确定：超高空承载索的布置要考虑上部高空的锚固设置位置和地面基础地锚的设置位置。但是上海广播电视塔工程占地面积狭小，加上施工现场设施面散，作业面多，故现场相当拥挤。而承载索的使用必须考虑被吊运设备在地面的进出场道路和装卸设备的位置，同时还要考虑被吊运设备能跨越地面高压线路，跨越建筑物，跨越塔体自身的球结构，最后尚需保证被吊运的设备能正确无误地进入上球的 288m 楼层。故必须通过反复计算和作图来准确地确定超高空承载索的设计参数。

1）承载索布置参数设定：

承载索的布置方向：　　　　（5）轴线

上部锚固标高位置：　　　　$H=+330$m

承载索的水平跨距：　　　　$l=215$m

承载索的直线仰角：　　　　$\alpha=56.915°$

承载索的直线长度：　　　　$L=394$m

承载索的弛度范围：　　　　取 10%～20%

承载索的中心挠度：　　　　$f=21.5\sim43$m

吊运设备最大重量：　　　　$Q_1=6000$kg（指塔吊散件重）

运载小车本体重量：　　　　$Q_2=700$kg

承载索的动载系数：　　　　$K=1.2$

承载索的计算载荷：　　　　$Q_{计}=8000$kg

承载索的使用根数：　　　　$Z=2$ 根（并列使用）

承载索钢绳的选用：　　　　$6\times37+1-170-43$

钢丝绳的单位重量：　　　　$q=6.553$kg/m

钢丝绳的破断拉力：　　　　$P = 118500\text{kg}$

超高空承载索的布置示意如图 3.6-1 所示。

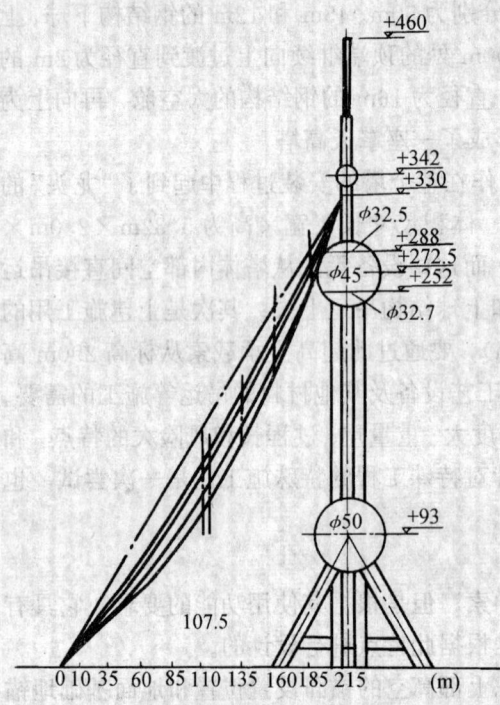

图 3.6-1　超高空承载索布置示意图

2）承载索的张力计算：承载索的张力与承载索弛度大小成反比，即弛度越小，张力越大；弛度越大，张力越小。此外承载索的张力与吊运设备所处位置有关，即被吊运设备处于承载索中心位置（或跨度中心位置）时张力最大，当被吊运设备处于承载索任意一端头处时张力为最小。

承载索张力的计算公式：

$$T = \frac{l^2}{8 \cdot f \cdot \cos\alpha}\left(\frac{q}{\cos\alpha} + \frac{2Q_{\text{计}}}{l}\right) \tag{1}$$

结合本工程实例计算：

由于承载索是使用并列 2 根钢丝绳，实际计算时只要计算单根承载索的钢丝绳张力，故此时的计算荷载为 $\frac{Q_{\text{计}}}{2}$，即

$$Q'_{\text{计}} = \frac{8000}{2} = 4000\text{kg}$$

当弛度为 10% 时，其中心挠度 $f = 21.5\text{m}$ 计算：

当承载索空载时的张力（$Q'_{\text{计}} = 0$ 时）

$$T_0 = \frac{215^2}{8 \times 21.5 \times \cos56.915}\left(\frac{6.553}{\cos56.915}\right) = 5910\text{kg}$$

当承载索满载时的张力（$Q'_{\text{计}} = 4000\text{kg}$ 时）

$$T_Q = \frac{215^2}{8 \times 21.5 \times \cos56.915}\left(\frac{6.553}{\cos56.915} + \frac{2 \times 4000}{215}\right) = 24229\text{kg}$$

承载索钢丝绳安全系数复核：

承载索工作时的实际安全系数：

$$n = \frac{P\phi}{T_Q} = \frac{118500 \times 0.82}{24229} = 4$$

式中　ϕ——钢丝绳许用应力折减系数。

承载索工作时的许用安全系数：

$$[n] = 3.5$$

∵ $n > [n]$

∴承载索选用的钢丝绳符合安全生产使用要求。

3）承载索使用过程中各种弛度状况的空间位置：承载索使用过程中的空间位置实际上就是描绘吊运设备过程中承载索各点的坐标位置。且各种弛度状况有各自的坐标位置，故可以根据承载索挠度计算公式计算，并描绘出各种弛度状况下承载索的空间坐标曲线状态，从而可以认定被吊运设备能否跨越上球钢结构而顺利进入 +288m 顶层楼面。

承载索挠度计算公式：

$$f_x = \frac{x\,(l-x)}{2T_x}\left(\frac{q}{\cos^2\alpha} + \frac{2Q'_{\text{计}}}{l \cdot \cos\alpha}\right) \tag{2}$$

$$h = x\,\text{tg}\,\alpha$$

$$h_x = h - f_x$$

式中　f_x——为承载索对应 x 位置时的计算挠度；

　　　T_x——为承载索对应 x 位置时的承载张力；取 $T_x = T_Q$

　　　h——为承载索对应 x 位置时的理论直线高度；

　　　h_x——为承载索对应 x 位置时的实际动态高度。见图 3.6-2。

　　结合本工程实例计算：

　　这里将描绘弛度 10％、20％、30％和 40％ 4 种状况的承载索空间曲线状态。

　　计算重载时承载索张力：

　　将单根钢丝绳所受计算载荷 $Q'_x = 4000\text{kg}$ 和各个弛度状况的挠度 $f_{10} = 21.5\text{m}$、$f_{20} = 43\text{m}$、$f_{30} = 64.5\text{m}$ 和 $f_{40} = 86\text{m}$ 分别代入公式（1）中，计算重载时承载索张力分别为：$T_{10} = 24229\text{kg}$；$T_{20} = 12114.5\text{kg}$；$T_{30} = 8076.3\text{kg}$；$T_{40} = 6057.25\text{kg}$，然后列表进行计算 f_x 和 h_x，将计算数据记入数据表上，最后按表上数据在电视塔坐标平面图上描绘（见超高空承载索布置示意图 3.6-1 中的曲线）。

　　同时从数据表或曲线图上可以看到被吊运设备仅在承载索弛度 10％～20％时才得以顺利通过上球钢结构跨入＋288m 楼层，如当弛度大于 20％时，被吊运设备就不可能跨入＋288m 楼层，致使吊运设备施工失败。

　　承载索使用过程的空间曲线状态数据表见表 3.6-1 所示。

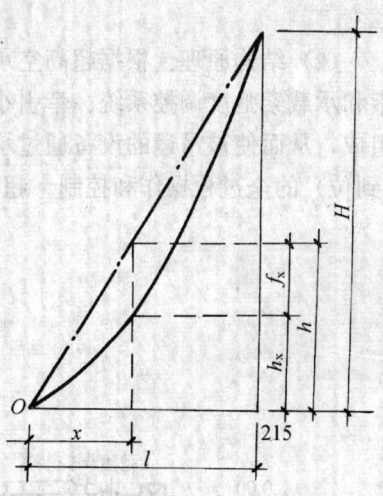

图 3.6-2　承载索挠度计算简图

承载索使用过程的空间曲线状态数据表（单位：m）　　　表 3.6-1

水平距离	理论标高	计算挠度 f_x				实际标高 h_x			
x'	h	10%	20%	30%	40%	10%	20%	30%	40%
0	0	0	0	0	0	0	0	0	0
10	15.349	3.814	7.268	11.442	15.256	11.535	8.081	3.907	0.093
35	53.721	11.721	23.442	35.163	46.884	42.000	30.279	18.558	6.837
60	92.093	17.302	34.605	51.908	69.210	74.791	57.488	40.185	22.883
85	130.465	20.558	41.117	61.675	82.233	109.907	89.348	68.790	48.232
110	168.837	21.488	42.977	64.466	85.984	147.349	125.860	104.371	82.883
135	207.209	20.093	40.186	60.280	80.373	187.116	167.023	146.929	126.836
160	245.581	16.372	32.744	49.117	65.489	229.209	212.837	196.464	180.092
185	283.953	10.326	20.651	30.977	41.303	273.627	263.302	252.976	242.650

续表

水平距离	理论标高	计 算 挠 度 f_x				实 际 标 高 h_x			
196.5	301.605	6.763	13.527	20.290	27.053	294.842	288.078	281.315	274.552
201.15	308.742	5.183	10.366	15.550	20.733	303.559	298.376	293.192	288.009
202.75	311.198	4.621	9.242	13.863	18.483	306.577	301.956	297.335	292.715
205	314.651	3.814	7.628	11.442	15.256	310.837	307.023	303.209	299.395
215	330.000	0	0	0	0	330.000	330.000	330.000	330.000

（2）结构原理：根据超高空承载索使用功能的要求，超高空承载索的整体结构由承载索和承载索弛度调控系统、牵引小车和小车提升牵引系统、小车返回牵引系统五大部分所组成，从而使被吊运的设备通过承载索的弛度调整保证了其地面装车（上钩）和高空卸车（到位）的全过程操作和控制。超高空承载索结构布置图见图 3.6-3。

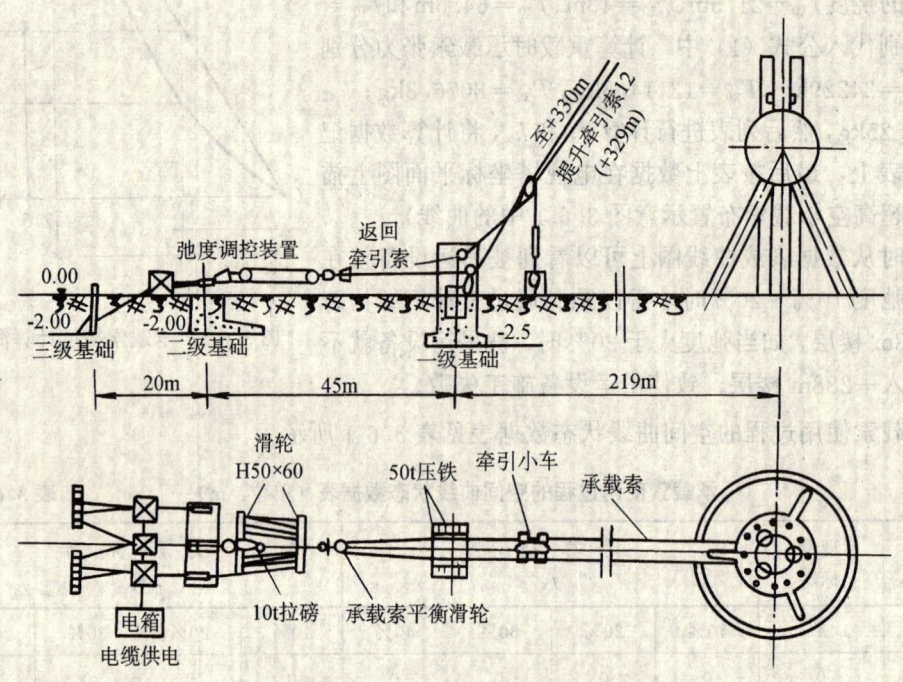

图 3.6-3 超高空承载索结构布置图

1）承载索和承载索弛度调控系统：承载索和承载索弛度调控系统是整个超高空承载索设备吊运技术的设计关键，是决定整个超高空承载索装置所使用的起重机具，吊索具和上、下部锚固千斤和基础部分的设计及布置的依据。

①承载索根据吊运设备的载荷和牵引小车双排绳轮的结构型式决定选择使用并列的 2 根钢丝绳，其开档间距 200mm 是根据地面基础钢锚上的卸扣和滑轮安装的开档间距来确定的，同样也因此决定了牵引小车双排绳轮的中心间距。

②承载索上部锚点千斤钢丝绳设置在标高 330m 处的混凝土单筒体筒身上，该筒身外

径8m，而此千斤钢丝绳将绕单筒体筒身5圈，故必须先在单筒体330m以下1.5m处搭设整圈脚手架，供操作工人在脚手架上缠绕千斤钢丝绳，此5圈钢丝绳中1圈为空扎，其他4圈应穿入2只大卸扣，每绕一圈钢丝绳即用手拉葫芦予以收紧，并顺序排列，使混凝土单筒体和千斤钢丝绳的接触受力面成一均匀的环带形状。千斤钢丝绳上的2只卸扣安放时方向要准确（即（5）轴线方向），卸扣的间距要用2块一定中心距的孔板来进行联接，最终来保证承载索并列间距上下一致，也可保证牵引小车的上下运行，见上部锚点千斤捆扎示图3.6-4。

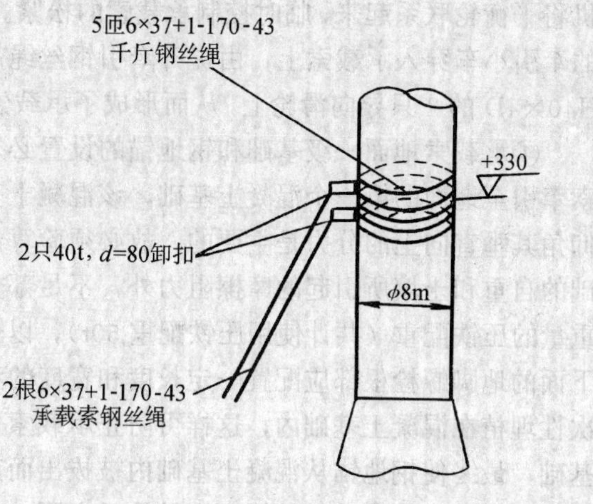

图 3.6-4 上部锚点千斤捆扎示图

结合本工程实例计算：

已知承载索最大张力$T_Q=24229\text{kg}$，

千斤钢丝绳5匹，其中1匹为空匹，其余4匹中各2匹联接1只卸扣。

千斤的使用安全系数$n=\dfrac{2P\phi}{T_Q}=\dfrac{2\times118500\times0.82}{24229}=8.02$

千斤的许用安全系数$[n]=8$

因为$n\geqslant[n]$

所以千斤钢丝绳使用符合要求。

并结合承载索的最大张力而选择负荷能力为40t，$d=80\text{mm}$规格的卸扣。

③承载索并列的2根钢丝绳系由1根长钢丝绳一并二来使用的，其总的长度（约1000m）应根据承载索弛度的变化范围和地面一级基础及二级基础之间的距离来予以确定。

承载索钢丝绳的两个端头应先在地面镶接成两个拔股头（即绳环），之后分别由爬升在电视塔顶部350m处的1台HC-88塔吊吊上，分别悬挂在330m千斤钢丝绳的2只卸扣上，这样便完成了承载索上部锚固点的联接工作。由于承载索钢丝绳直径较大，长度较长，故释放钢丝绳时必须边放边丈量，另外必须放开钢丝绳的自身扭力，保证承载索钢丝绳在安装和使用的过程中处于舒展状态。

至于承载索地面一端（即承载索钢丝绳中间回弯部分）则绕在卸扣销轴上的平衡滑轮上，此平衡滑轮的直径尽量按卸扣长度做大，这样便可保持并列的2根承载索钢丝绳始终处于空间平行状态，受力均衡，而且可以保证钢丝绳回弯弯曲段不变形。具体形式见图3.6-5所示。

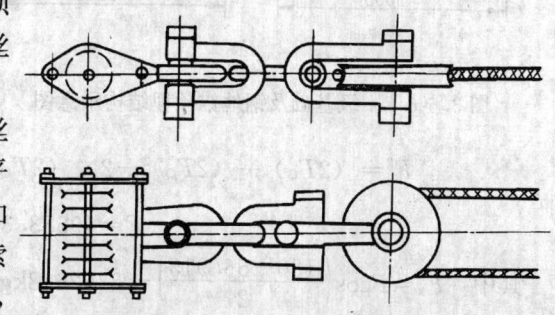

图 3.6-5 承载索平衡滑轮端的结构形式

当此承载索上端固定，下端套入平衡滑轮后，便使用一台返回牵引小车用的电动卷扬机将平衡轮联系起来，临时控制承载索的松紧。即先放松承载索，将吊至塔顶 288m 平台上的牵引小车穿入承载索上，由提升牵引钢丝绳吊住，接着在地面一级基础处将承载索装进 H40×1D 的 2 只导向滑轮上，从而形成了承载索的地面锚固点，至此承载索安装基本完成。

④承载索地面一级基础和钢地锚的设置必须进行设计和计算。所谓一级基础就是承载索牵引至地面的第一个混凝土基础，该混凝土基础是受到承载索的拉力，并根据承载索的仰角其垂直向上的分力是主要的，故必须验算混凝土基础的抗拔能力，所以除了混凝土基础的自重和土壤所引起的摩擦阻力外，不足部分尚需在此混凝土基础上面均衡地加上一定重量的压铁配重（共计使用压铁配重 50t），以保证一级基础使用过程中的稳定性。钢地锚下面的地脚螺栓根部应配置一定长度和宽度的型钢框架，并和混凝土的钢筋扎在一起，一次性埋植在混凝土基础内，这样可防止承载索使用受力时，钢地锚受力集中而破坏混凝土基础，最终使钢地锚从混凝土基础内被拔出而产生不堪设想的后果。混凝土基础的具体结构形式见一级基础及钢地锚预埋结构示意图 3.6-6。

结合本工程实例计算：

a. 承载索地面一级基础和钢地锚的受力：

基础和钢地锚受到并列 2 根承载索的张力和卷扬机方向的水平牵引力，故基础和钢地锚的受力为合力 *F*。见图 3.6-7。

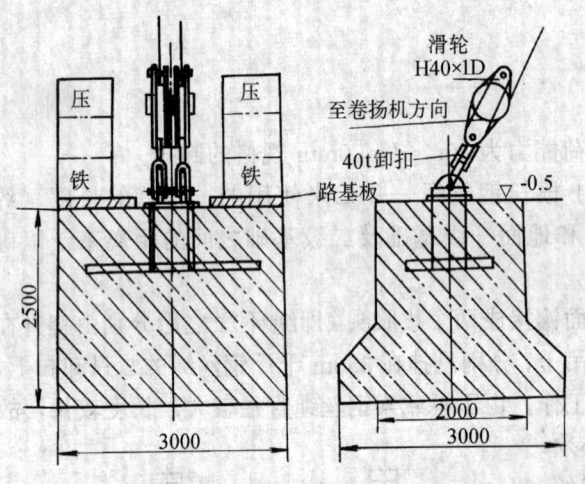

图 3.6-6 一级基础及钢地锚预埋结构示意图   图 3.6-7 钢地锚受力分析图

$$F^2 = (2T_Q)^2 + (2T_Q)^2 - 2 \times (2T_Q)^2 \times \cos \frac{1}{2}(180 - 56.915)$$

$$F = 49583.37 \text{kg}$$

其中 $F_x = F \cos \left(\dfrac{180 - 56.915}{2} \right) = 23626.8 \text{kg}$

$$F_y = F \sin \left(\frac{180 - 56.915}{2} \right) = 43592.3 \text{kg}$$

b. 混凝土基础在垂直分力作用下的稳定性：

混凝土基础自重：$G = r \cdot V = 2.5 \text{t/m}^3 \times (3\text{m} \times 2\text{m} \times 2.5\text{m}) = 37.5 \text{t}$

土壤压重略去不计：

土壤与混凝土基础摩擦阻力：$F'' = u \cdot F_x = 0.4 \times 23.627 = 9.451t$

许用稳定性安全系数 $K = 2.0 \sim 2.5$，

$$K = \frac{G + F'' + W}{F_y}; 2 \sim 2.5 = \frac{37.5 + 9.451 + W}{43.592}$$

求得所需配重 $W = 40.233t \sim 62.029t$。

本工程中决定选用增加压铁配重 50t 才能使一级基础在垂直分力作用下保持其工作稳定性。

$c.$ 混凝土基础在水平分力作用下的稳定性：

被动土的压力强度：

$$[\sigma_n] = H \cdot r \cdot tg^2\left(45° + \frac{\phi_0}{2}\right)$$

$$= 2.5m \times 1.7t/m^2 \times tg^2\left(45° + \frac{38°}{2}\right) = 17.866t/m^2$$

式中 H——混凝土基础高度；

r——土的密度；

ϕ_0——土壤的摩擦角。

土壤正面压力：

$$[\sigma_n]_\eta = [\sigma_n] \cdot \eta = 17.866 \times 0.7 = 12.506t/m^2$$

式中 η——接触有效系数。

混凝土基础正面挡土面积 $A = 2.5 \times 3.0 = 7.5m^2$

故土壤实际承压强度

$$\sigma_n = \frac{F_x}{A} = \frac{23.627}{7.5} = 3.15t/m^2$$

安全系数 $n = [\sigma_n]_\eta / \sigma_n = \frac{12.506}{3.15} = 3.97$

许用安全系数 $[n] = 2.0 \sim 2.5$。

因为 $n > [n]$

所以符合水平分力作用下的稳定性。

$d.$ 钢制地锚的设计：

钢制地锚材料：A3，许用应力 $[\sigma] = 1550kg/cm^2$。

底板厚度：$\delta = 40mm$，立板厚度：$\delta = 60mm$。

焊缝高度：$h = 40mm$，底脚螺栓：M42×1200。

钢制地锚设计型式和尺寸见图 3.6-8 所示。

(a) 立板 1-1 断面拉伸应力验算：

$$\sigma = \frac{F/2}{2(b-d) \times \delta} = \frac{49583.37/2}{2(24-8.5) \times 6} = 133.3kg/cm^2$$

$$\sigma < [\sigma]$$

(b) 立板 2-2 断面破断应力验算：

$$\sigma = \frac{\frac{F}{2}(4R^2 + d^2)}{2d\delta(4R^2 - d^2)} = \frac{\frac{49583.37}{2}(4 \times 12^2 + 8.5^2)}{2 \times 8.5 \times 6(4 \times 12^2 - 8.5^2)}$$

$$=312.78 \text{kg/cm}^2$$
$$\sigma < [\sigma]$$

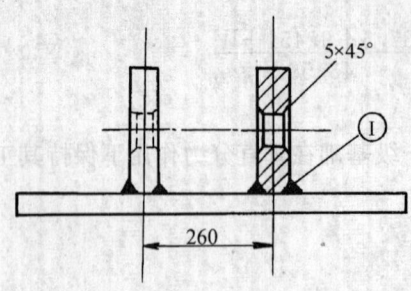 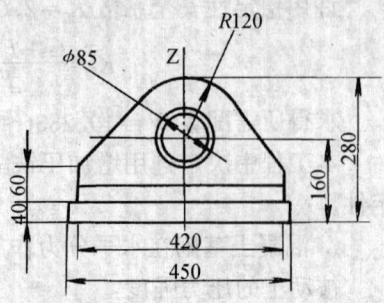

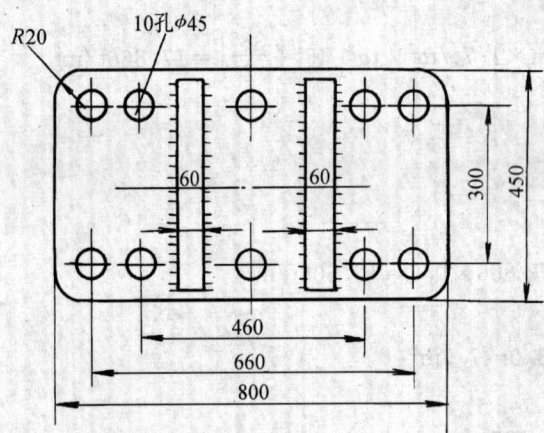 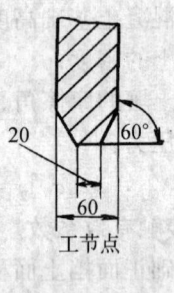

工节点

图 3.6-8   一级基础钢制地锚示图

(c) 焊缝强度验算：

$$\sigma_h = \frac{F/2}{0.707hl} = \frac{\frac{49583.37}{2}}{0.707 \times 4 \times (42-2)} = 219 \text{kg/cm}^2$$
$$\sigma_h < [\sigma_h]$$

$$\tau_h = \frac{F/2}{0.707hl} = \frac{\frac{49583.37}{2}}{0.707 \times 4 \times (42-2)} = 219 \text{kg/cm}^2$$
$$\tau_h < [\tau_h]$$

$$\sigma_{h综} = \sqrt{\sigma h^2 + 3\tau h^2} = \sqrt{219^2 + 3 \times 219^2} = 438 \text{kg/cm}^2$$
$$\sigma_{h综} < [\sigma_b]$$

(d) 地脚螺栓强度验算：

地脚螺栓材料：A3，螺栓规格：M42×1200，螺纹底径：37.129mm。

拉伸应力验算：

$$\sigma = \frac{F_y/2}{0.8 \cdot n \cdot A} = \frac{\frac{43592.3}{2}}{0.8 \times 10 \times \pi \left(\frac{3.7129}{2}\right)^2} = 251.6 \text{kg/cm}^2$$

$$\sigma < [\sigma]$$

剪切应力验算：

$$\tau = \frac{F_x/2}{0.8.n.A} = \frac{\dfrac{43592.3}{2}}{0.8 \times 10 \times \pi \left(\dfrac{3.7129}{2}\right)^2} = 136.4 \text{kg/cm}^2$$

$$\tau < [\tau]$$

式中　n——底脚螺栓根数；

　　　A——螺栓计算断面积。

综合应力验算：

$$\sigma_{综} = \sqrt{\sigma^2 + 3\tau^2} = \sqrt{(251.6)^2 + 3\,(136.4)^2} = 345.1 \text{kg/cm}^2$$

$$\sigma_{综} < [\sigma]$$

上述计算应为 $\sigma < [\sigma]$，故均符合使用要求。

⑤承载索弛度调控装置布置在一级基础和二级基础之间的地坪面上，用2副同样吨位的多级滑轮组所组成，其中一副定滑轮固定在二级混凝土基础的钢地锚上，另一副为动滑轮，它与承载索地面回转端头处平衡滑轮的大卸扣相连，使承载索通过定滑轮和动滑轮组钢丝绳的松紧便可起到调整承载索弛度的作用；动滑轮和定滑轮之间又通过定滑轮上中间2个多余滑轮装上2根单独的短钢丝绳，将拉磅联接上去，拉磅另一端与动滑轮上的调整钢丝绳相联接，这样承载索由于弛度的变化所引起的拉力便可通过拉磅间接地反映出来，也就可以控制承载索的弛度情况了。承载索弛度调控装置见图3.6-9所示。

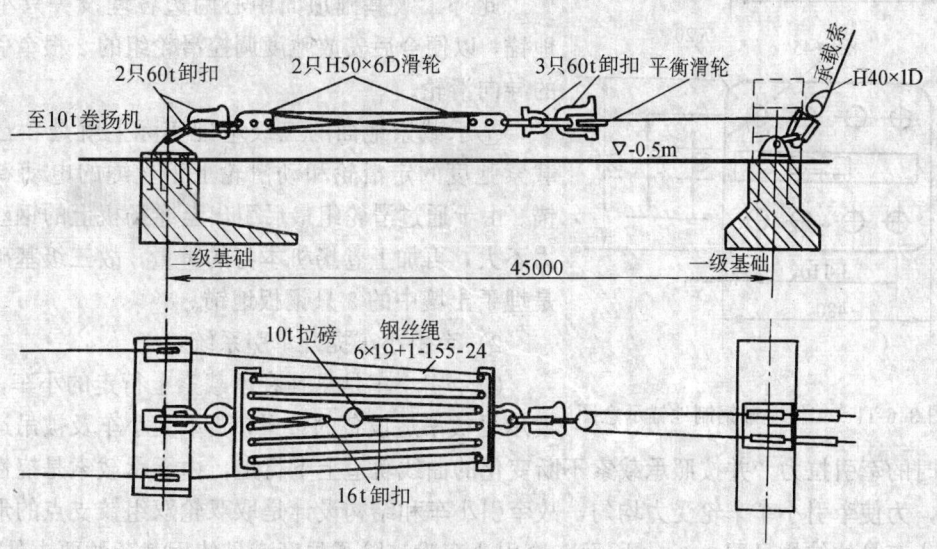

图 3.6-9　承载索弛度调控装置布置图

⑥承载索地面二级基础是固定承载索弛度调控装置的定滑轮，受到承载索传递过来的水平拉力，所以此二级混凝土基础主要承受倾覆力矩和土壤的挤压力，基础具体结构形式见图3.6-10所示。该基础上钢地锚预埋处理和一级基础钢地锚相同。此外该基础面上两边又预埋了2只较小的钢地锚，作为承载索弛度调控滑轮组最后引出钢丝绳至电动卷扬机方

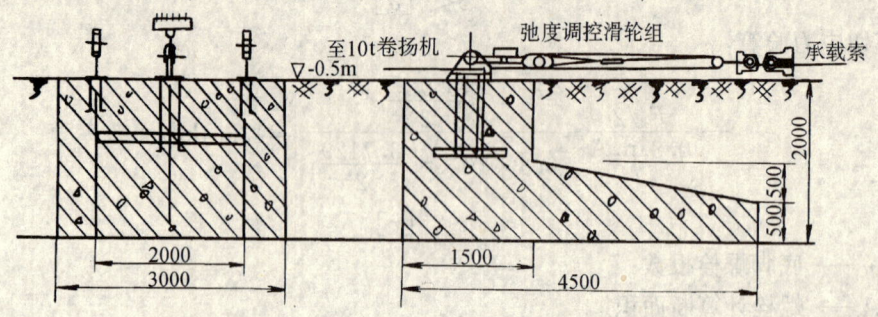

图 3.6-10   二级基础及钢地锚预埋示意图

向去用的导向滑轮联结点，这样可以保证承载索弛度调控滑轮组和引出的牵引钢丝绳之间的排列相当对称。

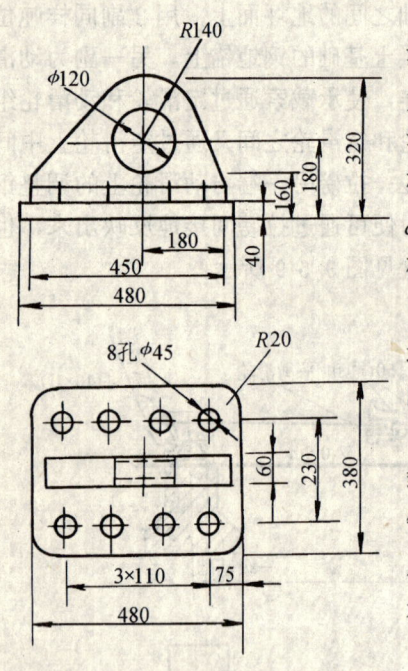

图 3.6-11   二级基础钢制地锚示意图

至于二级基础和钢制地锚的设计和验算则与一级混凝土基础和钢制地锚相同，主要区别是一级地锚主要为承受抗拔拉力，而二级地锚主要为承受水平拉力，即混凝土基础承受抗倾翻和钢制地锚承受抗剪切。二级基础钢制地锚上使用许用载荷60t的卸扣，其销轴直径$d=110$mm。地脚螺栓规格M42×1200，共8件。二级基础钢制地锚见图 3.6-11。

此外二级基础顶面中心两边各埋设一只小型钢制地锚，以便今后安放弛度调控滑轮组的2根牵引钢丝绳的导向滑轮。

⑦承载索地面的三级基础实际上就是2台控制承载索弛度的定滑轮和动滑轮上钢丝绳的电动卷扬机地锚。由于通过滑轮组最后引出至卷扬机上的钢丝绳牵引力不大，再加上卷扬机本身的重量，故三级基础实质就是埋于土壤中的2只钢板地锚。

2) 牵引小车提升牵引系统：

①牵引小车是悬挂在承载索上行走的小车，该小车要承受被吊运设备的重量，要承受小车及被吊运设备上行时的牵引拉力，并按照承载索不断变化的曲线轨道上下行走，由于承载索是挠性的钢丝绳，为使牵引小车车轮受力均匀，故牵引小车和结构设计是取双轮双组铰支点的形式（牵引小车具体结构见图3.6-12所示)。牵引小车设计除了强度满足使用载荷的要求外，尚需保证：(1) 双组铰支点上的行车轮在行走过程中不会产生互相接触和挤压的现象；(2) 牵引小车悬挂设备的吊耳板不会因小车行走角度的变化而与小车自身结构相接触，从而影响小车车轮的均匀受力，以保证牵引小车的正常使用。

②小车提升牵引系统的设计需要考虑的是：(1) 要考虑牵引钢丝绳的缠绕方式和规格选用；(2) 要考虑上部牵引导向滑轮的设置位置；(3) 要考虑牵引提升卷扬机的设置位置

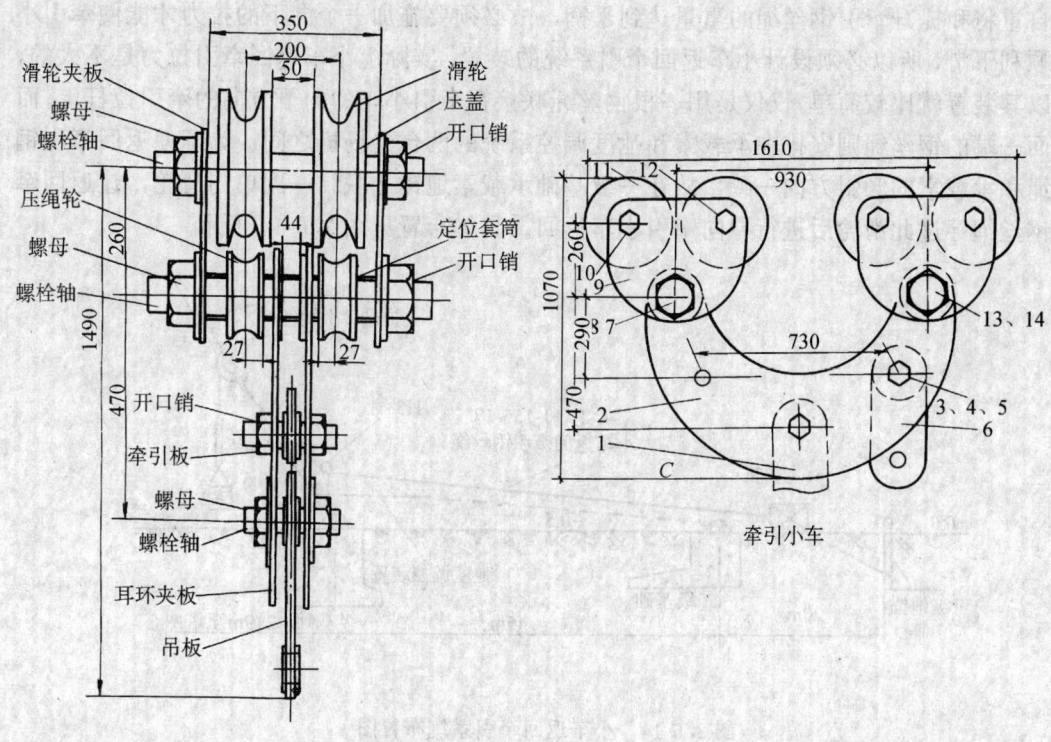

图 3.6-12 牵引小车结构示意图

和选用,这样才能完成小车提升牵引系统的设计(具体结构布置形式见图3.6-13所示)。图上牵引钢丝绳通过定滑轮的联接方式选择了钢丝绳走4的缠绕方式,动滑轮通过卸扣和小车牵引拉板相联接,定滑轮则悬挂在混凝土单筒体上部承载索千斤钢丝绳正下方+329m处的千斤钢丝绳(3匹)的卸扣上,这样便可使牵引钢丝绳基本上始终处于承载索的正下方。卷扬机是选用了2台5t的电动卷扬机,并设置在+254m的上球平台层内,主要要考虑卷扬机的容绳量和减少+254～+329m间垂直钢丝绳的重量要小于牵引小车空载时的重量,此外还考虑了2台卷扬机的同时工作,使牵引小车上下行车比较均衡,操作时间上尚可缩短。

3)小车返回牵引系统:由于小车空载返回地面自由滑下是无法直接抵达承载索最下部的(即到达地面),其原因是因为提升牵引钢丝绳将边松边伴随着向下释放,而提升牵引钢丝绳本身还有个自重,再加上提升牵引钢丝绳在放松过程中本身将产生较大的垂度,故牵引小车在下滑到一定高度后,其小车

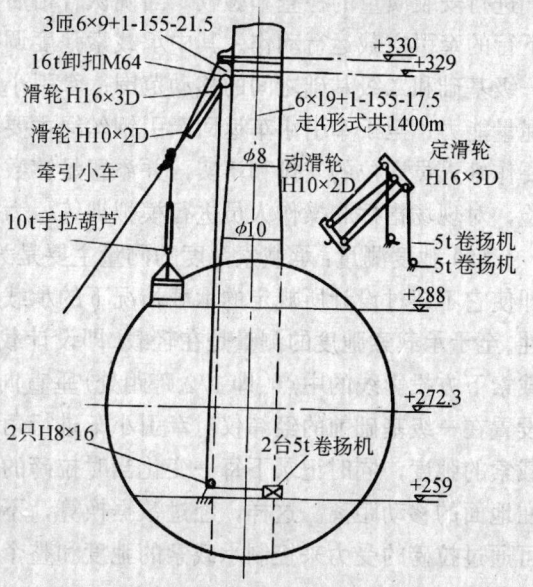

图 3.6-13 小车提升牵引系统布置示意图

的自重将和提升牵引钢丝绳的重量达到平衡，故必须要施加一个向下的拉力才能使牵引小车顺利下滑，所以必须设计小车返回牵引系统的装置。实际上小车返回牵引拉力是不大的，所以其装置就比较简单，仅仅是用一根钢丝绳联接在牵引小车的向下方向的牵引拉杆上，而地面一端的钢丝绳则安排在承载索和弛度调控系统的两台卷扬机之间。为了使返回牵引钢丝绳和承载索的倾斜方向一致，故在一级基础承载索地锚上联结一副单门滑轮，让返回牵引钢丝绳穿过此滑轮后进行导向牵引小车返回。具体布置见图 3.6-14 所示。

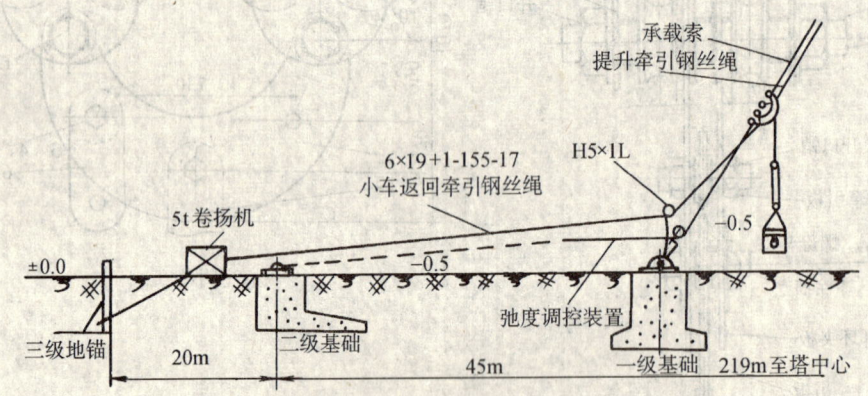

图 3.6-14　小车返回牵引系统布置图

3.6.3　操作试验

超高空承载索安装完成后先要进行完整性的安装质量检查和试验，合格后方可正式投入使用，故要进行操作试验，具体试验方法如下：

(1) 完整性检查：承载索安装完成后首先要对所有吊索具、滑轮、卷扬机等机械、电气进行安装质量的检查和验收，当确认合格后方可进行承载索弛度调控，牵引小车上行和下行的牵引空载运行动作。其中承载索弛度调控系统主要是观察弛度调控装置上动滑轮在一级基础和二级基础之间的移动范围；牵引小车上行主要是考察上部提升牵引卷扬机的容绳量能力；至于牵引小车返回牵引钢丝绳主要是保证其有足够的长度。此外在空载运行前要作好人员岗位的安排和落实，并添置足够数量的对讲机和望远镜，然后进行空载运行试验，对现场指挥和操作人员进行模拟训练，为今后正式使用进行实地练习。

(2) 弛度测量：承载索弛度的测量主要是为了今后正式吊运设备时控制承载索的受力，即使它不超过设计所规定的承载情况下的承载索最大张力，这样还可保证基础地锚的稳定性。至于承载索弛度的测量是在轻载（即设计载荷的 1/2）的情况下进行的，其方法是先在承载索下方投影线的中点（即 1/2 跨距处）垂直向上观察，使牵引小车在此中点上方，然后用设置在一级基础前的经纬仪对牵引小车进行角度测量，并在角度测量的过程中不断变化承载索的弛度，同时记录下每一变化当时拉磅的相应受力数据，还有弛度调控系统的动滑轮在地面的移动距离。这样，经过数据换算，不仅可以验算方案设计数据的正确性，而且还可通过拉磅的受力来控制承载索的弛度和整个承载索的受力，以确保安全生产。

(3) 模拟运行：承载索弛度测定完成后即可进行模拟运行，仍以设计吊重的 $\frac{1}{2}$ 载荷直接向上牵引，观察其能否正常进入上球规定的 +288m 层面，这是对方案中规定的吊运设备空间状态的确认。接着再进行重载试验（额定设计载荷试验）。但此时重载提升牵引至少要跨过承载牵水平投影距离一半以上，因为承载索最大张力是处于水平投影距离的中心点处，这样的试验是对承载索张力的考验。此时拉磅上所反映的拉力也是今后整个超高空承载索吊运设备过程中所必须掌握和控制的张力，决不能任意增大，以保证安全生产。

3.6.4　吊运操作

　　超高空承载索设备的吊运操作除了事先进行了施工技术方案交底外，必须对现场施工指挥、操作和监控进行详细的规划、组织和安排。地面设总指挥，他是整个吊运施工的总指挥，兼管地面吊运设备的上钩工作（指设备装至牵引小车吊架上）；上球设备就位层设副总指挥，负责对抵达上球设备的进入和脱钩工作（即从牵引小车吊架上卸下设备）；另设专人对地面承载索弛度调控装置系统的拉磅定时进行数据记录和监控（即每隔 5min 作一次数据记录，并向总指挥汇报读数），以便总指挥了解承载索的张力情况，及时指挥调整。

　　由于超高空承载索吊运设备的中间过程时间较长（单程时间为 80min），故上球卸货施工人员应对提升牵引钢丝绳所有滑轮锚固点进行检查监视，以防锚固点松动及滑轮过热等不利因素的产生。

　　根据承载索张力变化关系，在设备吊运的施工中其操作过程是：松索装车──→紧索使设备离开地面，同时放松返回牵引钢丝绳──→提升牵引开始阶段，并适当松弛承载索──→牵引小车提升通过水平跨度中心区域后适当张紧承载索──→当设备提升超过就位层面后，再适当放松承载索和放松提升牵引钢丝绳，使设备自然而又平稳地坐落在上球设备层面，并脱钩卸下设备──→牵引小车回落，适当张紧承载索──→适当放松提升牵引钢丝绳，让牵引小车徐徐下滑──→牵引小车通过水平跨度中心区后返回牵引钢丝绳根据其松弛程度逐渐收紧，直至牵引小车返回地面。以上便是承载索设备吊运施工的全过程。

3.6.5　承载索安装和拆除的操作

　　承载索安装和拆除时需跨越地面建筑物和高压线路，还要对电视塔本身结构进行产品保护，给安装和拆除的施工操作带来一定的困难，且有一定的危险性，故超高空承载索的安装和拆除工作又是安全生产一大主题。

　　(1) 超高空承载索的安装：

　　1) 上部锚固千斤钢丝绳的安装：超高空承载索上部锚固点 330m 处千斤钢丝绳的安装和牵引小车提升牵引索上部 329m 处千斤钢丝绳的安装。首先是在混凝土单筒体筒身外圈 328.5m 处搭设一圈环状脚手架，以便存放要安装的千斤钢丝绳、小型起重机具和作业人员登高操作之地，其中千斤钢丝绳和卸扣的吊运和安装是委托土建施工用的、设在⑦轴直筒体顶部的 HC-88 型塔吊配合进行。

　　2) 悬挂承载索和安装牵引小车：超高空承载索在长度决定后的钢丝绳两端头先在地面编织成两个绳环（俗称拔股头），之后分两次仍由塔顶的 HC-88 型塔吊配合吊至 330m 处，由人工配合将绳环先后与钢丝绳千斤上的卸扣分别联接，待承载索上部联接完成后立即再由塔吊将牵引小车吊至上球 288m 平台层上，并将牵引小车车轮解体后穿入承载索上，再装配好牵引小车车轮。但此时的牵引小车马上要用与承载索同时安装好的牵引小车提升牵引系统的钢丝绳牵引滑轮相联接，以防承载索在张紧过程中牵引小车滑下。

　　3) 承载索跨越的安装：承载索地面部分跨越建筑物和高压线部位的方向上方要先搭设跨越建筑物和高压线路的脚手架，然后利用汽车起重机将承载索钢丝绳地面部分吊至脚手架上，并通过人工将此钢丝绳从脚手架的一边拖至另一边，使承载索横卧在跨越脚手架上，此时借助牵引小车返回牵引卷扬机及索具来联系承载索地面端并张紧，使承载索逐渐悬空，脱离并跨越建筑物和高压线的脚手架，同时将承载索穿越一级基础上已准备好的导向滑轮上，并最终再联接到二级基础前的弛度控制滑轮组的平衡滑轮上，这样便完成了承载索的安装工作。最后在放下上部牵引小车之前先在牵引小车下方放一根数十米长的白棕绳，以便小车下滑到一定高度不再下行时，则可由人工牵引，将小车牵引至地面，待小车到地面端时再联接小车返回牵引钢丝绳，这样牵引小车便在承载索的弛度控制系统、提升牵引系统和返回牵引系统的控制之中，完成了整个超高空承载索的安装工作。

(2) 超高空承载索的拆除：当超高空承载索设备吊运工作完成后现场情况已经发生了很大变化，即 HC-88 型塔吊已经拆除，混凝土单筒体上已无脚手架，塔体上球和下球结构上玻璃幕墙基本完成，所以超高空承载索的拆除工作要注意产品保护，要注意安全生产，故超高空承载索的拆除工作将比其自身的安装更为困难。其具体拆除步骤是先将提升牵引钢丝绳的走 4 形式改为单绳的形式，然后是放下小车至地面和卸去小车，再是分二次拆除承载索，第四便是拆除提升和返回牵引钢丝绳，最后才是拆除上部的千斤钢丝绳、卸扣等起重机具。具体操作如下：

1) 牵引小车的拆除：牵引小车的拆除首先是更改牵引提升钢丝绳的穿绕行走形式，即将原来使用 2 台卷扬机、使用动滑轮和定滑轮的钢丝绳走 4 穿绕形式简化为使用 1 台卷扬机和单根钢丝绳联接牵引小车的方式。在拆除牵引小车之前使用原来牵引提升设备的方式将牵引小车从地面牵引提升至 288m 平台以上，此时用轧头将牵引小车轧死在承载索上，然后将牵引提升钢丝绳和牵引小车脱开，更改为使用 1 台卷扬机和单根钢丝绳的牵引提升系统，再将单根钢丝绳和牵引小车相联结，松去轧死在承载索上的轧头，利用牵引提升钢丝绳和返回钢丝绳将牵引小车释放至地面。在地面上将牵引小车从承载索上拆除脱离承载索。但此时应将提升牵引钢丝绳和返回牵引钢丝绳互相联结成一体，并于此联结处加 1 只滑轮倒挂在承载索上，然后提升牵引钢丝绳随同返回钢丝绳一起向上牵引至最高点，开始准备承载索的拆除工作。

2) 承载索和提升返回牵引索的拆除：承载索的拆除分两次进行，其操作顺序是先启动弛度调控装置，将承载索放松（其松弛程度是不与上球玻璃幕墙接触为限），然后将两根承载索钢丝绳在地面端头处（平衡滑轮之前方）用钢丝绳轧头将其相互轧牢锁住，接着将一根没挂滑轮的承载索顶端和提升牵引钢丝绳用轧头互相联结，联结后即可将此承载索顶端的卸扣松脱，最后利用提升和返回牵引钢丝绳将第一根承载索沿着另一根承载索向下释放。但是释放第二根承载索就比较复杂了，因为承载索本身直径大，重量重，没有导索引导下滑对于现有的牵引提升钢丝绳来说是比较危险的，故需为第二根承载索的释放临时增设一根导索。此时所用导索即为原来直径 16mm 左右的返回牵引钢丝绳，但同时再增加一根直径比原来返回牵引钢丝绳更小的钢丝绳替代返回牵引钢丝绳。此时在地面把增设的直径更小的返回牵引钢丝绳端头再联结到原来提升和返回牵引钢丝绳的联结点上，此时提升牵引钢丝绳将两根钢丝绳沿着第二根承载索向上提升滑行至顶端，接着将原来那根返回牵引钢丝绳联结到第一根承载索的卸扣上，再将倒挂滑轮从第二根承载索移至新的导索上来（即原来的返回钢丝绳），然后将第二根承载索用轧头和提升牵引钢丝绳相联结，再松去其上部卸扣，最后才开始释放第二根承载索。此时在地面将提升牵引钢丝绳和返回牵引钢丝绳的联结互相脱开，让提升牵引钢丝绳单独向上提升，同时在地面将新的返回牵引钢丝绳和现在当导索的原来那根返回牵引钢丝绳互相联结起来，而提升到顶端的提升牵引钢丝绳此时在顶端又要和此导索相联结，同时脱开上部卸扣。这时，原来的那根返回牵引钢丝绳和提升牵引钢丝绳成为一体，都成为提升牵引钢丝绳了，而那根新增的、细的返回牵引钢丝绳却成了互相对拉的钢丝绳同步而上。最后再在此细的返回钢丝绳终端附上一根小直径的白棕绳随之而去。至此承载索的跨越部全部拆除结束。

3）千斤钢丝绳的拆除：在330m和329m高处的千斤钢丝绳的拆除工作仍需在328.5m高度上搭设脚手架。但先拆330m处的承载索千斤钢丝绳，后拆329m处提升牵引索的千斤钢丝绳，拆除方法均利用手拉葫芦和单筒体上的混凝土洞孔来释放千斤钢丝绳、释放卸扣等。对上部拆除的所有起重机具、索具均可通过吊笼运送至地面。这样承载索拆除的工作全部完成，亦即超高空承载索设备吊运施工操作全部结束。

3.6.6 体会与设想

本工程由于其特殊的高度和特殊的结构，而决定了对工程的建设要赋予一定程度的高新技术，在工程招标投标阶段此技术方案为建设单位、设计单位、研究单位和其他施工单位所看好，所以取得承担东方明珠上海广播电视塔工程的施工单位都是经过一番技术方案论证的结果。而工程实质性阶段的施工方案制定和实施则比之招投标阶段更为具体，更为复杂。因为此时的技术方案对工程施工的时间性、适用性、操作性、协调性、安全性和经济性等方面都提出了很高很苛刻的要求，均需予以一一满足，工程才能得以实施。超高空承载索设备吊运技术方案的实施给人们留下深刻的印象。具体汇总如下：

（1）超高空承载索的高度330m和跨度215m，承载索下悬挂的吊索具和吊运设备重量达6.5t，堪称国内之最。

（2）超高空承载索除了提升和返回牵引系统外还增加了一套承载索弛度调控装置的特殊结构系统，这是区别于其他承载索结构中的一个新的结构。它确实方便了被吊运设备的装卸操作，免去了超高空的人工风险作业，确保了安全生产。此外还可确保被吊运的不同重量设备准确到位，故也是安全生产的一个特殊结构装置。

（3）超高空承载索设备吊运除了实施对上球顶层的设备吊运外，实际上只要调整牵引小车下部吊索的长度，即可实施对上球各层和下球各层的设备、材料的吊运施工任务。

（4）超高空承载索设备吊运施工投入费用高，安装和拆除比较困难，施工准备和清理时间较长和存在设备吊运方向唯一性的缺点等。但作为特殊工程，假设使用直升飞机吊运设备或使用倾斜扒杆吊运设备都将存在费用更高、更难以操作和不安全性等的因素，故超高空承载索是在特殊工程中方可使用的特殊施工技术。

（沈　湘）

3.7　高层民用建筑热泵吊装技术

用人字桅杆吊装民用高层设备，起始于1989年1月上海商城主楼48层锅炉房锅炉等设备吊装，当时开创了国内锅炉整体吊装高度之最（+157.6m），得到了日商（鹿岛）的赞许。

近年来，随着高层建筑的增多，动力站房设备置于近百米高楼层已比比皆是。当设备单体重量超过土建塔吊的最大允许荷重,安装高度百米左右,楼面与地面施工场地狭小,使用大型吊机或台令桅杆有困难时,人字桅杆吊装方式就显得实用、有效。

下面就我公司在上海浦东海关大楼主楼层顶热泵应用人字桅杆吊装的实例作一介绍。

3.7.1　工程概况

（1）工程简介：

上海浦东海关大楼工程位于上海浦东开发区陆家嘴金融中心区"1-2-2 地块",黄浦体育场原址,"东方明珠"电视塔以南,隔江与上海海关遥遥相望。

本工程主楼 22 层,总高度 95m;两侧裙房各 4 层,高 21m。在主楼 22 层（+87.35m）与 20 层（+79.35m）楼面共设置"约克"热泵机组 5 台:其中 22 层 3 台,20 层东、西各 1 台。机组型号为 AWHC-L200,每台重 6.81t（铝翅片）,外型尺寸（长×宽×高）为 6050mm×2274mm×2279mm。

（2）工程特点：

1）热泵安装位置较高：+87.35mm 和+79.55mm;

2）安装位置周围有 5m 高的钢筋混凝土墙已浇筑;

3）主楼与裙房外墙正在铺贴大理石,搭设有从地到顶的钢管脚手架和多层外挑安全网,其中 20 层下方既有裙房钢管脚手架,又有主楼凸缘脚手架,作业面狭小且不规则,无法按常规设置安全导向钢丝绳（图 3.7-1）;

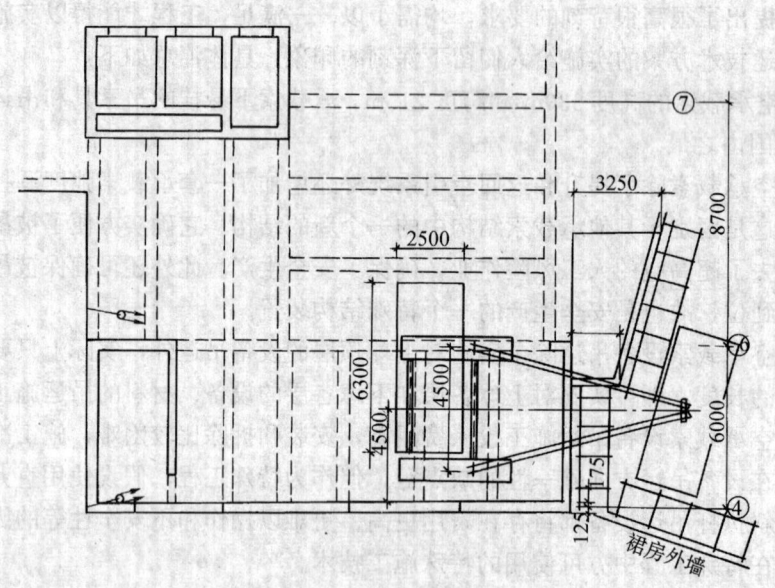

图 3.7-1　20 层热泵吊装前平面示意图

4）时间紧迫：1995 年 3 月下旬最终方案经业主同意,随即要求我们在 4 月 18 日浦东海关开关前完成全部相关工作（包括从人字桅杆设计起到全部吊装机具撤离主楼附近）,这期间,正值气候变化无常：每天有阵雨、大雨,间以大风,影响施焊及吊装。

3.7.2　主要施工工艺和措施

（1）施工工艺程序如下：

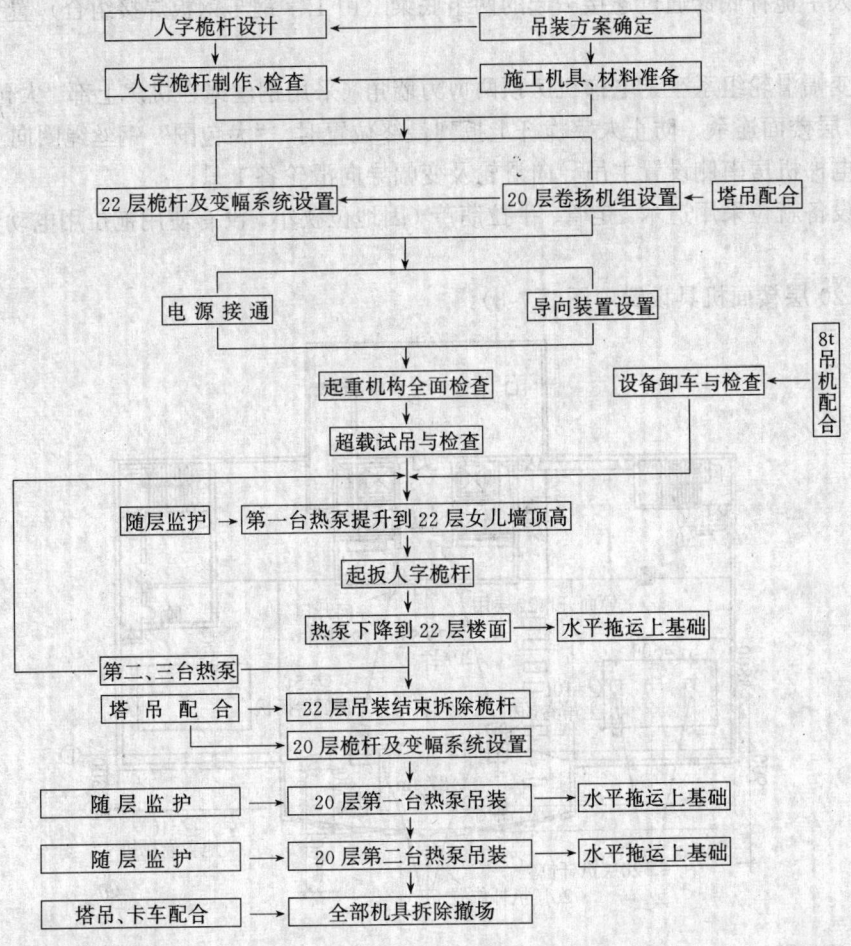

（2）施工工艺布置：

1）22层楼面机具设置（图3.7-2）：

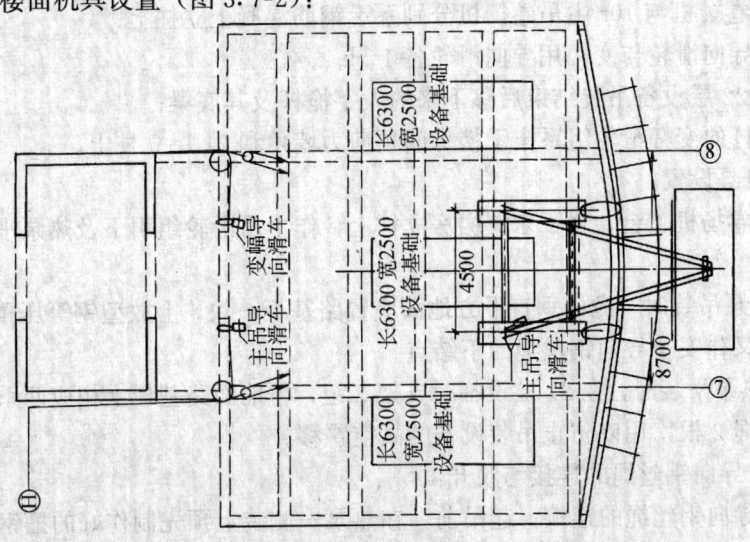

图 3.7-2　22层楼面机具设置及吊装前平面示意图

①人字桅杆底铰通过连接一起的两组底梁（由工字钢与钢板焊接组合）置于楼面承重梁上；

②变幅滑轮组系牢于电梯机房顶两剪力墙角（采用钢丝绳在机房上部"大包围"形式，并于 22 层楼面连系，防止人字桅杆上扳到最终位置时，"大包围"钢丝绳圈向上拔起）；

③电梯机房南侧设置主吊导向滑轮及变幅导向滑轮各 1 只；

④设备就位采用道木、走管、手拉葫芦（因地位狭小，没有使用拖拉用电动卷扬机）拖运就位。

2）20 层楼面机具设置（图 3.7-3）：

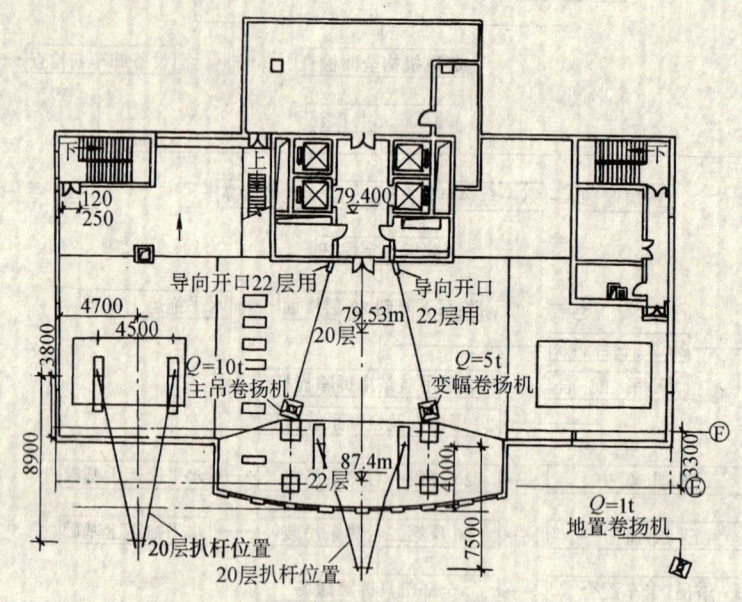

图 3.7-3　上海浦东海关大楼热泵机组吊装平面布置图

①5t 变幅卷扬机与 10t 主吊卷扬机分别系于钢筋混凝土立柱上；

②主吊用导向滑轮与变幅用导向滑轮各 1 只；

③选用自 22 层设备吊装结束后移下来的人字桅杆及其底梁；

④人字桅杆的变幅滑轮组系牢于楼梯间顶剪力墙角和 21 层立柱上。

3）地面机具设置：

①1t 电动卷扬机 1 台，置于东翼裙房立柱上，作主吊滑轮组引下及热泵平面位移牵引用；

②22 层热泵吊装时，桅杆垂直下方地面应置路基板一块，上放型钢等压重，即作桅杆超载试吊用，又作安全导向钢丝绳的下结点。

4）22 层热泵吊装时，在 21 层设临时支架二组，与地面路基板上相应两系结点间设置安全导向钢丝绳 2 根，用以防止吊装设备的高空飘移。

5）热泵与导向钢丝绳的连接与脱开：

①热泵与导向钢丝绳的连接：起吊前，在热泵一侧装上预先制作好的槽钢横担，当提升到离地面 1m 左右，暂停主吊卷扬机，将槽钢横担与导向钢丝绳用卸甲连接；

②热泵与导向钢丝绳的脱开：当热泵提升到 21 层导向钢丝绳临时支架下时，主吊卷扬

机暂停，在外脚手上由专人将卸甲与导向钢丝绳脱开，重新启动主吊卷扬机，热泵继续上升。

6）主吊千斤钢丝绳与热泵的连接：

①按照热泵结构钢架上所示系结千斤钢丝绳位置系上准备好的2根吊装千斤绳，为防止钢丝绳在吊装过程中滑动，用4只卸甲将千斤钢丝绳与热泵底架上的4个孔连起来；

②为防千斤钢丝绳夹坏热泵，在千斤钢丝绳与热泵上部接触处以2根型钢分别用4只钢丝绳夹头夹住作支撑。

（3）各项技术参数选用：

1）热泵：

①外形尺寸：（长×宽×高）6050mm×2274mm×2279mm。

②重量：6.81t。

2）人字桅杆（图3.7-4和图3.7-5）：

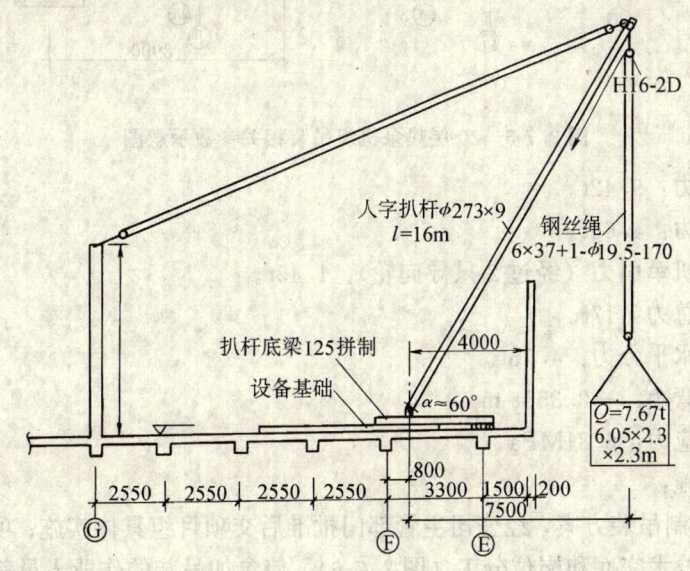

图3.7-4　22层热泵机组吊装相关参数示意图

①钢管：主管ϕ273mm×9mm，横管ϕ219mm×8mm。

②桅杆长度：16m。

③支座中心距：4.5m。

④桅杆最大前倾时轴线与水平面夹角（α）：

22层　　　60.75°　　　22层　　　55.8°

⑤桅杆前倾时最大半径：

22层　　　7.5m；　　　20层　　　8.9m

⑥桅杆前倾时最小高度（从桅杆放置楼层到桅杆顶）：

22层　　　14.6m；　　　20层　　　13.8m

（4）20层吊装时的部分受力计算值（α＝55.8°时）：

①计算载荷：7.8t。

②主吊卷扬机牵引力（经过3只导向轮）：2.55t。

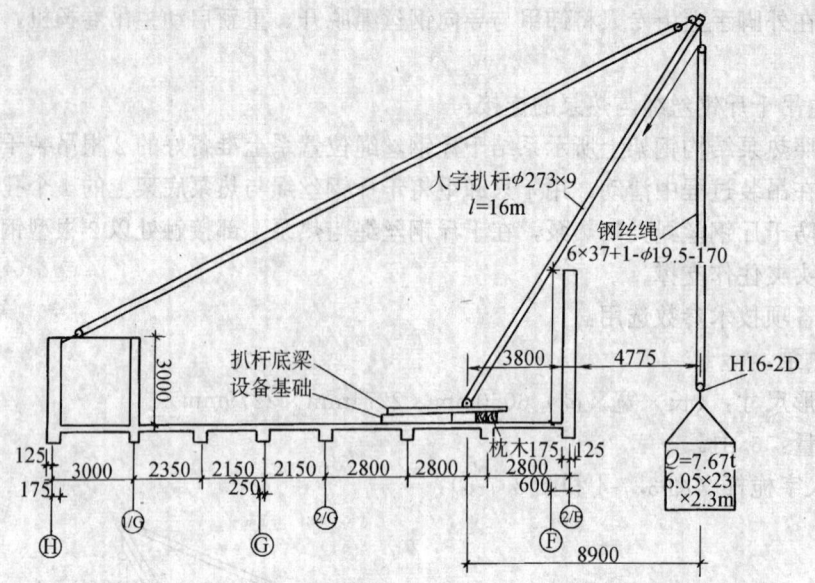

图 3.7-5   20 层热泵机组吊装相关参数示意图

③变幅绳总力：9.42t。

④变幅绳分力：4.66t。

⑤变幅卷扬机牵引力（经过 2 只导向轮）：1.45t。

⑥桅杆轴向总力：17t。

⑦桅杆底座水平分力：4.78t。

⑧桅杆中部弯矩：—2.355t-m。

⑨单根桅杆应力：6.81MPa。

（5）主要措施：

1）分公司编制吊装方案，经公司主管部门批准后交项目组具体实施；项目经理接到方案后，组织施工技术交底和岗位分工（图 3.7-6），使参加吊装的作业人员都能了解方案要求，明白各自的岗位职责和操作要领。

2）吊装前，施工技术员会同土建脚手架管理人员，对两处吊装作业面的钢脚手架及外挑安全网进行了全面检查，将可能妨碍吊装安装的部分外凸过多的钢脚手管和外挑安全网作相应回缩处理。

3）为了确保用电安全，专门从地面临时变电所敷设一条电缆到 20 层，供 2 台电动卷扬机使用。同时在筹建协调会上明确：吊装时请总包单位协助配合将 1 台人货两用梯供吊装人员上下专用。

4）桅杆及底梁的制作，选用材壁均匀的厚壁无缝钢管及规格适宜的型钢，由技术好、责任心强的合格焊工负责焊接，施焊点备有挡风防雨设施，确保专用机具的制作质量。

5）22 层人字桅杆组装时因楼面小、土建塔吊高度有限，先由塔吊人字桅杆平吊到 22 层楼面，让桅杆头搁于女儿墙上，将桅杆双铰与二组底梁销接好，穿好变幅滑轮组并与 5t 卷扬机联接；再在桅杆头上系上防后倾限位钢丝绳 2 根，利用 2 只手拉葫芦逐渐将二组底梁用小走管平移到正式安装位置，同时启动变幅卷扬机慢慢使桅杆扳起，到预定角度后，系好防后倾限拉钢丝绳。

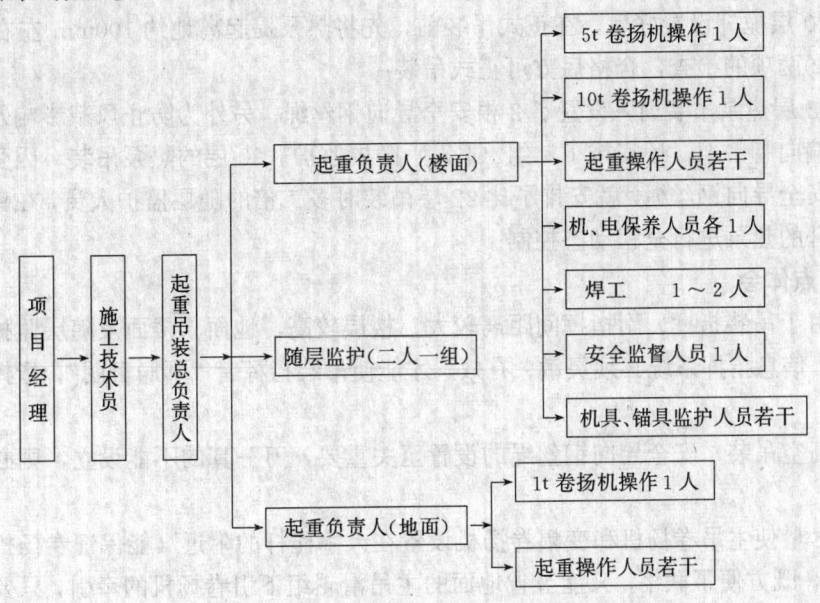

图 3.7-6 岗位分工示意图

6）22 层人字桅杆设置好后，在正式吊装热泵之前，用 1.2 倍于正式负荷的重物对桅杆及滑轮组等整个装置进行试吊，同时检查下列项目，达到要求后方准正式吊装：

①对电动卷扬机、导向滑轮的锚固点进行可靠性检查，并核对安放位置的正确性；

②对人字桅杆及其配套索具与锚固点联接的正确性、受力状况进行检查；

③对供电系统的可靠性进行检查；

④对电动卷扬机启动及制动性能进行检查，确保启动、制动灵活有效，安全可靠；

⑤对吊装指挥、操作等人员掌握吊装工艺和操作要领的熟练程度进行考查；

⑥对通讯联络信号系统的正确性、可靠性进行校验。

7）设定专职的安全监督人员，对施工现场的安全设施、机具，以及在施工准备和吊装过程中的安全作业进行全面监督管理。

8）为了确保卷扬机的容绳量大于实际需要，故采用了 1 台 10t 电动卷扬机作为主吊牵引。但这样做，土建的塔吊就不能一次整体将它吊起，我们就安排专人将卷扬机上的电动机拆下分开起吊，再在指定位置上重新组装，经过清洗加油，接上电源进行试运转，测试电机绝缘、电压、电流等参数，调校刹车装置，一切符合要求后才准使用。

9）热泵到现场后，会同建设单位及监理人员仔细检查有无外观缺损等现象，做好书面记录并摄影备查；同时核对设备的实际外形尺寸及接口方位，做到吊上楼层后能一次水平拖运到位。为了不使设备被大楼装饰工所凿下的碎石造成损伤，除了在卸车检查后及时遮盖、做好产品保护外，还通过协调，请凿墙单位在我们吊装过程中暂停吊区附近的开凿工作。

10）每台热泵吊装前，由相应岗位人员对机具、锚点等进行检查，并将结果向吊装总负责人汇报，后者在确认没有问题后，方能指挥正式起吊。

11）高空吊装过程中，除规定位置变动或发生特殊情况，可以暂时停吊、进行松扣或检查排除故障外，一般应从正式吊装开始，就连续不停地一次吊到规定停止的层楼。

12）20层桅杆设置好后，在正式吊装前，先将热泵提起离地约100mm左右，进行6）条中①、②两项的检查，合格后方可正式吊装。

13）22层热泵吊装前，设置了2根安全导向钢丝绳；另外为防止风载影响及钢丝绳扭力使热泵偏向脚手架，还安排了二组（4人）随层监护。20层的热泵吊装，因受场地限制无法设置安全导向钢丝绳，就安排了比22层吊装时多二倍的随层监护人员，在钢脚手架上对缓缓上升的热泵进行全程动态控制。

3.7.3 几点体会

（1）由于吊装指挥、副指挥间距离较大，楼层较高，地面、楼面及随层监护人员必须分工明确，信息指挥系统必须灵敏、有效，才能使吊装指挥者"耳聪目明"，指挥才不会失误。

（2）高空吊装，安全导向钢丝绳的设置至关重要，万一真的不能设立，则必须采取相应措施。

（3）尽量使主吊卷扬机和变幅卷扬机设置在人字桅杆的附近（能保证卷扬机排绳顺利进行即可），既方便了联络，又能节省地面的主吊滑轮组下引卷扬机的牵引，只要在主吊滑轮组上挂上临时吊具，即能随着主吊卷扬机钢丝绳的松放而缓缓下降，待下到导向钢丝绳上支架下面后，就将临时型钢吊具与导向钢丝绳圈连起来继续安全下放。另外，在百米下楼层吊装本例相似的设备时，还可直接使用5t电动卷扬机作为主吊用，不过此时的卷扬机容绳量已到极限（届时应做好防急措施），但好处是可利用土建塔吊一次起吊和下放卷扬机。

（4）吊装工作准备阶段，一定要对实物有实况了解，不能单凭业主提供的复印件，这样才能清楚热泵（或冷冻机组）本体能否直接用吊索直接起吊，此外还需要安装临时加固装置，以免临时仓促忙乱，贻误工期。

（5）鉴于当前民用高层建筑采用的动力设备重量、外形均较接近，可以设计制作一套系列化的人字桅杆作多用，这样可降低工程成本，提高投标竞争能力。

（凌元欣）

3.8   大型铝镁合金筒仓组焊技术

3.8.1   工程概况

上海石油化工总厂塑料厂三期工程的高压聚乙烯装置（2PE）是我国目前最大的一套低密度高压聚乙烯（LDPE）生产装置，是上海三十万吨乙烯工程完善化配套的主要项目。该装置系采用日本国三菱油化株式会社和德国巴斯夫（BASF）公司共同开发的低密度聚乙烯生产工艺的专利，由意大利斯普提（SNAMPROEGTTi）公司提供技术资料和设备，年生产能力为8万吨。

该装置核心部分的产品贮槽区域内有15台铝合金筒仓是装置中关键项目，总容量达5050m³。由上海市工业设备安装公司现场制作安装，施工总工期7个月。施工期平均人数47人，采用二条组焊流水线（二块场地）同时制作、组焊、焊接。

筒仓技术参数见表3.8.1。

铝合金筒仓的基本参数　　　　　　表 3.8-1

序号	设备位号	区域名称	铝合金筒仓名称	数量（台）	型式	重量（t）单重	总重	内径（mm）	高度（mm）	板厚（mm）	容积（m³）	焊缝长度（m）角焊缝	对接焊缝	备注
1	V-503 A-F	产品贮槽区	混合与排气贮槽	6	V	4.6	27.6	3820	21480	δ=4 8.10 12	220/台	85/台	207/台	60°锥底
2	V-505 A-C	产品贮槽区	粗制品贮槽	3	V	4.6	13.8	3820	21480	δ=4 8.10 12	220/台	85/台	207/台	60°锥底
3	V-507 A-E	产品贮槽区	产品贮槽	5	V	13	65	5729	27420	δ=5 10.12 15.18	600/台	162/台	354/台	60°锥底
4	V-504	产品贮槽区	等外品贮槽	1	V		3.05	2864	20550	δ=4 8.10	75	69/台	144/台	60°锥底
			合 计	15			109.45				5055			

上海市工业设备安装公司针对铝镁合金材料的特殊性能、筒仓体积大、材料厚、质量要求高，特别是焊接难度大的诸多情况，抓住筒仓制作关键——焊接这主要工序，组织焊接工艺攻关。根据筒仓特点编制适用有效的优化方案，施工中做好层层交底，严格控制工序，实行三检一验，分步到位的质量监督制度，使筒仓的制作和焊接质量在施工中自始至终处于受控状态。经检查筒仓的质量符合规范、标准要求，焊接质量达到ASME锅炉及压力容器规范ⅤⅢ册UW52标准要求，焊缝X射线探伤一次合格率平均达到99.46%，着色渗透探伤一次合格率100%。焊缝无损探伤情况见表3.8-2。筒仓结构见图3.8-1。

筒仓对焊接缝的无损探伤情况汇总表　　　　表 3.8-2

容积（m³）	数量（台）	X射线探伤	一次合格率	着色渗透	一次合格率
600	5	64张/360mm（片长）	98.40%	48m	100%
220	9	64张/360mm（片长）	100%	300m	100%
75	1	4张/360mm（片长）	100%	12m	100%

铝合金筒仓共分3个部分：锥体、筒体、顶盖。锥体上设有环形支承圈，将来与基础地脚螺丝相联，固定在水泥框架上。

3.8.2 工程技术特点

因筒仓容积大和筒仓的铝合金材质所具的独特的物理化学性能及质量要求高，因此在施工制作中有如下技术特点。

（1）采用地面组装、焊接、整体吊装就位方法，以保证筒仓的几何尺寸和质量。

（2）保证地面组装质量和仓体表面质量是确保筒仓质量的重要一环。组装、焊接时应充分注意，不得使筒仓产生过大变形、碰伤、电弧擦伤，使用卡具时，要注意不得损伤母材。

(3) 特殊的焊接方法、焊接工艺是确保焊缝质量的关键。合理的焊接顺序，正确的焊接方法和有效的焊接工艺是保证焊缝质量的重要措施。

3.8.3 主要施工技术

(1) 施工方法和工序流程：

1) 铝合金筒仓施工顺序分顶盖、锥体、筒节三部分同时进行制作，然后由顶盖及锥体采用立式倒装法与筒节组装制作成顶盖段、锥体段，再将二段合拢组装成整体，这样能保证筒仓的几何尺寸和组装质量。

2) 根据铝镁合金材料板厚不同，筒仓的焊缝分别采用交流手工钨极氩弧焊与脉冲熔化极半自动氩弧焊焊接工艺焊接。

3) 施工顺序为先外侧，后内侧；先纵缝，后环缝；分段退焊，有效地控制焊接变形。

4) 筒仓采用整体吊装就位，经纬仪垂直找正的方法确保筒仓垂直度符合规范要求。

5) 施工工艺流程（见图 3.8-2）。

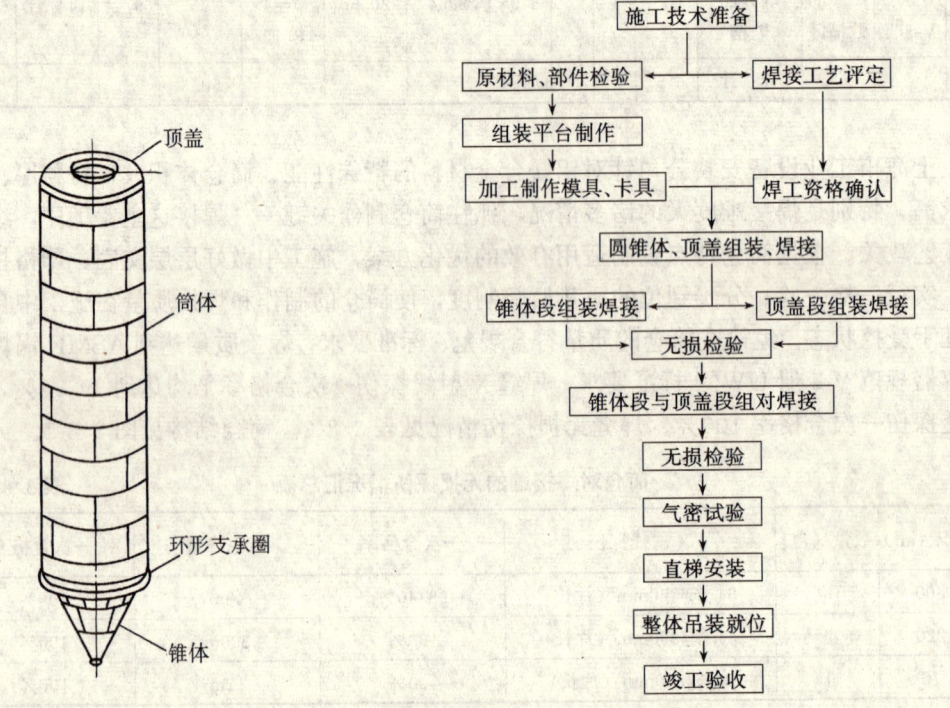

图 3.8-1 筒仓结构示意图　　　　图 3.8-2 工艺流程框图

(2) 施工技术准备：铝合金筒仓的制作、焊接、安装是项技术性较强的工作，为保证筒仓的制作质量和焊接顺利进行，在筒仓制作施工前对各个环节进行充分的准备工作是很重要的。

1) 材料选用与保管：

①铝合金材料的保管和使用过程中，必须充分注意到铝材较软，表面易擦伤，易变形，遇酸、碱、钢、铜易产生腐蚀和侵蚀。因此，保管使用中应采取相应措施。

②工程中使用的母材和焊丝应具备出厂质量合格证或质量复验合格报告，确认实物与

合格证件相符后方可使用。

③焊接工程中应选用已列入国家或行业标准的母材和焊丝。

④选用焊丝应考虑母材的种类、厚度和其他必要条件，一般应符合下列要求：

a. 焊接纯铝时，选用纯度与母材相近或比母材稍高的焊丝。

b. 焊接铝镁合金时，选用含镁量与母材相近或比母材稍高的焊丝。

c. 焊接铝锰合金时，选用与母材化学成分相近的焊丝或铝硅合金焊丝。

d. 异种铝及铝合金焊接时，宜选用抗拉强度较高的与母材相应的焊丝。

e. 氩弧焊时所使用的氩气应符合GB4842—84《氩气》标准要求；钨极推荐选用铈钨极，也可选用钍钨极。

2）机具设备选用见表3.8-3。

机具设备计划表（以 2 台 600m³ 筒仓组焊为例）　　　　　表 3.8-3

序　号	名　　　　　称	型号、规格	单　位	数　量
1	汽车式起重机	110t	辆	1
2	汽车式起重机	16～25t	辆	1
3	履带式起重机	50t	辆	1
4	卷板机	19mm	台	1
5	螺旋千斤顶	LQ-5（5t）	台	8
6	脉冲熔化极半自动氩弧焊机		台	2
7	交流手工钨极氩弧焊机	NSA-500	台	6
8	滚轮转胎	$\phi6000\sim4000$mm	套	各1
9	橡胶转轮托架	$\phi300$mm	只	16
10	直流弧焊机	AX-320	台	2
11	刨边倒角机	电刨 200W	把	4
12	清根机	D100	把	2
13	微型锥状铣刀机		把	4
14	角向磨光机	$\phi100$mm	把	4
15	数字式测温仪	0～300℃	把	4
16	X 射线探伤机	150　　kVP	台	2
17	烘干箱	300℃	套	1
18	低压照明变压器	12V	套	4
19	白棕绳	$\phi13$mm、$\phi16$mm	m	各50
20	橡皮	$\delta=4$mm　6mm　8mm	m²	各50
21	橡皮手套			
22	彩色记号笔			
23	橡胶套管			
24	铝板锉			

3）临时设施：

①组焊平台见图3.8-3：筒仓制作、组焊必须在平台上进行，整个平台平面水平应控制在±5mm 之内，平台应牢固平稳，平台面上应铺设 $\delta=4$mm 橡皮，以防铝材表面擦伤，平台及附近应保持干燥、清洁。

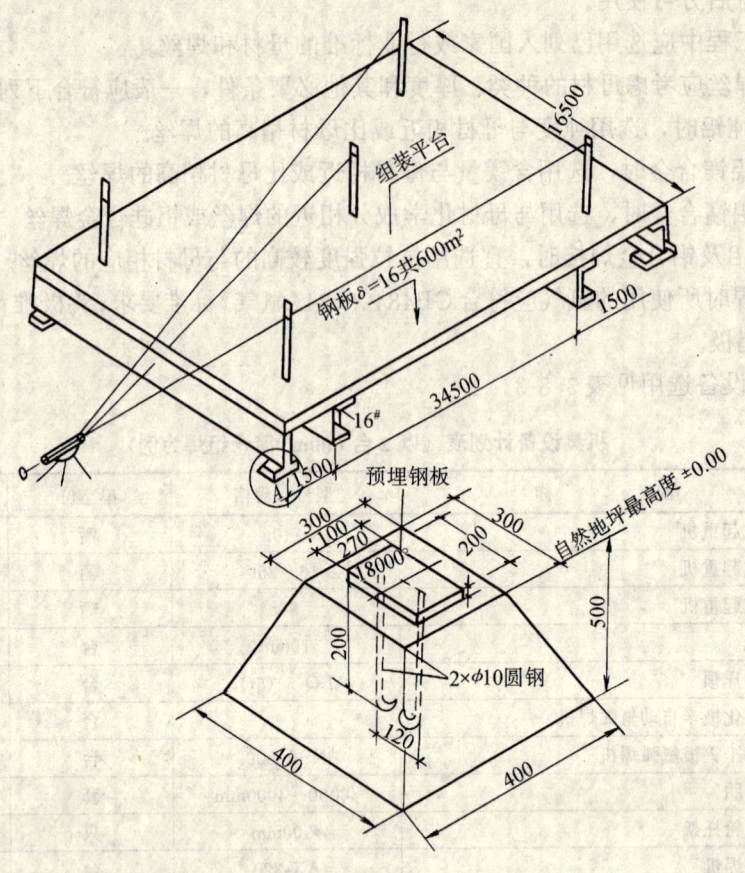

图 3.8-3　组焊平台

②滚轮转胎、滚轮托架见图 3.8-4：由于铝的特殊性，要求有一套能使筒体段、锥体段按一定速度均匀回转的电力驱动转胎，在筒体段、锥体段中间适当增加支承滚动托架，防

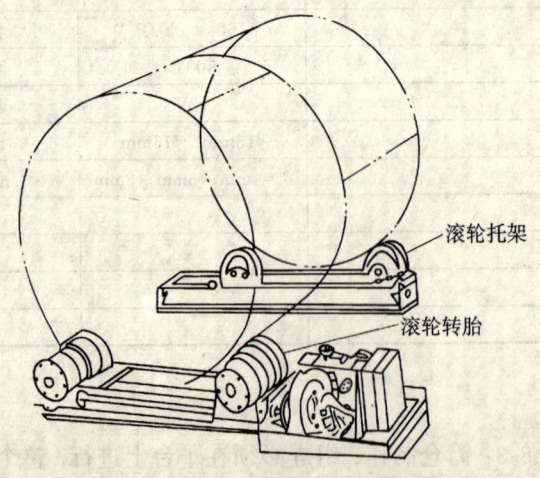

图 3.8-4　焊接环焊缝用的回转胎具

止自重引起弯曲变形，由滚轮转胎支承，并使它回转，实现环形焊缝处于平焊位置或稍上爬坡位置焊接，既提高质量、产量，又改善劳动条件。

③吊装用加强圈见图 3.8-5：安装应牢固，防止上滑，圈与筒壁之间用橡皮隔离。

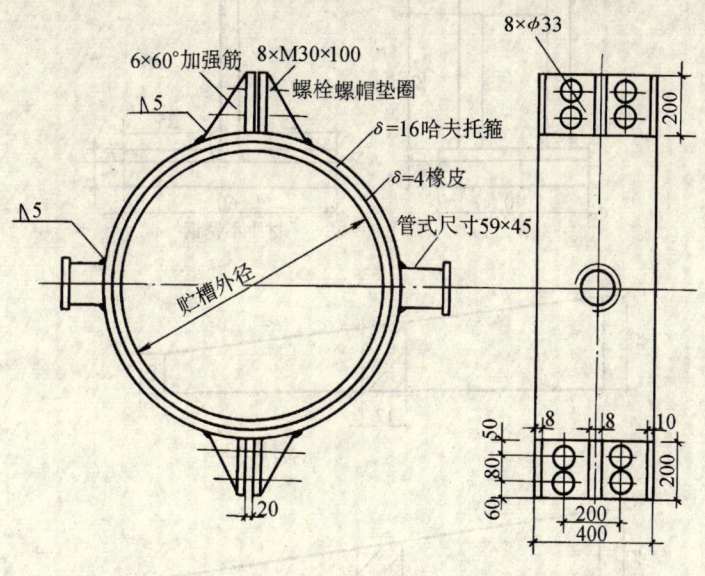

图 3.8-5　吊装用加强圈

④筒体转动时加强圈见图 3.8-6：加强圈、吊装加强圈等制作加工要求均应紧贴筒壁，其不圆度要求应于筒径相同。

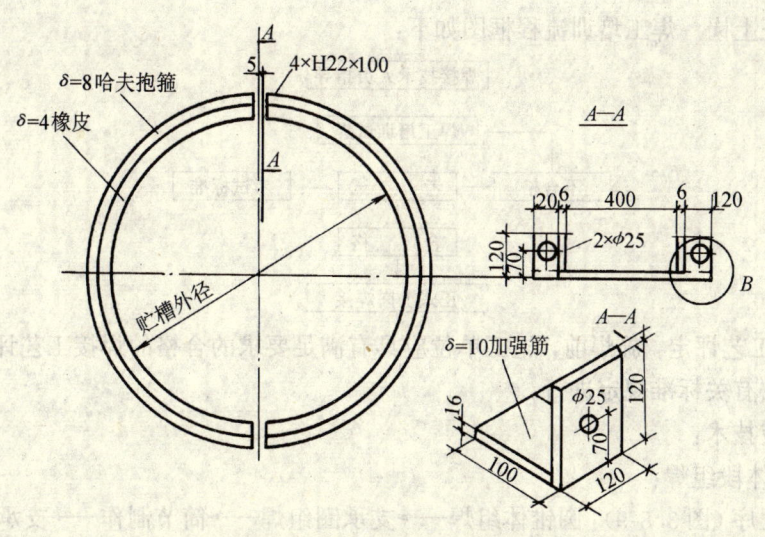

图 3.8-6　转动时加强圈

⑤筒节对口组对卡具见图 3.8-7。

⑥（600m³）筒仓吊装用横梁见图 3.8-8。

4）焊工资格确认：从事铝材焊接作业的焊工，应经过严格培训，并按规定标准要求考

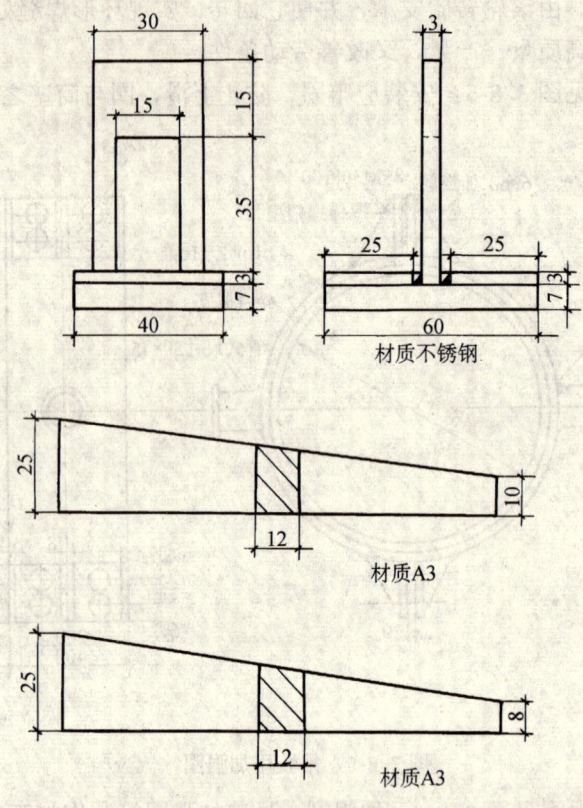

图 3.8-7 组对卡具

试合格后持证上岗。焊工培训流程框图如下:

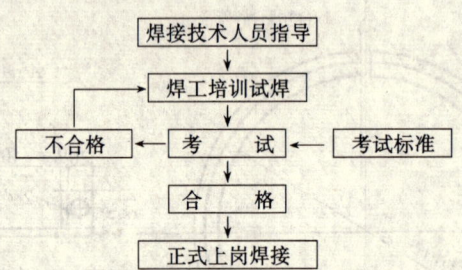

5) 焊接工艺评定: 施焊前, 施工单位应具有满足要求的合格的焊接工艺评定结果, 焊接工艺评定按有关标准规定进行。

(3) 组装技术:

1) 圆锥体段组焊:

①组焊程序(图 3.8-9):圆锥体组焊——→支承圈组焊——→筒节制作——→支承圈与第一节筒节组焊——→锥体与筒节组焊——→筒节组装——→停止点检验——→焊接——→无损探伤(RT、PT)。

注:RT——X 射线探伤;PT——着色渗透探伤。

②圆锥体组焊:

a. 圆锥体分上、中、下三节, 由多块弧状扇形片组成, 在平台采用垂直方法组合, 见

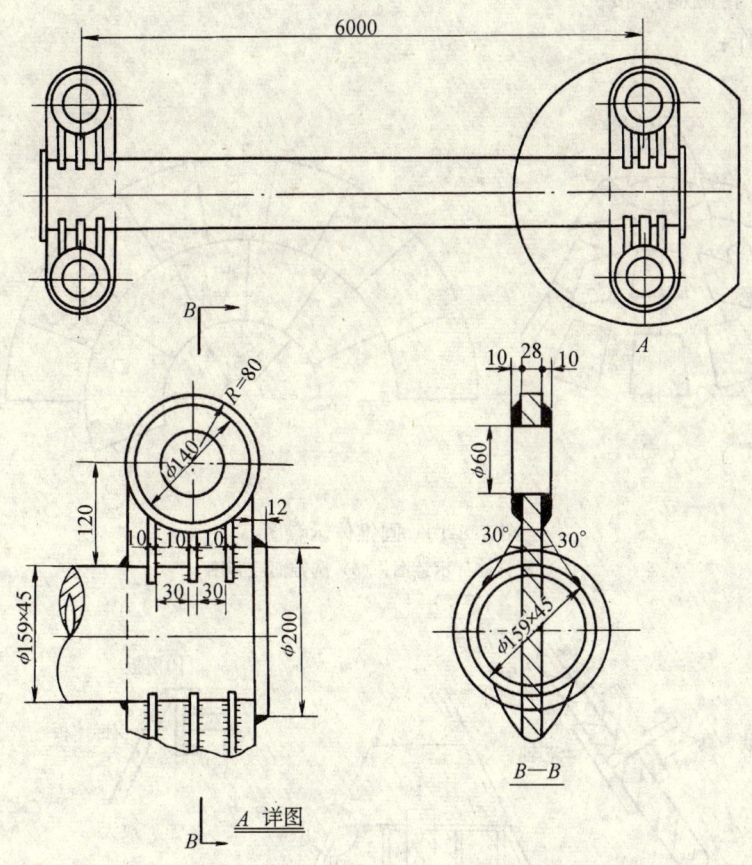

图 3.8-8　横吊梁结构图

图 3.8-10。

　　b. 先将直径最大的下节扇形片铺排在胎具上装配成型，点焊纵缝固定，然后依次组合中、上节，调整好几何尺寸，先点焊纵缝，后点焊环缝，纵缝应严格按照施工图排版的展开图错位，不得任意错位排列。组装示意见图 3.8-11。

　　c. 组对时要对准配合位置标记，采用中心线锤测量锥体同心度和直尺校准内壁的直线性。测量示意图见图 3.8-12。

　　d. 将圆锥体横卧于平台木垛上，进行环缝转动的平焊位焊接，见图 3.8-13。

　　③支承圈组焊（图 3.8-14）：

　　a. 将扇形板（4 片）铺设在轮廓线上，组合成环，点焊固定。

　　b. 焊前应在焊缝边缘处用斜楔固定，防止焊接变形。

　　c. 焊接方法：熔化极半自动氩弧焊。

　　d. 焊接顺序：对称焊。正面焊 2～3 层，翻身清根打磨后，

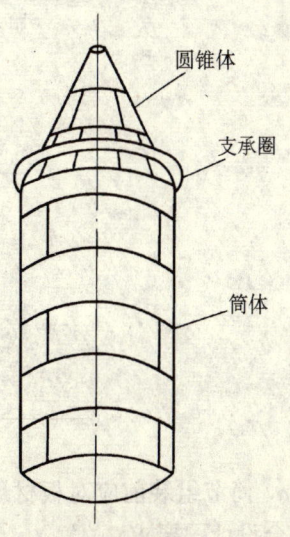

图 3.8-9　圆锥体段组装示意图

亦焊 2~3 层，再翻身焊接。

④筒节制作：

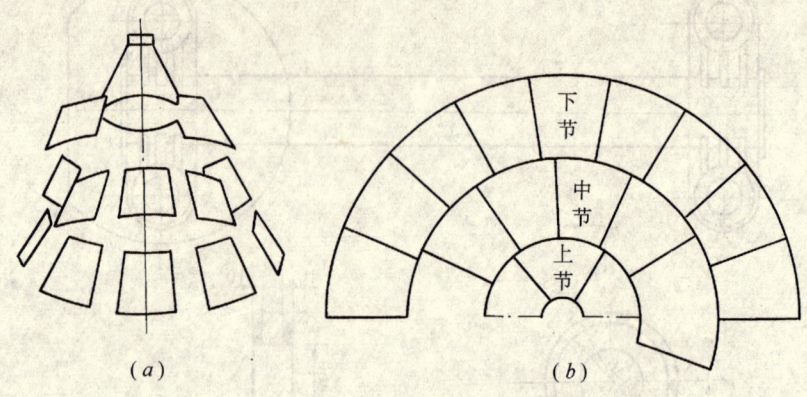

(a)   (b)

图 3.8-10   圆锥体示意图

(a) 圆锥体片示意图；(b) 圆锥面展开图

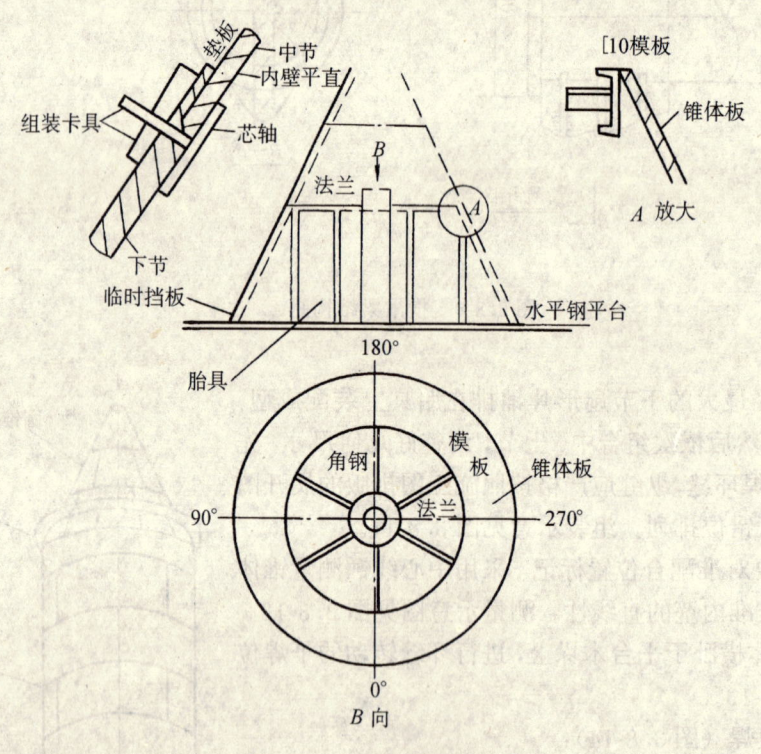

图 3.8-11   圆锥体下节组对示意图

a. 筒节组装前应对板材尺寸进行检查，其允许偏差应符合设计图规定，坡口尺寸形式应符合设计图要求。

b. 将弧度板圈成筒节，点焊纵缝。

c. 对接纵缝形成的棱角 E 值及筒节端面不平度，应符合规范要求。

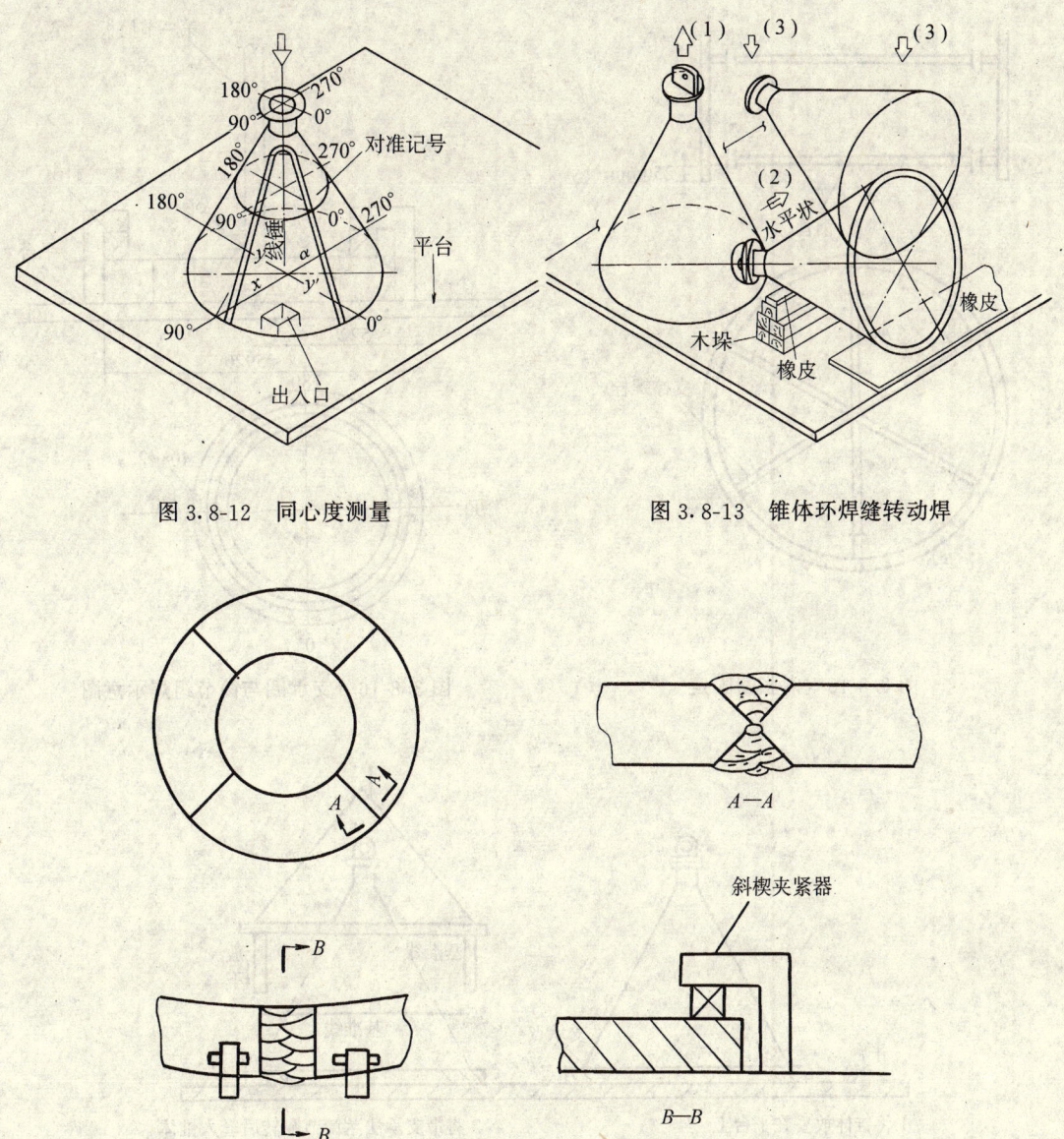

图 3.8-12 同心度测量　　　　　　图 3.8-13 锥体环焊缝转动焊

图 3.8-14 支承圈组焊示意图

d. 纵缝焊好的筒节在其离端口 250mm 处用内胀圈加固定形,见图 3.8-15。

⑤支承圈与第一节筒节组焊(图 3.8-16):将筒节吊至支承圈面上校正点固,焊前在环周均布斜楔固定,采用熔化极半自动氩弧焊焊接,对称分段退焊法焊接。

⑥锥体与筒节组焊(图 3.8-17):

a. 圆锥体竖放在平台上,然后将筒节吊起套入锥体。

b. 筒节底外圆处用抱箍使筒节固定在平台上。

c. 将锥体向上提升至筒节内规定尺寸点固。

⑦筒节组装(图 3.8-18):

a. 采用立式倒装法组装,将有锥体的第一筒节吊到单节的筒节上口与其组合,上、下

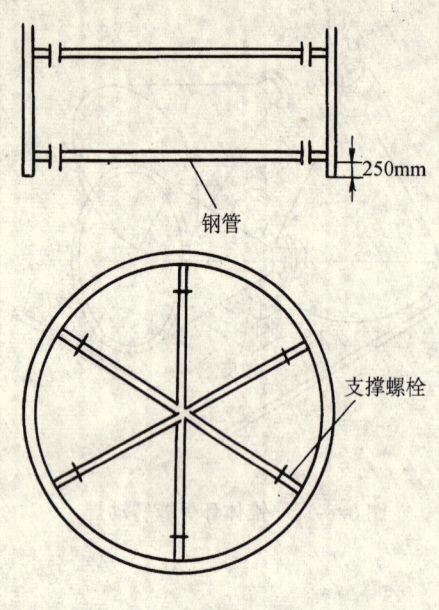

图 3.8-15 内胀圈固定

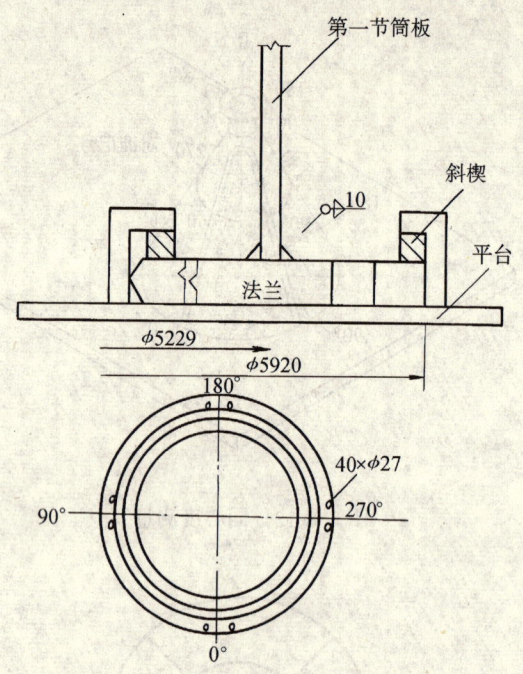

图 3.8-16 支承圈与筒节组焊示意图

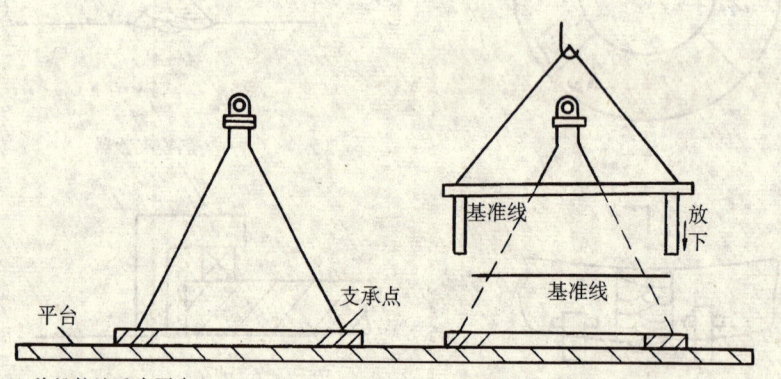

1.将锥体放妥在平台上

2.将带支承法兰筒节翻转后套入锥体

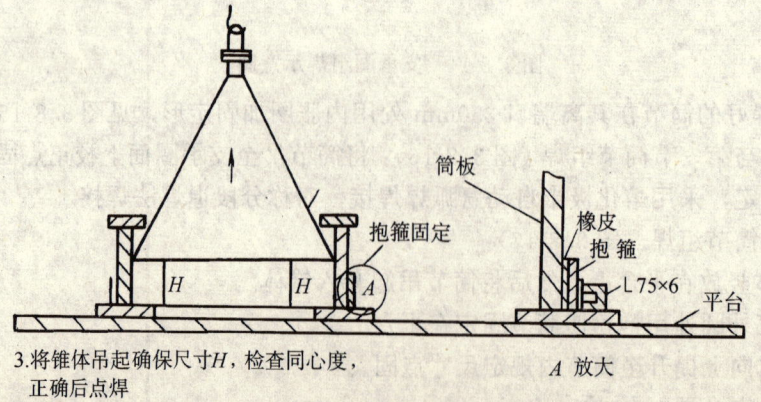

3.将锥体吊起确保尺寸H,检查同心度,
  正确后点焊

A 放大

图 3.8-17 锥体与筒节组装示意图

筒板（节）用对口组对卡具组对，校正筒板之间的间隙、椭圆度、外圆周等，全部符合规定要求，并用线锤分别在0°、90°、180°、270°分点测量上、下筒体直线性，经检查确认符合要求后进行点固，然后依次逐节组装成段，直至停止点。

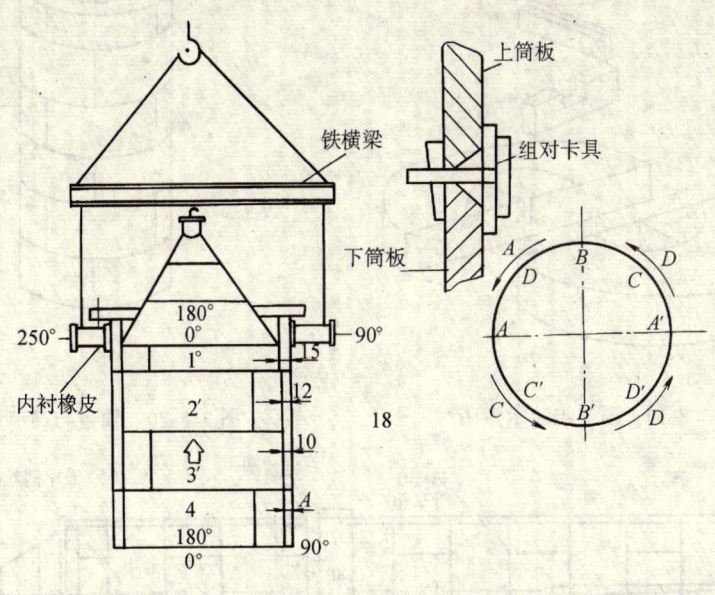

图 3.8-18　筒节组装示意图

b. 筒节间对口应采用多处对称组对与点固。

c. 横卧于滚轮转胎、托架上进行环缝焊接，筒壁与转胎、托架接触处采用加强圈保护，圈与筒壁之间用橡皮隔离。

2）顶盖段组焊：

①顶盖组焊（图3.8-19）：

a. 将顶盖预制成二半圆状（哈夫式）结构，且有长500mm的一段筒节，中心有十字加强联接板。

b. 二半圆合拢后，将短管法兰插入顶盖中心孔内，校正短管法兰与顶盖间相互垂直后点固，然后将十字加强联接板装入短管内点固。

c. 翻身后，背面点固并焊接。

②顶盖与筒节的组装（图3.8-20）：顶盖与筒节之间的组装方法与锥体段的筒节组装工艺要求相同。

3）圆锥体段与顶盖段的组焊（图3.8-21）：

①二段横卧在转胎、托轮上后，在筒体内下半周垫上橡皮，以防铝材表面损伤。

②在二段任一端口装上组装圈，筒体中挂上滑车组，用卷扬机作牵引，将二段合拢组对。

③筒体水平两侧拉钢丝线，用标尺配合水准仪测量筒体整体水平直线性。

④经校核检查确认尺寸、方位、直线性等均符合设计图纸、规范要求后，进行点固，并在监控下焊接。

⑤筒体内铝合金吹除管安装焊接。

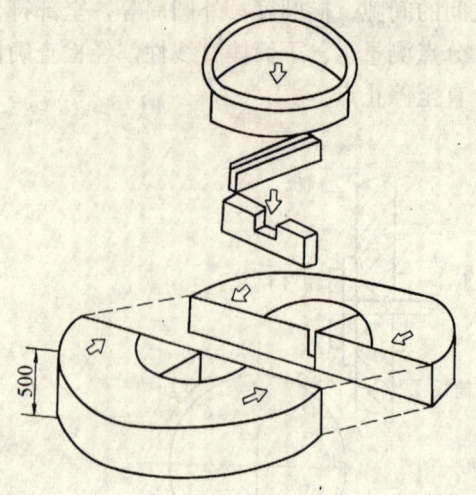

图 3.8-19　顶盖组装示意图　　　　　图 3.8-20　顶盖与筒节组装示意图

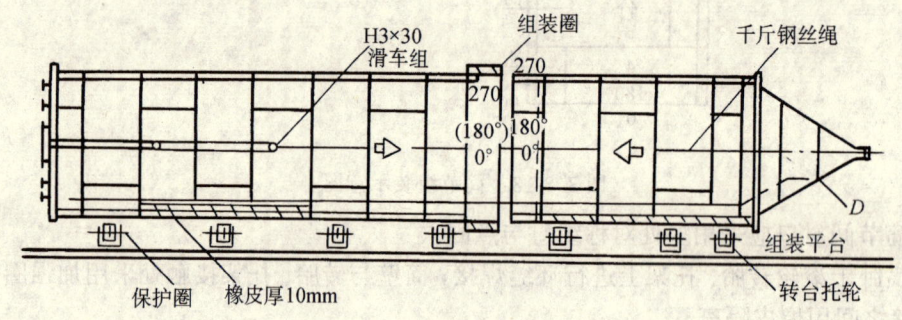

图 3.8-21　锥体段与顶盖段组装图

⑥直爬梯安装。

⑦筒仓顶部平台、旋转吊杆安装。

(4) 焊接技术:

1) 焊前准备:

①切割、坡口加工:铝材可采用机械锯割或等离子弧等方法切割下料,坡口质量要符合焊接的要求,坡口型式和尺寸应根据接头型式、母材厚度、焊接位置、焊接方法等确定。坡口型式和尺寸见表 3.8-4。

②焊件及焊丝表面氧化膜的清除:

焊前清除焊接的部位和焊丝表面的油污和氧化膜是保证焊缝质量的重要工艺措施,清洗处理质量的好坏将直接影响到焊缝质量。

一般清理方法有二种:采用化学方法或机械方法均可,而以两者并用效果较好。清理顺序及方法如下:

a. 用丙酮或四氯化碳等有机溶剂除去表面污油,坡口两侧的清理范围应不小于50mm。

b. 清除油污后,焊丝采用化学方法,坡口推荐采用机械方法(也可采用化学方法)清

除表面氧化膜。

坡 口 型 式 和 尺 寸   表 3.8-4

序号	工件厚度 S（mm）	坡口名称	坡口形式	坡 口 尺 寸			备 注
				间隙（mm）	钝边（mm）	坡口角度	
1	1～2	卷边	∏	——	——	——	卷边高度 $S+1$ 不填加焊丝
2	≤4	V 型坡口	V	0～1	1～2	60°±5° 0°	
3	5～8	V 型坡口	V	3	2～3	70°±5° 0°	
4	11～15	V 型坡口	V	4～5	3～4	80°±5° 0°	
5	30	X 型坡口	X	5	5	60°～70°	

机械法：坡口及其附近表面可用锉削、刮削、铣削或用直径为 0.2mm 左右的不锈钢丝轮（刷），不宜采用砂轮或砂布清除，以免砂轮嵌入母材，清理至露出金属光泽，两侧的清理范围距坡口边缘应不小于 30mm，使用的不锈钢丝轮（刷）应定期进行脱脂处理。

化学法：用温度约 70℃、浓度为 5%～10% 的 NaOH 溶液浸泡 30～60s 后水洗，接着用约 15% 的 HNO 溶剂（常温）浸泡 2min 左右后用水洗净，再使其完全干燥。或者采用其他类似方法。

清理好的焊件和焊丝施焊前应不被沾污，一般在清理后的 2～3h 内就进行焊接，最多不应超过 12h，否则应重新清理。

2）焊口组对：

①筒节之间对口要求外壁齐平，锥体之间对口要求内壁齐平。

②组对时的错边量应符合规范要求。

③应避免强行组对，严格控制坡口尺寸，保证焊缝间隙符合规定要求。

3）定位焊：

①焊接定位焊缝时，选用的焊丝及采取的工艺措施应与正式焊接要求相同，定位焊缝如发现有缺陷应清除重焊。

②焊件组对采用直接在坡口内点固，并将点固焊缝两端修整成缓坡形。

③定位焊缝应有适当长度、间距和高度，以保证其有足够的强度，具体要求见表 3.8-5。

定 位 焊 缝 尺 寸（单位：mm）   表 3.8-5

焊件厚度	间隔距离	高 度	长 度	
			纵 缝	环 缝
4～8	150	3～6	15～25	30～40
10～15	150	6～10	20～30	40～50
>15	150	12	30～40	50～60

4）焊接方法：

板厚≤10mm 采用手工钨极氩弧焊或双把双面对称同步手工钨极氩弧焊工艺，手工钨极氩弧焊应采用交流电源。

板厚≥12mm 采用熔化极半自动氩弧焊工艺，熔化极氩弧焊应采用直流电源，焊丝接正极。纵缝坡口面的焊接可处于立焊位焊接，背面清根后，于平焊位焊接。

环缝：筒体卧置于转胎托轮上进行平焊位或稍上爬坡位焊接。

5）焊接工艺：

①焊接施工环境条件：

环境温度不低5℃，相对湿度80％以下，焊接区域应设置防风、雨、雪设施。

②环缝对口必须采用对称多点均布组对点固法，焊接采用对称分段退焊法。

③板厚≥10mm 时焊前应进行预热，预热温度应符合规定要求。

④焊口的装配间隙及定位焊尺寸应符合规定要求，并保持焊接过程中的焊缝间隙尺寸。

⑤焊件与搭地线应可靠夹持，以避免焊件与搭地线之间起弧而损害焊件表面。

⑥不得在焊缝坡口外的筒体上引弧，纵向焊缝的两端应采用相同材质的引弧板和引出板。

⑦应避免对接横焊位置的焊接，尽可能使焊缝处于平缝位置焊接。

⑧多层焊时，焊完一层后应用机械方法清理氧化膜。

⑨ 输氩管应保持干燥、无泄漏，氩气管宜短不宜长，引弧前，提前充氩10～15s，熄弧后，氩气延时输送10～15s。

⑩组焊现场应保持清洁、干燥，装配工、焊工的工作服、手套要干净。

6）焊接顺序：

①原则：先纵缝、后环缝；先外侧、后内侧。

②程序：焊前准备──→顶盖、锥体、筒节纵缝外侧焊接──→纵缝内侧清根、打磨后焊接──→RT、PT 检验──→锥体与支承圈焊接──→锥体、顶盖、筒节之间的环缝外侧焊接──→环缝内侧清根，打磨后焊接──→锥体段与顶盖段合拢环缝外侧焊接──→环缝内侧清根，打磨后焊接──→RT、PT 检验。

7）焊接操作技术：

①焊工的操作技术与焊缝质量极为密切。在焊接操作过程中应保持焊炬、焊丝与熔池三者处于正确的空间位置要求，见图3.8-22，使溶池在整个焊接过程始终处于氩气最佳的保护区域内，这是防止焊缝产生气孔的重要途径。

②焊丝的给送与焊炬的运行动作应配合默契良好，送丝速度应根据熔池温度、间隙大小进行。

③熔化极半自动氩弧焊焊接操作时，焊炬前倾15°～20°角、焊炬可沿焊缝略作纵向往复摆动，以增加熔深。

④焊接规范：正确的选择氩弧焊焊接规范是保证焊缝质量的重要因素。焊接规范中的电流大小，很大程度上取决于操作的熟练程度，熟练者可选用较大的电流，较快的速度进行焊接。筒仓制作中所采用焊接规范见表3.8-6 和表3.8-7。

8）焊缝的返修：如焊缝经检查不合格而需返修时，缺陷部位应用机械方法去除，并且必须注意清除所有的锯屑、铣屑、磨屑以及残留物，否则在焊接时会产生气孔，同一部位返修或补焊一般不超过一次。

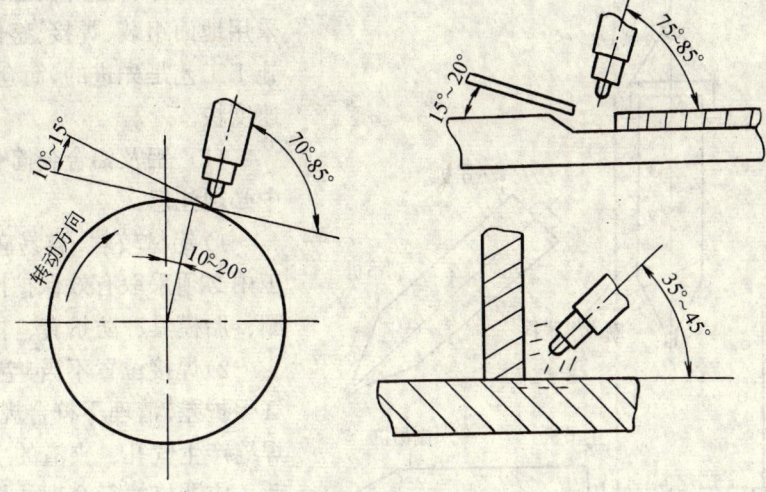

图 3.8-22 焊炬、焊丝与工件间的角度

手工钨极氩弧焊接规范   表 3.8-6

板厚 (mm)	焊丝直径 (mm)	钨极直径 (mm)	喷嘴孔径 (mm)	焊接电流 (A)	氩气流量 (L/min)	焊接层数 正面/反面
4~8	3~5	3~5	10~14	140~220	14~16	2/1
10~12	4~5	4~5	12~16	160~300	16~18	2/1

熔化极半自动氩弧焊接规范   表 3.8-7

板厚（mm）	焊丝直径（mm）	焊接电源（A）	电弧电压（V）	氩气流量（L/min）	焊接层数正/反
15	1.6	170~240	22~23.5	20~24	2/1
15/30	1.6	240~260	24	20~24	2/1

9）焊接质量检验：

①焊缝表面质量按 SHJ513-90 中国石油化工总公司不锈钢、铝料（筒）仓施工验收规范执行。

②无损探伤：X 射线探伤的焊缝，其内部质量按 1983-ASME 锅炉压力容器规范ⅤⅢ册 UW52 标准评定。着色渗透探伤验收按 GB150 标准。

（5）整体吊装就位（图 3.8-23）：

1）将筒仓移至吊机伸臂的回转半径之内。

2）用二台吊机将筒仓抬吊离地作垂直翻身，然后吊至框架上就位。

3）由两架经纬仪，对筒仓作垂直度测量。

3.8.4 结论

由于铝及铝合金具有密度小、加工性好、耐腐蚀等优良性能，因此铝及铝合金焊制立式圆筒形筒仓一定会不断地向大型化方向发展。

通过 15 台筒仓在现场制作、组焊安装的实践验证：

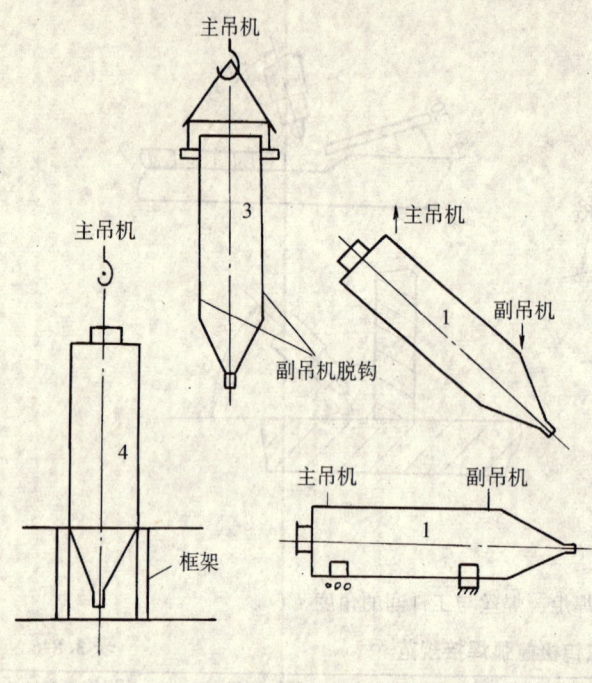

图 3.8-23　筒仓吊装示意图

1—安装元宝支承座拖移至吊机伸臂回转半径内；

2—空中换向；3—垂直脱去副吊钩；4—就位、找正、固定

大型铝合金焊制立式圆筒形筒仓采用地面组装、焊接、整体吊装就位的施工工艺是先进的，筒仓质量好，制作速度快。

(1) 铝及铝合金筒仓在制作施工中必须注意：

1) 铝材较软，容易碰伤、变形，施工中必须采取有效保护措施，如加强圈、胎模具、防护套、橡皮隔离等。

2) 焊接位置不当、空气湿度高、氩气保护差、清理不符合规定要求等，是焊缝产生气孔、夹渣的主要因素，因此，应严格执行合理的焊接工艺措施和正确操作技术，才能确保焊缝质量。

3) 准确的下料尺寸和正确的组对，是保证筒仓质量的重要环节。椭圆度超差和筒节圆周长尺寸不符及组对顺序有误，都会造成筒节对口单边凸出变形，而强行组对则会产生点固焊缝开裂。

4) 焊缝清根是保证焊缝质量的关键，未焊透的部分必须清除干净，经仔细检查确无缺陷存在，才能施焊。

5) 雨季雨水多、湿度高，又处于露天室外施工，要保证筒仓焊缝质量必须采取相应措施。

6) 筒仓组焊场地要求符合焊接环境条件，周围应干燥，应远离湿度高的地方。

(2) 体会：采用先进的组装工艺，合理的焊接工艺，依靠严格的质量控制（特别是焊接质量控制），技术措施充分落实，才能确保筒仓的制作质量，才能达到保证质量缩短工期、降低成本目的。

（胡志华　李耀成）

3.9　永新彩管工程碳素钢管道洁净处理与安装技术

3.9.1　工程概况

永新彩色显像管工程是由上海电真空电子器件股份有限公司与香港永新技术开发有限公司合资建设，引进日本彩色显像管制造技术（日本东芝公司引进），所组建的彩管生产企业，即上海永新彩色显像管有限公司，其生产规模为年产 100 万只 18in 彩色显像管，是我国兴建的四大彩管工程之一。工程总投资额为 4 亿元人民币，上海电真空电子器件股份有限公司占 75%。该工程是国务院批准的“七五”期间的国家重点工程项目之一，也是上海

市工业建设项目的头号重点工程，为全市人民所瞩目。

上海永新彩色显像管有限公司位于上海南郊徐家汇西南 7km 的朱行镇，东与上海黑白显像管玻壳厂接界，西与朱行镇毗邻，南沿朱梅路，北与拟建中的上海申光玻璃厂相邻，交通较为方便。整个工程占地 $1.2×10^5m^2$，总建筑面积 $76296m^2$，共计有建筑物 28 栋、构筑物 26 处，其中彩管总装厂房建筑面积为 $49717m^2$（长 252.2m、宽 84m、层高 9.5m，整体 2 层，局部 3～4 层）。

在总装厂房内，建筑设备由国内提供，工艺设备大部从日本引进。管道按输送介质的不同分为 44 个系统，长度共计 52km。根据生产工艺的要求，在总装厂房和屏锥回收厂房内设计有洁净等级为 10000 级（$1332m^2$）、30000 级（$1832m^2$）、100000 级（$3671m^2$）、500000 级（$566m^2$）的工作车间或工作室。而与彩管生产密切相关的气体动力管道、液压润滑管道、纯水软化水管道、冷却循环水管道等也都有比较高的洁净要求，特别是采用碳素钢管的气体管道具有很高的洁净要求，在整个工程中有 13850m 左右，管子的规格从 $\phi12mm×1mm$ 至 $\phi159mm×4.5mm$ 约十余档。这些碳素钢洁净管道不仅数量多，而且洁净处理和安装过程中的质量要求也相当高。它们不仅是彩管生产工艺设备的大动脉，而且也是整个彩管工程建设的关键和灵魂。故碳素钢管道的洁净处理和安装在彩管工程中具有举足轻重的地位，做好了碳素钢管道的洁净处理和安装，也就基本确保了整个彩管工程的质量，从而确保了彩色显像管生产的产品质量。

上海永新彩色显像管工程由北京中国电子工程第十设计院设计，上海国际建设总承包公司总承包，上海市第八建筑工程公司和上海市工业设备安装公司分包。工程于 1988 年 6 月 1 日正式破土动工，于 1989 年 12 月一次试车成功，仅耗时 19 个月就高速度、高质量地建成了这一大型工程。其中土建施工 14 个月，而设备安装调试仅用 6 个月，创出了惊人的"上海速度"。

3.9.2 洁净管道的施工

永新彩管工程的管道系统中，有三种碳素钢管道有特殊的洁净要求：（1）尘埃粒度小于 $0.9\mu m$ 的高压空气管道；（2）不纯物 0.2 小于 1ppm 的氢气管道；（3）不纯物 0.2 小于 3ppm 的氮气管道。上述三种管道在投入运行前应进行测试，达到要求后方可使用。

（1）碳素钢管的洁净处理：

1）处理方法：原设计对碳素钢管的洁净处理是采用管子内壁喷砂除锈，但根据国内其他彩管工程建设的经验，碳素钢管的洁净处理一般采用浸渍法进行酸洗、钝化处理，且其成本只是喷砂费用的 1/5～1/7。因此经设计院同意，决定采用浸渍法对碳素钢管进行洁净处理。

2）处理工艺：

①工艺流程图见图 3.9-1。

②操作要点：

a. 来料检查：碳素钢管进入施工现场必须具备产品合格证，并对管子管壁的涂油状况、锈蚀状况及其他污染状况进行检查，以决定钢管能否使用或考虑对其洁净处理的程度。

b. 管道预制：根据施工图设计提出各种规格钢管所使用的焊环、套筒等加工件委托计划，按施工图和现场实际进行管道预制。管道预制的尺寸大小要合适，使其能放入洁净处理浸渍槽中进行各项处理。

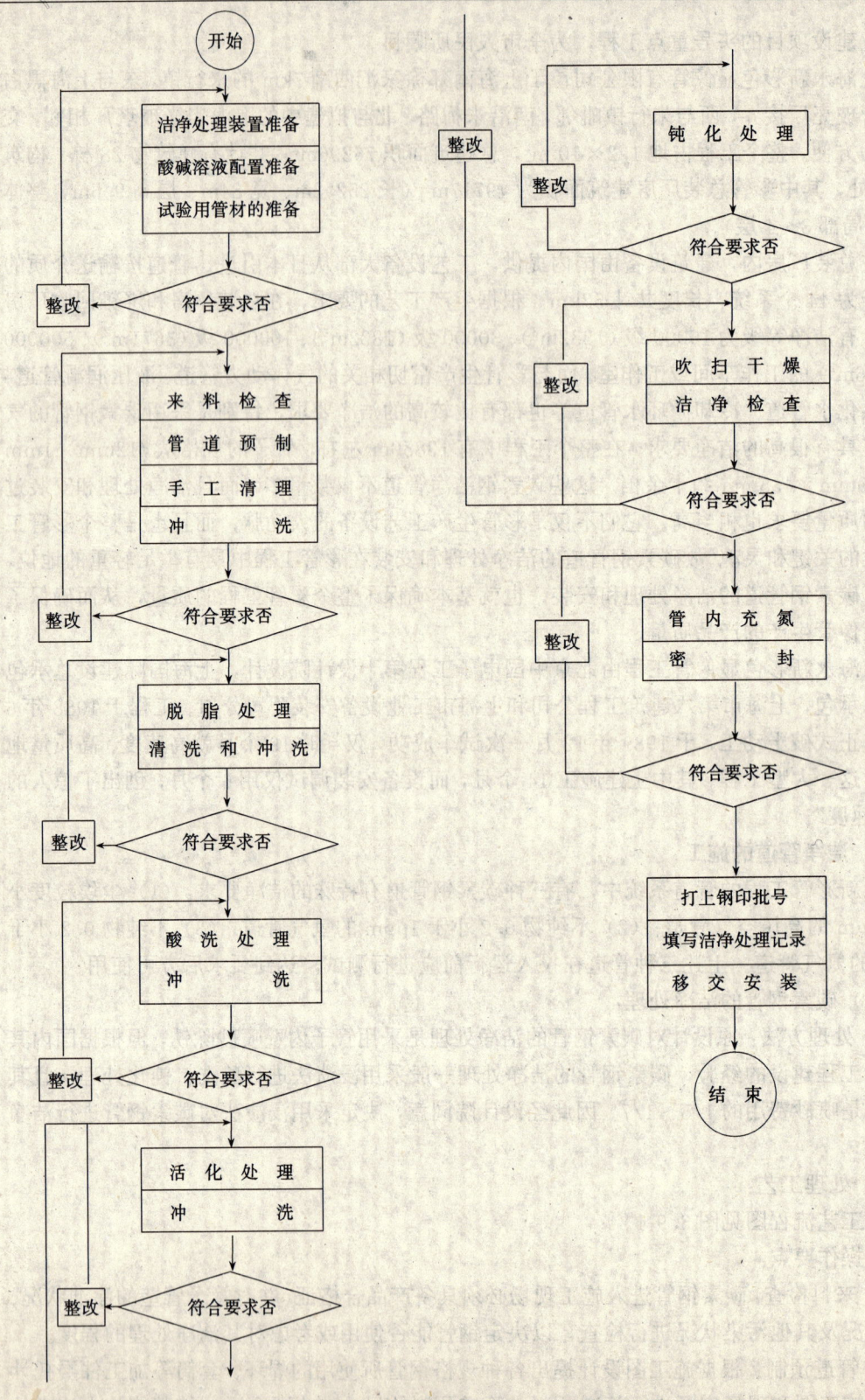

图 3.9-1 洁净处理工艺流程图

　　c. 手工清理：钢管及其管件或预制的管道表面油垢严重的，先用铲刀铲除或用木屑、棉纱等进行擦除，然后用汽油、煤油等有机溶剂除油。对钢管表面的焊渣、飞溅或其他建筑材料污染物等，应进行打磨、烤铲。对锈蚀特别严重的则应先进行喷砂处理。

　　d. 冲洗：使用压力不低于 0.5MPa 的常温水对管道内外壁的污泥杂质进行冲洗、清除，以避免对下道工序碱液的污染。

　　e. 脱脂：采用浸渍法对钢管及其配件进行脱脂，脱脂过程中要经常翻动，促进钢管及配件表面的脱脂效果。对碱液表面的油层要除去，以保证除油效果。当脱脂效果不佳时，应及时进行分析。一般每两周分析一次，补充脱脂材料或进行更换。脱脂时间约为 2h。

　　钢管及其配件经脱脂后必须完全除去皂化类和非皂化类的油污，用肉眼直观检验除油质量，以金属表面亲水无水珠及浸润为合格。如除油不合格，应重新进行脱脂。

　　f. 清洗和冲洗：

　　钢管及其配件在取出脱脂槽时，要将其中的碱液倾倒干净。先放入常温清水槽中清洗，然后取出放在干净的地坪上，用压力不低于 0.5MPa 的常温水进行喷水冲洗，以避免将碱液混入酸洗槽中。

　　冲洗结束后对钢管、配件的脱脂状况进行检查，如有不合格的应重新进行脱脂。

　　g. 酸洗：

　　酸洗的目的主要是除锈去垢。酸洗槽由内槽、外槽制成，内槽为玻璃钢材料，外槽为普通钢板。酸洗过程中要经常翻动钢管及其配件，随时注意管件的除锈情况。对锈蚀严重的管件，在酸洗一定时间后取出，用高压水枪冲洗后再放入槽内反复酸洗。

　　酸洗过程中要防止出现"过腐蚀"或"氢脱"现象，根据酸洗情况，添加适量的缓蚀剂。一般酸洗时间控制在 2h 以内。

　　酸洗液在使用过程中，每周分析一次，根据分析情况调整酸液。当酸液中铁的含量超过 60g/L 时，应将酸液全部更换。

　　h. 冲洗：

　　钢管及其配件取出酸洗槽时，将其搁置在酸洗槽上面的倾斜搁架上，倒净酸液，然后放在干净地坪上，用压力不低于 0.5MPa 的常温水冲洗，目的是冲去黑灰、酸液或冲淡酸液，以防影响中和槽中的弱酸浓度。

　　i. 中和：

　　钢管及其配件经酸洗除锈后，还可能存在少量黑灰和产生新的浮锈。因此，在钝化处理前还需进入弱酸溶液的中和槽中进行弱蚀。

　　中和过程中要经常翻动钢管及其配件，或将管端反复提起放下，促使酸液冲击钢管壁。一般中和时间控制在 1~2min。

　　j. 冲洗：

　　钢管及其配件在取出中和槽时，应尽快倒尽残留的弱酸溶液，并快速用压力不低于 0.5MPa的常温水冲洗。冲洗的时间越短越好，保持钢管、配件在冲洗过程中不脱水、不氧化。

　　k. 钝化：

　　钝化的目的是要使钢管、配件的内外壁上形成一层钝化膜，起防蚀保护作用。

　　钝化槽用钢板制成，槽底内设置 100mm 高的架子，以免钢管在钝化处理时与药粉沉淀物直接接触。

钝化时要经常翻动钢管及其配件，必要时用压缩空气搅动钝化液。钝化时若发现管件出现黄锈，应重新进行中和处理和冲洗，然后再进行钝化处理。钝化处理后的钢管、配件在取出槽时，应倒尽其中的残液。一般钝化时间约为 15min。

l. 吹干和检查：

将钝化后的钢管及其配件搁置在管架上，用压力不低于 0.5MPa 的无油压缩空气进行吹扫，直至干燥为止。吹干后，用白布检查管道是否有水分、黑灰、锈迹存在。若有黑灰或微锈，则应从中和处理工艺开始重复进行。

m. 密封充氮：

经脱脂、酸洗、钝化合格的管道，要立即进行密封，防止发生再污染。因此采用管内充氮、管端用塑料管帽密封的方法，来保护处理好的管子和配件，然后集中送至专用的仓库内堆放。

3）脱脂、酸洗、钝化溶液配方：

①脱脂液配方见表 3.9-1。
②酸洗液配方见表 3.9-2。
③中和液配方见表 3.9-3。
④钝化液配方见表 3.9-4。

脱脂液配方   表 3.9-1

组成内容	配方重量%
氢氧化钠	0.5～1
碳酸钠	5～10
硅酸钠	3～4
水	余量

酸洗液配方   表 3.9-2

组成内容	配方重量%
盐　酸	12
乌洛托品	1
水	余量

中和液配方   表 3.9-3

组成内容	配方重量%
碳酸钠	5～6
水	余量

钝化液配方   表 3.9-4

组成内容	配方重量%
亚硝酸钠	5～6
氢氧化钠	3
水	余量

4）质量措施：

①施工管理：由于碳素钢管道的洁净处理要求较高，因此要安排专人负责，指定专门的施工班组进行作业。从管子、配件等材料进场到洁净处理结束，其施工管理有一套严格的制度，具体操作流程如下：

材料进场──→施工班组签收──→管道洁净处理──→质检员检验──→充氮密封──→打钢印（日期、批号）──→装箱运送仓库──→仓库签收。

②质量要求：

a. 碳素钢管洁净处理的工艺，在事先经过试验的基础上确定最佳的工艺参数，并经建设单位、设计单位和质量检验部门的认可后，方可作为正式的工艺投入施工。

b. 酸洗过程中目测管道内壁呈金属光泽为合格，并且要保证不损伤金属未锈蚀的表面部分。经钝化处理后，管子内外壁以形成银白色的钝化膜为合格，必要时使用清洁干燥白色滤纸及精白布擦，以无油脂为合格。

c. 酸洗除锈速度应符合规定的要求，防止出现"过腐蚀"现象。

d. 阀门在脱脂前先进行研磨，待试压合格后再拆卸进行脱脂。处理结束后用干燥、清

洁的塑料薄膜包裹，防止再污染。

e. 酸碱溶液、钝化液要经常检查，测定其浓度，以始终保持其规定的要求。

f. 脱脂、酸洗、钝化处理合格后的管道应立即用无油压缩空气吹干，然后充氮保护，防止发生再腐蚀。因此管子、配件在洁净处理后、安装前必须密封保护好。

g. 洁净处理过的钢管及其配件打上处理日期或批号的钢印，防止未经处理的管子、配件出厂。

5）安全注意事项：

①洁净处理工场应通风良好，采光和照明充足，并设置消防器材。

②酸碱等化学药品应设置专用仓库储存，并有专人负责保管和投放药物的工作。

③现场操作人员要穿戴好防护服装、防护眼镜、防护手套、耐酸胶鞋，以防药物伤人。

④酸洗液、钝化液不得随意排放，排放时应采取中和的方法，使其 pH 值达到排放标准、符合环保要求后向指定地点排放。

⑤现场施工用电，由于环境潮湿和酸碱的影响，必须加强安全用电的检查工作。

⑥酸洗时，严禁酸液与中和液、钝化液混合，尤其与钝化液混合时会产生毒性较大的气体，污染环境，影响施工操作人员的身心健康。

⑦要防止酸液与钢槽子直接接触。同时在操作过程中，严防钢铁零件、铜等金属物落入酸液槽中。

6）工场设施布置：根据工程现场的实际情况，在工程的东端划出一块 $45m \times 18m$ 的场地，作为洁净处理的工场。工场设计有管道堆场、酸洗工棚、锅炉房、成品堆放库、车辆进出道路、动力照明、生产用水及废水排放沟渠等等。其中酸洗工棚面积约 $500m^2$，内设 8 只槽子，槽子的周围安装一副龙门架，设 1t 电动葫芦，作酸洗物件的吊运之用。槽子的底部垫有道木，其中酸洗槽和钝化槽底部的道木表面涂以沥青防腐。工场用毛竹搭设，考虑到防火问题，房顶和外墙用石棉水泥板覆盖。室内地坪先用道渣垫层，再做混凝土表层，以适应钢管、配件的洁净处理、堆放、运输的需要。

洁净处理工场设施布置见图 3.9-2。

洁净处理工场动力、照明配电布置见图 3.9-3。

7）部分设施加工图：

①清洗槽、脱脂槽、中和槽加工见图 3.9-4。

②酸洗槽、钝化槽加工见图 3.9-5。

③龙门架加工见图 3.9-6～图 3.9-8。

8）主要设施及机具见表 3.9-5。

（2）洁净管道的安装：碳素钢洁净管道的安装，必须自始至终保持清洁的施工过程，因此清洁的施工环境和保证管道洁净的安装工艺是该管道安装施工的关键。

1）工艺流程见图 3.9-9。

2）操作要点：

①仓库领料：洁净管道所需的钢管及其配件均是经过严格处理的，因此现场安装的管道都必须从指定的仓库内领取，并办理签证手续。材料运至施工现场后，还应对其进行检查，发现密封破损或有再污染的应退回仓库。

②支架安装与管道预制：根据管道的布置、走向先进行管道支吊架的制作安装，同时

大量地进行管道预制。管道预制主要针对三通、弯头、大小头等配件的组装。考虑到管内洁净的要求，钢管的连接采用承插焊接式，即使用加工的钢束节来连接管道。

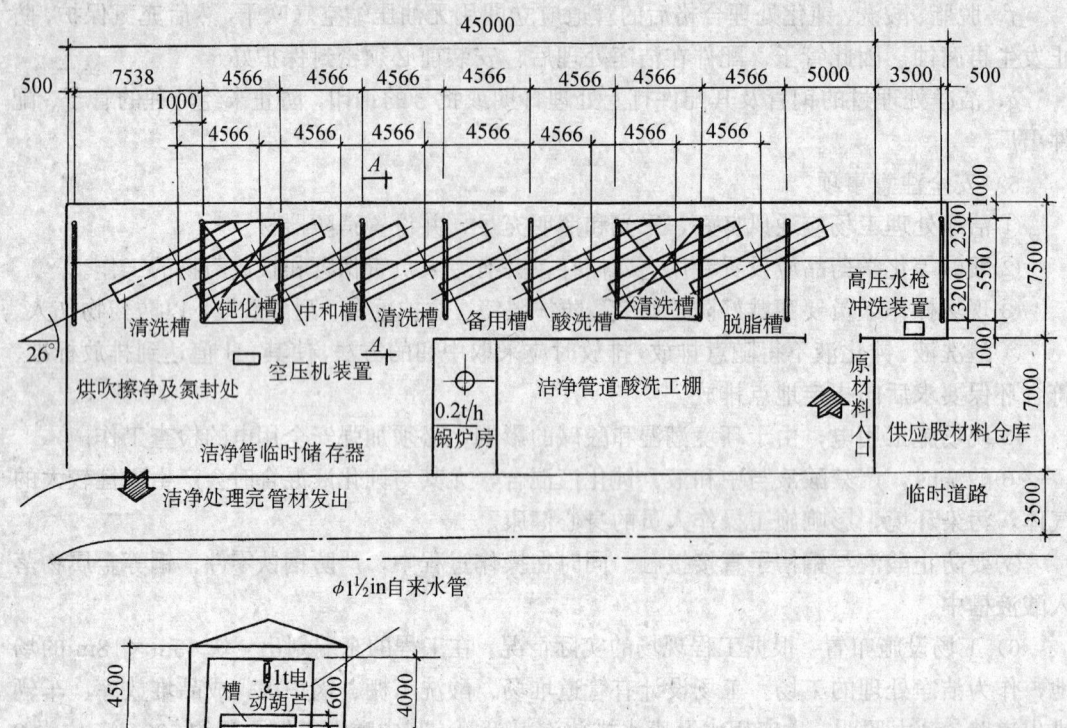

图 3.9-2   洁净处理工场设施布置图

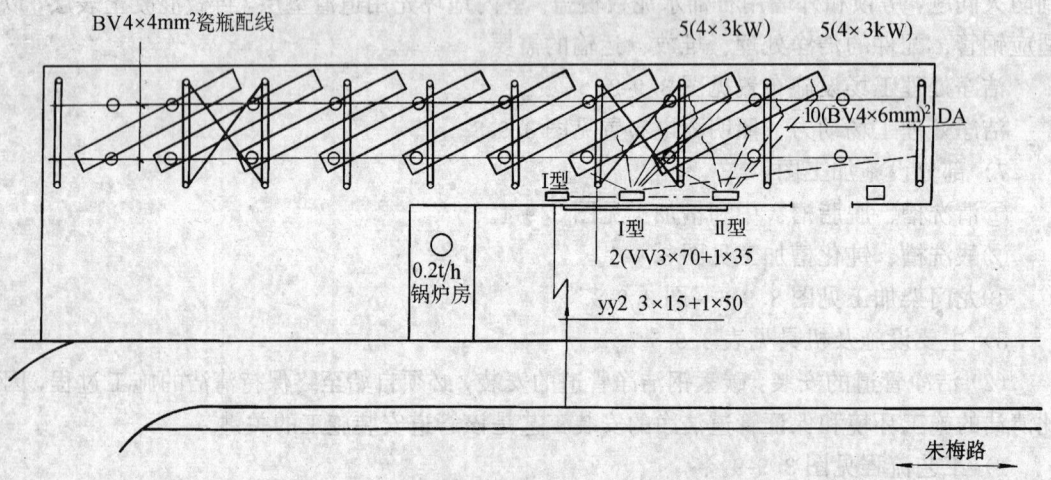

图 3.9-3   洁净处理工场动力、照明配电布置图

③管道安装、充氮密封：

管道安装分系统、分段进行，先主管安装，后干管安装，最后支管安装。为了保证管道的洁净，密封的钢管只有在现场需焊接时才打开。当天施工完毕后，安装的管道内要充氮保护。

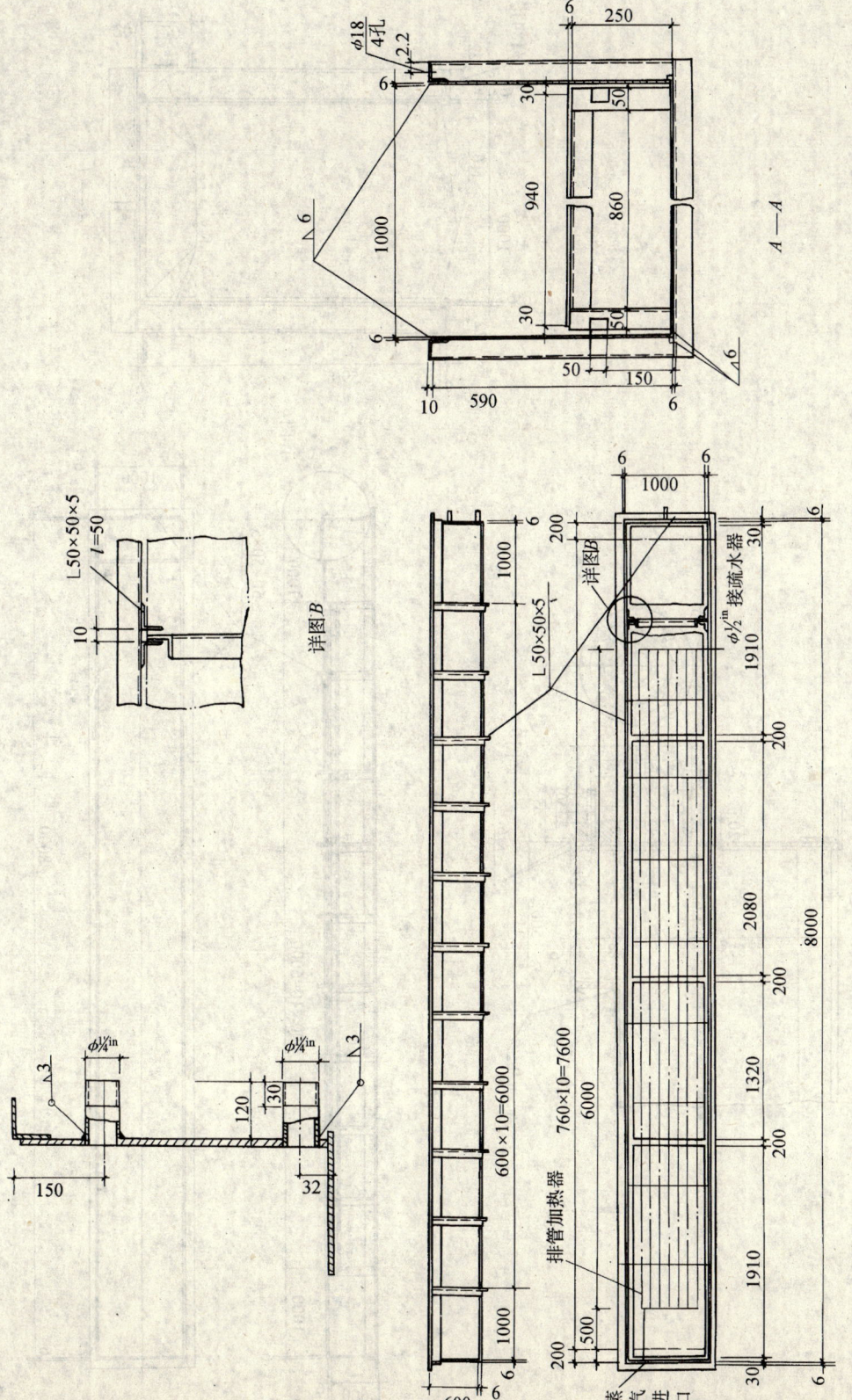

图 3.9-4 清洗槽、脱脂槽、中和槽加工图

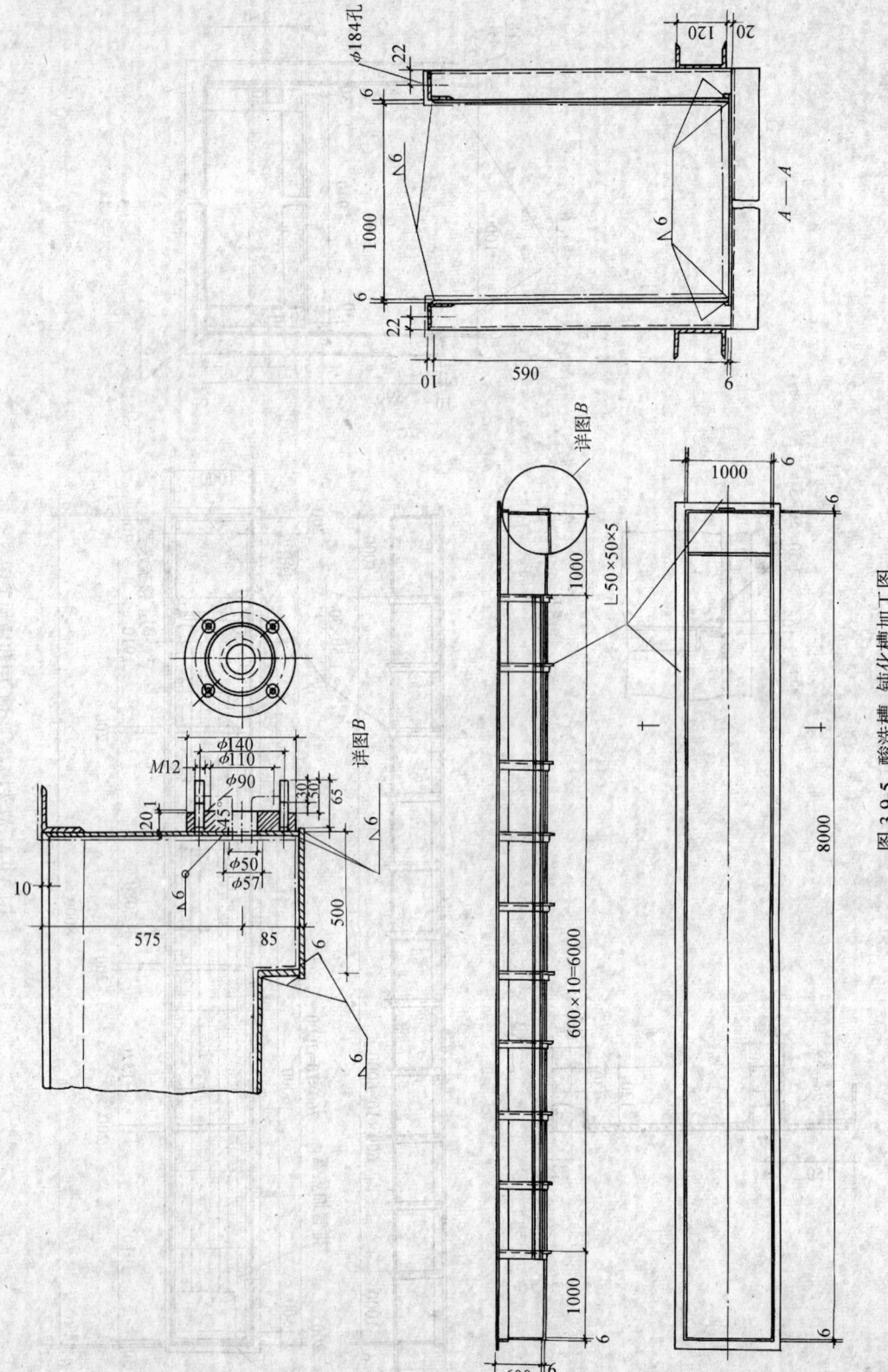

图 3.9-5 酸洗槽、钝化槽加工图

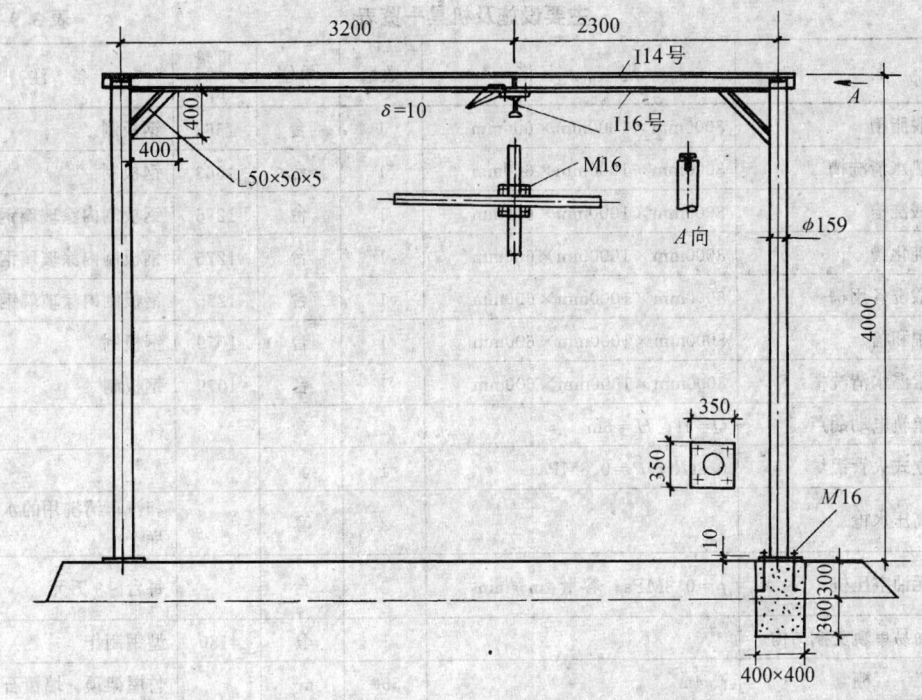

图 3.9-6 龙门架加工图（框架部分与片式部分）

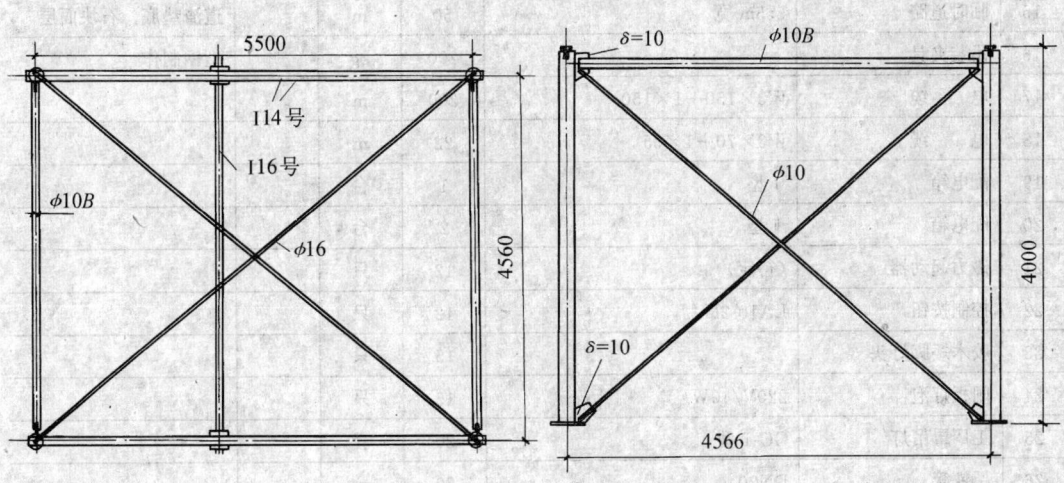

图 3.9-7 龙门架加工图（框架部分顶视图）　　　图 3.9-8 龙门架加工图（框架部分侧视图）

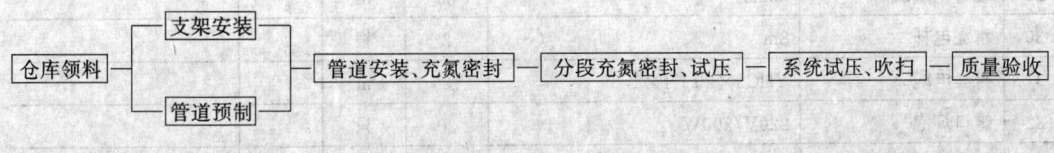

图 3.9-9 洁净管道安装工艺流程图

主要设施及机具一览表

表 3.9-5

序	名　称	规　格	数量	单位	重量 (kg)	备　注
1	脱脂槽	8000mm×1000mm×600mm	1	台	1663	钢板制
2	热水清洗槽	8000mm×1000mm×600mm	1	台	1663	钢板制
3	酸洗槽	8000mm×1000mm×600mm	1	台	1275	钢板制内涂玻璃钢
4	钝化槽	8000mm×1000mm×600mm	1	台	1275	钢板制内涂玻璃钢
5	酸洗备用槽	8000mm×1000mm×600mm	1	台	1275	钢板制内涂玻璃钢
6	中和槽	8000mm×1000mm×600mm	1	台	1079	钢板制
7	常温水清洗槽	8000mm×1000mm×600mm	1	台	1079	钢板制
8	单轨电动葫芦	$Q=1t$；$H=6m$	1	台		
9	立式火管锅炉	$0.2t/h$；$P=0.8MPa$	1	套		
10	高压水枪		2	套		和汽车清洗用的水枪一样
11	无油空压机	$p=0.8MPa$；容量 $1m^3/min$	2	台		每台~3 万元
12	简易单轨支搁结构		1	套	4180	型钢制作
13	工　棚	高 4m	550	m²		竹屋架顶；墙覆石棉瓦
14	地　坪		550	m²		道渣垫层 300，水泥面 200
15	临时道路	3.5m 宽	50	m		道渣垫底，石块面层
16	吊装夹具		200	kg		型钢制作
17	电　缆	$W3×150+1×150$	200	m		
18	电　缆	$W3×70+1×35$	22	m		
19	配电箱	Ⅰ 型	1	台		
20	配电箱	Ⅱ 型	2	台		
21	磁力起动器	（待定）	12	只		
22	控制按钮	LA10-2H	12	只		
23	胶木矮脚灯头		15	只		
24	闸板灯泡	220V/40W	15	只		
25	工厂罩吊灯	GC-1 型	20	套		
26	黑铁管	DN20	20	m		
27	塑料铜芯线	BV-6mm²	100	m		
28	瓷插入铅丝	RC1-15A	36	只		
29	镀锌钢绞线	35mm²	85	m		
30	水泥电杆	8m	2	根		
31	橡套电缆	$YHC3×25+1×1.5$	120	m		
32	螺口灯泡	220V/200W	20	只		
33	聚乙烯塑料管帽		700	只		
34	废水处理装置	（待设计）	7	套		

序	名 称	规 格	数量	单位	重量(kg)	备 注
35	精白布		50	m		的确良白布
36	过滤纸		5	kg		
37	陶土敞口缸		20	只		存废液之中
38	道 木		120	根		
39	吨重计		10	只		
40	温度计		10	只		
41	粘胶带		50	卷		
42	酸碱度测定器		1	套		
43	水 表	DN50	1	只		
44	电 表		1	只		
45	防护用具（服装、面罩、靴子、手套）		20	套		
46	洁净管贮存箱		6	只	800	钢板制作
47	磅秤		1	台		
48	夹布胶管	$\phi 22；P=0.8MPa$	100	m		
49	夹布胶管	$\phi 25；P=0.9MPa$	50	m		
50	盐 酸		2	t		
51	氢氧化钠		1	t		
52	碳酸钠		500	kg		
53	硅酸钠		200	kg		
54	亚硝酸钠		200	kg		
55	乌洛托品		100	kg		
56	试 纸		20	本		
57	煤		30	t		
58	白铁管	DN50	300	m		
59	白铁管	DN40	100	m		
60	白铁管	DN25	60	m		
61	白铁管	DN32	60	m		
62	白铁管	DN20	60	m		
63	白铁管	DN15	30	m		
64	空气干燥器		1	只		
65	管道机械坡口机	DN25～DN600	2	台		
66	砂轮切割机		2	台		
67	塑料薄膜		300	m^2		附胶水纸

钢管的切断采用机械的方法，不得使用氧乙炔焰切割。钢管切割后要进行吹扫、清理，

用干净的白布擦净。

④分段充氮密封、试压：某一段或部分管道施工完毕后，先进行压力试验，试验的介质为氮气。试验合格后，将压力降至 0.05MPa 密封。

⑤系统试压、吹扫：管道全部施工完毕后，进行系统试压，试压介质也为氮气。系统试压合格后进行吹扫，吹扫顺序为先总管，再干管，后支管。吹扫前将设备、仪表隔离，以防被损坏或污染。

⑥质量验收：管道系统试压、吹扫结束后，将管道从洁净处理、进出仓库到分段充氮、系统试压吹扫的全过程施工记录资料汇总，全部移交建设单位验收。

3.9.3　经验与体会

永新彩管工程碳素钢管的洁净处理是采用浸渍法，虽然效果不错，但存在许多不足。如需要较大的场地作处理工场；开启式的酸槽对环境和操作人员有害；材料在处理过程中需搬移，劳动强度较大；处理过的管子、配件要充氮密封，增加一定的费用等等。若采用管道安装后进行系统循环清洗的方法，就可克服上述缺点。但循环清洗对每道工序的检查比较困难。因此应根据现场的实际情况来决定采用何种方法进行管道的洁净处理。一般管道量大、弯管多的可采用循环清洗法，管道量少、直管多或大管径的采用浸渍法。

在使用酸洗药剂方面，永新彩管工程仍采用传统的盐酸、硫酸等无机酸为主要酸洗剂，对环境污染和操作人员的劳动保护产生较多问题。而目前已有不少科研单位研制了各种用途的酸洗药剂，具有操作安全、方便及酸洗效果好的特点，应在以后的工程施工中推广使用。

（杜伟国）

3.10　厦门污水排海管道海底埋管施工

3.10.1　工程概况

（1）厦门污水二厂污水治理海洋放流管，总长 1411m、直径 1800mm、壁厚 18mm 的钢质管道。由南昌有色冶金设计研究院设计，上海市基础工程公司施工。其中管末端 361m 为海底埋管法施工。

（2）海洋放流管地处厦门鹭岛员当湖西堤外，猴屿水道内。管线与国际航道中心线成正交，管道尾部接近主航道中线，管道埋深在海床下 6～8m，水面下 20～35m。

（3）猴屿水道一日两潮，潮差 4m；一般高潮水位正 2.1 米，低潮负 2.0m。水流流速为 0.5～0.9m/s，落潮时最大流速可达 1.2m/s。

海床土层从上至下分别为：淤泥、粉土、粉质粘土、粉细砂。这几种土层理不清，形成不规则的互交层。

（4）污水二厂第一期投产日处理污水 100000～150000t，第二期可处理 400000t 污水。海洋放流管，除能满足二期排放外，仍有一定的贮备能力。

污水处理厂的建设是进一步改善鹭岛自然环境的重点工程项目。是改善厦门投资环境，把厦门建成园林式城市的基础项目。

（5）工程特点：

　　1) 每节埋管长度都超过了常规长度，而且管径不一，共有四种管径，由渐变管过渡。渐变管都较短，应力集中，且吊装操作困难。

　　2) 水深土软，挖方量巨大，又须加固基土。水深使潜水作业效率大大降低。

　　3) 施工区国际航道，船只通过量大，不允许设标，并在高水位时让航，只有吊装管段时才可短时封航或半封航。

　　4) 涉及单位多，每日都须与他们保持联系，尤其是必须向海军、海上公安、引航站随时报告我施工船的动态。

3.10.2　实物工程量

　　(1) 埋管管长361m，由四段组成。管径1.8m，长181m；管径1.5m，长55m；管径2.3m，长65m；管径0.9m，长60m。

　　(2) 污水竖直喷射管：直径0.325m，高度平均2.5m者21根，直径0.9m者，高5.5m者1根。

　　(3) 哈夫接头4对，哈夫接头混凝土钢套箱4座，灌C15水下混凝土120m³。

　　(4) 管槽挖土8000m³。

　　(5) 地基加固碎石桩2000m³。

　　(6) 抛石：基床抛石1100m³，管段维护7400m³。

3.10.3　主要施工机械（表3.10-1）

主　要　施　工　机　械

表3.10-1

序号	机具名称	规格（尺寸）	单位	数量
1	平底方船	600t	艘	2
2	起重桅杆	人形100t	台	2
3	拖轮	400匹	艘	1
4	机动艇	24匹	艘	3
5	机动卷扬机	5t×3	台	2
6	电动卷扬机	5t	台	8
7	机动空压机	10m³	台	2
8	铸钢锚	霍尔3t	只	10
9	潜水工具	重潜装具	套	2
10	高压氧仓	移动式	台	1
11	高频电话	全频道	台	3
12	数字旗	2号	套	3
13	发电机组	120kW	台	2

3.10.4　施工工艺流程

　　碎石桩 ──→ 管槽开挖 ──→ 管基抛石整平；管段加工 ──→ 附件安装 ──→ 试压下水 ──→ 浮运沉放安装 ──→ 哈夫接头 ──→ 套箱安装 ──→ 录相检查 ──→ 浇接头混凝土 ──→ 抛石维护。

　　注：在流程中的各工序，只有碎石桩可一次完成。其他工序都依埋一根管循环一次。

3.10.5　施工要点

　　(1) 大口径碎石和块石夯实桩：

　　因埋管管线上有200余米长地基土质较软，全部挖除方量太大。将陆上震冲桩方法移植而来加固地基，它已在太湖某工程上使用。

　　用直径1.8m，长22m，自重18t的钢管一根，由600吨船上的人字桅杆起吊。另配汽力泵，水泵及夯锤等。

按设计桩位，利用钢管定位，排泥下沉钢管，当钢管在自重作用下而稳定不再下沉时，仍须吸泥至持力层而形成桩孔。

成孔后，向钢管内抛填碎石、块石混合石料，分层抛填分层夯实，同时提升钢管，直至到设计高程。形成直径大于 1.8m 的石料圆柱。

它的机理是在下沉钢管时，并未扰动管外的原基土，在提升钢管夯实石料时，已使石料圆柱直径变大而挤密周边的土，形成石柱及挤密土体组成的混合地基。

（2）埋管高程控制：

管基应是一个连续的平面，在水下完成这个平面困难是很大的。就只工期一项也是不允许。所以必须另辟他径，采用局部平面法。

在管线上每根管基布设 4 座条形基础。每条尺寸为 3m×2m，垂直管轴线方向长 3m，管轴线方向 2m。顶面高程为相应的管底高程，下至持力层。条形基础的间距为中跨 0.208× 管长，临中跨 0.292× 管长，边跨 0.104× 管长。这间隔距离是由吊运长杆件用四点吊的吊点分布而引用的。

经计算 4 种管径，管长都按 100m 计，它们的最大弯矩是 403.5～184kN·m，而相应的应力是 17.4～8.5MPa，实际上 4 管中只有一根超过了 100m，其他都小于 100m。由于管内防腐有应力要求，其中超过 100m 的一根管在跨中进行了补强。

钢管基础改为局部平面，既满足了支承条件，又使工期大为缩短，除此以外，当钢管安装就位后，在 4 条条形基础的间距中，另行补抛 5 个支承点，使支承面增多，钢管应力降低。

（3）沉管时起吊点的监控：

钢管内防腐采用的 1703 聚合砂浆，它虽然具有一定的抗弯强度，仍有混凝土的性质，为保持防腐材料不受损伤，在吊装时必须保持钢管水平，受力状况始终不超过预定值。

现以固定的工况说明吊点监控程序：管长 116m，四点吊，每吊点有 10 支钢丝绳，每吊点用 1 台 5t 慢速电动卷扬机，电动卷扬机不同步。在船甲板上设标定区，标定区长 10m。沉管前调平钢管。

监控程序：

①四吊点同时由卷扬机放出 10m 钢丝绳，由标定确认，由于卷扬机不同步，同时放出 10m 钢丝绳所用时间有差异，其差异在这一小循环中放出的钢丝绳不等，其差异允许 20cm，如超过应在这一小循环中进行调整。

②以 5 个小循环为一个调整循环。使钢管放入水中，在看不到的情况下仍不改变钢管受力情况。

③监控指标：每一小循环误差±20cm，钢管吊点相对高差最大为 4cm。5 个小循环产生的误差最大允许±50cm，钢管吊点相对高差最大 10cm。但 5 个小循环无论误差大小都须调整，即在小循环未进行到 5 次时，误差达到±50 公分时仍须调整。

（4）钢管下水和浮运：

埋管管段在海堤上焊接、防腐后，管两端安装临时封板，加气压 0.5kg，试压水密情况，并保压 24h，气压降低值不大于 0.1kg，认定封板水密良好，可以下水。

钢管下水时用双船抬吊，以往埋管下水多为用滑道下水，或拖曳滚动下水。双船抬吊下水，同时完成了几项工作：吊点的质量情况；跨中挠度；同时保护了附件不受损坏；临时封板不受撞击。

钢管下水后，移入最低水位水深不小于 1.5m 的水域，带双向四缆绳，在异向流下仍不漂移。

钢管浮运时，用三艘机动艇，前进方向用一艇领拖，在管尾用双艇夹拖。逆流前进。领拖艇为拖动钢管的主力艇，它确定钢管的前进的大体方向。尾部双艇为钢管前进的舵，并具有助拖的作用。逆流拖动，前进速度慢，方向容易掌握。

(5) 船舶锚系：施工船的锚系，是船舶自行移动，到达指定点的不可缺少的系统，它由主力锚系和辅助锚系两大类，每一锚系又由锚、锚缆、动力组成。

1) 主力锚的确定：施工船的主要锚，一般是为船首和船尾各布八字锚，即锚缆走向与船长方向中心线夹角为 45°。

需要的参数：船只停舶方向——顺流或横流；水域最大流速 V_{max}；最大水深 H；水的密度 r；海（河）床表面土质类别；船舶吃水或迎水面积；初选锚缆每米重量 W。

①锚缆受力：

动水压力 (f)：

$$f = r\frac{v^2}{2g} \text{ (t/m)} \qquad g = 9.81 \text{m/s}^2 \quad \text{（重力加速度）}$$

在迎水面积为 F 时的总动水压力：

$$P_0 = Ff \text{ (t)}$$

在船只停舶为顺水或横水时的总动水压力：

顺水：　　$P_1 = KFf$ 　(t)　　　$K = 1.3$

横水：　　$P_2 = K_1 Ff$ 　(t)　　　$K = 1.7$

由以上可求得主力锚系每根缆的受力：

$$Q_1 = 0.707P_1 \text{ 或 } Q_2 = 0.707P_2$$

②锚缆长度：锚缆在水中可视为一悬链线，船受的动水压力传到每缆后，视为锚缆受同样的力，也就是 Q_1 或 Q_2 由悬链线公式可求得锚缆计算长度 l_0：

$$l_0 = \sqrt{\frac{2QH}{W}} \text{ (m)}$$

式中　H——最大水深；

　　　W——缆每米重（t/m）。

因锚不允许受竖直力，须将缆绳放长，使部分拖地（海床）。缆长应为：

$l = l_0 + \Delta l$ 　　　Δl 为拖地长度（不小于 10m）

③锚重的确定：

锚重 G 的确定，由海（河）床土质条件确定，不同土质对锚应有的抓力系数 K ($K \geqslant 1$)：

$$\text{锚重} \quad G = \frac{Q_1}{K} \quad \text{或} G = \frac{Q_2}{K}$$

如海（河）床为光滑岩石或坚硬土层，锚重 G 的选择：

$$G = Q_1; \quad \text{或} G = Q_2$$

2) 辅助锚及锚缆：

辅助锚及锚缆是协助主力锚系完成移船定位而布设的,一般辅助锚及锚缆分为两种,其一称横邦锚缆,它辅助主力锚系完成横移船的任务,尤其主力锚系太靠拢的情况下,它的作用尤为明显。其二是称领水锚缆,它辅助主力锚缆完成船舶前移和后退,尤其主力锚分开的情况下它的作用更为明显。

辅助锚及锚缆,没有一定的要求,根据情况布设,随时可以收起,目的是辅助主力锚缆在不利情况下发挥作用。

3.10.6 采用三项新技术

(1) PD-06D 半电子测站仪的应用:它外形同经纬仪,须用可充电的蓄电池盒,可以测角、测距、测高程等。其优点是自动调平,自动计算,液晶显示数据,不用高程后视点(水上可不用水尺)。测量配套器具是一个测点反射棱镜,由二人可完成一个测量队的任务,速度快,不易出差错,误差小等。它仍有两个缺点,第一是仪器高须人工丈量;第二是测角度时仍须由目镜读数。

它的应用,有利于海上赶潮水,缩短施工时间,节省大量人力。

(2) 钢管内防腐新材料 1703 聚合砂浆的应用:这种砂浆原为海军船艇防腐用的已申请专利的新技术。

1703 聚合砂浆,它由水溶性聚合物树脂,配以各种助剂,并用水泥和石英砂增强的防腐涂料。它的优点是:有较好防腐性能,并有对钢板起缓腐作用,无毒,不燃烧,耐酸碱,有较高的抗折性能,尤其是可在潮湿表面上涂抹,适合在非厂房生产的露天环境中施工。

其配合比:漆料:425 水泥:石英砂:水的比值 15:50:75:15(重量比),配合搅拌均匀,在 1h 时用完。涂后 6h 开始洒水,保养 2d,7d 可达设计强度。

(3) 水下录相:水下工程安装件、紧固件原来都由潜水人员手感来确定。现在应用了上海海科院研制的水下录相设备。水下录相适用于清水浑水环境中,它可以将安装部位录下,发现问题,无疑可以提高工程质量。但它仍有一个缺点:焦距只有 5~6cm,不能录下全景,只录下局部。故须多方位拍录才能显出一个完整的画面。尽管它有这一缺点,仍有推广的价值。

(王金堂)

3.11   小口径混凝土管超长距离顶管施工技术

3.11.1   工程概述

本工程系上海市水污染治理工程的一部分。上海工业中污染大户造纸厂、印染厂、电镀厂等都集中在星火工业开发区。预计日排污量为 100000m³。

该工程系在奉贤县星火农场和燎原农场之间的鱼塘中,填土后兴建一座沉井(高位井)。其下口尺寸为 12.6m×13.6m,总高 29m,下沉深度 22m。其中在沉井下部标高 −11.5m 处顶进一根 ϕ1.6m 混凝土管。管壁厚 17cm,长度 1487.50m,顶至杭州湾海域中。末端 200m 范围设置垂直顶升 ϕ337mm 厚壁无缝钢管 14 根(图 3.11-1 和表 3.11-1)。其长度分别为 6.7~7.7m。混凝土管道内回填成斜坡型填料以保持等流速排污。在水下开挖土方后,由潜水员在垂直顶升管上端拆除闷头 14 个,并安装 14 个喷嘴。再进行水下护坡抛石,

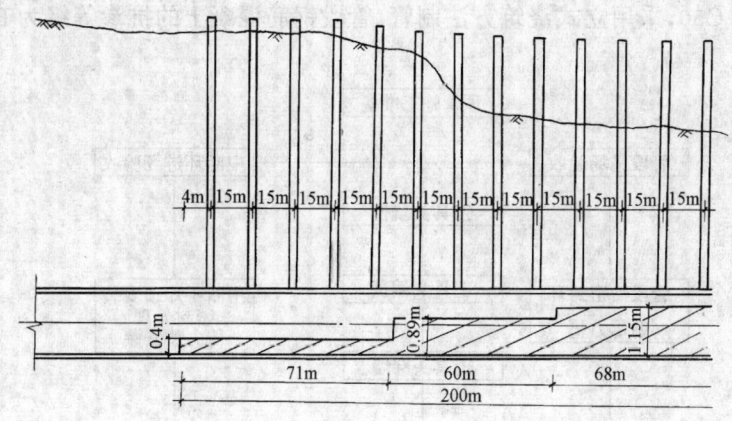

图 3.11-1　排放管、垂直顶升管和滩地实测数据图

潜水员平整。因杭州湾北岸潮差大、风浪高、水流急、埋深深，该工具头无法取出。另外，尚需在沉井中部标高 −3.0m 处顶进一根 ϕ1.6m 混凝土管，方向同下面一根，壁厚 17cm，长度 183.62m。作为应急排放管，管端在开挖之后安装 ϕ1400mm 弯头钢管，管长 6.5m，并设置抛石棱体护坡。

排放管、垂直顶升管和滩地实例数据　　　　　　　　　　　表 3.11-1

垂直顶升管管号 （从大堤至灯塔）	1	2	3	4	5	6	7	8	9	10	11	12	13	14
排入管实测标高（m）	−13.26	−13.32	−13.49	−13.45	−13.45	−13.53	−13.54	−13.54	−13.49	−13.50	−13.46	−13.52	−13.48	−13.53
垂直顶升管实测标高（m）（不包括喷头）	−5.516	−5.536	−5.696	−5.636	−6.116	−6.176	−6.166	−6.146	−6.076	−6.566	−6.506	−6.546	−6.486	−6.516
实测滩地标高（m）	−5.816	−5.846	−5.996	−5.936	−6.316	−6.476	−7.866	−8.146	−8.226	−8.766	−8.706	−8.796	−8.736	−9.016

　　该工程工期紧迫，难度极大，因受管径小的限制，人员不能直立工作及行走，设备布置十分困难，尤其是 1511m 的超长距离混凝土顶管在我国尚属首次，无经验可借鉴，如管内出泥、通风、交通、供电、自动控制、海水减阻泥浆的应用、超长距离纠偏等一系列问题均需解决。

　　顶管管子所穿越的土层主要为浅海相的淤泥质粘土和滨海沼泽相的淤泥质粘土。该土层灰色，夹粉砂及腐木、贝壳屑等，湿度为饱和土，呈流塑状态，由于土体过软，在顶进过程中，管子容易出现偏差和失稳现象，故在顶进过程中采取小冲程勤测量勤纠偏的办法予以预防。

3.11.2　混凝土顶管施工技术

　　(1)工艺流程图见图 3.11-2。

　　(2)钢筋混凝土管段：钢筋混凝土管段为预制管，采用承插式接口，每节管段长 2.98m，壁厚为 17cm，内径为 1600mm，插入处采用锯齿形橡胶条密封，为防止两混凝土管段混凝土接触面在顶进受力时损坏，在两管混凝土面接触处垫一圈厚度为 1cm 的软木橡胶垫。混凝土管强度等级为 C50,采用立式浇筑方法制管,管段钢筋混凝土的抗渗等级为 P6,管道设计顶力为 5000kN。

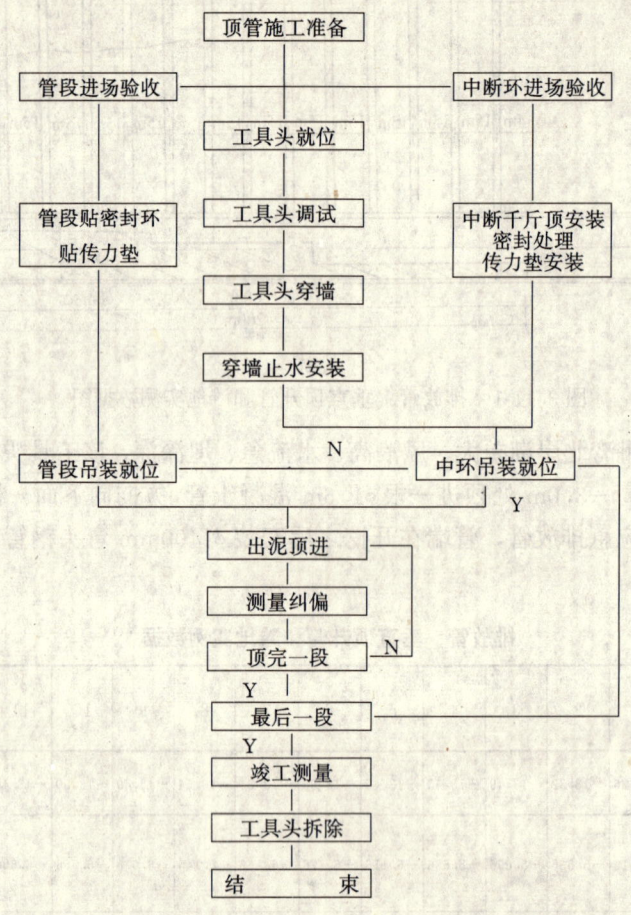

图 3.11-2　混凝土顶管施工工艺流程

(3)工具头穿墙:工程顶管采用的工具头是三段两铰型局部气压水力出土式工具头,工具头在进沉井门洞前先安装好临时止水,待闸板吊出后,立即顶进工具头,使工具头外的止水环迅速与墙面压紧,以防止泥水涌入井内,等工具头顶出墙洞后,在拼装设备段,安装永久止水。井内后座的顶力由 4 个西德产的(3000kN/个)千斤顶提供。

(4)出泥方案:顶管的出泥方式有人工开挖法、挤压法、切削法及水枪冲土水力机械出土法等,我们在工程中选用了水枪冲土水力机械出泥的方法。

出泥系统是用 D85～67×5 级水泵抽水,该水泵流量为 85m³/h,扬程为 335m。在流量为 65m³/h 时,扬程为 350m,用 ϕ102mm 的管子将水送至工具头部的水力吸泥机。另分出一支 ϕ50mm 的水管进入工具头高压水仓,然后供给高压水枪,将工具头顶入的泥土破碎成泥浆,再由水力吸泥机将泥浆吸出并送出墙外。由于管子顶进距离长达 1511m,而水力吸泥机送泥浆只能达到 400～500m,无法将泥浆一次送出,故我们在出泥管路上串联了 10 台 80GW-65-20 污水管道泵,管道泵间距为 150m,泥浆由出泥管路送至沉井内,再由 L 型渣浆泵提升后送出井外。

顶进出泥速度的计算:

我们采用的 80GW-65-20 无堵塞管道泵的流量 $Q=65m^3/h$，扬程 $H=20m$，按含泥量 5%计算：

掘进速度：$V=KQ\div[\pi(D/2)]=0.03\times65\div(3.1416\times0.97)=0.6399m/h$
$=1.066cm/min$

式中　K——含泥量（3~5%）；

　　　Q——污水泵流量（m/h）；

　　　D——混凝土管外径（m）。

根据计算可知，顶进每一根管段（3m）出泥需 5h。

管子在长距离顶进时，需采用多组中继接力环接力顶进，其顶进速度为每分钟顶进 1cm，与出泥速度一致。

（5）管道的定向测量与纠偏：

采用 WILD-T2 经纬仪将顶管轴线标点引至井下的测量平台，另一点放至距测量平台 10.24m 处的井壁上。点的传递精度控制在±4″以内。在工具管的尾部管子轴线位置放置一块测量标志牌，由后座测量处的测量人员直接读出工具头的偏差值，报给纠偏人员参考，进行纠偏。由于沉井内测量基线较短，只有 10m 左右，要控制顶管总长度，误差较大，且由于管内设备运转时噪音较大，也会形成一定的测量误差。为了较好地克服这一困难，我们采用了 3 种测量方法，对测出的值进行互相校正。第一种方法是用 WILD-T2 经纬仪直接读数，当距离超过 800m 后，采用激光仪读数。第二种方法是用 WILD-T2 经纬仪在管内每顶进 3m 后进行分站测量，测出顶进轴线与设计轴线的偏差值。第三种方法是等管子每顶进 6m 后，用陀螺经纬仪在管内复测一次。依据以上 3 种方法测出的偏差值，经过分析后，最终作为纠偏的依据。

管道的水准测量也有 2 种方法：一种是用水准仪进行测量。另一种是从工具头到管尾沉井内挂一根内径为 10mm 的透明塑料管，管内充满水，依据连通管的原理，读出两端的液面差，再算出工具头的标高。当管子顶进长度超过 1000m 时，连通管读数误差较大，这时则以微压差计为主进行测量。

当测量人员测出管子的偏差值后，通知纠偏人员，纠偏人员根据工具头的纠偏角度、各方向千斤顶的油压值（即土体对工具头的反压）、轴线的偏差等情况进行综合分析后，确定纠偏的方向、压力、纠偏的角度进行纠偏，在纠偏过程中切忌大起大落地进行纠偏，这样容易造成管子失稳和损坏工具头。

管子在顶进过程中，由于管内设备荷载分布不均匀、管外土体对管道的压力不均匀及纠偏等因素的影响，管道某一段距离会发生扭转现象。纠扭的措施主要是在管道的单侧压配重。

（6）中继接力顶进：由于本工程系超长距离混凝土顶管工程，管道长，在顶进过程中需克服的摩阻力也大，而管道的设计顶力仅 5000kN，如仅依靠后座的顶力是不可能将管道顶进这么长的。为解决这一矛盾，我们设计了适用于混凝土顶管用的中继环，每套接力环的活动部分都有两道密封圈，当密封圈磨损时可以更换。每套接力环由 20 只油缸组成，每只油缸顶力为 250kN，工作油压 32MPa，行程 350mm，极限行程 400mm。每套接力环旁安装一台中继油泵车，油泵工作压力为 32MPa，流量为 15L/min。所有中继环的顶进全部是自动控制。为了提高工作效率，进行编组工作，即每 4 套为一组，如 1 号中继环顶进时，

1~3 号的管节作为其后座,同时 5 号、9 号……环也可以同时顶进。

中继接力环数量的确定:

1)工具头阻力计算:

F' = 正面阻力+局部气压阻力+管壁摩阻力=$\pi D^2 (a+b) \div 4+\pi fDL=\pi \times 1.94^2 \times (400+200) \div 4+\pi \times 20 \times 1.94 \times 17.20=3870.1kN$

式中 D——工具管外径(m);

　　　　a——正面阻力(kN/cm^2),亚粘土时,a 取 400kN/cm^2;

　　　　b——局部气压压强(kN/cm^2),取 200kN/cm^2;

　　　　f——单位摩阻力(kN/cm^2),取 20kN/cm^2;

　　　　L——无泥浆段长度,L=17.2m。

有泥浆段护壁的摩阻力 F'':

$$F''=\pi DfL=\pi \times 1.94 \times 4.5 \times (1511-17.2) =40969kN$$

式中 L——有泥浆护壁减阻段长度(m);

　　　　f——在使用减阻泥浆后管壁的单位摩阻力(kN/cm^2)。

2)顶管的总阻力:

$$F=F'+F''=3870.1+40969=44839.1kN$$

考虑到减阻泥浆在海水中的效果要大大差于一般土层中,虽经多次实验调整配方,配出海水减阻泥浆,但效果仍要差一些,且可能会遇到管外壁泥浆套形成不均匀、不完整的情况,为确保管子能顺利顶进,故对泥浆护壁减阻段管道再乘一安全系数 K=1.8,所以较保守的管子总顶力:

$$F=F'+KF''=3870.1+1.8 \times 40969=77614.3kN$$

后座千斤顶的总顶力应为 $4 \times 3000=12000kN$,但沉井后壁设计顶力为 6000kN,管道的设计受力为 5000kN,故后座顶力只能取 5000kN。

由此,中继环的数量:

$$N=\frac{776143.3-5000}{0.8 \times 5000}=18.16 只 (取 19 只)。$$

式中:$0.8 \times 5000kN$ 为每只中继环顶力,0.8 为其工作系数,5000kN 为每只中继环的设计顶力。

由于第一只中继环工作次数量多,作用也最大,为防意外损坏,故连续设置二套中继环,即设计成 A 环、B 环,故本工程顶进过程中共采用了 20 只中继环。施工实践证明,这种布置方法是较准确的,管道最后实际最大总顶力曾达到 76000kN,第一只中继环接力环实际动作次数近 20000 次,而所有中继接力环到顶管完成后仍保持完好。

3)中继环自动控制、自动程序控制台:该工程采用中继控制台进行程序控制,按摩阻力的大小,分别可采用三段管子靠拢顶进前一段管子,或四段管子靠拢顶进前面两段管子。两种方式,在满足程序要求的条件下,由控制自动发出信号,中继环自动顶进。

中继环自动控制台具有如下功能:a. 可以控制各中继环按程序要求自动进行顶管;b. 可以要求改变顶进程序;c. 可以按受力情况调整每环顶进距离;d. 微机可以从该控制台自动取出并打印出工作状态的各种数据。

①三段靠拢顶前面一段程序见表 3.11-2。

三段靠拢顶前面一段程序　　　　　　　表 3.11-2

工具头	第一环	第二环	第三环	第四环	第五环	第六环	第七环	第 n 环
≡≡≡	<==	===	∣ ∣	<==	===	===	===	===
≡≡≡	∣ ∣	<==	===	===	∣ ∣	<==	===	===
≡≡≡	===	∣ ∣	<==	===	===	∣ ∣	<==	===
≡≡≡	===	===	∣ ∣	<==	===	===	∣ ∣	<==
≡≡≡	===	<==	===	===	===	===	∣ ∣	<==
≡≡≡	∣ ∣	<==	===	===	===	<==	===	===

②四段靠拢顶前面两段程序见表 3.11-3。

四段靠拢顶前面两段程序　　　　　　　表 3.11-3

工具头	第一环	第二环	第三环	第四环	第五环	第六环	第七环	第 n 环
≡≡≡	===	<==	===	===	===	===	<==	===
≡≡≡	===	∣ ∣	===	<==	===	===	===	∣ ∣
≡≡≡	===	∣ ∣	<==	===	===	===	===	<==
≡≡≡	===	===	<==	===	===	===	===	<==

表 3.11-2 和表 3.11-3 中：

≡≡≡表示工具头；

<==表示中继环在顶进；

===表示环缝合拢状态；

∣ ∣表示中继环拉开状态。

(7) 其他施工措施：本工程采用了中继环自动控制台进行程序控制，使管子的顶进处于自动控制操作状态。由于安装了工业电视监控装置，采用了微机自动采样系统，将每个中继环的工作状态如正在顶进的油压、顶力、行程自动记录反映出来，有利于对工具头的纠偏角度、偏差情况、土体反力情况进行综合分析，指导纠偏。在整个顶管过程中，通风采用了海军医学研究所研制的净化空气装置。其原理是由空气压缩机将高压空气送入净化装置内，经过冷却、过滤、净化、加热，然后通过一根 $\phi50\text{mm}$ 的白铁管将净化空气送至工具头部操作室内及管道中部，确保人员工作、维修时的空气供给。

(8) 对管道局部失稳的处理方法：超长距离混凝土顶管在达到一定距离后，管子中部局部由于土体变化或受力因素，会出现一些失稳现象。本工程顶至 850m 左右时，在距头部 300m 左右处突然出现管道接缝处单侧拉开 4cm 左右的缝隙，有少量的泥水渗入。这主要是由于土体过软及顶力可能产生的不均匀引起。我们采取的措施是在 $\phi1600\text{mm}$ 的混凝土管段接缝处，安装一只外径为 1586mm、宽度 50cm、厚度为 12mm 的钢内衬，在内衬的两端各安装两条截面为 26mm×26mm 的齿形橡胶条。这个钢内衬起到两个作用：一是起到止水止泥的作用；二是起到限制裂口继续拉开的作用。管子继续顶进后，经处理过的管缝处没有再发生过渗漏现象。根据观测表明，经过一段距离后，这个口子还逐渐合拢。即便如此，为了确保工程质量，在管道全部顶进结束后，我们再在内衬环处压入水溶性聚氨酯，起到了永久止水作用。

3.11.3 混凝土顶管内垂直顶升管施工工艺

(1) 垂直顶升管管段的结构：垂直顶升管的混凝土管段区别于一般的混凝土管段，系特殊结构之管段。它是在普通管段的内壁的制管时加上一个长 2980mm、内径为 1600mm、厚度为 10mm 的钢内衬，以承受垂直顶升时的顶力，在特殊管的中间位置预埋一根直径为 500mm、壁厚为 10mm 的钢管，做为穿墙套管，在管内部分外接一翼盘，用螺栓将闷板与法兰联接，在混凝土管顶管完成后，开闷板顶进垂直顶升钢管，为防止开闷板时泥水一下子涌入管内及管子从井内顶出时，预埋套管部分的间隙有泥水流入混凝土管内，故在混凝土管顶进前先在穿墙套管内浇上热沥青封口。特殊管段结构见图 3.11-3。

(2) 垂直顶升管顶升受力计算：垂直顶升管上口直径为 490mm 的钢闷板。

垂直顶力：

①正面阻力 F：

$$F = R \times \frac{nD^2}{4} \times 1000 \times 3.14159 \times \frac{0.49^2}{4} = 188.57kN$$

②管壁摩阻力 F_2

$$F_2 = f \times nD'L = 25 \times 3.14159 \times 0.377 \times 7.7 = 228kN$$

式中　R——亚砂土加粉砂层正面阻力，取 1000kN/m²；

　　　F——单位摩阻力为 25kN/m²；

　　　D——闷板外径，取 490mm；

　　　L——垂直顶升管长度；

　　　D'——垂直顶升管外径。

总顶力 $F + F_2 = 188.57kN + 228kN = 416.57kN$。

但是，考虑到垂直顶升管刚顶出时正面阻力为 188.57kN 时，管壁摩阻力很小，而当管壁摩阻力达到 228kN 时，正面阻力已接近 0，故对总顶力乘一个折减系数 0.6。

总顶力 $F = 0.6 \times (F + F_2) = 0.6 \times (188.57 + 228) = 249.94kN$。

(3) 垂直顶升管顶升设备：根据顶力的计算情况，本工程所采用的顶升油缸为顶力 32t 的液压手揿千斤顶，行程为 27cm，考虑到在 $\phi1.6m$ 的管内电焊，为排风排烟，需要除原先顶管时有一套 $\phi50$ 通风管外，另增设一套管径为 100mm 的供气管子。同时，管内还布置若干台轴流低压排风扇辅助排烟，以确保施工人员的安全。此外，还加工了一批厚度为 20cm 的顶铁，以弥补千斤顶行程短之不足，垂直顶升管的管段由于受顶管管径较小的限制还要布置千斤顶，故管段只能做成 60cm/节。

(4) 管子顶进：在管子顶进前，先在混凝土管内布置好垫木，然后布置好千斤顶，再将首节带闷板的管段穿套在止水套管内，使止水套管、千斤顶、穿墙壁三者的中心线在同一轴线上（止水套管详见图 3.11-4），卸下穿墙管上螺栓，取下穿墙闷板，揿动液压千斤顶，将止水套筒与首节管段顶入洞内，由于预先在门洞内灌注了沥青，此时顶入时，外面的泥、水点滴未流入，至顶到 27cm 时，将套管与混凝土管内套钢管点焊临时联接，待千斤顶回油加入顶铁后再次顶进。直至套管的法兰与穿墙门洞法兰靠紧，用螺栓固定两法兰，至此，穿墙工作结束。当一节管段顶出后，再拼接一段钢管，两管接口形式为电焊，剖口采取"V"字型剖口，采用单面焊接，双面成型的电焊工艺（管内的顶升方案布置见图 3.11-5）。最后一节管段的下口带一外法兰盘，当顶至标高时，将此法兰盘用螺栓和穿墙门洞法兰盘及止

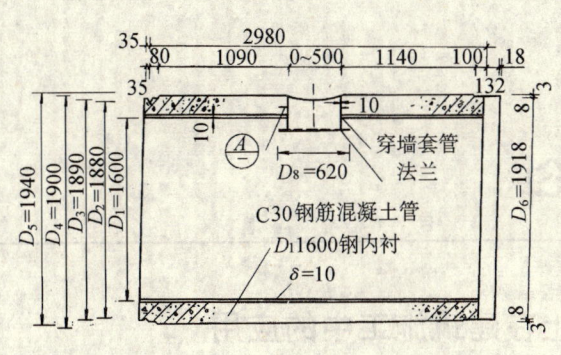

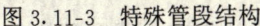

图 3.11-3　特殊管段结构

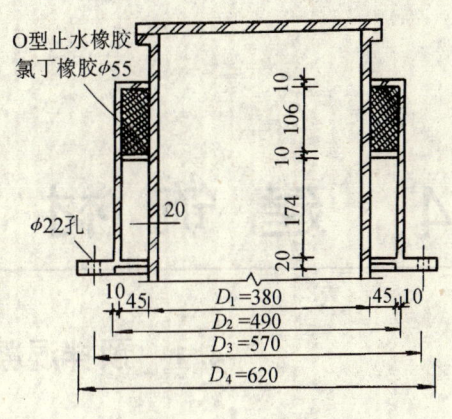

图 3.11-4　止水套管

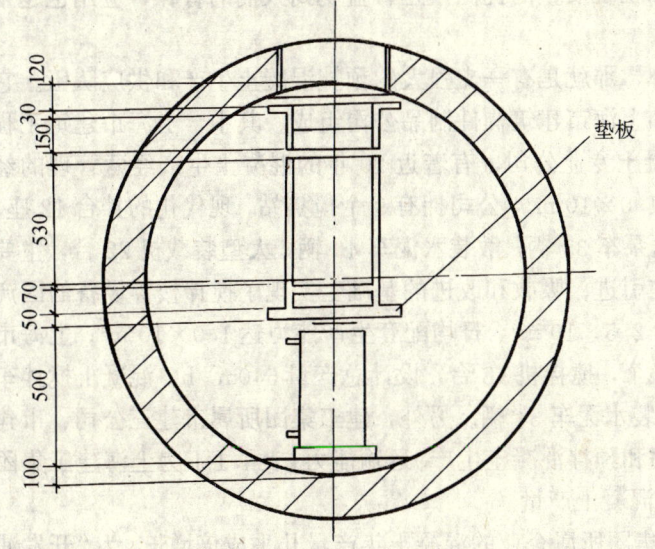

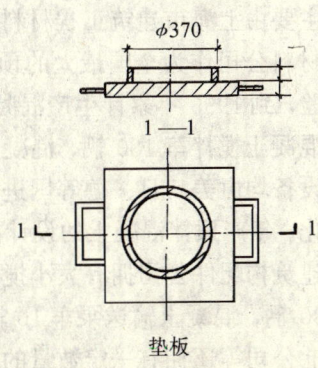

图 3.11-5　管内顶升布置图

水套管的法兰盘用 20mm×16mm 的螺栓联结在一起,每两法兰盘间安装一厚度为 6mm 的氯丁橡胶法兰盘圈,起止水作用,穿墙套管与垂直顶升管和密封采用两道内径为 365mm、外径为 475mm 的氯丁橡胶"O"型密封圈。

(5) 测量与纠偏:测量的方式是在首节管段的闷板上按"十"字型在其端部焊接四只吊耳,分别垂下 4 根细软钢丝,从下部垂球的位置读出其偏差值,然后根据此偏差值来调整千斤顶的位置,通过其偏心受力来调整控制其顶进偏差。实践证明,此方法在较短长度的垂直顶升管施工上是切实可行的。本工程垂直顶升管的最终偏差值为 5mm,达到<3‰ (顶升长度) 的优良标准。

(朱建明)

4 建 筑 材 料

4.1 预拌混凝土在建筑施工中的应用

4.1.1 预拌混凝土生产供应概况

在现代化的建筑施工中,预拌混凝土由于其集约化的生产方式和稳定优异的产品质量,从而带动了建筑施工进度的加快和工程质量的提高,正日益受到人们的青睐,应用也越来越广泛。

上海建工集团手上的一张王牌,那就是有一支强大的预拌混凝土生产和供应队伍。它主要由上海市建筑工程材料公司和上海市建筑构件制品公司组成。其中,上海市建筑工程材料公司作为全国最大的预拌混凝土专业公司,有着近 20 年的混凝土生产经营管理的经验,到 1995 年累计生产混凝土达 $1.0 \times 10^7 m^3$,公司拥有 9 个搅拌站,现代化的拌台 12 座,混凝土搅拌车 180 辆,混凝土输送泵车 35 辆,散装水泥车 40 辆,大型装载机 22 台,主要设备均由美、日、德等国进口,在引进、吸收和改进的基础上实现了搅拌楼等设备的国产化。年产预拌混凝土的设计能力为 $2.5 \times 10^6 m^3$,日均配套生产能力达 $1.0 \times 10^4 m^3$;上海市建筑构配件公司拥有大小搅拌站 9 个,搅拌机 18 台,设计总产量 540m^3/h,混凝土搅拌车 80 辆,混凝土输送泵车 10 辆,散装水泥车 34 辆。另外,建工集团所属市建三公司、市建七公司等还拥有一定数量的搅拌站和预拌混凝土生产、运输能力。表 4.1-1 为上海建工集团和其材料公司 1991 年~1995 年的混凝土产量。

由表 4.1-1 可见,近年来建工集团所属企业的混凝土年产量几乎成倍增长。为"开发浦东,振兴上海","一年变个样,三年大变样"作出了我们的贡献。我们一贯注重科技开发和科技投入,是全国最早研制 C40 以上预拌混凝土的企业之一,目前不仅具备生产 C20~C70 预拌混凝土的能力,而且已试制成功 C80 预拌混凝土,并应用于试点工程。近几年 C40 以上混凝土占所生产混凝土总量的 50% 以上。

上海建工集团和其材料公司 1991~1995 年的混凝土产量 (单位 $1 \times 10^4 m^3$)　**表 4.1-1**

1991 年	1992 年	1993 年	1994 年	1995 年
49.65	64.61	77.61	145.88	228.56
其中材料公司 45.19	57.38	67.34	109.18	140.09

为了适应上海飞速发展的城市建设的需要,目前上海建工集团混凝土生产搅拌站遍布浦东浦西各个角落,成就了一幅布局合理的分布图。

近年来我们承担了上海基本建设中绝大部分重点重大工程的预拌混凝土供应,如东方明珠电视塔、南浦大桥、杨浦大桥、地铁、越江隧道、污水合流、人民广场群体工程、内环线高架和上海商城、希尔顿、新锦江等沪上著名新建五星级宾馆，并先后创造出全国城市混凝土工程施工中 $2.1 \times 10^4 m^3$ 大体积连续浇捣、208m 高度一泵到顶、零下 8℃ 超低温浇捣、承担外资和外省市在沪重大投资项目的混凝土供应，闹市中心大方量混凝土浇捣、电子计算机辅助应用于预拌混凝土生产等近十项全国之最，并在竞争日趋激烈的混凝土市场中形成了自己规模化、现代化和优质化的特色。

4.1.2 预拌混凝土质量管理体系

预拌混凝土是一种特殊产品，它是以半成品出厂的，其质量是否符合标准，要在 28d 的强度等级报告后方见分晓。有的技术指标如混凝土后期强度、收缩、徐变及其他耐久性指标则需要更长时间才能确认。因此预拌混凝土的质量必须做到事前控制，如事后发现质量问题，将会对建筑施工质量带来严重后果，给国家和企业造成难以估量的经济损失，对社会产生极大的不良影响。预拌混凝土的这一特性决定了它的质量合格率必须达到百分之一百，从而使其生产过程中的质量控制显得尤为重要。

（1）严格把住预拌混凝土原材料的质量控制点：

预拌混凝土是将水泥、石子、黄砂、粉煤灰等外掺料、外加剂和水混合拌制而成，因而，原材料的质量对预拌混凝土的质量起着至关重要的作用。原材料的质量控制，主要表现在采购、运输、验收、储存 4 个环节。

采购环节是原材料质量控制的起点，是提高混凝土质量的基础。首先砂石资源，要择优选点。我们组织供销、技术、质量部门及中心试验室、搅拌站，选择资源质量好、管理力量强的砂石矿点作为混凝土搅拌站的用料基地。为掌握其质量动态，对定点厂矿每年进行一次质量复验，若发现岩层地质发生变化，即随时取样试验，根据结果及时调整购运计划。另外是选好水泥厂家，定点供应原材料。我们选择水泥供应厂家，始终坚持 3 个原则：①水泥厂必须持有国家颁发的生产许可证及进沪水泥准用证；②水泥质量必须符合国家标准，并在本市使用过程中从未发生过质量问题；③采用旋窑厂生产的水泥。通过排队筛选，确定水泥定点供应厂方，并实行质量跟踪，督促厂方及时提供水泥质保书。

运输过程是原材料流转的中途控制点，是保证混凝土质量的重要环节。材料装运前要对船仓、车厢的清洁情况进行检查，严格执行《船只、车厢清扫的若干规定》，对卸货不清的船只和车厢采取处理措施，做好扫仓记录和发料质量台帐，严防不同品种规格、质量等级的材料混装混运。散装水泥按不同品种、标号、出厂日期和出厂编号，分别运输装卸，做好明显标记，严防混淆并落实防潮措施。

验收制度是防止不合格材料流入生产现场的必要环节，是确保混凝土质量的关键手段之一。根据材料运单和厂方证明单，收料员逐船、逐车验收材料的数量、质量，做好验收记录。发现材料质量不符合要求，即刻通知试验室取样试验，试验结论未出之前，该材料不得混入大堆，必须另行堆放。进入搅拌站的材料，试验室一律按国家标准抽样试验，砂石料以 600t 为一批，分别进行颗粒级配、含泥量、泥块含量、针片状颗粒含量、压碎指标值试验；散装水泥则以同一水泥厂生产的同品种、同标号、同编号的水泥，按 500t 为一批进行采样和水泥物理、力学性能试验。

储存环节是材料进场使用前的准备阶段，也是确保混凝土质量的主要环节之一。储存材料必须严格实行按品种、规格、等级分堆，混凝土用料专堆，降级材料分堆的"三堆"措施。加强现场材料管理，配置冲水过筛设施，确保材料含泥量、泥块含量、颗粒级配符合国标要求，并严格防止颗粒离析与分层，一般堆料不超过8m高度。散装水泥在专用筒仓储存，不同品种和标号的水泥不得混仓，并定期清仓。

（2）严格把住预拌混凝土加工生产质量控制点：

1）原材料准备齐全后按程序进入加工生产系统：

①生产调度部门根据计划安排开具生产任务单，一式四联的任务单经复核后，一联由生产调度部门留存，另三联分送搅拌站站长室、试验室和拌台，试验室根据任务单上的混凝土强度等级及坍落度要求，按国家、部颁有关技术标准规范及企业有关规定设计配合比，并开具级配单，经主任工程师复核后送达拌台，拌台机操人员按任务单和所设计的配合比进行复核并输入电脑。试验人员通过电脑管理的实时监控系统，监督审核配合比数据，质量监督员在电脑屏幕中抽检配合比准确无误后进行配料生产。整个生产过程分手动、自动两种，一般均为自动。电脑程序中设置发现差错的自动报警模块，为杜绝隐患提供了科学保障。当一车混凝土生产完毕后，一出料即有电脑自动打印的生产运输发货单，单据上注明生产日期、混凝土强度等级、坍落度、即时方数、累计方数、工地名称和地址、发车时间和运距、拌车编号等，以便驾驶员和施工单位校验。

②推广材料公司宝山搅拌站主任工程师质量负责制的经验，主任工程师要抓3个加工生产控制点的关键人，即试验室主任、拌台大班长和原材料质量员。由这3个关键人在加工生产质量控制点上具体把关，以防止质量保证体系的断线断链。通过实践，主任工程师质量负责制取得良好的效果。

2）发挥试验室对商品混凝土质量控制的有效保证作用：作为商品混凝土生产全过程技术和质量管理的主干，混凝土搅拌站的试验室，担负着技术把关和质量控制的不可替代的重要职责。为了确保商品混凝土质量进一步得到最可靠的控制，我们在现有基础上，逐步提高各搅拌站试验室的等级，以达到商品混凝土专业公司甲级试验室的资质，并积极充实试验室技术力量，健全完善试验室管理，以适应日益扩大的商品混凝土规模生产对质量控制的要求。

①每个试验室至少配备8名人员，其中包括中级技术职称人员1名，初级技术职称人员2名，有3名以上具有大中专学历的人员，对于具备两条生产线的搅拌站的试验室，则必须配备4名以上具有大中专学历的人员。

②各试验室至少具备混凝土试验证6张、骨料试验证6张、水泥试验证3张，实行1人多证制；各在岗人员必须具备上海市建设工程质量检测中心颁发的试验人员上岗证，一应人员全部持证上岗。

③针对施工单位在现场施工中提出的各种要求，做好每批外加剂的留样和砂浆减水率的试验，严密控制出厂坍落度；做好不同品种外加剂、不同标号水泥、不同级配混凝土的凝结时间测定，及时反馈用户意见，随时加以调整。逐步推行在施工现场制作混凝土试块的方式，逐步实行各试验室配备1名具有C级以上车辆驾驶执照并持用混凝土试验上岗证的人员，届时即可根据不同工程的不同运距，选择混凝土最佳配合比，满足施工单位的需要。

（3）严格把住预拌混凝土生产运输与服务的质量控制点：预拌混凝土施工必须保持良好的流动性、可塑性、稳定性、和易性，在搅拌机出料后经过运输直至混凝土入模的过程中，不能发生离析、分层、坍落度损失过大或混凝土初凝等现象，为此，必须把住生产运输质量的控制点：

1）生产运输过程中严格执行"五关三不准"：

①"五关"即原材料检验关、混凝土配合比设计关、原材料称量关、混凝土搅拌时间关、混凝土坍落度关；"三不准"即搅拌车筒体积水不除不准装料，重车运行时不准停止筒体转动，出厂混凝土不准任意加水。

②严格遵守城市交通法规，切实执行企业对外服务公约，严密控制运输时间，一般运输时间控制在 2h 之内，两辆拌车到达施工现场的间隔时间最长不应超过混凝土的初凝时间。

2）及时反馈施工信息并实行质量跟踪服务：

①实行售前、售中、售后的全方位、全过程、全天候服务，以规范化的服务管理体系，确定专业项目服务进行工地现场的蹲点式对口服务；在浇捣前与施工方签订"混凝土供应申请签证单"，将作业日期、技术参数、数量、质量要求以及所需泵拌车的数量等信息于施工前 3d 反馈到生产经营部门。

②加强预拌混凝土供应的质量跟踪服务，贯彻以质量为中心、"企业管理以质量管理为纲"的宗旨，处理好质量与效益的关系，坚定不移地落实质量控制意识覆盖于混凝土生产的全过程。

图 4.1-1 为我们在预拌混凝土生产过程中的质量控制框图，图中收料、材料检测、配合比信息输入、配料、装运组成商品混凝土生产全过程的质量控制点，做到材料管理系统、加工生产系统、装卸运输系统环环相扣、紧密衔接，质量管理部门的工作通过技术测试系统渗透到三大系统中。试验人员的参与，使技术测试系统得以贯穿于收料、材质检测、配合比信息输入、配料、装卸运输的混凝土生产全过程中的质量控制点，并与材料的管理系统、加工、装卸运输系统成为相辅相成的既相对独立又必不可分的统一体。

4.1.3 大体积基础混凝土施工实例

近年来，国内在冶金建筑、大型桥梁、土建工程中建成的大体积基础承台越来越多，就上海来说，杨浦大桥主塔基础承台厚 5m，混凝土设计强度等级 C30，7600m³；新上海国际大厦基础承台厚 3.3m，C35，17000m³；国脉大厦楼基础厚 2.5m，C35，12000m³；徐浦大桥主塔基础厚 6m，C30，13000m³；煤炭大厦厚 3m，C35，2 万余立方米混凝土等等。1995 年，上海市约有 50 个一次浇捣混凝土量在 10000m³ 以上的大体积基础工程，绝大部分是由我们集团公司供应施工的。

（1）金茂大厦大体积基础混凝土的施工技术：

金茂大厦位于浦东陆家嘴隧道出口处，整个工地占地面积 $2.3 \times 10^4 m^2$，建筑物的覆盖面积为 $2 \times 10^4 m^3$，地下三层挖土深度 19.6m，地上 88 层，建筑总面积为 $2.3 \times 10^5 m^2$，塔尖标高 420m。主塔基础底板长 64m、宽 64m、厚度 4m，混凝土设计强度 C50（R56），施工坍落度为 120mm，混凝土总方量为 13500m³，该基础底板属大体积高强混凝土，全部采用预拌混凝土，在国内尚属首例，据 SOM 设计介绍在美国也属罕见。

大体积高强钢筋混凝土除了必须满足强度、刚度、整体性和耐久性要求以外，还存在如何控制温度变形裂缝开展的问题。众所周知，水泥水化将产生大量的水化热。大体积混凝土的水化热不易散发，内部热量相对集中，使混凝土内外形成较大的温差。结构裂缝的

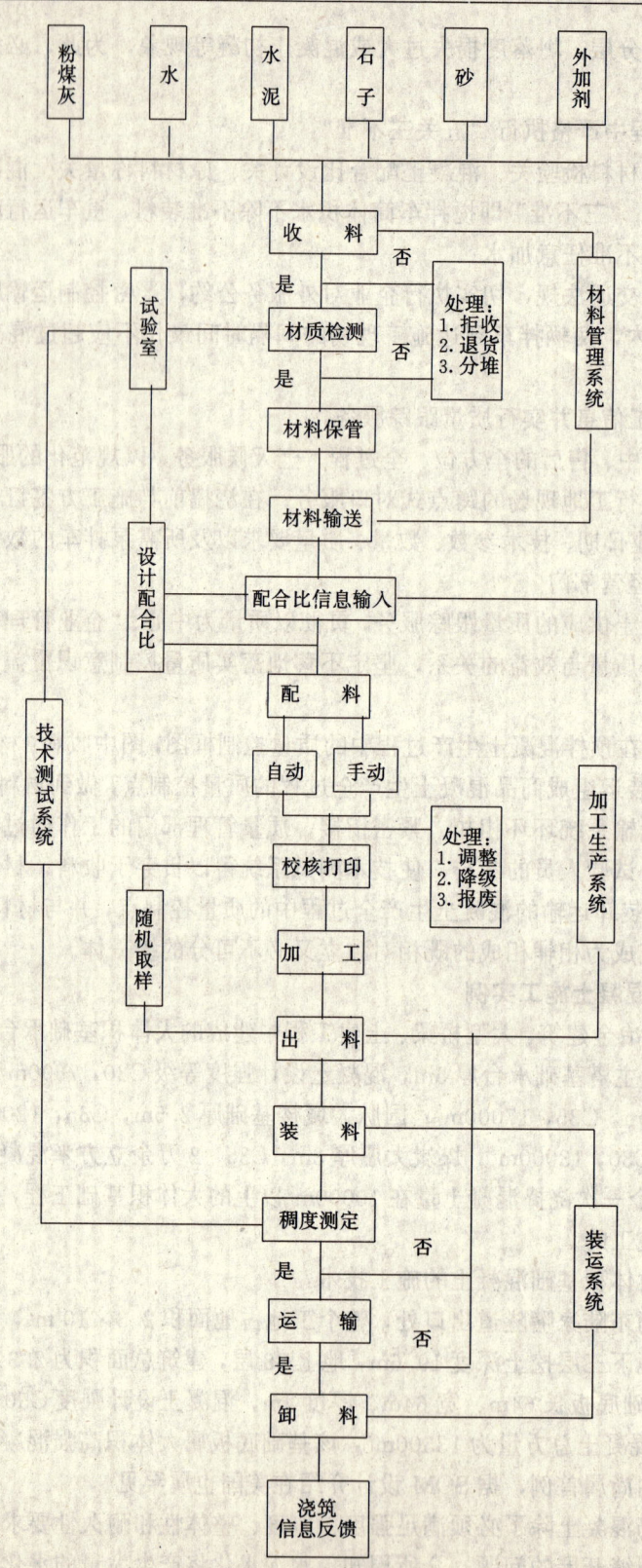

图 4.1-1　预拌混凝土控制图

主要原因是降温和收缩。任一降温差都可以分解为平均降温差和非均匀降温差。前者产生外约束应力，是产生贯穿性裂缝的主要原因。后者引起自约束应力，是引起表面裂缝的主因。因此，大体积混凝土基础中，控制温度应力，防止裂缝开展是技术上的一个关键问题。项目课题组决定采用低水化热的 425 矿渣硅酸盐水泥和 525 矿渣硅酸盐水泥、525 普通硅酸盐水泥为基本胶结料进行比较，外加不同品种的减水剂配制 C50（R56）混凝土。

选用材料：水泥为 525 矿渣硅酸盐水泥（上海金山水泥厂）、425 矿渣硅酸盐水泥（上海水泥厂）、525 普通硅酸盐水泥（安徽宁国水泥厂）；砂为中粗砂，$Mx > 2.5$；石子为 5～40mm 连续级配，混凝土掺合料采用优质的 II 级磨细粉煤灰（上海新宝粉煤灰综合利用厂），混凝土的外加剂采用 EA-2 普通型减水剂、改性后的 EA-2 普通缓凝型减水剂和 FTH-2C 型高效减水剂（上海拓浦建材实业有限公司）。

最新的高强混凝土研究资料揭示：水泥砂浆和粗骨料的粘结强度，即界面粘结力大小已成为决定混凝土强度的主要因素之一，故研究和选择与水泥适应性好、减水率高的优质外加剂也至关重要。为此课题组首先选用了上海拓浦建材实业有限公司生产的 FTH-2C 高效减水剂进行 C50（R56）混凝土的试配。结果 425 矿渣硅酸盐水泥、525 普通硅酸盐水泥、II 级磨细灰和 FTH-2C 高效减水剂配制的混凝土的 56d 强度等级均能满足 C50 的设计要求，配制的混凝土的坍落度均超过了 180mm。然而通过单纯降低每方用水量，或是降低外加剂用量，欲将混凝土坍落度稳定地调节至 120mm 左右，并保持较小的经时坍落度损失，这又不是一件容易的事，故难以满足大体积泵送混凝土施工要求。

由于采用 FTH-2C 高效减水剂配制的 C50 混凝土强度等级均能满足设计要求，但其流动性太大，不利于大体积混凝土的施工，因此决定改用 EA-2 型减水剂代替之试验。用 525 矿渣水泥、425 矿渣水泥、525 普硅水泥、II 级磨细粉煤灰和 EA-2 普通型减水剂配制的混凝土 56d 强度等级均能满足 C50 要求，相比之下，用 525 矿渣水泥效果更佳，但是其新拌混凝土的初终凝时间不是很理想，由于金茂大厦 13500m³ 大体积混凝土计划在 9 月中旬开浇，那时白天的气温还是较高的，均在 30℃ 左右，因此，不对 EA-2 型减水剂进行改性，显然不行。为此课题组和上海拓浦建材实业有限公司共同商量决定在不影响其他性能的前提下，适当增加缓凝成分，改制 EA-2 型减水剂，经过上海拓浦建材实业有限公司科研人员的共同努力，终于研制成金茂大厦专用的 EA-2 型缓凝型减水剂。

改用 EA-2 缓凝型减水剂后，其新拌混凝土的性能大大改进，尤其是初终凝时间更能符合大体积混凝土的施工要求。并且，用 525 矿渣水泥或是 525 普硅水泥，加上 II 级磨细灰和 EA-2 缓凝型减水剂配制的 C50 混凝土的强度易于控制质量比较稳定。但是众所周知，大体积混凝土还有一个很重要的问题，就是水泥的水化热，经测定，425、525 矿渣水泥的水化热相差无几，但明显低于 525 普硅水泥的水化热，况且用 525 矿渣水泥配制 C50 混凝土比用 425 矿渣水泥配制的 C50 混凝土，每立方混凝土中水泥用量减少 50kg，这更有利于温度控制，因此最终确定：用 525 矿渣水泥、II 级灰和 EA-2 缓凝型减水剂配制的 C50（R56）混凝土是可行的。

为了进一步控制温度变形产生裂缝，在施工过程中，应用了混凝土外蓄内降综合养护措施，在混凝土表面用木夯紧压整平后，覆盖二层草袋及二层塑料薄膜，以防止混凝土产生干缩裂缝，并使水泥水化顺利进行；在混凝土内部排放冷却水管，通循环冷却水，通过调节冷却水的流量，控制混凝土内外温差，防止因温差产生裂缝。用"大体积混凝土温度微机自动测试仪"，温度传感器预先埋设在测点位置上，密切监测混凝土内部温度状况，做到信息化施工。

金茂大厦针对施工现场安置10台（其中2台备用）汽车泵，我们5个搅拌站协同作战，紧密组织，共配备了100辆搅拌车，仅用45h就圆满完成了13500方强度等级大体积混凝土的浇捣任务，被美国SOM专家誉为"预拌混凝土的生产、组织供应水平是世界一流的"。

为了确保工程质量，确保混凝土的顺利泵送，在施工现场对商品混凝土进行了坍落度测定，混凝土的坍落度控制在100～140 mm，混凝土的初凝时间为13h，终凝时间为14h17min，C50商品混凝土经泵送入坑后，混凝土流动度、保水性仍很好，浇捣方便，基本上无泌水，操作性很好，混凝土的密实性、匀质性都很好。

根据GB50204-92混凝土结构施工及验收规范第4.6.9条第三款进行混凝土强度等级合格评定，各项物理力学性能指标良好，评定结果见表4.1-2～表4.1-4。

金茂大厦C50（R56）高强度等级大体积混凝土强度评定　　　　表 4.1-2

| 试块制作地点 | 试块组数（n） | 数 据 统 计 | | | | | | 合 格 评 定 | | |
		m_{fcu}（MPa）	s_{fcu}（MPa）	C_v（%）	$f_{cu,min}$（MPa）	$f_{cu,max}$（MPa）	λ_1 λ_2	$f_{cu,k}$	按4.6.9-6评定	按4.6.9-7评定
搅拌站	68	57.6	4.42	7.76	50.2	67.0	1.6 0.85	50	合格	合格
施工现场	157	56.2	4.35	7.75	53.8	60.7	1.6 0.85	50	合格	合格

C50混凝土的力学性能轴压强度（MPa）　　　　表 4.1-3

轴压强度（MPa）	劈拉强度（MPa）	弹性模量（×10⁴MPa）	抗折强度（MPa）
41.2	3.3	3.123	8.90

C50混凝土龄期及收缩值　　　　表 4.1-4

龄　期	1d	3d	7d	14d	28d	45d	60d	90d
收缩值 $\varepsilon \times 10^{-6}$	7.4	37.0	81.5	126.7	229.6	301.5	351.1	400
龄期	120d	150d	180d	210d	240d	270d	300d	
收缩值 $\varepsilon \times 10^{-6}$	423	445.9	468.1	490.4	511.9	533.3	554.1	

（2）世贸大厦大体积基础混凝土的协同作战：

上海世界贸易商城位于延安西路以北，兴义路以南，古北路以东，娄山关路以西。该工程基础底板为板梁式承台，底板长182.7m，宽109m，厚1m，梁高度为2.3m，共需浇捣底板混凝土19650m³，反梁混凝土17900m³，其中基础底板的25000m³混凝土一次浇捣完毕，其他分数次进行浇捣。按设计要求60d强度等级为C40抗渗性S_8，并掺用UEA膨胀剂，施工坍落度为120±20mm。全部混凝土由上海市建筑材料公司和上海市建筑构件制品公司合作浇捣完成。

上海建筑工程材料公司下属的预拌混凝土分公司、江湾分公司、真如分公司、龙华分公司、金桥分公司、浦东分公司、运输分公司、航运分公司、拓浦建材实业公司提供各种原材料。预拌混凝土分公司下属宝山、江湾、真如、长桥搅拌站（厂）和浦莲、浦新预拌混凝土公司参加生产，实际平均出方量达 420m³/h。各地方材料分公司保证相应之砂石料的质量和适时供应。散装水泥车队根据各站需要保证所供水泥、膨胀剂的质量和运输量。拓浦建材实业公司按时保质保量供应外加剂。按施工单位要求，为保证混凝土均衡供应，现场配备 13 台泵车（其中 2 台备用），100 辆搅拌输送车。

上海建筑构件制品公司下属的混凝土一厂、二厂、三厂、四厂、五厂参加了预拌混凝土生产。共投入 17 台搅拌机，设计出料量为 410 方/h，实际平均出方量达 288 方/h。现场配备 11 台泵车（其中 2 台备用），108 辆搅拌输送车。

该工程最终混凝土强度等级，按国标 GBJ107-87 标准评定，$m_{fcu}=44.37$，$S_{fcu}=3.08$，合格率 100%。

世贸大厦约 25000m³ 的大基础混凝土浇捣，动用了上海建工集团最大的两家商品混凝土生产企业，在 36h 内就完成了全部浇捣任务，其生产规模和供应速度创下了全国记录，是预拌混凝土生产供应集团化协同作战的典范。

4.1.4 高性能混凝土施工实例

经过"三年大变样"的上海，城市面貌发生了巨大变化，"二龙戏珠"三大工程的建成，地铁 1 号线及内环线高架环路的通车，浦江两岸高耸建筑林立等等，这一切都孕育着高性能混凝土（HPC）技术的发展。

从 1988 年开始研究 HPC 技术至今，我们相继完成了高强泵送混凝土技术和南浦大桥、杨浦大桥、东方明珠与高层建筑的 C40、C50、C60 的 HPC 配制及施工技术，均取得了显著的成效。现在已试制成功 C80 混凝土，并应用于试点工程。

（1）杨浦大桥主塔工程高性能高泵程混凝土配制：杨浦大桥是继南浦大桥之后又一座跨越黄浦江的大桥，规模更大，主桥塔间跨距 60m，塔高 208m，预应力钢筋混凝土结构，混凝土设计强度等级为 C50。

杨浦大桥 HPC 施工技术关键是：

1）高强混凝土收缩和徐变值的控制：根据过去配制大流动预拌混凝土的经验和资料，高强混凝土的收缩值较普通混凝土大，因为受水泥用量多和混凝土内细颗粒量大的影响，要满足设计指标是困难的。目前在利用 525 标号水泥配制的大流动泵送混凝土尚未找到控制收缩的有效办法。这项指标直接影响主塔预加应力值的设计，经大桥建设指挥部和设计单位协商，采取延长混凝土的养护期，推迟预应力筋的张拉日期，即浇筑混凝土后 3~4 个月以后再施加预应力的技术措施。这样混凝土的早期收缩值将不会影响预应力的建立，可保证预应力值建立后混凝土的总收缩值将不会影响预应力值的建立，预应力值建立后混凝土的总收缩控制在 $40×10^{-5}~50×10^{-5}$ 范围内。

2）新拌混凝土的特性要满足设计技术指标，只有通过低水灰比、高集料比的途径，但这和大流动性混凝土相矛盾，采用高效减水剂虽然可以将低水灰比混凝土配制成大流动性，但其维持大流动性的时间满足不了预拌混凝土要求，因而必需开发适合预拌混凝土使用的泵送剂，这是十分重要的技术关键。

3) 混凝土的泵送高度是杨浦大桥的最重要的技术关键。上海自推广预拌泵送混凝土以来，C30 混凝土的泵送高度记录是上海商城主楼 148m；C40 混凝土的记录是南浦大桥主塔154m；而杨浦大桥是 208m，要泵送的混凝土是 C50 级，况且这个泵送高度，大桥混凝土科研小组又无法作模拟试验，因而对它的成功未有充分把握。为此作了后备施工方案。之一，采用二次接力泵，此方案实施困难，费用巨大，带来的附加难题甚多。之二，采用传统的塔吊提升吊浇筑法，但这将大大延长施工时间。根据上海市对杨浦大桥的施工进度要求。只有一次泵送到顶一条路，舍此将无法按期完成大桥建设任务。

针对以上技术难关，我们作了不少成功的探索，获得了一些 HPC 的配制诀窍，以适应不同的需求，达到高性能的目标。

①研制了与水泥相适应的能满足不同高性能指标要求的泵送剂。在 HPC 中高性能泵送剂与水泥的适应性尤为重要，经时坍落度损失是这种适应性的基本反映。配制高密度混凝土通常必须采用高效减水剂以尽可能地降低水灰比，而掺高效减水剂的混凝土拌和物的经时坍落度损失大，不能满足工作性的要求，为了解决这对矛盾，使混凝土拌和物在拌制、运输、泵送过程中保持一定的流变特性，就要研制一种与所用水泥相适应的高性能泵送剂，以适应不同 HPC 指标、不同气温、不同施工工艺的要求。当时大桥混凝土科研小组在南浦—1 型泵送剂的基础上优选了基材，优化了配方，提高了泵送剂的流化性能，改善了混凝土的中水性能，减小了混凝土的坍落度的损失，开发了南浦-2 型泵送剂。并为了适应不同高度不同季节的需要，开发出南浦-2 型泵送剂系列型产品。泵送剂的主要成分仍为 β-萘磺酸甲醛缩合物，掺入适量缓凝、引气以及特种助剂，可适应温度变化及高泵程大流动时抗离析的特性。为了解决主塔 208m 标高一次泵送到顶的技术难关，主要技术措施是在南浦-2 型泵送剂的基础上，又开发了南浦-2HA 泵送剂，能保持新拌混凝土的 200mm 以上坍落度时的稳定性，混凝土不产生离析，有明显的助泵作用。

②掺合料是配制 HPC 必不可少的组分。粉煤灰、沸石粉、磨细矿渣粉、硅粉等掺合料作为辅助胶凝材料或填充料是节约水泥的主要技术措施，这已众所周知。也正由于这种固有的观念，人们往往认为加入掺合料后的混凝土质量不如不掺。其实不然。恰恰相反，掺合料的加入能改善混凝土的性能，提高混凝土的质量，成为配制 HPC 的重要组分。究其原因，HPC 的高强度、高耐久性部分是来源于胶结料基质的密度，如果以增加水泥用量来达到高密度则会带来很多弊端，如随着水泥用量的增加，混凝土的水化热增加，温度增大将会引起温度应力及硬化过程中收缩应力的增大而导致混凝土内部的微裂缝，这对混凝土的强度等级及耐久性都为不利；其二，掺加粉煤灰的混凝土可降低碱度，有利于抑制混凝土中的碱骨料反应，提高混凝土的耐久性；其三，以活性较低的掺合料代替部分水泥，将会减小混凝土拌合物的粘度，有利于控制混凝土拌和物的流变特性，提高其施工性；其四，如用超细粉活性掺合料及 I 级粉煤灰则比采用超细的高标号水泥及球状水泥更为优越。粉煤灰的品质将影响混凝土的坍落度，灰内玻璃微珠含量高，可使粉煤灰的需水量比减小，而需水量比越小，流化效果越好。

在工程中我们选用了上海地区开发的优质粉煤灰，其中有石洞口电厂的三电场灰属 I 级粉煤灰。在杨浦大桥浦西主塔中采用石洞口一级粉煤灰代替 2 级磨细灰。由于 1 级粉煤灰内玻璃微珠含量明显多于 II 级磨细灰，在混凝土内产生滚珠摩擦效应改善混凝土的流动性，且又由于 1 级灰需水量较小，在水胶比不变的情况下增加了混凝土的坍落度，故对提高可泵性有积极意义。浦西主塔在施工高度到143m时泵送压力已达到20MPa。改用了一级粉煤灰与南浦-2HA型泵送剂配合后，泵压即下降至16MPa左右。使用较新的泵送设备一泵到顶，直到208m高程时，泵压仍维持在18～20MPa左右。在杨浦大桥的工程实践中，更加深了我们对矿物掺合料作用的认识。

③优选骨料及科学设计配合比：

配制HPC之骨料应选用质地坚硬、级配良好者。细骨料应选用中、粗砂，其细度模数宜大于2.6，其含泥量应小于2%；粗骨料的含泥量应小于1%，针片状含量宜小于5%，最大粒径不应超过25mm。对于HPC来说骨料的粒径效应相当重要。根据加拿大谢乐布鲁克大学 P.C. Ailcin 教授的研究表明：在HPC中，骨料与水泥浆体的结合力很强，以至通过浆体—骨料的界面传递应力。粗骨料粒径小可增大其界面传力，且较小颗粒的粗骨料本身内部缺陷较少，强度较高，故HPC应采用较小粒径的粗骨料。

粗骨料粒径越小可泵性越好。在配制中高强混凝土时，粗骨料的粒径一般取5～30mm之间，这对可泵性有利。通常取粗骨料的最大粒径与输送管道管径之比以1：4～1：5之间为宜，这是因为减小粗骨料的空隙率，采用双级配，调整粗细骨料的比例，可有效改善级配。杨浦大桥163m高程以上粗骨料采用5～15mm碎石70%和13～25mm碎石30%混合，顺利地泵送至208m高程。

混凝土骨料颗粒级配，特别是砂的颗粒级配是引起坍落度波动的重要因素，它的细颗粒越多，将降低混凝土的出机坍落度，增加混凝土的粘度。在配制高强混凝土时混凝土内胶结材料总量在达到 $500kg/m^3$ 时，适宜选择细度模数较大砂，这样对泵送混凝土有利。

在配合比设计中可用新拌混凝土的坍落度和压力泌水值两个指标来初步确定其可泵性，在水胶比既定条件下，利用高效泵送剂，提高混凝土的流化程度使其有较大的坍落度。南浦-2型泵送剂具有十分良好的流化性能。压力泌水值，根据上海建材学院《混凝土的可泵性》研究认为压力泌水值在大于40mL/罐时方能达到可泵区域，大桥混凝土配合比试配结果其压力泌水值可达60mL/罐以上。

(2) C80高性能混凝土在工程中的应用：80年代，由于预拌混凝土的运送与泵送都需要较大的混凝土流动度，因此混凝土的强度等级控制在C30。到90年代初，因为黄浦江大桥建设需要，开发了C40～C50的预拌混凝土。现在随着浦东开发开放，上海高层建筑不断增多，混凝土的高强化成为社会的需要。混凝土技术的发展与建设的需要都必须及时实现高强预拌泵送混凝土社会化大生产。对此，1993年当时上海建筑工程管理局为解决大量C60以上混凝土，在新上海国际大厦等高层建筑中应用及C80混凝土的需要，提出了C80预拌混凝土的研制课题，在市科委、市建委的支持下，此项目研究得到了顺利的进行。

课题研究的成果主要是：

1）完成高强混凝土组成材料优化组合研究：通过调研与试验证明C80混凝土沿用C60混凝土的Ⅱ级粉煤灰加高效减水剂的双掺技术已不理想。本次研究从机理与试验验证采用FRC掺合料使胶合料均质致密，改善了硬化体微观结构，提高混凝土强度，减小少收缩与徐变，确定了以掺加FRC掺合料与YTC-2泵送剂实现C80混凝土的技术线路。

2）完成高强混凝土性能研究：对工程中应用的C80混凝土的各项力学性能与工艺性能进行了测试，各项物理力学性能均符合中国土木工程学会高强混凝土委员会编《高强混凝土结构设计指南》（HSCC93-1）的规定及符合GB50204-92混凝土结构工程施工及验收规范。

3）完成了 C80 混凝土在集中搅拌站社会化大生产制拌工艺的研究，经过二次中试证明系统是成功的。

4）完成了 C80 混凝土泵送工艺的研究，在 87m 高度工程泵送应用情况良好，可指导今后施工。

新上海国际大厦工程和世界广场工程均位于上海浦东陆家嘴金融贸易开发区，由建工集团 C80 混凝土科研小组和上海市第三建筑发展总公司合作分别在 1994 年 10 月对世界广场和 1995 年 7 月对新上海国际大厦进行了 C80 预拌混凝土的工程中试。特别是对新上海国际大厦主楼 21 层、87m 高度进行 C80 预拌混凝土泵送实地施工，工艺状况良好，各项技术性能均符合要求，试验研究基本完成。

为了改善混凝土的性能，提高工程的使用功能，加快工程施工进度和城市的发展速度，开发应用高性能混凝土（HPC）具有重大的经济效益和社会效益。

工程实践表明，HPC 不是一种难以配制的材料，只要我们优选原材料，注意外加剂与水泥的适应性，科学配方，适时调整，严格质量控制，就一定能配制和施工好 HPC。

4.1.5 结语

虽然，我们上海建工集团的预拌混凝土为上海的城市建设和浦东的开发开放铸就了一个个新时代的辉煌，创造了一项项全国性的记录，但是我们目前的水平离开国际上先进国家在研究的不需要任何振捣就能充满模板的各个角落、具有高填充能力的流态混凝土（Flowing Concrete）还有一定的距离。在混凝土强度等级方面，先进国家的 C80、C100 混凝土已广泛应用于工程，C120 混凝土也开始进入应用；而我们目前 C80 还刚开始进入应用。但是应该看到，我们之间的差距正在缩小，而且我国已将高性能混凝土技术列入建筑业推广应用的十项新技术之一。展望未来，我们深信 HPC 将是混凝土工业发展的总趋势，混凝土的发展必将进一步推动我国建筑业发展，加快城市建设的步伐，为建设有中国特色的社会主义作出更大的贡献。

（江 靖 朱稚石 陆富忠 毛义平 顾志石 陈博学）